건축물에너지평가사 1차 필기 총정리

신정수 저

일진사

들어가면서

독자 여러분! 안녕하십니까?

오늘날 우리는 바야흐로 '에너지와의 전쟁' 시대에 살고 있습니다. 현재 우리 인류가 쓰고 있는 에너지를 넓은 의미에서 분석해보면 크게 두 가지 문제가 있다고 할 수 있겠습니다.

첫째, 석유, 석탄, 가스 등 주요 에너지 자원 매장량의 유한성 문제입니다. 따라서 각 국가별 에너지 수급의 문제는 장차 자국의 생존 문제로 인식되고 있기 때문에 절대 양보가 없고, 이를 확보하기 위한 치열한 각축전이 있을 따름입니다. 더군다나 국제 에너지 가격의 변동 폭은 세계의 정치적·경제적 상황에 따라 등락 폭이 매우 크지만, 장기적인 추세로 볼 때에는 계속 올라가기만 하는 것이 바로 에너지 가격이기 때문에 자국의 미래 에너지안보에 대해 큰 불안감을 가지고 있는 것 또한 사실입니다. 특히 우리나라의 경우에는 연간 에너지 사용량의 97% 정도를 해외 수입에 의존하고 있기 때문에 이러한 문제는 더욱 심각하다고 볼 수 있겠습니다.

둘째, 온실가스 저감의 필요성 문제입니다. 지구를 둘러싼 대기의 온도는 산업화 이후 이산화탄소, 메탄 등의 온실가스 사용량이 증가하면서 급격히 상승되고 있고, 이 문제는 인간을 포함한 지구상 모든 생명체의 생존 문제가 되고 있습니다. 유엔 기후변화협약(UNFCCC)의 당사국총회(COP)가 매년 열리고 있기는 하지만, 모두 자국의 산업에 대한 보호 등에 관심이 큰 터라 '온실가스 저감'을 위한 납득할만한 약속이나 양보는 찾아보기 어렵습니다. 결국 온실가스 문제는 향후 인간의 생명을 위협할 정도로 심각해질 가능성이 크지만, 해결책을 위한 노력은 턱없이 부족한 형편입니다.

그렇다면 이러한 두 가지 에너지 문제를 해결하기 위한 방법은 무엇일까요? 다음과 같이 두 가지 솔루션을 제시해볼 수 있겠습니다.

첫 번째 솔루션은 신재생에너지 등에 투자를 늘리는 방법입니다. 이는 에너지 문제를 해결하기 위한 가장 직접적이고 중요한 방법이기는 하지만, 현실적인 문제 또한 만만치 않습니다. 이와 관련하여 대부분의 나라가 직면한 가장 큰 문제는 신재생에너지 그 자체는 무척 좋지만, 여기에는 핵심 기술과 많은 자금이 투입되어야 한다는 것입니다. 즉 자국이 투자할 기술과 경제적 여력의 부족 문제에 직면한다는 것입니다. 그러나 특별한 다른 대안도 없으므로 꾸준히 투자를 늘려나가야 하고, 결국은 선순환 고리를 만들어나가야 할 것으로 사료됩니다.

두 번째 솔루션은 에너지를 아껴 쓰고 절약하며 자칫 버려지는 에너지를 재활용하는 방법입니다. 이를 설명하기 위해서는 국내 각 부문별 에너지 소비특성을 먼저 언급해야 합니다. 우리나라는 선진국과 달리 전체 에너지 사용량 중 건축물에서의 사용량이 약 25% 수준으로 다소 낮은 편입니다. 나머지 75%는 산업부문과 수송부문이 차지합니다. 그러나 이 비율 자체는 그렇게 중요한 문제가 아닙니다. 각국의 산업부문 간 형편과 균형이 다르기 때문입니다. 중요한 문제는 산업분야와 수송분야는 의도적으로 현재보다 더 줄여나가기에는 매우 한계에 와 있다는 것입니다. 어차피 우리는 산업분야의 생산단가를 낮추기 위해 최고 효율의 기계로 생산하려 하고 있으며, 최고 좋은 연비의 자동차를 운행하려고 많이 노력하고 있습니다. 즉 산업분야와 수송분야는 자의든 타의든 이미 힘닿는 데까지 에너지 절약에 노력하고 있다고 하겠습니다.

결국 우리의 노력이 가장 필요한 곳은 '건축물의 에너지 사용량 절감' 부분입니다. 건물의 냉방, 난방, 급탕 등은 우리의 절감 노력에 따라, 약간은 생활하는 데 불편할 수도 있겠지만 잠재적인 절감 가능성이 큰 것 또한 사실입니다. 그래서 정부는 최근에, 특히 2014년 이후부터는 건축물의 에너지를 절감하기 위해 「저탄소녹색성장기본법」, 「녹색건축물조성지원법」 등 많은 관련법의 재정비를 하였으며, '건축물에너지평가사'라는 자격증을 국가 전문 자격제도에 추가하여 이러한 에너지 절감 노력을 가속화하려 하고 있습니다.

앞으로 '건축물에너지평가사'는 우리가 늘 거주하고 생활하는 건축물을 대상으로 에너지 사용량을 평가하고, 장차 에너지 사용량 절감의 방향을 제시하는 데 있어서 핵심적인 역할을 할 수 있을 것으로 기대되고 있습니다.

이제 '건축물에너지평가사'를 준비하시는 분들은 이러한 막중한 위치를 잘 헤아려 지속적으로 도전하여 소기의 목적을 성취하시길 기원합니다.

끝으로 이 책의 완성을 위해 지도와 도움을 아끼지 않으신 한우용 교수님, 박효식 교수님, 김지홍 교수님, 박종우 대표님, **일진사** 남상호 상무님께 깊은 감사를 올립니다. 그리고 원고가 끝날 때까지 항상 바로 옆에서 많은 도움을 준 아내와 딸 이나 그리고 아들 주홍에게도 다시 한 번 진심으로 고마움을 전합니다.

신 정 수

이 책의 특징

"건축물 에너지에 대한 깊은 이해와 사랑이 짙게 묻어나오면 우리 인류가 추구해야 할 건축물 에너지의 방향과 미래가 보입니다!"

1. 핵심 위주의 해설
'건축물에너지평가사'를 공부하는 독자가 단시간에 핵심 위주의 많은 내용을 습득하여 합격의 길로 빨리 갈 수 있게끔 군더더기는 가능한 한 배제하고 핵심내용 위주의 이론 해설을 하고, 문제들을 담았습니다.

2. 문제풀이만으로도 '단기 완성'
문제풀이 부분에서는 각 문제마다 '해설'을 자세히 추가하여, 본문에 대한 지나친 반복적 학습을 지양하고 '단기간 시험준비 완성'이 가능하도록 배려하였습니다.

3. 대학 교재나 기술사 준비 기본서로도 활용 가능
'건축물에너지평가사'라는 한 분야에만 국한되지 않고, 에너지 관련 분야의 학문에서 두루 활용할 수 있도록 기초 에너지이론, 온실가스, 지구온난화, 녹색 건축물, 넓게는 공조 분야, 건축설비 분야까지 내용상 연관성을 강화하였습니다. 따라서 '건축물에너지평가사' 취득 후 기술사 등의 자격종목에 도전 시에도 많은 도움이 될 수 있도록 하였고, 대학이나 연구소 등에서 에너지 관련 부분의 참고서적으로 쉽고 유용하게 활용할 수 있도록 구성하였습니다.

4. 논리적이고 체계적인 용어해설
보통 깊이가 있는 전문 기술내용들은 논리적이고 체계적인 서술이 아니면, 독자가 내용을 이해하는 데 상당히 혼란이 가중될 수 있으므로, 논리적이고 체계적이면서도 상세한 구성이 될 수 있게 최선을 다하였습니다.

5. 탄탄한 실력
'건축물에너지평가사' 분야는 탄탄한 수학·물리·화학·공학적 기초지식 위에 발전적 학문이 연구되어야 합니다. 그렇다고 해서 너무 광범위한 관련 지식을 요구하다 보면, 이 분야에 종사하시는 분들이 '건축물의 에너지'라는 초점을 흐릴 수도 있기 때문에 핵심적인 관련 지식을 엄선하여 수록함으로써 보다 탄탄한 핵심 기초지식을 비교적 쉽게 터득할 수 있게 하였습니다.

6. 이해력 증진

관련 유사 기술용어들은 가능한 한 함께 묶어 서로 연관지어 이해할 수 있도록 하였고, 많은 사진, 그림, 그래프, 수식 등을 들어가며 해설하였으며, 가장 이해가 쉬운 건축물에너지평가사 기본 교재 및 수험준비서가 될 수 있도록 노력하였습니다.

7. 요점 정리

주요 단원에는 '핵심해설'을 두어 내용을 요약·정리할 수 있게 하였고, 이러한 습관을 통하여 학습한 내용을 다시 한 번 상기할 수 있도록 하였습니다.

8. '칼럼'으로 심층 학습

추가적으로 부연설명이 필요하거나 심층 학습이 필요한 항목에 대해서는 '칼럼' 표기를 덧붙여 설명이 충분히 될 수 있도록 하였습니다. 특히 필요한 부분에 대해서는 적용사례, 응용기술, 향후 기술동향 등도 같이 덧붙여 설명하였습니다.

9. 사진, 계통도, 그림, 그래프, 수식 등 다수 추가

각 내용의 이해를 돕기 위해 사진, 계통도, 그림, 그래프, 수식, 표, 흐름도 등도 가능한 한 많이 추가하였습니다. 이러한 시각적 표현방법을 잘 참조하여 학습에 임한다면 더욱더 쉽고 효과적으로 필요한 지식을 학습할 수 있을 것으로 사료됩니다.

10. 유용한 자료 제공

블로그(http://blog.naver.com/syn2989)를 통하여 여러분의 어떠한 질문도 받을 수 있도록 하고 있습니다. 꼭 책의 내용이 아니더라도 현장 경험상 혹은 실무나 시험에서 부딪히는 문제들을 자유롭게 올려주시면 잘 검토하여 답변하도록 하겠습니다.

차례

제1과목 | 녹색건축물 관계 법규

제1장 녹색건축물 조성 지원법 관련 법령 ········ 14
  1. 녹색건축물 조성 지원법 ················· 14
  2. 녹색건축 인증에 관한 규칙
    (주요 내용 요약) ······················ 51
  ※ 예상문제 ································· 53

제2장 에너지이용 합리화법 관계 법규 ············ 61
  1. 에너지이용 합리화법
    (주요 내용 요약) ······················ 61
  2. 고효율에너지기자재 보급촉진에 관한
    규정 (주요 내용 요약) ················· 83
  ※ 예상문제 ································· 87

제3장 에너지법 ······································· 91
  1. 에너지법(주요 내용 요약) ············· 91
  ※ 예상문제 ································· 99

제4장 건축법 관계 법규 ·························· 103
  1. 건축법 (주요 내용 요약) ············· 103

  2. 용도별 건축물의 종류
    (건축법 시행령 별표1) ··············· 114
  3. 건축물의 설비기준 등에 관한 규칙
    (주요 내용 요약) ····················· 128
  4. 공동주택 층간소음의 범위와
    기준에 관한 규칙(주요 내용 요약) ····· 131
  5. 건축물 도면작성 방법 ················· 132
  6. 건축물의 설계도서 작성기준 ········· 133
  7. 설계도서의 해석 ······················· 135
  8. 공사내역서 ····························· 139
  ※ 예상문제 ······························· 142

제5장 기타의 법규 및 정책 ······················· 149
  1. 지구온난화의 원인, 영향 및 대책 ····· 149
  2. UN의 기후변화협약 (UNFCCC) ········· 150
  3. 온실가스 관련 정책 ··················· 154
  ※ 예상문제 ······························· 158

제2과목 | 건축환경계획

제1장 건축환경계획 개요 ························· 162
  1. 건축계획 일반 ·························· 162
  2. 초고층 건물 및 초고층 복합건물 공조 ··· 167
  3. 대공간 건물공조 ······················· 172
  4. 호텔 건물공조 ·························· 174
  5. 병원 공조 ································ 176
  6. 지하공간 및 지하주차장 ·············· 178
  7. IB(인텔리전트 빌딩 ; Intelligent Building)
    공조 ·· 180
  8. 아트리움 공조 ·························· 183
  9. Heavy Duty Zone(집중 공조부하 존,
    중부하 존, 초중부하 존) ············· 185

  10. 인동간격 ······························· 188
  11. 에너지 절약적 공조설계 및 폐열회수 ·· 189
  12. 굴뚝효과(Stack Effect) ·············· 192
  13. 코안다 효과(Coanda Effect) ········ 196
  14. 세계의 대표적인 친환경건축물
     평가제도 ······························· 198
  15. LCC(Life Cycle Cost) ················· 202
  16. 리모델링(Remodeling) ··············· 204
  17. 빌딩 커미셔닝(Building Commissioning) ·· 207
  18. 설비의 내구연한 ······················ 208
  19. PAL과 CEC ····························· 209
  20. VE(Value Engineering) ··············· 211

21. PERT/CPM 기법 ·············· 214
22. 이중외피(Double Skin Facade) 방식 ··· 216
23. 초에너지 절약형 건물에서의 에너지 절약 · 220
24. 환경 관련 용어 ·············· 223
25. 집단에너지 사업 ·············· 228
◎ 예상문제 ·············· 230

제2장 열환경계획 ·············· 236

1. 이론적 열이동 방법 ·············· 236
2. 대류 열전달(Convection) ·············· 238
3. 공기의 온도 성층화(Stratification) ······· 241
4. 벽체 단열재와 통형 단열재의 설계
   기준 ·············· 242
5. Fourier 법칙 ·············· 245
6. 열교(Thermal Bridge, Heat Bridge) ···· 246
7. 법적 열관류율 지역구분 기준 ·············· 249
8. 단열재 사용두께 결정방법 ·············· 250
9. 보온재(단열재)의 분류 및 구비조건 ···· 251
10. 방습재의 종류 및 선정 시 주의사항 ··· 253
11. 단열시공의 종류 및 성능평가 ·············· 254
12. Zoning ·············· 256
13. 공조부하 계산법 ·············· 258
14. 냉방부하 계산법 ·············· 262
15. 난방부하 계산법 ·············· 268
16. 설계온도(Design Temperature) ·············· 270
17. Time Lag & Decrement Factor ·············· 271
18. 기간부하 계산 ·············· 272
19. 결로(結露, Condensation) ·············· 276
20. 차양장치 ·············· 281
21. 스마트 글레이징(Smart Glazing) ·············· 283
22. 투명단열재 (TIM) ·············· 284
23. 로이유리 적용방법 ·············· 285
24. 투과율 가변유리 ·············· 287
25. 기밀성 평가 ·············· 288
26. 열전달 관련 용어 ·············· 290
27. 전산유체역학(CFD) ·············· 292
28. 투습량 및 투습에 의한 잠열의 산정 ··· 293
29. 인체의 열적 쾌적감에 영향을 미치는 인자 294
30. 쾌적지표(Comfort Index) ·············· 296
31. 작용온도와 습작용온도 ·············· 297
32. C.I(PMV, PPD) ·············· 298
33. 에너지대사 관련 용어 ·············· 299
34. 열평형방정식과 Cold Draft ·············· 301
35. EDT와 ADPI ·············· 302
36. 냉방병(냉방증후군) ·············· 303
37. 생체기후도 ·············· 304
◎ 예상문제 ·············· 305

제3장 공기환경계획 ·············· 314

1. IAQ(Indoor Air Quality ;
   실내공기의 질) ·············· 314
2. 다중이용시설 등의 실내공기질
   관리법 ·············· 316
3. 공동주택 및 다중이용시설의 환기설비
   기준 등 ·············· 317
4. 학교보건법(시행규칙) ·············· 323
5. 다중이용시설에서 실내공간 오염물질,
   유지기준 및 권고기준 ·············· 324
6. 신축 공동주택의 공기질 측정관련 법규와
   권고기준 ·············· 326
7. 실내 환기량 계산 ·············· 327
8. 탄산가스(CO_2) 배출기준에 따른 필요 환기량
   계산과 실내 농도변화 예측방법 ·············· 328
9. 환기방식의 종류 및 특징 ·············· 329
10. 아파트의 '주방환기' ·············· 332
11. 공조용 Air Filter의 분류 및 특징 ······· 334
12. Air Filter의 성능 시험방법 ·············· 337
13. 실내공기청정기 인증을 위한
    성능시험방법 ·············· 340
14. 환기효율 및 공기연령(Age of Air) ····· 341
15. 환기효율 측정법(농도변화 측정) ·········· 344
16. 미세분진(PM10) ·············· 346
17. Good Ozone과 Bad Ozone ·············· 346
18. 온돌 및 난방설비의 설치기준 ·············· 348
19. 외기 엔탈피 제어방법과 백화점
    외기냉방 제어의 타당성 ·············· 351
20. 전열교환기(HRV, ERV) ·············· 353
◎ 예상문제 ·············· 357

제4장 빛환경계획 ··············· 361
1. 빛환경 용어 설명 ··············· 361
2. 자연채광시스템 ··············· 363
3. 일사계 ··············· 367
4. 자연형 태양열주택 시스템 ··············· 368
5. 온수집열 태양열 난방 ··············· 372
6. 태양열급탕기·태양열온수기 ··············· 374
7. 색온도 ··············· 375
8. 연색성 ··············· 376
9. 조도 계산 ··············· 377
※ 예상문제 ··············· 384

제3과목 | 건축설비시스템

제1장 건축 기계설비의 기초지식·이해 및 응용 ··············· 388
1. SI단위(The International System of Units) ··············· 388
2. 압력 관련용어 ··············· 389
3. 온도와 습도 ··············· 391
4. 현열과 잠열 ··············· 393
5. 습공기 용어 ··············· 394
6. 엔탈피 용어 ··············· 395
7. 현열비(SHF)와 유효현열비(ESHF) ······ 397
8. 습공기선도상 프로세스 ··············· 398
9. 가습방법 ··············· 401
10. CF(Contact Factor)와 BF(Bypass Factor) ··············· 403
11. 덕트 내 압력 - 전압, 정압, 동압 ········ 405
12. 무디 선도와 레이놀즈수 ··············· 407
13. LMTD(Logarithmic Mean Temperature Difference) ··············· 408
14. 열기관과 히트펌프의 열효율 (성적계수) ··············· 410
15. 열량 용어 ··············· 411
16. 열역학 법칙 ··············· 415
17. 엔탈피(Enthalpy) ··············· 416
18. 엔트로피(Entropy) ··············· 417
19. 카르노 사이클과 역카르노 사이클 ······· 418
20. 열역학 용어 ··············· 419
21. 베르누이 방정식(Bernoulli's Equation) ··············· 420
22. 배관의 마찰손실 ··············· 422
23. 공조방식의 대분류 및 주요 특징 ········ 425
24. 단일덕트 방식 ··············· 429
25. 이중덕트 방식 ··············· 432
26. 공기 - 수 방식 ··············· 435
27. 전수 방식 ··············· 437
28. 복사냉·난방 ··············· 440
29. 바닥취출공조(UFAC, Free Access Floor System) ··············· 443
30. 저속치환공조 ··············· 446
31. 거주역/비거주역(Task/Ambient)공조 시스템 ··············· 447
32. 윗목/아랫목 시스템 ··············· 448
33. 열병합발전(Co-generation) ··············· 449
34. 외기 냉수냉방(Free Cooling, Free Water Cooling) ··············· 453
35. 가스 냉열원 시스템과 빙축열 시스템의 비교 ··············· 456
36. 저냉수·저온공조 방식(저온급기 방식) 458
37. 덕트설계법 ··············· 461
38. VAV 시스템의 종류별 특징 ··············· 468
39. 송풍기의 분류 및 특징 ··············· 472
40. 송풍기의 풍량제어방법 ··············· 476
41. 송풍기나 펌프의 서징현상 ··············· 478
42. 송풍기의 특성곡선과 직·병렬 운전 ···· 481
43. 송풍기 선정절차 ··············· 484
44. 펌프(Pump)의 분류 및 특징 ··············· 485
45. NPSH(Net Positive Suction Head) ······ 489
46. 펌프의 공동현상(Cavitation) ··············· 490
47. 수격현상(Water Hammering) ··············· 493
48. 펌프의 직렬 및 병렬운전특성 ··············· 495
49. 펌프의 특성곡선과 비속도 ··············· 496

50. 보일러의 종류별 특징 ·············· 498
51. 보일러 관련 용어 ····················· 505
52. 급탕·온수설비 설계 ················ 511
53. 증기난방의 설계 ····················· 517
  ❋ 예상문제 ································ 522

제2장 건축 전기설비 이해 및 응용 ··· 541
  1. 전력과 역률 ··························· 541
  2. 전압강하 계산 ······················· 543
  3. 변압기와 중전기기 ················ 544
  4. 부하관계 용어 ······················· 548
  5. 고효율 변압기 ······················· 548
  6. 플레밍의 법칙(Fleming's Rule) ····· 550
  7. 송풍기, 펌프용 유도전동기의 기동방식 ·· 553
  8. 뇌서지 대책 ··························· 555
  9. 접지공사 ································ 558
  10. 주상변압기 결선방식 ············ 564
  11. 배전방식 ······························· 566
  12. 수변전 설비에 사용하는 기기의 표시 ·· 568
  13. 자동제어 ······························· 569
  14. 제어 관련용어 ······················ 576
  15. 공실 제어방법 ······················ 578

16. 유비쿼터스(Ubiquitous) ············ 580
17. 용량가변(VVVF ; Variable Voltage Variable Frequency) 기술 ············ 581
18. 이코노마이저 사이클(제어) ········· 583
19. IOT (Internet Of Things) ·············· 583
  ❋ 예상문제 ································ 585

제3장 건축 신재생에너지설비 이해 및 응용 · 590
  1. 재생에너지 개요 ···················· 590
  2. 태양열에너지 ························· 605
  3. 태양광에너지(Photovoltaics) ········· 613
  4. 일조와 음영 분석 ·················· 623
  5. 태양광발전설비 시스템 ········· 632
  6. 지열에너지 ····························· 643
  7. 지열의 응용(이용방법) ·········· 651
  8. 풍력발전 ································ 655
  9. 연료전지 ································ 660
  10. 신에너지 및 재생에너지 개발·이용·보급 촉진법 ···················· 666
  11. 신재생에너지 경제성 분석방법 ··········· 669
  ❋ 예상문제 ································ 670

| 제4과목 | 건축물 에너지효율 설계·평가 |

제1장 건축물 에너지 효율등급 평가 ············· 686
  1. 에너지 절약계획서 ················ 686
  2. 건축물의 에너지 절약설계기준 (원문 전체) ························· 692
  3. 효율등급 평가 자료 ·············· 713
  ❋ 예상문제 ································ 757

제2장 건축물 에너지효율설계 이해 및 응용 ·· 772
  1. 건축물 에너지효율등급 인증 및 제로에너지건축물 인증에 관한 규칙 ···· 772
  2. 건축물 에너지효율등급 인증 및 제로에너지건축물 인증 기준 ············ 781
  3. 도서분석 능력 및 설계·평가 ············ 810
  ❋ 예상문제 ································ 832

| 부 록 | 과년도 출제문제 |

• 제1회 건축물에너지평가사 1차 시험 (2015년 8월 13일 시행) ················ 842
• 제2회 건축물에너지평가사 1차 시험 (2016년 7월 3일 시행) ················ 874
• 제3회 건축물에너지평가사 1차 시험 (2017년 6월 24일 시행) ··············· 910

 건축물에너지평가사 시험과목 및 시험과목 일부면제 범위

(「녹색건축물조성지원법」 시행규칙 별표3)

1. 시험과목

구 분	시험과목	주요항목
제1차 시험	건물에너지 관계 법규	1. 녹색건축물 조성 지원법 2. 에너지이용 합리화법 3. 에너지법 4. 건축법 5. 그밖에 건물에너지 관련 법규
	건축환경계획	1. 건축환경계획 개요 2. 열환경계획 3. 공기환경계획 4. 빛환경계획 5. 그밖에 건축환경 관련 계획
	건축설비시스템	1. 건축설비 관련 기초지식 2. 건축 기계설비의 이해 및 응용 3. 건축 전기설비 이해 및 응용 4. 건축 신재생에너지설비 이해 및 응용 5. 그밖에 건축 관련 설비시스템
	건물 에너지효율설계·평가	1. 건축물 에너지효율등급 평가 2. 건물 에너지효율설계 이해 및 응용 3. 건축, 기계, 전기, 신재생분야 도서 분석능력 4. 그밖에 건물에너지 관련 설계·평가
제2차 시험	건물 에너지효율설계·평가	1. 건물 에너지효율설계 및 평가 실무 2. 그밖에 건물에너지 관련 설계·평가

2. 시험과목의 일부면제

다음 각 목의 구분에 따른 자격자에 대해서는 다음 각 목에서 정하는 바에 따라 시험과목의 일부를 면제한다.

① 「건축사법」 제2조 제1호에 따른 건축사 : 별표3에 따른 제1차 시험과목 중 건축환경계획 면제

② 「국가기술자격법 시행규칙」 별표2에 따른 건축전기설비기술사, 발송배전(發送配電)기술사, 건축기계설비기술사 및 공조냉동기계기술사 : 별표3에 따른 제1차 시험과목 중 건축설비시스템 면제

제1과목
녹색건축물 관계 법규

※ 법규 관련 사항은 국가정책상 항상 변경 가능성이 있으므로, 필요 시 '국가법령정보센터(http://www.law.go.kr)' 등에서 재확인 바랍니다.

CHAPTER 01 녹색건축물 조성 지원법 관련 법령

1. 녹색건축물 조성 지원법

"이 장에서는 「녹색건축물 조성 지원법」의 법·시행령·시행규칙 전체를 중요 내용 위주로 연관성 있게 통합 정리함으로써 보다 용이하게 학습할 수 있도록 하였습니다."

제1장 총칙

■ **목적(제1조)**
 이 법은 「저탄소 녹색성장기본법」에 따른 녹색건축물의 조성에 필요한 사항을 정하고, 건축물 온실가스 배출량 감축과 녹색건축물의 확대를 통하여 저탄소 녹색성장 실현 및 국민의 복리 향상에 기여함을 목적으로 한다.

■ **정의(제2조)**
 1. "녹색건축물"이란 「저탄소 녹색성장기본법」 제54조에 따른 건축물과 환경에 미치는 영향을 최소화하고 동시에 쾌적하고 건강한 거주환경을 제공하는 건축물을 말한다.
 2. "녹색건축물 조성"이란 녹색건축물을 건축하거나 녹색건축물의 성능을 유지하기 위한 건축활동 또는 기존 건축물을 녹색건축물로 전환하기 위한 활동을 말한다.
 3. "건축물에너지평가사"란 에너지효율등급 인증평가 등 건축물의 건축·기계·전기·신재생 분야의 효율적인 에너지 관리를 위한 업무를 하는 사람으로서 제31조에 따라 자격을 취득한 사람을 말한다.
 4. "제로에너지건축물"이란 건축물에 필요한 에너지 부하를 최소화하고 신에너지 및 재생에너지를 활용하여 에너지 소요량을 최소화하는 녹색건축물을 말한다.

■ **기본원칙(제3조)**
 녹색건축물 조성은 다음 각 호의 기본원칙에 따라 추진되어야 한다.
 1. 온실가스 배출량 감축을 통한 녹색건축물 조성
 2. 환경친화적이고 지속 가능한 녹색건축물 조성

3. 신·재생에너지 활용 및 자원 절약적인 녹색건축물 조성
4. 기존 건축물에 대한 에너지효율화 추진
5. 녹색건축물의 조성에 대한 계층 간, 지역 간 균형성 확보

■ 국가 등의 책무(제4조)
① 국가 및 지방자치단체는 녹색건축물 조성 촉진을 위한 시책을 수립하고, 그 추진에 필요한 행정적·재정적 지원방안을 마련하여야 한다.
② 국가 및 지방자치단체는 녹색건축물 조성이 공정한 기준과 절차에 따라 수행될 수 있도록 노력하여야 한다.

■ 다른 법률과의 관계(제5조)
① 녹색건축물 조성에 관하여 다른 법률에 특별한 규정이 있는 경우를 제외하고는 이 법에 따른다.
② 녹색건축물과 관련되는 법률을 제정하거나 개정하는 경우에는 이 법의 목적과 기본원칙에 맞도록 하여야 한다.

제2장 녹색건축물 기본계획 등

■ 녹색건축물 기본계획의 수립(제6조)
① 국토교통부장관은 녹색건축물 조성을 촉진하기 위하여 다음 각 호의 사항이 포함된 녹색건축물 기본계획(이하 "기본계획"이라 한다)을 5년마다 수립하여야 한다.
1. 녹색건축물의 현황 및 전망에 관한 사항
2. 녹색건축물의 온실가스 감축, 에너지 절약 등의 달성목표 설정 및 추진 방향
3. 녹색건축물 정보체계의 구축·운영에 관한 사항
4. 녹색건축물 관련 연구·개발에 관한 사항
5. 녹색건축물 전문인력의 육성·지원 및 관리에 관한 사항
6. 녹색건축물 조성사업의 지원에 관한 사항
7. 녹색건축물 조성 시범사업에 관한 사항
8. 녹색건축물 조성을 위한 건축자재 및 시공 관련 정책 방향에 관한 사항
9. "그밖에 녹색건축물 조성의 촉진을 위하여 필요한 사항"

☞ 시행령
(1) 상기 "그밖에 녹색건축물 조성의 촉진을 위하여 필요한 사항"
　 1. 에너지 이용 효율이 높고 온실가스 배출을 최소화할 수 있는 건축설비 효율화 계획에 관한 사항

2. 녹색건축물의 설계·시공·유지·관리·해체 등의 단계별 에너지 절감 및 비용 절감 대책에 관한 사항
　　3. 녹색건축물 설계·시공·감리·유지·관리업체 육성 정책에 관한 사항
(2) 국토교통부장관은 기본계획을 수립한 경우 기본계획의 목적 및 주요 내용을 관보에 고시하여야 하고, 기본계획을 변경하는 경우 그 변경사유 및 주요 변경내용을 관보에 고시하여야 한다.

② 국토교통부장관은 기본계획의 수립에 필요한 기초자료를 수집하기 위하여 관계 중앙행정기관의 장, 지방자치단체의 장, 공공기관(「공공기관의 운영에 관한 법률」 제4조에 따른 공공기관을 말한다. 이하 같다) 및 국토교통부령으로 정하는 에너지 관련 전문기관의 장에게 관련 자료의 제출을 요청할 수 있으며, 자료 제출을 요청받은 기관의 장은 특별한 사유가 없으면 이에 따라야 한다.

☞ 시행규칙

상기 제6조 제2항에서 "국토교통부령으로 정하는 에너지 관련 전문기관"이란 다음 각 호의 기관을 말한다.
1. 법 제16조 제2항에 따라 지정된 녹색건축 인증 운영기관 및 인증기관
2. 법 제17조 제2항에 따라 지정된 건축물 에너지효율등급 인증 운영기관 및 인증기관
3. 그밖에 국토교통부장관이 녹색건축물 기본계획 수립을 위한 기초자료 수집에 필요하다고 인정하는 기관 또는 단체

③ 국토교통부장관은 기본계획을 수립하려면 기본계획안을 작성하여 관계 중앙행정기관의 장 및 특별시장·광역시장·특별자치시장·도지사 또는 특별자치도지사(이하 "시·도지사"라 한다)와 협의한 후 「저탄소 녹색성장기본법」 제14조에 따른 녹색성장위원회의 의견을 들어야 한다.
④ 국토교통부장관은 기본계획을 수립하거나 변경(제5항에 해당하는 경우는 제외한다)하는 경우 「건축법」 제4조에 따른 건축위원회의 심의를 거쳐야 한다.
⑤ 기본계획 중 "대통령령으로 정하는 경미한 사항을 변경하고자 하는 경우"에는 제4항에 따른 절차를 생략할 수 있다.

☞ 시행령

상기 "대통령령으로 정하는 경미한 사항을 변경하고자 하는 경우"
1. 기본계획 중 녹색건축물의 온실가스 감축 및 에너지 절약 목표량(이하 "목표량"이라

> 한다)을 100분의 3 이내에서 상향하여 정하는 경우
> 2. 기본계획에 따른 사업 추진에 드는 비용(이하 이 조에서 "사업비"라 한다)을 100분의 10 이내에서 증감시키는 경우
> 3. 목표량 설정과 사업비 산정에서 착오 또는 누락된 부분을 정정하는 경우

⑥ 국토교통부장관은 제1항에 따라 기본계획을 수립한 경우 고시하고, 관계 중앙행정기관의 장 및 시·도지사에게 통보하여야 한다. 이 경우 시·도지사는 기본계획을 관할 시장(「제주특별자치도 설치 및 국제자유도시 조성을 위한 특별법」 제17조 제2항에 따른 행정시장을 포함한다. 이하 같다)·군수·구청장(자치구의 구청장을 말한다. 이하 같다)에게 알려 일반인이 열람할 수 있게 하여야 한다.

⑦ 제1항부터 제4항까지의 기본계획의 수립과 제6항의 고시 등에 필요한 사항은 대통령령으로 정한다.

■ **녹색건축물 조성사업 등(제6조의2)** ① 정부는 기본계획을 시행하기 위하여 다음 각 호의 사업에 필요한 비용을 회계연도마다 세출예산에 계상(計上)하기 위하여 노력하여야 한다.
1. 녹색건축물 관련 정보, 기술수요 조사 및 통계 작성
2. 녹색건축의 인증·건축물의 에너지효율등급 인증 및 사후관리
3. 녹색건축물 분야 전문인력의 양성
4. 녹색건축물 분야 특성화대학 및 핵심기술연구센터 육성
5. 녹색건축물 조성기술의 연구·개발 및 기술평가
6. 녹색건축물 분야 기술지도 및 교육·홍보
7. 녹색건축물 조성에 필요한 건축자재(이하 "녹색건축자재"라 한다) 및 설비의 성능평가·인증 및 사후관리
8. 녹색건축자재 및 설비 생산·시공 전문기업에 대한 지원
9. 녹색건축자재 및 설비의 공용화 지원
10. 녹색건축센터의 운영 지원
11. 녹색건축물 조성 시범사업의 실시
12. 제로에너지건축물 활성화 및 확산·보급 사업
13. 온실가스 배출 감축사업 등 시장을 활용한 녹색건축물 조성사업
14. 건축물에너지관리시스템 활성화 및 확산·보급 사업
15. 녹색건축물 관련 국제협력
16. 녹색건축물 기술의 국제표준화 지원
17. 그밖에 녹색건축물의 조성을 위하여 필요한 사업으로서 대통령령으로 정하는 사업

> **시행령**
>
> 상기 14호의 "대통령령으로 정하는 사업"
> 1. 삭제 (법조문 삭제)
> 2. 법 제12조에 따른 건축물 에너지 소비 총량 제한에 관한 사업
> 2의2. 법 제13조에 따라 기존 건축물을 녹색건축물로 전환하는 사업
> 3. 법 제14조의2 제2항에 따른 지능형 계량기의 활성화 및 확산·보급 사업
> 3의2. 법 제29조 제3항에 따른 그린리모델링 사업
> 4. 「온실가스 배출권의 할당 및 거래에 관한 법률」에 따른 온실가스 배출권 거래에 관한 사업(건축물에 관한 사업으로 한정한다)

② 제1항 제14호의 "건축물에너지관리시스템"이란 건축물의 쾌적한 실내환경 유지와 효율적인 에너지 관리를 위하여 에너지 사용내역을 모니터링하여 최적화된 건축물에너지 관리방안을 제공하는 계측·제어·관리·운영 등이 통합된 시스템을 말한다.

■ 지역녹색건축물 조성계획의 수립 등(제7조)

① 시·도지사는 기본계획에 따라 다음 각 호의 사항이 포함된 특별시·광역시·특별자치시·도 또는 특별자치도(이하 "시·도"라 한다)의 녹색건축물 조성에 관한 계획(이하 "조성계획"이라 한다)을 5년마다 수립·시행하여야 한다.

1. 지역녹색건축물의 현황 및 전망에 관한 사항
2. 녹색건축물 조성의 기본방향과 달성목표에 관한 사항
3. 녹색건축물의 조성 및 지원에 관한 사항
4. 녹색건축물 조성계획의 추진에 필요한 재원의 조달방안 및 조성된 사업비의 집행·관리·운용 등에 관한 사항
5. 녹색건축물 조성을 위한 건축자재 및 시공에 관한 사항
6. 그밖에 녹색건축물 조성을 지원하기 위하여 시·도의 조례로 정하는 사항

> **시행령**
>
> 이렇게 녹색건축물 조성에 관한 계획(조성계획)을 작성하거나 변경하는 경우 미리 국토교통부장관 및 시장·군수·구청장과 협의하여야 한다. 다만, 조성계획 중 "국토교통부령으로 정하는 경미한 사항을 변경하려는 경우"에는 협의를 생략할 수 있다.

> **시행규칙**
>
> 상기 '시행령'에서 "국토교통부령으로 정하는 경미한 사항을 변경하려는 경우"
> 1. 지역녹색건축물 조성계획(이하 "조성계획"이라 한다) 중 녹색건축물의 온실가스 감축

및 에너지 절약 목표량(이하 "목표량"이라 한다)을 100분의 3 이내에서 상향하여 정하는 경우
2. 조성계획에 따른 사업비를 100분의 10 이내에서 증감시키는 경우
3. 목표량 설정과 사업비 산정에서 착오 또는 누락된 부분을 정정하는 경우

☞ 시행령
(1) 시·도지사는 조성계획이 확정되면 이를 해당 시·도의 공보에 게재하여야 하고, 특별시장·광역시장·도지사 또는 특별자치도지사는 이를 관할구역의 시장·군수·구청장에게 통보하여야 한다.
(2) 특별자치시장 및 제2항에 따라 통보를 받은 시장·군수·구청장은 조성계획을 30일 이상 일반인이 열람할 수 있게 하여야 한다.
(3) 시·도지사는 조성계획의 타당성을 매년 검토하여 그 결과를 조성계획에 반영할 수 있다.

② 시·도지사는 조성계획을 수립하려면 「저탄소 녹색성장기본법」 제20조에 따른 지방녹색성장위원회 또는 「건축법」 제4조에 따른 지방건축위원회의 심의를 거쳐야 한다.
③ 시·도지사는 조성계획을 수립한 때에는 그 내용을 국토교통부장관에게 보고하여야 하며, 관할 지역의 시장·군수·구청장에게 알려 일반인이 열람할 수 있게 하여야 한다.
④ 시·도지사는 조성계획을 시행하는 데에 필요한 사업비를 회계연도마다 세출예산에 계상하기 위하여 노력하여야 한다.
⑤ 그밖에 조성계획의 수립·시행 및 변경 등에 관하여 필요한 사항은 대통령령으로 정한다.

■ 다른 계획 등과의 관계(제8조)
① 국가 및 지방자치단체는 관계 법령에 따라 녹색건축물과 관련된 계획을 수립하거나 허가 등을 하는 경우에는 기본계획 및 조성계획의 내용을 고려하여야 한다.
② 기본계획 및 조성계획은 「건축기본법」에 따른 건축정책기본계획 및 지역건축기본계획과 조화를 이루어야 한다.

■ 실태조사(제9조)
① 국토교통부장관은 녹색건축물 조성에 필요한 기초자료를 확보하기 위하여 "녹색건축물 조성에 관한 실태조사"를 실시할 수 있다. 다만, 관계 중앙행정기관의 장의 요구가 있는 경우에는 합동으로 실태를 조사하여야 한다.

☞ 시행규칙
(1) "녹색건축물 조성에 관한 실태조사"

> 1. 지역별 에너지 소비 총량 관리 현황
> 2. 에너지 절약 계획서 및 건축물 에너지 소비 증명 현황
> 3. 녹색건축물 전문인력 교육 및 양성 현황
> 4. 녹색건축물 조성을 위한 녹색기술의 연구개발 및 사업화 현황
> 5. 녹색건축물 조성 시범사업 현황
> 6. 녹색건축물에 대한 자금 지원 집행 현황
> 7. 법 제13조의2 제1항에 따른 공공건축물 현황 및 에너지 소비현황
>
> (2) 실태조사는 다음 각 호의 구분에 따라 실시한다.
> 1. 정기조사 : 녹색건축물 조성을 위한 정책수립 등에 활용하기 위하여 매년 실시하는 조사
> 2. 수시조사 : 국토교통부장관이 기본계획 및 조성계획 등을 효율적으로 수립·집행하기 위하여 필요하다고 인정하는 경우 실시하는 조사
>
> (3) 국토교통부장관은 실태조사를 할 때에는 조사 대상을 정하고, 조사의 일시, 취지 및 내용 등을 포함한 조사계획을 법 제9조 제2항에 따른 단체 및 기관의 장 등 조사 대상자에게 미리 알려야 한다.
>
> (4) 국토교통부장관은 실태조사를 효율적으로 하기 위하여 정보통신망 및 전자우편 등 전자적 방식을 사용할 수 있다.

② 국토교통부장관은 녹색건축물 조성과 관련된 단체 및 기관의 장에게 제1항에 따른 실태조사에 필요한 자료의 제출을 요구할 수 있으며, 자료 제출을 요구받은 단체 및 기관의 장은 특별한 사유가 없는 한 이에 따라야 한다.

③ 제1항에 따른 실태조사의 주기·방법 및 대상 등에 관하여 필요한 사항은 국토교통부령으로 정한다.

제3장 건축물 에너지 및 온실가스 관리 대책

■ **건축물 에너지·온실가스 정보체계 구축 등(제10조)**

① 국토교통부장관은 건축물의 온실가스 배출량 및 에너지 사용량과 관련된 정보 및 통계(이하 "건축물 에너지·온실가스 정보"라 한다)를 개발·검증·관리하기 위하여 건축물 에너지·온실가스 정보체계를 구축하여야 한다.

② 국토교통부장관이 제1항에 따른 건축물 에너지·온실가스 정보체계를 구축하는 때에는 「저탄소 녹색성장기본법」 제45조에 따른 국가 온실가스 종합정보관리체계에 부합하도록 하여야 한다.

③ 다음 각 호의 "에너지 공급기관 또는 관리기관"은 건축물 에너지·온실가스 정보를 국토

교통부장관에게 제출하여야 한다.
1. 「한국전력공사법」에 따른 한국전력공사
2. 「한국가스공사법」에 따른 한국가스공사
3. 「도시가스사업법」 제2조 제2호에 따른 도시가스사업자
4. 「집단에너지사업법」 제2조 제3호에 따른 사업자 및 같은 법 제29조에 따른 한국지역난방공사
5. 「수도법」 제3조 제21호에 따른 수도사업자
6. 「액화석유가스의 안전관리 및 사업법」 제2조 제7호에 따른 액화석유가스 판매사업자
7. 「주택법」 제2조 제14호에 따른 관리주체
8. 「집합건물의 소유 및 관리에 관한 법률」 제23조 제1항에 따른 관리단 또는 관리단으로부터 건물의 관리에 대하여 위임을 받은 단체
9. "그밖에 대통령령으로 정하는 에너지 공급기관 또는 관리기관"

> ☞ 시행령
>
> 상기 9호의 "그밖에 대통령령으로 정하는 에너지 공급기관 또는 관리기관"
> 1. 「에너지이용 합리화법」 제45조에 따른 한국에너지공단(이하 "한국에너지공단"이라 한다)
> 2. 「정부출연 연구기관 등의 설립·운영 및 육성에 관한 법률」 제8조에 따른 에너지경제연구원
> 3. 「공동주택관리법」 제88조에 따른 공동주택관리정보시스템 운영기관
> 4. 「한국석유공사법」에 따른 한국석유공사

> ☞ 시행규칙
>
> (1) 상기 법 10조 제3항 및 영 제6조 제1항에 따른 "에너지공급기관 또는 관리기관"은 건축물의 온실가스 배출량 및 에너지 사용량과 관련된 정보 및 통계(건축물 에너지·온실가스 정보)를 국토교통부장관이 정하는 바에 따라 매월 말일을 기준으로 다음 달 15일까지 국토교통부장관에게 제출하여야 한다.
> (2) 에너지공급기관 등이 하나의 건축물에 대하여 여러 세대·호·가구 등으로 구분하여 건축물 에너지·온실가스 정보를 관리하고 있는 경우 그 구분된 각각의 세대·호·가구 등의 건축물 에너지·온실가스 정보를 포함하여 국토교통부장관에게 제출하여야 한다.
> (3) 국토교통부장관은 제1항 및 제2항에 따라 제출된 건축물 에너지·온실가스 정보의 내용을 검토하고, 온실가스 배출량 및 에너지 사용량 등을 지역·용도·규모 등으로 구분하여 공개할 수 있다.

(4) 제1항부터 제3항까지에서 규정한 사항 외에 건축물 에너지·온실가스 정보의 제출 및 그 공개 방법과 절차 등에 관하여 필요한 사항은 국토교통부장관이 정하여 고시한다.

④ 국토교통부장관은 제3항의 에너지 공급기관 또는 관리기관에게 건축물 에너지·온실가스 정보체계를 이용하여 전자적인 방법 또는 실시간으로 건축물 에너지·온실가스 정보를 제출하도록 요청할 수 있다. 이 경우 자료 제출을 요청받은 기관은 특별한 사유가 없으면 이에 따라야 한다.

⑤ 국토교통부장관은 건축물의 에너지 사용량을 저감하고 온실가스 감축을 장려하기 위하여 건축물 에너지·온실가스 정보를 다음 각 호의 어느 하나에 해당하는 방법으로 공개할 수 있다.

1. 제1항에 따라 구축한 건축물 에너지·온실가스 정보체계
2. 「정보통신망 이용촉진 및 정보보호 등에 관한 법률」 제2조 제1항 제3호에 따른 정보통신서비스 제공자(이하 "정보통신서비스 제공자"라 한다) 또는 국토교통부장관이 지정하는 기관·단체가 운영하는 인터넷 홈페이지

⑥ 국토교통부장관은 건축물 에너지·온실가스 정보체계의 구축·운영 등 업무를 원활히 하기 위하여 「주민등록법」 제30조 제1항에 따른 주민등록전산정보 중 출생연도 및 성별 자료, 「주택법」 제45조 제4항 각 호에 따른 공동주택 관리비 및 사용량 등 정보의 제공을 해당 정보를 보유 또는 관리하는 자에게 요청할 수 있다. 이 경우 요청을 받은 자는 개인정보의 보호, 정보 보안 등 특별한 사정이 없으면 이에 따라야 한다.

⑦ 제3항·제4항에 따른 제출 방법·서식, 제5항에 따른 공개 방법·절차 및 제6항에 따른 요청 절차·방법 등 필요한 사항은 국토교통부령으로 정한다.

⑧ 국토교통부장관은 제1항에 따른 건축물 에너지·온실가스 정보체계의 운영을 "대통령령으로 정하는 기관 또는 단체"에 위탁할 수 있다.

☞ 시행령

국토교통부장관은 건축물 에너지·온실가스 정보 공개 업무를 수행하기 위하여 불가피한 경우 「개인정보 보호법 시행령」 제19조 제1호에 따른 주민등록번호가 포함된 자료를 처리할 수 있다.

☞ 시행령

상기 ⑧항의 "대통령령으로 정하는 기관 또는 단체"란 다음 각 호의 어느 하나에 해당하는 기관 중에서 국토교통부장관이 정하여 고시하는 기관을 말한다.

1. 「정부출연 연구기관 등의 설립·운영 및 육성에 관한 법률」 제8조에 따른 국토연구원

(이하 "국토연구원"이라 한다)
2. 「국유재산법」에 따라 출자된 주식회사 한국감정원(이하 "한국감정원"이라 한다)
3. 한국에너지공단

■ **지역별 건축물의 에너지총량 관리(제11조)**
① 시·도지사는 대통령령으로 정하는 바에 따라 관할 지역의 건축물에 대하여 에너지 소비 총량을 설정하고 관리할 수 있다.

☞ **시행령**
(1) 시·도지사는 관할 지역의 건축물(「건축법」 제3조 제1항에 해당하는 건축물 제외)에 대하여 기본계획 및 조성계획에서 정하는 목표량의 범위에서 관할 지역 건축물의 에너지 소비 총량을 설정하여 관리할 수 있다.
(2) 이때 그 내용을 해당 시·도의 공보에 게재하여 30일 이상 주민에게 열람하게 하고, 지방의회의 의견을 들어야 한다. 이 경우 지방의회는 60일 이내에 의견을 제시하여야 하며, 그 기한 내에 의견을 제시하지 아니하면 의견이 없는 것으로 본다.
(3) 시·도지사는 주민 열람 및 지방의회의 의견을 들은 후 「저탄소 녹색성장기본법」 제20조에 따른 지방녹색성장위원회(지방녹색성장위원회가 설치되어있지 아니한 경우에는 「건축법」 제4조에 따라 시·도에 두는 지방건축위원회를 말한다)의 심의를 거쳐 관할 지역 건축물의 에너지 소비 총량을 확정한다.
(4) 그 외에 지역별 건축물의 에너지 소비 총량 설정 방법, 대상, 절차 및 의견조회 방법 등에 관하여 필요한 사항은 시·도의 조례로 정한다.

② 시·도지사는 제1항에 따라 관할 지역의 건축물에 대하여 에너지 소비 총량을 설정하려면 미리 대통령령으로 정하는 바에 따라 해당 지역주민 및 지방의회의 의견을 들어야 한다.
③ 시·도지사는 관할 지역의 건축물 에너지총량을 달성하기 위한 계획을 수립하여 국토교통부장관과 "협약"을 체결할 수 있다. 이 경우 국토교통부장관은 협약을 체결한 지방자치단체의 장에게 협약의 이행에 필요한 행정적·재정적 지원을 할 수 있다.

☞ **시행규칙**
(1) 상기 ③항의 "협약"에는 다음 각 호의 사항이 포함되어야 한다.
 1. 협약을 체결하는 특별시장·광역시장·특별자치시장·도지사 또는 특별자치도지사(이하 "시·도지사"라 한다)가 설정하는 관할 지역의 건축물(「건축법」 제3조 제1항에 따른 건축물은 제외한다. 이하 같다) 에너지 소비 총량 목표 및 이를 달성하기 위한

계획(목표달성계획)에 관한 사항
2. 협약 이행의 보고 및 평가에 관한 사항
3. 협약을 이행하는 데 필요한 행정적·재정적 지원 및 집행에 관한 사항
4. 협약의 유효기간에 관한 사항
5. 협약의 변경 및 해약에 관한 사항
6. 협약을 위반하였을 때의 조치사항
7. 그밖에 협약 당사자 간에 지역별 건축물의 에너지 소비 총량을 달성하기 위하여 필요하다고 인정하는 사항

(2) 시·도지사는 제1항에 따른 협약 체결 시 지체 없이 그 내용을 주민에게 공고하여야 한다.
(3) 시·도지사는 제1항 제4호에 따른 협약의 유효기간 동안 다음 각 호의 사항을 포함한 협약의 이행 결과를 매년 3월 31일까지 국토교통부장관에게 보고하여야 한다.
  1. 목표달성계획에 따른 전년도의 지역별 건축물 에너지 소비 총량의 목표달성 여부
  2. 목표달성계획의 이행이 지연되는 경우 그 사유, 조치 및 개선방안
  3. 협약의 목표 이행을 위한 예산집행 실적

④ 제3항에 따른 협약의 체결 및 이행 등에 필요한 사항은 국토교통부령으로 정한다.

■ 개별 건축물의 에너지 소비 총량 제한(제12조)

① 국토교통부장관은 「저탄소 녹색성장기본법」 제42조에 따른 건축물 부문의 중장기 및 단계별 온실가스 감축 목표의 달성을 위하여 신축 건축물 및 기존 건축물의 에너지 소비 총량을 제한할 수 있다.

☞ 시행령

(1) 국토교통부장관은 신축 건축물 및 기존 건축물의 에너지 소비 총량을 제한하려면 그 적용대상과 허용기준 등을 건축법 제4조에 따라 국토교통부에 두는 건축위원회의 심의를 거쳐 고시하여야 한다.
(2) 국토교통부장관은 다음 각 호의 어느 하나에 해당하는 자가 신축 또는 관리하고 있는 건축물에 대하여 에너지 소비 총량을 제한하거나 온실가스·에너지목표관리를 위하여 필요하면 해당 건축물에 대한 에너지 소비 총량 제한 기준을 따로 정하여 고시할 수 있다.
  1. 중앙행정기관의 장
  2. 지방자치단체의 장
  3. 「저탄소 녹색성장기본법 시행령」 제43조 제1항에 따른 공공기관 및 교육기관의 장

② 국토교통부장관은 연차별로 건축물 용도에 따른 에너지 소비량 허용기준을 제시하여야 한다.

③ 건축물을 건축하려고 하는 건축주는 해당 건축물의 에너지 소비 총량이 제2항에 따른 허용기준의 이하가 되도록 설계하여야 하며, 건축 허가를 신청할 때에 관련 근거자료를 제출하여야 한다.

④ 기존 건축물의 에너지 소비 총량 관리는 「저탄소 녹색성장기본법」 제42조에 따른 온실가스·에너지목표관리에 따른다.

⑤ 신축 건축물의 에너지 소비 총량 제한과 기존 건축물의 온실가스·에너지목표관리에 관하여 필요한 사항은 대통령령으로 정한다.

■ 기존 건축물의 에너지 성능 개선기준(제13조)
① 건축물의 에너지효율을 높이기 위하여 기존 건축물을 녹색건축물로 전환하는 경우에는 국토교통부장관이 고시하는 기준에 적합하여야 한다.

> ☞ "기존 건축물의 에너지성능 개선기준" 제7조(녹색건축물 전환기준)
>
> ① 법 제13조 제1항에 따른 녹색건축물 전환기준은 다음 각 호와 같다.
>   1. 「건축물 에너지효율등급 인증기준」에 따라 에너지효율등급 3등급 이상의 등급을 인증받은 사업
>   2. 성능개선 전후 대비 연간 단위면적당 냉난방 에너지요구량을 20% 이상 개선하거나 연간 단위면적당 1차에너지소요량을 20% 이상 개선하는 사업
>   3. 「녹색건축물 조성 지원법」 제16조에 따른 녹색건축 인증을 「녹색건축 인증기준」 별표 6과 별표 7의 그린리모델링 건축물 인증심사 기준에 따라 취득한 사업
>   4. 기존 건축물의 노후도, 안전성능, 에너지 효율 등의 성능을 종합적으로 개선하는 사업
>
> ② 사용자 등은 녹색건축물로 전환 시 제1항 각 호의 어느 하나를 충족하여야 한다.
>
> ③ 제1항 제2호의 평가는 ISO 13790 등 국제규격에 따라 제작된 프로그램으로 평가하되, 녹색건축센터의 장이 인정한 프로그램을 활용하여야 한다. 다만, 세부기준은 「건축물 에너지효율등급 인증기준」을 준용한다.

② 제1항에 따른 "기존 건축물"의 종류 및 "공사의 범위"는 국토교통부령으로 정한다.

> ☞ 시행규칙
>
> (1) 상기 법 제13조 제1항의 "기존 건축물"은 건축법 제22조에 따른 사용승인을 받은 후 10년이 지난 건축물로 한다.

(2) 법 제13조 제2항에 따른 "공사의 범위"는 기존 건축물의 리모델링·증축·개축·대수선 및 수선으로 한다. 다만 수선은 창·문, 설비·기기, 단열재 등을 통하여 에너지 성능을 개선하는 공사로 한정한다.

■ 공공건축물의 에너지 소비량 공개 등(제13조의2)
① 공공부문의 건축물 에너지 절약 및 온실가스 감축을 위하여 대통령령으로 정하는 건축물(이하 "공공건축물"이라 한다)의 사용자 또는 관리자는 국토교통부장관에게 해당 건축물의 에너지 소비량을 매 분기마다 보고하여야 한다.

☞ 시행령

(1) 법 제13조의2 제1항에서 "대통령령으로 정하는 건축물"이란 다음 각 호의 기준에 모두 해당하는 건축물을 말한다.
  1. 시행령 제9조 제2항 각 호의 기관(중앙행정기관의 장, 지방자치단체의 장, 공공기관 및 교육기관의 장)이 소유 또는 관리하는 건축물일 것
  2. 다음 각 목의 어느 하나에 해당하는 용도일 것
    가. 「건축법 시행령」 별표1 제5호에 따른 문화 및 집회시설(이하 "문화 및 집회시설"이라 한다)
    나. 「건축법 시행령」 별표1 제8호에 따른 운수시설
    다. 「건축법 시행령」 별표1 제9호 가목에 따른 병원
    라. 「건축법 시행령」 별표1 제10호 가목에 따른 학교 중·고등학교, 전문대학, 대학, 대학교 및 같은 호 바목에 따른 도서관
    마. 「건축법 시행령」 별표1 제12호에 따른 수련시설
    바. 「건축법 시행령」 별표1 제14호에 따른 업무시설(이하 "업무시설"이라 한다)
  3. 「건축법」 제22조에 따른 사용승인을 받은 후 10년이 지났을 것
  4. 연면적이 3천 제곱미터 이상일 것

☞ 시행규칙

(1) 공공건축물의 사용자 또는 관리자(이하 "공공건축물 사용자 등"이라 한다)는 법 제13조의2 제1항에 따라 해당 공공건축물의 에너지 소비량 보고서를 매 분기 말일을 기준으로 다음 달 말일까지 국토교통부장관에게 제출하여야 한다.
(2) 제1항에 따른 에너지 소비량 보고서는 별지 서식으로 한다.
(3) 국토교통부장관은 제1항에 따라 보고받은 에너지 소비량의 에너지소비 특성 및 이용상황 등에 대한 적정성 검토를 위하여 현장조사를 실시할 수 있으며, 에너지 소비량

> 분석 결과를 공공건축물 사용자 등에게 미리 통보하고 의견을 들을 수 있다.
> (4) 공공건축물 사용자 등은 법 제13조의2 제2항에 따라 공개된 에너지 소비량을 별지 제2호의2 서식을 참고하여 해당 공공건축물의 주출입구에 게시할 수 있다.
> (5) 상기 제1항부터 제4항까지에서 규정한 사항 외에 공공건축물의 에너지효율 및 성능개선 요구 기준 등 에너지 소비량 공개에 관한 세부사항은 국토교통부장관이 정하여 고시한다.

② 국토교통부장관은 제1항에 따라 보고받은 공공건축물의 에너지 소비량을 대통령령으로 정하는 바에 따라 공개하여야 한다.

③ 국토교통부장관은 제1항에 따라 보고받은 에너지 소비량을 검토한 결과 에너지효율이 낮은 건축물에 대하여는 건축물의 에너지효율 및 성능개선을 요구할 수 있다.

④ 제1항부터 제3항까지에 따른 에너지 소비량 보고, 공개, 표시 방법 및 에너지 소비량의 적정성 검토방법 등 필요한 사항은 국토교통부령으로 정한다.

■ 에너지 절약계획서 제출(제14조)

① "대통령령으로 정하는 건축물"을 건축하고자 하는 건축주는 「건축법」 제11조에 따라 건축허가를 신청하거나 같은 법 제19조 제2항에 따라 용도변경의 허가신청 또는 신고를 하거나 같은 법 제19조제3항에 따라 건축물대장 기재내용의 변경을 신청하는 경우에는 대통령령으로 정하는 바에 따라 에너지 절약계획서를 제출하여야 한다.

> ☞ 시행령
>
> (1) 상기 ①항의 "대통령령으로 정하는 건축물"이란 연면적의 합계가 500제곱미터 이상인 건축물을 말한다. 다만, 다음 각 호의 어느 하나에 해당하는 건축물을 건축하려는 건축주는 에너지 절약계획서를 제출하지 아니한다.
> 1. 「건축법 시행령」 별표1 제1호에 따른 단독주택
> 2. 「건축법 시행령」 별표1 제1호에 따른 문화 및 집회시설 중 동·식물원
> 3. 「건축법 시행령」 별표1 제17호부터 제26호까지의 건축물 중 냉방 및 난방 설비를 모두 설치하지 아니하는 건축물
> 4. 그밖에 국토교통부장관이 에너지 절약계획서를 첨부할 필요가 없다고 정하여 고시하는 건축물
> (2) 상기 각 호 외의 부분 본문에 해당하는 건축물을 건축하려는 건축주는 건축허가를 신청하거나 용도변경의 허가신청 또는 신고, 건축물대장 기재내용의 변경 시 "국토교통부령으로 정하는 에너지 절약계획서"(전자문서로 된 서류를 포함한다)를 「건축법」 제5조 제1항에 따른 허가권자(이하 "허가권자"라 한다)에게 제출하여야 한다.

> **시행규칙**
>
> 상기 시행령 (2)에서 "국토교통부령으로 정하는 에너지 절약계획서"란 다음 각 호의 서류를 첨부한 별지 제1호서식의 에너지 절약계획서를 말한다.
> 1. 국토교통부장관이 고시하는 건축물의 에너지 절약 설계기준에 따른 에너지 절약 설계 검토서
> 2. 설계도면, 설계설명서 및 계산서 등 건축물의 에너지 절약계획서의 내용을 증명할 수 있는 서류(건축, 기계설비, 전기설비 및 신·재생에너지 설비 부문과 관련된 것으로 한정한다)

② 제1항에 따라 허가신청 등을 받은 행정기관의 장은 에너지 절약계획서의 적절성 등을 검토하여야 한다. 이 경우 건축주에게 "국토교통부령으로 정하는 에너지 관련 전문기관"에 에너지 절약계획서의 검토 및 보완을 거치도록 할 수 있다.

> **시행규칙**
>
> "국토교통부령으로 정하는 에너지 관련 전문기관"
> 1. 한국에너지공단
> 2. 한국시설안전공단
> 3. 한국감정원
> 4. 그밖에 국토교통부장관이 에너지 절약계획서의 검토업무를 수행할 인력, 조직, 예산 및 시설 등을 갖추었다고 인정하여 고시하는 기관 또는 단체

③ 제2항에도 불구하고 국토교통부장관이 고시하는 바에 따라 사전 확인이 이루어진 에너지 절약계획서를 제출하는 경우에는 에너지 절약계획서의 적절성 등을 검토하지 아니할 수 있다.
④ 국토교통부장관은 제2항에 따른 에너지 절약계획서 검토업무의 원활한 운영을 위하여 국토교통부령으로 정하는 에너지 관련 전문기관 중에서 운영기관을 지정하고 운영 관련 업무를 위임할 수 있다.
⑤ 제2항에 따른 에너지 절약계획서의 검토절차, 제4항에 따른 운영기관의 지정 기준·절차와 업무범위 및 그밖에 검토업무의 운영에 필요한 사항은 국토교통부령으로 정한다.
⑥ 에너지 관련 전문기관은 제2항에 따라 에너지 절약계획서의 검토 및 보완을 하는 경우 건축주로부터 국토교통부령으로 정하는 수수료를 받을 수 있다.

☞ **시행규칙 제7조 제7항(에너지 절약계획서 검토 수수료)**

1. 일반기준
   가. 법 제14조에 따라 에너지 절약계획서를 제출하는 건축물(이하 "제출대상건축물"이라 한다)이 다음 각 호의 어느 하나에 해당하는 경우에는 해당 검토 건에 대한 수수료 적용 시 제2호 각 목의 금액에서 50퍼센트를 감면할 수 있다.
      (1) 법 제17조에 따라 1등급 이상의 건축물 에너지효율등급 인증을 받은 경우. 다만, 다음의 어느 하나에 해당하는 기관이 신축하거나 별동(別棟)으로 증축하는 경우는 제외한다.
         ㈎ 영 제9조 제2항 각 호의 기관
         ㈏ 「공공주택 특별법」 제4조 제1항에 따른 공공주택사업자
         ㈐ 「사회기반시설에 대한 민간투자법」 제2조 제7호에 따른 사업시행자
      (2) 증축·용도변경·건축물대장의 기재내용 변경인 경우로서 열손실 변동이 있는 경우. 다만, 별동으로 증축하는 경우와 기존 건축물 연면적의 100분의 50 이상을 증축하면서 해당 증축 연면적이 2,000제곱미터 이상인 경우는 제외한다.
      (3) 열손실 방지 등의 조치 예외대상이었으나 용도변경 또는 건축물대장 기재내용의 변경으로 조치대상이 되는 경우
   나. 가목에도 불구하고 제출대상건축물에 대하여 같은 대지 내 2개 이상의 에너지 절약계획서를 검토하는 경우에는 다음의 기준에 따른다.
      (1) 같은 대지 내 제출대상건축물의 모든 바닥면적(이하 "제출대상면적"이라 한다)을 합산하여 수수료 부과 기준면적을 산정한다. 다만, 용도(주거와 비주거를 말한다. 이하 같다)가 복합되는 검토 건의 경우에는 용도별로 구분하여 제출대상면적을 각각 산정한다.
      (2) 아래 산식과 같이 용도별 에너지 절약계획서 총 건수에 추가 조정계수 0.2를 적용하여 수수료를 산정한다.

         > 수수료 = 용도별 제출대상면적합계에 따른 금액 × (1 + 에너지 절약계획서 총 건수 × 0.2)

      (3) (2)에도 불구하고 에너지 절약계획서 총 건수 중 다음의 어느 하나에 해당하는 검토 건이 포함된 경우에는 해당 검토 건에 대하여 아래 산식과 같이 조정계수 0.1을 적용하여 수수료를 산정한다.
         ㈎ 에너지 절약계획서 중 가목 (1)부터 (3)까지에 해당하는 경우
         ㈏ 같은 대지 안에 주거 또는 비주거를 구분한 각각의 제출대상면적이 2,000제곱미터 미만이면서 개별동의 제출대상면적이 500제곱미터 미만인 경우

> 수수료 = 용도별 제출대상면적합계에 따른 금액×(1 + 가)·나)에 해당하는 검토건수×0.1 + 가)·나)에 해당하지 않는 검토건수×0.2)

(4) 용도가 복합되는 검토 건의 경우 각각 산정된 수수료를 합산한다.

2. 개별기준

　가. 주거부분 수수료

기준면적(m^2)	금액(원)　※ 부가가치세 별도
1,000 미만	211,000
1,000 이상 ~ 1,500 미만	317,000
1,500 이상 ~ 2,000 미만	422,000
2,000 이상 ~ 3,000 미만	592,000
3,000 이상 ~ 5,000 미만	761,000
5,000 이상 ~ 10,000 미만	930,000
10,000 이상 ~ 20,000 미만	1,099,000
20,000 이상 ~ 30,000 미만	1,268,000
30,000 이상 ~ 40,000 미만	1,437,000
40,000 이상 ~ 60,000 미만	1,606,000
60,000 이상 ~ 80,000 미만	1,776,000
80,000 이상 ~ 120,000 미만	1,945,000
120,000 이상	2,114,000

　나. 비주거부분 수수료

기준면적(m^2)	금액(원)　※ 부가가치세 별도
1,000 미만	317,000
1,000 이상 ~ 1,500 미만	422,000
1,500 이상 ~ 2,000 미만	634,000
2,000 이상 ~ 3,000 미만	845,000
3,000 이상 ~ 5,000 미만	1,057,000
5,000 이상 ~ 10,000 미만	1,268,000
10,000 이상 ~ 15,000 미만	1,480,000
15,000 이상 ~ 20,000 미만	1,691,000
20,000 이상 ~ 30,000 미만	1,902,000
30,000 이상 ~ 40,000 미만	2,114,000
40,000 이상 ~ 60,000 미만	2,325,000
60,000 이상	2,537,000

■ 건축물의 에너지 소비 절감을 위한 차양 등의 설치(제14조의2)
① 대통령령으로 정하는 건축물을 건축 또는 리모델링하는 경우로서 외벽에 창을 설치하거나 외벽을 유리 등 국토교통부령으로 정하는 재료로 하는 경우 건축주는 에너지효율을 높이기 위하여 국토교통부장관이 고시하는 기준에 따라 일사(日射)의 차단을 위한 차양 등 일사조절장치를 설치하여야 한다.

> ☞ 시행규칙
> 제14조의2 제1항에서 "국토교통부령으로 정하는 재료"란 채광(採光)을 위한 유리 또는 플라스틱을 말한다.

② 대통령령으로 정하는 건축물을 건축 또는 리모델링하려는 건축주는 에너지 소비 절감 및 효율적인 관리를 위하여 열의 손실을 방지하는 단열재 및 방습층(防濕層), 지능형 계량기, 고효율의 냉방·난방 장치 및 조명기구 등 건축설비를 설치하여야 한다. 이 경우 건축설비의 종류, 설치 기준 등은 국토교통부장관이 고시한다.

> ☞ 시행령
> 제14조의2 제1항 및 같은 조 제2항 전단에서 "대통령령으로 정하는 건축물"이란 각각 다음 각 호의 기준에 모두 해당하는 건축물을 말한다.
> 1. 제9조 제2항 각 호의 기관(중앙행정기관의 장, 지방자치단체의 장, 공공기관 및 교육기관의 장)이 소유 또는 관리하는 건축물일 것
> 2. 연면적이 3천 제곱미터 이상일 것
> 3. 용도가 업무시설 또는 「건축법 시행령」 별표1 제10호에 따른 교육연구시설일 것

제4장 녹색건축물 등급제 시행

■ 건축물에 대한 효율적인 에너지 관리와 녹색건축물 조성의 활성화(제15조)
① 국토교통부장관은 건축물에 대한 효율적인 에너지 관리와 녹색건축물 건축의 활성화를 위하여 필요한 설계·시공·감리 및 유지·관리에 관한 기준을 정하여 고시할 수 있다.
② 「건축법」 제5조 제1항에 따른 허가권자(이하 "허가권자"라 한다)는 녹색건축물의 조성을 활성화하기 위하여 "대통령령으로 정하는 기준에 적합한 건축물"에 대하여 제14조 제1항 또는 제14조의2를 적용하지 아니하거나 다음 각 호의 구분에 따른 범위에서 그 요건을 완화하여 적용할 수 있다.
1. 「건축법」 제56조에 따른 건축물의 용적률 : 100분의 115 이하
2. 「건축법」 제60조 및 제61조에 따른 건축물의 높이 : 100분의 115 이하

> ☞ 시행령
> (1) 상기 ②항에서 "대통령령으로 정하는 기준에 적합한 건축물"
>   1. 법 제15조 제1항에 따라 국토교통부장관이 정하여 고시하는 설계·시공·감리 및 유지·관리에 관한 기준에 맞게 설계된 건축물
>   2. 법 제16조에 따라 녹색건축의 인증을 받은 건축물
>   3. 법 제17조에 따라 건축물의 에너지효율등급 인증을 받은 건축물
>   3의2. 법 제17조에 따라 제로에너지건축물 인증을 받은 건축물
>   4. 법 제24조 제1항에 따른 녹색건축물 조성 시범사업 대상으로 지정된 건축물
>   5. 건축물의 신축공사를 위한 골조공사에 국토교통부장관이 고시하는 재활용 건축자재를 100분의 15 이상 사용한 건축물
> (2) 국토교통부장관은 상기 각 호의 어느 하나에 해당하는 건축물에 대하여 허가권자가 법 제15조 제2항에 따라 법 제14조 제1항 또는 14조의2를 적용하지 아니하거나 건축물의 용적률 및 높이 등을 완화하여 적용하기 위한 세부기준을 정하여 고시할 수 있다.

③ 지방자치단체는 제1항에 따른 고시의 범위에서 건축기준 완화 기준 및 재정지원에 관한 사항을 조례로 정할 수 있다.

- **녹색건축물의 유지·관리(제15조의2)** 녹색건축물의 소유자 또는 관리자는 제12조, 제14조, 제14조의2, 제15조, 제16조, 제17조에 적합하도록 유지·관리하여야 하고, 국토교통부장관, 시·도지사, 시장·군수·구청장은 대통령령으로 정하는 바에 따라 유지·관리의 적합 여부 확인을 위한 점검이나 실태조사를 할 수 있다. 다만, 제16조 및 제17조는 인증을 받은 경우에 한정한다.

> ☞ 시행령
> 상기 제15조의2에 따른 점검 및 실태조사는 건축허가를 받아 녹색건축물을 리모델링·증축·개축·대수선하는 경우에 할 수 있다.

- **녹색건축의 인증(제16조)**
  ① 국토교통부장관은 지속 가능한 개발의 실현과 자원 절약형이고 자연친화적인 건축물의 건축을 유도하기 위하여 녹색건축 인증제를 시행한다.
  ② 국토교통부장관은 제1항에 따른 녹색건축 인증제를 시행하기 위하여 운영기관 및 인증기관을 지정하고 녹색건축 인증 업무를 위임할 수 있다.

③ 녹색건축의 인증을 받으려는 자는 제2항에 따른 인증기관에 인증을 신청하여야 한다.
④ 제1항에 따른 녹색건축 인증제의 운영과 관련하여 다음 각 호의 사항에 대하여는 국토교통부와 환경부의 공동부령으로 정한다.
1. 인증 대상 건축물의 종류
2. 인증기준 및 인증절차
3. 인증유효기간
4. 수수료
5. 인증기관 및 운영기관의 지정 기준, 지정 절차 및 업무범위
6. 인증받은 건축물에 대한 점검이나 실태조사
7. 인증 결과의 표시 방법
⑤ 대통령령으로 정하는 건축물을 건축 또는 리모델링하려는 건축주는 해당 건축물에 대하여 녹색건축의 인증을 받아 그 결과를 표시하고, 「건축법」 제22조에 따라 건축물의 사용승인을 신청할 때 관련 서류를 첨부하여야 한다. 이 경우 사용승인을 한 허가권자는 「건축법」 제38조에 따른 건축물대장에 해당 사항을 지체 없이 적어야 한다.

> ☞ 시행령
>
> 상기 제16조 제5항 전단에서 "대통령령으로 정하는 건축물"이란 다음 각 호의 기준에 모두 해당하는 건축물을 말한다.
> 1. 제9조 제2항 각 호의 기관(중앙행정기관의 장, 지방자치단체의 장, 공공기관 및 교육기관의 장)이 소유 또는 관리하는 건축물일 것
> 2. 신축·재축 또는 증축하는 건축물일 것. 다만, 증축의 경우에는 건축물이 있는 대지에 별개의 건축물로 증축하는 경우로 한정한다.
> 3. 연면적(하나의 대지에 복수의 건축물이 있는 경우 모든 건축물의 연면적을 합산한 면적을 말한다)이 3천 제곱미터 이상일 것
> 4. 법 제14조 제1항에 따른 에너지 절약계획서 제출 대상일 것

■ 건축물의 에너지효율등급 인증 및 제로에너지건축물 인증(제17조)
① 국토교통부장관은 에너지 성능이 높은 건축물을 확대하고, 건축물의 효과적인 에너지관리를 위하여 건축물 에너지효율등급 인증제 및 제로에너지건축물 인증제를 시행한다.
② 국토교통부장관은 제1항에 따른 건축물의 에너지효율등급 인증제 및 제로에너지건축물 인증제를 시행하기 위하여 운영기관 및 인증기관을 지정하고, 건축물 에너지효율등급 인증 업무를 위임할 수 있다.
③ 건축물 에너지효율등급 인증을 받으려는 자는 "대통령령으로 정하는 건축물의 용도 및

규모"에 따라 제2항에 따른 인증기관에게 신청하여야 하며, 인증평가 업무는 인증기관에 소속되거나 등록된 건축물에너지평가사가 수행하여야 한다.

> ☞ 시행령
>
> 상기 ③항의 "대통령령으로 정하는 건축물의 용도 및 규모"
> 1. 「건축법 시행령」 별표1 제2호 가목부터 다목까지의 공동주택(이하 "공동주택"이라 한다)
> 2. 업무시설
> 3. 그밖에 법 제17조 제4항 제1호에 따라 국토교통부와 산업통상자원부의 공동부령으로 정하는 건축물

④ 제3항의 인증평가 결과가 국토교통부와 산업통상자원부의 공동부령으로 정하는 기준 이상인 건축물에 대하여 제로에너지건축물 인증을 받으려는 자는 제2항에 따른 인증기관에 신청하여야 한다.

⑤ 제1항에 따른 건축물 에너지효율등급 인증제의 운영과 관련하여 다음 각 호의 사항에 대하여는 국토교통부와 산업통상자원부의 공동부령으로 정한다.
1. 인증 대상 건축물의 종류
2. 인증기준 및 인증절차
3. 인증유효기간
4. 수수료
5. 인증기관 및 운영기관의 지정 기준, 지정 절차 및 업무범위
6. 인증받은 건축물에 대한 점검이나 실태조사
7. 인증 결과의 표시 방법
8. 인증평가에 대한 건축물에너지평가사의 업무범위

⑥ 대통령령으로 정하는 건축물을 건축 또는 리모델링하려는 건축주는 해당 건축물에 대하여 에너지효율등급 인증을 받아 그 결과를 표시하고, 「건축법」 제22조에 따라 건축물의 사용승인을 신청할 때 관련 서류를 첨부하여야 한다. 이 경우 사용승인을 한 허가권자는 「건축법」 제38조에 따른 건축물대장에 해당 사항을 지체 없이 적어야 한다.

> ☞ 시행령
>
> 제17조 제6항 전단에서 "대통령령으로 정하는 건축물"이란 다음 각 호의 기준에 모두 해당하는 건축물을 말한다.
> 1. 제9조 제2항 각 호의 기관(중앙행정기관의 장, 지방자치단체의 장, 공공기관 및 교육기관의 장)이 소유 또는 관리하는 건축물일 것
> 2. 신축·재축 또는 증축하는 건축물일 것. 다만, 증축의 경우에는 기존 건축물의 대지에

> 별개의 건축물로 증축하는 경우로 한정한다.
> 3. 연면적이 3천 제곱미터 이상일 것
> 4. 법 제14조 제1항에 따른 에너지 절약계획서 제출 대상일 것
> 5. 법 제17조 제5항 제1호에 따라 국토교통부와 산업통상자원부의 공동부령으로 정하는 건축물에 해당할 것

■ 건축물 에너지성능정보의 공개 및 활용 등 (제18조)
　① 국토교통부장관은 대통령령으로 정하는 건축물의 연간 에너지 사용량, 온실가스 배출량 또는 제17조에 따라 인증받은 해당 건축물의 에너지효율등급 등이 표시된 건축물 에너지 평가서를 제10조 제5항에 따른 방법으로 공개하여야 한다.

> ☞ 시행령
>
> 법 제18조 제1항에서 "대통령령으로 정하는 건축물"이란 법 제10조 제1항에 따른 건축물 에너지·온실가스 정보체계가 구축된 지역에 있는 다음 각 호의 어느 하나에 해당하는 건축물을 말한다.
> 1. 전체 세대수가 500세대 이상인 주택단지 내의 공동주택
> 2. 연면적 3천 제곱미터 이상의 업무시설(「건축법 시행령」 별표1 제14호 나목 2에 따른 오피스텔은 제외한다)

　②「공인중개사의 업무 및 부동산 거래신고에 관한 법률」에 따른 중개업자가 제1항에 해당하는 건축물을 중개할 때에는 매입자 또는 임차인이 중개 대상 건축물의 에너지 평가서를 확인할 수 있도록 안내할 수 있다.
　③ 건축물 에너지 평가서의 내용, 공개 기준 및 절차, 활용방안, 운영기관 등 건축물 에너지성능정보의 공개 및 활용에 관한 구체적인 사항은 국토교통부령으로 정한다.

> ☞ 시행규칙
>
> 법 제18조 제3항에 따른 에너지성능정보 공개·활용 운영기관은 다음 각 호의 어느 하나에 해당하는 기관 또는 단체 중에서 국토교통부장관이 정하여 고시한다.
> 1. 한국감정원
> 2. 한국에너지공단
> 3. 그밖에 국토교통부장관이 에너지성능정보의 공개 및 활용 업무를 수행할 인력, 조직, 예산 및 시설 등을 갖추었다고 인정하여 고시하는 기관 또는 단체

■ **인증기관 지정의 취소(제19조)** 국토교통부장관은 제16조 제2항 및 제17조 제2항에 따라 지정된 인증기관이 다음 각 호의 어느 하나에 해당하면 환경부장관 또는 산업통상자원부장관과 협의하여 인증기관의 지정을 취소하거나 1년 이내의 기간을 정하여 업무의 전부 또는 일부의 정지를 명할 수 있다. 다만, 제1호에 해당하는 경우에는 그 지정을 취소하여야 한다.
1. 거짓이나 부정한 방법으로 지정을 받은 경우
2. 정당한 사유 없이 지정받은 날부터 2년 이상 계속하여 인증업무를 수행하지 아니한 경우
3. 인증의 기준 및 절차를 위반하여 인증업무를 수행한 경우
4. 정당한 사유 없이 인증심사를 거부한 경우
5. 그밖에 인증기관으로서의 업무를 수행할 수 없게 된 경우

> ☞ **시행령**
>
> 국토교통부장관은 다음 각 호의 어느 하나에 해당하는 경우에는 청문을 하여야 한다.
> 1. 법 제19조에 따른 인증기관 지정의 취소
> 2. 법 제20조에 따른 인증의 취소
> 3. 법 제23조에 따른 녹색건축센터의 지정 취소
> 4. 제14조 제4항에 따른 녹색교육기관의 지정 취소

■ **인증의 취소(제20조)**
① 제16조 제2항 및 제17조 제2항에 따라 지정된 인증기관의 장은 인증을 받은 건축물이 다음 각 호의 어느 하나에 해당하면 그 인증을 취소할 수 있다.
1. 인증의 근거나 전제가 되는 주요한 사실이 변경된 경우
2. 인증 신청 및 심사 중 제공된 중요 정보나 문서가 거짓인 것으로 판명된 경우
3. 인증을 받은 건축물의 건축주 등이 인증서를 인증기관에 반납한 경우
4. 인증을 받은 건축물의 건축허가 등이 취소된 경우

② 인증기관의 장은 제1항에 따라 인증을 취소한 경우에는 그 내용을 국토교통부장관에게 보고하여야 한다.

제5장 녹색건축물 조성의 실현 및 지원

■ **녹색건축물 전문인력의 양성 및 지원(제21조)**
① 국토교통부장관은 녹색건축물 관련 전문인력의 양성 및 고용 촉진을 위하여 시책을 마련하여야 한다.
② 국토교통부장관은 녹색건축물 전문인력의 양성을 위하여 대통령령으로 정하는 바에 따라 전문기관을 지정하고 예산의 범위에서 교육 및 훈련에 필요한 비용의 전부 또는 일부를

지원할 수 있다.
③ 국토교통부장관은 녹색건축물 조성 관련 사업시행자에게 녹색건축물 전문인력의 고용을 확대하도록 권고할 수 있다.

■ **녹색건축물 조성기술의 연구개발 등(제22조)**
① 국토교통부장관은 녹색건축물 조성을 위한 녹색기술(이하 "녹색건축물 조성기술"이라 한다)의 연구개발 및 사업화 등을 촉진하기 위하여 다음 각 호의 사항을 포함하는 시책을 수립·시행할 수 있다.
1. 녹색건축물과 관련된 정보의 수집·분석 및 제공
2. 녹색건축물 평가기법의 개발 및 보급
3. 녹색건축물 조성기술의 연구개발 및 사업화 등의 촉진을 위한 금융지원
4. 녹색건축자재 개발 및 시공 기술의 개발
② 국토교통부장관은 「저탄소 녹색성장기본법」 제26조에 따른 시책을 추진할 경우 정책시행의 시급성과 효과성을 고려하여 녹색건축물 조성에 관한 사항을 우선적으로 고려하여야 한다.
③ 국토교통부장관은 제1항에 따라 개발된 연구성과의 이용·보급 및 관련 산업과의 연계를 촉진하기 위하여 필요하다고 판단하는 경우에는 녹색건축물 조성기술의 이용·보급 등에 관한 시범사업을 실시할 수 있다.
④ 제1항부터 제3항까지의 지원 등에 필요한 사항은 국토교통부령으로 정한다.

■ **녹색건축센터의 지정 등(제23조)**
① 국토교통부장관은 녹색건축물 조성기술의 연구·개발 및 보급 등을 효율적으로 추진하기 위하여 "대통령령으로 정하는 전문기관"을 녹색건축센터로 지정할 수 있다.

> ☞ **시행령**
> (1) 상기 ①항의 "대통령령으로 정하는 전문기관"
>   1. 국토연구원
>   2. 한국감정원
>   3. 한국에너지공단
>   4. 「과학기술분야 정부출연연구기관 등의 설립·운영 및 육성에 관한 법률」 제8조에 따른 한국건설기술연구원
>   5. 「시설물의 안전관리에 관한 특별법」 제25조에 따른 한국시설안전공단
>   5의2. 「한국토지주택공사법」에 따른 한국토지주택공사
>   6. 그밖에 국토교통부장관이 녹색건축물 조성을 위한 녹색기술의 연구·개발 및 보급 등에 관한 업무를 수행할 인력, 조직, 예산 및 시설을 갖추었다고 인정하여 고시하는 기관 또는 단체

(2) 중앙행정기관의 장은 소관 업무의 수행과 관련하여 녹색건축물 조성기술의 연구·개발을 지원하기 위하여 필요한 경우 국토교통부장관이 정하는 인력, 조직, 예산 및 시설을 갖춘 기관 또는 단체를 녹색건축센터로 지정하여줄 것을 국토교통부장관에게 요청할 수 있다.

(3) 법 제23조 제1항에 따라 녹색건축센터로 지정받으려는 자는 다음 각 호의 구분에 따른 요건을 갖추어야 한다.

1. 법 제23조 제2항 제1호에 해당하는 업무를 수행하려는 경우
   가. 전담조직·예산·사무실과 사업계획 및 운영규정을 갖출 것
   나. 전산 관련 업무 전문가 2명 이상, 전산실 및 보안체계 등 전산정보처리조직을 갖출 것
2. 법 제23조 제2항 제2호 및 제3호에 해당하는 업무를 수행하려는 경우
   가. 제1호 가목의 요건을 갖출 것
   나. 법 제16조 및 제17조에 따른 인증업무를 수행할 수 있는 전문인력을 10명 이상 보유할 것
3. 법 제23조 제2항 제4호에 따른 업무를 수행하려는 경우 : 제1호 가목의 요건을 갖출 것

(4) 법 제23조 제1항에 따라 녹색건축센터로 지정받으려는 자는 국토교통부령으로 정하는 녹색건축센터 지정신청서에 다음 각 호의 서류를 첨부하여 국토교통부장관에게 제출하여야 한다.

1. 녹색건축센터 운영계획
2. 녹색건축센터 조직 현황
3. 녹색건축센터 인력 및 시설 확보 현황
4. 녹색건축센터 운영에 따른 예산 및 조달계획
5. 법 제16조 제2항 또는 제17조 제2항에 따라 인증기관으로 지정되었음을 증명하는 서류(법 제23조 제2항 제2호 또는 제3호의 업무를 수행하려는 자로 한정한다)

(5) 국토교통부장관은 법 제23조 제1항에 따라 녹색건축센터로 지정한 경우에는 국토교통부령으로 정하는 녹색건축센터 지정서를 발급하고, 그 사실을 관보에 공고하여야 한다.

(6) 녹색건축센터는 다음 각 호의 구분에 따른 시기까지 녹색건축센터의 사업내용을 국토교통부장관에게 보고하여야 한다.

1. 그해의 사업계획 : 매년 2월 말일까지
2. 분기별 사업추진 실적 : 매 분기 말일을 기준으로 다음 달 10일까지
3. 전년도 사업추진 실적 : 다음 해 3월 31일까지

② 제1항의 녹색건축센터는 다음 각 호의 업무를 수행한다.
1. 제10조 제1항에 따른 건축물 에너지·온실가스 정보체계의 운영
2. 녹색건축의 인증
3. 건축물의 에너지효율등급 인증
4. 녹색건축물 관련 전문인력 양성 및 교육
5. 제로에너지건축물 시범사업 운영 및 인증 업무
6. 그밖에 녹색건축물 조성 촉진을 위하여 필요한 사업

③ 국토교통부장관은 제1항의 녹색건축센터를 업무의 내용과 기능에 따라 녹색건축지원센터와 녹색건축사업센터로 구분하여 지정할 수 있다.

④ 국토교통부장관은 제1항의 녹색건축센터에 대하여 예산의 범위에서 제2항 각 호의 업무를 수행하는 데 필요한 비용의 일부를 출연하거나 지원할 수 있다.

⑤ 제1항의 녹색건축센터의 지정 및 지정 취소의 기준과 절차 등에 필요한 사항은 대통령령으로 정한다.

> **시행령**
>
> (1) 국토교통부장관은 다음 각 호의 어느 하나에 해당하는 경우에는 녹색건축센터의 지정을 취소할 수 있다. 다만, 제1호에 해당하는 경우에는 녹색건축센터의 지정을 취소하여야 한다.
> 1. 거짓이나 부정한 방법으로 녹색건축센터로 지정받은 경우
> 2. 정당한 사유 없이 지정받은 날부터 6개월 이상 녹색건축센터의 업무를 수행하지 아니하는 경우
> 3. 제15조 제3항에 따른 요건을 갖추지 못하게 된 경우
> 4. 그밖에 녹색건축센터로서의 업무를 수행할 수 없게 된 경우
>
> (2) 국토교통부장관은 제1항에 따라 녹색건축센터의 지정을 취소한 경우에는 그 사실을 관보에 공고하여야 한다.

■ **녹색건축물 조성 시범사업 실시(제24조)**

① 중앙행정기관의 장 및 지방자치단체의 장은 녹색건축물에 대한 국민의 인식을 높이고 녹색건축물 조성의 촉진을 위하여 다음 각 호의 사업을 시범사업으로 지정할 수 있다.
1. 공공기관이 시행하는 사업
2. 기존 주택을 녹색건축물로 전환하는 사업
3. 녹색건축물을 신규로 조성하는 사업
4. 기존 주택 외의 건축물을 녹색건축물로 전환하는 사업으로서 "대통령령으로 정하는 사업"

> **시행령**
>
> 상기 3호의 "대통령령으로 정하는 사업"이란 국토교통부장관이 법 제13조제1항에 따라 고시하는 기준에 적합하게 기존 주택 외의 건축물을 녹색건축물로 전환하기 위하여 건축물의 리모델링·증축·개축·대수선 및 수선을 하는 사업을 말한다. 다만, 수선은 창·문, 설비기기, 단열재 등을 통하여 에너지 성능을 개선하는 사업으로 한정한다.

> **시행규칙**
>
> (1) 녹색건축물 조성 시범사업으로 지정을 받으려는 자는 다음 각 호의 사항에 대한 근거 자료를 첨부하여 중앙행정기관의 장 및 지방자치단체의 장에게 신청하여야 한다.
>   1. 시범사업 추진계획(시범사업의 위치·범위·면적 등 사업규모를 포함한다)
>   2. 시범사업의 지정 목적 및 필요성
>   3. 녹색건축물 조성 기준의 구체적인 적용 방법
>   4. 시범사업의 적용기술 및 효과
>   5. 시범사업의 모니터링 및 유지·관리 등 사후관리 방법
> (2) 중앙행정기관의 장 및 지방자치단체의 장은 제1항에 따른 녹색건축물 조성 시범사업을 지정하거나 지정을 취소하는 경우에는 다음 각 호의 사항을 관보에 고시하여야 한다.
>   1. 시범사업의 지정 또는 지정 취소 사유
>   2. 시범사업의 위치·범위·면적 등 사업규모
> (3) 시범사업은 법 제13조 제1항, 제15조 제1항, 제16조 제4항 및 제17조 제4항에 따른 녹색건축물 조성 기준에 적합하여야 한다.
> (4) 중앙행정기관의 장 및 지방자치단체의 장은 녹색건축물 조성 시범사업이 원활하게 추진될 수 있도록 다음 각 호의 어느 하나에 해당하는 전문가에게 자문할 수 있다.
>   1. 법 제23조 제1항에 따른 녹색건축센터의 장
>   2. 「건축사법」 제2조 제1호에 따른 건축사
>   3. 「기술사법」 제2조에 따른 기술사(건축, 에너지 또는 설비 분야로 한정한다)
>   4. 대학에서 건축, 에너지 또는 설비 관련 학문을 전공한 사람으로서 「고등교육법」 제2조에 따른 학교 또는 공인된 연구기관에서 부교수 이상의 직 또는 이에 상당하는 직에 있거나 있었던 사람
>   5. 건축물에너지평가사
> (5) 중앙행정기관의 장 및 지방자치단체의 장은 시범사업의 실시와 관련하여 필요한 경우 국토교통부장관에게 시범사업의 실시에 필요한 지원을 요청할 수 있다.
> (6) 제5항에 따른 지원 요청을 받은 국토교통부장관은 다음 각 호의 사항을 고려하여 시범사업의 실시에 필요한 지원을 결정하여야 한다.

1. 국가 및 지방자치단체의 녹색건축물 조성 목표 설정 기여도
2. 건축물의 온실가스 배출량 감소 정도
3. 실효적인 녹색건축물 조성 기준 개발 가능성

② 중앙행정기관의 장 및 지방자치단체의 장은 제1항에 따른 시범사업에 대하여 재정지원 등을 통하여 지원할 수 있다.
③ 제1항 및 제2항에 따른 녹색건축물 조성 시범사업의 지정절차, 녹색건축물 조성 기준의 적용, 재정지원 등에 대하여 필요한 사항은 국토교통부령으로 정한다.

■ **녹색건축물 조성사업에 대한 지원·특례 등(제25조)**
① 국가 및 지방자치단체는 녹색건축물 조성을 위한 사업 등에 대하여 보조금의 지급 등 필요한 지원을 할 수 있다.
②「신용보증기금법」에 따라 설립된 신용보증기금 및「기술신용보증기금법」에 따라 설립된 기술신용보증기금은 녹색건축물 조성사업에 우선적으로 신용보증을 하거나 보증조건 등을 우대할 수 있다.
③ 국가 및 지방자치단체는 녹색건축물 조성사업과 관련된 기업을 지원하기 위하여「조세특례제한법」과「지방세법」에서 정하는 바에 따라 소득세·법인세·취득세·재산세·등록세 등을 감면할 수 있다.
④ 국가 및 지방자치단체는 녹색건축물 조성사업과 관련된 기업이「외국인투자 촉진법」제2조 제1항 제4호에 따른 외국인투자를 유치하는 경우에 이를 최대한 지원하기 위하여 노력하여야 한다.

■ **금융의 지원 및 활성화(제26조)** 정부는 녹색건축물 조성을 촉진하기 위하여 다음 각 호의 사항을 포함하는 금융 시책을 수립·시행하여야 한다.
1. 녹색건축물 조성의 지원 등을 위한 재원의 조성 및 자금 지원
2. 녹색건축물 조성을 지원하는 새로운 금융상품의 개발
3. 녹색건축물 조성을 위한 기반시설 구축사업에 대한 민간투자 활성화

제6장 그린리모델링 활성화

■ **그린리모델링에 대한 지원(제27조)** 국가 및 지방자치단체는 에너지 성능 향상 및 효율 개선 등을 위한 리모델링(이하 "그린리모델링"이라 한다)에 대하여 보조금의 지급 등 필요한 지원을 할 수 있다. 이 경우 국토교통부장관은 지원받을 그린리모델링의 구체적인 대상·범위 및 기준 등을 고시하여야 한다.

■ 그린리모델링기금의 조성 등(제28조)
① 시·도지사는 그린리모델링을 효율적으로 시행하기 위한 그린리모델링기금(이하 "기금"이라 한다)을 설치하여야 한다.
② 기금은 다음 각 호의 재원으로 조성한다.
1. 정부 외의 자(「공공기관의 운영에 관한 법률」 제5조 제3항 제1호의 공기업을 포함한다)로부터의 출연금 및 기부금
2. 일반회계 또는 다른 기금으로부터의 전입금
3. 기금의 운용수익금
4. 「건축법」 제80조에 따른 이행강제금으로부터의 전입금
5. 그밖에 시·도의 조례로 정하는 수익금
③ 기금의 운용 및 관리에 필요한 사항은 시·도의 조례로 정한다.

■ 그린리모델링 창조센터의 설립(제29조)
① 국토교통부장관은 그린리모델링 대상 건축물의 지원 및 관리를 위하여 그린리모델링 창조센터를 설립하거나 그린리모델링 업무를 전문으로 하는 공공기관을 그린리모델링 창조센터로 지정할 수 있다. 다만, 그린리모델링 창조센터를 설립하고자 하는 경우에는 기획재정부장관과 사전에 협의를 하여야 한다.
② 그린리모델링 창조센터는 센터의 효율적인 운영을 위하여 필요한 경우에는 중앙행정기관, 지방자치단체 소속의 공무원 및 대통령령으로 정하는 공공기관, 관련 민간기관·단체 또는 연구소, 기업 임직원 등의 파견 또는 겸임을 요청할 수 있다.

> ☞ 시행령
> 상기 제29조 제2항에서 "대통령령으로 정하는 공공기관"이란 다음 각 호의 기관 또는 단체를 말한다.
> 1. 국토연구원
> 2. 한국감정원
> 3. 한국에너지공단
> 4. 한국건설기술연구원
> 5. 한국시설안전공단
> 6. 제1호부터 제5호까지의 기관 외에 그린리모델링 업무에 전문성이 있는 기관 또는 단체

③ 그린리모델링 창조센터는 다음 각 호의 사업을 수행한다.
1. 건축물의 에너지 성능 향상 또는 효율 개선 및 이를 통하여 온실가스의 배출을 줄이기 위한 사업

2. 그린리모델링 기술의 연구·개발·도입·지도 및 보급
3. 그린리모델링 사업 발굴, 기획, 타당성 분석 및 사업 관리
4. 건축물의 에너지 성능 평가 및 개선에 관한 사항
5. 에너지 성능 향상 및 효율 개선에 관한 조사·연구·교육 및 홍보
6. 기존 건축물의 에너지 성능 향상 및 효율 개선을 위한 지원 및 자금관리
7. 그린리모델링 전문가 양성 및 교육
8. 국가 및 지방자치단체가 시행하는 그린리모델링 사업의 발주, 사업자 선정, 수행, 관리 등의 업무 및 업무지원
9. 제1호부터 제8호까지의 사업과 관련된 사업

④ 정부는 그린리모델링 창조센터의 사업과 운영에 필요한 비용을 충당하기 위하여 예산의 범위에서 출연금을 지급하거나 행정적·재정적 지원을 할 수 있다.

⑤ 그린리모델링 창조센터는 대통령령으로 정하는 바에 따라 사업계획서 등을 다음 각 호의 구분에 해당하는 시기에 국토교통부장관에게 제출하여야 한다.

1. 사업계획서 및 예산서 : 매 사업연도 개시일까지
2. 사업연도 결산서 : 다음 사업연도 3월 31일까지

> ☞ 시행령
>
> 제29조 제5항에 따라 제출하여야 하는 사업계획서에는 다음 각 호의 사항을 포함하여야 한다.
> 1. 전년도 사업실적 및 금년도 사업내용
> 2. 그린리모델링 업무의 운영계획
> 3. 조직 현황
> 4. 인력 및 시설 확보 현황

⑥ 그밖에 그린리모델링 창조센터의 설립·지정과 운영 등 필요한 사항은 대통령령으로 정한다.

■ 그린리모델링 사업의 등록(제30조)

① 국토교통부장관은 제29조 제3항 각 호의 사업 중 대통령령으로 정하는 사업을 제3자로부터 위탁을 받아 시행하려는 자(이하 "그린리모델링 사업자"라 한다)에게 필요한 지원을 할 수 있다.

> ☞ 시행령
>
> 제30조 제1항에서 "대통령령으로 정하는 사업"이란 다음 각 호의 사업을 말한다.

> 1. 건축물의 에너지 성능 향상 또는 효율 개선 사업
> 2. 기존 건축물을 녹색건축물로 전환하는 사업
> 3. 그린리모델링 사업 발굴, 기획, 타당성 분석, 설계·시공 및 사후관리 등에 관한 사업
> 4. 그린리모델링을 통한 에너지 절감 예상액의 배분을 기초로 재원을 조달하여 그린리모델링을 하는 사업

② 제1항에 따른 그린리모델링 사업자로 등록하려는 자는 대통령령으로 정하는 바에 따라 장비, 자산 및 기술인력 등의 등록기준을 갖추어 국토교통부장관에게 등록을 신청하여야 한다. 이 경우 국토교통부장관은 그린리모델링 사업자 등록 및 관리업무를 그린리모델링 창조센터에 위탁할 수 있다.

☞ **시행령**

(1) 제30조 제2항 전단에 따른 그린리모델링 사업자의 등록기준은 다음 각 호와 같다.
  1. 인력기준 : 다음 각 목의 어느 하나에 해당하는 자로서 상시 근무하는 자 1명(「국가기술자격법」, 「건설기술 진흥법」 또는 이 법에 따라 그 자격이 정지되거나 업무정지처분을 받고 그 기간 중에 있는 자는 제외한다) 이상
      가. 「건설기술 진흥법 시행령」 별표1에 따른 건축분야 중급기술자
      나. 건축물에너지평가사
  2. 장비기준
      가. 컴퓨터
      나. 건물에너지 시뮬레이션 프로그램
      다. 온도·습도계
      라. 표면온도계
  3. 시설기준 : 그린리모델링 사업에 전용되는 사무실 등 사무공간
(2) 그린리모델링 사업자는 상기에 따라 등록한 사항을 변경하려는 경우에는 국토교통부장관에게 변경등록을 하여야 한다.

③ 국토교통부장관은 제2항에 따라 그린리모델링 사업자로 등록한 자가 다음 각 호의 어느 하나에 해당하는 경우에는 등록을 취소하거나 1년 이내의 기간을 정하여 업무의 전부 또는 일부의 정지를 명할 수 있다. 다만, 제1호에 해당하는 경우에는 그 등록을 취소하여야 한다.
1. 거짓이나 부정한 방법으로 등록을 한 경우
2. 정당한 사유 없이 등록한 날부터 2년 이상 계속하여 업무를 수행하지 아니한 경우

3. 등록기준 및 절차를 위반하여 업무를 수행한 경우
4. 정당한 사유 없이 업무 수행을 거부한 경우
5. 그밖에 그린리모델링 사업자로서의 업무를 수행할 수 없게 된 경우

제7장 건축물에너지평가사

■ 건축물에너지평가사 자격시험 등(제31조)

① 건축물에너지평가사가 되려는 사람은 국토교통부장관이 실시하는 자격시험에 합격하여야 한다. 이 경우 국토교통부장관은 자격시험에 합격한 사람에게 자격증을 발급하여야 한다.

> ☞ 시행규칙
>
> (1) 법 제31조 제1항에 따른 건축물에너지평가사 자격시험(이하 "자격시험"이라 한다)은 매년 1회 이상 시행한다. 다만, 부득이한 사정이 있는 경우에는 법 제34조에 따른 건축물에너지평가사 자격심의위원회(이하 "자격심의위원회"라 한다)의 심의를 거쳐 해당 연도의 시험을 시행하지 아니할 수 있다.
> (2) 자격시험의 응시자격은 시행규칙의 별표2와 같다.

② 다음 각 호의 어느 하나에 해당하는 사람은 건축물에너지평가사가 될 수 없다.
1. 피성년후견인 또는 미성년자
2. 파산선고를 받고 복권되지 아니한 사람
3. 징역 이상의 실형을 선고받고 그 형의 집행이 끝나거나(집행이 끝난 것으로 보는 경우를 포함한다) 집행을 받지 아니하기로 확정된 날부터 2년이 지나지 아니한 사람
4. 징역 이상의 형의 집행유예를 선고받고 그 유예기간 중에 있는 사람
5. 건축물에너지평가사의 자격이 취소된 후 3년이 지나지 아니한 사람

③ 건축물에너지평가사 자격시험에 합격한 사람이 제17조의 건축물 에너지효율등급 인증 평가 업무를 하려면 국토교통부장관이 실시하는 교육훈련을 이수하여야 한다.

> ☞ 시행규칙
>
> (1) 법 제31조 제1항에 따른 자격증은 별지 제8호 서식과 같다.
> (2) 법 제31조 제1항에 따라 자격증을 발급받은 사람은 근무처·경력·학력 등(이하 "근무처 등"이라 한다)의 관리에 필요한 사항을 전문기관의 장에게 통보할 수 있다. 근무처 등에 관한 사항이 변경된 경우에도 또한 같다.

(3) 전문기관의 장은 제2항에 따라 통보받은 근무처 등에 관한 사항을 기록·관리하여야 하며, 건축물에너지평가사가 근무처 등에 관한 증명서를 신청하면 이를 발급하여야 한다.
(4) 국토교통부장관은 관계 기관 또는 단체에 제2항에 따라 통보받은 근무처 등의 확인을 요청할 수 있다. 이 경우 확인 요청을 받은 기관 또는 단체는 특별한 사유가 없으면 요청에 따라야 한다.
(5) 법 제31조 제3항에 따라 건축물에너지평가사 자격시험에 합격한 사람이 건축물 에너지효율등급 인증 평가 업무를 하려면 전문기관의 장이 실시하는 실무교육을 3개월 이상 받아야 한다.
(6) 건축물에너지평가사는 법 제31조 제3항에 따라 전문기관의 장이 실시하는 교육훈련을 3년마다 20시간 이상 받아야 한다.
(7) 전문기관의 장은 자격·경력관리, 교육훈련 등 필요한 사항에 대하여 신청인으로부터 일정한 수수료를 받을 수 있다.

④ 건축물에너지평가사가 아닌 자는 건축물에너지평가사 또는 이와 비슷한 명칭을 사용하지 못한다.
⑤ 건축물에너지평가사 자격시험의 등급 구분, 응시자격, 검정방법, 시험과목의 일부 면제, 자격 관리, 시험절차, 검정 수수료, 경력관리 및 교육훈련의 방법, 자격시험 시행기관의 지정기준 등 필요한 사항은 국토교통부령으로 정한다.
⑥ 국토교통부장관은 제1항에 따른 건축물에너지평가사 자격시험 및 관련 업무의 수행을 위하여 국토교통부령으로 정하는 바에 따라 전문기관을 지정하고 다음 각 호의 업무를 위탁할 수 있다.
1. 건축물에너지평가사 자격시험에 관한 업무
2. 건축물에너지평가사 교육훈련에 관한 업무
3. 건축물에너지평가사의 경력관리 및 지원에 관한 업무
4. 그밖에 국토교통부령으로 정하는 업무

■ 건축물에너지평가사의 준수사항(제32조)
① 건축물에너지평가사는 관련 규정에 따라 업무를 공정하게 수행하여야 한다.
② 건축물에너지평가사는 국토교통부장관으로부터 발급받은 건축물에너지평가사 자격증을 다른 사람에게 빌려주거나, 다른 사람에게 자기의 이름으로 건축물에너지평가사 업무를 하게 하여서는 아니 된다.

■ 건축물에너지평가사의 자격취소 등(제33조)
① 국토교통부장관은 건축물에너지평가사가 다음 각 호의 어느 하나에 해당하면 그 자격

을 취소하거나 3년의 범위에서 자격을 정지시킬 수 있다. 다만, 제1호·제2호 및 제4호에 해당하는 경우에는 그 자격을 취소하여야 한다.
1. 거짓이나 그 밖의 부정한 방법으로 건축물에너지평가사 자격을 취득한 경우
2. 최근 1년 이내에 두 번의 자격정지처분을 받고 다시 자격정지처분에 해당하는 행위를 한 경우
3. 고의 또는 중대한 과실로 건축물에너지평가 업무를 거짓 또는 부실하게 수행한 경우
4. 제31조 제2항 각 호의 어느 하나에 해당하는 경우
5. 제32조 제2항을 위반하여 자격증을 다른 사람에게 빌려주거나, 다른 사람에게 자기의 이름으로 건축물에너지평가사의 업무를 하게 한 경우
6. 자격정지처분 기간 중에 건축물에너지평가 업무를 한 경우

② 제1항에 따른 건축물에너지평가사 자격의 취소 및 정지 처분에 관한 기준은 그 처분의 사유와 위반의 정도 등을 고려하여 대통령령으로 정한다.

☞ 시행령

건축물에너지평가사 자격의 취소 및 정지에 관한 처분 기준

위반행위	근거 법조문	행정처분기준
1. 거짓이나 그 밖의 부정한 방법으로 건축물에너지평가사 자격을 취득한 경우	법 제33조 제1항 제1호	자격취소
2. 최근 1년 이내에 두 번의 자격정지 처분을 받고 다시 자격정치 처분에 해당하는 행위를 한 경우	법 제33조 제1항 제2호	자격취소
3. 고의 또는 중대한 과실로 건축물에너지평가 업무를 거짓 또는 부실하게 수행한 경우 　가. 금고 이상의 형을 선고받고 그 형이 확정된 경우 　나. 벌금 이하의 형을 선고받고 그 형이 확정된 경우 　다. 가목 및 나목 외의 경우	법 제33조 제1항 제3호	 자격취소 자격정지 2년 자격정지 1년
4. 법 제31조 제2항 각 호의 어느 하나에 해당하는 경우	법 제33조 제1항 제4호	자격취소
5. 법 제32조 제2항을 위반하여 자격증을 다른 사람에게 빌려주거나, 다른 사람에게 자기의 이름으로 건축물에너지평가사의 업무를 하게 한 경우 　가. 1회 위반한 경우 　나. 2회 이상 위반한 경우 　다. 다른 사람에게 손해를 끼친 경우	법 제33조 제1항 제5호	 자격정지 3년 자격취소 자격취소
6. 자격정지처분 기간 중에 건축물에너지평가 업무를 한 경우	법 제33조 제1항 제6호	자격취소

■ 건축물에너지평가사 자격심의위원회(제34조)
　① 건축물에너지평가사 자격 취득 및 시험 운영과 관련한 다음 각 호의 사항을 심의하기 위하여 국토교통부에 건축물에너지평가사 자격심의위원회를 둘 수 있다.
　1. 응시자격, 시험과목 등 시험에 관한 사항
　2. 시험 선발인원의 결정에 관한 사항
　3. 시험과목의 일부 면제 대상자에 관한 사항
　4. 그밖에 건축물에너지평가사 자격의 취득과 관련한 사항
　② 제1항에 따른 건축물에너지평가사 자격심의위원회의 구성·기능 및 운영 등 필요한 사항은 국토교통부령으로 정한다.

제8장 보칙

■ 권한의 위임 및 위탁 등(제35조)
　① 이 법에 따른 국토교통부장관의 업무는 대통령령으로 정하는 바에 따라 그 일부를 시·도지사에게 위임할 수 있다.
　② 국토교통부장관은 제6조의2 각 호의 사업을 효율적으로 추진하기 위하여 다음 각 호의 어느 하나에 해당하는 자에게 사업을 위탁할 수 있다.
　1. 중앙행정기관, 지방자치단체 및 공공기관
　2. 국공립연구기관
　3. 「특정연구기관 육성법」에 따른 특정연구기관
　4. 「기초연구진흥 및 기술개발지원에 관한 법률」 제14조 제1항 제2호에 따른 기업연구소
　5. 「산업기술연구조합 육성법」에 따른 산업기술연구조합
　6. 「고등교육법」에 따른 대학 또는 전문대학
　7. 제23조에 따른 녹색건축센터
　8. 그밖에 국토교통부장관이 업무수행에 적합하다고 인정하는 자
　③ 국토교통부장관은 제13조의2에 따라 공공건축물의 에너지 소비량 관리를 위한 업무를 대통령령으로 정하는 기관 또는 단체에 위탁할 수 있다.

> ☞ 시행령
>
> 제35조 제3항에서 "대통령령으로 정하는 기관 또는 단체"란 법 제23조에 따른 녹색건축센터를 말한다.

　④ 국토교통부장관은 제2항 및 제3항에 해당하는 기관에게 업무를 수행하는 데에 필요한 비용의 일부를 출연하거나 지원할 수 있다.

■ **국제협력 및 해외진출의 지원(제36조)**
① 국토교통부장관은 녹색건축물 조성사업의 국제협력과 해외진출을 촉진하기 위하여 필요한 경우에는 관련 정보의 제공, 해외진출에 대한 상담·지도, 관련 기술 및 인력의 국제교류, 국제행사에의 참가, 국제공동연구 개발사업 등을 지원할 수 있다.
② 국토교통부장관은 제1항에 따른 사업을 효율적으로 지원하기 위하여 "대통령령으로 정하는 관련 기관이나 단체"에 이를 위탁 또는 대행하게 할 수 있으며 예산의 범위에서 필요한 비용의 전부 또는 일부를 보조할 수 있다.

> ☞ **시행령**
> ②항에서 "대통령령으로 정하는 관련 기관이나 단체"란 녹색건축센터 및 그린리모델링 창조센터를 말한다.

■ **기본계획 보고(제37조)** 국토교통부장관은 기본계획을 수립하거나 조성계획을 보고받은 때에는 이를 「저탄소 녹색성장기본법」 제14조에 따른 녹색성장위원회 및 「건축기본법」 제13조에 따른 국가건축정책위원회에 보고하여야 한다.

■ **국가보고서의 작성(제38조)**
① 국토교통부장관은 기본계획과 조성계획에서 정하는 바에 따라 국가보고서를 작성할 수 있다.
② 국토교통부장관은 제1항에 따른 국가보고서를 작성하기 위하여 필요한 경우 관계 중앙행정기관의 장, 지방자치단체의 장, 공공기관의 장에게 자료 제출을 요구할 수 있다. 이 경우 자료 제출 등을 요청받은 자는 특별한 사유가 없으면 이에 따라야 한다.

■ **청문(제39조)** 국토교통부장관은 다음 각 호의 어느 하나에 해당하는 처분을 하려면 청문을 하여야 한다.
1. 제19조에 따른 인증기관 지정의 취소
2. 제20조에 따른 인증의 취소
3. 제23조에 따른 녹색건축센터의 지정 취소
4. 제30조에 따른 그린리모델링 사업자의 등록 취소
5. 제33조에 따른 건축물에너지평가사의 자격 취소 또는 정지

제9장 벌칙

■ **벌칙(제40조)** 제32조 제2항을 위반하여 자격증을 다른 사람에게 빌려주거나, 다른 사람에게 자신의 이름으로 건축물에너지평가사의 업무를 하게 한 사람은 1년 이하의 징역 또

는 1천만 원 이하의 벌금에 처한다.

- **과태료(제41조)** ① 다음 각 호의 어느 하나에 해당하는 자에게는 대통령령으로 정하는 바에 따라 2천만 원 이하의 과태료를 부과한다.
  1. 제10조 제3항 및 제4항을 위반하여 건축물 에너지·온실가스 정보를 제출하지 아니한 자
  2. 제12조 제3항, 제14조 제1항을 위반하여 정당한 사유 없이 허가권자에게 근거자료 또는 에너지 절약계획서를 제출하지 아니하거나 거짓이나 그 밖의 부정한 방법으로 근거자료 또는 에너지 절약계획서를 제출한 건축주
  3. 제14조의2 제1항을 위반하여 일사의 차단을 위한 차양 등 일사조절장치를 설치하지 아니한 자
  4. 제14조의2 제2항을 위반하여 단열재를 설치하지 아니하거나 지능형 계량기 등 건축설비를 설치하지 아니한 자
  5. 제14조의 에너지 절약계획서 검토업무를 거짓이나 그 밖의 부정한 방법으로 수행한 에너지 관련 전문기관
  6. 제15조의2를 위반한 건축물의 소유자 또는 관리자와 제16조 및 제17조에 따른 인증 신청서류를 거짓으로 작성하여 제출한 자
  7. 제16조 제5항을 위반하여 녹색건축 인증의 결과를 표시하지 아니하거나 건축물의 사용승인을 신청할 때 관련 서류를 첨부하지 아니하거나 거짓이나 그 밖의 부정한 방법으로 표시 또는 첨부한 자
  8. 제17조 제5항을 위반하여 에너지효율등급 인증의 결과를 표시하지 아니하거나 건축물의 사용승인을 신청할 때 관련 서류를 첨부하지 아니하거나 거짓이나 그 밖의 부정한 방법으로 표시 또는 첨부한 자
  9. 제31조 제4항을 위반하여 건축물에너지평가사 또는 이와 비슷한 명칭을 사용한 사람

  ② 제1항에 따른 과태료는 다음 각 호의 구분에 따른 자가 부과·징수한다.
  1. 제1항 제1호 및 제9호에 따른 과태료 : 국토교통부장관
  2. 제1항 제2호부터 제5호까지, 제7호 및 제8호에 따른 과태료 : 허가권자
  3. 제1항 제6호에 따른 과태료 : 국토교통부장관, 시·도지사, 시장·군수·구청장

2. 녹색건축 인증에 관한 규칙(주요 내용 요약)

2-1 개요

(1) 이 규칙은 녹색건축 인증대상, 건축물의 종류, 인증기준 및 인증절차, 인증유효기간, 수수료, 인증기관 및 운영기관의 지정 기준, 지정 절차 및 업무범위 등에 관한 사항과 그 시행에 필요한 사항을 규정함을 목적으로 한다.
(2) 해당 부처의 장관은 녹색건축센터로 지정된 기관 중에서 운영기관을 지정하여 관보에 고시하여야 한다.

2-2 인증의 의무취득 및 전문·세부 분야

(1) 공공기관에서 연면적 3,000제곱미터 이상의 공공건축물을 신축하거나 별도의 건축물을 증축하는 경우에는 고시에서 정하는 등급 이상의 녹색건축 예비인증 및 인증을 취득하여야 한다.
(2) 인증의 전문 분야 및 세부 분야

전문 분야	해당 세부 분야
토지이용 및 교통	단지계획, 교통계획, 교통공학, 건축계획, 도시계획
에너지 및 환경오염	에너지, 전기공학, 건축환경, 건축설비, 대기환경, 폐기물처리, 기계공학
재료 및 자원	건축시공 및 재료, 재료공학, 자원공학, 건축구조
물순환관리	수질환경, 수환경, 건축환경, 건축설비
유지관리	건축계획, 건설관리, 건축시공 및 재료, 건축설비
생태환경	건축계획, 생태건축, 조경, 생물학
실내환경	온열환경, 소음·진동, 빛환경, 실내공기환경, 건축계획, 건축설비, 건축환경

2-3 인증기준

(1) 인증등급은 신축 및 기존 건축물에 대하여 최우수(그린1등급), 우수(그린2등급), 우량(그린3등급) 또는 일반(그린4등급)으로 한다.
(2) 7개 전문 분야의 인증기준 및 인증등급별 산출기준에 따라 취득한 종합점수 결과를 토대로 부여한다.

2-4 인증 신청

(1) **예비인증 신청** : 다음 각 호의 어느 하나에 해당하는 자가 「건축법」에 따른 허가·신고 대상 건축물 또는 「주택법」에 따른 사업계획승인 대상 건축물에 대하여 허가·신고 또는 사업계획승인을 득한 후 설계에 반영된 내용을 대상으로 예비인증을 신청할 수 있다.
   ① 건축주
   ② 건축물 소유자
   ③ 사업주체 또는 시공자(건축주나 건축물 소유자가 인증 신청에 동의하는 경우만 해당한다.)

(2) **(본)인증 신청** : 신축건축물에 대한 녹색건축의 인증은 신청자가 「건축법」에 따른 사용승인 또는 「주택법」에 따른 사용검사를 받은 후에 신청할 수 있다. 다만, 인증등급 결과에 따라 개별 법령으로 정하는 제도적·재정적 지원을 받고자 하는 경우와 사용승인 또는 사용검사를 위한 신청서 등 관련서류를 허가권자 또는 사용검사권자에게 제출한 것이 확인된 경우에는 사용승인 또는 사용검사를 받기 전에 신청할 수 있다.

(3) 공동주택의 경우 건축주 등이 예비인증을 받은 사실을 광고 등의 목적으로 사용하려면 인증(본인증)을 받을 경우 그 내용이 달라질 수 있음을 알려야 한다.

(4) 예비인증을 받아 제도적·재정적 지원을 받은 건축주 등은 예비인증 등급 이상의 본인증을 받아야 한다.

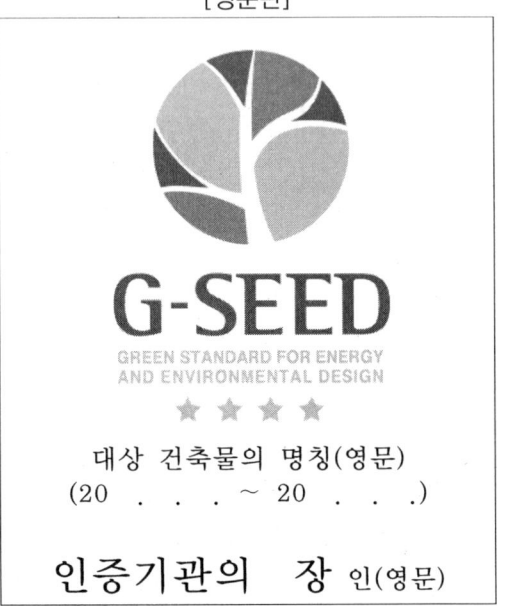

최우수(그린1등급) 녹색건축 인증 명판

예·상·문·제

1. 「녹색건축물 조성 지원법」의 목적에 대한 설명 중 가장 적절하지 못한 것은?

㉮ 녹색건축물의 조성에 필요한 관련 사항들을 정하고 있는 법이다.
㉯ 「저탄소 녹색성장기본법」에 따른 내용을 정하고 세부적 내용을 규정한다.
㉰ 건축물 온실가스 배출량 감축과 녹색건축물의 확대를 도모한다.
㉱ 저탄소 녹색성장 실현 및 건축물의 에너지 절약에 기여함을 목적으로 한다.

[해설] 「녹색건축물 조성 지원법」의 목적 : 「저탄소 녹색성장기본법」에 따른 녹색건축물의 조성에 필요한 사항을 정하고, 건축물 온실가스 배출량 감축과 녹색건축물의 확대를 통하여 저탄소 녹색성장 실현 및 국민의 복리 향상에 기여함을 목적으로 한다.

2. 「녹색건축물 조성 지원법」 관련 용어에 대한 설명 중 가장 적절하지 못한 것은?

㉮ "녹색건축물"이란 환경에 미치는 영향을 최대로 하고 동시에 쾌적하고 건강한 거주환경을 제공하는 건축물을 말한다.
㉯ "녹색건축물 조성"이란 녹색건축물을 건축하거나 녹색건축물의 성능을 유지하기 위한 건축활동 또는 기존 건축물을 녹색건축물로 전환하기 위한 활동을 말한다.
㉰ "건축물에너지평가사"란 에너지효율등급 인증평가 등 건축물의 건축·기계·전기·신재생 분야의 효율적인 에너지 관리를 위한 업무를 하는 사람이다.
㉱ "건축물에너지평가사"란 에너지효율등급 인증평가 등의 업무를 하기 위해 해당 국가 자격증을 취득한 사람을 말한다.

[해설] "녹색건축물"이란 환경에 미치는 영향을 최소화하고 동시에 쾌적하고 건강한 거주환경을 제공하는 건축물을 말한다.

3. 녹색건축물 조성의 추진 기본원칙으로 맞는 것을 모두 고르면?

┌─────────────────────────────┐
│ ㉠ 온실가스 배출량 감축을 통한 녹색건축물 조성
│ ㉡ 신·재생에너지 활용 및 자원 절약적인 녹색건축물 조성
│ ㉢ 기존 건축물에 대한 에너지효율화 추진
│ ㉣ 녹색건축물의 조성에 대한 계층 간, 지역 간 균형성 확보
└─────────────────────────────┘

㉮ ㉠, ㉡
㉯ ㉠, ㉡, ㉢
㉰ ㉠, ㉢
㉱ ㉠, ㉡, ㉢, ㉣

[해설] 기본원칙
1. 온실가스 배출량 감축을 통한 녹색건축물 조성
2. 환경친화적이고 지속 가능한 녹색건축물 조성
3. 신·재생에너지 활용 및 자원 절약적인 녹색건축물 조성
4. 기존 건축물에 대한 에너지효율화 추진
5. 녹색건축물의 조성에 대한 계층 간, 지역 간 균형성 확보

4. 녹색건축물 기본계획의 수립 시 포함되어야 하는 내용이 아닌 것은?

㉮ 녹색건축물 조성을 위한 건축자재의 원가 절감에 관한 사항
㉯ 녹색건축물 관련 연구·개발에 관한 사항
㉰ 녹색건축물 전문인력의 육성·지원 및 관리에 관한 사항
㉱ 녹색건축물 조성 시범사업에 관한 사항

[해설] ㉮는 기본계획이 아니라, '녹색건축물 조성을 위한 건축자재 및 시공 관련 정책방향에 관한 사항'이다.

정답 1. ㉱ 2. ㉮ 3. ㉱ 4. ㉮

5. 국토교통부장관은 기본계획을 수립하려면 기본계획안을 작성하여 관계 중앙행정기관의 장 및 특별시장·광역시장·특별자치시장·도지사 또는 특별자치도지사와 협의한 후 녹색성장위원회의 의견을 들어야 하는데 이 절차를 생략할 수 있는 경우가 아닌 것은?

㉮ 기본계획 중 녹색건축물의 온실가스 감축 및 에너지 절약 목표량을 100분의 3 이내에서 상향하여 정하는 경우
㉯ 기본계획에 따른 사업 추진에 드는 비용을 100분의 10 이내에서 증감시키는 경우
㉰ 기본계획 및 사업비 증감에 관한 일반 사항을 변경시키는 경우
㉱ 목표량 설정과 사업비 산정에서 착오 또는 누락된 부분을 정정하는 경우

[해설] 상기 문항에서 ㉮, ㉰, ㉱는 경미하다고 보며, 문제에서 언급한 협의 및 의견 청취는 생략 가능하다(동법 시행령 기준).

6. 「녹색건축물 조성 지원법」에 관한 설명으로 잘못된 것은?

㉮ 국토교통부장관은 녹색건축물 조성을 촉진하기 위하여 5년마다 기본계획을 수립하여야 한다.
㉯ 녹색건축물 기본계획을 수립하거나 변경하는 경우 지방건축위원회의 심의를 거쳐야 한다.
㉰ 녹색건축 기본계획에는 '녹색건축물 설계·시공·감리·유지·관리업체 육성 정책에 관한 사항'이 포함되어야 한다.
㉱ 녹색건축 기본계획에는 '녹색건축물의 설계·시공·유지·관리·해체 등의 단계별 에너지 절감 및 비용 절감 대책'에 관한 사항이 포함되어야 한다.

[해설] 녹색건축물 기본계획을 수립하거나 변경하는 경우 건축위원회(중앙건축위원회)의 심의를 거쳐야 한다.

7. 「녹색건축물 조성 지원법」의 기본계획에 관한 설명으로 가장 잘못된 것은?

㉮ 국토교통부장관은 기본계획을 수립한 경우 고시하고, 관계 중앙행정기관의 장 및 시·도지사에게 통보하여야 한다.
㉯ 시·도지사는 기본계획을 관할 시장·군수·구청장에게 알려 일반인이 열람할 수 있게 하여야 한다.
㉰ 기본계획은 50일 이상 일반인이 열람할 수 있게 하여야 한다.
㉱ 정부는 기본계획을 시행하기 위하여 전문인력의 양성 등에 필요한 비용을 회계연도마다 세출예산에 계상하기 위하여 노력하여야 한다.

[해설] 기본계획은 30일 이상 일반인이 열람할 수 있게 하여야 한다.

8. 시·도지사의 지역녹색건축물 조성계획의 수립 시 포함시켜야 할 내용이 아닌 것은?

㉮ 녹색건축물의 조성 및 지원에 관한 사항
㉯ 녹색건축물 조성 관련 연구개발 및 전문인력의 육성·지원
㉰ 녹색건축물 조성을 위한 건축자재 및 시공에 관한 사항
㉱ 녹색건축물 조성의 기본방향과 달성목표에 관한 사항

[해설] ㉯는 지역녹색건축물 조성계획 수립 시 반영할 사항이 아니고, '녹색건축물 기본계획 수립' 시 반영할 사항이다.

9. 지역녹색건축물 조성에 관한 계획을 작성하거나 변경하는 경우 미리 국토교통부장관 및 시장·군수·구청장과 협의하여야 하는데, 이를 생략할 수 있는 경우가 아닌 것은?

㉮ 지역녹색건축물 조성계획 중 녹색건축물의 온실가스 감축 및 에너지 절약 목표량을

100분의 3 이내에서 상향하여 정하는 경우
㉯ 기본계획에 따른 사업추진비를 100분의 5 이내에서 증감시키는 경우
㉰ 목표량 설정과 사업추진비 산정에서 착오 부분을 정정하는 경우
㉱ 목표량 설정과 사업추진비 산정에서 누락된 부분을 정정하는 경우

[해설] ㉯는 '조성계획(지역녹색건축물 조성계획)에 따른 사업추진비를 100분의 10 이내에서 증감시키는 경우'로 고쳐야 옳다.

10. 「녹색건축물 조성 지원법」에서 정하는 에너지 공급기관 또는 관리기관이 아닌 것은?

㉮ 한국가스공사
㉯ 한국지역난방공사
㉰ 한국에너지공단
㉱ 에너지기술연구원

[해설] 에너지 공급기관 또는 관리기관은 한국전력공사, 한국가스공사, 도시가스사업자, 한국지역난방공사, 수도사업자, 액화석유가스 판매사업자, 주택법에 따른 관리주체, 집합건물의 소유 및 관리에 관한 법률에 따른 관리단 또는 관리단으로부터 건물의 관리에 대하여 위임을 받은 단체, 한국에너지공단(시행령), 에너지경제연구원(시행령)이다.

11. 건축물 에너지·온실가스 정보체계 구축에 관한 설명으로 틀린 것은?

㉮ 에너지공급기관 또는 관리기관은 건축물의 온실가스 배출량 및 에너지 사용량과 관련된 정보 및 통계를 매월 말일을 기준으로 다음 달 20일까지 제출하여야 한다.
㉯ 에너지공급기관 등이 하나의 건축물에 대하여 여러 세대·호·가구 등으로 구분하여 건축물 에너지·온실가스 정보를 관리하고 있는 경우 그 구분된 각각의 세대·호·가구 등의 건축물 에너지·온실가스 정보를 포함하여 국토교통부장관에게 제출하여야 한다.
㉰ 국토교통부장관은 제출된 건축물 에너지·온실가스 정보의 내용을 검토하고, 온실가스 배출량 및 에너지 사용량 등을 지역·용도·규모 등으로 구분하여 건축물 에너지·온실가스 정보체계를 통하여 전자적 방식으로 공개할 수 있다.
㉱ 건축물 에너지·온실가스 정보의 제출 및 그 공개 방법과 절차 등에 관하여 필요한 사항은 국토교통부장관이 정하여 고시해야 한다.

[해설] 에너지공급기관 또는 관리기관은 건축물의 온실가스 배출량 및 에너지 사용량과 관련된 정보 및 통계를 매월 말일을 기준으로 다음 달 15일까지 국토교통부장관에게 제출하여야 한다.

12. 국토교통부장관이 건축물의 에너지 사용량을 저감하고 온실가스 감축을 장려하기 위하여 건축물 에너지·온실가스 정보를 공개하는 방법이 아닌 것은?

㉮ 정보통신서비스 제공자가 지정하는 기관·단체가 운영하는 인터넷 홈페이지
㉯ 국토교통부 혹은 산업통상자원부의 인터넷 홈페이지
㉰ 국토교통부장관이 지정하는 기관·단체가 운영하는 인터넷 홈페이지
㉱ 건축물 에너지·온실가스 정보체계

[해설] 건축물 에너지·온실가스 정보를 공개하는 곳에는 ㉮, ㉰, ㉱가 해당되고 ㉯는 해당되지 않는다.

13. 국토교통부장관이 건축물 에너지·온실가스 정보체계의 운영을 위탁할 수 있는 기관은?

㉮ 국토연구원, 에너지경제연구원, 한국에너지공단

[정답] 10. ㉱ 11. ㉮ 12. ㉯ 13. ㉯

⑭ 국토연구원, 한국감정원, 한국에너지공단
⑮ 한국에너지공단, 에너지경제연구원, 한국건설기술연구원
㉔ 국토연구원, 한국감정원, 에너지경제연구원

14. 지역별 건축물의 에너지 총량 관리제에 관한 설명으로 틀린 것은?

㉮ 건축물의 에너지 소비 총량을 설정 및 관리 시 해당 시·도의 공보에 게재하여 30일 이상 주민에게 열람하게 하고, 지방의회의 의견을 들어야 한다.
㉯ 지방의회는 60일 이내에 의견을 제시하여야 하며, 그 기한 내에 의견을 제시하지 아니하면 의견이 없는 것으로 본다.
㉰ 시·도지사는 주민 열람 및 지방의회의 의견을 들은 후 지방녹색성장위원회의 심의를 거쳐 관할 지역 건축물의 에너지 소비 총량을 확정한다.
㉱ 시·도지사가 국토교통부장관과 협약을 체결한 경우에는 목표달성 여부, 지연된 경우에는 사유와 조치 및 개선방안, 예산집행 실적 등을 매년 2월 28일까지 국토교통부장관에게 보고하여야 한다.

[해설] 시·도지사는 관할 지역의 건축물 에너지 총량을 달성하기 위한 계획을 수립하여 국토교통부장관과 협약을 체결할 수 있다. 이 경우 목표달성 여부, 지연된 경우에는 사유와 조치 및 개선방안, 예산집행 실적 등을 매년 3월 31일까지 국토교통부장관에게 보고하여야 한다.

15. 에너지효율 개선의 대상인 기존 건축물은 사용승인을 받은 후 몇 년 이상의 건축물을 말하는가?

㉮ 10년   ㉯ 15년
㉰ 20년   ㉱ 25년

16. 에너지 성능 개선공사의 범위에 해당하지 않는 것은?

㉮ 건축물의 대수선 및 수선
㉯ 건축물의 증축공사
㉰ 건축물의 개축공사
㉱ 건축물의 용도변경

[해설] 에너지효율 개선공사의 범위는 건축물의 리모델링·증축·개축·대수선 및 수선으로 한다. 다만, 수선은 창·문, 설비·기기, 단열재 등을 통하여 에너지 성능을 개선하는 공사로 한정한다.

17. 에너지 절약계획서 비제출 대상이 아닌 것은?

㉮ 공동주택
㉯ 문화 및 집회시설 중 동·식물원
㉰ 냉방 또는 난방 설비를 설치하지 아니하는 건축물
㉱ 연면적의 합계가 500제곱미터 미만인 건축물

[해설] 공동주택이 아닌 단독주택이 에너지 절약계획서 비제출 대상이다.

18. 에너지 절약계획서를 검토할 수 있는 '에너지 관련 전문기관'에 속하지 않는 것은?

㉮ 한국에너지공단
㉯ 한국건설기술연구원
㉰ 한국시설안전공단
㉱ 국토교통부장관이 고시하는 단체

[해설] 한국건설기술연구원은 에너지 관련 전문기관에 해당되지 않는다.

19. 녹색건축물의 건축을 활성화하기 위하여 건축기준을 완화하여 적용할 수 있는 경우가 아닌 것은?

㉮ 골조공사에 국토교통부장관 고시 재활용 건축자재를 100분의 30 이상 사용한 건축물

정답 14. ㉱ 15. ㉮ 16. ㉱ 17. ㉮ 18. ㉯ 19. ㉮

④ 녹색건축의 인증 혹은 건축물의 에너지효율등급 인증을 받은 건축물
⑤ 녹색건축물 조성 시범사업 대상으로 지정된 건축물
⑥ 설계·시공·감리 및 유지·관리에 관한 기준에 맞게 설계된 건축물

[해설] ㉮는 '골조공사에 국토교통부장관 고시 재활용 건축자재를 100분의 15 이상 사용한 건축물'로 고쳐야 한다.

20. 대통령령으로 정하는 기준에 적합한 건축물이 완화시킬 수 있는 건축기준의 범위에 해당하는 것은?

㉮ 100분의 130 이하의 건축물의 용적률
㉯ 100분의 115 이하의 건축물의 높이
㉰ 건축물의 에너지효율등급
㉱ 건축물의 녹색건축물인증

[해설] ㉮는 '100분의 115 이하의 건축물의 용적률'로 고쳐야 한다.

21. 국토교통부장관이 녹색건축물 조성기술의 연구·개발 및 보급 등을 효율적으로 추진하기 위하여 녹색건축센터로 지정할 수 있는 전문기관이 아닌 것은?

㉮ 한국에너지공단
㉯ 한국건설기술연구원
㉰ 에너지경제연구원
㉱ 한국시설안전공단

[해설] 녹색건축센터로 지정될 수 있는 전문기관은 국토연구원, 한국감정원, 한국에너지공단, 한국건설기술연구원, 한국시설안전공단, 그밖에 국토교통부장관이 인정하여 고시하는 기관 또는 단체이다.

22. 중앙행정기관의 장 및 지방자치단체의 장이 녹색건축물 조성 시범사업으로 지정할 수 있는 사업이 아닌 것은?

㉮ 공공기관이 시행하는 사업
㉯ 기존 주택을 녹색건축물로 전환하는 사업
㉰ 기존 주택 외의 건축물을 녹색건축물로 전환하는 사업
㉱ 기존 주택을 에너지효율등급 1등급 이상으로 개선하는 사업

[해설] ㉮, ㉯, ㉰만 해당되고, ㉱는 법의 내용과 무관하다.

23. 정부는 녹색건축물 조성을 촉진하기 위하여 다음 각 호의 사항을 포함하는 금융 시책을 수립·시행하여야 한다. 다음 중 옳은 것은?

㉠ 녹색건축물 조성의 지원 등을 위한 재원의 조성 및 자금 지원
㉡ 녹색건축물 조성을 지원하는 새로운 금융상품의 개발
㉢ 녹색건축물 조성을 위한 투입 자금의 최소화 관련 금융시책 및 기술 연구
㉣ 녹색건축물 조성을 위한 기반시설 구축사업에 대한 민간투자 활성화

㉮ ㉠, ㉡, ㉢, ㉣
㉯ ㉠, ㉡, ㉢
㉰ ㉠, ㉡, ㉣
㉱ ㉠, ㉡

24. 국토교통부장관이 녹색건축물 전문인력의 양성을 위한 전문기관으로 지정할 수 있는 기관이나 단체는?

㉠ 녹색건축센터
㉡ 건축사협회
㉢ 그밖에 국토교통부장관이 인정하여 고시하는 기관 또는 단체
㉣ 중앙건축위원회

㉮ ㉠, ㉡, ㉢, ㉣
㉯ ㉠, ㉡, ㉢
㉰ ㉠, ㉡, ㉣
㉱ ㉠, ㉡

[정답] 20. ㉯ 21. ㉰ 22. ㉱ 23. ㉰ 24. ㉯

25. 국토교통부장관의 녹색건축물 조성에 관한 실태조사(매년 정기조사 및 수시조사) 사항에 포함되지 않는 것은?
㉮ 녹색건축물 전문인력 교육 및 양성 현황
㉯ 녹색건축물 조성을 위한 녹색기술의 연구개발 및 사업화 현황
㉰ 공공건축물 에너지 소비 현황
㉱ 녹색건축물 인증 실적에 관한 현황
[해설] 녹색건축물 조성에 관한 실태조사 사항
 1. 지역별 에너지 소비 총량 관리 현황
 2. 에너지 절약계획서 및 건축물 에너지소비 증명 현황
 3. 녹색건축물 전문인력 교육 및 양성 현황
 4. 녹색건축물 조성을 위한 녹색기술의 연구개발 및 사업화 현황
 5. 녹색건축물 조성 시범사업 현황
 6. 녹색건축물에 대한 자금 지원 집행 현황
 7. 공공건축물 현황 및 에너지 소비 현황

26. 국토교통부령으로 정하는 '에너지 관련 전문기관'에 해당하는 기관은?
┌─────────────────────────┐
│ ㉠ 한국에너지공단   │
│ ㉡ 한국시설안전공단   │
│ ㉢ 에너지경제연구원   │
│ ㉣ 그밖에 국토교통부장관이 인정 및 고시하는 기관 │
└─────────────────────────┘
㉮ ㉠　　　　　㉯ ㉠, ㉡
㉰ ㉠, ㉡, ㉢　㉱ ㉠, ㉢, ㉣

27. 녹색건축 인증에 관한 규칙과 관련하여 맞지 않는 것은?
㉮ 이 규칙은 녹색건축 인증대상, 건축물의 종류, 인증기준 및 인증절차 등에 관한 사항과 그 시행에 필요한 사항을 규정함을 목적으로 한다.
㉯ 공공기관에서 연면적 3,000제곱미터 이상의 공공건축물을 신축하거나 별도의 건축물을 증축하는 경우에는 고시에서 정하는 등급 이상의 녹색건축 예비인증 및 인증을 취득하여야 한다.
㉰ 인증등급은 신축 및 기존 건축물에 대하여 최우수(그린1등급), 우수(그린2등급), 우량(그린3등급) 또는 일반(그린4등급)으로 한다.
㉱ 9개 전문 분야의 인증기준 및 인증등급별 산출기준에 따라 취득한 종합점수 결과를 토대로 부여한다.
[해설] 7개 전문 분야의 인증기준 및 인증등급별 산출기준에 따라 취득한 종합점수 결과를 토대로 부여한다(과거 9개의 전문 분야에서 2013년부터 7개의 전문 분야로 바뀜).

28. 에너지 절약계획서 제출 예외 대상이 아닌 것은?
㉮ 단독주택
㉯ 문화 및 집회시설 중 동·식물원
㉰ 냉방 또는 난방 설비를 설치하지 아니하는 건축물
㉱ 그밖에 산업통상자원부장관이 에너지 절약계획서를 첨부할 필요가 없다고 정하여 고시하는 건축물
[해설] ㉱는 산업통상자원부장관 소관 업무가 아니고, 국토교통부장관 소관 업무이다.

29. '그린리모델링 사업'과 관련하여 틀린 설명은?
㉮ 시·도지사는 그린리모델링을 효율적으로 시행하기 위한 그린리모델링기금을 설치하여야 한다.
㉯ 그린리모델링기금은 정부 외의 자로부터의 출연금 및 기부금, 일반회계 또는 다른

[정답] 25. ㉱　26. ㉱　27. ㉱　28. ㉱　29. ㉰

기금으로부터의 전입금, 기금의 운용수익금, 건축법상 이행강제금으로부터의 전입금 등의 재원으로 조성한다.
㉰ 거짓이나 부정한 방법으로 그린리모델링 사업자로 등록을 한 경우 업무의 전부 또는 일부의 정지를 명할 수 있다.
㉱ 그린리모델링 창조센터는 사업연도 결산서를 다음 사업연도 3월 31일까지 제출하여야 한다.
[해설] 거짓이나 부정한 방법으로 그린리모델링 사업자로 등록을 한 경우에는 그 등록을 취소시켜야 한다.

30. '녹색건축물 인증에 관한 규칙'에 대한 설명으로 틀린 것은?

㉮ 공공기관에서 연면적 3,000제곱미터 이상의 공공건축물을 신축하거나 별도의 건축물을 증축하는 경우에는 고시에서 정하는 등급 이상의 녹색건축 예비인증 및 인증을 취득하여야 한다.
㉯ 녹색건축물 인증의 전문 분야는 7개의 분야로 나뉜다.
㉰ 인증등급은 신축 및 기존 건축물에 대하여 최우수(그린1등급), 우수(그린2등급), 우량(그린3등급) 또는 일반(그린4등급)으로 한다.
㉱ 예비인증을 받아 제도적·재정적 지원을 받은 건축주 등은 예비인증 등급과 동일한 본인증을 받아야 한다.
[해설] ㉱의 경우 '예비인증을 받아 제도적·재정적 지원을 받은 건축주 등은 예비인증 등급 이상의 본인증을 받아야 한다'로 고쳐야 옳다.

31. '녹색건축물 인증에 관한 규칙'에서 예비인증을 신청할 수 있는 주체가 아닌 자는?

㉮ 건축주
㉯ 건축물 소유자
㉰ 감리 혹은 CM
㉱ 시공자
[해설] 예비인증 신청 주체
1. 건축주
2. 건축물 소유자
3. 사업주체 또는 시공자(건축주나 건축물 소유자가 인증 신청을 동의하는 경우에 한정한다)

32. 정부가 녹색건축물 조성 기본계획을 시행하기 위하여 그 필요한 비용을 회계연도마다 세출예산에 계상하기 위하여 노력해야 하는 사항이 아닌 것은?

㉮ 온실가스 배출권 거래에 관한 전체 사업 분야
㉯ 에너지 자립형 건축물의 활성화 및 확산·보급 사업 분야
㉰ 지능형 계량기의 활성화 및 확산·보급 사업 분야
㉱ 녹색건축물 관련 국제협력
[해설] ㉮는 '온실가스 배출권 거래에 관한 사업(건축물에 관한 사업으로 한정)'으로 고쳐야 옳다.

33. 「녹색건축물 조성 지원법」의 내용과 관련하여 틀리게 설명하고 있는 것은?

㉮ 공공건축물의 사용자 또는 관리자는 해당 공공건축물의 에너지 소비량 보고서를 매 분기 말일을 기준으로 다음 달 말일까지 국토교통부장관에게 제출하여야 한다.
㉯ 공공건축물 사용자 등은 공개된 에너지 소비량을 해당 공공건축물의 주출입구에 게시할 수 있다.
㉰ 에너지 관련 전문기관이 에너지 절약계획서를 검토하는 경우 접수일부터 15일 이내에 검토 및 보완을 완료하여야 한다. 이 경우 건축주가 보완하는 기간은 검토 및 보완 기간에서 제외한다.

[정답] 30. ㉱ 31. ㉰ 32. ㉮ 33. ㉰

㉣ 대통령령으로 정하는 건축물을 건축 또는 리모델링하는 경우로서 외벽에 창을 설치하거나 외벽을 유리나 플라스틱 재료로 하는 경우 건축주는 차양 등 일사조절장치를 설치하여야 한다.

[해설] 에너지 관련 전문기관이 에너지 절약계획서를 검토하는 경우 접수일부터 10일 이내에 검토 및 보완을 완료하여야 한다.

34. 건축주가 열의 손실을 방지하는 단열재 및 방습층, 지능형 계량기, 고효율의 냉방·난방 장치 및 조명기구 등을 설치하여야 하는 필요조건을 모두 고른 것은?

> ㉠ 에너지소비 총량제한 대상 기관의 장이 소유 또는 관리하는 건축물일 것
> ㉡ 연면적이 3천 제곱미터 이상일 것
> ㉢ 용도가 업무시설 또는 교육연구시설일 것
> ㉣ 건축 또는 리모델링하려는 경우일 것

㉮ ㉠, ㉡, ㉢
㉯ ㉠, ㉡, ㉣
㉰ ㉠, ㉢, ㉣
㉱ ㉠, ㉡, ㉢, ㉣

35. 에너지 소비 총량 제한 대상에 해당하지 않는 것은?

㉮ 중앙행정기관의 장
㉯ 지방자치단체의 장
㉰ 정부 출연 연구회
㉱ 민간단체 출연 연구기관

36. 건축 또는 리모델링하려는 건축주는 해당 건축물에 대하여 에너지효율등급 인증을 받아 그 결과를 표시하고, 건축물의 사용승인을 신청할 때 관련 서류를 첨부하여야 하는데, 해당 건축물의 필요조건에 들지 않는 것은?

㉮ 에너지 소비 총량 제한 대상 기관의 장이 소유 또는 관리하는 건축물일 것
㉯ 신축·재축 또는 증축하는 건축물일 것. 다만, 증축의 경우에는 동일 건물에 증축하는 경우로 한정한다.
㉰ 연면적이 3천 제곱미터 이상일 것
㉱ 에너지 절약계획서 제출 대상일 것

[해설] ㉯는 '신축·재축 또는 증축하는 건축물일 것. 다만, 증축의 경우에는 기존 건축물의 대지에 별개의 건축물로 증축하는 경우로 한정한다.'로 고쳐야 옳다.

37. 그린리모델링 사업자 등록기준에 해당하지 않는 것은?

㉮ 그린리모델링 사업을 수행하기 위한 재무능력 및 기술인력을 갖출 것
㉯ 컴퓨터, 건물에너지 시뮬레이션 프로그램, 온도·습도계, 표면온도계 등을 갖출 것
㉰ 그린리모델링 사업에 전용되는 사무실 등 사무공간을 갖출 것
㉱ 건축 분야 중급기술자 혹은 건축물에너지평가사로서 상시 근무자 1명 이상일 것

[해설] ㉯ : 그린리모델링 사업자 등록의 '장비기준'
㉰ : 그린리모델링 사업자 등록의 '시설기준'
㉱ : 그린리모델링 사업자 등록의 '인력기준'

38. 에너지성능정보 공개·활용 운영기관이 될 수 없는 기관은?

㉮ 한국감정원
㉯ 국토연구원
㉰ 한국에너지공단
㉱ 국토교통부장관이 고시하는 단체

[정답] 34. ㉱ 35. ㉱ 36. ㉯ 37. ㉮ 38. ㉯

CHAPTER 02 에너지이용 합리화법 관계 법규

1. 에너지이용 합리화법(주요 내용 요약)

1-1 개요

① 에너지이용 합리화법은 에너지의 수급(需給)을 안정시키고 에너지의 합리적이고 효율적인 이용을 증진하며 에너지 소비로 인한 환경피해를 줄임으로써 국민경제의 건전한 발전 및 국민복지의 증진과 지구온난화의 최소화에 이바지함을 목적으로 한다.
② 모든 국민은 일상생활에서 에너지를 합리적으로 이용하여 온실가스의 배출을 줄이도록 노력하여야 한다.

1-2 에너지이용 합리화 기본계획

① 산업통상자원부장관은 에너지를 합리적으로 이용하게 하기 위하여 에너지이용 합리화에 관한 기본계획을 수립하여야 한다.
② 기본계획에는 다음 각 호의 사항이 포함되어야 한다.
  1. 에너지 절약형 경제구조로의 전환
  2. 에너지이용효율의 증대
  3. 에너지이용 합리화를 위한 기술개발
  4. 에너지이용 합리화를 위한 홍보 및 교육
  5. 에너지원 간 대체(代替)
  6. 열사용기자재의 안전관리
  7. 에너지이용 합리화를 위한 가격예시제(價格豫示制)의 시행에 관한 사항
  8. 에너지의 합리적인 이용을 통한 온실가스의 배출을 줄이기 위한 대책
  9. 그밖에 에너지이용 합리화를 추진하기 위하여 필요한 사항으로서 산업통상자원부령으로 정하는 사항

③ 산업통상자원부장관이 제1항에 따라 기본계획을 수립하려면 관계 행정기관의 장과 협의하여야 한다. 이 경우 산업통상자원부장관은 관계 행정기관의 장에게 필요한 자료를 제출하도록 요청할 수 있다.

1-3 국가에너지 절약추진위원회

① 에너지 절약 정책의 수립 및 추진에 관한 다음 각 호의 사항을 심의하기 위하여 산업통상자원부장관 소속으로 국가에너지 절약추진위원회를 둔다.
  1. 기본계획 수립에 관한 사항
  2. 에너지이용 합리화 실시계획의 종합·조정 및 추진상황 점검·평가에 관한 사항
  3. 국가·지방자치단체·공공기관의 에너지이용 효율화조치 등에 관한 사항
  4. 그밖에 에너지 절약 정책의 수립 및 추진과 관련하여 위원장이 심의에 부치는 사항
② 위원회는 위원장을 포함하여 25명 이내의 위원으로 구성한다.
③ 위원장은 산업통상자원부장관이 되며, 위원은 대통령령으로 정하는 당연직 위원과 에너지 분야의 학식과 경험이 풍부한 사람 중에서 산업통상자원부장관이 위촉하는 위촉위원으로 구성한다.
④ 위촉위원의 임기는 3년으로 한다.
⑤ 위원회는 평가업무의 효과적인 수행을 위하여 관계 연구기관 등에 그 업무를 대행하도록 할 수 있다.
⑥ 그밖에 위원회의 구성 및 운영과 평가업무 대행 등에 관하여 필요한 사항은 대통령령으로 정한다.

> ☞ 시행령 (국가에너지절약추진위원회의 구성 및 운영)
>
> ① 법 제5조 제1항에 따른 국가에너지절약추진위원회(이하 "위원회"라 한다)의 당연직 위원은 다음 각 호의 사람으로 한다. 이 경우 복수차관이 있는 기관은 해당 기관의 장이 지정하는 차관으로 한다.
>   1. 기획재정부차관
>   2. 교육부차관
>   3. 과학기술정보통신부차관
>   4. 행정안전부차관
>   5. 농림축산식품부차관
>   6. 산업통상자원부차관
>   7. 환경부차관
>   8. 국토교통부차관

9. 해양수산부차관
　　10. 국무조정실 국무2차장
　　11. 한국에너지공단 이사장
　　12. 한국전력공사 사장
　　13. 한국가스공사 사장
　　14. 한국지역난방공사 사장
② 삭제 (법조문 삭제)
③ 위원회의 위원장(이하 "위원장"이라 한다)은 위원회를 대표하고, 위원회의 사무를 총괄한다.
④ 위원장이 부득이한 사유로 직무를 수행할 수 없을 때에는 위원장이 미리 지명하는 위원이 그 직무를 대행한다.
⑤ 위원장은 위원회의 회의를 소집하고, 그 의장이 된다.
⑥ 위원회의 회의는 재적위원 과반수의 출석으로 개의하고, 출석위원 과반수의 찬성으로 의결한다.

1-4 에너지이용 합리화 실시계획

① 관계 행정기관의 장과 특별시장·광역시장·도지사 또는 특별자치도지사는 기본계획에 따라 에너지이용 합리화에 관한 실시계획을 수립하고 시행하여야 한다.
② 관계 행정기관의 장 및 시·도지사는 실시계획과 그 시행 결과를 산업통상자원부장관에게 제출하여야 한다.

1-5 수급안정을 위한 조치

① 산업통상자원부장관은 국내외 에너지사정의 변동에 따른 에너지의 수급차질에 대비하기 위하여 대통령령으로 정하는 주요 에너지사용자와 에너지공급자에게 에너지저장시설을 보유하고 에너지를 저장하는 의무를 부과할 수 있다.
② 산업통상자원부장관은 국내외 에너지사정의 변동으로 에너지수급에 중대한 차질이 발생하거나 발생할 우려가 있다고 인정되면 에너지수급의 안정을 기하기 위하여 필요한 범위에서 에너지사용자·에너지공급자 또는 에너지사용기자재의 소유자와 관리자에게 다음 각 호의 사항에 관한 조정·명령, 그밖에 필요한 조치를 할 수 있다.
1. 지역별·주요 수급자별 에너지 할당
2. 에너지공급설비의 가동 및 조업

3. 에너지의 비축과 저장
4. 에너지의 도입·수출입 및 위탁가공
5. 에너지공급자 상호 간의 에너지의 교환 또는 분배 사용
6. 에너지의 유통시설과 그 사용 및 유통경로
7. 에너지의 배급
8. 에너지의 양도·양수의 제한 또는 금지
9. 에너지사용의 시기·방법 및 에너지사용기자재의 사용 제한 또는 금지 등 대통령령으로 정하는 사항
10. 그밖에 에너지수급을 안정시키기 위하여 대통령령으로 정하는 사항

③ 산업통상자원부장관은 제②항에 따른 조치를 시행하기 위하여 관계 행정기관의 장이나 지방자치단체의 장에게 필요한 협조를 요청할 수 있으며 관계 행정기관의 장이나 지방자치단체의 장은 이에 협조하여야 한다.

④ 산업통상자원부장관은 제②항에 따른 조치를 한 사유가 소멸되었다고 인정하면 지체 없이 이를 해제하여야 한다.

1-6 국가·지방자치단체 등의 에너지이용 효율화 조치

① 다음 각 호의 자는 이 법의 목적에 따라 에너지를 효율적으로 이용하고 온실가스 배출을 줄이기 위하여 필요한 조치를 추진하여야 한다.
  1. 국가
  2. 지방자치단체
  3. 공공기관

② 국가·지방자치단체 등이 추진하여야 하는 에너지의 효율적 이용과 온실가스의 배출 저감을 위하여 필요한 조치의 구체적인 내용은 아래 대통령령으로 정한다.
  1. 에너지 절약 및 온실가스배출 감축을 위한 제도·시책의 마련 및 정비(← 시행령)
  2. 에너지의 절약 및 온실가스배출 감축 관련 홍보 및 교육(← 시행령)
  3. 건물 및 수송 부문의 에너지이용 합리화 및 온실가스배출 감축(← 시행령)

1-7 에너지공급자의 수요관리투자계획

① 에너지공급자 중 아래 대통령령으로 정하는 에너지공급자는 해당 에너지의 생산·전환·수송·저장 및 이용상의 효율 향상, 수요의 절감 및 온실가스배출의 감축 등을 도모하기 위한 연차별 수요관리투자계획을 수립·시행하여야 하며, 그 계획과 시행 결과를 산업통

상자원부장관에게 제출하여야 한다. 연차별 수요관리투자계획을 변경하는 경우에도 또한 같다.
1. 한국전력공사
2. 한국가스공사
3. 한국지역난방공사
4. 그밖에 대량의 에너지를 공급하는 자로서 에너지 수요관리투자를 촉진하기 위하여 산업통상자원부장관이 특히 필요하다고 인정하여 지정하는 자

② 산업통상자원부장관은 에너지수급상황의 변화, 에너지가격의 변동, 그밖에 대통령령으로 정하는 사유가 생긴 경우에는 제①항에 따른 수요관리투자계획을 수정·보완하여 시행하게 할 수 있다.

③ 에너지공급자는 연차별 수요관리투자사업비 중 일부를 대통령령으로 정하는 수요관리전문기관에 출연할 수 있다.

④ 산업통상자원부장관은 에너지공급자의 수요관리투자를 촉진하기 위하여 수요관리투자로 인하여 에너지공급자에게 발생되는 비용과 손실을 최소화하는 방안을 수립·시행할 수 있다.

1-8 에너지사용계획의 협의

① 도시개발사업이나 산업단지개발사업 등 대통령령으로 정하는 일정규모 이상의 에너지를 사용하는 사업을 실시하거나 시설을 설치하려는 자는 그 사업의 실시와 시설의 설치로 에너지수급에 미칠 영향과 에너지 소비로 인한 온실가스의 배출에 미칠 영향을 분석하고, 소요에너지의 공급계획 및 에너지의 합리적 사용과 그 평가에 관한 계획을 수립하여, 그 사업의 실시 또는 시설의 설치 전에 산업통상자원부장관에게 제출하여야 한다.

☞ 시행령 : 에너지사용계획의 제출 등(제20조)

① 법 제10조 제1항에 따라 에너지사용계획을 수립하여 산업통상자원부장관에게 제출하여야 하는 사업주관자는 다음 각 호의 어느 하나에 해당하는 사업을 실시하려는 자로 한다.
1. 도시개발사업
2. 산업단지개발사업
3. 에너지개발사업
4. 항만건설사업
5. 철도건설사업

> 6. 공항건설사업
> 7. 관광단지개발사업
> 8. 개발촉진지구개발사업 또는 지역종합개발사업
>
> ② 법 제10조 제1항에 따라 에너지사용계획을 수립하여 산업통상자원부장관에게 제출하여야 하는 공공사업주관자(법 제10조 제2항에 따른 공공사업주관자를 말한다. 이하 같다)는 다음 각 호의 어느 하나에 해당하는 시설을 설치하려는 자로 한다.
> 1. 연간 2천5백 티오이 이상의 연료 및 열을 사용하는 시설
> 2. 연간 1천만 킬로와트시 이상의 전력을 사용하는 시설
>
> ③ 법 제10조 제1항에 따라 에너지사용계획을 수립하여 산업통상자원부장관에게 제출하여야 하는 민간사업주관자(법 제10조 제2항에 따른 민간사업주관자를 말한다. 이하 같다)는 다음 각 호의 어느 하나에 해당하는 시설을 설치하려는 자로 한다.
> 1. 연간 5천 티오이 이상의 연료 및 열을 사용하는 시설
> 2. 연간 2천만 킬로와트시 이상의 전력을 사용하는 시설
>
> ④ 제1항부터 제3항까지의 규정에 따른 사업 또는 시설의 범위와 에너지사용계획의 제출 시기는 별표1과 같다.
>
> ⑤ 산업통상자원부장관은 법 제10조 제1항에 따라 에너지사용계획을 제출받은 경우에는 그날부터 30일 이내에 공공사업주관자에게는 그 협의 결과를, 민간사업주관자에게는 그 의견청취 결과를 통보하여야 한다. 다만, 산업통상자원부장관이 필요하다고 인정할 때에는 20일의 범위에서 통보를 연장할 수 있다.

② 산업통상자원부장관은 에너지사용계획에 관하여 사업주관자 중 공공사업주관자와 협의하여야 하며, 공공사업주관자 외의 자(민간사업주관자)로부터 의견을 들을 수 있다.

③ 사업주관자가 제①항에 따라 제출한 에너지사용계획 중 에너지 수요예측 및 공급계획 등 대통령령으로 정한 사항을 변경하려는 경우에도 제①항과 제②항으로 정하는 바에 따른다.

> ☞ 시행령
>
> "대통령령으로 정한 사항을 변경하려는 경우"란 다음 각 호에 해당하는 경우를 말하며, 공공사업주관자의 경우에는 그 에너지사용계획의 변경 사항에 관하여 산업통상자원부장관에게 협의를 요청하여야 한다.
> 1. 토지나 건축물의 면적 또는 시설의 변경으로 인하여 법 제10조 제1항에 따라 제출한 에너지사용계획의 에너지사용량이 100분의 10 이상 증가되는 경우

2. 집단에너지 공급계획의 변경, 냉난방 방식의 변경, 그밖에 에너지사용계획에 큰 변동을 가져오는 사항으로서 산업통상자원부장관이 정하여 고시하는 사항이 변경되는 경우

④ 사업주관자는 국공립연구기관, 정부출연연구기관 등 에너지사용계획을 수립할 능력이 있는 자로 하여금 에너지사용계획의 수립을 대행하게 할 수 있다.
⑤ 에너지사용계획의 내용, 협의 및 의견청취의 절차, 대행기관의 요건, 그밖에 필요한 사항은 대통령령으로 정한다.
⑥ 산업통상자원부장관은 제④항에 따른 에너지사용계획의 수립을 대행하는 데에 필요한 비용의 산정기준을 정하여 고시하여야 한다.

1-9 에너지사용계획의 검토

① 산업통상자원부장관은 에너지사용계획을 검토한 결과, 그 내용이 에너지의 수급에 적절하지 아니하거나 에너지이용의 합리화와 이를 통한 온실가스(이산화탄소만을 말한다)의 배출감소 노력이 부족하다고 인정되면 대통령령으로 정하는 바에 따라 공공사업주관자에게는 에너지사용계획의 조정·보완을 요청할 수 있고, 민간사업주관자에게는 에너지사용계획의 조정·보완을 권고할 수 있다. 공공사업주관자가 조정·보완요청을 받은 경우에는 정당한 사유가 없으면 그 요청에 따라야 한다.
② 산업통상자원부장관은 에너지사용계획을 검토할 때 필요하다고 인정되면 사업주관자에게 관련 자료를 제출하도록 요청할 수 있다.

1-10 에너지사용계획의 사후관리 및 홍보

(1) 사후관리
① 산업통상자원부장관은 사업주관자가 에너지사용계획 또는 요청받거나 권고받은 조치를 이행하는지를 점검하거나 실태를 파악할 수 있다.
② 점검이나 실태파악의 방법과 그밖에 필요한 사항은 대통령령으로 정한다.

(2) 에너지이용 합리화를 위한 홍보
정부는 에너지이용 합리화를 위하여 정부의 에너지정책, 기본계획 및 에너지의 효율적 사용방법 등에 관한 홍보방안을 강구하여야 한다.

1-11 금융·세제상의 지원

① 정부는 에너지이용을 합리화하고 이를 통하여 온실가스의 배출을 줄이기 위하여 대통령령으로 정하는 에너지 절약형 시설투자, 에너지 절약형 기자재의 제조·설치·시공, 그밖

에 에너지이용 합리화와 이를 통한 온실가스배출의 감축에 관한 사업과 우수한 에너지 절약 활동 및 성과에 대하여 금융·세제상의 지원, 경제적 인센티브 제공 또는 보조금의 지급, 그밖에 필요한 지원을 할 수 있다.

② 정부는 제①항에 따른 지원을 하는 경우 중소기업에 대하여 우선하여 지원할 수 있다.

1-12 효율관리기자재의 지정

① 산업통상자원부장관은 에너지이용 합리화를 위하여 필요하다고 인정하는 경우에는 일반적으로 널리 보급되어있는 에너지사용기자재(상당량의 에너지를 소비하는 기자재에 한정한다) 또는 에너지관련기자재(에너지를 사용하지 아니하나 그 구조 및 재질에 따라 열손실 방지 등으로 에너지 절감에 기여하는 기자재를 말한다)로서 산업통상자원부령으로 정하는 기자재(효율관리기자재)에 대하여 다음 각 호의 사항을 정하여 고시하여야 한다. 다만, 에너지관련기자재 중 「건축법」 제2조 제1항의 건축물에 고정되어 설치·이용되는 기자재 및 「자동차관리법」 제29조 제2항에 따른 자동차부품을 효율관리기자재로 정하려는 경우에는 국토교통부장관과 협의한 후 다음 각 호의 사항을 공동으로 정하여 고시하여야 한다.

1. 에너지의 목표소비효율 또는 목표사용량의 기준
2. 에너지의 최저소비효율 또는 최대사용량의 기준
3. 에너지의 소비효율 또는 사용량의 표시
4. 에너지의 소비효율 등급기준 및 등급표시
5. 에너지의 소비효율 또는 사용량의 측정방법
6. 그밖에 효율관리기자재의 관리에 필요한 사항으로서 산업통상자원부령으로 정하는 사항

② 효율관리기자재의 제조업자 또는 수입업자는 산업통상자원부장관이 지정하는 시험기관(효율관리시험기관)에서 해당 효율관리기자재의 에너지 사용량을 측정받아 에너지소비효율등급 또는 에너지소비효율을 해당 효율관리기자재에 표시하여야 한다. 다만, 산업통상자원부장관이 정하여 고시하는 시험설비 및 전문인력을 모두 갖춘 제조업자 또는 수입업자로서 산업통상자원부령으로 정하는 바에 따라 산업통상자원부장관의 승인을 받은 자는 자체측정으로 효율관리시험기관의 측정을 대체할 수 있다.

③ 효율관리기자재의 제조업자 또는 수입업자는 제②항에 따른 측정결과를 산업통상자원부령으로 정하는 바에 따라 산업통상자원부장관에게 신고하여야 한다.

④ 효율관리기자재의 제조업자·수입업자 또는 판매업자가 산업통상자원부령으로 정하는 광고매체를 이용하여 효율관리기자재의 광고를 하는 경우에는 그 광고내용에 제②항에 따른 에너지소비효율등급 또는 에너지소비효율을 포함하여야 한다.

⑤ 효율관리시험기관은 「국가표준기본법」 제23조에 따라 시험·검사기관으로 인정받은 기관으로서 다음 각 호의 어느 하나에 해당하는 기관이어야 한다.
1. 국가가 설립한 시험·연구기관
2. 특정연구기관
3. 제1호 및 제2호의 연구기관과 동등 이상의 시험능력이 있다고 산업통상자원부장관이 인정하는 기관

1-13 효율관리기자재의 사후관리

① 산업통상자원부장관은 효율관리기자재가 고시한 내용에 적합하지 아니하면 그 효율관리기자재의 제조업자·수입업자 또는 판매업자에게 일정한 기간을 정하여 그 시정을 명할 수 있다.
② 산업통상자원부장관은 효율관리기자재가 고시한 최저소비효율기준에 미달하거나 최대사용량기준을 초과하는 경우에는 해당 효율관리기자재의 제조업자·수입업자 또는 판매업자에게 그 생산이나 판매의 금지를 명할 수 있다.
③ 산업통상자원부장관은 효율관리기자재가 고시한 내용에 적합하지 아니한 경우에는 그 사실을 공표할 수 있다.
④ 산업통상자원부장관은 제①항부터 제③항까지의 규정에 따른 처분을 하기 위하여 필요한 경우에는 산업통상자원부령으로 정하는 바에 따라 시중에 유통되는 효율관리기자재가 고시된 내용에 적합한지를 조사할 수 있다.

1-14 평균에너지소비효율제도

① 산업통상자원부장관은 각 효율관리기자재의 에너지소비효율 합계를 그 기자재의 총수로 나누어 산출한 평균에너지소비효율에 대하여 총량적인 에너지효율의 개선이 특히 필요하다고 인정되는 기자재로서 「자동차관리법」 제3조 제1항에 따른 승용자동차 등 산업통상자원부령으로 정하는 기자재(평균효율관리기자재)를 제조하거나 수입하여 판매하는 자가 지켜야 할 평균에너지소비효율을 관계 행정기관의 장과 협의하여 고시하여야 한다.
② 산업통상자원부장관은 제①항에 따라 고시한 평균에너지소비효율(평균에너지소비효율기준)에 미달하는 평균효율관리기자재를 제조하거나 수입하여 판매하는 자에게 일정한 기간을 정하여 평균에너지소비효율의 개선을 명할 수 있다. 다만, 「자동차관리법」 제3조 제1항에 따른 승용자동차 등 산업통상자원부령으로 정하는 자동차에 대해서는 그러하지 아니하다.
③ 산업통상자원부장관은 제②항에 따른 개선명령을 이행하지 아니하는 자에 대하여는 그 내용을 공표할 수 있다.

④ 평균효율관리기자재를 제조하거나 수입하여 판매하는 자는 에너지소비효율 산정에 필요하다고 인정되는 판매에 관한 자료와 효율측정에 관한 자료를 산업통상자원부장관에게 제출하여야 한다. 다만, 자동차 평균에너지소비효율 산정에 필요한 판매에 관한 자료에 대해서는 환경부장관이 산업통상자원부장관에게 제공하는 경우에는 그러하지 아니하다.

1-15 대기전력저감대상제품의 지정

① 산업통상자원부장관은 외부의 전원과 연결만 되어있고, 주기능을 수행하지 아니하거나 외부로부터 켜짐 신호를 기다리는 상태에서 소비되는 전력(대기전력)의 저감(低減)이 필요하다고 인정되는 에너지사용기자재로서 산업통상자원부령으로 정하는 제품(대기전력저감대상제품)에 대하여 다음 각 호의 사항을 정하여 고시하여야 한다.
1. 대기전력저감대상제품의 각 제품별 적용범위
2. 대기전력저감기준
3. 대기전력의 측정방법
4. 대기전력 저감성이 우수한 대기전력저감대상제품(대기전력저감우수제품) 표시
5. 그밖에 대기전력저감대상제품의 관리에 필요한 사항으로서 산업통상자원부령으로 정하는 사항

> **주** 대기전력저감대상제품(에너지이용 합리화법 – 시행규칙) : 컴퓨터, 모니터, 프린터, 복합기, 전자레인지, 팩시밀리, 복사기, 스캐너, 오디오, DVD플레이어, 라디오카세트, 도어폰, 유무선전화기, 비데, 모뎀, 홈 게이트웨이, 자동절전제어장치, 손건조기, 서버, 디지털컨버터, 그밖에 산업통상자원부장관이 대기전력의 저감이 필요하다고 인정하여 고시하는 제품

② **대기전력경고표지대상제품의 지정** : 산업통상자원부장관은 대기전력저감대상제품 중 대기전력 저감을 통한 에너지이용의 효율을 높이기 위하여 대기전력저감기준에 적합할 것이 특히 요구되는 제품으로서 산업통상자원부령으로 정하는 제품(대기전력경고표지대상제품)에 대하여 다음 각 호의 사항을 정하여 고시하여야 한다.
1. 대기전력경고표지대상제품의 각 제품별 적용범위
2. 대기전력경고표지대상제품의 경고 표시
3. 그밖에 대기전력경고표지대상제품의 관리에 필요한 사항으로서 산업통상자원부령으로 정하는 사항

> **주** 대기전력경고표지대상제품(에너지이용 합리화법 – 시행규칙) : 컴퓨터, 모니터, 프린터, 복합기, 전자레인지, 팩시밀리, 복사기, 스캐너, 오디오, DVD플레이어, 라디오카세트, 도어폰, 유무선전화기, 비데, 모뎀, 홈 게이트웨이

③ 대기전력경고표지대상제품의 제조업자 또는 수입업자는 대기전력경고표지대상제품에 대하여 산업통상자원부장관이 지정하는 시험기관의 측정을 받아야 한다. 다만, 산업통상자원부장관이 정하여 고시하는 시험설비 및 전문인력을 모두 갖춘 제조업자 또는 수입업자로서 산업통상자원부령으로 정하는 바에 따라 산업통상자원부장관의 승인을 받은 자는 자체측정으로 대기전력시험기관의 측정을 대체할 수 있다.

④ 대기전력경고표지대상제품의 제조업자 또는 수입업자는 제②항에 따른 측정 결과, 해당 제품이 대기전력저감기준에 미달하는 경우에는 그 제품에 대기전력경고표지를 하여야 한다.

⑤ 대기전력시험기관으로 지정받으려는 자는 다음 각 호의 요건을 모두 갖추어 산업통상자원부령으로 정하는 바에 따라 산업통상자원부장관에게 지정 신청을 하여야 한다.
  1. 다음 각 목의 어느 하나에 해당할 것
    ㈎ 국가가 설립한 시험·연구기관
    ㈏ 특정연구기관
    ㈐ 「국가표준기본법」에 따라 시험·검사기관으로 인정받은 기관
    ㈑ ㈎목 및 ㈏목의 연구기관과 동등 이상의 시험능력이 있다고 산업통상자원부장관이 인정하는 기관
  2. 산업통상자원부장관이 대기전력저감대상제품별로 정하여 고시하는 시험설비 및 전문인력을 갖출 것

1-16 대기전력저감우수제품의 표시

① 대기전력저감대상제품의 제조업자 또는 수입업자가 해당 제품에 대기전력저감우수제품의 표시를 하려면 대기전력시험기관의 측정을 받아 해당 제품이 대기전력저감기준에 적합하다는 판정을 받아야 한다. 다만, 산업통상자원부장관의 승인을 받은 자는 자체측정으로 대기전력시험기관의 측정을 대체할 수 있다.

② 제①항에 따른 적합 판정을 받아 대기전력저감우수제품의 표시를 하는 제조업자 또는 수입업자는 측정 결과를 산업통상자원부령으로 정하는 바에 따라 산업통상자원부장관에게 신고하여야 한다.

③ 산업통상자원부장관은 대기전력저감우수제품의 보급을 촉진하기 위하여 필요하다고 인정되는 경우에는 제8조 제1항 각 호에 따른 자에 대하여 대기전력저감우수제품을 우선적으로 구매하게 하거나, 공장·사업장 및 집단주택단지 등에 대하여 대기전력저감우수제품의 설치 또는 사용을 장려할 수 있다.

1-17 대기전력저감대상제품의 사후관리

① 산업통상자원부장관은 대기전력저감우수제품이 대기전력저감기준에 미달하는 경우 산업통상자원부령으로 정하는 바에 따라 대기전력저감대상제품의 제조업자 또는 수입업자에게 일정한 기간을 정하여 그 시정을 명할 수 있다.
② 산업통상자원부장관은 대기전력저감대상제품의 제조업자 또는 수입업자가 시정명령을 이행하지 아니하는 경우에는 그 사실을 공표할 수 있다.

1-18 고효율에너지기자재의 인증

① 산업통상자원부장관은 에너지이용의 효율성이 높아 보급을 촉진할 필요가 있는 에너지사용기자재 또는 에너지관련기자재로서 산업통상자원부령으로 정하는 기자재(고효율에너지인증대상기자재)에 대하여 다음 각 호의 사항을 정하여 고시하여야 한다. 다만, 에너지관련기자재 중 「건축법」 제2조 제1항의 건축물에 고정되어 설치·이용되는 기자재 및 「자동차관리법」 제29조 제2항에 따른 자동차부품을 고효율에너지인증대상기자재로 정하려는 경우에는 국토교통부장관과 협의한 후 다음 각 호의 사항을 공동으로 정하여 고시하여야 한다.
1. 고효율에너지인증대상기자재의 각 기자재별 적용범위
2. 고효율에너지인증대상기자재의 인증 기준·방법 및 절차
3. 고효율에너지인증대상기자재의 성능 측정방법
4. 에너지이용의 효율성이 우수한 고효율에너지인증대상기자재(고효율에너지기자재)의 인증 표시
5. 그밖에 고효율에너지인증대상기자재의 관리에 필요한 사항으로서 산업통상자원부령으로 정하는 사항
② 고효율에너지인증대상기자재의 제조업자 또는 수입업자가 해당 기자재에 고효율에너지기자재의 인증 표시를 하려면 해당 에너지사용기자재 또는 에너지관련기자재가 인증기준에 적합한지 여부에 대하여 산업통상자원부장관이 지정하는 시험기관(고효율시험기관)의 측정을 받아 산업통상자원부장관으로부터 인증을 받아야 한다.
③ 고효율에너지기자재의 인증을 받으려는 자는 산업통상자원부령으로 정하는 바에 따라 산업통상자원부장관에게 인증을 신청하여야 한다.
④ 산업통상자원부장관은 제③항에 따라 신청된 고효율에너지인증대상기자재가 인증기준에 적합한 경우에는 인증을 하여야 한다.
⑤ 인증을 받은 자가 아닌 자는 해당 고효율에너지인증대상기자재에 고효율에너지기자재의 인증 표시를 할 수 없다.

⑥ 산업통상자원부장관은 고효율에너지기자재의 보급을 촉진하기 위하여 필요하다고 인정하는 경우에는 고효율에너지기자재를 우선적으로 구매하게 하거나, 공장·사업장 및 집단주택단지 등에 대하여 고효율에너지기자재의 설치 또는 사용을 장려할 수 있다.
⑦ 고효율시험기관으로 지정받으려는 자는 다음 각 호의 요건을 모두 갖추어 산업통상자원부령으로 정하는 바에 따라 산업통상자원부장관에게 지정 신청을 하여야 한다.
  1. 다음 각 목의 어느 하나에 해당할 것
    ㈎ 국가가 설립한 시험·연구기관
    ㈏ 「특정연구기관육성법」에 따른 특정연구기관
    ㈐ 「국가표준기본법」에 따라 시험·검사기관으로 인정받은 기관
    ㈑ ㈎목 및 ㈏목의 연구기관과 동등 이상의 시험능력이 있다고 산업통상자원부장관이 인정하는 기관
  2. 산업통상자원부장관이 고효율에너지인증대상기자재별로 정하여 고시하는 시험설비 및 전문인력을 갖출 것
⑧ 산업통상자원부장관은 고효율에너지인증대상기자재 중 기술 수준 및 보급 정도 등을 고려하여 고효율에너지인증대상기자재로 유지할 필요성이 없다고 인정하는 기자재를 산업통상자원부령으로 정하는 기준과 절차에 따라 고효율에너지인증대상기자재에서 제외할 수 있다.

1-19 고효율에너지기자재의 사후관리

① 산업통상자원부장관은 고효율에너지기자재가 아래 제1호에 해당하는 경우에는 인증을 취소하여야 하고, 제2호에 해당하는 경우에는 인증을 취소하거나 6개월 이내의 기간을 정하여 인증을 사용하지 못하도록 명할 수 있다.
  1. 거짓이나 그 밖의 부정한 방법으로 인증을 받은 경우
  2. 고효율에너지기자재가 제22조 제1항 제2호에 따른 인증기준에 미달하는 경우
② 산업통상자원부장관은 인증이 취소된 고효율에너지기자재에 대하여 그 인증이 취소된 날부터 1년의 범위에서 산업통상자원부령으로 정하는 기간 동안 인증을 하지 아니할 수 있다.

1-20 시험기관의 지정 취소

① 산업통상자원부장관은 효율관리시험기관, 대기전력시험기관 및 고효율시험기관이 다음 각 호의 어느 하나에 해당하는 경우에는 그 지정을 취소하거나 6개월 이내의 기간을 정

하여 시험업무의 정지를 명할 수 있다. 다만, 아래 제1호 또는 제2호에 해당하면 그 지정을 취소하여야 한다.
1. 거짓이나 그 밖의 부정한 방법으로 지정을 받은 경우
2. 업무정지 기간 중에 시험업무를 행한 경우
3. 정당한 사유 없이 시험을 거부하거나 지연하는 경우
4. 산업통상자원부장관이 정하여 고시하는 측정방법을 위반하여 시험한 경우
5. 시험기관의 지정기준에 적합하지 아니하게 된 경우

② 산업통상자원부장관은 자체측정의 승인을 받은 자가 제1호 또는 제2호에 해당하면 그 승인을 취소하여야 하고, 제3호 또는 제4호에 해당하면 그 승인을 취소하거나 6개월 이내의 기간을 정하여 자체측정업무의 정지를 명할 수 있다.
1. 거짓이나 그 밖의 부정한 방법으로 승인을 받은 경우
2. 업무정지 기간 중에 자체측정업무를 행한 경우
3. 산업통상자원부장관이 정하여 고시하는 측정방법을 위반하여 측정한 경우
4. 산업통상자원부장관이 정하여 고시하는 시험설비 및 전문인력 기준에 적합하지 아니하게 된 경우

1-21 에너지 절약전문기업의 지원

① 정부는 제3자로부터 위탁을 받아 다음 각 호의 어느 하나에 해당하는 사업을 하는 자로서 산업통상자원부장관에게 등록을 한 자(에너지 절약전문기업)가 에너지 절약사업과 이를 통한 온실가스의 배출을 줄이는 사업을 하는 데에 필요한 지원을 할 수 있다.
1. 에너지사용시설의 에너지 절약을 위한 관리·용역사업
2. 에너지 절약형 시설투자에 관한 사업
3. 그밖에 "대통령령으로 정하는 에너지 절약을 위한 사업"

> ☞ 시행령 제29조(에너지 절약을 위한 사업)
> 상기에서 "그밖에 대통령령으로 정하는 에너지 절약을 위한 사업"이란 다음 각 호의 사업을 말한다
> 1. 신에너지 및 재생에너지원의 개발 및 보급사업
> 2. 에너지 절약형 시설 및 기자재의 연구개발사업

② 에너지 절약전문기업으로 등록하려는 자는 대통령령으로 정하는 바에 따라 장비, 자산 및 기술인력 등의 등록기준을 갖추어 산업통상자원부장관에게 등록을 신청하여야 한다.

1-22 에너지다소비사업자의 신고

① 에너지 사용량이 대통령령으로 정하는 기준량 이상인 자(에너지다소비사업자)는 다음 각 호의 사항을 산업통상자원부령으로 정하는 바에 따라 매년 1월 31일까지 그 에너지사용시설이 있는 지역을 관할하는 시·도지사에게 신고하여야 한다.
 1. 전년도의 에너지 사용량·제품생산량
 2. 해당 연도의 에너지사용예정량·제품생산예정량
 3. 에너지사용기자재의 현황
 4. 전년도의 에너지이용 합리화 실적 및 해당 연도의 계획
 5. 제1호부터 제4호까지의 사항에 관한 업무를 담당하는 자(에너지관리자)의 현황

② 시·도지사는 제①항에 따른 신고를 받으면 이를 매년 2월 말일까지 산업통상자원부장관에게 보고하여야 한다.

③ 산업통상자원부장관 및 시·도지사는 에너지다소비사업자가 신고한 제①항 각 호의 사항을 확인하기 위하여 필요한 경우 다음 각 호의 어느 하나에 해당하는 자에 대하여 에너지다소비사업자에게 공급한 에너지의 공급량 자료를 제출하도록 요구할 수 있다.
 1. 한국전력공사
 2. 한국가스공사
 3. 도시가스사업자
 4. 한국지역난방공사
 5. 그밖에 대통령령으로 정하는 에너지공급기관 또는 관리기관

1-23 에너지진단

① 산업통상자원부장관은 관계 행정기관의 장과 협의하여 에너지다소비사업자가 에너지를 효율적으로 관리하기 위하여 필요한 기준을 부문별로 정하여 고시하여야 한다.

② 에너지다소비사업자는 산업통상자원부장관이 지정하는 에너지진단전문기관으로부터 3년 이상의 범위에서 대통령령으로 정하는 기간마다 그 사업장에 대하여 진단을 받아야 한다. 다만, 물리적 또는 기술적으로 에너지진단을 실시할 수 없거나 에너지진단의 효과가 적은 아파트·발전소 등 산업통상자원부령으로 정하는 범위에 해당하는 사업장은 그러하지 아니하다.

③ 산업통상자원부장관은 대통령령으로 정하는 바에 따라 에너지진단업무에 관한 자료 제출을 요구하는 등 진단기관을 관리·감독한다.

④ 산업통상자원부장관은 자체에너지절감실적이 우수하다고 인정되는 에너지다소비사업자

에 대하여는 산업통상자원부령으로 정하는 바에 따라 에너지진단을 면제하거나 에너지진단주기를 연장할 수 있다.
⑤ 산업통상자원부장관은 에너지진단 결과 에너지다소비사업자가 에너지관리기준을 지키고 있지 아니한 경우에는 에너지관리기준의 이행을 위한 지도를 할 수 있다.
⑥ 산업통상자원부장관은 에너지다소비사업자가 에너지진단을 받기 위하여 드는 비용의 전부 또는 일부를 지원할 수 있다. 이 경우 지원 대상·규모 및 절차는 대통령령으로 정한다.
⑦ 진단기관의 지정기준은 대통령령으로 정하고, 진단기관의 지정절차와 그밖에 필요한 사항은 산업통상자원부령으로 정한다.
⑧ 에너지진단의 범위와 방법, 그밖에 필요한 사항은 산업통상자원부장관이 정하여 고시한다.

1-24 목표에너지원단위의 설정

① 산업통상자원부장관은 에너지의 이용효율을 높이기 위하여 필요하다고 인정하면 관계 행정기관의 장과 협의하여 에너지를 사용하여 만드는 제품의 단위당 에너지사용목표량 또는 건축물의 단위면적당 에너지사용목표량(목표에너지원단위)을 정하여 고시하여야 한다.
② 산업통상자원부장관은 산업통상자원부령으로 정하는 바에 따라 목표에너지원단위의 달성에 필요한 자금을 융자할 수 있다.

1-25 붙박이에너지사용기자재의 효율관리

① 산업통상자원부장관은 건설업자(「주택법」 제9조에 따라 등록한 주택건설업자 또는 「건축법」 제2조에 따른 건축주 및 공사시공자를 말한다)가 설치하여 입주자에게 공급하는 붙박이 가전제품(건축물의 난방, 냉방, 급탕, 조명, 환기를 위한 제품은 제외한다)으로서 국토교통부장관과 협의하여 산업통상자원부령으로 정하는 에너지사용기자재(붙박이에너지사용기자재)의 에너지이용 효율을 높이기 위하여 다음 각 호의 사항을 정하여 고시하여야 한다.
  1. 에너지의 최저소비효율 또는 최대사용량의 기준
  2. 에너지의 소비효율등급 또는 대기전력 기준
  3. 그밖에 붙박이에너지사용기자재의 관리에 필요한 사항으로서 산업통상자원부령으로 정하는 사항
② 산업통상자원부장관은 건설업자에게 제①항에 따라 고시된 사항을 준수하도록 권고할 수 있다.

③ 산업통상자원부장관은 붙박이에너지사용기자재를 설치한 건설업자에 대하여 국토교통부장관과 협의하여 산업통상자원부령으로 정하는 바에 따라 제②항에 따른 권고의 이행 여부를 조사할 수 있다.

1-26 폐열의 이용

① 에너지사용자는 사업장 안에서 발생하는 폐열을 이용하기 위하여 노력하여야 하며, 사업장 안에서 이용하지 아니하는 폐열을 타인이 사업장 밖에서 이용하기 위하여 공급받으려는 경우에는 이에 적극 협조하여야 한다.
② 산업통상자원부장관은 폐열의 이용을 촉진하기 위하여 필요하다고 인정하면 폐열을 발생시키는 에너지사용자에게 폐열의 공동이용 또는 타인에 대한 공급 등을 권고할 수 있다. 다만, 폐열의 공동이용 또는 타인에 대한 공급 등에 관하여 당사자 간에 협의가 이루어지지 아니하거나 협의를 할 수 없는 경우에는 조정을 할 수 있다.
③ 「집단에너지사업법」에 따른 사업자는 같은 법 제5조에 따라 집단에너지공급대상지역으로 지정된 지역에 소각시설이나 산업시설에서 발생되는 폐열을 활용하기 위하여 적극 노력하여야 한다.

1-27 냉난방온도제한건물의 지정

① 산업통상자원부장관은 에너지의 절약 및 합리적인 이용을 위하여 필요하다고 인정하면 냉난방온도의 제한온도 및 제한기간을 정하여 다음 각 호의 건물 중에서 냉난방온도를 제한하는 건물을 지정할 수 있다.
  1. 국가, 지방자치단체, 공공기관이 업무용으로 사용하는 건물
  2. 에너지다소비사업자의 에너지사용시설 중 에너지 사용량이 대통령령으로 정하는 기준량 이상(연간 2천 티오이 이상)인 건물
② 산업통상자원부장관은 제①항에 따라 냉난방온도의 제한온도 및 제한기간을 정하여 냉난방온도를 제한하는 건물을 지정한 때에는 다음 각 호의 구분에 따라 통지하고 이를 고시하여야 한다.
  1. 제①항 제1호의 건물 : 관리기관(관리기관이 따로 없는 경우에는 그 기관의 장을 말한다)에 통지
  2. 제①항 제2호의 건물 : 에너지다소비사업자에게 통지

1-28 특정열사용기자재

열사용기자재 중 제조, 설치·시공 및 사용에서의 안전관리, 위해 방지 또는 에너지이용

의 효율관리가 특히 필요하다고 인정되는 것으로서 산업통상자원부령으로 정하는 열사용기자재(특정열사용기자재)의 설치·시공이나 세관을 업으로 하는 자는 「건설산업기본법」 제9조 제1항에 따라 시·도지사에게 등록하여야 한다.

1-29 시공업등록말소 등의 요청

산업통상자원부장관은 시공업의 등록을 한 자가 고의 또는 과실로 특정열사용기자재의 설치, 시공 또는 세관을 부실하게 함으로써 시설물의 안전 또는 에너지효율 관리에 중대한 문제를 초래하면 시·도지사에게 그 등록을 말소하거나 그 시공업의 전부 또는 일부를 정지하도록 요청할 수 있다.

1-30 검사대상기기의 검사

① 특정열사용기자재 중 산업통상자원부령으로 정하는 검사대상기기의 제조업자는 그 검사대상기기의 제조에 관하여 시·도지사의 검사를 받아야 한다.
② 다음 각 호의 어느 하나에 해당하는 자(검사대상기기설치자)는 산업통상자원부령으로 정하는 바에 따라 시·도지사의 검사를 받아야 한다.
  1. 검사대상기기를 설치하거나 개조하여 사용하려는 자
  2. 검사대상기기의 설치장소를 변경하여 사용하려는 자
  3. 검사대상기기를 사용 중지한 후 재사용하려는 자
③ **검사대상기기조종자의 선임** : 검사대상기기 설치자는 검사대상기기의 안전관리, 위해 방지 및 에너지이용의 효율을 관리하기 위하여 검사대상기기의 조종자(검사대상기기조종자)를 선임하여야 한다.
④ 검사대상기기조종자의 자격기준과 선임기준은 산업통상자원부령으로 정한다.

1-31 한국에너지공단의 설립

① 에너지이용 합리화사업을 효율적으로 추진하기 위하여 한국에너지공단을 설립한다.
② 정부 또는 정부 외의 자는 공단의 설립·운영과 사업에 드는 자금에 충당하기 위하여 출연을 할 수 있다.
③ 출연시기, 출연방법, 그밖에 필요한 사항은 대통령령으로 정한다.
④ **법인격** : 공단은 법인으로 한다.
⑤ 한국에너지공단의 주된 사무소의 소재지는 정관으로 정한다.
⑥ 공단은 산업통상자원부장관의 승인을 받아 필요한 곳에 지부(支部), 연수원, 사업소 또는 부설기관을 둘 수 있다.

1-32 한국에너지공단의 정관

① 공단의 정관에는 「공공기관의 운영에 관한 법률」 제16조 제1항에 따른 기재사항 외에 다음 각 호의 사항을 포함하여야 한다.
   1. 지부, 연수원 및 사업소에 관한 사항
   2. 부설기관의 운영과 관리에 관한 사항
   3. 재산에 관한 사항
   4. 규약·규정의 제정, 개정 및 폐지에 관한 사항
② 공단은 주된 사무소의 소재지에서 설립등기를 함으로써 성립한다.
③ 제①항에 따른 설립등기 사항은 다음 각 호와 같다.
   1. 목적
   2. 명칭
   3. 주된 사무소, 지부, 연수원 및 사업소
   4. 임원의 성명과 주소
   5. 공고의 방법
④ 공단이 아닌 자는 한국에너지공단 또는 이와 유사한 명칭을 사용하지 못한다.
⑤ **임원** : 공단에 임원으로 이사장과 부이사장을 포함한 이사와 감사를 두며, 그 정수는 다음 각 호와 같이 한다.
   1. 이사장 1명
   2. 부이사장 1명
   3. 이사장, 부이사장을 제외한 이사 9명 이내(6명 이내의 비상임이사를 포함)
   4. 감사 1명
⑥ 공단은 다음 각 호의 사업을 한다.
   1. 에너지이용 합리화 및 이를 통한 온실가스의 배출을 줄이기 위한 사업
   2. 에너지기술의 개발·도입·지도 및 보급
   3. 에너지이용 합리화, 신에너지 및 재생에너지의 개발과 보급, 집단에너지공급사업을 위한 자금의 융자 및 지원
   4. '1-21 에너지 절약전문기업의 지원' 각 호의 사업
   5. 에너지진단 및 에너지관리지도
   6. 신에너지 및 재생에너지 개발사업의 촉진
   7. 에너지관리에 관한 조사·연구·교육 및 홍보
   8. 에너지이용 합리화사업을 위한 토지·건물 및 시설 등의 취득·설치·운영·대여 및 양도

9. 집단에너지사업의 촉진을 위한 지원 및 관리
10. 에너지사용기자재·에너지관련기자재의 효율관리 및 열사용기자재의 안전관리
11. 상기 제1호부터 제10호까지의 사업에 딸린 사업
12. 기타 산업통상자원부장관, 시·도지사, 그 밖의 기관 등이 위탁하는 에너지이용의 합리화와 온실가스의 배출을 줄이기 위한 사업

⑦ 공단은 산업통상자원부장관의 승인을 받아 그 사업에 따른 수익자로 하여금 그 사업에 필요한 비용을 부담하게 할 수 있다.

⑧ **자금의 차입** : 공단은 사업 진행상 정부, 정부가 설치한 기금, 국내외 금융기관, 외국정부 또는 국제기구로부터 자금을 차입할 수 있다.

⑨ 산업통상자원부장관은 다음 각 호의 업무에 대하여 공단을 지도·감독하며, 그 사업의 수행에 필요한 지시·처분 또는 명령을 할 수 있다.
1. 사업계획 및 예산 편성
2. 사업실적 및 결산
3. 공단이 수행하는 사업
4. 산업통상자원부장관이 위탁한 업무

> **칼럼1**
>
> 에너지이용 합리화법 시행규칙 [별표 2-2]
>
> 고효율에너지인증대상기자재 제외 기준
>
> 1. 해당 기자재의 기술 수준
>   가. 해당 기자재를 고효율에너지인증대상기자재로 정한 지 10년이 지난 경우일 것
>   나. 해당 기자재의 에너지이용효율에 대한 기술 수준이 해당 기자재를 더 이상 고효율에너지인증대상기자재로 인정할 필요성이 없을 만큼 이미 보편화되었을 것
> 2. 해당 기자재의 보급 정도
>   가. 해당 기자재의 연간 판매 대수가 해당 연도의 고효율에너지인증대상기자재 전체 판매 대수의 100분의 10을 넘는 경우일 것
>   나. 해당 기자재에 대한 이용 및 보급이 해당 기자재를 더 이상 고효율에너지인증대상기자재로 인정할 필요성이 없을 만큼 이미 보편화되었을 것
> 3. 해당 기자재의 인증 등 실적
>   가. 해당 기자재를 고효율에너지인증대상기자재로 인증한 건수가 최근 3년간 연간 10건 이하인 경우일 것
>   나. 해당 기자재의 최근 3년간 생산·판매한 실적이 해당 기자재를 더 이상 고효율에너지인증대상기자재로 인정할 필요성이 없을 만큼 현저히 저조할 것

4. 제1호부터 제3호까지 규정한 경우 외에 해당 기자재의 기술 수준 및 보급 정도 등을 고려할 때, 계속하여 고효율에너지인증대상기자재로 정할만한 필요성이 낮다고 산업통상자원부장관이 인정하는 경우일 것

  비고 : 산업통상자원부장관은 해당 기자재가 각 호의 구분에 따른 기준의 어느 하나에 해당하는 경우 그 기자재를 고효율에너지인증대상기자재에서 제외한다.

> **칼럼2**

에너지이용 합리화법 시행규칙 [별표3]

에너지진단의 면제 또는 에너지진단주기의 연장 범위

대상사업자	면제 또는 연장 범위
1. 에너지절약 이행실적 우수사업자	
가. 자발적 협약 우수사업장으로 선정된 자(중소기업인 경우)	에너지진단 1회 면제
나. 자발적 협약 우수사업장으로 선정된 자(중소기업이 아닌 경우)	1회 선정에 에너지진단주기 1년 연장
2. 에너지절약 유공자	에너지진단 1회 면제
3. 에너지진단 결과를 반영하여 에너지를 효율적으로 이용하고 있는 자	1회 선정에 에너지진단주기 3년 연장
4. 지난 연도 에너지사용량의 100분의 30 이상을 친에너지형 설비를 이용하여 공급하는 자	에너지진단 1회 면제
5. 에너지관리시스템을 구축하여 에너지를 효율적으로 이용하고 있다고 산업통상자원부장관이 고시하는 자	에너지진단주기 2회마다 에너지진단 1회 면제

비고
1. 에너지절약 유공자에 해당되는 자는 1개의 사업장만 해당한다.
2. 제1호부터 제5호까지의 대상사업자가 동시에 해당되는 경우에는 어느 하나만 해당되는 것으로 한다.
3. 제1호 가목 및 나목에서 "중소기업"이란 「중소기업기본법」 제2조에 따른 중소기업을 말한다.
4. 에너지진단이 면제되는 "1회"의 시점은 다음 각 목의 구분에 따라 최초로 에너지진단주기가 도래하는 시점을 말한다.
   가. 제1호 가목의 경우 : 중소기업이 자발적 협약 우수사업장으로 선정된 후
   나. 제2호의 경우 : 에너지절약 유공자 표창을 수상한 후
   다. 제4호의 경우 : 100분의 30 이상의 에너지사용량을 친에너지형 설비를 이용하여 공급한 후

> **칼럼 3**
>
> 공공기관 에너지이용 합리화 추진에 관한 규정에서 '신축건축물의 에너지이용 효율화 추진(제6조)' 관련하여
>
> ① 공공기관에서「녹색건축물 조성 지원법」제14조 및 같은 법 시행령 제10조에 따른 에너지절약계획서 제출대상 중 연면적이 3,000m^2 이상이고「건축물 에너지효율등급 인증 및 제로에너지건축물 인증기준(산업통상자원부·국토교통부 고시)」에서 에너지효율등급 인증기준이 마련된 건축물을 신축하거나 연면적 3,000m^2 이상을 별동으로 증축하는 경우에는 건축물 인증기준에 따른 건축물에너지효율 1등급 이상을 취득하여야 한다. 단, 시장형·준시장형 공기업이 신축 또는 별동으로 증축하는 건축물은 2017년부터 건축물에너지효율 1++등급 이상을 취득하여야 한다.
>
> ② 상기 제1항에도 불구하고「건축법 시행령」별표1의 제2호에 따른 공동주택 및 제14호 나목에 따른 오피스텔을 신축하거나 별동으로 증축하는 경우에는 건축물에너지효율 2등급 이상을 의무적으로 취득하여야 한다.
>
> ③ 시장형·준시장형 공기업이 제1항에 따른 건축물 에너지효율등급 취득 대상 중 다음 각 호에 해당하는 건축물을 신축하거나 별동으로 증축하는 경우에는 건축물 인증 기준에 따른 제로에너지 건축물 인증을 취득하여야 한다. 단, 준시장형 공기업이 신축하거나 별동으로 증축하는 건축물은 2018년부터 제로에너지 건축물 인증을 취득하여야 한다.
>   1.「건축법 시행령」별표1의 제10호에 따른 교육 연구시설
>   2.「건축법 시행령」별표1의 제14호에 따른 업무시설(단, 오피스텔은 제외)
>
> ④ 공공기관에서「녹색건축물 조성 지원법」제14조 및 같은 법 시행령 제10조에 따른 에너지절약계획서 제출대상 중 연면적 10,000m^2 이상의 건축물을 신축하거나 별동으로 증축하는 경우에는 건물에너지 이용 효율화를 위해 건물에너지관리시스템(BEMS)을 구축·운영하여야 하며, 한국에너지공단을 통해 설치 확인을 받아야 한다. 다만, 다음 각 호에 해당하는 경우는 제외할 수 있다.
>   1.「건축법 시행령」별표1의 제2호에 따른 공동주택
>   2.「건축법 시행령」별표1의 제14호 나목에 따른 오피스텔
>   3. 그 밖에 산업통상자원부장관이 인정하는 경우
>
> ⑤ 공공기관에서는 과대 청사의 건립을 방지하기 위해「정부청사관리규정시행규칙(행정자치부령)」,「공유재산 및 물품관리법 시행령」,「이전공공기관 지방이전계획 수립지침(국토교통부 훈령)」등 관련 규정의 적용 여부를 확인하여 시설규모를 정하여야 한다.

2. 고효율에너지기자재 보급촉진에 관한 규정(주요 내용 요약)

2-1 개요

① 고효율에너지인증대상기자재의 제조업자 또는 수입업자가 해당 기자재에 고효율에너지기자재의 인증을 받으려면 고효율시험기관에서 측정을 받아 한국에너지공단 이사장(공단이사장)에게 인증을 신청하여야 한다.
② 다른 법령에서 성능 측정을 받은 경우와 파생모델로 인증을 신청하는 경우에는 일부 또는 전 항목의 측정을 생략할 수 있다.

2-2 고효율에너지기자재 인증

① 고효율에너지기자재로 인증을 받으려는 자는 고효율에너지기자재 인증신청서에 다음 각 호의 서류를 첨부하여 공단이사장에게 제출(인터넷 제출)하여야 한다.
  1. 고효율시험기관의 측정결과(신청일부터 90일 이전에 발행한 시험성적서)
  2. 에너지효율의 유지에 관한 사항(단, 같은 고효율에너지인증대상기자재에 대하여 고효율에너지기자재 인증을 받은 이후에 추가로 인증을 신청하는 경우와 파생모델로 인증을 신청하는 경우에는 이에 해당하는 사항만을 제출할 수 있다.)
     (가) 업체현황
     (나) 해당 기자재의 설명서 및 규격사항
     (다) 제조설비 및 시험·검사설비의 보유 내역
     (라) 제1항 단서에 따라 일부 또는 전 항목의 측정을 생략한 경우에는 다른 법령에 따른 인증서, 측정결과 등의 사본
     (마) 기본모델 대비 파생모델 비교 현황(파생모델만 해당)
     (바) 그밖에 에너지효율을 입증하는 데 필요한 자료

2-3 인증심사 및 인증서 발급

① 공단이사장은 인증신청을 받은 경우에는 고효율에너지인증대상기자재 품목별 최초 인증에 한하여 공장심사를 실시하여야 한다. 다만, 고효율에너지인증대상기자재 품목 중 유사품목으로 3년 이내에 고효율기자재 인증을 받은 제조공장 또는 고효율에너지인증대상기자재로 KS인증을 보유한 제조공장에 대해서는 공장심사를 서류 확인으로 대체할 수 있다.

② 공장심사를 서류 확인으로 대체하고자 하는 경우, 인증신청 시 이를 증명할 수 있는 서류를 구비하여 신청하여야 한다.
③ 인증기술기준 및 측정방법이 변경된 경우 이 규정에 따른 고효율에너지기자재로 인증을 받기 위해서는 고효율시험기관의 측정결과를 제출하여야 한다. 다만, 측정방법의 변경 없이 인증기술기준만 변경되었을 때에는 기 인증된 고효율에너지기자재에 대한 고효율시험기관의 측정결과가 변경된 인증기술기준을 충족한 경우에 한해 별도의 측정결과 제출을 면제할 수 있다.
④ 고효율에너지 기자재로서의 인증효력은 인증서를 교부받은 날로부터 생산된 제품에 인증표시를 함으로써 발생한다.

2-4 인증유효기간 및 연장

① 고효율에너지기자재의 인증유효기간은 인증서 발급일부터 3년을 원칙으로 한다. 다만, 공단이사장은 인증기술기준 및 측정방법이 시기별로 다르게 적용하도록 규정되어있는 경우에는 인증유효기간을 3년 이내에서 조정할 수 있다.
② 공단이사장은 제①항에 따른 인증유효기간이 만료되는 경우에는 고효율인증업자의 신청에 따라 유효기간을 3년 단위로 연장할 수 있다. 이 경우 고효율인증업자는 인증유효기간 만료일을 기준으로 90일 전부터 연장신청서를 공단이사장에게 제출하여야 한다. 단, 안전에 직접적인 영향을 미치는 LED 교통신호등, LED 유도등, LED 보안등, LED 가로등, LED 터널 등은 인증유효기간 연장 신청 시 고효율시험기관의 측정결과 또는 최초 인증 시의 고효율에너지기자재와 동일한 기자재임을 입증하는 고효율시험기관의 확인서를 추가적으로 제출하여야 한다.
③ 고효율인증업자는 인증받은 내용이 변경되는 경우에는 변경된 날부터 30일 이내에 고효율에너지기자재 인증내용 변경신청서를 공단이사장에게 제출하여야 한다.

2-5 사후관리

① 공단이사장은 고효율에너지기자재가 에너지효율을 유지하고 있는지를 확인하기 위하여 고효율인증업자의 사무소·사업장·제조공장 또는 창고 등에 출입하여 검사를 실시할 수 있다. 이 경우 고효율인증업자는 검사에 협조하여야 한다.
② 공단이사장은 고효율에너지기자재의 판매업소·제조공장·창고 또는 설치현장에서 고효율에너지기자재 시료를 채취하여 인증기술기준의 적합 여부를 확인하기 위하여 고효율시험기관에 의뢰하여 측정을 실시할 수 있다.
③ 공단이사장은 사후관리 실시 결과 고효율에너지기자재가 다음 제1호에 해당하는 경우에

는 인증을 취소하여야 하고, 제2호에 해당하는 경우에는 인증을 취소하거나 6개월 이내의 기간을 정하여 인증을 사용하지 못하도록 명할 수 있다.
1. 거짓 또는 그 밖의 부정한 방법으로 인증을 받은 경우
2. 고효율에너지기자재가 다음 각 목의 어느 하나와 같이 제4조 제1항에 따른 인증기준에 미달하는 경우
   ㈎ 제10조 제2항에 따른 측정 결과 고효율에너지기자재가 [별표2]의 인증기술기준에 미달하는 경우
   ㈏ 제10조 제1항에 따른 검사 결과 고효율인증업자의 에너지효율 유지사항이 현저히 미흡하다고 인정되는 경우
   ㈐ 고효율인증업자가 인증받은 고효율에너지기자재와 동일하지 않은 기자재를 공급하는 경우
④ 공단이사장은 의견청취 결과 정당한 사유가 있는 경우에는 고효율인증업자의 부담으로 측정을 추가로 1회에 한하여 실시할 수 있다. 이 경우 시료의 채취는 공단이사장이 실시한다.
⑤ 공단이사장은 제①항에 따라 인증이 취소된 고효율에너지기자재에 대하여 인증을 취소한 날부터 1년 동안 인증을 하지 아니할 수 있다.
⑥ 공단이사장은 인증취소 또는 인증사용 정지명령을 하는 경우에는 해당업체에게 통보하여야 하며, 그 사실을 공표할 수 있다.

[고효율에너지기자재 보급촉진에 관한 규정 별표1]

① 산업통상자원부장관은 에너지이용의 효율성이 높아 보급을 촉진할 필요가 있는 에너지사용기자재 또는 에너지관련기자재로서 산업통상자원부령으로 정하는 기자재(고효율에너지인증대상기자재)에 대하여 다음 각 호의 사항을 정하여 고시하여야 한다.
1. 고효율에너지인증대상기자재의 각 기자재별 적용범위
2. 고효율에너지인증대상기자재의 인증기준·방법 및 절차
3. 고효율에너지인증대상기자재의 성능 측정방법
4. 에너지이용의 효율성이 우수한 고효율에너지인증대상기자재(이하 "고효율에너지기자재"라 한다)의 인증 표시
5. 그밖에 고효율에너지인증대상기자재의 관리에 필요한 사항으로서 산업통상자원부령으로 정하는 사항

② 고효율에너지인증대상기자재 리스트
1. 조도자동조절 조명기구
2. 열회수형 환기장치
3. 산업·건물용 가스보일러
4. 펌프
5. 원심식·스크류 냉동기
6. 무정전전원장치
7. 메탈할라이드 램프용 안정기
8. 나트륨 램프용 안정기
9. 인버터
10. 난방용 자동 온도조절기
11. LED 교통신호등
12. 복합기능형 수배전시스템
13. 직화흡수식 냉온수기
14. 단상 유도전동기
15. 환풍기
16. 원심식 송풍기
17. 수중폭기기
18. 메탈할라이드 램프
19. 고휘도 방전(HID) 램프용 고조도 반사갓
20. 기름연소 온수보일러
21. 산업·건물용 기름보일러
22. 축열식버너
23. 터보블로어
24. LED 유도등
25. 항온항습기
26. 컨버터 외장형 LED램프
27. 컨버터 내장형 LED램프
28. 매입형 및 고정형 LED 등기구
29. LED 보안등기구
30. LED 센서 등기구
31. LED 모듈 전원 공급용 컨버터
32. PLS 등기구
33. 고기밀성단열문
34. 초정압 방전램프용 등기구
35. LED 가로등기구
36. LED 투광등기구
37. LED 터널등기구
38. 직관형 LED램프(컨버터외장형)
39. 가스히트펌프
40. 전력저장장치(ESS)
41. 최대수요전력 제어장치
42. 문자간판용 LED모듈
43. 냉방용 창유리필름
44. 가스진공 온수보일러
45. 형광램프 대체형 LED램프(컨버터내장형)
46. 중온수 흡수식 냉동기
47. 무전극 형광램프용 등기구

예·상·문·제

1. 에너지이용 합리화법에 대한 설명 중 가장 잘못된 것은?

㉮ 에너지이용 합리화법에 따르면 에너지의 수급을 안정시키고 에너지의 합리적이고 효율적인 이용을 증진하며 에너지 소비로 인한 환경피해를 줄이도록 해야 한다.
㉯ 에너지이용 합리화법은 결국 에너지이용의 합리화 및 효율화를 통해 국민경제의 건전한 발전 및 국민복지의 증진과 지구온난화의 최소화에 이바지함을 목적으로 한다.
㉰ 모든 국민은 일상생활에서 에너지를 합리적으로 이용하여 온실가스의 배출을 줄이도록 노력하여야 한다.
㉱ 국토교통부장관은 에너지를 합리적으로 이용하게 하기 위하여 에너지이용 합리화에 관한 기본계획을 수립하여야 한다.

[해설] 산업통상자원부장관은 에너지를 합리적으로 이용하게 하기 위하여 에너지이용 합리화에 관한 기본계획을 수립하여야 한다.

2. 에너지이용 합리화에 관한 기본계획에 포함되지 않는 것은?

㉮ 에너지이용 합리화 시범사업
㉯ 가격예시제(價格豫示制)의 시행에 관한 사항
㉰ 에너지원 간 대체(代替)
㉱ 열사용기자재의 안전관리

[해설] 기본계획에는 다음 각 호의 사항이 포함되어야 한다.
1. 에너지 절약형 경제구조로의 전환
2. 에너지이용효율의 증대
3. 에너지이용 합리화를 위한 기술개발
4. 에너지이용 합리화를 위한 홍보 및 교육
5. 에너지원 간 대체(代替)
6. 열사용기자재의 안전관리
7. 에너지이용 합리화를 위한 가격예시제(價格豫示制)의 시행에 관한 사항
8. 에너지의 합리적인 이용을 통한 온실가스의 배출을 줄이기 위한 대책
9. 그밖에 에너지이용 합리화를 추진하기 위하여 필요한 사항으로서 산업통상자원부령으로 정하는 사항

3. 산업통상자원부장관이 긴급하게 필요 시 조정·명령, 그밖에 필요한 조치를 할 수 있는 에너지 분야가 아닌 것은?

㉮ 에너지의 도입·수출입 및 위탁가공
㉯ 에너지의 유통시설과 그 사용 및 유통경로
㉰ 에너지의 생산 및 연구개발
㉱ 에너지의 양도·양수의 제한 또는 금지

[해설] 산업통상자원부장관이 조정·명령, 그 밖의 조치를 할 수 있는 에너지 분야
1. 지역별·주요 수급자별 에너지 할당
2. 에너지공급설비의 가동 및 조업
3. 에너지의 비축과 저장
4. 에너지의 도입·수출입 및 위탁가공
5. 에너지공급자 상호 간의 에너지의 교환 또는 분배 사용
6. 에너지의 유통시설과 그 사용 및 유통경로
7. 에너지의 배급
8. 에너지의 양도·양수의 제한 또는 금지
9. 에너지사용의 시기·방법 및 에너지사용기자재의 사용 제한 또는 금지 등 대통령령으로 정하는 사항
10. 그밖에 에너지수급을 안정시키기 위하여 대통령령으로 정하는 사항

4. 에너지이용 합리화법상 '대기전력경고표지대상제품'인 것은?

㉮ 홈 게이트웨이
㉯ 자동절전제어장치
㉰ 손건조기
㉱ 서버

[해설] 대기전력경고표지대상제품은 컴퓨터, 모니

정답 1. ㉱ 2. ㉮ 3. ㉰ 4. ㉮

터, 프린터, 복합기, 전자레인지, 팩시밀리, 복사기, 스캐너, 오디오, DVD플레이어, 라디오카세트, 도어폰, 유무선전화기, 비데, 모뎀, 홈 게이트웨이이다.

5. 에너지다소비사업자가 매년 1월 31일까지 신고하여야 하는 내용이 아닌 것은?

㉮ 해당 연도의 에너지사용예정량·제품생산예정량
㉯ 에너지사용기자재의 현황
㉰ 해당 연도의 에너지이용 합리화 실적 및 계획
㉱ 에너지관리자의 현황

[해설] ㉰는 '전년도의 에너지이용 합리화 실적 및 해당 연도의 계획'으로 고쳐야 한다.

6. 산업통상자원부장관 및 시·도지사가 에너지의 공급량 자료를 제출하도록 요구할 수 있는 자는?

| ㉠ 한국전력공사 | ㉡ 한국가스공사 |
| ㉢ 도시가스사업자 | ㉣ 한국전기안전공사 |

㉮ ㉠, ㉡, ㉢, ㉣   ㉯ ㉠, ㉡, ㉢
㉰ ㉠, ㉡, ㉣   ㉱ ㉠, ㉡

[해설] 산업통상자원부장관 및 시·도지사가 에너지의 공급량 자료를 제출하도록 요구할 수 있는 자는 한국전력공사, 한국가스공사, 도시가스사업자, 한국지역난방공사, 그밖에 대통령령으로 정하는 에너지공급기관 또는 관리기관이다.

7. 에너지 절약 전문기업에 대한 지원 등에 관련된 내용으로 틀린 것은?

㉮ 정부는 에너지 절약형 시설투자에 관한 사업에 필요한 지원을 할 수 있다.
㉯ 정부는 에너지사용시설의 에너지 절약을 위한 관리·용역사업에 필요한 지원을 할 수 있다.
㉰ 에너지 절약전문기업으로 등록하려는 자는 국토교통부장관에게 등록을 신청하여야 한다.
㉱ 에너지 절약전문기업으로 등록하려는 자는 장비, 자산 및 기술인력 등에 대해 등록기준을 갖추어 등록하여야 한다.

[해설] 에너지 절약전문기업으로 등록하려는 자는 산업통상자원부장관에게 등록을 신청하여야 한다.

8. 에너지 다소비사업자의 신고에 관한 설명으로 틀린 것은?

㉮ 에너지 다소비사업자는 에너지사용기자재 및 에너지 관리자의 현황을 시·도지사에게 신고하여야 한다.
㉯ 에너지 다소비사업자는 전년도의 에너지이용 합리화 실적 및 해당 연도의 계획을 모두 시·도지사에게 신고하여야 한다.
㉰ 시·도지사는 한국지역난방공사 등이 에너지다소비사업자에게 공급한 에너지의 공급량 자료를 제출하도록 요구할 수 있다.
㉱ 시·도지사는 에너지다소비업자로부터 신고를 받으면 이를 매년 1월 말일까지 산업통상자원부장관에게 보고하여야 한다.

[해설] 시·도지사는 에너지다소비업자로부터 신고를 받으면 이를 매년 2월 말일까지 산업통상자원부장관에게 보고하여야 한다.

9. 에너지진단에 관한 법규정으로 맞는 것은?

㉮ 산업통상자원부장관은 에너지진단업무에 관한 자료 제출을 요구하는 등 진단기관을 관리·감독한다.
㉯ 에너지다소비사업자는 산업통상자원부장관이 지정하는 에너지진단전문기관으로부터 5년 이상의 범위에서 대통령령으로 정하는 기간마다 에너지진단을 받아야 한다.
㉰ 산업통상자원부장관은 자체에너지절감실적이 우수하다고 인정되는 에너지다소비사

정답 5. ㉰   6. ㉯   7. ㉰   8. ㉱   9. ㉮

업자에 대하여는 에너지진단을 면제할 수는 없어도 에너지진단주기를 연장할 수는 있다.
㉯ 에너지진단을 받기 위하여 드는 일체의 비용은 에너지다소비업자가 부담하여야 한다.

[해설] 맞는 답이 되려면 다음과 같이 고쳐야 한다.
㉯ 에너지다소비사업자는 산업통상자원부장관이 지정하는 에너지진단전문기관으로부터 3년 이상의 범위에서 대통령령으로 정하는 기간마다 에너지진단을 받아야 한다.
㉰ 산업통상자원부장관은 자체에너지절감실적이 우수하다고 인정되는 에너지다소비사업자에 대하여는 에너지진단을 면제하거나 에너지진단주기를 연장할 수 있다.
㉱ 산업통상자원부장관은 에너지다소비사업자가 에너지진단을 받기 위하여 드는 비용의 전부 또는 일부를 지원할 수 있다.

10. 한국에너지공단의 정관에 포함되어야 할 내용은?

㉠ 지부, 연수원 및 사업소에 관한 사항
㉡ 부설기관의 운영과 관리에 관한 사항
㉢ 재산에 관한 사항
㉣ 규약·규정의 제정, 개정 및 폐지에 관한 사항

㉮ ㉠, ㉡, ㉢, ㉣   ㉯ ㉠, ㉡, ㉢
㉰ ㉠, ㉡, ㉣   ㉱ ㉠, ㉡

11. 한국에너지공단에 대해 산업통상자원부장관이 지도·감독하거나 지시·처분 또는 명령할 수 있는 내용이 아닌 것은?

㉮ 사업계획 및 예산편성
㉯ 사업실적 및 결산
㉰ 공단의 인원과 기술 운용
㉱ 산업통상자원부장관이 위탁한 업무

[해설] ㉰는 '공단이 수행하는 사업'으로 고쳐야 한다.

12. 고효율에너지기자재로 인증을 받으려는 자가 제출해야 하는 서류가 아닌 것은?

㉮ 제조설비 및 시험·검사설비의 보유 내역
㉯ 신청일부터 90일 이전에 발행한 시험성적서
㉰ 업체 기술인력 현황 및 사업계획
㉱ 기본모델 대비 파생모델 비교 현황

[해설] 고효율에너지기자재로 인증을 받으려는 자가 제출할 서류
1. 고효율시험기관의 측정결과(신청일부터 90일 이전에 발행한 시험성적서)
2. 에너지효율의 유지에 관한 사항(단, 같은 고효율에너지인증대상기자재에 대하여 고효율에너지기자재 인증을 받은 이후에 추가로 인증을 신청하는 경우와 파생모델로 인증을 신청하는 경우에는 이에 해당하는 사항만을 제출)
① 업체현황
② 해당 기자재의 설명서 및 규격사항
③ 제조설비 및 시험·검사설비의 보유 내역
④ 일부 또는 전 항목의 측정을 생략한 경우에는 다른 법령에 따른 인증서, 측정결과 등의 사본
⑤ 기본모델 대비 파생모델 비교 현황(파생모델만 해당)
⑥ 그밖에 에너지효율을 입증하는 데 필요한 자료

13. 고효율에너지기자재의 인증 유효기간 및 연장 관련사항으로 틀린 것은?

㉮ 고효율에너지기자재의 인증유효기간은 인증서 발급일부터 3년을 원칙으로 한다.
㉯ 고효율인증업자의 신청에 따라 유효기간을 3년 단위로 연장할 수 있다.
㉰ 한국에너지공단 이사장은 인증유효기간을 5년 이내에서 조정할 수 있다.
㉱ 고효율인증업자는 인증 내용이 변경되는 경우에는 변경된 날부터 30일 이내에 고효율에너지기자재 인증내용 변경신청서를 제출해야 한다.

[해설] 한국에너지공단 이사장은 인증유효기간을 3년 이내에서 조정할 수 있다.

[정답] 10. ㉮ 11. ㉰ 12. ㉰ 13. ㉰

14. 에너지이용 합리화법에서 규정하는 '국가에너지 절약추진위원회'에 대한 설명으로 적절하지 못한 것은?

㉮ 위원회는 위원장을 포함하여 25명 이내의 위원으로 구성한다.
㉯ 위원장은 산업통상자원부장관이 된다.
㉰ 산업통상자원부장관이 위촉하는 위촉위원의 임기는 5년으로 한다.
㉱ 관계 연구기관 등에 그 업무를 대행하도록 할 수 있다.

[해설] 산업통상자원부장관이 위촉하는 위촉위원의 임기는 3년으로 한다.

15. 에너지이용 합리화법에서 규정하는 '국가에너지 절약추진위원회'가 심의하는 사항이 아닌 것은?

㉮ 기본계획 수립에 관한 사항
㉯ 에너지 절약 정책의 수립 및 추진과 관련하여 위원이 심의에 부치는 사항
㉰ 국가·지방자치단체·공공기관의 에너지이용 효율화조치 등에 관한 사항
㉱ 에너지이용 합리화 실시계획의 종합·조정 및 추진상황 점검·평가에 관한 사항

[해설] ㉯는 '에너지 절약 정책의 수립 및 추진과 관련하여 위원장이 심의에 부치는 사항'으로 고쳐야 한다.

16. 한국에너지공단의 설립 및 조직 구성에 관한 설명으로 틀린 것은?

㉮ 공단은 주된 사무소의 소재지에서 설립등기를 함으로써 성립한다.
㉯ 공단의 설립등기 사항은 목적, 명칭, 주된 사무소/지부/연수원 및 사업소, 임원의 성명과 주소, 공고의 방법 등이다.
㉰ 이사장과 부이사장을 제외한 이사는 9명 이내(5명 이내의 비상임이사를 포함)이어야 한다.
㉱ 산업통상자원부장관은 사업계획 및 예산편성, 사업실적 및 결산 등에 대하여 공단을 지도·감독하며, 그 사업의 수행에 필요한 지시·처분 또는 명령을 할 수 있다.

[해설] 이사장과 부이사장을 제외한 이사는 9명 이내(6명 이내의 비상임이사를 포함)이어야 한다.

17. 다음 용어 중 해설이 틀린 것은?

㉮ "에너지이용권"이란 저소득층 등 에너지 이용에서 소외되기 쉬운 계층의 사람이 에너지공급자에게 제시하여 에너지를 공급받을 수 있도록 일정한 금액이 기재(전자적 또는 자기적 방법에 의한 기록은 제외한다)된 증표를 말한다.
㉯ "에너지관리시스템"이란 에너지사용을 효율적으로 관리하기 위하여 센서·계측장비, 분석 소프트웨어 등을 설치하고 에너지사용현황을 실시간으로 모니터링하여 필요시 에너지사용을 제어할 수 있는 통합관리시스템을 말한다.
㉰ "에너지진단"이란 에너지를 사용하거나 공급하는 시설에 대한 에너지 이용실태와 손실요인 등을 파악하여 에너지이용효율의 개선 방안을 제시하는 모든 행위를 말한다.
㉱ "에너지경영시스템"이란 에너지사용자 또는 에너지공급자가 에너지이용효율을 개선할 수 있는 경영목표를 설정하고, 이를 달성하기 위하여 인적·물적 자원을 일정한 절차와 방법에 따라 체계적이고 지속적으로 관리하는 경영활동체제를 말한다.

[해설] ㉮는 "에너지이용권"이란 '저소득층 등 에너지 이용에서 소외되기 쉬운 계층의 사람이 에너지공급자에게 제시하여 에너지를 공급받을 수 있도록 일정한 금액이 기재(전자적 또는 자기적 방법에 의한 기록을 포함한다)된 증표를 말한다.'로 고쳐야 옳다.

정답 14. ㉰ 15. ㉯ 16. ㉰ 17. ㉮

CHAPTER 03 에너지법

1. 에너지법(주요 내용 요약)

1-1 개요

① 이 법은 안정적이고 효율적이며 환경친화적인 에너지 수급(需給) 구조를 실현하기 위한 에너지정책 및 에너지 관련 계획의 수립·시행에 관한 기본적인 사항을 정함으로써 국민경제의 지속 가능한 발전과 국민의 복리(福利) 향상에 이바지하는 것을 목적으로 한다.
② 에너지에 관한 법령을 제정하거나 개정하는 경우에는 「저탄소 녹색성장기본법」 제39조에 따른 기본원칙과 이 법의 목적에 맞도록 하여야 한다. 다만, 원자력의 연구·개발·생산·이용 및 안전관리에 관하여는 「원자력 진흥법」 및 「원자력 안전법」 등 관계 법률에서 정하는 바에 따른다.

1-2 지역에너지계획의 수립

① 특별시장·광역시장·도지사 또는 특별자치도지사(시·도지사)는 관할 구역의 지역적 특성을 고려하여 「저탄소 녹색성장기본법」 제41조에 따른 에너지기본계획(기본계획)의 효율적인 달성과 지역경제의 발전을 위한 지역에너지계획(지역계획)을 5년마다 5년 이상을 계획기간으로 하여 수립·시행하여야 한다.
② 지역계획에는 해당 지역에 대한 다음 각 호의 사항이 포함되어야 한다.
  1. 에너지 수급의 추이와 전망에 관한 사항
  2. 에너지의 안정적 공급을 위한 대책에 관한 사항
  3. 신·재생에너지 등 환경친화적 에너지 사용을 위한 대책에 관한 사항
  4. 에너지 사용의 합리화와 이를 통한 온실가스의 배출 감소를 위한 대책에 관한 사항
  5. 집단에너지공급대상지역으로 지정된 지역의 경우 그 지역의 집단에너지 공급을 위한 대책에 관한 사항

6. 미활용 에너지원의 개발·사용을 위한 대책에 관한 사항
7. 그밖에 에너지시책 및 관련 사업을 위하여 시·도지사가 필요하다고 인정하는 사항

③ 지역계획을 수립한 시·도지사는 이를 산업통상자원부장관에게 제출하여야 한다. 수립된 지역계획을 변경하였을 때에도 또한 같다.

④ 정부는 지방자치단체의 에너지시책 및 관련 사업을 촉진하기 위하여 필요한 지원시책을 마련할 수 있다.

1-3 비상시 에너지수급계획의 수립

① 산업통상자원부장관은 에너지 수급에 중대한 차질이 발생할 경우에 대비하여 비상시 에너지수급계획(비상계획)을 수립하여야 한다.

② 비상계획은 에너지위원회의 심의를 거쳐 확정한다. 수립된 비상계획을 변경할 때에도 또한 같다.

③ 비상계획에는 다음 각 호의 사항이 포함되어야 한다.
1. 국내외 에너지 수급의 추이와 전망에 관한 사항
2. 비상시 에너지 소비 절감을 위한 대책에 관한 사항
3. 비상시 비축(備蓄)에너지의 활용 대책에 관한 사항
4. 비상시 에너지의 할당·배급 등 수급조정 대책에 관한 사항
5. 비상시 에너지 수급 안정을 위한 국제협력 대책에 관한 사항
6. 비상계획의 효율적 시행을 위한 행정계획에 관한 사항

④ 산업통상자원부장관은 국내외 에너지 사정의 변동에 따른 에너지의 수급 차질에 대비하기 위하여 에너지 사용을 제한하는 등 관계 법령에서 정하는 바에 따라 필요한 조치를 할 수 있다.

1-4 에너지위원회의 구성 및 운영

① 정부는 주요 에너지정책 및 에너지 관련 계획에 관한 사항을 심의하기 위하여 산업통상자원부장관 소속으로 에너지위원회(위원회)를 둔다.

② 위원회는 위원장 1명을 포함한 25명 이내의 위원으로 구성하고, 위원은 당연직위원과 위촉위원으로 구성한다.

③ 위원장은 산업통상자원부장관이 된다.

④ 당연직위원은 관계 중앙행정기관의 차관급 공무원 중 대통령령으로 정하는 사람이 된다.

⑤ 위촉위원은 에너지 분야에 관한 학식과 경험이 풍부한 사람 중에서 산업통상자원부장관이 위촉하는 사람이 된다. 이 경우 위촉위원에는 대통령령으로 정하는 바에 따라 에너지

관련 시민단체에서 추천한 사람이 5명 이상 포함되어야 한다.
⑥ 위촉위원의 임기는 2년으로 하고, 연임할 수 있다.
⑦ 위원회의 회의에 부칠 안건을 검토하거나 위원회가 위임한 안건을 조사·연구하기 위하여 분야별 전문위원회를 둘 수 있다.
⑧ 그밖에 위원회 및 전문위원회의 구성·운영 등에 관하여 필요한 사항은 대통령령으로 정한다.

1-5 에너지위원회의 기능

위원회는 다음 각 호의 사항을 심의한다.
1. 에너지기본계획 수립·변경의 사전심의에 관한 사항
2. 비상계획에 관한 사항
3. 국내외 에너지개발에 관한 사항
4. 에너지와 관련된 교통 또는 물류에 관련된 계획에 관한 사항
5. 주요 에너지정책 및 에너지사업의 조정에 관한 사항
6. 에너지와 관련된 사회적 갈등의 예방 및 해소 방안에 관한 사항
7. 에너지 관련 예산의 효율적 사용 등에 관한 사항
8. 원자력 발전정책에 관한 사항
9. 「기후변화에 관한 국제연합 기본협약」에 대한 대책 중 에너지에 관한 사항
10. 다른 법률에서 위원회의 심의를 거치도록 한 사항
11. 그밖에 에너지에 관련된 주요 정책사항에 관한 것으로서 위원장이 회의에 부치는 사항

1-6 에너지기술개발계획

① 정부는 에너지 관련 기술의 개발과 보급을 촉진하기 위하여 10년 이상을 계획기간으로 하는 에너지기술개발계획을 5년마다 수립하고, 이에 따른 연차별 실행계획을 수립·시행하여야 한다.
② 에너지기술개발계획은 대통령령으로 정하는 바에 따라 관계 중앙행정기관의 장의 협의와 「과학기술기본법」 제9조에 따른 국가과학기술심의회의 심의를 거쳐서 수립된다. 이 경우 위원회의 심의를 거친 것으로 본다.
③ 에너지기술개발계획에는 다음 각 호의 사항이 포함되어야 한다.
　1. 에너지의 효율적 사용을 위한 기술개발에 관한 사항
　2. 신·재생에너지 등 환경친화적 에너지에 관련된 기술개발에 관한 사항
　3. 에너지 사용에 따른 환경오염을 줄이기 위한 기술개발에 관한 사항

4. 온실가스 배출을 줄이기 위한 기술개발에 관한 사항
5. 개발된 에너지기술의 실용화의 촉진에 관한 사항
6. 국제 에너지기술 협력의 촉진에 관한 사항
7. 에너지기술에 관련된 인력·정보·시설 등 기술개발자원의 확대 및 효율적 활용에 관한 사항

1-7 에너지기술 개발

① 관계 중앙행정기관의 장은 에너지기술 개발을 효율적으로 추진하기 위하여 대통령령으로 정하는 바에 따라 다음 각 호의 어느 하나에 해당하는 자에게 에너지기술 개발을 하게 할 수 있다.
 1. 공공기관
 2. 국·공립 연구기관
 3. 「특정연구기관 육성법」의 적용을 받는 특정연구기관
 4. 전문생산기술연구소
 5. 소재·부품 기술개발전문기업
 6. 정부출연 연구기관
 7. 과학기술 분야 정부출연연구기관
 8. 연구개발업을 전문으로 하는 기업
 9. 대학, 산업대학, 전문대학
 10. 산업기술연구조합
 11. 기업부설연구소
 12. 그밖에 대통령령으로 정하는 과학기술 분야 연구기관 또는 단체
② 관계 중앙행정기관의 장은 제①항에 따른 기술개발에 필요한 비용의 전부 또는 일부를 출연(出捐)할 수 있다.

1-8 한국에너지기술평가원의 설립

① 에너지기술 개발에 관한 사업(에너지기술개발사업)의 기획·평가 및 관리 등을 효율적으로 지원하기 위하여 한국에너지기술평가원(평가원)을 설립한다.
② 평가원은 법인으로 한다.
③ 평가원은 그 주된 사무소의 소재지에서 설립등기를 함으로써 성립한다.
④ 평가원은 다음 각 호의 사업을 한다.
 1. 에너지기술개발사업의 기획, 평가 및 관리

2. 에너지기술 분야 전문인력 양성사업의 지원
3. 에너지기술 분야의 국제협력 및 국제 공동연구사업의 지원
4. 그밖에 에너지기술 개발과 관련하여 대통령령으로 정하는 사업

⑤ 정부는 평가원의 설립·운영에 필요한 경비를 예산의 범위에서 출연할 수 있다.
⑥ 중앙행정기관의 장 및 지방자치단체의 장은 제④항 각 호의 사업을 평가원으로 하여금 수행하게 하고 필요한 비용의 전부 또는 일부를 대통령령으로 정하는 바에 따라 출연할 수 있다.
⑦ 평가원의 임직원은 「형법」 제129조부터 제132조까지의 규정을 적용할 때에는 공무원으로 본다.
⑧ 에너지기술개발사업비는 다음 각 호의 사업 지원을 위하여 사용하여야 한다.
1. 에너지기술의 연구·개발에 관한 사항
2. 에너지기술의 수요 조사에 관한 사항
3. 에너지사용기자재와 에너지공급설비 및 그 부품에 관한 기술개발에 관한 사항
4. 에너지기술 개발 성과의 보급 및 홍보에 관한 사항
5. 에너지기술에 관한 국제협력에 관한 사항
6. 에너지에 관한 연구인력 양성에 관한 사항
7. 에너지 사용에 따른 대기오염을 줄이기 위한 기술개발에 관한 사항
8. 온실가스 배출을 줄이기 위한 기술개발에 관한 사항
9. 에너지기술에 관한 정보의 수집·분석 및 제공과 이와 관련된 학술활동에 관한 사항
10. 평가원의 에너지기술개발사업 관리에 관한 사항

1-9 에너지기술개발사업비

① 관계 중앙행정기관의 장은 에너지기술개발사업을 종합적이고 효율적으로 추진하기 위하여 연차별 실행계획의 시행에 필요한 에너지기술개발사업비를 조성할 수 있다.
② 에너지기술개발사업비는 정부 또는 에너지 관련 사업자 등의 출연금, 융자금, 그밖에 대통령령으로 정하는 재원(財源)으로 조성한다.
③ 관계 중앙행정기관의 장은 평가원으로 하여금 에너지기술개발사업비의 조성 및 관리에 관한 업무를 담당하게 할 수 있다.
④ 에너지기술개발사업비는 다음 각 호의 사업 지원을 위하여 사용하여야 한다.
1. 에너지기술의 연구·개발에 관한 사항
2. 에너지기술의 수요 조사에 관한 사항
3. 에너지사용기자재와 에너지공급설비 및 그 부품에 관한 기술개발에 관한 사항
4. 에너지기술 개발 성과의 보급 및 홍보에 관한 사항

5. 에너지기술에 관한 국제협력에 관한 사항
6. 에너지에 관한 연구인력 양성에 관한 사항
7. 에너지 사용에 따른 대기오염을 줄이기 위한 기술개발에 관한 사항
8. 온실가스 배출을 줄이기 위한 기술개발에 관한 사항
9. 에너지기술에 관한 정보의 수집·분석 및 제공과 이와 관련된 학술활동에 관한 사항
10. 평가원의 에너지기술개발사업 관리에 관한 사항

⑤ 위의 규정에 따른 에너지기술개발사업비의 관리 및 사용에 필요한 사항은 대통령령으로 정한다.

1-10 에너지복지 사업의 실시

정부는 모든 국민에게 에너지가 보편적으로 공급되도록 하기 위하여 다음 각 호의 사항에 관한 지원사업을 할 수 있다.
1. 저소득층 등 에너지이용에서 소외되기 쉬운 계층에 대한 에너지의 공급
2. 에너지이용 소외계층의 에너지이용 효율의 개선
3. 그밖에 에너지이용 소외계층의 에너지이용 관련 복리의 향상에 관한 사항

1-11 에너지이용권의 발급

① 산업통상자원부장관은 에너지이용 소외계층에 속하는 사람으로서 대통령령으로 정하는 요건을 갖춘 사람(생계급여 수급자 또는 의료급여 수급자로서 65세 이상의 사람, 영유아, 장애인, 산업통상자원부장관이 인정하여 고시하는 사람)의 신청을 받아 에너지이용권을 발급할 수 있다. 산업통상자원부장관은 발급 신청을 받은 경우 에너지이용권을 발급할 것인지 여부를 결정하여 신청일부터 14일 이내에 서면 또는 전자문서로 신청인에게 알려야 한다.
② 산업통상자원부장관은 에너지이용권의 수급자 선정 및 수급 자격 유지에 관한 사항을 확인하기 위하여 가족관계증명·국세 및 지방세 등에 관한 자료 등 대통령령으로 정하는 자료(국민기초생활 수급자 증명서, 주민등록표 등본, 장애인 증명서, 그밖에 산업통상자원부장관이 필요하다고 인정하여 고시하는 자료)의 제공을 당사자의 동의를 받아 관계 중앙행정기관의 장 또는 지방자치단체의 장에게 요청할 수 있다. 이 경우 요청을 받은 중앙행정기관의 장 또는 지방자치단체의 장은 특별한 사유가 없으면 그 요청에 따라야 한다.
③ 산업통상자원부장관은 제2항에 따른 자료의 확인을 위하여 「사회복지사업법」 제6조의2 제2항에 따른 정보시스템을 연계하여 사용할 수 있다.
④ 산업통상자원부장관은 에너지공급자, 그 밖의 에너지 관련 기관 또는 단체에 다음 각 호의 자료의 제공을 요청할 수 있다. 이 경우 요청을 받은 에너지공급자, 기관 또는 단체는

특별한 사유가 없으면 그 요청에 따라야 한다.
1. 에너지공급 현황   2. 에너지이용 현황
3. 그밖에 에너지이용권 수급 자격 기준 마련에 필요한 자료
⑤ 위에서 규정한 사항 외에 에너지이용권의 신청 및 발급 등에 필요한 사항은 대통령령으로 정한다.

1-12 에너지이용권의 사용

① 에너지이용권을 발급받은 사람은 에너지공급자에게 에너지이용권을 제시하고, 에너지를 공급받을 수 있다.
② 에너지이용권을 제시받은 에너지공급자는 정당한 사유 없이 에너지공급을 거부할 수 없다.
③ 누구든지 에너지이용권을 판매·대여하거나 부정한 방법으로 사용해서는 아니 된다.
④ 산업통상자원부장관은 이용자가 에너지이용권을 판매·대여하거나 부정한 방법으로 사용한 경우에는 그 에너지이용권을 회수하거나 에너지이용권 기재금액에 상당하는 금액의 전부 또는 일부를 환수할 수 있다.
⑤ 위에서 규정한 사항 외에 에너지이용권의 사용 등에 필요한 사항은 산업통상자원부령으로 정한다.

1-13 전담기관의 지정

① 산업통상자원부장관은 에너지 관련 업무를 전문적으로 수행하는 기관 또는 단체를 에너지복지 사업 전담기관으로 지정하여 에너지이용권의 발급 및 운영 등 에너지복지 사업 관련 업무를 수행하게 할 수 있다.
② 산업통상자원부장관은 예산의 범위에서 전담기관에 대하여 사업을 수행하는 데 필요한 경비의 전부 또는 일부를 지원할 수 있다.
③ 전담기관의 지정 기준 및 절차 등에 관한 세부사항은 대통령령으로 정한다.

1-14 전담기관 지정의 취소

① 산업통상자원부장관은 전담기관이 다음 각 호의 어느 하나에 해당하는 경우에는 지정을 취소하거나 6개월의 범위에서 기간을 정하여 업무의 전부 또는 일부를 정지할 수 있다. 다만, 아래 제1호에 해당하는 경우에는 지정을 취소하여야 한다.
1. 거짓이나 그 밖의 부정한 방법으로 지정을 받은 경우
2. 제16조의5 제3항에 따른 지정 기준에 적합하지 아니하게 된 경우

② 위에 따른 행정처분의 세부기준은 그 사유와 위반의 정도를 고려하여 대통령령으로 정한다.

1-15 국회 보고

① 정부는 매년 주요 에너지정책의 집행 경과 및 결과를 국회에 보고하여야 한다.
② 제①항에 따른 보고에는 다음 각 호의 사항이 포함되어야 한다.
  1. 국내외 에너지 수급의 추이와 전망에 관한 사항
  2. 에너지·자원의 확보, 도입, 공급, 관리를 위한 대책의 추진 현황 및 계획에 관한 사항
  3. 에너지 수요관리 추진 현황 및 계획에 관한 사항
  4. 환경친화적인 에너지의 공급·사용 대책의 추진 현황 및 계획에 관한 사항
  5. 온실가스 배출 현황과 온실가스 감축을 위한 대책의 추진 현황 및 계획에 관한 사항
  6. 에너지정책의 국제협력 등에 관한 사항의 추진 현황 및 계획에 관한 사항
  7. 그밖에 주요 에너지정책의 추진에 관한 사항

1-16 에너지 관련 통계의 관리·공표

① 산업통상자원부장관은 기본계획 및 에너지 관련 시책의 효과적인 수립·시행을 위하여 국내외 에너지 수급에 관한 통계를 작성·분석·관리하며, 관련 법령에 저촉되지 아니하는 범위에서 이를 공표할 수 있다.
② 산업통상자원부장관은 매년 에너지 사용 및 산업 공정에서 발생하는 온실가스 배출량 통계를 작성·분석하며, 그 결과를 공표할 수 있다.
③ 삭제 (법조문 삭제)
④ 산업통상자원부장관은 제1항과 제2항에 따른 통계를 작성할 때 필요하다고 인정하면 에너지 유관기관 또는 산업통상자원부령으로 정하는 에너지사용자에 대하여 자료의 제출을 요구할 수 있다.
⑤ 산업통상자원부장관은 필요하다고 인정하면 대통령령으로 정하는 바에 따라 에너지 총조사를 할 수 있다.

> ☞ 시행령
> 에너지 총조사는 3년마다 실시하되, 산업통상자원부장관이 필요하다고 인정할 때에는 간이조사를 실시할 수 있다.

⑥ 산업통상자원부장관은 전문성을 갖춘 기관을 지정하여 제1항과 제2항에 따른 통계의 작성·분석·관리 및 제5항에 따른 에너지 총조사에 관한 업무의 전부 또는 일부를 수행하게 할 수 있다.

예・상・문・제

1. 「에너지법」에 관한 설명으로 부적당한 것은?

㉮ 이 법에서는 안정적이고 효율적이며 환경친화적인 에너지 수급 구조를 실현하기 위한 에너지정책 및 에너지 관련 계획의 수립・시행에 관한 기본적인 사항을 정한다.
㉯ 에너지에 관한 법령을 제정하거나 개정하는 경우에는 「저탄소 녹색성장기본법」의 기본원칙과 이 법의 목적에 맞도록 하여야 한다.
㉰ 시・도지사는 관할 구역의 지역적 특성을 고려하여 「저탄소 녹색성장기본법」 에너지기본계획의 효율적인 달성과 지역경제의 발전을 위한 지역에너지계획을 5년마다 10년 이상을 계획기간으로 하여 수립・시행하여야 한다.
㉱ 원자력의 연구・개발・생산・이용 및 안전관리에 관하여는 에너지법보다 원자력 관계 법률인 「원자력 진흥법」 및 「원자력 안전법」 등을 우선적으로 따른다.

[해설] 시・도지사는 관할 구역의 지역적 특성을 고려하여 「저탄소 녹색성장기본법」 에너지기본계획의 효율적인 달성과 지역경제의 발전을 위한 지역에너지계획을 5년마다 5년 이상을 계획기간으로 하여 수립・시행하여야 한다.

2. 「에너지법」에서 시・도지사가 5년마다 수립・시행하여야 하는 지역에너지계획의 내용이 아닌 것은?

㉮ 미활용 에너지원의 개발・사용을 위한 대책에 관한 사항
㉯ 신・재생에너지 등 환경친화적 에너지 사용을 위한 대책에 관한 사항
㉰ 에너지 사용의 합리화와 이를 통한 온실가스의 배출 감소를 위한 대책에 관한 사항
㉱ 에너지효율을 향상시키기 위한 대책에 관한 사항

[해설] 지역에너지계획의 내용은 다음과 같다.
1. 에너지 수급의 추이와 전망에 관한 사항
2. 에너지의 안정적 공급을 위한 대책에 관한 사항
3. 신・재생에너지 등 환경친화적 에너지 사용을 위한 대책에 관한 사항
4. 에너지 사용의 합리화와 이를 통한 온실가스의 배출 감소를 위한 대책에 관한 사항
5. 집단에너지공급대상지역으로 지정된 지역의 경우 그 지역의 집단에너지 공급을 위한 대책에 관한 사항
6. 미활용 에너지원의 개발・사용을 위한 대책에 관한 사항
7. 그밖에 에너지시책 및 관련 사업을 위하여 시・도지사가 필요하다고 인정하는 사항

3. 「에너지법」에서 비상시 에너지수급계획의 수립에 관한 설명으로 잘못된 것은?

㉮ 산업통상자원부장관은 에너지 수급에 중대한 차질이 발생할 경우에 대비하여 비상시 에너지수급계획(비상계획)을 수립하여야 한다.
㉯ 비상계획은 '국가 에너지 절약 추진위원회'의 심의를 거쳐 확정한다. 수립된 비상계획을 변경할 때에도 또한 같다.
㉰ 비상계획에는 국내외 에너지 수급의 추이와 전망, 비상시 에너지 소비 절감을 위한 대책, 비상시 비축에너지의 활용 대책 등에 관한 사항이 포함되어야 한다.
㉱ 산업통상자원부장관은 국내외 에너지 사정의 변동에 따른 에너지의 수급 차질에 대비하기 위하여 에너지 사용을 제한하는 등 관계 법령에서 정하는 바에 따라 필요한 조치를 할 수 있다.

[해설] 비상계획은 '에너지위원회'의 심의를 거쳐 확정한다. 수립된 비상계획을 변경할 때에도 또한 같다.

정답 1. ㉰ 2. ㉱ 3. ㉯

4. 에너지위원회의 구성 및 운영에 관한 설명으로 틀린 것은?

㉮ 위원회는 위원장 1명을 포함한 25명 이내의 위원으로 구성하고, 위원은 당연직위원과 위촉위원으로 구성한다.
㉯ 위원장은 산업통상자원부장관이 되고, 당연직위원은 관계 중앙행정기관의 차관급 공무원 중 대통령령으로 정하는 사람이 된다.
㉰ 위촉위원은 대통령령으로 정하는 바에 따라 에너지 관련 시민단체에서 추천한 사람이 3명 이상 포함되어야 한다.
㉱ 위촉위원의 임기는 2년으로 하고, 연임할 수 있다.

[해설] 위촉위원은 에너지 분야에 관한 학식과 경험이 풍부한 사람 중에서 산업통상자원부장관이 위촉하는 사람이 된다. 이 경우 위촉위원에는 대통령령으로 정하는 바에 따라 에너지 관련 시민단체에서 추천한 사람이 5명 이상 포함되어야 한다.

5. 에너지위원회가 심의하는 내용이 아닌 것은?

㉮ 에너지효율 향상 정책에 관한 사항
㉯ 에너지와 관련된 사회적 갈등의 예방 및 해소 방안에 관한 사항
㉰ 에너지 관련 예산의 효율적 사용 등에 관한 사항
㉱ 원자력 발전정책에 관한 사항

[해설] 에너지위원회의 심의내용
1. 에너지기본계획 수립·변경의 사전심의에 관한 사항
2. 비상계획에 관한 사항
3. 국내외 에너지개발에 관한 사항
4. 에너지와 관련된 교통 또는 물류에 관련된 계획에 관한 사항
5. 주요 에너지정책 및 에너지사업의 조정에 관한 사항
6. 에너지와 관련된 사회적 갈등의 예방 및 해소 방안에 관한 사항
7. 에너지 관련 예산의 효율적 사용 등에 관한 사항
8. 원자력 발전정책에 관한 사항
9. 「기후변화에 관한 국제연합 기본협약」에 대한 대책 중 에너지에 관한 사항
10. 다른 법률에서 위원회의 심의를 거치도록 한 사항
11. 그밖에 에너지에 관련된 주요 정책사항에 관한 것으로서 위원장이 회의에 부치는 사항

6. 산업통상자원부장관의 비상 에너지 수급계획과 관련하여 맞지 않는 내용은?

㉮ 비상 에너지 수급계획은 초기 수립 시에 에너지위원회의 심의를 거쳐 확정한다. 단, 변경 시에는 이 절차를 생략 가능하다.
㉯ 산업통상자원부장관은 에너지 수급에 중대한 차질이 발생할 경우에 대비하여 비상시 에너지 수급계획을 수립하여야 한다.
㉰ 비상 에너지 수급계획에는 '비상시 에너지 수급 안정을 위한 국제협력 대책'에 관한 사항이 포함되어야 한다.
㉱ 비상 에너지 수급계획에는 '비상시 비축에너지의 활용 대책'에 관한 사항이 포함되어야 한다.

[해설] 비상 에너지 수급계획은 에너지위원회의 심의를 거쳐 확정한다. 수립된 비상계획을 변경할 때에도 또한 같다.

7. 에너지기술개발계획에 관한 설명으로 올바른 것은?

㉮ 정부는 5년 이상을 계획기간으로 하는 에너지기술개발계획을 5년마다 수립한다.
㉯ 정부는 연차별 에너지기술개발 실행계획을 수립·시행하여야 한다.
㉰ 에너지기술개발계획은 관계 중앙행정기관의 장과 시·도지사의 협의와 심의를 거쳐서 수립된다.
㉱ 에너지기술개발계획에는 '개발된 에너지기술의 고도화'에 관한 사항이 포함되어야 한다.

[해설] 다음과 같이 고쳐야 한다.
㉮ 정부는 10년 이상을 계획기간으로 하는 에너지기술개발계획을 5년마다 수립한다.

정답 4. ㉰ 5. ㉮ 6. ㉮ 7. ㉯

㈀ 에너지기술개발계획은 관계 중앙행정기관의 장의 협의와 과학기술심의회의 심의를 거쳐서 수립된다.
㈁ 에너지기술개발계획에는 '개발된 에너지기술의 실용화의 촉진'에 관한 사항이 포함되어야 한다.

8. 「에너지법」에 관한 설명 중 가장 적절하지 못한 것은?

㉮ 이 법은 에너지정책 및 에너지 관련 계획의 수립·시행에 관한 기본적인 사항을 정하는 법이다.
㉯ 시·도지사는 지역에너지계획을 5년마다 수립·시행하여야 한다.
㉰ 법령을 제정하거나 개정하는 경우에는 「저탄소 녹색성장기본법」의 기본원칙과 목적에 맞도록 하여야 한다.
㉱ 지역계획을 수립한 시·도지사는 이를 산업통상자원부장관에게 반드시 제출하여야 한다. 단, 수립된 지역계획을 일부 변경하였을 때에는 생략 가능하다.

[해설] 지역계획을 수립한 시·도지사는 이를 산업통상자원부장관에게 제출하여야 한다. 수립된 지역계획을 변경하였을 때에도 또한 같다.

9. 「에너지법」상 '에너지기술개발계획'에 포함되어야 할 사항이 아닌 것은?

㉮ 신·재생에너지 등 환경친화적 에너지에 관련된 기술개발에 관한 사항
㉯ 개발된 에너지기술의 실용화의 촉진에 관한 사항
㉰ 에너지기술 분야의 인재 육성과 지원에 관한 사항
㉱ 국제 에너지기술 협력의 촉진에 관한 사항

[해설] 에너지기술개발계획에 포함되어야 하는 사항
1. 에너지의 효율적 사용을 위한 기술개발에 관한 사항
2. 신·재생에너지 등 환경친화적 에너지에 관련된 기술개발에 관한 사항
3. 에너지 사용에 따른 환경오염을 줄이기 위한 기술개발에 관한 사항
4. 온실가스 배출을 줄이기 위한 기술개발에 관한 사항
5. 개발된 에너지기술의 실용화의 촉진에 관한 사항
6. 국제 에너지기술 협력의 촉진에 관한 사항
7. 에너지기술에 관련된 인력·정보·시설 등 기술개발자원의 확대 및 효율적 활용에 관한 사항

10. 관계 중앙행정기관의 장이 에너지기술 개발을 효율적으로 추진하기 위하여 대통령령으로 정하는 바에 따라 에너지기술 개발을 하게 할 수 있는 기관이 아닌 것은?

㉮ 대학, 산업대학, 전문대학
㉯ 부품·소재기술개발 전문기업
㉰ 특정연구기관 혹은 기업부설연구소
㉱ 산업통상자원부장관이 정하는 과학기술 분야 연구기관 또는 단체

[해설] 관계 중앙행정기관의 장이 에너지기술 개발을 하게 할 수 있는 기관
1. 공공기관
2. 국·공립 연구기관
3. 「특정연구기관 육성법」의 적용을 받는 특정연구기관
4. 전문생산기술연구소
5. 부품·소재기술개발 전문기업
6. 정부출연 연구기관
7. 과학기술 분야 정부출연연구기관
8. 연구개발업을 전문으로 하는 기업
9. 대학, 산업대학, 전문대학
10. 산업기술연구조합
11. 기업부설연구소
12. 그밖에 대통령령으로 정하는 과학기술 분야 연구기관 또는 단체

11. 한국에너지기술평가원(평가원)의 설립에 관한 설명 중 적당하지 못한 것은?

㉮ 평가원은 에너지기술개발사업의 기획, 평가 및 관리, 에너지기술 분야 전문인력 양성사업의 지원, 에너지기술 분야의 국제협

[정답] 8. ㉱ 9. ㉰ 10. ㉱ 11. ㉰

력 및 국제 공동연구사업의 지원 등의 사업을 한다.
㉯ 평가원은 그 주된 사무소의 소재지에서 설립등기를 함으로써 성립한다.
㉰ 평가원은 법인으로 하고, 평가원의 임직원은 「형법」 제129조부터 제132조까지의 규정을 적용할 때에는 공무원으로 보지 않는다.
㉱ 에너지기술개발사업비는 에너지기술의 연구·개발, 에너지기술의 수요 조사에 관한 사항, 에너지사용기자재와 에너지공급설비 및 그 부품에 관한 기술개발에 관한 사항 등에 사용하여야 한다.

[해설] 평가원은 법인으로 하고, 평가원의 임직원은 「형법」 제129조부터 제132조까지의 규정을 적용할 때에는 공무원으로 본다.

12. 에너지기술평가원에서 에너지기술개발사업비를 지원해야 하는 분야가 아닌 것은?

㉮ 에너지기술의 연구·개발에 관한 사항
㉯ 온실가스 배출을 줄이기 위한 기술개발에 관한 사항
㉰ 평가원의 에너지기술개발사업 관리에 관한 사항
㉱ 신재생에너지 기술개발사업에 관한 사항

[해설] 에너지기술개발사업비 사용처
1. 에너지기술의 연구·개발에 관한 사항
2. 에너지기술의 수요 조사에 관한 사항
3. 에너지사용기자재와 에너지공급설비 및 그 부품에 관한 기술개발에 관한 사항
4. 에너지기술 개발 성과의 보급 및 홍보에 관한 사항
5. 에너지기술에 관한 국제협력에 관한 사항
6. 에너지에 관한 연구인력 양성에 관한 사항
7. 에너지 사용에 따른 대기오염을 줄이기 위한 기술개발에 관한 사항
8. 온실가스 배출을 줄이기 위한 기술개발에 관한 사항
9. 에너지기술에 관한 정보의 수집·분석 및 제공과 이와 관련된 학술활동에 관한 사항
10. 평가원의 에너지기술개발사업 관리에 관한 사항

13. 산업통상자원부장관이 에너지이용 소외계층에 속하는 사람 중 신청을 받아 에너지이용권을 발급할 수 있는 자가 아닌 것은?

㉮ 생계급여 수급자 또는 의료급여 수급자로서 70세 이상의 사람
㉯ 생계급여 수급자 또는 의료급여 수급자로서 영유아
㉰ 생계급여 수급자 또는 의료급여 수급자로서 장애인
㉱ 그밖에 산업통상자원부장관이 인정하여 고시하는 사람

[해설] ㉮는 '생계급여 수급자 또는 의료급여 수급자로서 65세 이상의 사람'으로 고쳐야 옳다.

14. 「에너지법」 관련 내용에 대한 설명으로 잘못된 것은?

㉮ 산업통상자원부장관은 에너지이용 소외계층에 속하는 사람으로서 대통령령으로 정하는 요건을 갖춘 사람의 신청을 받아 에너지이용권을 발급할 수 있다.
㉯ 산업통상자원부장관은 에너지이용권의 수급자 선정 및 수급 자격 유지에 관한 사항을 확인하기 위하여 가족관계증명·국세 및 지방세 등에 관한 자료 등을 당사자의 동의를 받아 관계 중앙행정기관의 장 또는 지방자치단체의 장에게 요청할 수 있다.
㉰ 산업통상자원부장관은 자료의 확인을 위하여 정보시스템을 연계하여 사용할 수 있다.
㉱ 산업통상자원부장관은 에너지공급자, 그 밖의 에너지 관련 기관 또는 단체에 에너지 생산 현황, 에너지 이용 현황, 에너지이용권 수급 자격 기준 마련에 필요한 자료 등의 제공을 요청할 수 있다.

[해설] ㉱는 "산업통상자원부장관은 에너지공급자, 그 밖의 에너지 관련 기관 또는 단체에 에너지 공급 현황, 에너지 이용 현황, 에너지이용권 수급 자격 기준 마련에 필요한 자료 등의 제공을 요청할 수 있다."로 고쳐야 옳다.

[정답] 12. ㉱ 13. ㉮ 14. ㉱

CHAPTER 04 건축법 관계 법규

1. 건축법(주요 내용 요약)

1-1 개요

(1) 이 법은 건축물의 대지·구조·설비 기준 및 용도 등을 정하여 건축물의 안전·기능·환경 및 미관을 향상시킴으로써 공공복리의 증진에 이바지하는 것을 목적으로 한다.

(2) **주요 용어**
   ① 대지(垈地) : 「측량·수로조사 및 지적에 관한 법률」에 따라 각 필지(筆地)로 나눈 토지를 말한다. 다만, 대통령령으로 정하는 토지는 둘 이상의 필지를 하나의 대지로 하거나 하나 이상의 필지의 일부를 하나의 대지로 할 수 있다.
   ② 건축물 : 토지에 정착(定着)하는 공작물 중 지붕과 기둥 또는 벽이 있는 것과 이에 딸린 시설물, 지하나 고가(高架)의 공작물에 설치하는 사무소·공연장·점포·차고·창고, 그밖에 대통령령으로 정하는 것을 말한다.
   ③ 건축물의 용도 : 건축물의 종류를 유사한 구조, 이용 목적 및 형태별로 묶어 분류한 것을 말한다.
   ④ 건축설비 : 건축물에 설치하는 전기·전화 설비, 초고속 정보통신 설비, 지능형 홈네트워크 설비, 가스·급수·배수(配水)·배수(排水)·환기·난방·소화(消火)·배연(排煙) 및 오물처리의 설비, 굴뚝, 승강기, 피뢰침, 국기 게양대, 공동시청 안테나, 유선방송 수신시설, 우편함, 저수조(貯水槽), 그밖에 국토교통부령으로 정하는 설비를 말한다.
   ⑤ 지하층 : 건축물의 바닥이 지표면 아래에 있는 층으로서 바닥에서 지표면까지 평균높이가 해당 층 높이의 2분의 1 이상인 것을 말한다.
   ⑥ 거실 : 건축물 안에서 거주, 집무, 작업, 집회, 오락, 그밖에 이와 유사한 목적을 위하여 사용되는 방을 말한다.
   ⑦ 주요 구조부 : 내력벽(耐力壁), 기둥, 바닥, 보, 지붕틀 및 주계단(主階段)을 말한다. 다만,

사이 기둥, 최하층 바닥, 작은 보, 차양, 옥외 계단, 그밖에 이와 유사한 것으로 건축물의 구조상 중요하지 아니한 부분은 제외한다.

⑧ 건축 : 건축물을 신축·증축·개축·재축(再築)하거나 건축물을 이전하는 것을 말한다.

⑨ 대수선 : 건축물의 기둥, 보, 내력벽, 주계단 등의 구조나 외부 형태를 수선·변경하거나 증설하는 것으로서 대통령령으로 정하는 것을 말한다.

⑩ 리모델링 : 건축물의 노후화를 억제하거나 기능 향상 등을 위하여 대수선하거나 일부 증축하는 행위를 말한다.

⑪ 도로 : 보행과 자동차 통행이 가능한 너비 4미터 이상의 도로(지형적으로 자동차 통행이 불가능한 경우와 막다른 도로의 경우에는 대통령령으로 정하는 구조와 너비의 도로)로서 다음 각 목의 어느 하나에 해당하는 도로나 그 예정도로를 말한다.

　(가) 「국토의 계획 및 이용에 관한 법률」, 「도로법」, 「사도법」, 그 밖의 관계 법령에 따라 신설 또는 변경에 관한 고시가 된 도로

　(나) 건축허가 또는 신고 시에 특별시장·광역시장·특별자치시장·도지사·특별자치도지사(시·도지사) 또는 시장·군수·구청장(자치구의 구청장)이 위치를 지정하여 공고한 도로

⑫ 건축주 : 건축물의 건축·대수선·용도변경, 건축설비의 설치 또는 공작물의 축조(건축물의 건축 등)에 관한 공사를 발주하거나 현장 관리인을 두어 스스로 그 공사를 하는 자를 말한다.

⑬ 설계자 : 자기의 책임(보조자의 도움을 받는 경우를 포함)으로 설계도서를 작성하고 그 설계도서에서 의도하는 바를 해설하며, 지도하고 자문에 응하는 자를 말한다.

⑭ 설계도서 : 건축물의 건축 등에 관한 공사용 도면, 구조 계산서, 시방서(示方書), 그밖에 국토교통부령으로 정하는 공사에 필요한 서류를 말한다.

⑮ 공사감리자 : 자기의 책임(보조자의 도움을 받는 경우를 포함)으로 이 법으로 정하는 바에 따라 건축물, 건축설비 또는 공작물이 설계도서의 내용대로 시공되는지를 확인하고, 품질관리·공사관리·안전관리 등에 대하여 지도·감독하는 자를 말한다.

⑯ 공사시공자 : 「건설산업기본법」 제2조 제4호에 따른 건설공사를 하는 자를 말한다.

⑰ 건축물의 유지·관리 : 건축물의 소유자나 관리자가 사용승인된 건축물의 대지·구조·설비 및 용도 등을 지속적으로 유지하기 위하여 건축물이 멸실될 때까지 관리하는 행위를 말한다.

⑱ 관계전문기술자 : 건축물의 구조·설비 등 건축물과 관련된 전문기술자격을 보유하고 설계와 공사감리에 참여하여 설계자 및 공사감리자와 협력하는 자를 말한다.

⑲ 특별건축구역 : 조화롭고 창의적인 건축물의 건축을 통하여 도시경관의 창출, 건설기술 수준 향상 및 건축 관련 제도 개선을 도모하기 위하여 이 법 또는 관계 법령에 따라

일부 규정을 적용하지 아니하거나 완화 또는 통합하여 적용할 수 있도록 특별히 지정하는 구역을 말한다.

⑳ 고층건축물 : 층수가 30층 이상이거나 높이가 120미터 이상인 건축물을 말한다.

1-2 건축법 적용 제외

① 다음 각 호의 어느 하나에 해당하는 건축물에는 이 법을 적용하지 아니한다.
  1. 「문화재보호법」에 따른 지정문화재나 가지정(假指定)문화재
  2. 철도나 궤도의 선로 부지(敷地)에 있는 다음 각 목의 시설
    (가) 운전보안시설
    (나) 철도 선로의 위나 아래를 가로지르는 보행시설
    (다) 플랫폼
    (라) 해당 철도 또는 궤도사업용 급수(給水)·급탄(給炭) 및 급유(給油) 시설
  3. 고속도로 통행료 징수시설
  4. 컨테이너를 이용한 간이창고(「산업집적활성화 및 공장설립에 관한 법률」 제2조 제1호에 따른 공장의 용도로만 사용되는 건축물의 대지에 설치하는 것으로서 이동이 쉬운 것만 해당)

② 「국토의 계획 및 이용에 관한 법률」에 따른 도시지역 및 같은 법 제51조 제3항에 따른 지구단위계획구역 외의 지역으로서 동이나 읍(동이나 읍에 속하는 섬의 경우에는 인구가 500명 이상인 경우만 해당)이 아닌 지역은 제44조부터 제47조까지, 제51조 및 제57조를 적용하지 아니한다.

③ 「국토의 계획 및 이용에 관한 법률」 제47조 제7항에 따른 건축물이나 공작물을 도시·군계획시설로 결정된 도로의 예정지에 건축하는 경우에는 제45조부터 제47조까지의 규정을 적용하지 아니한다.

1-3 건축위원회

① 국토교통부장관, 시·도지사 및 시장·군수·구청장은 다음 각 호의 사항을 조사·심의·조정 또는 재정하기 위하여 각각 건축위원회를 두어야 한다.
  1. 이 법과 조례의 시행에 관한 중요 사항
  2. 건축물의 건축 등과 관련된 분쟁의 조정 또는 재정에 관한 사항. 다만, 시장·군수·구청장이 두는 건축위원회는 제외한다.
  3. 다른 법령에서 건축위원회의 심의를 받도록 규정한 사항
  4. 다른 법령에서 그 법령에 따른 심의를 갈음하여 건축위원회의 심의를 받을 수 있도록

규정한 경우 그 법령에 따라 건축위원회의 심의를 요청한 사항
② 국토교통부장관, 시·도지사 및 시장·군수·구청장은 건축위원회의 심의 등을 효율적으로 수행하기 위하여 필요하면 자신이 설치하는 건축위원회에 건축분쟁전문위원회(국토교통부장관 및 시·도지사가 설치하는 건축위원회에 한한다)와 분야별 전문위원회를 두어 운영할 수 있다.
③ 제②항에 따른 건축분쟁전문위원회와 분야별 전문위원회는 건축위원회가 정하는 사항에 대하여 심의 등을 한다.
④ 제③항에 따라 건축분쟁전문위원회와 분야별 전문위원회의 심의 등을 거친 사항은 건축위원회의 심의 등을 거친 것으로 본다.

1-4 가설건축물

① 도시·군계획시설 및 도시·군계획시설예정지에서 가설건축물을 건축하려는 자는 특별자치시장·특별자치도지사 또는 시장·군수·구청장의 허가를 받아야 한다.
② 특별자치시장·특별자치도지사 또는 시장·군수·구청장은 해당 가설건축물의 건축이 다음 각 호의 어느 하나에 해당하는 경우가 아니면 허가를 하여야 한다.
  1. 「국토의 계획 및 이용에 관한 법률」 제64조에 위배되는 경우
  2. 4층 이상인 경우
  3. 구조, 존치기간, 설치목적 및 다른 시설 설치 필요성 등에 관하여 대통령령으로 정하는 기준의 범위에서 조례로 정하는 바에 따르지 아니한 경우
  4. 그밖에 이 법 또는 다른 법령에 따른 제한규정을 위반하는 경우

1-5 건축물의 유지·관리

① 건축물의 소유자나 관리자는 건축물, 대지 및 건축설비를 규정에 적합하도록 유지·관리하여야 한다.
② 건축물의 소유자나 관리자는 건축물의 유지·관리를 위하여 대통령령으로 정하는 바에 따라 정기점검 및 수시점검을 실시하고, 그 결과를 허가권자에게 보고하여야 한다.

1-6 건축지도원

① 특별자치시장·특별자치도지사 또는 시장·군수·구청장은 이 법 또는 이 법에 따른 명령이나 처분에 위반되는 건축물의 발생을 예방하고 건축물을 적법하게 유지·관리하도록 지도하기 위하여 대통령령으로 정하는 바에 따라 건축지도원을 지정할 수 있다.
② 건축지도원의 자격과 업무 범위 등은 대통령령으로 정한다.

1-7 건축선의 지정

① 도로와 접한 부분에 건축물을 건축할 수 있는 선[건축선(建築線)]은 대지와 도로의 경계선으로 한다. 다만, 소요 너비에 못 미치는 너비의 도로인 경우에는 그 중심선으로부터 그 소요 너비의 2분의 1의 수평거리만큼 물러난 선을 건축선으로 하되, 그 도로의 반대쪽에 경사지, 하천, 철도, 선로부지, 그밖에 이와 유사한 것이 있는 경우에는 그 경사지 등이 있는 쪽의 도로경계선에서 소요 너비에 해당하는 수평거리의 선을 건축선으로 하며, 도로의 모퉁이에서는 대통령령으로 정하는 선을 건축선으로 한다.
② 특별자치시장·특별자치도지사 또는 시장·군수·구청장은 시가지 안에서 건축물의 위치나 환경을 정비하기 위하여 필요하다고 인정하면 제①항에도 불구하고 대통령령으로 정하는 범위에서 건축선을 따로 지정할 수 있다.

1-8 건축선에 따른 건축 제한

① 건축물과 담장은 건축선의 수직면(垂直面)을 넘어서는 아니 된다. 다만, 지표(地表) 아래 부분은 그러하지 아니하다.
② 도로면으로부터 높이 4.5미터 이하에 있는 출입구, 창문, 그밖에 이와 유사한 구조물은 열고 닫을 때 건축선의 수직면을 넘지 아니하는 구조로 하여야 한다.

1-9 구조내력

① 건축물은 고정하중, 적재하중(積載荷重), 적설하중(積雪荷重), 풍압(風壓), 지진, 그 밖의 진동 및 충격 등에 대하여 안전한 구조를 가져야 한다.
② 건축물을 건축하거나 대수선하는 경우에는 대통령령으로 정하는 바에 따라 구조의 안전을 확인하여야 한다.
③ 지방자치단체의 장은 구조 안전 확인 대상 건축물에 대하여 허가 등을 하는 경우 내진(耐震)성능 확보 여부를 확인하여야 한다.
④ 구조내력의 기준과 구조 계산의 방법 등에 관하여 필요한 사항은 국토교통부령으로 정한다.

1-10 건축물의 건폐율

대지면적에 대한 건축면적(대지에 건축물이 둘 이상 있는 경우에는 이들 건축면적의 합계로 한다)의 비율(이하 "건폐율"이라 한다)의 최대한도는 「국토의 계획 및 이용에 관한 법률」 제77조에 따른 건폐율의 기준에 따른다. 다만, 이 법에서 기준을 완화하거나 강화하여 적용하도록 규정한 경우에는 그에 따른다.

1-11 건축물의 용적률

대지면적에 대한 연면적(대지에 건축물이 둘 이상 있는 경우에는 이들 연면적의 합계로 한다)의 비율(이하 "용적률"이라 한다)의 최대한도는 「국토의 계획 및 이용에 관한 법률」 제78조에 따른 용적률의 기준에 따른다. 다만, 이 법에서 기준을 완화하거나 강화하여 적용하도록 규정한 경우에는 그에 따른다.

1-12 대지의 분할 제한

건축물이 있는 대지는 대통령령으로 정하는 범위에서 해당 지방자치단체의 조례로 정하는 면적에 못 미치게 분할할 수 없다.

> ☞ 시행령(건축물이 있는 대지의 분할 제한)
>
> 상기에서 "대통령령으로 정하는 범위"란 다음 각 호의 어느 하나에 해당하는 규모 이상을 말한다.
> 1. 주거지역 : 60제곱미터
> 2. 상업지역 : 150제곱미터
> 3. 공업지역 : 150제곱미터
> 4. 녹지지역 : 200제곱미터
> 5. 제1호부터 제4호까지의 규정에 해당하지 아니하는 지역 : 60제곱미터

1-13 대지 안의 공지

건축물을 건축하는 경우에는 「국토의 계획 및 이용에 관한 법률」에 따른 용도지역·용도지구, 건축물의 용도 및 규모 등에 따라 건축선 및 인접 대지경계선으로부터 6미터 이내의 범위에서 대통령령으로 정하는 바에 따라 해당 지방자치단체의 조례로 정하는 거리 이상을 띄워야 한다.

1-14 건축물의 높이 제한

① 허가권자는 가로구역(街路區域)[도로로 둘러싸인 일단(一團)의 지역]을 단위로 하여 대통령령으로 정하는 기준과 절차에 따라 건축물의 높이를 지정·공고할 수 있다. 다만, 특별자치시장·특별자치도지사 또는 시장·군수·구청장은 가로구역의 높이를 완화하여 적용할 필요가 있다고 판단되는 대지에 대하여는 대통령령으로 정하는 바에 따라 건축위원회

의 심의를 거쳐 높이를 완화하여 적용할 수 있다.
② 특별시장이나 광역시장은 도시의 관리를 위하여 필요하면 제(1)항에 따른 가로구역별 건축물의 높이를 특별시나 광역시의 조례로 정할 수 있다.

1-15 일조 등의 확보를 위한 건축물의 높이 제한

① 전용주거지역과 일반주거지역 안에서 건축하는 건축물의 높이는 일조(日照) 등의 확보를 위하여 정북방향(正北方向)의 인접 대지경계선으로부터의 거리에 따라 대통령령으로 정하는 높이 이하로 하여야 한다.

> ☞ 시행령(일조 등의 확보를 위한 건축물의 높이 제한)
> 상기 "대통령령으로 정하는 높이"란
> 1. 높이 9미터 이하인 부분 : 인접 대지경계선으로부터 1.5미터 이상
> 2. 높이 9미터를 초과하는 부분 : 인접 대지경계선으로부터 해당 건축물 각 부분 높이의 2분의 1 이상

② 다음 각 호의 어느 하나에 해당하는 공동주택(일반상업지역과 중심상업지역에 건축하는 것은 제외한다)은 채광(採光) 등의 확보를 위하여 대통령령으로 정하는 높이 이하로 하여야 한다.
  1. 인접 대지경계선 등의 방향으로 채광을 위한 창문 등을 두는 경우
  2. 하나의 대지에 두 동(棟) 이상을 건축하는 경우

> 주 건축법 시행령 : 단독주택 및 공동주택의 거실, 교육연구시설 중 학교의 교실, 의료시설의 병실 및 숙박시설의 객실에는 국토교통부령으로 정하는 기준에 따라 채광 및 환기를 위한 창문 등이나 설비를 설치하여야 한다.

③ 다음 각 호의 어느 하나에 해당하면 제1항에도 불구하고 건축물의 높이를 정남(正南)방향의 인접 대지경계선으로부터의 거리에 따라 대통령령으로 정하는 높이 이하로 할 수 있다.
  1. 「택지개발촉진법」 제3조에 따른 택지개발지구인 경우
  2. 「주택법」 제15조에 따른 대지조성사업지구인 경우
  3. 「지역 개발 및 지원에 관한 법률」 제11조에 따른 지역개발사업구역인 경우
  4. 「산업입지 및 개발에 관한 법률」 제6조, 제7조, 제7조의2 및 제8조에 따른 국가산업단지, 일반산업단지, 도시첨단산업단지 및 농공단지인 경우

5. 「도시개발법」 제2조 제1항 제1호에 따른 도시개발구역인 경우
6. 「도시 및 주거환경정비법」 제8조에 따른 정비구역인 경우
7. 정북방향으로 도로, 공원, 하천 등 건축이 금지된 공지에 접하는 대지인 경우
8. 정북방향으로 접하고 있는 대지의 소유자와 합의한 경우나 그 밖에 대통령령으로 정하는 경우

④ 2층 이하로서 높이가 8미터 이하인 건축물에는 해당 지방자치단체의 조례로 정하는 바에 따라 제1항부터 제3항까지의 규정을 적용하지 아니할 수 있다.

1-16 지능형건축물의 인증

① 국토교통부장관은 지능형건축물(Intelligent Building)의 건축을 활성화하기 위하여 지능형건축물 인증제도를 실시한다.
② 국토교통부장관은 지능형건축물의 인증을 위하여 인증기관을 지정할 수 있다.
③ 지능형건축물의 인증을 받으려는 자는 인증기관에 인증을 신청하여야 한다.
④ 국토교통부장관은 건축물을 구성하는 설비 및 각종 기술을 최적으로 통합하여 건축물의 생산성과 설비 운영의 효율성을 극대화할 수 있도록 다음 각 호의 사항을 포함하여 지능형건축물 인증기준을 고시한다.
  1. 인증기준 및 절차
  2. 인증표시 홍보기준
  3. 유효기간
  4. 수수료
  5. 인증 등급 및 심사기준 등
⑤ 인증기관의 지정 기준, 지정 절차 및 인증 신청 절차 등에 필요한 사항은 국토교통부령으로 정한다.
⑥ 허가권자는 지능형건축물로 인증을 받은 건축물에 대하여 조경설치면적을 100분의 85까지 완화하여 적용할 수 있으며, 용적률 및 건축물의 높이를 100분의 115의 범위에서 완화하여 적용할 수 있다.

1-17 특별건축구역의 건축물

① 특별건축구역에서 건축기준 등의 특례사항을 적용하여 건축할 수 있는 건축물은 다음 각 호의 어느 하나에 해당되어야 한다.
  1. 국가 또는 지방자치단체가 건축하는 건축물
  2. 대통령령으로 정하는 공공기관이 건축하는 건축물

3. 그밖에 대통령령으로 정하는 용도·규모의 건축물로서 도시경관의 창출, 건설기술 수준 향상 및 건축 관련 제도 개선을 위하여 특례 적용이 필요하다고 허가권자가 인정하는 건축물

1-18 특별건축구역의 지정절차

① 중앙행정기관의 장, 사업구역을 관할하는 시·도지사 또는 시장·군수·구청장(지정신청기관)은 특별건축구역의 지정이 필요한 경우에는 다음 각 호의 자료를 갖추어 국토교통부장관에게 특별건축구역의 지정을 신청할 수 있다.
1. 특별건축구역의 위치·범위 및 면적 등에 관한 사항
2. 특별건축구역의 지정 목적 및 필요성
3. 특별건축구역 내 건축물의 규모 및 용도 등에 관한 사항
4. 특별건축구역의 도시·군관리계획에 관한 사항. 이 경우 도시·군관리계획의 세부 내용은 대통령령으로 정한다.
5. 건축물의 설계, 공사감리 및 건축시공 등의 발주방법 등에 관한 사항
6. 특별건축구역 전부 또는 일부를 대상으로 통합하여 적용하는 미술장식, 부설주차장, 공원 등의 시설에 대한 운영관리 계획서. 이 경우 운영관리 계획서의 작성방법, 서식, 내용 등에 관한 사항은 국토교통부령으로 정한다.
7. 그밖에 특별건축구역의 지정에 필요한 대통령령으로 정하는 사항

1-19 건축물의 구조 및 재료 등에 관한 건축모니터링

① 국토교통부장관은 기후 변화나 건축기술의 변화 등에 따라 아래 괄호의 건축물의 구조 및 재료 등에 관한 기준이 적정한지를 검토하는 건축모니터링을 대통령령으로 정하는 기간(3년)마다 실시하여야 한다.
(구조내력, 건축물 내진등급의 설정, 건축물의 피난시설 및 용도제한, 건축물의 내화구조와 방화벽, 고층건축물의 피난 및 안전관리, 방화지구 안의 건축물, 건축물의 마감재료, 실내건축, 복합자재의 품질관리, 지하층 등)

1-20 건축물의 피난시설 및 용도제한 등

① 대통령령으로 정하는 용도 및 규모의 건축물과 그 대지에는 국토교통부령으로 정하는 바에 따라 복도, 계단, 출입구, 그 밖의 피난시설과 소화전(消火栓), 저수조(貯水槽), 그 밖의 소화설비 및 대지 안의 피난과 소화에 필요한 통로를 설치하여야 한다.

② 대통령령으로 정하는 용도 및 규모의 건축물의 안전·위생 및 방화(防火) 등을 위하여 필요한 용도 및 구조의 제한, 방화구획(防火區劃), 화장실의 구조, 계단·출입구, 거실의 반자 높이, 거실의 채광·환기와 바닥의 방습 등에 관하여 필요한 사항은 국토교통부령으로 정한다.

☞ 시행령 제51조

① 단독주택 및 공동주택의 거실, 교육연구시설 중 학교의 교실, 의료시설의 병실 및 숙박시설의 객실에는 국토교통부령으로 정하는 기준에 따라 채광 및 환기를 위한 창문등이나 설비를 설치하여야 한다.
② 6층 이상인 건축물로서 다음 각 호의 어느 하나에 해당하는 건축물의 거실에는 국토교통부령으로 정하는 기준에 따라 배연설비(排煙設備)를 하여야 한다. 다만, 피난층인 경우에는 그러하지 아니하다.
 1. 제2종 근린생활시설 중 공연장, 종교집회장, 인터넷컴퓨터게임시설제공업소 및 다중생활시설(공연장, 종교집회장 및 인터넷컴퓨터게임시설제공업소는 해당 용도로 쓰는 바닥면적의 합계가 각각 300제곱미터 이상인 경우만 해당한다)
 2. 문화 및 집회시설
 3. 종교시설
 4. 판매시설
 5. 운수시설
 6. 의료시설
 7. 교육연구시설 중 연구소
 8. 노유자시설 중 아동 관련 시설, 노인복지시설
 9. 수련시설 중 유스호스텔
 10. 운동시설
 11. 업무시설
 12. 숙박시설
 13. 위락시설
 14. 관광휴게시설
 15. 장례식장

☞ 시행령 제52조(거실 등의 방습)

다음 각 호의 어느 하나에 해당하는 거실·욕실 또는 조리장의 바닥 부분에는 국토교통부령으로 정하는 기준에 따라 방습을 위한 조치를 하여야 한다.

1. 건축물의 최하층에 있는 거실(바닥이 목조인 경우만 해당한다)
2. 제1종 근린생활시설 중 목욕장의 욕실과 휴게음식점 및 제과점의 조리장
3. 제2종 근린생활시설 중 일반음식점, 휴게음식점 및 제과점의 조리장과 숙박시설의 욕실

③ 대통령령으로 정하는 용도 및 규모의 건축물에 대하여 가구·세대 등 간 소음 방지를 위하여 국토교통부령으로 정하는 바에 따라 경계벽 및 바닥을 설치하여야 한다.

④ 「자연재해대책법」 제12조 제1항에 따른 자연재해위험개선지구 중 침수위험지구에 국가·지방자치단체 또는 「공공기관의 운영에 관한 법률」 제4조 제1항에 따른 공공기관이 건축하는 건축물은 침수 방지 및 방수를 위하여 다음 각 호의 기준에 따라야 한다.
1. 건축물의 1층 전체를 필로티(건축물을 사용하기 위한 경비실, 계단실, 승강기실, 그밖에 이와 비슷한 것을 포함한다) 구조로 할 것
2. 국토교통부령으로 정하는 침수 방지시설을 설치할 것

☞ **시행령 제61조(건축물의 마감재료)**

① 건축법 제52조 제1항에 따라 대통령령으로 정하는 아래 용도 및 규모의 건축물의 벽, 반자, 지붕(반자가 없는 경우에 한정) 등의 내부의 마감재료는 방화에 지장이 없는 재료일 것. 다만, 그 주요 구조부가 내화구조 또는 불연재료로 되어 있고 그 거실의 바닥면적(스프링클러나 그 밖에 이와 비슷한 자동식 소화설비를 설치한 바닥면적을 뺀 면적으로 한다) 200제곱미터 이내마다 방화구획이 되어 있는 건축물은 제외한다.
1. 단독주택 중 다중주택·다가구주택
1의2. 공동주택
2. 제2종 근린생활시설 중 공연장·종교집회장·인터넷컴퓨터게임시설제공업소·학원·독서실·당구장·다중생활시설의 용도로 쓰는 건축물
3. 위험물저장 및 처리시설(자가난방과 자가발전 등의 용도로 쓰는 시설을 포함한다), 자동차 관련 시설, 방송통신시설 중 방송국·촬영소 또는 발전시설의 용도로 쓰는 건축물
4. 공장의 용도로 쓰는 건축물. 다만, 건축물이 1층 이하이고, 연면적 1천 제곱미터 미만으로서 다음 각 목의 요건을 모두 갖춘 경우는 제외한다.
   ㈎ 국토교통부령으로 정하는 화재위험이 적은 공장용도로 쓸 것
   ㈏ 화재 시 대피가 가능한 국토교통부령으로 정하는 출구를 갖출 것
   ㈐ 복합자재[불연성인 재료와 불연성이 아닌 재료가 복합된 자재로서 외부의 양면(철판, 알루미늄, 콘크리트박판, 그 밖에 이와 유사한 재료로 이루어진 것을 말한다)

과 심재(心材)로 구성된 것을 말한다]를 내부 마감재료로 사용하는 경우에는 국토교통부령으로 정하는 품질기준에 적합할 것

5. 5층 이상인 층 거실의 바닥면적의 합계가 500제곱미터 이상인 건축물
6. 문화 및 집회시설, 종교시설, 판매시설, 운수시설, 의료시설, 교육연구시설 중 학교(초등학교만 해당한다)·학원, 노유자시설, 수련시설, 업무시설 중 오피스텔, 숙박시설, 위락시설(단란주점 및 유흥주점은 제외한다), 장례시설, 「다중이용업소의 안전관리에 관한 특별법 시행령」 제2조에 따른 다중이용업(단란주점영업 및 유흥주점영업은 제외한다)의 용도로 쓰는 건축물
7. 창고로 쓰이는 바닥면적 600제곱미터(스프링클러나 그 밖에 이와 비슷한 자동식 소화설비를 설치한 경우에는 1천200제곱미터) 이상인 건축물. 다만, 벽 및 지붕을 국토교통부장관이 정하여 고시하는 화재 확산 방지구조 기준에 적합하게 설치한 건축물은 제외한다.

② 건축법 제52조 제2항에 따라 대통령령으로 정하는 아래 건축물의 외벽에 사용하는 마감재료는 방화에 지장이 없는 마감재료로 하여야 한다.

1. 상업지역(근린상업지역은 제외)의 건축물로서 다음 각 목의 어느 하나에 해당하는 것
   (가) 제1종 근린생활시설, 제2종 근린생활시설, 문화 및 집회시설, 종교시설, 판매시설, 의료시설, 교육연구시설, 노유자시설, 운동시설 및 위락시설의 용도로 쓰는 건축물로서 그 용도로 쓰는 바닥면적의 합계가 2천제곱미터 이상인 건축물
   (나) 공장(국토교통부령으로 정하는 화재 위험이 적은 공장은 제외한다)의 용도로 쓰는 건축물로부터 6미터 이내에 위치한 건축물
2. 6층 이상 또는 높이 22미터 이상인 건축물

2. 용도별 건축물의 종류(건축법 시행령 별표1)

2-1 단독주택

단독주택의 형태를 갖춘 가정어린이집·공동생활가정·지역아동센터 및 노인복지시설(노인복지주택은 제외한다)을 포함한다.

(1) **단독주택**

(2) **다중주택** : 다음의 요건을 모두 갖춘 주택을 말한다.
   ① 학생 또는 직장인 등 여러 사람이 장기간 거주할 수 있는 구조로 되어있는 것

② 독립된 주거의 형태를 갖추지 아니한 것(각 실별로 욕실은 설치할 수 있으나, 취사시설은 설치하지 아니한 것을 말한다. 이하 같다)
③ 연면적이 330제곱미터 이하이고 층수가 3층 이하인 것

(3) **다가구주택** : 다음의 요건을 모두 갖춘 주택으로서 공동주택에 해당하지 아니하는 것을 말한다.
① 주택으로 쓰는 층수(지하층은 제외한다)가 3개 층 이하일 것. 다만, 1층의 바닥면적 2분의 1 이상을 필로티(piloti) 구조로 하여 주차장으로 사용하고 나머지 부분을 주택 외의 용도로 쓰는 경우에는 해당 층을 주택의 층수에서 제외한다.
② 1개 동의 주택으로 쓰이는 바닥면적(부설 주차장 면적은 제외한다. 이하 같다)의 합계가 660제곱미터 이하일 것
③ 19세대 이하가 거주할 수 있을 것

(4) **공관(公館)**

2-2 공동주택

공동주택의 형태를 갖춘 가정어린이집·공동생활가정·지역아동센터·노인복지시설(노인복지주택은 제외한다) 및 「주택법 시행령」 제3조 제1항에 따른 원룸형 주택을 포함한다. 다만, 아래 (1)항이나 (2)항에서 층수를 산정할 때 1층 전부를 필로티 구조로 하여 주차장으로 사용하는 경우에는 필로티 부분을 층수에서 제외하고, (3)항에서 층수를 산정할 때 1층의 바닥면적 2분의 1 이상을 필로티 구조로 하여 주차장으로 사용하고 나머지 부분을 주택 외의 용도로 쓰는 경우에는 해당 층을 주택의 층수에서 제외하며, (1)항부터 (2)항까지의 규정에서 층수를 산정할 때 지하층을 주택의 층수에서 제외한다.

(1) **아파트** : 주택으로 쓰는 층수가 5개 층 이상인 주택
(2) **연립주택** : 주택으로 쓰는 1개 동의 바닥면적(2개 이상의 동을 지하주차장으로 연결하는 경우에는 각각의 동으로 본다) 합계가 660제곱미터를 초과하고, 층수가 4개 층 이하인 주택
(3) **다세대주택** : 주택으로 쓰는 1개 동의 바닥면적 합계가 660제곱미터 이하이고, 층수가 4개 층 이하인 주택(2개 이상의 동을 지하주차장으로 연결하는 경우에는 각각의 동으로 본다)
(4) **기숙사** : 학교 또는 공장 등의 학생 또는 종업원 등을 위하여 쓰는 것으로서 공동취사 등을 할 수 있는 구조를 갖추되, 독립된 주거의 형태를 갖추지 아니한 것(「교육기본법」 제27조 제2항에 따른 학생복지주택을 포함한다)

2-3 제1종 근린생활시설

(1) 식품·잡화·의류·완구·서적·건축자재·의약품·의료기기 등 일용품을 판매하는 소매점으로서 같은 건축물(하나의 대지에 두 동 이상의 건축물이 있는 경우에는 이를 같은 건축물로 본다. 이하 같다)에 해당 용도로 쓰는 바닥면적의 합계가 1천 제곱미터 미만인 것
(2) 휴게음식점, 제과점 등 음료·차(茶)·음식·빵·떡·과자 등을 조리하거나 제조하여 판매하는 시설[제4호(16)항 또는 제17호에 해당하는 것은 제외한다]로서 같은 건축물에 해당 용도로 쓰는 바닥면적의 합계가 300제곱미터 미만인 것
(3) 이용원, 미용원, 목욕장, 세탁소 등 사람의 위생관리나 의류 등을 세탁·수선하는 시설(세탁소의 경우 공장에 부설되는 것과 「대기환경보전법」, 「수질 및 수생태계 보전에 관한 법률」 또는 「소음·진동관리법」에 따른 배출시설의 설치 허가 또는 신고의 대상인 것은 제외한다)
(4) 의원, 치과의원, 한의원, 침술원, 접골원(接骨院), 조산원, 안마원, 산후조리원 등 주민의 진료·치료 등을 위한 시설
(5) 탁구장, 체육도장으로서 같은 건축물에 해당 용도로 쓰는 바닥면적의 합계가 500제곱미터 미만인 것
(6) 지역자치센터, 파출소, 지구대, 소방서, 우체국, 방송국, 보건소, 공공도서관, 건강보험공단 사무소 등 공공업무시설로서 같은 건축물에 해당 용도로 쓰는 바닥면적의 합계가 1천 제곱미터 미만인 것
(7) 마을회관, 마을공동작업소, 마을공동구판장, 공중화장실, 대피소, 지역아동센터(단독주택과 공동주택에 해당하는 것은 제외한다) 등 주민이 공동으로 이용하는 시설
(8) 변전소, 도시가스배관시설, 정수장, 양수장 등 주민의 생활에 필요한 에너지공급이나 급수·배수와 관련된 시설

2-4 제2종 근린생활시설

(1) 공연장(극장, 영화관, 연예장, 음악당, 서커스장, 비디오물감상실, 비디오물소극장, 그 밖에 이와 비슷한 것을 말한다. 이하 같다)으로서 같은 건축물에 해당 용도로 쓰는 바닥면적의 합계가 500제곱미터 미만인 것
(2) 종교집회장[교회, 성당, 사찰, 기도원, 수도원, 수녀원, 제실(祭室), 사당, 그밖에 이와 비슷한 것을 말한다. 이하 같다]으로서 같은 건축물에 해당 용도로 쓰는 바닥면적의 합계가 500제곱미터 미만인 것
(3) 자동차영업소로서 같은 건축물에 해당 용도로 쓰는 바닥면적의 합계가 1천 제곱미터 미만인 것
(4) 서점(제1종 근린생활시설에 해당하지 않는 것)

(5) 총포판매소
(6) 사진관, 표구점
(7) 청소년게임제공업소, 복합유통게임제공업소, 인터넷컴퓨터게임시설제공업소, 그밖에 이와 비슷한 게임 관련 시설로서 같은 건축물에 해당 용도로 쓰는 바닥면적의 합계가 500제곱미터 미만인 것
(8) 휴게음식점, 제과점 등 음료·차(茶)·음식·빵·떡·과자 등을 조리하거나 제조하여 판매하는 시설[(16)항 또는 제17호에 해당하는 것은 제외한다]로서 같은 건축물에 해당 용도로 쓰는 바닥면적의 합계가 300제곱미터 이상인 것
(9) 일반음식점
(10) 장의사, 동물병원, 동물미용실, 그밖에 이와 유사한 것
(11) 학원(자동차학원 및 무도학원은 제외한다), 교습소(자동차 교습 및 무도 교습을 위한 시설은 제외한다), 직업훈련소(운전·정비 관련 직업훈련소는 제외한다)로서 같은 건축물에 해당 용도로 쓰는 바닥면적의 합계가 500제곱미터 미만인 것
(12) 독서실, 기원
(13) 테니스장, 체력단련장, 에어로빅장, 볼링장, 당구장, 실내낚시터, 골프연습장, 놀이형 시설(「관광진흥법」에 따른 기타유원시설업의 시설을 말한다. 이하 같다) 등 주민의 체육활동을 위한 시설[제3호(5)항의 시설은 제외한다]로서 같은 건축물에 해당 용도로 쓰는 바닥면적의 합계가 500제곱미터 미만인 것
(14) 금융업소, 사무소, 부동산중개사무소, 결혼상담소 등 소개업소, 출판사 등 일반업무시설로서 같은 건축물에 해당 용도로 쓰는 바닥면적의 합계가 500제곱미터 미만인 것
(15) 다중생활시설(「다중이용업소의 안전관리에 관한 특별법」에 따른 다중이용업 중 고시원업의 시설로서 독립된 주거의 형태를 갖추지 않은 것을 말한다. 이하 같다)로서 같은 건축물에 해당 용도로 쓰는 바닥면적의 합계가 500제곱미터 미만인 것
(16) 제조업소, 수리점 등 물품의 제조·가공·수리 등을 위한 시설로서 같은 건축물에 해당 용도로 쓰는 바닥면적의 합계가 500제곱미터 미만이고, 다음 요건 중 어느 하나에 해당하는 것
  ① 「대기환경보전법」, 「수질 및 수생태계 보전에 관한 법률」 또는 「소음·진동관리법」에 따른 배출시설의 설치 허가 또는 신고의 대상이 아닌 것
  ② 「대기환경보전법」, 「수질 및 수생태계 보전에 관한 법률」 또는 「소음·진동관리법」에 따른 배출시설의 설치 허가 또는 신고의 대상 시설이나 귀금속·장신구 및 관련 제품 제조시설로서 발생되는 폐수를 전량 위탁처리하는 것
(17) 단란주점으로서 같은 건축물에 해당 용도로 쓰는 바닥면적의 합계가 150제곱미터 미만인 것
(18) 안마시술소, 노래연습장

2-5 문화 및 집회시설

(1) 공연장으로서 제2종 근린생활시설에 해당하지 아니하는 것
(2) 집회장[예식장, 공회당, 회의장, 마권(馬券) 장외 발매소, 마권 전화투표소, 그밖에 이와 비슷한 것을 말한다]으로서 제2종 근린생활시설에 해당하지 아니하는 것
(3) 관람장(경마장, 경륜장, 경정장, 자동차 경기장, 그밖에 이와 비슷한 것과 체육관 및 운동장으로서 관람석의 바닥면적의 합계가 1천 제곱미터 이상인 것을 말한다)
(4) 전시장(박물관, 미술관, 과학관, 문화관, 체험관, 기념관, 산업전시장, 박람회장, 그밖에 이와 비슷한 것을 말한다)
(5) 동·식물원(동물원, 식물원, 수족관, 그밖에 이와 비슷한 것을 말한다)

2-6 종교시설

(1) 종교집회장으로서 제2종 근린생활시설에 해당하지 아니하는 것
(2) 종교집회장(제2종 근린생활시설에 해당하지 아니하는 것을 말한다)에 설치하는 봉안당(奉安堂)

2-7 판매시설

(1) 도매시장(「농수산물유통 및 가격안정에 관한 법률」에 따른 농수산물도매시장, 농수산물공판장, 그밖에 이와 비슷한 것을 말하며, 그 안에 있는 근린생활시설을 포함한다)
(2) 소매시장(「유통산업발전법」 제2조 제3호에 따른 대규모 점포, 그밖에 이와 비슷한 것을 말하며, 그 안에 있는 근린생활시설을 포함한다)
(3) 상점(그 안에 있는 근린생활시설을 포함한다)으로서 다음의 요건 중 어느 하나에 해당하는 것
  ① 제3호 (1)항에 해당하는 용도(서점은 제외한다)로서 제1종 근린생활시설에 해당하지 아니하는 것
  ② 「게임산업진흥에 관한 법률」 제2조 제6호의2 (1)항에 따른 청소년게임제공업의 시설, 같은 호 (2)항에 따른 일반게임제공업의 시설, 같은 조 제7호에 따른 인터넷컴퓨터게임시설제공업의 시설 및 같은 조 제8호에 따른 복합유통게임제공업의 시설로서 제2종 근린생활시설에 해당하지 아니하는 것

2-8 운수시설

(1) 여객자동차터미널
(2) 철도시설

(3) 공항시설
(4) 항만시설

2-9 의료시설

(1) 병원(종합병원, 병원, 치과병원, 한방병원, 정신병원 및 요양병원을 말한다)
(2) 격리병원(전염병원, 마약진료소, 그밖에 이와 비슷한 것을 말한다)

2-10 교육연구시설

제2종 근린생활시설에 해당하는 것은 제외한다.
(1) 학교(유치원, 초등학교, 중학교, 고등학교, 전문대학, 대학, 대학교, 그밖에 이에 준하는 각종 학교를 말한다)
(2) 교육원(연수원, 그밖에 이와 비슷한 것을 포함한다)
(3) 직업훈련소(운전 및 정비 관련 직업훈련소는 제외한다)
(4) 학원(자동차학원 및 무도학원은 제외한다)
(5) 연구소(연구소에 준하는 시험소와 계측계량소를 포함한다)
(6) 도서관

2-11 노유자시설

(1) 아동 관련 시설(어린이집, 아동복지시설, 그밖에 이와 비슷한 것으로서 단독주택, 공동주택 및 제1종 근린생활시설에 해당하지 아니하는 것을 말한다)
(2) 노인복지시설(단독주택과 공동주택에 해당하지 아니하는 것을 말한다)
(3) 그밖에 다른 용도로 분류되지 아니한 사회복지시설 및 근로복지시설

2-12 수련시설

(1) 생활권 수련시설(「청소년활동진흥법」에 따른 청소년수련관, 청소년문화의집, 청소년특화시설, 그밖에 이와 비슷한 것을 말한다)
(2) 자연권 수련시설(「청소년활동진흥법」에 따른 청소년수련원, 청소년야영장, 그밖에 이와 비슷한 것을 말한다)
(3) 「청소년활동진흥법」에 따른 유스호스텔
(4) 「관광진흥법」에 따른 야영장 시설로서 제2-29호에 해당하지 아니하는 시설

2-13 운동시설

(1) 탁구장, 체육도장, 테니스장, 체력단련장, 에어로빅장, 볼링장, 당구장, 실내낚시터, 골프연습장, 놀이형 시설, 그밖에 이와 비슷한 것으로서 제1종 근린생활시설 및 제2종 근린생활시설에 해당하지 아니하는 것
(2) 체육관으로서 관람석이 없거나 관람석의 바닥면적이 1천 제곱미터 미만인 것
(3) 운동장(육상장, 구기장, 볼링장, 수영장, 스케이트장, 롤러스케이트장, 승마장, 사격장, 궁도장, 골프장 등과 이에 딸린 건축물을 말한다)으로서 관람석이 없거나 관람석의 바닥면적이 1천 제곱미터 미만인 것

2-14 업무시설

(1) **공공업무시설** : 국가 또는 지방자치단체의 청사와 외국공관의 건축물로서 제1종 근린생활시설에 해당하지 아니하는 것
(2) **일반업무시설** : 다음 요건을 갖춘 업무시설을 말한다.
    ① 금융업소, 사무소, 결혼상담소 등 소개업소, 출판사, 신문사, 그밖에 이와 비슷한 것으로서 제2종 근린생활시설에 해당하지 않는 것
    ② 오피스텔(업무를 주로 하며, 분양하거나 임대하는 구획 중 일부 구획에서 숙식을 할 수 있도록 한 건축물로서 국토교통부장관이 고시하는 기준에 적합한 것을 말한다)

2-15 숙박시설

(1) 일반숙박시설 및 생활숙박시설
(2) 관광숙박시설(관광호텔, 수상관광호텔, 한국전통호텔, 가족호텔, 호스텔, 소형호텔, 의료관광호텔 및 휴양 콘도미니엄)
(3) 다중생활시설(제2종 근린생활시설에 해당하지 아니하는 것을 말한다)
(4) 그밖에 (1)항부터 (3)항까지의 시설과 비슷한 것

2-16 위락시설

(1) 단란주점으로서 제2종 근린생활시설에 해당하지 아니하는 것
(2) 유흥주점이나 그밖에 이와 비슷한 것
(3) 「관광진흥법」에 따른 유원시설업의 시설, 그밖에 이와 비슷한 시설(제2종 근린생활시설과 운동시설에 해당하는 것은 제외한다)

(4) 무도장, 무도학원
(5) 카지노영업소

2-17 공장

물품의 제조·가공[염색·도장(塗裝)·표백·재봉·건조·인쇄 등을 포함한다] 또는 수리에 계속적으로 이용되는 건축물로서 제1종 근린생활시설, 제2종 근린생활시설, 위험물 저장 및 처리시설, 자동차 관련 시설, 분뇨 및 쓰레기처리시설 등으로 따로 분류되지 아니한 것

2-18 창고시설

위험물 저장 및 처리시설 또는 그 부속용도에 해당하는 것은 제외한다.
(1) 창고(물품 저장시설로서 「물류정책기본법」에 따른 일반 창고와 냉장 및 냉동창고를 포함한다)
(2) 하역장
(3) 「물류시설의 개발 및 운영에 관한 법률」에 따른 물류터미널
(4) 집배송 시설

2-19 위험물 저장 및 처리시설

「위험물안전관리법」, 「석유 및 석유대체연료 사업법」, 「도시가스사업법」, 「고압가스 안전관리법」, 「액화석유가스의 안전관리 및 사업법」, 「총포·도검·화약류 등 단속법」, 「유해화학물질 관리법」 등에 따라 설치 또는 영업의 허가를 받아야 하는 건축물로서 다음 각 항의 어느 하나에 해당하는 것. 다만, 자가난방, 자가발전, 그밖에 이와 비슷한 목적으로 쓰는 저장시설은 제외한다.
(1) 주유소(기계식 세차설비를 포함한다) 및 석유 판매소
(2) 액화석유가스 충전소·판매소·저장소(기계식 세차설비를 포함한다)
(3) 위험물 제조소·저장소·취급소
(4) 액화가스 취급소·판매소
(5) 유독물 보관·저장·판매시설
(6) 고압가스 충전소·판매소·저장소
(7) 도료류 판매소
(8) 도시가스 제조시설
(9) 화약류 저장소
(10) 그밖에 (1)항부터 (9)항까지의 시설과 비슷한 것

2-20 자동차 관련 시설

건설기계 관련 시설을 포함한다.
(1) 주차장
(2) 세차장
(3) 폐차장
(4) 검사장
(5) 매매장
(6) 정비공장
(7) 운전학원 및 정비학원(운전 및 정비 관련 직업훈련시설을 포함한다)
(8) 「여객자동차 운수사업법」, 「화물자동차 운수사업법」 및 「건설기계관리법」에 따른 차고 및 주기장(駐機場)

2-21 동물 및 식물 관련 시설

(1) 축사(양잠·양봉·양어시설 및 부화장 등을 포함한다)
(2) 가축시설[가축용 운동시설, 인공수정센터, 관리사(管理舍), 가축용 창고, 가축시장, 동물검역소, 실험동물 사육시설, 그밖에 이와 비슷한 것을 말한다]
(3) 도축장
(4) 도계장
(5) 작물 재배사
(6) 종묘배양시설
(7) 화초 및 분재 등의 온실
(8) 식물과 관련된 (5)항부터 (7)항까지의 시설과 비슷한 것(동·식물원은 제외한다)

2-22 자원순환 관련 시설

(1) 하수 등 처리시설
(2) 고물상
(3) 폐기물재활용시설
(4) 폐기물 처분시설
(5) 폐기물감량화시설

2-23 교정 및 군사시설

제1종 근린생활시설에 해당하는 것은 제외한다.
(1) 교정시설(보호감호소, 구치소 및 교도소를 말한다)
(2) 갱생보호시설, 그밖에 범죄자의 갱생·보육·교육·보건 등의 용도로 쓰는 시설
(3) 소년원 및 소년분류심사원
(4) 국방·군사시설

2-24 방송통신시설

제1종 근린생활시설에 해당하는 것은 제외한다.
(1) 방송국(방송프로그램 제작시설 및 송신·수신·중계시설을 포함한다)
(2) 전신전화국
(3) 촬영소
(4) 통신용 시설
(5) 그밖에 (1)항부터 (4)항까지의 시설과 비슷한 것

2-25 발전시설

발전소(집단에너지 공급시설을 포함한다)로 사용되는 건축물로서 제1종 근린생활시설에 해당하지 아니하는 것

2-26 묘지 관련 시설

(1) 화장시설
(2) 봉안당(종교시설에 해당하는 것은 제외한다)
(3) 묘지와 자연장지에 부수되는 건축물

2-27 관광 휴게시설

(1) 야외음악당
(2) 야외극장
(3) 어린이회관
(4) 관망탑
(5) 휴게소

(6) 공원·유원지 또는 관광지에 부수되는 시설

2-28 장례식장

의료시설의 부수시설(「의료법」 제36조 제1호에 따른 의료기관의 종류에 따른 시설을 말한다)에 해당하는 것은 제외한다.

2-29 야영장 시설

「관광진흥법」에 따른 야영장 시설로서 관리동, 화장실, 샤워실, 대피소, 취사시설 등의 용도로 쓰는 바닥면적의 합계가 300제곱미터 미만인 것

2-30 비고('용도별 건축물의 종류' 관련)

(1) 제2-3 및 제2-4에서 "해당 용도로 쓰는 바닥면적"이란 부설 주차장 면적을 제외한 실(實)사용면적에 공용부분 면적(복도, 계단, 화장실 등의 면적을 말한다)을 비례 배분한 면적을 합한 면적을 말한다.
(2) "해당 용도로 쓰는 바닥면적"을 산정할 때 「집합건물의 소유 및 관리에 관한 법률」에 따라 건축물의 내부를 여러 개의 부분으로 구분하여 독립한 건축물로 사용하는 경우에는 그 구분된 면적 단위로 바닥면적을 산정한다. 다만, 다음 각 항에 해당하는 경우에는 각 항에서 정한 기준에 따른다.
① 제2-4(16)항에 해당하는 건축물의 경우에는 내부가 여러 개의 부분으로 구분되어있더라도 해당 용도로 쓰는 바닥면적을 모두 합산하여 산정한다.
② 동일인이 둘 이상의 구분된 건축물을 같은 세부 용도로 사용하는 경우에는 연접되어 있지 않더라도 이를 모두 합산하여 산정한다.
③ 구분 소유자가 다른 경우에도 구분된 건축물을 같은 세부 용도로 연계하여 함께 사용하는 경우(통로, 창고 등을 공동으로 활용하는 경우 또는 명칭의 일부를 동일하게 사용하여 홍보하거나 관리하는 경우 등을 말한다)에는 연접되어있지 않더라도 연계하여 함께 사용하는 바닥면적을 모두 합산하여 산정한다.
(3) 「청소년 보호법」에 따라 여성가족부장관이 고시하는 청소년 출입·고용금지업의 영업을 위한 시설은 제1종 근린생활시설 및 제2종 근린생활시설에서 제외한다.
(4) 국토교통부장관은 [별표1] 각 호의 용도별 건축물의 종류에 관한 구체적인 범위를 정하여 고시할 수 있다.

> 칼럼

면적 등의 산정방법(건축법 시행령)

1. 대지면적 : 대지의 수평투영면적. 다만, 다음 각 목에 해당하는 면적은 제외
   (1) 법 제46조 제1항 단서에 따라 대지에 건축선이 정하여진 경우 : 그 건축선과 도로 사이의 대지면적
   (2) 대지에 도시·군계획시설인 도로·공원 등이 있는 경우 : 그 도시·군계획시설에 포함되는 대지(「국토의 계획 및 이용에 관한 법률」 제47조 제7항에 따라 건축물 또는 공작물을 설치하는 도시·군계획시설의 부지는 제외한다)면적

2. 건축면적 : 건축물의 외벽(외벽이 없는 경우에는 외곽 부분의 기둥을 말한다. 이하 이 호에서 같다)의 중심선으로 둘러싸인 부분의 수평투영면적으로 한다. 다만, 다음 각 목의 어느 하나에 해당하는 경우에는 해당 각 목에서 정하는 기준에 따라 산정한다.
   (1) 처마, 차양, 부연(附椽), 그밖에 이와 비슷한 것으로서 그 외벽의 중심선으로부터 수평거리 1미터 이상 돌출된 부분이 있는 건축물의 건축면적은 그 돌출된 끝부분으로부터 다음의 구분에 따른 수평거리를 후퇴한 선으로 둘러싸인 부분의 수평투영면적으로 한다.
      ① 「전통사찰의 보존 및 지원에 관한 법률」 제2조 제1호에 따른 전통사찰 : 4미터 이하의 범위에서 외벽의 중심선까지의 거리
      ② 가축에게 사료 등을 투여하는 부위의 상부에 한쪽 끝은 고정되고 다른 쪽 끝은 지지되지 아니한 구조로 된 돌출차양이 설치된 축사 : 3미터 이하의 범위에서 외벽의 중심선까지의 거리
      ③ 한옥 : 2미터 이하의 범위에서 외벽의 중심선까지의 거리
      ④ 그 밖의 건축물 : 1미터
   (2) 다음의 건축물의 건축면적은 국토교통부령으로 정하는 바에 따라 산정한다.
      ① 태양열을 주된 에너지원으로 이용하는 주택 → 건축물의 외벽 중 내측 내력벽의 중심선을 기준으로 한다.
      ② 창고 중 물품을 입출고하는 부위의 상부에 한쪽 끝은 고정되고 다른 쪽 끝은 지지되지 아니한 구조로 설치된 돌출차양 → 아래 중 작은 값으로 산입한다.
         ㈎ 해당 돌출차양을 제외한 창고의 건축면적의 10퍼센트를 초과하는 면적
         ㈏ 해당 돌출차양의 끝부분으로부터 수평거리 3미터를 후퇴한 선으로 둘러싸인 부분의 수평투영면적
      ③ 단열재를 구조체의 외기 측에 설치하는 단열공법으로 건축된 건축물 → 상기 (1)항과 동일
   (3) 다음의 경우에는 건축면적에 산입하지 아니한다.
      ① 지표면으로부터 1미터 이하에 있는 부분(창고 중 물품을 입출고하기 위하여 차량을 접안시키는 부분의 경우에는 지표면으로부터 1.5미터 이하에 있는 부분)
      ② 「다중이용업소의 안전관리에 관한 특별법 시행령」 제9조에 따라 기존의 다중이용업소(2004년 5월 29일 이전의 것만 해당한다)의 비상구에 연결하여 설치하는 폭 2미터

이하의 옥외 피난계단(기존 건축물에 옥외 피난계단을 설치함으로써 법 제55조에 따른 건폐율의 기준에 적합하지 아니하게 된 경우만 해당한다)
　③ 건축물 지상층에 일반인이나 차량이 통행할 수 있도록 설치한 보행통로나 차량통로
　④ 지하주차장의 경사로
　⑤ 건축물 지하층의 출입구 상부(출입구 너비에 상당하는 규모의 부분을 말한다)
　⑥ 생활폐기물 보관함(음식물쓰레기, 의류 등의 수거함을 말한다. 이하 같다)
　⑦ 「영유아보육법」 제15조에 따른 어린이집(2005년 1월 29일 이전에 설치된 것만 해당한다)의 비상구에 연결하여 설치하는 폭 2미터 이하의 영유아용 대피용 미끄럼대 또는 비상계단(기존 건축물에 영유아용 대피용 미끄럼대 또는 비상계단을 설치함으로써 법 제55조에 따른 건폐율 기준에 적합하지 아니하게 된 경우만 해당한다)

3. 바닥면적 : 건축물의 각층 또는 그 일부로서 벽, 기둥, 그밖에 이와 비슷한 구획의 중심선으로 둘러싸인 부분의 수평투영면적으로 한다. 다만, 다음 각 목의 어느 하나에 해당하는 경우에는 각 목에서 정하는 바에 따른다.
　(1) 벽·기둥의 구획이 없는 건축물은 그 지붕 끝부분으로부터 수평거리 1미터를 후퇴한 선으로 둘러싸인 수평투영면적으로 한다.
　(2) 주택의 발코니 등 건축물의 노대나 그밖에 이와 비슷한 것(이하 "노대등"이라 한다)의 바닥은 난간 등의 설치 여부에 관계없이 노대등의 면적(외벽의 중심선으로부터 노대등의 끝부분까지의 면적을 말한다)에서 노대등이 접한 가장 긴 외벽에 접한 길이에 1.5미터를 곱한 값을 뺀 면적을 바닥면적에 산입한다.
　(3) 필로티(piloti)나 그밖에 이와 비슷한 구조(벽 면적의 2분의 1 이상이 그 층의 바닥면에서 위층 바닥 아래면까지 공간으로 된 것만 해당한다)의 부분은 그 부분이 공중의 통행이나 차량의 통행 또는 주차에 전용되는 경우와 공동주택의 경우에는 바닥면적에 산입하지 아니한다.
　(4) 승강기탑, 계단탑, 장식탑, 다락[층고(層高)가 1.5미터(경사진 형태의 지붕인 경우에는 1.8미터) 이하인 것만 해당한다], 건축물의 외부 또는 내부에 설치하는 굴뚝, 더스트슈트, 설비덕트, 그밖에 이와 비슷한 것과 옥상·옥외 또는 지하에 설치하는 물탱크, 기름탱크, 냉각탑, 정화조, 도시가스 정압기, 그밖에 이와 비슷한 것을 설치하기 위한 구조물은 바닥면적에 산입하지 아니한다.
　(5) 공동주택으로서 지상층에 설치한 기계실, 전기실, 어린이놀이터, 조경시설 및 생활폐기물 보관함의 면적은 바닥면적에 산입하지 아니한다.
　(6) 「다중이용업소의 안전관리에 관한 특별법 시행령」 제9조에 따라 기존의 다중이용업소(2004년 5월 29일 이전의 것만 해당한다)의 비상구에 연결하여 설치하는 폭 1.5미터 이하의 옥외 피난계단(기존 건축물에 옥외 피난계단을 설치함으로써 법 제56조에 따른 용적률에 적합하지 아니하게 된 경우만 해당한다)은 바닥면적에 산입하지 아니한다.
　(7) 제6조 제1항 제6호에 따른 건축물을 리모델링하는 경우로서 미관 향상, 열의 손실 방지 등을 위하여 외벽에 부가하여 마감재 등을 설치하는 부분은 바닥면적에 산입하지 아니한다.
　(8) 제1항 제2호 (2)항3)의 건축물의 경우에는 단열재가 설치된 외벽 중 내측 내력벽의 중

심선을 기준으로 산정한 면적을 바닥면적으로 한다.
(9) 「영유아보육법」 제15조에 따른 어린이집(2005년 1월 29일 이전에 설치된 것만 해당한다)의 비상구에 연결하여 설치하는 폭 2미터 이하의 영유아용 대피용 미끄럼대 또는 비상계단의 면적은 바닥면적(기존 건축물에 영유아용 대피용 미끄럼대 또는 비상계단을 설치함으로써 법 제56조에 따른 용적률 기준에 적합하지 아니하게 된 경우만 해당한다)에 산입하지 아니한다.

4. 연면적 : 하나의 건축물 각층의 바닥면적의 합계로 하되, 용적률을 산정할 때에는 다음 각 목에 해당하는 면적은 제외한다.
  (1) 지하층의 면적
  (2) 지상층의 주차용(해당 건축물의 부속용도인 경우만 해당한다)으로 쓰는 면적
  (3) 삭제 〈2012.12.12.〉
  (4) 삭제 〈2012.12.12.〉
  (5) 제34조 제3항 및 제4항에 따라 초고층 건축물과 준초고층 건축물에 설치하는 피난안전구역의 면적
  (6) 제40조 제3항 제2호에 따라 건축물의 경사지붕 아래에 설치하는 대피공간의 면적

5. 건축물의 높이 : 지표면으로부터 그 건축물의 상단까지의 높이[건축물의 1층 전체에 필로티(piloti, 건축물을 사용하기 위한 경비실, 계단실, 승강기실, 그밖에 이와 비슷한 것을 포함한다)가 설치되어있는 경우에는 법 제60조 및 법 제61조 제2항을 적용할 때 필로티의 층고를 제외한 높이]로 한다. 다만, 다음 각 목의 어느 하나에 해당하는 경우에는 각 목에서 정하는 바에 따른다.
  (1) 법 제60조에 따른 건축물의 높이는 전면도로의 중심선으로부터의 높이로 산정한다. 다만, 전면도로가 다음의 어느 하나에 해당하는 경우에는 그에 따라 산정한다.
    ① 건축물의 대지에 접하는 전면도로의 노면에 고저차가 있는 경우에는 그 건축물이 접하는 범위의 전면도로 부분의 수평거리에 따라 가중평균한 높이의 수평면을 전면도로면으로 본다.
    ② 건축물의 대지의 지표면이 전면도로보다 높은 경우에는 그 고저차의 2분의 1의 높이만큼 올라온 위치에 그 전면도로의 면이 있는 것으로 본다.
  (2) 법 제61조에 따른 건축물 높이를 산정할 때 건축물 대지의 지표면과 인접 대지의 지표면 간에 고저차가 있는 경우에는 그 지표면의 평균 수평면을 지표면(법 제61조 제2항에 따른 높이를 산정할 때 해당 대지가 인접 대지의 높이보다 낮은 경우에는 그 대지의 지표면을 말한다)으로 본다. 다만, 전용주거지역 및 일반주거지역을 제외한 지역에서 공동주택을 다른 용도와 복합하여 건축하는 경우에는 공동주택의 가장 낮은 부분을 그 건축물의 지표면으로 본다.
  (3) 건축물의 옥상에 설치되는 승강기탑·계단탑·망루·장식탑·옥탑 등으로서 그 수평투영면적의 합계가 해당 건축물 건축면적의 8분의 1(「주택법」 제16조 제1항에 따른 사업계획승인 대상인 공동주택 중 세대별 전용면적이 85제곱미터 이하인 경우에는 6분의 1) 이하인 경우로서 그 부분의 높이가 12미터를 넘는 경우에는 그 넘는 부분만 해당 건축물의

높이에 산입한다.
　(4) 지붕마루장식·굴뚝·방화벽의 옥상돌출부나 그밖에 이와 비슷한 옥상돌출물과 난간벽(그 벽면적의 2분의 1 이상이 공간으로 되어있는 것만 해당한다)은 그 건축물의 높이에 산입하지 아니한다.
6. 처마높이 : 지표면으로부터 건축물의 지붕틀 또는 이와 비슷한 수평재를 지지하는 벽·깔도리 또는 기둥의 상단까지의 높이로 한다.
7. 반자높이 : 방의 바닥면으로부터 반자까지의 높이로 한다. 다만, 한 방에서 반자높이가 다른 부분이 있는 경우에는 그 각 부분의 반자면적에 따라 가중평균한 높이로 한다.
8. 층고 : 방의 바닥구조체 윗면으로부터 위층 바닥구조체의 윗면까지의 높이로 한다. 다만, 한 방에서 층의 높이가 다른 부분이 있는 경우에는 그 각 부분 높이에 따른 면적에 따라 가중평균한 높이로 한다.
9. 층수 : 승강기탑, 계단탑, 망루, 장식탑, 옥탑, 그밖에 이와 비슷한 건축물의 옥상 부분으로서 그 수평투영면적의 합계가 해당 건축물 건축면적의 8분의 1(「주택법」제16조 제1항에 따른 사업계획승인 대상인 공동주택 중 세대별 전용면적이 85제곱미터 이하인 경우에는 6분의 1) 이하인 것과 지하층은 건축물의 층수에 산입하지 아니하고, 층의 구분이 명확하지 아니한 건축물은 그 건축물의 높이 4미터마다 하나의 층으로 보고 그 층수를 산정하며, 건축물이 부분에 따라 그 층수가 다른 경우에는 그중 가장 많은 층수를 그 건축물의 층수로 본다.
10. 지하층의 지표면 : 법 제2조 제1항 제5호에 따른 지하층의 지표면은 각층의 주위가 접하는 각 지표면 부분의 높이를 그 지표면 부분의 수평거리에 따라 가중평균한 높이의 수평면을 지표면으로 산정한다.

3. 건축물의 설비기준 등에 관한 규칙(주요 내용 요약)

3-1 개요

이 규칙은 「건축법」과 「건축법 시행령」에 따른 건축설비의 설치에 관한 기술적 기준 등에 필요한 사항을 규정함을 목적으로 한다.

3-2 공동주택 및 다중이용시설의 환기설비기준 등

① 신축 또는 리모델링하는 다음 각 호의 어느 하나에 해당하는 주택 또는 건축물(신축공동주택 등)은 시간당 0.5회 이상의 환기가 이루어질 수 있도록 자연환기설비 또는 기계환기설비를 설치하여야 한다.
　1. 100세대 이상의 공동주택
　2. 주택을 주택 외의 시설과 동일건축물로 건축하는 경우로서 주택이 100세대 이상인 건

축물

② 신축공동주택 등에 자연환기설비를 설치하는 경우에는 자연환기설비가 제1항에 따른 환기횟수를 충족하는지에 대하여 지방건축위원회의 심의를 받아야 한다. 다만, 신축공동주택 등에 「산업표준화법」에 따른 한국산업표준(이하 "한국산업표준"이라 한다)의 자연환기설비 환기성능 시험방법(KSF 2921)에 따라 성능시험을 거친 자연환기설비를 별표1의3에 따른 자연환기설비 설치 길이 이상으로 설치하는 경우는 제외한다.

③ 기계환기설비를 설치하여야 하는 다중이용시설
1. 다중이용시설의 기계환기설비 용량기준은 시설이용 인원당 환기량을 원칙으로 산정할 것
2. 기계환기설비는 다중이용시설로 공급되는 공기의 분포를 최대한 균등하게 하여 실내 기류의 편차가 최소화될 수 있도록 할 것
3. 공기공급체계·공기배출체계 또는 공기흡입구·배기구 등에 설치되는 송풍기는 외부의 기류로 인하여 송풍능력이 떨어지는 구조가 아닐 것
4. 바깥공기를 공급하는 공기공급체계 또는 공기흡입구는 입자형·가스형 오염물질의 제거·여과장치 등 외부로부터 오염물질이 유입되는 것을 최대한 차단할 수 있는 설비를 갖추어야 하며, 제거·여과장치 등의 청소 및 교환 등 유지관리가 쉬운 구조일 것
5. 공기배출체계 및 배기구는 배출되는 공기가 공기공급체계 및 공기흡입구로 직접 들어가지 아니하는 위치에 설치할 것
6. 기계환기설비를 구성하는 설비·기기·장치 및 제품 등의 효율과 성능 등을 판정하는데 있어 이 규칙에서 정하지 아니한 사항에 대하여는 해당항목에 대한 한국산업표준에 적합할 것

3-3 개별난방설비

① 공동주택과 오피스텔의 난방설비를 개별난방방식으로 하는 경우에는 다음 각 호의 기준에 적합하여야 한다.
1. 보일러는 거실 외의 곳에 설치하되, 보일러를 설치하는 곳과 거실 사이의 경계벽은 출입구를 제외하고는 내화구조의 벽으로 구획할 것
2. 보일러실의 윗부분에는 그 면적이 0.5제곱미터 이상인 환기창을 설치하고, 보일러실의 윗부분과 아랫부분에는 각각 지름 10센티미터 이상의 공기흡입구 및 배기구를 항상 열려있는 상태로 바깥공기에 접하도록 설치할 것. 다만, 전기보일러의 경우에는 그러하지 아니하다.
3. 보일러실과 거실 사이의 출입구는 그 출입구가 닫힌 경우에는 보일러가스가 거실에

들어갈 수 없는 구조로 할 것
4. 기름보일러를 설치하는 경우에는 기름저장소를 보일러실 외의 다른 곳에 설치할 것
5. 오피스텔의 경우에는 난방구획마다 내화구조로 된 벽·바닥과 갑종방화문으로 된 출입문으로 구획할 것
6. 보일러의 연도는 내화구조로서 공동연도로 설치할 것

② 가스보일러에 의한 난방설비를 설치하고 가스를 중앙집중공급방식으로 공급하는 경우에는 제①항의 규정에도 불구하고 가스관계법령이 정하는 기준에 의하되, 오피스텔의 경우에는 난방구획마다 내화구조로 된 벽·바닥과 갑종방화문으로 된 출입문으로 구획하여야 한다.

3-4 건축물의 냉방설비

① 산업통상자원부장관이 국토교통부장관과 협의하여 고시하는 건축물에 중앙집중냉방설비를 설치하는 경우에는 산업통상자원부장관이 국토교통부장관과 협의하여 정하는 바에 따라 축랭식 또는 가스를 이용한 중앙집중냉방방식으로 하여야 한다.

> **칼럼**
>
> **건축물의 냉방설비에 대한 설치 및 설계기준 제4조**
>
> 　다음 각 호에 해당하는 건축물에 중앙집중 냉방설비를 설치할 때에는 해당 건축물에 소요되는 주간 최대 냉방부하의 60% 이상을 심야전기를 이용한 축랭식, 가스를 이용한 냉방방식, 집단에너지사업허가를 받은 자로부터 공급되는 집단에너지를 이용한 지역냉방방식, 소형 열병합발전을 이용한 냉방방식, 신재생에너지를 이용한 냉방방식, 그밖에 전기를 사용하지 아니한 냉방방식의 냉방설비로 수용하여야 한다. 다만, 도시철도법에 의해 설치하는 지하철역사 등 산업통상자원부장관이 필요하다고 인정하는 건축물은 그러하지 아니한다.
>
> 1. 건축법 시행령 별표1 제7호의 판매시설, 제10호의 교육연구시설 중 연구소, 제14호의 업무시설로서 해당 용도에 사용되는 바닥면적의 합계가 3천제곱미터 이상인 건축물
> 2. 건축법 시행령 별표1 제2호의 공동주택 중 기숙사, 제9호의 의료시설, 제12호의 수련시설 중 유스호스텔, 제15호의 숙박시설로서 해당 용도에 사용되는 바닥면적의 합계가 2천제곱미터 이상인 건축물
> 3. 건축법 시행령 별표1 제3호의 제1종 근린생활시설 중 목욕장, 제13호의 운동시설 중 수영장(실내에 설치되는 것에 한정한다)으로서 해당 용도에 사용되는 바닥면적의 합계가 1천제곱미터 이상인 건축물
> 4. 건축법 시행령 별표1 제5호의 문화 및 집회시설(동·식물원은 제외한다), 제6호의 종교시설, 제10호의 교육연구시설(연구소는 제외한다), 제28호의 장례식장으로서 해당 용도에 사용되는 바닥면적의 합계가 1만제곱미터 이상인 건축물

② 상업지역 및 주거지역에서 건축물에 설치하는 냉방시설 및 환기시설의 배기구와 배기장치의 설치는 다음 각 호의 기준에 모두 적합하여야 한다.
  1. 배기구는 도로면으로부터 2미터 이상의 높이에 설치할 것
  2. 배기장치에서 나오는 열기가 인근 건축물의 거주자나 보행자에게 직접 닿지 아니하도록 할 것
  3. 건축물의 외벽에 배기구 또는 배기장치를 설치할 때에는 외벽 또는 다음 각 목의 기준에 적합한 지지대 등 보호장치와 분리되지 아니하도록 견고하게 연결하여 배기구 또는 배기장치가 떨어지는 것을 방지할 수 있도록 할 것
    ㈎ 배기구 또는 배기장치를 지탱할 수 있는 구조일 것
    ㈏ 부식을 방지할 수 있는 자재를 사용하거나 도장(塗裝)할 것

4. 공동주택 층간소음의 범위와 기준에 관한 규칙(주요 내용 요약)

4-1 개요

① 이 규칙은 「소음·진동관리법」 제21조의2 제3항 및 「주택법」 제44조의2 제5항에 따라 공동주택 층간소음의 범위와 기준을 규정함을 목적으로 한다.
② 공동주택 층간소음의 범위는 입주자 또는 사용자의 활동으로 인하여 발생하는 소음으로서 다른 입주자 또는 사용자에게 피해를 주는 다음 각 호의 소음으로 한다. 다만, 욕실, 화장실 및 다용도실 등에서 급수·배수로 인하여 발생하는 소음은 제외한다.
  1. 직접충격 소음 : 뛰거나 걷는 동작 등으로 인하여 발생하는 소음
  2. 공기전달 소음 : 텔레비전, 음향기기 등의 사용으로 인하여 발생하는 소음

4-2 주요내용

공동주택에서 발생하는 층간소음을 아래 기준 이하가 되도록 노력하여야 한다.

층간소음의 구분		층간소음의 기준[단위 : dB(A)]	
		주간 (06:00~22:00)	야간 (22:00~06:00)
1. 제2조 제1호에 따른 직접충격 소음	1분간 등가소음도(Leq)	43	38
	최고소음도(Lmax)	57	52
2. 제2조 제2호에 따른 공기전달 소음	5분간 등가소음도(Leq)	45	40

주 1. 직접충격 소음은 1분간 등가소음도(Leq) 및 최고소음도(Lmax)로 평가하고, 공기전달 소음은 5분간 등가소음도(Leq)로 평가한다.
2. 위 표의 기준에도 불구하고 「주택법」 제2조 제2호에 따른 공동주택으로서 「건축법」 제11조에 따라 건축허가를 받은 공동주택과 2005년 6월 30일 이전에 「주택법」 제16조에 따라 사업승인을 받은 공동주택의 직접충격 소음 기준에 대해서는 위 표 제1호에 따른 기준에 5dB(A)을 더한 값을 적용한다.
3. 층간소음의 측정방법은 「환경분야 시험·검사 등에 관한 법률」 제6조 제1항 제2호에 따라 환경부장관이 정하여 고시하는 소음·진동 관련 공정시험기준 중 동일 건물 내에서 사업장 소음을 측정하는 방법을 따르되, 1개 지점 이상에서 1시간 이상 측정하여야 한다.
4. 1분간 등가소음도(Leq) 및 5분간 등가소음도(Leq)는 비고 제3호에 따라 측정한 값 중 가장 높은 값으로 한다.
5. 최고소음도(Lmax)는 1시간에 3회 이상 초과할 경우 그 기준을 초과한 것으로 본다.

5. 건축물 도면작성 방법

(1) 누가 보아도 이해가 쉽도록 작성한다.
(2) 여러 가지로 해석할 여지가 없도록 명확히 표현한다.
(3) 구조물 도면의 경우 '설계방법'에 대하여 명기한다.
(4) 설계도면에는 책임자(검도자), 설계자 등의 날인이 있어야 한다.
(5) 모든 도면은 컴퓨터를 이용한 CAD로 작성하는 것을 기본으로 한다.
(6) 모든 표기 및 표현은 중복 기재 혹은 도시를 피한다.
(7) 보이는 부분은 실선, 숨겨진 부분은 파선으로 표기한다.
(8) 그림으로 표현하기 어려울 경우에는 '주기'로 표현한다.
(9) 도면 작성은 3각법으로 작성하는 것을 원칙으로 한다.
(10) 도면 작성 시 미터법으로 작성함을 원칙으로 한다.
(11) 도면 내 치수는 mm 단위로 사용하는 것이 원칙이다.
(12) 각도는 도(°)를 사용하는 것을 원칙이며, 분(′)은 가급적 사용을 금한다.
(13) 도면 크기는 다음과 같이 작성하는 것을 원칙으로 한다.
① ASS'Y 도면
 (가) A1 : 가급적 A1 크기로 작성한다.
 (나) A0 : A1에 표현할 때 크기가 부족할 시 적용한다.
 (다) A2 : 1품 1도시는 A2 크기로 설계가 가능하면 적용한다.
② Detail 도면
 (가) A1 : 가급적 1도 다품 시 A1 크기에 Detail을 작성하는 것을 원칙으로 한다.
 (나) A0 : Detail이 커서 A1 크기에 작성하는 것이 무리일 경우에만 적용한다.
 (다) A2, A3, A4 : 1품 1도 시 적용한다.

(14) 모든 도면의 작성법은 발주처의 표준에 준하여 작성한다.
   ① 표제란 및 도면 변경란, 공차표 등
   ② ASS'Y 도면에 치수기입 방법
   ③ Detail 작성 요령 등
(15) 특별히 명기되지 않은 사항은 KS기준을 준용한다.

6. 건축물의 설계도서 작성기준

6-1 용어의 정의

① "설계도서"라 함은 건축물의 건축 등에 관한 공사용의 도면과 구조계산서 및 시방서 기타 다음 각 호의 서류를 말한다.
   1. 건축설비계산 관계서류
   2. 토질 및 지질 관계서류
   3. 기타 공사에 필요한 서류
② "설계"라 함은 건축사가 자기책임하에(보조자의 조력을 받는 경우를 포함한다) 건축물의 건축대수선, 용도변경, 리모델링, 건축설비의 설치 또는 공작물의 축조를 위한 설계도서를 작성하고 그 설계도서에서 의도한 바를 설명하며 지도자문하는 행위를 말한다.
③ "기획업무"라 함은 건축물의 규모 검토, 현장조사, 설계지침 등 건축설계 발주에 필요하여 건축주가 사전에 요구하는 설계업무를 말한다.
④ "건축설계업무"라 함은 건축주의 요구를 받아 수행하는 건축물의 계획(설계목표, 디자인 개념의 설정), 연관 분야의 다각적 검토(인·허가 관련 사항 포함), 계약 및 공사에 필요한 도서의 작성 등의 업무를 말하며, "계획설계", "중간설계", "실시설계"로 구분된다.
⑤ "계획설계"라 함은 건축사가 건축주로부터 제공된 자료와 기획업무 내용을 참작하여 건축물의 규모, 예산, 기능, 질, 미관 및 경관적 측면에서 설계목표를 정하고 그에 대한 가능한 계획을 제시하는 단계로서, 디자인 개념의 설정 및 연관분야(구조, 기계, 전기, 토목, 조경 등을 말한다. 이하 같다)의 기본시스템이 검토된 계획안을 건축주에게 제안하여 승인을 받는 단계이다.
⑥ "중간설계(건축법 제8조 제3항에 의한 기본설계도서를 포함한다. 이하 같다)"라 함은 계획설계 내용을 구체화하여 발전된 안을 정하고, 실시설계 단계에서의 변경 가능성을 최소화하기 위해 다각적인 검토가 이루어지는 단계로서, 연관 분야의 시스템 확정에 따른 각종 자재, 장비의 규모, 용량이 구체화된 설계도서를 작성하여 건축주로부터 승인을 받는 단계이다.

⑦ "실시설계"라 함은 중간설계를 바탕으로 하여 입찰, 계약 및 공사에 필요한 설계도서를 작성하는 단계로서, 공사의 범위, 양, 질, 치수, 위치, 재질, 질감, 색상 등을 결정하여 설계도서를 작성하며, 시공 중 조정에 대해서는 사후설계관리업무 단계에서 수행방법 등을 명시한다.

⑧ "사후설계관리업무"라 함은 건축설계가 완료된 후 공사시공 과정에서 건축사의 설계의도가 충분히 반영되도록 설계도서의 해석, 자문, 현장여건 변화 및 업체 선정에 따른 자재와 장비의 치수, 위치, 재질, 질감, 색상, 규격 등의 선정 및 변경에 대한 검토보완 등을 위하여 수행하는 설계업무를 말한다.

⑨ **흙막이 구조도면의 작성** : 지하 2층 이상의 지하층을 설치하는 경우에는 건축법에서 정하는 바에 의거 흙막이 구조도면을 작성하여 착공신고 시에 제출한다.

⑩ **재료의 표기**
  1. 건축물에 사용하는 건축재료는 품명 및 규격, 재질, 질감, 색상 등을 설계도면에 표기함을 원칙으로 한다.
  2. 설계도면에 표기할 수 없는 재료의 성능 및 재질 등에 관한 사항은 공사시방서에 표기한다.

6-2 공사시방서의 작성

① 공사시방서에는 중간설계 및 실시설계도면에 구체적으로 표시할 수 없는 내용과 공사수행을 위한 시공 방법, 자재의 성능규격 및 공법, 품질시험 및 검사 등 품질관리, 안전관리, 환경관리 등에 관한 사항을 기술한다.

② 공사시방서는 표준시방서 및 전문시방서를 기본으로 하여 작성하되, 공사의 특수성, 지역여건, 공사방법 등을 고려하여 작성한다.

> **칼럼**
> 공사시방서에는 도면에 표시하기 불편한 내용을 주로 기술하고, 치수는 가능한 한 도면에 표시한다.

6-3 일반시방서에 포함되는 주요내용

(1) 용어의 정의
(2) 적용 법규 및 제 규정
(3) 설계도서의 적용 순위
(4) 계약 상대자의 의무

(5) 공사현장관리
(6) 자재의 반입, 검수, 관리 등에 관한 사항
(7) 설계, 제작 및 설치에 관한 제반사항
(8) 품질관리, 검사 및 시험에 관한 사항
(9) 품질보증 및 하자보증에 관한 사항
(10) 이견 발생 시의 해결 원칙
(11) 공사 외의 민원, 공무 등에 관한 비용 처리
(12) 경미한 변경 등에 관한 처리방법
(13) 인수인계 방법 등에 관한 사항
(14) 설계도서 등의 관리 등

6-4 건축제도 통칙의 적용

이 기준에서 규정한 사항 이외에 설계도서의 작성에 필요한 사항은 한국산업규격 KS F 1501 건축제도 통칙이 정하는 바에 의한다.

6-5 설계도서 작성자의 서명날인

설계도서를 작성하는 데 참여한 자 및 협력한 관계전문기술자는 관계법령 및 그 규정에 의한 명령이나 처분 등에 적합하게 작성되었는지를 확인한 후 당해 도서에 서명날인한다.

6-6 적용의 예외

건축법 제23조 제4항에 따라 표준설계도서 등의 운영에 관한 규칙에 의한 표준설계도서 또는 특수한 공법을 적용한 설계도서에 따라 건축물을 건축하는 경우에는 이 기준을 적용하지 아니한다.

7. 설계도서의 해석

7-1 설계도서 해석의 우선순위

(1) 설계도서법령해석감리자의 지시 등이 서로 일치하지 아니하는 경우에 있어 계약으로 그 적용의 우선순위를 정하지 아니한 때에는 다음의 순서를 원칙으로 한다.

1순위 : 공사시방서
2순위 : 설계도면
3순위 : 전문시방서
4순위 : 표준시방서
5순위 : 산출내역서
6순위 : 승인된 상세시공도면
7순위 : 관계법령의 유권해석
8순위 : 감리자의 지시사항

◀ 설계도서 해석 관련 기타 주의사항 ▶

(1) 숫자로 나타낸 치수는 도면상 축척으로 잰 치수보다 우선한다.
(2) 도면 및 시방서의 어느 한쪽에 기재되어있는 것은 그 양쪽에 기재되어있는 사항과 완전히 동일하게 다룬다.
(3) **표제란** : 도면 작성 및 관리에 필요한 정보를 모아서 기재한 곳
   ① 발주자 정보영역(발주자명 및 로고) : 발주처 및 발주사의 로고를 기재
   ② 수급인 정보영역(수급인명 및 로고) : 컨소시엄의 경우 대표사, 참여사를 모두 기재
   ③ 공사정보 영역(사업명) : 사업로고 포함 가능
   ④ 도면 정보영역(도명, 도번, 일련번호, 축척, 승인란 등) : 다수인 경우 대표 도면명을 기재 가능, 도번 및 일련번호는 공종별 분류체계에 따라 기재함, 승인란은 제도자/설계자/검사자/승인자로 세분하여 기재

표제란(예시)

(4) 시방서 : 시방서는 운영체계 및 용도에 따라 여러 가지로 구분할 수 있는데, 그 주요한 것은 다음과 같다.
① 공사시방서 : 계약문서의 일부가 되며, 법적 구속력을 가지며, 특정 공종별로 건설공사 시공에 필요한 사항을 규정한 시방서를 말한다. 태양광발전소의 경우 공종은 가설공사, 토공사, 기초공사, 철근콘크리트공사, 어레이설치공사, 배관 및 배선공사, 전기실(건축공사) 등으로 나누어진다.
② 전문시방서 : '시설물별 표준시방서'를 기본으로 모든 공종을 대상으로 하여 특정한 공사의 시공에 활용하기 위한 종합적인 시공기준
③ 표준시방서 : 각종 공사에 쓰이는 공통적이고 표준적인 시공기준 및 공법을 명시한 문서
④ 일반시방서 : 입찰요구조건과 계약조건으로 구분, 공사기일 등 공사 전반(일반)에 걸친 비기술적인 사항을 규정한 시방서
⑤ 안내시방서 : 공사시방서를 작성하는 데 안내 및 지침이 되는 시방서
⑥ 성능시방서 : 시설물, 설비 등의 성능만을 명시해놓은 시방서
⑦ 공법시방서 : 계획된 성능을 확보하기 위한 방법과 수단을 서술한 시방서
⑧ 기술시방서 : 공사 전반에 걸친 기술적인 사항을 규정한 시방서

7-2 구조계산서의 작성

① 다음 각 호에 해당하는 건축물을 건축하거나 대수선하는 경우에는 구조안전을 확인할 수 있도록 구조계산서(지진에 대한 안전을 포함한다)를 작성한다.
 1. 층수가 3층 이상인 건축물
 2. 연면적이 1천 제곱미터 이상인 건축물(창고, 축사, 작물재배사 및 표준설계도서에 따라 건축하는 건축물은 제외)
 3. 높이가 13미터 이상인 건축물
 4. 처마높이가 9미터 이상인 건축물
 5. 기둥과 기둥 사이의 거리(기둥이 없는 경우에는 내력벽과 내력벽 사이의 거리)가 10미터 이상인 건축물
 6. 국토해양부령으로 정하는 "지진구역1" 지역에 건축하는 건축물 중 중요도(특), 중요도(1)에 해당하는 건축물
 7. 박물관, 전시장 등의 용도에 쓰이는 바닥면적 합계가 5천 제곱미터 이상인 건축물
② 제①항 각 호의 건축물 중 지진에 대한 안전이 확인된 건축물로서 사용승인서를 교부받

은 후 5년이 지난 건축물을 증축(연면적 10분의 1 이내의 증축 또는 1개 층의 증축에 한한다)하거나 일부 개축하는 경우에는 지진에 대한 안전의 확인을 생략할 수 있다.

③ 구조내력의 기준 및 구조계산의 방법 등은 건축물의구조기준등에관한규칙이 정하는 바에 의하고 이에 필요한 세부기준 등은 국토해양부장관이 작성 또는 승인한 기준이 정하는 바에 의한다.

7-3 관계전문기술자의 협력

① 다음 각 호에 해당하는 건축물에 대한 구조계산은 국가기술자격법에 의한 건축구조기술사가 하여야 한다.
1. 6층 이상인 건축물
2. 기둥과 기둥 사이의 거리가 30미터 이상인 건축물
3. 다중이용 건축물
4. 한쪽 끝은 고정되고 다른 끝은 지지(支持)되지 아니한 구조로 된 차양 등이 외벽의 중심선으로부터 3미터 이상 돌출된 건축물
5. 「건축법 시행령」 제32조 제1항 제6호에 해당하는 건축물 중 국토해양부령으로 정하는 건축물

② 연면적이 1만 제곱미터 이상인 건축물(창고시설을 제외한다) 또는 에너지를 대량으로 소비하는 건축물로서 건축물의설비기준등에관한규칙 제2조의 규정에서 정하는 건축물은 다음 각 호의 구분에 따른 관계전문기술사의 협력을 받아야 한다.
1. 전기, 승강기(전기 분야만 해당한다) 및 피뢰침 : 「국가기술자격법」에 따른 건축전기설비기술사 또는 발송배전기술사
2. 가스·급수·배수(配水)·배수(排水)·환기·난방·소화·배연·오물처리 설비 및 승강기(기계 분야만 해당한다) : 「국가기술자격법」에 따른 건축기계설비기술사 또는 공조냉동기계기술사

③ 깊이 10미터 이상의 토지굴착공사 또는 높이 5미터 이상의 옹벽 등의 공사를 수반하는 건축물의 설계자 및 공사감리자는 토지 굴착 등에 관하여 국토해양부령으로 정하는 바에 따라 「국가기술자격법」에 따른 토목 분야 기술사의 협력을 받아야 한다.

7-4 수량산출조서의 작성

설계도면을 작성 완료한 후에는 공종별로 재료의 수량산출내역서를 작성할 수 있다.

7-5 건축제도 통칙의 적용

이 기준에서 규정한 사항 이외에 설계도서의 작성에 필요한 사항은 한국산업규격 KS F 1501 건축제도 통칙이 정하는 바에 의한다.

7-6 설계도서 작성자의 서명날인

설계도서를 작성하는 데 참여한 자 및 협력한 관계전문기술자는 관계법령 및 그 규정에 의한 명령이나 처분 등에 적합하게 작성되었는지를 확인한 후 당해 도서에 서명날인한다.

7-7 적용의 예외

건축법 제23조 제4항에 따라 표준설계도서등의운영에관한규칙에 의한 표준설계도서 또는 특수한 공법을 적용한 설계도서에 따라 건축물을 건축하는 경우에는 이 기준을 적용하지 아니한다.

8. 공사내역서

8-1 내역서의 분류

(1) **물량내역서** : 각종 공사에 투입되는 각 재료의 수량 및 노무량만 기재하는 내역서
(2) **산출내역서** : 물량내역서의 내용은 물론이고, 단가와 금액, 소계, 총계까지 기재하여 작성하는 내역서

8-2 공사 진행 단계별 내역서의 명칭

(1) 설계내역서
(2) 입찰내역서
(3) 계약내역서
(4) 착공내역서
(5) 기성내역서
(6) 준공내역서

8-3 내역서의 작성

각 공사의 내역을 집계한 '공사비 집계표'를 기준으로 내역서(공사비 원가 계산서)를 작성한다.

(1) **순공사원가** = 재료비 + 직·간접 노무비 + 직·간접 경비

(2) **공급가액** = 총 원가(순공사원가 + 일반관리비 + 이윤) + 손해보험료(총 원가 × 손해보험요율)

(3) **총 공사비** = 총 원가(순공사원가 + 일반관리비 + 이윤) + 손해보험료 + 부가가치세(공급가액 × 1.1)

8-4 공사원가계산 시 간접노무비 계산방법

행정규칙 계약예규 : 예정가격작성기준_별표2의1

(1) **직접계산방법**

발주목적물의 노무량을 예정하고 노무비단가를 적용하여 계산한다.

$$\text{간접노무비} = \text{노무량} \times \text{노무비단가}$$

(2) **비율분석방법**

발주목적물에 대한 직접노무비를 표준품셈에 따라 계산한다.

$$\text{간접노무비} = \text{직접노무비} \times \text{간접노무비율}$$

(3) **기타 보완적 계산방법**

직접계산방법 또는 비율분석방법에 의하여 간접노무비를 계산하는 것을 원칙으로 하되, 계약목적물의 내용·특성 등으로 인하여 원가계산자료를 확보하기가 곤란하거나, 확보된 자료가 신빙성이 없어 원가계산자료로서 활용하기 곤란한 경우에는 다음의 원가계산자료(공사종류 등에 따른 간접노무비율)를 참고로 동비율을 해당 계약목적물의 규모·내용·공종·기간 등의 특성에 따라 활용하여 간접노무비(품셈에 의한 직접노무비 × 간접노무비율)를 계산할 수 있다.

구 분	공사종류별	간접노무비율
공사 종류별	건축공사 토목공사 특수공사(포장, 준설 등) 기타(전문, 전기, 통신 등)	14.5 15 15.5 15
공사 규모별	50억 원 미만 50~300억 원 미만 300억 원 이상	14 15 16
공사 기간별	6개월 미만 6~12개월 미만 12개월 이상	13 15 17

㈜ 공사규모가 10억 원이고 공사기간이 15개월인 건축공사의 경우 예시
　　간접노무비율 = (15% + 17% + 14.5%)/3 = 15.5%

8-5 일반관리비율

행정규칙 계약예규 : 예정가격작성기준_별표3

업 종	일반관리비율(%)
○ 제조업	
음·식료품의 제조·구매	14
섬유·의복·가죽제품의 제조·구매	8
나무·나무제품의 제조·구매	9
종이·종이제품·인쇄출판물의 제조·구매	14
화학·석유·석탄·고무·플라스틱제품의 제조·구매	8
비금속광물제품의 제조·구매	12
제1차 금속제품의 제조·구매	6
조립금속제품·기계·장비의 제조·구매	7
기타물품의 제조·구매	11
○ 시설공사업	6

㈜ 업종분류 : 한국표준산업분류에 의함

예·상·문·제

1. 「건축법」상의 주요 용어에 대한 설명 중 잘못된 것은?

㉮ 대지는 각 필지로 나눈 토지를 말한다. 다만, 대통령령으로 정하는 토지는 둘 이상의 필지를 하나의 대지로 하거나 하나 이상의 필지의 일부를 하나의 대지로 할 수 있다.
㉯ 건축물이란 토지에 정착하는 공작물 중 지붕과 기둥 또는 벽이 있는 것과 이에 딸린 시설물, 지하나 고가의 공작물에 설치하는 사무소·공연장·점포·차고·창고, 그밖에 대통령령으로 정하는 것을 말한다.
㉰ 지하층은 건축물의 바닥이 지표면 아래에 있는 층으로서 바닥에서 지표면까지 평균 높이가 해당 층 높이의 2분의 1 이하인 것을 말한다.
㉱ 거실이란 건축물 안에서 거주, 집무, 작업, 집회, 오락, 그밖에 이와 유사한 목적을 위하여 사용되는 방을 말한다.

[해설] 지하층은 건축물의 바닥이 지표면 아래에 있는 층으로서 바닥에서 지표면까지 평균높이가 해당 층 높이의 2분의 1 이상인 것을 말한다.

2. 「건축법」상의 건축물과 도로 등과 관련된 용어로서 잘못 설명된 것은?

㉮ 고층건축물이란 층수가 30층 이상이거나 높이가 120미터 이상인 건축물을 말한다.
㉯ 특별건축구역이란 조화롭고 창의적인 건축물의 건축을 통하여 도시경관의 창출, 건설기술 수준 향상 및 건축 관련 제도 개선을 도모하기 위하여 일부 규정을 적용하지 아니하거나 완화 또는 통합하여 적용할 수 있도록 특별히 지정하는 구역을 말한다.
㉰ 관계전문기술자란 건축물의 구조·설비 등 건축물과 관련된 전문기술자격을 보유하고 설계와 공사감리에 참여하여 설계자 및 공사감리자와 협력하는 자를 말한다.
㉱ 도로는 보행과 자동차 통행이 가능한 너비 3미터 이상일 것

[해설] 도로는 보행과 자동차 통행이 가능한 너비 4미터 이상일 것(단, 지형적으로 자동차 통행이 불가능한 경우와 막다른 도로의 경우에는 대통령령으로 정하는 구조와 너비일 것)

3. 「건축법」상 '건축위원회'의 역할 등에 관련된 설명으로 틀린 것은?

㉮ 국토교통부장관, 시·도지사 및 시장·군수·구청장은 건축법 등과 관련된 조사·심의·조정 또는 재정하기 위하여 각각 건축위원회를 두어야 한다.
㉯ 건축위원회는 건축물의 건축 등과 관련된 분쟁의 조정 또는 재정에 관한 사항을 다룰 수 있다. 다만, 시장·군수·구청장이 두는 건축위원회는 제외한다.
㉰ 건축위원회는 다른 법령에서 건축위원회의 심의를 요청한 사항을 다룰 수 있다.
㉱ 국토교통부장관, 시·도지사 및 시장·군수·구청장은 건축위원회의 심의 등을 효율적으로 수행하기 위하여 필요하면 건축분쟁전문위원회(국토교통부장관, 시·도지사 및 시장·군수·구청장이 설치하는 건축위원회 산하에 설치)와 분야별 전문위원회를 두어 운영할 수 있다.

[해설] 국토교통부장관, 시·도지사 및 시장·군수·구청장은 건축위원회의 심의 등을 효율적으로 수행하기 위하여 필요하면 자신이 설치하는 건축위원회에 건축분쟁전문위원회(국토교통부장관 및 시·도지사가 설치하는 건축위원회에 한한다)와 분야별 전문위원회를 두어 운영할 수 있다.

정답 1. ㉰ 2. ㉱ 3. ㉱

4. 「건축법」에 관련된 설명으로 틀린 것은?
㉮ 시장·군수·구청장이 두는 건축위원회는 '건축물의 건축 등과 관련된 분쟁의 조정 또는 재정에 관한 사항'은 심의·조정하지 않는다.
㉯ 도시·군계획시설에 포함되는 대지면적은 대지면적에서 제외된다.
㉰ 건축선과 도로 사이의 대지면적은 대지면적에 포함된다.
㉱ 건축물의 용적률이란 대지면적에 대한 연면적(대지에 건축물이 둘 이상 있는 경우에는 이들 연면적의 합계)의 비율을 말한다.
[해설] 건축선과 도로 사이의 대지면적은 대지면적에서 제외된다.

5. 「건축법」에 관련된 설명으로 틀린 것은?
㉮ 건축주란 건축물의 건축·대수선·용도변경, 건축설비의 설치 또는 공작물의 축조에 관한 공사를 발주하거나 현장 관리인을 두어 스스로 그 공사를 하는 자를 말한다.
㉯ 거실이란 건축물 안에서 거주, 집무, 작업, 집회, 오락, 그밖에 이와 유사한 목적을 위하여 사용되는 방을 말한다.
㉰ 주요 구조부란 내력벽, 기둥, 바닥, 보, 지붕틀 및 주계단을 말한다.
㉱ 대수선이란 건축물의 주요 구조부는 그대로 두고, 비내력벽, 작은 보, 차양, 건축마감재 등의 형태를 수선·변경하거나 증설하는 것으로서 대통령령으로 정하는 것을 말한다.
[해설] 대수선이란 건축물의 기둥, 보, 내력벽, 주계단 등의 구조나 외부 형태를 수선·변경하거나 증설하는 것으로서 대통령령으로 정하는 것을 말한다.

6. 「건축법」에 관련된 설명으로 올바르지 못한 것은?

㉮ 초고층건축물 : 층수가 30층 이상이거나 높이가 120미터 이상인 건축물을 말한다.
㉯ 도로 : 보행과 자동차 통행이 가능한 너비 4미터 이상의 도로(지형적으로 자동차 통행이 불가능한 경우와 막다른 도로의 경우에는 대통령령으로 정하는 구조와 너비의 도로)를 말한다.
㉰ 특별건축구역 : 조화롭고 창의적인 건축물의 건축을 통하여 도시경관의 창출, 건설기술 수준 향상 및 건축 관련 제도 개선을 도모하기 위하여 일부 규정을 적용하지 아니하거나 완화 또는 통합하여 적용할 수 있도록 특별히 지정하는 구역을 말한다.
㉱ 리모델링 : 건축물의 노후화를 억제하거나 기능 향상 등을 위하여 대수선하거나 일부 증축하는 행위를 말한다.
[해설] ㉮는 초고층건축물이 아니라 고층건축물에 대한 설명이다.

7. 특별자치시장·특별자치도지사 또는 시장·군수·구청장이 건축법에 위반되는 건축물의 발생을 예방하고 건축물을 적법하게 유지·관리하도록 지도하기 위하여 대통령령으로 정하는 바에 따라 지정하는 인원은?
㉮ 건축감리자 ㉯ 건축지도원
㉰ 건축계도원 ㉱ 건축계도사

8. 건축선에 관련된 설명으로 틀린 것은?
㉮ 소요 너비에 못 미치는 너비의 도로인 경우에는 그 중심선으로부터 그 소요 너비의 2분의 1의 수평거리만큼 물러난 선을 건축선으로 한다.
㉯ 특별자치시장·특별자치도지사 또는 시장·군수·구청장은 시가지 안에서 필요하다고 인정되면 대통령령으로 정하는 범위와 다르게 건축선을 따로 지정할 수 있다.

[정답] 4. ㉰ 5. ㉱ 6. ㉮ 7. ㉯ 8. ㉯

㉰ 건축물과 담장은 건축선의 수직면을 넘어서는 아니 된다. 다만, 지표 아래 부분은 그러하지 아니하다.

㉱ 도로면으로부터 높이 4.5미터 이하에 있는 출입구, 창문, 그밖에 이와 유사한 구조물은 열고 닫을 때 건축선의 수직면을 넘지 아니하는 구조로 하여야 한다.

[해설] 특별자치시장·특별자치도지사 또는 시장·군수·구청장은 시가지 안에서 건축물의 위치나 환경을 정비하기 위하여 필요하다고 인정하면 대통령령으로 정하는 범위에서 건축선을 따로 지정할 수 있다.

9. 용도별 건축물의 분류 측면에 대한 설명으로 틀린 것은?

㉮ 단독주택은 단독주택의 형태를 갖춘 가정어린이집·공동생활가정·지역아동센터 및 노인복지주택 등을 포함한다.

㉯ 아파트란 주택으로 쓰는 층수가 5개 층 이상인 주택을 말한다.

㉰ 연립주택이란 주택으로 쓰는 1개 동의 바닥면적(2개 이상의 동을 지하주차장으로 연결하는 경우에는 각각의 동으로 본다) 합계가 660제곱미터를 초과하고, 층수가 4개 층 이하인 주택

㉱ 다세대주택이란 주택으로 쓰는 1개 동의 바닥면적 합계가 660제곱미터 이하이고, 층수가 4개 층 이하인 주택을 말한다.

[해설] 단독주택은 단독주택의 형태를 갖춘 가정어린이집·공동생활가정·지역아동센터 및 노인복지시설(노인복지주택은 제외한다)을 포함한다.

10. 다중주택이 갖추어야 할 조건에 들어가지 않는 것은?

㉮ 학생 또는 직장인 등 여러 사람이 장기간 거주할 수 있는 구조로 되어있는 것

㉯ 각 실별로 욕실 및 취사시설을 따로 설치하지 아니한 것

㉰ 독립된 주거의 형태를 갖추지 아니한 것

㉱ 연면적이 330제곱미터 이하이고 층수가 3층 이하인 것

[해설] 다중주택 : 독립된 주거의 형태를 갖추지 아니한 것(각 실별로 욕실은 설치할 수 있으나, 취사시설은 설치하지 아니한 것)

11. 「건축법」상 건축면적 등의 산정방법 중에서 틀린 것은?

㉮ 기본적으로 건축면적은 건축물의 외벽의 중심선으로 둘러싸인 부분의 수평투영면적으로 한다.

㉯ 단열재를 구조체의 실내 측에 설치하는 단열공법으로 건축된 건축물은 건축물의 외벽 중 내측 내력벽의 중심선을 기준으로 한다.

㉰ 처마, 차양, 부연, 그밖에 이와 비슷한 것으로서 그 외벽의 중심선으로부터 수평거리 1미터 이상 돌출된 부분이 있는 한옥의 건축면적은 그 돌출된 끝부분으로부터 2미터 이하의 범위에서 외벽의 중심선까지의 거리만큼 후퇴한 선으로 둘러싸인 부분의 수평투영면적으로 한다.

㉱ 지하주차장의 경사로는 건축면적에 산입하지 아니한다.

[해설] 단열재를 구조체의 외기 측에 설치하는 단열공법으로 건축된 건축물은 건축물의 외벽 중 내측 내력벽의 중심선을 기준으로 한다.

12. 「건축법」상 바닥면적 등의 산정방법 중에서 틀린 것은?

㉮ 주택의 발코니 등 건축물의 노대나 그밖에 이와 비슷한 것(노대등)의 바닥은 노대등의

[정답] 9. ㉮ 10. ㉯ 11. ㉯ 12. ㉯

면적(외벽의 중심선으로부터 노대등의 끝부분까지의 면적)에서 노대등이 접한 가장 긴 외벽에 접한 길이에 1.5미터를 곱한 값을 뺀 면적을 바닥면적에 산입한다.
㉯ 벽·기둥의 구획이 없는 건축물은 그 지붕 끝부분으로부터 수평거리 1.5미터를 후퇴한 선으로 둘러싸인 수평투영면적으로 한다.
㉰ 승강기탑, 계단탑, 장식탑, 다락, 건축물의 외부 또는 내부에 설치하는 굴뚝, 더스트슈트, 설비덕트 등은 바닥면적에 산입하지 아니한다.
㉱ 공동주택으로서 지상층에 설치한 기계실, 전기실, 어린이놀이터, 조경시설 및 생활폐기물 보관함의 면적은 바닥면적에 산입하지 아니한다.

[해설] 벽·기둥의 구획이 없는 건축물은 그 지붕 끝부분으로부터 수평거리 1미터를 후퇴한 선으로 둘러싸인 수평투영면적으로 한다.

13. 다음 중 「건축법」상 '다가구주택'의 요건을 모두 고르면?

> ㉠ 주택으로 쓰는 층수(지하층은 제외한다)가 3개 층 이하일 것. 다만, 1층의 바닥면적 2분의 1 이상을 필로티(piloti) 구조로 하여 주차장으로 사용하고 나머지 부분을 주택 외의 용도로 쓰는 경우에는 해당 층을 주택의 층수에서 제외한다.
> ㉡ 1개 동의 주택으로 쓰이는 바닥면적(부설 주차장 면적은 제외한다)의 합계가 660제곱미터 이하일 것
> ㉢ 독립된 주거의 형태를 갖출 것
> ㉣ 19세대 이하가 거주할 수 있을 것

㉮ ㉠, ㉡ ㉯ ㉠, ㉢
㉰ ㉠, ㉡, ㉣ ㉱ ㉠, ㉡, ㉢, ㉣

14. 다음 중 '다중주택'의 요건을 모두 고르면?

> ㉠ 학생 또는 직장인 등 여러 사람이 장기간 거주할 수 있는 구조로 되어있는 것
> ㉡ 독립된 주거의 형태를 갖추지 아니한 것(각 실별로 욕실은 설치할 수 있으나, 취사시설은 설치하지 아니한 것을 말한다)
> ㉢ 연면적이 330제곱미터 이하일 것
> ㉣ 층수가 3층 이하인 것

㉮ ㉠, ㉡ ㉯ ㉠, ㉢
㉰ ㉠, ㉡, ㉣ ㉱ ㉠, ㉡, ㉢, ㉣

15. 「건축법」상 건축물의 종류에 대한 설명으로 틀린 것은?

㉮ 아파트란 주택으로 쓰는 층수가 5개 층 이상인 주택을 말한다.
㉯ 연립주택이란 주택으로 쓰는 1개 동의 바닥면적(2개 이상의 동을 지하주차장으로 연결하는 경우에는 각각의 동으로 본다) 합계가 660제곱미터를 초과하고, 층수가 4개 층 이하인 주택
㉰ 다세대주택이란 주택으로 쓰는 1개 동의 바닥면적 합계가 660제곱미터 이하이고, 층수가 5개 층 이하인 주택을 말한다.
㉱ 기숙사란 학교 또는 공장 등의 학생 또는 종업원 등을 위하여 쓰는 것으로서 공동취사 등을 할 수 있는 구조를 갖추되, 독립된 주거의 형태를 갖추지 아니한 것(학생복지주택을 포함)

[해설] 다세대주택이란 주택으로 쓰는 1개 동의 바닥면적 합계가 660제곱미터 이하이고, 층수가 4개 층 이하인 주택(2개 이상의 동을 지하주차장으로 연결하는 경우에는 각각의 동으로 본다)을 말한다.

[정답] 13. ㉰ 14. ㉱ 15. ㉰

16. '건축물의 설비기준 등에 관한 규칙'에 대한 내용 중 ( ) 안을 올바르게 채우면?

> 신축 또는 리모델링하는 ( )세대 이상의 공동주택, 주택을 주택 외의 시설과 동일건축물로 건축하는 경우로서 주택이 100세대 이상인 건축물은 시간당 ( )회 이상의 환기가 이루어질 수 있도록 자연환기설비 또는 기계환기설비를 설치하여야 한다.

㉠ 100, 0.7 ㉡ 100, 0.5
㉢ 1000, 0.7 ㉣ 1000, 0.5

17. '건축물의 설비기준 등에 관한 규칙'에 대한 내용 중 잘못 설명한 것은?

㉠ 다중이용시설의 기계환기설비 용량기준은 법으로 정해진 환기횟수 이상으로 설치하는 것을 원칙으로 한다.
㉡ 신축공동주택 등에 자연환기설비를 설치하는 경우에는 지방건축위원회의 심의를 받아야 한다. 다만, 자연환기설비 환기성능 시험방법에 따라 성능시험을 거친 자연환기설비를 정해진 설치길이 이상으로 설치하는 경우는 제외한다.
㉢ 보일러실의 윗부분에는 그 면적이 0.5제곱미터 이상인 환기창을 설치하고, 보일러실의 윗부분과 아랫부분에는 각각 지름 10센티미터 이상의 공기흡입구 및 배기구를 설치한다.
㉣ 오피스텔의 경우에는 난방구획마다 내화구조로 된 벽·바닥과 갑종방화문으로 된 출입문으로 구획한다.

[해설] 다중이용시설의 기계환기설비 용량기준은 시설이용 인원당 환기량을 원칙으로 산정한다.

18. '건축물의 설비기준 등에 관한 규칙'에서 냉방설비 및 환기설비 설치에 관한 기준으로 적절하지 못한 설명은?

㉠ 중앙집중냉방설비를 설치하는 경우에는 산업통상자원부장관이 국토교통부장관과 협의하여 정하는 바에 따라 축랭식 또는 가스를 이용한 중앙집중냉방방식으로 하여야 한다.
㉡ 배기구는 도로면으로부터 3미터 이상의 높이에 설치한다.
㉢ 배기장치에서 나오는 열기가 인근 건축물의 거주자나 보행자에게 직접 닿지 아니하도록 한다.
㉣ 건축물의 외벽에 배기구 또는 배기장치를 설치할 때에는 외벽 또는 지지대 등 보호장치와 분리되지 아니하도록 견고하게 연결하여 배기구 또는 배기장치가 떨어지는 것을 방지할 수 있도록 한다.

[해설] 배기구는 도로면으로부터 2미터 이상의 높이에 설치한다.

19. 건축물의 설비기준 등에 관한 기준에 대한 설명으로 틀린 것은?

㉠ 신축 또는 리모델링하는 100세대 이상의 공동주택은 시간당 0.5회 이상의 환기가 이루어질 수 있도록 자연환기설비 또는 기계환기설비를 설치하여야 한다.
㉡ 주택을 주택 외의 시설과 동일건축물로 건축하는 경우에는 주택이 100세대 이상인 건축물에 한하여 환기설비를 설치하여야 한다.
㉢ 신축공동주택 등에 자연환기설비를 설치하는 경우에는 KSF 2921에 따라 성능시험을 거친 자연환기설비를 법정 설치 길이 이상으로 설치해도 된다.
㉣ 공동주택의 환기설비 용량기준은 거주 인원당 환기량을 기준으로 산정한다.

[해설] 공동주택의 환기설비 용량기준은 환기횟수를 기준으로 산정한다.

정답 16. ㉡ 17. ㉠ 18. ㉡ 19. ㉣

20. 공동주택과 오피스텔의 난방을 개별난방 방식으로 하는 경우에 대한 설명으로 틀린 것은?

㉮ 보일러실의 윗부분에는 그 면적이 1제곱미터 이상인 환기창을 설치할 것
㉯ 기름보일러를 설치하는 경우에는 기름저장소를 보일러실 외의 다른 곳에 설치할 것
㉰ 오피스텔의 경우에는 난방구획마다 내화구조로 된 벽·바닥과 갑종방화문으로 된 출입문으로 구획할 것
㉱ 보일러의 연도는 내화구조로서 공동연도로 설치할 것

[해설] 보일러실의 윗부분에는 그 면적이 0.5제곱미터 이상인 환기창을 설치할 것

21. 공동주택에서 발생하는 층간소음기준과 관련하여 ㉠~㉡에 알맞은 말은?

층간소음의 구분		층간소음의 기준[단위 : dB(A)]	
		주간 (06:00~22:00)	야간 (22:00~06:00)
1. 직접충격 소음	1분간 등가소음도(Leq)	43	(㉡)
	최고소음도 (Lmax)	57	52
2. 공기전달 소음	5분간 등가소음도(Leq)	(㉠)	40

	㉠	㉡		㉠	㉡
㉮	45	38	㉯	45	40
㉰	50	38	㉱	50	40

[해설] '공동주택 층간소음의 범위와 기준에 관한 규칙'에 따라 ㉮가 정답이다.

22. '공동주택 층간소음의 범위와 기준에 관한 규칙'에서 층간소음 측정방법으로 틀린 것은?

㉮ 직접충격 소음은 1분간 등가소음도(Leq) 및 최고소음도(Lmax)로 평가하고, 공기전달 소음은 5분간 등가소음도(Leq)로 평가한다.
㉯ 층간소음의 측정방법은 환경부장관이 정하여 고시하는 소음·진동 관련 공정시험기준 중 동일 건물 내에서 사업장 소음을 측정하는 방법을 따르되, 1개 지점 이상에서 30분 이상 측정하여야 한다.
㉰ 1분간 등가소음도(Leq) 및 5분간 등가소음도(Leq)는 가장 높은 값을 기준으로 한다.
㉱ 최고소음도(Lmax)는 1시간에 3회 이상 초과할 경우 그 기준을 초과한 것으로 본다.

[해설] 층간소음의 측정방법은 환경부장관이 정하여 고시하는 소음·진동 관련 공정시험기준 중 동일 건물 내에서 사업장 소음을 측정하는 방법을 따르되, 1개 지점 이상에서 1시간 이상 측정하여야 한다.

23. 다음에서 설명하고 있는 설계도서는?

계획설계 내용을 구체화하여 발전된 안을 정하고, 실시설계 단계에서의 변경 가능성을 최소화하기 위해 다각적인 검토가 이루어지는 단계로서, 연관 분야의 시스템 확정에 따른 각종 자재, 장비의 규모, 용량이 구체화된 설계도서를 작성하여 건축주로부터 승인을 받는 단계이다.

㉮ 기본설계　　㉯ 구상설계
㉰ 중간설계　　㉱ 최종설계

[해설] 주어진 지문과 같은 설계는 '중간설계' 혹은 '중간설계단계'라고 부른다.

24. 시방 및 도면 등에 의해 산출된 재료의 정미량에 재료의 운반, 절단, 가공 및 시공 중에 발생되는 손실량을 가산해주는 비율은?

㉮ 재료의 할증률　　㉯ 손실 발생률
㉰ 재료 정미량　　㉱ 정미 산출량

정답　20. ㉮　21. ㉮　22. ㉯　23. ㉰　24. ㉮

25. 다음은 도면과 시방서에 관한 설명이다. ㉠~㉡에 들어갈 적당한 용어로서 맞는 것은?

- 공사시방서에는 도면에 표시하기 불편한 내용을 주로 기술하고, 치수는 가능한 한 (㉠)에 표시한다.
- 지하 2층 이상의 지하층을 설치하는 경우에는 '건축법'에서 정하는 바에 의거하여 (㉡)를(을) 작성하여 착공신고 시에 제출한다.

	㉠	㉡
㉮	설계	구조도면
㉯	작업지시서	지하평면도
㉰	도면	흙막이 구조도면
㉱	표준시방서	지하평면도

26. 내역서 중에서 공사 진행 단계별 내역서의 종류에 속하지 않는 것은?

㉮ 기성내역서　㉯ 입찰내역서
㉰ 설계내역서　㉱ 물량내역서

[해설] 공사 진행 단계별 내역서의 종류
1. 설계내역서　2. 입찰내역서
3. 계약내역서　4. 착공내역서
5. 기성내역서　6. 준공내역서

27. 건설공사에서 물량, 단가, 단위, 금액, 소계, 총계까지 기재하여 자세히 작성하는 내역서는?

㉮ 물량내역서　㉯ 산출내역서
㉰ 입찰내역서　㉱ 계약내역서

[해설] 1. 물량내역서 : 각종 공사에 투입되는 각 재료의 수량 및 노무량만 기재하는 내역서
2. 산출내역서 : 물량내역서의 내용은 물론이고, 단가와 금액, 소계, 총계까지 기재하여 작성하는 내역서

28. 전기설비공사에서 철거작업 시 발생하는 폐자재를 환입할 때 재료의 파손, 망실 및 일부 부식 등에 의한 손실률은?

㉮ 재료손실률
㉯ 철거손실률
㉰ 환입손실률
㉱ 폐자재손실률

29. 공사비 산출 시 '재료비 + 직·간접 노무비 + 직·간접 경비'를 무엇이라고 부르는가?

㉮ 공급가액　㉯ 총 원가
㉰ 순공사원가　㉱ 총 공사비

[해설] 1. 순공사원가 = 재료비 + 직·간접 노무비 + 직·간접 경비
2. 공급가액 = 총 원가(순공사원가 + 일반관리비 + 이윤) + 손해보험료(총 원가×손해보험요율)
3. 총 공사비 = 총 원가(순공사원가 + 일반관리비 + 이윤) + 손해보험료 + 부가가치세(공급가액×1.1)

30. 설계도서의 작성 및 해석과 관련하여 틀린 설명은?

㉮ 숫자로 나타낸 치수는 도면상 축척으로 잰 치수보다 우선한다.
㉯ 도면 및 시방서의 어느 한쪽에 기재되어있는 것은 그 양쪽에 기재되어있는 사항과 완전히 동일하게 다룬다.
㉰ 도면 작성 및 관리에 필요한 정보를 모아서 기재한 곳을 '표제란'이라고 한다.
㉱ 공사기일 등 공사 전반에 걸친 비기술적인 사항을 규정한 시방서를 '표준시방서'라고 한다.

[해설] 공사기일 등 공사 전반에 걸친 비기술적인 사항을 규정한 시방서를 '일반시방서'라고 한다.

정답 25. ㉰　26. ㉱　27. ㉯　28. ㉯　29. ㉰　30. ㉱

CHAPTER 05 기타의 법규 및 정책

1. 지구온난화의 원인, 영향 및 대책

1-1 개요(History)

(1) 지구온난화 문제는 1979년 G.우델과 G.맥도날드 등의 과학자들이 지구온난화를 경고한 뒤 논의를 계속했다.
(2) 1992년 6월 브라질 리우에서 정식으로 '기후변화협약(UNFCCC ; United Nations Framework Convention on Climate Change)'이 체결되었으며, 이후 오늘날까지 매년 11~12월경에 온실가스 감축 관련 국제회의인 당사국총회(COP ; Conference of the Parties)를 개최 중이다.
(3) 2005년 2월부터 교토의정서(지구온난화 방지 관련 협약)가 정식으로 발효되어 지구온난화를 방지하기 위한 다자 간의 의무 실행지침이 시행 중이다.
(4) 교토의정서는 1차년도인 2008~2012년까지(5년간) 1990년 대비 평균 5.2%까지 온실가스를 감축할 것을 규정하고 있다.
(5) 2015년 11월 '파리협약(the Paris Agreement)' 이후 자발적 의무감축계획의 이행 및 실효 중이며, 2023년에는 그 첫 번째 약속이행 여부를 검토 예정이다(법적 구속력 있음).

1-2 지구온난화의 원인

(1) 대표적인 온실가스인 수소불화탄소(HFC), 메탄(CH_4), 이산화탄소(CO_2), 아산화질소(N_2O), 과불화탄소(PFC), 육불화유황(SF_6) 등은 우주공간으로 방출되는 적외선을 흡수하여 저층의 대기 중에 다시 방출하므로 지구를 뜨겁게 만든다.
(2) 상기와 같은 사유가 지구의 연간 평균온도가 조금씩 상승하는 온실효과를 일으키고 있다.

1-3 지구온난화의 영향

(1) **인체** : 질병 발생률 증가
(2) **수자원** : 지표수 유량 감소, 농업용수 및 생활용수난 증가
(3) **해수면의 상승** : 빙하가 녹아 해수면 상승으로 저지대 침수 우려
(4) **생태계** : 생태계의 빠른 멸종(지구상 항온 동물의 생존보장이 안 됨), 도태, 재분포 발생, 생물군의 다양성 감소
(5) **기후** : CO_2의 농도 증가로 인하여 기온 상승 등 기후변화 초래
(6) 산림의 황폐화와 지구의 점차적인 사막화 진행
(7) 기타 많은 어종(魚種)이 사라지거나 도태, 식량 부족 등

1-4 지구온난화의 대책

(1) 온실가스 저감을 위한 국제적 공조 및 다각적 노력이 필요하다.
(2) 신재생에너지 및 자연에너지의 보급 확대가 필요하다.
(3) 지구온난화는 국제사회의 공동 노력으로 해결해나가야 할 문제이다.

> **핵심해설**
> ★ **지구온난화의 원인** : HFC, 메탄, 이산화탄소 등의 온실가스가 우주공간으로 방출되는 적외선을 흡수하여 저층의 대기 중에 다시 방출하기 때문이다.
> ★ **지구온난화의 결과(영향)** : 질병 창궐, 물가뭄, 빙하 해빙, 생태계 교란 등이 대표적이다.

2. UN의 기후변화협약(UNFCCC)

2-1 배경

(1) 정식 명칭은 '기후변화에 관한 유엔기본협약(United Nations Framework Convention on Climate Change)'이다.
(2) 국제기구에서 사전 몇 차례 협의 후 1992년 6월 브라질 리우에서 정식으로 '기후변화협약'을 체결했다.
(3) 지구온난화에 대한 범지구적 대책 마련과 각국의 능력, 사회, 경제 여건에 따른 온실가스 배출 감축 의무를 부여하였으며, 우리나라의 온실가스 배출량은 세계 약 11위이다.
(4) 우리나라는 1993년 12월에 47번째로 가입하였다.

2-2 협약의 내용

(1) 국제 간 협약을 통하여 이산화탄소를 비롯한 온실가스의 방출을 제한하여 지구온난화를 방지한다.
(2) 기후변화협약 체결국은 염화불화탄소(CFC)를 제외한 모든 온실가스의 배출량과 제거량을 조사하여 이를 협상위원회에 보고해야 하며 기후변화 방지를 위한 국가계획도 작성해야 한다.

2-3 COP3 (Conference of the Parties 3 ; 1997년 12월, 기후변화협약 제3차 당사국 총회)

(1) 브라질 리우 유엔환경회의에서 채택된 기후변화협약을 이행하기 위한 국가 간 이행 협약이며, 1997년 12월에는 일본 교토에서 개최되었다(교토의정서 채택).
(2) 제3차 당사국 총회로서 이산화탄소(CO_2), 메탄(CH_4), 아산화질소(N_2O), HFCs, SF_6, PFCs 등 6종을 온실가스로 지정하였으며, 감축계획과 국가별 목표 수치가 제시되었다(38개 선진국 간의 감축 의무에 대한 합의).

> **칼럼**
>
> 1. PFC(Per Fluoro Carbon ; 과불화탄소)
>   ① Per Fluoro Carbon의 'Per'는 '모두(all)'의 의미로서 perfluorocarbon은 탄소의 모든 결합이 "F"와 이루어져 있음을 의미하며, 지구온난화지수가 7,000 정도(이산화탄소의 7,000배)이다.
>   ② C와 F만으로 이루어진 매우 강력한 화합물로 성층권보다 높은 곳에서 분해되는 안정된 물질로서, 주로 반도체 산업이나 LCD 공장 등에서 '세정공정'에 많이 사용된다.
> 2. SF_6(육불화황)
>   ① 지구온난화지수가 이산화탄소보다 평균 2만 2000배 높은 물질이며, 전기를 통과시키지 않는 특성이 있기 때문에 반도체 생산 공정 등에서 다량 사용된다.
>   ② 전기 및 전자산업이 발달한 우리나라의 특성상 다른 국가에 비해 육불화황 배출이 많다.
>   ③ 전기 분야에서는 육불화황이 소호 특성이 아주 뛰어난 매질이기 때문에 GCB(Gas Circuit Breaker ; 가스차단기) 등에 많이 사용한다.

(3) 1990년 대비 평균 5.2%까지 온실가스를 감축하기로 약속하였다.
(4) 단, 한국과 멕시코 등은 개도국으로 분류되어 감축의무가 면제되었다.

2-4 COP18 (2012년 11월 제18차 당사국 총회 ; 카타르 도하 게이트웨이)

(1) 카타르 도하 내 카타르 국립 컨벤션센터(QNCC)에서 개최되었다.

(2) COP18과 함께 도하 전시센터에서 'Sustainability Expo'를 개최, 각종 환경친화적 상품을 소개하고, 대중에게 친근한 방식으로 환경교육을 실시했다.

(3) 주요 진행 및 합의 내용

① 2차 교토의정서(2013~2020) 개정안 채택 : 1차 교토의정서(2008~2012) 종료 후 2차 교토의정서가 채택됨. 따라서 온실가스 감축의무가 있는 사업장 혹은 선진국 간에 잉여 감축량을 사고팔거나(배출권 거래제, ET ; Emission Trading), 선진국끼리 온실가스 저감기술을 교환하여 감축량을 부분 인정하고(공동이행, JI ; Joint Implementation), 선진국이 개도국에서 온실가스를 줄인 만큼 감축분으로 인정받는 방식(청정개발체제, CDM ; Clean Development Mechanism) 등의 거래가 계속 가능해짐

② 교토의정서보다 광범위한 체제가 필요 : 1990년 대비 25~40%의 온실가스 감축 약속, 단, 각국 의회 승인 없어 강제력은 없음

③ 미국, 중국은 의무감축국가에서 빠졌고, 캐나다, 일본, 러시아는 감축의무 거부함

④ 주요 온실가스 배출국가들이 제외된 2차 교토의정서는 전 세계 온실가스 배출량의 15% 정도만 통제하게 됨에 따라 신기후체제가 필수적임

⑤ 유럽연합(EU), 호주, 일본, 스위스, 모나코, 리히텐슈타인은 2차 공약기간에 잉여배출권을 구매하지 않겠다는 의사를 표명함으로써 실질적인 온실가스 감축 의지를 보임

⑥ 대한민국 인천에 녹색기후기금(Green Climate Fund) 사무국 유치 확정

⑦ 장기재원 조성 워크프로그램 1년 연장 : 선진국들은 2020년까지 장기재원 1,000억 달러 조성을 위한 구체적인 계획과 실천사항을 제19차 당사국총회에 제출하기로 함

2-5 COP21 (2015년 11월 제21차 당사국 총회 ; 파리협약)

(1) 2015년 11월 30일부터 12월 12일까지 프랑스 파리에서 열린 기후변화 국제회의(the Paris Agreement)이다.

(2) 파리 협정서는 무엇보다 선진국만의 의무가 있었던 교토의정서와 달리 195개 선진국과 개도국 모두 참여해 체결했다는 것이 큰 특징이다.

(3) 합의문 내용

① 온도상승폭 2도보다 '훨씬 작게', 1.5도로 제한 노력 : 이번 세기말(2100년)까지 지구 평균온도의 산업화 이전 대비 상승폭을 섭씨 2도보다 '훨씬 작게' 제한한다는 내용이 담겼다. 이와 함께 섭씨 1.5도로 상승폭을 제한하기 위해 노력한다는 사항도 포함됐다.

② 인간 온실가스 배출량-지구 흡수능력 균형 합의 : 온실가스 배출은 2030년에 최고치에 도달하도록 하며, 이후 2050년까지 산림녹화와 탄소포집저장 기술과 같은 에너지기술로 온실가스 감축에 돌입해야 한다는 내용을 담았다.

③ 5년마다 탄소 감축 약속 검토(법적 구속력) : 각국은 2018년부터 5년마다 탄소 감축 약속을 잘 지키는지 검토를 받아야 한다. 첫 검토는 2023년도에 이뤄진다. 이는 기존 대비 획기적으로 진전된 합의로 평가된다.
④ 선진국, 개도국에 기후대처기금 지원 : 선진국들은 2020년까지 매년 최소 1000억 달러(약 118조 원)를 개도국의 기후 변화 대처를 돕기 위해 쓰기로 합의했다. 개도국의 기후변화 대처 기금 액수 등은 2025년에 다시 조정될 예정이다.

2-6　COP22 (2016년 11월 제22차 당사국총회 : 마라케쉬 협상)

(1) 2016년 11월 7일부터 11월 18일까지 진행된 22차 당사국총회(COP22)는 파리협정 이후의 후속 논의로서 주목을 받았다.
(2) 글로벌 온실가스 배출량 55% 이상의 55개 국가 비준 시 파리협정을 발효한다는 지난 파리협정의 합의에 따라 2016년 11월 4일 파리협정이 정식 발효된 바 있다.
(3) 마라케쉬 협상의 주요 논의내용
① 이 협상에서는 핵심이 되는 기후재원 의제와 관련하여 기존 당사국총회의 의제뿐만 아니라 파리협정의 후속 조치들도 추가로 논의되어졌다.
② 재정상설위원회에서 두 번째 격년보고서를 통해 2013~14년 기후재원의 조성을 평가하였고, 선진 공여국은 기존의 2020년까지의 기후재원 조성 약속 이행을 위한 로드맵을 추가로 발표하였다. 여기에서, 2013~14년 연평균 410억 달러 개도국에 지원되었으며, 2020년에는 670억 달러에 이를 것으로 추정하였다.
③ 공공 개입을 통해 제공, 조성된 재원의 산정 방식, 사전적 재원조성 정보 제공과 관련한 정보 확인 절차 등 파리협정 후속 논의 의제들이 다루어지면서 기후재원 의제들이 투명성 의제를 중심으로 확대되고 있다.
(4) 향후 과제
① 기후재원의 정의 부재와 보고 체계의 불완전성으로 인해 기후재원의 집계 범위가 상이하게 나타나고 있으며, 선진국과 개도국 모두 인정할 수 있는 투명한 측정·보고·검증(MRV : Measurement, Reporting and Verification) 체계 구축이 필요하며, 이러한 부분이 정립되지 않으면 수치상 기후재원은 큰 의미를 갖기 어려울 수도 있다.
② 공공재원의 조성 등을 통해 제공되고 조성된 재원의 산정방식이나 파리협정 13조의 투명성 체계를 위한 방식, 절차, 지침 등의 논의를 통해 기존 체계의 문제점과 각 당사국의 역량을 감안한 체계 마련이 요구되고 있다.
③ 자발적인 재원 조성과 관련 정보 제공에 대한 우리나라 나름의 역할이 요구되고 있다는 점에서 해당 논의에 적극적으로 참여하여 기후재원 확대를 위한 실행력 있는 합의

도출에 기여할 필요가 있다.

④ 우리나라는 파리협정을 통해 기후재원 조성이나 정보 제공에 있어 직접적인 의무 부담은 덜었으나, 자발적인 재원 조성과 관련 정보 제공에 대한 나름의 역할이 요구되고 있다는 점에서 해당 논의에 적극적으로 참여하여 기후재원 확대를 위한 실행력 있는 합의 도출에 기여할 필요가 있다고 하겠다.

2-7 향후 전망

(1) 지구 환경보호를 위한 온실가스 감축문제는 앞으로 산업 및 무역 분야뿐만 아니라, 인간의 생존을 유지하기 위해, 모든 분야에서 중요시하게 대두될 것이며, 그것도 급속히 다가오고 있는 개념이다.

(2) 우리나라도 OECD(Organization for Economic Cooperation and Development, 경제협력개발기구) 회원국으로서 앞으로 UNFCCC 등의 지구온난화 방지 관련 국제적 규약에 주도적 역할을 하여야 할 위치에 있다.

3. 온실가스 관련 정책

3-1 석유환산톤(TOE)

(1) **TOE의 정의**(IEA 단위 ; Ton of Oil Equivalent)

① TOE는 10^7 kcal로 정의하는데, 이는 원유 1톤의 순 발열량과 매우 가까운 열량으로 편리하게 이용할 수 있는 단위이다.

$$TOE = 연료발열량(kcal)/(10^7 kcal)$$

② TOE 환산 시에는 "에너지 열량환산기준"의 총 발열량을 이용하여 환산한다.

(2) **TOE 계산사례**

① 경유 200 L를 사용했을 경우의 TOE 계산순서

㈎ 연료 사용량을 열량으로 환산(kcal) : 경유는 1 L당 9,010 kcal의 발열량

㈏ 비례식 작성

1 TOE : 10^7 kcal = X (구하고자 하는 TOE) : 1,802,000 kcal (경유 200 L의 발열량)

㈐ TOE 계산 : X = 1,802,000/10^7 = 0.1802 TOE

모든 연료에 대해 이 방법을 적용하여 TOE를 계산할 수 있다.

3-2 에너지원별 TOE – '에너지법 시행규칙' 기준

구 분	에너지원	단 위	총 발열량			순 발열량		
			MJ	kcal	석유환산톤 (10^{-3} toe)	MJ	kcal	석유환산톤 (10^{-3} toe)
석유 (17종)	원유	kg	44.9	10,730	1.073	42.2	10,080	1.008
	휘발유	L	32.6	7,780	0.778	30.3	7,230	0.723
	등유	L	36.8	8,790	0.879	34.3	8,200	0.820
	경유	L	37.7	9,010	0.901	35.3	8,420	0.842
	B-A유	L	38.9	9,290	0.929	36.4	8,700	0.870
	B-B유	L	40.5	9,670	0.967	38.0	9,080	0.908
	B-C유	L	41.6	9,950	0.995	39.2	9,360	0.936
	프로판	kg	50.4	12,050	1.205	46.3	11,050	1.105
	부탄	kg	49.6	11,850	1.185	45.6	10,900	1.090
	나프타	L	32.3	7,710	0.771	30.0	7,160	0.716
석유 (17종)	용제	L	33.3	7,950	0.795	31.0	7,410	0.741
	항공유	L	36.5	8,730	0.873	34.1	8,140	0.814
	아스팔트	kg	41.5	9,910	0.991	39.2	9,360	0.936
	윤활유	L	39.8	9,500	0.950	37.0	8,830	0.883
	석유코크스	kg	33.5	8,000	0.800	31.6	7,550	0.755
	부생연료유1호	L	36.9	8,800	0.880	34.3	8,200	0.820
	부생연료유2호	L	40.0	9,550	0.955	37.9	9,050	0.905
가스 (3종)	천연가스(LNG)	kg	54.6	13,040	1.304	49.3	11,780	1.178
	도시가스(LNG)	Nm³	43.6	10,430	1.043	39.4	9,420	0.942
	도시가스(LPG)	Nm³	62.8	15,000	1.500	57.7	13,780	1.378
석탄 (7종)	국내 무연탄	kg	18.9	4,500	0.450	18.6	4,450	0.445
	연료용 수입 무연탄	kg	21.0	5,020	0.502	20.6	4,920	0.492
	원료용 수입 무연탄	kg	24.7	5,900	0.590	24.4	5,820	0.582
	연료용 유연탄 (역청탄)	kg	25.8	6,160	0.616	24.7	5,890	0.589
	원료용 유연탄 (역청탄)	kg	29.3	7,000	0.700	28.2	6,740	0.674

	아역청탄	kg	22.7	5,420	0.542	21.4	5,100	0.510
	코크스	kg	29.1	6,960	0.696	28.9	6,900	0.690
전기 등 (3종)	전기(발전기준)	kWh	8.8	2,110	0.211	8.8	2,110	0.211
	전기(소비기준)	kWh	9.6	2,300	0.230	9.6	2,300	0.230
	신탄	kg	18.8	4,500	0.450	–	–	–

㊟ 1. "총 발열량"이란 연료의 연소과정에서 발생하는 수증기의 잠열을 포함한 발열량을 말한다.
2. "순 발열량"이란 연료의 연소과정에서 발생하는 수증기의 잠열을 제외한 발열량을 말한다.
3. "석유환산톤(TOE : Ton of Oil Equivalent)"이란 원유 1톤이 갖는 열량으로 10^7 kcal를 말한다.
4. 석탄의 발열량은 인수식을 기준으로 한다.
5. 최종에너지 사용자가 사용하는 전기에너지를 열에너지로 환산할 경우에는 1 kWh=860 kcal를 적용한다.
6. 1 cal = 4.1868 J, Nm^3은 0℃ 1기압 상태의 단위체적(입방미터)을 말한다.
7. 에너지원별 발열량(MJ)은 소수점 아래 둘째 자리에서 반올림한 값이며, 발열량(kcal)은 발열량(MJ)으로부터 환산한 후 1의 자리에서 반올림한 값이다. 두 단위 간 상충될 경우 발열량(MJ)이 우선한다.

> **TCE(석탄환산톤)**
> 1. TOE와 유사 용어로 'Ton of Coal Equivalent'라고 하며, 석탄 1 ton이 내는 열량을 환산한 단위이다.
> 2. TCE = 0.697 TOE

3-3 이산화탄소톤(tCO_2) – IPCC(Intergovernmental Panel on Climate Change)의 탄소배출계수

연료 구분			탄소배출계수	
			kg C/GJ	Ton C/TOE
액체 화석연료	1차 연료	원유	20.00	0.829
		액화석유가스(LPG)	17.20	0.630
	2차 연료	휘발유	18.90	0.783
		항공가솔린	18.90	0.783
		등유	19.60	0.812
		항공유	19.50	0.808
		경유	20.20	0.837
		중유	21.10	0.875
		LPG	17.20	0.713
		납사	20.00	0.829
		아스팔트(Bitumen)	22.00	0.912

				20.00	0.829
		윤활유		20.00	0.829
		Petroleum Coke		27.50	1.140
		Refinery Feedstock		20.00	0.829
고체 화석연료	1차 연료	무연탄		26.80	1.100
		유연탄	원료탄	25.80	1.059
			연료탄	25.80	1.059
		갈탄		27.60	1.132
		Peat		28.90	1.186
	2차 연료	BKB & Patent Fuel		25.80	1.059
		Coke		29.50	1.210
기체 화석연료		LNG		15.30	0.637
바이오매스		고체바이오매스		29.90	1.252
		액체바이오매스		20.00	0.837
		기체바이오매스		30.60	1.281

주) 1. 전력의 이산화탄소배출계수 0.4517 tCO_2/MWh (0.4525 tCO_2eq/MWh) 사용 (발전단 기준)
2. 전력의 이산화탄소배출계수 0.4705 tCO_2/MWh (0.4714 tCO_2eq/MWh) 사용 (사용단 기준)
3. tCO_2eq : CO_2뿐만 아니라, CH_4, N_2O 배출량을 포함한 양

칼럼

제2차 국가에너지기본계획(2014. 1. 14.~)

구 분	제1차 계획	제2차 계획
계획기간	2008~2030년	2014~2035년
수립과정	정부 주도로 계획 수립 (정부초안 마련 후 의견 수렴)	개방형 프로세스 구조 (민관 거버넌스가 초안 작성)
수급기조	공급 중심형	수요 관리형
수요관리	규제 중심	ICT + 시장 기반
발전소 배치	대규모 집중형 발전소	분산형 발전 시스템
원전비중	41%	29%
신재생 보급	11%	11%
기타	–	• 분산형 발전비중(5 → 15%) • 에너지바우처 도입(2015년)
수립절차	에너지위원회 심의	에너지위원회 → 녹색성장위원회 → 국무회의 심의

예·상·문·제

1. 지구온난화 문제에 관한 설명으로 옳은 것은?

㉮ 교토의정서에서 2008~2012년까지(5년간) 1990년 대비 최소 5.2%까지 온실가스를 감축할 것을 규정하고 있다.
㉯ 교토의정서에서 규정된 6대 온실가스는 수소불화탄소(HFC), 메탄(CH_4), 이산화탄소(CO_2), 이산화질소(NO_2), 과불화탄소(PFC), 육불화유황(SF_6)이다.
㉰ COP18(2012. 11. 26~12. 08 제18차 당사국 총회)은 카타르 도하에서 개최되었다.
㉱ COP18에서는 2차 교토의정서(2013~2017)가 채택되었다.

[해설] ㉮ 교토의정서에서 2008~2012년까지(5년간) 1990년 대비 평균 5.2%까지 온실가스를 감축할 것을 규정하고 있다.
㉯ 교토의정서에서 규정된 6대 온실가스는 수소불화탄소(HFC), 메탄(CH_4), 이산화탄소(CO_2), 아산화질소(N_2O), 과불화탄소(PFC), 육불화유황(SF_6)이다.
㉱ COP18에서는 2차 교토의정서(2013~2020)가 채택되었다.

2. 에너지 환산톤에 관한 설명으로 맞는 것은?

㉮ 1석유환산톤은 10^7 kcal를 기준으로 한다.
㉯ TCE는 석탄 1 kg이 내는 열량을 기준으로 하는 단위이다.
㉰ 1 TCE = 0.597 TOE이다.
㉱ 이산화탄소톤(TCO_2)은 IEA(국제에너지기구)의 탄소배출계수이다.

[해설] ㉯ TCE는 석탄 1 ton이 내는 열량을 기준으로 하는 단위이다.
㉰ 1 TCE = 0.697 TOE이다.
㉱ 이산화탄소톤(TCO_2)은 IPCC의 탄소배출계수이다.

3. 지구온난화를 야기하는 온실가스 6종에 들어가지 않는 것은?

㉮ 수소불화탄소
㉯ 과불화탄소
㉰ 육불화황
㉱ 휘발성유기화합물

[해설] 6대 온실가스 : 이산화탄소(CO_2), 메탄(CH_4), 아산화질소(N_2O), 수소불화탄소(HFCs), 과불화탄소(PFCs), 육불화황(SF_6)

4. '제2차 국가 에너지 기본계획'에 대한 설명으로 바르지 못한 것은?

㉮ 계획기간은 2015년에서 2040년까지이다.
㉯ 정부의 주도보다는 개방형 프로세스 구조이다.
㉰ 공급 중심보다는 수요관리형의 수급기조이다.
㉱ 집중형보다는 분산형 발전시스템이 위주가 된다.

[해설] 제2차 국가 에너지 기본계획의 계획기간은 2014년에서 2035년까지이다.

5. 기후변화에 관한 유엔기본협약(UNFCCC) 중 '교토의정서'에 대해 잘못 설명하고 있는 것은?

㉮ 1990년 대비 평균 5.2%까지 온실가스 감축을 약속하였다.
㉯ 한국과 멕시코 등은 개도국으로 분류되어 감축의무가 면제되었다.
㉰ 제5차 당사국 총회에 해당한다.
㉱ 이산화탄소(CO_2), 메탄(CH_4) 등의 6대 온실가스를 지정하였다.

[해설] 교토의정서는 제3차 당사국 총회에 해당한다.

정답 1. ㉰ 2. ㉮ 3. ㉱ 4. ㉮ 5. ㉰

6. COP18(카타르 도하 당사국 총회)의 주요 내용 혹은 그 결과가 아닌 것은?

㉮ 대한민국 인천에 녹색기후기금(Green Climate Fund) 사무국 유치가 확정되었다.
㉯ 주요 온실가스 배출국가들이 제외된 2차 교토의정서의 채택으로 전 세계 온실가스 배출량의 15% 정도만 통제할 수 있는 결과를 초래하였다.
㉰ 유럽연합(EU), 호주, 일본, 스위스, 모나코, 리히텐슈타인은 2차 공약기간에 잉여배출권을 적극적으로 구매하기로 약속하였다.
㉱ 선진국들은 2020년까지 장기재원 1,000억 달러 조성을 위한 구체적인 계획과 실천 사항을 제19차 당사국 총회에 제출하기로 하였다.

[해설] 유럽연합(EU), 호주, 일본, 스위스, 모나코, 리히텐슈타인은 2차 공약기간에 잉여배출권을 구매하지 않겠다는 의사를 표명함으로써 실질적인 온실가스 감축 의지를 보였다.

7. 온실가스 거래방법에 관한 설명으로 옳은 것을 모두 고르면?

㉠ 배출권 거래제(ET ; Emission Trading) : 온실가스 감축의무가 있는 사업장 혹은 선진국 간에 잉여 감축량을 사고파는 방법
㉡ 공동이행(JI ; Joint Implementation) : 개도국끼리 협력하여 온실가스 저감기술을 상호 교환하고 감축량을 인정받는 방법
㉢ 청정개발체제(CDM ; Clean Development Mechanism) : 선진국이 개도국에서 온실가스를 줄인 만큼 감축분으로 인정받는 방식

㉮ ㉠, ㉡
㉯ ㉠, ㉢
㉰ ㉡, ㉢
㉱ ㉠, ㉡, ㉢

[해설] 공동이행(JI ; Joint Implementation) : 선진국끼리 온실가스 저감기술을 교환하여 감축량을 부분 인정하는 방법

8. '에너지법 시행규칙'을 기준으로 1킬로그램당 순 발열량이 가장 큰 물질은?

㉮ 원유 ㉯ 프로판
㉰ 부탄 ㉱ 천연가스(LNG)

[해설] 연료별 1킬로그램당 순 발열량
㉮ 원유 : 42.2 MJ
㉯ 프로판 : 46.3 MJ
㉰ 부탄 : 45.6 MJ
㉱ 천연가스(LNG) : 49.3 MJ

9. tCO_2eq에 포함되는 온실가스가 아닌 것은?

㉮ 이산화탄소 ㉯ 메탄
㉰ 아산화질소 ㉱ 수소불화탄소

[해설] tCO_2는 이산화탄소 배출량을 말하는 것이고, tCO_2eq는 여기에 메탄과 아산화질소 배출량이 더해진다.

10. 석유환산톤(TOE) 혹은 이산화탄소톤(TCO₂)에 관한 다음 설명 중 틀린 것은?

㉮ 순 발열량이란 연료의 연소과정에서 발생하는 수증기의 잠열을 제외한 발열량을 말한다.
㉯ 1석유환산톤(TOE)은 원유 1톤이 갖는 열량으로 10^7 kcal를 말한다.
㉰ 전력의 이산화탄소 사용단 기준으로 배출계수는 0.4705 tCO_2eq/MWh이다.
㉱ 전력의 이산화탄소 발전단 기준으로 배출계수는 0.4525 tCO_2eq/MWh이다.

[해설] 전력의 이산화탄소 사용단 기준으로 배출계수는 0.4714 tCO_2eq/MWh이다.

11. 지구온난화의 영향과 가장 거리가 먼 것은?

㉮ 질병 발생률 증가
㉯ 지표수 유량 감소
㉰ 지구의 점차적 사막화 진행
㉱ 생물군의 종류 증가

[해설] 지구온난화의 대표적 영향
① 인체 : 질병 발생률 증가
② 수자원 : 지표수 유량 감소, 농업용수 및 생활용수난 증가
③ 해수면의 상승 : 빙하가 녹아 해수면이 상승하여 저지대 침수 우려
④ 생태계 : 상태계의 빠른 멸종(지구상 항온동물의 생존보장이 안 됨), 도태, 재분포 발생, 생물군의 다양성 감소
⑤ 기후 : CO_2의 농도 증가로 인하여 기온 상승 등 기후변화 초래
⑥ 산림의 황폐화와 지구의 점차적 사막화 진행
⑦ 기타 많은 어종(魚種)이 사라지거나 도태, 식량 부족 등

12. COP21(파리협약)에 관한 내용 중 가장 거리가 먼 것은?

㉮ 지구의 온도상승폭을 1.5℃로 제한하기로 노력한다.
㉯ 인간의 온실가스 배출량과 지구의 흡수능력의 균형을 맞추는 데 노력한다.
㉰ 5년마다 탄소 감축 약속을 잘 지키는지 검토를 받아야 하며, 그 첫 검토는 2018년도에 이뤄진다.
㉱ 195개 선진국과 개도국이 모두 참여해 체결한 최초의 협약(COP)이다.

[해설] COP21(2015년 11월 제21차 당사국 총회 ; 파리협약)
1. 2015년 11월 30일부터 12월 12일까지 프랑스 파리에서 열린 기후변화 국제회의(the Paris Agreement)이다.
2. 파리 협정서는 무엇보다 선진국만의 의무가 있었던 교토의정서와 달리 195개 선진국과 개도국 모두 참여해 체결했다는 것이 큰 특징이다.
3. 합의문 내용
   (1) 온도상승폭 2도보다 '훨씬 작게', 1.5도로 제한 노력 : 이번 세기말(2100년)까지 지구 평균온도의 산업화 이전 대비 상승폭을 섭씨 2도보다 '훨씬 작게' 제한한다는 내용이 담겼다. 이와 함께 섭씨 1.5도로 상승폭을 제한하기 위해 노력한다는 사항도 포함됐다.
   (2) 인간 온실가스 배출량-지구 흡수능력 균형 합의 : 온실가스 배출은 2030년에 최고치에 도달하도록 하며, 이후 2050년까지 산림녹화와 탄소포집저장 기술과 같은 에너지기술로 온실가스 감축에 돌입해야 한다는 내용을 담았다.
   (3) 5년마다 탄소 감축 약속 검토(법적 구속력) : 각국은 2018년부터 5년마다 탄소 감축 약속을 잘 지키는지 검토를 받아야 한다. 첫 검토는 2023년도에 이뤄진다. 이는 기존 대비 획기적으로 진전된 합의로 평가된다.
   (4) 선진국, 개도국에 기후대처기금 지원 : 선진국들은 2020년까지 매년 최소 1000억 달러(약 118조 원)를 개도국의 기후 변화 대처를 돕기 위해 쓰기로 합의했다. 개도국의 기후 변화 대처 기금 액수 등은 2025년에 다시 조정될 예정이다.

정답 12. ㉰

제2과목
건축환경계획

CHAPTER 01 건축환경계획 개요

1. 건축계획 일반

1-1 건축물의 성립 요소

(1) 개요
① 건축의 3대 필수요소는 기능, 형태, 구조이다. 이 세 가지는 어느 하나가 더 중요하다기보다는 상호 보완적이며, 어느 하나라도 없어서는 안 될 중요한 요소이다.
② '인간은 건물을 만들고, 건물은 다시 인간을 만든다'는 윈스턴 처칠의 말처럼 건축과 인간은 거의 모든 영역에서 서로 깊은 영향을 주고받는다.

(2) 건축물의 성립 요소
① 기후 및 풍토적 요소 : 온·습도, 강수량, 바람 및 지형, 지질 등의 자연적 요소를 말하며, 지붕의 형태, 경사, 그리고 창의 크기 등이 기후에 따라 크게 변하는 것을 들 수 있다.
② 사회·문화적 요소 : 사람들의 이념, 제도, 인습적 행위 및 사회정신, 세계관, 국민성 등의 요소를 말하며, 이것은 비슷한 자연조건하의 여러 나라가 서로 다른 건축형태를 지니는 이유를 잘 설명해줄 수 있다.
③ 정치 및 종교적 요소 : 봉건시대에는 왕과 귀족을 위한 건축, 신을 위한 건축이 주류를 이루었고, 민주주의 시대에는 대중을 위한 학교, 병원 등 다중이용시설의 건축이 많아졌다.
④ 재료 및 기술적 요소 : 사용 가능하고 쉽게 구할 수 있는 건축재료와 이를 구성하는 기술적인 방법에 따라 건축물의 형태는 크게 변화한다.
⑤ 기타 : 경제적 요소 및 건축가의 개성에 영향을 받는 요소가 포함된다.

1-2 건축물의 동선계획

(1) 동선은 일반생활의 움직임을 표시하는 선이며 동선이 가지는 요소는 빈도, 속도, 하중의 세 가지이다.
(2) 주택의 동선은 개인, 사회, 가사노동권의 3개의 동선이 서로 분리되어 간섭이 없어야 한다. 동선이 혼란되면 독립성이 상실된다.
(3) 특히 복도 없는 거실은 이러한 결점이 생긴다. 가능한 한 복도를 두어 방의 프라이버시(Privacy)를 살리는 경우가 유리하다.

1-3 건축물의 기능적 고려사항

(1) 거실공간, 아동공간(공부방 등)은 남쪽에 배치하여 겨울철 일광을 충분히 받게 한다.
(2) 침실의 경우는 적어도 한두 번의 일사(日射)를 받을 수 있어야 한다.
(3) 남쪽에 두는 부엌은 겨울철의 작업에는 유리하나 여름철 식료품의 변질 등에 특별한 유의를 하여야 한다.
(4) 전체 건물의 방위로서 남쪽 이외는 동쪽으로 약 18° 이내와 서쪽으로 약 16° 이내가 가장 합리적인 방향이 된다.
(5) 거실은 일조를 고려하여 높은 천장과 역동적인 내부공간 시도, 경사지형을 고려하여 지하층에 설치할 수도 있다.

1-4 각 실(室)의 방위별 계획

(1) **남쪽의 방위** : 여름철의 태양은 높기 때문에 내실에까지 깊이 사입(射入)되지 않고, 겨울철에는 깊이 사입되어 실내를 따뜻하게 한다(에너지 절약적 방위로 주 거주공간의 방향으로 적당).
(2) **서쪽의 방위** : 오후의 태양은 깊이 사입되어 여름철에는 특히 무덥다.
(3) **북쪽의 방위** : 하루 종일 태양이 비치지 않고, 겨울철에는 북풍을 받아 한랭하지만 광선은 종일 평균적이다(주방, 창고 등의 공간으로 많이 활용됨).
(4) **동쪽의 방위** : 오전에는 태양이 실내에 깊이 사입한다. 겨울철의 아침은 극히 따뜻하나 오후에는 냉하다.

1-5 대지의 선정

(1) 사회적 조건
① 교통이 편리하고 통근거리에 무리가 없을 것

② 학교, 의료시설, 도서관, 공원 등이 근접해있을 것
③ 판매시설이 주변에 있을 것
④ 소음, 공해 등이 없을 것
⑤ 상하수도, 가스, 전기, 통신시설 등이 갖추어져 있을 것

(2) 물리적 조건
① 저습지, 매립지, 부식토질 등이 아니고 북쪽으로 경사지지 않은 평탄한 부지일 것
② 일조와 통풍이 좋은 자연환경일 것

1-6 대지의 계획 (배치계획)

(1) 일반적으로 남사면(산의 봉우리를 기준으로 남쪽에 해당하는 부분) 배치는 겨울철 열 취득에 유리하다(위쪽으로 갈수록 여름철 고온다습 현상도 어느 정도 해결 가능).
(2) 북사면(산의 봉우리를 기준으로 북쪽에 해당하는 부분) 배치는 겨울이 비교적 온화하고 여름이 더운 기후의 지역에 유리하다.
(3) 남쪽 주출입구와 북쪽 서비스 출입구의 분리, 경사지형에 순응하는 건물의 배치 및 조경 계획이 좋다.
(4) 주택대지는 일조(日照)와 통풍이 잘 되고, 전망이 좋으며, 정원도 유효하게 사용할 수 있는 것이 이상적이다.
(5) 대지가 좁아서 정원을 마음대로 만들 수 없을 때는 거주 부분을 건물의 2층에 두고 1층을 필로티(piloti)로 하여 뜰의 일부로 사용하거나, 대지가 경사지일 때에는 그것을 살려 2층에서 들어가 층의 밑을 침실로 하는 등, 대지의 유효한 이용방법을 여러 가지로 생각할 수 있다.
(6) 일조관계는 법규로서 규정된 최저의 조건보다도 태양이 가장 낮은 동지 때의 태양광선을 충분히 받을 수 있어야 한다.
(7) 대지의 모양은 정사각형 또는 남향으로 조금 긴 편이 정원을 두거나 계획에 편리하다. 일반적인 주택의 평면상태는 대체로 동서로 조금 긴 직사각형이 되는 경우가 많다(남북 방향으로 긴 건물은 넓은 서측면 때문에 냉방부하가 과대해질 수 있다).
(8) 대지는 최소한 2 m 이상의 도로에 접하지 아니하면 건축물을 건축할 수 없게 되어있다. 도로에 접하지 못하여 법적으로 대지가 될 수 없는 토지를 '맹지(盲地)'라고 한다.
(9) 대지의 식생은 일사량, 풍속 조절, 습도 조절 등에 유리하다(특히 여름에 무성한 활엽수 등이 건물의 에너지 절약 측면에서 유리함).
(10) 강, 호수, 연못 등 : 미기후로 인한 기온 변화의 편차를 줄여준다(물의 열용량 및 증발 효과 때문).

(11) 기타의 고려사항
① 건물의 배치 시 겨울철 음영이 적도록 특히 주의한다(인동간격, 주변 장애물 등과의 배치에 주의).
② 고층건물은 낮은 건물보다 북쪽에 둔다.
③ 여름철, 겨울철을 모두 고려하여 활엽수(약 5~10 m 높이)는 남측면에 배치한다.
④ 콘크리트보다 흙(토양)으로 된 마당이 부하 경감 및 Time Lag(부하의 시간 지연)에 유리하다.

1-7 평면계획

(1) 주된 생활공간은 남향으로 하고 창고, 통로 등은 북향으로 하는 것이 유리하다.
(2) 더운 지역은 바람이 불어오는 방향에 개구부를 둔다.
(3) SVR(Surface area to Volume Ratio) : SVR이 작은 건물에서 외피를 통한 열손실을 줄여준다. 이 점에서는 정방형 건물 및 돔형 건물이 가장 유리하다.
(4) 거실의 조망과 방향을 최대한 고려, 가족 중심의 여유 있는 공용공간과 최소 규모의 개별공간 구성, 중정을 중심으로 거실공간, 부부공간, 아이들 공간, 주방 및 손님공간 등 4가지 공간을 1개 층으로 구성하는 것이 좋다.
(5) 지하층을 활용할 수 있으면 지하층에는 주차장, 기계실 및 피트 계획 등이 유리하다.

> **칼럼**
>
> 1. SVR 혹은 S/V(Surface area to Volume Ratio) : 건물의 체적 대비 외피면적을 말하는 것으로, 이 값이 클수록 복사 및 대류의 영향이 커져서 외피를 통한 건물에너지의 손실이 크다.
> 2. A/P(Area to Perimeter, Compactness Ratio ; 평면 밀집비) : 건물의 외주부 주변길이 대비 바닥면적을 말하는 것으로, 이 값이 클수록 복사 및 대류의 영향이 작아져서 외피를 통한 건물에너지의 손실이 적다.
> 3. SFR 혹은 S/F(Surface area to Floor area Ratio) : 건물의 바닥면적 대비 외피면적을 말하는 것으로, 이 값이 클수록 복사 및 대류의 영향이 커져서 외피를 통한 건물에너지의 손실이 크다.

1-8 공동주택의 분류

(1) 플랫형(Plat Type)
① 주거단위가 동일층에 한하여 구성되는 방식이며, 각층에 통로, 또는 엘리베이터를 설

치하게 된다.
② 일반적으로 우리나라에서 쓰이는 아파트의 주거단위의 형식이 이에 속한다.
③ 유럽에서는 플랫이라는 용어가 아파트의 뜻으로 쓰이기도 한다.
(2) 스킵형(Skip Floor Type) : 주거단위의 단면을 단층형과 복층형에서 동일층으로 하지 않고 반 층씩 엇나게 하는 형식을 말한다.
(3) 메조넷형(Maisonette Type)
① '작은 저택'이라는 뜻을 지니고 있는 메조넷은 하나의 주거단위가 복층형식을 취하는 경우로, 단위주거의 평면이 2개 층에 걸쳐져 있을 때는 듀플렉스형(Duplex Type), 3개 층에 있을 때는 트리플렉스형(Triplex Type)이라 한다.
② 통로는 상층 또는 하층에 배치할 수 있으므로 유효면적이 증가하고 통로가 없는 층의 평면은 프라이버시와 통풍 및 채광 등이 좋아진다.

1-9 녹지계획

(1) 녹지공간의 종류
① 방음식재(防音植栽) : 도로나 주차장 주변의 소음공명 흡수를 위하여 식재로 상당한 넓이가 필요하다. 방음의 경우에도 주거환경 보호를 위해서 큰 규모가 필요하다.
② 차폐식수 : 차량이나 사람의 보행교통에 주민의 프라이버시와 시환경(視環境)을 보호하는 것이 목적이다. 울타리의 높이는 약 1.8 m 이상이다.
③ 녹음식재(綠陰植栽) : 놀이터, 벤치 등을 직사광선으로부터 차폐하는 것으로 낙엽수 등을 사용한다.
④ 수경식재(修景植栽, 地表植栽) : 주거단지의 조성지면의 회복을 도모하기 위해 수목이나 잔디 등을 이용한다.
⑤ 위생식재 : 지표의 건조, 황폐 등을 예방한다.

(2) 녹지의 기능
① 차음성(遮音性) : 식재의 차음성은 수림의 너비, 나무높이, 밀도가 높아지면 효과적이다. 또 음원과 가까운 것이 좋다.
② 냉각효과 : 녹지가 일광을 흡수하며 기온을 떨어뜨린다. 수증기의 증발도 잠재열을 없애고 환경을 냉각시킨다.
③ 방풍효과 : 수림의 방풍효과는 바람의 상부 측에서는 수고(樹高)의 약 2~6배, 하부 측에서는 약 15~35배까지 있다. 수림대의 밀도는 약 50~60%가 좋다.

(3) 녹지의 조성
① 잔디 조성 : 잔디는 그 식수장소, 목적, 규모 등에 의해 종류를 선택하여야 한다. 감상

을 목적으로 할 때는 비교적 인적이 드문 곳에 보통 잔디, 한국잔디, 티프트와프잔디가 좋다. 잔디는 유지관리가 극히 중요하므로 관리의 배려가 필요하다.
② 화단 조성 : 어떤 종류의 화초를 심더라도 주변과 조화를 이루도록 한다. 전체적으로는 다년생 화단의 영구화단을 주체로 하며, 1~2년 초를 변화요소로 한다. 계절감을 느낄 수 있도록 개화시기가 집중되지 않도록 한다.
③ 도심지나 녹지조성 공간 부족 시에는 옥상녹화도 적극 고려한다(건물의 냉·난방 부하 경감, 거주자의 쉼터 조성).

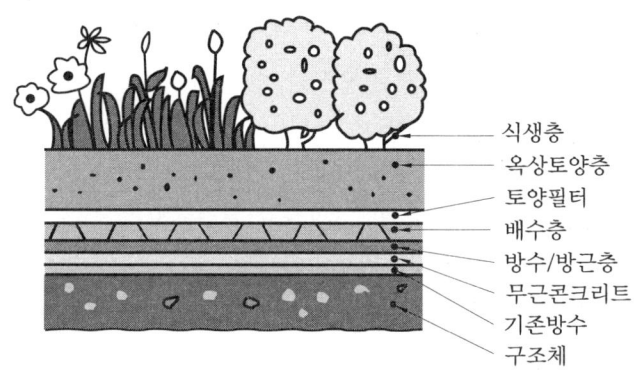

옥상녹화의 사례

핵심해설

★ **에너지 절약적 건축계획** : 건축물의 에너지 절약적 계획을 위하여 건축물의 방위별 계획 측면에서 남향을 잘 활용하는 방법, 대지의 배치계획 측면에서 일조의 확보와 경사면의 활용, 기타 녹지의 적극적 조성 등이 매우 중요하게 작용한다.

2. 초고층 건물 및 초고층 복합건물 공조

2-1 초고층 건물의 열환경 특징

(1) '초고층 건축물'이란 층수가 50층 이상이거나 높이가 200미터 이상인 건축물을 말한다.
(2) 에너지 다소비형 건물이므로 '에너지 절약대책'이 특별히 중요하다.
(3) 초고층 건물일수록 SVR(Surface area to Volume Ratio)이 커서 열손실이 크고 건물의 에너지 절약 측면에서 좋지 못하다. 단, 지붕면적은 작아 지붕으로 침투되는 일사량의 비율은 줄어들지만 여전히 '옥상녹화'는 추천된다.
(4) 고층부에 풍속이 커서 대부분 기밀성이 높은 건축구조이며, 자연환기가 어려운 구조이다.

(5) 연돌효과가 매우 크고, 여름철 일사부하가 상당히 크며, 겨울철 강한 풍속으로 인한 열손실이 큰 부하특성을 가진다.
(6) 건물 외피 부분의 시간대별 부하특성이 매우 변동이 심하므로 내주존, 외주존을 분리하여 공조장치를 적용하는 방법도 검토한다.
(7) 기타 초고층 용도로서의 각종 설비의 내압·내진 신뢰성이 강조되며, 화재 시의 신속한 방재 등 안전에 대한 고려가 무엇보다 중요하다.

2-2 급수관의 수압/소음 문제 (수송 동력 절감 및 기기 내압에 특히 주의)

(1) 급수관 분할방식, 감압밸브 등을 적용한다.
(2) **배관재** : 고압용 탄소강관(수압이 10 kgf/cm² 넘으면 고압용 탄소강관 등 사용)
(3) **입상관** : 3층마다 방진 필요
(4) **입상배관 유수음 대책** : 이중관 및 스핀관 시공 등 고려
(5) **내진**
  ① 풍압에 의한 상대변위 고려 : 약 20 mm
  ② 각층마다 횡진방진

2-3 연돌효과 (굴뚝효과) 대책

(1) Air Curtain, 2중문, 회전문 등으로 외기를 차단한다.
(2) 2중문 사이에 Convector 혹은 FCU를 설치한다.
(3) 방풍실 설치, 가압으로 외기를 차단한다.
(4) **기밀성** : 밀실시공
(5) 층간구획으로 공기흐름을 차단한다.

2-4 에너지 절약대책

초고층 건물은 에너지 다소비형 건물이므로 '에너지 절약대책'이 상당히 중요하다.
(1) **전열교환기** : 환기 시 폐열회수 가능
(2) **이중외피(Double Skin 방식) 구조** : 자연환기 실시 가능
(3) 중간기에는 외기냉방을 실시(엔탈피 제어 등 동반 필요)한다.
(4) VAV 방식 채용으로 반송 동력비를 절감한다.
(5) 신재생에너지 적용을 검토한다.
(6) 중간층에 중간기계실을 몇 개 설치하여 반송 동력을 절감한다.

2-5 설비 선정 시 고려사항

(1) 초고층 건물은 저층 건물에 비해 복사, 바람, 일사에 의한 영향으로 냉·난방 부하에 더 많은 영향을 받기 때문에 열원장비의 용량이 재래의 건물과 비교하여 증가하게 된다.
(2) 창문의 개폐가 어려우므로 자연환경의 이용보다는 공조설비에 의한 의존도가 크다.
(3) 건물 방위별로 부하의 차가 크며, 냉·난방이 동시에 필요하므로 냉열원과 온열원의 동시가동이 요구되며, 연간냉방 및 중간기 공조가 필요하다.
(4) 사무자동화의 일반화로 OA기기로 인한 내부 발열이 크기 때문에 열원설비의 용량이 증가하게 된다.
(5) 열원시스템은 건물 규모, 열부하의 중간기 특성, 에너지 단가 측면에서의 경제성, 정부 시책 등을 바탕으로 고효율, 고성능, 유지관리비의 최소에 따른 에너지 절약을 고려하여 그 종류 및 배치 계획을 종합적으로 분석한 후 결정한다.
(6) 시스템의 안정성과 연료공급의 안전성을 고려하여 연료의 다원화와 비상열원이 필요하다.
(7) 추후 부하변동에 유연성 있게 대응할 수 있도록 준비되어야 한다.

2-6 열원 시스템

(1) 중앙공조
  ① 장비 : 흡수식 및 터보 냉동기 등 활용/각 존(Zone)별 혹은 층별 공조기 사용
  ② 저층부 : 열원장비에서 생산된 냉수를 직접 공조기코일에 공급(냉수온도 약 5~7℃)하거나 직팽 코일방식 사용 가능
  ③ 고층부는 안전성을 고려하여 중간 기계실에 판형 열교환기를 설치하여 간접적으로 공조기코일에 냉수 공급(냉수온도 약 7~9℃)
  ④ 냉각탑 : 무동력형(고층이므로 원활한 풍속 확보) 가능성 타진

(2) 개별공조
  ① 개별조작 및 편리성이 강조된 EHP(빌딩멀티, 시스템멀티), 개별 냉·난방기 등 채용 검토
  ② 도시가스 등을 이용한 GHP 채용 검토
  ③ 전열교환기, 현열교환기 등의 환기방식 선정

(3) 혼합공조
  ① 주로 외주부는 부하 변동이 심하므로 개별공조, 내주부는 환기부하가 크므로 중앙공조를 채용하여 혼용하는 방식
  ② 층별 및 존별 특성을 살려 쾌적지수 향상, 에너지 절감 등 도모 가능

2-7 공조설비

(1) 세대별로 공조실을 확보하여 세대별 소형 공조기를 설치 검토한다.
(2) 환기부하가 클 경우에는 전공기방식을 채택한다.
(3) **공조배관 조닝**
   ① 유량의 균등분배를 위하여 각 세대 공조기마다 정유량밸브 설치 검토
   ② 고층부 : 유량 제어를 위해 정유량밸브 설치
   ③ 저층부 : 유량 밸런싱을 위해 차압밸브 설치

2-8 각층 복도 공조

(1) 높이가 높을수록 실내 기압 유지가 어렵고, 특히 겨울철 실내외 온도차가 클 경우 상승 기류(엘리베이터홀, 복도)가 생긴다.
(2) 기계적인 공조 및 환기에 의해 온도 및 공기상태를 적절히 유지해야 한다.
(3) **기타 부속공간** : 공조기에 의해 정풍량 단일덕트방식으로 냉난방 및 환기를 검토한다.

2-9 급수공급방식

(1) 부스터 펌프에 의한 상향공급방식(회전수제어 및 대수제어)이다.
(2) 세대별 감압밸브 및 유량조절밸브를 설치한다.
(3) 수격방지기(Water Hammer Arrester)를 설치한다.
(4) **중수도 설비** : 대변기 및 소변기의 세정용수 등에 적용

2-10 중앙 정수처리설비 및 진공청소설비

(1) 중앙 정수처리설비 혹은 각 세대별 정수기를 설치하여 배관상의 부유물 및 탁도를 제거한다.
(2) **중앙 정수처리방식**
   ① U/V Filter : Post Sterilizer
   ② Filtering : $AlSiO_2$ Filter + Silver Filter 등
   ③ Membrane(막분리식 여과장치)
      ㈎ Micro Filtration(정밀여과장치) : 0.1~0.2 μm 입자
      ㈏ Ultra Filtration(초정밀여과장치) : 0.0015~0.1 μm 입자
      ㈐ Nano Filtration(초순수정밀여과장치) : 0.001 μm 입자

(3) 중앙집중식 진공청소설비

① 벽 혹은 바닥에 설치된 흡입구에 호스를 연결하여 진공 흡입하는 방식
② 이동식 청소기의 미세먼지 분출 단점 보완
③ 편의성 및 주거환경 쾌적도 향상
④ 실외기실에 진공흡입 유닛 설치

2-11 Double Skin (외벽 통기 시스템)

(1) 건축물 구조 내부 및 단열재의 함습을 방지한다.
(2) 내외부 결로 방지 효과가 있다.
(3) 하계 일사열에 의한 외피 온도 상승을 억제한다.
(4) 초고층에서의 자연환기를 유도한다.
(5) 초고층 건물에서의 가장 근본적인 에너지 절약 대책이라고 할 수 있다.

2-12 기타 고려사항

(1) **음식물 탈수기 설치** : 음식물 쓰레기 발생량을 줄이고 환경오염 방지 도모
(2) **각 실 룸 온도 제어** : 실별(室別) 온도차로 입주민 민원사항 불편 해소
(3) **화장실 배수배관으로 이중관 및 3엘보 사용** : 소음 방지 관련 민원 해소
(4) **주방배기 확산 방지** : 거실로 오염물질이 확산되지 않게 적정 배기풍량 산정 및 배기방식 선정
(5) **TAB** : 고품질 시공과 추후 건물관리에 효율적으로 대처할 수 있는 체계 확립
(6) **천장 속 공간 확보** : 중앙 냉방방식 등에 따른 천장 내 덕트 및 배관공사에 대한 천장 속 공간이 충분히 고려되지 않아 시공 곤란 가능성(계획 시부터 협의 필요) 대처
(7) **중간기계실 및 세대 공조실 공간 확보** : 에너지 절약, 유지보수 및 소음 차단을 위한 적정 공간 확보 필요
(8) **진동소음 대책**
① 바닥 충격음 기준(주택건설 기준 등에 관한 규정)
  ㈎ 층간 소음 : 경량 충격음 58 dB 이하, 중량 충격음 50 dB 이하
  ㈏ 교통 소음 : 1층과 소음도가 가장 높을 것으로 예측되는 층의 소음도를 평균한 값이 65 dB 이하일 것
(9) **원격 검침 시스템**
① 중앙관제실에서 원격 검침
② 관리효율의 증대, 현장 관리 인건비 절감 및 세대의 프라이버시 침해 방지

③ 시수미터, 급탕미터, 가스미터

> **핵심해설**
> ★ **초고층 복합건물의 공조방식** : 초고층 건물은 주로 높은 건물 높이로 인하여 기류의 연돌효과, 수배관의 내압/좌굴, 환기의 어려움, 풍압에 의한 내진설계, 유량 불균일(정유량밸브/차압밸브 설치 필요) 등의 다양한 문제를 해결 및 조치해야 한다.

3. 대공간 건물공조

3-1 개요

(1) 대공간이라 함은 체육관이나 극장, 강당 등과 같이 하나의 실로 구성되며 보통 천장 높이가 4~6 m 이상, 체적이 10,000 m³(바닥면적 약 2,000제곱미터) 이상인 것을 말한다(대공간에서의 공조시스템 선정과 공기분배 방식은 매우 중요하다).
(2) **대공간 온열환경 고려요소** : 천장 높이, 실공간 용적, 실사용 공간 분석, 외벽 면적비 등

3-2 대공간 건물의 기류특성

(1) 냉방 시에는 어떤 공기분배 방식을 사용하여도 기류가 하향하게 되나 난방 시에는 온풍을 아래까지 도달시키기 어렵다(이는 공기의 밀도차에 의한 원리로 가열된 공기는 상승, 냉각된 공기는 하강하려는 성질이 있기 때문이다).
(2) 연돌효과, Cold Draft(냉기류) 등으로 인해 기류 제어가 대단히 어렵다.
(3) 공간의 상하 간 온도차에 의한 불필요한 에너지 소모가 많다(거주역만 냉·난방 제어하기가 어려움).
(4) 구조체의 열용량, 단열성능 약화로 냉·난방 부하가 증가한다.
(5) 동절기 결로 혹은 Cold bridge 현상 등이 우려된다.
(6) 상대적으로 외피면적이 큰 편이므로 복사온도의 개념이 매우 유효하고, MRT(평균복사온도)를 잘 활용하도록 한다.

3-3 대공간 공조계획

(1) **건축 측면** : 대공간의 특수성에 의한 건축계획 측면의 환기계획, 외피구조 계획 등 필요
(2) **기계설비(냉난방 방식)** : 대류/복사열 부하, 경계층 열 이동, 열원(열매)방식, 사용에너지 등 고려 필요

(3) **공조방식** : 단일덕트방식이 좋음(Zone 수가 많지 않으므로)
(4) **기타** : 건물 내·외부의 환경 변화 고려(일사와 구조체, 실내 발생열, 투입열량, 기류조건 등)
(5) **실내기류의 최적치** : 난방의 경우 0.25~0.3 m/s, 냉방의 경우 0.1~0.25 m/s

3-4 공기 취출방식

(1) **수평 대향 노즐(횡형 대향 노즐)**
 ① 도달거리를 50~100 m로 크게 할 수 있으므로 대공간을 소수의 노즐로 처리 가능하고, 덕트가 적으므로 설비비 면에서 유리하다.
 ② 반면에 온풍(난방) 취출 시에는 별도의 온풍 공급 방식을 채택하거나 보조적 난방 장치가 필요하다.

(2) **천장(하향) 취출방식**
 ① 극장의 객석 등에 응용하는 예가 많다.
 ② 온풍과 냉풍의 도달거리가 상이하므로 덕트를 2계통으로 나누어 온풍 시에는 N_1개를 사용하고 냉풍 시에는 $(N_1 + N_2)$개를 사용하면 온풍의 토출속도를 빠르게 하여 도달거리를 크게 할 수 있다.
 ③ 가변선회형 취출방식 : 경사진 블레이드를 통과한 기류가 강력한 선회류(Swirl)를 발생시키고, 기류 확산이 매우 신속하게 이루어지는 형태이다.
 ④ 노즐디퓨저 사용방식 : 공기 도달거리 확보에 용이한 형태이다.

(3) **상향 취출방식(샘공조 방식)**
 ① 좌석 하부나 지지대에서 취출하는 방식이다.
 ② 하부에 노즐장치를 설치한다.
  ㈎ 1석당 1차 공기 약 25 m³/h를 토출하고 2차 공기 50 m³/h를 흡인한다.
  ㈏ 쾌적감 측면 토출 온도차를 약 3~4℃ 정도로 한다.
  ㈐ 토출 풍속 : 약 1~5 m/s(평균 2.5 m/s)로 한다.

3-5 에너지 절약 대책

(1) **환기** : CO_2 센서를 설치하여 환기량 제어를 실시하여 에너지 절감을 기한다.
(2) 급기구 위치는 가급적 거주 공간에 가깝게 배치하여 반송 동력을 절감한다(도달거리를 크게 하기 위해 풍속을 크게 하면 정압이 상승한다).
(3) 급기구는 유인비가 큰 성능의 것을 선택함으로써 환기 기능을 좋게 한다.

(4) 중간기 외기냉방을 할 수 있도록 한다.
(5) 천장 쪽에서의 열 취득(Heat Gain)은 배기팬을 이용하여 기류를 이동시킨다.
(6) 난방 시 온풍에 의한 방법보다 상패널 히팅(바닥패널 방식)으로 하고, 공기는 등온 취출하는 것이 좋다(공기 하부 취출이 유리).
(7) 일사차단막을 설치하여 일사량을 조절해야 한다(전면이 유리로 된 대형 건물의 외주부에서는 더욱 중요한 사항).

> **핵심해설**
> 대공간 건물은 보통 천장 높이가 4~6 m 이상, 체적이 약 10,000 m³(바닥 약 2,000제곱미터) 이상인 것을 말하며, 기류의 층류화, 연돌효과, Cold Draft, 거주역/비거주역 구분의 어려움, 결로, Cold Bridge 현상 등의 공조상 어려움이 있다.

4. 호텔 건물공조

4-1 개요

(1) 호텔 열부하는 일반 건물 대비 종류가 많고 대단히 복잡하다.
(2) 객실은 방위의 영향, Public부는 내부부하, 인체부하, 조명, 발열부하의 비율이 높으므로 용도, 시간대별 조닝이 필요하다.
(3) 시간대별 열부하의 변화폭이 크므로 열원 선정 시 대수제어나 부분부하 특성을 우선 고려하여야 한다.

4-2 호텔의 부하(열환경)특성

(1) 호텔 건물은 대부분 고층 혹은 초고층으로 지어지므로, 연돌효과, 외피를 통한 열손실 증가 등 고층건축물의 부하특성과 유사한 면을 가지고 있다.
(2) 호텔은 하루 중 시간대별 에너지 사용량이 많이 변하며 일반 건물보다 부하 변동의 추종성이 좋게(특히 부분부하 특성이 우수하도록) 공조 및 열원설비를 도입하는 것이 좋다.
(3) 고층일수록 SVR(Surface area to Volume Ratio)이 커서 열손실이 크고 건물의 에너지 절약 측면에서 좋지 못한 에너지 다소비형 건물이다. 단, 상대적으로 지붕면적이 작으면 지붕으로 침투되는 일사량의 비율은 줄어들지만 여전히 '옥상녹화'는 추천된다.
(4) 보통 연돌효과가 크고, 여름철 일사부하가 상당히 크며, 겨울철 강한 풍속으로 인한 열손실이 큰 부하특성을 가진다.

(5) 건물 외피 부분의 시간대별 부하특성이 매우 변동이 심하므로 기본적으로 내주존, 외주존을 분리하고, 또한 용도별 조닝을 설정하여 공조장치를 분리 적용하는 방법도 검토해야 한다.
(6) 기타 야간 혹은 특정시간에는 재실인원 밀도가 매우 크므로 화재 시의 방재 등 안전에 대한 특별한 고려가 필요하고, 공조장치와 배연장치의 연동제어 등도 철저히 검토 및 점검해야 한다.

4-3 각 실별(室別) 공조방식

(1) 각 실별 열부하 특성이 아주 다양하고 복잡하다.
(2) 객실 : 전망 때문에 대개 창문이 크고 외기에 접한다(방위별로 조닝함이 필요하다).
  ① 주로 'FCU +덕트' 방식
  ② 창문 아래 FCU 설치하여 Cold Draft 방지
  ③ FCU 소음 주의
  ④ 침대 근처 FCU 송풍 금지
  ⑤ 개별제어 : 고객 취향에 따라 개별 온도제어 가능할 것
  ⑥ 주로 야간에 가동되므로 열원계통 분리 필요
(3) 현관, 로비, 라운지 : 연돌효과 방지 필요
(4) 대연회장, 회의실 : 잠열부하 및 환기량 처리가 중요, 전공기방식이 유리
(5) 음식부, 화장실 : 부압유지 필요
(6) 관리실 : 작은 방이 많아 개별제어 필요
(7) 최상층 레스토랑
  ① Cold Draft 방지 대책 필요
  ② 바닥패널 고려, 영업시간 고려하여 단독계통이 유리
(8) 실내공기의 질(質) : 호텔은 고급건물로 카펫 등의 먼지 발생이 많아 실내공기청정에 유의하고, 특히 환기방식 및 필터 선정에 각별한 주의가 필요

4-4 열원장비 선정

(1) 객실계통, Public 계통을 분리(부하특성 많이 다름)한다.
(2) 보통 지하에 설치하나, 옥상 설치 시에는 소음, 진동, 흡음재를 특별 고려한다.
(3) 부분부하 효율이 특히 좋아야 한다.
(4) 초고층의 경우 소음, 진동 고려하여 설비 분산을 검토한다.
(5) 부분부하와 특성이 다른 부하가 많아, 부분부하효율을 고려한 장비를 선정하고, 대수

분할은 3대 정도 고려함이 유리하다.

(6) 추천 열원장비 방식

① 중앙공조
- ㈎ 장비 : 흡수식 및 터보 냉동기 등 활용/각 Zone별 혹은 층별 공조기 사용
- ㈏ 저층부 : 열원장비에서 생산된 냉수를 직접 공조기코일에 공급(냉수온도 약 7℃)하거나 직팽 코일방식 사용 가능
- ㈐ 고층부는 판형 열교환기를 설치하여 공조기코일에 냉수 공급(냉수온도 약 8℃)
- ㈑ 냉각탑 : 무동력형(고층이므로 원활한 풍속 확보 가능) 가능성 타진

② 개별공조
- ㈎ 개별조작 및 편리성이 강조된 EHP(빌딩멀티, 시스템멀티, HR 방식 등) 채용 검토
- ㈏ 도시가스 등을 이용한 GHP 채용 검토
- ㈐ 전열교환기, 현열교환기 등의 환기방식 선정
- ㈑ 경비실, 주차장관리실 등 24시간 관리가 필요한 경우 혹은 사용 용도상 별도로 구획된 룸이 있을 경우 패키지에어컨, 싱글에어컨 등 개별제어성이 뛰어난 열원방식 채택

③ 혼합공조
- ㈎ 주로 외주부는 개별공조, 내주부는 중앙공조를 채용하여 혼용하는 방식
- ㈏ 층별 및 Zone별 특성을 살려 쾌적지수 향상, 에너지 절감 등 도모 가능

> **핵심해설**
>
> ★ **호텔건물의 공조방식** : 호텔은 열부하 특성이 각 실(室)별 아주 다양하고 복잡하므로 객실, 현관, 로비, 회의실, 음식부, 관리실, 최상층 등에 따라 아주 다르므로 각 실별 부하특성을 살려 공조에 반영해주어야 한다. 따라서 열원장비는 부분부하 효율이 좋은 것을 선정(개별제어에 부합)하여야 하고, 거주인원의 쾌적과 건강을 위하여 실내공기의 질(質)도 잘 관리하여야 한다.

5. 병원 공조

5-1 개요

(1) 환자와 의료진의 건강상 실내공기 오염이 확산되는 것을 방지하기 위해 각 실 청정도 및 양압 혹은 부압 유지가 필요하다.

(2) 실의 용도, 기능, 온습도 조건, 사용 시간대, 부하특성 등을 면밀히 분석 후 공조방식을 결정한다.

(3) 병원설비 고도화, 복잡화로 증설 대비한 설비용량 확보, 원내 감염 방지, 비상시 안정성, 신뢰성 등을 모두 갖추어야 한다.

5-2 공조방식

(1) **병실부 및 외래진료부** : 외주부(FCU + 단일덕트), 내주부(단일덕트)
(2) **방사선 치료부, 핵의학과, 화장실** : 전공기 단일덕트, (−)부압
(3) **중환자실, 수술실, 응급실, 무균실** : 전공기 단일덕트(정풍량) 혹은 전외기식, (+)정압
(4) **응급실** : 전공기 단일덕트, 24시간 운전계통
(5) **분만실, 신생아실** : 전공기 정풍량, 100% 외기 도입(전외기방식), 온습도 유지 위한 재가열코일, 재가습, HEPA 필터 채용, 실내 정압(+) 유지 등
(6) 기타 특별히 고청정을 필요로 하거나 습도 조절이 필요한 실(室)은 가급적 전외기방식, 혹은 항온항습 시스템을 채용하는 것이 유리하다.

5-3 열원방식

(1) 긴급 시 및 부분부하 시를 대비하여 열원기기를 복수로 설치하면 효과적이다(→ 응급실 등은 24시간 공조 필요하므로, 복수 열원기기 꼭 필요).
(2) **온열원**
  ① 증기보일러 : 의료기기, 급탕가열, 주방기기, 가습 등 고려
  ② 온수보일러 : 병원의 난방은 열용량이 크고, 소음이 적으며, 관부식이 적은 '온수난방'을 주로 많이 선호
(3) **냉열원** : 흡수식냉동기, 터보냉동기 또는 빙축열시스템 등

> **핵심해설**
>
> ★ **병원 공조방식** : 병원은 최근 '메르스 사태' 등에서도 보았듯이 환자와 의료진의 건강상 실내공기 오염의 확산 방지가 중요하므로, 각 실 청정도, 양압 및 부압 유지가 필수적이다. 또 응급실은 24시간 운전 가능한 전공기 단일덕트방식을 채용하여 별도 계통(열원기기 등)으로 분리하는 것이 바람직하다. 특별히 고청정을 필요로 하는 실(室)은 가급적 전외기방식을 채용하는 것이 유리하다.

6. 지하공간 및 지하주차장

6-1 지하공간 환경 특성

(1) 전략 방호시설, 토지 수요 증가 대응, 보온보냉 지역, 냉난방 에너지 절약 등의 특성을 가진다.
(2) 지상 건물 대비하여 대부분 환기부하가 많다.
(3) **열환경** : 지반의 축열효과, 지중온도 보유, 미이용에너지로서의 특성 등

6-2 공기의 질(IAQ) 관련 법안

(1) 1996년 12월 30일 지하역사, 지하통로 등 지하생활공간의 공기 질을 체계적·효율적으로 관리하기 위한 제도장치가 마련되었다(지하생활공간 공기질 관리법).
(2) 그 후 2004년부터 '다중이용시설 등의 공기의 질 관리법'으로 법명을 개정하고, 적용대상도 확대 적용 중이다.
(3) 이 법은 해로운 건축자재의 사용을 제한하고, 시공자로 하여금 실내공기의 질을 측정 및 공고해야 하는 의무, 교육의 의무 등을 규정하고 있다.

6-3 지하공간 공조설계 시 고려사항

(1) 공기의 질 시험방법, 공기의 질 유지기준 확인이 필요하다.
(2) 환기 및 공기정화 설비(기계)를 설치해야 한다.
(3) 높은 잠열부하 처리방법을 검토해야 한다.
(4) 기타 재난방지 방안, 지중온도 활용 방안 등을 검토해야 한다.

6-4 지하공간 공조방식

(1) **전공기방식(단일덕트방식 등)** : 청정, 충분한 산소 공급, 습도 제어, 외기냉방
(2) **안전 관련** : 연기 확산 방지 제어, 피난통로 가압, 정전 시 비상 전원설비
(3) 기타 조닝, 용도별 계획, 법규(지하공간 제연설비관계법 등), 기능 등을 고려하여 환기설비 고려

6-5 지하공간의 필터

(1) PM10M(10마이크로미터 이하) 미세분진(호흡성 분진)을 필터링할 수 있는 능력의 필터

여야 한다.
(2) 필터는 수명이 짧으므로 보수관리가 용이한 것으로 선택해야 한다.
(3) 여재를 쉽게 교환할 수 있는 것이어야 한다.
(4) 유지관리가 편한 자동세정형, 권취형 필터도 쓴다.
(5) 헤파필터 등의 고성능 필터는 피하는 것이 좋다.

6-6 지하주차장 공조(환기)방식

(1) 기계환기

비교항목	급/배기 덕트방식	노즐방식	무덕트방식(유인팬방식)
급배기방식	급기팬 & 덕트 배기팬 & 덕트	급기팬 : 터보팬, 노즐 배기팬 & 덕트(고속)	급기팬 : 터보팬(유인용), 배기팬
덕트방식	저속덕트	고속덕트	덕트 없음
스페이스	大	中	小
기타 특징	• 실내공기 부분적 정체 • 개별제어 곤란 • 자연환기와 조합 곤란 • 층고 증대 • 설비비 및 동력비 증대	• 소음 및 환기 효과 큼 • 먼지 비산 우려 • 자연환기와 조화	• 설치비 및 운전비용 저렴 • 공기 정체 현상 없음 • 개별 제어와 전체 제어 가능 • 부분적인 고장이 있더라도 전체적인 영향 없음 • 소음 적음

(2) 자연환기

① 수직덕트방식 : 수직덕트(Air Shaft)를 설치하여 대류효과 기대

② 피스톤 효과 이용
　(가) 차량 출입 시 입구램프와 출구램프 간의 피스톤 효과를 이용하는 방식
　(나) 입구램프의 반대쪽에 출구램프를 배치(동선은 가급적 짧게)함
　(다) 되도록 입구램프와 출구램프의 단면적은 크게 함

6-7 지하주차장의 환기팬(급기팬 및 배기팬)이 멈추기 쉬운 이유

(1) 지하주차장의 급기 및 배기 측의 통풍이 원활하지 않고, 외기의 통풍저항이 비교적 큰 경우가 많다.
(2) 지하에 분진이 비교적 많아서 팬 모터의 회전부, 베어링부 등의 구동부를 쉽게 오염시킨다.
(3) 굴뚝효과(Stack Effect)에 의해 송풍기에 역압이 걸리기 쉽다.
(4) 지하주차장 설비는 보통 관리가 소홀해지기 쉽다.

(5) 차량의 진입 및 출차 시 기류의 방향이 일정치 못하다.

> **핵심해설**
>
> ★ **지하공간 공조방식** : 지하공간은 충분한 산소 공급(환기), 습도 제어, 방재 등이 중요하다. 따라서 '전공기 단일덕트방식'이 추천되며, 방재를 위해 소방법에 따라 연기 확산 방지 제어, 피난통로 가압, 정전 시 비상 전원설비 등을 주요하게 고려해야 한다.

7. IB(인텔리전트 빌딩 ; Intelligent Building) 공조

7-1 배경

(1) 미국의 UTBS(United Technologies Building System) 사가 미국의 코네티컷 주 하트포트에 건설하여 1984년 1월에 완성한 시티 플레이스(City Place)에서 그 특징을 선전하는 의미로 처음 사용되었다.
(2) 미국에서는 스마트 빌딩(Smart Building)과 IB가 동의어로 사용되고 있다.

7-2 정의

BA, OA, TC의 첨단기술이 건축환경이라는 매체 안에서 유기적으로 통합되어 쾌적화, 효율화, 환경을 창조하고, 생산성을 극대화시키며 향후 '정보화 사회'에 부응할 수 있는 완전한 형태의 건축을 의미한다.

7-3 4대 요소

(1) **OA(Office Automation)** : 사무자동화, 정보처리, 문서처리 등
(2) **TC(Tele Communication)** : 원격통신, 전자메일, 화상회의 등
(3) **BAS(Building Automation System) 혹은 BA(Building Automation)**
  ① 공조, 보안, 방재, 관리 등 빌딩의 자동화 시스템을 말한다.
  ② 크게 빌딩 관리 시스템(BMS ; Building Management System), 에너지 절약 시스템(BEMS), 시큐리티(Security) 시스템 등의 세 가지 요소로 대별하기도 한다.
(4) **건축(Amenity)** : 쾌적과 즐거움을 주는 곳으로서의 건물
  ① 업무환경 : 컴퓨터 단말기 작업에 적합한 사무환경 및 인간공학에 입각한 의자, 작업대의 선택 등

② Refresh 환경 : 아트리움, 휴게실, 식당, 카페테리아, 티라운지, 화장실
③ 건강유지 환경 : 헬스클럽, 클리닉
④ 보조시스템 : 각종 시스템에 연결되는 배관 덕트 배선 등을 건물 구조 속에 아름답게 정리되도록 하는 보조적인 시스템

(5) **CA(Communication Automation)** : TC(Tele Communication)와 OA(Office Automation)가 통합화된 개념
(6) 보통은 상기 CA를 빼고, IB의 4대 요소(OA, TC, BAS, 건축)로 많이 부른다.

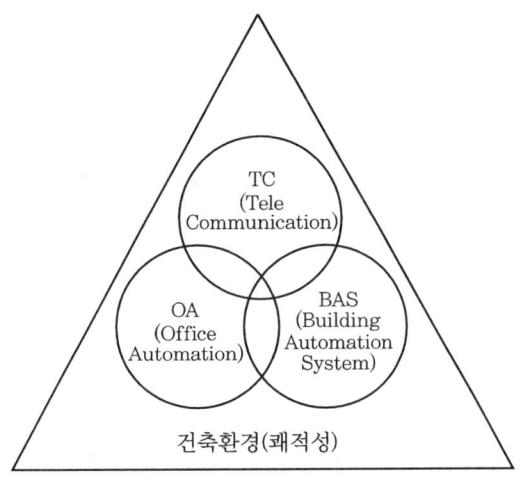

IB의 개념도

7-4 IB 공조 설계상 특징

(1) 설계 시는 쾌적성, 변경성, 편리성, 안정성, 효율성, 독창성 및 생산성이 고려되어야 한다.
(2) IB 공조는 OA기기 증가로 예측이 어렵고, 대부분 OA기기 발열에 의한 냉방부하로 일반사무실 부하와 달라 유의해야 한다.
(3) VAV 방식으로 대응 시 환기부하(저부하 시)에 유의, 동시 냉난방 발생 시 대비책이 필요하다.
(4) 내부 발열량 변동, 내부발열 시간대, 기류분포 등을 고려한다.
(5) 기기 용량 산정 시 단계적 증설 가능성도 고려한다.
(6) **제어시스템** : 운전관리 제어, 이산화탄소 농도 제어, 대수제어, 냉각수 수질 제어, 공기 반송 시스템 제어 및 조명 제어 등 고려
(7) **절전 제어(Computer Software에 의한 제어)** : 최적 기동 제어, 전력 제어, 절전운전 제어, 역률 제어 및 외기취입 제어(예열 예냉 제어, 외기 엔탈피 제어, 야간외기취입 제어) 등 고려

(8) 기타사항

① 온도 : 10~15℃~32~35℃ 등으로 Zone별 특성에 맞게 나누어 공조
② 습도 : 40~70%(중앙공조 기준) 등으로 Zone별 특성에 맞게 나누어 공조
③ 주의사항(특히 온·습도 사용범위에 주의)
　㉮ 보통 5℃ 이하에서는 자기 디스크 Reading 불가, 제본의 아교가 상하는 현상 등을 초래할 수 있음
　㉯ 저습 시 종이의 지질 약화 및 정전기 우려
　＊ 정전기 방지 대책 : 접지, 공기 이온화 장치, 전도성 물질 도장 등
　㉰ 고습 시 곰팡이, 결로, 녹 발생 등 우려

7-5 냉방시스템 구성 (사례)

IBS 건물의 DATA 센터실은 보통 24시간 운전된다. 냉방부하(최대부하) 용량이 1,000 RT일 경우 Back Up 운전 50%, 100% 고려 시의 냉방시스템(열원) 구성은 다음과 같다.
① 백업 50% 고려 시 : 500 RT 3대를 설치하여 1대는 Stand-by 상태
② 백업 100% 고려 시 : 500 RT 4대를 설치하고 2대는 Stand-by 상태

7-6 기타 주의사항

(1) IB 공조는 OA기기 증가로 예측이 어렵고, 대부분이 OA기기 발열에 의한 냉방부하로 냉방부하의 효과적인 처리가 관건이다.
(2) VAV 방식으로 대응 시 저부하에서 환기량이 저하될 수 있으므로 주의가 필요하다.
(3) IB 건물은 부하가 다양하고 기능 또한 고도화되고 있으므로, 구획별 정밀 제어가 가능하게 설계되어야 한다.
(4) 재실인원 증가, 기밀구조 강화로 인한 환기량 제어가 필요하며, CO_2 센서 제어, 외기 엔탈피 제어 등을 응용할 필요가 있다.

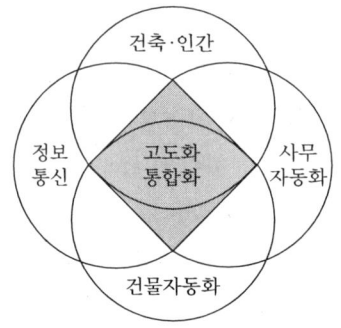

IB의 변화(점차 고도화 및 통합화 추세)

8. 아트리움 공조

8-1 아트리움 공간 내 열환경의 특징

(1) 주야간 및 계절에 따른 실내외 온도차가 심하다.
(2) 유리가 차지하는 면적이 크기 때문에 외풍 및 외기의 침입 등이 많아진다.
(3) 대공간이므로 거주역에서의 온도 조절 및 기류 조절이 매우 어렵다.
(4) 외관이 중요한 장소이므로 공조설비(취출구, 흡입구, FCU 등)가 건축물의 미관을 해치지 말아야 한다.

8-2 문제점

(1) **굴뚝효과(연돌효과)** : 대공간 상하의 기압차에 의한 굴뚝효과가 커지고, 극간풍이 많이 유입된다.
(2) **결로 및 Cold Draft 현상** : 아트리움은 유리창이 차지하는 비중이 크므로 결로 및 Cold Draft 현상이 쉽게 발생한다(심지어는 조경용 수목이나 화초가 동사하는 경우도 발생하므로 주의해야 한다).
(3) **Stratification(내부 온도의 성층화)** : 상하부 공기의 밀도차에 의한 온도차가 심하며 이 현상은 여름철보다 겨울철에 더 심해진다(특히 천장 취출 방식의 경우 난방능력 부족에 대한 클레임 사례가 많다).
(4) 유리를 통한 취득열(냉방 시), 손실열(겨울)이 매우 크기 때문에 별도의 에어커튼, 방풍설비, 일사 차단장치 등을 고려해야 한다(하계에는 상부 공기 온도가 50~60℃ 정도로 흔히 과열될 수 있다).
(5) 거주역과 비거주역의 구분이 어려워 환기량을 설정하기 어렵다.

8-3 사례

(1) 아트리움의 실제 현장에서는 공조 및 장비설계 측면에서 아직도 제대로 된 설계가 부족한 실정이다.
(2) 아트리움, 고층빌딩의 1층 로비, 대공간 건물 등에 공조(냉난방)가 잘 되지 않고, 소음이 증가하며, 소요동력이 증가하여 계약자로부터 클레임(냉·난방 성능 부족, 소음 과다 등)이 접수되는 예가 많다.

8-4 에너지 절약방법

(1) Cold Draft 방지를 위해 외벽 측에 기류 형성이 필요(취출구, FCU 등)하다.
(2) 에너지효율 및 합리화 측면(폐열회수 등)을 우선시한다.
(3) 출입문 사용빈도에 따라 에어커튼을 활용한다.
(4) 일반 거주역과 공간적 차별화(Zoning, 설정온도)를 두어야 한다.
(5) 성층화 방지가 필요하다.

8-5 문제점 해결방안 (냉방전략, 난방전략)

항 목	냉방전략	난방전략
공조방식	거주지역 부분의 공조(바닥취출, 저속치환공조, 샘공조 등), 복사냉방, Spot Cooling 등	거주지역 부분의 공조(바닥취출, 저속치환공조, 샘공조 등), 복사난방, 히트펌프 도입 등
공기의 취출	횡형취출, 바닥취출, 가변선회형 취출, 노즐디퓨저, VAV 등	횡형취출, 바닥취출, 고소형 가변선회 취출, 노즐디퓨저 등
천장 상부 공기	상부공기는 외기냉방(설정온도가 높아도 됨) 혹은 배열 실시	상부공기를 급기의 플레넘으로 활용 가능
일사 처리	일사차폐 장치	자연 태양열 적극 이용
폐열회수	전열교환기, 현열교환기, HR 등 설치, 국소환기, 배열효과 도입, Chilled Beam 시스템 도입 등	전열교환기, 현열교환기, HR 등 설치, 국소환기 등
연돌효과 방지	방풍실, 2중문, 회전문 등	방풍실, 2중문, 회전문 등
Cold Draft 방지	창 측에 FCU 설치	창 측에 FCU, 컨벡터 등 설치

핵심해설

아트리움 공간 내 열환경의 특징은 굴뚝효과(연돌효과) 증가, 결로 및 Cold Draft 현상, 내부 온도의 성층화(Stratification), 유리를 통한 취득열(냉방 시) 혹은 손실열(겨울), 주야간 및 계절에 따른 부하변동의 심화 등이 매우 까다로운 편이다.

9. Heavy Duty Zone(집중 공조부하 존, 중부하 존, 초중부하 존)

9-1 정의

(1) **협의(통신 중장비 공용센터)** : 'Heavy Duty Zone'이란 다양한 기능의 통신장비들을 한 곳으로 통합시켜 공용할 수 있도록 갖춘 정보센터, 의사결정실, 대형컴퓨터실 등을 지칭하는 말이다.

(2) **광의(집중 공조부하 존)**
① 집무 스페이스(집무 존)에 사용할 여러 장치들을 고밀도로 수용하는 스페이스(Heavy Duty Zone)를 말한다.
② 전산실, 컴퓨터실, 교환실, 통신장비 공용센터 등을 특정 층 혹은 특정 Zone으로 만들어 집중적 관리를 하고, 열이나 조명, 소음 등의 부하가 일반 사무공간으로 퍼지지 않게 해야 하는 곳을 지칭한다.
③ 과도한 소음이나 열을 발생시키는 OA기기는 사무실 내의 특정부분에 집중시켜 Heavy Duty Zone을 만들고, 공조 및 조명 등을 증가시키고 흡음에 대해 고려함으로써 오피스 환경의 전반적인 악화를 방지하는 일체의 방법을 말한다.
④ 병원 등에서는 수술실, 응급실 등의 전외기 공조 및 항온항습이 필요한 곳을 지칭한다.

9-2 대응 현황

(1) 건축물 내 업무시설의 기능 확대에 따른 문제점(업무의 복잡 다양화, 정보화에 따른 OA 기기의 발열, 소음, 밀폐된 공간 등 사무환경이 악화되어 능률이 저하 등)을 개선하기 위해 대규모의 아트리움, 휴식처, 대식당, 라운지, 헬스클럽 등을 마련하여 휴식을 취하고, 건강관리 등을 할 수 있도록 하고 있다.
(2) 사무실 공간을 내구역[Interior Zone : 근무자의 통행, 비서실, 자료 및 도서실, 서류 저장실, 회의실, 창고, 컴퓨터실(프린터실), 머신룸 등], 외구역(Exterior Zone : 각종 집무공간과 주요 실, 휴게장소·접객공간·임원실 등)과 더불어 Heavy Duty Zone(특수 부하 영역)을 별도로 분리하여 3개의 개념으로 정리할 필요가 있다.

9-3 사무실 집중부하 대응방안

(1) 사무실 집중부하는 주로 기계장치(UPS, RACK 등의 전산장비 등)의 발열부하에 기인한다.

(2) 사무실은 OA화의 가중에 따라 평당 소요 부하량이 계속 늘어나고 있는 추세이며, 향후 각 전산장비의 증설에 따른 충분한 열원장비, 공조장치 등을 확보하지 못하면 낭패를 보기 쉽다.

(3) 전산실의 전산장비는 항온뿐만 아니라 항습 기능이 필요하므로, 습도 조절을 위한 부하와 재열로 인한 부하로 인하여 필요 공조부하가 증가한다(주로 전산실, IT ROOM 등은 정밀 항온항습기를 많이 사용).

(4) 전산실의 주요 발열부하 : UPS, 전산 RACK 장비, 조명, 인원, 항온항습기 자체 발열, 외벽 침투열량 등

(5) 고층 건물에서는 한 개 층 혹은 몇 개 층을 비워 층별 Heavy Duty Zone(전산, 컴퓨터, 교환실 등)을 두기도 한다.

(6) 장비 선정
① 건물의 중앙공조와는 별개로 개별 냉방장치를 설치하는 것이 일반적이다.
② 히트펌프나 냉·난방 겸용의 장치가 필요한 것이 아니고, 냉방전용의 장치가 필요하다. 대신 연중 지속적으로 운전 가능해야 하므로 내구성이 강하고, 유지보수가 용이한 형태의 냉방장치가 유리하다.
③ 항온항습기가 가장 유리하나, 간단히 에어컨, FCU 등을 설치하여 냉방하기도 한다.
④ 공조 시스템 측면에서는, OA FLOOR 등을 이용한 바닥취출 공조가 가장 유리한 방식이다.

(7) 부하계산 방법
① 상기 기술한 UPS, 전산 RACK 장비, 조명, 인원, 항온항습기 자체 발열, 외벽 침투열량 등을 적산하여 산출 가능(냉방부하만 존재)하다.
② 간략 계산법으로, 보통 m^2당 500~1,000 W 정도를 많이 사용(일반 사무실의 냉방부하 대비 약 3~6배 수준)한다.
③ 요즘 전산장비의 기술 집적화, Compact화로 인하여 m^2당 냉방부하는 꾸준히 늘어나고 있는 추세이므로, 냉방장치 선정 시 향후의 추가 전산장비 도입, Upgrade 등을 고려하여 여유 있게 설계하는 것이 유리하다.

9-4 병원 집중부하 대응방안

(1) 병원에서는 보통 일반 빌딩에서 소모하는 단위 면적당 에너지의 150~200% 정도를 소비한다. 또 병원 소비 에너지의 약 50%는 병원 내의 기후(온도, 습도, 실내공기의 질) 조절에 쓰인다.

(2) 추가적인 병원의 집중공조부하는 주로 청정도를 위한 필요 외기부하(외과, 수술실, 중환자실, 신생아실 등의 전산장비 등)에 기인한다.

(3) 병원은 응급 시 혹은 부분 부하 시를 대비하여 열원기기를 복수 설치(비상용)하는 것이 바람직하다.
(4) 24시간의 부하 가동률을 가진다(예비 열원도 필요).
(5) 병원공조는 일반공조보다 정밀 제어를 필요로 하므로, 전반적으로 환기량이 늘어난다 (일반 환기장치보다는 전열교환기, 현열교환기 등이 유리).
(6) 특히 병원의 수술실, 응급실, 시험실, 시험용 동물 사육실 등은 실내에 공급되었던 공기의 전량을 외부로 버리고 신선한 외기를 실내로 공급하고 있다. 이를 전외기(全外氣) 방식(실내공기가 세균에 오염되어 이를 재순환시키게 되면 다른 재실자가 재감염될 수 있으므로 한번 사용된 실내공기는 재순환 없이 전량 배기시키고 신선 외기만을 공급하는 방식)이라고 하는데, 이로 인하여 냉·난방 에너지부하가 많이 증가한다.
(7) 병원 전산실의 경우 상기 사무실 집중부하에서 언급한 전산실의 '공조방식'에 준해서 설계되어야 한다.

9-5 Heavy Duty Area의 고려사항

(1) **건축 측면** : 컴퓨터 및 통신기기 관련의 각 실의 보안문제와 하중문제, 이중 바닥구조, 천장 높이, 각층마다에 설치 고려 등
(2) **공조설비 측면**
   ① 다른 부분과 합하여 냉각수 배관 또는 냉수 배관 등의 예비 배관을 갖거나, 예비 배관 공간을 확보한다.
   ② 보안문제와 신뢰성을 위하여 입주자 전용 배관 및 전용 냉각탑이 요구되는 경우에도 충분히 대응할 수 있어야 한다.
   ③ 계획 시에 적절한 여유공간을 확보하여 부하 증가에 대응할 수 있도록 고려해야 하며 부하를 처리하기 위한 냉각수 예비 배관 및 소형 패키지용 냉매 배관공간을 확보하여 놓는 것이 비교적 효과적인 방법이다.
   ④ 연중 24시간 연속 운전하는 경우가 많으므로 예비열원을 두어 Back-up 운전을 준비하거나, 교번운전을 실시하여 장비의 수명이 연장될 수 있게 해준다.
   ⑤ 누수감지기, Alarm, 원격경보 등을 활용하여 만약의 사고의 경우를 대비할 수 있어야 한다.

10. 인동간격

10-1 인동간격에 대한 법적 규정 (건축법 시행령 제86조)

① 전용주거지역이나 일반주거지역에서 건축물을 건축하는 경우에는 건축물의 각 부분을 정북(正北) 방향으로의 인접 대지경계선으로부터 다음 각 호의 범위에서 건축조례로 정하는 거리 이상을 띄어 건축하여야 한다.
  1. 높이 9미터 이하인 부분 : 인접 대지경계선으로부터 1.5미터 이상
  2. 높이 9미터를 초과하는 부분 : 인접 대지경계선으로부터 해당 건축물 각 부분 높이의 2분의 1 이상
② 별도의 타 법 등으로 정하는 경우 상기 내용을 적용하지 아니할 수 있다.
③ 공동주택은 다음 각 호의 기준에 적합하여야 한다. 단, 채광을 위한 창문 등이 있는 벽면에서 직각 방향으로 인접 대지경계선까지의 수평거리가 1미터 이상으로서 건축조례로 정하는 거리 이상인 다세대주택은 아래 제1호를 적용하지 아니한다.
  1. 건축물(기숙사는 제외한다)의 각 부분의 높이는 그 부분으로부터 채광을 위한 창문 등이 있는 벽면에서 직각 방향으로 인접 대지경계선까지의 수평거리의 2배(근린상업지역 또는 준주거지역의 건축물은 4배) 이하로 할 것
  2. 같은 대지에서 두 동(棟) 이상의 건축물이 서로 마주 보고 있는 경우(한 동의 건축물 각 부분이 서로 마주 보고 있는 경우를 포함한다)에 건축물 각 부분 사이의 거리는 다음 각 목의 거리 이상을 띄어 건축할 것. 다만, 그 대지의 모든 세대가 동지(冬至)를 기준으로 9시에서 15시 사이에 2시간 이상을 계속하여 일조(日照)를 확보할 수 있는 거리 이상으로 할 수 있다.
    (가) 채광을 위한 창문 등이 있는 벽면으로부터 직각 방향으로 건축물 각 부분 높이의 0.5배(도시형 생활주택의 경우에는 0.25배) 이상의 범위에서 건축조례로 정하는 거리 이상
    (나) 위의 (가)목에도 불구하고 서로 마주 보는 건축물 중 남쪽 방향(마주 보는 두 동의 축이 남동에서 남서 방향인 경우만 해당한다)의 건축물 높이가 낮고, 주된 개구부(거실과 주된 침실이 있는 부분의 개구부를 말한다)의 방향이 남쪽을 향하는 경우에는 높은 건축물 각 부분의 높이의 0.4배(도시형 생활주택의 경우에는 0.2배) 이상의 범위에서 건축조례로 정하는 거리 이상이고 낮은 건축물 각 부분의 높이의 0.5배(도시형 생활주택의 경우에는 0.25배) 이상의 범위에서 건축조례로 정하는 거리 이상
    (다) 위의 (가)목에도 불구하고 건축물과 부대시설 또는 복리시설이 서로 마주 보고 있는

경우에는 부대시설 또는 복리시설 각 부분 높이의 1배 이상
- ㈐ 채광창(창넓이가 0.5제곱미터 이상인 창을 말한다)이 없는 벽면과 측벽이 마주 보는 경우에는 8미터 이상
- ㈑ 측벽과 측벽이 마주 보는 경우[마주 보는 측벽 중 하나의 측벽에 채광을 위한 창문 등이 설치되어있지 아니한 바닥면적 3제곱미터 이하의 발코니(출입을 위한 개구부를 포함한다)를 설치하는 경우를 포함한다]에는 4미터 이상

3. 주택단지에 두 동 이상의 건축물이 도로를 사이에 두고 서로 마주 보고 있는 경우에는 상기 2.의 ㈎목부터 ㈐목까지의 규정을 적용하지 아니하되, 해당 도로의 중심선을 인접 대지경계선으로 보아 1.을 적용한다.

10-2 인동간격 계산

$$\text{인동간격} = \frac{\text{전면부에 위치한 대향동과의 이격거리}}{\text{대향동의 높이}}$$

주 1. 여기서, 대향동의 높이는 옥상 난간(경사지붕인 경우에는 경사지붕의 최고 높이)을 기준으로 높이를 산정하며, 난간 또는 지붕의 높이가 다를 경우에는 평균값을 적용한다.
2. 대지 내에 전면부에 위치한 대향동이 없는 경우의 인동간격비는 (인접대지경계선과의 이격거리× 2) ÷ (해당동의 높이)로 산출한다.

"법규 관련 사항은 국가정책상 필요 시 항상 변경 가능성이 있으므로, 필요 시 재확인 바랍니다."

11. 에너지 절약적 공조설계 및 폐열회수

11-1 에너지 절약적 공조설계

(1) Passive적 방법(에너지요구량을 줄일 수 있는 기술)
① 고효율 기기를 사용한다.
② 단열 등을 철저히 시공하여 열손실을 최소화한다.
③ 단열창, 2중창, Air Curtain 설치 등을 고려한다.
④ 환기의 방법으로는 자연환기 혹은 국소환기를 적극 고려하고, 환기량 계산 시 너무 과잉 설계하지 않는다.
⑤ 건물의 각 용도별 Zoning을 잘 실시하면 에너지의 낭비를 막을 수 있다.
⑥ 극간풍 차단을 철저히 해준다.

⑦ 건축 구조적 측면에서 자연친화적 및 에너지 절약적 설계를 고려한다.
⑧ 자연채광 등 자연에너지의 활용을 강화한다.

(2) Active적 방법(에너지소요량을 줄일 수 있는 기술)
① 고효율 기기를 사용한다.
② 장비 선정 시 'TAC 초과 위험확률'을 잘 고려하여 설계한다.
③ 각 '폐열회수 장치'를 적극 고려한다.
④ 전동설비에 대한 인버터 제어를 실시한다.
⑤ 고효율조명, 디밍제어 등을 적극 고려한다.
⑥ IT기술, ICT기술을 접목한 최적 제어를 실시하여 에너지를 절감한다.
⑦ 지열히트펌프, 태양열 난방/급탕 설비, 풍력장치 등의 신재생에너지 활용을 적극 고려한다.

11-2 폐열회수 방법

(1) 직접 이용방법
① 혼합공기 이용법[천장 내 유인 유닛(천장 FCU, 천장 IDU)] : 조명열을 2차 공기로 유인하여 난방 혹은 재열에 사용하는 방법
② 배기열 냉각탑 이용방법 : 냉각탑에 냉방 시의 실내 배열을 이용(여름철의 냉방 배열을 냉각탑 흡입공기 측으로 유도 활용)

(2) 간접 이용방법
① Run Around 열교환기 방식 : 배기 측 및 외기 측에 코일을 설치하여 부동액을 순환시켜 배기의 열을 회수하는 방식, 즉 배기의 열을 회수하여 도입 외기 측으로 전달(다음 그림 참조)
② 열교환 이용법
   ㈎ 전열교환기, 현열교환기 : 외기와 배기의 열교환(공기 : 공기 열교환)
   ㈏ Heat Pipe : 히트파이프의 열전달 효율을 이용한 배열 회수
③ 수냉 조명기구 : 조명열을 회수하여 히트펌프의 열원, 외기의 예열 등에 사용(Chilled Beam System이라고도 함)
④ 증발냉각 : Air Washer를 이용하여 열교환된 냉수를 FCU 등에 공급

(3) 승온 이용방법
① 2중 응축기(응축부 Double Bundle) : 병렬로 설치된 응축기 및 축열조를 이용하여 재열 혹은 난방을 실시
② 응축기 재열 : 항온항습기의 응축기 열을 재열 등에 사용

③ 소형 열펌프 : 소형 열펌프를 여러 개 병렬로 설치하여 냉방 흡수열을 난방에 활용 가능
④ Cascade 방식 : 열펌프 2대를 직렬로 조합하여 저온 측 히트펌프의 응축기를 고온 측 히트펌프의 증발기로 열전달시켜, 저온 외기 상황에서도 난방 혹은 급탕용 온수(50~60℃)를 취득 가능

(4) TES(Total Energy System) : 종합 효율을 도모(이용)하는 방식
① 증기보일러(또는 지역난방 이용) + 흡수식냉동기(냉방)
② 응축수 회수탱크에서 재증발 증기 이용 등
③ 열병합발전 : 가스터빈 + 배열 보일러 등

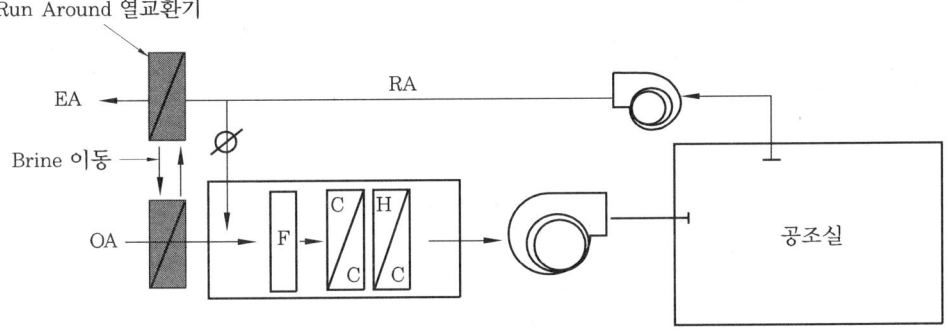

Run Around 열교환기 방식

> **Quiz** 우리나라 건물이 다른 선진국들의 건물에 대비해 에너지 소모가 큰 이유는 무엇인가?
> 1. 폐열회수 미흡 : 온도차에너지, 배열 등 각종 폐열의 회수 및 재이용이 부족하다.
> 2. 자연에너지 활용 미흡 : 태양열, 우수(빗물), 바이오매스, 조력, 소수력 등 자연에너지 혹은 신재생 에너지에 대한 활용이 미흡하다.
> 3. 외기냉방의 부족 : 우리나라는 사계절이 뚜렷하므로 한여름 외에는 외기 혹은 외부냉수를 보조냉방의 수단으로 충분히 활용할 수 있는데도 불구하고, 외기냉방의 실적이 아주 적은 편이다.
> 4. 냉·난방 습관
>   (1) 설정온도 오사용 : 여름철 냉방 시에는 설정온도를 지나치게 낮추고, 겨울철 난방 시에는 설정온도를 필요 이상으로 높이는 편이다(심지어는 겨울철에 난방을 지나치게 하여 실내가 오히려 너무 덥게 되고, 겉옷을 벗고 옷을 얇게 입어야 하는 경우가 많이 발생한다).
>   (2) 자연적인 것보다는 기계적인 방식 선호 : 자연식 냉각탑, 무동력 설비 등을 거의 사용하지 않는 편이다.
> 5. 큰 것을 좋아하는 문화 : 큰 차, 대형 냉장고, 대형 김치냉장고, 큰 아파트 등 실용적인

면보다 과대한 것을 좋아하는 문화습관이 있다.
6. 고층/초고층 건물 선호 : 고층 및 초고층 아파트/빌딩은 에너지 다소비형 건물이므로 급수시설, 공조시설, 전기설비 등에 소요되는 전기량이 대단히 큰 편이다.
7. 정책 및 법규 문제
　(1) 지금까지는 에너지 절감 관련 정책 및 법규가 부족한 편이다.
　(2) 국가적인 차원에서 에너지 절감을 꾀하기 위해서는 장기적인 에너지 절감 정책과 현실성 있고 미래 지향적인 법규의 정비 및 발전이 중요하다.

> **핵심해설**
> 폐열회수 방법은 크게 직접 이용방식, 열교환기 이용법, 승온 이용(저온→고온 상승 후 사용)방법, TES(종합 에너지효율 고려) 등으로 나누어볼 수 있다.

12. 굴뚝효과(Stack Effect)

12-1 개요

(1) '연돌효과(煙突效果)'라고도 하며, 건물 안팎의 온·습도차에 의해 밀도차가 발생하고 따라서 건물의 위아래로 공기의 큰 순환이 발생하는 현상을 말한다.
(2) 최근 빌딩의 대형화 및 고층화로 연돌효과에 의한 작용압은 건물 압력변화에 영향을 미치고, 냉·난방부하의 증가에 중요 요소가 되고 있다.
(3) 외부의 풍압과 공기부력도 연돌효과에 영향을 주는 인자이다.
(4) 이 작용압에 의해 틈새나 개구부로부터 외기의 도입을 일으키게 된다.
(5) 건물의 위쪽과 아래쪽의 압력이 서로 반대가 되므로 중간의 어떤 높이에서 이 작용압력이 0이 되는 지점이 있는데, 이곳을 '중성대'라 하며 건물의 구조 틈새, 개구부, 외부 풍압 등에 따라 다르지만 대개 건물 높이의 1/2 지점에 위치한다.

12-2 문제점

(1) 극간풍(외기 및 틈새바람)부하의 증가로 에너지 소비량이 증가한다.
(2) 지하주차장, 하층부식당 등에서 오염공기가 실내로 유입된다.
(3) 창문개방 등 자연환기가 어렵다.
(4) 엘리베이터 운행 시 불안정하다.
(5) 휘파람소리 등의 소음이 발생한다.

(6) 실내설정압력유지가 곤란(급배기량 밸런스의 어려움)하다.
(7) 화재 시 수직방향 연소 확대 현상이 증대된다.

12-3 개선방안

(1) 고기밀 구조의 건물구조로 한다.
(2) 실내외 온도차를 작게 한다(대류난방보다는 복사난방을 채용하는 등).
(3) 외부와 연결된 출입문(1층 현관문, 지하주차장 출입문 등)은 회전문, 이중문 및 방풍실, 에어커튼 등 설치, 방풍실 가압을 한다.
(4) 오염실은 별도 배기하여 상층부로의 오염 확산을 방지한다.
(5) 적절한 기계환기방식을 적용(환기유닛 등 개별 환기장치도 검토)한다.
(6) 공기조화장치 등 급배기팬에 의한 건물 내 압력 제어를 한다.
(7) 엘리베이터 조닝(특히 지하층용과 지상층용은 별도로 이격분리)을 한다.
(8) 구조층 등으로 건물을 수직구획한다.
(9) 계단을 통한 출입문은 자동닫힘 구조로 한다.
(10) 층간구획, 출입문 기밀화, 이중문 사이에 강제대류 컨벡터 혹은 FCU를 설치한다.
(11) 실내를 가압하여 외부압보다 높게 한다.

12-4 틈새바람의 영향

(1) 바람 자체(풍압)의 영향 : Wind Effect

$$\Delta P_w = C \cdot (V^2/2g) \cdot r$$

(2) 공기밀도차 및 온도의 영향 : Stack Effect

$$\Delta P_s = h \cdot (r_i - r_o)$$

ΔP : 압력차 (Pa, kgf/m^2)
C : 풍압계수
  · C_f(풍상) : 풍압계수(실이 바람의 앞쪽일 경우, C_f = 약 0.8~1)
  · C_b(풍하) : 풍압계수(실이 바람의 뒤쪽일 경우, C_b = 약 -0.4)
r : 공기비중량 (N/m^3, kgf/m^3)
V : 외기속도 (m/s), 겨울 약 7 m/s, 여름 약 3.5 m/s
h : 창문 지상높이에서 중성대 지상높이 뺀 거리 (m)
r_i, r_o : 실내외 공기 비중량 (N/m^3, kgf/m^3)
g : 중력가속도 (9.807 m/s^2)

(3) 연돌효과(Stack Effect) 개략도

① 겨울철

    ㈎ 외부 지표에서 높은 압력 형성 → 침입공기 발생

    ㈏ 건물 상부 압력 상승 → 공기 누출

② 여름철(역연돌효과)

    ㈎ 건물 상부 : 침입공기 발생

    ㈏ 건물 하부 : 누출공기 발생

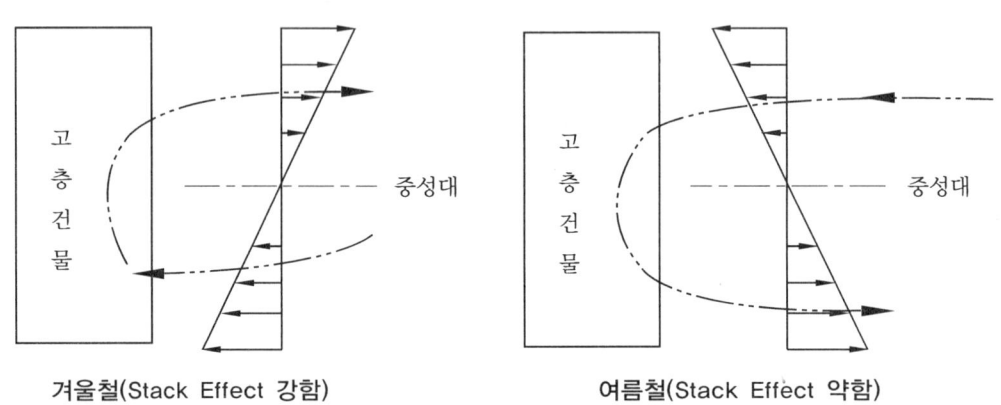

겨울철(Stack Effect 강함)　　　여름철(Stack Effect 약함)

(4) 중성대의 변동

① 건물로 강풍이 불어와 건물 외측의 풍압이 상승하면 중성대는 하강한다.

② 실내를 가압하거나, 어떤 실내압이 있는 경우에 중성대는 상승한다.

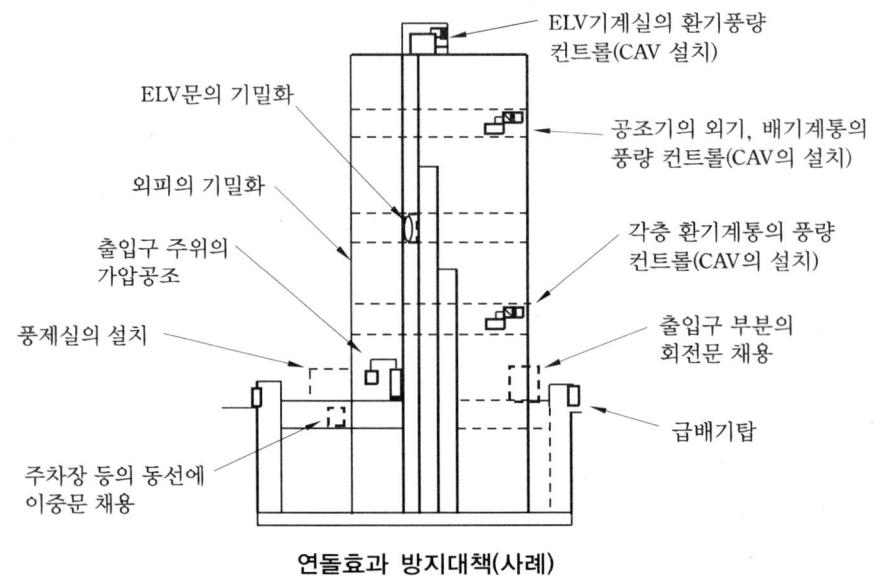

연돌효과 방지대책(사례)

Quiz 5층 건물을 예로 들어 건축물 내의 공기 압력분포를 그림으로 나타내고 설명하시오.

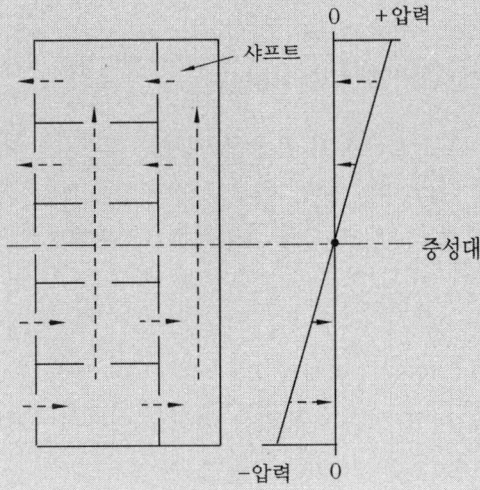

1. 압력분포 설명
   (1) 상기 그림에서와 같이 화살표로 나타낸다.
   (2) 중성대를 기준으로 하부에는 음압(공기가 밀려들어옴), 상부에는 양압(공기가 밀려나감)이 걸린다.
   (3) 상기 그림에서 각층 간 개구부가 있으므로, 이 부분에서는 상승기류가 형성된다.
   (4) 샤프트 역시 음압인 아래로부터 양압인 위로 상승기류가 형성된다.

2. 압력분포에 대한 평가
   (1) 상기와 같은 현상을 '굴뚝효과' 혹은 '연돌효과(Stack Effect)'라고 한다.
   (2) 상기와 같은 연돌효과는 에너지 절약에 악영향을 미치므로 이중문, 방풍실, 하층 가압, 층간 밀실시공 등의 방법을 통해 최소화하기 위해 노력해야 한다.
   (3) 상기 샤프트는 화재 시 연기가 밀려들어오므로 피난통로로 활용되어서는 안 된다.

3. 수직온도 구배 분석법
   (1) 상기와 같이 연돌효과 발생 시 일정 높이에서의 온도는 하나의 중요한 열환경 지표가 된다(더운 공기는 상부에, 찬 공기는 하부에 체류되기 쉬움).
   (2) 이는 재실자의 열감응에 영향을 미치며, 이와 같은 높이, 즉 0.75~1.5 m(호흡선)에서의 기온이 실내온도로서 적용된다.

핵심해설
★ 굴뚝효과(Stack Effect)는 건물 안팎의 공기의 밀도차에 의해 발생하므로 고층건물, 층간 기밀이 미흡한 건물, 대공간 건물, 계단실 등에서 심해진다.
★ 겨울철 연돌현상에 비하여 여름철 역연돌현상은 그 세기가 상당히 약하다(이는 실내·외 공기의 온도차에 의한 밀도차가 여름철이 겨울철 대비 훨씬 적기 때문).

13. 코안다 효과(Coanda Effect)

13-1 공조설비 측면에서의 정의

(1) 벽면이나 천장 면에 접근하여 분출된 기류는 그 면에 빨려 들어가 부착하여 흐르는 경향을 가짐을 말한다(압력이 낮은 쪽으로 유도되는 원리를 이용).

(2) 이 경우 벽 측으로만 확산되므로 자유분출(난류 형성)에 비해 속도 감쇠가 작고 도달거리가 커진다.

(3) 응용사례

① 복류형 디퓨저 : 다음 그림처럼 유인성능이 큰 복류형 디퓨저 등에서 토출되는 바람이 천장 및 벽면을 타고 멀리 유동하는 현상을 이용하여 방 깊숙이 공조를 할 수 있는 방법이다.

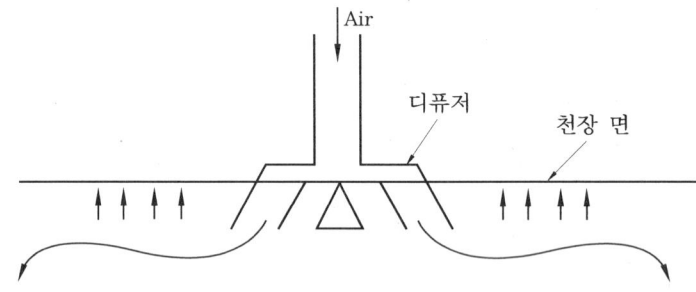

② 주방 레인지후드 : 음식을 조리할 때 생기는 냄새와 오염가스, 잉여열 등을 바깥으로 내보내는 기능을 원활히 하기 위해 주거공간 내부 벽을 따라 공기를 외부로 배출시키는 '코안다' 효과를 이용하는 경우도 있다('코안다형 주방용 후드'라고 함).

③ Bypass형 VAV Unit에서의 ON/OFF 제어 : 다음 그림에서 파일럿 댐퍼A를 열면 급기 측으로 공기가 유도되고, 파일럿 댐퍼B를 열면 Bypass 쪽으로 공기가 유도된다(압력이 낮은 쪽으로 유도되는 원리).

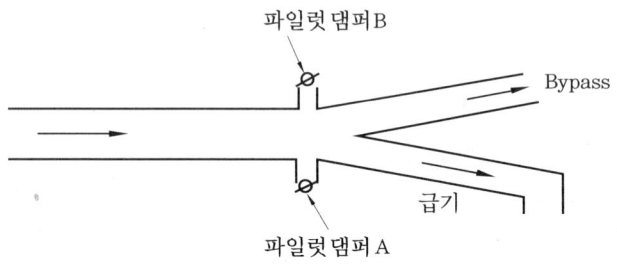

④ FCU(Fan Coil Unit ; 팬코일 유닛) : 다음 그림에서와 같이 팬코일 유닛에서 토출되는 바람이 멀리까지 조달할 수 있게 해준다.

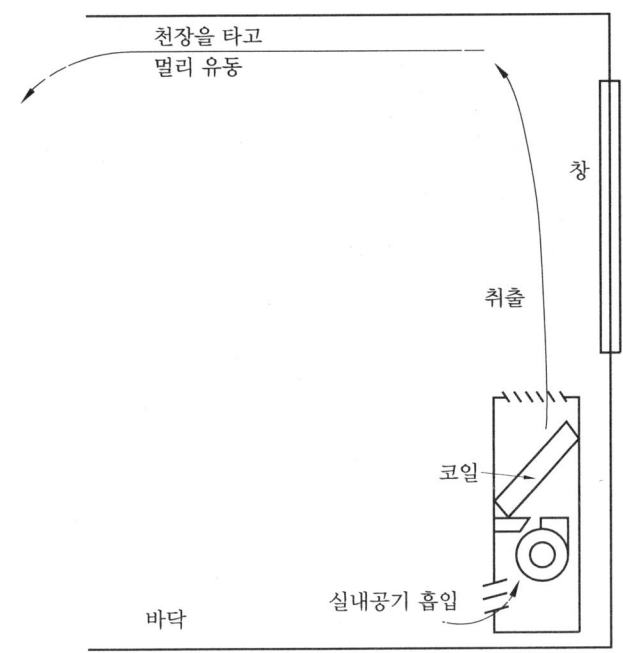

(4) 단점 : 천장, 벽면 등에 먼지가 많이 부착될 수 있다.

13-2 물리학적 측면에서의 정의

(1) 흐르는 유체에 휘어진 물체를 놓으면 유체도 따라 휘면서 흐르는 현상을 말한다.
(2) 코안다 효과는 간단히 말하면 유체가 흐르면서 앞으로 흐르게 될 방향이 어떻게 될 것인지를 아는 것이다(만약 곡관을 흐른다면 유체는 곡관을 따라서 휘면서 흐르게 된다).
(3) 유체는 자기의 에너지가 가장 덜 소비되는 쪽으로 흐르는데 이를 '코안다 효과'라고 한다(즉 유체는 자기가 앞으로 흐르게 되는 경로를 정확하게 파악하고 그에 따라서 흐르게 되는 것이다. 이러한 정보를 전달하는 속도가 마하 1이라는 속도이다).
(4) 이보다 유체가 더 빨리 흐르는 경우(마하 1이 넘는 경우, 즉 초음속인 경우)에는 이를 알지 못한다(정보가 전달되기 전에 유체가 흘러버리기 때문에 처음 흐르는 그대로 흐르게 되는 것이다).

> **핵심해설**
> 코안다 효과(Coanda Effect)는 벽면이나 천장 면에 접근하여 분출된 기류가 압력이 낮은 쪽으로 유도(벽면, 천장 면에 부착)되어 흐르는 현상을 말한다(천장이나 벽면 등에 먼지가 많이 부착되는 원인이기도 하다).

14. 세계의 대표적인 친환경건축물 평가제도

14-1 미국의 LEED(Leadership in Energy and Environmental Design)

(1) 정의
① 미국 그린빌딩위원회(USGBC ; The United States Green Building Council, 1993년 산업과 학계와 정부의 많은 협력자들에 의해 설립된 비정부기구이며, 회원제로 운영되는 비영리단체)가 만든 자연친화적 빌딩·건축물에 부여하는 친환경 인증제도이다.
② 한국의 '친환경 건물 인증제도'와 유사한 개념이며 친환경건물의 디자인, 건축, 운영의 척도로 사용되는 친환경 건물 인증 시스템이다.
③ 건물의 생애주기(Life Cycle) 동안의 전체적 환경성능을 평가한다.

(2) Green Building Rating System

배 점	취득점수	등급구분
총 110점 • 일반배점 : 100점 • 보너스점수 : 10점	총 취득점수 80점 이상	LEED 인증 백금 등급
	총 취득점수 60~79점	LEED 인증 금 등급
	총 취득점수 50~59점	LEED 인증 은 등급
	총 취득점수 40~49점	LEED 인증

(3) Green Building 인증을 위한 기술적 조치내용
① 지속 가능한 토지 : 26점
② 수자원 효율(물의 효율적 사용) : 10점
③ 에너지 및 대기 : 35점
④ 재료 및 자원 : 14점
⑤ IAQ : 15점
⑥ 창의적 디자인(설계) : +6점
⑦ 지역적 특성 우선 : +4점

(4) LEED 개발 배경
① 향후 친환경 건축물들이 건축시장의 대세가 될 것이라는 예상을 기반으로 한다.
② 건축주들은 프로젝트 성공에 궁극적인 조정자가 될 것이다. 즉, 환경적 책임감에 대한 사회적 요구를 충족시킬 수 있고 공신력 있는 기구에 의해 발전됨으로써 건축시장에서 더 좋은 건축물로 팔리게 된다는 것이다.

(5) LEED의 평가구조
① LEED – EB : 기존 건축물
② LEED – CI : 상업적 내부공간
③ LEED – H : 집
④ LEED – CS : Core and Shell 프로젝트
⑤ LEED – ND : 인근 발달

(6) LEED – NC
① 상업 건축물을 위한 LEED-NC는 USGBC가 1994년부터 1998년까지 4년 동안 진행 개발하였다.
② 1998년 첫 버전인 LEED 1.0을 시작으로, 2000년 LEED 2.0을 만들면서 기준의 변화를 가져왔다.
③ LEED-NC 2.0의 문제점 : 많은 시간과 노동을 필요로 한다. 예를 들어, 공사장 반경 500마일 이내에서 생산된 현지 자재를 사용한다는 증거를 제출(자재목록, 생산지, 최종조립장소, 자재비용)해야 한다.
④ LEED-NC 2.0 이후 2.1(서류요건의 완화)과 2.2(인터넷 이용)를 출시하여 사용하고 있다.

14-2 영국의 BREEAM(Building Research Establishment Environmental Assessment Method ; 건축 연구 제정 환경 평가 방식)

(1) BRE(Building Research Establishment Ltd)와 민간기업이 공동으로 제창한 친환경 인증제도를 말한다.
(2) 건물의 환경 질을 측정, 표현함으로써 건축 관련 분야 종사자들에게 시장성과 평가도구로 활용된다.
(3) 환경에 미치는 건물의 광범위한 영향을 포함하고 있고, 환경개선효과 기술 초기에는 신축사무소 건물을 대상으로 하였으며, 캐나다를 포함한 여러 유럽과 동양국가에서도 사용되고 있는 등 현재 평가영역을 계속 확대하고 있다.
(4) BREEAM의 평가방식
① 관리 : 종합적인 관리 방침, 대지위임 관리, 생산적 문제
② 에너지 사용 : 경영상의 에너지와 이산화탄소
③ 건강과 웰빙 : 실내와 외부의 건강과 웰빙에 영향을 주는 문제
④ 오염 : 공기와 물의 오염 문제
⑤ 운반 : CO_2와 관련된 운반과 장소 관련 요소

⑥ 대지 사용 : 미개발지역과 상공업지역
⑦ 생태학 : 생태학적 가치 보존과 사이트 향상
⑧ 재료 : 수면주기 효과를 포함한 건축 재료들의 환경적 함축
⑨ 물 : 소비와 물의 효능

(5) Acceptable 건축물은 Pass, Good, Very Good, Excellent, Outstanding과 같은 등급으로 나뉘며 장려의 목적으로 사용될 수 있는 인증서가 발부된다.

<10%	Unclassified	–
>10%	Acceptable	★☆☆☆☆
>25%	Pass	★★☆☆☆
>40%	Good	★★★☆☆
>55%	Very good	★★★★☆
>70%	Excellent	★★★★★☆
>80%	Outstanding	★★★★★★

14-3 일본의 CASBEE (Comprehensive Assessment System for Building Environmental Efficiency)

(1) 초기 산·학·관 공동 공동프로젝트로서 발족하였다.
(2) CASBEE(카스비)의 목적
 ① 건축물 라이프 사이클에 지속 가능한 사회 실현
 ② 정책 및 시장 쌍방의 수요를 모두 지원
(3) CASBEE(카스비)의 특징
 ① CASBEE는 프로세스상의 흐름에 평가제도를 반영
 ② CASBEE에서 가장 중요한 개념은 건물의 지속효율성을 표현하려는 노력인 환경적 효율건물(즉, BEE)
 ③ BEE의 개념
  (가) Building Environmental Efficiency Value of Products or Services, 즉 건물의 지속 효율성 = 상품이나 서비스의 환경적 개념의 효율
  (나) BEE는 간단히 건물에 지속효율성을 적용하는 개념을 현대화시킨 것
  (다) 다양한 과정, 계획, 디자인, 완성, 작업과 리노베이션으로 평가받고 있는 건물의 평가 도구
 ④ BEE의 평가방식
  (가) BEE 평가는 숫자로 되어있으며 근본적으로 0.5~3의 서식범위로 부여한다.

(나) 즉, S부류(3.0이나 그보다 높은 BEE)로부터 A부류(1.5~3.0의 BBE), B+(1.0~1.5의 BBE), B-(0.5~1.0의 BBE), 그리고 C부류(0.5 이하의 BBE)로 이루어져 있다.

> **칼럼**
>
> 일본의 '환경공생 주택'(주거용 환경평가 기준)
> 1. 환경부하 절감 및 쾌적한 생활환경의 창출을 위해 태양에너지 등의 자연에너지 사용, 우수의 활용, 인공연못 조성 등의 수준을 평가한다.
> 2. 환경성능을 자동으로 산출할 수 있게 프로그램화하여 LCE(Life Cycle Energy)라고 부른다.

14-4 호주의 Green Star

(1) 건물 시장에서 사용되는 개발 직전 단계의 새로운 건물평가시스템으로 회사 건물에 최초로 상품화되어 규제된다.
(2) 건물 생태주기의 다양한 과정에 등급을 정하고 차별화된 건물의 등급을 포인트 매긴다.
(3) GREEN STAR 디자인 기술 분류
   ① 관리(12포인트)
   ② 실내 환경적 상태(27포인트)
   ③ 에너지(24포인트)
   ④ 운반(11포인트)
   ⑤ 용수(12포인트)
   ⑥ 재료(20포인트)
   ⑦ 대지 사용과 생태학(8포인트)
   ⑧ 방사(13포인트)
   ⑨ 신기술(5포인트)
(4) 최대 132포인트까지 받을 수 있으며, 다량의 '별'을 부여한다.
(5) 6개의 별이 가장 높은 수치이며 국제적으로 인식되고 보상받을 수 있다. 5개의 별은 호주의 지도자 지위를 받으며, 4개의 별은 최고의 환경적 솔선의 모습을 보여주는 것으로 인지된다.

14-5 캐나다의 BEPAC

(1) 캐나다에서는 영국의 BREEAM을 기본으로 한 건물의 환경수준을 평가하는 BEPAC (Building Environmental Performance Assessment Criteria)를 시행하고 있다.
(2) 이 평가기준은 신축 및 기존 사무소건물의 환경성능을 평가하는 것으로 다음의 분류체

제로 구성되어 건축설계와 관리운영 측면에서 평가가 이루어진다.
① 오존층 보호
② 에너지 소비에 의한 환경에의 영향
③ 실내환경의 질
④ 자원 절약
⑤ 대지 및 교통

(3) BEPAC의 활용수단
① 환경에 미치는 영향을 평가하는 수단
② 건축물을 유지 관리하는 수단
③ 건축물의 보수, 개수 등을 위한 계획수단
④ 건축물의 환경설계를 위한 수단
⑤ 건축주가 입주자들에게 건축물의 환경의 질을 설명할 수 있는 수단
⑥ 환경의 질이 높은 건축물로의 유도를 위한 수단

14-6 GBTOOL

(1) 종합적이고 정교한 건물 평가시스템으로, 국제적인 Green Building Challenge(GBC ; 캐나다를 중심으로 세계적으로 많은 나라에서 참여하고 있는 민간 컨소시엄)로 2년마다 한 번씩 개발되었고, 1998년(프랑스)을 시작으로 유럽 주요 도시에서 2년에 한 번씩 주최된다.
(2) GBTOOL은 BREEAM으로 대표되는 1세대 환경성능평가방식이 직접적인 환경의 이슈만을 다룬 데 반하여 보다 넓은 일련의 고려사항, 즉 적응성(Adaptability), 제어성(Controllability) 등과 같이 직접적 혹은 간접적으로 자원 소비 또는 환경부하에 영향을 주는 기타 중요한 성능 이슈를 포괄할 수 있도록 확대되었다.
(3) GBTOOL은 사무소건물, 학교건물 및 공동주택 등 3가지 건물유형을 대상으로 하며, 컴퓨터 프로그램으로 개발되어 쉽게 사용할 수 있도록 보급되고 있다.

15. LCC(Life Cycle Cost)

15-1 개요

LCC(Life Cycle Cost ; 생애주기 비용 등)는 계획, 설계, 시공, 유지관리, 폐각처분 등의 총비용을 말하는 것으로 경제성 검토 지표로 사용해 총비용을 최소화할 수 있는 수단이다.

15-2 LCC 구성

(1) **초기투자비**(Initial Cost) : 제품가, 운반, 설치, 시운전
(2) **유지비**(Running Cost) : 운전 보수관리비

$$유지비 = 운전비 + 보수관리비 + 보험료$$

(3) **폐각비** : 철거 및 잔존가격

15-3 회수기간(回收期間)

초기 투자비의 회수를 위한 경과년

$$회수기간 = \frac{초기투자비}{연간절약액}$$

15-4 LCC 인자

사용연수, 이자율, 물가상승률 및 에너지비 상승률 등

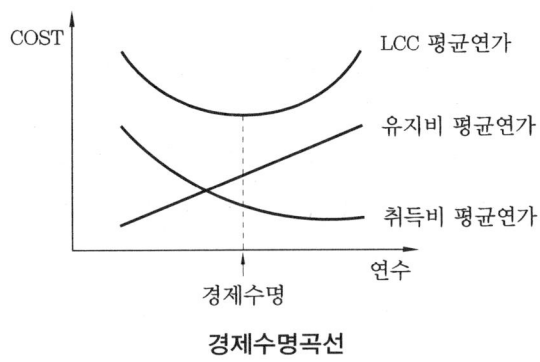

경제수명곡선

15-5 Life Cycle Cost

$$C + F_r \cdot R + F_m \cdot M$$

C : 초기투자비, R : 운전비(보험료 포함), M : 폐각비, F_r, F_m : 종합 현재가격 환산계수

핵심해설
LCC(Life Cycle Cost)는 계획, 설계, 시공, 유지관리, 폐각처분 등의 종합적인 총비용을 말하는 것이므로 각 설비, 건축 등의 경제성 검토 지표로 많이 사용된다.

16. 리모델링(Remodeling)

16-1 개념

(1) 리모델링은 한마디로 건축 분야의 재활용 프로젝트를 뜻한다.
(2) 신축에 대비되는 개념으로서 기존의 건축물을 새롭게 디자인하는 개보수의 모든 작업을 일컫는다.
(3) 제2의 건축이라고도 불린다. 일본에서는 리노베이션, 리폼이라는 용어가 일반적인 반면 미국에서는 리모델링이 통용되고 있다.
(4) **건축법** : "리모델링"이란 건축물의 노후화를 억제하거나 기능 향상 등을 위하여 대수선 (기둥, 보, 내력벽, 주계단 등의 구조나 외부 형태를 수선·변경하거나 증설하는 것)하거나 일부 증축하는 행위를 말한다.

16-2 목적

(1) 건축법상 건축물의 노후화를 억제하거나 기능 향상 등을 위하여 대수선하거나 일부 증축하는 행위를 말한다.
(2) 리모델링에는 실내외 디자인, 구조 디자인 등 다양한 디자인 요소가 포함되며, 건축물의 기능 향상 및 수명 연장이 주목적이다.
(3) 지은 지 오래되어 낡고 불편한 건축물에 얼마간 재투자로서 부동산 가치를 높이는 경제적 효과 외에 신축 건물 못지않은 안전하고 쾌적한 기능을 회복할 수 있다는 것이 큰 장점이다(에너지 절감).

16-3 방법론

(1) 리모델링은 잘못 시도했다가는 큰 낭패를 볼 수도 있으므로 반드시 전문가(구조 전문, 디자이너 등)의 치밀한 상담 및 조언을 받아 접근하는 것이 바람직하다.
(2) 오래된 건물을 리모델링할 경우에는 먼저 전문가의 도움을 받아 하중을 지지하는 기둥과 벽에 대한 조사가 필요하다.
(3) 오래된 건물을 말끔히 새 단장하여 현대적 감각이 넘치는 글래스 월 등 각종 신소재를 사용하여 꾸미는 경우가 많다.

라파엘센터 리모델링공사 : 좌측(공사 전) 대비 우측(공사 후)이 건물 외부에 차양, 기밀성 창호 등을 적용하여 외피부하를 크게 줄인 사례

16-4 절차

(1) **계획단계** : 무엇을 왜, 어떻게 바꿀 것인가?
  리모델링의 주요 목적과 바꾸고자 하는 용도 및 방향을 설정한다.

(2) **사전조사** : 어떤 절차로 변경할 것인가?
  ① 도면을 비롯한 건물에 관한 모든 자료를 준비하고 건물의 노후 상태를 체크한다.
  ② 법률에 저촉되는 부분 등에 대한 검토가 필요하다.

(3) **리모델링 업체 선정 및 안전진단** : 어떤 곳에 맡길 것인가?
  ① 사전조사에서 마련된 자료를 바탕으로 적합한 리모델링 업체를 찾는다.
  ② 도면이 없을 경우 실측이 필요하며 건물의 노후 상태가 심하거나 구조를 변경하는 경우 안전진단을 실시해야 한다.

(4) **상담** : 어떻게 적용시킬 것인가?
  마련된 자료를 바탕으로 전문가와의 상담을 통해 계획한 내용을 최대한 반영할 수 있는 방법을 모색한다.

(5) **확정** : 어떤 안을 선택할 것인가?
  각종 설계도, 공사일정표, 프레젠테이션 등의 결과물을 토대로 가장 적절한 안을 선택하여 계약을 체결한다.

(6) **건축 신고 및 허가(관공서)** : 법률에 저촉되는 리모델링일 경우 관공서에 공사내용에 따른 건축 신고 및 허가 절차를 거쳐야 한다.

(7) 시공(착공) : 건축 신고 및 허가관련 리모델링은 착공 서류를 관할 행정 관청이나 동사무소에 제출한다.

(8) 완공(준공) : 건축 신고 및 허가관련 리모델링은 준공(사용승인) 서류를 관할 행정 관청이나 동사무소에 제출한다.

(9) 사후 관리 : 어떻게 관리할 것인가?

공사 기간 중 숙지한 정보를 바탕으로 앞으로의 관리 계획을 세우도록 하며, 보증기간 내에 하자가 발생했을 경우 시공 업체에 A/S를 의뢰한다.

16-5 향후 리모델링 고려 시의 설계 고려사항

(1) **바닥 위 배관 방식** : 공사 시 한 개 층 단독 작업 가능
(2) **천장 내 설비공간** : 장래의 부하 증가를 대비하여 가능한 한 크게 함
(3) **설비용 샤프트** : 서비스 등을 원활히 하기 위해 여유공간 및 점검구 마련
(4) **반출입구** : 크기 여유 있게 설계함
(5) **계통 분리 및 대수 분할** : 일정한 단위별로 분리함
(6) **주요배관 노출** : 개·보수 용이하게 하기 위함
(7) **LCC 분석** : 경제성 검토
(8) **각종 측정기기류 부착** : 설비진단 용이
(9) **준공도서** : 정확성을 기함(설비기기 등 정확한 표현 필요)

16-6 동향

(1) 선진국의 경우 리모델링 비중은 전체 건설시장의 30%를 웃돌고 있다.
(2) 1990년대 초반부터 서울 강남의 저층아파트를 중심으로 유행, 재건축이 힘든 고층아파트나 단독주택으로까지 확산되고 있다.
(3) 현재 발효되고 있는 지구온난화방지협약(파리협약) 또한 리모델링 시장을 부추기는 결정적인 요인으로 작용, 리모델링은 성장잠재력이 높은 각광받는 사업 분야로 부상하고 있다.

> **핵심해설**
> 리모델링(Remodeling)은 오래된 불편한 건축물을 새롭게 디자인하는 개보수의 일체의 작업을 말하며, 각종 신건축 소재의 개발, 지구온난화방지협약 발효 등은 리모델링 시장을 부추기는 결정적인 요인으로 작용하고 있다.

17. 빌딩 커미셔닝(Building Commissioning)

17-1 정의

(1) 건축물의 신축이나 개보수를 함에 있어서 효율적인 에너지 및 성능 관리를 위하여 건물주나 설계자의 의도대로 설계, 시공, 유지 관리되도록 하는 새로운 개념의 건축 공정을 '빌딩 커미셔닝'이라 한다.
(2) 건물이 계획 및 설계 단계부터 준공에 이르기까지 발주자가 요구하는 설계 시방서와 같은 성능을 유지하고, 또한 운영 요원의 확보를 포함하여 입주 후 건물주의 유지 관리상 요구를 충족할 수 있도록 모든 건물 시스템이 작동하는 것을 검증하고 문서화하는 체계적인 공정을 의미한다.

17-2 목적

(1) 빌딩 커미셔닝은 특히 효율적인 건물 에너지 관리를 위한 가장 중요한 요소로서 건축물의 계획, 설계, 시공, 시공 후 설비의 시운전 및 유지 관리를 포함한 전 공정을 효율적으로 검증하고 문서화하여 에너지의 낭비 및 운영상의 문제점을 최소화한다.
(2) 건물 시스템의 건전하고 합리적인 운영을 가능케 하여 거주자의 쾌적성 확보, 안전성 및 목적한 에너지 절약을 달성할 수 있다.

17-3 업무영역

설계의도에 맞게 시공 여부, 건물의 성능 및 에너지효율의 최적화, 전체 시스템 및 기능 간 상호 연동성 강화, 하자의 발견 및 개선책 수립과 보수, 시운전을 실시하여 문제점 도출 및 해결, 시설 관리자 교육, 검증 및 문서화 등을 다룬다.

17-4 관련기법

(1) **Total Building Commissioning** : 빌딩 커미셔닝은 원래 공조(HVAC) 분야에서 처음 도입되기 시작하였으나, 그 이후 건물의 거의 모든 시스템에 단계적으로 적용되고 있는 터라 'Total Building Commissioning'이라고 불리기도 한다.
(2) **리커미셔닝** : 기존 건물의 각종 시스템이 신축 시의 의도에 맞게 운용되고 있는지를 확인하고 문제점을 파악한 후, 건물주의 요구조건을 만족하기 위하여 필요한 대안이나, 조치사항을 보고한다.

17-5 기술동향

(1) 많은 선진국들에서는 건물의 효율적인 에너지관리를 위하여 정부, 에너지 공급사, 민간 기업 등이 빌딩 커미셔닝 기법을 적극 활용하고 있다.
(2) 탄소배출 감량을 위해 에너지 사용의 효율성이 강조되고 있는바, 빌딩 커미셔닝 기법의 보다 적극적인 활용이 필요하다.
(3) 빌딩 커미셔닝이 제대로 정착될 때 우리 사회에 만연되어있는 부실시공으로 인한 엄청난 유지·관리·보수비 투입이나 건축물의 해체로 인한 막대한 재산상의 손실은 물론이고 부실시공을 제때 발견치 못하여 발생되는 인명·재산상의 피해를 사전에 예방할 수도 있을 것이다.

> **핵심해설**
> 빌딩 커미셔닝은 건축물의 계획, 설계, 시공, 시공 후 설비의 시운전 및 유지 관리(준공 후 1년 이상)를 포함한 전 공정을 효율적으로 검증하고 문서화하여 최적의 상태로 운전하게 하여 실패비용을 줄이는 시스템이다.

18. 설비의 내구연한

18-1 개요

(1) 각종 설비(장비)에 대해 기술적 측면에서 내구연한을 논할 때는 주로 물리적 내구연한을 위주로 말하고 있으며, 이는 설비의 유지보수와 밀접한 관계를 가지고 있다.
(2) 내구연한은 일반적으로 크게 물리적 내구연한, 사회적 내구연한, 경제적 내구연한, 법적 내구연한 등으로 나누어지며, 그 쓰임새가 분야별로 차이가 난다.

18-2 분류 및 특징

(1) 물리적 내구연한
 ① 마모, 부식, 파손에 의한 사용불능의 고장빈도가 자주 발생하여 기능장애가 허용한도를 넘는 상태의 시기를 '물리적 내구연한'이라 한다.
 ② 물리적 내구연한은 설비의 사용수명이라고도 할 수 있으며 일반적으로는 15~20년을 잡고 있다(단, 15~20년이란 사용수명도 유지관리에 따라 실제로는 크게 달라질 수 있는 값이다).

(2) 사회적 내구연한
① 사회적 동향을 반영한 내구연수를 말하는 것으로 이는 진부화, 구형화, 신기종 등의 새로운 방식과의 비교로 상대적 가치 저하에 의한 내구연수이다.
② 법규 및 규정 변경에 의한 갱신의무, 형식취소 등에 의한 갱신 등도 포함된다.

(3) 경제적 내구연한
수리 수선을 하면서 사용하는 것이 신형제품 사용에 비하여 경제적으로 더 비용이 많이 소요되는 시점을 말한다.

(4) 법적 내구연한
고정자산의 감가상각비를 산출하기 위하여 정해진 세법상의 내구연한을 말한다.

(5) 기타의 내구연한(내용연수)
① 기능적 내용연수 : 기술 혁신에 의한 새로운 설비, 기기의 도입이나 생활양식의 변화 등으로 그 건물이 변화에 대응할 수 없게 된 경우(가족 수, 구성의 변화, 자녀의 성장과 가족의 노령화에 의한 주요구의 변화, 가전제품 도입에 의한 전기 용량 부족, 부엌, 욕실 설비 개선)
② 구조적 내용연수 : 노후화가 진척되어 주택의 주요부재가 물리적으로 수명을 다하고 기술적으로 더 이상 수리가 불가능하여 지진이나 태풍 등의 자연재해에 견디는 힘이 한계에 이른 경우(설비 측면에서의 물리적 내구연한에 해당)
③ 자연적 내용연수 : 자연재해에 의해 건물의 수명이 다한 경우

19. PAL과 CEC

19-1 PAL[Perimeter Annual Load Factor ; 외피 연간부하(MJ/year·m^2)]

(1) 정의
외주부의 열적 단열성능을 평가할 수 있는 지표로서 외주부의 연간 총 발생부하(일사, 관류, 극간풍, 발생열 등에 기인함)를 그 외주부의 바닥면적으로 나누어 계산한다.

(2) 계산식

$$PAL = \frac{\text{외주부의 연간 총 발생부하(MJ/year)}}{\text{외주부의 바닥면적의 합계(m}^2\text{)}}$$

(3) 계산 결과 규정 수치 상회 시 외피설계 재검토가 필요하다.
(4) **단위** : J/year·m^2, KJ/year·m^2, MJ/year·m^2, Mcal/year·m^2 등
(5) **참고치(일본 고시 기준)**
① 사무실 : 300 MJ/year·m^2 이하
② 점포 : 380 MJ/year·m^2 이하

19-2 CEC [Coefficient of Energy Consumption ; 에너지 소비계수(무차원)]

(1) **정의** : 어떤 건물이 '에너지를 얼마나 합리적으로 사용하는가'를 나타내는 지표이다.
(2) 에너지 합리화법상 에너지의 효율적 이용에 대한 판단기준이다.
(3) **계산식(무차원)**
다음 계산식의 각 분모는 가상의 표준조건에서의 에너지양이며, 분자는 실제의 사용습관, 폐열 혹은 배열 회수, 자동제어 등을 감안한 값이다.
① 공조에너지 소비계수(CEC/AC ; Coefficient of Energy Consumption for Air Conditioning)

$$CEC/AC = \frac{\text{연간 공조에너지 소모량(MJ/year)}}{\text{연간 가상 공조부하(MJ/year)}}$$

* 참고치(일본 고시 기준) : 사무실 1.6 이하, 점포 1.8 이하일 것

② 급탕에너지 소비계수(CEC/HW ; Coefficient of Energy Consumption for Hot Water Supply)

$$CEC/HW = \frac{\text{연간 급탕에너지 소비량(MJ/year)}}{\text{연간 가상 급탕부하(MJ/year)}}$$

③ 조명에너지 소비계수(CEC/L ; Coefficient of Energy Consumption for Lighting)

$$CEC/L = \frac{\text{연간 조명에너지 소비량(MJ/year)}}{\text{연간 가상 조명에너지 소비량(MJ/year)}}$$

④ 환기에너지 소비계수(CEC/V ; Coefficient of Energy Consumption for Ventilation)

$$CEC/V = \frac{\text{연간 환기에너지 소비량(MJ/year)}}{\text{연간 가상 환기에너지 소비량(MJ/year)}}$$

⑤ 엘리베이터 에너지 소비계수(CEC/EV ; Coefficient of Energy Consumption for Elevator)

$$CEC/EV = \frac{\text{연간 엘리베이터 에너지 소비량(MJ/year)}}{\text{연간 가상 엘리베이터 에너지 소비량(MJ/year)}}$$

핵심해설
PAL은 외피 단위면적당의 연간부하를 의미(외피 설계의 기준)하며, CEC/AC는 연간 가상 공조부하당 에너지 소비량(무차원)을 나타낸다.

20. VE(Value Engineering)

20-1 배경

(1) 전통적으로 VE는 생산과정이 정형화되지 않은 건설조달 분야에서 활발히 시행되어왔다.
(2) 이는 현장상황에 따라 생산비의 가변성이 큰 건설산업의 특징상, 건설과정에 창의력을 발휘하여 새로운 대안을 마련할 때 비용 절감의 가능성이 크기 때문이다.

20-2 개념

(1) 최소의 생애주기비용(Life Cycle Cost)으로 필요한 기능을 달성하기 위해 시스템의 기능분석 및 기능설계에 쏟는 조직적인 노력을 의미한다.
(2) 좁은 의미에서의 VE는 소정의 품질을 확보하면서, 최소의 비용으로 필요한 기능을 확보하는 것을 목적으로 하는 체계적인 노력을 지칭하는 의미로 사용된다.

20-3 계산식

$$VE = \frac{F}{C}$$

F : 발주자 요구기능(Function)
C : 소요 비용(Cost)

20-4 추진원칙

(1) 고정관념의 제거
(2) 사용자 중심의 사고
(3) 기능 중심의 사고
(4) 조직적인 노력

20-5 VE의 응용

(1) 제품이나 서비스의 향상과 코스트의 인하를 실현하려는 경영관리 수단으로 사용되어 'VA(가치분석)' 혹은 'PE(구매공학)'로 불리기도 한다.
(2) VE의 사상을 기업의 간접부분에 적용하여 간접업무의 효율화를 도모하기도 한다. 이 경우 VE를 'OVA(Overhead Value Analysis)'라고 부른다.
(3) VE에서 LCC는 원안과 대안을 경제적 측면에서 비교할 수 있는 중요한 Tool이다.

20-6 VE의 종류

(1) 전문가토론회
  ① 발주자가 프로젝트의 개요를 소개하면서 VE팀, 설계팀과 발주청 관계자들이 함께 모여서 하는 토론회이다.
  ② 이 토론회는 가치공학자(Value Engineer)의 주관하에 주로 발주자의 가치를 설계팀이 이해하고 이를 설계에 잘 반영할 수 있도록 하는 것을 주목적으로 한다.
  ③ 이 토론회의 주안점은 발주자의 의도가 프로젝트를 구성하는 주요 요소의 기능과 공간적인 배치에 잘 반영되어있는가를 검토하는 것이다.
  ④ 이 과정은 40시간 VE 수행절차 가운데 기능분석단계에 상응하는 과업으로서 프로젝트의 목적을 명확히 하고 주어진 활동의 주요 기능들이 무엇인가를 이해하는 것이 중요과제이다.

(2) 40시간 VE
  ① 기본설계(Sketch Design)가 완료된 시점에 전문가로 구성된 제2의 설계팀(VE팀)이 설계내용을 검토하기 위한 회의로서 가장 널리 사용되는 VE 유형으로, 한국의 설계 VE의 원형으로 볼 수 있는 형태이다.
  ② 40시간 VE는 가치공학자의 주관하에 이루어진다.
  ③ VE 수행자를 선정하기 위한 입찰단계에서 발주청은 원설계팀에게 VE 입찰사실을 사전에 통보하여 원설계팀이 VE 수행에 필요한 지원 작업을 사전에 준비할 수 있도록 한다.

(3) VE 감사(VE audit)
① VE 감사란 프로젝트에 자금을 투자할 의향이 있는 모회사(母會社)가 프로젝트에 대한 자회사(子會社)의 투자 여부를 결정하거나 중앙정부가 지방정부의 재원 지원요구의 타당성을 평가하기 위해 VE 전문가에게 의뢰하여 수행하는 평가이다.
② VE팀은 모회사나 중앙정부를 대신하여 투자의 수익성 및 지방정부에 대한 재정지원의 타당성을 평가한다.
③ VE 전문가는 자회사나 지방정부를 방문하여 프로젝트가 의도한 주요 기능이 제대로 충족될 수 있는지를 평가한다.

(4) 시공 VE(The Contractor's VE Change Proposal ; VECP)
① 시공 VE는 시공자가 시공과정에서 건설비를 절감할 수 있는 대안을 마련하여 설계안의 변경을 제안하는 형태의 VE이다.
② 시공 VE는 현장지식을 활용하여 공사단계에서 비용절감을 유도할 수 있다는 장점이 있다.

(5) 기타 VE 유형
① 오리엔테이션모임(Orientation Meeting) : 사업개요서(Brief) 또는 개략설계안(Brief Schematic)이 완성되었을 때 전문가토론회(Charette)와 유사하게 행해지는 모임으로서 VE의 한 종류로 분류할 수 있다. 오리엔테이션모임은 발주청대표와 설계팀 그리고 제3의 평가자가 만나 프로젝트의 쟁점사항을 서로 이해하고, 관련 정보를 주고받는다.
② 약식검토(Shortened Study) : 프로젝트의 규모가 작아서 40시간 VE 비용을 들이는 것이 효과적이지 않을 경우 인원과 기간을 단축하여 시행하는 VE이다.
③ 동시검토(Concurrent Study) : 동시검토는 VE 전문가가 VE팀 조정자로서 팀을 이끌되, 원설계팀 구성원들이 VE팀원으로 참여하여 VE를 수행하는 작업이다. 이 유형은 원설계팀과 VE팀 간의 갈등을 최소화하는 등 40시간 VE의 문제점에 대한 비판을 완화시킬 수 있는 장점이 있다.

20-7 VE의 가치

(1) VE에서 중요시하는 것은 경제적 가치인데, 이를 구체적으로 살펴보면 다음과 같은 4가지의 개념으로 나눌 수 있다.
① 희소가치(Scarcity Value) : 보석이나 골동품과 같이 그 물건이 귀하다는 점에서 생긴 가치 개념이다.
② 교환가치(Exchange Value) : 그 물품을 다른 것과 교환할 수 있도록 하는 특성이나 품질에 따른 가치 개념이다.

③ 원가가치(Cost Value) : 그 물품의 생산을 위해서 투입한 원가에 대한 가치 개념으로서 일반적으로 금액으로 표현한다.

④ 사용가치(Use Value) : 그 물품이 지니고 있는 효용, 작용, 특성, 서비스 등에 따른 가치 개념으로서 흔히 품질이나 기능으로 표시된다. 이것은 그 제품 내지 서비스를 사용하는 고객이 주관적으로 느끼는 만족성, 즉 효용으로 평가하기 때문에 주관적 가치라고도 한다.

(2) 제품이나 서비스에 대한 종합적인 참된 가치를 평가하기 위해서는 이와 같은 4가지 개념을 모두 포함해서 평가되어야 하겠지만, VE에서는 주로 원가가치와 사용가치에 중점을 두고 평가한다. 특히 추구되는 가치개념은 '사용가치'이다.

(3) 마일즈는 사용가치를 실용가치(Practical Use Value)와 귀중가치(Esteem Value)로 구분하였다.

① 실용가치 : 한마디로 기본기능의 가치를 말하는 것이다. 예를 들면 라이터의 기능은 '불의 제공'에 있으며, 혁대의 기능은 '바지가 흘러내리지 않도록 하는 것'에 있다. 또한 자동차의 기능은 '운반 대상물을 목적지까지 운반하는 것'이라고 할 수 있다.

② 귀중가치 : 매력가치라고도 하는 귀중가치는 제품 내지 서비스의 특성, 특징 및 매력에 따른 가치개념인데, 제품의 외형과 디자인을 아름답게 하여 심리적 유용성을 높이고 경쟁적 이점을 갖게 하는 요소를 말한다.

> **핵심해설**
> VE는 '얼마나 적은 비용을 투자하여 얼마나 많은 사용자 효용을 만들어내느냐?'로 정의할 수 있는 지표이며, 전문가 토론회, 40시간 VE, VE 감사, 시공 VE 등 다양한 방식의 VE가 개발되어왔다.

21. PERT/CPM 기법

21-1 개요

(1) 건설공사에서 모든 작업이 시행될 순서에 따라 상호 간의 의존 관계를 설정하고, 시행될 일정을 결정하는 공사계획 기법으로 1950년대에 최초로 개발된 기법들이다.

(2) CPM(Critical Path Method) 기법은 공사계획에서 일정을 단축하기 위하여 개발된 기법으로, 공사의 일정관리를 위하여 건설업 분야에서 널리 활용되고 있으며, 근래에는 공사 계약관리의 기준으로 이용되고 있다.

(3) 세계 최대 규모의 화학회사인 미국의 Dupont 사는 1956년부터 신규 설비가 증가하고 설비규모가 너무 커짐에 따라 투자의 효율적 통제를 주목적으로 할 새로운 Program

Engineering 기법의 연구개발에 착수하였는데, 이때 CPM 기법이 예상했던 것 이상의 큰 성과가 있는 기법이라는 것이 실증된 바 있다.
(4) PERT(Project Evaluation & Review Technique) 기법은 1956년 미 해군의 Polaris 잠수함 건조계획 중 Polaris Missile 연구개발 계획의 진도를 평가하고 감시하기 위하여 고안된 기법으로 연구계획 분야에서 진도를 감시하는 기준으로 활용되어왔다.

21-2 용도

(1) 이들 두 기법은 기본적으로는 유사하면서도 몇 가지 중요한 특징을 달리하고 있으나, 그 동안 기법의 적용에 있어 많은 변화를 통하여 오늘날 이 두 기법의 구별은 어렵게 되었다.
(2) 민간 기업에서도 회사 내 사업을 추진하는 데 PERT 기법 혹은 CPM 기법을 많이 사용하고 있다. 건설업뿐만 아니라 심지어는 제조공업, 화학공업 및 첨단산업 분야의 공정관리에까지 널리 활용되고 있는 기법이다.

21-3 특성

(1) PERT 기법에서는 연구개발 업무가 전혀 새로운 것이 대부분이므로 확률적인 추정치를 기초로 하여 Event 중심의 확률적 시스템을 전개함으로써 최단기간에 목표를 달성하고자 의도하는 기법이다(주로 미경험의 비반복성 설계사업의 평가 검토 및 관리 목적).
(2) CPM 기법은 공장 건설 등에 관한 과거의 실적자료나 경험 등을 기초로 하여 Activity 중심의 확정적 시스템으로 전개하여 목표기일의 단축과 비용의 최소화를 의도한 기법이다(시간추정이 확정적이고 모든 계획을 활동, 즉 작업 중심으로 수립).
(3) 그렇지만 PERT 기법의 확률적인 모델이나 CPM 기법의 확정적인 모델은 어느 것이나 양쪽 기법(PERT와 CPM)에 모두 적용시킬 수 있는 것이다. 뿐만 아니라 비용을 고려한 PERT-COST가 개발됨으로써, 당초 다른 목적으로 개발된 PERT 기법과 CPM 기법은 서로 접근경향을 띠게 되었으며, 근래에는 이들 양자를 총괄하여 'PERT/CPM 기법'이라고 한다.

21-4 장점

(1) Project를 구성하는 제반작업들의 선후 관계를 따져 Network로 표시하고, 주공정(Critical Path)을 발견함으로써 시스템적인 종합관리가 가능하다.
(2) 필요한 정도에 따라 Project를 세분화하여 관리가 가능하다.
(3) 장래 예측이 가능하며, 전향적(Forward Looking) 관리 방식이다.
(4) 전체 공사를 시공하는 데 필요한 공기를 상당히 정확하게 추정할 수 있다.

(5) 공사기간 내 시공을 위하여 촉진시공이 필요한 작업에 대한 관리가 가능하다.
(6) 시공일을 앞당겨야 할 경우 공기단축을 위한 지침을 세울 수 있게 한다.
(7) 하도급시공자의 작업일정과 자재의 현장투입일정에 대한 기준을 제공한다.
(8) 공사에 필요한 인력과 공사 장비에 대한 일정을 세우는 기준을 제공한다.
(9) 대체공법을 신속하게 평가할 수 있게 한다.
(10) 진도 보고와 기록에 편리한 기준자료가 된다.
(11) 공사변경이나 지체가 공기에 주는 영향을 평가하는 데 기준을 제공한다.
(12) 항상 유기적이며 과학적으로 생각하기 때문에, 누락되는 일이 드물고 사전에 잘못을 발견하기 쉽다.

22. 이중외피(Double Skin Facade) 방식

22-1 개요

(1) 초고층 주거건물에서의 자연환기와 풍압의 문제는 현재의 일반적인 창호시스템으로는 해결이 어렵다(초고층의 고풍속으로 창문 등의 개폐가 간단하지 않을 뿐 아니라 유입풍속이 강해 환기의 쾌적성 또한 떨어지게 된다).
(2) 초고층 건물에서도 자연환기가 가능한 창호시스템을 고안할 때 우선적으로 고려되는 방법이 '이중외피(Double Skin)' 방식이다.
(3) 이중외피 방식은 1970년대 후반 에너지파동과 맞물려 유럽을 중심으로 시작된 자연보호운동, 그리고 건물 재실자(특히 사무실 근무자)들의 강제환기에 대한 거부감 증대 등을 배경으로 자연환기의 중요성이 부각되었고, 1990년대 중반부터 초고층사무소건물에 설치되어 학술적인 검증이 이루어지고 있는 시스템이다.

22-2 원리

이중외피는 중공층(공기층)을 사이에 두고 그 양쪽에 구조체(벽체, 유리 등)가 설치된 구조로 고단열성과 고기밀성, 축열, 일사차폐 등으로 냉난방부하를 절감하여 에너지를 절약할 수 있는 구조체 방식이며, 자연환기에도 상당히 유리한 방식이다.

22-3 설치방법

(1) 기존의 건물외피 앞에 어느 정도의 간격을 두고 또 다른 외피를 덧붙인 개념이다.
(2) 바깥쪽 외피는 (초고층)건물 외부의 풍우를 막아주는 역할을 하게 된다.

(3) 실내와 접한 첫 번째 외피는 유리만으로 하거나 기타 불투명 건자재를 같이 사용하여 만들고, 대개 창문의 개폐기능이 가능하게 되어있다.
(4) 바깥쪽 외피는 전체 면을 유리로 마감하는 경우가 많고, 유리의 투명성을 건물의 외관 디자인으로 이용할 뿐만 아니라 가능한 한 많은 일사 획득을 통한 건물의 자연에너지 이용 추구가 하나의 주된 흐름을 이루고 있다.
(5) 두 외피 사이의 간격은 20~140 cm 정도가 일반적이며 이 공간에 차양장치 및 흡기구와 배기구가 장착되고, 이 공간에서 일어나는 일사에 의한 온실효과를 이용하거나 외기의 압력 차이에 의하여 자연적인 실내환기가 이루어지게 된다.

22-4 장점

(1) 자연환기 가능(최소한 봄, 가을)
(2) 재실자의 요구에 의해 창문 개폐 가능(심리적 안정감)
(3) 기계공조를 함께 할 경우에도 설비규모의 최소화
(4) 실외 차양장치의 설치효과로 냉방에너지 절약
(5) 겨울의 온실효과로 난방에너지 절약(두 외피 사이 공간의 완충기능)
(6) 고속기류의 직접적 영향(맞바람) 감소
(7) 소음 차단효과 향상(고층건물 외에 고속도로변이거나 공항 근처와 같이 소음이 심한 상황에 접해있는 중·저층 건물도 포함)

22-5 종류별 특징

이중외피 시스템의 종류로는 다음과 같이 상자형 유리창 시스템, 커튼월 이중외피 시스템, 층별 이중외피 시스템 등 여러 가지 형식이 개발되고 있다.

(1) 상자형 유리창 시스템
① 이 시스템은 창문 부분만 이중외피 형식으로 되어있고, 그 이외의 부분은 일반 건물의 경우와 마찬가지의 외벽체로, 그리고 창문 바깥쪽은 블라인드 형식의 차양장치로 구성되어있다.
② 건물의 층별, 또는 실별로 설치될 수 있어 편리하다.
③ 초고층 주거건물에서는 외부창을 포함한 두 개의 창문을 모두 열 수는 없으므로 조금 더 응용된 형식으로 적용가능성을 찾을 수 있다(즉 외벽 한 부분에 굴뚝효과를 나타낼 수 있는 수직 덕트를 만들고 창과 창 사이의 공간을 연결시킨다. 수직덕트 내에는 높이와 온도차에 따른 부양현상으로 바깥 창의 고정에 의해 배기되지 못하는 열기나 오염된 공기를 외부로 빨아올리게 되어 환기를 유도하게 된다).

(2) 커튼월 이중외피 시스템
① 커튼월 형식으로 창문이 있는 건물의 전면에 유리로 된 두 번째 외피를 장착한 이중외피 시스템을 말하는 것으로, 두 외피 사이의 공기 흐름을 위하여 흡기구는 건물의 1층 아랫부분에, 배기구는 건물의 최상층부에 설치된다.
② 이 시스템의 경우 두 외피 사이의 공간 전체가 하나의 굴뚝덕트로 작용하여 환기를 위해 필요한 공기의 상승효과를 이끌어낸다.
③ 이 시스템의 단점은 상층부로 갈수록 하층부에서 상승한 오염공기의 정체현상으로 환기효과가 떨어지고, 층과 층 사이가 차단되어있지 않으므로 각층에서 일어나는 소음, 냄새 등이 다른 층으로 쉽게 전파될 뿐 아니라 화재발생 시에도 위층으로 화재가 확산될 위험이 큰 것이다.
④ 이 시스템은 외부소음이 심한 곳에서 소음 차단에 효과적이다.

(3) 층별 이중외피 시스템
① 각층 사이를 차단시켜 '커튼월 이중외피 시스템'에서의 단점을 보완한 시스템이다.
② 이 시스템의 가장 큰 특징은 각층의 상부와 하부에 수평 방향으로 흡기구와 배기구를 두고, 각 실(아파트 또는 사무실)별로 흡기와 배기가 가능하도록 한 점이다.
③ 커튼월 이중외피 형태에서 보다 좀 더 세분화시켜 환기를 조절할 수 있기 때문에 환기의 효과가 가장 우수한 시스템이다.
④ 층과 층 사이에 흡기구와 배기구가 상하로 아주 가까이 배치될 경우 아래층의 배기구에서 배기된 오염공기가 다시 바로 위층의 흡기구로 흘러들어 가게 되어 해당 층의 흡입공기의 신선도가 현저히 떨어질 수 있으므로 개구부의 배치계획에 세심한 주의가 필요하다.
⑤ 개구부의 크기는 외피 사이의 공간체적에 따라 결정되며, 형태는 필요에 따라 각 개구부를 한 장의 유리로, 또는 유리루버 방식으로 개폐가 가능하도록 설치하게 된다.
⑥ 근래 인텔리전트화한 건물에서는 실내의 온도, 습도, 취기 등의 정도에 따라 자동으로 조절이 가능한 장치를 설치하기도 한다.
⑦ 외피공간의 차양장치는 가장 효과가 좋은 실외에 장착된 것과 같은 역할을 하게 되고, 이는 곧 여름철 실내온도의 상승을 억제하여 냉방에너지 절감에도 도움이 된다.

22-6 계절에 따른 이중외피의 특성

(1) 냉방 시의 계절 특성
① 중공층의 축열에 의한 냉방부하의 증가를 방지하기 위해 중공층(공기층)을 환기시킨다(상부와 하부의 개구부를 댐퍼 등으로 조절).
② 구조체의 일사축열과 실내 일사유입을 차단하기 위해 중공층 내에 블라인드를 설치하

여 일사를 차폐한다(전동블라인드 권장).
③ Night Purge 및 외기냉방, 환기가 될 수 있는 공조방식과 환기방식을 선정한다.
④ 야간에 냉방운전이 필요할 때 구조체 축열이 제거되면 중공층을 밀폐하여 고기밀, 고단열 구조로 이용한다.

(2) 난방 시의 계절 특성
① 실내가 난방부하 상태일 때에 일사를 적극 도입하고 중공층을 밀폐시킨다(상하부개구부 폐쇄).
② 이중외피의 내부 공간 중 남측에서의 열취득량을 북측, 동측, 서측으로 전달시켜 건물 전체의 외피가 따스한 상태로 만들어준다(난방부하 경감).
③ 중공층의 공기를 열펌프의 열원으로 활용 가능하다.
④ 야간에는 고기밀 고단열구조로 하기 위해 중공층을 밀폐한다(상하부 개구부 폐쇄).

22-7 구획방법

(1) **Shaft Type** : 높은 배기효율, 상하 소음 전달 용이
(2) **Box Type** : Privacy 양호, 소음 차단, 재실자의 창문조절 용이
(3) **Shaft-Box Type** : Shaft Type + Box Type
(4) **Corridor Type** : 중공층 사용 가능, Privacy 불리, 소음 전달 용이
(5) **Whole Type** : 외부소음에 유익, 초기투자비 감소, 소음 전달 용이

Corridor Type 이중외피(사례)

Whole Type 이중외피(사례)

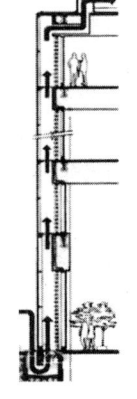
Whole Type 단면도

핵심해설
이중외피 구조는 초고층 건물에서 자연환기 유도, 냉·난방 에너지 절감, 소음저감 등을 목적으로 하며, 상자형 유리창 방식, 커튼월 방식, 층별 방식(가장 우수) 등이 있다.

23. 초에너지 절약형 건물에서의 에너지 절약

23-1 개요

(1) 건축물의 에너지 절약은 건축 부문의 에너지 절약과 기계 및 전기 부문의 에너지 절약을 동시에 고려해야 한다.
(2) 건축 부문의 에너지 절약은 대부분 외부부하 억제(단열, 차양, 다중창 등)의 방법이며, 내부부하 억제 및 Zoning의 합리화 등의 방법도 있다.
(3) 설비 부문의 에너지 절약방법은 태양열/지열 등의 자연에너지 이용, 최적 제어기법, 폐열회수 등이 주축을 이룬다.

23-2 건축 분야

(1) **이중외피** : 빌딩 외벽을 2중벽으로 만들어 자연환기를 쉽게 하고, 일사를 차단하거나(여름철), 적극 도입하여(겨울철) 에너지를 절감할 수 있는 건물
(2) **건물 외벽 단열 강화** : 건물 외벽의 단열을 강화함(외단열, 중단열 등 이용).
(3) **지중공간 활용** : 지중공간은 연간 온도가 비교적 일정하므로, 에너지 소모가 적음.
(4) **층고 감소, 저층화 및 기밀** : 실(室)의 내체적을 감소시켜 에너지 소모를 줄이고, 저층화 및 기밀구조로 각종 동력을 절감함
(5) **방풍실 출입구** : 출입구에 방풍실을 만들고 가압하여 연돌효과 방지
(6) **색채 혹은 식목** : 건물 외벽에 색채 혹은 식목으로 에너지 절감
(7) **기타** : 선진 창문틀(기밀성 유지), 창 면적 감소, 건물 방위 최적화, 옥상면 일사차폐, 특수 복층유리, Louver에 의한 일사차폐 등
(8) **내부부하 억제** : 조명열 제거, 중부하존 별도 설정 등
(9) **합리적인 Zoning** : 실내 온·습도 조건, 실(室)의 방위, 실사용 시간대, 실부하 구성, 실(室)로의 열운송 경로 등에 따른 Zoning 설정

23-3 기계설비 분야

(1) **태양열, 지열, 풍력 등 자연에너지 이용** : 냉난방 및 급탕용, 자가발전 등
(2) **조명에너지 절약방식** : 자연채광을 이용한 조명에너지 절감
(3) **중간기** : 외기냉방 및 외기 냉수냉방 시스템

- (4) **외기량** : CO_2 센서를 이용한 최소 외기량 도입
- (5) **VAV 방식** : 부분부하 시의 송풍동력 감소
- (6) **배관계** : 배관경, 길이, 낙차 등을 조정하여 배관계 저항 감소시킴.
- (7) **온도차 에너지 이용** : 배열, 배수 등의 에너지 회수
- (8) **절수** : 전자식 절수기구 사용, 중수도 등 활용
- (9) **환기** : 전열교환기, 하이브리드 환기시스템 등 적용
- (10) **자동제어** : 첨단 IT 기술, ICT 기술을 활용하여 공조 및 각종 설비에 대한 최적제어 실시
- (11) **기타** : 국소환기, 펌프 대수제어, 회전수제어, 축열방식(심야전력) 이용, 급수압 저감, Cool Tube System 등 적용

23-4 전기설비 분야

- (1) **저손실형 변압기 채용 및 역률 개선** : 변압기는 상시 운전되는 특징이 있고, 전기기기 중 손실이 가장 큰 기기에 속하므로 고효율형 변압기 선택이 중요. 또 역률을 개선하기 위해서 진상콘덴서를 설치할 필요가 있음
- (2) **변압기 설계** : 변압기 용량의 적정 설계, 용도에 따른 대수제어, 중앙감시 제어 등 필요
- (3) **동력설비** : 고효율의 전동기 혹은 용량가변형 전동기 채택, 대수제어, 심야전력의 최대한 이용 등
- (4) **조명설비** : 고효율의 형광램프 및 안정기 채용, 고조도 반사갓(반사율 90% 이상) 채용, 타이머장치와 조명 레벨제어(조도 조절장치 추가), 센서 제어, 마이크로 칩이 내장된 자동 조명장치의 채용, 고효율 LED조명 채용 등
- (5) **기타**
  ① 태양광 가로등 설비 : 태양전지를 이용한 가로등 점등
  ② 모니터 절전기 : 모니터 작동 중에 인체를 감지하여 사용하지 않을 경우 모니터 전원을 차단하는 장치
  ③ 대기전력 차단 제어 : 각종 기기의 비사용 시 대기전력 차단
  ④ 옥외등 자동 점멸장치 : 광센서에 의해 옥외등을 자동으로 점멸하는 장치

23-5 초에너지 절약형 건물

- (1) **국내 최초** : 한국 에너지 기술 연구원의 초에너지 절약형 건물
  ① 이 건물은 기존의 사무용 건물에 비해 에너지의 소모가 20% 정도로서 획기적인 에너지 절약형 건물이다.
  ② 이 실험용 건물의 $1\,m^2$ 공간당 연간 에너지 소비량은 약 74 MCal로서 당시의 가장 우

수하다고 자랑하는 일본의 오바야시구미(大林組)기술연구소 본관빌딩의 94 MCal보다 훨씬 우수하게 평가된 바 있다.

③ 특히 국내의 보통 사무용빌딩이 $1\,m^2$당 300~350 MCal를 쓰고 있는 것과 비교해볼 때 20%를 조금 넘는 수준이며 청정한 자연에너지를 활용함으로써 건물 부문에서의 이산화탄소(CO_2) 배출 억제에도 기여하는 등 국내 빌딩건축의 역사에 큰 자리매김을 하게 되었다.

④ 이 건물의 내부구조는 전시 및 회의실, 연구실로 되어있으며, 용도는 적용된 기술들에 대한 연구실험 결과의 도출 및 실용화로서 건축 관련 전문가들의 기술에 대한 적용사례 등을 관찰할 수 있는 홍보용으로도 활용하고 있다.

(2) 서울 강서구 마곡지구 내 공공청사 등
① 세계 최고 수준의 수소 연료전지 발전시설 건설
② 화석연료(온실가스) 자제로 친환경 미래형 도시 지향
③ 신재생에너지(태양광, 지열) 사용으로 자체에너지 공급능력 늘림(신재생에너지를 60% 이상 공급 계획)
④ 하수처리 등의 열회수
⑤ 가로등, 신호등 : LED조명 사용 등

(3) 대림산업 아파트
① 아파트 단지 내에 태양광, 태양열, 지열, 빗물 등 신재생에너지와 특수건축기법을 활용한 에너지 절약형 커뮤니티센터를 선보이고 있다.
② 단지 내 커뮤니티센터에 태양열을 이용해 난방이 가능한 급탕 시스템과 태양광을 이용해 전기를 생산해내는 발전 시스템 등을 적용했다.
③ 빗물을 재활용하는 시설이 적용된 아파트에는 지하 저장시설을 설치해 옥상에 떨어진 빗물을 모으게 된다. 이렇게 모아진 빗물은 정화과정을 거친 후 조경용수와 청소용수로 재활용할 수 있어 관리비를 절감할 수 있다. 특히 집중호우 시에는 홍수를 예방할 수 있는 저수조로 활용할 수도 있다.
④ 건물 전체의 연간 냉난방 에너지 사용량이 제로에 가까운 패시브하우스도 일부 상용화 단계에 접어들었다.

> **칼럼**
> 패시브하우스 : 패시브하우스(PH ; Passive House)란 독일, 스웨덴 등의 유럽에서 시작된 개념으로 연간 난방에너지 사용량이 약 $15\,kWh/m^2$(일률 단위로는 약 $10\,W/m^2$) 이하이고, 일차에너지 소비가 약 $120\,kWh/m^2$ 이하인 건물로 발전해왔다(단열과 기밀성능 측면이 강조된 주택).

(4) 기술전망

앞으로의 초에너지 절약형 건물의 방향 : 제로에너지하우스(외부로부터 추가로 공급되는 에너지가 없음) 혹은 플러스에너지 하우스(사용하는 에너지보다 생산하는 에너지가 더 많음), 제로카본하우스(에너지수지 + 탄소배출수지가 제로) 등을 지향하고 있다.

> **핵심해설**
>
> 초에너지 절약형 건물에서의 에너지 절약은 건축 부문에서는 이중외피, 외벽 단열, 지하공간 활용, 층고감소, 저층화 등의 방법이 주로 사용되며, 기계설비 부문에서는 신재생에너지 이용(태양열, 지열, 온도차에너지 등), 공조에너지 절약(외기냉방, VAV 등), 환기 절감, 폐열에너지 회수, 에너지 사용 절약(조명에너지, 절수 등) 등이 주로 적용된다.

24. 환경 관련 용어

24-1 LCC (Life Cycle CO_2)

(1) $LCCO_2$는 원래 ISO 14040의 LCA(Life Cycle Assessment)에서 기원된 말이다.
(2) 제품의 전 과정, 즉 제품을 만들기 위한 원료를 채취하는 단계부터 원료를 가공하고, 제품을 만들고, 사용하고 폐기하는 전체 과정에서 발생한 CO_2의 총량을 의미한다.
(3) 건축, 건설, 제조 등의 분야에서 그 환경성을 평가하기 위해 전 과정(생애주기) 동안 배출된 CO_2양을 지수로써 활용하고 있다.

24-2 ODP (Ozone Depletion Potential)

(1) 어떤 물질이 오존 파괴에 미치는 영향을 R-11(CFC11)과 비교(중량 기준)하여 어느 정도인지를 나타내는 척도이다.
(2) GWP와는 별도의 개념이므로, ODP가 낮다고 해서 GWP도 반드시 낮은 것은 아니다.
(3) **계산식**

$$ODP = \frac{\text{어떤 물질 1 kg이 파괴하는 오존 양}}{\text{CFC-11 1 kg이 파괴하는 오존 양}}$$

24-3　GWP (Global Warming Potential)

(1) 어떤 물질이 지구온난화에 미치는 영향을 CO_2와 비교(중량 기준)하여 어느 정도인지를 나타내는 척도이다.

(2) R134A, R410A, R407C 등의 HFC 계열의 대체냉매는 ODP가 Zero이지만, 지구온난화 지수(GWP)가 상당히 높아서 교토의정서의 6대 금지물질 중 하나이다.

(3) 계산식

$$GWP = \frac{\text{어떤 물질 1 kg이 기여하는 지구온난화 정도}}{CO_2 \ 1\text{kg이 기여하는 지구온난화 정도}}$$

칼럼

주요 냉매의 ODP 및 GWP

냉 매	ODP	GWP	계열
R12	1	8500	CFC
R22	0.055	1700	HCFC
R134A	0	1300	HFC
R410A	0	1730	HFC
R407C	0	1530	HFC

24-4　HGWP (Halo-carbon Global Warming Potential)

(1) GWP와 개념은 동일하나, 비교의 기준 물질을 CO_2 → CFC-11로 바꾸어놓은 지표이다.

(2) 계산식

$$HGWP = \frac{\text{어떤 물질 1 kg이 기여하는 지구온난화 정도}}{\text{CFC-11 1 kg이 기여하는 지구온난화 정도}}$$

24-5　TEWI (Total Equivalent Warming Impact)

(1) TEWI(Total Equivalent Warming Impact)는 우리말로 '총 등가 온난화 영향도' 혹은 '전 등가 온난화 지수(계수)'라고 불리며, GWP와 더불어 지구온난화 영향도를 평가하는 지표 중 하나이다.

(2) 냉동기, 보일러, 공조장치 등의 설비가 직접적으로 배출한 CO_2 양에 간접적 CO_2 배출량(냉동기, 보일의 등의 연료 생산과정에서 배출한 CO_2 양 등)을 합하여 계산한 총체적인 CO_2 배출량을 의미한다. 보통 간접적 CO_2 배출량이 직접적 CO_2 배출량에 비해 훨씬 큰 것으로 알려졌다.

(3) TEWI는 지구온난화계수인 GWP와 COP의 역수의 합으로서 표시되기도 하는데, 냉매 측면에서는 지구온난화를 방지함에 있어서 작은 GWP와 큰 COP를 가지는 냉매를 선정하는 것이 유리하다고 하겠다.

24-6 분진과 분진 측정방법

(1) 분진
① 협의 : 공기 중에 부유하거나 강하하는 미세한 고체상의 입자상 물질
② 광의 : 공기 중에 부유하는 미립자와 에어로졸 전체
③ 입자의 크기는 0.01~100 μm 이상으로 다양하다.
④ 에어로졸의 종류
  (가) 퓸 : 액체금속이 증발/기화 후 다시 산화 및 응축되면서 형성된 미립자
  (나) 미스트 : 액체가 증발 후 재응축된 상태(주로 분무나 비말화에 의함)
  (다) 가스 : 연소로 인한 탄화물 상태의 미립자(가시적 성질)

(2) 분진 측정방법
① LV법(Low Volume Air-sampler 사용법)
  시료공기를 Air-sampler를 통해 여과지에 흡인 및 통과시킨 후 여과지의 질량을 측정하여 분진의 질량을 측정(이때 약 6~8시간 정도의 운전이 필요함)한다.
② 디지털 분진계 사용법
  (가) 부유분진으로 인한 산란광의 강도 변화(분진의 농도에 비례) 발생
  (나) 이를 광전자 증폭관으로 광전류로 변환하여 디지털 분진계에 표시
③ 수정 발진식 분진계 사용법
  수정 전극판에 분진을 정전 및 포집한 후, 이때 발생하는 진동 수의 변화를 수치로 디스플레이(약 2분 소요됨)한다.

24-7 엘니뇨 현상

(1) 정의
① 무역풍이 약해지는 경우 차가운 페루 해류 속에 갑자기 이상 난류가 침입하여 해수온도가 이상 급변하는 현상이다.

② 스페인어로 '아기 예수' 또는 '남자아이'라는 뜻을 가진 말이다.
③ 동태평양 적도해역의 월평균 해수온도가 평년보다 약 6개월 이상 0.5℃ 이상 높아지는 현상이다.
④ 요즘은 지구온난화로 인하여 엘니뇨 현상이 매우 강해져 '슈퍼 엘니뇨'라고도 부른다.

(2) 영향
① 오징어의 떼죽음
② 정어리 등의 어종이 사라지고, 해조(海鳥)들이 굶어 죽을 수 있다(높아진 수온으로 인한 영양염류와 용존산소의 감소에 기인).
③ 심지어는 육상에 큰 홍수를 야기하기도 한다.

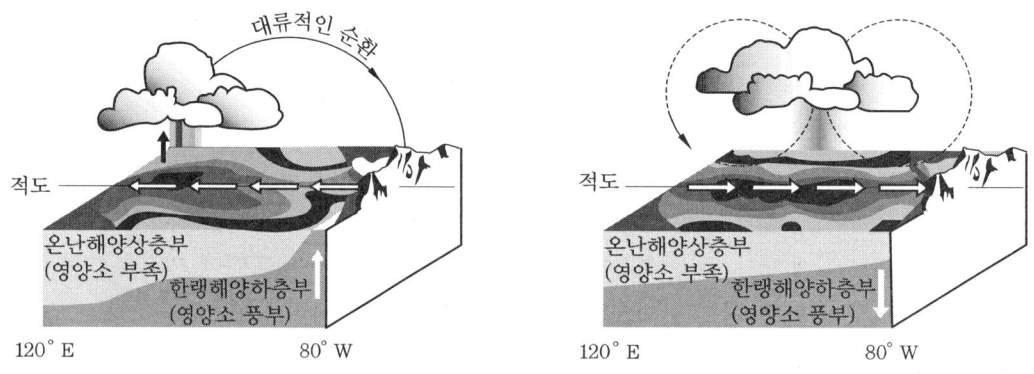

정상 시(왼쪽)와 엘니뇨 발생 시(오른쪽)

24-8 푄 현상

(1) 정의
'높새바람'이라고도 하며, 산을 넘어 불어 내리는 돌풍적인 건조한 바람을 말한다.

(2) 영향
① 산의 바람받이 쪽에서는 기압 상승으로 인하여 수증기가 응결되어 비가 내린다.
② 산의 바람의지(반대쪽) 쪽에서는 기압이 하강하고, 온도가 상승하며 건조해진다.

24-9 싸라기눈과 우박의 차이점

(1) 구름 속에서 만들어진 얼음의 결정이 내리는 것을 '눈'이라고 하고, 구름 속에서 눈의 결정끼리 충돌하여 수 mm로 성장한 것을 '싸라기눈'이라고 한다.

(2) 이 중 특히 5 mm 이상 성장한 것을 '우박'이라고 하며, 우박 중에는 야구공 정도의 크기로 성장하는 것도 있다.

24-10 라니냐 현상

(1) 정의
① 엘니뇨의 반대 현상이며, 라니냐는 스페인어로 '여자아이'를 뜻하는 말이다.
② 무역풍이 강해지는 경우 해수온도가 서늘하게 식는 현상이며, '반엘니뇨'라고 부르기도 한다.
③ 무역풍이 평소보다 강해져 동태평양 부근의 차가운 바닷물이 솟구쳐 발생한다.
④ 동태평양 적도해역의 월평균 해수면 온도가 5개월 이상 지속적으로 평년보다 0.5℃ 이상 낮아지는 현상이다.

(2) 영향
① 원래 찬 동태평양의 바닷물이 더욱더 차가워져 서진하게 된다.
② 인도네시아, 필리핀 등의 동남아시아에는 격심한 장마가, 페루 등의 남아메리카에는 가뭄이, 북아메리카에는 강추위가 찾아올 수 있다.

24-11 기후와 기상의 차이

(1) 기후
① 기후란 지구상 일정한 지역에서의 대기의 종합상태이다.
② 기후는 지구상의 장소에 따라 달라지며, 같은 장소에서는 보통 일정하다고 말할 수 있는 정도의 대기상태를 말한다.
③ 기후도 영속적으로 일정한 것은 아니고, 수십 년 이상 시간의 흐름 속에 항상 변화되는 것이다.
④ 기후 변동 요인
　㈎ 태양에너지 자체의 변동
　㈏ 태양거리 혹은 행성거리 변화에 의한 만유인력의 변화
　㈐ 기타 위성의 영향 등
　㈑ 인위적 변동 요인 : 대기오염, 지구온난화, 해양오염, 항공운항에 따른 운량의 변화 등

(2) 기상
① 실시간으로 변화하는 비, 구름, 바람, 태풍, 눈, 무지개, 번개, 오로라 등 지구의 대기권(주로는 대류권)에서 일어나는 여러 가지 대기현상을 말한다.

② 기후보다 훨씬 단시간에 일어나는 현상이며, 실시간 변화하는 대기의 상태 혹은 현상을 말한다.

> **핵심해설**
> ★ LCCO$_2$란 건축물이나 기계설비 등의 환경성 평가를 위해 대상물의 전 과정 동안에 배출된 지구온난화를 일으키는 가스를 CO$_2$로 환산한 총량을 말한다.
> ★ 엘니뇨 현상(더운 난류의 침입)의 반대적인 자연현상이 라니냐 현상(차가운 한류의 침입)이다.

25. 집단에너지 사업

25-1 정의

(1) 열병합발전소, 열전용보일러, 자원회수시설 등 1개소 이상의 집중된 에너지 생산시설에서 생산된 에너지(열 또는 열과 전기)를 주거, 상업지역 또는 산업단지 내의 다수 사용자에게 일괄적으로 공급하는 사업(에너지효율 약 20% 이상 개선 가능)을 '집단에너지 사업'이라고 한다.
(2) 다수의 사용자는 개별적으로 에너지 생산시설을 설치하지 않는다.

25-2 종류

집단에너지 사업은 크게 '지역 난·냉방 사업'과 '구역형 집단에너지 사업(CES)'으로 구분된다.

구 분	사업내용
지역 난·냉방 사업	집중된 에너지 생산시설에서 일정지역 내에 있는 주택, 상가 등 각종 건물을 대상으로 난방용, 급탕용, 냉방용 열 또는 열과 전기를 공급하는 사업
산업단지 집단에너지 사업, 소규모(구역형) 집단에너지(CES)	집중된 열 생산시설에서 밀집단지 입주자를 대상으로 열 또는 전기를 공급하는 사업

> **칼럼**
>
> CES(구역형 집단에너지 사업 ; Community Energy System)
> 1. CES(Community Energy System)는 구역형 집단에너지를 말하는 것으로 난방 위주의 기존의 지역난방사업과 달리 소형 열병합발전소를 이용해 소규모 밀집지역을 대상으로 냉방, 난방, 전기 등을 일괄 공급하고, 반송동력 비율을 줄이는 시스템을 말한다.
> 2. 일종의 '소규모 분산 투자'라고 할 수 있다.
> 3. 적용처 : 업무 및 상업 복합지역, 아파트단지, 병원 등 에너지 소비 밀집구역
> 4. 앞으로 지역별 총체적 에너지 절감이 많이 요구되고 있으므로 소규모(구역형) 집단에너지 방식(CES)이 보다 많이 보급될 전망이다.

25-3 효과

(1) 에너지 이용효율 향상에 의한 대규모 에너지 절감(20~30%)
(2) 연료사용량 감소 및 집중적인 환경관리로 대기환경 개선(30~40%)
(3) 집단에너지 공급에 의한 주거 및 산업부문의 편의 제공
(4) **지역난방** : 24시간 연속난방에 의한 쾌적한 주거환경 조성
(5) **산업단지 집단에너지** : 양질의 저렴한 에너지 공급으로 기업경쟁력 강화
(6) 발전소 부지난 해소 및 송전손실 감소에 기여
(7) 지역냉방 공급을 통한 하절기 전력 첨두부하 완화에 기여
(8) 연료 다원화에 의한 석유의존도 감소 및 미이용에너지 활용 증대
   * 유연탄, 폐열, 쓰레기, 매립가스(LFG) 등 사용 가능

25-4 각종 지원제도

(1) 세액공제제도(조세특례제한법 제25조)
   투자금액의 5%를 소득세 또는 법인세에서 공제할 수 있음.
(2) 에너지 절약시설투자준비금의 손금산입제도(조세특례제한법 제30조)
   투자금을 손금에 산입하여 세제혜택
(3) 집단에너지 사업의 기타지원
   집단에너지공급시설로 설치되는 발전시설은 환경영향평가대상에서 제외됨.

> **핵심해설**
>
> **소규모(구역형) 집단에너지(CES)** : 소형 열병합발전소를 설치하여 냉방, 난방, 전기 등을 일괄 공급하고, 반송동력 비율을 줄이는 종합적 에너지효율 증대를 도모하는 시스템이다.

예·상·문·제

1. 건축환경계획과 관련하여 적당하지 못한 내용은?
㉮ 건축의 3대 필수요소는 기능, 형태, 구조이다.
㉯ 전체 건물의 방위로서 남쪽 이외는 동쪽으로 약 18° 이내와 서쪽으로 약 16° 이내가 가장 합리적인 방향이 된다.
㉰ 일반적으로 건물의 남사면 배치는 여름철 부하 경감에 유리하다.
㉱ 건물의 북사면 배치는 겨울이 비교적 온화하고 여름이 더운 기후의 지역에 유리하다.
[해설] 일반적으로 건물의 남사면 배치는 겨울철 열 취득에 유리하다.

2. 건물 각 실(室)의 방위별 성격으로 틀린 것은?
㉮ 남쪽의 방위 : 여름철의 태양이 내실에까지 깊이 사입(射入)된다.
㉯ 서쪽의 방위 : 오후의 태양은 깊이 사입되어 여름철에는 특히 무덥다.
㉰ 북쪽의 방위 : 하루 종일 태양이 비치지 않고, 겨울철에는 북풍을 받아 한랭하지만 광선은 종일 평균적이다.
㉱ 동쪽의 방위 : 실내에 깊이 사입한다. 겨울철의 아침은 극히 따뜻하나 오후에는 냉하다.
[해설] 남쪽의 방위 : 여름철의 태양은 높기 때문에 내실에까지 깊이 사입(射入)되지 않고, 겨울철에는 깊이 사입되어 실내를 따뜻하게 한다.

3. 대지의 계획에 관한 설명으로 올바르지 못한 것은?
㉮ 일조관계는 법규로서 규정된 최저의 조건보다도 태양이 가장 낮은 동지 때의 태양광선을 충분히 받을 수 있어야 한다.
㉯ 대지의 모양은 정사각형 또는 남향으로 조금 긴 편이 정원을 두거나 건축계획에 유리하다.
㉰ 남북 방향으로 긴 건물은 넓은 서측면 때문에 냉방부하가 과대해질 수 있다.
㉱ 대지의 식생(植生)은 일사량, 온·습도 조절 등에는 유리하나, 풍속, 미기후 등과는 크게 상관이 없다.
[해설] 대지의 식생(植生)은 일사량, 온·습도 조절, 풍속 조절, 미기후 제어 등에 좋은 영향을 준다.

4. 건축환경계획과 관련하여 올바로 기술된 내용은?
㉮ 고층건물은 낮은 건물보다 남쪽에 두는 것이 유리하다.
㉯ 여름철, 겨울철을 모두 고려하여 활엽수는 남측 면에 배치하는 것이 유리하다.
㉰ SVR이 큰 건물이 외피를 통한 열손실을 줄여준다.
㉱ 흙(토양)으로 된 마당이 Time Lag 측면에서는 불리하다.
[해설] 다음과 같이 고쳐야 옳다.
㉮ 고층건물은 낮은 건물보다 북쪽에 두는 것이 유리하다.
㉰ SVR(Surface area to Volume Ratio)이 작은 건물이 외피를 통한 열손실을 줄여준다.
㉱ 흙(토양)으로 된 마당이 Time Lag에 유리하다.

5. 공동주택의 형태 중에서 하나의 주거단위가 복층형식을 취하는 경우로, 통로는 상층 또는 하층에 배치할 수 있으므로 유효면적이 증가하고 통로가 없는 층의 평면은 프라이버시와 통풍 및 채광 등이 좋아지는 형태는?

정답 1. ㉰ 2. ㉮ 3. ㉱ 4. ㉯ 5. ㉱

㉮ 플랫형 ㉯ 스킵형
㉰ 더블플로어형 ㉱ 메조넷형

[해설] 메조넷형 중에서도 단위주거의 평면이 2개 층에 걸쳐져 있을 때 듀플렉스형(Duplex Type), 3개 층에 있을 때 트리플렉스형(Triplex Type)이라고 한다.

6. 옥상녹화의 구성 형태에서 상부로부터 하부로의 일반적 구성 순서는?

㉮ 식생층 > 토양층 > 여과층(토양필터) > 배수/방근층 > 무근콘크리트 > 기존방수 > 구조체
㉯ 식생층 > 배수/방근층 > 토양층 > 여과층(토양필터) > 무근콘크리트 > 기존방수 > 구조체
㉰ 식생층 > 토양층 > 배수/방근층 > 여과층(토양필터) > 무근콘크리트 > 기존방수 > 구조체
㉱ 식생층 > 토양층 > 여과층(토양필터) > 배수/방근층 > 무근콘크리트 > 구조체 > 기존방수

[해설]

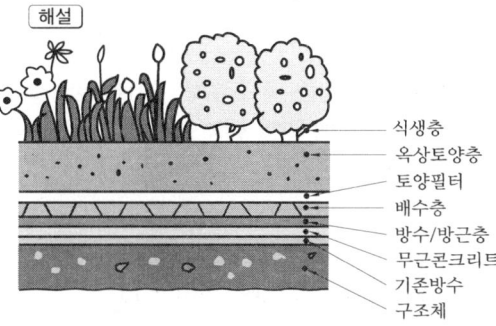

7. 초고층 건물의 열환경적 특성으로 잘못 설명된 것은?

㉮ 에너지 다소비형 건물이므로 '에너지 절약대책'이 특별히 중요하다.
㉯ 초고층 건물일수록 SVR이 작아서 열손실이 크다.
㉰ 연돌효과가 매우 커서 에너지 손실이 큰 형태의 건물이다.
㉱ 건물 외피 부분의 시간대별 부하특성이 매우 변동이 심하다.

[해설] 초고층 건물일수록 SVR이 커서 열손실이 크다.

8. 이중외피(Double Skin)에 대해서 잘못 기술한 것은?

㉮ '외벽 통기 시스템'이라고도 부른다.
㉯ 내외부 결로 방지 효과가 있다.
㉰ 고층부로 갈수록 보통 기계환기가 어려운 구조이다.
㉱ 하계 일사열에 의한 외피 온도의 상승을 억제한다.

[해설] 고층부로 갈수록 보통 자연환기가 어려운 구조이다.

9. 대공간 건물의 열환경적 특성에 대해서 잘못 기술한 것은?

㉮ 연돌효과는 심한 편이나, 냉기류(Cold Draft) 현상은 비교적 적은 편이다.
㉯ 구조체의 열용량, 단열성능 약화로 인한 냉·난방 부하가 증가한다.
㉰ 공간의 상하 간 온도차에 의한 불필요한 에너지 소모가 많은 형태이다.
㉱ 복사온도의 개념이 매우 유효하고, MRT(평균복사온도)를 잘 활용하도록 해야 한다.

[해설] 연돌효과, 냉기류 모두 발생할 수 있으며, 이로 인해 기류제어가 대단히 어렵다.

10. 호텔공조방식에 대한 설명으로 적합하지 못한 것은?

㉮ 열부하 특성이 아주 다양하고 복잡한 편이다.

[정답] 6. ㉮ 7. ㉯ 8. ㉰ 9. ㉮ 10. ㉱

㉯ 객실은 방위의 영향, Public부는 내부부하의 비율이 높으므로 용도, 시간대별 조닝이 필요하다.
㉰ 공조계통 측면에서 객실 계통, Public 계통을 분리하는 것이 좋다.
㉱ 전부하 효율이 좋은 열원이 추천된다.

[해설] 호텔은 시간대별, 계절별 부하의 변동이 심한 편이므로 부분부하 효율이 특히 좋은 열원이 추천된다.

11. 병원공조에 대한 설명으로 틀린 것은?

㉮ 응급실은 전공기 단일덕트방식으로 24시간 운전계통이 필요하다.
㉯ 분만실, 신생아실 : 전공기 정풍량, 100% 외기도입(전외기방식), 온습도 유지 위한 재가열 코일, 재가습, HEPA 필터 채용, 실내 정압(+) 유지 등이 필요하다.
㉰ 특별히 고청정을 필요로 하거나 습도 조절이 필요한 실(室)은 가급적 전외기방식, 혹은 항온항습 시스템을 채용하는 것이 유리하다.
㉱ 방사선 치료부, 핵의학과 등은 양압 유지가 필요하다.

[해설] 방사선 치료부, 핵의학과, 화장실 등은 부압(음압) 유지가 필요하다.

12. 지하주차장 환기방식 중 설치비 및 운전비용이 저렴하며, 개별제어와 전체 제어가 가장 용이한 형태는?

㉮ 급·배기 덕트방식
㉯ 무덕트방식
㉰ 노즐방식
㉱ 고속덕트방식

[해설] 무덕트방식(유인팬방식)의 특징 : 설치비 및 운전비용이 저렴하고, 개별제어와 전체 제어가 가장 용이한 형태이며, 소음이 적고, 부분 고장시 전체에 미치는 영향이 적다.

13. IB(인텔리전트 빌딩 ; Intelligent Building)의 4대 요소는?

㉮ OA, TC, BAS, BEMS
㉯ OA, TC, BAS, Amenity
㉰ OA, TC, BAS, CA
㉱ OA, TC, BEMS, CA

14. 아트리움의 열환경적 특성에 대해 잘못 기술한 것은?

㉮ 주야간 및 계절에 따른 실내외 온도차가 심하다.
㉯ 유리가 차지하는 면적이 크기 때문에 외풍 및 외기의 침입 등이 많아진다.
㉰ 대공간이므로 거주역에서의 온도 조절 및 기류 조절이 매우 어렵다.
㉱ 내부온도의 성층화(Stratification) 촉진을 위해 외벽 측에 기류를 형성하는 것이 필요하다.

[해설] Cold Draft 방지를 위해 외벽 측에 기류를 형성하는 것이 필요하다.

15. 빌딩에 집중 공조부하 존(Heavy Duty Zone) 설정에 관한 설명으로 가장 적당하지 못한 것은?

㉮ 전산실, 컴퓨터실, 교환실, 통신장비 공용센터 등을 특정 층 혹은 특정 Zone으로 만들어 집중 관리하는 것이 좋다.
㉯ 열이나 조명, 소음 등의 부하가 일반 사무공간으로 퍼지지 않게 해야 한다.
㉰ 소요 부하량에 가능한 한 일치하는 열원 용량을 선정하여 여유율이 없도록 설계한다.
㉱ 연중 24시간 연속 운전하는 경우가 많으므로 예비열원을 두어 Back-up 운전을 준비하거나, 교번운전을 실시하여 장비의 수명

[정답] 11. ㉱ 12. ㉯ 13. ㉯ 14. ㉱ 15. ㉰

이 연장될 수 있게 해준다.

[해설] 사무실 OA화의 가중에 따라 평당 소요 부하량이 계속 늘어나고 있는 추세이므로 부하설계 시 향후의 부하 증가를 어느 정도 예측하여 용량 선정에 반영하여야 한다.

16. 건축물의 인동간격에 대한 설명으로 ⊙~⑩에 알맞은 용어로 짝지어진 것은?

> - 채광을 위한 창문 등이 있는 벽면으로부터 직각방향으로 건축물 각 부분의 높이의 (⊙)배 이상(도시형 생활주택의 경우에는 0.25배 이상)의 범위에서 건축조례로 정하는 거리 이상
> - 마주 보는 건축물 중 남쪽방향이 낮고, 주된 개구부가 남쪽방향으로 향하게 하는 경우에는 높은 건축물의 (ⓒ)배 이상(도시형 생활주택의 경우에는 0.2배 이상)
> - 건축물과 부대시설 혹은 복리시설이 마주 보는 경우 : 부대시설 혹은 복리시설의 (ⓒ)배 이상
> - 채광창(창넓이 0.5제곱미터 이상의 창을 말함)이 없는 벽면과 측벽이 마주 보는 경우에는 (②)미터 이상
> - 측벽과 측벽이 마주 보는 경우[마주 보는 측벽 중 1개의 측벽에 한하여 채광을 위한 창문 등이 설치되어있지 아니한 바닥면적 3제곱미터 이하의 발코니(출입을 위한 개구부를 포함)를 설치하는 경우를 포함]에는 (⑩)미터 이상

	⊙	ⓒ	ⓒ	②	⑩
㉮	0.5	0.4	1	8	4
㉯	0.5	0.5	1.5	8	4
㉰	0.6	0.4	1.5	8	4
㉱	0.5	0.4	1	4	8

17. 인동간격은 당해 대지 안의 모든 세대가 동지일을 기준으로 9시에서 15시 사이에 몇 시간 이상을 계속하여 일조를 확보할 수 있는 거리 이상으로 할 수 있는가?
㉮ 1 ㉯ 2
㉰ 3 ㉱ 4

18. 공조방식 중 Water Side Economizer Cycle (Control)이란 어떤 것을 말하는가?
㉮ 외기냉방
㉯ 중간기냉방
㉰ 외기냉수냉방
㉱ 냉수 이용 냉방

[해설] Water Side Economizer Cycle(Control)
1. 외기냉수냉방을 말한다. 즉 쿨링타워 등의 냉각수를 펌프로 공조기나 FCU에 순환시켜 냉방하는 방식을 의미한다.
2. 중간기나 겨울철에 냉방을 위해 냉동기를 가동하지 않으므로 운전비용이 적게 드는 시스템(에너지 절약적 냉방 시스템)이다.

19. 역연돌현상이란 무엇인가?
㉮ 건물 외부 지표에서 높은 압력이 형성되어 침입공기가 발생하는 현상
㉯ 풍압과 공기의 밀도에 의해 겨울철 건물 상하로 공기의 큰 흐름이 발생하는 현상
㉰ 겨울철 건물 하부로 침입공기가 발생하고 건물 상부로 누출공기가 발생하는 현상
㉱ 여름철 건물 상부로 침입공기가 발생하고 건물 하부로 누출공기가 발생하는 현상

[해설] ㉮와 ㉰는 주로 겨울철에 많이 발생하는 연돌현상에 대한 설명이고, ㉱는 주로 여름철에 많이 발생하는 역연돌현상에 대한 설명이다.

20. 코안다 효과(Coanda Effect)와 가장 관련이 적은 것은?
㉮ 벽면이나 천장 면에 접근하여 분출된 기류는 그 면에 빨려 들어가 부착하여 흐르는 경향을 가짐을 말한다.

정답 16. ㉮ 17. ㉯ 18. ㉰ 19. ㉱ 20. ㉰

㉯ '베르누이 정리'와 관련이 있다.
㉰ 자유분출(난류 형성)에 비해 속도 감쇠는 많지만 도달거리가 커진다.
㉱ 이 현상에 의해 천장, 벽면 등에 먼지가 많이 부착될 수 있다.
[해설] 자유분출(난류 형성)에 비해 속도 감쇠가 적고 도달거리가 커진다.

21. 미국에서 만들어진 친환경 건물 인증 시스템인 LEED의 인증등급으로서 높은 등급부터 나열한 것은?
㉮ 백금등급 > 금등급 > 은등급 > LEED인증
㉯ 금등급 > 백금등급 > 은등급 > LEED인증
㉰ 금등급 > 은등급 > 동등급 > LEED인증
㉱ LEED인증 > 금등급 > 은등급 > 동등급

22. 리모델링의 절차에 들어가는 내용으로 가장 거리가 먼 것은?
㉮ 리모델링 업체 선정 및 안전진단
㉯ 화재안전 검토
㉰ 사전조사 및 상담
㉱ 건축 신고 및 허가(관공서)

23. 건축설비의 사회적 내구연한에 대한 설명 중 가장 거리가 먼 것은?
㉮ 사회적 동향을 반영한 내구연수이다.
㉯ 법규 및 규정 변경에 의한 갱신의무도 포함된다.
㉰ 신기종 등의 새로운 방식과의 비교로 상대적 가치 저하에 의한 내구연수이다.
㉱ 법적인 형식 취소 등에 의한 갱신 등은 해당사항이 없다.
[해설] 법규 및 규정 변경에 의한 갱신의무, 형식 취소 등에 의한 갱신 등도 포함된다.

24. 다음 각 용어에 대한 설명 중 틀린 것은?
㉮ 공조부하(PAL) : 외주부의 열적 단열성능을 평가할 수 있는 지표로서 외주부의 연간 총 발생부하를 그 외주부의 바닥면적으로 나누어 계산한다.
㉯ CEC(에너지 소비계수) : 어떤 건물이 '에너지를 얼마나 합리적으로 사용하는가'를 나타내는 지표이다.
㉰ VE(Value Engineering) : 최소의 생애주기비용(Life Cycle Cost)으로 필요한 기능을 달성하기 위해 시스템의 기능분석 및 기능설계에 쏟는 조직적인 노력을 의미한다.
㉱ CPM(Critical Path Method) 기법 : 공사현장에서 경험적 혹은 확률적 시스템 분석의 방식으로 주공정을 발견하는 방식이다.
[해설] CPM(Critical Path Method) 기법은 공사현장에서 활동(Activity) 혹은 작업 중심의 확정적 시스템으로 주공정을 발견하고, 목표기일의 단축과 비용 절감을 의도한 기법이다.

25. 다음 용어 설명 중 적절하지 못한 것은?
㉮ PERT(Project Evaluation & Review Technique) 기법은 연구개발 분야 등에서 추정치를 기초로 하여 확률적 시스템을 전개함으로써 최단기간에 목표를 달성하고자 의도하는 기법이다.
㉯ 이중외피는 중공층(공기층)을 사이에 두고 그 양쪽에 구조체(벽체, 유리 등)가 설치된 구조로 냉·난방 부하를 절감하여 에너지를 절약할 수 있는 방식이다.
㉰ CES(Community Energy System)는 집단에너지 공급방식을 말하는 것으로 대규모 지역을 대상으로 냉방, 난방, 전기 등을 일괄 공급하는 시스템을 말한다.

정답 21. ㉮ 22. ㉯ 23. ㉱ 24. ㉱ 25. ㉰

㉻ TEWI(Total Equivalent Warming Impact)는 '총 등가 온난화 영향도'라고 불리며, GWP와 더불어 지구온난화 영향도를 평가하는 지표 중 하나이다.

[해설] CES(Community Energy System)는 구역형 집단에너지를 말하는 것으로 소규모 밀집지역을 대상으로 냉방, 난방, 전기 등을 일괄 공급하는 시스템을 말한다.

26. 설비의 내구연한(내용연수)에 속하지 않는 것은?

㉮ 물리적 내구연한
㉯ 마모적 내구연한
㉰ 사회적 내구연한
㉱ 법적 내구연한

[해설] 보통 설비의 내구연한(내용연수)으로 가장 많이 사용하는 용어는 물리적 내구연한, 사회적 내구연한, 경제적 내구연한, 법적 내구연한 등이다.

27. 고정자산의 감가상각비를 산출하기 위하여 정해진 세법상의 내구연한은?

㉮ 물리적 내구연한
㉯ 마모적 내구연한
㉰ 사회적 내구연한
㉱ 법적 내구연한

CHAPTER 02 열환경계획

1. 이론적 열이동 방법

1-1 이론적 열이동 방법

열의 전달 방법에는 전도, 대류, 복사, 전달, 통과의 5가지가 있는데 그중 전도, 대류, 복사가 가장 중요하며, 주로 복합된 형식으로도 열이 이동한다.

(1) 열전도
 ① 고온 → 저온(고체, 액체 그리고 기체에서도 일어날 수 있으나, 주로는 고체에서 많이 발생하는 현상이다)
 ② 열전도도의 순서는 '고체 > 액체 > 기체'의 순이다.
 ③ 고체의 경우 전도체가 부도체보다 열전도도가 훨씬 크다(자유전자의 흐름이 열전도에 관여하기 때문이다).
 ④ 열전도란 정지한 물체(유체) 간의 온도차에 의한 열의 이동현상을 말한다.
 ⑤ 고체 내부에서 열진동의 전달에 의해 열이 이동하는 현상 : 푸리에(Fourier) 열전도방정식

$$q = -\lambda A \frac{dt}{dx}$$

λ : 열전도율(W/m·K, kcal/m·h·℃) A : 면적(m²)
t : 온도(K, ℃) x : 거리(m)

(2) 열의 대류
 ① 유체의 밀도차에 의한 순환으로 인하여 열이 이동되는 현상을 말한다.
 ② 액체나 기체의 운동에 의한 열의 이동현상으로서 유체에 있어서 온도차가 생기면 밀도차가 생기고, 그러면 유체의 흐름이 발생한다. 즉 열의 이동이 생긴다.
 ③ 공조계통에서 가장 중요한 열전달 방식 중 하나이다.

④ 자연대류 : Nusselt Number(Nu)= $\alpha \cdot L/\lambda = f(G_r,\ P_r)$
⑤ 강제대류 : Nusselt Number(Nu)= $\alpha \cdot L/\lambda = f(R_e,\ P_r)$

$G_r = g \cdot \beta \cdot d^3 \cdot \Delta t/\nu^2$
$P_r = \nu/$열확산계수$= (\mu/\rho)/(\lambda/\rho \cdot C_p) = \mu \cdot C_p/\lambda$
$R_e = V \cdot d/\nu$

> ※ 기호 표기
> β : 체적팽창계수(K^{-1}, ℃$^{-1}$)
> G_r : 자연대류의 상태를 나타냄
> R_e : 강제대류의 상태를 나타냄(층류와 난류를 구분, 관성력/점성력)
> ν : 동점성계수(m^2/s)　　　　V : 유체의 속도(m/s)
> d : 관의 내경(m)　　　　　　μ : 점성계수(Pa·s)
> C_p : 정압비열(kJ/kg·K, kcal/kg·℃)　α : 열전달률(W/m^2·K, kcal/m^2·h·℃)
> L : 열전달 길이(m)　　　　　λ : 열전도율(W/m·K, kcal/m·h·℃)
> ρ : 유체의 밀도(kg/m^3)

(3) 열의 복사(열방사)

① 열전자(광자) 이동현상이다.
② 열에너지가 중간물질에 관계없이 적외선이나 가시광선을 포함한 전자파인 열선의 형태를 갖고 전달되는 전열형식이다.
③ 다른 물체에 도달하여 흡수되면 열로 변하게 되는 현상이다.
④ Stefan-Boltzman 법칙

$$q = \epsilon \sigma T^4 A$$

ϵ : 복사율($0 < \epsilon < 1$)
　* 건축자재의 ϵ는 대부분 0.85~0.95 수준임
σ : Stefan Boltzman 정수(= 5.67×10^{-8} W/m^{2}K^4 = 4.88×10^{-8} kcal/m^{2}h·K^4)
T : 절대온도
A : 복사 면적(m^2)

⑤ 계산식

$$\tau + \epsilon + \gamma = 1$$

τ : 반사율　　ϵ : 흡수율　　γ : 투과율

(4) 열전달

유체와 고체 사이의 열이동현상으로 뉴턴(Newton)의 냉각법칙에 의한 열전달 열량은 다음 식과 같다.

$$q = \alpha A(t_1 - t_2)$$

α : 열전달률(W/m²·K, kcal/m²·h·℃) A : 면적(m²)
t_1 : 고온 측 온도(℃) t_2 : 저온 측 온도(℃)

Quiz

100℃의 사우나 증기에는 데지 않는데, 100℃ 물에는 데는 이유는?
- 증기는 열용량과 열전달률(α)이 낮아 열전달량(q)이 적다.
- 사우나에서는 땀의 증발에 의한 냉각작용이 있지만, 물속에서는 없다.
- 증기는 건공기와 수증기가 혼합된 상태(비체적이 큰 상태)이므로 피부와 접촉하고 있는 에너지양이 크지 않다.

(5) 열통과(열관류)

고체 벽을 사이에 두고 고온 측 유체에서 저온 측 유체로 열이 이동되는 현상으로, 다음 식으로 구한다(열전달과 열전도의 조합으로 이루어진다).

$$q = KA(t_o - t_i)$$

q : 열량(W, kcal/h) K : 열관류율(W/m²·K, kcal/m²·h·℃)
A : 열통과 면적(m²) t_o : 고온 측 유체의 온도(K, ℃)
t_i : 저온 측 유체의 온도(K, ℃)

1-2 기타사항

(1) 열관류 저항(m²·K/W, m²h℃/kcal)
벽체의 열관류율의 역수값으로, 열관류 저항이 클수록 단열이 강화된다.

(2) 열전도 저항(m·K/W, mh℃/kcal)
재료가 열을 전달하지 않는 성질을 말하는 것으로, 단열재는 열전도 저항값이 클수록 좋다.

2. 대류 열전달(Convection)

2-1 정의와 특징

(1) **정의** : 액체, 기체 등 유체의 열교환 방법 중 유체 간의 밀도차에 의해서 열교환을 하는 방식이다.

(2) 계산식

$$q = hc \cdot A \cdot \Delta T$$

hc : 대류 열전달계수,　A : 유체 접촉면적,　ΔT : 유체 간의 온도차

(3) 특징

① 유체에서만 일어나는 열전달 현상이다.

② 유체 분자 간의 밀도차에 의해 혼합되는 현상(열교환 현상)이다.

③ 대류에는 강제대류와 자연대류 방식이 있다.

2-2 공조 분야의 강제 대류방식과 자연 대류방식 비교

비교 항목	강제 대류방식	자연 대류방식
장치 종류(말단 유닛)	FCU, Unit Cooler, 공조기 등	Convector, 방열기 등
주요 기술 원리	• 팬에 의한 강제 대류 • 냉방 및 난방 겸용 가능 • 열전달 해석 시 무차원수 Re와 Pr 이용 • 코안다 효과 활용 가능	• 공기의 밀도차 이용 • 주로 난방용(난방 시가 냉방 시 대비 평균온도차가 크기 때문임) • 열전달 해석 시 무차원수 G_r와 P_r 이용
검토사항	• 적절한 용량 선정 • 팬 소음 영향 줄일 것 • Cold Draft 방지 • 내부 공기의 방 안 전체적 순환 유도 • 원활한 드레인 설치 • 동결 방지 고려 • 워터해머 방지	• 적절한 용량 선정 • Cold Draft 방지 • 내부 공기의 방 안 전체적 순환 유도 • 동결 방지 고려 • 워터해머 및 스팀해머 방지 • 증기난방 시 증기 트랩 설치, 보온 등에 특히 주의 필요

2-3 자연대류와 강제대류 해석 관련 무차원수

(1) **자연대류** : 공기의 온도차에 의한 부력으로 공기순환이 이루어진다.

$$\text{Nusselt Number(Nu)} = \alpha \cdot L/\lambda = f(Gr, Pr)$$

(2) **강제대류** : 기계적인 힘(팬, 송풍기 등의 장치)에 의존하여 공기를 순환하는 방식이다.

$$\text{Nusselt Number(Nu)} = \alpha \cdot L/\lambda = f(Re, Pr)$$

$$Gr = g \cdot \beta \cdot d^3 \cdot \Delta t/\nu^2, \qquad Pr = \mu \cdot C_p/\lambda, \qquad Re = V \cdot d/\nu$$

※ 기호 표기
β : 체적팽창계수(K^{-1}, $℃^{-1}$)
Nu : 누셀트 수(Nusselt Number ; 열전달률/열전도율)
Gr : 그라쇼프 수(Grashof Number ; 자연대류의 상태, 부력/점성력)
Pr : 프란틀 수(Prandtl Number ; 동점성계수/열확산계수, 즉 $Pr = (\mu/\rho)/(\lambda/(\rho \cdot C_p))$
Re : 레이놀즈 수(Reynolds Number ; 강제대류의 상태를 나타냄, 층류와 난류를 구분,
    = 관성력/점성력)
ν : 동점성계수(m^2/s)
V : 유체의 속도(m/s)
d : 관의 내경(m)
μ : 점성계수(Pa·s)
C_p : 정압비열(kJ/kg·K)
α : 열전달률(W/m^2·K, $kcal/m^2$·h·℃)
L : 열전달 길이(m)
λ : 열전도율(W/m·K, kcal/m·h·℃)

(3) Dittus-Boelter식

매끈한 원형관 내의 완전 발달된 난류흐름에 대한 국소 누셀트 수의 식

$$Nu = 0.023 Re^{0.8} Pr^n$$

n은 가열의 경우에는 0.4, 냉각의 경우에는 0.3
Pr : 0.7 이상, 160 이하 Re : 10,000 이상
원형관의 길이/원형관의 직경(= L/D) : 10 이상
식의 오차범위 : 약 25%

Quiz

고체의 표면에서 열전달 성능이 떨어지는 이유는 무엇인가?
고체 표면과 유체 사이의 경계층(유체 측)에서는 입자들의 한쪽 측면이 밀도가 적은 공기와 접촉되어있어 열전달률이 떨어지기 때문이다.

핵심해설

대류방식 : 공기를 순환할 수 있는 팬과 모터가 있는 방식이 강제대류 방식이고, 이것이 없는 형태가 자연대류 방식이다.

칼럼

자연대류는 프란틀 수와 그라쇼프 수로 해석되고, 강제대류는 프란틀 수와 레이놀즈 수로 해석된다.

3. 공기의 온도 성층화 (Stratification)

3-1 정의

찬 공기와 더운 공기의 밀도차에 의해 실의 위쪽은 지나치게 과열되고 아래쪽은 지나치게 차가운 공기층으로 Air Circulation이 잘 이루어지지 않는 현상(여름철 냉방 시보다 겨울철 난방 시에 특히 심함)을 말한다.

3-2 해결책

(1) 바닥 취출공조를 적극적으로 활용한다.
(2) 노즐 디퓨저, 횡평 대향 취출구 등을 이용하여 공기 도달거리를 확보한다.
(3) 복사난방 등의 공조방법을 이용한다.
(4) 온도조절기를 호흡선 위치에 설치한다.
(5) 방열기, FCU 방식을 잘 활용하여 유로를 바닥 측 혹은 거주역으로 맞춘다.
(6) 유인비가 특별히 적은 디퓨저를 사용하여 난방 시 도달거리가 길어질 수 있도록 고려한다.
(7) 층고가 특별히 높은 건물에는 '가변선회형 디퓨저'를 사용한다.
(8) CLEAN ROOM처럼 상부취출/하부흡입 방식의 층류화 공조설계를 한다.
(9) 공조 취출구는 상부에 설치하더라도 흡입구를 하부 벽 근처, 바닥 등에 구성하여 흡입구에서의 실내공기 흡입력을 강화한다.

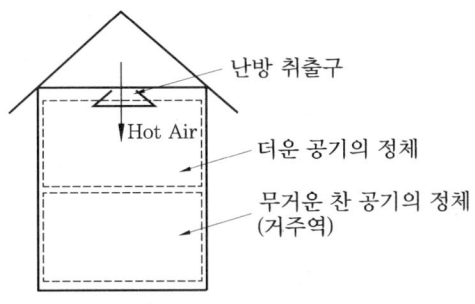

온도 성층화의 개념도(난방 시)

3-3 온도 성층화 발생장소

(1) **층고가 높은 건물** : 학교 교실, 교회건물, 호텔 로비 등
(2) **대공간 건축물** : 공항, 대형은행, 박물관, 체육관, 영화관 등
(3) **기타** : 공공건물·고층빌딩·주상복합건물 등의 1층 로비 등

3-4 유사 응용방법

(1) **저속치환공조** : 공조장치의 흡·취출구 배치에서 바닥 부근에서 취출하고 천장 면에서 흡입하는 방식이다(바닥에서 공조 후 데워진 공기는 실의 상부로 흐르면서 공조장치의 흡입부로 흡입되거나 외부로 배출).
(2) **수축열조** : 공기 아닌 물의 온도 성층화를 오히려 적극적으로 이용하는 것이 수축열조이다(수축열 냉·난방에서 수축열조의 상부에는 더운 온수를 저장하고, 하부에는 냉수를 저장하는 방식이다).

> **핵심해설**
> 실내공기의 온도의 성층화는 주로 난방 시의 공기의 밀도차에 의한 실내공기의 상하 불균일 현상을 말한다(대류현상이 거의 일어나지 못하는 것이 원인이다).

4. 벽체 단열재와 통형 단열재의 설계기준

4-1 벽체 단열재 설계

(1) **결로 방지 기준**

$$\alpha_i(t_i - t_s) = K(t_i - t_o) \quad \text{(a)}$$

식 (a)에서 다음 식이 유도된다.

$$t_s = t_i - \frac{K(t_i - t_o)}{\alpha_i}$$

상기에서 '벽체의 실내 측 표면온도(t_s) < 노점온도'이면 결로 발생 판정

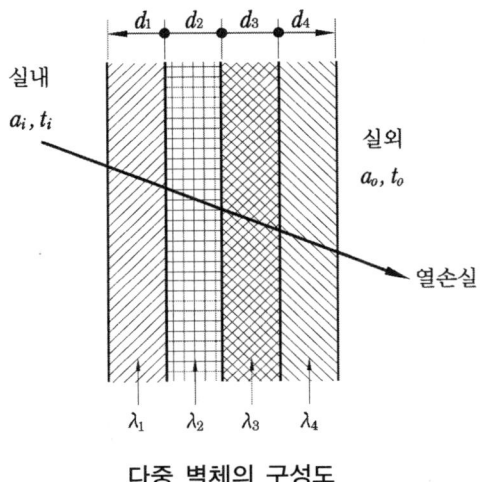

다중 벽체의 구성도

(2) 열관류율(K) 계산식

$$K = \frac{1}{R} = \frac{1}{\frac{1}{\alpha_i} + \frac{d_1}{\lambda_1} + \frac{d_2}{\lambda_2} + \frac{d_3}{\lambda_3} + \frac{d_4}{\lambda_4} + \cdots \frac{1}{\alpha_o}} \quad \text{(b)}$$

α_o : 외부 면적당 열전달계수($W/m^2 \cdot K$, $kcal/m^2 \cdot h \cdot ℃$)
α_i : 내부 면적당 열전달계수($W/m^2 \cdot K$, $kcal/m^2 \cdot h \cdot ℃$)
$(t_i - t_s)$: 내부온도 − 표면온도(K, ℃)
K : 열관류율($W/m^2 \cdot K$, $kcal/m^2 \cdot h \cdot ℃$)
$(t_i - t_o)$: 내부온도 − 외부온도(K, ℃)
R : 열저항($m^2 \cdot K/W$, $m^2 h ℃/kcal$)
λ_1 : 구조체 1번의 열전도율($W/m \cdot K$, $kcal/m \cdot h \cdot ℃$)
λ_n : 구조체 n번의 열전도율($W/m \cdot K$, $kcal/m \cdot h \cdot ℃$)
d_1 : 구조체 1번의 두께(m)
d_n : 구조체 n번의 두께(m)

(3) 결로 방지를 위한 단열재 두께 계산

식 (b)에서 d_4를 단열재의 두께라 하면, 식 (a)의 t_s 값에 '노점온도'를 대입하여 구한 K 값을 식 (b)에 대입하여 단열재의 두께(d_4)를 구한다.

※ 다중 벽체의 각 부재별 온도차 효과(단열효과 ; Δt)를 구하려면, $\dfrac{\Delta t}{\Delta T} = \dfrac{r}{R}$을 적용한다.

Δt : 해당 부재 양측 면의 온도차(K, ℃)
ΔT : 실내·외 공기의 총 온도차(K, ℃)
r : 해당 부재의 열관류 저항($m^2 \cdot K/W$, $m^2 h ℃/kcal$)
R : 총 열관류 저항($m^2 \cdot K/W$, $m^2 h ℃/kcal$)

4-2 통형 단열재 설계

(1) 열전달량(kcal/h, W)

$$q = K_o A(t_o - t_i)$$

K_o : 원통에서의 열관류율 A : 원통형 관의 상당면적
t_o : 외부 공기 온도 t_i : 내부 유체의 온도
R : 열저항 계수 L : 원통의 길이

(2) 열관류량 계산(kcal/h·℃, W/K)

$$K_o A = \frac{A}{R} = \frac{1}{\frac{1}{\alpha_i A_i} + \frac{\ln(r_2 r_1)}{2\pi k1 L} + \frac{\ln(r_3 r_2)}{2\pi k2 L} + \frac{1}{\alpha_0 A_0}}$$

α_i : 원통 내부 면적당 열전달계수(W/m²·K, kcal/m²·h·℃)
α_o : 원통 외부 면적당 열전달계수(W/m²·K, kcal/m²·h·℃)
t_i : 원통 내부의 온도(K, ℃)
t_o : 원통 외부의 온도(K, ℃)
R : 열저항(m²·K/W, m²h℃/kcal)
k_1 : 구조체 1번의 열전도율(W/m·K, kcal/m·h·℃)
k_n : 구조체 n번의 열전도율(W/m·K, kcal/m·h·℃)
r_1 : 원통의 내경(m)
r_2 : 원통의 외경(m)
r_3 : 원통의 단열재를 포함한 외경(m)

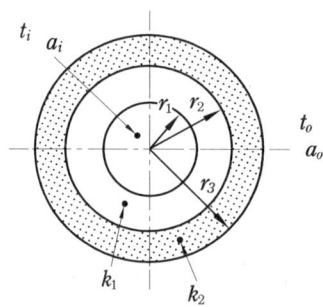

핵심해설

★ 벽체의 열관류율(K)을 줄이기 위해서는 고단열 자재를 사용하거나, 벽체를 두껍게 시공하는 등의 수단을 사용해야 하나, 시공비, 건축비 등을 줄이기 위해서 최적의 단열재 및 벽체두께를 선정해야 한다.
★ 벽체 단열의 기준은 결로 방지이며, 그 계산은 식 $\alpha_i(t_i - t_s) = K(t_i - t_o)$에서 유도된다.

5. Fourier 법칙

5-1 개요

(1) 프랑스의 수리물리학자 Joseph Fourier에 의해 제안된 법칙이다.
(2) 서로 다른 온도의 두 물질이 열적으로 접촉하면 물질의 이동을 수반하지 않고, 고온의 물질로부터 저온의 물질로 열이 전달되는 현상을 '전도'라고 하는데, Fourier 법칙에 의해 잘 설명된다.
(3) 같은 온도라도 금속이 나무보다 더 차갑게 느껴지는 이유는 금속과 나무의 열전도도 차이 때문이다(금속은 나무보다 열전도도가 커서 손에서 열을 더욱 빨리 빼앗아간다).
(4) 열전도도의 순서는 '은 > 구리 > 금 > 알루미늄 > 철 > 나무' 등의 순이다.

5-2 정의

(1) 전도에 의한 열흐름의 기본관계는 등온 표면을 통과하는 열흐름 속도와 그 표면에서의 온도 구배 간의 비례이다.
(2) 한 물체 내 어떤 위치에서, 그리고 어느 시간에 적용될 수 있도록 일반화된 것이다.

5-3 계산식

$$q = -\lambda A \frac{dt}{dx}$$

q : 열유속(W, kcal/h)
λ : 열전도율(W/m·K, kcal/m·h·℃)
A : 면적(m²)
t : 온도(K, ℃)
x : 거리(m)

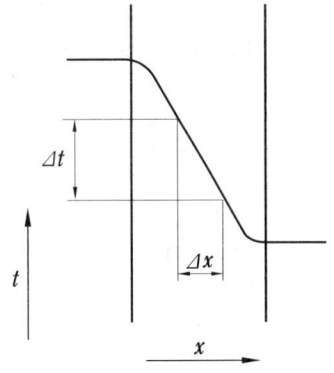

핵심해설
Fourier 법칙의 정의 : 열유속과 온도구배 간의 비례관계를 이용한 일반화된 공식이다.

6. 열교(Thermal Bridge, Heat Bridge)

6-1 개요

(1) 열손실적인 측면에서 'Cold Bridge'라고 부르기도 한다.
(2) 단열 불연속부위, 취약부위 등에 열이 통과되어 결로, 열손실 등을 초래하는 현상이다.

6-2 발생부위

(1) **단열 불연속부위** : 내단열 등으로 단열이 불연속한 부위로 열통과가 쉽게 이루어진다.
(2) **연결철물** : 건축구조상 실의 내/외를 연결하는 철물 등에 의해 열통과가 이루어지는 현상이다.
(3) **각 접합부위** : 접합부위는 미세 틈새, 재질 불연속 등으로 취약해지기 쉽다.
(4) **창틀** : 창틀 부위는 틈새, 접합재 재질 불연속 등으로 열통과가 쉽게 이루어진다.

6-3 해결책

(1) 단열이 불연속되지 않게 외단열 혹은 중단열 위주로 시공한다.
(2) 단열이 취약한 부위는 별도로 외단열을 실시하여 보강해준다.
(3) 기타 건물의 연결철물의 구조체 통과, 틈새, 균열 등을 없애준다.

6-4 Pattern Staining(얼룩무늬 현상)의 발생

(1) 천장, 상부 벽 등에 열교가 발생하여 온도차에 의하여 열의 이동이 발생하고, 대류현상으로 인하여 공기의 흐름이 발생하여 먼지 등으로 표면이 더럽혀지는 현상을 말한다.

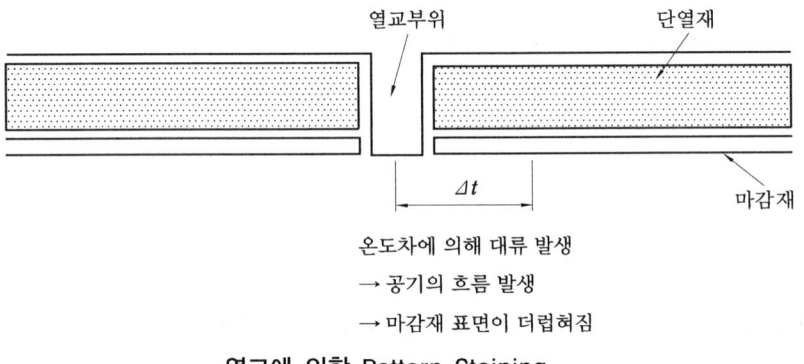

열교에 의한 Pattern Staining

(2) 연결철물, 접합부 등의 불연속부위 주변에 1℃ 이상의 온도차가 생기면 얼룩무늬 현상이 발생할 가능성이 있다.

6-5 열교의 평가

(1) 열교부위 단열성능은 열관류율($W/m^2 \cdot K$)로 평가할 수 없다(단열 위치, 온도구배, 수증기 분압 등 때문).

(2) 선형 열관류율 방법
    ① 정상상태에서 선형 열교부위만을 통한 단위 길이당, 단위 실내외 온도차당 전열량 (W/mK)
    ② 선형 열교(Linear Thermal Bridge) : 공간상의 3개 축 중 하나의 축을 따라 동일한 단면이 연속되는 열교 현상
    ③ 계산식

$$\psi = \frac{\Phi}{\theta_i - \theta_0} - \Sigma U_i l_i$$

ψ : 선형 열관류율(W/mK, kcal/m·h·℃)
Φ : 평가 대상부위 전체를 통한 단위 길이당 전열량(W/m, kcal/m·h)
θ_i : 실내 측 설정온도(K, ℃)
θ_o : 실외 측 설정온도(K, ℃)
U_i : 열교와 이웃하는 일반 부위의 열관류율(W/m²K, kcal/m²·h·℃)
l_i : U_i의 열관류율값을 가지는 일반부위 길이(m)

(3) 온도저하율 방법
    ① 항온항습실에서 온도저하율 시험 및 산출을 통한 결로 방지성능을 정량적으로 검증하는 방법
    ② 계산식

$$P_x = \frac{\theta_H - \theta_x}{\theta_H - \theta_c}$$

P_x : 구하는 위치의 온도저하율
θ_H : 항온항습실 공기 온도(K, ℃)
θ_c : 저온실 공기 온도(K, ℃)
θ_x : 구하는 위치의 표면 온도(K, ℃)

(4) 온도차이비율(TDR ; Temperature Difference Ratio) 방법
    ① 0~1 사이 값으로 낮을수록 결로 방지성능이 우수함

② "공동주택 결로 방지를 위한 설계 기준"에 고시됨.
③ 적용 : 500세대 이상 공동주택 건설 시 적용
④ 기준 : 실내온도 25℃, 습도 50%, 외기온도 -15℃ 조건에서 결로가 발생하지 않은 TDR을 0.28로 기준을 정함
⑤ 계산식

$$TDR = \frac{t_i - t_s}{t_i - t_o}$$

t_i : 실내온도(K, ℃) t_o : 외기온도(K, ℃)
t_s : 실내표면온도(K, ℃)

6-6 커튼월 열교현상 방지 기술

(1) 열교 방지형 멀리온(Mullion)
① 단일 멀리온을 사용할 경우 단열층이 분절되어 결로가 발생하므로 바의 디자인을 조정하거나 EPDM Gasket 또는 코킹 등을 처리하여 공기의 대류를 막는 방법이 필요하다.
② EPDM[Ethylene Propylene Diene Monomer(M-class) Rubber]은 고무의 일종으로 내열성, 내화학성, 내한성이 뛰어난 재료이다.

(2) 단열 스페이서(간봉)
① 열전도성이 있는 알루미늄 간봉은 결로를 발생시키는 등 단열성능에 취약하기 때문에 최근에는 플라스틱, 우레탄 등의 열전도성이 낮은 재질을 이용하여 간봉을 만들고 있다.
② 이러한 단열 스페이서를 이용하여 선형 열관류율을 낮추고, 전체적인 단열성능을 향상시키는 것이 목적이다.
③ 슈퍼 스페이서, TGI WARM-EDGE SPACER, 웜라이트 단열간봉 등이 있다.

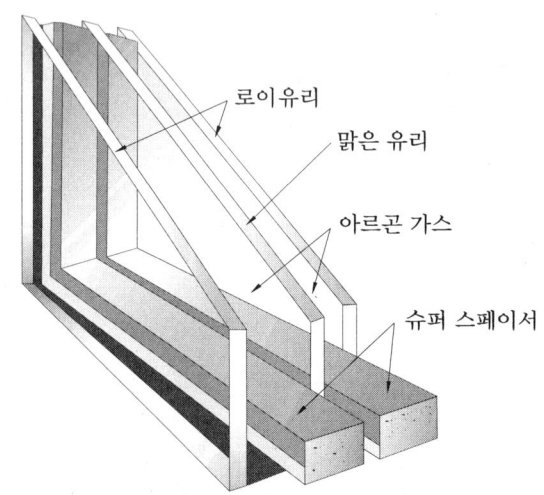

슈퍼 스페이서 적용사례

7. 법적 열관류율 지역구분 기준

7-1 개요

건축물을 건축하는 경우에는 각 지역별 열관류율 혹은 단열재 두께를 지켜 건축함으로써, 에너지 이용 합리화 관련 조치를 하여야 한다.

7-2 지역구분

(1) **중부지역** : 서울특별시, 인천광역시, 경기도, 강원도(강릉시, 동해시, 속초시, 삼척시, 고성군, 양양군 제외), 충청북도(영동군 제외), 충청남도(천안시), 경상북도(청송군)
(2) **남부지역** : 부산광역시, 대구광역시, 광주광역시, 대전광역시, 울산광역시, 강원도(강릉시, 동해시, 속초시, 삼척시, 고성군, 양양군), 충청북도(영동군), 충청남도(천안시 제외), 전라북도, 전라남도, 경상북도(청송군 제외), 경상남도, 세종특별자치시

※ 각 지역별 열관류율 기준 : '건축물의 에너지절약 설계기준' (2016년 7월 1일~ 시행)

(단위 : $W/m^2 \cdot K$)

건축물의 부위		지역	중부지역	남부지역	제주도
거실의 외벽	외기에 직접 면하는 경우	공동주택	0.210 이하	0.260 이하	0.360 이하
		공동주택 외	0.260 이하	0.320 이하	0.430 이하
	외기에 간접 면하는 경우	공동주택	0.300 이하	0.370 이하	0.520 이하
		공동주택 외	0.360 이하	0.450 이하	0.620 이하
최상층에 있는 거실의 반자 또는 지붕	외기에 직접 면하는 경우		0.150 이하	0.180 이하	0.250 이하
	외기에 간접 면하는 경우		0.220 이하	0.260 이하	0.350 이하
최하층에 있는 거실의 바닥	외기에 직접 면하는 경우	바닥난방인 경우	0.180 이하	0.220 이하	0.290 이하
		바닥난방이 아닌 경우	0.220 이하	0.250 이하	0.330 이하
	외기에 간접 면하는 경우	바닥난방인 경우	0.260 이하	0.310 이하	0.410 이하
		바닥난방이 아닌 경우	0.300 이하	0.350 이하	0.470 이하
바닥난방인 층간바닥			0.810 이하	0.810 이하	0.810 이하
창 및 문	외기에 직접 면하는 경우	공동주택	1.200 이하	1.400 이하	2.000 이하
		공동주택 외	1.500 이하	1.800 이하	2.400 이하
	외기에 간접 면하는 경우	공동주택	1.600 이하	1.800 이하	2.500 이하
		공동주택 외	1.900 이하	2.200 이하	3.000 이하
공동주택 세대현관문	외기에 직접 면하는 경우		1.400 이하	1.600 이하	2.200 이하
	외기에 간접 면하는 경우		1.800 이하	2.000 이하	2.800 이하

8. 단열재 사용두께 결정방법

8-1 개요

(1) 냉장고의 경우 벽체로부터 침입열량은 약 5~8 W/m² 이하로 설계한다(전혀 열손실이 없게 할 수는 없다).
(2) 단열재에 대한 결정은 보통 보냉보다는 보온 기준으로 설계한다.

8-2 최적의 경제적 단열재 선정

(1) 최적의 두께 선정

초기에 단열 두께를 크게 할수록 초기투자비는 많이 들지만 운전비가 절감(투자비 회수)되므로 초기투자비와 그에 따른 가동비를 사용연수에 따라 LCC 분석과 같은 방법으로 수행해서 최적 두께를 결정한다.

(2) 최적의 단열재료 선정

어떠한 단열재료를 사용했느냐에 따라서 그 비용과 단열효과가 크게 차이 나므로, 각 단열재료마다 최적 두께 선정 작업을 하여 경제성을 검토한다.

(3) KS 단열기준 : 보냉보다는 보온 기준으로 선정된다.

8-3 LCC 분석법 (경제적 보온두께 계산)

(1) 다음 그림과 같이 보온두께가 늘어날수록 열손실에 상당하는 연료비(a)는 감소하지만, 초기투자비(b ; 보온 시공비)는 증가한다.

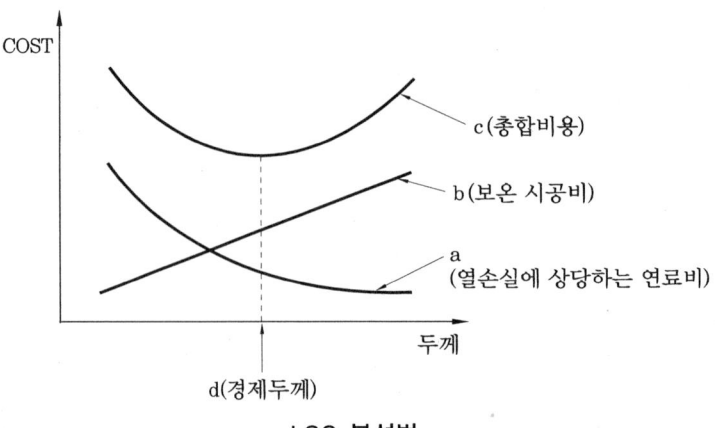

LCC 분석법

(2) 이때 총합비용(c비용 = a비용 + b비용)은 d지점에서 최소의 비용을 나타낸다. 여기서 d지점의 두께를 '경제적 보온두께'라고 할 수 있다.

> **Quiz**
>
> 동절기 공기조화기의 동결 방지대책은?
>
> 1. 보온, 동결 방지를 위한 조사내용
>   (1) 풍향, 풍속, 적설량 등 기상조건을 파악해야 한다.
>   (2) 기타 배관 노출지점 파악, 설해 방지조치 등이 필요하다.
> 2. 공조기 방동대책
>   (1) 동파방지용 히터(전기히터, 온수히터, 증기히터 등)를 장착한다.
>   (2) 공조기 정지 시 열교환기 내부의 물을 배수한다.
>   (3) 동파방지 댐퍼를 설치한다.
>   (4) 소량의 온수 혹은 스팀을 공조기 정지 시에도 계속 순환시킨다.
>   (5) 외기가 도입되는 부분에 예열히터를 설치한다.
> 3. 공조기 수배관 설비의 방동(防凍)대책
>   (1) 단열재로 보온 시공
>   ① 보온두께는 관내 유체의 온도 및 정지시간과 주위온도 등에 따라 다르다.
>   ② 일반적으로 소구경보다 대구경의 보온두께가 더 두꺼워진다.
>   (2) 지하 매설로 방동처리 : 비교적 연중 일정한 지하의 온도 이용
>   (3) 급수관 등에 전기 열선 설치 : 전기 밴드히터 등으로 가열
>   (4) 소량의 물이 항상 흐르게 하거나, 부동액 혼입하여 방동처리
>   (5) 자동 퇴수밸브(동결방지 밸브) 설치 고려

핵심해설
동절기 공기조화기의 동결 방지대책으로는 보온, 부동액 봉입, 자동퇴수밸브, 동결방지 댐퍼(IAQ) 설치, 수배관 설비의 단열 등 여러 가지 조치를 들 수 있다.

9. 보온재(단열재)의 분류 및 구비조건

9-1 제조 형태별 분류

(1) **보드형** : 탱크, 덕트 등 넓은 부분을 보온 시 사용
(2) **커버형** : 특정한 모양의 형태를 가진 물체를 보온 시 사용
(3) **Roll형** : 두루마리식으로 제작하여 공급, 현장에서 쉽게 재단하여 사용

9-2 재질별 분류

(1) 유기질
① FOAM-PE : 보온재의 강도는 우수하나, 흡수성/흡습성 등은 낮음
② FOAM-PU : 열전도율이 매우 낮은 편이고, 흡음 효과도 높음, 현장 발포도 가능함
③ EPS(Expandable Polystyrene, Styrofoam ; 스티로폼) : 약 98%가 공기로 이루어져 보온성이 뛰어나고 습기에 강하며, 환경오염 문제 야기 가능성이 있고, 화재에 취약한 편임
④ ARMAFLEX(고무발포보온재) : 밀폐형 독립 기포구조(Closed Cell)를 가지며, 보온성능 및 방수력이 뛰어남
⑤ 기타 : FELT(소음 절연성 우수) 등

(2) 무기질
① 유리섬유(Glass Wool) : 흡수성/흡습성이 적고, 압축강도가 낮음, 가격대비 성능 우수
② 세라믹 파이버 : 초고온 시 사용하는 재질
③ 기타 : 암면(Rock Wool) 등

(3) 기타의 구분 : 저항형, 반사형, 용량형 등

9-3 보온재의 구비조건 (냉장창고용, 일반보온 등)

(1) **사용온도 범위** : 장시간 사용에 대한 내구성이 있을 것
(2) **열전도율이 적을 것** : 단열효과가 클 것
(3) **물리·화학적 성질** : 사용장소에 따라 물리적·화학적 강도를 갖고 있을 것
(4) **내용연수** : 장시간 사용해도 변질, 변형이 없고 내구성이 있을 것
(5) **단위 중량당 가격** : 가볍고(밀도가 적고), 값이 저렴하며, 공사비가 적게 들 것
(6) **구입의 난이성** : 일반시장에서 쉽게 구입할 수 있을 것
(7) **공사현장의 상황에 대한 적응성** : 시공성이 좋을 것
(8) **불연성** : 소방법상 필요 시 불연재일 것
(9) **투습성** : 투습계수가 적을 것(냉동·냉장창고용에서 특히 중요)
(10) **내구성** : 충격에 강하고, 변질이 없어 수명이 길 것(냉장창고의 바닥용 단열재는 보관물 및 운반차량의 강도를 견뎌야 하므로 특히 강도가 요구됨)

9-4 보온재 선정 (공사)

(1) 보온재 주위(내·외부)의 온도에 따라서 보온의 두께가 선정된다.

(2) 일반적으로 시공되는 보온 두께
① 일반배관 50 A 이하는 25 T, 65 A 이상은 40 T
② 소화배관, 노출배관 : 40 T 이상

> **핵심해설**
> ★ 보온재(단열재)는 제조 형태별 보드형, 커버형, Roll형으로 구분하고, 재질별로 유기질(FOAM-PE, FOAM-PU, FELT 등)과 무기질(Glass Wool, Rock Wool, 세라믹 파이버 등)로 구분할 수 있다.
> ★ 보온재(단열재)를 간혹 '방열재(防熱材)'라고 표현하는 경우가 있으므로 혼동이 없어야 한다.

10. 방습재의 종류 및 선정 시 주의사항

10-1 종류

(1) **냉시공법 재료** : 염화비닐 테이프, PE(폴리에틸렌) 테이프, 알루미늄박, 아스팔트 펠트, 기타 고분자 물질
(2) **열시공법 재료** : 아스팔트 가열·용융·도포 등

10-2 선정 시 주의사항

(1) 사양, 물성 등이 용도에 맞는지 확인한다.
(2) 규격재료, 규격품 사용 여부를 확인한다.
(3) 수분, 이물질 등의 침투가 없어야 한다.
(4) 방습재 표면이 찢어지거나, 하자가 없어야 한다.
(5) 시방서에 명시된 방습재의 품질기준을 만족해야 한다.

10-3 시공사례

(1) **콘크리트 바닥의 단열·방습공사**
슬래브 바탕면 청소 → 방습필름 시공 → 단열재 공사 → 누름콘크리트

(2) **마루바닥의 단열·방습공사**
단열재 위에 방습필름 시공 → 마루판 시공

(3) **벽돌조 중공벽체의 단열·방습공사**
단열재의 내측면에 방습층 설치 → 쇄기용 단열재(방습층 밀착)

(4) **벽체 내벽면의 단열·방습 공사** : 방습재 → 띠장 → 단열재 → 마감재

(5) **방습재 부착위치 기준** : 내부결로가 방지되고, 구조적으로 보호될 것

11. 단열시공의 종류 및 성능평가

11-1 단열시공의 종류 및 특징

(1) 내단열
 ① 시공상 불연속부위가 많이 존재한다.
 ② 내부결로 방지를 위하여 방습층을 설치해야 한다.
 ③ 간헐난방(필요 시에만 난방)에 유리하다.
 ④ 구조체를 차가운 상태로 유지 : 내부결로 위험성이 높다.
 ⑤ 공사비가 저렴하고, 시공이 용이하다.

(2) 외단열
 ① 불연속부위가 아예 없게 시공이 가능하다.
 ② 연속난방(지속 난방)에 유리하다.
 ③ 단열재를 항상 건조상태로 유지해야 한다.
 ④ 결로 방지(내부결로, 표면결로)에 유리하다.
 ⑤ 공사비가 비싸고, 시공도 까다롭다.
 ⑥ 단열재의 강도가 어느 정도 필요하다.
 ⑦ 구미 선진국에서 많이 사용하는 방법이다.

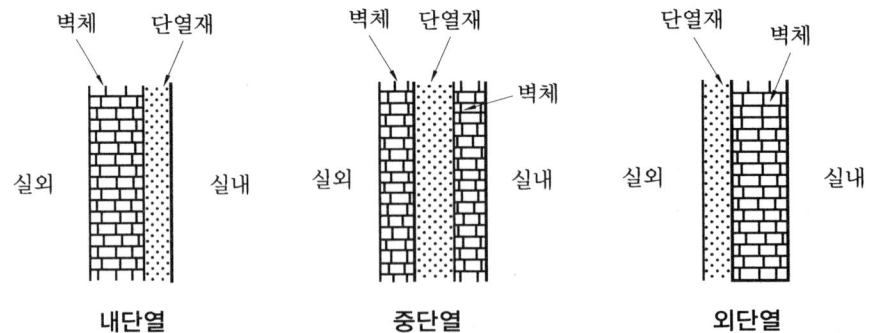

(3) 중단열
① 불연속부위가 내단열에 비해 적다.
② 단열재의 강도 문제상 단열재의 외부에 구조벽을 한 번 더 시공한다(구조벽 중간에 단열재 시공).
③ 한국에서 기존에 가장 많이 사용해온 방법이며, 최근에는 에너지 절약 측면에서 외단열 방식의 도입이 늘고 있다.

11-2 건물의 단열/결로 성능평가 방법

(1) 벽체의 열관류율 계산에 의한 방법

$$K = \frac{1}{R} = \frac{1}{\frac{1}{\alpha_i} + \frac{d_1}{\lambda_1} + \frac{d_2}{\lambda_2} + \frac{d_3}{\lambda_3} + \frac{d_4}{\lambda_4} + \cdots \frac{1}{\alpha_o}}$$

α_0 : 외부 면적당 열전달계수($W/m^2 \cdot K$, $kcal/m^2 \cdot h \cdot ℃$)
α_i : 내부 면적당 열전달계수($W/m^2 \cdot K$, $kcal/m^2 \cdot h \cdot ℃$)
$(t_i - t_s)$: 내부온도 – 표면온도(K, ℃)
K : 열관류율($W/m^2 \cdot K$, $kcal/m^2 \cdot h \cdot ℃$)
$(t_i - t_o)$: 내부온도 – 외부온도(K, ℃)
R : 열저항($m^2 \cdot K/W$, $m^2 h℃/kcal$)
λ_1 : 구조체 1번의 열전도율($W/m \cdot K$, $kcal/m \cdot h \cdot ℃$)
λ_n : 구조체 n번의 열전도율($W/m \cdot K$, $kcal/m \cdot h \cdot ℃$)
d_1 : 구조체 1번의 두께(m)
d_n : 구조체 n번의 두께(m)

(2) 실험에 의한 방법
① 일정한 온·습도를 유지 가능한 두 챔버 사이에 단열벽체 시험편을 끼워 넣고 단위시간 동안의 통과열량을 측정한다.
② 비교적 소요시간 및 비용이 많이 든다.
③ 실험의 정확성을 위하여 철저한 기기보정이 필요하다.

(3) 전열해석에 의한 방법
① 컴퓨터를 이용하여 모델링된 벽체에 대해 '유한차분법' 등의 수치해석 기법으로 통과열량을 계산하는 방법이다.
② 실험에 의한 방법 대비 소요시간과 비용이 적게 든다.
③ 해석의 정확성을 위해서 필요 시 실험을 병행하여야 한다.

(4) 결로성능평가

① 단열재의 결로 방지기준

$$\alpha_i(t_i - t_s) = K(t_i - t_o)$$

t_i, t_o : 실내·외 온도(K, ℃)
K : 벽체의 열관류율(W/m²·K, kcal/m²·h·℃)
α_i : 실내 측 벽의 표면 열전달률(W/m²·K, kcal/m²·h·℃)
t_s : 실내 측 벽의 표면온도(K, ℃)

여기서, 벽체의 실내 측 표면온도(t_s) 계산

$$t_s = t_i - \frac{K(t_i - t_0)}{\alpha_i}$$

② 상기에서 't_s > 노점온도'가 되도록 설계하여 결로 발생을 방지한다.

> **핵심해설**
> 단열시공의 종류로는 내단열(불연속부위 많음), 외단열(불연속부위가 가장 적음; 구미식), 중단열(내단열과 외단열의 중간 수준) 등이 있다.

12. Zoning

12-1 정의

한 건물의 열부하는 방위, 시간대, 용도 등에 따라 변하며 부하특성의 유사 구역을 Zone으로 하여야 효율적 공조 및 에너지 절약, 운전제어의 용이성 등이 가능하다.

12-2 Zoning 방법

(1) **방위별 조닝** : 보통 건물의 방위별 부하특성이 많이 다르므로 이를 기준으로 조닝을 행한다.
(2) **내주부와 외주부** : 보통 건물의 내주부는 환기, 청정도 위주의 공조가 강조되고 외주부는 부하변동에 대한 세밀한 제어가 필요하다.
(3) **부하특성별 존** : 건물의 평면을 부하특성별로 구분하여 조닝을 하는 방법이다.
(4) **층별 존** : 고층건물은 층별 기후적 외란과 부하특성의 차이가 크므로 이를 기준으로 조닝을 행하는 방법이다.

(5) 사용시간별 존 : 사용 시간대가 유사한 구역별로 나누어 조닝을 행한다.
(6) 설정 온·습도 조건별 존 : 요구되는 설정 온·습도 조건이 유사한 구역끼리 묶어 존을 만든다.
(7) 열운송 경로별 존 : 열운송 경로상 가깝거나 공사가 용이한 방향으로 조닝을 행하여 반송동력 절감, 공사비 절감 등을 도모할 수 있다.
(8) 실 요구 청정도별 존 : 실(室)의 요구 청정도, 외기도입 필요량 등이 유사한 구역별 조닝을 행하는 방법이다.

12-3 Perimeter Zone과 Interior Zone

(1) Perimeter Zone(PZ ; 페리미터존, 옥내 외주공간, 외주부, 외주존)
 ① PZ의 정의
  ㈎ 건물의 지하층을 제외한 각층 외벽의 중심선에서 수평거리가 5 m 이내인 옥내의 공간을 말한다.
  ㈏ 지붕 바로 밑층의 옥내공간을 말한다.
  ㈐ 외기에 접하는 바닥 바로 위의 공간을 말한다.
 ② PZ 공조방법
  ㈎ Cold Draft 방지, 외부 침입열량 방지 등을 위하여 FCU + Duct 방법을 많이 사용한다.
  ㈏ 날씨별, 시간대별, 계절별 부하 변동이 크므로 VAV 덕트방식을 많이 채용한다.

(2) Interior Zone(IZ ; 옥내 내주공간, 내주부, 내주존)
 ① 건물의 내부에 위치한 공간으로 방위의 영향을 적게 받는다.
 ② 연간 냉방부하가 발생할 수도 있다(주로 용도에 따라 세부 Zoning 실시 가능).

12-4 공조조닝(Zoning)의 필요성(효과)

(1) 에너지의 효율적 이용(과열 및 과냉 방지)이 가능하고, 실내 쾌적성이 향상된다.
(2) 공조실의 부하변동에 의해 공조기 및 열원장치를 부분부하운전할 수 있어 에너지가 절감된다.
(3) 열부하 특성에 따른 공조계통을 별도로 함으로써 공조실의 부하변동에 대한 제어가 용이하다.
(4) 유지 및 관리가 용이하다.
(5) 습도 조절이 용이(과가습, 과제습 방지)하다.

12-5 공조 조닝 시 고려사항

(1) 부하특성을 정확히 파악한다.
(2) 방위별, 내외주부별, 용도별, 사용시간대별, 현열비별 등으로 존수를 결정한다.
(3) 열원기기 및 공조기의 설치위치, 내압문제, 반송동력, 반송거리, 손실 절감, 유지관리의 용이성 등을 고려한다.
(4) 레이아웃 변경, 장래부하 증가, 개보수의 용이성 등을 고려한다.
(5) 소형 분산형 공조기에 의한 조닝의 세분화를 적극 검토하고 원격제어 등을 검토한다.

12-6 실례

(1) 공조할 공간을 내주부와 외주부로 나누고, 외주부를 다시 방위에 따라 2~4개로 나눈다.
(2) 내주부, 외주부 등 구분이 곤란할 시, 북측 Zone과 남측 Zone으로 나눈다.
(3) 고층빌딩은 층별 부하특성을 가지고 있으므로, 층수별로 몇 층씩 묶어 Zone을 설정한다.

> **핵심해설**
> '조닝'은 공조할 대상 건물을 부하특성별, 에너지특성별 몇 개의 Zone으로 구분하여, 각 존에 맞는 최적의 장비 선정, 제어 구축, 효율적 관리 등을 실시하여 에너지 절감, 사용자 만족 등을 도모하는 기술이다.

13. 공조부하 계산법

13-1 개요

(1) 공조부하 계산법은 크게 '기간부하 계산법'과 '최대부하 계산법'으로 대별된다.
(2) 열원설비, 공조기 등의 용량 산정 등을 위해서는 '최대부하 계산법'이 사용되고, 경제성 분석, 전력 수전용량 혹은 계약용량 산정 시에는 '기간부하 계산법'이 사용된다.
(3) '최대부하 계산법'에서는 냉방부하와 난방부하를 별도로 계산해야 하며, 서로 간 계산방법이 약간 상이하므로 주의해야 한다(주로 냉방부하 위주로 계산함).
(4) **냉·난방부하의 종류** : 외부부하, 내부부하, 장치부하로 구분하여 산정한다.
   ① 외부부하는 외피를 통한 관류열, 일사열, 내부 벽면의 전도열, 침입외기부하 등
   ② 내부부하는 인체, 조명, 동력기구, 실내기구 등
   ③ 장치부하는 환기부하, 송풍기부하, 덕트열손실, 재열부하 등

13-2 기간부하 계산

(1) 연간 혹은 기간별 에너지량(계약전력 등)을 산정하거나 경제성 평가 시에 주로 사용하는 방법이다.
(2) 도일법(Degree day), 확장도일(EDD ; Extended Degree Day), 빈법(BIN Method), 수정빈법(표준 BIN법 + 시간평균, 다변부하개념 적용) 등으로 산정한다.
(3) 입력변수가 정확해야 출력부하를 신뢰할 수 있다(우리나라는 아직 많이 부족).
(4) 수계산으로 활용하기 위해 CLTD, SCL, CLF 등에 대한 응용이 가능하다.
(5) **선진 자동 계산 프로그램 많이 이용** : 최대부하도 동시 계산 가능
   ① 미국 : TRNSYS, DOE-2
   ② 일본(공기조화 위생공학회) : HASP, ACLD
(6) 1967년 'HOF'에 의해 처음 제안되었고 지금까지 발전해왔으나, 'ASHRAE' 등 타 기관도 부하계산 발달사에 많이 기여했다.

> **칼럼**
>
> **표준기상데이터의 형식**
>
> 1. TRY(Test Reference Year)
>   (1) 1975년 중반에 미국 NCDC(미국 국립기상데이터센터 ; National Climatic Data Center)에 의해 제안된 형식으로 건구온도, 습구온도, 노점온도, 풍향, 풍속, 기압, 상대습도, 운량 및 구름종류 총 9개의 기상요소로 구성된다.
>   (2) 최근의 연구에서는 일사량의 측정값을 포함하고 있다.
>
> 2. TMY(Typical Meteorological Year)
>   (1) 미국의 NCDC와 Sandia 연구소가 공동으로 1981년에 개발한 형식이다.
>   (2) TMY는 기존의 TRY에 수평면전일사와 법선면직달일사의 일사량 데이터를 추가하여 미국 내 234지역에 대한 데이터를 작성하였다.
>   (3) TMY2의 표준기상데이터는 30년간의 데이터를 통해 각각의 대표월을 찾아 12개월을 조합하여 산정한다.
>   (4) 통계처리 될 기상요소로는 TMY의 경우 최대·최소·평균 건구온도와 노점온도, 최대·평균 풍속, 수평면 전일사량의 총 9개의 기상항목이며, TMY2는 TMY의 기상항목에 법선면 직달일사량을 추가한 10개의 기상항목이다.
>
> 3. WYEC(Weather Year for Energy Calculations)
>   (1) 1985년 미국 ASHRAE(미국공조냉동공학회)에서 개발된 WYEC 형식은 기본적으로 TRY의 데이터 구조에 일사량 데이터가 추가되어 구성되며 캐나다 5개 지역을 포함하여 북미 51개 지역의 데이터를 제공하였다.
>   (2) 이는 에너지 계산과 작동비용을 계산하기 위해 북미평균년도에 사용된 장기간의 기

온의 평균값에 해당되는 월을 선정한 다음 일부 일자와 시간의 자료를 다른 해의 같은 달의 자료로 대치하는 방법으로 작성된다.
 (3) 이후 ASHRAE는 TMY2를 제작했던 NREL과 함께 51개의 WYEC 기상파일 및 26개의 주요 TMY 기상파일을 업데이트하여 WYEC2를 제작하였다.

4. HASP/ALCD용 표준기상데이터
 (1) 일본의 공기조화·위생공학회에서 개발한 열부하 프로그램인 HASP/ACLD-8001에 적용되는 표준기상데이터에는 3종류의 기상데이터가 있다.
 (2) 그중의 하나는 연간 부하량이 10년간의 평균이 되는 실제의 1년으로 그 지방의 기후를 가장 특징적으로 대표하는 대표년이며, 둘째는 부하계산 결과가 월별로 가장 평균적인 것만을 모아서 조립한 인위적인 1년간의 기상데이터인 평균년, 그리고 난방부하가 최대가 되는 동계의 4개월과 냉방부하가 최대가 되는 하계 3개월을 실제기상자료 중에서 선정한 극단계가 있다.
 (3) 평균년의 선정에는 3가지 기상요소인 외기온도, 절대습도 및 수평면전일사량의 월 평균치가 필요하며, 대표년과 극단계는 평균년 선택과정에서 산출된 수치 지표 DM값을 사용하여 선정한다.

13-3 최대부하 계산

(1) 냉방부하 계산법
 ① 외부부하(외부로부터의 침투부하)
  (개) 외벽, 지붕을 통한 열취득량 : 태양열의 복사에 의한 효과와 일반 열관류에 의해 발생하는 열취득의 합으로 계산된다.
  (내) 칸막이, 천장, 바닥을 통한 열취득량 : 구조체의 내·외부 온도차에 의해 발생
  (대) 유리를 통한 열취득량 = 관류 열전달 + 일사 취득열(축열에 의한 시간지연 고려 시 더 정확한 계산 가능)
  (래) 극간풍(틈새바람)에 의한 열취득량 = 현열 + 잠열
 ② 내부부하(내부 발생 부하)
  (개) 인체에 의한 열취득량 = 현열 + 잠열
  (내) 조명기구로부터의 열취득량 : 백열등, 형광등(안정기 계수 고려)
  (대) 동력으로부터의 열취득량
  (래) 기구로부터의 열취득량(가스레인지, 커피포트 등)
 ③ 장치부하
  (개) 송풍기로부터의 열취득량
  (내) 덕트로부터의 열취득량 : 실내 취득 현열량의 약 2%

㈐ 재열부하 : 잠열은 없고, 현열만 존재함
㈑ 외기부하 : 상기 '극간풍에 의한 열취득량'과 동일 방법으로 계산함

(2) 난방부하 계산법

① 외벽, 지붕, 창유리의 열손실 : 열관류와 대기복사량 고려
② 칸막이, 천장, 내창을 통한 열손실 : 내부와 외부의 온도차에 의함
③ 지면과 접하는 바닥면, 지하벽체의 열손실
④ 극간풍 및 외기부하에 의한 열손실 : 냉방과 동일(단, 잠열부하는 계산하지 않는 경우가 많음)
⑤ 덕트에서의 열손실 : 실내 현열량의 약 5~10%

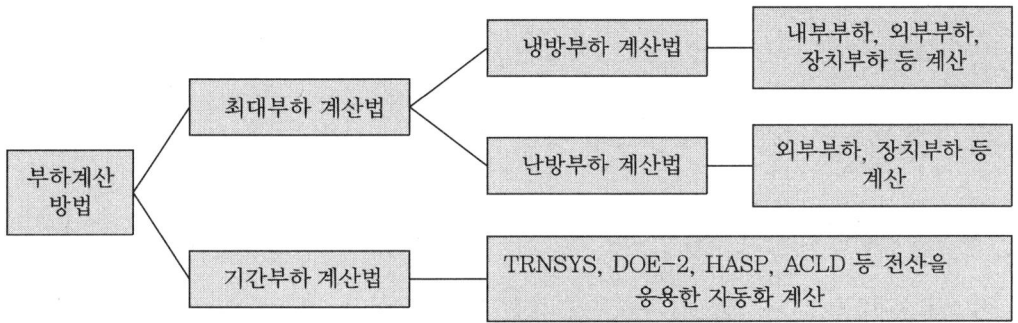

Quiz 표준기상년(Typical Meteorological Year)이란?

1. 정의
   (1) 정적 및 동적 열부하 계산을 위한 외계의 1년간의 기상 데이터를 말한다.
   (2) 보통 각 지역별 과거 10년 이상의 평균 데이터를 사용한다.
2. 7가지 제공 데이터
   건구온도, 절대습도, 풍속, 풍향, 수평 일사량, 법선 일사량, 운량
3. 응용
   (1) 정적 열부하 계산 및 동적 열부하 계산 시에 기준이 되는 데이터로 사용된다.
   (2) 실질적으로 일사량, 운량(구름의 량) 등은 정확한 예측이 곤란하여 부하 계산 시 정확도 확보에 주의를 요한다.
4. 표준기상년의 사용
   (1) 연평균 기상데이터를 표준기상년을 기준으로 각종 프로그램에 적용하면, 공조부하(최대부하 및 기간부하 계산), 외부조도 및 천공휘도(건물의 자연채광 설계 시) 등의 계산결과의 정확성을 높일 수 있다.
   (2) 선진 프로그램(DOE-2, HASP, ACLD 등)에 유용하게 사용 가능하다.
   (3) 각 나라별이 아닌 각 지역별 혹은 도시별 표준기상년을 적용하는 것이 유리하다.

> **핵심해설**
> * 공조부하는 크게 기간부하와 최대부하로 대별된다.
> * 열원설비, 공조기 등의 용량 산정 등을 위해서는 '최대부하 계산법'이 사용되고, 전력 수전용량 혹은 계약용량 산정, 경제성 평가 시에는 '기간부하 계산법'이 사용된다.

14. 냉방부하 계산법

14-1 개요

(1) 실내설계온도, TAC온도 등을 사용하여 장치용량 산정을 위한 최대부하 계산법을 의미한다.

(2) 각 열취득의 경우를 현열과 잠열 개념으로 나누어 적용하여야 한다.

14-2 냉방부하 계산법

(1) 외부부하(벽, 지붕, 창 등 구조체를 통한 열침투량)

① 외벽 열취득량, 지붕 열취득량

$$q = K \cdot A \cdot ETD \cdot (SLF)$$

q : 열량(W, kcal/h)
K : 열관류율(W/m² · K, kcal/m² · h · ℃)
A : 면적(m²)
ETD(Equivalent Temp. Difference) : 상당 외기 온도차(ETD = SAT − 실내온도)
SAT(Solar Air Temperature, 상당 외기 온도) : 상당 외기 온도는 복사 열교환이 없으면서도 태양열의 복사와 대류에 의해 실질적으로 발생하는 열교환량과 동일하게 나타나는 외부 공기온도를 말한다(SAT = 실외온도 + 벽체의 일사흡수량에 해당하는 온도 혹은 SAT = 실외온도 + 일사흡수율 × 외벽면 전일사량/외표면 열전달률).
SLF : 일사에 의한 구조체의 축열효과 및 시간지연 고려 시에만 적용(≤1)

> **칼럼**
> CLTD에 의한 방법 : 상기 계산식 $q = K \cdot A \cdot ETD$에서, ETD(Equivalent Temp. Difference)를 CLTD(Cooling Load Temperature Difference)로 대체하는 방법[즉, ETD · (SLF) → CLTD로 대체]으로서, CLTD 계산법의 의미는 일사에 의해 구조체가 축열된 후 축열의 효과가 시간차를 두고 서서히 나타나는 현상을 고려하여 부하를 차감한다는 것이다.

② 내벽 열취득량(칸막이, 천장, 바닥을 통한 열취득량)

$$q = K \cdot A \cdot \Delta T$$

　　q : 열량(W, kcal/h)
　　K : 열관류율(W/m^2·K, kcal/m^2·h·℃)
　　A : 면적(m^2)
　　ΔT : 벽 양측 공기의 온도차(K, ℃)

③ 유리를 통한 열취득량 = 관류 열전달 + 일사 취득열(다음 그림 '유리를 통한 열취득량' 참조)
　(가) 관류(대류) 열전달 : $q = K \cdot A \cdot \Delta T$
　(나) 일사 취득열 : $q = ks \cdot Ag \cdot SSG$
　(다) 단, 축열 시간지연 고려 시에는
　　$q = ks \cdot Ag \cdot SSG \cdot SLFg$ 혹은
　　$q = ks \cdot Ag \cdot SSG + kr \cdot Ag \cdot AMF$로 계산한다(다음 그림 '축열의 영향' 참조).

　　　ks(전차폐계수) : 유리 및 Blind의 종류의 함수
　　　Ag : 유리의 면적(m^2)
　　　SSG(Standard Sun Glass ; 표준일사 열취득량) : 유리의 방위 및 시각의 함수(W/m^2)
　　　SLFg(Storage Load Factor ; 축열부하계수) : 구조체의 중량, 방위, Blind 유/무, 시각의 함수
　　　kr : 복사 차폐계수
　　　AMF(Absorb Modify Factor ; 일사 흡열 수정계수) : 벽체의 종류, 방위, 시각의 함수(W/m^2)

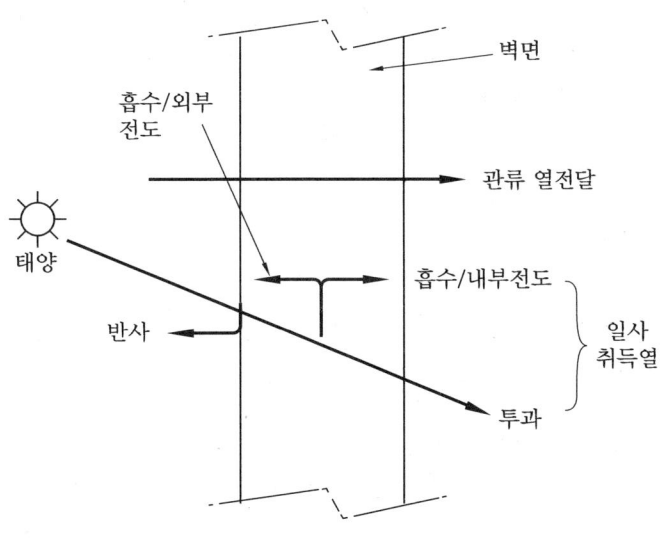

유리를 통한 열취득량

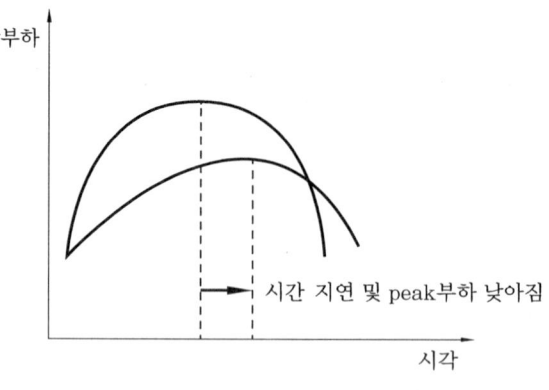

축열의 영향

> **칼럼**
> SCL에 의한 방법 : 상기 계산식 $q = ks \cdot Ag \cdot SSG \cdot SLFg$에서 $SSG \times SLFg$ 대신 SCL(Solar Cooling Load)이라는 단일 개념을 적용할 수 있다.

④ 극간풍(틈새바람)에 의한 열취득량 = 현열 + 잠열

  ㈎ 현열 : $q = Q \cdot \rho \cdot C_p \cdot (t_o - t_r)$

  ㈏ 잠열 : $q = q_L \cdot Q \cdot \rho \cdot (\chi_o - \chi_r)$

  q : 열량(kW, kcal/h)
  Q : 풍량(m^3/s, m^3/h)
  ρ : 공기의 밀도(= 1.2 kg/m^3)
  C_p : 건공기의 정압비열(1.005 kJ/kg·K ≒ 0.24 kcal/kg·℃)
  q_L : 0℃에서의 물의 증발잠열(2,501.6 kJ/kg ≒ 597.5 kcal/kg)
  $t_o - t_r$: 실외온도 - 실내온도(K, ℃)
  $\chi_o - \chi_r$: 실외 절대습도 - 실내 절대습도(kg/kg')

  ㈐ 상기에서, Q(극간풍량) 구하는 법

   ㈎ 환기횟수법 : $Q = n \cdot V$

    n : 시간당 환기횟수 V : 실의 체적(m^3)

   ㈏ 창문의 틈새길이법 : $Q = l \cdot Q_I$ 혹은 $Q = l \cdot a \cdot \Delta P^{2/3}$

    l : 창문의 틈새길이(CRACK)
    Q_I : 창문의 종류와 풍속의 함수(I; Infiltration)
    a : 통기특성(틈새폭의 함수)
    ΔP(작용압차) = 풍압에 의한 압력차 + 연돌효과에 의한 압력차, 즉
    $$\Delta P = C_f \frac{\gamma_0}{2g} \omega^2 + (\gamma_r - \gamma_0) h$$
    C_f(풍상) : 풍압계수(실이 바람의 앞쪽일 경우, C_f = 약 0.8~1)
    C_b(풍하) : 풍압계수(실이 바람의 뒤쪽일 경우, C_b = 약 -0.4)

γ_o : 실외 측 공기의 비중량(N/m³)
g : 중력가속도(9.807 m/s²)
ω : 실외 측 공기의 풍속(m/s)
γ_r : 실내 측 공기의 비중량(N/m³)
h : 중성대에서의 높이(m)
여기서,

건물폭/건물높이	C_b	C_f
0.1~0.2	−0.4	1.0
0.2~0.4	−0.4	0.9
0.4 이상	−0.4	0.8

㉰ 창문의 면적법 : $Q = A \cdot Q_I$ (A : 창의 면적)

㉱ 출입문 사용빈도법 : $Q = $ 사람 수 $\cdot Q_I$

(2) 내부부하(실 내부 열취득량)

냉방 시 실 내부로부터의 열취득량을 말하며, 이는 공조부하에 가산되는 것이고, 그 종류로는 다음과 같이 인체, 조명기구, 기기(동력), 기구 등으로부터의 열취득량 등이 있다.

① 인체 열취득량 = 현열 + 잠열

㉮ 인체의 현열 : $q_s = n \cdot H_s$

  n : 사람 수 H_s : 1인당 인체 발생 현열량

㉯ 인체의 잠열 : $q_L = n \cdot H_L$

  H_L : 1인당 인체 발생 잠열량

  ※ 평균 재실인원 = 약 0.1~0.3인/m²

② 조명기구 열취득량

㉮ 백열등 : $q = W \times f$

㉯ 형광등 : $q = W \times 1.2 f$

  W : 조명기구 발열량(W) f : 조명 점등률
  1.2 : 안정기(Ballast) 계수

㉰ 축열부하 고려 시 : $q' = q \cdot SLF$

  SLF : 축열 부하계수(SLF<1)

③ 동력 열취득량

$$q = P \cdot f_e \cdot f_o \cdot f_s$$

P : 전동기의 정격출력(W)
f_e : 부하율(실제출력÷정격출력) ≒ 0.8~0.9
f_o : 동력장치 가동률
f_s (사용상태 계수) : 전동기는 실외, 기계는 실내 ; $f_s = 1$
   전동기는 실내, 기계는 실외 ; $f_s = (1/\eta) - 1$
   전동기, 기계 모두 실내 ; $f_s = 1/\eta$

④ 기구 열취득량(가스레인지, 커피포트 등)

$$q = q_e \cdot f_o \cdot f_r$$

q_e : 기구의 열원용량(방열량; W)
f_o : 가동률(사용률) ≒ 0.4
f_r : 실내로의 복사비율 ≒ 0.5

> **칼럼**
> CLF에 의한 방법 : 상기 내부부하 계산식에서 공히 축열에 의한 효과를 고려 시 CLF(Cooling Load Factor) 혹은 SLF(Storage Load Factor)를 곱하여 사용할 수 있다.

(3) 장치부하

① 송풍기 열취득량 : $q = P$

P : 송풍기의 정격출력(W) 혹은 실내취득 현열량의 10~20%

② 덕트로 열취득량 : 실내 취득 현열량의 약 2%

③ 재열부하 : 잠열은 없고, 현열만 존재함

$$q = Q \cdot \rho \cdot C_p \cdot (t_2 - t_1)$$

q : 열량(kW, kcal/h)
Q : 풍량(m³/s, m³/h)
ρ : 공기의 밀도(= 1.2 kg/m³)
C_p : 공기의 비열(1.005 kJ/kg·K ≒ 0.24 kcal/kg·℃)
$t_2 - t_1$: 재열기 출구온도 − 재열기 입구온도(K, ℃)

④ 외기부하 : 상기 '극간풍에 의한 열취득량'과 동일 방법으로 계산함

$$\text{외기 도입에 의한 열취득량 = 현열 + 잠열}$$

(가) 현열 : $q = Q \cdot \rho \cdot C_p \cdot (t_o - t_r)$

(나) 잠열 : $q = q_L \cdot Q \cdot \rho \cdot (\chi_o - \chi_r)$

q : 열량(kW, kcal/h)
Q : 외기 도입량(m³/s, m³/h ; 일반공조에서는 급기량의 약 30% 정도를 도입하나, 각 건물의 용도나 재실인원, 법규 등에 따라 차이가 남)
ρ : 공기의 밀도(= 1.2 kg/m³)
C_p : 건공기의 정압비열(1.005 kJ/kg·K ≒ 0.24 kcal/kg·℃)
q_L : 0℃에서의 물의 증발잠열(2,501.6 kJ/kg ≒ 597.5 kcal/kg)
$t_o - t_r$: 실외온도 − 실내온도(K, ℃)
$\chi_o - \chi_r$: 실외 절대습도 − 실내 절대습도(kg/kg')

Quiz 냉방부하(공조기부하)와 열원기기부하의 차이점은?

1. 냉방부하(공조기부하, 냉각코일부하) = 내부부하 + 외부부하 + 장치부하
   (1) 내부부하(내부 발생 부하)
      ① 인체에 의한 열취득량 = 현열 + 잠열
      ② 조명기구로부터의 열취득량 : 백열등, 형광등(안정기 계수 고려) 등
      ③ 동력(동력)으로부터의 열취득량
      ④ 기구(기구)로부터의 열취득량(가스레인지, 커피포트 등)
   (2) 외부부하(외부로부터의 침투열량)
      ① 외벽, 지붕을 통한 열취득량 : 태양열의 복사에 의한 효과와 일반 열관류에 의해 발생하는 열취득의 합으로 계산된다.
      ② 칸막이, 천장, 바닥을 통한 열취득량 : 실(室)의 내·외부 온도차에 의해 발생
      ③ 유리를 통한 열취득량 = 관류 열전달 + 일사 취득열(축열에 의한 시간지연 고려 시 더 정확한 계산 가능)
      ④ 극간풍(틈새바람)에 의한 열취득량 = 현열 + 잠열
   (3) 장치부하(장치 발생 부하)
      ① 송풍기로부터의 열취득량
      ② 덕트로부터의 열취득량 : 실내 취득 현열량의 약 2%
      ③ 재열부하 : 잠열은 없고, 현열만 존재함
      ④ 외기부하 : 환기를 위해 외기를 도입할 때 발생하는 부하

2. 열원기기부하(냉동기부하) = 공조기부하 + 펌프/배관부하
   여기서, 펌프/배관부하란 반송동력의 압력 손실값 및 단열 불완전에 의한 열취득값 등을 말한다.

3. 펌프/배관부하의 약식계산
   냉각코일부하의 약 5~10%로 계산한다.
   따라서 열원기기부하(냉동기 부하) = 공조기부하 × (1.05~1.1)

핵심해설
건물의 최대부하는 주로 냉방부하 위주로 계산되며 외부부하, 내부부하, 장치부하로 나누어 계산한다 (원칙적으로 현열과 잠열을 별도로 계산하여 합산한다).

15. 난방부하 계산법

15-1 개요

(1) 장치용량 산정을 위한 난방 측면의 최대부하 계산법이다.
(2) 장치용량이 대개 냉방용량 위주로 설계되므로 냉방부하보다는 중요도가 떨어지나, 히트펌프 타입의 냉·난방기에서는 장비의 냉방능력보다 난방능력이 부족할 경우가 많으므로 난방능력 산정에 보다 더 주의를 요한다.

15-2 난방부하 계산법

(1) 외부부하(구조물을 통한 손실 열량)

① 외벽, 지붕, 창유리의 열손실

$$q = K \cdot A \cdot k \cdot (t_r - t_o - \Delta t_{air})$$

q : 열량(W, kcal/h) K : 열관류율(W/m^2·K, kcal/m^2·h·℃) A : 면적(m^2)
k : 방위계수

남	$k = 1$
북, 서, 북서	$k = 1.1$
기타의 방위	$k = 1.05$

$t_r - t_o$: 실내온도 - 실외온도(K, ℃)
Δt_{air} : 대기복사량(℃, K; 지표 및 대기의 적외선 방출량으로 태양복사 입사량과 균형을 이룸)

항목		Δt_{air} (대기복사량)
지붕	구배 5/10 이하	6
	구배 5/10 이상	4
외벽, 창	9층 초과 건물	3
	4~9층인 건물(주위가 개방된 경우)	2
	기타	0

② 칸막이, 천장, 내창을 통한 열손실

$$q = K \cdot A \cdot \Delta T$$

ΔT : 내부와 외부의 온도차

③ 지면과 접하는 바닥면, 지하벽체의 열손실

㈎ 지상 0.6 m ~ 지하 2.4 m

$$q = k_p \cdot l \cdot (t_r - t_o)$$

k_p : 지하벽체의 열손실량(W/m·K, kcal/m·h·℃)
l : 지하벽체의 길이(m)
$(t_r - t_o)$: 실내온도 – 실외온도(K, ℃)

　(나) 지하 2.4 m 이하

$$q = K \cdot A \cdot (t_r - t_g)$$

q : 열량(W, kcal/h)
K : 열관류율(W/m²·K, kcal/m²·h·℃)
　　바닥인 경우 : 약 0.284 W/m²·K ≒ 0.244 kcal/m²·h·℃
　　벽체인 경우 : 약 0.455 W/m²·K ≒ 0.391 kcal/m²·h·℃
A : 벽체 혹은 바닥의 면적(m²)
$t_r - t_g$: 실내온도 – 지중온도(K, ℃)

④ 극간풍에 의한 열손실 : 냉방과 동일(단, 잠열부하는 계산하지 않는 경우가 많음)

$$q = Q \cdot \rho \cdot C_p \cdot (t_r - t_o)$$

q : 열량(kW, kcal/h)
Q : 풍량(m³/s, m³/h)
ρ : 공기의 밀도(= 1.2 kg/m³)
C_p : 공기의 비열(1.005 kJ/kg·K ≒ 0.24 kcal/kg·℃)
$t_o - t_r$: 실외온도 – 실내온도(℃, K)

(2) 장치부하(장치 열손실량)

① 외기부하에 의한 열손실 : 냉방과 동일(단, 잠열부하는 계산하지 않는 경우가 많음)

$$q = Q \cdot \rho \cdot C_p \cdot (t_o - t_r)$$

Q : 외기 도입량(일반공조에서는 급기량의 약 30% 정도를 도입하나 각 건물의 용도나 재실인원 혹은 법규 등에 따라 차이가 남)

② 덕트에서의 열손실 : 보통 실내 현열량의 5~10% 정도로 산정

Quiz

부하계산 시 천장 내의 온도 혹은 비공조지역의 온도 계산법은?

1. 비례 계산법
　(1) 다음과 같은 함수식으로 계산한다.
　(2) 이렇게 계산하면 벽체, 바닥층 및 천장 위 등이 외기와 면하여있는 면이 많을수록 실외온도에 가까워진다.

$$\text{비공조실의 온도} = \frac{t_i(A_1K_1 A_2K_2)\cdots + t_o(A_aK_a + A_bK_b)\cdots}{(A_1K_1 + A_2K_2)\cdots + (A_aK_a + A_bK_b)\cdots}$$

　　t_i : 실내온도(℃)
　　t_o : 외기온도(℃)
　　A_1, A_2 : 비공조실과 공조실과의 경계벽, 문 등의 면적(m²)

K_1, K_2 : 비공조실과 공조실과의 경계벽, 문 등의 열관류율(W/m²·K, kcal/m²·h·℃)
A_a, A_b : 비공조실의 외벽, 외측 창 등의 면적(m²)
K_a, K_b : 비공조실의 외벽, 외측 창 등의 열관류율(W/m²·K, kcal/m²·h·℃)

2. 간이 계산법
   (1) 난방 시 비공조지역 온도 계산법
      ① 1/2온도법을 사용한다.
      ② 비공조실 온도 = 실외온도 + (실내온도 - 실외온도) × 1/2
   (2) 냉방 시 비공조지역 온도 계산법
      ① 2/3온도법을 사용한다.
      ② 여름철은 태양의 고도가 높으므로 일사에 의한 외벽의 축열량이 많아져 평균온도가 실외온도에 더 가까워진다.
      ③ 비공조실 온도 = 실내온도 + (실외온도 - 실내온도) × 2/3
      ④ 혹은 상기 난방 시와 같이 '1/2온도법'을 사용하는 경우도 있다.
   (3) 기타 방법
      ① 북측벽 측의 상당외기온도차(ETD)를 이용하는 방법 : 기상 데이터를 바탕으로 북측벽 측 공기와 실외의 상당외기온도차(ETD)를 인접한 비공조실의 칸막이벽 측의 온도차(ΔT)로 부하계산에 적용하는 방법
      ② 기타 건물의 상태에 따라 인접한 비공조실의 온도를 실외온도에 더 가깝게 적용할 수도 있다.

> **핵심해설**
> 난방부하는 외부 손실부하와 장치부하로 나누어 계산하며, 난방부하에서 잠열부하는 거의 고려하지 않는 것이 일반적이다.

16. 설계온도(Design Temperature)

16-1 TAC온도

(1) 설계외기온도의 기준을 제시하는 것으로 쾌적공조에서 외기온도 피크 시를 기준으로 장치용량 산정 시 과도하게 큰 장치용량 선정으로 인한 비경제적인 초기 투자비용 발생에 대한 절감과 에너지 유지비용 절감을 위해 다소의 위험률을 부담하고자 하는 설계외기온도이다.

(2) 냉방 또는 난방기간 중 TAC 위험률에 해당하는 기간 동안은 실제 나타나는 외기온도가 설계 외기온도(TAC온도)보다 높아지는 것(낮아지는 것)을 허용하는 것을 말한다.

(3) 냉방 시는 총 냉방기간 중 위험률(%)에 해당하는 냉방기간 동안 냉방이 부족한 것을, 난방 시는 총 난방기간 중 위험률(%)에 해당하는 난방기간 동안 난방이 부족하게 되는 것을 허용하므로 착의량의 변화나 인간의 인내심에 호소하는 것 등으로 대응한다.

16-2 적용

(1) 설계 외기온도
  ① 쾌적공조
    (가) 난방 및 냉방설비의 용량계산을 위한 외기조건은 냉방기 및 난방기를 분리한 온도 출현분포를 사용할 경우에는 주로 각 지역별로 TAC위험률 2.5%를 적용한다.
    (나) 연간 총 시간에 대한 온도출현 분포를 사용할 경우에는 주로 TAC위험률을 1.0%로 적용하거나 별도로 정한 '외기 온·습도 Table'을 적용한다.
  ② 산업용 공조 및 정밀공조 : 피크 부하 시 외기온도, 즉 TAC위험률 0%를 적용한다.

(2) 설계 실내온도
  ① 쾌적공조 : 실내환경평가지표의 온열요소(물리적 요소) 및 개인적 요소(인간 측 요소) 등을 고려한 유효온도, 신유효온도 등에 의한다.
  ② 산업용 공조 : 공정상 설계조건에 주어진 설계실내온도에 의한다.

> **핵심해설**
> 설계온도는 설계 외기온도(쾌적공조 ; TAC위험률 1~2.5%, 공장공조 ; TAC위험률 0%)와 설계 실내온도(물리적 요소, 인간 측 요소, 공정온도)로 나누어 고려해야 한다.

17. Time Lag & Decrement Factor

17-1 개요

(1) 대개의 건축재료는 열전달을 억제하는 성질과 지연시키는 성질을 동시에 가지고 있으며 이 중 한 가지 성질이 우수하면 다른 것은 그렇지 못한 게 일반적이다.
(2) 벽돌이나 콘크리트는 많은 양의 열을 흡수할 수 있으나 열전달을 억제하는 능력은 극히 작으며, 반면에 유리섬유와 같은 단열재는 열전도를 억제하는 능력은 매우 크지만, 열에너지를 흡수하거나 열전달을 지연시키는 능력은 매우 작다.
(3) 벽체에 이러한 두 가지 재료를 같이 사용했을 때, 그 벽체의 전열특성이 정해지는데, 열

전달을 억제하는 것은 '단열성능'이라 하고 열전달을 지연시키는 것은 '축열성능'이라 한다.
(4) 벽체가 지니는 축열성능(열용량)은 타임랙(Time-lag)과 디크리먼트팩터(Decrement Factor)로 설명이 가능하다.

17-2 정의

(1) Time Lag
① 구조체 열용량에 따른 열전달의 지연효과(최대부하 발생 시간차)
② 벽체 등 구조체의 축열로 인한 최대부하가 실제보다 시간이 지연되어 나타나는 현상

(2) Decrement Factor(진폭 감쇄율)
구조체에 의한 1일 열류사이클의 진폭이 건물의 열용량의 차이에 의해 감쇄되는 비율을 말한다.

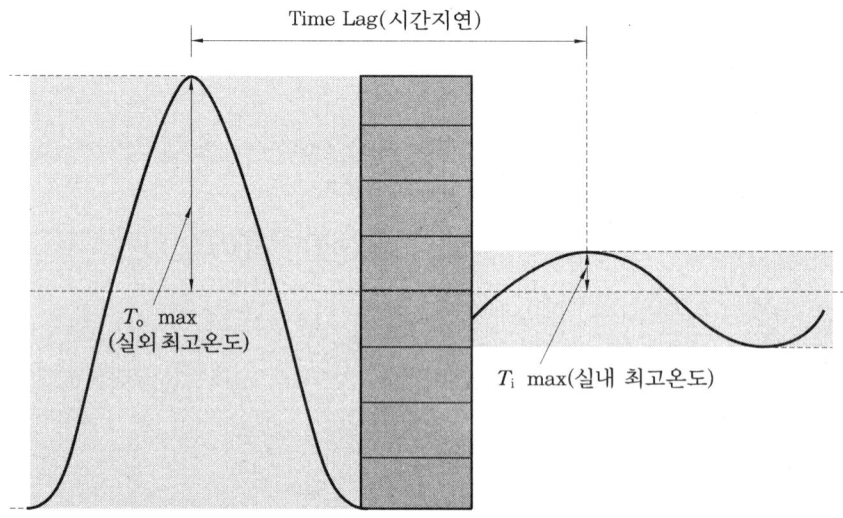

$$D.F(\text{진폭 감쇄율}) = \frac{T_{i\,max}(\text{실내 최고온도})}{T_{o\,max}(\text{실외 최고온도})}$$

18. 기간부하 계산

18-1 DD법 (도일법)

(1) 개념
① 냉방도일법(CD)과 난방도일법(HD)이 있다.
② 실내의 설계온도와 실외의 평균기온의 차에 일수를 곱한 값의 합이다.

③ 실내온도와 내부발열이 연간 비교적 일정할 때 주로 사용하는 방법(변수로써 실내온도와 외기온도만을 이용함)이다.
④ 연간 필요 부하를 계산하여 에너지 소비량과 비용을 계산하는 데 사용한다.

(2) 계산식

① 난방도일법(HD)

(가) 난방일수를 실외온도가 실내 설계온도보다 낮은 날로 잡은 경우

$$HD = \Sigma d(t_i - t_o) = N/24 \times (t_i - t_o)$$

t_i : 실내 설계온도(K, ℃)
t_o : 실외 평균기온(K, ℃)
N : 난방 사용 시간의 합(Hr)

(나) 난방일수를 실외온도가 실내 설계온도보다 낮은 어느 일정한 온도(난방 한계온도 ; t_o') 이하로 내려간 날로 잡은 경우

$$HD = \Sigma d(t_o' - t_o) + (t_i - t_o')Z$$

t_o' : 난방 한계 온도(K, ℃)
Z : 1년간 난방일수(days)

② 냉방도일법(CD)

(가) 냉방일수를 실외온도가 실내 설계온도보다 높은 날로 잡은 경우

$$CD = \Sigma d(t_o - t_i) = N/24 \times (t_o - t_i)$$

t_i : 실내 설계온도(K, ℃)
t_o : 실외 평균기온(K, ℃)
N : 냉방 사용 시간의 합(Hr)

(나) 냉방일수를 실외온도가 실내 설계온도보다 높은 어느 일정한 온도(냉방한계온도 ; t_o') 이상으로 올라간 날로 잡은 경우

$$CD = \Sigma d(t_o - t_o') + (t_o' - t_i)Z$$

t_o' : 난방 한계 온도(K, ℃)
Z : 1년간 난방일수(days)

18-2 BPT법 (Balanced Point Temperature ; 균형점 온도법)

(1) 일정한 실온(t_i)에 있어서 내부발생열과 열취득(일사 및 전도열)을 고려한 부하가 열손실량과 균형을 이루는 외기온도(밸런스 온도)를 이용한다.
(2) 난방 개시 시점을 알려준다.

(3) 겨울철에는 실내·외 온도차가 크므로, 환기량이 균형점 온도에 큰 영향을 주기 때문에 외기 도입기준으로도 균형점온도(BPT)가 많이 사용된다.

(4) 겨울철 난방부하가 걸리지 않는 외기온도, 여름철 냉방부하가 걸리지 않는 외기온도를 말한다.

18-3 확장도일법 (Extended Degree Day Method)

(1) 점차 건물의 단열 시공이 강화되고, 내부 발생열이 증가되고 있기 때문에 실내외 온도차에 의해서만 부하를 계산하는 것은 맞지 않다고도 할 수 있다.

(2) 따라서 보정계수를 이용하여 이를 보완하고 있다.

(3) EHD법(확장 난방도일법)과 ECD법(확장 냉방도일법)으로 나누어 계산된다.
  ① EHD법(Enhanced Heating Degree Day ; 확장 난방도일법)
    (가) 외기온도뿐만 아니라 일사, 내부발열량 등을 고려한 방법
    (나) 연간 난방을 필요로 하는 날의 합산을 통한 연간 난방부하 계산(약 5개월)
    (다) 종래의 도일법에서는 일사, 내부발열량 등에 의한 실내온도 상승을 고려하지 않았으므로 실제 부하보다 난방부하가 크게 계산되었으며, 확장 난방도일법은 이러한 점을 개선할 수 있었다.
  ② ECD법(Enhanced Cooling Degree Day ; 확장 냉방도일법)
    (가) 외기온도뿐만 아니라 일사, 내부발열량 등을 고려한 방법
    (나) 연간 냉방을 필요로 하는 날의 합산을 통한 연간 냉방부하 계산(약 4개월)

18-4 가변도일법 (Variable Base Degree Day Method)

(1) 균형점 온도(Balanced Point Temperature)의 개념을 도입하여 태양복사열 취득과 내부발생열을 고려한 부하가 영(Zero)이 되는 균형점 온도를 계산 뒤, 도일(Degree Day)을 산정하여 연간 부하를 계산한다.

(2) 건물의 특성마다 도일값이 다르므로 이를 고려한 값이다.

(3) 가변냉방도일법(여름철의 균형점온도 이용)과 가변난방도일법(겨울철의 균형점온도 이용)이 있다.

18-5 표준 BIN법

(1) 외기온도에 따라 효율이 많이 변화하는 히트펌프 등에서는 도일법을 그대로 사용할 수 없다.

(2) BIN이라고 불리는 일정한 시간간격의 빈도수에 따라 열부하를 가중 계산하는 방식(보통 2.8℃의 간격을 많이 사용)이다.
(3) 실외온도에 시간수를 곱한 적산이 필요(즉 실외온도의 빈도수에 따른 가중 계산)하다.
(4) 동시에 평형점 온도를 사용하여 내부발생 열량과 태양 일사취득의 영향을 고려하기도 한다.

18-6 수정 BIN법 (Modified BIN Method)

(1) 종래의 BIN법에 평균부하 및 다변부하의 개념을 도입하는 방법을 말한다.
(2) 표준 BIN법에 기상조건과 발생 정도에 알맞게 가중 계산한다.
(3) 대개 각 BIN을 월별로 분리 산정하여 연간 에너지 소비량을 계산한다.

18-7 난방기준일수 및 난방기준일자

정부고시 등에 의하여 보통 다음과 같이 정한다.
(1) **난방기준일수** : 4개월(120일)
(2) **난방기준일자** : 11월 15일~3월 15일

칼럼

건물 에너지 사용 예측 방법

1. 수치해석적 방법(Numerical Analysis Technique)
   (1) 주어진 분석기간 동안 매 시간당 에너지 균형(Energy Balance)을 계산하기 위해 매시간 변화하는 열부하량을 시간별로 계산하는 방법이다.
   (2) 동적 에너지 해석 방법으로 기상상태의 불규칙적인 변화, 벽체의 축열성능에 기인하는 시간지연효과, 난방조건에 따른 축열부하 등을 고려해주기 위해 유한차분법(Finite Difference Method) 혹은 응답계수법(Response Factor Method) 등과 같은 수치해석 방법이 적용된다.

2. 선험적 방법(Empirical Data-Modelling Technique)
   (1) 회귀분석 모델(Regression Analysis)
      ① 복잡한 해석 프로그램 대신에 간단하며 해석 결과에 상응하는 신뢰성을 가진 도구의 필요성이 대두되어 연간 냉난방 소비량과 건물의 변수, 기수변수들과의 종속변수와 독립변수라는 선형적 또는 비선형적 상관관계 또는 함수관계를 이용한 예측 모델이다.
      ② 회귀분석이란 종속변수의 변화를 독립변수들의 선형조합으로 설명하려는 분석기법으로서, 특별히 독립변수가 하나인 경우를 '단순 회귀분석'이라 하고, 독립변수가 여러

개인 경우를 '다중 회귀분석'이라 한다.
③ 종속변수의 실제값과 회귀식에 의해 예측되는 값의 차이는 최소화되어야 하며 회귀식의 도출을 위해서는 오차의 제곱의 합을 최소화하는 최소제곱법(Least Square Method) 등이 사용된다.

(2) 인공신경망 모델(Artificial Neural Network)
① 학습능력이 없는 기호 처리 인공지능 시스템의 경우 시스템 설계자가 일일이 프로그램이나 자료 형태로 지식을 넣어주어야 하지만 신경망의 경우 시스템의 거의 모든 지식은 학습을 통해 신경망 스스로가 만들어가는 것이기 때문에 시스템 설계자가 해야 할 일은 무엇을 어떻게 학습시킬 것인가를 결정하는 일이다.
② 초기에 똑같은 구조의 신경망이라고 할지라도 그것에 무엇을 학습시키느냐에 따라 신경망의 동작은 완전히 달라지게 된다.
③ 신경망은 주어진 학습 규칙에 따라 스스로 자신의 연결 가중치를 조절하여, 주어진 자료들로부터 자기 나름대로 지식을 얻게 된다.
④ 이렇게 일단 학습된 신경망은 학습된 자료에 대해서는 우리가 원하는 출력을 정확하게 출력하며, 학습되지 않았거나 학습된 자료의 일부 파손, 왜곡, 잡음 섞인 자료의 입력 시에도 연결 가중치들에 저장된 자신의 내적 지식에 따라 적절한 결과를 출력한다.

> **핵심해설**
> * 냉·난방도일법(CD, HD)은 실내의 설계온도와 실외의 평균기온의 차에 일수를 곱한 값의 합($\Delta t \cdot days$)을 나타내며, BPT법은 내부발생열과 열취득 부하가 외기온도와 균형을 이루는 온도를 말한다.
> * 확장도일법(EHD법, ECD법)은 외기온도뿐만 아니라 일사, 내부발열량 등도 고려한 방법이며, 가변도일법은 건물의 특성별 균형점 온도(BPT) 개념을 도입하여 연간부하를 계산하는 방법이다.
> * 표준 BIN법은 히트펌프 등에 도일법을 적용하기 위해 실외온도의 빈도수에 따른 가중치를 적용하여 적산하는 방법이며, 수정 BIN법은 기상조건과 발생 정도를 고려하여 월별로 분리 산정하여 연간 에너지 소비량을 계산하는 방법이다.

19. 결로(結露, Condensation)

19-1 개요

(1) 수증기를 포함한 공기의 온도가 서서히 떨어지면 수증기를 포함하기가 불가능해져 물방울이 되는 현상을 '결로'라고 하고, 그 온도를 '노점온도'라고 한다.

(2) 결로는 실내환경 저해, 마감재를 손상시키므로 설계 시 적절한 단열재료 사용, 실내 수증기 발생 억제, 급격한 온도상승 방지, 벽체표면 기류정체 방지 등을 실시해야 한다.
(3) 결로는 겨울철에는 실내에, 여름철에는 실외에 주로 발생한다.

19-2 발생원인

(1) 실내·외 온도차가 클수록 쉽게 발생한다.
(2) 고온 측 공간의 습도가 높을수록 잘 발생한다.
(3) 열관류율이 높을수록, 열전도율이 높을수록 잘 발생한다.
(4) 실내 환기가 부족할수록 잘 발생한다.

19-3 실제적인 발생원인

(1) 냉방 시의 찬 동관이나 찬 케이스에 의해 발생한다.
(2) 난방 시의 찬 외기온도에 의해 창문이나 단열이 불량한 벽 등에 발생한다.
(3) 공기가 정체되어있는 곳(주방 주변의 천장, 바닥 모서리 등)에 발생한다.
(4) 습기의 발생원(화장실, 주방, 싱크대 등 격리) 주변에 발생한다.
(5) 최상층의 옥상 슬래브 주변에 발생한다.
(6) 기타 단열 불연속 등으로 '열교'가 있는 곳에 발생한다.
(7) 냉각탑 주변에는 '백연 현상'에 의해 결로가 생길 수 있다.

19-4 유형

(1) **표면결로(벽체의 외부 표면에 발생하는 결로)**
   ① 건축물의 벽체 등의 표면에 주로 발생하는 결로(주로 실내·외 온도차에 기인하는 결로 형태)
   ② 표면결로 방지책
      ㈎ 코너부 열교에 특히 주의할 것
      ㈏ 내단열 및 외단열(필요 시)을 철저히 시공할 것(다음 그림 참조)
      ㈐ 기류 정체가 없게 할 것(실내온도를 일정하게 유지)
      ㈑ 과다한 수증기 발생 억제
      ㈒ 주방 등 수증기 발생처는 국소배기 필요
      ㈓ 밀폐된 초고층 건물은 환기 철저 등

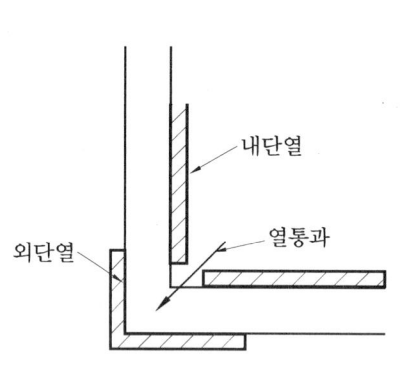
내단열 및 외단열

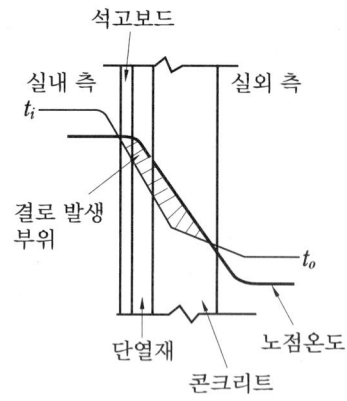
표면결로 발생도

(2) 내부결로(벽체의 내부에 발생하는 결로)

① 내부결로의 원인
  ㈎ 구조체 내부의 어느 점에서의 수증기 분압(습압)이 포화수증기 분압보다 높을 때 발생한다(이 경우의 습압구배는 노점온도의 구배와 동일 경향).
  ㈏ 열관류율이 작은 방한벽(防寒壁)일수록 이 경향이 크다.
  ㈐ 발생하기 쉬운 장소로는 단열재의 저온 측 또는 외벽이 있다.

② 내부결로의 방지책
  ㈎ 이중벽(방습층 혹은 단열층 형성)을 설치하여 방지 가능하다.
  ㈏ 내부결로를 방지하기 위해서는 습기가 구조체에 침투하지 않도록 방습층을 수증기 분압이 높은 실내 측에 설치하는 것이 유리하다(단열재는 실외 측에 설치하는 것이 유리).
  ㈐ 단, 방습층 및 단열층의 위치와 표면결로와는 무관 → 이 경우 벽체의 내·외부(양측) 모두에 방습층을 형성하지는 말 것(내부결로 우려)
  ㈑ 실내의 온도를 높인다.
  ㈒ 수증기 발생을 억제한다.
  ㈓ 환기 회수를 증대시킨다.

③ 벽체의 방습층 위치
  ㈎ 단열재로부터 따뜻한 쪽에 방습층 설치 : 정상적 설치(결로 발생하지 않음) → 다음 그림 1 참조
  ㈏ 단열재로부터 차가운 쪽에 방습층 설치 : 결로 발생 → 다음 그림 2 참조

④ 지붕 : 지붕 역시 단열재로부터 따뜻한 쪽에 방습층을 설치하는 것이 좋다(단, 지붕 속 환기와 병용하면 더 효과적이다).

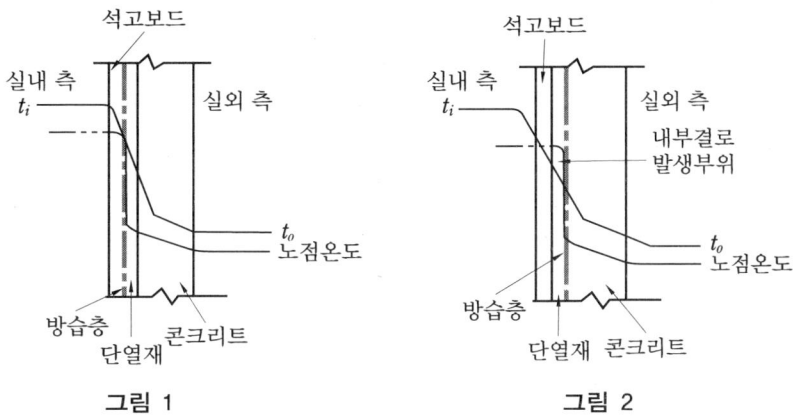

그림 1   그림 2

(3) 냉교현상에 의한 결로
① 옥내의 전기설비나 단열재를 관통하여 설치되는 볼트, 앵커, 인서트, 금속 전선관 등을 통한 열관류 현상이다.
② 단열 인서트, 합성수지재 전선관 등을 사용한다.

19-5 결로되기 쉬운 장소 및 건축환경

(1) 벽체의 열관류율이 작고, 틈 사이가 좁은 건물
(2) 철근 콘크리트조의 건물(열전도율 및 흡수율이 큼)
(3) 단열공사가 잘 되어있지 않은 주택의 바깥벽, 북향벽, 동벽 또는 최상층의 천장 등(외부와 접한 부분 또는 일사량이 적은 곳)
(4) 현관 주위의 칸막이벽 등의 내벽
(5) 구조상 일부 벽이 얇아진다든지 재료가 다른 열관류저항이 작은 부분(열교 개구부), 문틀 부위, 벽체 두께가 상이한 부분, 단열재 불연속 시공부, 중공 벽체의 연결철물, 접합부(벽체와 바닥판), 단열재 지지부재 등
(6) 고온 다습한 여름철과 겨울철 난방 시
(7) 야간 저온 시 실외온도 급강하로 실내에서 결로 발생되기 쉬움
(8) **수영장, 풀장 등의 물 사용처** : 상기 모든 경우가 포함되지만, 수영장은 특히 전체적 희석환기 철저, 내부환기량 증가, 제습장치 설치, 가습장치 사용 금지 등 필요
 ① 공조기 환기설비는 1종환기로 10~15회/h, 증발수 제거 위해 별도의 배기팬 설치 시에는 4~5회/h 정도의 환기량 필요
 ② 자연채광을 위한 상부 개구부는 바닥면적의 1/5 이상으로 할 것
 ③ 복층유리 및 단열 스페이서 등 사용 필요(알루미늄 스페이서는 결로 우려)

19-6 결로의 방지대책

(1) 구조체표면온도(t_s)는 노점온도(t_d)보다 커야 한다.

(2) 노점온도 계산방법

$K(t_i - t_o) = \alpha_i(t_i - t_s)$ 에서,

$$(K/\alpha_i) = (t_i - t_s)/(t_i - t_o)$$
$$t_s = t_i - (K/\alpha_i)(t_i - t_o) = t_i - (Ri/Rt)(t_i - t_o)$$

t_i, t_o : 실내·외 온도(K, ℃)
K : 벽체의 열관류율(W/m²·K, kcal/m²·h·℃)
α_i : 실내 표면 열전달률(W/m²·K, kcal/m²·h·℃)
Rt : 벽체의 열관류저항(m²·K/W, m²·hr·℃/kcal)
Ri : 실내 표면 열전달 저항(m²·K/W, m²·hr·℃/kcal)

> **칼럼**
>
> 온도차이비율(TDR ; Temperature Difference Ratio)이란?
> 1. '공동주택 결로 방지를 위한 설계기준'에서 건축물의 결로 방지를 위해 500세대 이상의 공동주택에 적용한다.
> 2. '실내와 외기의 온도차이에 대한 실내와 적용대상 부위의 실내표면의 온도차이'를 표현하는 상대적인 비율을 말하는 것이다.
> 3. 단위가 없는 지표로서 다음 계산식에 따라 그 범위는 0에서 1 사이의 값으로 산정된다.
>
> $$온도차이비율(TDR) = \frac{실내온도 - 적용대상\ 부위의\ 실내표면온도}{실내온도 - 외기온도}$$
>
> 결국 온도차이비율(TDR)이란 식 ①의 우측 항을 말한다.

19-7 겨울철 창문의 실내 측 결로 방지책

(1) 고단열 복층유리, 진공 복층유리, 2중창, 3중창 등을 설치하여 실내 측 유리면의 온도가 노점온도 이상으로 되게 한다.
(2) 창 아래 방열기를 설치하여 창 측에 기류를 형성한다.
(3) 창 바로 위에 디퓨저를 설치하여 창 측에 기류를 형성한다.
(4) 습기의 발생원(화장실, 주방, 싱크대 등)과 되도록 멀리 이격시킨다.
(5) 창문틀 주변에 단열 불연속부위가 없게 철저히 기밀시공한다.

(6) 부득이 결로 발생 시 창 아래 드레인 장치를 설치한다.

> **핵심해설**
> 결로의 유형은 크게 표면결로와 내부결로로 구분되는데, 표면결로는 벽체의 외부 표면이 노점온도 이하로 냉각되어 발생하는 결로이며, 내부결로는 구조체 내부의 어느 점에서의 수증기 분압이 포화 수증기 분압보다 높을 경우 발생하는 결로이다.

20. 차양장치

20-1 개요

(1) '차양장치'라 함은 태양 일사의 실내 유입을 차단하기 위한 장치를 말한다.
(2) 에너지 절약을 위해 일조량을 조절할 수 있는 가변식 형태로도 많이 개발되고 있다.

20-2 설치 위치에 따른 종류

(1) **외부 차양** : 하절기 방위별 실내 유입 일사량이 최대로 되는 시각에 외부 직달 일사량의 70% 이상을 차단할 수 있을 것
(2) **내부 차양** : 실의 내측에 설치하는 차양(블라인드)
(3) **유리 사이 차양** : 유리와 유리 사이에 설치하는 차양(블라인드)

20-3 가동 유무에 따른 종류

(1) **고정식** : 가동되지 않는 고정형 차양의 종류들을 말한다(주로 출입구, 창문 등의 상부벽에 덧붙이는 작은 지붕).
(2) **가변식** : 수동식, 전동식, 센서 또는 프로그램에 의해 가변 작동될 수 있는 형태의 차양장치를 말한다.

20-4 에너지성능지표상 배점 부여

(1) 에너지성능지표상 냉방부하 저감을 위해 태양열취득률이 0.6 이하의 차양장치 설치비율이 일정 비율 이상이면 배점이 부여된다.
(2) 단, 이때의 비율이란 남향 및 서향 투광부 면적에 대한 차양장치 설치 비율이다.

에너지성능지표상 배점 부여(차양 및 평균 태양열취득)

에너지성능지표											
항 목	기본 배점(a)				배점(b)					평점 (a*b)	근거
	비주거		주거								
	대형 (3,000 m² 이상)	소형 (500~ 3,000 m² 미만)	주택1	주택2	1점	0.9점	0.8점	0.7점	0.6점		
건축부문	8. 냉방부하 저감을 위한 제5조 제9호 거목에 따른 차양장치 설치 (남향 및 서향 투광부 면적에 대한 차양장치 설치 비율)	4	2	2	2	80% 이상	60~ 80% 미만	40~ 60% 미만	20~ 40% 미만	10~ 20% 미만		
						〈표2〉〈표3〉〈표4〉에 따라 태양열취득률이 0.6 이하의 차양장치 설치비율 ('별첨' 자료 참조)						
	9. 냉방부하 저감을 위한 제5조 제9호 나목에 따른 거실 외피면적당 평균 태양열취득	3	3			14 W/m² 미만	14~ 19 W/m² 미만	19~ 24 W/m² 미만	24~ 29 W/m² 미만	29~ 34 W/m² 미만		

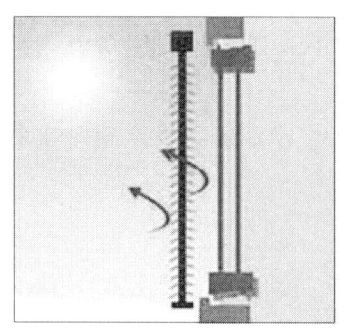

외부 차양

유리 사이 차양

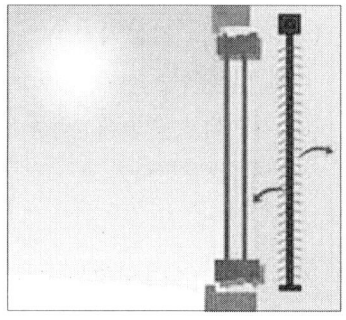

내부 차양

21. 스마트 글레이징(Smart Glazing)

21-1 개요

(1) 겨울철 열 유출의 47(상업용 건물)~50%(주택)가 유리창을 통하여 유출되므로 에너지 절감형 창문 적용 시 에너지 절약에도 크게 기여할 수 있다.
(2) 스마트 글레이징(Smart Glazing)이란 선진 창틀재료, 투명단열재, 저방사 유리 등 에너지 절감형 창호기술의 총칭이다.

21-2 주요 기술

(1) **투명단열재(TIM ; Transparent Insulation Materials)** : 투명하면서도 단열기능을 동시에 갖춘 창유리 재료이다.
(2) **로이유리(Low Emissivity Glass, 저방사 유리)** : 일반 유리가 적외선을 일부만 반사시키는 데 반해 로이유리는 대부분을 반사시킨다(보통 은, 산화주석 등의 다중 코팅방법 사용).
(3) **투과율 가변유리** : 창문으로 들어오는 태양광의 투과율을 자유롭게 조절할 수 있는 유리이다.
(4) **슈퍼 윈도우(Super Window)** : 이중유리창 사이에 '저방사 필름'을 사용한다.
(5) **전기착색 유리(Electrochromic Glazing)** : 빛과 열에 반응하는 코팅(전장을 가하여 변색되게 함)으로 적외선을 반사시킨다.
(6) **전기창(Electric Glazing)** : 보통 로이유리 위·아래에 전극을 형성하여 가열시킨다.
(7) **공기집열식 창(Air-flow Window)**
   ① 보통 다음 그림과 같이 외창(이중창), 내창(단유리), 베네치안 블라인드 등으로 구성된다.
   ② 실내로부터 배기되는 공기가 창의 아래로 흡입되고, 수직 상승하면서 일사에 의해 데워진 베네치안 블라인드를 통과하면서 서로 열교환이 이루어진다(여름철에는 외부로 방출하고, 겨울철에는 재열/예열 등에 사용 가능).
   ③ 창의 열관류율을 개선시키고, 직달 일사량을 줄여준다.
(8) **기타** : 2~5중 유리, 진공유리, 고밀도 가스 주입유리 등이 있다.

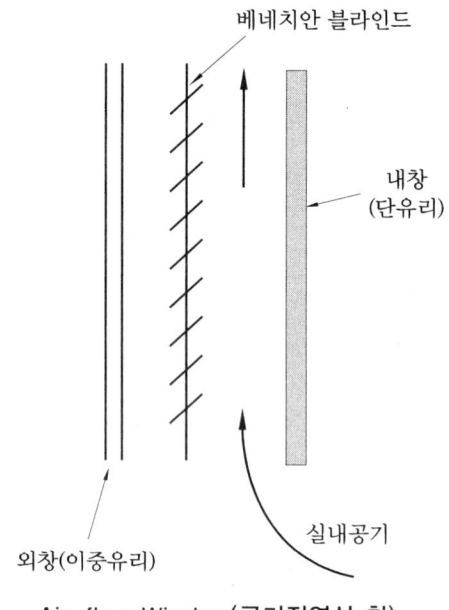

Air-flow Window(공기집열식 창)

22. 투명단열재(TIM ; Transparent Insulation Materials)

22-1 개요

(1) 친환경 건축재료로, 유리 대체품으로 개발된 재료이다.
(2) 투명하면서도 단열기능을 복합적으로 갖춘 창유리 재료를 말한다.

22-2 종류

(1) 튜브(Tube)형 투명단열재
① 구조 배열형태가 튜브(Tube) 형태임
② 모세관 유리다발로 이루어진 투명단열재임
③ 태양광에너지를 튜브구조 내부에서 반사시키는 형태로 실내로 전달함
④ 각 튜브의 직경은 약 1.4mm 내외임

(2) 허니컴(Honeycomb)형 투명단열재
① 구조 배열형태가 허니컴(Honeycomb) 형태로 되어있음
② 태양광에너지를 허니컴구조 내부에서 반사시켜 내부로 직접 전달해주는 역할을 함
③ Honeycomb 형태는 단면적이 약 $4mm^2$ 정도의 공동 형태임

(3) 유사 투명단열재
① 폴리카보네이트 Sheet를 온실 보온 채광용으로 사용함
② 허니컴 형상을 공장의 지붕 채광용으로 사용함

22-3 재질 및 단점

(1) 재질
① 100 nm 정도의 미세 기공구조를 가지는 실리카 에어로겔(Aerogel)
② 폴리카보네이트(Polycarbonate)
③ 아크릴계 수지(Polymethyl-methacrylate) 등

(2) 단점 : 내구성이 약한 편, 변색 및 열화 발생, 제작이 어렵고 가격이 높음 등

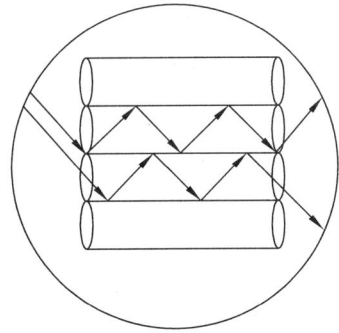

튜브(Tube)형 투명단열재

허니컴(Honeycomb)형 투명단열재

22-4 기술동향

(1) 일본에서 개발된 '판상 실리카 에어로겔 투명단열재' : 난방 부하를 약 11~40% 절감 가능한 것으로 보고된다.
(2) 강도와 가격 측면에서의 문제점 : 강도 보강을 위해 양쪽에 판유리를 끼운 '투명단열재'도 나와 있다.

23. 로이유리 적용방법

23-1 개요

(1) 로이유리(Low Emissivity Glass, 저방사 유리)는 요즘 건물 창유리의 단열을 개선하여

건물에너지를 절감하기 위해 많이 적용되고 있다.
(2) 일반 유리가 적외선을 일부만 반사시키는 데 반해 로이유리는 대부분을 반사시킨다(은, 산화주석 등의 다중 코팅방법 사용).

23-2 적용방법

(1) **여름철 냉방 위주의 건물, 사무실 및 상업용 건물 등 냉방 부하가 큰 건물, 커튼월 외벽, 남측면 창호** : 로이유리의 특성상 코팅면에서 열의 반사가 일어나므로 다음 〈그림 1〉과 같이 ②면에 로이 코팅면이 위치하게 하여 적외선을 반사시키는 것이 냉방부하 경감에 가장 효율적인 방법이다.

(2) **겨울철 난방 위주의 건물, 주거용 건물, 공동주택 등 난방부하가 큰 건물, 패시브하우스, 북측면 창호** : 겨울철 또는 난방부하가 큰 건물의 경우(우리나라 기후는 대륙성 기후로 보통 4계절 중 3계절이 난방이 필요한 기후)에는 창문을 통한 외부로의 난방열의 전도 손실이 가장 큰 문제가 되기 때문에, 〈그림 2〉와 같이 로이 코팅면이 이중유리일 경우 ③면 (삼중유리일 경우에는 ⑤면)에 위치하게 하여 실내의 열을 외부로 빠져나가지 못하게 하고, 내부로 다시 반사시켜준다.

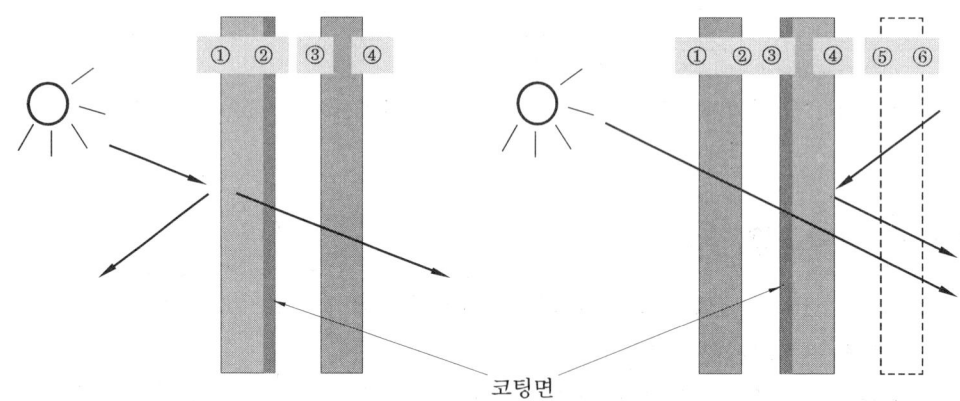

〈그림 1〉 여름철 위주, 사무용 건물   〈그림 2〉 겨울철 위주, 주거용 건물(점선은 삼중유리일 경우)

> **칼럼**
> 일반적으로 로이유리는 기후나 환경으로부터의 내구성 측면에서 지속적 효과 유지를 위해 ①면과 ④면(3중유리일 경우에는 ⑥면)은 코팅을 하지 않는다.

24. 투과율 가변유리

24-1 정의

(1) '투과율 가변유리'란 창문으로 들어오는 태양광의 투과율을 자유롭게 조절할 수 있는 유리로, 보통 때는 진한 청색이었다가 전기가 통하면 1초도 못 돼 투명하게 변한다.
(2) 보통 유리의 가시광선 투과도는 스위치를 돌려 전압을 높게 가할수록 유리가 투명해진다.

24-2 원리

(1) 투과도를 변화시키는 요인은 유리와 유리 사이에 들어있는 필름으로 두 장의 필름 사이에 미세한 액체방울이 있고, 이 방울 속에 푸른색 광편광입자가 들어있다.
(2) 광편광입자들은 평소에는 자기들 멋대로 브라운운동을 하기 때문에 빛이 흡수, 산란되어 짙은 청색을 나타낸다.
(3) 양쪽 필름에 전기를 가하면 광편광입자가 형성된 전기장과 평행하게 배열돼 투명한 상태로 전환된다.

24-3 종류

(1) 일렉트로크로믹 유리
 ① 전기가 투입되지 않으면 투명하고, 전기가 투입되면 불투명해지는 유리(반대로도 가능)를 말한다.
 ② 산화 텅스텐 박막 코팅이 주로 사용된다.

(2) 서모크로믹 유리
 ① 온도에 따라 일사투과율이 달라지는 유리를 말한다.
 ② 산화팔라듐 박막 코팅이 주로 사용된다.

(3) 포토크로믹 유리
 ① 실내 등 광량(光量)이 적은 곳에서는 거의 무색투명하고 투과율(透過率)이 높으며, 옥외에서는 빛에 감응하여 착색하며 흡수율이 높아지는 가변투과율 유리를 말한다.
 ② 원료에 감광성의 할로겐화은을 첨가하여 유리 속에 Ag, Cl 등의 이온 형태로 녹인 다음, 약간 낮은 온도로 다시 열처리함으로써 10 mm 정도의 미세한 AgCl 결정을 석출(析出), 콜로이드 입자로 분산시키는 방법을 이용한다.

③ AgCl 결정 중에서는 빛(특히 단파장의 빛)에 의해 다음 반응이 일어난다.

$$AgCl \underset{어둠}{\overset{빛}{\rightleftarrows}} Ag^0 + C^{10}$$
투명　　　　　착색

④ 빛의 조사에 의해 할로겐화은의 미세한 결정 중에 은콜로이드가 생겨 빛을 흡수하기 때문에 착색하고, 어두운 곳에 두면 역반응이 일어나 다시 투명한 할로겐화은 미립자가 되면서 유리도 투명해진다.

(4) 가스크로믹 유리

① 2장의 유리 사이 공간에 가스를 충진하여 스위칭한다.
② 물을 전기 분해해 발생한 수소를 도입하면 디밍 미러 박막에서 수소는 거울 상태에서 투명 상태로 스위칭하며, 산소를 도입하면 탈수소화로 투명 상태에서 거울 상태로 돌아온다.
③ 2장의 유리 사이에 아주 얇은(약 0.1 mm) 틈새를 형성하고 이 간격에 가스를 도입하여 가스크로믹 방식의 스위칭하는 방식. 단유리에도 사용할 수 있는 유리 등으로 계속 연구가 진행 중이다.

24-4 응용(적용처)

(1) 건축물의 창
(2) 고급자동차의 선루프나 백미러
(3) 선글라스(할로겐화은의 미립자를 함유)
(4) 기타 기차나 항공기의 창 등

25. 기밀성 평가

25-1 개요

(1) 건축물 거실의 창호가 외기에 직접 면하는 부위에는 기밀성 창호를 설치하여야 한다.
(2) '기밀성 창호', '기밀성 문'이라 함은 창호 및 문으로서 한국산업규격(KS) F 2292 규정에 의하여 기밀성 등급에 따른 기밀성이 1~5등급(통기량 5 m3/h·m2 미만)인 창호를 말한다.
(3) 보통 건물의 기밀계획으로서 거실 부위의 창호 및 문은 기밀성 창호 및 기밀성 문을 사용하고, 더불어 출입구와 현관은 방풍구조(회전문, 이중문 등)로 한다.

25-2 에너지성능지표

(1) 기밀성 창호 및 문의 설치[KS F2292에 의한 기밀성 등급 및 통기량(m^3/hm^2)]
(2) 기밀성능 등급을 나타낼 때의 기준압력은 10 Pa에서의 통기량을 기준으로 한다.

구 분	1등급	2등급	3등급	4등급	5등급
통기량	1 m^3/hm^2 미만	1~2 m^3/hm^2 미만	2~3 m^3/hm^2 미만	3~4 m^3/hm^2 미만	4~5 m^3/hm^2 미만

25-3 기밀성 등급선

시험 자체는 10~100 Pa까지 하나 기밀성능을 나타낼 때의 기준압력은 10 Pa에서의 통기량으로 표기한다.

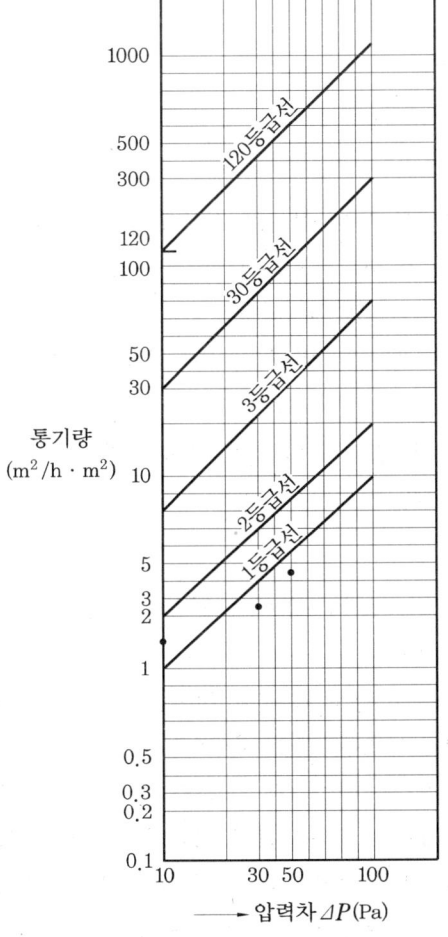

기밀성 등급선

25-4 창호 효율 등급부여 기준

등급	열관류율(W/m²K)	기밀성능
1	1.0 이하	1등급
2	1.0 초과 ~ 1.4 이하	1등급
3	1.4 초과 ~ 2.1 이하	2등급 이상(1등급 또는 2등급)
4	2.1 초과 ~ 2.8 이하	묻지 않음
5	2.8 초과 ~ 3.4 이하	묻지 않음

26. 열전달 관련 용어

26-1 천공복사와 복사수지

(1) 천공복사

① 태양으로부터의 복사열은 두 경로로 지상에 도달하는데 직접 태양에서 일사로서 도달하는 것을 '태양복사'라 하고, 천공의 티끌(먼지)이나 오존 등에 부딪친 태양광선이 반사하여 지상에 도달하는 것이나 태양광선이 지표에 도달하는 도중 대기에 포함되어있는 수증기나 연기, 진애 등의 미세 입자에 의해 산란되어 간접적으로 도달하는 복사를 '천공복사'라 한다.

② 천공복사에 의해 직접 일사가 없는 북측 혹은 차양, 그 외 건물의 음지인 부분의 창에도 복사열이 들어온다.

(2) 복사수지

① 태양에너지가 지구의 대기권 밖에 도달할 때 가지는 일정한 에너지는 약 1.95 cal/$cm^2 \cdot$ min(태양상수)이다.

② 그러나 대기권을 통과하면서 약 절반 정도는 구름, 대기 중의 입자 등에 의해 손실 및 반사되고, 약 48%만 지표에 도달한다(가시광선 ; 45%, 적외선 ; 45%, 자외선 ; 10%).

③ 지표에 도달하는 48%의 태양광은 다음과 같은 수준이다.

　(가) 직사광(22%) : 태양으로부터 직접 도달하는 광선(태양복사)

　(나) 운광(15%) : 구름을 통과하거나, 구름에 반사되는 광선(천공복사)

　(다) 천공(산란)광(11%) : 천공에서 산란되어 도달하는 광선(천공복사)

26-2 플랑크(Planck)의 법칙

(1) 정의
흑체로부터 방사되는 에너지(방사열)는 전체 파장영역에서 주어진 온도에서의 최대치이다.

(2) 원리
① 온도가 절대영도 이상인 모든 물체는 복사 에너지를 방사한다.
② 복사는 전도 및 대류와는 달리 열전달 매질이 필요 없다. 즉 진공에서도 복사는 진행된다.
③ 파장 $\lambda = 0.1\,\mu m$ 에서 $\lambda = 100\,\mu m$ 사이의 복사를 일반적으로 '열복사'라고 한다.
④ 흑체는 입사하는 모든 방향, 모든 파장의 복사를 흡수한다. 흑체보다 더 많은 에너지를 방사하는 물질은 없다.
⑤ 즉, 온도 T인 흑체는 그 온도에서 방사할 수 있는 최대의 에너지를 방사한다고 할 수 있다.
⑥ 모든 파장에서 온도가 증가하면 방사도는 증가한다.
⑦ 온도가 증가함에 따라 peak는 단파장 쪽으로 이동한다.

26-3 키르히호프(Kirchhoff)의 법칙

(1) 정의
같은 파장인 적외선에 대한 물질의 흡수능력과 방사능력의 비는 물질의 성질과 무관하고, 온도에만 의존하여 일정한 값을 갖는다는 법칙이다.

(2) 계산식
① 물체가 방사하는 에너지(E)와 흡수율(a)과의 비는 일정하다. 즉, 동일 파장 및 동일 온도에서

$$\frac{E_1}{a_1} = \frac{E_2}{a_2}$$

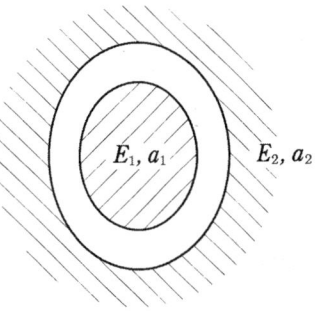

② 이는 좋은 흡수체는 좋은 방사체가 될 수 있음을 의미한다.

> **핵심해설**
> 플랑크(Planck)의 법칙은 흑체로부터 방사되는 에너지(방사열)가 다른 물체 대비 최대라는 이론이고, 키르히호프(Kirchhoff)의 법칙은 파장과 온도에 따른 방사에너지(E)와 흡수율(a)의 비는 일정하다는 이론이다.

27. 전산유체역학(CFD)

27-1 개요

(1) 전산유체역학(CFD ; Computational Fluid Dynamics)은 말 그대로 다양한 유체역학 문제(대표적으로 유동장 해석)들을 전산(컴퓨터)을 이용해서 접근하는 방법이다.
(2) 프로그래밍의 문제를 해결하기 위한 여러 상용 프로그램들이 이미 나와있고 또한 상용화되어있다.
(3) **해석기법** : 유한차분법, 유한요소법, 경계적분법 등이 주로 사용된다.

27-2 정의

편미분방정식의 형태로 표시할 수 있는 유체의 유동현상을 컴퓨터가 이해할 수 있도록 대수방정식으로 변환하여 컴퓨터를 사용하여 근사해를 구하고, 그 결과를 분석하는 분야이다.

27-3 시뮬레이션 방법

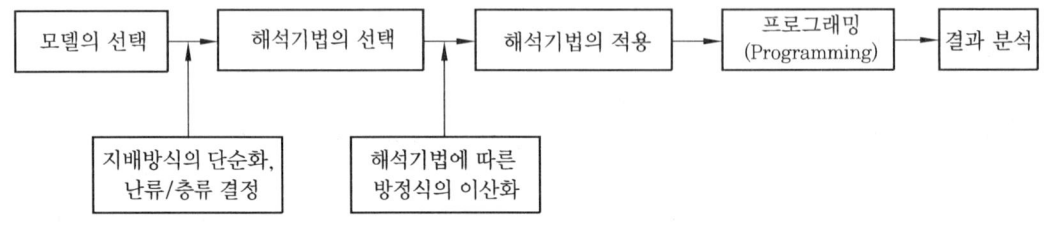

27-4 특징

(1) 보통 유체 분야는 열(熱) 분야와 함께 다루어진다. 그래서 열유체라는 표현을 많이 사용한다.
(2) 이러한 열유동 분야의 가장 대표적인 Tool로 Fluent라는 범용해석 Tool이 있다.
(3) 적용범위는 광범위하지만, 대표적인 예로 Fluent 같은 경우는 항공우주, 자동차, 엔진, 인체 Blood 유동 등에 사용되고 있다.
(4) 자연계에 존재하는 모든 현상을 전산 프로그래밍화만 가능하다면 해석할 수가 있다.

(5) CFD의 적용분야
① 층류 및 난류의 유동해석
② 열전도방정식
③ 대류 유동 해석
④ 대류 열전달 해석
⑤ 사출성형의 수지흐름 해석
⑥ PCB 열분석
⑦ 엔진의 열분석
⑧ 자동차 및 우주항공 분야
⑨ 의학 분야(인체 Blood 유동 등)

27-3 단점

(1) 이러한 해석 Tool 역시 사람의 인위적인 가정하에 프로그래밍된 것이기 때문에 자연현상을 그대로 표현하기에는 한계가 있다고 할 수 있다.
(2) 그래서 실질적으로는 많은 실험자료와 함께 비교 활용된다.
(3) CFD에 지나치게 의존하여 업무 혹은 연구가 진행되면, 실제의 현상과 괴리되는 문제를 야기할 수도 있다(이론과 실험의 접목이 가장 좋은 방법이다).

> **핵심해설**
> 전산유체역학(CFD)은 매우 다양한 열유체역학 문제(대류/복사 분석, 실내 기류 분석 등)를 자동화 프로그래밍을 통해 효과적으로 분석할 수 있으므로 보급 및 응용이 계속적으로 증가하고 있다.

28. 투습량 및 투습에 의한 잠열의 산정

28-1 투습저항(N)과 투습비저항(n)

(1) **투습저항(N)** : 투습을 방해하는 정도(면적 기준)를 나타낸다($m^2 \cdot s \cdot Pa/ng$, $m^2 \cdot h \cdot mmHg/g$).
(2) **투습비저항(n)** : 투습을 방해하는 정도(길이 기준)를 나타낸다($m \cdot s \cdot Pa/ng$, $m \cdot h \cdot mmHg/g$).

28-2 투습계수 (kw)

투습의 정도를 나타낸다(단위 : $ng/m^2 \cdot s \cdot Pa$, $g/m^2 \cdot h \cdot mmHg$).

$$kw = \frac{1}{N_i + \Sigma l \cdot n + N_o}$$

N_i : 구조체 내측 투습저항($m^2 \cdot s \cdot Pa/ng$, $m^2 \cdot h \cdot mmHg/g$)
$\Sigma l \cdot n$: (각 벽체의 두께 × 투습비저항)의 합산($m^2 \cdot s \cdot Pa/ng$, $m^2 \cdot h \cdot mmHg/g$)
N_o : 구조체 외측 투습저항($m^2 \cdot s \cdot Pa/ng$, $m^2 \cdot h \cdot mmHg/g$)

28-3 투습량 (Wt ; ng/s, g/h)

$$Wt = kw \cdot A \cdot \Delta Pw$$

kw : 투습계수($ng/m^2 \cdot s \cdot Pa$, $g/m^2 \cdot h \cdot mmHg$)
A : 구조체의 투습면적(m^2)
ΔPw : 구조체 내/외 분압차(Pa, mmHg)

28-4 투습에 의한 잠열 (q' ; W, kcal/h)

$$q' = q_L \cdot W_t = q_L \cdot kw \cdot A \cdot \Delta Pw$$

q_L : 물의 증발잠열(2.5016×10^{-6} J/ng, 0.597 kcal/g)
W_t : 투습량(ng/s, g/h)

29. 인체의 열적 쾌적감에 영향을 미치는 인자

29-1 개요

인체의 열적 쾌적감에 영향을 미치는 인자는 크게 2가지로 나눌 수 있다.
(1) **물리적 변수** : 공기의 온도, 평균 복사온도, 습도, 기류
(2) **개인적 변수** : 활동량, 의복량, 나이, 성별 등

29-2 공기의 온도·습도·기류 (ASHRAE)

(1) 실내공기의 건구온도 (실내 환경기준 : 약 17~28℃)

(2) 실내온도의 상대습도(실내 환경기준 : 약 40~70%)
(3) 실내공기의 풍속(실내 환경기준 : 약 0.5 m/s)

29-3 평균 복사온도(MRT ; Mean Radiant Temperature, 평균 방사 온도)

(1) 어떠한 실제 환경에서 인체와 동일량의 복사 열교환을 하는 가상 흑체의 균일한 표면온도이다.
(2) 실내에 있는 물체와 이것을 둘러싸고 있는 주변의 벽이나 그 외의 물체 간의 열방사에 의한 온도를 말한다.
(3) 실내의 여러 지점의 복사온도의 평균값으로 계산한 값이다.
(4) 일반적으로 17~21℃ 정도가 추천된다.
(5) 계산식

$$\mathrm{MRT} = \frac{A1 \cdot T1 + A2 \cdot T2 + A3 \cdot T3 \cdots}{A1 + A2 + A3 \cdots}$$

29-4 의복의 착의상태 (CLO, 의복량)

(1) 1 clo : 기온 21℃, 상대습도 50%, 기류속도 5 cm/s 이하의 실내에서 인체 표면으로부터 방열량이 1 met 활동량과 평형을 이루는 착의상태(의복의 열저항값)

$$1\,\mathrm{clo} = 0.155\,\mathrm{m^2 \cdot ℃/W} = 0.18\,\mathrm{m^2 \cdot h \cdot ℃/kcal}$$

(2) 착의량의 범위 : 0~4 clo
  ① 겨울 신사복, 드레스 상의 : 1.0 clo
  ② 여름 하복 : 0.6 clo
  ③ 얇은 바지, 셔츠 : 0.5 clo
  ④ 나체, 수영복 : 0 clo
  ⑤ 두꺼운 신사복, 코트 : 2.0 clo

29-5 활동량 (MET)

(1) 1 met : 열적으로 쾌적한 상태에서, 의자에 가만히 앉아 안정을 취할 때의 체표면적당 대사량(= 50 kcal/m^2·h = 58.2 W/m^2). 여기서, m^{2}는 인간의 체표면적을 말함(1인당 평균 1.7 m^{2}로 봄)

(2) 사무실 작업의 경우 : $50 \text{ kcal/m}^2 \cdot \text{h} \times 1.2 \text{ met} \times 1.7 \text{ m}^2 = 102 \text{ kcal/h} = 118.6 \text{ W}$
(3) 격렬한 운동을 하는 경우 : $50 \text{ kcal/m}^2 \cdot \text{h} \times 6 \text{ met} \times 1.7 \text{ m}^2 = 510 \text{ kcal/h} = 593 \text{ W}$

> **핵심해설**
> 인체의 열적 쾌적감에 영향을 미치는 주요 6가지 인자에는 공기 온도, 평균 복사온도, 습도, 기류, 활동량(met), 의복 착의상태(clo, 의복량) 등이 있다.

30. 쾌적지표(Comfort Index)

30-1 유효온도(ET ; Effective Temperature)

(1) 건구온도, 습도, 기류를 조합한 열쾌적지표(주관적)를 말한다.
(2) 기류는 정지상태(무풍), 습도는 포화상태를 기준으로 해서 이때의 기온을 '유효온도'라 한다(습도 = 100%, 기류 = 0 m/s에서의 환산온도).
(3) 단점 : 복사열효과 미고려, 습도/기류가 일반적 조건이 아니다.
(4) 쾌적 ET
   ① 겨울 : 온도 17~22℃, 습도 40~60%, 기류 0.15 m/s
   ② 여름 : 온도 19~24℃, 습도 45~65%, 기류 0.25 m/s

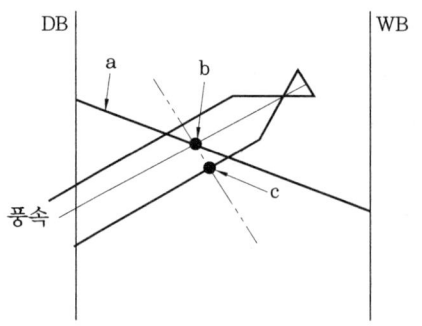

> **칼럼**
> 그래프상 유효온도 읽는 법
> 1. 건구온도(DB)와 습구온도(WB)를 이어서 a선을 긋는다.
> 2. a선과 풍속선이 만나는 b지점에서의 좌표값인 c를 읽는다.

30-2 수정유효온도 (CET ; Corrected Effective Temperature)

(1) ET의 건구온도 대신에 글로브온도(흑구온도), 습구온도 대신 상당습구온도(t_g, t_g')로 대체한 온도를 말한다.
(2) '복사열효과'를 감안한 온도이다.

30-3 표준신유효온도 (SET ; Standard Effective Temperature)

(1) 하복을 입은 상태(0.6 clo, 1 met)에서 기류속도 0.125 m/s, 상대습도 50%인 표준조건 하에서 경험하는 기온과 등가인 열적자극을 주는 온열조건을 나타내는 지표(복사개념은 생략됨)를 말한다.
(2) ET의 단점(습도, 기류, 착의, 활동량 등이 구체적이지 못함)을 극복하기 위한 유효온도이다.
(3) CHI(Comfort Health Index) : '표준신유효온도'에 따른 쾌적건강지표

30-4 신유효온도 (NET ; New Effective Temperature)

(1) 인체 열평형의 수리적 모델 사용, 상대습도 50%, 기류 0.15 m/s, 실온 25℃인 공간의 작용(유효)온도를 말한다.
(2) 가벼운 옷을 입은 성인이 근육운동을 하지 않고서, 실내에 장시간 체재할 때의 온습도의 감각을 선으로 표시한 것이다.

> **핵심해설**
> 쾌적지표로는 유효온도(무풍, 포화 습공기 상태), 수정유효온도(복사열 감안), 표준신유효온도(복사개념 생략되고, 온도, 습도, 기류, 착의상태, 활동량 등 적용), 신유효온도(실온 25℃, 상대습도 50%, 기류 0.15 m/s에서의 작용온도)가 주로 사용된다.

31. 작용온도와 습작용온도

31-1 작용온도 (OT ; Operative Temperature)

(1) 건구온도, 복사온도, 기류의 영향을 종합한 지표를 말한다.

(2) 계산식

$$OT = \frac{h_c \times T_i + h_r \times T_r}{h_c + h_r}$$

h_c : 대류 열전달계수
T_i : 건구온도
h_r : 복사 열전달계수
T_r : 복사온도(= MRT)

31-2 습작용온도 (HOT ; Humid Operating Temperature)

어떤 상태(t_1)의 피부 열손실량과 동일한 상대습도 100%에서의 해당온도(t_2)를 말한다.

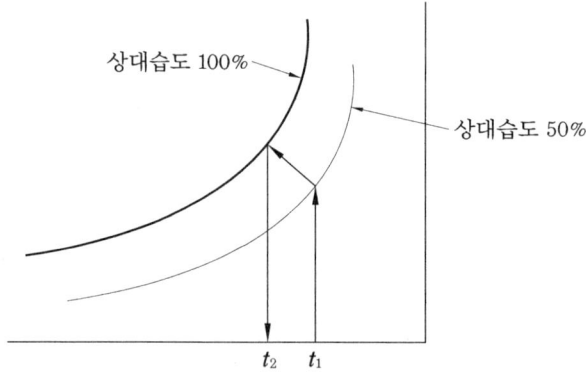

핵심해설
- ★ 작용온도는 건구온도와 복사온도의 각각의 열전달계수 가중치를 이용한 평균값이다.
- ★ 습작용온도에서 '피부 열손실량과 동일하다'는 것은 '등엔탈피 과정'이라는 의미로 해석 가능하다.

32. C.I(PMV, PPD)

32-1 PMV (Predicted Mean Vote Index, 열적 쾌적, 예상 평균 쾌적지수)

(1) 열환경의 쾌적도를 직접 온랭감의 형태로서 정량적으로 나타내는 표시의 하나로서, 많은 사람에게 온랭감을 투표시켜 수치화하여 평균한 값이다.

(2) 실내온도, 기류속도, 착의상태, 작업강도(활동량) 등 4가지 변수에 따른 각인(1,300여 명)에 대한 반응의 평균치이다.

(3) 쾌적한 상태가 기준으로 되어있기 때문에 쾌적감에서 크게 떨어진 조건에 대해서는 적용할 수 없다.

(4) 평가표

-3	-2	-1	0	1	2	3
춥다	서늘하다	조금 서늘하다	쾌적	조금 덥다	덥다	무덥다

32-2 PPD (Predicted Percentage of Dissatisfied, 예측 불만족률)

(1) 많은 사람들 중 열적으로 불만족(불쾌적)하게 느끼는 사람들의 비율을 예측 및 표시하는 것을 말한다.

(2) PMV = 0에서도 5%는 불만족

(3) ASHRAE의 Comfort Zone(권장쾌적 열환경조건) : -0.5 〈 PMV 〈 0.5, PPD 〈 10%일 것(다음 그림 참조)

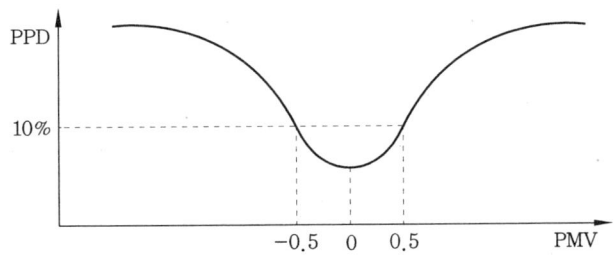

핵심해설
PMV는 실내온도, 기류속도, 착의상태, 작업강도(활동량) 등 4가지 변수에 따른 각인의 반응의 평균치를 7단계로 나눈 지표(춥다, 서늘하다, 조금 서늘하다, 쾌적, 조금 덥다, 덥다, 무덥다)이고, PPD는 열적으로 불만족(불쾌적)하게 느끼는 사람들의 비율을 예측하는 방법이다.

33. 에너지대사 관련 용어

33-1 불쾌지수 (DI ; Discomfort Index)

(1) 계산식

$$DI = f(실온, 습구온도) = 0.72(t + t') + 40.6$$

t : 건구온도(K, ℃)
t' : 습구온도(K, ℃)

(2) 평가 기준

① $DI \geq 70$: 예민한 사람들부터 불쾌감을 느끼기 시작함
② $DI \geq 75$: 실(室)의 절반 이상이 불쾌감을 느끼기 시작함
③ $DI \geq 80$: 거의 대부분의 사람이 불쾌감을 느끼기 시작함
⑤ $DI \geq 86$: 참을 수 없을 정도의 괴로움을 호소함

> **주** 체감온도 : 주로 겨울철에 인체가 느끼는 외기의 추위 정도에 대한 정량적인 평가지표를 말하며, 외기의 건구온도에 비례하며 외기풍속에 반비례한다.

33-2 호흡계수 (RQ ; Respiratory Quotient)

(1) 계산식

$$RQ = \frac{CO_2 \text{ 배출량}}{O_2 \text{ 섭취량}}$$

(2) 평가 기준치

① 중작업 시 : $RQ = 1.0$
② 안정 시 : $RQ = 0.83$

33-3 에너지 대사율 (RMR ; Relative Metabolic Ratio)

$$RMR = \frac{(\text{작업 시의 소비 에너지} - \text{안정 시의 소비 에너지})}{\text{기초대사량}}$$

> **칼럼**
> 기초대사량(BMR ; Basic Metabolic Ratio) : 생명 유지를 위한 최소열량

> **핵심해설**
> 불쾌지수는 온·습지수를 하나의 생활상 불쾌감을 느끼는 수치로 표시한 것이며, 계산법은 DI = 0.72(건구온도 + 습구온도) + 40.6이다.

34. 열평형방정식과 Cold Draft

34-1 열평형방정식

(1) 계산식

$$Q_t = Q_r + Q_v + Q_{dif} + Q_{sw} + Q_{re}$$

Q_t : 피부 총 열손실량 Q_r : 복사 열손실 Q_v : 대류 열손실
Q_{dif} : 피부 증기 확산 Q_{sw} : 땀에 의한 열손실 Q_{re} : 호흡에 의한 열손실
M : 인체대사량

(2) 쾌적 판단

$$DQ = M - Qt$$

$DQ>0$: 더움 $DQ=0$: 쾌적 $DQ<0$: 추움

34-2 Cold Draft

(1) 정의
   ① 인체 주변의 온도가 인체대사량 대비 너무 하락하여 추위를 느끼는 현상을 말한다.
   ② 인체 내 소비되는 열량이 많아져서 추위를 느끼게 되는 현상이다.

(2) 원인
   ① 인체 주변 공기 온도 및 습도의 하강(인체 주변의 국부적 냉각)
   ② 벽면 등의 냉기 복사(즉 주위 벽면의 온도가 낮을 때, 특히 창가를 따라 존재하게 되는 냉기가 취출기류에 의해 밀려 내려와 바닥면을 따라 거주역으로 흘러내려 가는 현상)
   ③ 기류속도 증가 : 인체 주위의 기류 속도가 클 때
   ④ 극간풍 증가 : 동계 창문의 틈새바람이 심할 때

(3) 방지대책
   ① 실내 온·습도 분포 균일화
   ② 기류의 풍속을 제한값 이내로 관리(ASHRAE : 표준 풍속 0.075~0.2 m/s 권장)
   ③ 창 밑바닥에 흡입구 설치
   ④ 창 밑바닥 또는 창틀에 취출구나 방열기 설치
   ⑤ 이중유리 등을 사용하여 창문 단열을 보강
   ⑥ 공기식 집열창(Air Flow Window) 설치
   ⑦ 취출구에서의 온풍이 바닥면까지 도달되도록 하는 방법 적용 등

35. EDT와 ADPI

35-1 EDT (Effective Draft Temperature, 유효 드래프트 온도)

(1) 어떤 실내의 쾌적성을 온도분포 및 기류분포로 나타내는 값을 말한다.
(2) 조건 : 바닥 위 75 cm, 기류 0.15 m/s, 기온 24℃
(3) 계산식

$$EDT = (t_x - t_m) - 8(V_x - 0.15)$$
$$= (실내\ 임의장소\ 온도 - 실내\ 평균온도) - 8(실내\ 임의장소\ 풍속 - 0.15)$$

(4) EDT의 쾌적기준
① EDT 온도 : -1.7~1.1℃(혹은 -1.5~1.0℃)
② 기류 : 0.35 m/s 이하

35-2 ADPI [Air Diffusion(Distribution) Performance Index, 공기확산성능계수]

(1) 실내에서 쾌적한 EDT 위치의 백분율을 말한다.
(2) 즉 ADPI는 거주구역의 계측점 가운데, 실내기류속도 0.35 m/s 이하에서 유효 드래프트 온도차가 -1.7~1℃의 범위에 들어오는 비율을 나타낸 쾌적상태의 척도이다.
(3) 공기기류의 도달거리(수평 방향)를 실(室)의 대표길이로 나눈 수치가 통계적으로 ADPI와 관련지어진다.
(4) 이 수치는 특수한 VAV 디퓨저와 저온 취출구 사이에서는 다를 수도 있다.
(5) ADPI가 높은 만큼 예측되는 실내의 쾌적성은 높게 된다.
(6) ADPI는 실내 온도상태의 척도지만, 공기가 충분히 섞여있는 실내에서는 오염물질 제거 효과와 IAQ에도 관련이 있다.

Quiz

도달거리(Throw), 최대 강하거리란?
1. 도달거리(Throw) : 토출구로부터 풍속이 0.25 m/s 되는 지점까지의 거리
2. 최대 강하거리 : 도달거리 동안 일어나는 기류의 강하거리

핵심해설
실내의 각 점에 대한 EDT를 구하고, 전체 측정점 개수에 대한 쾌적한 조건의 EDT의 측정점 개수의 비율을 구하는 것이 ADPI이다.

36. 냉방병(냉방증후군)

36-1 개요

(1) 실내/외 온도차가 5~8℃ 이상 나도록 지속적으로 냉방하는 곳에 오래 머무를 경우 냉방병 발병 가능성이 있다.
(2) 여름철 실내/외 온도차를 줄여주는 것이 냉방병을 막는 가장 확실한 방법이다.

36-2 증상

(1) 감기/몸살에 걸린 것처럼 춥고 두통을 호소한다.
(2) 체내에 열을 보충하기 위해 계속 열을 생산하므로 쉽게 피로감을 느끼기도 한다.
(3) 재채기, 콧물, 후두통 등을 동반할 수 있다.

36-3 예방법

(1) **실내/외 온도차를 적게 함** : 여름철 설정온도는 주로 25~28℃ 정도로 권장한다.
(2) 여성은 남성보다 추위에 더 민감하므로 특별히 주의한다.
(3) 긴소매의 겉옷을 준비하여 착용한다.
(4) 가끔 창문을 열어 환기시킨다.
(5) Cold Draft 현상을 방지한다.
(6) 땀을 많이 흘린 경우는 바로 씻는다.
(7) 주기적으로 가볍게 몸을 움직여준다.
(8) 체온을 많이 뺏기지 않게 속옷을 잘 입는다.
(9) 실내 습도가 너무 낮은 경우에는 가습기를 켜준다.
(10) 실내 풍속이 지나치게 크지 않게 관리한다.
(11) 공조 취출구의 풍속을 가능한 한 적게 한다.
(12) 냉방 취출온도는 가능한 한 높게 한다.
(13) 환기 관련 법규상 필요한 환기횟수 이상을 꼭 유지할 수 있도록 한다.

> **핵심해설**
> **SBS(Sick Building Syndrome)** : 낮은 환기량, 높은 오염물질 발생으로 성(省)에너지 건물(초에너지 절약적 건물) 내 거주자들이 현기증, 구역질, 두통, 평행감각 상실, 통증, 건조, 호흡계통 증상 등을 겪는 것을 말한다.

37. 생체기후도

37-1 인체의 생체기후도

(1) 인체의 쾌적조건을 자연요소(그늘, 수분, 통풍, 복사 등)와 함께 그래프화한 것이다.
(2) 도표의 중앙에 쾌적조건을 표시(보통 가로축에 상대습도 표기)한다.
(3) 쾌적조건에 대한 자연적 조절기법을 발견할 수 있다.

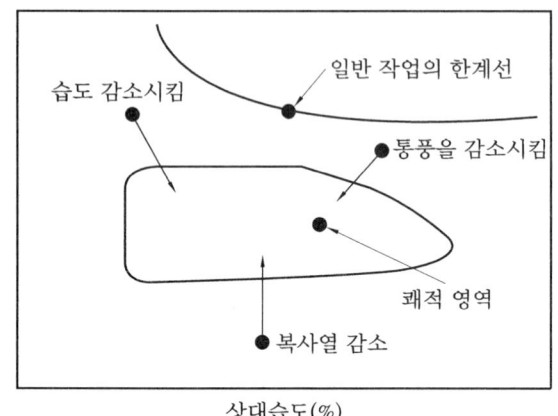

인체의 생체기후도

37-2 건물의 생체기후도

(1) 건물 내 쾌적조건에 대한 자연적 조절법과 설비형 조절법을 동시에 Psycrometric Chart(습공기 선도)상에 표시한다.
(2) 보통 쾌적범위를 습공기 선도의 중심부분 근처에 표시하고, 그 주변에 자연통풍 필요 영역, 증발냉각 필요영역, 감습 필요영역 등 자연형 및 설비형 조절 필요 영역을 표시한다.

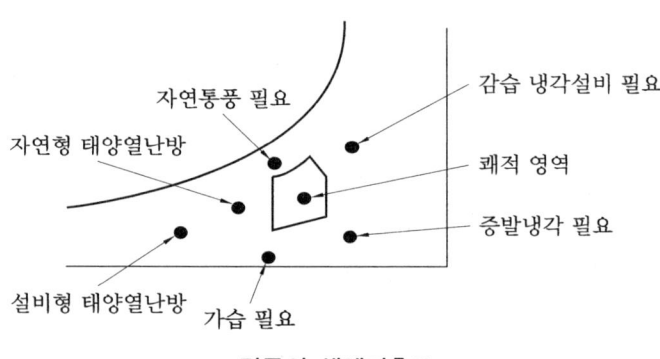

건물의 생체기후도

핵심해설
생체기후도에는 인체의 생체기후도(자연적 조절법 제시)와 건물의 생체기후도(자연적 조절법과 설비형 조절법 제시)가 있다.

예·상·문·제

1. 건물 구조체에서 열관류율을 줄일 수 있는 대표적인 방법이 아닌 것은?

㉮ 가능한 한 열전도율이 큰 단열재를 적용한다.
㉯ 벽체의 두께를 두껍게 시공한다.
㉰ 구조체 사이에 공기층을 형성한다.
㉱ 단열재의 불연속부위를 가능한 한 없앤다.

[해설] 가능한 한 열전도율이 작은 단열재를 적용한다.

2. 열관류율 K를 $0.8\ W/m^2 \cdot K$에서 $0.5\ W/m^2 \cdot K$로 만들기 위해 추가할 단열재($\lambda = 0.04\ W/m \cdot K$)의 두께는?

㉮ 30 ㉯ 40
㉰ 50 ㉱ 60

[해설] $\Delta R = 1/0.5 - 1/0.8 = 0.75$
여기서, $\Delta R = \Delta d/\lambda$에서,
$\Delta d = \Delta R \cdot \lambda = 0.75 \times 0.04 = 0.03\ m = 30\ mm$

3. 열전달 이론에 대한 설명으로 가장 적절하지 못한 것은?

㉮ 열의 복사(열방사)는 열전자(광자)의 이동현상이다.
㉯ 열관류 저항($m^2 \cdot K/W$)은 열관류율의 역수값으로 열관류 저항이 클수록 단열이 강화된다.
㉰ 열통과(열관류)란 고체 표면과 유체 사이의 열전달 방식으로 고온 측에서 저온 측으로 열이 이동되는 현상이다.
㉱ 열전도 저항($m \cdot K/W$)은 재료가 열을 전달하지 않는 성질을 말하는 것으로 단열재는 열전도 저항값이 클수록 좋다.

[해설] 열통과(열관류)란 고체 벽을 사이에 두고 고온 측 유체에서 저온 측 유체로 열이 이동되는 현상이다.

4. 대표적인 열이동 방법 3가지에 들지 않는 것은?

㉮ 대류   ㉯ 열전도
㉰ 복사   ㉱ 열확산

[해설] 대표적인 열이동 방법 : 열전도, 복사, 대류, 열통과(열관류), 열전달

5. 열전도에 대해 잘못 설명한 것은?

㉮ 열전도란 고체에서만 발생하는 열전달 현상이다.
㉯ 고체 내부에서 열이동하는 현상은 푸리에(Fourier) 방정식에 의해 잘 설명된다.
㉰ 자유전자의 흐름이 열전도에 관여한다.
㉱ 열전도란 온도차에 의한 열의 이동현상을 말한다.

[해설] 열전도는 고체, 액체 그리고 기체에서도 일어날 수 있으나, 주로 고체에서 많이 발생하는 현상이다.

6. 열이동 현상에 대해 잘못 설명한 것은?

㉮ 대류란 유체의 밀도차에 의한 순환으로 인하여 열이 이동되는 현상이다.
㉯ 복사란 열에너지가 중간 물질에 관계없이 적외선이나 가시광선을 포함한 전자파인 열선의 형태를 갖고 전달되는 전열형식이다.
㉰ 열전달은 고체와 고체 사이의 열이동현상으로 뉴턴(Newton)의 냉각법칙에 의해 잘 설명된다.
㉱ 열통과란 고체 벽을 사이에 두고 고온 측 유체에서 저온 측 유체로 열이 이동되는 현상이다.

[해설] 열전달은 유체와 고체 사이의 열이동현상으로 뉴턴(Newton)의 냉각법칙에 의해 잘 설명된다.

정답 1. ㉮ 2. ㉮ 3. ㉰ 4. ㉱ 5. ㉮ 6. ㉰

7. 실내 난방 시 공기의 부력에 의한 성층화가 가장 잘 발생하는 장소는?
㉮ 사무실 ㉯ 주택
㉰ 공공건물 ㉱ 층고가 높은 건물
[해설] 성층화가 잘 발생하는 장소는 교회 건물, 호텔 로비, 공항, 박물관, 체육관, 영화관 등의 층고가 높은 건물이다.

8. 열관류율을 줄일 수 있는 방법으로 적당하지 않은 것은?
㉮ 열저항이 작은 단열재를 설치한다.
㉯ 벽체의 두께를 두껍게 시공한다.
㉰ 벽체 내부에 중공층(공기층)을 두어 열전달을 차단한다.
㉱ 불연속 단열 방지 시공 등을 실시한다.
[해설] 열관류율을 줄이려면 열저항이 큰 단열재를 설치한다.

9. 건물에서 열교가 잘 발생하는 장소가 아닌 것은?
㉮ 단열 연속부위
㉯ 연결철물
㉰ 창틀
㉱ 건축재료 접합부위
[해설] 단열 불연속부위에서 열교가 잘 발생한다.

10. 얼룩무늬 현상(Pattern Staining)에 대한 설명 중 틀린 것은?
㉮ 천장, 상부벽 등에 열교가 발생하여 온도차에 의하여 열의 이동이 발생할 때 발생한다.
㉯ 열전도현상으로 인하여 먼지 등으로 표면이 더럽혀지는 현상을 말한다.
㉰ 연결철물, 접합부 등의 불연속부위 주변에서 잘 발생한다.
㉱ 실(室)의 내부 구조체 표면에서 1℃ 이상의 온도차가 생기면 얼룩무늬 현상이 발생할 가능성이 있다.
[해설] 얼룩무늬 현상은 대류현상으로 인하여 공기의 흐름이 발생하여 먼지 등으로 표면이 더럽혀지는 현상을 말한다.

11. 지역별 열관류율 적용기준에서 지역이 다른 곳은?
㉮ 강릉시 ㉯ 삼척시
㉰ 청송군 ㉱ 영동군
[해설] 경상북도 청송군은 중부지역에 속하며, 나머지는 모두 남부지역이다.

12. 중부지역 건물의 외기와 직접 면하는 부위 중 열관류율 수치가 가장 낮아야 하는 부위는?
㉮ 층간바닥
㉯ 거실의 외벽
㉰ 최상층에 있는 거실의 반자 또는 지붕
㉱ 세대 현관문

13. 보온재의 재질 중 초고온에 적용할 수 있는 재질은?
㉮ 펠트 ㉯ 세라믹 파이버
㉰ 유리섬유 ㉱ 암면
[해설] 세라믹 파이버는 초고온 시 사용 가능한 재질이다.

14. 방습재의 종류에 들지 않는 것은?
㉮ FOAM-PU
㉯ PE 테이프
㉰ 아스팔트 펠트
㉱ 염화비닐 테이프
[해설] FOAM-PU, FOAM-PE 등은 방습재가 아니라 단열재이다.

정답 7. ㉱ 8. ㉮ 9. ㉮ 10. ㉯ 11. ㉰ 12. ㉰ 13. ㉯ 14. ㉮

15. 외단열의 특징에 대한 설명 중 틀린 것은?
- ㉮ 불연속부위가 거의 없게 시공 가능하다.
- ㉯ 연속난방(지속 난방)에 유리하다.
- ㉰ 결로 방지(내부결로, 표면결로)에 유리하다.
- ㉱ 공사비가 저렴한 편이다.

[해설] 외단열 공법은 아직 공사비가 다소 비싸며, 시공이 까다로운 편이다.

16. 벽체의 내부에 발생하는 내부결로에 대한 설명으로 맞지 않는 것은?
- ㉮ 구조체 내부의 어느 점에서의 수증기 분압이 포화수증기 분압보다 높을 때 내부결로가 발생한다.
- ㉯ 습압구배는 노점온도의 구배와 반대 경향이다.
- ㉰ 열관류율이 작은 벽체일수록 이 경향이 크다.
- ㉱ 발생하기 쉬운 장소는 단열재의 저온 측이다.

[해설] 습압구배는 노점온도의 구배와 동일 경향이다.

17. 겨울철 창문의 실내 측 결로 방지책이 아닌 것은?
- ㉮ 고단열 복층유리, 3중창 등을 설치하여 실내 측 유리면의 온도가 노점온도 이상으로 되게 한다.
- ㉯ 창측 부위에 형성되는 기류를 약하게 해준다.
- ㉰ 창문틀 주변에 단열 불연속부위가 없게 철저히 기밀시공한다.
- ㉱ 부득이 결로 발생 시 창 아래 드레인 장치를 설치한다.

[해설] 창측 부위에 기류가 크게 형성되고, 환기가 잘되는 것이 결로 방지에 더 유리하다.

18. 다음 조건을 이용하여 실 벽체의 내측 표면온도를 구하면?

- 벽체의 열관류저항(R_t) = 2.0 m²·K/W
- 실내 측 벽체 표면의 열전달 저항(R_i) = 0.13 m²·K/W
- 실외 측 벽체 표면의 열전달 저항(R_o) = 0.05 m²·K/W
- 실내온도(t_i) = 26℃
- 실외온도(t_o) = −7.6℃

㉮ 23.8 ㉯ 24.8
㉰ 25.6 ㉱ 26.6

[해설] $(K/\alpha_i) = (t_i - t_s)/(t_i - t_o)$
$t_s = t_i - (K/\alpha_i)(t_i - t_o) = t_i - (Ri/Rt)(t_i - t_o)$
$= 26 - (0.13/2) \times (26+7.6) = 23.816℃$

19. 건물의 에너지 절약 측면에서 용도와 역할이 다른 것들과 상이한 것은?
- ㉮ 로이유리
- ㉯ 투명단열재
- ㉰ 공기집열식 창
- ㉱ 외단열

[해설] 외단열은 벽체의 열손실 방지책이고, 다른 것들은 창을 통한 열손실 방지책이다.

20. 다음은 복층유리에 로이유리를 적용한 그림이다. 가장 적절하지 못하게 짝지어진 것은?

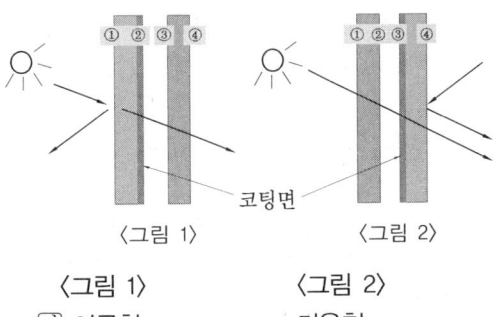

〈그림 1〉 〈그림 2〉
㉮ 여름철 겨울철

[정답] 15. ㉱ 16. ㉯ 17. ㉯ 18. ㉮ 19. ㉱ 20. ㉰

㉰ 사무실　　　　　　공동주택
㉱ 고층빌딩　　　　　대공간 건물
㉲ 냉방부하가 큰 건물　난방부하가 큰 건물

[해설] 〈그림 1〉 여름철 냉방 위주의 건물, 사무실 및 상업용 건물 등 냉방부하가 큰 건물, 커튼월 외벽, 남측면 창호
〈그림 2〉 겨울철 난방 위주의 건물, 주거용 건물, 공동주택 등 난방부하가 큰 건물, 패시브하우스, 북측면 창호

21. 다음 중 적절하지 못한 설명은?

㉮ 유리가 받는 일사 열취득량은 방위 및 시각에 무관하게 같은 지역에서는 동일하다.
㉯ 태양에너지가 지구의 대기권 밖에 도달할 때 가지는 일정한 에너지를 '태양상수'라고 정의한다.
㉰ 태양광 중에서 지표에 도달할 수 있는 광량은 약 50% 내외의 수준이다.
㉱ 태양광선이 지표에 도달하는 도중 대기에 포함되어있는 수증기나 연기, 진애 등의 미세 입자에 의해 산란되어 간접적으로 도달하는 복사를 '천공복사'라고 한다.

[해설] 유리가 받는 일사 열취득량은 방위 및 시각에 따라 달라진다.

22. 전산유체역학(CFD)에 대한 설명으로 가장 적절하지 못한 것은?

㉮ 해석기법으로는 유한차분법, 유한요소법, 경계적분법 등이 주로 사용된다.
㉯ 다양한 유체역학 문제들을 전산(컴퓨터)을 이용해서 접근하는 방법이다.
㉰ 실험보다는 컴퓨터를 이용해 결과를 구하는 것이 훨씬 더 정확하다.
㉱ 대표적인 응용 분야는 항공우주, 자동차, 엔진, 산업용 플라스틱 해석 등이다.

[해설] 전산유체역학 역시 사람의 인위적인 가정 하에 프로그래밍된 것이기 때문에 자연현상을 그대로 표현하기에는 한계가 있다고 할 수 있다. 따라서 항상 실험자료와 함께 비교 활용되어야 정확성을 높일 수 있다.

23. 열교의 평가 부분에 대한 설명으로 틀린 것은?

㉮ 건축물의 열교부위 단열성능은 열관류율($W/m^2 \cdot K$)로 평가할 수 없다.
㉯ 선형 열관류율에 의한 열교 평가방법은 정상상태에서 선형 열교부위만을 통한 단위 길이당, 단위 실내외 온도차당 전열량(W/mK)을 이용하는 방식이다.
㉰ 온도저하율에 의한 열교 평가방법은 항온항습실에서 온도저하율 시험 및 산출을 통한 결로 방지성능을 정량적으로 검증하는 방법이다.
㉱ 온도차이비율에 의한 열교 평가방법에서는 TDR(Temperature Difference Ratio)값이 클수록 결로 방지성능이 우수한 것이다.

[해설] 온도차이비율에 의한 열교 평가방법에서는 TDR(Temperature Difference Ratio)값이 작을수록 결로 방지성능이 우수한 것이다(공동주택에서는 0.28을 TDR의 기준으로 정함).

24. 커튼월 열교현상 방지 기술에 대한 설명으로 틀린 것은?

㉮ 단일 금속 멀리온(Mullion)을 사용할 경우 단열층이 분절되어 결로가 발생할 수 있다.
㉯ 우레탄 간봉은 결로를 발생시키는 등 단열성능에 취약하기 때문에 최근에는 플라스틱 간봉 등을 많이 쓰고 있다.
㉰ 단열 스페이서(간봉)로는 슈퍼 스페이서, TGI WARM-EDGE SPACER, 웜라이트 단열간봉 등이 있다.
㉱ 멀리온(Mullion) 적용 시 디자인을 조정하거나 EPDM Gasket 또는 코킹 등을 처리하여 공기의 대류를 막는 방법이 필요하다.

정답 21. ㉮　22. ㉰　23. ㉱　24. ㉯

해설 열전도성이 있는 알루미늄 등 금속제 간봉은 결로를 발생시키는 등 단열성능에 취약하기 때문에 최근에는 플라스틱, 우레탄 등의 열전도성이 낮은 재질을 이용하여 간봉을 만들고 있다.

25. 무기질 단열재에 속하지 않는 것은?

㉮ 유리섬유 ㉯ EPS단열재
㉰ 암면(Rock Wool) ㉱ 세라믹 파이버

해설 EPS단열재는 유기질 단열재이고, 나머지는 모두 무기질 단열재이다.

26. 건물의 페리미터존(Perimeter Zone)에 속하는 부위를 모두 고르면?

㉠ 바닥난방을 하지 않는 층간바닥
㉡ 건물의 지하층을 제외한 각층 외벽의 중심선에서 수평거리가 2 m 이내인 옥내의 공간
㉢ 지붕의 바로 밑층의 옥내공간
㉣ 외기에 접하는 바닥 바로 위의 공간

㉮ ㉠, ㉡, ㉢, ㉣ ㉯ ㉠, ㉡, ㉢
㉰ ㉠, ㉡ ㉱ ㉢, ㉣

해설 건물의 페리미터존에 속하는 부위
㉮ 지하층을 제외한 각층 외벽의 중심선에서 수평거리가 5 m 이내인 옥내의 공간
㉯ 지붕의 바로 밑층의 옥내공간
㉰ 외기에 접하는 바닥 바로 위의 공간

27. 공조 부하에 관련된 내용으로 틀린 설명은?

㉮ 장비의 경제성 분석 시에는 통상 '최대부하 계산법'이 사용된다.
㉯ 전력 수전용량 혹은 계약용량 산정 시에는 '기간부하 계산법'이 사용된다.
㉰ 내부 발생 부하는 난방부하 계산에서는 통상 잘 다루지 않는다.
㉱ 일사부하는 난방부하 계산에서는 통상 잘 다루지 않는다.

해설 열원설비, 공조기 등의 장비용량 산정에는 통상 '최대부하 계산법'이 사용되고, 경제성 분석, 전력 수전용량 혹은 계약용량 산정 시에는 '기간부하 계산법'이 사용된다.

28. 냉·난방부하에 대한 설명으로 가장 잘못된 것은?

㉮ 냉방부하는 통상 내부 발생 부하, 외부 침투 열량, 장치 발생 부하 등으로 구성된다.
㉯ 냉방부하(공조기 부하)는 통상 냉동기부하보다 크게 설계된다.
㉰ 잠열부하는 통상 난방부하에서는 잘 고려되지 않는다.
㉱ 냉각탑의 용량은 통상 냉동기의 용량보다 더 크게 설계되어야 한다.

해설 열원기기부하(냉동기부하) = 냉방부하(공조기부하) + 펌프/배관부하

29. 냉·난방부하의 계산과 관련하여 틀린 설명을 모두 고르면?

㉠ 산업용 공조, 정밀공조 등에서 TAC위험률은 보통 2.5%를 적용한다.
㉡ 태양복사열 취득과 내부발생열을 고려한 부하가 영(Zero)이 되는 균형점 온도를 계산한 뒤 도일법을 적용하는 것을 '확장도일법'이라고 부른다.
㉢ Decrement Factor(진폭 감쇄율)는 구조체에 의한 1일 열류사이클의 진폭이 건물의 열용량의 차이에 의해 감쇄되는 비율을 말한다.
㉣ Time Lag는 벽체 등 구조체의 축열로 인한 최대부하가 실제보다 시간이 지연되어 나타나는 현상을 말한다.

㉮ ㉠, ㉡, ㉢, ㉣ ㉯ ㉠, ㉡, ㉢
㉰ ㉠, ㉡ ㉱ ㉢, ㉣

[해설] 다음과 같이 고쳐야 옳다.
㉠ 산업용 공조, 정밀공조 등에서 TAC위험률은 보통 2.5% 미만, 때로는 0%가 적용된다.
㉡ 태양복사열 취득과 내부발생열을 고려한 부하가 영(Zero)이 되는 균형점 온도를 계산한 뒤 도일법을 적용하는 것을 '가변도일법'이라고 부른다.

30. 난방부하의 계산과 관련하여 가장 맞지 않는 설명은?

㉮ 난방부하 계산법에서 방위계수는 남쪽이 가장 크다.
㉯ 난방부하 계산법에서 대기복사량은 지붕이 가장 크다.
㉰ 난방부하 계산법에서 극간풍은 현열만 계산하면 된다.
㉱ 난방부하 계산법에서는 덕트에서의 열손실도 고려하여야 한다.

[해설] 난방부하 계산법에서 방위계수는 남쪽이 가장 작다.

31. 다음에 주어진 조건을 이용하여 실 벽체의 내측 표면온도를 구하면? (단, 소수 첫째자리에서 반올림한다.)

- 벽체의 열관류저항(R_t) = 3 m²·K/W
- 실내 측 벽체 표면의 열전달 저항(R_i) = 0.25 m²·K/W
- 실외 측 벽체 표면의 열전달 저항(R_o) = 0.08 m²·K/W
- 실내온도(t_i) = 30℃
- 실외온도(t_o) = -5℃

㉮ 22℃　　㉯ 24℃
㉰ 26℃　　㉱ 27℃

[해설] 실 벽체의 내측 표면온도
$= t_s = t_i - (K/\alpha_i)(t_i - t_o) = t_i - (Ri/Rt)(t_i - t_o)$
$= 30 - (0.25/3) \times (30+5) = 27.08℃ = 약 27℃$

32. 건물의 '차양'에 대한 설명으로 올바른 것은?

㉮ 외부 차양은 기본적으로 하절기 방위별 실내 유입 일사량이 최대로 되는 시각에 외부 직달 일사량의 80% 이상을 차단할 수 있어야 한다.
㉯ 가변식 차양장치에는 수동식, 전동식, 센서 또는 프로그램 방식 등의 종류가 있다.
㉰ 에너지성능지표상 내부 차양은 자동제어 설치여부와는 상관없이 배점이 부여되지 않는다.
㉱ 로이유리는 창문으로 들어오는 태양광의 투과율을 자유롭게 조절할 수 있는 유리이다.

[해설] 다음과 같이 고쳐야 옳다.
㉮ 외부 차양은 기본적으로 하절기 방위별 실내 유입 일사량이 최대로 되는 시각에 외부 직달 일사량의 70% 이상을 차단할 수 있어야 한다.
㉰ 에너지성능지표상 내부 차양은 자동제어가 연계되는 경우 인정된다.
㉱ 투과율 가변유리는 창문으로 들어오는 태양광의 투과율을 자유롭게 조절할 수 있는 유리이다.

33. 창호의 성능과 관련하여 잘못 설명한 것은?

㉮ 기밀성 창호라 함은 KS F 2292 규정에 의하여 기밀성 등급에 따른 기밀성이 1~5등급인 창호를 말한다.
㉯ 기밀성능 등급을 나타낼 때의 기준압력은 10 Pa에서의 통기량 시험을 기준으로 한다.
㉰ 기밀성능 5등급은 4~5 m³/hm² 미만이다.
㉱ 창호의 '효율등급'이 1등급을 받으려면 기밀성능 1등급 + 열관류율이 0.5 W/m²·K 이하여야 한다.

[해설] 창호의 '효율등급'이 1등급을 받으려면 기밀성능 1등급 + 열관류율이 1.0 W/m²·K 이하여야 한다.

[정답] 30. ㉮　31. ㉱　32. ㉯　33. ㉱

34. 태양의 복사에너지에 관한 설명 중 올바르지 못한 것은?

㉮ 일사가 없는 북측 혹은 차양, 그 외 건물의 음지인 부분의 창에도 복사열이 들어오는 것은 '천공복사' 때문이다.
㉯ "흑체로부터 방사되는 에너지는 전체 파장 영역에서 주어진 온도에서의 최대치"라는 이론은 '켈빈(Kelvin)의 법칙'이다.
㉰ 태양에너지가 지구의 대기권 밖에 도달할 때 가지는 일정한 에너지를 '태양상수'라고 한다.
㉱ 키르히호프(Kirchhoff)의 법칙이란 "같은 파장인 적외선에 대한 물질의 흡수능력과 방사능력의 비는 물질의 성질과 무관하고, 온도에만 의존하여 일정한 값을 갖는다"는 것이다.

[해설] "흑체로부터 방사되는 에너지는 전체 파장 영역에서 주어진 온도에서의 최대치"라는 이론은 '플랭크(Plank)의 법칙'이다.

35. 인체의 열적 쾌적감에 영향을 미치는 인자가 아닌 것은?

㉮ 평균 복사온도
㉯ 공기의 청정도
㉰ 기류
㉱ 활동량

[해설] 인체의 열적 쾌적감에 영향을 미치는 6대 인자는 공기의 온도, 평균 복사온도, 습도, 기류, 의복의 착의량, 활동량이다.

36. ET(유효온도)의 건구온도 대신에 글로브온도(흑구온도), 습구온도 대신 상당습구온도로 대체하여 복사열 효과를 감안한 쾌적지표는?

㉮ 수정유효온도
㉯ 표준온도
㉰ 신유효온도
㉱ 표준신유효온도

37. 다음 그림으로 표시된 복합 벽체를 보고 실내 노점온도가 19℃라고 할 때, 실내 측 벽면의 결로가 발생하지 않으려면 단열재 두께를 최소 얼마 이상 증가시켜야 하는가?

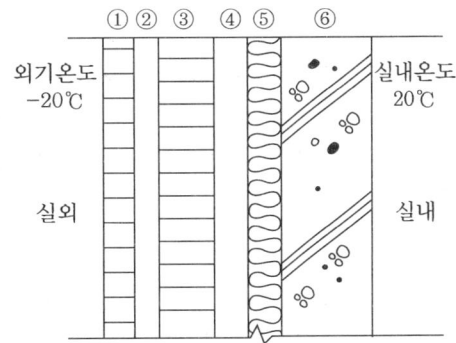

구분	재료	두께(mm)	열전도율[W/m·K]
①	타일	10	1.1
②	시멘트 모르타르	30	1.2
③	시멘트 벽돌	190	1.2
④	공기층	50	열전달 저항 : 0.2 [m·K/W]
⑤	단열재	50	0.03
⑥	콘크리트	100	1.4
내표면 열전달률(α_i)			8[W/m²·K]
외표면 열전달률(α_o)			20[W/m²·K]

㉮ 0mm
㉯ 100mm
㉰ 200mm
㉱ 300mm

[해설] 1. 먼저, 열관류율(K)를 계산하면,

$$K = \frac{1}{R} = \frac{1}{\frac{1}{\alpha_i} + \frac{d_1}{\lambda_1} + \frac{d_2}{\lambda_2} + \frac{d_3}{\lambda_3} + \frac{d_4}{\lambda_4} + \cdots \frac{1}{\alpha_o}}$$

$$= \frac{1}{\frac{1}{8} + \frac{0.01}{1.1} + \frac{0.03}{1.2} + \frac{0.19}{1.2} + 0.05 \times 0.2 + \frac{0.05}{0.03} + \frac{0.1}{1.4} + \frac{1}{20}}$$

$$= 0.4727 W/m^2 \cdot K$$

2. 벽체 실내 측 표면온도가 19℃일 경우, 아래의 식을 이용하여 필요한 열관류율값(K')을 계산한다.

$$t_s = t_i - \frac{K(t_i - t_o)}{\alpha_i}$$

따라서, t_s = 19℃ = 20 − K' × (20 − (−20))/8에서,

정답 34. ㉯ 35. ㉯ 36. ㉮ 37. ㉯

$$K' = \frac{1}{5} = 0.2$$

$$R' = \frac{1}{K'} = 5 \text{ (단, 처음의 열전달저항}$$

$$R = \frac{1}{K} = \frac{1}{0.4727} = 2.1155)$$

$$\Delta R = R' - R = 5 - 2.1155 = \frac{\Delta d}{\lambda} = \frac{\Delta d}{0.03}$$

따라서, 증가시켜야 하는 단열재 두께(Δd)
= 0.0865m = 86.5mm
즉, 규격품 100mm 단열재를 추가하여야 한다.

38. 다음 주어진 조건을 기준으로 이 사무실의 냉방부하(W)를 구하면? (단, 냉방부하는 외벽 관류부하, 유리의 관류부하, 유리의 일사부하, 틈새바람에 의한 부하로 구성된다.)

- 남측 수직면 전일사량 : 500 W/m²
- 상당외기온도차 : 15 K
- 실내외 온도차 : 11 K
- 외기절대습도 : 0.019 kg/kg'
- 실내절대습도 : 0.01 kg/kg'
- 0℃ 물의 증발잠열 : 2,501.6 kJ/kg
- 공기의 정압비열 : 1.005 kJ/kg · K
- 공기밀도 : 1.2 kg/m³
- 침입외기량 : 24 m³/h
- 외벽의 열관류율 : 0.272 W/m²K
- 유리의 열관류율 : 1.8 W/m²K
- 유리의 SHGC : 0.5
- 외벽체의 면적 : 15 m²
- 창의 면적 : 5 m²

㉮ 1,679W ㉯ 1,779W
㉰ 1,879W ㉱ 1,979W

[해설] 1. 외벽 관류부하
$q = Kw \cdot A \cdot \Delta t = 0.272 \times 15 \times 15 = 61.2W$
2. 유리 관류부하
$q = Kg \cdot A \cdot \Delta t = 1.8 \times 5 \times 11 = 99W$
3. 유리 일사부하
$q = SHGC \cdot A \cdot SSG = 0.5 \times 5 \times 500 = 1,250W$

4. 틈새바람에 의한 부하
현열 = $Q \cdot \rho \cdot C_p \cdot \Delta t = 24/3,600 \times 1.2 \times 1.005 \times 1,000 \times 11 = 88.44W$
잠열 = $qL \cdot Q \cdot \rho \cdot \Delta x = 2501.6 \times 1,000 \times 24/3,600 \times 1.2 \times (0.019 - 0.01)$
= 180.12W
∴ 사무실의 냉방부하 = 61.2W + 99W + 1,250W + 88.44W + 180.12W = 1,678.76W

39. 열적 쾌적지수 관련 용어 중 맞지 않게 설명된 것은?

㉮ PMV : 실내온도, 기류속도, 착의상태, 작업강도(활동량) 등의 변수에 따른 각인의 반응의 평균치를 기준으로 한 7단계 열적 쾌적 평가방법
㉯ PPD : 많은 사람들 중 열적으로 불만족(불쾌적)하게 느끼는 사람들의 비율을 예측 및 표시하는 것
㉰ EDT : 실내에서 쾌적한 유효 드래프트 온도의 백분율을 말함
㉱ 인체의 생체기후도 : 인체의 쾌적조건을 자연요소(그늘, 수분, 통풍, 복사 등)와 함께 그래프화한 것이다.

[해설] ㉰는 EDT(유효 드래프트 온도)에 대한 설명이 아니고, ADPI(공기확산성능계수)에 대한 설명이다.

40. 다음 그림의 A실(室)의 공조 조건이 주어진 조건과 같을 때 난방부하(W)는 얼마인가? (단, 남측의 외벽 및 창호를 제외한 나머지 인접실 간의 열손실과 조건 외 전열은 없다고 가정한다.)

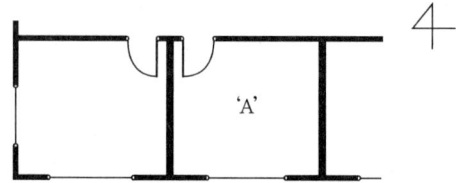

- 남측 외벽체의 면적 : 20 m²
- 남측 창의 면적 : 6 m²
- 실내외 온도차 : 28 K
- 공기의 정압비열 : 1.005 kJ/kg · K
- 공기밀도 : 1.2 kg/m³
- 침입외기량 : 32 m³/h
- 외벽의 열관류율 : 0.214 W/m²K
- 유리의 열관류율 : 2.1 W/m²K
- 방위계수 : 1.15
- 대기복사량 : 2 K

㉮ 705W   ㉯ 805W
㉰ 905W   ㉱ 1005W

[해설] 1. 외벽의 열손실

$q = K \cdot A \cdot k \cdot (t_r - t_o - \Delta t_{air})$

q : 열량(W)
K : 열관류율(W/m² · K)
A : 면적(m²)
k : 방위계수
$t_r - t_o$: 실내온도-실외온도(K)
Δt_{air} : 대기복사량(K : 지표 및 대기의 적외선 방출량으로 태양복사 입사량과 균형을 이룸)

따라서,
$q = K \cdot A \cdot k \cdot (t_r - t_o - \Delta t_{air})$
$= 0.214 \times 20 \times 1.15 \times (28-2)$
$= 127.97\text{W}$

2. 창의 열손실

$q = K \cdot A \cdot k \cdot (t_r - t_o - \Delta t_{air})$
$= 2.1 \times 6 \times 1.15 \times (28-2)$
$= 376.74\text{W}$

3. 틈새바람에 의한 열손실(현열만 고려)

현열 $q_s = Q \cdot \rho \cdot C_p \cdot \Delta t$
$= 32/3,600 \times 1.2 \times 1.005 \times 1,000 \times 28$
$= 300.16\text{ W}$

∴ 난방부하 $= 127.97\text{ W} + 376.74\text{ W} + 300.16\text{ W}$
$= 804.87\text{ W}$

41. 어느 지역의 공동주택에서 실외온도가 −15℃일 때 실내표면온도가 15℃이면 TDR 값은 얼마인가?

㉮ 0.10   ㉯ 0.15
㉰ 0.20   ㉱ 0.25

[해설] 온도차이비율(TDR; Temperature Difference Ratio)의 기준 : 실내온도 25℃, 습도 50%, 외기온도 −15℃ 조건에서 결로가 발생하지 않은 TDR을 0.28로 기준을 정함.

따라서,

$\text{TDR} = \dfrac{\text{실내온도} - \text{적용 대상부위의 실내표면온도}}{\text{실내온도} - \text{외기온도}}$

$= \dfrac{25-15}{25-(-15)} = 0.25$

정답 41. ㉱

CHAPTER 03 공기환경계획

1. IAQ(Indoor Air Quality ; 실내공기의 질)

1-1 개요 및 특징

(1) 국내에서는 IAQ가 새집증후군 혹은 새건물증후군(Sick House Syndrome or Sick Building Syndrome) 정도로 축소 인식되는 경향이 있다.
(2) 산업사회에서 현대인들은 실외에서 생활하는 것보다 실내공기를 마시며 생활하는 경우가 대부분이며 실내공기가 건강에 미치는 영향이 훨씬 지대하다.
(3) ASHRAE 기준에서는 실내공기질에 관한 불만족자율은 재실자의 20% 이하로 하고 있다.
(4) **만족도(Satisfaction)** : 집무자의 만족도를 바탕으로 열적 쾌적성 혹은 실내공기질에 관한 지표이다.
(5) **환기효율** : 통상 건물 내로 들어오는 외기의 거주역에 도달하는 비율이다.

1-2 정의 (실내공기의 질)

실내의 부유분진뿐만 아니라 실내온도, 습도, 냄새, 유해가스 및 기류 분포에 이르기까지 사람들이 실내의 공기에서 느끼는 모든 것을 말한다.

1-3 실내공기 오염(Indoor Air Pollution)의 원인

(1) 산업화와 자동차 증가로 인한 대기오염
(2) 생활양식 변화로 인한 건축자재의 재료의 다양화
(3) 에너지 절약으로 인한 건물의 밀폐화
(4) 토지의 유한성과 건설기술 발달로 인한 실내공간 이용의 증가

1-4 실내공기 오염의 원인물질

(1) 건물시공 시에 사용되는 마감재, 접착제, 세정제, 도료 등에서 배출되는 휘발성 유기 화합물(VOC)
(2) 유류, 석탄, 가스 등을 이용한 난방기구에서 나오는 연소성 물질
(3) 담배연기, 먼지, 세정제, 살충제 등
(4) 인체에서 배출되는 이산화탄소, 인체의 피부각질
(5) **생물학적 오염원** : 애완동물 등에서 배출되는 비듬과 털, 침, 세균, 바이러스, 집먼지진드기, 바퀴벌레, 꽃가루 등

1-5 실내공기 오염의 영향

(1) 새집증후군으로 인한 눈, 코, 목의 불쾌감, 기침, 쉰 목소리, 두통, 피곤함 등
(2) 기타 기관지천식, 과민성 폐렴, 아토피성 피부염 등

1-6 실내공기 오염에 대한 대책

(1) **원인물질의 관리** : 가장 손쉬우면서도 확실한 방법이다.
  ① 새집증후군과 관련해서 환경친화적인 재료의 사용, 허용기준에 대한 관리감독 강화, Baking-out(건물시공 후 바로 입주하지 않고 상당기간 환기를 시키는 것) 등의 방법이 있다.
  ② 실내금연 등 상기 원인물질에 대한 꼼꼼한 관리가 필요하다.
(2) **환기** : 원인물질을 관리한다고 하지만 한계가 있고 생활하면서 오염물질은 끊임없이 배출되기 때문에 환기는 가장 중요한 대처방법이다.
  ① 가급적 자주 최소한 하루 2~3회, 30분 이상 실내환기를 시키는 것이 좋으며 흔히 잊고 있는 욕실, 베란다, 주방에 설치된 팬(환풍기)을 적극적으로 활용하는 것이 중요하다.
  ② 조리 시에 발생되는 일산화탄소 등을 바로 그 자리에서 배출하는 것이 중요하다.
(3) **공기청정기의 사용**
  ① 공기청정기는 집 안에서 이동 가능한 것부터 건물 전체의 환기시스템을 조정하는 대규모 장치까지 그 규모가 다양하다.
  ② 시판되는 이동 가능한 공기청정기 상품들은 그 효율성에 관해 논란이 많으며, 특히 기체성 오염물질의 제거에는 부족한 경우가 대부분이라고 하지만 적극적으로 활용하는 것이 좋겠다.

1-7 IAQ 관련 향후 동향

(1) 실내공기의 질 문제(새집증후군 등)는 아직까지 학술적으로도 그 정의와 원인, 발병기전, 진단방법 등 논란이 많은 분야이다.
(2) 앞으로 이 분야에 보다 더 관심을 기울여 학문적, 실용적 체계를 세우는 것이 필요하다.

> **핵심해설**
> 실내공기의 질은 재실인원의 건강과 쾌적을 위해 점차 중요성이 강조되고 있는 분야이며, 그 오염에 대한 대책으로는 원인물질 관리(가장 확실), 환기(가장 중요 : 욕실, 베란다, 주방 등의 환풍기 활용 등), 공기청정기 사용(기체성 오염물질의 제거에는 부족) 등이 있다.

2. 다중이용시설 등의 실내공기질 관리법

2-1 개요

(1) 다중이용시설(불특정 다수인이 이용하는 시설)에 인체에 특히 해로운 오염물질을 방출하는 건축자재의 사용을 제한하고, 시공자로 하여금 실내공기질을 측정 및 공고하도록 의무화하는 등을 규정한 법안이다.
(2) 2003년 5월 법률이 공포되었으며, 1년 후인 2004년 5월부터 정식으로 발효되었다(시행일).

2-2 주요 내용

(1) **「다중이용시설 등의 실내공기질관리법」으로 법명 개정 및 적용 대상 확대** : 과거 법명이 「지하생활공간 공기질관리법」이었고, 지하생활공간만을 대상으로 한 데 반하여, 각종 터미널, 도서관, 의료기관 등의 지상 실내공간을 적용대상에 추가함
(2) **실내공기질 공정시험방법** : 관계 부처에 고시된 '실내공기질 공정시험방법'을 참조하여 진행함
(3) **실내공기질 기준을 유지기준과 권고기준으로 이원화**
    ① 유지기준 : 반드시 지켜야 하는 기준
    ② 권고기준 : 일정 기준에 따르도록 권고하는 사항
(4) 다중이용시설의 소유자(혹은 관리담당자) 등에게 실내공기질 관리 교육의 의무를 부여한다.

(5) **신축 공동주택의 주민 입주 전 공기질 측정** : 시공자는 주민 입주 개시 전까지 공동주택의 실내공기질을 측정하여 그 측정결과를 해당 시장, 군수, 구청장에게 제출하고, 입주민들이 잘 볼 수 있는 장소에 공고하도록 한다.
(6) **오염물질 방출 건축자재 고시 및 사용제한** : 해당 부처에서는 관계 중앙행정기관장과 협의하여 건축자재 방출 오염물질이 많이 나오는 건축자재를 고시할 수 있으며, 다중이용시설을 설치하는 자는 고시된 건축자재를 사용하여서는 아니 됨
(7) 다중이용시설 소유자 등에게 실내공기질 측정 의무를 부여한다.
(8) 보고 및 검사업무를 지방자치에게 이양한다.

3. 공동주택 및 다중이용시설의 환기설비기준 등
"건축물의 설비기준 등에 관한 규칙" 제11조

(1) 신축 또는 리모델링하는 다음 각 호의 어느 하나에 해당하는 주택 또는 건축물(이하 "신축공동주택 등"이라 한다)은 시간당 0.5회 이상의 환기가 이루어질 수 있도록 자연환기설비 또는 기계환기설비를 설치하여야 한다.
   ① 100세대 이상의 공동주택
   ② 주택을 주택 외의 시설과 동일건축물로 건축하는 경우로서 주택이 100세대 이상인 건축물
(2) 신축공동주택 등에 자연환기설비를 설치하는 경우에는 자연환기설비가 제1항의 규정에 의한 환기횟수를 충족하는지에 대하여 건축법의 규정에 의한 지방건축위원회의 심의를 받아야 한다. 다만, 신축공동주택 등에 「산업표준화법」에 따른 한국산업규격의 자연환기설비 환기성능 시험방법(KSF 2921)에 따라 성능시험을 거친 자연환기설비를 별표에 따른 자연환기설비 설치 길이 이상으로 설치하는 경우는 제외한다.
(3) 신축공동주택 등에 기계환기설비를 설치하는 경우는 '별표'의 기준에 적합하여야 한다.
(4) 다중이용시설을 신축하는 경우에 설치하여야 하는 기계환기설비의 구조 및 설치는 다음 각 호의 기준에 적합하여야 한다.
   ① 다중이용시설의 기계환기설비 용량기준은 시설이용 인원당 환기량을 원칙으로 산정할 것
   ② 기계환기설비는 다중이용시설로 공급되는 공기의 분포를 최대한 균등하게 하여 실내기류의 편차가 최소화될 수 있도록 할 것
   ③ 공기공급체계·공기배출체계 또는 공기흡입구·배기구 등에 설치되는 송풍기는 외부의 기류로 인하여 송풍능력이 떨어지는 구조가 아닐 것
   ④ 바깥공기를 공급하는 공기공급체계 또는 공기흡입구는 입자형·가스형 오염물질의 제

거·여과장치 등 외부로부터 오염물질이 유입되는 것을 최대한 차단할 수 있는 설비를 갖추어야 하며, 제거·여과장치 등의 청소 및 교환 등 유지관리가 쉬운 구조일 것
⑤ 공기배출체계 및 배기구는 배출되는 공기가 공기공급체계 및 공기흡입구로 직접 들어가지 아니하는 위치에 설치할 것
⑥ 기계환기설비를 구성하는 설비·기기·장치 및 제품 등의 효율과 성능 등을 판정하는 데 있어 이 규칙에서 정하지 아니한 사항에 대하여는 해당항목에 대한 '산업표준화법'에 의한 한국산업규격에 적합할 것

신축공동주택 등의 기계환기설비의 설치기준

신축공동주택 등의 환기횟수를 확보하기 위하여 설치되는 기계환기설비의 설계·시공 및 성능평가방법은 다음 각 호의 기준에 적합하여야 한다.

1. 기계환기설비의 환기기준은 시간당 실내공기 교환횟수(환기설비에 의한 최종 공기흡입구에서 세대의 실내로 공급되는 공기량의 합인 총 체적 풍량을 실내 총 체적으로 나눈 환기횟수를 말한다)로 표시하여야 한다.
2. 하나의 기계환기설비로 세대 내 2 이상의 실에 바깥공기를 공급할 경우의 필요 환기량은 각 실에 필요한 환기량의 합계 이상이 되도록 하여야 한다.
3. 세대의 환기량 조절을 위하여 환기설비의 정격풍량을 최소·적정·최대의 3단계 또는 그 이상으로 조절할 수 있는 체계를 갖추어야 하고, 적정 단계의 필요 환기량은 신축공동주택 등의 세대를 시간당 0.5회로 환기할 수 있는 풍량을 확보하여야 한다.
4. 공기공급체계 또는 공기배출체계는 부분적 손실 등 모든 압력 손실의 합계를 고려하여 계산한 공기공급능력 또는 공기배출능력이 상기의 환기기준을 확보할 수 있도록 하여야 한다.
5. 기계환기설비는 신축공동주택 등의 모든 세대가 상기의 규정에 의한 환기횟수를 만족시킬 수 있도록 24시간 가동할 수 있어야 한다.
6. 기계환기설비의 각 부분의 재료는 충분한 내구성 및 강도를 유지하여 작동되는 동안 구조 및 성능에 변형이 없도록 하여야 한다.
7. 기계환기설비는 다음 각 목의 어느 하나에 해당되는 체계를 갖추어야 한다.
   가. 바깥공기를 공급하는 송풍기와 실내공기를 배출하는 송풍기가 결합된 환기체계
   나. 바깥공기를 공급하는 송풍기와 실내공기가 배출되는 배기구가 결합된 환기체계
   다. 바깥공기가 도입되는 공기흡입구와 실내공기를 배출하는 송풍기가 결합된 환기체계
8. 바깥공기를 공급하는 공기공급체계 또는 바깥공기가 도입되는 공기흡입구는 입자형·가스형 오염물질을 제거 또는 여과하는 일정 수준 이상의 공기여과기 또는 집진기 등을 갖추어야 한다. 이 경우 공기여과기는 한국산업규격(KS B 6141)에서 규정하고 있는 입자

포집률[공기청정장치에서 그것을 통과하는 공기 중의 입자를 포집(捕執)하는 효율을 말한다]이 60퍼센트 이상인 환기효율을 확보하여야 하고, 수명 연장을 위하여 여과기의 전단부에 사전여과장치를 설치하여야 하며, 여과장치 등의 청소 또는 교환이 쉬운 구조여야 한다.

9. 기계환기설비를 구성하는 설비·기기·장치 및 제품 등의 효율 및 성능 등을 판정함에 있어 이 규칙에서 정하지 아니한 사항에 대하여는 해당 항목에 대한 한국산업규격에 적합하여야 한다.

10. 기계환기설비는 환기의 효율을 극대화할 수 있는 위치에 설치하여야 하고, 바깥공기의 변동에 의한 영향을 최소화할 수 있도록 공기흡입구 또는 배기구 등에 완충장치 또는 석쇠형 철망 등을 설치하여야 한다.

11. 기계환기설비는 주방 가스대 위의 공기배출장치, 화장실의 공기배출 송풍기 등 급속 환기 설비와 함께 설치할 수 있다.

12. 공기흡입구 및 배기구와 공기공급체계 및 공기배출체계는 기계환기설비를 지속적으로 작동시키는 경우에도 대상 공간의 사용에 지장을 주지 아니하는 위치에 설치되어야 한다.

13. 기계환기설비에서 발생하는 소음은 40 dB 이하가 될 수 있는 구조와 성능을 확보하여야 한다.

14. 외부에 면하는 공기흡입구와 배기구는 교차오염을 방지할 수 있는 위치에 설치되어야 하고 유사시 안전에 대비할 수 있는 구조와 성능이 확보되어야 한다.

15. 기계환기설비의 에너지 절약을 위하여 폐열회수형 환기장치를 설치하는 경우에는 한국산업규격(KS B 6879)에 따라 시험한 폐열회수형 환기장치의 유효환기량이 표시용량의 90퍼센트 이상이어야 하고, 폐열회수형 환기장치의 안과 밖은 물 맺힘이 발생하는 것을 최소화할 수 있는 구조와 성능을 확보하도록 하여야 한다.

16. 기계환기설비는 송풍기, 폐열회수형 환기장치, 공기여과기, 공기가 통하는 관, 공기흡입구 및 배기구, 그 밖의 기기 등 주요 부분의 정기적인 점검 및 정비 등 유지관리가 쉬운 체계로 구성되어야 하고, 제품의 사양 및 시방서에 유지관리 관련 내용을 명시하여야 하며, 유지관리 관련 내용이 수록된 사용자 설명서를 제시하여야 한다.

17. 실외의 기상조건에 따라 환기용 송풍기 등 기계환기설비를 작동하지 아니하더라도 자연환기와 기계환기가 동시 운용될 수 있는 혼합형 환기설비가 설계도서 등을 근거로 필요 환기량을 확보할 수 있는 것으로 객관적으로 입증되는 경우에는 기계환기설비를 갖춘 것으로 인정할 수 있다.

18. 중앙관리방식의 공기조화설비(실내의 온도·습도 및 청정도 등을 적정하게 유지하는 역할을 하는 설비를 말한다)가 설치된 경우에는 다음 각 목의 기준에도 적합하여야 한다.

가. 공기조화설비는 24시간 지속적인 환기가 가능한 것일 것. 다만, 주요 환기설비와 분리된 별도의 환기계통을 병행 설치하여 실내에 존재하는 국소 오염원에서 발생하는 오염물질을 신속히 배출할 수 있는 체계로 구성하는 경우에는 그러하지 아니하다.
나. 중앙관리방식의 공기조화설비의 제어 및 작동상황을 통제할 수 있는 관리실 또는 기능이 있을 것

◀ **신축공동주택 등의 자연환기설비의 설치기준** ▶

[건축물의 설비기준 등에 관한 규칙 제11조 관련]
　　신축공동주택 등에 설치되는 자연환기설비의 설계·시공 및 성능평가방법은 다음 각 호의 기준에 적합하여야 한다.

1. 세대에 설치되는 자연환기설비는 세대 내의 모든 실에 바깥공기를 최대한 균일하게 공급할 수 있도록 설치되어야 한다.
2. 세대의 환기량 조절을 위하여 자연환기설비는 환기량을 조절할 수 있는 체계를 갖추어야 하고, 최대 개방상태에서의 환기량을 기준으로 별표에 따른 설치길이 이상으로 설치되어야 한다.
3. 자연환기설비는 순간적인 외부 바람 및 실내외 압력차의 증가로 인하여 발생할 수 있는 과도한 바깥공기의 유입 등 바깥공기의 변동에 의한 영향을 최소화할 수 있는 구조와 형태를 갖추어야 한다.
4. 자연환기설비의 각 부분의 재료는 충분한 내구성 및 강도를 유지하여 작동되는 동안 구조 및 성능에 변형이 없어야 하며, 표면결로 및 바깥공기의 직접적인 유입으로 인하여 발생할 수 있는 불쾌감(콜드드래프트 등)을 방지할 수 있는 재료와 구조를 갖추어야 한다.
5. 자연환기설비는 도입되는 바깥공기에 포함되어있는 입자형·가스형 오염물질을 제거 또는 여과할 수 있는 일정 수준 이상의 공기여과기를 갖추어야 한다. 이 경우 공기여과기는 한국산업규격(KSB 6141)에서 규정하고 있는 입자 포집률[공기청정장치에서 그것을 통과하는 공기 중의 입자를 포집(捕執)하는 효율을 말한다]을 중량법으로 측정하여 50퍼센트 이상 확보하여야 하며 공기여과기의 청소 또는 교환이 쉬운 구조여야 한다.
6. 자연환기설비를 구성하는 설비·기기·장치 및 제품 등의 효율과 성능 등을 판정함에 있어 이 규칙에서 정하지 아니한 사항에 대하여는 해당 항목에 대한 한국산업규격에 적합하여야 한다.
7. 자연환기설비를 지속적으로 작동시키는 경우에도 대상 공간의 사용에 지장을 주지 아니하는 위치에 설치되어야 한다.
8. 한국산업규격(KSB 2921)의 시험조건하에서 자연환기설비로 인하여 발생하는 소음은 대표길이 1미터(수직 또는 수평 하단)에서 측정하여 40 dB 이하가 되어야 한다.

9. 자연환기설비는 가능한 한 외부의 오염물질이 유입되지 않는 위치에 설치되어야 하고, 화재 등 유사시 안전에 대비할 수 있는 구조와 성능이 확보되어야 한다.
10. 실내로 도입되는 바깥공기를 예열할 수 있는 기능을 갖는 자연환기설비는 최대한 에너지 절약적인 구조와 형태를 가져야 한다.
11. 자연환기설비는 주요 부분의 정기적인 점검 및 정비 등 유지관리가 쉬운 체계로 구성하여야 하고, 제품의 사양 및 시방서에 유지관리 관련 내용을 명시하여야 하며, 유지관리 관련 내용이 수록된 사용자 설명서를 제시하여야 한다.
12. 자연환기설비는 설치되는 실의 바닥부터 수직으로 1.2미터 이상의 높이에 설치하여야 하며, 2개 이상의 자연환기설비를 상하로 설치하는 경우 1미터 이상의 수직간격을 확보하여야 한다.

기계환기설비를 설치하여야 하는 다중이용시설 및 필요 환기량

1. 기계환기설비를 설치하여야 하는 다중이용시설
    가. 지하시설
        (1) 모든 지하역사(출입통로·대합실·승강장 및 환승통로와 이에 딸린 시설을 포함한다)
        (2) 연면적 2천 제곱미터 이상인 지하도상가(지상건물에 딸린 지하층의 시설 및 연속되어있는 둘 이상의 지하도상가의 연면적 합계가 2천 제곱미터 이상인 경우를 포함한다)
    나. 문화 및 집회시설
        (1) 연면적 3천 제곱미터 이상인 「건축법 시행령」 별표1 제5호 라목에 따른 전시장
        (2) 연면적 2천 제곱미터 이상인 「건전가정의례의 정착 및 지원에 관한 법률」에 따른 혼인예식장
        (3) 연면적 1천 제곱미터 이상인 「공연법」 제2조 제4호에 따른 공연장
        (4) 관람석 용도로 쓰이는 바닥면적이 1천 제곱미터 이상인 「체육시설의 설치·이용에 관한 법률」 제2조 제1호에 따른 체육시설
        (5) 연면적 300제곱미터 이상인 「영화 및 비디오물의 진흥에 관한 법률」 제2조 제10호에 따른 영화상영관
    다. 판매시설
        (1) 「유통산업발전법」 제2조 제3호에 따른 대규모점포
        (2) 연면적 300제곱미터 이상인 「게임산업 진흥에 관한 법률」 제2조 제7호에 따른 인터넷컴퓨터게임시설제공업의 영업시설
    라. 운수시설
        (1) 「항만법」 제2조 제5호에 따른 항만시설 중 연면적 5천 제곱미터 이상인 대합실

(2) 「여객자동차 운수사업법」 제2조 제5호에 따른 여객자동차터미널 중 연면적 2천 제곱미터 이상인 대합실

(3) 「철도산업발전기본법」 제3조 제2호에 따른 철도시설 중 연면적 2천 제곱미터 이상인 대합실

(4) 「항공법」 제2조 제8호에 따른 공항시설 중 연면적 1천5백 제곱미터 이상인 여객터미널

마. 의료시설 : 연면적이 2천 제곱미터 이상이거나 병상 수가 100개 이상인 「의료법」 제3조에 따른 의료기관

바. 교육연구시설

(1) 연면적 3천 제곱미터 이상인 「도서관법」 제2조 제1호에 따른 도서관

(2) 연면적 1천 제곱미터 이상인 「학원의 설립·운영 및 과외교습에 관한 법률」 제2조 제1호에 따른 학원

사. 노유자시설

(1) 연면적 430제곱미터 이상인 「영유아보육법」 제10조 제1호부터 제4호까지 및 제7호에 따른 국공립어린이집, 사회복지법인어린이집, 법인·단체 등 어린이집, 직장어린이집 및 민간어린이집

(2) 연면적 1천 제곱미터 이상인 「노인복지법」 제34조 제1항 제1호에 따른 노인요양시설(국공립노인요양시설로 한정한다)

아. 업무시설 : 연면적 3천 제곱미터 이상인 「건축법 시행령」 별표1 제14호 가목에 따른 공공업무시설(국가 또는 지방자치단체의 청사로 한정한다) 및 같은 호 나목에 따른 일반업무시설

자. 자동차 관련 시설 : 연면적 2천 제곱미터 이상인 「주차장법」 제2조 제1호에 따른 주차장(같은 법 제2조 제2호에 따른 기계식주차장은 제외한다)

차. 장례식장 : 연면적 1천 제곱미터 이상인 「장사 등에 관한 법률」 제29조에 따른 장례식장(지하에 설치되는 경우로 한정한다)

카. 그 밖의 시설

(1) 연면적 1천 제곱미터 이상인 「공중위생관리법」 제2조 제3호에 따른 목욕장업의 영업시설

(2) 연면적 5백 제곱미터 이상인 「모자보건법」 제2조 제11호에 따른 산후조리원

2. 각 시설의 필요 환기량

구 분		필요 환기량(m³/인·h)	비 고
가. 지하시설	1) 지하역사	25 이상	
	2) 지하도상가	36 이상	매장(상점) 기준
나. 문화 및 집회시설		29 이상	
다. 판매시설		29 이상	
라. 운수시설		29 이상	
마. 의료시설		36 이상	
바. 교육연구시설		36 이상	
사. 노유자시설		36 이상	
아. 업무시설		29 이상	
자. 자동차 관련 시설		27 이상	
차. 장례식장		36 이상	
카. 그 밖의 시설		25 이상	

주 1. 제1호에서 연면적 또는 바닥면적을 산정할 때에는 실내공간에 설치된 시설이 차지하는 연면적 또는 바닥면적을 기준으로 산정한다.
2. 필요 환기량은 예상 이용인원이 가장 높은 시간대를 기준으로 산정한다.
3. 의료시설 중 수술실 등 특수 용도로 사용되는 실(室)의 경우에는 소관 중앙행정기관의 장이 달리 정할 수 있다.
4. 제1호 자목의 자동차 관련 시설의 필요 환기량은 단위면적당 환기량(m³/m²·h)으로 산정한다.

핵심해설
다중이용시설의 환기량 산정기준은 인원당 필요 환기량이며, 신축 또는 리모델링하는 100세대 이상의 공동주택의 환기량 산정기준은 환기횟수법(0.5회 이상)이다.

4. 학교보건법(시행규칙)
환기·채광·조명·온습도의 조절기준 관련

4-1 환기

(1) 환기의 조절기준
환기용 창 등을 수시로 개방하거나 기계식 환기설비를 수시로 가동하여 1인당 환기량이 시간당 21.6세제곱미터 이상이 되도록 한다.

(2) 환기설비의 구조 및 설치기준(환기설비의 구조 및 설치기준을 두는 경우에 한한다)
① 환기설비는 교사 안에서의 공기의 질의 유지기준을 충족할 수 있도록 충분한 외부공

기를 유입하고 내부공기를 배출할 수 있는 용량으로 설치할 것
② 교사의 환기설비에 대한 용량의 기준은 환기의 조절기준에 적합한 용량으로 할 것
③ 교사 안으로 들어오는 공기의 분포를 균등하게 하여 실내공기의 순환이 골고루 이루어지도록 할 것
④ 중앙관리방식의 환기설비를 계획할 경우 환기덕트는 공기를 오염시키지 아니하는 재료로 만들 것

4-2 채광 (자연조명)

(1) 직사광선을 포함하지 아니하는 천공광에 의한 옥외 수평조도와 실내조도와의 비가 평균 5퍼센트 이상으로 하되, 최소 2퍼센트 미만이 되지 아니하도록 한다.
(2) 최대조도와 최소조도의 비율이 10대 1을 넘지 아니하도록 한다.
(3) 교실 바깥의 반사물로부터 눈부심이 발생되지 아니하도록 한다.

4-3 조도 (인공조명)

(1) 교실의 조명도는 책상 면을 기준으로 300룩스 이상이 되도록 한다.
(2) 최대조도와 최소조도의 비율이 3대 1을 넘지 아니하도록 한다.
(3) 인공조명에 의한 눈 부심이 발생되지 아니하도록 한다.

4-4 실내온도 및 습도

(1) 실내온도는 18℃ 이상 28℃ 이하로 하되, 난방온도는 18℃ 이상 20℃ 이하, 냉방온도는 26℃ 이상 28℃ 이하로 한다.
(2) 비교습도는 30% 이상 80% 이하로 한다.

5. 다중이용시설에서 실내공간 오염물질, 유지기준 및 권고기준
'다중이용시설 등의 실내공기질관리법 시행규칙'

5-1 실내공간 오염물질 (제2조 관련)

(1) 미세먼지(PM10)
(2) 이산화탄소(CO_2)
(3) 포름알데히드(HCHO)

(4) 총부유세균
(5) 일산화탄소(CO)
(6) 이산화질소(NO_2)
(7) 라돈(Rn)
(8) 휘발성유기화합물(VOC)
(9) 석면
(10) 오존

5-2 실내공기질 유지기준

다중이용시설 \ 오염물질 항목	미세먼지 ($\mu g/m^3$)	CO_2 (ppm)	HCHO ($\mu g/m^3$)	총부유세균 (CFU/m^3)	CO (ppm)
지하역사, 지하도상가, 여객자동차터미널의 대합실, 철도역사의 대합실, 공항시설 중 여객터미널, 항만시설 중 대합실, 도서관·박물관 및 미술관, 장례식장, 목욕장, 대규모점포	150 이하	1,000 이하	100 이하		10 이하
의료기관, 보육시설, 국공립 노인요양시설 및 노인전문병원, 산후조리원	100 이하			800 이하	
실내주차장	200 이하				25 이하

㈜ 도서관, 영화상영관, 학원, 인터넷컴퓨터게임시설제공업 영업시설 중 자연환기가 불가능하여 자연환기설비 또는 기계환기설비를 이용하는 경우에는 이산화탄소의 기준을 1,500 ppm 이하로 한다.

5-3 실내공기질 권고기준

다중이용시설 \ 오염물질 항목	NO_2 (ppm)	Rn (Bq/m^3)	총 휘발성 유기화합물 ($\mu g/m^3$)	석면 (개/cc)	오존 (ppm)
지하역사, 지하도상가, 여객자동차터미널의 대합실, 철도역사의 대합실, 공항시설 중 여객터미널, 항만시설 중 대합실, 도서관·박물관 및 미술관, 장례식장, 목욕장, 대규모점포	0.05 이하	148 이하	500 이하	0.01 이하	0.06 이하
의료기관, 보육시설, 국공립 노인요양시설 및 노인전문병원, 산후조리원			400 이하		
실내주차장	0.30 이하		1,000 이하		0.08 이하

㈜ 총 휘발성유기화합물의 정의는 「환경분야 시험·검사 등에 관한 법률」 제6조 제1항 제3호에 따른 환경오염 공정시험기준에서 정한다.

6. 신축 공동주택의 공기질 측정관련 법규와 권고기준

6-1 개요

(1) 신축 공동주택의 시공자가 실내공기질을 측정하는 경우에는 「환경분야 시험·검사 등에 관한 법률」에 따른 환경오염공정시험기준에 따라 100세대의 경우 3개의 측정장소에서 실내공기질 측정을 실시하여야 한다.
(2) 100세대를 초과하는 경우 3개의 측정장소에 초과하는 100세대마다 1개의 측정장소를 추가하여 실내공기질 측정을 실시하여야 한다.

6-2 신축 공동주택의 실내공기질 측정항목

(1) 포름알데히드
(2) 벤젠
(3) 톨루엔
(4) 에틸벤젠
(5) 자일렌
(6) 스티렌

6-3 실내공기질 측정결과

실내공기질 측정결과는 별지 서식으로 작성하여 주민입주 3일 전까지 시장, 군수, 구청장(자치구의 구청장을 말한다)에게 제출하고, 주민입주 3일 전부터 60일간 다음 각 호의 장소에 주민들이 잘 볼 수 있도록 공고하여야 한다.
(1) 공동주택 관리사무소 입구 게시판
(2) 각 공동주택 출입문 게시판

6-4 공동주택의 실내공기질 권고기준

(1) 포름알데히드 210 $\mu g/m^3$ 이하
(2) 벤젠 30 $\mu g/m^3$ 이하
(3) 톨루엔 1,000 $\mu g/m^3$ 이하
(4) 에틸벤젠 360 $\mu g/m^3$ 이하
(5) 자일렌 700 $\mu g/m^3$ 이하
(6) 스티렌 300 $\mu g/m^3$ 이하

7. 실내 환기량 계산

7-1 실내 발열량 H가 있는 경우

$$\text{현열}: H = Q \cdot \rho \cdot C_p \cdot (t_r - t_o) \text{에서}$$
$$Q = H / (C_p \cdot \rho \cdot (t_r - t_o))$$

H : 열량(kW, kcal/h)
Q : 풍량(m^3/s, m^3/h)
ρ : 공기의 밀도(= 1.2 kg/m^3)
C_p : 공기의 비열(1.005 kJ/kg·K ≒ 0.24 kcal/kg·℃)
$t_r - t_o$: 실내온도 - 실외온도(K, ℃)

7-2 M [kg/h]인 가스의 발생이 있는 경우

$$M = Q \times \Delta C \text{에서}$$
$$Q = M / \Delta C$$

M : 가스 발생량(kg/h)
Q : 필요 환기량(CMH)
ΔC : 실내·외 가스 농도차(= 실내 설계기준 농도 - 실외 농도 ; kg/m^3)

7-3 W [kg/h]인 수증기 발생이 있는 경우

$$\text{잠열}: q = q_L \cdot Q \cdot \rho \cdot (\chi_r - \chi_o) \text{에서}$$
$$W = Q \cdot \rho \cdot (\chi_r - \chi_o)$$
$$Q = W / (\rho \cdot (\chi_r - \chi_o))$$

q : 열량(kW, kcal/h)
q_L : 0℃에서의 물의 증발잠열(2,501.6 kJ/kg ≒ 597.5 kcal/kg)
Q : 풍량(m^3/s, m^3/h)
ρ : 공기의 밀도(= 1.2 kg/m^3)
$\chi_r - \chi_o$: 실내 절대습도 - 실외 절대습도(kg/kg')

> **칼럼**
>
> 개구부의 자연환기량 계산방법
>
> (1) 중력환기량 (Q_1)
>
> $$Q_1 = \alpha A \sqrt{\frac{2gh}{Ti} \Delta t}$$
>
> α : 유량계수
> A : 환기개구부의 환기면적(m^2)
> g : 중력가속도($9.8 m/s^2$)
> h : 중성대로 부터의 높이(m)
> ΔT : 실내외 온도차(실내온도 − 실외온도)
> Ti : 실내의 절대온도(실내온도 + 273.15)
>
> (2) 풍력환기량 (Q_2)
>
> $$Q_2 = \alpha A \sqrt{(C_1 - C_2)} \, V$$
>
> α : 유량계수
> A : 개구부의 환기면적(m^2)
> V : 풍속(m/s)
> C_1 : 개구부 하층의 풍압계수
> C_2 : 개구부 상층의 풍압계수

8. 탄산가스(CO_2) 배출기준에 따른 필요 환기량 계산과 실내 농도 변화 예측방법

8-1 필요 환기량 계산법

$$M = Q \times \Delta C \quad \text{혹은} \quad Q = \frac{M}{\Delta C}$$

M : 1인당 탄산가스 배출량(= 약 $0.017 \, m^3/h$)
Q : 필요 환기량
ΔC : 실내·외 CO_2 농도차(= 실내 설계기준 농도 − 실외 농도)

8-2 CO_2 농도의 설계조건 및 1인당 환기량 (실외 CO_2 농도 = 350 ppm일 경우)

(1) 실내 목표 CO_2 농도가 1,000 ppm일 경우 : 1인당 약 26.15 CMH의 환기량 필요
(2) 실내 목표 CO_2 농도가 2,000 ppm일 경우 : 1인당 약 10.3 CMH의 환기량 필요
(3) 실내 목표 CO_2 농도가 3,000 ppm일 경우 : 1인당 약 6.4 CMH의 환기량 필요

8-3 오염물질 발생에 따른 실내공기의 농도변화 예측방법

(1) 8-1의 식에서, 다음 식을 유도해낼 수 있다.

$$M = Q \times \Delta C = Q \times (실내\ 탄산가스\ 농도 - 실외\ 탄산가스\ 농도)$$
$$실내\ 탄산가스\ 농도 = (M/Q) + 실외\ 탄산가스\ 농도$$

(2) 상기 식에서 실외 탄산가스 농도는 보통 350~400 ppm으로 설계되고, 풍량이 주어져 있다면, 오염물질(탄산가스 등) 배출량에 따른 실내 탄산가스의 농도를 계산할 수 있다.

> **Quiz**
>
> **항공기 내 환기장치란?**
>
> 1. 항공기가 공기가 희박한 높은 고도로 비행하기 위해서는 승객에게 충분한 공기를 계속해서 공급하여 정상적인 호흡이 가능하도록 객실 여압 장치(Cabin Pressurization System)를 갖추어야 한다.
> 2. 객실 공간의 각 구역별 적절한 온도 조절 장치(Zone Temperature Control System)가 필요하다.
> 3. 그중 기본적인 객실 여압 장치는 외부 공기(Air)를 강제로 실내에 공급해주어야 하는데, 비행기에서 추력을 내주는 엔진이 연소하기 위하여 압축한 공기의 일부를 이용하는 장치가 가장 보편적으로 사용되고 있다(이 압축공기의 일부를 환기 및 냉방장치에 모두 사용할 수 있다).

9. 환기방식의 종류 및 특징

9-1 개요

(1) 실내 발열, 유해가스, 분진 제거를 위한 적절한 환기방식 선정이 필요하다.
(2) 오염물질 발생장소는 에너지, 실내공기 오염을 고려하여 전역환기(희석환기)보다 국소배기에 의한 환기가 권장될 수 있다.

9-2 자연환기 (제4종 환기, Wind Effect)

(1) 바람, 연돌효과(Stack Effect, 온도차) 등 자연현상을 이용하는 방법이다.
(2) 보통 적당한 자연 급기구를 가지고, 환기통 등을 이용하여 배기를 유도하는 방식이다.
(3) 급기량, 배기량 등을 제어하기 어렵다.

9-3 기계환기

(1) **제1종 환기** : 급/배기 송풍기를 이용하여 강제급기 + 강제배기
(2) **제2종 환기**
  ① '강제급기 + 자연배기'의 방식이다.
  ② 압입식이므로 통상 정압(양의 압력)을 유지한다.
  ③ 소규모 변전실(냉각)이나 병원(수술실, 신생아실 등), 무균실, 클린룸 등에 많이 적용되고 있다.
(3) **제3종 환기**
  ① '자연급기 + 강제배기'의 방식이다.
  ② 통상 부압(음의 압력)을 유지한다.
  ③ 화장실, 주방, 기타 오염물 배출 장소 등에 많이 적용된다.

9-4 전체환기와 국소환기

(1) **전체환기(희석환기)**
  ① 오염물질이 실 전체에 산재해있을 경우
  ② 실 전체를 환기해야 할 경우
(2) **국소환기**
  ① 주방, 화장실, 기타 오염물 배출 장소 등에 후드를 설치하여 국소적으로 환기하는 경우
  ② 에너지 절약 차원에서 환기를 실시하는 경우

9-5 자연환기량 산출법

(1) **개구부의 자연환기량 계산방법**

$$\text{개구부의 자연환기량} = \text{중력환기량}(Q_1) + \text{풍력환기량}(Q_2)$$

(2) 중력환기량 (Q_1)

$$Q_1 = \alpha A \sqrt{\frac{2gh}{Ti} \Delta t}$$

α : 유량계수
A : 환기개구부의 환기면적(m^2)
g : 중력가속도($9.8m/s^2$)
h : 중성대로 부터의 높이(m)
Δt : 실내외 온도차(실내온도 – 실외온도)
Ti : 실내의 절대온도(실내온도 + 273.15)

(3) 풍력환기량 (Q_2)

$$Q_2 = \alpha A \sqrt{(C_1 - C_2)} V$$

α : 유량계수
A : 개구부의 환기면적(m^2)
V : 풍속(m/s)
C_1 : 개구부 하층의 풍압계수
C_2 : 개구부 상층의 풍압계수

Quiz

하이브리드 환기방식이란?

1. 자연환기 및 기계환기를 적절히 조화시켜 에너지 절감
2. 사무용건물에서 주거용건물로 점점 적용사례가 늘어나는 추세
3. 하이브리드 방식의 종류
   (1) 자연환기 + 기계환기(독립방식) : 전환에 초점
   (2) 자연환기 + 보조팬(보조팬방식) : 자연환기 부족 시 저압의 보조팬 사용하여 환기량 증가
   (3) 연돌효과 + 기계환기(연돌방식) : 자연환기의 구동력을 최대한, 그리고 항상 활용할 수 있게 고안된 시스템

핵심해설

환기방식에는 크게 제1종(강제급기 + 강제배기), 제2종(강제급기 + 자연배기), 제3종(자연급기 + 강제배기), 제4종(자연환기), 기타 '하이브리드 환기방식' 등이 있다.

10. 아파트의 '주방환기'

10-1 세대별 환기

팬이 부착된 레인지후드를 설치하여 세대별 별도로 환기하는 방식(다음 '그림 1' 참조)
* 고층건물 등에서 역풍 시 환기 불량이 우려된다.

10-2 압입 방식

팬이 부착된 레인지후드를 이용하여 배기굴뚝으로 밀어넣는 방식(다음 '그림 2' 참조)
* 연도 내 역류에 의한 환기 불량이 우려된다.

10-3 흡출 방식

Ventilator를 이용하여 배기굴뚝으로 흡출해내는 방식(다음 '그림 3' 참조)
* 개별제어가 되지 않아 불편하다.

10-4 압입흡출 방식

압입 방식과 흡출 방식을 통합한 방식 (다음 '그림 4' 참조)
* 역류, 역풍도 방지 가능하고, 개별제어도 용이하여 가장 좋은 방법이라고 할 수 있다.

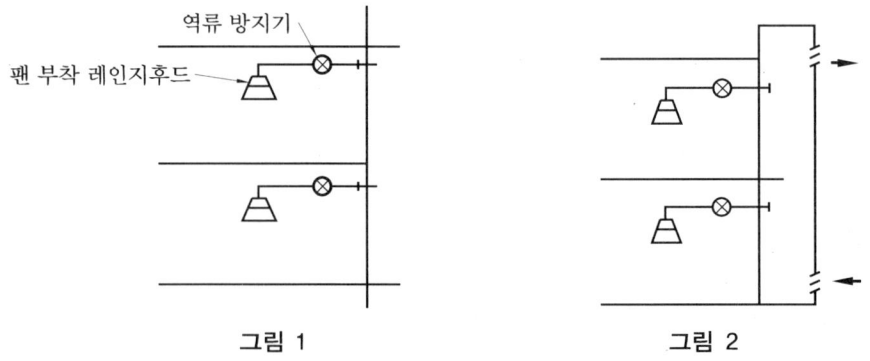

그림 1   그림 2

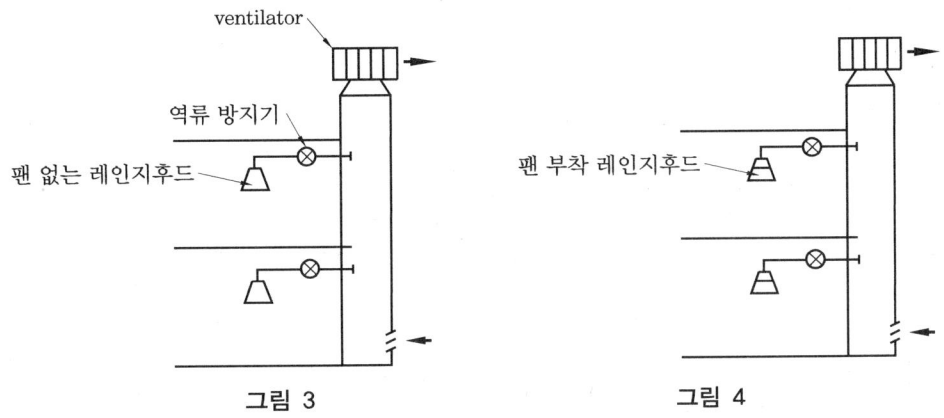

그림 3   그림 4

10-5 기술동향

(1) 분리형 주방배기 시스템

실내 측으로 전달되는 배기팬의 소음 감소를 위하여 배기팬을 후드와 분리시켜 베란다나 실외 측에 배치하는 시스템이다.

(2) 코안다형 주방배기 시스템

보조 배기팬을 추가로 몇 개 더 설치하여 뜨거워진 공기와 냄새가 1차적으로 후드로 빠져나간 후, 잔류량을 2차적으로 추가된 보조 배기팬으로 배기시키는 시스템(보통 배기 덕트는 설치하지 않고, 천장 플레넘 이용)이다.

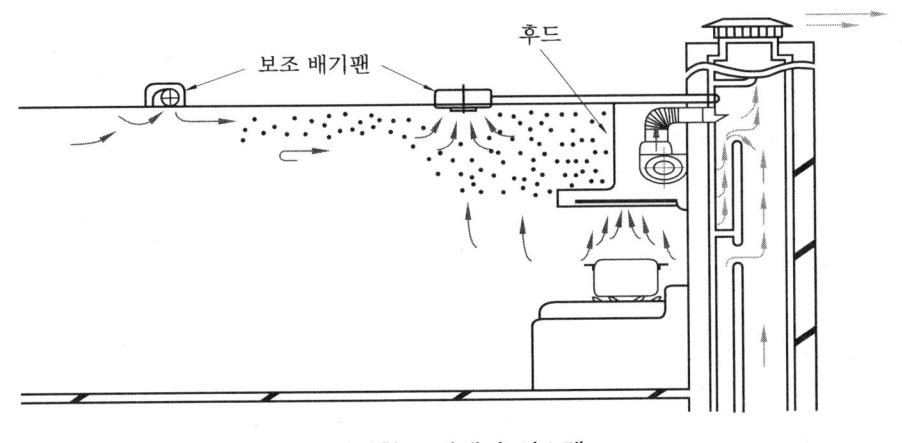

코안다형 주방배기 시스템

핵심해설

아파트 주방환기에서 냄새확산 방지 방법으로는 세대별 환기(고층건물 등에서 역풍 시 환기 불량 우려), 압입 방식(역류 우려), 흡출 방식(개별제어 안 됨), 압입·흡출 방식(가장 좋은 방법) 등이 있다.

11. 공조용 Air Filter의 분류 및 특징

11-1 개요

(1) 공조용 필터는 그 종류가 매우 다양하나, 대체적으로는 충돌점착식, 건성여과식, 전기식, 활성탄 흡착식 등으로 나눌 수 있다.

(2) 일반적으로 청정도가 높은 필터는 정압손실이 크기 때문에 팬 동력 증가로 동력손실이 많으므로, 정압손실이 적은 필터 선정으로 에너지 절약이 필요하다.

11-2 충돌점착식(Viscous Impingement Type) 필터

(1) 특징
  ① 비교적 관성이 큰 입자를 여과시킨다.
  ② 비교적 거친 여과장치이다.
  ③ 기름 또는 Grease에 충돌하여 여과한다.
  ④ 기름이 혼입될 수 있으므로 식품관계 공조용으로는 사용하지 않는다.

(2) 종류
  ① 수동 청소형
    (가) 충돌점착식의 일반적 형태
    (나) 여과재 교환형과 유닛 교환형이 있음
  ② 자동 충돌점착식 (자동 청소형)
    (가) 여과재를 이동하는 체인(Chain)에 부착하여 회전시켜가며 여과함
    (나) 하부에 있는 기름통에서 청소하는 비교적 대규모 장치

11-3 건성여과식(Dry Filtration Type) 필터

(1) 여과재의 종류 : 셀룰로오스(Cellulose), 유리섬유(Glass Wool), 특수처리지, 목면(木綿), 毛펠트(Felt) 등

(2) 유닛 교환형
  ① 수동으로 청소, 교환, 폐기하는 형태이다.
  ② 주로 여러 개의 유닛 필터를 프레임에 V자 형태로 조립하여 사용한다.

(3) 자동권취형(Auto Roll Filter) : 자동 회전하여 먼지 회수

① 자동권취형 Air Filter는 일상의 순회점검 및 매월 정기적인 여재의 교체가 필요 없는 제품(자동적으로 롤러가 회전하면서 여과함)이다.
② 용도 및 장소에 따라 내·외장형 및 외부여재 교환형과 2차 필터를 조합한 형태로 구분되며 설치 면적에 의해 종형과 횡형으로 구분되어 목적에 맞게 선택의 폭이 다양하다.
③ 자동적으로 권취되기 때문에 관리비가 적게 들고 연간 유지비용이 절감된다.
④ 자동권취 방식은 시간, 차압, 시간 및 차압 검출에 의한 3가지 방식으로 제어가 가능하고 필터의 교환이 용이하도록 제작되었다.

(4) 초고성능 필터(ULPA Filter)
① 일반적으로 'Absolute Filter', 'ULPA Filter'라고 부른다.
② 이 필터에도 굴곡이 있어서 겉보기 면적의 15~20배 여과면적을 갖고 있다.
③ HEPA Filter는 일반적으로 가스상 오염물질을 제거할 수 없지만, 초고성능 필터는 담배연기 같은 입자에 흡착 혹은 흡수되어있는 가스를 소량 제거할 수 있다.
④ 특징
  (가) 대상분진(입경 $0.1 \sim 0.3\,\mu m$ 의 입자)을 99.9997% 이상 제거한다.
  (나) 초 LSI 제조공장 Clean Bench 등에 사용한다.
  (다) Class 10 이하를 실현시킬 수 있고, Test는 주로 D.O.P Test(계수법)로 측정한다.

(5) 고성능 필터(HEPA Filter ; High Efficiency Particulate Air Filter)
① 정격 풍량에서 미립자 직경이 $0.3\,\mu m$ 의 DOP입자에 대해 99.97% 이상의 입자 포집률을 가지고, 또한 압력 손실이 245 Pa(25 mmH$_2$O) 이하의 성능을 가진 에어 필터이다.
② 분진입자의 크기가 비교적 미세한 분진의 제거용으로 사용되며 주로 병원 수술실, 반도체 Line의 Clean Room 시설, 제약회사 등에서 널리 제작하여 사용한다.
③ 필터의 Test는 D.O.P Test(계수법)로 측정한다.
④ HEPA Filter의 종류
  (가) 표준형 : 24″·24″·11 1/2″(610 mm·610 mm·292 mm)을 기준으로 하여 1 inch Aq /1,250 cfm(25.4 mmAq/31 m^3/min)의 제품
  (나) 다풍량형 : 24″·24″·11 1/2″(610 mm·610 mm·292 mm) 크기로 하여 여재의 절곡수를 늘려 처리 면적을 키운 제품
  (다) 고온용 : 표준형의 성능을 유지하면서 높은 온도에 견딜 수 있도록 제작된 제품

(6) 중성능 필터(Medium Filter)
① 중성능 필터는 고성능 필터의 전처리용으로 사용되며, 건물 혹은 빌딩 A.H.U에는

Final Filter로 널리 사용된다.

② 효율은 비색법으로 나타내고 65%, 85%, 95%가 많이 쓰이며, 여재의 종류는 Bio-Synthetic Fiber, Glass Fiber 등이 널리 사용된다.

(7) Panel Filter(Cartridge Type)

Aluminum Frame에 부직포를 주 재질로 하고 있으나 Frame 및 여재의 선택에 따라 다양하게 제작이 가능하고 가장 널리 사용되는 제품 중 하나이다.

(8) Pre Filter(초급/전처리용)

① 비교적 입자가 큰 분진의 제거 용도로 사용되며 중성능 필터의 전단에 설치하여 필터의 사용기간을 연장시키는 역할을 한다.

② Pre Filter의 선택 여부가 중성능 필터의 수명을 좌우하므로 실질적으로 매우 중요한 역할을 한다.

③ Pre Filter는 미세한 오염입자의 제거효과가 없으므로 중량법에 의한 효율을 기준으로 한다.

④ 종류 : 세척형, 1회용, 무전원정전방식, 자동권취형, 자동집진형 등

> **칼럼**
> 식별 가능 분진 입경 = 10 μm 이상(머리카락은 약 50~100 μm)

11-4 전기집진식 필터(Electric Air Filter)

(1) 고전압(직류 고전압)으로 먼지입자를 대전시켜 집진한다.

(2) 주로 '2단 하전식 집진장치'를 말한다.

(3) 하전된 입자를 절연성 섬유 또는 플레이트에 집진하는 일반형 전기 집진기(Charged Media Electric Air Cleaner)와 강한 자장을 만들고 있는 하전부와 대전한 입자의 반발력과 흡인력을 이용하는 집진부로 된 2단형 전기 집진기(Ionizing Type Electric Air Cleaner)가 있다.

(4) 2단형 전기 집진기는 압력 손실이 낮고 담배 연기 등의 제거 효과가 있다.

① 1단 : 이온화부(방전부, 전리부) → 직류전압 10~13 kV로 하전됨

② 2단 : 집진부(직류전압 약 5~6 kV로 하전된 전극판)

(5) 효율은 비색법으로 85~90% 수준이다.

(6) 세정법

① 자동 세정형 : 하부에 기름탱크를 설치하고, 체인으로 회전

② 여재 병용형(자동 갱신형) : 분진 침적 → 분진응괴 발생 → 기류에 의해 이탈 → 여재에 포착
③ 정기 세정형 : 노즐로 세정수 분사 등

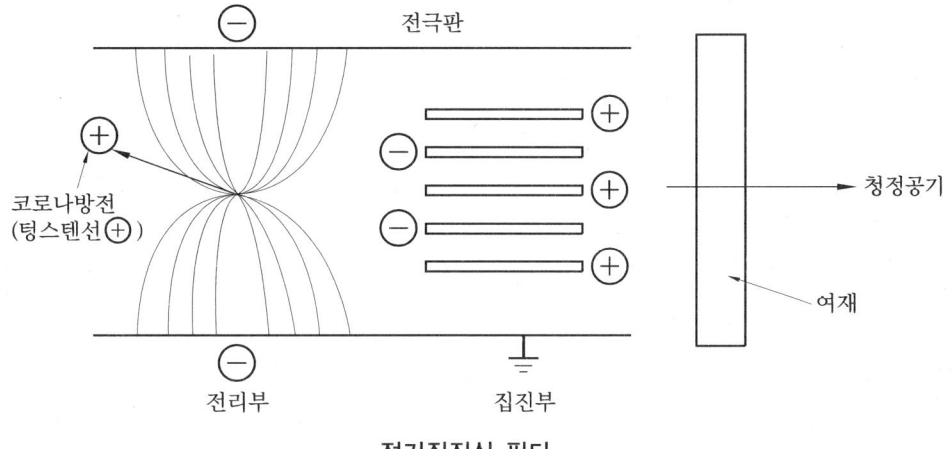

전기집진식 필터

11-5 활성탄 흡착식 (Carbon Filter, 활성탄 필터)

(1) 유해가스, 냄새 등을 제거하는 것이 목적이다.
(2) 냄새 농도의 제거 정도로 효율을 나타낸다.
(3) 필터에 먼지, 분진 등이 많이 끼면 제거효율이 떨어지므로 전방에 프리필터를 설치하는 것이 좋다.

> **핵심해설**
> 공조용 필터는 충돌점착식(수동 청소형 및 자동 청소형), 건성여과식(유닛 교환형, 자동권취형, 고성능, 초고성능, 중성능, Panel Type, 프리필터 등), 전기집진식, 활성탄 흡착식 등으로 나눌 수 있다.

12. Air Filter의 성능 시험방법

12-1 개요

(1) 광의의 에어 필터 개념은 어떠한 유체(공기, 기름, 연료, 물, 기타)를 일정한 시간 내에 일정한 용량을 일정한 크기의 입자로 통과시키는 장치를 말하며, 특히 대기 중에 존재하

는 분진을 제거해 필요에 맞는 청정한 공기를 만들어내는 것을 말한다.
(2) 에어 필터 성능을 시험하기 위하여 중량법, 비색법, 계수법 이외에 압력손실법, Leak Test법 등도 사용된다.

12-2 중량법 : Pre Filter 등

(1) AFI 또는 ASHRAE 규격을 적용하여 시험한다.
(2) AFI와 ASHRAE의 특징은 시험장비가 AFI는 수직으로 되어있고, ASHRAE는 수평으로 되어있으며 분진 공급 장치가 서로 다르다.
(3) 적용대상 분진의 입경은 $1\,\mu m$ 이상으로 되어있고 일반 공조용의 외기 및 실내공기 중의 부유분진 포집용에 적용한다.

(4) 시험방법
① 필터 상류 측에 시험용 필터를, 하류 측에 절대 필터를 설치하여 분진을 공급한 다음 시험용 필터와 절대 필터의 중량 차이로 측정하는 것이다.
② 효율 : $\nu(\%) = w_1/w_2 \times 100$ 으로 표기된다.
  w_1 : 필터가 포집한 분진량(g) w_2 : 공급된 분진량(g)

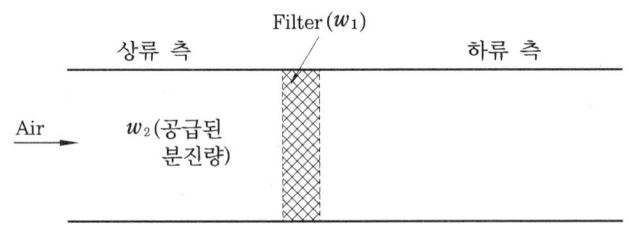

중량법 개념도

12-3 비색법(변색도법) : 중성능 필터 등

(1) 적용대상 분진의 입경은 $1\,\mu m$ 이하로 중고성능용 필터 또는 정전식 Air Filter와 같이 중량법의 포집효율이 95% 이상일 때 적용한다.
(2) NBS(National Bureau of Standard, 비색법)와 ASHRAE 규격을 적용하며, 양 규격 모두 시험장비는 횡형으로 되어있다.

(3) 시험방법
① 시험용 필터를 상류, 하류 측의 중간에 놓고 분진을 통과시킨 다음 빛[光]을 투과시켜서 변색된 상당치를 측정하는 것이다.

② 효율 $v(\%) = \dfrac{c_1 - c_2}{c_1} \times 100$

c_1 : 상류 측 분진 농도 상당치 c_2 : 하류 측 분진 농도 상당치

12-4 계수법(DOP) : 고성능 필터 등

(1) MIL, Std-282에서 규정한 바 있고, 중량법, 비색법에서는 포집률이 100%가 되면 미립자에 대한 높은 포집률의 계산은 불가능하다.
(2) DOP(Di-octyl-phthalate) 에어로졸을 제너레이터 용기에 넣고 열을 가하게 된다.
(3) 에어로졸은 증기화되고 이 증기(DOP증기)는 가열된 기류 속으로 주입되어 혼합실로 보내지게 된다.
(4) 혼합실에서 DOP 증기를 동반한 이 가열공기는 실내온도 정도의 찬 기류와 혼합되고 이것은 증기를 아주 작은 응축액으로 액화시킨다.
(5) 여기서 이 물방울의 크기는 혼합온도에 의해 조절되며 DOP법에 있어 미립자의 크기는 0.3을 만들도록 통제한다.
(6) 이들 미립자는 시험필터 상류 측 기류에 주입되고 시험 중인 필터의 입구, 출구 측 농도는 빛 확산 장치(광산란)에 의해 측정된다.
(7) 사실상 DOP 방법은 미립자수에 의거하여 시험필터 입·출구 쪽 미립자 농도를 비교하는 것으로, 계수법이라 부른다.
(8) 효율 $v(\%) = \dfrac{c_1 - c_2}{c_1} \times 100$

c_1 : 상류 측 분진 농도 상당치 c_2 : 하류 측 분진 농도 상당치

12-5 압력손실법

(1) 시험용 Air Filter의 정격 풍량으로 풍량을 조정하고, 시험 필터 상류의 압력(P_1)과 시험 필터 하류의 압력(P_2)을 측정하여 표시한다.
(2) 압력손실(mmAq) = $P_1 - P_2$

12-6 리크테스트 (Leak Test)

(1) 시험 Air Filter에 면속 0.4~0.5 m/sec로 풍량을 조정하고 상류에 분진(DOP, 대기진, PSL, DEHS, 실리카 등)을 투입하면서 필터의 하류에서 Particle Counter 기계를 이용하여 Probe를 일정 속도로 이동하면서 여재(Media)의 손상이나, Filter Frame과 여재의

접착상태를 확인 Test하는 방법이다.
(2) 'Scan Test법'이라고도 한다.

> **핵심해설**
>
> Air Filter의 성능 시험방법에는 중량법(1 μm 이상), 비색법(1 μm 이하), 계수법(고성능 필터) 등이 있으며, 효율 측정법은 주로 $v(\%) = (c_1 - c_2/c_1) \times 100$ 공식을 사용한다.

13. 실내공기청정기 인증을 위한 성능시험방법

13-1 개요

(1) 공기청정기는 고체입자상의 분진(Dust), 냄새 및 유해가스 등을 포함하는 가스상 또는 미생물의 오염입자들을 제거하는 기기이다.
(2) 공기청정기는 보통 오존 발생량 시험 → 집진시험(포집효율 시험) → 탈취시험의 순으로 진행된다.

13-2 오존발생량 시험법

(1) 시험기기의 위치는 측면 1 m, 바닥 1 m 이격 후 24시간 작동하여 측정한다.
  ① UL 규격 : 50 ppb를 초과하지 않아야 함
  ② 한국 규격(권고기준) : 60 ppb를 초과하지 않아야 함(단, 실내주차장은 80 ppb 이하)
(2) 정전, 플라즈마, UV 광촉매, 클러스터 등의 반응 시 인체에 유해한 오존 발생에 대한 시험법이다.

13-3 입자상물질 포집효율(집진효율) 성능시험법

(1) 한국산업규격(KS)과 한국 공기청정협회 규격에서 규정하는 비색법, 계수법 등이 있다 (계수법이 더 많이 사용된다).
(2) 측정법

$$\text{포집효율 } v(\%) = \frac{c_1 - c_2}{c_1} \times 100$$

c_1 : 상류 측 분진 농도 상당치 c_2 : 하류 측 분진 농도 상당치

13-4 탈취효율 성능시험법

탈취효율의 시험용 가스로는 암모니아, 아세트알데히드, 초산 등이 사용된다.

(1) 오염 가스 제거율

$$\eta_i = (1 - C_i.30/C_i.0) \times 100$$

η_i : 제거율(%) $C_i.30$: 운전 30분 후 i 가스 농도(ppm)
$C_i.0$: 운전 전 초기 i 가스 농도(ppm)

(2) 탈취효율

$$\eta_T = (\eta_1 + 2\eta_2 + \eta_{\eta 3})/4$$

η_T : 탈취효율(%) η_1 : 암모니아 제거율(%)
η_2 : 아세트알데히드 제거율(%) η_3 : 초산 제거율(%)

> **핵심해설**
> 일반적인 공기청정기 시험순서는 보통 오존 발생량 시험 → 집진시험(포집효율 시험) → 탈취시험 등의 순으로 진행된다.

14. 환기효율 및 공기연령(Age of Air)

14-1 개요

(1) 실내 공간에서 발생된 오염공기는 신선 급기의 유동과 확산에 의해 희석되며, 이 혼합공기는 환기설비에 의해서 배출 제거됨으로써 이용자들에게 보다 적합한 환경을 제공하게 된다.
(2) 실내환기에 대한 효과는 공기 교환율뿐만 아니라 실내기류 분포에 의한 환기효율에 의하여 결정된다.
(3) 환기 대상공간에서는 급·배기구의 위치, 환기형태, 풍속 등에 따라 실내의 기류분포가 달라진다. 이로 인하여 실내환경에 많은 영향을 미친다.
(4) 환기효율은 농도비, 농도감소율, 공기연령 등에 의해 정의할 수 있다.

14-2 정의

(1) 농도비에 의한 정의
① 주로 실내의 오염의 정도를 나타내는 용어이다.

② 배기구에서의 오염농도와 실내 오염농도의 비율을 말한다.
③ 실내의 기류상태나 오염원의 위치에 따라 다른 단점이 있다.

(2) 농도감소율에 따른 정의
① 환기횟수를 표시하는 데 적합한 용어이다.
② 완전 혼합 시의 농도감소율과 실내 오염농도의 감소율의 비율을 말한다.
③ 농도 감소 초기에는 감소율이 시간에 따라 변화한다(비정상 상태에서의 농도 측정 필요).
④ 일정시간 경과 후에는 농도감소율이 위치에 관계없이 거의 일정해진다.

(3) 공기연령에 의한 정의
① 명목시간상수와 공기연령의 비율을 말한다.
② 이 방법 역시 비정상상태에서의 농도 측정이 필요하다.
③ 계산절차가 다소 복잡하다.
④ 오염원의 위치에 무관하게 실내의 기류상태에 의해 환기효율을 결정할 수 있다.
⑤ ASAE 및 AIVC 등 국내·외에 걸쳐 사용되고 있다.
⑥ 주로 실내로 급기되는 신선외기의 실내 분배능력(급기효율)을 나타내며, 실내 발생 오염물질의 제거능력을 표기하는 용어로서는 적합하지 못하다.

(4) 바람직한 환기효율의 정의
급기효율의 개념과 배기효율의 개념 접목이 필요하다. 즉 상기의 공기연령에 의한 정의(급기효율)와 더불어 실내에서 발생하는 오염물질을 제거하는 능력(배기효율)으로서 정의되어야 한다.

14-3 공기연령, 잔여체류시간, 환기횟수, 명목(공칭)시간상수

(1) 공기연령
① 유입된 공기가 실내의 어떤 한 지점에 도달할 때까지 소요된 시간(그림 1)
② 각 공기입자의 평균 연령값을 '국소평균연령'(LMA ; Local Mean Age)이라 한다.
③ 각 국소평균연령을 실(室) 전체 평균한 값을 '실평균연령'(RMA ; Room Mean Age)이라 한다.
④ 실내로 급기되는 신선외기의 실내 분배능력을 정량화하는 데 사용된다.

(2) 잔여체류시간
① 실내의 어떤 한 지점에서 배기구로 빠져나갈 때까지 소요된 시간(그림 1)
② 각 공기입자의 평균 잔여체류시간을 국소평균 '잔여체류시간'(LMR ; Local Mean Residual Life Time)이라 한다.

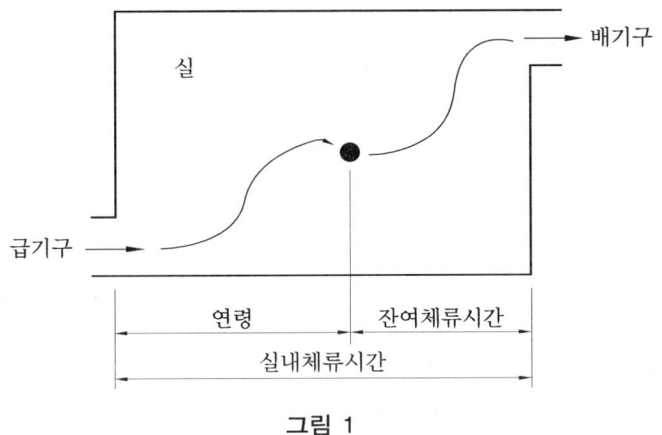

그림 1

③ 각 국소평균 잔여체류시간을 실(室) 전체 평균한 값을 실평균 '잔여체류시간'(RMR ; Room Mean Residual Life Time)이라 한다.
④ 오염물질을 배기하는 능력을 정량화하는 데 사용된다.

(3) 환기횟수
① 1시간 동안의 그 실의 용적만큼의 공기가 교환되는 것을 환기횟수 1회라고 정의한다.
② 일반적인 생활공간의 환기횟수는 약 1회 정도이며, 환기연령은 1시간이 된다(화장실이나 주방은 환기횟수 10회 정도가 바람직하다).

(4) 명목(공칭)시간상수(Nominal Time Constant)
① 명목(공칭)시간상수는 시간당 환기횟수에 반비례한다(환기횟수의 역수로서 시간의 차원을 가진다).
② 명목시간상수 계산식

$$\tau = V/Q$$

τ : 명목시간상수 V : 실의 체적 Q : 풍량(환기량)

14-4 국소 급기효율과 국소 배기효율

(1) 국소 급기효율(국소 급기지수)
명목시간상수와 국소평균 연령의 비율(100% 이상 가능)

$$\text{국소 급기효율} = \tau/\text{LMA} = V/(Q \cdot \text{LMA})$$

(2) 국소 배기효율(국소 배기지수)
명목시간상수와 국소평균 잔여체류시간의 비율(100% 이상 가능)

$$국소 \ 배기효율 = \tau/\text{LMR} = V/(Q \cdot \text{LMR})$$

14-5 환기효율 (공기연령에 의한 급기효율 및 배기효율에 의한 정의)

(1) **실평균 급기효율** : 상기 국소급기효율을 실 전체 공간에 대하여 평균한 값
(2) **실평균 배기효율** : 상기 국소배기효율을 실 전체 공간에 대하여 평균한 값
(3) 실평균 급기효율은 실평균 배기효율과 동일하므로 합쳐서 실평균 환기효율 혹은 환기효율이라고 부른다. 즉, 환기효율 = 실평균 급기효율 = 실평균 배기효율

14-6 환기효율 및 공기연령의 응용

(1) 바닥분출 공조시스템은 냉방인 경우 실내의 온도 분포가 성층화되어 변위환기가 이루어지므로 실 전체의 환기효율이 좋게 나타난다(국소평균연령도 전체적으로 감소된다).
(2) 일반적으로 환기량이 증가할수록 평균연령은 감소하나 환기효율은 크게 변화하지 않는다.
(3) 효과적인 환기시스템을 설계하기 위해서는 정확한 환기설비의 효율평가에 의한 채택이 요구된다.

> **핵심해설**
> ★ 바람직한 환기효율의 정의는 공기연령에 의한 정의(급기효율)와 더불어 실내에서 발생하는 오염물질을 제거하는 능력(배기효율)으로서 정의되어야 한다.
> ★ **환기효율 계산** : 명목시간상수와 실평균 연령 혹은 실평균 잔여체류시간의 비율로 계산한다.

15. 환기효율 측정법(농도변화 측정)

15-1 개요

(1) 실평균 연령이나 실평균 잔여체류시간을 산정하기 위해서는 추적가스를 이용하여 농도 변화를 측정하는 과정이 필요하게 된다.
(2) 농도 변화를 측정하는 주된 방법으로는 펄스법, 체강법, 체승법 등이 사용된다.

15-2 펄스법 (Pulse Method)

(1) 추적가스(트레이서 가스)를 짧은 시간에 급기공기에 주입하여 실내의 임의의 위치에서 농도 변화를 측정하는 방법을 말한다.
(2) 초기 주입 시 농도가 상승하고, 이후 최대치에 이르며, 다시 감소하여 초기상태로 되돌아온다.
(3) 비용이 적게 들지만 평균연령 계산 시 오차 발생이 클 수 있다.

> **칼럼**
>
> 트레이서 가스
> 1. 이산화탄소, 에틸렌, 육불화유황 등의 가스를 사용한다.
> 2. 실내 공간에 방출하여 농도나 변화 상태를 측정하는 실험법에 사용한다.
> 3. 가스의 상태 분석에는 주로 '멀티 가스 모니터'를 이용한다.

15-3 체강법 (Step Down Method)

(1) 초기에 추적가스 주입 후 실내농도가 균일한 상태에서 더 이상의 추적가스 주입 없이 실내 어느 위치에서의 농도 변화를 측정한다.
(2) 이후 신선 급기의 연속 공급을 통하여 농도를 감쇄시킨 후 정상상태에 도달하는 시간과 농도를 기준으로 연령과 체류시간을 산정한다.
(3) 침기에 의한 영향을 받지 않으므로 매우 안정적이다.
(4) 시험 초기 실내공기를 완전히 혼합시킨 상태에서 시험해야 한다.

15-4 체승법 (Step Up Method)

(1) 추적가스를 일정한 비율로 연속적으로 급기공기에 주입하면서, 실내의 임의의 위치에서 농도 변화를 측정한다.
(2) 이후 정상상태에 도달하는 시간과 농도를 기준으로 연령과 잔여체류시간을 산정한다.
(3) 다량의 추적가스가 필요하다.

> **핵심해설**
>
> 환기효율 계산을 위해 실평균 연령이나 실평균 잔여체류시간을 산정하기 위해서는 추적가스(트레이서 가스)를 이용하여 농도 변화를 측정하는 펄스법, 체강법, 체승법 등이 사용된다.

16. 미세분진(PM10)

16-1 정의

(1) 영어 원어로 'Particulate Matter less than 10 μm'라고 표기한다.
(2) 따라서 '입자의 크기가 10 μm 이하인 미세먼지'를 의미한다.

16-2 영향 및 적용

(1) 호흡기, 눈질환, 코질환, 진폐증, 폐암 유발도 가능하다고 보고되므로, 고성능 필터를 이용한 필터링이 필요하다.
(2) 가정용으로 사용되는 청소기의 경우 성능이 나쁜 것은 배출되는 공기 중 이러한 PM10이 상당량 포함되어있어 가족 구성원의 건강을 오히려 해칠 수 있으므로 구입 시 주의를 요한다는 보고가 있다.
(3) 국가 대기환경기준으로는 연평균 50 $\mu g/m^3$ 이하, 24시간 평균 100 $\mu g/m^3$ 이하를 기준으로 하고 있다(WHO 권고기준은 연평균 20 $\mu g/m^3$ 이하, 24시간 평균 50 $\mu g/m^3$ 이하이다).
(4) **TSP(Total Suspended Particles)** : '총부유분진'이라고 하며, 입경에 관계없이 부유하는 모든 먼지를 말하는 용어이다(10 μm 이상에서는 인체에 미치는 영향이 적다고 하여 1990년대 후반부터 TSP에서 PM10으로 환경기준을 변경하였다).

Quiz

PM2.5란?
1. '입자의 크기가 2.5 μm 이하인 미세먼지'를 의미한다.
2. 건강에 미치는 영향도 PM10보다 오히려 커질 수 있다.
3. 선진국에서는 1990년대 초부터 이 규제를 이미 도입하고 있었으나, 국내에서는 2015년부터 관련법이 적용되고 있다.
4. 국내 환경기준은 연 평균 25 $\mu g/m^3$ 이하, 24시간 평균 50 $\mu g/m^3$ 이하이다.
5. WHO 권고기준은 연평균 10 $\mu g/m^3$ 이하, 24시간 평균 25 $\mu g/m^3$ 이하로 훨씬 더 엄격하다.

17. Good Ozone과 Bad Ozone

17-1 Good Ozone

(1) 오존은 성층권의 오존층에 밀집되어있고, 태양광 중의 자외선을 거의 95~99% 차단(흡

수)하여 피부암, 안질환, 돌연변이 등을 방지해준다.
(2) **오존발생기** : 살균작용(풀장의 살균 등), 정화작용 등의 효과가 있다.
(3) **오존 치료 요법** : 인체에 산소를 공급하는 치료 기구에 활용된다.
(4) 기타 산림지역, 숲 등의 자연상태에서 자연적으로 발생하는 오존(산림지역에서 발생한 산소가 강한 자외선을 받아 높은 농도의 오존 발생)은 해가 적고, 오히려 인체의 건강에 도움을 주는 것으로 알려졌다.

17-2　Bad Ozone

(1) **자동차 매연에 의해 발생한 오존** : 오존보다 각종 매연 그 자체가 오히려 더 큰 문제이다(오존은 살균, 청정 작용 후 바로 산소로 환원된다).
(2) 밀폐된 공간에서 오존을 장시간 접촉하거나 직접 호기하면 눈, 호흡기, 폐질환 등을 유발할 수 있다고 알려졌다.

17-3　참조 : 대기권의 구조

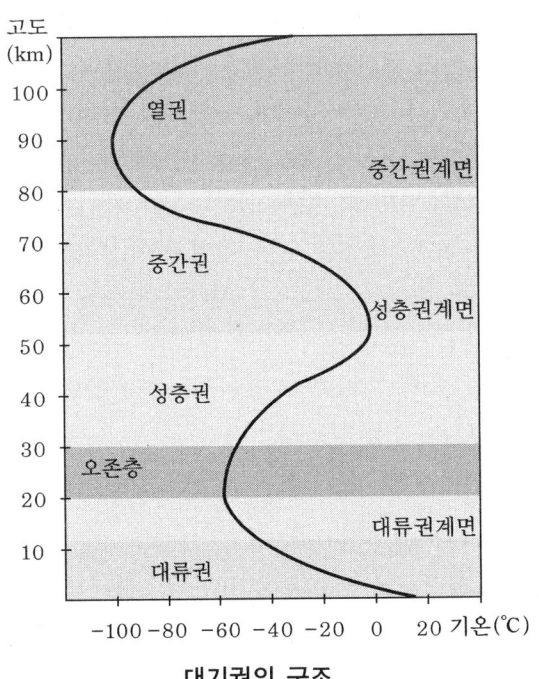

대기권의 구조

> **핵심해설**
> 성층권에 밀집되어 자외선 차단, 의료용, 살균용 등의 효과를 가진 오존을 'Good Ozone'이라 하고, 자동차 매연에 의해 발생한 오존, 밀폐된 공간의 오존 등은 'Bad Ozone'이라 한다.

18. 온돌 및 난방설비의 설치기준
건축물의 설비기준 등에 관한 규칙 제4조 제1항 관련

18-1 온수온돌

(1) '온수온돌'이란 보일러 또는 그 밖의 열원으로부터 생성된 온수를 바닥에 설치된 배관을 통하여 흐르게 하여 난방을 하는 방식을 말한다.

(2) 온수온돌은 바탕층, 단열층, 채움층, 배관층(방열관 포함) 및 마감층 등으로 구성된다.

상부 마감층
배관층(방열관)
채움층
단열층
바탕층

① '바탕층'이란 온돌이 설치되는 건축물의 최하층 또는 중간층의 바닥을 말한다.
② '단열층'이란 온수온돌의 배관층에서 방출되는 열이 바탕층 아래로 손실되는 것을 방지하기 위하여 배관층과 바탕층 사이에 단열재를 설치하는 층을 말한다.
③ '채움층'이란 온돌구조의 높이 조정, 차음성능 향상, 보조적인 단열기능 등을 위하여 배관층과 단열층 사이에 완충재 등을 설치하는 층을 말한다.
④ '배관층'이란 단열층 또는 채움층 위에 방열관을 설치하는 층을 말한다.
⑤ '방열관'이란 열을 발산하는 온수를 순환시키기 위하여 배관층에 설치하는 온수배관을 말한다.
⑥ '마감층'이란 배관층 위에 시멘트, 모르타르, 미장 등을 설치하거나 마루재, 장판 등 최종 마감재를 설치하는 층을 말한다.

(3) 온수온돌의 설치 기준

① 단열층은 제21조 제1항 제1호(건축물의 열손실 방지를 위한 열관류율)에 따른 기준에 적합하여야 하며, 바닥난방을 위한 열이 바탕층 아래 및 측벽으로 손실되는 것을 막을 수 있도록 단열재를 방열관과 바탕층 사이에 설치하여야 한다. 다만, 바탕층의 축열을 직접 이용하는 심야전기이용 온돌(「한국전력공사법」에 따른 한국전력공사의 심야전력 이용기기 승인을 받은 것만 해당하며, 이하 "심야전기이용 온돌"이라 한다)의 경우에는 단열재를 바탕층 아래에 설치할 수 있다.
② 배관층과 바탕층 사이의 열저항은 층간 바닥인 경우에는 해당 바닥에 요구되는 열관

류저항(별표에 따른 열관류율의 역수를 말한다. 이하 같다)의 60% 이상이어야 하고, 최하층 바닥인 경우에는 해당 바닥에 요구되는 열관류저항이 70% 이상이어야 한다. 다만, 심야전기이용 온돌의 경우에는 그러하지 아니하다.
③ 단열재는 내열성 및 내구성이 있어야 하며 단열층 위의 적재하중 및 고정하중에 버틸 수 있는 강도를 가지거나 그러한 구조로 설치되어야 한다.
④ 바탕층이 지면에 접하는 경우에는 바탕층 아래와 주변 벽면에 높이 10 cm 이상의 방수처리를 하여야 하며, 단열재의 윗부분에 방습처리를 하여야 한다.
⑤ 방열관은 잘 부식되지 아니하고 열에 견딜 수 있어야 하며, 바닥의 표면온도가 균일하도록 설치하여야 한다.
⑥ 배관층은 방열관에서 방출된 열이 마감층 부위로 최대한 균일하게 전달될 수 있는 높이와 구조를 갖추어야 한다.
⑦ 마감층은 수평이 되도록 설치하여야 하며, 바닥의 균열을 방지하기 위하여 충분하게 양생하거나 건조시켜 마감재의 뒤틀림이나 변형이 없도록 하여야 한다.
⑧ 한국산업규격에 따른 조립식 온수온돌판을 사용하여 온수온돌을 시공하는 경우에는 상기의 규정을 적용하지 아니한다.
⑨ 해당 정부부처에서는 상기에서 규정한 것 외에 온수온돌의 설치에 관하여 필요한 사항을 정하여 고시할 수 있다.

18-2 구들온돌

(1) '구들온돌'이란 연탄 또는 그 밖의 가연물질이 연소할 때 발생하는 연기와 연소열에 의하여 가열된 공기를 바닥 하부로 통과시켜 난방을 하는 방식을 말한다.
(2) 구들온돌은 아궁이, 환기구, 공기흡입구, 고래, 굴뚝 및 굴뚝목 등으로 구성된다.
  ① '아궁이'란 연탄이나 목재 등 가연물질의 연소를 통하여 열을 발생시키는 부위를 말한다.
  ② '환기구'란 아궁이가 설치되는 공간에서 연탄 등 가연물질의 연소를 통하여 발생하는 가스를 원활하게 배출하기 위한 통로를 말한다.
  ③ '공기흡입구'란 아궁이가 설치되는 공간에서 연탄 등 가연물질의 연소에 필요한 공기를 외부에서 공급받기 위한 통로를 말한다.
  ④ '고래'란 아궁이에서 발생한 연소가스 및 가열된 공기가 굴뚝으로 배출되기 전에 구들 아래에서 최대한 균일하게 흐르도록 하기 위하여 설치된 통로를 말한다.
  ⑤ '굴뚝'이란 고래를 통하여 구들 아래를 통과한 연소가스 및 가열된 공기를 외부로 원활하게 배출하기 위한 장치를 말한다.
  ⑥ '굴뚝목'이란 고래에서 굴뚝으로 연결되는 입구 및 그 주변부를 말한다.

(3) 구들온돌의 설치 기준

① 연탄아궁이가 있는 곳은 연탄가스를 원활하게 배출할 수 있도록 그 바닥면적의 10분의 1 이상에 해당하는 면적의 환기용 구멍 또는 환기설비를 설치하여야 하며, 외기에 접하는 벽체의 아랫부분에는 연탄의 연소를 촉진하기 위하여 지름 10 cm 이상 20 cm 이하의 공기흡입구를 설치하여야 한다.

② 고래바닥은 연탄가스를 원활하게 배출할 수 있도록 높이/수평거리가 1/5 이상이 되도록 하여야 한다.

③ 부뚜막식 연탄아궁이에 고래로 연기를 유도하기 위하여 유도관을 설치하는 경우에는 20° 이상 45° 이하의 경사를 두어야 한다.

④ 굴뚝의 단면적은 150 cm² 이상으로 하여야 하며, 굴뚝목의 단면적은 굴뚝의 단면적보다 크게 하여야 한다.

⑤ 연탄식 구들온돌이 아닌 전통 방법에 의한 구들을 설치할 경우에는 ①부터 ④까지의 규정을 적용하지 아니한다.

⑥ 해당 정부부처는 ①부터 ⑤까지에서 규정한 것 외에 구들온돌의 설치에 관하여 필요한 사항을 정하여 고시할 수 있다.

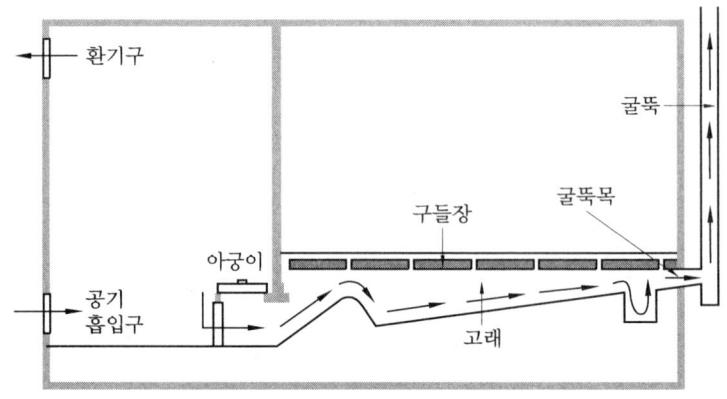

구들온돌

> **개별난방설비(건축물의 설비기준 등에 관한 규칙)**
> 1. 공동주택과 오피스텔의 난방설비를 개별난방방식으로 하는 경우에는 다음 각 호의 기준에 적합하여야 한다.
>   (1) 보일러는 거실 외의 곳에 설치하되, 보일러를 설치하는 곳과 거실 사이의 경계벽은 출입구를 제외하고는 내화구조의 벽으로 구획할 것
>   (2) 보일러실의 윗부분에는 그 면적이 0.5 m² 이상인 환기창을 설치하고, 보일러실의 윗부분과 아랫부분에는 각각 지름 10 cm 이상의 공기흡입구 및 배기구를 항상 열려있는 상태로 바깥공기에 접하도록 설치할 것. 다만, 전기보일러의 경우에는 그러하지 아니하다.

(3) 보일러실과 거실 사이의 출입구는 그 출입구가 닫힌 경우에는 보일러가스가 거실에 들어갈 수 없는 구조로 할 것
(4) 기름보일러를 설치하는 경우에는 기름저장소를 보일러실 외의 다른 곳에 설치할 것
(5) 오피스텔의 경우에는 난방구획마다 내화구조로 된 벽·바닥과 갑종방화문으로 된 출입문으로 구획할 것
(6) 보일러의 연도는 내화구조로서 공동연도로 설치할 것
2. 가스보일러에 의한 난방설비를 설치하고 가스를 중앙집중공급방식으로 공급하는 경우에는 제1항의 규정에 불구하고 가스관계법령이 정하는 기준에 의하되, 오피스텔의 경우에는 난방구획마다 내화구조로 된 벽·바닥과 갑종방화문으로 된 출입문으로 구획하여야 한다.

19. 외기 엔탈피 제어방법과 백화점 외기냉방 제어의 타당성

19-1 외기 엔탈피 제어방법(부하의 억제)

(1) 개요
① 외기냉방을 행하기 위해 엔탈피 컨트롤(Enthalpy Control)을 시행하는 방법이다.
② 주로 동계 혹은 중간기에 내부 Zone 혹은 남측 Zone에 생기는 냉방부하를 외기를 도입하여 처리하는 방법으로 에너지 절약 차원에서 많이 응용되고 있다.
③ 전수(全水) 공조방식에서는 '외기 냉수냉방'을 동일한 목적으로 사용 가능하다.

(2) 외기 취입방법
① 외기의 현열 이용방식 : 실내온도와 외기온도를 비교하여 외기량을 조절한다.
② 외기의 전열 이용방식 : 실내 엔탈피와 외기 엔탈피를 비교하여 외기량을 조절한다.

(3) 그림

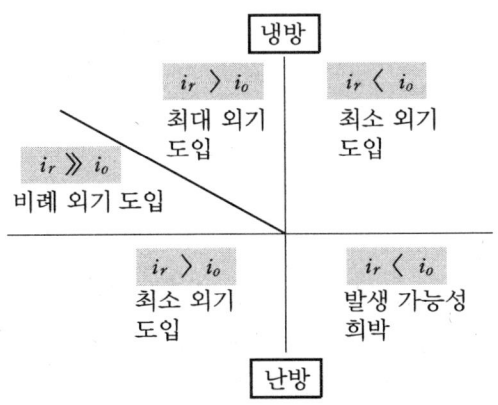

외기 엔탈피 제어방법

(4) CO_2 제어방법 : CO_2 감지센서를 장착하여, 법규상 1,000 ppm 혹은 필요 CO_2 농도를 유지하도록 자동제어하는 방식이다(에너지 절약 차원에서 불필요하게 과다한 외기도입량을 줄일 수 있다).

(5) 전열교환기 혹은 현열교환기를 이용한 폐열회수 : 환기를 위해 버려지는 배기에 대해 열교환 방법으로 폐열을 회수하는 장치이다.

(6) Run Around를 이용한 폐열회수 : 열교환기를 설치하고 Brine 등을 순환시켜 폐열을 회수하는 방법이다.

(7) 우리나라 기후에서 '외기냉방'의 가능성
① 봄, 가을, 겨울에 외기온도는 대개 실내온도보다 낮다.
② 점차 실내 냉방부하가 많이 발생(건물의 기밀성 증가, 사무용 전산기기 증가 등)한다.
③ 실내오염 심해짐 : 각종 기구, OA기기 등의 영향
※ 따라서 외기냉방은 에너지 절약 및 환기 차원에서 충분한 가능성이 있다.

19-2 백화점에서 외기냉방 적용의 타당성

(1) 여름뿐만 아니라, 연중 냉방부하가 많이 발생한다.
(2) 많은 재실인원으로 환기량이 많이 필요하다.
(3) 분진 등이 많이 발생한다(고청정 및 환기량 증가 필요).
(4) 에너지 다소비형 건물이며, 에너지 절감이 절실하다.
(5) 존별 특성이 뚜렷하여 외기엔탈피 제어가 용이하다.
(6) 잠열부하가 큰 편이다.
(7) 실내 발생 부하가 크고, 국부적 환기도 필요하다.
(8) 부하변동이 심하다(저부하 시 특히 효과적).

> **핵심해설**
>
> **에너지 절약적 외기냉방 방법** : 에너지 절약적 외기냉방의 종류에는 외기 전열 이용방식(Enthalpy Control), 외기 현열 이용방식, CO_2 제어방법, 기타(전열교환기 이용 방법, Run Around 방식) 등이 있다.

> **Quiz**
>
> 규모가 큰 공조건물의 천장에 겨울철 결로가 발생하는 이유와 해결 방안은?
> 1. 규모가 큰 건물일수록 겨울철 천장에 결로가 발생하는 경우가 많다.
> 2. 그 이유로는 원활한 환기의 기술적 난이, 그로 인한 기류의 정체, 구조체 야간냉각 등을 들 수 있다.

3. 건축물 겨울철 천장 결로에 대한 원인 및 대책

항 목	원 인	대 책
환기 부족	창 측에서 멀어질수록 내부의 환기가 부족해지기 쉬움	공조기 흡입구 배치와 충분한 환기량 확보
기류 정체	대류가 원활하지 못함	실내기류를 원활히 하고, 최소풍속 이상으로 유지
인원 및 사무실 집중	냉난방부하 증가(잠열 및 현열부하 증가)	별도의 조닝으로 내부 존의 부하를 충분히 처리
구조체 야간 냉각	건물 구조체가 야간 냉각 후 축열이 이루어져 한동안 냉각되어있음	예열, 야간 Set-back 운전 등 실시
일사 침투 부족 (고습)	일사가 내부까지 침투하지 못해 고습한 상태를 오래 유지	일사가 내부 깊숙이 침투될 수 있도록 아트리움, 주광조명(채광) 고려 등 건물 구조적으로 고려

20. 전열교환기(HRV, ERV)

20-1 정의

(1) HRV[Heat Recovery(Reclaim) Ventilator] 혹은 ERV[Energy Recovery(Reclaim) Ventilator]라고도 불린다.
(2) 전열교환기는 배기되는 공기와 도입 외기 사이에 열교환을 통하여 배기가 지닌 열량을 회수하거나 도입 외기가 지닌 열량을 제거하여 도입 외기부하를 줄이는 장치로서 일종의 '공기 대 공기 열교환기'이다.

20-2 특징

(1) 공기 대 공기 열교환기의 일종이며, 외기 Peak 부하 감소로 열원기기용량 감소, 설비비 상쇄와 운전비 절약의 장점이 있다.
(2) 배기가 지닌 열과 습기를 회수하여 급기 측으로 옮겨주는 원리이다.
(3) 전열교환기는 에너지 절감을 기하고자 하는 일반 건물, 고급 빌라, 고층 아파트 등 다양한 건물에 적용되고 있다.
(4) 열회수 환기방식 종류로는 현열교환기와 전열교환기가 있으며 전열교환기는 고정식과 회전식이 있다.

(5) 약 70% 이상의 에너지 회수가 가능하여 운전비 절감에 크게 기여한다.

20-3 종류

(1) 회전식 전열교환기
① 흡착제(제올라이트, 실리카겔 등)를 침착시킨 로터(허니콤상 로터)의 저속회전에 의해 현열 및 잠열 교환이 이루어진다.
② 흡습제(염화리튬 침투판)를 사용한다.
③ 구동방식에 따라 벨트구동과 체인구동 방식이 있다.

(2) 고정식 전열교환기
① 펄프 재질 등의 특수가공지로 만들어진 필터에서 대향류 혹은 직교류 형태로 현열교환 및 물질교환이 이루어진다.
② 잠열효율이 떨어져 주로 소용량으로 사용한다.
③ 박판소재의 흡습제로 염화리튬을 사용하는 경우도 있다.
④ 교대 배열 방법으로 열교환 효율을 높인다.

(3) 계통도
전열교환기의 위치에 따라 공조기 내장형 혹은 외장형의 두 가지 형태가 있다(계통도는 동일).

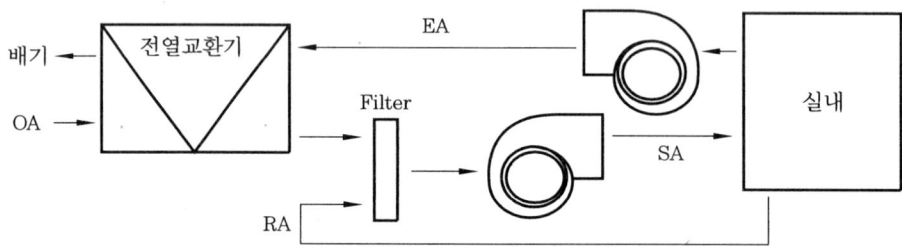

전열교환기 개통도(공조기 내장형 혹은 외장형)

20-4 효율

(1) 겨울철(난방)

$$\eta_h = \frac{\Delta h_o}{\Delta h_e} = \frac{(h_{o_2} - h_{o_1})}{(h_{e_1} - h_{o_1})}$$

(2) 여름철(냉방)

$$\eta_c = \frac{\Delta h_o}{\Delta h_e} = \frac{(h_{o_1} - h_{o_2})}{(h_{o_1} - h_{e_1})}$$

20-5 겨울철, 여름철 사용 시 개요도

(1) 겨울철

(실내)배기 $h_{e_1} \rightarrow h_{e_2}$ (실외) : 열전달

(실외)외기 $h_{o_1} \rightarrow h_{o_2}$ (실내) : Heating(열취득)

(2) 여름철

(실외)외기 $h_{o_1} \rightarrow h_{o_2}$ (실내) : Cooling(냉각)

(실내)배기 $h_{e_1} \rightarrow h_{e_2}$ (실외) : 열흡수 후 배출

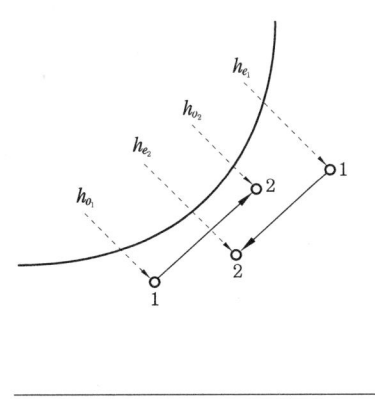
겨울철

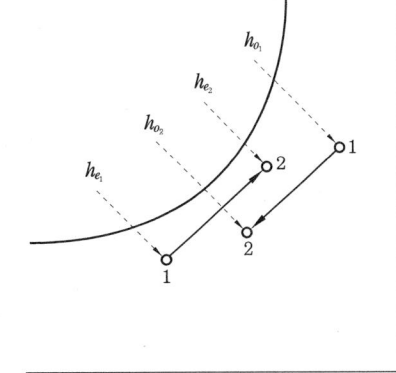
여름철

20-6 설치 시 유의사항

(1) 전열교환기와 급기, 배기팬과의 운전은 Inter-Lock 하여 모터 정지 중에는 통풍시키지 않도록 한다.
(2) 외기 및 환기에는 필터를 설치한다.
(3) Gallery로부터 침입한 빗방울이 모터까지 비산하지 않도록 하며 외기 흡입구에는 큰 먼지나 빗방울의 유입을 방지하기 위하여 유입속도를 2 m/sec 이하로 한다.
(4) 모터 점검을 위하여 전열교환기 전후에 점검구를 설치한다.
(5) Rotor면의 풍속 조절은 가능한 한 작게 되도록 한다.

(6) 급기, 배기의 바람의 흐름은 대향류(Counter Flow)가 되도록 한다.
(7) 중간기용으로 Bypass Duct를 설치한 경우 급기, 배기 덕트를 모두 시공한다.
(8) Casing은 가급적 수직으로 설치한다. 수평으로 설치 시에는 하중이 걸리지 않도록 하여 주고 하부 받침대는 하중분포가 일정하게 분산되도록 한다.
(9) Bearing 받침대에는 최대 휨이 1 mm 이하가 되도록 보강대를 설치해야 한다.
(10) **전동기의 주위 온도** : 전동기에는 과열 방지장치가 내장되어있어 주로 40℃ 이하(공기 온도)에서 운전되게 제작되나 전열교환기의 급기나 배기 어느 한쪽이 40℃ 이상이 될 경우, 차가운 쪽에 전동기를 위치시키며 열기가 침입하지 않도록 한다.
(11) 급기, 배기 온도가 모두 40℃ 이상인 특수한 경우에는 별도의 전동기 냉각용 송풍기를 설치하든가 전동기를 전열기 Casing 외부에 설치하도록 한다.
(12) **전열교환기의 동결 방지** : 한랭지에서는 전열교환기가 결빙될 수 있으므로 예열히터 등을 사용해야 하는데, 이때 예열히터의 부착위치는 외기가 전열교환기로 들어가는 입구에 주로 설치한다.

20-7 전열교환기의 중간기 운전방법

(1) 봄, 가을에 외기 냉방 시 전열교환기를 운전하면, 실온보다 낮은 외기가 전열교환기에서 실내 배기와 열교환함으로써 데워진 후 실내에 급기된다(따라서 제대로 된 냉방을 할 수 없다).
(2) 이 문제를 해결하기 위하여 전열교환기를 운전정지하거나, Bypass Duct를 설치하여 열교환을 하지 못하게 한다.
(3) 이때 회전형 전열교환기에서는 장시간 운전정지 시 통풍으로 인하여 모터의 회전부에 먼지가 막힐 수 있으므로 타이머로 간헐운전(On/Off 제어)을 해주는 것이 좋다.

20-8 국내외 동향

(1) 전열교환기는 에너지 절약 차원에서 많이 각광받고 있으며(현열 및 잠열 교환 가능), 국내·외 환기 관련법 제정을 통하여 설치를 많이 유도하고 있다.
(2) 고정식 및 회전식은 서로 장/단점을 가지고 있으나, 고정식은 크기가 크고 입출구 덕트 연결부가 복잡하고 설비 공간이 커지기 때문에, 대규모의 시스템일수록 회전식이 더 많이 사용되고 있다.

> **핵심해설**
> ★ 전열교환기는 폐열회수 효과가 뛰어나 수년 내 초기투자비(기계 가격, 설치비 등)를 회수할 수 있는 큰 장점이 있으며, 종류는 회전식, 고정식으로 대별된다.
> ★ **습도 조절 역할** : 전열교환기는 냉방 시에는 제습부하, 난방 시에는 가습부하를 경감시켜주는 역할도 한다.

예·상·문·제

1. 실내허용농도 1,000 ppm, 신선 외기농도 400 ppm, 1인당 CO2 발생량 17 l/hr일 때 필요 환기량은?

㉮ 28.3 ㉯ 29.3
㉰ 30.5 ㉱ 31.5

[해설] 실내의 오염농도 제거에 의한 공식에 대입하면
$Q = M/(C_i - C_o) = 0.017/(0.001 - 0.0004)$
$\fallingdotseq 28.3 \, m^3/hr$

2. 환기의 종류에 대한 구분법으로 가장 적당하지 않은 것은?

㉮ 제1종 환기, 제2종 환기, 제3종 환기, 제4종 환기
㉯ 기계환기, 자연환기
㉰ 전체환기, 희석환기
㉱ 일반환기, 하이브리드 환기

[해설] 전체환기와 희석환기는 같은 용어이므로, '전체(희석)환기-국소환기'로 고쳐야 한다.

3. 신축공동주택의 실내공기질 측정항목이 아닌 것은?

㉮ 포름알데히드 ㉯ 에틸벤젠
㉰ 자일렌 ㉱ 라돈

[해설] • 라돈은 신축공동주택이 아니라, 다중이용시설에서의 실내공기질 측정항목이다.
• 신축공동주택의 실내공기질 측정항목(6가지): 포름알데히드, 벤젠, 톨루엔, 에틸벤젠, 자일렌, 스티렌

4. 필요 환기량 혹은 환기설비와 관련하여 틀리게 기술된 것을 고르면?

㉮ 신축 또는 리모델링하는 100세대 이상의 공동주택은 시간당 0.5회 이상의 환기가 이루어져야 한다.
㉯ 주택을 주택 외의 시설과 동일건축물로 건축하는 경우로서 주택이 100세대 이상인 건축물에만 시간당 0.5회 이상의 환기가 의무화된다.
㉰ 장례식장의 필요 환기량 기준은 29 m^3/인·h 이상이다.
㉱ 기계환기설비에서 발생하는 소음은 40 dB 이하가 될 수 있는 구조와 성능을 확보하여야 한다.

[해설] 장례식장의 필요 환기량 기준은 36 m^3/인·h 이상이다.

5. 하이브리드 환기방식의 특징에 대한 설명으로 가장 적절하지 못한 것은?

㉮ 바람, 연돌효과(Stack Effect, 온도차) 등 자연현상을 이용하는 방법이다.
㉯ 자연환기 및 기계환기를 적절히 조화시켜 에너지를 절약하는 환기방식이다.
㉰ 사무용 건물에서 주거용 건물로 점점 적용 사례가 늘어나는 추세이다.
㉱ 자연환기와 기계환기를 혼합한 방식이다.

[해설] ㉮는 '자연환기'에 대한 설명이다.

6. 공조용필터 중에서 집진효율이 가장 높은 것은?

㉮ ULPA필터 ㉯ HEPA필터
㉰ 충돌점착식 ㉱ 전기집진식

[해설] 집진효율 순서: ULPA필터 > HEPA필터 > 전기집진식 > 충돌점착식

7. 필터의 시험방법 중에서 가장 적은 초미립자까지 분석 가능한 방법은?

정답 1. ㉮ 2. ㉱ 3. ㉱ 4. ㉰ 5. ㉮ 6. ㉮ 7. ㉯

㉮ 비색법 　㉯ 계수법
㉰ 중량법 　㉱ 압력법

8. 실(室)의 환기효율에 대한 표현방법으로 옳은 것을 모두 고르면?

> ㉠ 농도비에 의한 정의 : 배기구에서의 오염농도와 실내 오염농도의 비율
> ㉡ 농도감소율에 따른 정의 : 완전 혼합 시의 농도감소율과 실내 오염농도의 감소율의 비율
> ㉢ 공기연령에 의한 정의 : 명목시간상수와 공기연령의 비율

㉮ ㉠, ㉡ 　㉯ ㉠, ㉢
㉰ ㉡, ㉢ 　㉱ ㉠, ㉡, ㉢

9. 미세먼지에 관한 설명으로 잘못된 것은?

㉮ PM2.5란 '입자의 크기가 2.5 μm 이하인 미세먼지'를 의미한다.
㉯ 주로 PM10의 건강에 미치는 영향이 PM2.5보다 크다고 보고되고 있다.
㉰ PM10은 '입자의 크기가 10 μm 이하인 미세먼지'를 의미한다.
㉱ PM2.5, PM10 모두 호흡기, 눈질환, 코질환, 진폐증, 폐암 유발도 가능하다고 보고되고 있다.

[해설] 주로 PM2.5가 건강에 미치는 영향이 PM10보다 크다고 보고되고 있다.

10. 어떤 실(室)의 재실인원 250명, 1인당 발열량 500 kJ/h, 조명부하 45 kW, 바닥면적 2,000 m², 천장 높이 10 m일 때 필요한 환기횟수는? (단, 실내온도 27℃, 실외온도 22℃ 공기의 비열은 1.005 kJ/kg·K, 공기의 밀도 1.2 kg/m³로 하여 계산한다.)

㉮ 약 1.4회 　㉯ 약 2.4회
㉰ 약 3.6회 　㉱ 약 4.6회

[해설] 실내 발열량 H가 있는 경우
- 현열 : $H = C_p \cdot Q \cdot \gamma \cdot (t_r - t_o)$ 에서
- 필요 환기량
  $Q = H/(C_p \cdot \gamma \cdot (t_r - t_o)) = (250 \times 500 + 45 \times 3,600)/(1.005 \times 1.2 \times (27-22))$
  $= 47,595 \, m^3/h$
- 환기횟수 = 47,595/(2,000×10) = 2.38회

11. 어떤 변압기실의 변압기 용량이 2,500 kVA, 변압기 효율 95%, 수용률 70%, 변압기 역률 0.9일 때 변압기실의 온도 유지를 위한 환기량은? (단, 외기온도 28℃, 실내온도 33℃, 공기의 비열 1.005 kJ/kg·K, 공기의 밀도 1.2 kg/m³로 하여 계산한다.)

㉮ 약 47,000 m³/h 　㉯ 약 49,000 m³/h
㉰ 약 50,000 m³/h 　㉱ 약 62,000 m³/h

[해설] 실내 발열량 H가 있는 경우
- 현열 : $H = C_p \cdot Q \cdot \gamma \cdot (t_r - t_o)$ 에서
- 필요 환기량
  $Q = H/(C_p \cdot \gamma \cdot (t_r - t_o)) = 2,500 \times (1-0.95) \times 0.7 \times 0.9 \times 3,600/(1.005 \times 1.2 \times (33-28))$
  $= 47,015 \, m^3/h$

12. 건물 벽체의 열통과 관련하여, 실내온도 18℃, 실외온도 −8℃, 벽체면적 46 m², 벽체두께 200 mm, 열전도율 1.25 W/m·K일 때 벽체 에너지 손실량은? (단, 실내·외 열전달률은 각각 10 W/m²·K, 20 W/m²·K으로 한다.)

㉮ 약 3.6 kW 　㉯ 약 3.9 kW
㉰ 약 4.2 kW 　㉱ 약 4.5 kW

[해설] 1. 열관류율(K)
$$K = \frac{1}{R} = \frac{1}{\frac{1}{\alpha_i} + \frac{d_1}{\lambda_1} + \frac{d_2}{\lambda_2} + \frac{d_3}{\lambda_3} + \frac{d_4}{\lambda_4} + \cdots \frac{1}{\alpha_o}}$$

[정답] 8. ㉱ 　9. ㉯ 　10. ㉯ 　11. ㉮ 　12. ㉯

$= 1/(1/10 + 0.2/1.25 + 1/20) = 3.226 \, W/m^2 \cdot K$

2. 벽체 에너지 손실량
$q = KA(t_o - t_i) = 3.226 \times 46 \times (18 - (-8))$
$= 3,858 \, W = 약 \ 3.9 \, kW$

13. 문제 12에서 실내 표면온도와 결로 발생 여부는? (단, 실내공기 노점온도는 9℃로 계산한다.)

㉮ 9.6℃, 결로 발생
㉯ 12.6℃, 결로 발생
㉰ 12.6℃, 결로 발생 안 함
㉱ 9.6℃, 결로 발생 안 함

[해설] 실내 표면온도는
$t_s = t_i - \dfrac{K(t_i - t_o)}{\alpha_i}$
$= 18 - 3.226 \times (18 - (-8))/10 = 9.61℃$

∴ 실내 표면온도(9.61℃) > 실내공기의 노점 온도(9℃)이므로, 결로는 발생하지 않는다.

14. 다음 그림의 복합 벽체에서 ⓒ지점의 온도는 얼마인가?

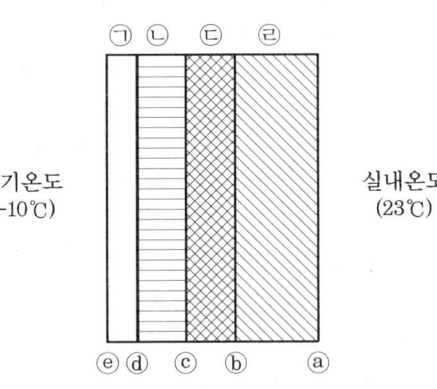

부위	두께(mm)	열전달률/열전도율
외기 측	–	10 W/m²·K
㉠	10	0.9 W/m·K
㉡	100	1.0 W/m·K
㉢	150	0.03 W/m·K
㉣	100	1.2 W/m·K
실내 측	–	8 W/m²·K

㉮ 약 -8.7℃   ㉯ 약 -9.7℃
㉰ 약 -10.7℃   ㉱ 약 -12.7℃

[해설]

부위	두께(mm)	열전달률/열전도율	열관류저항
외기 측	–	10 W/m²·K	1/10=0.1
㉠	10	0.9 W/m·K	0.01/0.9=0.011
㉡	100	1.0 W/m·K	0.1/1=0.1
㉢	150	0.03 W/m·K	0.15/0.03=5
㉣	100	1.2 W/m·K	0.1/1.2=0.083
실내 측	–	8 W/m²·K	0.125
총합			5.419

$\dfrac{r}{R} = \dfrac{\Delta t}{\Delta T}$ 을 ⓒ지점에 대해 적용하면,

$(0.125 + 0.083 + 5)/5.419 = \Delta t/(23-(-10))$
$\Delta t = 31.715℃$
따라서 ⓒ지점의 온도는 23-(31.715) = -8.715

15. 다음 공조기의 난방 운전 시 습공기선도에서 실내 현열비가 0.79, 실내 잠열부하가 10,000 kJ/h일 때, 급기량과 가열코일 부하는? (단, 외기도입량은 급기량의 1/4이다.)

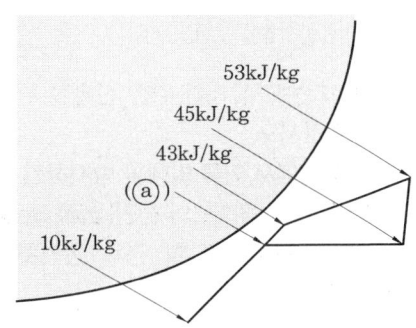

급기량 　　　　가열코일 부하
㉮ 4,661.9 kg/h　　12.56 kW
㉯ 4,761.9 kg/h　　13.56 kW
㉰ 4,861.9 kg/h　　14.56 kW
㉱ 4,961.9 kg/h　　12.56 kW

[해설] 그림은 혼합→가열→가습과정이다.

$0.79 = \dfrac{현열(q_s)}{현열(q_s) + 잠열(q_L)} = \dfrac{현열(q_s)}{현열(q_s) + 10,000}$

정답 13. ㉱　14. ㉮　15. ㉯

현열(q_S) = 37,619 kJ/h
'현열+잠열 = 급기량 × 엔탈피차' 공식에서
급기량 = (37,619 + 10,000)/(53 − 43)
       = 4,761.9 kg/h
ⓐ 지점의 엔탈피 = 43−(43−10)/4 = 34.75
가열코일 부하 = 4,761.9×(45−34.75)
             = 48,809 kJ/h ≒ 13.56 kW

16. 다음 〈조건〉은 클린룸의 설계 조건이다. 이 조건을 이용하여 ㈎, ㈏의 정답을 맞게 짝지은 것은?

〈조건〉
㉠ 클린룸 크기 8 m × 10 m × 5 m(H) = 400 m³
㉡ 청정도 : class 100 (1 ft = 0.3048 m)
㉢ 외기량
  ⓐ 배기량 : 실용적의 6회/h
  ⓑ 양압유지용 외기량 : 실용적 2회/h
㉣ 외기먼지량 : 1.8×10⁸개/m³
㉤ 작업자로부터 발진 : 50,000개/분·인
㉥ 작업인원 : 10인
㉦ 기기로부터의 분진 : 900,000개/분
㉧ HEPA 필터효율 : 99.97%

㈎ 실내먼지농도 유지를 위한 산술적 환기횟수를 구하시오.
㈏ 실제 적용에서 와류 발생을 방지하기 위하여 0.4 m/s 기류속도의 전면(全面) Down-Flow형 송풍회로로 할 경우 환기횟수를 구하시오.

㉮ 152회/h, 268회/h ㉯ 182회/h, 288회/h
㉰ 190회/h, 90회/h ㉱ 200회/h, 100회/h

[해설]

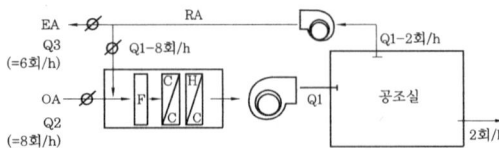

㈎ 실내먼지농도 유지를 위한 산술적 송풍량과 환기횟수

ⓐ 분진 발생량(M) = 작업자로부터의 발진 + 기기로부터의 분진 = 50,000개/분·인×10인 ×60분 + 900,000개/분 × 60분 = 3×10⁷개/hr + 5.4 × 10⁷/hr = 8.4 × 10⁷/hr

ⓑ 실내 청정 기준량(N) : class 100이란 1 ft³에서의 먼지가 100개라는 뜻이므로 1 m³에서는 100 × 35.31467 = 3,531.467개/m³

ⓒ 외기로부터 도입되는 먼지량(L) = 1.8×10⁸개/m³

ⓓ 송풍량(Q_1) 계산
$(Q_1 \times N) = (Q_1 - 8회/h) \times N \times (1-\eta) + 8회/h \times L \times (1-\eta) + M$
$N \cdot Q_1 - N \cdot (1-\eta) \cdot Q_1 = -N \cdot (1-\eta) \cdot 8회/h + 8회/h \times L \times (1-\eta) + M$
$Q_1 = (8회/h \times L \times (1-\eta) + M - N \cdot (1-\eta) \cdot 8회/h)/(N \times \eta) = (3,200 \times 1.8 \times 10^8 \times 0.0003 + 8.4 \times 10^7 − 3531.467 \times 0.0003 \times 3,200) / (3531.467 \times 0.9997)$
= 약 72738.5 CMH

ⓔ 환기횟수 계산
따라서, 환기횟수 = 72738.517 CMH/400
                = 약 182회/h

㈏ 실제 적용에서 와류 발생을 방지하기 위하여 0.4 m/s 기류속도의 전면(全面) Down-Flow형 송풍회로로 할 경우
ⓐ 송풍량 : 0.4 m/s×3,600초/hr×8 m×10 m = 115,200 CMH
ⓑ 환기횟수 : 115,200 CMH/400 = 288회/h

17. 전열교환기에 대한 설명으로 가장 적당하지 못한 것은?

㉮ 현열교환 방식으로 배기가 지닌 열을 회수하여 급기 측으로 옮겨주는 원리이다.
㉯ 종류로는 주로 회전식과 고정식 전열교환기로 분류될 수 있다.
㉰ 구동방식에 따라서는 벨트구동식과 체인구동 방식으로 나눌 수 있다.
㉱ 주로 대향류 혹은 직교류 형태로 열교환이 이루어진다.

[해설] 전열교환기는 현열교환과 잠열교환을 동시에 할 수 있다.

정답 16. ㉯ 17. ㉮

CHAPTER 04 빛환경계획

1. 빛환경 용어 설명

1-1 주광률

(1) 실내에서의 주광조명도와 옥외에서의 전천공광(全天空光) 조명도의 비율을 말한다.

(2) 계산식

$$주광률(D) = \frac{E}{E_s} \times 100\%$$

E : 실내의 한 지점에서의 주광조도
E_S : 전천공조도(실측 시 옥상 등의 건물 외부에서 측정함)

1-2 태양상수

(1) 대기층 밖에서 받는 태양의 복사플럭스(복사밀도)를 말한다.
(2) 태양과 지구의 거리가 평균거리이고, 태양광도가 3.86×10^{26} W일 때 태양상수는 약 1,367 W/m^2(1.946 cal/cm$^2 \cdot$ min)이다.
(3) 복사플럭스 계산식

$$복사플럭스(F) = 에너지원의\ 에너지양(L) \times \frac{1}{4\pi r^2}$$

r : 에너지원과 흑체 사이의 거리

(4) 실제의 태양상수값과 지구 표면의 태양상수값에 차이가 나는 이유 : 지구의 반사율, 대기의 흡수 및 산란, 기구의 형상[지구는 평면이 아닌 구(球)이므로]

1-3 균시차

(1) 정의
① 균시차를 알기 위해서는 진태양시와 평균태양시의 개념을 먼저 알아야 한다.
② 진태양시(실제로 관측되는 태양시) : 실제로 태양이 남중했을 때(태양이 정남에 왔을 때)부터 다음 남중시까지를 하루로 하고, 그것을 24시간으로 균일하게 등분한 시간을 말한다. 진태양시는 약 ±16분 정도의 범위 내에서 연중 계속 조금씩 변화한다.
③ 평균태양시 : 현재 사용하고 있는 시간의 지표로 진태양시를 1년에 걸쳐 평균한 값이다.
④ 균시차 : 진태양시와 평균태양시의 차를 말한다(연중 약 ±16분 정도의 범위).

(2) 진태양시와 평균태양시가 다른 원인
① 원인 1 : 지구는 태양 주위를 타원궤도로 회전(공전)하므로, 근일점(지구와 태양의 거리가 가장 가까운 지점에 왔을 때)에서는 각속도가 크고, 원일점(지구와 태양의 거리가 가장 먼 지점에 왔을 때)에서는 각속도가 작다. 따라서 지구에서 본 태양의 시운동은 황도상의 근일점 부근에서는 빠르고, 원일점 부근에서는 느리다.
② 원인 2 : 적도와 황도가 약 $23.5°$ 기울어져 있기 때문에 태양이 황도상을 등속도로 움직인다고 하더라도 시간은 고르게 증가하지 않는다고 보아야 한다.

(3) 균시차에 대한 평가
① 1년 중 균시차가 0이 되는 경우(진태양시와 평균태양시가 같은 경우)는 네 번 있다.
　㈎ 극댓값
　　㉮ 5월 15일경 : 3분 7초
　　㉯ 11월 3일경 : 16분 24초
　㈏ 극솟값
　　㉮ 2월 11일경 : -14분 19초
　　㉯ 7월 27일경 : -6분 4초
② 우리가 사용하고 있는 평균태양시는 이렇게 일정하지 않은 시태양시의 길이를 연간 측정하여 평균한 값이라고 할 수 있다.

1-4 균시차 그래프

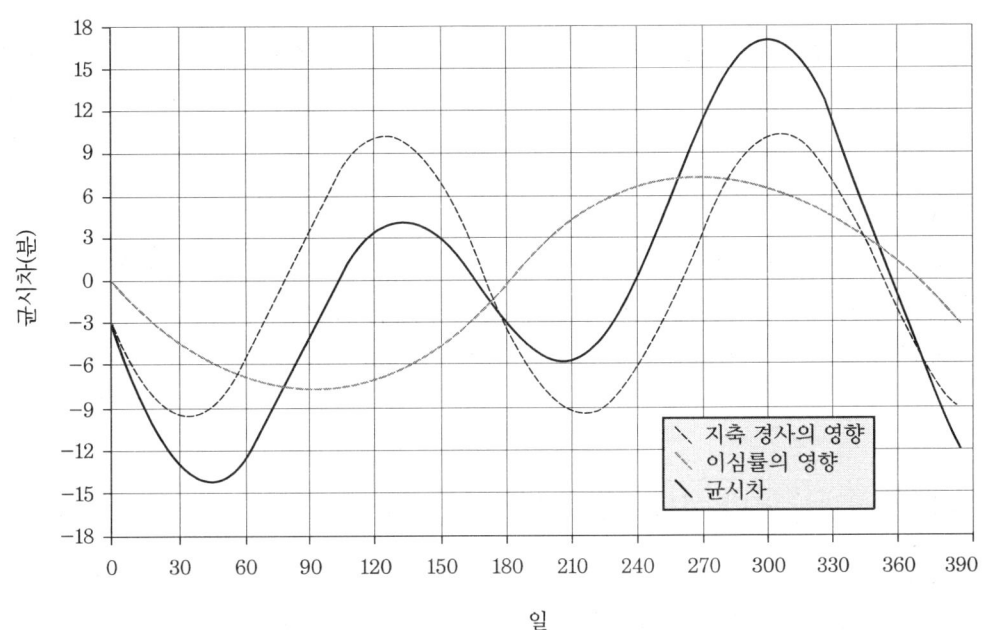

> **칼럼**
> - 지축경사 : 적도와 황도가 약 23.5° 기울어진 현상
> - 이심률 : 황도(공전 궤도) 이심률

2. 자연채광시스템

2-1 광덕트(채광덕트) 방식

(1) 채광덕트는 덕트를 통해 외부의 주광을 실내로 유입하는 장치이고 태양광을 직접 도입하기 보다는 천공산란광, 즉 낮 기간 중 외부조도를 유리면과 같이 반사율이 매우 높은 덕트 내면으로 도입시켜 덕트 내의 반사를 반복시켜가면서 실내에 채광을 도입하는 방법이다.

(2) 채광덕트는 채광부, 전송부, 발광부로 구성되어있고 설치방법에 따라 수평 채광덕트와 수직 채광덕트로 구분한다.

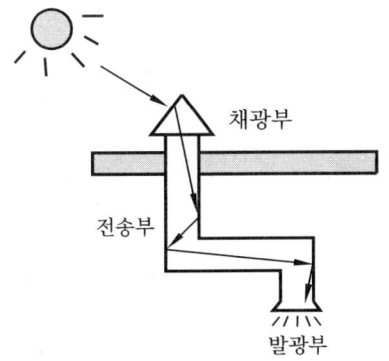

광덕트(채광덕트) 방식

(3) 빛이 조사되는 출구는 보통 조명기구와 같이 패널 및 루버로 되어있으며 도입된 낮 기간의 빛이 이곳으로부터 실내에 도입된다.
(4) 야간에는 반사경의 각도를 조정시켜 인공조명을 점등하여 보통 조명기구의 역할을 하게 한다.

2-2 천장 채광조명 방식

(1) 지하 통로 연결부분에 천장의 개구부를 활용하여 천창구조식으로 설계하여 자연채광이 가능하도록 함으로써 자연채광조명과 인공조명을 병용한다.
(2) 특히 정전 시에도 자연채광에 의하여 피난에 필요한 최소한의 조명을 확보할 수 있도록 하고 있다.

2-3 태양광 추미 덕트 조광장치

(1) 태양광 추미식 반사장치와 같이 반사경을 작동시키면서 태양광을 일정한 장소를 향하게 하여 렌즈로 집광시켜 평행광선으로 만들어 좁은 덕트 내를 통하여 실내에 빛을 도입시키는 방법이다.
(2) 자연채광의 이용은 물론이고 조명 전력량의 많은 절감을 가져다줄 수 있는 시스템이다.

2-4 광파이버(광섬유) 집광장치

(1) 이 장치는 태양광 콜렉터라 불리는 렌즈로 집광하여 묶어놓은 광파이버 한쪽에 빛을 통과시켜 다른 한쪽에 빛을 보내 조명하고자 하는 부분에 빛을 비추도록 하는 장치이다.
(2) 실용화 시 복수의 콜렉터를 태양의 방향으로 향하게 하여 태양을 따라가도록 한다.

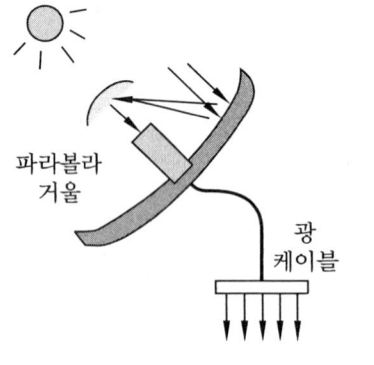
반사형 광파이버 집광장치

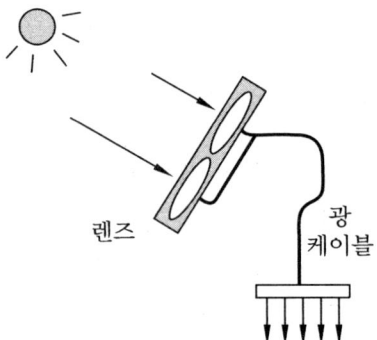
렌즈형 광파이버 집광장치

2-5 프리즘 윈도우

(1) 비교적 위도가 높은 지방에서 많이 사용되며 자연채광을 적극적으로 실(室) 안쪽 깊숙한 곳까지 도입시키기 위해서 개발된 장치이다.
(2) 프리즘 패널을 창의 외부에 설치하여 태양으로부터의 직사광이 프리즘 안에서 굴절되어 실(室)을 밝히게 하는 것이다.

2-6 광파이프 방식

(1) 파이프 안에 물이나 기름 대신 빛을 흐르게 한다는 개념이다.
(2) 이것은 기존에 거울을 튜브의 벽면에 설치하여 빛을 이동시키고자 하는 것이었다(하지만 이 시도는 평균적으로 95%에 불과한 거울의 반사율 때문에 실용화되지는 못했다).
(3) OLF(Optical Lighting Film)의 반사율은 평균적으로 99%에 달하는 것으로 볼 수 있다 (OLF는 투명한 플라스틱으로 만들어진 얇고 유연한 필름으로, 미세 프리즘 공정에 의해 한 면은 매우 정교한 프리즘을 형성하고 있고, 다른 면은 매끈한 형태로 되어있다. 이러한 프리즘 구조가 독특한 광학특성을 만들어낸다).
(4) 점광원으로부터 나온 빛을 눈 부심이 없는 밝고 균일한 광역조명으로 이용할 수 있도록 빛을 이동시킨다.
(5) 또 다른 장점은 경량성이다. 가볍기 때문에 기존의 디자인 개념을 깨는 길고(최대 40 m 이상) 연속적인 Light Pipe를 만들어 장착할 수 있어 에너지와 관리 운영비를 크게 절감할 수 있다.
(6) Light Pipe의 핵심 기술은 Optical Lighting Film(OLF)에 있다.
(7) OLF는 미세 프리즘이 연속적으로 배열된 필름으로서 빛의 입사각에 따라 투명한 창이 되기도 하고, 거울이 되기도 하는 특성을 지니고 있다.
(8) 이때 반사되는 빛의 입사각은 27.6° 이내이고, 반사율은 99%에 이른다. 때문에, 빛은 Light Pipe를 따라 매우 효율적으로 이동할 수 있다. 여기에 Extractor라는 필름을 Light Pipe 상단에 장착하면, Light Pipe의 길이 방향으로 빛을 균일하게 방출할 수 있게 된다.
(9) 장점
  ① 높은 효율로 인해 에너지 소모비가 절감됨
  ② 깨질 염려가 없으므로 낙하, 비산에 따른 산재 예방 가능함
  ③ 작업조건 개선
  ④ 자연광에 가까움
  ⑤ UV 방출이 거의 없음
  ⑥ 환경 개선(수은 및 기타 오염물질 전혀 없음)
  ⑦ 열이 발생하지 않음

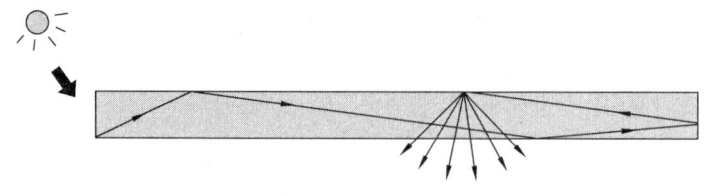

광파이프 방식

2-7 광선반 방식

(1) 실내 깊숙한 곳까지 직사광을 사입시킬 목적으로 개발되었으며, 천공광에 의한 채광창의 글레어를 방지할 수도 있는 시스템이다.
(2) 창의 방향, 실(室)의 형상, 위도, 계절 등을 고려하여야 하며, 충분한 직사일광이 가능한 창에 적합하다.
(3) 동향이나 서향의 창 및 담천공이 우세한 지역에는 적합하지 않다.

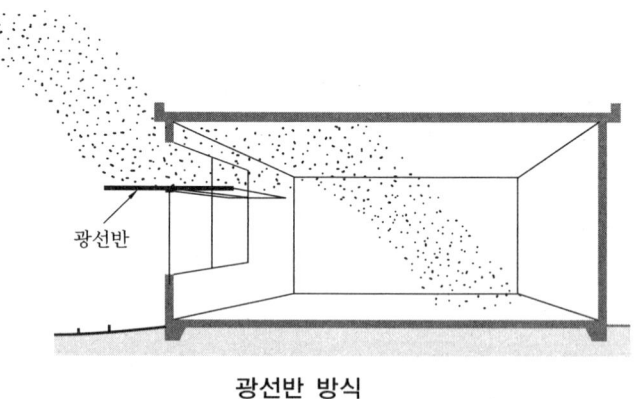

광선반 방식

2-8 반사거울 방식

(1) 빛의 직진성과 반사원리에 의해 별도의 전송부 없이 빛을 전달하므로 장거리 조사도 가능하다.
(2) 주광조명을 하고자 하는 대상물 이외의 장소에 빛이 전달되지 않도록 면밀한 주의가 필요하다.

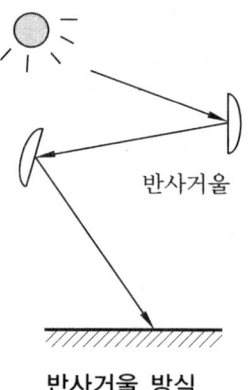

반사거울 방식

3. 일사계

3-1 개요

(1) 일사량을 측정하는 데는 일사계(日射計)가 쓰인다.
(2) 태양을 비롯한 전천(全天)으로부터 수평면에 도달하는 일사량을 측정하는 전천일사계와 직접 태양으로부터만 도달하는 일사량을 측정하는 직달일사계, 산란광을 측정하기 위한 산란일사계의 세 종류가 있다.

3-2 종류

(1) 전천일사계
① 가장 널리 사용되는 것은 전천일사계이며, 보통 1시간이나 1일 동안의 적산값(積算値)을 측정한다.
② 흔히 쓰이고 있는 전천일사계는 열전쌍(熱電雙)을 이용한 에플리일사계와 바이메탈을 이용한 로비치일사계가 있다.
③ 일정한 넓이에서 일사를 받아 이것을 완전히 흡수시켜 그 올라가는 온도를 측정하여 단위시간에 단위면적에 있어서의 열량을 계산하는 원리의 열량계이다.

(2) 직달일사계
① 직달일사계는 기다란 원통 내부의 한 끝에 붙은 수감부 쪽으로 태양광선이 직접 들어오도록 조절하여 태양복사를 측정한다.
② 측정값은 보통 단위시간 동안에 단위면적에서 받는 열량으로 표시한다.

(3) 산란일사계 : 차폐판에 의하여 태양 직달광을 차단시켜 대기 중의 산란광만 측정하기 위한 장비로서 보통 센서의 구조는 전천일사계와 동일하다.

전천일사계

직달일사계

산란일사계

3-3 단위

kWh/m^2, cal/cm^2, kWh/cm^2 등

4. 자연형 태양열주택 시스템

4-1 개요

(1) 무동력으로 태양열을 난방 등의 목적으로 이용하는 방법을 말한다.
(2) 낮 동안에 태양에 의해 데워진 공기 혹은 구조체(축열)가 대류 혹은 복사의 원리로 주간 및 야간에 사용처로 전달되어 난방으로 활용되는 방식이다.

4-2 종류 및 특징

(1) **직접획득형(Direct Gain)**
 ① 일부는 직접 사용한다.
 ② 일부는 벽체 및 바닥에 저장(축열) 후 사용한다.
 ③ 여름철을 대비하여 차양 설치가 필요하다.
 ④ 장점
  ㈎ 일반화되고 추가비가 거의 없다.
  ㈏ 계획 및 시공이 용이하다.
  ㈐ 창의 재배치로 일반 건물에 쉽게 적용할 수 있다.
  ㈑ 집열창이 조망, 환기, 채광 등의 다양한 기능을 유지한다.
 ⑤ 단점
  ㈎ 주간에 햇빛에 의한 눈 부심이 발생하고 자외선에 의한 열화현상이 발생하기 쉽다.
  ㈏ 실온의 변화폭이 크고 과열현상이 발생하기 쉽다.
  ㈐ 유리창이 크기 때문에 프라이버시가 결핍되기 쉽다.
  ㈑ 축열부가 구조적 역할을 겸하지 못하면 투자비가 증가된다.
  ㈒ 효과적인 야간 단열을 하지 않으면 열손실이 크다.

(2) **온실 부착형(Attached Sun Space)**
 ① 남쪽 창 측에 온실을 부착하여, 온실에 일단 태양열을 축적한 후 필요한 인접 공간에 공급하는 형태(분리 획득형으로 분류하는 경우도 있음)이다.
 ② 온실의 역할을 겸하므로, 주거공간의 온도 조절이 용이하다.

③ 장점
  ㈎ 거주공간의 온도 변화폭이 적다.
  ㈏ 휴식이나 식물 재배 등 다양한 기능을 갖는 여유공간을 확보할 수 있다.
  ㈐ 기존 건물에 쉽게 적용할 수 있다.
  ㈑ 디자인 요소로서 부착온실을 활용하면 자연을 도입한 다양한 설계가 가능하다.
④ 단점
  ㈎ 온실의 부착으로 초기투자비가 비교적 높다.
  ㈏ 설계에 따라 열성능에 큰 차이가 나타난다.
  ㈐ 부착온실 부분이 공간 낭비가 될 수 있다.

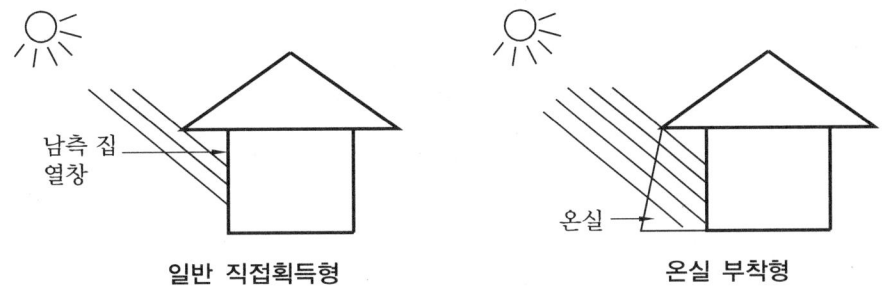

일반 직접획득형   온실 부착형

(3) 간접획득형(Indirect Gain, Trombe Wall, Drum Wall)

① 콘크리트, 벽돌, 석재 등으로 만든 축열벽형을 'Trombe Wall'이라 하고, 수직형 스틸 Tube(물을 채움)로 만든 물벽형을 'Drum Wall'이라고 한다.
② 축열벽 등에 저장 후 '복사열'을 공급한다.
③ 축열벽 전면에 개폐용 창문 및 차양을 설치한다.
④ 축열벽 상·하부에 통기구를 설치하여 자연대류를 통한 난방도 가능하다.
⑤ 물벽, 지붕연못 등도 '간접획득형'에 해당한다.
⑥ 축열벽의 집열창 쪽은 검은색, 방(거주역) 쪽은 흰색으로 하는 것이 유리하다.
⑦ 장점
  ㈎ 거주공간의 온도 변화가 적다.
  ㈏ 일사가 없는 야간에 축열된 에너지의 대부분이 방출되므로 이용효율이 높다.
  ㈐ 햇빛에 의한 과도한 눈 부심이나 자외선의 과다 도입 등의 문제가 없다.
  ㈑ 우리나라와 같은 추운 기후에서 효과적이다.
  ㈒ 태양의존율 측면 : '간접획득형'의 태양의존율은 보고에 따르면 약 27% 정도에 달하는 것으로 알려졌으며, 설비형 태양열 설비(태양열 의존율이 50~60% 정도)의 절반 수준이다. 단, 설비형은 투자비가 과다하게 들어가는 단점이 있다.

> 주 **태양의존율(또는 태양열 절감률)** : 열부하 중 태양열에 의해서 공급하는 비율을 말한다.

⑧ 단점
　㈎ 창을 통한 조망 및 채광이 결핍되기 쉽다.
　㈏ 벽의 두께가 크고 집열창과 이중으로 구성되어 유효공간을 잠식한다.
　㈐ 집열창에 대한 야간 단열을 효과적으로 하기가 쉽지 않다.
　㈑ 건축디자인 측면에 있어서 조화 있는 해결이 용이하지 않다.

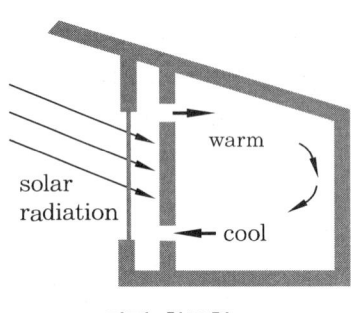

간접 획득형

> **칼럼**
>
> 축열지붕형(Roof Pond)
> 1. '지붕연못형'이라고도 하며 축열체인 액체가 지붕에 설치되는 유형을 말한다.
> 2. 난방기간에는 주간에 단열패널을 열어 축열체가 태양열을 받도록 하며, 야간에는 저장된 에너지가 건물의 실내로 복사되도록 한다.
> 3. 냉방기간에는 주간에 실내의 열이 지붕 축열체에 흡수되고 강한 여름 태양빛으로부터 단열되도록 단열패널을 닫고 야간에는 축열체가 공기 중으로 열을 복사 방출하도록 단열패널을 열어둔다.

(4) 분리획득형(Isolated Gain)
① 축열부와 실내공간을 단열벽으로 분리시키고, 대류현상을 이용하여 난방을 실시한다.
② 자연대류형(Thermosyphon)의 일종이며, 공기가 데워지고 차가워짐에 따라서 자연적으로 일어나는 공기의 대류에 의한 유동현상을 이용한 것이다.
③ 태양이 집열판 표면을 가열함에 따라 공기가 데워져서 상승하고 동시에 축열체 밑으로부터 차가운 공기가 상승하여 자연대류가 일어난다.
④ 장점
　㈎ 집열창을 통한 열손실이 거의 없으므로 건물 자체의 열성능이 우수하다.
　㈏ 기존의 설계를 태양열 시스템과 분리하여 자유롭게 할 수 있다.
　㈐ 온수 급탕에 적용할 수 있다.

⑤ 단점
  ㈎ 집열부가 항상 건물 하부에 위치하므로 설계의 제약조건이 될 수 있다.
  ㈏ 일사가 직접 축열되지 않고 대류공기로 축열되므로 효율이 떨어진다.
  ㈐ 시공 및 관리가 비교적 어렵다.

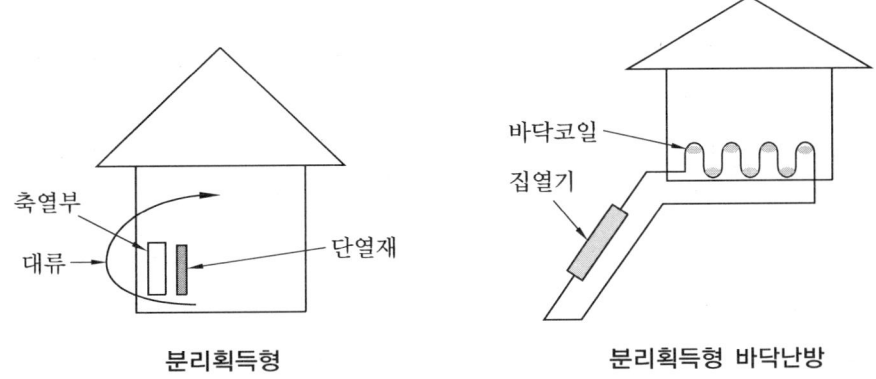

분리획득형   분리획득형 바닥난방

(5) 이중외피 구조형(Double Envelope)
① 이중외피 구조형은 건물을 이중외피로 하여 그 사이로 공기가 순환되도록 하는 형식을 말한다.
② 겨울철 주간에 부착온실(남측면에 보통 설치)에서 데워진 공기는 이중외피 사이를 순환하게 되며, 바닥 밑의 축열재를 가열하게 된다.
③ 겨울철 야간에는 남측에서 가열된 공기가 북측 벽과 지붕을 가열하여 열손실을 막는다.
④ 여름철에는 태양열에 의해 데워진 공기를 상부로 환기시켜 건물의 냉방부하를 경감시킨다.

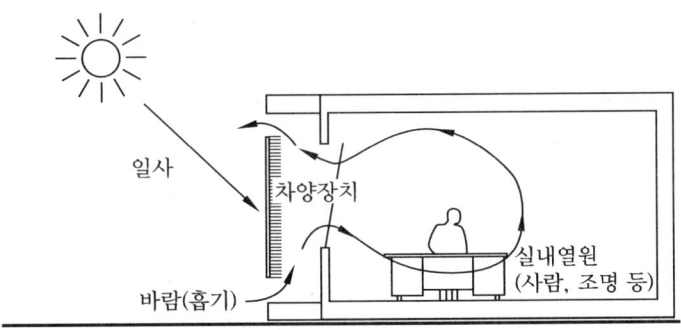

이중외피(Double Envelope) 적용사례

> **핵심해설**
> 자연형 태양열주택은 직접획득형, 온실 부착형, 간접획득형(물벽, 지붕연못 등), 분리획득형(축열부와 실내공간을 단열벽으로 분리), 이중외피형 등으로 분류되고, 무동력으로 난방을 하기 위해 고안된 난방방식이다.

5. 온수집열 태양열 난방

5-1 개요

(1) 태양열 난방은 장시간 흐린 날씨, 장마철 등의 태양열의 강도상 불균일에 따라 보조열원이 대부분 필요하다.
(2) 온수집열 태양열 난방은 태양열 축열조와 보조열원(보일러)의 사용 위치에 따라 직접 난방, 분리 난방, 예열 난방, 혼합 난방 등으로 구분된다.

5-2 직접 난방

(1) 항상 일정한 온도의 열매를 확보할 수 있게 보일러를 보조가열기 개념으로 사용한다.
(2) 개략도

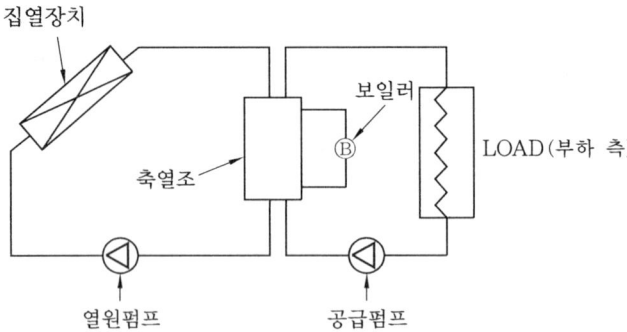

5-3 분리 난방

(1) 맑은 날은 100% 태양열을 사용하고, 흐린 날은 100% 보일러에 의존하여 난방운전을 실시한다.
(2) 개략도

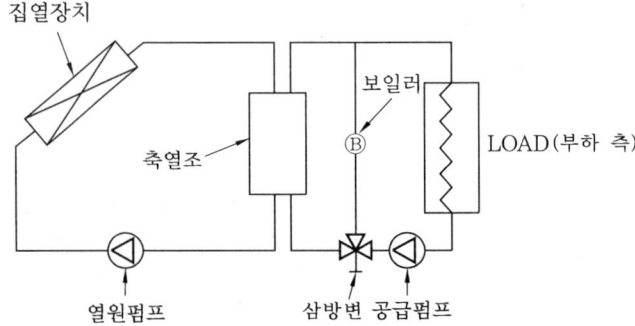

5-4 예열 난방

(1) 태양열 측 축열조와 보일러를 직렬로 연결하여 태양열을 항시 사용할 수 있게 한다.
(2) 개략도

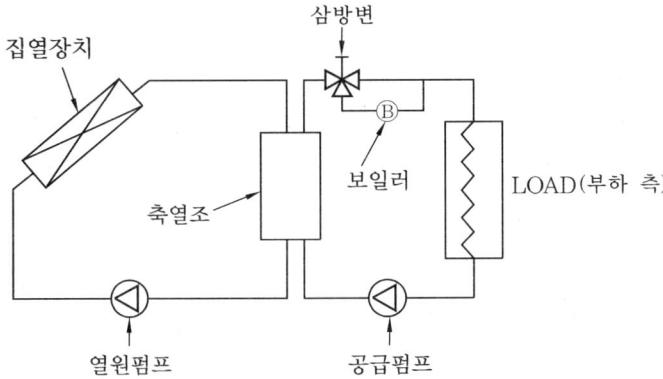

5-5 혼합 난방

(1) 태양열 측 축열조와 보일러를 직·병렬로(혼합 방식) 동시에 연결하여 열원에 대한 선택의 폭을 넓게 해준다(분리식 + 예열방식).
(2) 개략도

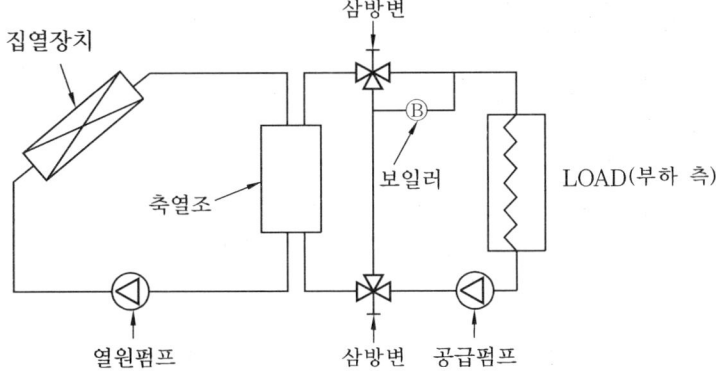

> **핵심해설**
> 온수집열 태양열 난방은 직접 난방(일정 온도의 열매 확보), 분리 난방(맑은 날 태양열 사용, 흐린 날 보일러 사용), 예열 난방(태양열을 항시 사용), 혼합 난방(직·병렬 혼합방식) 등으로 구분된다.

6. 태양열급탕기·태양열온수기

6-1 태양열급탕의 특징

(1) 태양열급탕 방식은 초기투자비는 높지만 장기적으로는 경제적이다.
(2) 무한성, 무공해성, 저밀도성, 간헐성(날씨) 등의 특징을 가지고 있다.
(3) **구성** : 집열부, 축열부, 보조열원부, 공급부, 제어부 등으로 구성된다.
(4) **보조열원부** : 태양열 부족 시 사용 가능한 비상용 열원이다.

6-2 무동력 급탕기(자연형)

(1) **저유식(Batch식)** : 집열부와 축열부가 일체식으로 구성된 형태이다.
(2) **자연대류식** : 집열부보다 위쪽에 저탕조(축열부)를 설치한다.
(3) **상변화식** : 상변화가 잘 되는 물질(PCM ; Phase Change Materials)을 열매체로 사용한다.

6-3 동력 급탕기(펌프를 이용한 강제 순환방식)

(1) **밀폐식** : 부동액(50%) + 물(50%) 등으로 얼지 않게 한다.
(2) **개폐식** : 집열기 하부의 '온도 감지장치'에 의하여 동결온도에 도달하면 자동 배수시킨다.
(3) **배수식** : 순환펌프 정지 시 배수를 별도의 저장조에 저장한다.
(4) **내동결 금속 사용** : 집열판을 스테인리스 심용접판으로 만들어 동결량을 탄성 변형량으로 흡수한다.

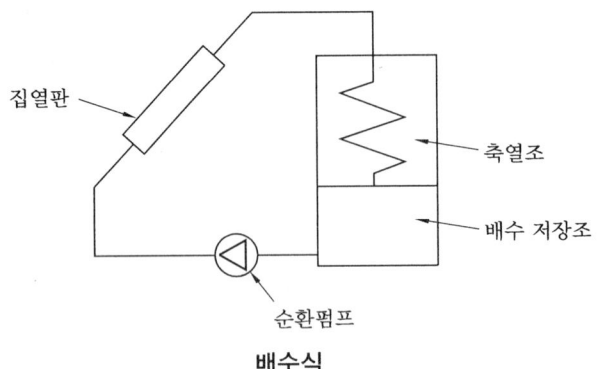

배수식

> **핵심해설**
> **태양열급탕기(온수기)** : 태양열을 축열 후 이용하여 급탕 및 난방을 할 수 있는 장치이다(태양열 장치를 사용하므로 초기투자비는 높지만 장기적으로는 경제적이다).

7. 색온도

7-1 개요

(1) 색온도는 완전 방사체(흑체)의 분광 복사율 곡선으로 흑체의 온도, 즉 절대온도인 273℃와 그 흑체의 섭씨온도를 합친 색광의 절대온도이다.
(2) 단위로는 K(Kelvin)를 사용한다.
(3) 완전 방사체인 흑체는 열을 가하면 금속과 같이 달궈지면서 붉은색을 띠다가 점차 밝은 흰색 및 청색을 띠게 된다.

7-2 흑체의 성질

(1) 흑체는 속이 빈 뜨거운 공과 같으며 분광 에너지 분포가 물질의 구성이 아닌 온도에 의존하는 특징이 있다.
(2) 열을 가하면 '흑색 → 적색 → 분홍색 → 백색 → 청백색 → 청색'으로 변한다.

7-3 색온도 대비

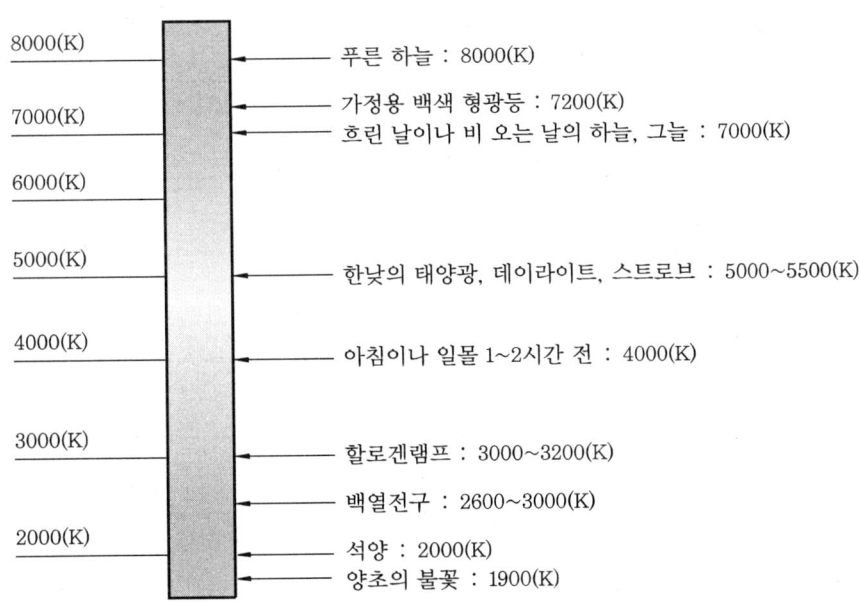

8. 연색성

8-1. 개요

(1) 같은 색도의 물체라도 어떤 광원으로 조명해서 보느냐에 따라 그 색감이 달라진다.
(2) 가령 백열전구의 빛에는 주황색이 많이 포함되어있으므로 그 빛으로 난색계(暖色系)의 물체를 조명하면 선명하게 돋보이는 데 반해 형광등의 빛에는 청색부가 많으므로 흰색·한색계(寒色系)의 물체가 선명하게 보인다.
(3) 의복·화장품 등을 살 때 상점의 조명에 주의해야 하는 것은 이 때문이다.
(4) 조명으로서 가장 바람직한 것은 물론 되도록이면 천연 주광(晝光)과 가까운 성질의 빛인데, 이러한 연색성의 문제를 해결하기 위해 천연색 형광 방전관을 사용하든지(천연색형), 형광 방전관과 백열전구 또는 기타 종류의 형광 방전관을 배합하든지(딜럭스형) 하는 램프가 고안되고 있다.
(5) 원래의 색의 평가기준인 자연광(태양광)을 기준으로 물체의 색을 평가한다. 즉, 연색지수(연색성)가 100에 가까울수록 태양광 광원을 비출 때의 색에 가까워지고, 색이 자연스러워진다.

8-2. 연색성(연색지수)에 따른 색 재현 능력 차이

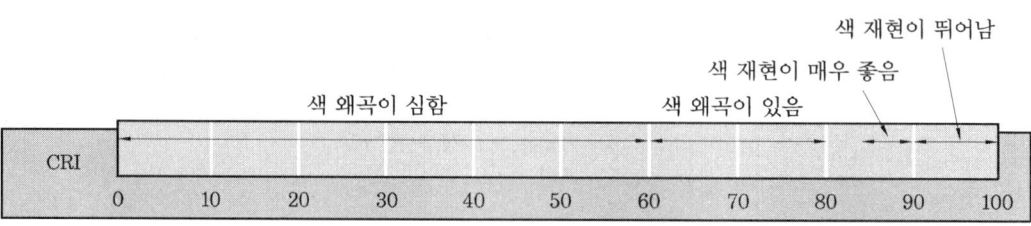

8-3. 연색성의 대략치

연색지수(연색성)	조명
100	태양광(기준)
90	백열전구
80	형광등(고연색형)
65	형광등(일반형)
60	LED
40	나트륨등
20	수은등

9. 조도 계산

9-1 조도 계산의 개요

(1) 조도 계산 방법은 평균조도를 구하는 광속법과 축점조도법의 두 가지가 있다.
(2) 광속법은 광원에서 나온 전광속이 작업면에 비춰지는 비율(조명률)에 의해 평균조도를 구하는 것으로 실내 전반의 조명설계에 사용한다.
(3) 축점법은 조도를 구하는 점에서 각 광원에 대해 구하는 것으로서 광속법에 비해 많은 계산을 필요로 하므로 국부조명 조도 계산이나 경기장, 체육관 조명의 경우와 비상조명 설비에 사용한다.

9-2 평균조도 계산방법 (광속법)

(1) 평균조도 계산원리

N개의 램프에서 방사되는 빛을 평면상의 면적 $A(\text{m}^2)$에 모두 집중 조사할 수 있다고 하고 램프 1개당 광속을 $F(\text{lm})$라 하면,

$$\text{평균조도 } E = \frac{F \cdot N}{A} (\text{lx})$$

(2) 평균조도 계산은 설계여건에 따라 ZCM(Zonal Cavity Method)법을 채택할 수 있다.

$$E = \frac{F \cdot N \cdot U \cdot M}{A}$$

E : 평균조도(lx)　　　F : 램프 1개당 광속(lm)
N : 램프수량(개)　　　U : 조명률
M : 보수율　　　　　　A : 방의 면적(m^2) (방의 폭 × 길이)

또한 요구되는 조도(E)에 대한 최소 필요등수(N)를 구하면,

$$N = \frac{E \cdot A}{F \cdot U \cdot M}$$

(3) 조명률

① 조명률은 다음과 같이 계산된다.

$$U = \frac{Fs}{F}$$

U : 조명률　　Fs : 조명 목적면에 도달하는 광속(lm)　　F : 램프의 발산광속(lm)

② 조명률의 영향요소는 조명기구의 광학적 특성(기구효율, 배광), 실의 형태 및 천장높이, 조명기구 설치높이, 건축재료(천장, 벽, 바닥)의 반사율이며, 다음 표를 참조한다.

배광 설치간격	기구의 예	감광보상률(D) 보수상태			반사율 벽	천장	0.75[%]			0.50[%]			0.30[%]	
		상	중	하	방지수		0.5	0.3	0.1	0.5	0.3	0.1	0.3	0.1
										조명률 U[%]				
간접 ↑0.80 ↓0 S≤1.2H		백열등			J		16	13	11	12	10	08	06	05
		1.5	1.8	2.0	I		20	16	15	15	13	11	08	07
					H		23	20	17	17	14	13	10	08
		형광등			G		28	23	20	20	17	15	11	10
					F		29	26	22	22	19	17	12	11
					E		32	29	26	24	21	19	13	12
					D		36	32	30	26	24	22	15	14
		1.6	2.0	2.4	C		38	35	32	28	25	21	16	15
					B		42	39	36	30	29	27	18	17
					A		44	41	39	33	30	29	19	18
반간접 ↑0.70 ↓0.10 S≤1.2H		백열등			J		18	14	12	14	11	09	08	07
		1.4	1.5	1.8	I		22	19	17	17	15	13	10	09
					H		26	22	19	17	17	15	12	10
		형광등			G		29	25	22	22	19	17	14	12
					F		32	28	25	24	21	19	15	14
					E		35	32	29	27	24	21	17	15
					D		39	35	32	29	26	21	19	18
		1.6	1.8	2.0	C		42	38	35	31	28	27	20	19
					B		46	42	39	34	31	29	22	21
					A		48	44	42	36	33	31	23	22
전반확산 ↑0.40 ↓0.40 S≤1.2H		백열등			J		24	19	16	22	18	15	16	14
		1.4	1.5	1.7	I		29	25	22	27	23	20	21	19
					H		33	28	26	30	26	24	24	21
		형광등			G		37	32	29	33	29	26	26	24
					F		40	36	31	36	32	29	29	26
					E		45	40	36	40	36	33	32	29
					D		48	43	39	43	39	36	34	33
		1.4	1.5	1.7	C		51	46	42	45	41	38	37	34
					B		55	50	47	49	45	42	40	38
					A		57	53	49	54	47	44	41	40
반직접 ↑0.25 ↓0.55 S≤H		백열등			J		26	22	19	24	21	18	19	17
		1.3	1.5	1.7	I		33	28	26	30	26	24	25	23
					H		36	32	30	33	30	28	28	26
		형광등			G		40	36	33	36	33	30	30	29
					F		43	39	35	39	35	33	33	31
					E		47	44	40	43	39	36	36	34
					D		51	47	43	46	42	40	39	37
		1.3	1.5	1.8	C		54	49	45	48	44	42	42	38
					B		57	53	50	51	47	45	43	41
					A		59	55	52	53	49	47	47	43
직접 ↑0.0 ↓0.60 S≤1.3H		백열등			J		34	29	26	34	29	26	29	26
		1.3	1.5	1.7	I		43	38	35	42	37	35	37	34
					H		47	43	40	46	43	40	42	40
		형광등			G		50	47	44	49	46	43	45	43
					F		52	50	47	54	49	46	48	46
					E		58	55	52	57	54	51	53	51
					D		62	58	56	60	59	56	57	56
		1.5	1.8	2.0	C		64	61	58	62	60	58	59	58
					B		67	64	62	65	63	64	62	60
					A		68	66	64	66	64	63	63	63
직접 ↑0.0 ↓0.75 S≥0.9H		백열등			J		32	29	27	32	29	27	29	27
		1.4	1.5	1.7	I		39	37	35	39	36	35	36	34
					H		42	40	39	47	40	38	40	38
		형광등			G		45	44	42	44	43	41	42	41
					F		48	46	44	46	44	43	44	43
					E		50	49	47	49	48	49	47	46
					D		54	51	50	52	51	49	50	49
		1.4	1.6	1.8	C		55	53	51	54	52	54	51	50
					B		56	54	54	55	53	52	52	52
					A		58	55	54	56	54	53	54	52

③ 조명률은 데이터 또는 해당조명기구 제조회사의 제시자료에 의하며, ②의 표를 찾기 위해서는 방지수(실지수)를 계산해야 한다.
④ '방지수'란 방의 특징을 나타내는 계수로서 조명기구의 형상, 배광이 조명대상에 유효하게 된 구조인지를 나타낸다. 즉,

$$방지수 = \frac{바닥\ 면적 + 천장\ 면적}{벽\ 면적} = \frac{2 \times (바닥\ 면적)}{벽\ 면적}$$

이며, 간단 계산식으로 주로 다음 공식을 사용한다.

$$K = \frac{W \cdot L}{H(W+L)}$$

  K : 방지수(실지수) W : 방의 폭(m)
  L : 방의 길이(m) H : 작업면에서 조명기구 중심까지 높이(m)

만약, 방의 크기가 앞으로 분할될 요소가 계획되어있거나, 높은 가구 등으로 구획되는 경우 그 분할 및 구획을 하나의 방으로 가정하여 계산한다.
⑤ 반사율은 조명률에 영향을 주며 천장과 벽 등이 특히 영향이 크다. 천장에 있어서 반사율은 높은 부분일수록 영향이 크다. 이 반사율 값은 계산상의 오차를 고려하면 낮춰진 값으로 해야 한다. 각종 재료별 반사율은 다음 표를 참고한다.

(단위 : %)

구 분	재 료	반사율	구 분	재 료	반사율
건축 재료	플래스터(백색)	60~80	유리	투명	8
	타일(백색)	60~80		무광(거친 면으로 입사)	10
	담색크림벽	50~60		무광(부드러운 면으로 입사)	12
	짙은 색의 벽	10~30		간유리(거친 면으로 입사)	8~10
	텍스(백색)	50~70		간유리(부드러운 면으로 입사)	9~11
	텍스(회색)	30~50		연한 유백색	10~20
	콘크리트	25~40		짙은 유백색	40~50
	붉은 벽돌	10~30		거울면	80~90
	리놀륨	15~30			
플라스틱	반투명	25~60	금속	알루미늄(전해연마)	80~85
				알루미늄(연마)	65~75
				알루미늄(무광)	55~65
도료	알루미늄페인트	60~75		스테인리스	55~65
	페인트(백색)	60~70		동(연마)	50~60
	페인트(검정)	5~10		강철(연마)	55~65

⑥ 각종 재료의 투과율은 다음 표를 참조한다.

구 분	재 료	형 태	투과율
유리문	투명유리(수직입사)	투명	90
	투명유리	투명	83
	무늬유리(수직입사)	반투명	75~85
	무늬유리	반투명	60~70
	형관유리(수직입사)	반투명	85~90
	형관유리	반투명	60~70
	연마망입유리	투명	75~80
	열반망입유리	반투명	60~70
	유백 불투명유리	확산	40~60
	전유백유리	확산	8~20
	유리블록(줄눈)	확산	30~40
	사진용 색필터(옅은 색)	투명	40~70
	사진용 색필터(짙은 색)	투명	5~30
종이류	트레이싱 페이퍼	반확산	65~75
	얇은 미농지	반확산	50~60
	백색흡수지	확산	20~30
	신문지	확산	10~20
	모조지	확산	2~5
헝겊류 · 기타	투명 나일론천	반투명	66~75
	얇은 천, 흰 무명	반투명	2~5
	엷고 얇은 커튼	확산	10~30
	짙고 얇은 커튼	확산	1~5
	두꺼운 커튼	확산	0.1~1
	차광용 검정 빌로드	확산	0
	투명 아크릴라이트(무색)	투명	70~90
	투명 아크릴라이트(짙은 색)	투명	50~75
	반투명 플라스틱(백색)	반투명	30~50
	반투명 플라스틱(짙은 색)	반투명	1~30
	얇은 대리석판	확산	5~20

(4) 보수율

① 보수율은 다음과 같이 계산한다.

$$M = M_t \times M_f \times M_d$$

M : 보수율
M_t : 램프 사용시간에 따른 효율 감소
M_f : 조명기구 사용시간에 따른 효율 감소
M_d : 램프 및 조명기구 오염에 따른 효율 감소

② 보수율은 조명설계에 있어서 신설했을 때의 조도(초기조도 E_i)와 램프 교체와 조명기구 청소 직전의 조도(대상물의 최저조도 E_e) 사이의 비를 말한다. 즉, 설계상 조도는 이 보수율을 감안하여 초기조도를 높게 하는 것이다.

③ 램프 사용시간에 따른 효율 감소(M_t)는 램프의 동정특성과 램프의 교체방법에 따른 보수율로 구성되고, 조명기구 사용시간에 따른 효율 감소(M_f)는 기구의 경년변화 보수율이며, 램프 및 기구 오염에 따른 효율 감소(M_d)는 조명기구 종류에 따른 오염손실 특성과 광원(램프)의 오염손실 특성에 따른 보수율로 구성된다.

④ 이것을 감안한 보수율은 다음 표를 참고한다.

조명기구의 종류		주위환경	좋음	보통	나쁨	비 고
I_1	노출형	HID등 백열등	0.95 (A)	0.95 (B)	0.90 (C)	• 좋음 : 먼지 발생이 적고 항상 실내공기가 청정하게 유지되는 장소 • 보통 : 일반적 장소 • 나쁨 : 수증기, 먼지, 연기의 발생 장소
		형광등	0.90 (C)	0.85 (D)	0.75 (F)	
I_2	하면개방형		0.90 (C)	0.85 (D)	0.75 (F)	
I_3	간이밀폐형 (하면커버 설치)		0.85 (D)	0.80 (E)	0.75 (F)	
I_4	완전밀폐형 (패킹 부착)		0.95 (B)	0.90 (C)	0.85 (D)	

주) 1. 기구 청소주기는 연 1회 기준
2. 램프 교환시기는 HID 램프 10,000시간, 형광램프 8,000시간
3. 기구 모양은 참고임

> 칼럼

빛의 밝기

1. 광도(Luminous Intensity, 光度)
   (1) 점 광원(點 光原)에서 발하는 빛의 세기, 밝은 정도, 발광 강도
   (2) 인간의 시각적 인지 파장(가시광선 파장)을 고려한 빛의 세기를 '광도'라고 함
   (3) 단위 입체각당 단위 시간당 발산하는 빛 에너지의 총량[lm/sr]
   (4) 단위 : cd
      ① 1[cd] = 1[lm/sr]
      ② 1[cd] : 가느다란 양초 1개 정도의 광원의 밝기에 해당

2. 광속(Luminous Flux, 光束)
   (1) 빛의 다발량, 광 선속량, 광원에서 나오는 빛의 총량
   (2) 1칸델라의 광도로 1스테라디안의 입체각으로 빛을 낸다면 총 광량은 1루멘이다. 등방성의 1칸델라의 광원의 총 광량은 정확히 4π루멘이다. 루멘은 가시광선의 총량을 잼
   (3) 단위 : 루멘[lm]

3. 휘도(Luminance, 輝度)
   (1) 발광면(面)의 방출 밝기이며 그 광원의 면적으로 나눈 양
   (2) 자체가 발광하고 있는 광원뿐만 아니라 조명되어 빛나는 2차적인 광원에 대해서도 밝기를 나타내는 양으로 씀
   (3) 단위 : $[cd/m^2]$

4. 조도(Illuminance, 照度)
   (1) 수광면(面)에 비춰진 밝기
   (2) 광원으로부터의 거리의 제곱으로 나눈 양
   (3) 1룩스는 양초 1개의 광원(光源)으로부터 1m 떨어진 곳이며, 그 빛에도 직각인 면의 밝기를 말함

   $$조도(럭스 ; lx) = \frac{광속(루멘 ; lm)}{[거리(m)]^2}$$

   (4) 단위 : $lx[lm/m^2]$

5. 광속 발산도(Luminous Radiance, 光束 發散度)
   (1) 광원의 발광면·반사면·투과면에서 단위 면적당 발산하는 광속
   (2) 단위 : 라도룩스(rlx), 루멘 매평방 미터(lm/m^2)

6. 촉광(Foot Candle, 燭光)
   (1) 1피트(Feet) 거리에 있는 표준 양초의 조명도를 나타내는 국제 광도의 단위
   (2) 동의어 : 푸트-캔들(Foot Candle)

7. 광도의 측정
   (1) 광측정(Photometry, 측광학, 광도학) : 광검출기, 광도계 이용
   (2) 직접적인 검출 측정보다는, 다른 에너지로의 변환을 통해 측정이 이루어짐
   (3) 광도의 원기(Prototype)
      ① 광도 단위의 기준이 되는 기준 물질인 원기(原器)는 없음
      ② 그러나 광도 단위를 실현하는 데 가장 기본이 되는 측정장치인 일차 표준기(Primary Standard)를 편의상 광도 원기(측광 1차 표준기)라고 하고 있음

8. 균제도(Uniformity Ratio of Illumination, Uniformity Factor, 均齊度)
   (1) 균제도는 조도 또는 주광률 분포의 균일 정도를 나타내며, 1에 가까울수록 균일함을 의미함
   (2) 조명도 분포의 균제 정도로 실내 작업면에 대해서 벽 경계 1cm 정도를 제외한 장소의 최저 조명도와 최고 조명도이다. 인공 조명에서는 1/3 이상이 권장되고 있음
   (3) 평균 조도치(E_{ave})에 대한 최소 조도치(E_{min})의 비율을 나타내기도 함

표 시	정 의	단위와 약호
조도	장소의 밝기	럭스(lx)
광도	광원에서 어떤 방향에 대한 밝기	칸델라(cd)
광속	광원 전체의 밝기	루멘(lm)
휘도	광원의 외관상 단위면적당의 밝기	cd/m^2 또는 스틸브(sb)
광속 발산도	물건의 밝기(조도, 반사율)	라도룩스(rlx)

예 · 상 · 문 · 제

1. 빛환경 용어에 대한 설명 중 잘못된 것은?
㉮ 주광률이란 실내에서의 주광조명도와 옥외에서의 전천공광 조명도의 비율을 말한다.
㉯ 태양상수란 대기층 밖에서 받는 태양의 복사플럭스(복사밀도)이다.
㉰ 균시차란 진태양시와 평균태양시의 차를 말하는 것이며, 연중 약 ±13분 정도의 범위에서 변한다.
㉱ 평균태양시란 현재 우리가 사용하고 있는 시간의 지표로 진태양시를 1년에 걸쳐 평균한 값이다.

[해설] 균시차란 진태양시와 평균태양시의 차를 말하는 것이며, 연중 약 ±16분 정도의 범위에서 변한다.

2. 균시차가 발생하는 원인을 모두 고르면?

> ㉠ 지구가 태양 주위를 타원궤도로 회전한다.
> ㉡ 근일점과 원일점에서의 각속도가 다르다.
> ㉢ 지구는 태양 주위를 공전함과 동시에 자전한다.
> ㉣ 적도와 황도가 약 23.5° 기울어져 있다.

㉮ ㉠, ㉡, ㉢, ㉣   ㉯ ㉠, ㉡, ㉢
㉰ ㉠, ㉡, ㉣   ㉱ ㉡, ㉢, ㉣

[해설] 진태양시와 평균태양시가 달라서 균시차가 발생하는 이유는 ㉠, ㉡, ㉣의 세 가지 원인에 의한 것이다.

3. 자연채광 조명방식에 속하지 않는 것은?
㉮ 태양광 추미 덕트 조광장치
㉯ 광파이버 집광장치
㉰ LED조명 방식
㉱ 광파이프 방식

[해설] 자연채광 조명방식에는 광덕트(채광덕트) 방식, 태양광 추미 덕트 조광장치, 천장 채광조명 방식, 광파이버 집광장치, 광파이프 방식, 프리즘 윈도우 등이 있다.

4. 비교적 위도가 높은 지방에서 많이 사용되며 자연채광을 적극적으로 실(室) 안쪽 깊숙한 곳까지 도입시키기 위해서 개발된 자연채광 조명장치는?
㉮ 광파이버 집광장치
㉯ 프리즘 윈도우
㉰ 광덕트(채광덕트) 방식
㉱ 천장 채광조명 방식

5. 온수집열 태양열 난방의 방식이 아닌 것은?
㉮ 순차 난방방식   ㉯ 예열 난방방식
㉰ 분리 난방방식   ㉱ 직접 난방방식

[해설] 온수집열 태양열 난방의 방식에는 직접 난방방식, 예열 난방방식, 분리 난방방식, 혼합 난방방식 등이 있다.

6. 태양열 난방시스템의 필수 구성요소가 아닌 것은?
㉮ 축열조   ㉯ 집열기
㉰ 펌프   ㉱ 열교환기

[해설] '열교환기'는 태양열 난방시스템의 필수 구성요소는 아니고, 시스템에서 필요 시 선택사항이다.

7. 색온도와 연색성에 대한 설명으로 잘못된 것은?

정답 1. ㉰ 2. ㉰ 3. ㉰ 4. ㉯ 5. ㉮ 6. ㉱ 7. ㉰

㉮ 색온도는 완전 방사체(흑체)의 분광 복사율 곡선으로 색광의 절대온도이다.
㉯ 완전 방사체인 흑체는 열을 가하면 금속과 같이 달궈지면서 점점 흑색→ 적색→ 분홍색→ 백색→ 청백색→ 청색을 띠게 된다.
㉰ 백열전구의 빛에는 한색(寒色)의 물체가 선명하게 보이고, 형광등의 빛에는 난색(暖色)의 물체가 선명하게 보인다.
㉱ 연색지수가 100에 가까울수록 자연광(태양광) 광원을 비출 때의 색에 가까워지고, 색이 자연스럽게 보인다.

[해설] 백열전구의 빛에는 주황색이 많이 포함되어있으므로 그 빛으로 난색계(暖色系)의 물체를 조명하면 선명하게 돋보이는 데 반해, 형광등의 빛에는 청색부가 많으므로 흰색·한색계(寒色系)의 물체가 선명하게 보인다.

8. 면적 500 m²인 사무실에 전광속 3,000 lm, 소비전력 50 W인 형광등을 사용하여 평균조도 400 lx를 얻고자 한다. 조명률 0.5, 감광보상률 1.2일 경우, 필요한 형광등의 수는?

㉮ 100 ㉯ 160
㉰ 220 ㉱ 250

[해설] ZCM (Zonal Cavity Method)법을 채택하여,
$$N = \frac{E \cdot A \cdot D}{F \cdot U} = 400 \times 500 \times 1.2 / (3,000 \times 0.5)$$
$$= 160개$$

N : 램프 수량(개)
E : 평균조도(lx)
F : 램프 1개당 광속(lm)
U : 조명률
D : 감광보상률
A : 방의 면적(m²) (방의 폭 × 길이)

9. 무동력 태양열급탕기의 종류에 들어가지 않는 것은?

㉮ 배치식 ㉯ 자연대류식
㉰ 상변화식 ㉱ 개폐식

[해설] 개폐식은 보통 무동력 태양열급탕기가 아니라, 동력식 태양열급탕기로 분류된다.

10. 건물의 열부하 중 태양열에 의해서 공급하는 비율은?

㉮ 태양열 사용량 ㉯ 태양열 비율
㉰ 태양의존율 ㉱ 태양열부하 비율

[해설] 태양의존율(또는 태양열 절감률) : 열부하 중 태양열에 의해서 공급하는 비율

11. 자연형 태양열 주택 등에서 콘크리트, 벽돌, 석재 등으로 만든 축열벽은?

㉮ 트롬월 ㉯ 드럼월
㉰ 이중벽 ㉱ 더블스킨

12. 자연형 태양열 주택에서 집열부가 항상 건물 하부에 위치하므로 설계의 제약조건이 될 수 있는 형태는?

㉮ 온실 부착형 ㉯ 분리획득형
㉰ 간접획득형 ㉱ 직접획득형

13. 광도(Luminous Intensity, 光度)에 대한 설명으로 틀린 것은?

㉮ 인간의 시각적 인지 파장(가시광선 파장)을 고려한 빛의 세기를 '광도'라고 한다.
㉯ 단위 입체각당 단위 시간당 발산하는 빛 에너지의 총량이다.
㉰ 단위로는 cd 혹은 lm이 사용된다.
㉱ 1[cd]는 가느다란 양초 1개 정도의 광원의 밝기에 해당한다.

[해설] 광도(Luminous Intensity, 光度)의 단위로는 cd(= lm/sr)이 사용된다.

정답 8. ㉯ 9. ㉱ 10. ㉰ 11. ㉮ 12. ㉯ 13. ㉰

14. 빛의 밝기를 나타내는 다음 용어 중에서 발광면(面)의 방출 밝기를 그 광원의 면적으로 나눈 양을 무엇이라고 하는가?

㉮ 휘도   ㉯ 조도
㉰ 광도   ㉱ 광속

[해설] 휘도는 자체가 발광하고 있는 광원뿐만 아니라, 조명되어 빛나는 2차적인 광원에 대해서도 밝기를 나타내는 양으로 사용할 수 있으며, 단위는 cd/m^2이다.

15. 광원의 발광면·반사면·투과면에서 단위 면적당 발산하는 광속을 무엇이라고 하는가?

㉮ 광속   ㉯ 광도
㉰ 휘도   ㉱ 광속 발산도

[해설] 광속 발산도는 광원의 발광면·반사면·투과면에서 단위 면적당 발산하는 광속을 말하며, 단위로는 라도룩스(rlx) 혹은 루멘 매평방 미터 (lm/m^2)를 사용한다.

16. '균제도'에 대한 설명으로 틀린 것은?

㉮ 균제도는 조도 또는 주광률 분포의 균일 정도를 나타낸다.
㉯ 0에 가까울수록 균일함을 의미한다.
㉰ 실내 작업면에 대해서 벽 경계 1 cm 정도를 제외한 장소의 최저 조명도와 최고 조명도의 비율이다.
㉱ 평균 조도치(Eave)에 대한 최소 조도치(Emin)의 비율을 나타내기도 한다.

[해설] '균제도'는 1에 가까울수록 균일함을 의미한다.

제3과목

건축설비시스템

CHAPTER 01 건축 기계설비의 기초지식·이해 및 응용

1. SI단위(The International System of Units)

1-1 개요

(1) 세계 대부분의 국가에서 채택하여 국제 공동으로 사용해온 단위계인 '미터계'(또는 '미터법') 혹은 MKS(Meter-Kilogram-Second) 단위계가 현대화된 것이다.
(2) 1960년 제11차 국제도량형총회(CGPM ; Conference Generale des Poids et Mesures, General Conference of Weights and Measures)에서 '국제단위계'라는 명칭과 그 약칭 'SI'를 채택 결정하였다.
(3) 현재는 이들 중 질량의 단위인 킬로그램(kg)만 인공적으로 만든 국제원기에 의하여 정의되어있고, 나머지 6개는 모두 물리적인 실험에 의하여 정의되어있다. 따라서 과학기술의 발달에 따라 바뀌어왔으며, CGPM에 의해서 결정되었다.

1-2 7대 기본단위

길이(m), 질량(kg), 시간(s), 전류(A), 온도(K), 물질량(mol), 광도(cd)

(1) **길이(m)** : 길이의 기본단위는 미터(meter)이며, 1미터는 빛이 진공 중에서 1/299,792,458초 동안 진행한 거리와 같은 길이이다(따라서 빛의 속력은 정확히 299,792,458 m/s).
(2) **질량(kg)** : 질량의 기본단위는 킬로그램(kilogram)이며, 국제 킬로그램 원기의 질량과 같다.
(3) **시간(s)** : 시간의 기본단위는 초(second)이다. 1초는 세슘 133의 기저 상태에 있는 두 초미세 준위 간의 천이에 대응하는 복사선의 9,192,631,770주기의 지속 시간이다.
(4) **전류(A)** : 전류의 기본단위는 암페어(Ampere)이다. 1암페어는 무한히 길고 무시할 수

있을 만큼 작은 원형 단면적을 가진 두 개의 평행한 직선 도체가 진공 중에서 1미터 간격으로 유지될 때 두 도체 사이에 미터당 2×10^{-7} N의 힘을 생기게 하는 일정한 전류이다.

(5) **온도(K)** : 온도의 기본 단위는 켈빈(Kelvin)이다. 이것은 열역학적 온도의 단위로 물의 삼중점의 열역학적 온도의 1/273.16이다.

(6) **물질량(mol)** : 물질량의 기본단위는 몰(mole)이다. 1몰은 탄소12의 0.012 kg에 있는 원자의 수와 같은 수의 구성요소를 포함한 어떤 계의 물질량이다. 몰을 사용할 때는 구성요소를 반드시 명시해야 하며, 이 구성요소는 원자, 분자, 이온, 전자, 기타 입자 또는 이 입자들이 특정한 집합체가 될 수 있다.

(7) **광도(Cd)** : 광도의 기본단위는 칸델라(candela)이다. 1칸델라는 주파수 540×10^{12} Hz 인 단색광을 방출하는 광원의 복사도가 어떤 주어진 방향으로 매 스테라디안(Sr)당 1/683 W일 때 이 방향에 대한 광도이다.

2. 압력 관련용어

2-1 압력 (Pressure)

(1) 진공이 아니라면, 가스체는 항상 팽창되려 한다. 이 가스를 용기에 넣으면 가스가 팽창되려고 용기의 벽을 밖으로 밀어내는 힘을 '압력'이라 한다.

(2) **단위** : $Pa(N/m^2)$, kgf/cm^2, $Psi(lb/in^2)$, bar, N/cm^2 등

2-2 절대압력 (Absolute Pressure)

(1) 절대압력은 실제로 가스가 용기의 벽면에 가하는 힘의 크기를 말한다.

(2) 게이지압력 + 대기압으로 계산되며, 게이지압력이 0 Pa라도 실제로는 0.1013 MPa(1.0332 $kgf/cm^2 \cdot abs$)라는 압력을 가지고 있으며 완전 진공 상태를 0으로 하여 측정한 압력이다.

(3) **압력단위** : 기호 뒤에 a 또는 abs를 덧붙이는 경우가 많다.

2-3 진공압력 (Vacuum Pressure)

(1) 대기압력으로부터 절대 0인 곳으로 재어 내려가는 압력, 즉 대기압 이하의 압력을 말한다.

(2) 용기 내의 압력이 대기압 이하로 되는 것을 말한다.

(3) 단위로는 주로 torr를 사용한다(1 torr = 1 mmHg).

2-4 게이지압력 (Gauge Pressure)

(1) 대기압하에서 0을 지시하는 압력계로 측정한 압력, 가스가 용기 내벽에 가하는 힘과 대기가 외부에서 용기 외벽에 가하는 힘의 차를 의미한다.
(2) 별도의 지시가 없을 시 대개 게이지 압력을 말하며 혼선을 방지하기 위하여 kPaG, MPaG, kgf/cm^{2}G처럼 단위 뒤에 G를 덧붙일 수 있다.
(3) 압력계의 지시 압력은 가스의 압력에서 대기압력을 뺀 것이다. 평지의 대기압력은 0.1013 MPa(1.0332 kgf/cm^2·abs)이고, 절대압력과 게이지압력의 관계는 다음과 같다.
(4) 계산식

> 게이지압력 = 절대압력 − 대기압(0.1013 MPa)

2-5 대기압 (Atmospheric Pressure)

(1) 다음 그림에서 관내에서 수은면의 높이가 약 76 cm 정도에서 멈추게 되는 것은 용기의 수은면이 대기압을 받고 있다는 증거이다.
(2) 수은의 무게는 1 cc에 약 13.595 g이므로 76 cm의 수은의 무게는 밑 면적 1 cm^{2}마다 13.595 g × 76 = 1,033.2 g이다.
(3) 지상에 있는 모든 물건은 1,033.2 g/cm^{2}와 같은 공기의 압력을 받고 있는 것이며, 이것이 곧 대기압이다.

> 표준 대기압 = 760 mmHg = 1,033.2 g/cm^2 = 1.0332 kgf/cm^2 = 0.1013 MPa

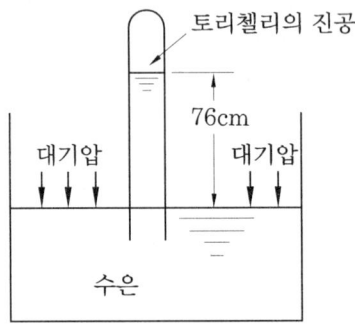

토리첼리의 수은주 실험

핵심해설
공조냉동 분야에서는 압력에 대한 개념이 상당히 중요하다. 대개는 게이지압력(= 절대압력 − 대기압)을 기준으로 냉매압, 수압 등을 표기한다.

3. 온도와 습도

3-1 온도 Scale

(1) **섭씨온도**(Celsius Temperature ; ℃) : 표준 대기압하에서 순수한 물의 빙점을 0, 비점을 100으로 하여 100 등분한다.

(2) **화씨온도**(Fahrenheit Temperature ; °F) : 표준 대기압하에서 순수한 물의 빙점을 32, 비점을 212로 하여 180 등분한다.

$$°F = 1.8 \times ℃ + 32$$

(3) **절대온도**(Absolute Temperature ; K, 열역학적 온도)
  ① 열역학적으로 분자 운동이 정지한 상태의 온도를 0으로 하여 측정한 온도로, 섭씨 −273.15℃가 절대 0도가 된다.
  ② 자연계에 존재하는 가장 낮은 온도이다.
  ③ 열역학 제3법칙을 유도하는 과정에서 발생한 개념으로, 물질의 성질에 의존하지 않는 보편적인 온도이다.
  ④ 열역학 제3법칙 : 어떠한 이상적인 방법으로도 어떤 계를 절대 0도에 이르게 할 수 없다.
  ⑤ 중요 기체의 상변화 온도(표준 대기압 기준)
      ㈎ 액화천연가스 : −162℃   ㈏ 액체산소 : −183℃   ㈐ 액체질소 : −196℃
  ⑥ 액화산소 제조법 : 온도를 낮추면 먼저 액화되는 물질은 끓는점이 높은 산소이고 나중에 질소가 액화되며, 액화된 상태에서 온도를 상승시키면 끓는점이 낮은 질소가 먼저 기화하고 나중에 산소가 기화한다. 단, 산소가 액화될 때 약간의 질소도 액화되기 때문에 Rectification(정류) 혹은 Distillation(증류하여 불순물을 거르는 것)을 거쳐서 순수한 산소를 생성한다.

3-2 건구온도와 습구온도

(1) **건구온도**(Dry Bulb Temperature)
  보통의 온도계로 측정한 온도(즉 감온부가 건조한 상태인 보통의 온도계로 측정한 공기의 온도)를 말한다.

(2) **습구온도**(Wet Bulb Temperature)
  봉상온도계의 수은구 부분의 하단을 명주 또는 모슬린 등으로 싸서 그 한 끝부분을 물에 잠기게 하여 증발이 일어날 때 측정한 온도를 말한다.

3-3 습도(Humidity)

(1) 공기 중의 수증기량을 나타내는 척도를 말한다.
(2) 공기는 습증기(수증기)를 흡수하며, 그 양은 공기의 압력과 온도에 달려있다.
(3) 공기의 온도가 높을수록 더 많은 습증기를 흡수하고, 공기의 압력이 높을수록 더 적은 양의 습증기를 흡수한다.

(4) 종류

① 상대습도(RH ; Relative Humidity, 비교습도)
  (가) 공기 중의 수증기량을 그 공기 온도에서의 포화수증기량에 대한 비율로 나타낸 값을 말한다.
  (나) 어떤 온도에서 공기 중의 수증기압과 포화수증기압의 비율 혹은 공기 중의 수증기량과 포화수증기량의 비율(%)이다.
  (다) 기호는 ψ이고, 단위는 퍼센티지(%)이다.
  (라) 계산식

$$\psi = \frac{P_w}{P_s} \times 100\% = \frac{\gamma_w}{\gamma_s} \times 100\%$$

  P_w : 어떤 공기의 수증기 분압 P_s : 포화공기의 수증기 분압
  γ_w : 어떤 공기의 수증기 비중량 γ_s : 포화공기의 수증기 비중량

② 절대습도(Absolute Humidity, Specific Humidity)
  (가) 습공기 중에 함유되어있는 수증기의 질량을 나타내는 것을 '절대습도'라고 한다.
    → 건공기 1(kg) 중에 포함된 수증기 X(kg)을 절대습도 X(kg/kg')로 표시한다.
  (나) 여기서, 습공기의 질량은 $1 + X$(kg)임을 알 수 있다.
  (다) 동일한 포화수증기 분압을 갖는 상태에서는 상대습도가 커져도 절대습도는 증가하지 않는다.
  (라) 계산식

$$x = \frac{\gamma_w}{\gamma_a} = 0.622 \cdot \frac{P_w}{(P - P_w)}$$

  γ_w : 건공기 중 수증기 비중량 γ_a : 건공기의 비중량
  P_w : 수증기 분압 P : 대기압

  (마) 단위 : kg/kg' 혹은 kg/kgDA

③ 습구온도(Wet Bulb)
  (가) 건구온도계의 감온부를 물로 적신 거즈로 싸고 읽은 온도(복사열 배제)를 말한다.

(나) 공기로부터의 현열 이동과 물의 증발열이 열적으로 '동적 평형상태'를 이룰 때의 온도이다.

4. 현열과 잠열

4-1 현열 (Sensible Heat, 감열)

(1) 물질의 상태 변화 없이 온도 변화에만 필요한 열을 말한다.
(2) 상태는 변하지 않고 온도가 변하면서 출입하는 열(온수난방, 수축열 등에 많이 이용됨)이다.

4-2 잠열 (Latent Heat)

(1) 고체의 승화/융해, 액체의 기화 등 물질의 상태 변화에 따라 흡수하는 열량(반대일 경우에는 방출하는 열량)을 말한다.
(2) 온도는 변하지 않고 상태가 변하면서 출입하는 열(증기난방, 빙축열 등에 많이 이용됨)이다.
(3) 사례(표준 대기압 기준)
  ① 100℃ 물 → 100℃ 증기 : 기화 잠열 2,257 kJ/kg (≒ 539 kcal/kg)
  ② 0℃ 수증기 → 0℃ 물로 응축(응결) : 응축 잠열 2,501.6 kJ/kg (≒ 597.5 kcal/kg)
  ③ 0℃ 얼음 → 0℃ 물 : 융해 잠열 334 kJ/kg (≒ 79.68 kcal/kg)
  ④ '드라이아이스'의 승화잠열(-78℃) : 573.5 kJ/kg (≒ 137 kcal/kg)

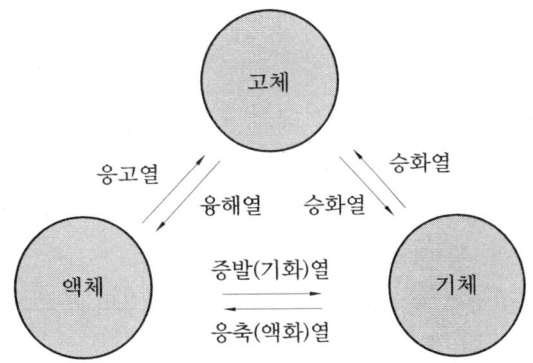

핵심해설
물질의 상태 변화에 관여하지 않고 온도 변화에만 관여하는 열을 '현열'이라 하고, 반대로 물질의 상태 변화에 따라 흡수 혹은 방열하는 열을 '잠열'이라고 한다.

5. 습공기 용어

5-1 건공기(Dry Air)와 습공기(Moist Air)

(1) 공기의 성분은 N_2, O_2, Ar, CO_2, H_2, Ne, He, Kr, Xe 등과 같은 여러 가지의 가스가 혼합되어있다.
(2) 여기서 수증기 이외의 성분은 지구상에서 거의 일정한 양을 유지하나, 수증기는 기후에 따라 변화가 심하다.
(3) 이와 같이 수증기를 함유한 공기를 '습공기(Moist Air, Humid Air)'라고 하며, 수증기를 함유하지 않은 공기를 함유하지 않은 공기를 '건공기(Dry Air)'라고 한다.

5-2 포화공기(Saturated Air)

(1) 습공기 중의 절대습도 x가 차차 증가하면 최후에는 수증기로 포화되는데 이 상태의 공기를 '포화공기(Saturated Air)'라 한다.
(2) 습공기 중에 수증기가 점차 증가하여 더 이상 수증기를 포함시킬 수 없을 때의 공기를 '포화공기'라고 한다.
(3) 포화공기에 계속해서 수증기를 가하면 그 여분의 수증기는 미세한 물방울(안개)로 존재하는데 이를 'Fogged Air'라고 한다.

5-3 노점온도(Dew Point Temperature)

(1) 습공기가 냉각될 때 어느 온도에서 공기 중의 수증기가 물방울로 변화되는데, 이때의 온도를 '노점온도(Dew Point Temperature)'라고 한다.
(2) 노점온도는 공기 중에 포함되어있는 수증기가 포화해서 이슬이 맺히기 시작할 때의 온도로 온도와 절대습도 등에 의해 결정된다.
(3) 포화공기의 온도 이하로 냉각된 고체의 표면이 있으면 공중의 수증기는 거기서 응결해서 이슬이 된다(냉동 및 제습의 원리).
(4) 즉, 포화공기의 온도를 약간 더 떨어뜨리면 이슬이 생긴다.

5-4 포화도(Degree of Saturation, 비교습도)

(1) 습공기의 절대습도를 동일 온도에서의 포화습공기의 절대습도로 나누어 백분율로 나타

낸 값을 말한다.

(2) 계산식

$$\phi_s = \frac{X}{X_s} \times 100\,(\%)$$

ϕ_s : 포화도(%)
X : 어떤 공기의 절대습도(kg/kg')
X_s : 동일 온도에서의 포화공기의 절대습도(kg/kg')

5-5 단열포화온도 (AST ; Adiabatic Saturated Temperature)

(1) 완전히 단열된 공간에서 에어워셔 사용 시와 같이 물로 하여금 공기를 포화시킬 때 출구공기의 온도를 '단열포화온도'라 한다.
(2) 완전히 단열된 용기 내에 물이 포화 습공기와 같은 온도로 공존할 때의 온도이다.
(3) 습구온도(WB)의 열역학적 표현(풍속 = 5 m/s 이상)이다.

6. 엔탈피 용어

6-1 건공기의 엔탈피

$$h_a = C_p \cdot t$$

h_a : 엔탈피(kJ/kg, kcal/kg)
C_p : 건공기의 정압비열(≒ 1.005 kJ/kg·K ≒ 0.24 kcal/kg·℃)
t : 건구온도(℃)

6-2 수증기의 엔탈피

t ℃인 수증기의 엔탈피는 0℃의 포화액의 증발잠열에 이 증기가 t ℃까지 상승하는 데 필요한 열량의 합을 말한다. 따라서 t ℃ 수증기 1 kg의 엔탈피 h_v는

$$h_v = r + C_{vp} \cdot t$$

r : 0℃에서 포화수의 증발잠열(= 2501.6 kJ/kg ≒ 597.5 kcal/kg)
C_{vp} : 수증기의 정압비열(= 1.85 kJ/kg·K ≒ 0.44 kcal/kg·℃)
t : 온도(℃)

6-3 습공기의 엔탈피

(1) 습공기의 엔탈피 = 건공기의 엔탈피 + 수증기의 엔탈피

(2) 절대습도 X(kg/kg')인 습공기의 엔탈피 h_w

$$h_w = h_a + X \times h_v = C_p \times t \times X(r + C_{vp} \times t)$$

C_p : 건공기의 정압비열(≒ 1.005 kJ/kg·K ≒ 0.24 kcal/kg·℃)
X : 절대습도(kg/kg')
r : 0℃에서의 물의 증발잠열(2,501.6 kJ/kg ≒ 597.5 kcal/kg)
C_{vp} : 수증기의 정압비열(= 1.85 kJ/kg·K ≒ 0.44 kcal/kg·℃)
t : 습공기의 온도(℃)

Quiz

'열수분비'란?
1. 습공기의 상태변화량 중 수분의 변화량과 엔탈피 변화량의 비를 말한다.
2. 열수분비(U) 계산식

$$U = \frac{\Delta h}{\Delta x}$$

Δh : 엔탈피 변화량(kJ/kg, kcal/kg)
Δx : 수분 변화량(kg/kg')

3. 가습 시의 응용
  (1) 물 분무 시

  $$U = 4.1868t \text{ (kJ/kg)} = t \text{ (kcal/kg)}$$

  (2) 증기 분무 시

  $$U = \frac{\Delta h}{\Delta x} = \frac{\Delta x(597.5 + 0.441t)}{\Delta x} = 2501.6 + 1.85t \text{ (kJ/kg)} = 597.5 + 0.441t \text{ (kcal/kg)}$$

핵심해설

* **열수분비(kcal/kg)** : 습공기 중 수분의 변화량(kg/kg')과 엔탈피 변화량((kcal/kg)의 비를 말한다.
* **습공기선도(Psychrometric Chart)** : 습공기의 수증기분압, 절대습도, 상대습도, 건구온도, 습구온도, 비체적, 엔탈피 등의 각 상태값을 하나의 선도에 나타낸 것을 말한다.
* **혼합공기의 온도 계산** : 온도가 낮은 공기의 얻은 열량과 높은 공기의 잃은 열량($q_s = \frac{Q}{v \cdot C \cdot \Delta t}$)을 이용하여 보강법으로 구한다.

7. 현열비(SHF)와 유효현열비(ESHF)

7-1 현열비 (SHF ; Sensible Heat Factor)

(1) 현열비는 엔탈피 변화에 대한 현열량의 변화 비율을 말한다.
(2) 현열비는 실내로 송풍되는 공기의 상태를 정하는 지표로서 실내 현열부하를 실내 전열부하(= 현열부하 + 잠열부하)로 나눈 개념이다.

$$SHF = (i_b - i_c)/(i_a - i_c)$$

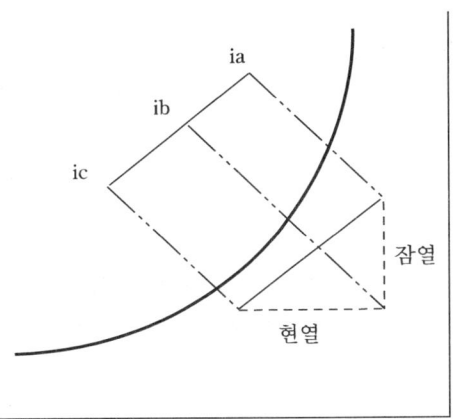

7-2 유효현열비 (ESHF ; Effective Sensible Heat Factor)

(1) 코일 표면에 접촉하지 않고 bypass되어 들어오는 공기량도 실내 측 부하에 포함되므로, 실내부하에 bypass양까지 고려한 현열비를 말한다(다음 그림 참조).

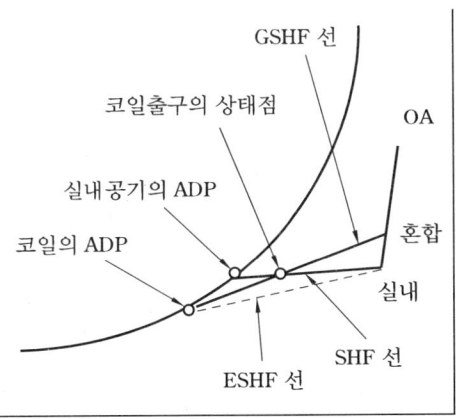

> **칼럼**
>
> 1. GSHF(TSHF ; 총 현열비) : 외기부하(OA)와 실내부하(RA)를 포함한 전체 현열비
>   GSHF = 총 현열/(총 현열+총 잠열)
> 2. SHF(실현열비) : 실내부하만 고려한 현열비
>   SHF = 실현열/(실현열+실잠열)
> 3. ESHF(유효현열비) : 실내부하(RA)에 bypass부하 고려한 현열비
>   ESHF = 유효 실현열/(유효 실현열+유효 실잠열)
> 4. ADP(Apparatus Dew Point; 장치 노점온도) : 상기 '코일의 ADP' 혹은 '실내공기의 ADP'를 말함(각 SHF선이 포화습공기선과 만나는 교점).

> **Quiz**
>
> 필요 풍량을 계산하는 방법은?
> 풍량 = 현열부하/(공기의 정압비열 × 공기의 비중량 × 실온과 취출공기의 온도차)
>   × 할증계수

> **핵심해설**
>
> 현열비(SHF)는 총 현열비(외기부하와 실내부하를 포함한 전체 현열비), 실현열비(실내부하만 고려한 현열비), 유효현열비(실내부하에 bypass부하 고려한 현열비)의 세 가지로 대별된다.

8. 습공기선도상 프로세스

8-1 기본 프로세스 (8종)

가열(현열가열), 가습, 현열냉각, 감습, 가열가습, 냉각가습, 냉각감습, 가열감습

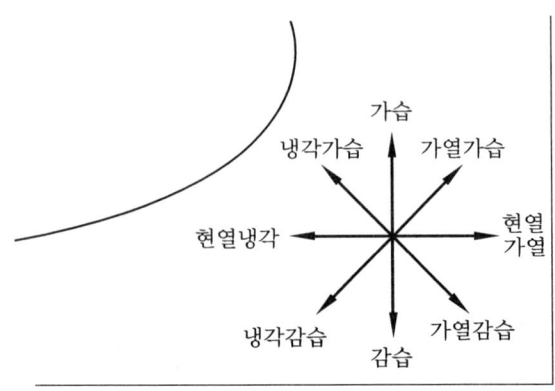

(1) 혼합 + 냉각 + 재열

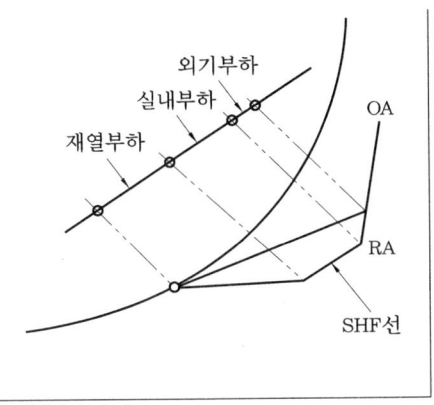

※ 냉방부하 = 외기부하 + 실내부하 + 재열부하

(2) 혼합 + 가열 + 가습

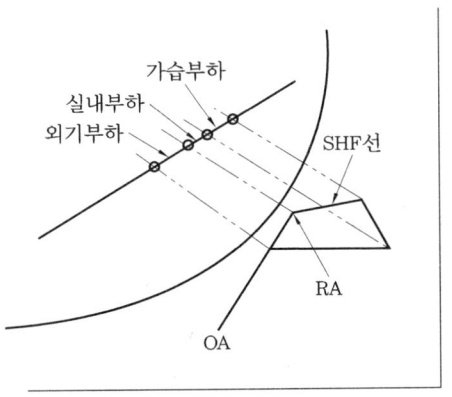

※ 난방부하 = 외기부하 + 실내부하

(3) 예냉 + 혼합 + 냉각

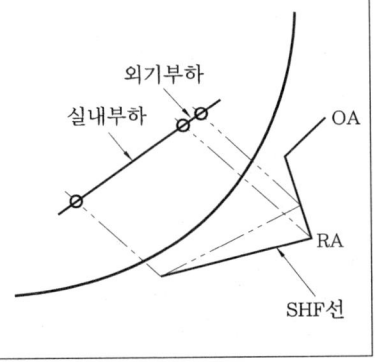

※ 냉방부하 = 외기부하 + 실내부하

(4) 예열 + 혼합 + 가습 + 가열

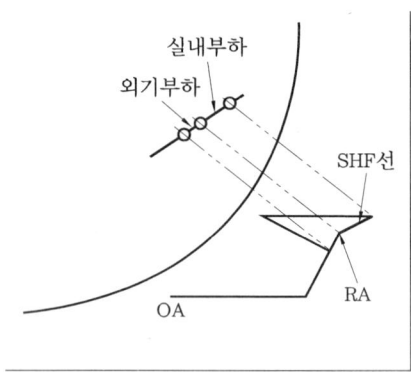

※ 난방부하 = 외기부하 + 실내부하

Quiz

공기선도를 그리고 외기온도, 실내온도, 공조기 입구 혼합온도를 표기하고 공조기의 토출온도를 구하는 방법을 설명하시오. [단, 외기온도 31℃(50%), 실내온도 26℃(50%), 외기도입량 10%, SHF=0.85이다.]

1. 습공기선도상 작도

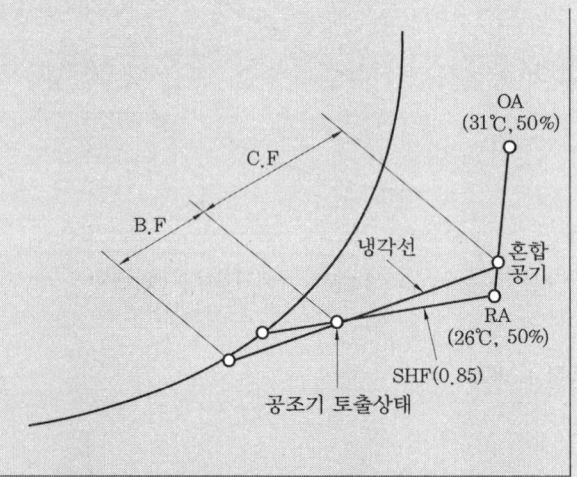

2. 작도 및 계산절차
   (1) 상기 그림과 같이 외기온도(31℃, 50%), 실내온도(26℃, 50%)를 습공기선도상 나타내고, 외기도입량이 10%이므로 9:1의 비율로 혼합공기의 온도를 표현한다(상기 그림에서와 같이 혼합공기는 OA와 RA를 연결한 직선상에 RA에 더 가깝게 표현된다).
   (2) 이때 혼합공기의 온도 : 26℃+(31℃-26℃)/10 = 26.5℃이다.
   (3) 혼합공기의 Point에서의 냉각선[콘택트팩터(CF)와 바이패스팩터(BF)로 분할됨]과 SHF선(0.85)이 만나는 교점을 작도하여, 그 점을 공조기의 토출온도값으로 구한다.

다음 그림과 같이 냉방 시의 상태변화를 공기선도로 작성하시오.

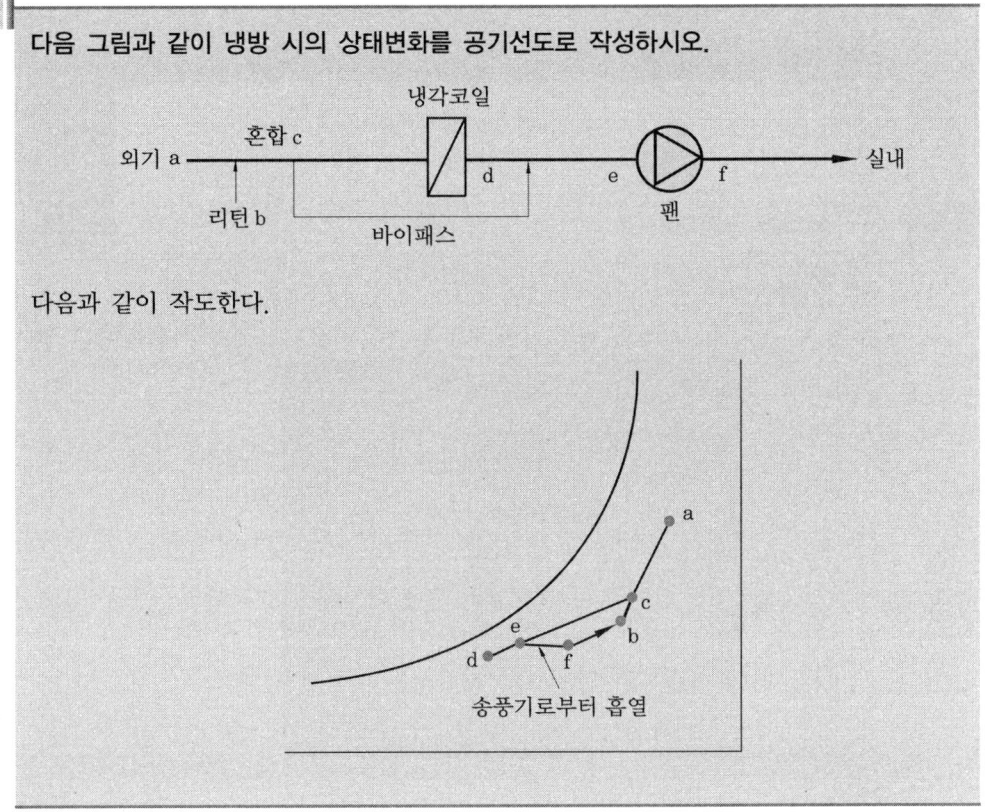

다음과 같이 작도한다.

> **핵심해설**
> **송풍기로부터의 흡열** : Bypass되는 양과 정상적으로 냉각되는 양은 적당한 비율로 섞일 것이고, 팬(송풍기)은 보통 실온보다 온도가 높으므로, 통과되는 공기가 팬으로부터 열을 받을 것이다.

9. 가습방법

9-1 순환수에 의한 가습

(1) 물을 가열하거나 냉각하지 않고, Pump로 물을 노즐을 통하여 공기 중에 분무하는 방법이다.

(2) 이때, 분무되는 물이 수증기 상태로 되기 위해서 주위 공기로부터 증발잠열을 흡수하고, 이를 다시 공기에 되돌려주는 단열변화로 간주한다.

(3) 예를 들어, 15℃의 순환수를 분무하면 $U=62.8$에 평행하게 ⓐ → ⓑ 로 이동한다.

$$U = C \cdot T = 4.1868 \text{ kJ/kg} \cdot ℃ \times 15℃ = 62.8 \text{ kJ/kg}$$

9-2 온수에 의한 가습

(1) 순환수를 가열하여 분무하는 방법이다.

(2) 예를 들어, 60℃의 온수로 분무가습한다면 습공기선도상에서 가습방향은 열수분비 $U=251.2$에 평행하게 ⓐ → ⓒ 로 이동한다.

$$U = C \cdot T = 4.1868 \text{ kJ/kg} \cdot ℃ \times 60℃ = 251.2 \text{ kJ/kg}$$

9-3 증기가습

(1) 증기를 분무하여 가습하는 방법으로 계산식은 다음과 같다.

$$U = \frac{h}{X} = \frac{X(2501.6 + 185 t_s)}{X}$$

(2) 예를 들어, 100℃ 포화증기이면, $U=2686.6$에 평행하게 ⓐ → ⓓ 로 이동한다.

$$U = 2501.6 \text{ kJ/kg} + 1.85 \text{ kJ/kg} \cdot ℃ \times 100℃ = 2506.6 \text{ kJ/kg}$$

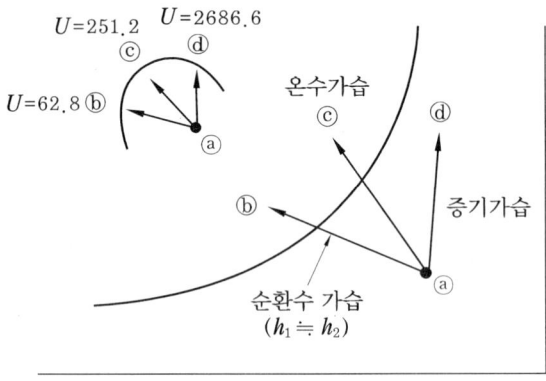

습공기선도상 표시

10. CF(Contact Factor)와 BF(Bypass Factor)

10-1 개요

(1) 냉각코일이 습코일이며, Coil Row 수가 무한히 많고, 코일통과풍속이 무한히 느리다면 통과공기는 포화공기 온도(t_s)에 도달 가능하다.
(2) 그러나 실제로는 그렇지 못하므로, 냉·난방 과정에서 코일을 충분히 접촉하지 못하고 Bypass되어 들어오는 공기의 양이 존재한다.
(3) 전체의 공기량 중 Bypass되어 들어오는 공기량의 비율을 '바이패스 팩터(BF)'라 한다.
(4) 전체의 공기량 중 정상적으로 열교환기와 접촉되는 공기량의 비율을 '콘택트 팩터(CF)'라 한다.
(5) 계산식

$$CF + BF = 1$$

10-2 냉방 시

일반적인 냉방과정을 습공기선도상에 도시하면 다음과 같다.

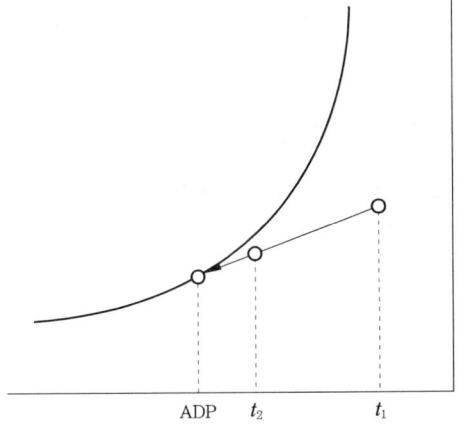

$$CF = \frac{(t_1 - t_2)}{(t_1 - ADP)}, \quad BF = \frac{(t_2 - ADP)}{(t_1 - ADP)}$$

t_1 : 코일 입구공기의 온도 t_2 : 코일 출구공기의 온도
ADP : 장치노점온도

10-3 난방 시

일반적인 난방과정을 습공기선도상에 도시하면 다음과 같다.

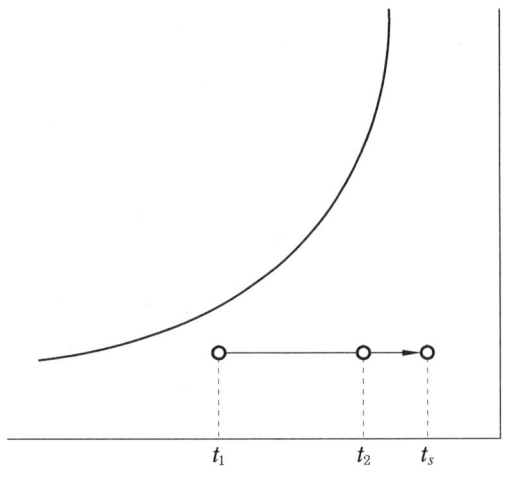

$$CF = \frac{(t_2 - t_1)}{(t_s - t_1)}, \quad VF = \frac{(t_s - t_2)}{(t_s - t_1)}$$

t_1 : 히터 입구공기의 온도
t_2 : 히터 출구공기의 온도
t_s : 히터의 표면온도

10-4 BF(Bypass Factor)를 줄이는 방법

(1) 열교환기의 열수, 전열면적, 핀수(FPI) 등을 크게 한다.
(2) 풍량을 줄여 공기의 열교환기와의 접촉시간을 증대시킨다.
(3) 열교환기를 세관화하여 효율을 높인다.
(4) 장치 노점온도(ADP)를 높인다.

> **핵심해설**
> 코일을 통과하는 전체의 공기량 중 정상적으로 열교환기와 접촉되는 공기량의 비율을 '콘택트 팩터(CF)'라 하고, 열교환기를 Bypass하여 들어오는 공기량의 비율을 '바이패스 팩터(BF)'라 한다.

11. 덕트 내 압력-전압, 정압, 동압

11-1 동압(P_d ; Dynamic Pressure, Velocity Pressure)

(1) 유체의 흐름방향으로 작용하는 압력을 말한다.
(2) 동압은 속도에너지를 압력에너지로 환산한 값이다.

11-2 정압(P_s ; Static Pressure)

(1) 유체의 흐름과 직각방향으로 작용하는 압력을 말한다.
(2) 정압 P_s는 기체의 흐름에 평행인 물체의 표면에 기체가 수직으로 미치는 압력이므로 그 표면에 수직 Hole을 통해 측정한다.

11-3 전압(P_t ; Total Pressure)

(1) 전압은 정압과 동압의 절대압의 합이다.
(2) 계산식

$$P_t = P_s + P_d$$

11-4 단위 및 측정법

다음 그림처럼 마노미터를 설치하여 측정한다.
(1) 단위 : mmAq(Aqua), mmWG, mmH$_2$O, mAq
(2) 측정법

전압(a) = 정압(c) + 동압(b)

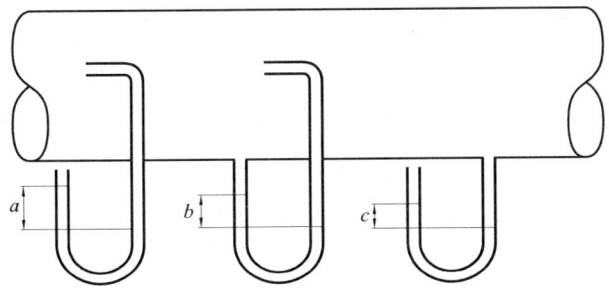

11-5 동압 계산식

$$동압\ P_d = \frac{\gamma V^2}{2g}$$

V : Velocity(m/s) γ : Specific Weight(N/m³, kgf/m³) g : 중력가속도(m/s²)

11-6 덕트 내 압력변화 도시 (덕트의 축소)

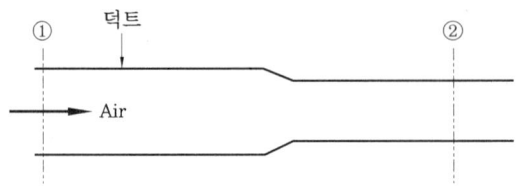

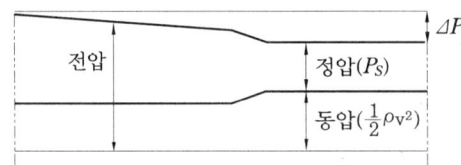

상기 그림에서, $Ps_1 + \frac{1}{2}pv_1^2 = Ps_2 + \frac{1}{2}pv_2^2 + \Delta P$의 관계식이 성립된다.

11-7 덕트 내 압력변화 도시 (덕트의 축소·확대)

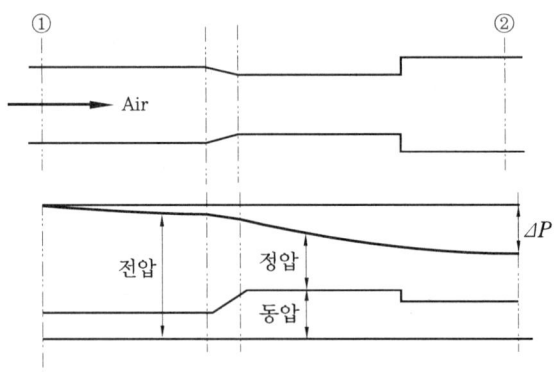

상기 그림에서 역시, $Ps_1 + \frac{1}{2}pv_1^2 = Ps_2 + \frac{1}{2}pv_2^2 + \Delta P$의 관계식이 성립된다.

> **핵심해설**
>
> **덕트 내의 압력** : 유체의 흐름방향과 동일한 방향으로 작용하는 동압, 직각방향으로 작용하는 정압, 그리고 이 두 압력의 합으로 정의되는 전압이 있다.

12. 무디 선도와 레이놀즈수

12-1 무디 선도 (Moody Diagram)

(1) 무디 선도는 유체가 흐르는 관의 '마찰계수'를 구하는 선도이다.
(2) 계산식

$$f = F\left(Re, \frac{e}{d}\right)$$

(3) 그림

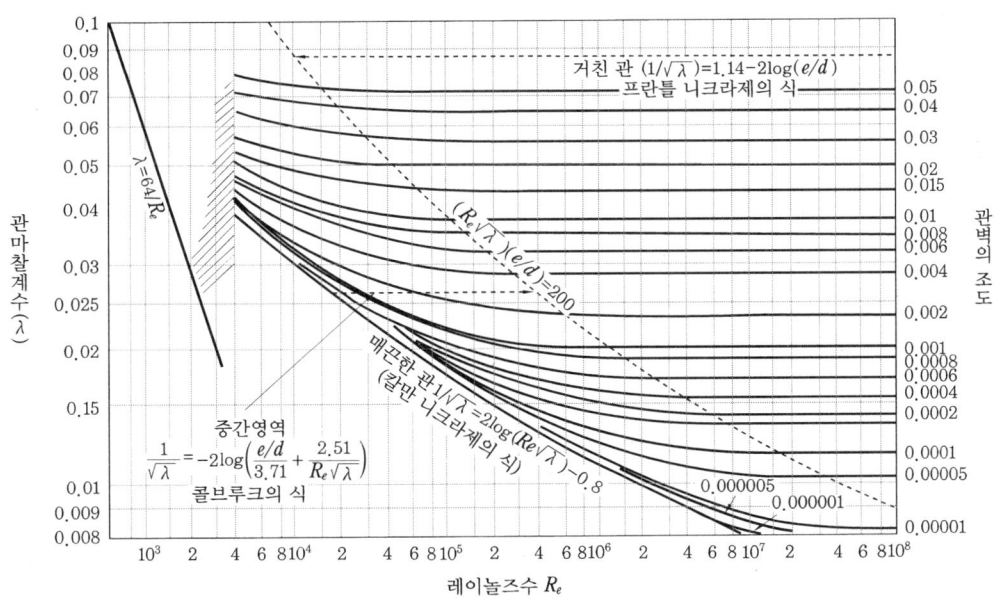

칼럼

① 층류영역에서 마찰계수(f)는 Re 만의 함수, 즉 $f = 64/Re$ 이다.
② 난류영역에서는 주로 아래의 식으로 마찰계수(f)를 계산한다.

$$\frac{1}{\sqrt{f}} = -1.8\log\left\{\frac{6.9}{Re} + \left(\frac{e/d}{3.7}\right)^{1.11}\right\}$$

12-2 레이놀즈수 (Reynolds Number)

(1) 정의

① 레이놀즈수는 층류와 난류를 판별하는 척도이다.

② 관성력을 점성력으로 나눈 값이며, 단위는 무차원이다.

(2) 계산식

$$Re(\text{Reynolds Number}) = \frac{\text{관성력}}{\text{점성력}}, \text{ 즉 } Re = \frac{VL}{v}$$

V : 속도(m/s) L : 길이(m) v : 동점성계수(m^2/s)

(3) 임계 레이놀즈수

① 임계 레이놀즈수 이하인 경우는 '층류'라 하고, 그 이상인 경우는 '난류'라고 한다.
② 평판형의 경우
　(가) 정사각형 : 약 2,200~4,300　　(나) 직사각형 : 약 2,500~7,000
③ 원통형의 경우 : 약 2,100~2,300

12-3 층류 / 난류 / 임계영역의 구분

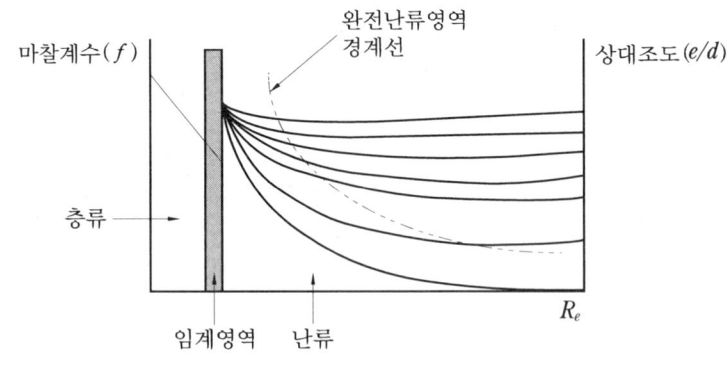

층류 / 난류 / 임계영역

핵심해설
무디 선도는 레이놀즈수와 관의 상대조도를 이용하여 '마찰계수'를 구하는 선도를 말하며, 유체가 임계 레이놀즈수(원통형의 경우; 2,100~2,300) 이상이면 '난류'라 하고, 이하이면 '층류'라 한다.

13. LMTD(Logarithmic Mean Temperature Difference)

13-1 평균온도차의 계산

(1) 냉매-물 혹은 냉매-공기의 열전달은 산술평균온도차 이용 방법 : 열교환온도(증발온도)가 거의 일정하다고 볼 수 있을 경우 약식으로 계산하는 방법이다.

(2) **냉수-공기 혹은 브라인-공기의 열전달은 대수평균온도차(LMTD) 이용 방법** : 열교환온도가 일정하지 않기 때문에 '대수평균온도차'를 이용하는 것이 바람직하다.

(3) 코일이나 열교환기 등에서 공기와 냉온수가 열교환하는 형식은 평행류(병류)와 역류(대향류) 방식으로 대별된다.

13-2 특징

(1) 동일한 공기와 수온의 조건에서는 평행류 대비 대향류의 LMTD 값이 크다.
(2) LMTD 값이 큰 경우 코일의 전열면적 및 열수를 줄일 수 있어 경제적이다.
(3) 실제 열교환기에서는 Tube Pass와 Shell Type에 의한 보정, Baffle 유무 등을 고려하고 직교류 열교환 형태 등을 감안하여야 한다.
(4) 일반적으로 공조기 등의 코일에서는 대수평균온도차(LMTD)를 크게 하여 열교환력을 증가시키기 위해 유속은 늦고 풍속은 빠르게 해준다.

13-3 대향류(Counter Flow) : 평행류 대비 열교환에 유리(비교적 가역적 열교환)

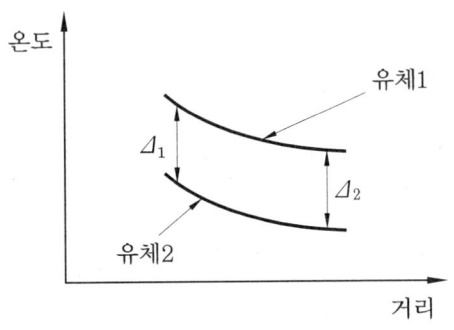

13-4 평행류(Parallel Flow) : 비가역적 열교환 증대

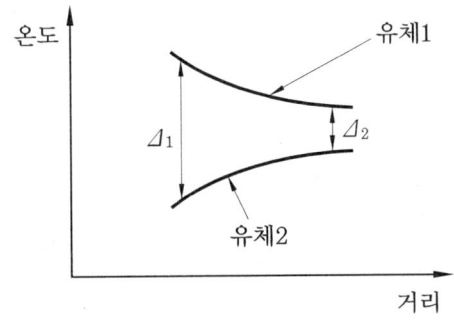

13-5 계산식

$$\text{LMTD} = \frac{\Delta_1 - \Delta_2}{\ln(\Delta_1/\Delta_2)}$$

가정 : (1) 유체의 비열이 온도에 따라 불변한다.
(2) '열전달계수'가 열교환기 전체적으로 일정하다.

핵심해설
LMTD는 냉수-공기 혹은 브라인-공기 등의 열전달에서 열교환량을 계산하는 대표적인 방법으로 평행류가 대향류(유리)로 대별된다.

14. 열기관과 히트펌프의 열효율(성적계수)

14-1 열기관의 열효율

(1) 고열원에서 저열원으로 열을 전달할 때 그 차이만큼 일을 한다.
(2) $P-V$ 선도, $T-S$ 선도

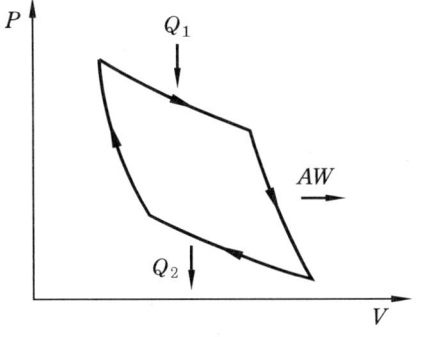
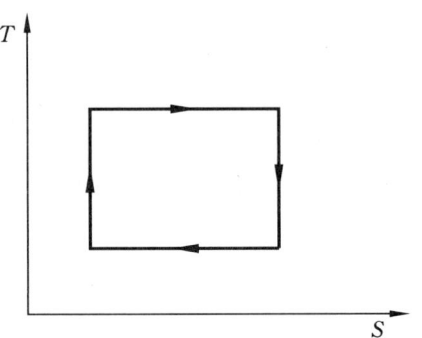

(3) 열기관의 열효율 계산식 : 이상적인 카르노 사이클 기준

$$효율(\eta_H) = \frac{AW}{Q_1} = \frac{Q_1 - Q_2}{Q_1} = 1 - \frac{Q_2}{Q_1} = 1 - \frac{T_2}{T_1}$$

Q_1 : 고열원에서 얻은 열 Q_2 : 저열원에 버린 열 AW : 외부로 한 일

14-2 히트펌프의 열효율

(1) 저열원에서 고열원으로 열을 전달할 때 그 차이만큼 일을 가해주어야 한다.
(2) $P-V$ 선도, $T-S$ 선도

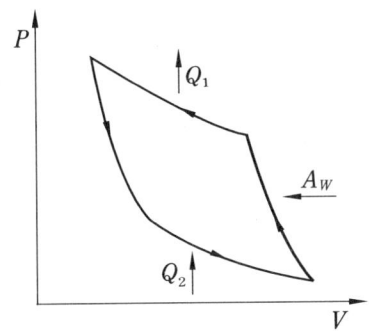
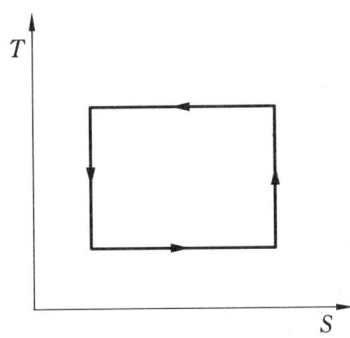

(3) 히트펌프의 열효율(성적계수) 계산식 : 이상적인 카르노 사이클 기준

- 냉방 효율 $(COPc) = \dfrac{Q_2}{AW} = \dfrac{Q_2}{Q_1 - Q_2} = \dfrac{T_2}{T_1 - T_2}$

- 난방 효율 $(COPh) = \dfrac{Q_1}{AW} = \dfrac{Q_1}{Q_1 - Q_2} = \dfrac{T_1}{T_1 - T_2} = 1 + COPc$

Q_1 : 고열원에 버린 열 Q_2 : 저열원에서 얻은 열 AW : 계에 한 일

(4) 성적계수 (실제식 ; 무차원)

- 냉방 성적계수 $(COPc) = \dfrac{Qe}{Nc}$

- 난방 성적계수 $(COPh) = \dfrac{Qc}{Nh}$

Q_c : 응축기에서의 가열량(kW) Q_e : 증발기에서의 냉각열량(kW)
N_c : 냉방 시의 소비전력(kW) N_h : 난방 시의 소비전력(kW)

15. 열량 용어

15-1 열량 (cal, kcal)

순수한 물 1 g(1 kg)을 760 mmHg 압력하에서 14.5℃에서 15.5℃까지 올리는 데 필요한

열량을 '1 cal(1 kcal)'라 한다.

15-2 비열 (Specific Heat)

(1) **단위** : J/kg·K, kcal/kg℃ 혹은 cal/g℃ 등
(2) **정의** : 어떤 물질 1 kg(g)을 1℃ 높이는 데 필요한 열량
(3) **종류**
  ① 정적비열(c_v) : 기체의 경우 체적을 일정하게 유지하고 가열할 경우의 비열
  ② 정압비열(c_p) : 기체의 경우 압력을 일정하게 유지하고 가열할 경우의 비열
  ③ 액체나 고체에서는 정적비열(c_v)과 정압비열(c_p)의 차이가 거의 없으므로, 보통 그냥 '비열'이라고 한다.
(4) **대표 물질의 비열**
  ① 공기
    (가) 공기의 정적비열(c_v) = 0.712 kJ/kg·K ≒ 0.17 kcal/kg℃
    (나) 공기의 정압비열(c_p) = 1.005 kJ/kg·K ≒ 0.24 kcal/kg℃
    (다) 공기의 단위체적당 정압비열(c_p) ≒ 1.206 kJ/m^3·K ≒ 0.29 kcal/m^3℃
  ② 물의 비열 = 4.1868 kJ/kg·K = 1 kcal/kg℃
  ③ 얼음의 비열 = 2.0934 kJ/kg·K = 0.5 kcal/kg℃

15-3 물질의 비중 (Specific Gravity)

(1) 어떤 물질의 질량과 이것과 같은 부피를 가진 표준물질의 질량과의 비를 말한다.
(2) **표준물질**
  ① 고체 및 액체의 경우 : 보통 1 atm, 4℃의 물을 취한다.
  ② 기체의 경우에는 0℃, 1 atm하에서의 공기를 취한다(공기밀도).
(3) 비중은 온도 및 압력(기체의 경우)에 따라 달라진다.

15-4 물질의 열용량 (Heat Capacity)

(1) **개념**
  ① 어떤 물질의 온도를 1℃ 올리는 데 필요한 열량을 말한다. 열용량이 작은 물체는 조금만 열을 가해도 쉽게 온도가 변화한다.
  ② 같은 질량의 물체라도 열용량이 클수록 온도 변화가 적고 가열시간이 많이 소요된다.
(2) **단위** : J/K, kcal/℃ 등

(3) 계산식

$$\text{열용량} = \text{비열} \times \text{질량}$$

15-5 물질의 비체적 (Specific Volume)

(1) 유체, 냉매 등의 물질 1 kg이 차지하는 체적(m^3)을 말한다.
(2) 단위 : m^3/kg, cm^3/g 등

15-6 임계온도 (Critical Temperature)

물질의 임계온도는 물질에 적용된 압력에 관계없이 물질이 액화되는 최대온도를 말한다 (냉매 응축온도는 임계온도 이하여야 한다).

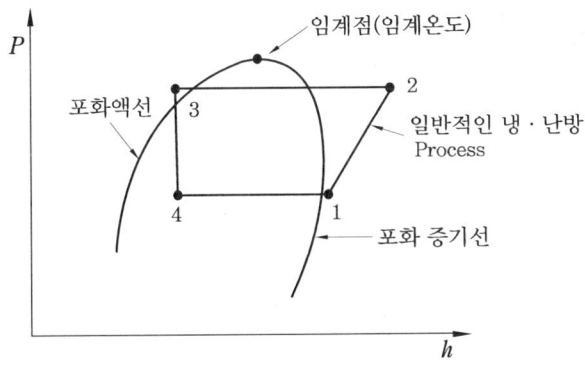

15-7 비중량 (Specific Weight)

(1) 어떤 물체의 단위 체적당 중량(무게)을 말한다.
(2) 중량(무게)을 단위 체적(부피)으로 나누어 계산한다.

$$\text{비중량} = \frac{\text{중량}}{\text{부피}}$$

(3) 단위 : N/m^3, kgf/m^3 등

15-8 밀도 (Density)

(1) 단위 체적당의 질량을 말한다.
(2) 질량을 체적(부피)으로 나누어 계산한다.

$$\text{밀도} = \frac{\text{질량}}{\text{부피}} = \frac{\text{비중량}}{\text{중력가속도}}$$

(3) 단위 : kg/m^3

15-9 부력 (Buoyancy)

(1) 간단한 표현으로, 물체가 물이나 다른 어떤 유체에 뜨려는 힘을 말한다.
(2) 크기는 유체 속에 있는 물체의 부피와 같은 부피를 가진 유체의 무게와 같으며, '아르키메데스의 원리'라고도 한다.
(3) 부력의 작용점은 물체가 밀어낸 부분에 유체가 있다고 가정했을 때의 무게중심과 일치한다. 이 작용점을 '부력중심(또는 부심)'이라 하며, 부체(떠 있는 물체)가 기울어져 있을 경우의 복원력을 결정하는 중요한 요소이다.
(4) 물(유체)에서 뜨려고 하는 성질을 '양성부력(Positive Buoyancy)', 가라앉으려는 성질을 '음성부력(Negative Buoyancy)', 비중이 서로 비슷하여 뜨지도 가라앉지도 않는 상태를 '중성부력(Neutral Buoyancy)'이라고 한다.

> **Quiz**
> 동일한 물체가 바닷물에 빨리 가라앉는가, 물에 빨리 가라앉는가?
> 바닷물의 비중(약 1.02)이 물의 비중보다 크기 때문에 부력이 더 크게 작용한다. 따라서 바닷물에 더 천천히 가라앉는다. 즉 물에 더 빨리 가라앉는다.

15-10 열확산계수 (Thermal Diffusivity)

(1) 정의
 ① 열확산계수(Thermal Diffusivity)는 $\alpha = k/(\text{밀도} \times \text{비열})$로 표현되며, 어떤 물질이 가지고 있는 열을 확산시켜 자신의 온도를 얼마나 빨리 변화시킬 수 있는가에 대한 지표이다.
 ② 주로 사용되는 단위는 m^2/s이다.

(2) 물리적 의미
 ① 물리적 의미는 물질 내부의 온도가 시간에 따라 변화하는 동안에 물질 내부로 진행되는 열의 전파에 관련되어있다.
 ② 열확산율이 클수록 물질 내의 열의 전파가 더욱 빠르게 진행된다.

(3) 계산식

$$\alpha = \frac{k}{\rho \times c}$$

α : 열확산계수(혹은 열확산율)
k : 물질의 열전도율(kJ/m·s·K 혹은 kcal/m·s·℃)
ρ : 물질의 밀도(kg/m³)
c : 물질의 비열(kJ/kg·K 혹은 kcal/kg℃)

(4) 응용

① 열확산계수(α)는 은에서의 약 170×10^{-6} m²/s로부터 연질고무에서의 0.077×10^{-6} m²/s 까지 물질별 큰 차이를 보인다.
② 따라서 주어진 크기의 온도조건하에서 은 내부에서 일어나는 열의 침투는 연질고무에 대한 열의 침투보다 매우 빠르다.

16. 열역학 법칙

16-1 열역학 제0법칙

(1) 열평형 및 온도에 대한 규정이다.
(2) 두 물체가 열평형상태(열이동이 없음)에 있으면 온도는 같다.
(3) 온도가 서로 다른 두 물체를 접촉시키면 고온의 물체가 열량을 방출하고, 저온의 물체는 열량을 흡입해서 두 물체의 온도차는 없어진다. 이때 두 물체는 열평형이 되었다고 하며 이런 열평형이 된 상태를 동일 온도로 규정하는 것을 '열역학 제0법칙'이라고 한다.

16-2 열역학 제1법칙

(1) 에너지 보존의 법칙

$$Q = \Delta U + W$$

(2) 밀폐계가 어떤 과정 동안에 받은 열량에서 그 계가 한 참일을 빼면 계의 저장(내부)에너지의 증가량과 같다.
(3) 개방계를 설명하기 위한 개념

$$\text{엔탈피(열함량)} \quad H = U + P \cdot V$$

U : 내부에너지 $P \cdot V$: 압력 × 부피

(4) 열과 일은 모두 하나의 에너지 형태로서 서로 교환하는 것이 가능하다. 이 법칙을 다른 말로 표현하면 '에너지 보존의 법칙'이라고도 한다.

16-3 열역학 제2법칙

(1) 엔트로피(에너지의 질) 증가원리

$$\Delta S = \frac{\Delta Q}{T}$$

(2) 온도는 '퍼텐셜 에너지'이다(에너지의 질을 결정).
(3) 이론적으로는 물질계가 흡수하는 열량 d_Q와 절대온도 T와의 비 $d_S = \frac{d_Q}{T}$로 정의한다 (여기서, d_S는 물질계가 열을 흡수하는 동안의 엔트로피 변화량이다).
(4) 열과 기계적인 일 사이의 방향성(열 이동의 방향성)을 제시하여주는 것이 열역학 제2법칙이다.
(5) 열을 저온에서 고온으로 이동시키려면 별도의 일에너지가 필요하다.
(6) 물을 낮은 곳에서 높은 곳으로 이동시키려면 별도의 펌프의 힘이 필요하다.
(7) **Kelvin-Planck의 표현** : 자연계에 어떠한 변화를 남기지 않고 일정온도의 어느 열원의 열을 계속하여 일로 변환시키는 기계를 만드는 것은 불가능하다(열효율 100%인 기관을 만들 수 없다).
(8) **Clausius의 표현** : 자연계에 어떠한 변화를 남기지 않고서 열을 저온의 물체로부터 고온의 물체로 이동하는 기계(열펌프)를 만드는 것은 불가능하다.

16-4 열역학 제3법칙

(1) 절대영도에 대한 개념이다.
(2) 어떠한 이상적인 방법으로도 어떤 계를 절대영도에 이르게 할 수는 없다는 법칙이 Nernst에 의하여 수립되었다(열역학 제3법칙).
(3) 절대영도에 가까워질수록 엔트로피는 0에 가까워진다.
(4) 절대영도란 분자의 운동이 정지되어있는 완전 질서 상태를 의미한다.

17. 엔탈피(Enthalpy)

(1) '열함량'이라고도 하며 물질계의 내부에너지가 U, 압력이 P, 부피가 V라고 할 때 그 상태의 열함량 H는 다음과 같다.

$$H = U + P \cdot V \text{(열역학 제1법칙)}$$
$$= U + nRT \text{(Joule의 법칙 ; 온도만의 함수)}$$

(2) 열함량은 상태함수이기 때문에 출발 물질과 최종 물질이 같은 경우에는 어떤 경로를 통해서 만들더라도 그 경로에 관여한 열함량 변화의 합은 같다. 이를 '헤스(Hess)의 법칙'이라고 한다.
(3) 어떤 물체가 가지고 있는 열량의 총합을 '엔탈피(열함량)'라 한다.
(4) 물체가 갖는 모든 에너지는 내부에너지 외에 그때의 압력과 체적의 곱에 상당하는 에너지를 갖고 있다.

핵심해설

엔탈피(열함수)는 어떤 물질이 가지고 있는 열량의 총합(내부에너지 + 압력체적)이다.

18. 엔트로피(Entropy)

18-1 정의

(1) 자연의 방향성을 설명하는 것으로, 비가역과정은 엔트로피가 증가한다.
(2) 반응은 엔트로피가 증가하는 방향으로 진행된다(열역학 제2법칙).
(3) 이론적으로는 물질계가 흡수하는 열량 d_Q와 절대온도 T와의 비 $d_S = \dfrac{d_Q}{T}$로 정의한다 (여기서, d_S는 물질계가 열을 흡수하는 동안의 엔트로피 변화량이다).
(4) 열역학 제2법칙을 정량적으로 표현하기 위해서 필요한 개념으로, 열에너지를 이용하여 기계적 일을 하는 과정의 불완전도, 다시 말하면 과정의 비가역성을 표현하는 것이 엔트로피이다.
(5) 엔트로피는 열에너지의 변화 과정에 관계되는 양으로, 자연 현상은 반드시 엔트로피의 증가를 수반한다.

18-2 엔트로피 증가의 법칙

(1) 온도차가 있는 어떤 2개의 물체를 접촉시켰을 때, 열 q가 고온부에서 저온부로 흐른다고 하면 고온부(온도 T_1)의 엔트로피는 $\dfrac{q}{T_1}$만큼 감소하고, 저온부(온도 T_2)의 엔트로피는 $\dfrac{q}{T_2}$만큼 증가하므로, 전체의 엔트로피는 이 변화를 통하여 증가한다.
(2) 저온부에서 고온부로 열이 이동하는 자연 현상에 역행하는 과정, 예를 들면 냉동기의

저온부에서 열을 빼앗아 고온부로 방출하는 과정에서 국부적으로 엔트로피가 감소하지만, 여기에는 냉동기를 작동시키는 모터 내에서 전류가 열로 바뀌는 자연적 과정이 필연적으로 동반되므로 전체로서는 엔트로피가 증가한다.

18-3 응용

(1) 열기관의 효율을 이론적으로 계산하는 이상기관의 경우는 모든 과정이 가역 과정이므로 엔트로피는 일정하게 유지된다. 일반적으로 현상이 비가역 과정인 자연적 과정을 따르는 경우에는 이 양이 증가하고, 자연적 과정에 역행하는 경우에는 감소하는 성질이 있다. 그러므로 자연 현상의 변화가 자연적 방향을 따라 발생하는가를 나타내는 척도이다.
(2) **통계역학의 입장** : 엔트로피 증가의 원리는 분자운동이 확률이 낮은 질서 있는 상태로부터 확률이 높은 무질서한 상태로 이동해가는 자연 현상으로 해석한다.
(3) 모든 종류의 에너지가 분자의 불규칙적인 열운동으로 변하여 열의 종말, 즉 우주의 종말에 도달하게 될 것이라는 논쟁이 있었다. 그러나 이는 우주를 고립된 유한한 계라고 가정했을 때의 결론이다.

> **핵심해설**
> 엔트로피는 자연계과정의 방향성을 나타내는 물리량으로, 자연계의 모든 비가역 과정은 엔트로피를 증가시키는 방향으로 진행된다.

19. 카르노 사이클과 역카르노 사이클

19-1 카르노 사이클(Carnot Cycle)

(1) **이상적인 열기관의 사이클** : 카르노 사이클은 완전가스를 작업물질로 하는 이상적인 사이클로서 2개의 가역등온변화와 2개의 가역단열변화로 구성된다.
(2) 이론적으로 최대의 열기관의 효율을 나타내는 사이클(가역과정)이다.
(3) 고열원에서 흡열하고, 저열원에 방출한다.
(4) 카르노 사이클에서 다음과 같은 사실을 알 수 있다.
　① 같은 온도의 열저장소 사이에서 작동하는 기관 중에서는 가역사이클로 작동되는 기관의 효율이 가장 좋다.
　② 임의의 두 개 온도의 열저장소 사이에서 가역사이클인 카르노 사이클로 작동되는 기관은 모두 같은 열효율을 갖는다.
　③ 같은 두 열저장소 사이에서 작동되는 가역사이클인 카르노 사이클의 열효율은 동작물

질에 관계없으며 두 열저장소의 온도에만 관계된다.

19-2 역카르노 사이클 (Reverse Carnot Cycle)

(1) 역카르노 사이클은 카르노 사이클을 역작용시킨 것으로서, 2개의 가역등온과정과 2개의 가역단열과정으로 구성된다.
(2) 이상적인 히트펌프 사이클(냉동 사이클)이다.
(3) 이론적으로 최대의 냉·난방 효율을 나타내는 사이클(가역과정)이다.
(4) 저열원에서 흡열하고, 고열원에 방출한다.
(5) 등온증발은 증발기에서, 단열압축은 압축기에서, 등온응축은 응축기에서, 단열팽창은 팽창밸브에서 이루어진다.
(6) 성적계수는 소비에너지와 냉방열량 또는 난방열량에 비해 난방 시가 냉방 시보다 항상 1이 크다.
(7) **기타 사항** : 상기 '카르노 사이클'과 동일하다.

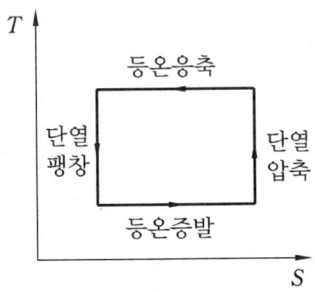

역카르노 사이클(Reverse Carnot Cycle)

핵심해설
카르노 사이클은 이상적인 열기관의 사이클을 말하며, 역카르노 사이클은 카르노 사이클을 역작용시킨 것으로서, 이상적인 히트펌프 사이클(냉동 사이클)에 응용된다.

20. 열역학 용어

20-1 열펌프 (Heat Pump)

(1) 열을 Pumping한다는 뜻으로 만들어진 용어이다(열을 낮은 쪽에서 높은 쪽으로 끌어올린다는 의미).

(2) 열펌프는 저온열원에서 열을 흡수한 후, 일을 가하여 고온열원에 열을 방출하는 장치이다.
(3) 저온열원에서 열이 흡수되는 원리를 이용하면 냉동/냉방장치가 되고, 고온열원에서 방출되는 열을 이용하면 가열/난방장치가 된다.
(4) 이때 전자를 '냉동기'라 부르고, 후자를 '열펌프'라 부르기도 한다.
(5) 또 냉방(냉동)과 난방의 겸용을 흔히 '열펌프'라 부르기도 한다.

20-2 가역 과정과 비가역 과정

(1) **가역 과정** : 역학적·열적 평형을 유지하면서 이루어지는 과정으로 계나 주위에 변화를 일으키지 않고 이루어지며, 역과정으로 원상태로 되돌려질 수 있는 과정이다(손실이 전혀 없는 이상적인 과정을 말한다)
(2) **비가역 과정** : 상기의 가역 과정과 반대인 과정(원상태로 되돌려질 수가 없고, 손실이 발생하는 과정)을 말하며, 대부분의 자연계의 과정은 비가역 과정이다.

20-3 내부에너지 (Internal Energy)

(1) 물체가 갖는 운동에너지나 위치에너지에 무관하게 물체의 온도나 압력 등에 따라서 그 자신의 내부에 갖는 에너지를 말한다.
(2) **계산식**

$$\text{내부에너지}(U) = \text{계의 총 에너지}(H) - \text{기계적 에너지}(W)$$

기계적 에너지$(W) = P \cdot V = $ 압력 × 부피

(3) 물체의 내부에너지는 물체를 구성하는 각 원자가 가지는 역학적 에너지(운동에너지와 위치에너지)의 총합과 같다.

핵심해설
가역 과정은 역학적·열적 평형을 유지하면서 이루어지는 과정이므로 역으로 되돌려놓을 수 있는 과정이며, 가역 과정으로 운전되는 사이클을 '카르노 사이클'이라고 부른다.

21. 베르누이 방정식(Bernoulli's Equation)

21-1 개요

(1) 물리학의 '에너지 보존의 법칙'을 유체에 적용하여 얻은 식을 말한다.

(2) '운동유체가 가지는 에너지의 총합은 일정하다'는 의미를 지닌 방정식이다. 즉, 유체가 가지고 있는 에너지 보존의 법칙을 관속을 흐르는 유체에 적용한 것으로서 관경이 축소 (또는 확대)되는 관속으로 유체가 흐를 때 어느 지점에서나 에너지의 총합은 일정하다(단 마찰손실 등은 무시).
(3) 주로 학계에서는 운동유체의 압력을 구할 때 많이 사용하고, '공조 분야'에서는 수두(H)를 구할 때 많이 사용한다.

21-2 계산식

$$P + \frac{1}{2}\rho v^2 + \gamma Z = 일정$$

혹은,

$$\frac{P}{\gamma} + \frac{v^2}{2g} + Z = H(일정)$$

H : 전수두(m)
P : 각 지점의 압력(Pa 혹은 kgf/m^2)
ρ : 유체의 밀도(kg/m^3)
γ : 유체의 비중량(N/m^3 혹은 kgf/m^3)
v : 유속(m/s)
g : 중력 가속도(9.807 m/s^2)
Z : 기준면으로부터 관 중심까지의 높이(m)

21-3 가정

(1) 1차원 정상유동이다.
(2) 유선의 방향으로 흐른다.
(3) 외력은 중력과 압력만이 작용한다.
(4) 비점성, 비압축성 유동이다.
(5) 마찰력에 의한 손실은 무시한다.

핵심해설
베르누이 방정식은 유체의 '에너지 보존의 법칙'이므로, 마찰손실을 무시할 경우 유체 흐름의 어느 곳에서나 에너지의 총합은 일정하다는 법칙이다.

22. 배관의 마찰손실

22-1 개요

(1) 냉매배관 혹은 물, 브라인 배관 등의 내부에 유체가 흐를 시, 항상 길이에 의한 마찰손실이 발생한다(단위길이당 손실수두값으로 표시 가능).
(2) 이는 보통 시스템의 유량을 줄여주는 결과를 초래하여, 시스템의 성능과 효율에 악영향을 끼친다.
(3) 이를 해결하기 위해서 현장에서는 배관 사이즈를 한 단계 올리거나, 배관의 길이를 줄이는 방법을 가장 많이 적용한다.
(4) 덕트의 마찰손실, 전기 분야의 전압강하 등의 현상과도 유사 개념이다.

22-2 배관의 마찰손실 ; 달시-웨버(Darcy-Weisbach)의 식과 하젠-윌리엄즈(Hazen-Williams) 실험식

(1) 달시-웨버(Darcy-Weisbach)의 식
① 달시-웨버의 마찰손실공식

$$\Delta P = \frac{f}{2}\rho v^2 \frac{L}{D}$$

연속방정식에서 질량유량$(m) = \rho A v = \dfrac{\rho \pi D^2 v}{4}$

여기서, v에 대해 정리하면, $v = \dfrac{4m}{\rho \pi D^2}$

이것을 상기 식에 대입하면 아래와 같다.

$$\Delta P = \frac{8f}{\rho \pi^2} \cdot \frac{L}{D^5} m^2$$

ΔP : 압력손실(Pa)　　　　f : 마찰계수
ρ : 유체의 밀도(kg/m³)　　v : 유체의 속도(m/s)
D : 배관의 내경(m)　　　　L : 배관의 길이(m)
m : 유체의 질량유량(kg/s)　A : 배관 내부 단면적(m²)

② 달시-웨버 공식의 특징(하젠-윌리엄즈식과의 차이점)
(가) 냉매배관 혹은 물, 브라인 배관 등의 내부에 유체가 흐를 시, 비교적 정상류로 가정할 수 있을 때 적용하여 관의 길이에 의한 마찰손실을 정확히 계산해낼 때 사용한다.

(나) 이는 단위길이당 손실수두값으로도 쉽게 표시 가능하다.

$$\Delta H = \frac{\Delta P}{\rho g} = \frac{f}{2g} v^2 \frac{L}{D}$$

(다) Hazen-Williams 공식처럼 경험적인 지수방정식보다 좀 더 이론적 및 합리적인 데 기초를 두고 있으므로 좀 더 광범위하게 이용되고 있다.

(라) 계산식의 각 구성요소를 잘 들여다보면, 결국 압력강하는 배관경의 5제곱에 반비례하므로 배관경의 영향도가 가장 크다. 따라서 압력강하를 쉽게 줄이려면 일반적으로 배관경을 크게 하여야 한다. 그러나 최적의 배관경보다 크게 하면 시공상 비용이 크게 증가할 수 있다는 것이 가장 큰 문제이다. 따라서 실무에서는 경제적 적정 배관경 선정이 아주 중요하다.

(마) 물이 아닌 각종 냉매에 적용하기에도 용이하다. 예를 들어 냉동사이클에 해석 시 장배관 설치 시의 관내 마찰손실에 대한 해석이나, 냉동장치의 성능 하락의 정량적 해석 등을 할 때에도 유용하게 사용될 수도 있다.

(2) 하젠-윌리엄즈(Hazen-Williams) 실험식

① 하젠-윌리엄즈 공식

$$V = 0.84935 \cdot C \cdot R^{0.63} \cdot I^{0.54}$$

$$Q = AV$$

$$h_L = 10.666 \cdot C^{-1.85} \cdot D^{-4.87} \cdot Q^{1.85} \cdot L$$

V : 평균유속(m/s)　　　C : 유속 계수
R : 경심 = D/4(m)　　I : 동수경사 = h/L
L : 연장(m)　　　　　h_L : 길이 L(m)에 대한 마찰손실수두 H(m)
D : 관의 내경(m)　　　Q : 유량(m³/s)
A : 관의 단면적(m²)　　h_L : 마찰손실수두(m)

※ C(유속계수, 조도계수) Table

C	조 건
140	아주 매끈하고 직선인 파이프, 석면-시멘트
130	꽤 매끈한 파이프, 콘크리트, 새 주철
120	목재, 새 용접강
110	Vitrified Clay(경질도기), 새 리벳 강
100	수년간 사용한 주철
95	수년간 사용한 리벳 강
60~80	악조건 속의 낡은 파이프

㈜ 설계를 위한 평균치(특히 강관에서)로는 100을 많이 사용한다.

② 하젠-윌리엄즈 공식의 특징(달시-웨버식과의 차이점)
   ㈎ 하젠-윌리엄즈식은 부정형 '난류'의 해석에 알맞다.
   ㈏ 순수한 해석법으로는 마찰손실을 구할 수 없는 경우, 간편하게 마찰손실을 해석하기 위해 많이 사용한다.
   ㈐ 하젠-윌리엄즈식은 유체의 물리적 성질들을 적용하지 않았기 때문에 물에서만 사용할 수 있다.
   ㈑ 물의 온도범위는 약 7.2~24℃이다.
   ㈒ 유속은 약 1.5~5.5 m/s이다.
   ㈓ 물의 비중량은 9,800 N/m^3(=1,000 kgf/m^3)으로 가정한다.
   ㈔ 실험식이므로 건전한 이론 기반을 가지고 있지는 않지만, 정확한 조도계수 C의 선택은 신뢰도를 증가시킬 수 있다.
   ㈕ 거친 관보다는 부드러운 관에서 훨씬 좋은 모델이라고 할 수 있다.
   ㈖ 유속계수 C가 측정된 값에 가깝고 관의 조도가 지나치지 않으면 좋은 결과를 얻을 수 있다.

> **핵심해설**
> * 달시-웨버(Darcy-Weisbach)의 식은 하젠-윌리엄즈(Hazen-Williams) 공식처럼 경험적인 지수방정식보다 좀 더 이론적이고 합리적인 데 기초를 두고 있으므로, 좀 더 광범위하게 이용될 수 있다.
> * 하젠-윌리엄즈(Hazen-Williams)식은 부정형 '난류'의 해석, 순수한 해석법으로는 마찰손실을 구할 수 없는 경우, 물에 한정된 경험적 해석 등에 간편하게 사용될 수 있다.

22-3 마찰손실 관련 주의사항

(1) 배관의 마찰손실에 의한 압력강하는 유체가 흐르는 관이면 어떤 배관에서도 발생 가능하므로, 이를 최소화하기 위한 다방면의 노력이 필요하다.
(2) 가령 압축기 흡입배관, 액냉매배관, 압축기토출 냉매배관, 증발기 내부, 응축기 내부 등의 각 치수 결정 시, 관내 압력손실이 지나치지 않도록 특히 주의를 기울여야 한다.
(3) 수배관 등에서 압력강하를 줄이려면 일반적으로 배관경을 크게 하여야 하지만, 지나치게 크게 하면, 시공상 비용이 증가한다. 따라서 현실적으로 최적정 배관경 선정이 중요하다.

22-4 응용(냉동장치에서)

(1) 냉동시스템의 장배관 운전 시 관내 마찰손실에 의해 압력강하가 발생하고 유량이 줄어들어, 냉동능력이 많이 손실될 수 있다.

(2) 냉동사이클에서 팽창변 측은 일부러 마찰손실에 의한 압력손실을 발생시켜 목적하는 만큼의 감압을 이루는 장치이다.
(3) **압력강하로 인한 압축기 효율 저하** : 압력강하가 발생되면 더 높은 비율의 압축을 해야 하고, 그럼으로써 압축기 효율의 손실을 초래한다.
(4) 일반적으로, 압력강하는 배관(L)이 길수록, 관경(D)이 작을수록, 속도(V)가 빠를수록, 유량(m)이 많을수록 커진다.
(5) 압축기 토출 측 배관경이 지나치게 작거나, 체크밸브 등의 설치에 의해, 압축기 토출구 측에 교축이 생길 수 있다. 이때 압축비가 증가하여 소비전력이 상승하고 효율이 저하한다는 것이 가장 큰 문제점이다.
(6) 다음은 실제의 냉동사이클에서 마찰손실에 의한 압력강하를 표현한 냉동사이클이다[압축기 Suction 라인, 압축기 토출구 라인, 증발기 내부, 응축기 내부 등에서의 압력손실값(기울기)을 표현한 그래프이다].

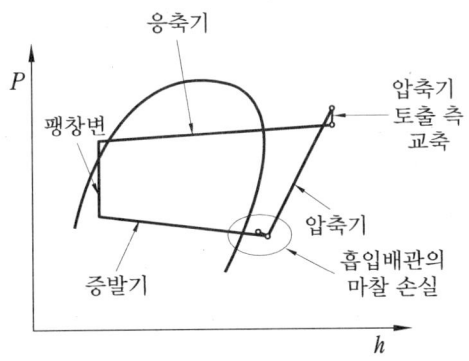

23. 공조방식의 대분류 및 주요 특징

공기조화방식(공조방식, 空調方式)이라 함은 공기조화의 4요소(온도, 습도, 기류, 청정도)를 적절하게 조절함으로써 실내의 공기를 재실자가 원하는 상태로 조절할 수 있도록 고안된 공조용 기계설비의 제 방식을 의미한다.

공조방식은 크게 중앙공조와 개별공조로 대별될 수도 있겠으나 요즘은 그 종류가 세분화되면서, 중앙공조와 개별공조 각각의 장점을 혼합시킨 혼합공조 방식, 각종 열매체의 복사열로 냉·난방을 행할 수 있는 복사냉난방 방식도 보급이 확대되고 있기 때문에 명확하고 단일한 체계의 분류를 하기에는 다소 어려움이 있다. 그러나 이 책에서는 내용상 체계적인 설명과 이론상 정립을 위해 다음과 같은 체계로 그 종류를 대별해보기로 한다.

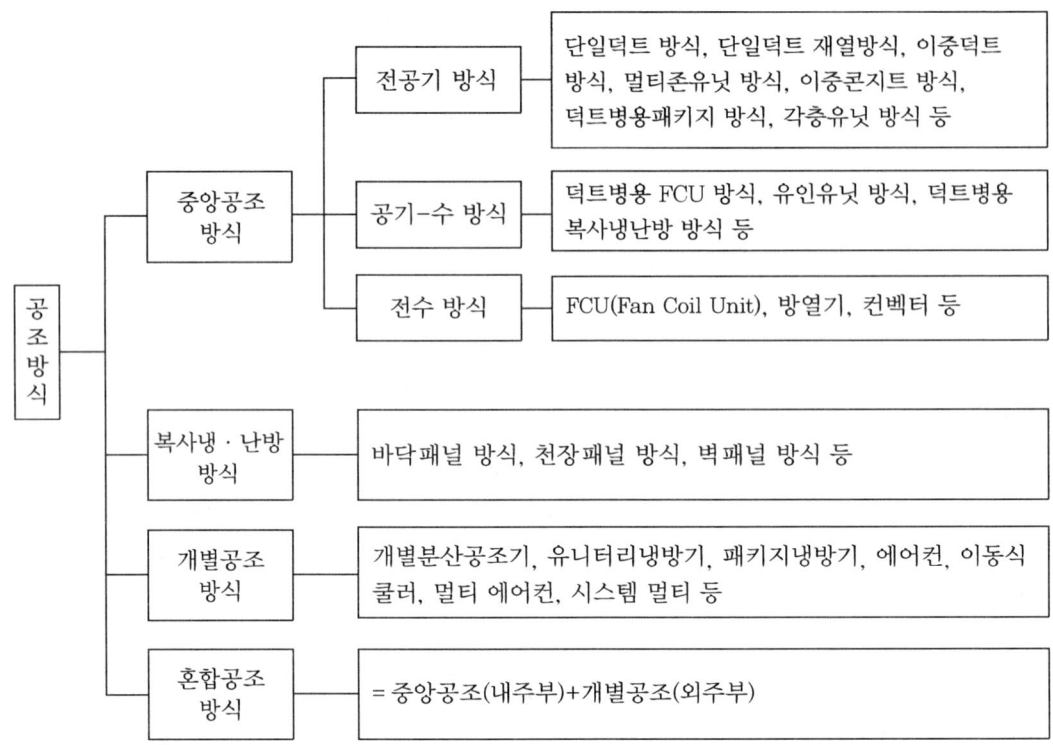

23-1 전공기 방식

전공기 방식은 중앙기계실의 열원기기에서 생산된 열매가 공조기로 인입되어 공조기에서 냉풍 혹은 온풍을 생산하여 덕트 및 디퓨저를 통해 각 실(室) 혹은 존(Zone)으로 보내지는 방식으로, 사용처 주변에 물배관을 사용하는 팬코일 유닛 등의 배관설비가 없어 수배관회로가 단순해지고 물에 의한 피해가 거의 없으며 환기량과 공기의 질을 충분히 제고할 수 있다는 장점이 있으나, 덕트시스템이 광범위하게 사용처까지 설치되어야 하므로 설비비가 많이 소요되며 덕트 내부에 오염, 결로, 소음 등이 발생하기 쉽기 때문에 항상 청소, 관리, 보수 등에 소홀하지 않도록 관리되어야 하는 등의 단점 혹은 주의사항도 많은 방식이다.

(1) 단일덕트 방식
① 냉방 시는 냉풍, 난방 시는 온풍 단일 상태로 공조기에서 각 실(室)로 공조된 공기가 전달된다.
② 냉풍 및 온풍의 혼합에 의한 에너지 손실이 없고, 단일덕트 시스템이므로 천장 내 공간절약 및 투자비 절감 가능, 송풍량도 충분한 편이다.
③ 전공기방식 중 가장 보편적인 방식이다.

(2) 단일덕트 재열방식
① 냉풍 시 지나친 Cold Draft 방지 및 습도 제어를 위한 재열 필요 시 재열기를 추가로 설치한다.
② 말단 혹은 존별 재열기를 설치(단일덕트 방식의 단점인 재열기능을 보완한 것)한다.

(3) 이중덕트 방식
① 냉방 시 및 난방 시 냉풍과 온풍을 동시에 취입, 혼합상자(Blender)에서 혼합하여 적절한 온·습도를 맞추어 각 존 혹은 실(室)로 공급한다.
② 부하가 각기 다른 다양한 공조 공간에 여러 가지 조건의 공기를 공급할 수 있다는 장점이 있다.
③ 냉풍 및 온풍의 혼합에 의한 에너지 손실이 크므로(에너지 소모적), 건물 내 부하가 아주 복잡하거나 세밀한 경우 혹은 실의 용도변경(부하변경)이 아주 잦은 경우에 한정적으로 사용된다.

(4) 멀티존유닛 방식
① 혼합 댐퍼를 이용하여 미리 일정비율로 혼합 후 각 존 혹은 실(室)에 공급한다.
② 비교적 소규모에 적합하며, 정풍량장치가 없다.

(5) 이중콘지트 방식(Dual Conduit System)
① 부하의 크기가 많이 변동하는 멀티존 건물을 경제적으로 운용하기에 적합한 방식이다.
② 1차공조기 및 2차공조기가 유기적으로 병행운전하는 방식이다.
③ 야간 및 주말에는 소형의 1차 공조기만을 운전하여 경제적인 운전이 가능한 시스템이다.

(6) 덕트병용패키지 방식
① 중앙공조기의 덕트와 분산형공조기(패키지)가 실의 용도별로 유기적으로 결합된 형태이다.
② 소규모에 적합하며, 공기 정화 및 습도 조절 등이 충분하지 못하여 공기의 질 저하가 우려된다.
③ 일종의 패키지형 냉동기를 사용하는 방식(보통 직팽코일 사용, 난방열원은 보일러 혹은 전기히터 사용)이며, 덕트와 결합하여 사용하는 방식이다.

(7) 각층유닛 방식
① 1차공기(기계실) 및 2차공기(각층)를 혼합하여 공급하는 공조방식이다.
② 각층에는 패키지 혹은 공조기 유닛이 있으며, 중앙공조기가 있는 형태와 없는 형태의 두 가지가 있다.

(8) 기타 : 바닥취출공조(UFAC, 샘공조 방식), 저속치환 공기조화 등

23-2 공기-수(水) 방식

(1) 덕트병용 FCU 방식
① 외기(Outdoor Air)는 덕트를 이용하고, 환기(Return Air)는 FCU를 이용한 방식이다.
② 덕트방식에 팬코일 유닛(Fan Coil Unit)을 병용하는 방식이다.

(2) 유인유닛 방식 : 1차 신선공기는 중앙유닛에서 냉각 감습되고 덕트에 의하여 각 실에 마련된 유인유닛에 보내어 2차공기 혼합 후 공급하는 방식

23-3 전수 방식

(1) 실내에 설치된 Unit(FCU, 방열기, 컨벡터 등)에 냉온수를 순환시켜 냉난방하는 방식이다.
(2) 덕트 스페이스가 필요 없으나, 각 실에 수배관이 필요하며 유닛이 실내에 설치되므로 실내 유효면적이 감소되고, 환기가 부족해질 수 있다.

23-4 복사냉·난방 방식

(1) 바닥, 천장, 벽체 등에 복사면을 구성하여 공조한다.
(2) 난방은 바닥으로부터, 냉방은 천장으로부터(패널 설치, 파이프 매설 등을 행함) 하는 경우가 많다.
(3) 환기량이 부족해지기 쉽다.
(4) 종류
① 패널의 종류에 따라 바닥패널 방식, 천장패널 방식, 벽패널 방식 등
② 열매체에 따라 온수식, 증기식, 전기식, 온풍식, 연소 가스식, 특수열매식 등
③ 패널의 구조에 따라 파이프 매입식, 특수 패널식, 적외선 패널식, 덕트식 등

23-5 개별공조 방식

(1) 개별 편리 제어, 부하대응성 우수, 투자비 절감 등이 주목적이다.
(2) 개별분산공조기, 유니터리냉방기, 패키지냉방기, 창문형 에어컨(WRAC; Window Type Room Air Conditioner), 벽걸이형 에어컨(Wall Mounted Air Conditioner), 스탠드형 에어컨(Stand Type Air Conditioner) 혹은 패키지형 에어컨(Package Type Air Conditioner), 이동식 쿨러, 멀티 에어컨, 시스템 멀티 등이 대표적이다.
(3) **기타** : Task/Ambient 공조시스템, 윗목/아랫목 시스템 등

23-6 혼합공조 방식

(1) 중앙공조와 개별공조의 장점을 동시에 취한다.
(2) 주로 외주부는 개별공조, 내부부는 중앙공조 방식을 취한다.

24. 단일덕트 방식

24-1 개요

(1) 중앙공조의 전공기 방식(全空氣方式) 중 가장 보편적인 방식이라고 할 수 있다.
(2) 중앙장치에서 조화된 공기를 공조가 요구되는 실내로 송풍하여 공조하는 방식으로서, 오염이 적고, 외기냉방에 유리한 방식이다.
(3) 변풍량 방식(VAV)과 고정풍량 방식(CAV, 말단재열기 방식)이 있다.
(4) 한 개의 덕트계통으로 냉방(여름)과 난방(겨울)을 겸하여 사용하는 방식이다.
(5) 실(室)의 수가 적고 비교적 부하 패턴이 단순한 건물에 많이 사용된다.

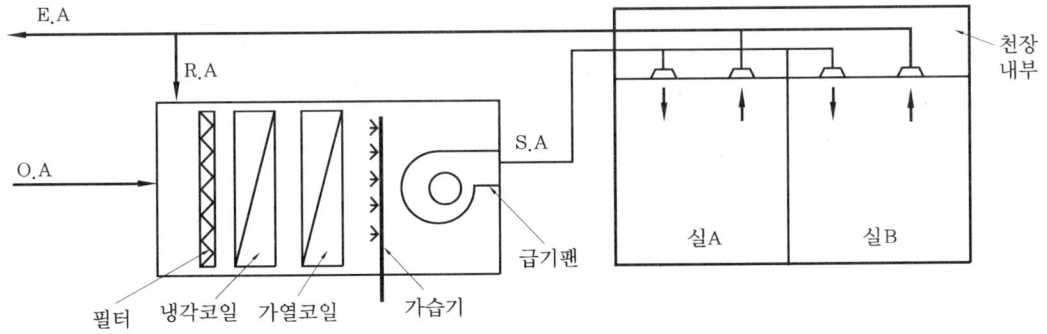

단일덕트 방식

24-2 분류

(1) 정풍량 방식(CAV ; Constant Air Volume)
① 정풍량 방식은 실내의 부하에 따라 코일의 자동조절밸브를 조정하여 유량을 조절함으로써 송풍온도를 변화시키고 송풍량을 일정하게 유지시킨다.
② 실내부하 조절에 있어 풍량제어가 되지 않아 변풍량 방식 대비 부하조절 추종성이 낮고, 실내쾌감도도 떨어지나, 바람의 도달거리가 일정하여 실내공기의 순환력이 좋다.
③ 송풍기의 송기량을 일정하게 유지할 수 있어 최소 외기 도입량을 걱정하지 않아도 된다.

④ 송풍기의 회전수(동력)가 늘 일정하여 부하 저감에 따른 동력비 절감이 이루어지지 않는다(즉, 연간 소비동력, 즉 에너지 소비가 크다).
⑤ 각 실마다의 부하변동에 대응되지 않으므로 각 실의 온도차가 있다.
⑥ 타 방식에 비해 설비비가 적게 드는 편이다.
⑦ 적용
   (가) 연면적 2,000 m^2 이하의 소규모 건물에 적합하다.
   (나) 연면적 2,000 m^2 이상의 다층건축의 내부존 공조에 유리하다.

(2) 정풍량 재열식(단일덕트 시스템에서 말단 재열기 설치)
① 설비비는 단일덕트 방식보다 크고 이중덕트 방식보다는 작다.
② 운전비는 재열기의 재열손실에 상당하는 분량만큼 단일덕트보다 크다.
③ 여름에도 보일러 운전을 해야 한다.
④ 보수 관리비가 증가한다.
⑤ 병원연구실, 산업실험실, 식당, 주방 등 잠열(습도)제어가 필요한 곳에 한정하여 적용한다.
⑥ 말단재열기(Terminal Reheater) 적용 : CAV(정풍량) 방식에서는 각 존마다의 송풍온도가 일정하기 때문에 존에 속하는 각 실의 부하 변동이 있을 때는 실온에 큰 차이가 생기므로 이것을 해결하기 위해 말단재열기를 각 실 혹은 각 Zone별로 설치하여 취출온도를 변경시켜 희망하는 설정치로 유지하는 방식이다.

(3) 변풍량 방식(VAV ; Variable Air Volume)
① 변풍량 방식은 실내부하에 따라 송풍량을 주로 변화시키고, 송풍온도를 대개 일정하게 유지한다.
② VAV 방식은 원래 냉방 전용으로 개발되어 급기온도의 일정한 유지가 원칙이나 우리나라와 같이 추운 겨울의 경우 난방부하가 발생하므로 설계 시 주의해야 한다.
③ 각 실 또는 스페이스별 제어가 가능하다.
④ 타 방식에 비하여 에너지 절감 효과가 크다.
⑤ 대규모일 때 덕트와 공조기의 용량은 동시사용률을 고려해 정풍량 방식의 약 80% 정도이다.
⑥ 정풍량 방식보다 설비비가 비싸다.
⑦ 실내공기의 청정화를 요할 때는 부적당하다.
⑧ 실내부하 조절에 있어 풍량을 제어하는 것이 부하조절 추종성이 높고, 실내 쾌감도도 좋다. 또한 풍량제어로 인한 연간 송풍동력비 절감과 에너지 절감이 가능하다.

⑨ 필요 풍량 계산식

$$Q = \frac{q_s}{\rho \cdot C_p \cdot \Delta t}$$

Q : 풍량(m^3/s) $\qquad q_s$: 현열부하(kW)
ρ : 공기밀도(1.2 kg/m^3) $\quad C_p$: 공기의 정압비열(1.005 kJ/kg·K)
Δt : 실내온도 − 공조기의 설계 취출온도(K, ℃)

⑩ 종류
　(개) 급기온도일정(Constant Temp.) : 내주부와 같이 부하 변동폭이 적은 곳에 적용
　(내) 급기온도가변(Variable Temp.) : 외주부와 같이 특수부하 또는 온도조건이 까다로운 곳에 적용

24-3 특징

(1) 공조기가 주로 기계실에 위치하므로 운전관리, 유지, 보수가 편리하다.
(2) 진동/소음의 전달이 거의 적다.
(3) 송풍량이 충분하여 완전한 공기정화가 용이하고, 환기량이 충분하다.
(4) 덕트 설치비용 문제로 Zone 수가 많지 않은 곳이 적당하다.
(5) 가격이 저렴하고 효율이 좋다.
(6) 현재 사용하고 있는 전공기 방식 중 가장 보편적인 방식에 속한다.

24-4 주 적용사례

(1) **오염방지 중요 시** : 병원, 반도체 공장 등
(2) **냉방부하만 있을 시** : 대공간 건물, 체육관, 극장 등
(3) **송풍량, 환기량 많이 필요 시** : 공연장, 대회의장, 인원 밀집공간 등
(4) **Zone 수가 많지 않은 곳** : 공장, 백화점 등

핵심해설
★ 단일덕트 방식에는 정풍량 방식, 정풍량 재열식, 변풍량 방식 등이 있다.
★ 단일덕트 방식은 가격이 저렴하고, 송풍량/환기량이 충분하며, 비교적 완전한 공기정화가 용이하여 공장, 대공간 건물 등에 많이 적용하나, 부하가 복잡한 건물에는 적합하지 않을 수 있다.

25. 이중덕트 방식

25-1 개요

(1) 한 건물 내 냉난방 부하가 동시에 발생할 시, 대응할 수 있는 공조방식이다(방송국 스튜디오, 기타 냉난방 부하 동시 발생 장소 등).
(2) 중앙의 냉각장치와 가열장치로서 온도가 다른 2종의 공기를 만들고 냉풍, 온풍 2개의 덕트로서 각 존에 보내어 부하에 따라서 혼합기로 양자의 혼합비 및 풍량을 조절하여 실내로 보내는 방식이다.
(3) 혼합에너지 손실이 많은 방식으로, 특수한 경우 외에는 사용하지 않는 것이 좋다.
(4) 외기 → 필터 → 송풍기 → 가열코일, 냉각코일 → 이중덕트 → 혼합상자 → 급기 순으로 공기를 도입한다.
(5) 변풍량 방식(VAV), 고정풍량 방식(CAV), 멀티존유닛 방식 등이 있다.

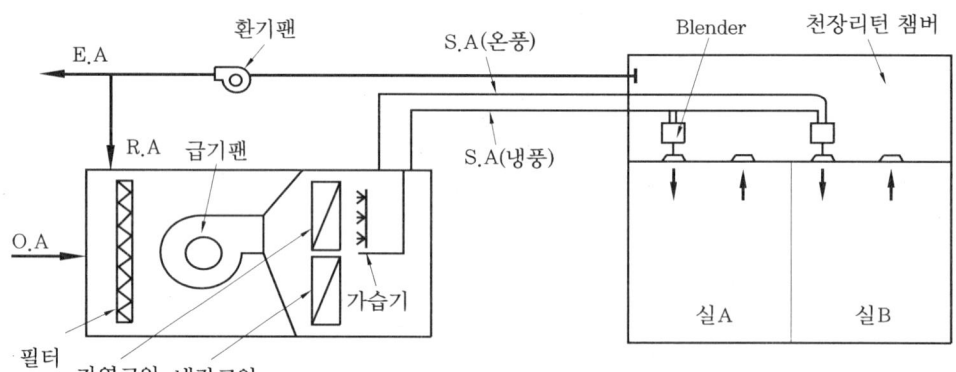

이중덕트 방식

25-2 분류 및 특징

(1) **이중덕트 정풍량 방식(DDCAV ; Double Duct Constant Air Volume)**
① 실내부하에 따라 다양한 조건의 각 실(室) 제어나 존 제어가 용이하다.
② 공조기가 중앙에 설치되므로 운전보수관리가 용이하다.
③ 열매가 공기이므로 실온의 응답이 아주 빠르다.
④ 유인유닛과 같이 실내에 유닛이 노출되지 않는다.

⑤ 단일덕트 방식에 비해 덕트의 점유면적이 커지므로 고속덕트 방식을 채택하는 경우도 있다.
⑥ 실내온도를 일정하게 유지하기 위해서 여름에도 보일러를 운전할 필요가 있다.
⑦ 혼합 열손실로 인하여 냉동기의 소비동력이 크다.
⑧ 송풍동력이 많다.

(2) 이중덕트 변풍량 방식(DDVAV ; Double Duct Variable Air Volume)
① 변풍량 방식은 냉방부하가 아주 적어지면 실온이 내려가는 결점이 생기므로 이를 방지하기 위하여 혼합상자와 VAV유닛을 조합한 것을 사용하여 최소 풍량에 있어서는 부하의 감소에 따라 온풍 혼합량을 차차 유닛에 증가시켜 실온을 일정하게 유지하도록 한다.
② 실온의 조건을 정확하게 할 필요가 있을 때 사용한다.
③ 같은 기능을 갖는 재열식 변풍량 방식에 비해 에너지 손실이 적다.
④ 단순한 단일덕트 변풍량 방식에 비해 에너지 손실이 크다.
⑤ 유닛이 고가이다.
⑥ 이중덕트를 요하므로 설비비가 비싸다.

25-3 장단점

(1) 장점
① 개실 제어가 용이하다.
② 동시 냉난방이 용이하다.
③ 별도의 조닝이 필요 없다.
④ 실의 냉·난방 부하가 감소되어도 취출공기의 부족현상이 없게 할 수 있다.
⑤ 실의 용도변경(부하변경)에 쉽게 대응할 수 있다.

(2) 단점
① 덕트의 구조가 복잡해지고, 스페이스가 증가한다.
② 혼합 열손실이 발생한다.
③ 연간 송풍동력이 많이 소모된다.
④ 초기투자비와 운전비 모두 증가한다.

25-4 장치 흐름도

(1) 부분 감습형

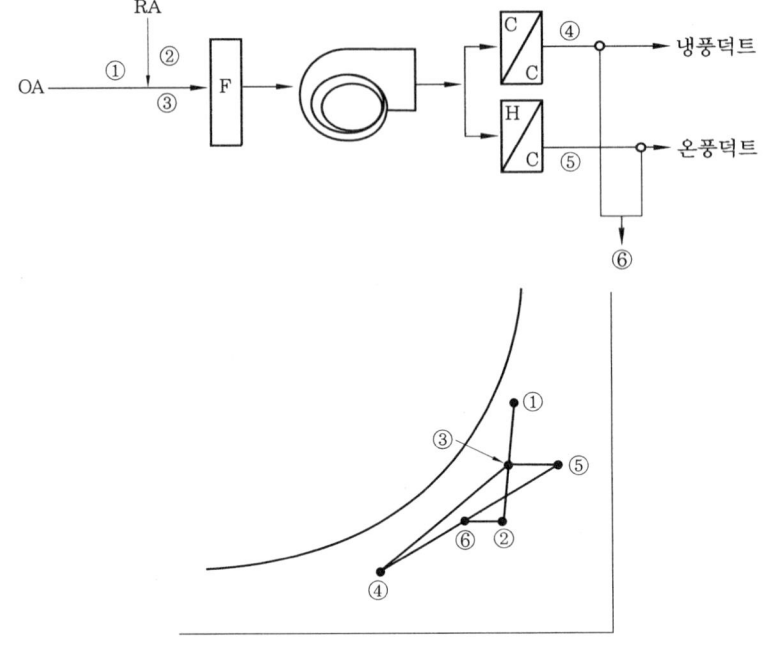

(2) 전체 감습형

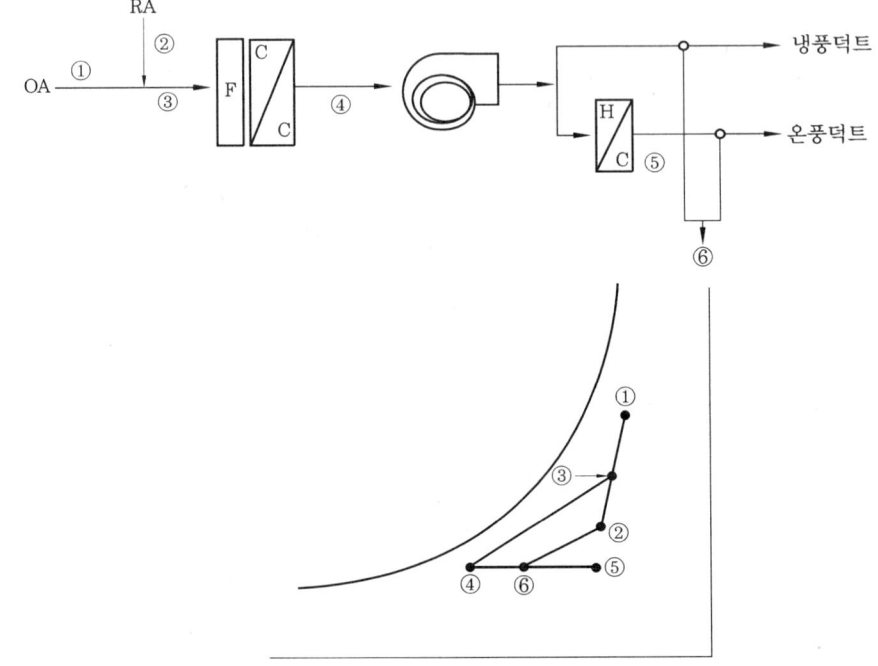

(3) 외기 감습형

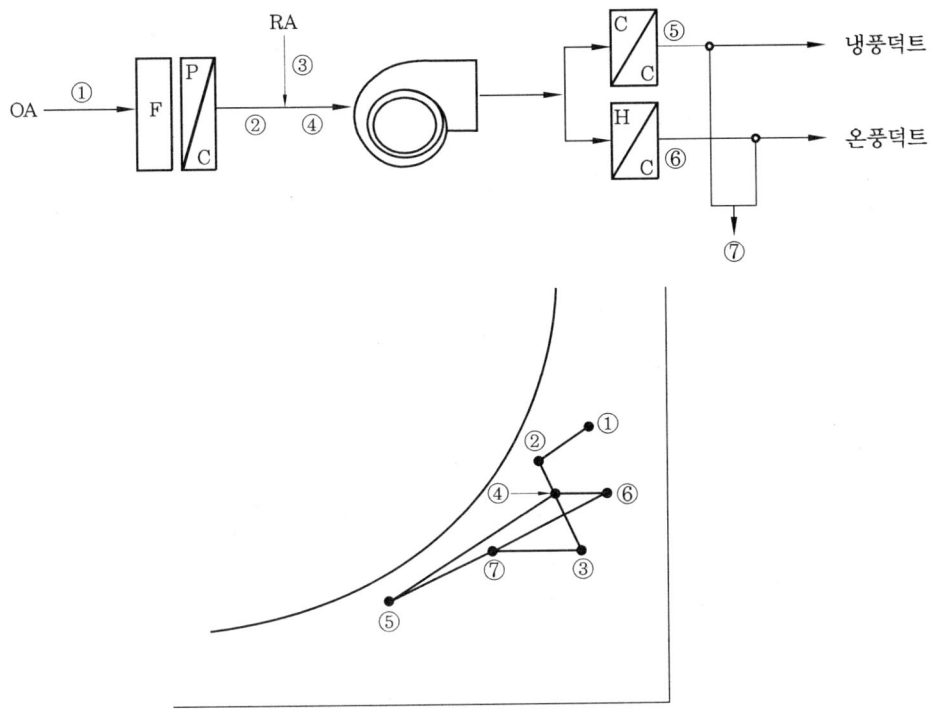

> **핵심해설**
> 이중덕트 방식은 냉풍 및 온풍이 별도의 덕트라인으로 공급되므로, 자유로운 혼합비율이 가능해져서 부하가 복잡한 건물의 공조에도 잘 적용될 수 있으나, 단일덕트 대비 덕트공사비가 많이 소요되고, 송풍량/환기량 부족을 초래할 수 있으며, 혼합 열손실이 발생하므로, 건물 내 부하의 종류가 복합적이고, 정밀제어가 요구되는 특수한 경우에만 적용하는 것이 좋다.

26. 공기-수 방식

26-1 개요

(1) 공기-수 방식(空氣-水方式)도 중앙공조의 한 방식이다.
(2) 중앙장치에서 냉각 또는 가열된 물과 공기가 실내에 설치된 Terminal Unit으로 반송되어 공기조화를 하는 방식이다.
(3) 다수의 Zone을 가지며 현열부하의 변동폭이 크고, 고도의 습도 제어를 요구하지 않는 사무소, 병원, 호텔, 학교, 아파트, 실험실 등의 외주부에 많이 사용한다.

26-2 분류

(1) 덕트병용 FCU 방식

① 외기(Out Air) 도입 및 내주부 공조는 덕트를 이용하고, 환기(Return Air) 및 외주부 공조는 FCU를 이용하는 방식이다.
② 덕트방식에 팬코일 유닛(Fan Coil Unit)을 병용하는 방식으로 '공기-수 방식'이다.
③ 설치장소에 따라 상치형과 천장형이 있다.
④ 덕트 수가 적다.
⑤ 각 유닛을 수동으로 제어할 수 있으며, 각 실마다 부하변동을 제어할 수 있다.
⑥ 열량 수송량의 50% 이상을 물에 의존하므로 전공기식에 비해 에너지 절감 효과가 있다.
⑦ 수배관의 누수 및 동파의 염려가 있다.
⑧ FCU의 필터는 매월 1회 정도 세정, 교체할 필요가 있다.
⑨ Unit Filter의 불완전으로 청정도가 낮다.

(2) 유인유닛 방식(Induction Unit Type)

① 1차공기(OA)는 중앙유닛(1차 공기조화기)에서 냉각 감습되고 고속덕트 또는 저속덕트에 의하여 각 실에 마련된 유인유닛에 보내어 2차공기(RA) 혼합 후 공급하는 방식이다.
② 유인유닛으로부터 분출되는 기류에 의하여 실내공기를 유인하고 유닛의 코일을 통과시키는 방식이며, 이때의 유인비는 다음과 같이 계산한다.

$$유인비 = \frac{(1차공기 + 2차공기)}{1차공기} = \frac{(Q_1 + Q_2)}{Q_1}$$

③ 장치 흐름도

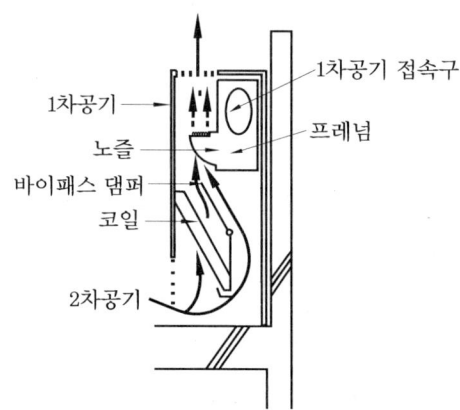

④ 습공기 선도

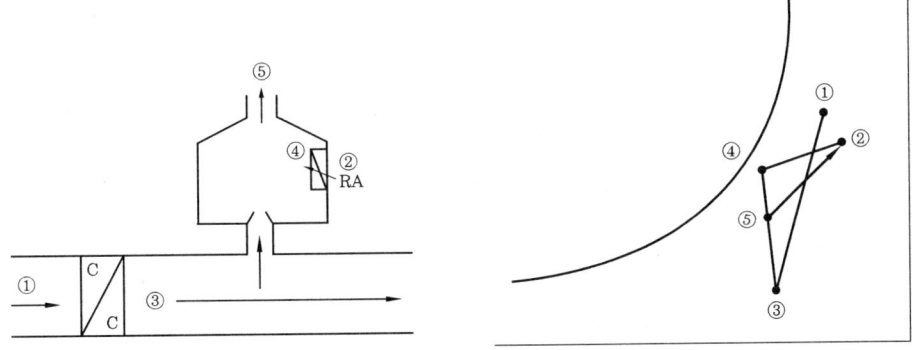

⑤ 기타 방식 : 복사패널 + 덕트, 컨벡터 + 덕트 등

> **핵심해설**
> FCU나 유인유닛이 외벽이나 창 측의 Cold Draft나 외기 침투를 방지할 수 있기 때문에, 공기-수 방식은 주로 부하 변동폭이 큰 사무소, 병원, 호텔, 학교, 아파트, 실험실 등의 외주부나, 내주부/외주부를 구분하여 공조할 때 많이 적용된다.

27. 전수 방식

27-1 정의

(1) 공기-수 방식도 중앙공조의 한 방식으로 'FCU 방식'이라고도 한다.
(2) 전수 방식의 일종으로 팬코일 유닛 전용으로 냉난방을 실시하는 방식이다.
(3) 실내에 설치된 Unit(FCU, 컨벡터) 등에 냉온수를 순환시켜 냉난방하는 방식이다.

27-2 특징

(1) 덕트 스페이스가 필요 없다.
(2) 부하 증가 시 팬코일 유닛의 증설만으로 용이하게 계획될 수 있다.
(3) 환기는 창문을 여는 것 혹은 별도의 환기설비에 의하여 행해야 한다(드물게는 FCU 등에 개별 덕트 및 댐퍼를 설치하여 외기를 도입하는 방식이 있다).
(4) 각 실에 수배관이 필요하며 유닛이 실내에 설치되므로 실내 유효면적이 감소한다.
(5) 다수의 유닛이 분산 설치되므로 보수관리가 곤란하다.
(6) 전공기식에 비해 다량의 외기 송풍량을 공급하기 곤란하므로 중간기나 동기의 외기냉방

이 곤란하다.
(7) 공조기용 고정압 모터가 필요 없어 반송동력이 적게 소모된다.
(8) 소량의 송풍으로 송풍성능이 낮으므로 고성능 필터를 사용하기가 어렵다.
(9) 실내용 소형 공조기이므로 고도의 공기처리를 할 수 없다(실내 청정도, 항온항습 기능 불량 가능).

27-3 용도

(1) 기존 건물에 설치하기가 용이하고 각 유닛마다 조절할 수 있으므로 개별제어가 필요한 곳에 적합하다.
(2) 고도 습도제어가 불필요하고 재순환공기에 의한 오염이 우려되는 곳으로 개별제어가 요구되는 호텔, 모텔, 아파트, 사무소 등에 많이 사용된다.
(3) 많은 병원에 FCU 방식이 채용되고 있지만, 필터의 효율이 낮고 유닛을 항상 청결히 유지하기 어려우므로 병원 채용은 다소 단점이 많다.
(4) 창문이나 벽체 부근에 설치하여 냉기류(Cold Draft)나 틈새바람을 차단한다.

27-4 FCU 방식(전수 방식)

(1) **2관식** : 냉·온열원 공용으로 공급관 1개 + 리턴관 1개(각 계통별 냉·난 절환밸브 사용하여 냉·난방 절환)
(2) **3관식** : 냉·온열원 공급관 + 리턴관 1개
(3) **4관식** : 냉·온열원이 각각 독립적으로 공급관과 리턴관을 가짐

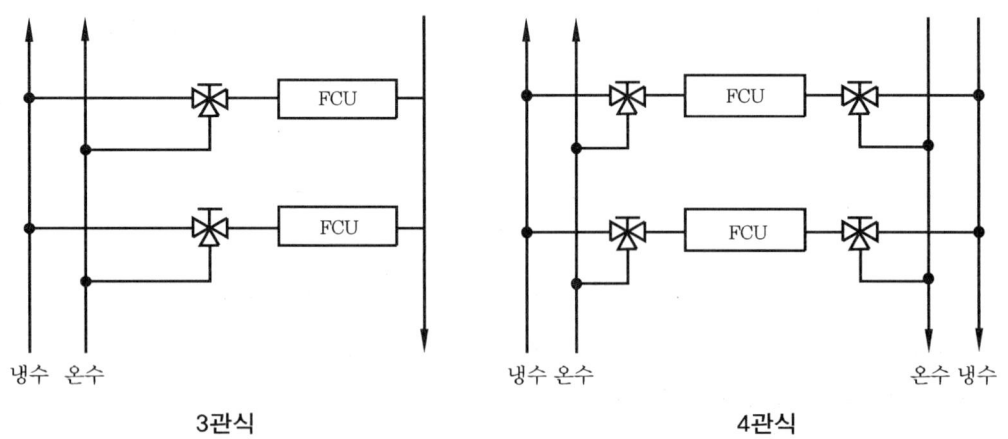

3관식   4관식

(4) **FCU의 온도 제어방식**
① 공급수 온도 일정 방식 : FCU 풍량에 의한 실내 온도제어 실시

② 외기보상 제어

㈎ 외기온도를 감지하여 공급되는 온수의 온도를 제어한다(외기온도가 올라갈수록 난방부하가 작아지므로 공급 온수의 온도를 낮추고, 반대로 외기온도가 내려가면 공급 온수의 온도를 올린다).

㈏ 외기온도에 따른 수동제어보다는 DDC제어프로그래밍을 통한 PI제어, PD제어, PID제어 등을 실시함으로써 자동으로 난방용 온수 공급온도를 조절하는 방법이 보다 유리하다.

㈐ 자동제어방법을 택할 경우, 제어프로그램상 설정온도를 항상 변화시킬 수 있게 함으로써 필요에 따라 가장 쾌적한 설정온도로 변경할 수 있게 하는 것이 유리하다.

㈑ 사례(외기온도 보상운전)

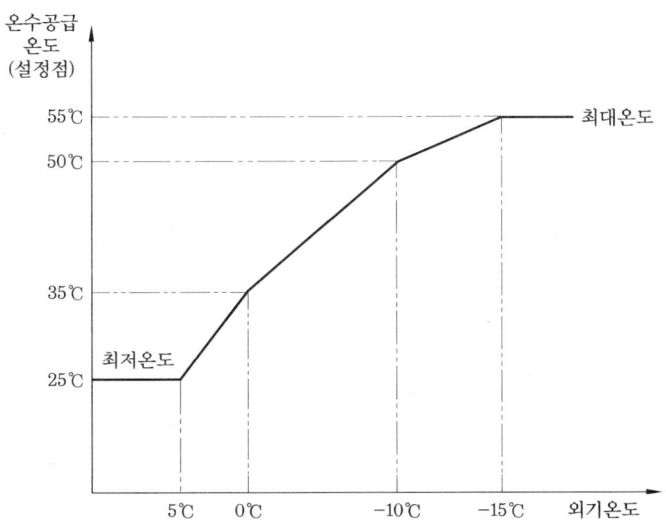

③ 실내 설정온도 제어 : 다음 그림과 같이 설정온도 근처에서 ON/OFF 제어 혹은 비례 제어를 실시한다.

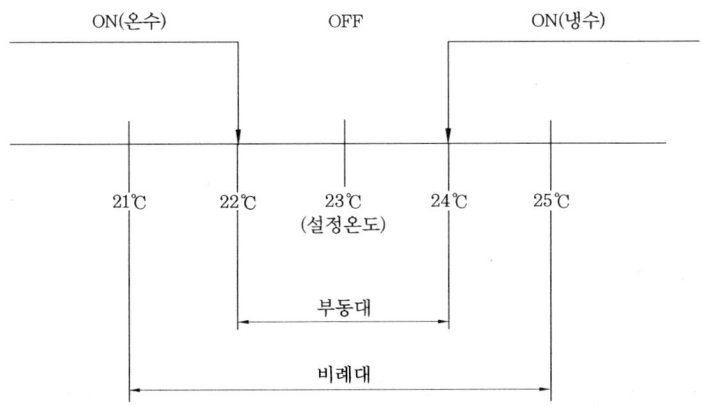

27-5 팬 컨벡터(Fan Convector) 방식

(1) 컨벡터에 팬(Fan)을 붙여 대류를 강제적으로 일으키기 때문에 컨벡터보다 소형이지만 팬 소음이 발생하는 단점이 있다.
(2) **FCU(팬코일 유닛)와의 주요 차이점** : '팬 컨벡터 방식'은 난방전용이기 때문에 냉방 시의 응축수를 받는 드레인받이가 없다.
(3) 단면도(그림)

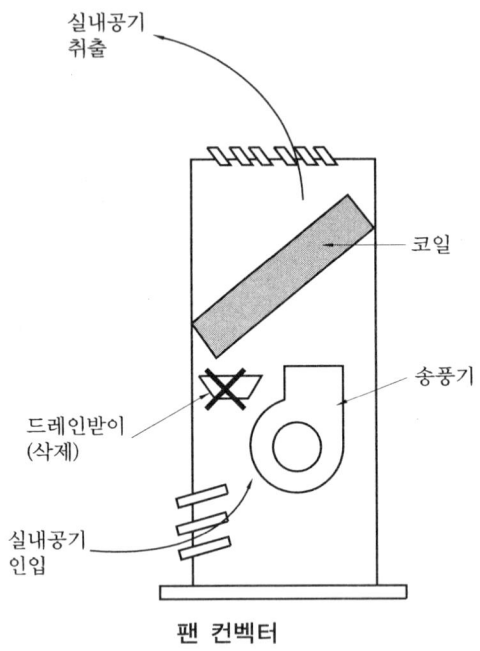

팬 컨벡터

핵심해설
★ **공기와 물의 반송능력 비교** : 공기의 비열은 1.005 kJ/kg·℃, 물의 비열은 4.186 kJ/kg·℃으로 약 4배의 차이가 나지만, 상온에서의 비용적은 공기가 830 l/kg, 물이 1 l/kg이라서, 부피기준 물의 반송능력이 공기에 비해 약 3,320배가 된다는 것을 알 수 있다 (전수 방식의 반송동력 절감 사유).
★ 전수 방식은 덕트 공사가 필요 없고, 간단히 수배관 공사만으로 설치 가능하므로 아주 간단한 공조방식이지만, 환기나 공기정화가 극히 어려워 제한적으로 사용된다.

28. 복사냉·난방

28-1 개요

(1) 대류가 아닌 복사열전달 원리에 의한 냉·난방 방식이다.
(2) 천장, 바닥, 벽 등에 온수, 냉수나 증기 등을 통하는 관을 매설하여 방열면으로 사용하

는 방법이다.
(3) 복사열에 의해 실내를 냉·난방하는 방식이다(실내의 쾌감도가 좋다).
(4) 유닛병용 방식에서 유닛 대신에 천장, 바닥의 복사면으로 열전달하는 방식이다.
(5) 실내 잠열부하는 1차공기로 제어하고, 현열부하는 대부분 패널로 처리한다.
(6) 적용 : 주택의 방, 극장, 강당 등

28-2 특징

(1) 장점
① 실내의 온도분포가 균등하여 쾌감도가 높다.
② 방을 개방상태로 하여도 난방의 효과가 있다.
③ 방열기가 없으므로 방의 바닥면적의 이용도가 높아진다.
④ 실내공기의 대류가 적기 때문에 바닥면의 먼지가 상승하지 않는다.
⑤ 방의 상·하 온도차가 적어 방 높이에 의한 실온의 변화가 적으며, 고온복사 난방 시 천장이 높은 방의 난방도 가능하다.
⑥ 저온복사 난방(35~50℃ 온수) 시 비교적 실온이 낮아도 난방효과가 있다.
⑦ 실내 평균온도가 낮기 때문에 같은 방열량에 대하여 손실열량이 적다.
⑧ 덕트 스페이스가 절약된다.
⑨ 천장이 높은 방, 조명일사가 특히 많은 방, 겨울철 윗면이 차가워지는 방에서 채택하면 효과적이다.

(2) 단점
① 외기 온도 급변에 따른 방열량 조절이 어렵다.
② 증기난방 방식이나 온수난방 방식에 비해 설비비가 비싸다.
③ 구조체를 따뜻하게 하므로 예열시간이 길고 일시적 난방에는 효과가 적다.
④ 매입배관이므로 시공이 어려우며, 고장 시 발견이 어렵고 수리가 곤란하다.
⑤ 열손실을 막기 위해 단열층이 필요하다.
⑥ 실내에 결로가 생길 우려가 있다.
⑦ 중간기에도 냉동기의 운전이 필요하다.
⑧ 바닥패널식의 경우 중량이 커지므로 건축구조체가 커진다.

28-3 분류 및 방식

(1) 패널의 종류에 따른 분류
① 바닥패널 방식 : 시공이 용이, 가열면의 온도는 보통 30℃ 내외로 한다(약 27~35℃ 유지).

② 천장패널 방식 : 시공이 어려우나 50~100℃ 정도까지 가능하다.
③ 벽패널 방식 : 창틀 부근에 설치하며 열손실이 클 수 있다.

(2) 열매체에 따른 분류 : 온수식, 증기식, 전기식, 온풍식, 연소 가스식, 특수열매식 등

(3) 패널의 구조에 따른 분류 : 파이프 매입식, 특수 패널식, 적외선 패널식, 덕트식 등

(4) 패널의 표면온도에 따른 분류
① 저온방식 : 패널의 표면온도는 보통 45℃ 이하이고, 패널 내에 배관코일을 매설하여 여기에 온수 등의 열매를 통하게 한다.
② 고온방식 : 강판에 파이프를 용접 부착한 것으로, 열매는 고온수나 증기를 사용하며, 패널 표면온도는 100℃를 넘는 경우도 있다. 천장이 높고 실내온도가 낮은 대형기계공장 등에 사용된다.

(5) 기타 : 복사 가열에 필요한 복사 가열기, 가열 용량의 여분을 위한 보조 전기 가열기, 복사 가열의 에너지원인 램프열원, 고온의 전기 장치, 세라믹 열원, 유리판 가열기 등

28-4 방열 패널의 배관방식

(1) 강관, 동관을 주로 사용하되, 내식성으로 볼 때 동관이 우수하다.
(2) 콘크리트 속에 강관을 매설할 경우 부식에 대한 대책을 배려해야 한다.
(3) 코일 배관 방법
① 그리드식 : 온도차가 균일한 반면 유량분배가 균일하지 못하다.
② 밴드식 : 유량이 균일한 반면 온도차가 커진다.

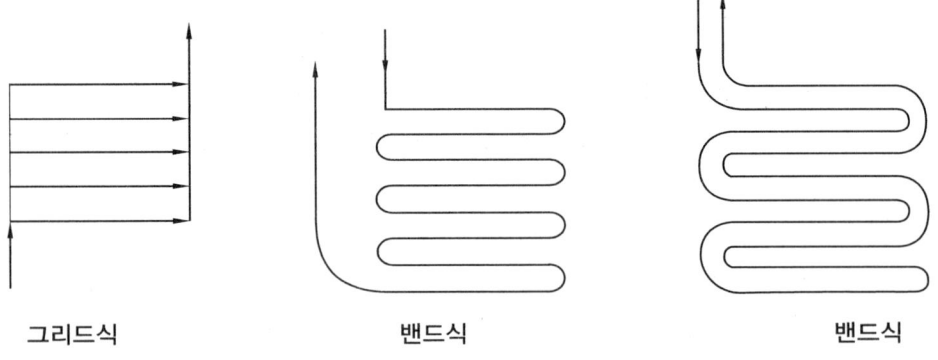

그리드식　　　　　　밴드식　　　　　　밴드식

(4) 코일 매설 깊이는 코일 직경의 약 $1.5~2.0d$ 이다.
(5) **코일배관 Pitch** : 25 A는 약 300 mm, 20 A는 약 250 mm 내외이다.
(6) **배관 길이** : 30~50 m마다 분기 Head를 설치한다.

28-5 평균 복사 온도(MRT)

(1) 복사난방에서 실내 표면의 평균 복사 온도를 말한다.
(2) 실용적으로 주위벽 각부의 표면온도를 평균한 것을 사용한다.
(3) 복사열에 대한 쾌감의 척도로 삼으며 일반적으로 17~21℃이다.

28-6 대류난방과의 비교

(1) 개요

중앙난방 방식 중 직접난방으로 실내온도를 조절하기 위하여 방열기, 컨벡터 등을 이용한 대류난방(증기 혹은 온수 사용)과 바닥, 벽, 천장 등에 코일을 매설한 복사난방이 있다.

(2) 특징

① 방열기를 사용하면 방열량의 70~80%가 대류에 의해 난방이 이루어진다.
② 복사난방은 실내바닥, 벽, 천장을 직접 가열하여, 그 표면에서 나오는 방열량의 50~70%의 복사열로 난방하는 방식이다(쾌감도가 좋은 난방방식).
③ 실의 천장 높이가 낮고 개구부가 많은 학교, 사무소 등의 일반 건물은 대류난방이 유리하나, 천장이 비교적 높은 극장, 강당, 공회당 및 고급 건축물, 주택, 아파트 등은 복사난방이 유리하다.

29. 바닥취출공조(UFAC, Free Access Floor System)

29-1 개요

(1) IBS(Intelligent Building System)화에 따른 OA기기의 배선용 이중바닥 구조를 이용하여 바닥에서 기류를 취출하게 만든 공조방법을 말한다.
(2) **출현 배경** : 1980년대 북유럽 천장, 바닥 냉방방식 발전
(3) IB, 전산실, 항온항습실 등은 뜬바닥 구조를 많이 이용하며, 이는 OA기기의 배선용 바닥의 목적 외 소음, 진동 전달 방지 등의 효과도 있다.

29-2 장점

(1) 에너지 절약

① 거주역(TASK) 위주 공조가 가능(공조대상 공간이 작아 에너지 절감 가능)하다.

② 기기 발열, 조명열 등은 곧바로 천장으로 배기되므로 거주역 부하가 되지 않는다.
③ 흡입/취출 온도차가 작으므로 냉동기 효율이 좋다.

(2) 실내공기질
① 비혼합형 공조로 환기효율이 좋다.
② 발생오염물질이 곧바로 천장으로 배기되므로 거주공간에 미치는 영향이 적다.
③ '저속치환공조'로 응용 가능하여 실내의 청정도를 높일 수도 있다(단, 바닥 분진 주의).

(3) 실내환경 제어성
① OA기기 등의 내부 발생 열부하 처리가 쉽다.
② 급기구의 위치 변동 및 제어로 개인(개별) 공조(Personal Air-conditioning)가 가능하다.
③ 난방 시에도 바닥에서 저속으로 취출하므로 온도와 기류분포가 양호하다(난방 시 공기의 밀도차에 의한 성층화 방지 가능).
④ 바닥구조체에 의한 복사냉난방의 효과로 실내 쾌적도가 향상된다.

(4) 리모델링 등 장래확장성
① Free Access Floor 개념(급기구의 자유로운 위치 변경) 도입으로 Layout 변경에 대한 Flexibility가 좋다.
② 이중바닥(Acess Floor)의 급기공간이 넓어 급기구를 늘릴 수 있어 장래 부하증가에 대응할 수 있다.

(5) 경제성
① 덕트 설치비용의 절감이 가능하다.
② 층고가 낮아지고 공기가 단축되므로 초기투자비가 절감된다.
③ 냉동기 효율이 좋고 반송동력이 작아 유지비가 절감된다.

(6) 유지보수
① 바닥작업으로 보수관리가 용이하다.
② 통합제어(BAS)의 적용으로 제어 및 관리가 유리하다.

29-3 단점

(1) 바닥에서 거주역으로 바로 토출되므로 Cold Draft가 우려된다.
(2) 바닥면에 퇴적되기 쉬운 분진의 유해성 등의 검토가 필요하다.

(3) 바닥면의 강도가 약할 수 있으니 적극적인 대처가 요구된다.

* 이러한 바닥취출공조의 단점을 보완하기 위해서는 CR(클린룸)의 방식에서와 같이 '천장취출 하부바닥 리턴 방식'도 고려해볼 필요가 있다.

29-4 종류별 특징

(1) 덕트형

① 가압형 : 급기덕트로 급기

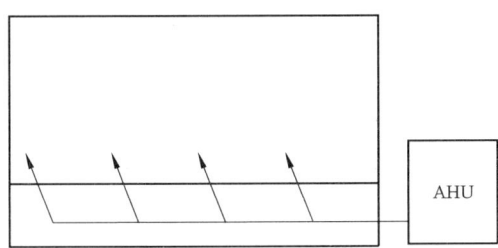

② 등압형 : 급기덕트 및 급기팬으로 급기

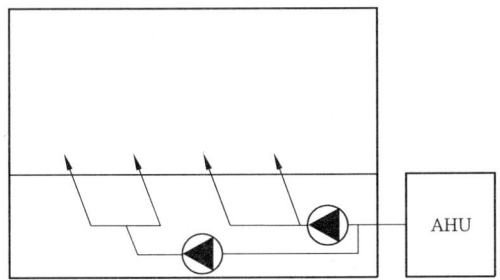

(2) 덕트리스형

① 가압형 : 덕트 없고, 팬 없는 취출구방식

② 등압형 : 덕트 없고, 팬 부착 취출구방식(급기팬으로 급기)

(3) **바닥벽 공조** : 바닥벽 급기형 샘공조방식

(4) **의자 밑 SAM 공조** : 의자취출구 공조방식 등

(5) **각 종류별 비교표**

비교 항목	덕트형 (가압형 / 등압형)	덕트리스형	
		가압형	등압형
급기길이	40 m 이하	18 m 이하	30 m 이하
이중바닥	350 mm 이상	300 mm 이상	250 mm 이상
급기온도차	9℃	9℃	9℃
취출구	팬 있음/없음	팬 없음	팬 있음

29-5 바닥취출구

(1) **토출공기온도** : 18℃ 정도(드래프트에 주의)
(2) **바닥취출구** : 원형선회형(난방↘↗ 냉방↑↑), 원형비선회형, 다공패널형, 급기팬 내장형 등

> **핵심해설**
> ★ 바닥취출공조는 OA기기의 배선용 이중바닥(Access Floor) 혹은 뜬바닥 구조(방진·방음용)를 이용하여 바닥에서 기류를 취출하게 만든 공조방법으로, 거주역(Task) 위주의 에너지 절약적 공조가 가능하다는 점과 급기구의 위치 변동과 제어로 개별공조가 가능하다는 점이 가장 큰 장점이다.
> ★ 바닥취출공조의 종류는 덕트형(가압형, 등압형)과 덕트리스형(가압형, 등압형)으로 대별된다.

30. 저속치환공조

30-1 개요

(1) 공조방식 중 냉·난방에너지를 절감하고 실내공기의 질을 향상시키기 위한 아주 효과적인 방법이다.
(2) 실내공기의 층류화 유동을 통하여 환기효율을 극대화할 수 있는 방법이다.

30-2 원리

(1) 실의 바닥 근처에 저속으로 급기하여, 급기가 데워지면 상승효과(대류)가 나타난다.
(2) 밀도차에 의해 거주역의 오염공기를 위로 밀어내어 거주역의 공기의 질을 향상시킨다.
(3) Shift Zone(치환구역)이 재실자 위로 형성되게 한다(압력 = 0).

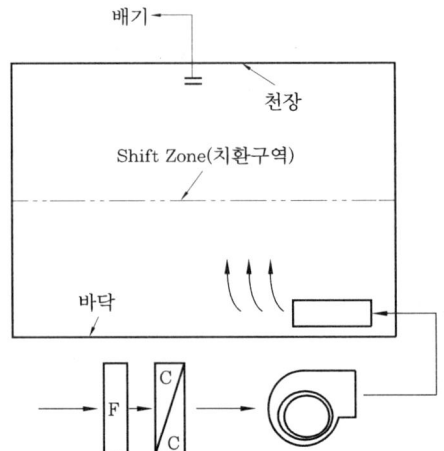

30-3 특징

(1) 덕트치수 및 디퓨저 면적이 크고, 풍속이 적다.
(2) 팬 동력이 적고, 취출공기 온도가 적어도 되므로 에너지효율이 좋으며, 지하수 냉방 등을 고려해볼 수도 있다.
(3) 공기의 질을 획기적으로 제고할 수 있는 방법이다.
(4) 유럽 등에서 많이 발전되어온 방식이다.
(5) Spot Cooling 및 Air Pocket 부위의 해결방법으로도 사용되고 있다.
(6) Down Flow 방식(하부취출 방식)으로 적용된 항온항습기나 패키지형 공조기 등에도 적용한다(IT센터, 전산실, 기타의 중부하존 등).

> **핵심해설**
> 저속치환 공기조화는 실의 바닥 근처에 저속으로 급기하여, 급기가 데워지면 상승기류를 형성하게 하여 실내공기의 질을 획기적으로 개선할 수 있는 방법이다.

31. 거주역/비거주역(Task/Ambient)공조 시스템

31-1 목적

(1) 에너지 절약을 위한 공조방법의 일종이다.
(2) 개별제어가 용이하여 사용이 편리하다.

31-2 종류 및 특징

(1) 바닥취출공조, 바닥벽취출공조, 격벽취출공조 방식 등이 있다.
(2) 개별 분산 공조방식이다.
(3) 이동식 공조기를 사용한다.
(4) **기타의 개별공조** : Desk 공조 등

31-3 장점

(1) 흡입온도와 취출온도의 차이를 줄일 수 있어 경제적인 시스템 운영이 가능하다(에너지 소비효율 증가).

(2) 기기발열, 조명열 등은 천장 등으로 바로 배기가 가능하다.
(3) 공조 대상공간을 거주역으로 한정지음으로써 에너지 절감이 가능하다.
(4) 천장 안 덕트공간을 절약할 수 있다.
(5) 개별제어가 용이하여 사용이 편리하고 합리적이다.
(6) Layout 변경으로 인한 Flexibility가 좋다.

31-4 단점

(1) 재실자 주변으로 바로 기류가 흐르기 쉬워, 냉방 시 Cold Draft, 난방 시 불쾌감 등이 우려된다.
(2) 집진 필터링, 가습, 환기 등이 부족하기 쉬워 공기의 질이 떨어질 우려가 있다.

> **핵심해설**
> ★ 거주역/비거주역공조는 개별운전으로 조절 가능한 공조방식 전체를 통칭한다.
> ★ 이 방식은 공조 대상공간이 거주역에 한정되므로 경제적이고 합리적인 공조가 가능하나, 거주자에 대한 Cold Draft, 불쾌감, 공기의 질 하락 등을 초래할 수 있어 적용에 주의가 필요하다.

32. 윗목/아랫목 시스템

32-1 장점

(1) 사용 공간/비사용 공간을 각기 구분하여 난방을 적용하므로, 에너지 절약적인 방법이다.
(2) 난방 부분에서의 개별공조(필요 부분만 공조)를 실현하여 사용의 편리성을 추구하는 공조방식이다.

32-2 단점

(1) 타 공조방식 대비 Layout 변경이 제한적이다(보통 Task Ambient 공조는 Layout 변경이 용이함).
(2) 바닥의 각 부분별 온도차에 의하여 바닥균열, 결로 등의 우려가 있다.

32-3 기타 윗목/아랫목 코일 도입상의 주의점

(1) 바닥 온도의 불균일로 활동의 자유도가 감소할 수 있다.

(2) 일종의 바닥 복사난방의 거주역/비거주역 공조라고 할 수 있다(국소 복사난방의 개념).

32-4 응용

(1) 윗목/아랫목 공조는 거주역/비거주역 공조의 난방 부분에서의 대응방안 중 하나이다(거주역 위주의 복사난방 실현 → 에너지 절감 가능).
(2) 기존의 온돌난방은 침대, 가구, 소파 등이 있는 자리까지 난방하여 비효율적인 난방이 될 뿐 아니라 가구 등의 뒤틀림, 손상 등을 초래할 수 있다. → 아랫목의 코일의 간격은 촘촘히, 윗목의 코일의 간격은 넓게 하여 어느 정도 해결 가능하다.
(3) 차등난방시스템
   ① 기존의 균등난방시스템과 달리 윗목 및 아랫목의 공급배관을 이원화하여 별도 제어해 주는 방식이다.
   ② 필요에 따라서는 윗목, 아랫목을 서로 바꿀 수도 있으며, 심지어는 균등난방까지도 가능해진다(즉 윗목/아랫목 각각의 원하는 온도를 언제든 맞출 수 있다).

> **핵심해설**
> 윗목/아랫목 개념은 복사난방에 적용되는 일종의 에너지 절약적 거주역/비거주역 공조이다(단 바닥 균열, 결로 등 주의 필요).

33. 열병합발전(熱倂合發電 ; Co-generation)

33-1 개요

(1) TES(Total Energy System) 혹은 CHP(Combined Heat and Power Generation)라고도 한다.
(2) 보통 화력발전소나 원자력발전소에서는 전기를 생산할 때 발생하는 열을 버린다. 발전을 위해 들어간 에너지 중에서 전기로 바뀌는 것은 35% 정도밖에 안 되기 때문에 나머지는 모두 쓰지 못하는 폐열이 되어서 밖으로 버려진다.
(3) 이렇게 버려지는 폐열은 에너지를 허비하는 것일 뿐만 아니라, 바다로 들어가면 어장이나 바다 생태계를 망치기도 한다.
(4) 열병합발전은 이렇게 버리는 열을 유용하게 재사용할 수 있다는 장점이 있다(효율이 70~80%까지 상승 가능).
(5) 열병합발전의 규모는 큰 것부터 작은 것까지 다양하다.

(6) 한 가지 연료를 사용하여 유형이 다른 두 가지의 에너지(전기&온수/증기)를 동시에 생산 가능하다.
(7) 고온부에서는 동력(전기)을 생산하고, 저온부에서는 난방 혹은 급탕용 온수/증기를 생산한다.

33-2 원리

(1) 열병합발전소 중에는 투입된 에너지의 대부분을 전기와 열로 이용하는 것도 있다(즉, 가스 속에 담겨있는 에너지의 90% 이상이 전기와 열로 바뀌어서 이용되는 경우도 있다).
(2) 가스 등을 연소시켜 가스터빈을 통과시킴으로써 한 차례 전기를 생산한다.
(3) 이때 터빈을 통과한 연소 가스는 온도가 여전히 높은데, 이 연소 가스는 물을 증기로 변환하여 증기터빈을 돌리는 데 한 번 더 이용한다. 이 과정에서 또 한 차례의 전기가 생산된다.
(4) 증기터빈을 통과하고 나온 증기의 열은 여전히 100℃ 이상의 열을 지니고 있기 때문에, 발전용으로는 사용할 수 없지만 난방용으로는 얼마든지 이용 가능하다.
(5) 이 증기를 다시 한 번 열교환기를 통과시켜서 난방·온수용 물을 만들어서 이용함으로써 서너 차례에 걸쳐 에너지를 최대한 이용할 수 있는 것이다.
(6) 작은 규모의 열병합발전기는 주택이나 작은 건물 한 곳의 전기와 난방용 열을 충분히 공급할 수 있다.

33-3 분류별 특징

(1) 회수열에 따른 분류
  ① 배기가스 열회수
    (가) 배기가스의 온도가 높으므로 회수 가능한 열량이 많다.
    (나) 배기가스의 온도는 '가스터빈 > 가스엔진 > 디젤엔진 > 증기터빈'의 순이다.
    (다) 배기가스의 열회수 방식으로는 배기가스 열교환기를 통한 고온수 및 고(저)압 증기의 공급, 배기가스 보일러에 의한 고압증기 공급, 이중효용 흡수식 냉온수기를 통한 열회수 등의 방법을 사용한다.
  ② 엔진 냉각수 재킷 열회수
    (가) 가스엔진, 디젤엔진의 냉각수를 이용한 열회수 방법으로 온도는 그다지 높지 않다 (주로 저온수 회수).
    (나) 회수 열매는 주로 온수이지만, '비등 냉각 엔진'의 경우에는 저압증기를 공급할 수 있다.

(다) 재킷을 통과한 엔진 냉각수를 다시 배기가스 열교환기에 직렬로 통과시키면 회수되는 온수의 온도가 올라가 성적계수를 높일 수 있다.
③ 복수 터빈(復水 Turbine)의 복수기 냉각수 열회수 : 증기터빈 발전방식의 경우로 복수 터빈 출구의 복수기로부터 냉각수의 열을 저온수나 중온수 등의 형태로 회수한다.
④ 배압 터빈(背壓 Turbine)의 배압증기 열회수 : 증기터빈 발전방식의 경우로 배압 터빈 출구의 증기를 직접 난방, 급탕 등에 사용하거나, 흡수식 냉동기의 가열원으로 사용한다.

(2) 회수열매에 따른 분류

① 온수 회수방식
  (가) 가스엔진, 디젤엔진의 냉각수 재킷과 열교환한 온수를 난방과 급탕에 이용하는 방식이다.
  (나) 냉방은 배기가스 열교환기를 재차 통과시켜 고온의 온수로 단효용 흡수식 냉동기를 구동하게 한다.

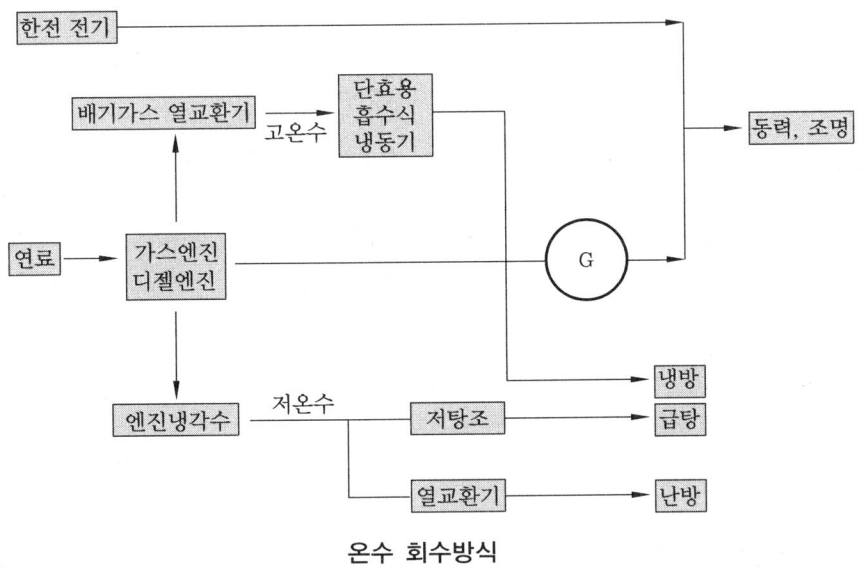

온수 회수방식

② 증기 회수방식
  (가) 디젤엔진 및 가스엔진의 경우 비등 냉각엔진에서 발생하는 저압증기를 난방, 급탕, 단효용 흡수식 냉동기에 이용한다.
  (나) 배기가스 열교환기에서 회수한 고압증기는 단효용 및 이중효용 흡수식 냉동기의 가열원으로 사용하게 한다.
  (다) 가스터빈의 경우, 배기가스 열교환기를 이용하여 고압증기를 바로 난방, 급탕, 이중효용 흡수식 냉동기의 열원으로 이용한다.

③ 온수, 증기 회수방식
  ㈎ 디젤엔진 및 가스엔진의 냉각수를 온수로 회수하여 난방 및 급탕에 이용한다.
  ㈏ 배기가스 열교환기에서 회수된 중압증기로 이중효용 흡수식 냉동기를 운전하는 방식이다.
④ 냉수, 온수 회수방식
  ㈎ 배기가스 열교환기를 이용하여 바로 급탕용 온수를 공급할 수 있다.
  ㈏ 가스터빈 방식에서는 배기가스를 직접 '배기가스 이중효용 흡수식 냉온수기'의 가열원으로 이용하여 냉수 및 온수를 제조하여 냉·난방에 이용한다.

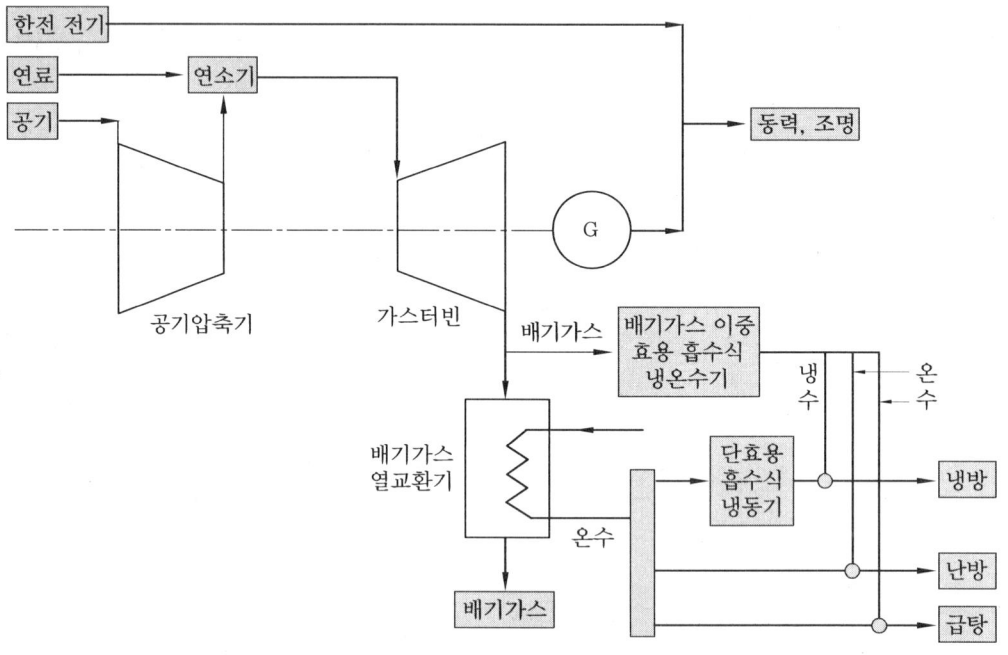

냉수, 온수 회수방식

33-4 응용사례

(1) **복합화력발전소** : 전기와 열을 동시에 생산해서 공급한다(서울의 목동, 분당, 일산 아파트단지 등에는 이러한 복합화력발전소에서 만들어진 난방열이 공급되고 있다).
(2) 국내·외 쓰레기 소각장 등에서 나오는 폐열을 이용하여 열병합발전을 행한 후 여기에서 나오는 전기를 매전하는 사례도 늘고 있다.
(3) **산업용 열병합발전의 사례** : 대구 염색단지, 삼성코닝, 새만금 등
(4) **대단위 아파트단지의 열병합발전 사례** : 경기도 안양, 분당, 일산, 부천, 군포, 산본, 세종시 등 주로 신도시 지역에 많이 설치하고 있다.

33-5 향후 동향

(1) 쓰레기 소각장 등의 열을 이용할 경우, 주로 외지에 건설되므로 열 및 전기를 팔기가 어려울 경우 자체 유락시설 등을 만들어 사용할 수 있다.
(2) 초기투자 시 효율 향상, 투자비 회수 등 경제성을 잘 따져서 도입을 결정할 필요가 있다.
(3) **On-Site Energy System** : 열병합발전과 유사하나 전기나 온수/증기 등을 판매하지 않고 해당 현장이나 건물 내에서 직접 이용한다(즉 열병합발전으로 해당 지역사회 자체에 자가발전, 온수/증기 사용 등을 의미한다).
(4) **연료전지** : 수소와 산소 사이의 화학반응을 이용하여 전기 및 열을 생산하는 방법으로 보급이 점차 확대되고 있다(최근 서울 마곡지구, 인천 송도 등에는 대단위 연료전지 발전소가 건설되고 있다).

칼럼

열병합발전 사례 : 중·대규모의 아파트단지에서 쓰레기 소각장의 열을 이용하여 열병합발전을 행하고, 여기에서 나오는 열도 난방과 급탕용으로 사용하는 경우가 늘고 있다. 이 경우는 골치 아픈 쓰레기 처리, 난방열매 및 전기 생산(사용 혹은 매전) 등을 한꺼번에 해결할 수 있어 장점이 크다.

---

34. 외기 냉수냉방(Free Cooling, Free Water Cooling)

34-1 개요

(1) 중간기의 냉방수단으로 기존에는 외기냉방을 주로 사용하였으나, 심각한 대기오염, 소음, 필터의 빠른 훼손 등으로 '외기 냉수냉방'이 등장하였다.
(2) 자연 기후조건을 최대한 이용하여 냉방할 수 있는 방식으로서 외기를 직접 실내로 송풍하는 외기냉방 시스템에 비하여 항온항습을 요하는 공동 대상건물(전산센터 등)이나 습도에 민감한 OA기기 사용 사무소 등에 채택하여 에너지를 절약할 수 있다.
(3) 외기온도가 아주 낮을 경우(겨울철)에도 사용할 수 있게 하기 위해 연구가 진행 중이다. 동파방지대책으로 부동액(에틸렌글리콜 등)을 혼합하여 사용한다.

34-2 원리

(1) 냉각탑에 냉동장치(응축기)와 열교환기를 3방변 등을 이용하여 병렬로 구성하여 교번동

작이 가능하게 한다.
(2) 주로 제습부하가 있을 시에는 냉동기 가동, 제습부하가 없을 시에는 냉각탑과 열교환기가 직접 열교환하게 한다(외기 냉수냉방).

34-3 종류

(1) 개방식 냉수냉방 : 개방식 냉각탑을 사용한다.
  ① 열교환기를 설치하지 않은 경우(냉각수 직접순환 방식)
    ㈎ 1차 측 냉각수 : C/T → 펌프 → 공조기, FCU(LOAD) → C/T로 순환
    ㈏ 2차 측 냉수 : 1차 측 냉각수에 통합

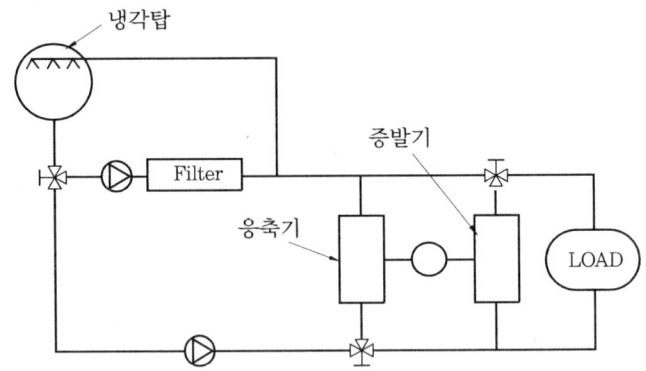

  ② 열교환기를 설치한 경우(냉수 열교환기 방식)
    ㈎ 1차 측 냉각수 : C/T → 펌프 → 열교환기 → C/T로 순환
    ㈏ 2차 측 냉수 : 열교환기 → 공조기, FCU(LOAD) → 펌프 → 열교환기 순서로 순환한다.

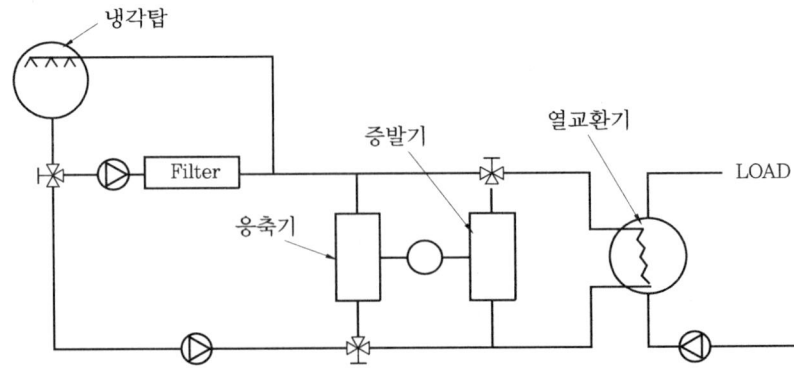

(2) 밀폐식 냉수냉방 : 밀폐식 냉각탑을 사용한다.
① 상기 개방식과 같은 수회로 계통이다(열교환기 방식 혹은 냉각수 직접순환 방식).
② 장점 : 냉수가 외기에 노출되지 않아 부식이 없고 수처리장치가 필요 없다.
③ 단점 : 냉각탑이 커지고, 효율 저하가 우려되며, 투자비 상승 등의 단점이 있다.

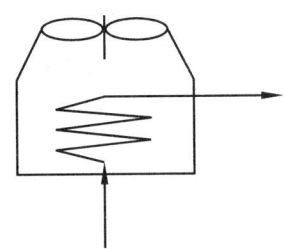

34-4 '외기냉방 ↔ 외기 냉수냉방' 방식의 비교

(1) 외기 직접 도입 ↔ 전열교환 실시
(2) 댐퍼로 유량 조절 ↔ 밸브로 유량 조절
(3) OA(외기)의 질에 영향받음 ↔ OA(외기)의 질과 무관
(4) 주로 16℃ 이하의 외기 사용 ↔ 주로 10℃ 이하의 냉수 사용
(5) 외기덕트의 100% 외기량 기준으로 설계 ↔ 최소 외기량 기준으로 설계
(6) 시설유지비 적음 ↔ 시설유지비 많이 소요

34-5 기술동향

(1) 냉각탑의 오염 방지를 위해 가급적 밀폐식 혹은 간접식(열교환기 방식)을 사용하는 것이 좋다.
(2) 외기 냉수냉방 시스템 도입은 초기설치비용이 다소 비싸지만, 중간기 냉방 등에 사용할 수 있어 충분한 경제성이 있다.
(3) 현재 냉각탑을 전혀 사용하지 않고, 콘덴싱유닛이나 에어컨 실외기를 활용하고 그 내부에 이중열교환기를 장착하여 하나의 실외기팬으로 물과 냉매를 동시에 냉각하는 '공랭식 외기 냉수냉방'도 일부 개발 및 적용되고 있다(SK텔레콤 등).

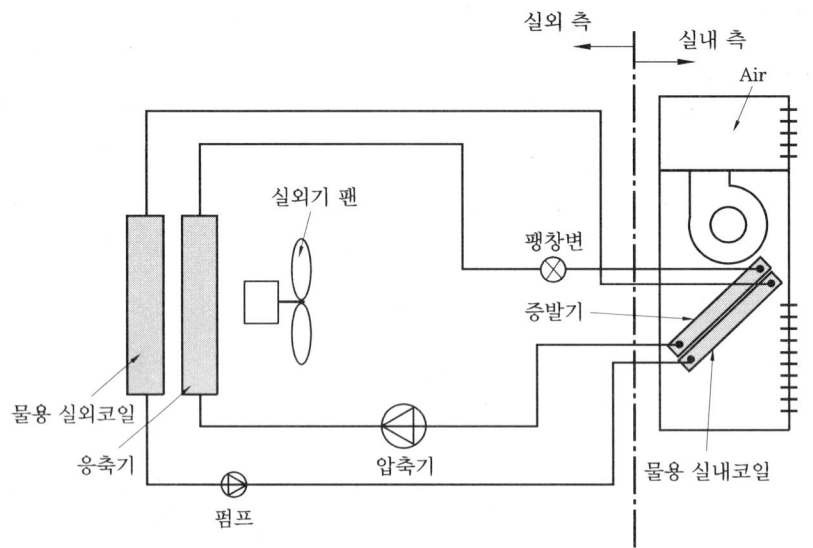

공랭식 외기 냉수냉방 적용사례

> **핵심해설**
> 외기 냉수냉방은 공해, 대기오염 등으로 일반 외기냉방을 사용하기 힘들 때 대체 설치하여 사용 가능하며, 개방식(냉각수 직접순환 방식, 냉수 열교환기 방식)과 밀폐식(밀폐식 냉각탑 사용)으로 대별된다.

35. 가스 냉열원 시스템과 빙축열 시스템의 비교

35-1 개요

(1) 현재 일정 규모 이상의 건축물에 중앙공조 방식 채용 시 냉열원은 가스 냉열원 시스템이나 축열 시스템을 60% 이상 사용하여 설계해야 한다.

(2) 이는 이러한 시스템들이 하절기 주간 Peak Load를 줄일 수 있는 방식이기 때문이다.

35-2 특성

(1) 가스 냉열원 시스템
  ① 흡수식 냉동방식에서 사용 연료가 가스일 때 '냉온수 유닛'이라 하고, 증기 또는 고온수 시 '흡수식 냉동기'라 한다.
  ② 여름철에 냉수를 생산하고, 겨울철에는 온수 생산도 가능하다.

(2) 빙축열 시스템

① 축열조, 제빙장비, 야간근무자 등이 필요하다.
② 저렴한 심야전력의 사용으로 경제성이 높으며, 저온급기 방식 채용 시 그 효과는 더 커진다.

35-3 경제성 비교

(1) 개략적으로 일반 전기식 냉동기 대비 '전력비용 20%, 투자비용 120%, 회수연수 약 5년'의 가스 냉열원 방식과 '전력비용 50%, 투자비용 140%, 회수연수 약 4년'의 빙축열 방식으로 대별된다.

(2) 단, 빙축열 방식은 축열조 건설을 위한 건축공간, 단열공사, 제빙시설 등 초기투자비가 상대적으로 높지만, 저렴한 심야전력을 사용할 수 있고, 피크전력 제어가 가능하며, 안정적인 냉열 공급, 정부의 금융적 지원, 저온급기 방식 등의 기술적 잠재력이 크다는 등의 많은 장점도 가지고 있다.

(3) **가스난방의 장점** : 전기 사용량이 가장 적고, 소음/진동이 적으며, 안전성이 우수하다 (내부 진공).

(4) **가스난방의 단점** : 냉각탑 용량이 커지고, 굴뚝이 필요하며, 수명이 다소 짧고 예냉시간은 길다.

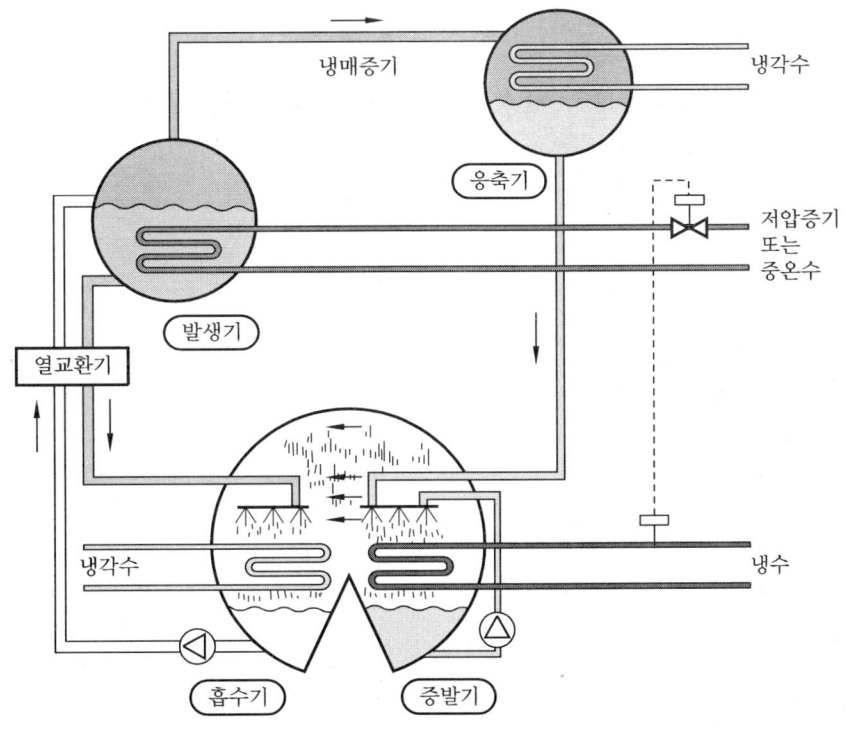

단효용 흡수식냉동기

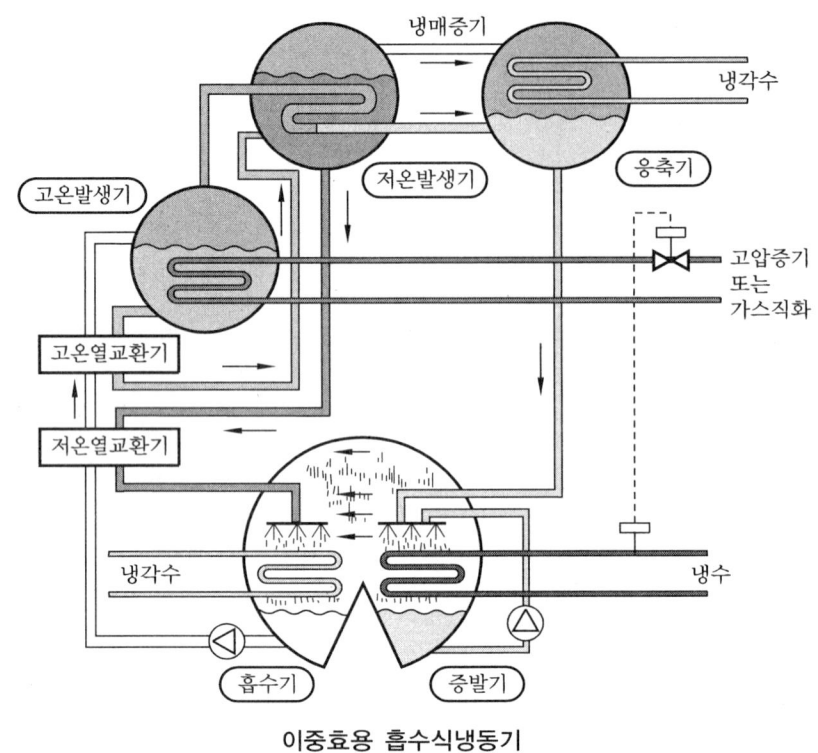

이중효용 흡수식냉동기

36. 저냉수·저온공조 방식(저온급기 방식)

36-1 개요

(1) 공조기나 FCU로 7℃ 정도의 냉수를 공급하는 대신 0℃에 가까운 낮은 온도의 냉수를 그대로 이용하면 빙축열의 부가가치(에너지효율)를 높이는 데 결정적인 역할을 할 수 있다.
(2) 냉방에 있어 냉열원 장비반송능력이 주된 것이므로 빙축열을 통해 냉열원과 펌프의 동력을 40% 이상 줄일 수 있고 저온공조를 통해 팬 동력을 30% 이상 절감할 수 있다.
(3) 이는 빙축열 시스템의 경제성 및 에너지 절약의 최종 목표라고도 할 수 있다.

36-2 원리

(1) 빙축열의 저온냉수(0~4℃)를 사용하여, 일반공조 시 15~16℃ 송풍온도($\Delta t = 10℃$)보다 4~5℃ 낮은 온도(10~12℃)의 공기 공급으로 송풍량의 45~50%를 절약하여 반송동력을 절감하는 방식이다.

(2) 공조기 코일 입·출구 공기의 온도차를 일반 공조시스템의 경우는 약 $\Delta t = 10℃$ 정도로 설계하나 저온공조는 약 $\Delta t = 15~20℃$ 정도로 설계하여 운전한다.
(3) 저온 냉풍 공조방식은 공조기 용량, 덕트 축소, 배관경 축소 등으로 초기비용 절감과 공기 및 수 반송동력 절약에 의한 운전비용 절감, Cold Draft 방지를 위한 유인비 큰 취출구, 결로 방지 취출구, 최소 환기량 확보 등을 고려해야 한다.

36-3 개략도

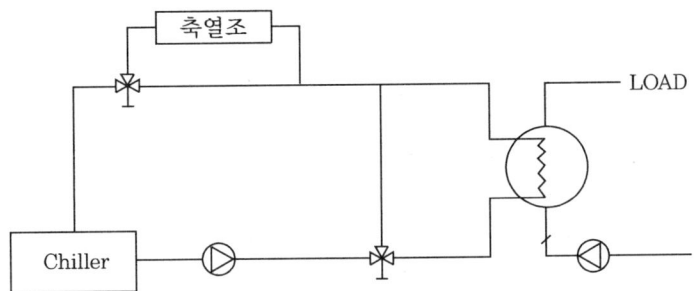

36-4 특징

(1) $q = GCdt$에서 dt를 크게 취하여 송풍량을 줄인다(취출온도차 기존 약 10℃를 15℃ 수준으로 증가시킴).
(2) 층고 축소, 설비비 절감, 낮은 습구온도로 인한 쾌적감 증가, 동력비 절감의 특징이 있다.
(3) **실내온도조건** : 26℃, 35~40%
(4) **주의사항** : 기밀 유지, 단열 강화, 천장리턴 고려
(5) **취출구 선정주의** : 유인비가 큰 취출구 선정 필요

36-5 기대 효과

(1) 에너지 소비량의 감소
(2) 실내공기의 질과 쾌적성의 향상
(3) 습도 제어가 용이
(4) 덕트, 배관 사이즈의 축소
(5) 송풍기, 펌프, 공조기 사이즈의 축소
(6) 전기 수전설비 용량 축소
(7) 초기투자비용 절감에 유리

(8) 건물 층고의 감소
(9) 쾌적한 근무환경 조성에 의한 생산성 향상
(10) 기존 건물의 개보수에 적용 시, 낮은 비용으로 냉방능력 증감 용이

36-6 저온급기 방식의 취출구 (혼합이 잘 되는 구조 선택)

(1) **복류형(다중 취출형)** : 팬형, WAY형, 아네모스탯 등
(2) **Slot형** : 유인비를 크게 하는 구조
(3) **분사형** : JET 기류

36-7 주의사항

(1) 저온급기로 실내 기류분포 불균형에 주의해야 한다.
(2) Cold Draft, Cold Shock가 발생하지 않게 설치 시 유의해야 한다.
(3) 배관단열, 결로 등에 취약 가능성이 있으므로 주의해야 한다.

36-8 평가

(1) PUMP의 반송동력 및 FAN의 반송동력을 줄일 수 있어 경제적이다.
(2) 현재 FPU를 많이 사용하고 있고, 이 경우 송풍동력 감소분에 대한 이점은 많이 감소된다.
(3) 보온재의 두께 및 재질을 재검토하여 열손실 및 결로를 방지할 수 있어야 한다.

36-9 향후 전망

(1) 미국, 일본 등의 선진국에서 이미 적용하여 연구 검토한 바에 의하면, 저온공조 시스템은 다른 냉방시스템과 비교하여 설비비, 운전비, 라이프사이클 비용이 최소이고, 또한 재실자에게 높은 쾌적성을 줄 수 있는 시스템으로 판명되었다.
(2) 지구환경 보전을 배경으로 한 에너지 절약, 주간 전력 억제를 고려한다면 빙축열을 이용한 저온공조 시스템은 앞으로 급속하게 보급될 것으로 사료된다.

> **핵심해설**
> 저온수 및 저온공조 방식(저온급기 방식)은 빙축열 시스템의 효율을 증대시키기 위한 매우 유효한 공조방식이며, 초기투자비 절감(공조기 용량, 덕트, 배관경 등 축소)과 운전비용 절감(냉동기 소비전력 감소, 공기 및 수 반송동력 절약 등)을 동시에 취할 수 있다는 큰 장점이 있다.

37. 덕트설계법

37-1 개요

(1) 덕트는 공조기에 조화된 공기 반송통로로, 주로 건물 천장부에 설치하며 거주공간에 가깝게 설치하므로 설계, 시공 시 소음에 유의해야 한다.
(2) 공기는 비열이 작으므로 대량의 공기를 필요로 하며 덕트 스페이스가 커야 한다.
(3) **설계방법** : 정압법, 등속법, 정압재취득법, 전압법 등(쾌적공조에서는 주로 정압법, 10 m/s 초과 시 등속법을 많이 사용)

37-2 덕트 설계순서

조화된 공기를 반송하는 덕트설비에 대한 설계는 다음 순서로 진행된다.

(1) 송풍량(CMH) 결정

$$Q = \frac{q_s}{\rho \cdot C_p \cdot \Delta t}$$

q_s : 현열부하(kW, kcal/h) Q : 풍량(m^3/s, m^3/h)
ρ : 공기의 밀도(= 1.2 kg/m^3) c_p : 공기의 비열(1.005 kJ/kg·K ≒ 0.24 kcal/kg·℃)
Δt : 취출온도차(실내온도 – 공조기의 설계 취출온도)(K·℃)

(2) 취출구 및 흡입구 위치 결정(형식, 크기 및 수량)
(3) 덕트의 본관, 지관 경로 결정
(4) 덕트의 치수 결정
(5) 송풍기 선정
(6) 설계도 작성
(7) 설계 및 시공 사양 결정

37-3 덕트 치수 설계방법

(1) 등속법
  ① 전 구간 풍속을 일정하게 설계한다.
  ② 구간별 압력손실이 서로 다르다(기외정압 계산 시 모두 계산 필요).
  ③ 용도

㈎ 먼지나 산업용 분진 이송용

㈏ 공장환기 및 배연 덕트용 등

④ 설계순서

㈎ 풍량을 결정하고 풍속은 임의 값을 선정하여 메인 덕트 치수를 풍량과 풍속에 의해 구한다.

㈏ 주경로의 압력손실은 송풍기 선정용 정압으로 하고, 다른 경로는 같은 정도의 압력손실이 되도록 풍속을 수정해서 구하며, 계산은 다소 복잡하다.

(2) 등압법(등마찰 저항법, 등마찰 손실법)

① 이 방법은 덕트의 단위길이당 마찰저항이 일정한 상태가 되도록 덕트 마찰손실선도에서 직경을 구하는 방법으로, 쾌적용 공조의 경우에 흔히 적용된다.

② 저속덕트의 단위길이당 마찰손실(압력손실)은 실의 소음제한이 엄격한 주택이나 음악 감상실과 같은 곳은 0.06~0.07 mmAq/m(최대풍속 = 7 m/s 이하), 일반 건축물은 0.1 mmAq/m(최대풍속 = 8 m/s 이하), 공장이나 기타 소음제한이 적은 곳은 0.15 mmAq/m(최대풍속 = 10 m/s 이하)로 한다.

③ 등마찰 저항법으로 많은 풍량을 송풍하면 소음 발생이나 덕트의 강도상에도 문제가 있어서 풍량이 10,000 m^3/h 이상이 되면 등속법으로 하기도 한다.

④ 이 방법의 단점은 주간덕트에서 분기된 분기덕트가 극히 짧은 경우에는 분기덕트의 마찰저항이 적으므로 분기덕트 쪽으로 필요 이상의 공기가 흐르게 된다. 따라서 이 현상을 막기 위하여 '개량 등마찰 저항법'으로 덕트치수를 정하기도 한다.

(3) 개선등압법(Improved Equal Friction Loss Method)

① 등압법을 개량한 것으로, 먼저 등압법으로 덕트 치수를 정한다.

② 풍량분포를 댐퍼 없이도 균일하게 하도록 분기부의 덕트 치수를 작게 해서 압력손실을 크게 하고 균형을 유지하는 방법이다.

③ 이 방법에 의하여 덕트 내 풍속이 너무 크게 되어 소음 발생의 원인이 되기 쉬우므로 주의를 요한다.

(4) 정압 재취득법(Static Pressure Regain Method)

① 정압을 일정하게 해주기 위해 앞 구간의 취출 후에는 풍속을 감소시켜 정압을 올려준다.

② 직선덕트 내에서 속도가 감소하면 베르누이의 정리로부터 일부의 속도에너지는 압력에너지로 변환하여 2차 쪽의 압력은 증가한다.

(5) 전압법

① 각 취출구까지의 전압력손실이 같아지도록 설계한다.

② 덕트 내에서의 풍속변화를 동반하는 정압의 상승하강을 고려하기 위해 사용하는 방식이다.

③ 토출덕트의 하류 측에서 정압재취득에 의해 정압이 상승하고, 상류 측에서 하류 측으로의 토출풍량이 설계치보다 커지는 경우가 있다. 이와 같은 불편함을 없애기 위해 각 토출구에서 전압이 동일해지도록 덕트를 설계하는 방법이 전압법이다.

④ 전압법은 가장 합리적인 덕트설계법이지만, 동압까지 고려해야 하는 번거로움 때문에 정압법으로 설계한 덕트의 확인 정도에 이용되고 있다.

37-4 공기의 풍속에 따른 분류

덕트 내부를 흐르는 공기의 풍속에 따른 분류(덕트계 풍속은 반송유체의 종류, 건물의 사용용도, 풍량과의 관계 등을 검토하여 결정)로 저속덕트와 고속덕트로 나눌 수 있다.

(1) 저속덕트(Low-velocity Duct System)

① 풍속 : 15 m/s 이하, 적정풍속은 10~12 혹은 8~15 m/s 정도
② 정압손실 : 약 0.07~0.2 mmAq/m
③ 전압 : 50~75 mmAq 정도
④ 용도/형상 : 대부분의 공조용 덕트/각형
⑤ 특징
  (가) 덕트 스페이스의 제한이 크지 않은 공장, 다실 건축물, 극장, 영화관 등 단일 대용적의 건물일수록 유리하다.
  (나) 덕트 스페이스가 커져서 초기 덕트 설치비가 증가되나, 구동 전동기의 출력 감소(동력비 절감)가 가능하다.

(2) 고속덕트(High-velocity Duct System)

① 풍속 : 15 m/s 초과, 적정풍속은 20~25 m/s(소음 제한 기준) 정도
② 정압손실 : 약 1 mmAq/m
③ 전압 : 150~200 mmAq 정도
④ 용도/형상 : 산업용(분체, 분진 이송용 등)/원형 덕트
⑤ 특징
  (가) 주로 저속덕트의 2배 이상의 풍속이며 덕트 스페이스는 축소되나 송풍장치 구동 전동기의 출력 증대에 따른 동력비가 많이 든다.
  (나) 소음이 크므로 주로 소음상자를 취출구에 설치하며 고층건물, 선박 등에 많이 쓰인다.
  (다) 소음 문제 때문에 대개 최고속도를 25 m/s 이하로 제한한다.

37-5 덕트 단면형상에 따른 분류

(1) **각형 덕트(장방형 덕트)** : 단면이 직사각형인 덕트
(2) **원형 덕트** : 단면이 원형인 덕트
(3) **스파이럴 덕트(Spiril Duct)** : 함석을 나선 모양으로 말아서 만든 덕트
(4) **플렉시블 덕트(Flexible Duct)** : 면, 섬유 등에 철심을 넣어 만든 덕트

37-6 덕트 재질

아연도강판, 스테인리스강판, PVC 덕트, 베니어판, Glass Wool 등

37-7 부속

Volume Damper, 방화댐퍼, 가이드베인, 터닝베인 등

37-8 취출구, 흡입구

축류 취출구, 복류 취출구, 면형, 선형 등 → 자세한 사항은 이 책의 '덕트의 취출구 및 흡입구' 참조

37-9 덕트 설치 시 주의사항

(1) 각형 덕트 단면은 가능한 한 정방형이 되도록 하고, 애스펙트 비율(Aspect Ratio)이 최대 8:1 이상을 넘지 않게 하며 가능한 한 4:1 이하로 억제한다.
(2) **곡률반경** : 직경(원형 덕트)이나 덕트 폭(장방형 덕트)의 1.5배 이상
(3) 덕트의 설치공간이 충분하지 않을 경우를 제외하고는 소음, 송풍기 동력 등을 고려해 가능한 한 저속덕트 방식을 채택한다.

> **칼럼**
>
> 애스펙트 비율(Aspect Ratio) : 각형 덕트의 긴 변과 짧은 변에 대한 길이비를 말하며, 이 비율이 클 경우 동일 단면적에 공기가 접촉하는 표면적이 넓어져서 마찰손실이 커진다(다음 그림에서 종횡비 = a : b).
>
>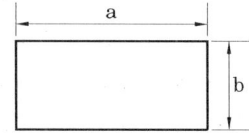

(4) 덕트 재료는 가능한 한 표면이 매끄러운 아연도금철판, 알루미늄판 등을 사용한다.
(5) 관내 흐름이 급격한 방향 전환, 급확대, 급축소 등과 같이 압력 손실이 큰 덕트 연결은 설계하지 않도록 하고, 확대부의 각도는 20° 이하로, 축소부의 각도는 60° 이하가 되도록 억제한다.
(6) 분기 덕트일 때 각 덕트 분기점에는 댐퍼(Damper ; 송풍량을 가감하기 위한 개폐장치)를 설치해서 압력 평행과 적정한 기류 분포를 유도하는 것이 좋다.
(7) 덕트는 주기적으로 청소해야 성능이 극대화되고 실내공기의 질이 향상된다.

37-10　주덕트의 배치법

(1) **간선덕트 방식** : 천장취출, 벽취출 방식 등 → '그림 1' 참조
(2) **환상덕트 방식** : VAV유닛의 외주부 방식 등 → '그림 2' 참조
(3) **개별덕트 방식** : 소규모 건물 등 → '그림 3' 참조

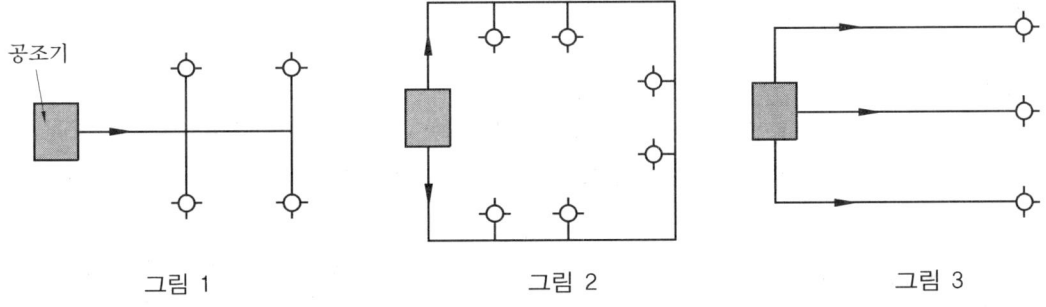

그림 1　　　　　　　　그림 2　　　　　　　　그림 3

37-11　덕트의 이음매 종류

(1) **가로 방향** : Drive Slip(그림 1), Standing Seam(그림 2)
(2) **세로 방향(직각 방향)** : Snap Seam(그림 3), Pittsburgh Seam(그림 4)
(3) **원형** : Grooved Seam(그림 5)

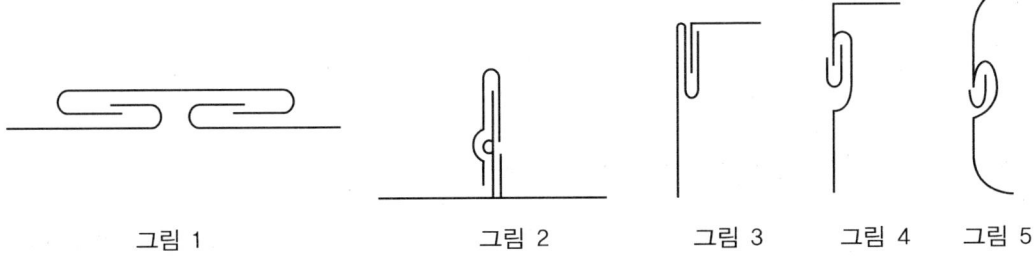

그림 1　　　　그림 2　　　　그림 3　　　그림 4　　　그림 5

> **칼럼**
> Canvas Connection : 장치와 덕트 사이에 진동 및 소음의 전달을 막기 위해 천, 가죽 등으로 제작한 이음매를 말한다.
>
>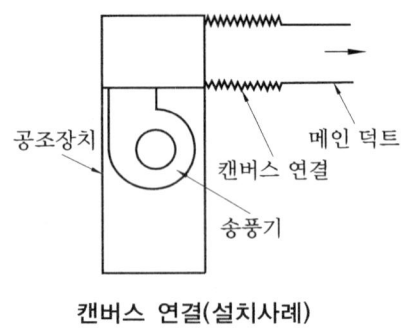
>
> 캔버스 연결(설치사례)

37-12 Glass Wool Duct

(1) 개요
① 한 번 설치(시공)로 덕트 구조물과 단열재 작업을 동시에 시공하는 것과 같다.
② 경량, 시공성 우수, 단열이 불필요한 우수한 덕트재료이다.

(2) 특성
① 난연, 흡음, 단열 우수, 작업성 우수, 경량화로 인건비를 절약할 수 있다.
② 풍속은 각형 13 m/s 이하, 원형 15 m/s 이하에 주로 사용한다.
③ 강도상 문제가 있을 수 있으므로 정압 50 mmAq 이상은 사용 제한한다.

(3) 가공 방법 : 1 Piece, L형 2 Piece, U형 2 Piece, 4 Piece type 등

37-13 덕트의 누설시험 방법

(1) 보온하기 전 : 몇 개의 구간으로 나누어 개구부를 철판으로 완전히 막는다.
(2) 시험용 팬 : 시험용 팬으로 일반 덕트는 설계압의 2배 이상, 고속덕트는 3배 이상의 압력(정압)을 걸어준다.
(3) 비눗물 검사 : 비눗물 등으로 누설부위를 체크하여 수리한다.

37-14 덕트 시스템에서의 풍속 측정방법

(1) 덕트에서 풍속을 측정하는 방법은 주로 피토관으로 측정(동압을 풍속으로 환산)하거나, 풍속계, 풍속센서 등으로 측정한다.

(2) 원형 덕트에서의 풍속 측정
① 이송위치는 최소 12점이며, 20점을 넘지 않도록 한다.
② 덕트의 직경에 따른 측정
    ㈎ 230 mm 미만 : 12점
    ㈏ 230~300 mm : 16점
    ㈐ 300 mm 초과 : 20점

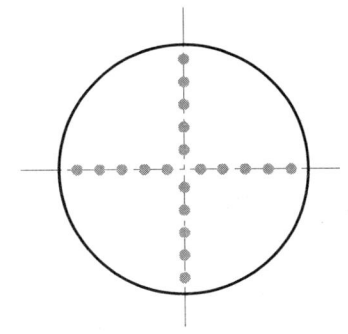

동일면적분할법(300 mm 초과의 경우)

(3) 장방형 덕트에서의 풍속 측정
① 이송위치는 최소 16점에서 최대 64점을 넘지 않도록 한다.
② 측정점수가 64점 이하인 경우에는 피토튜브 측정위치의 중심거리는 150 mm 이하여야 한다.
③ 덕트 벽면에 가장 가까운 측정점의 위치는 측정점 간 중심거리의 1/2이어야 한다.
④ 각 측정점에서 측정한 동압을 풍속으로 환산하여 기록한다.

(4) 풍속계에 의한 측정법
① 그릴, 레지스터 등이 있는 경우의 풍속측정은 기류의 안정화를 위하여 그릴 혹은 루버로부터 약 25 mm 떨어진 지점에서 측정한다.
② 풍량 산정 시 필요한 급기면적은 그릴 내부 프레임의 면적(유효면적)으로 한다.
③ 풍속계 사용 시에는 정확성을 위하여 가급적 2 m/s 이상에서 사용하도록 하고 최소 1분 이상 측정하도록 한다.
④ 이때 낮은 풍속영역에서 높은 영역으로 측정하고, 4회 이상 측정하여 평균값을 사용한다.

핵심해설

* **덕트 설계순서** : 송풍량(CMH) 결정 → 취출구 및 흡입구 위치 결정(형식, 크기 및 수량) → 덕트의 본관, 지관 경로 결정 → 덕트의 치수 결정 → 송풍기 선정 → 설계도 작성 → 설계 및 시공 사양 결정
* **덕트의 설계방법** : 등압법(쾌적 공조), 개선등압법(송풍기에서 가까운 분기덕트의 치수를 적게 해서 압력손실을 크게 하고 취출구 간의 풍량의 균형을 맞추는 방법), 등속법(10 m/s 초과 시), 정압재취득법, 전압법(최소풍량 이상 확보) 등 크게 다섯 가지로 나눌 수 있다.

38. VAV 시스템의 종류별 특징

38-1 개요

(1) **CAV(정풍량 방식)** : 풍량이 일정하므로 급기의 온도/습도를 조절하여 공조할 실(室)의 온도/습도를 제어한다.
(2) **VAV(변풍량 방식)** : 송풍량을 조절하여 공조할 실(室)의 온도 및 습도를 조절한다.
(3) 흔히 바이패스형, 교축형(Throttling Type), 유인형 등으로 대별되며, 바이패스 타입은 3방밸브에, 교축형은 2방밸브에 비유하기도 한다.
(4) **정풍량선도** : 정압이 일정한도 이내에서 변할 때 풍량은 같고, 풍량조절장치에 의해 단계별로 풍량을 증감시킨다.
(5) VAV는 정풍량특성이 좋고, 공기량을 부하변동에 따라 통과시키므로 온도 조절, 정압 조정이 가능하고 제어성이 양호하다.

38-2 교축형 VAV (Throttle Type)

(1) 특징
① 가장 널리 보편화된 형태(Bypass Type, 유인형 등의 방법보다는 교축형이 일반적)로, 댐퍼 Actuator를 조절하여 실내 부하조건에 일치하는 풍량을 제어하는 방식이다.
② 동력 절감이 확실하고, 소음/정압 손실이 높다. 저부하 운전 시 환기량 부족이 우려될 수 있다.
③ 동작은 실내의 변동부하 추정동작인 Step제어(전기식), 덕트 내 정압변동 감지동작으로 구분되며 댐퍼식, 벤튜리식 등이 있다.

(2) 구분
① **압력 종속형(Pressure Dependent Type)** : 실내온도에 따른 교축작용으로 풍량제어를 하며, 덕트 내 압력변동을 흡수할 수는 없다.
② **압력 독립형(Pressure Independent Type)** : 실내온도에 따른 교축(1차 구동), 덕트 내 압력변동을 스프링, 벨로즈 등이 흡수한다(2차 구동, 정풍량특성).
　㈎ 스프링 내장형 : 스프링에 의해 압력변동 흡수
　㈏ 벨로즈형(Bellows Type) : 공기의 온도에 따라 수축/팽창하여 공기량을 조절하는 방법

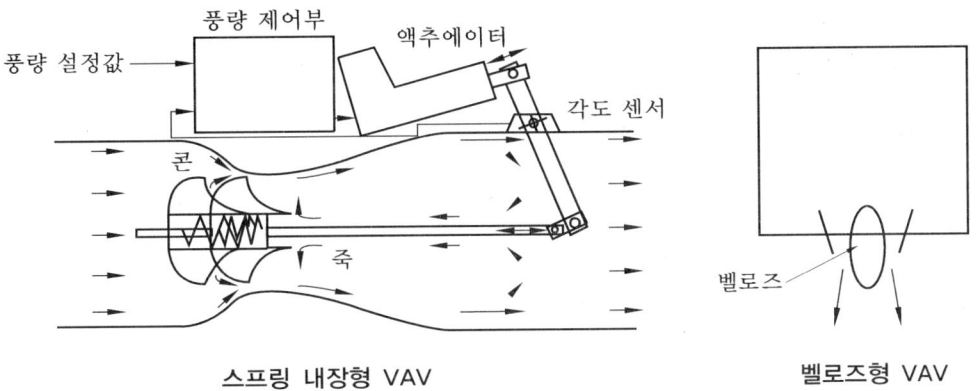

스프링 내장형 VAV   벨로즈형 VAV

(3) 유닛 제어순서

풍량 인입 → 온도센서 → PI조작기 → 모터 → 댐퍼 또는 벤튜리 조정 → 변풍량 송풍

38-3 바이패스형 VAV (Bypass Type)

(1) 특징

① 실내부하 조건이 요구하는 필요한 풍량만 실내로 급기하고 나머지 풍량은 천장 내로 바이패스하여 리턴으로 순환시키는 방법이다. 따라서 엄밀한 의미에서는 VAV라 할 수 없다.

> **칼럼**
> 교축형과 바이패스형 VAV에서의 습공기선도상 표현

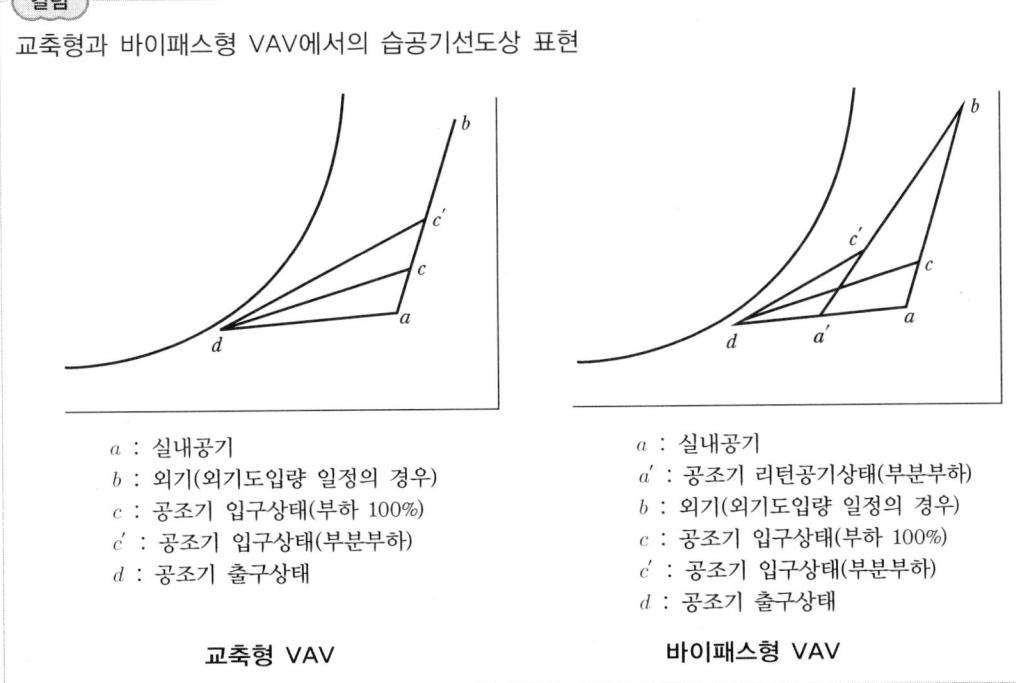

a : 실내공기
b : 외기(외기도입량 일정의 경우)
c : 공조기 입구상태(부하 100%)
c' : 공조기 입구상태(부분부하)
d : 공조기 출구상태

a : 실내공기
a' : 공조기 리턴공기상태(부분부하)
b : 외기(외기도입량 일정의 경우)
c : 공조기 입구상태(부하 100%)
c' : 공조기 입구상태(부분부하)
d : 공조기 출구상태

교축형 VAV   바이패스형 VAV

② 저부하 운전 시 동력 절감이 안 되나 정압 손실이 거의 없고, 저부하 운전 시 환기량 부족 문제도 없다.

(2) 그림

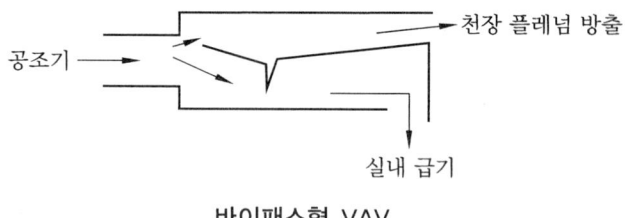

바이패스형 VAV

38-4 유인형 VAV (Induction Type)

(1) 특징

① 실내부하가 감소하여 1차 공기의 풍량이 실내 설정온도점 이하부터는 천장 내의 2차 공기를 유인하여 실내로 급기하는 방식이다.
② 덕트 치수는 작아지고, 환기량은 거의 일정하지만, 덕트 길이의 한계가 존재한다.

(2) 그림

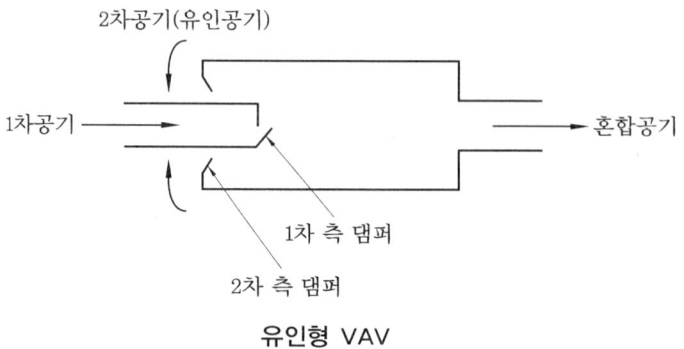

유인형 VAV

38-5 댐퍼형 VAV

(1) 버터플라이형 댐퍼를 주로 사용한다.
(2) 댐퍼 하단부 '압력 Drop'에 의한 소음에 주의해야 한다.
(3) Pressure Independent Type으로 사용 시에는 '속도 감지기'를 내장하여 댐퍼를 조작하게 한다(압력 변동 흡수).

38-6 팬부착형 VAV (Fan Powered VAV Type)

(1) 주로 교축형 VAV에 팬 및 히터가 내장되어있는 형태이다.
(2) VAV는 냉방 및 환기 전용으로 작동되고 실내 부하가 감소하여 1차 공기의 풍량이 설계치의 최소 풍량일 때 실내 온도가 계속(Dead Band 이하로) 내려가면 팬이 동작되고 Reheat Coil의 밸브가 열려 천장 내의 2차공기를 가열하여 실내로 급기(난방)하는 방식이다.

Quiz

정풍량특성이란?

1. 풍량을 가변할 수 있는 VAV 혹은 CAV 유닛에서 풍속센서 등을 설치하여 정압의 일정 한도 내에서는 풍량을 동일하게 자동으로 조절해주는 특성을 말한다.
2. 혹은 풍속센서 대신 기계식 장치(스프링, 벨로즈 등)를 이용하여 덕트 내 정압변동을 흡수하여 정풍량을 유지시키는 방법도 있다.
3. 다음 그림에서처럼 정압이 일정한도(a~b) 내에서 변할 때 풍량은 같다.

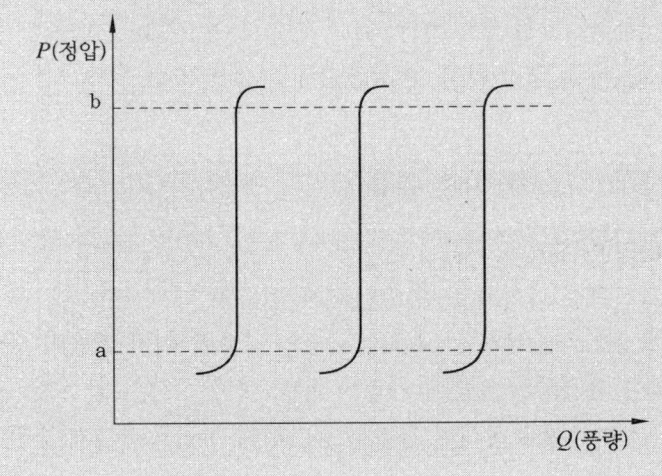

핵심해설

* VAV는 정풍량특성이 좋고, 부하 변동에 따른 제어성이 양호하다.
* VAV의 종류로는 교축형(보통은 압력독립형), Bypass Type(저부하 운전 시 동력 절감 안 됨), Induction Type(천장 내의 2차 공기를 유인), 댐퍼형(버터플라이형 댐퍼 사용), Fan Powered VAV Type(Dead Band 이하에서 FAN 동작 + Reheat Coil의 밸브가 Open되어 천장 내 2차공기를 가열하여 급기) 등이 있다.
* **VAV유닛과 모터 댐퍼의 차이** : VAV유닛은 온도감지기의 신호로 풍량이 설정되어있고, 정풍량기능(시스템의 압력이 변해도 설정풍량 유지 가능)이 작동되지만, 모터 댐퍼에서는 단순히 일정한 신호에 의해 댐퍼의 개도가 설정되고 정풍량기능도 없기 때문에 덕트계의 단순한 개폐 전환제어에만 사용된다.

39. 송풍기의 분류 및 특징

송풍기는 공기의 유동을 일으키는 기계장치로서, 유동을 일으키는 날개차(Impeller), 날개차로 들어가고 나오는 유동을 안내하는 케이싱(Casing) 등으로 이루어진다.

39-1 흡입구 형상에 따른 분류

(1) **편흡입** : 팬의 어느 한쪽 면에서만 공기를 흡입하여 압축하는 형상
(2) **양흡입** : 팬의 양측으로 공기를 흡입하여 압축하는 형상

39-2 압력에 따른 분류

(1) **팬** : 압력이 약 10 kPa 미만일 경우
(2) **송풍기(Blower)** : 압력이 약 10 kPa 이상 ~ 약 100 kPa 미만일 경우
(3) **Air Compressor** : 압력이 약 100 kPa 이상일 경우

39-3 날개(Blade)에 따른 분류

(1) **전곡형(다익형, Sirocco팬)**
① 최초로 전곡형 다익팬을 판매한 회사 이름을 따서 'Sirocco Fan'이라 불린다.
② 바람 방향으로 오목하게 날개(Blade)의 각도가 휘어 효율이 좋아 저속형 덕트에서는 가장 많이 사용하는 형태이다(동일 용량 대비 회전수 및 모터 용량이 적다).
③ 풍량이 증가하면 축동력이 급격히 증가하여 Overload가 발생된다(풍량과 동력의 변화가 크다).
④ 회전수가 적고 크기에 비해 풍량이 많으며, 운전이 정숙한 편이다.
⑤ 일반적으로 정압이 최고인 점에서 정압효율이 최대가 된다.
⑥ 압력곡선에 오목부가 있어 서징위험이 있다.
⑦ 물질 이동용으로는 부적합하다(부하 증가 시 대응 곤란).
⑧ 용도 : 저속 덕트 공조용, 광산터널 등의 주급배기용, 건조로/열풍로의 송풍용, 공동주택 등의 지하주차장 환기팬(급배기) 등
⑨ 보통 날개폭은 외경의 1/2 정도로 하며, 크기(외경)는 150 mm 단위로 한다.

(2) **후곡형(Turbo형)**
① 보통 효율이 가장 좋은 형태이고, 압력 상승이 크다.

② 바람의 반대 방향으로 오목하게 날개(Blade)의 각도가 휘어지며, 소요동력의 급상승이 없고 풍량에 비해 저소음형이다.
③ 용도 : 고속 덕트 공조용, Boiler 각종 로의 연도 통기 유인용, 광산, 터널 등의 주 급기용

전곡형

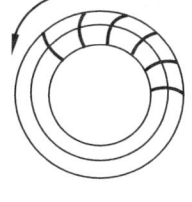
후곡형

(3) 익형(Air Foil형, Limit Load Fan)

① Limit Load Fan(LLF)
  (가) 전곡형이 부하의 증가에 따라 급격히 특성이 변하는 현상(Over Load현상)을 개선한 형태이다.
  (나) 날개가 S자 형상을 이루어 오버로드를 방지할 수 있다.

② Air Foil형
  (가) 날개의 모양은 후곡형과 유사한 형태이나, 박판을 접어서 비행기 날개처럼 유선형(Airfoil형)의 날개를 형성한 형태이다.
  (나) 유선형의 날개를 가진 후곡형(Backward)이고 Non-overload 특성이 있으며, 기본 특성은 터보형과 같고 높은 압력까지 사용할 수 있다.
  (다) 고속회전이 가능하며, 특별히 소음이 적다.
  (라) 정압효율이 86% 정도로 원심송풍기 중 가장 높다.

③ 용도
  (가) 고속덕트 공조용, 고정압용
  (나) 공장용 환기 급배기용
  (다) 광산, 터널 등의 주 급기용

④ 공조용으로 보통 80 mmaq 이상의 고정압에 적용 시에는 에어포일팬(익형팬)을 많이 선호하고, 80 mmaq 이하에는 시로코팬(다익형 팬)을 많이 사용한다.

(4) 방사형(Plate Fan, Self Cleaning, Radial형, 자기 청소형)

① 효율이나 소음 면에서는 다른 송풍기에 비해 좋지 못하다.
② 용도 : 분진의 누적이 심한 공장용 송풍기 등

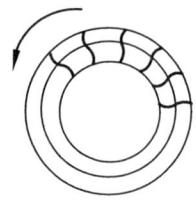
Limit Load Fan

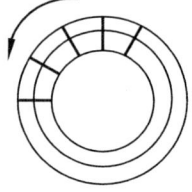
방사형

(5) 축류형(Axial Fan) : 공기를 임펠러의 축 방향과 같은 방향으로 이송시키는 송풍기로, 임펠러의 깃(Blade)은 익형으로 되어있다.

① 프로펠러 송풍기
  ㈎ 프로펠러 송풍기는 튜브가 없는 송풍기로 축류송풍기 중 가장 간단한 구조임.
  ㈏ 낮은 압력하에서 많은 공기량을 이송할 때 많이 사용함
  ㈐ 용도 : 실내환기용 및 냉각탑, 콘덴싱 유닛용 팬 등

② 튜브형 축류송풍기
  ㈎ 튜브형 축류송풍기는 임펠러가 튜브 안에 설치되어있는 송풍기
  ㈏ 용도 : 국소통풍이나 터널의 환기, 선박/지하실 등의 주 급배기용 등

③ 베인형 축류송풍기
  ㈎ 베인형 축류송풍기는 튜브형 축류송풍기에 베인(안내깃, Guide Vane)을 장착한 송풍기로, 베인을 제외하면 튜브형 축류송풍기와 동일함
  ㈏ 베인은 임펠러 후류의 선회유동을 방지하여줌으로써 튜브형 축류송풍기보다 효율이 높으며 더 높은 압력을 발생시킴.
  ㈐ 용도 : 튜브형 축류송풍기와 동일(국소통풍이나 터널의 환기 등)

(6) 관류형 팬(管流形- ; Tubular Fan)
날개가 후곡형으로 되어 원심력에 의해 빠져나간 공기가 다시 축 방향으로 유도되어나간 다(옥상용 환기팬으로 많이 사용).

(7) 횡류 팬(橫流-, 貫流- ; Cross Flow Fan)
① 날개가 전곡형으로 되어 효율이 좋다(에어컨 실내기, 팬코일 유닛, 에어커튼 등으로 많이 사용된다).
② 기체가 원통형 날개열을 횡단하여 흐르는 길이가 길고 지름이 작은 팬이다.

39-4 벨트 구동방식에 따른 분류

(1) 전동기 직결식 : 모터에 팬을 직결시켜 운전한다.

(2) **구동벨트 방식** : 벨트를 통해 모터의 구동력을 팬에 전달시켜 운전한다.

39-5 송풍기 특성곡선

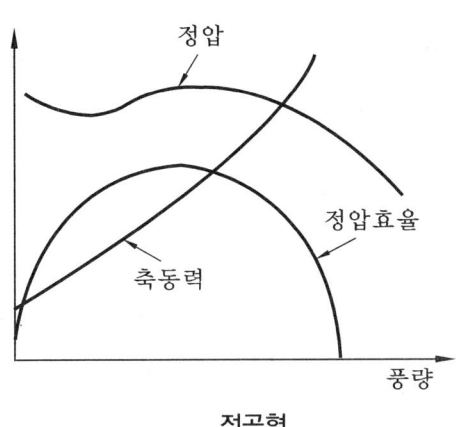

전곡형

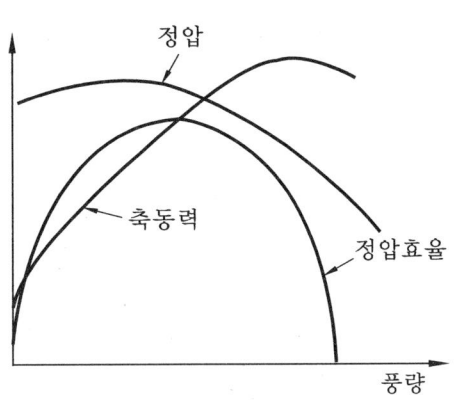

후곡형, Air Foil형, 방사형

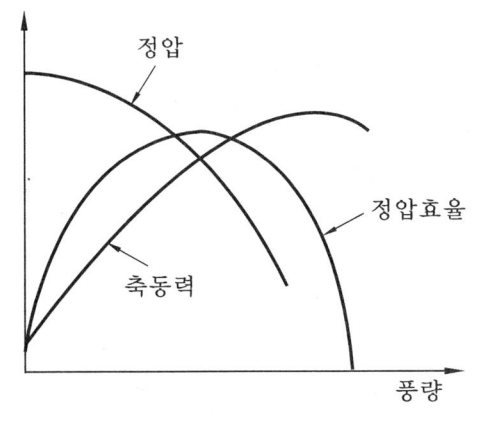

Limit Load Fan

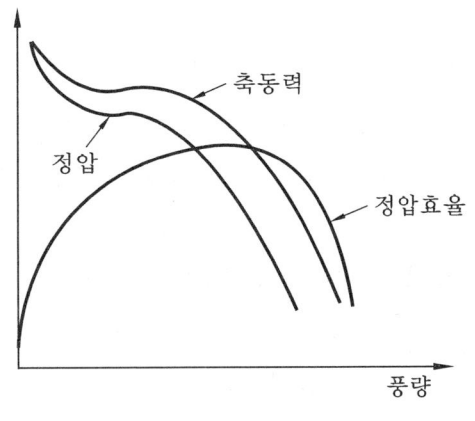

축류형

39-6 팬 선정 시 주의점

(1) 서징으로 인한 소음, 파손을 방지해야 한다.
  ① 우하향 특성이 있는 Limit Load Fan 사용
  ② 토출댐퍼 대신 흡입댐퍼 또는 흡입볼륨댐퍼로 용량 제어 등
(2) 무엇보다 필요 풍량 및 필요 기외정압에 부합하여야 한다.
(3) 타 공정과 크로스 체크(건축, 전기, 통신, 소방 등)를 해야 한다.
(4) 유량이 너무 적으면 Surging이 발생하기 쉽고, 유량이 너무 많으면 축동력이 과다해져

Overload를 초래하기 쉽다(Overload가 발생하면 과전류 유발, 송풍기의 정지 혹은 고장 등을 초래 가능).

> **핵심해설**
> **송풍기의 분류** : 흡입구 형상에 따라 편흡입과 양흡입, 압력에 따라 Fan/Blower/Air Compressor, 날개의 형상에 따라 전곡형/후곡형/익형(Limit Load Fan, Air Foil형)/방사형/축류형/관류형/횡류형, 벨트의 구동방식에 따라 전동기 직결식/구동벨트 방식 등으로 분류된다.

40. 송풍기의 풍량제어방법

40-1 토출댐퍼(스크롤댐퍼) 제어 (그림 1)

(1) 토출 측의 댐퍼를 조절하여 풍량을 제어하며, 토출압력이 상승한다.
(2) 풍량 감소 시 소비동력 절감효과가 가장 적게 나타나는 풍량제어 방식이다.

40-2 흡입댐퍼 제어 (그림 2)

(1) 흡입 측의 댐퍼를 조절하여 풍량을 제어하며, 토출압력이 하락한다.
(2) 토출댐퍼 대비하여 서징(Surging) 방지와 소비동력 절감에 유리하다.

40-3 흡입베인 제어 (그림 2)

(1) 토출압력 하락, 송풍기 흡입 측에 가동 흡입베인을 부착하여 베인의 각도를 조절(교축)하는 방법이다.
(2) '흡입댐퍼 제어'와 유사한 방법이나, 동력은 조금 더 절감된다.

40-4 가변피치 제어 (그림 3)

Blade의 각도를 변환시키며(축류송풍기에 주로 사용), 장치가 다소 복잡하다.

40-5 회전수 제어 (그림 4)

(1) 모터의 회전수 제어로 풍량을 제어한다(가장 성능 우수).
(2) 극수변환, Pulley직경 변환, SSR제어, 가변속 직류모터, 교류 정류자 모터, VVVF (Variable Voltage Variable Frequency) 등

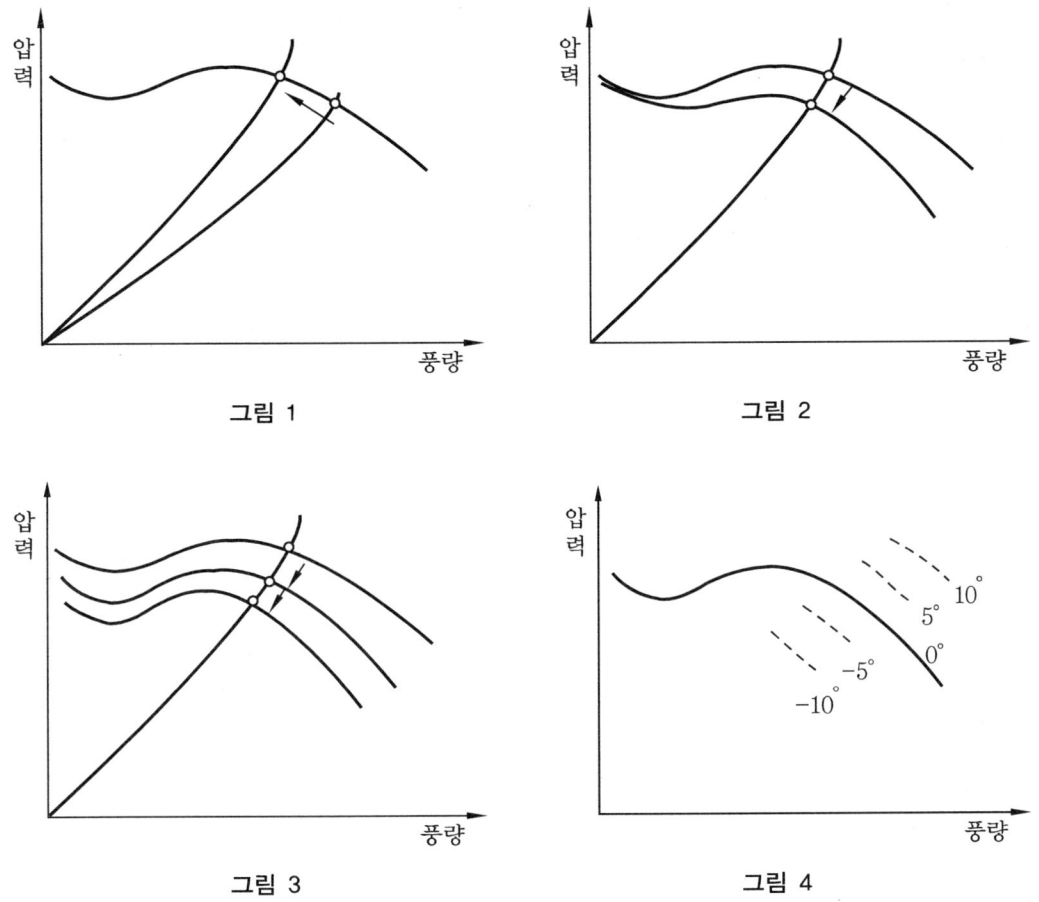

40-6 바이패스 제어 (Bypass Control)

바이패스 댐퍼를 열면, 토출압력이 줄어들어 토출 측 알짜 풍량(사용처로 보내지는 풍량)을 줄이는 제어를 할 수 있으나, 동력 절감에는 도움이 되지 않는다(다음 그림 참조).

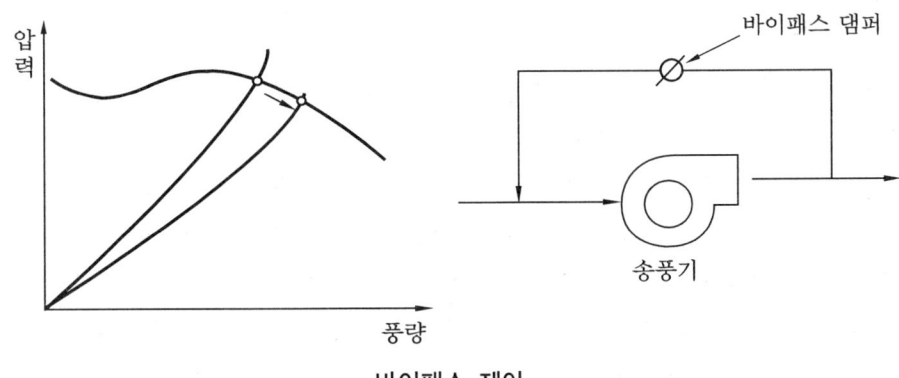

바이패스 제어

40-7 각 풍량 제어방식별 소요동력 비교

풍량 제어 시의 소요동력 측면으로 보면, 다음 그림과 같이 토출댐퍼 제어 및 스크롤댐퍼 제어가 가장 불리하고, 회전수 제어가 가장 유리하다.

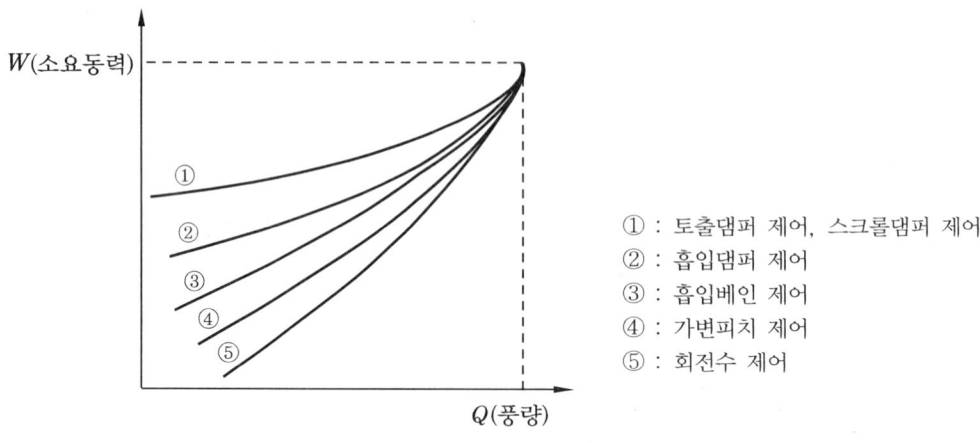

① : 토출댐퍼 제어, 스크롤댐퍼 제어
② : 흡입댐퍼 제어
③ : 흡입베인 제어
④ : 가변피치 제어
⑤ : 회전수 제어

송풍기의 풍량 제어방식별 소요동력 곡선

> **핵심해설**
> **송풍기의 풍량제어 방법** : 토출댐퍼(스크롤댐퍼) 제어, 흡입댐퍼 제어, 흡입베인 제어, 가변피치 제어, 회전수 제어(가장 효율 우수), 바이패스 제어 등이 있다.

41. 송풍기나 펌프의 서징현상

41-1 개요

(1) 기계를 저유량 영역에서 사용 시 유량과 압력이 주기적으로 변하며 불안정 운전상태로 되는 것을 '서징(Surging)'이라 한다.
(2) 큰 압력변동, 소음, 진동의 계속적 발생으로 장치나 배관이 파손되기 쉽다.
(3) 배관의 저항특성과 유체의 압송특성이 맞지 않을 때 주로 발생한다.
(4) 서징이란 자려운동[일정한 방향으로만 외력이 가해지고, 진동적인 여진력(勵振力)이 작용하지 않더라도 발생하는 진동, 대형사고 유발 가능]으로 인한 진동현상(외부의 가진이 전혀 없어도, 또는 가진 원인이 불분명한 상태에서 발생)을 말한다.

41-2 원인

(1) 양정 측 산고곡선의 상승부(왼쪽)에서 운전 시
(2) 한계치 이하의 유량으로 운전 시
(3) 한계치 이상의 토출 측 댐퍼 교축 시
(4) 펌프 1차 측의 배관 중 수조나 공기실이 있을 때(펌프)
(5) 수조나 공기실의 1차 측 밸브가 있고 그것으로 유량 조절 시(펌프)
(6) 임펠러를 가지는 펌프 사용 시
(7) 서징은 펌프에서는 잘 일어나지 않음(물이 비압축성 유체이기 때문).

41-3 현상

(1) 유량이 짧은 주기로 변화하여 마치 밀려왔다 물러가는 파도소리를 닮은 소리를 낸다.
 → '서징(Surging)'이라는 이름은 여기에서 유래되었다.
(2) 소음과 진동이 심하고 베어링이 마모되며 운전이 불안정하다.
(3) 블레이드의 파손 등이 있다.

41-4 송풍기의 서징 주파수(Hz)

서징 발생 시의 토출압력이나 유량이 변화하는 주파수를 말하며, 다음 식으로 근사치를 구할 수 있다.

$$f = \frac{a}{2\pi} \cdot \sqrt{\frac{S}{L \cdot V}}$$

a : 음속(m/s)
S : 팬의 송출구 면적(m^2)
L : 접속관의 길이(m) : 송풍기~덕트의 목 부분
V : 접속덕트의 용적(m^3)

41-5 서징 대책

(1) 송풍기의 경우
① 송풍기 특성곡선의 우측(우하향) 영역에서 운전되게 함
② 우하향 특성곡선의 팬(Limit Load Fan 등)을 채용함
③ 풍량조절 필요 시 가능하면 토출댐퍼 대신 흡입댐퍼를 채용함
④ 송풍기의 풍량 중 일부 풍량은 대기로 방출시킴(Bypass법)
⑤ 동익, 정익의 각도를 변화시킴

⑥ 조임 댐퍼를 송풍기에 근접해서 설치함
⑦ 회전차나 안내깃의 형상치수 변경 등 팬의 운전특성을 변화시킴

(2) 펌프의 경우

① 회전차, 안내깃의 각도를 가능한 한 적게 변경함
② 방출밸브와 무단변속기로 회전수(양수량) 변경함
③ 관로의 단면적, 유속, 저항을 변경(개선)함
④ 관로나 공기탱크의 잔류공기를 제어함
⑤ 서징을 발생하지 않는 특성을 갖는 펌프를 사용함
⑥ 성능곡선이 우하향 펌프를 사용함
⑦ 서징 존 범위 외에서 운전함
⑧ 유량조절 밸브는 펌프 출구에 설치함
⑨ 필요 시 바이패스 밸브를 사용함
⑩ 관경을 바꾸어 유속을 변화시킴
⑪ 배수량을 늘리거나 임펠러 회전수를 바꾸는 방식 등을 선정함(펌프의 운전 작동점을 변경)

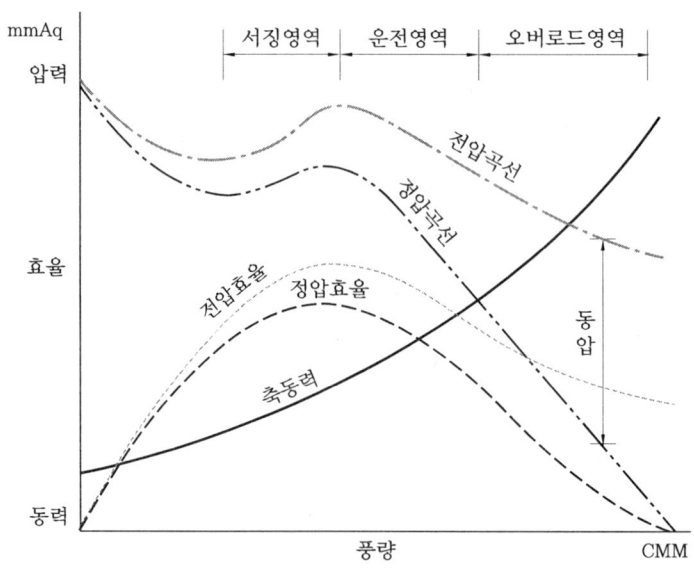

송풍기 특성 및 운전영역 구분

핵심해설

서징현상 : 서징은 송풍기 및 펌프에 공히 발생할 수 있고, 송풍기 서징은 기계를 최소유량 이하의 저유량 영역에서 사용 시 운전상태가 불안정해져서(소음/진동 수반) 주로 발생하며, 펌프에서의 서징은 펌프의 1차 측에 공기가 침투하거나 비등 발생 시 주로 나타난다(Cavitation 동반 가능).

42. 송풍기의 특성곡선과 직·병렬 운전

42-1 개요

(1) 송풍기 특성곡선은 해당 송풍기의 특성을 나타내는 것이며 개개의 기종에 따라 다르게 나타난다.
(2) 동일 종류 중에서도 날개(Impeller)의 크기, 압력비 등에 의해서 그 특성이 다르게 나타난다.

42-2 특성곡선의 구성

(1) 풍량이 어느 한계 이상이 되면 축동력이 급증하고 압력과 효율은 낮아지는 오버로드 현상이 있는 영역과, 송풍기 동작이 불안정한 서징(Surging) 현상이 있는 영역에서의 운전은 좋지 않다.
(2) 서징의 대책
① 시방 풍력이 많고, 실사용 풍량이 적을 때 바이패스 또는 방풍한다.
② 흡입댐퍼, 토출댐퍼, RPM으로 조정한다.
③ 축류식 송풍기는 동·정익의 각도를 조정한다.

42-3 송풍기의 직렬운전 방법 (용량이 동일한 경우)

(1) 압력을 승압할 목적으로 동일 특성의 송풍기 2대를 직렬로 연결하여 운전하는 경우에 해당하며, 2대 직렬운전 후의 특성은 어떤 풍량점에서의 압력을 2배로 하여 얻어진다.
(2) 특성곡선은 이와 같이 2배로 얻어지지만 단독운전의 송풍기에 1대 추가하여 직렬로 운전해도 실제의 압력은 2배가 되지 않는다. 그 이유는 관로저항이 2배가 되어 변하지 않고, 풍량은 증가되기 때문이다.
(3) 2대 운전하고 있는 장치의 1대를 정지한 경우, 작동점의 압력은 절반 이상이 된다.
(4) 압력이 높은 송풍기를 직렬로 연결한 경우, 1대째의 승압에 비해 2대째의 송풍기가 기계적 문제를 야기할 수 있음을 주의해야 한다.

42-4 송풍기의 병렬운전 방법 (용량이 동일한 경우)

(1) 동일 특성의 송풍기를 2대 이상 병렬로 연결하여 운전하는 경우에 해당하며, 이 경우 특성곡선은 풍량을 2배 하여 얻어지지만, 실제 두 대 운전 후의 작동점은 2배의 풍량으로

는 되지 않는다(압력도 다소 증가).
(2) 또한 병렬운동을 행하고 있는 송풍기 중 1대를 정지하여 단독운전을 해도 풍량은 절반 이상이 된다.
(3) 이 또한 관로저항의 증가, 시스템 압력의 증가 등에 기인한다.

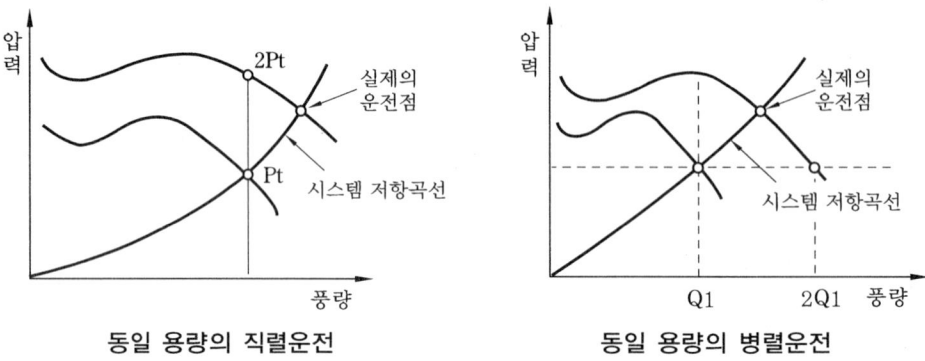

동일 용량의 직렬운전   동일 용량의 병렬운전

42-5 송풍기의 직렬운전 방법 (용량이 다른 경우)

(1) 다음 그림에서 보듯이, 합성운전점이 'a'일 경우 소용량 송풍기의 양정이 'b'가 되어 음의 양정이 되면 안 된다.
(2) 이 경우 소용량 송풍기는 오히려 시스템의 저항으로 작용한다.

42-6 송풍기의 병렬운전 방법 (용량이 다른 경우)

(1) 합성운전점 a의 양정이 소용량 펌프의 최고양정 b보다 낮은 경우에는 2대의 펌프로 공히 양수 가능하게 된다.
(2) 특성이 크게 다른 송풍기를 병렬운전하는 것은 운전이 불가능한 경우도 있으므로 피하는 편이 좋다.

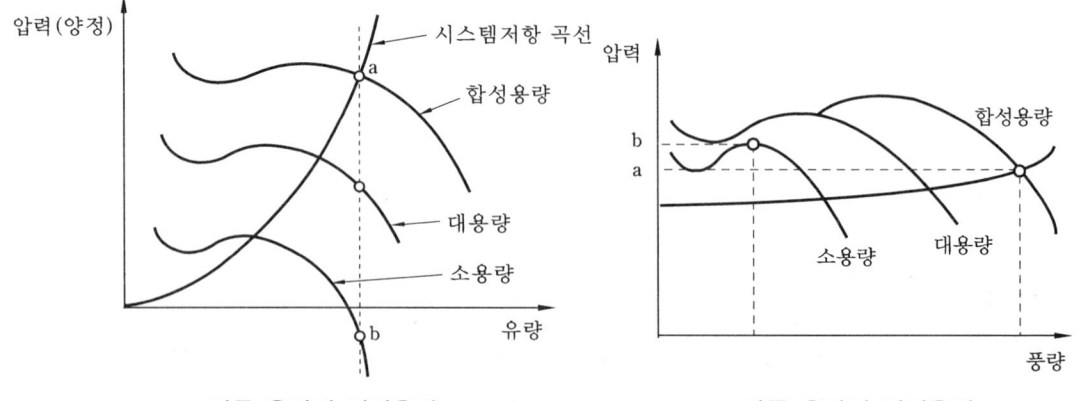

다른 용량의 직렬운전   다른 용량의 병렬운전

42-7 직·병렬운전의 용도

(1) 직렬운전
① 송풍기의 총 압력을 높이고자 할 때
② 송풍기 1대의 압력보다 소요압력이 높은 경우
③ Booster형식으로 저단/고단의 구분이 필요한 경우

(2) 병렬운전
① 송풍기의 풍량을 높이고자 할 때
② 송풍기 대수제어로 효율관리가 필요한 경우
③ 건물 반입상의 문제(크기 및 운반상 문제)
④ 송풍기 1대 고장 시 Back-up 운전이 필요한 경우

42-8 비교표

항 목	직렬운전	병렬운전
원리	공조용 저압송풍기를 직렬로 운전	2대 또는 그 이상의 동일성능의 송풍기를 병렬로 운전
특징	송풍기의 풍량이 동일한 경우, 송풍기 총압(總壓)은 각각의 송풍기의 총압을 합산한 것	동일 송풍기의 경우 그 특성곡선은 각 송풍기의 총압 또는 정압에 대한 각 송풍기의 풍량을 합산한 것
용도	• 소요압력이 1대에서 얻어지는 최대압력보다 높은 경우 • 송풍저항의 변화에 따라 저압 시에는 1대, 고압 시에는 2대를 부스터로서 사용하는 경우	• 송풍기의 높이가 너무 높아서 건물 내 반입이 어려운 경우 • 고장 시에도 어느 정도의 풍량이 꼭 확보되어야 하는 경우 • 송풍계의 저항이 송풍기정압에 비해 작고 소요풍량이 1대에서 얻을 수 있는 최대풍량보다 많을 때

핵심해설
송풍기에서 압력을 승압할 목적으로 송풍기 2대 이상을 직렬로 연결하여 운전하는 방법을 '직렬운전'이라 하고, 송풍기 2대 이상을 병렬로 연결하여 풍량을 증가시키고자 하는 방식을 '병렬운전'이라고 한다.

> **칼럼**
>
> 송풍기의 압력관계식
>
>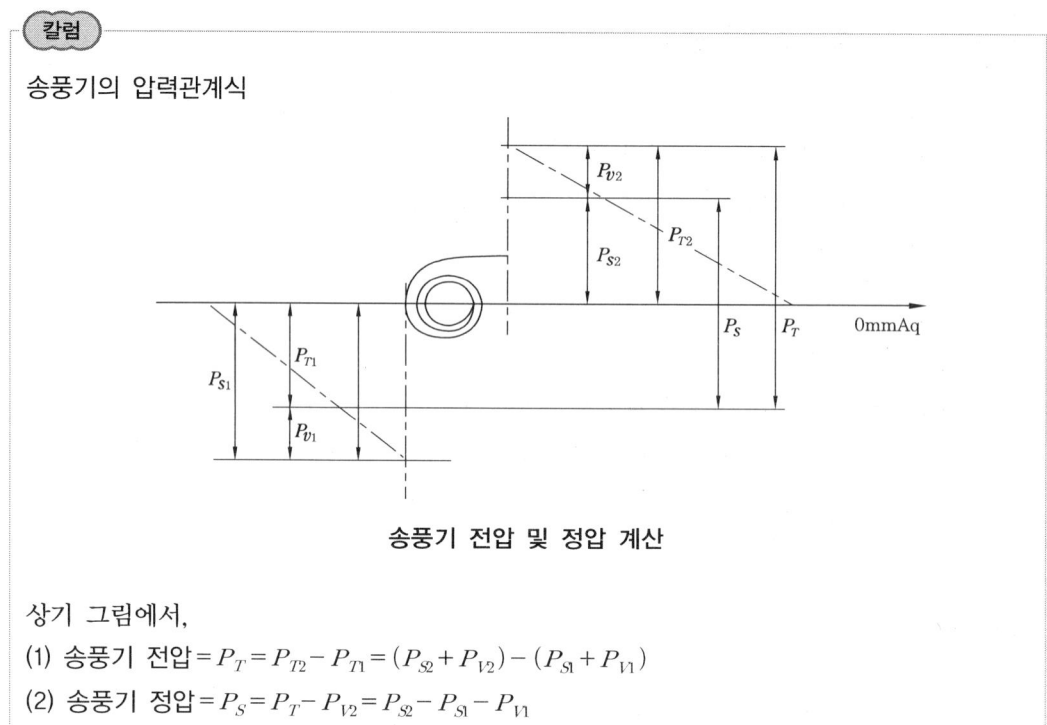
>
> 송풍기 전압 및 정압 계산
>
> 상기 그림에서,
> (1) 송풍기 전압 = $P_T = P_{T2} - P_{T1} = (P_{S2} + P_{V2}) - (P_{S1} + P_{V1})$
> (2) 송풍기 정압 = $P_S = P_T - P_{V2} = P_{S2} - P_{S1} - P_{V1}$

43. 송풍기 선정절차

43-1 개요

공조용, 산업용 및 기타 기체를 수송하는 송풍기의 선정은 송풍기 형식 결정, 송풍기 No(#) 결정, 송풍기 외형 결정, 전동기 선정 및 Pulley 직경 결정, 가대형식 결정 등의 순서로 진행한다.

43-2 송풍기 선정절차

(1) 송풍기 형식 결정
공기조화용 덕트에 의해 송풍량과 정압이 계산되면 송풍기 형식을 선정표에서 선정한다(비교회전수 Ns를 이용한 표).

(2) 송풍기 No(#) 결정 이론
① 원심송풍기No(#) = 회전날개지름(mm)/150(mm)

② 축류송풍기No(#) = 회전날개지름(mm)/100(mm)

(3) 송풍기 외형 결정
① 회전방향 : 시계 방향, 반시계 방향
② 기류방향 : 상, 하, 수평, 수직 선정

(4) 전동기 선정 및 Pulley 직경 결정
① 전동기출력(P; kW)

$$P = \frac{Q \cdot \Delta P}{\eta_t} \times \alpha$$

Q : 풍량(m^3/s)　　ΔP : 압력손실(kPa)　　η_t : 송풍기효율　　α : 여유율

② 송풍기와 전동기 Pulley 직경비율 : 8 : 1 이하(미끄럼 방지)

(5) 가대 형식
① 공통 가대 : 송풍기, 베어링유닛, 전동기 등을 함께 받치는 가대
② 단독 가대 : 송풍기, 베어링유닛, 전동기 등을 각기 받치는 단독 가대

43-3 송풍기 설치 시 고려사항

(1) 수평잡기, 방진, 가대 등에 주의하여 정숙한 운전이 되게 한다.
(2) 송풍기 Blade 형상별 회전방향, 토출방향 등을 맞춘다.
(3) 송풍량 조절을 고려하여 부분부하 시 에너지 절감을 유도한다.
(4) 기어, 풀리, V벨트 등을 이용하여 감속을 고려한다.

> **핵심해설**
> **송풍기 선정절차** : 덕트 설계에 의해 송풍량과 정압이 계산되면 송풍기 형식 선정(비교회전수 Ns 표 이용) → 송풍기 No(#) 결정 → 송풍기 외형 결정(회전방향, 기류방향 등) → 전동기 선정 및 Pulley 직경 결정 → 가대 형식 선정 등의 순이다.

44. 펌프(Pump)의 분류 및 특징

44-1 원심 펌프 (회전 펌프, 와권 펌프)

(1) 흡입구 형상에 따른 분류
① 편흡입 : 펌프의 어느 한쪽 면에서만 물을 흡입하여 압력을 가한 후 내보내는 형상

② 양흡입 : 펌프의 양측으로 물을 흡입하여 압력을 가한 후 내보내는 형상

(2) 안내깃/단수에 따른 분류
① 볼류트 펌프(Volute Pump) : 임펠러와 스파이럴 케이싱 사이에 안내깃(가이드베인) 없음, 보통 20 m 이하의 저양정에 주로 사용함
② 터빈 펌프(Turbine Pump) : 임펠러와 스파이럴 케이싱 사이에 안내깃(가이드베인) 있음, 보통 20 m 이상의 고양정에 주로 사용함

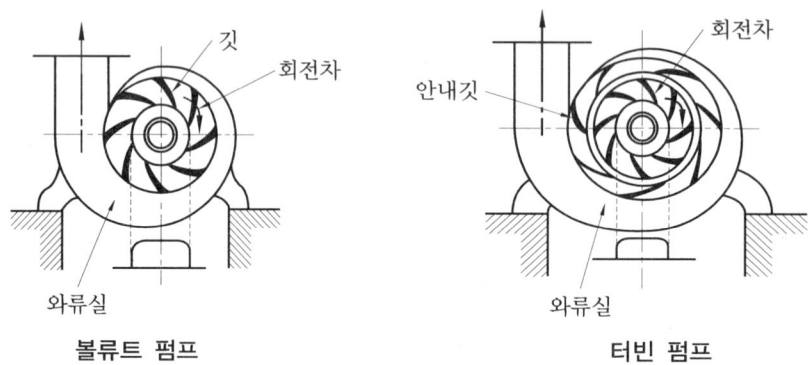

볼류트 펌프   터빈 펌프

(3) 단수(Stage)에 따른 분류
① 단단 펌프(Single Stage Pump) : 하나의 축에 회전차(임펠러)가 하나만 있는 펌프(보통 50 m 이하의 양정용)
② 다단 펌프(Multi Stage Pump) : 하나의 축에 여러 개의 임펠러를 부착하여 순차적으로 압력을 증가시키는 펌프(보통 50 m 이상의 초고양정용)

(4) 유체의 흐름방향에 따른 분류
① 축류 펌프 : 유체가 축방향으로 흐르게 함
② 반경류 펌프 : 유체가 반경방향으로 흐르게 함
③ 사류(혼류) 펌프 : 유체가 일정 경사방향으로 흐르게 함

칼럼

1. 일반적으로 양정이 낮은 곳에는 볼류트 펌프를 사용하며 양정이 높은 곳에는 터빈 펌프를 사용한다.
2. 안내날개(Guide Vane) : 회전차 출구의 흐름을 감속하여 속도에너지를 압력에너지로 변환시키는 역할을 한다.

44-2 왕복 펌프

수량조절이 어려우며, 주로 양수량이 적고 양정만이 클 때 적합, 송수압 변동이 심하고, 고속회전 시 용적효율이 저하된다.

(1) **피스톤 펌프(Piston Pump)** : 저압 급수용
(2) **버킷 펌프(Bucket Pump)** : 피스톤에 밸브가 설치된 것
(3) **플런저 펌프(Plunger Pump)** : 플런저를 왕복동시켜 실린더 내부의 물을 높은 압력으로 송출하며, 고압펌프로 수압이 높고(고압) 유량이 적은 곳에 주로 사용한다. 플런저는 피스톤이 봉 모양으로 된 것이 특징이다.
(4) **증기 직동펌프** : 발생 증기의 힘을 구동력(직동식)으로 회수하는 왕복동식 펌프, 증기 측 실린더와 물 측 실린더가 각각 1개씩인 것을 '단식 펌프(Simplex Pump, Weir Pump 등)'라 하고 증기 측 및 물 측 실린더가 각각 2개씩인 것을 '복식 펌프(Duplex Pump, Worthington Pump 등)'라 한다. 보일러 내의 급수 등에 활용한다.

44-3 특수 펌프

(1) **웨스코 펌프(마찰 펌프, Westco Pump)** : 임펠러 외륜에 이중 날개(Vane)를 절삭하여 유체가 Casing 내의 홈(Channel)에 따라 회전하여 고에너지를 가지고 토출구로 토출되는 펌프이다.
(2) **응축수 펌프** : 고압 보일러 급수용 펌프, 펌프와 응축수탱크가 일체로 되어있는 펌프이다.
(3) **인젝터 펌프(Injector Pump)** : 고압 보일러 급수용 펌프, 예비용(정전 대비용)으로 일부 적용한다.
(4) **심정 펌프**
  ① 보어홀 펌프
    ㈎ 7 m 이상 깊은 우물에 사용한다[전동기(모터)는 지상에 위치].
    ㈏ 긴 회전축으로 물속의 날개차를 회전시킨다.
    ㈐ 설치나 수리가 어려운 결점이 있다.
  ② 수중모터 펌프
    ㈎ 우물, 호수 등에 일반적으로 많이 사용한다.
    ㈏ 펌프 밑에 전동기를 직결/일체화하여 세로로 긴 용기 속에 넣은 형태이다.
    ㈐ 완전한 방수성 및 절연성을 가진 소형 단상전동기가 주로 사용된다.
  ③ 기포 펌프(에어 리프트 펌프) : 깊은 우물용(10 m 이상)으로 가동부위가 없다(구조가 간단)
  ④ 제트 펌프
    ㈎ 깊은 우물(25 m)이나 소화용 등에 많이 사용된다.

㈏ 노즐을 이용하여 고속으로 1차 유체를 분출시키고, 주변 2차 유체를 유인하여 디퓨저에서 감속 및 증압이 이루어지면서 확산/송출된다.

㈐ 효율은 낮은 편이지만, 구동부가 없어 부식성 유체나 고장이 쉬운 곳에 사용하기 편리하다.

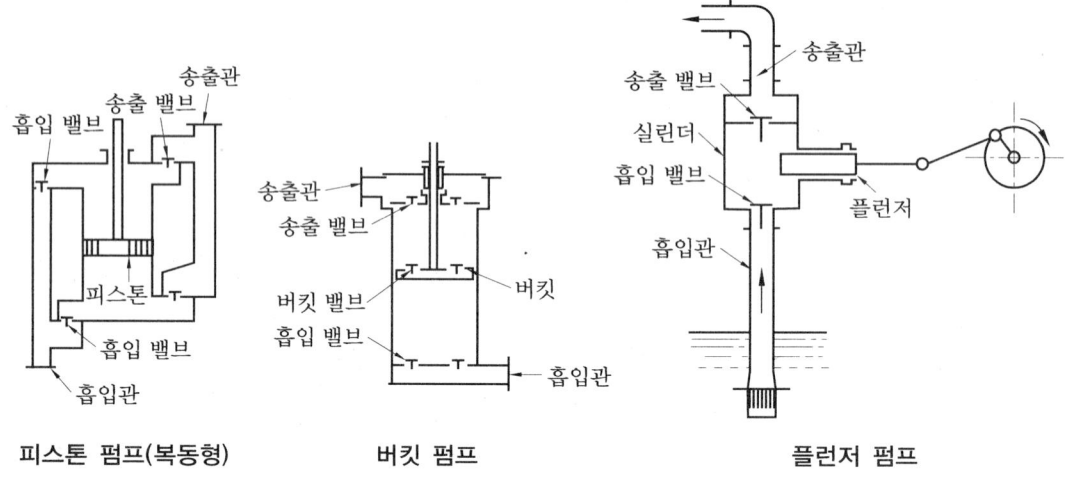

피스톤 펌프(복동형)　　　버킷 펌프　　　플런저 펌프

(5) 논클로그 펌프(특수회전 펌프)

① '오물 펌프(오수 펌프)'라고도 불린다.
② 1~3개 혹은 그 이상의 날개 사이의 공간이 특히 넓어 오물의 반송에도 거의 막히는 일이 적다(날개의 수가 적을수록 고형물이 많은 유체에 사용 가능).
③ 비교적 고형물이 많은 배수, 수세식변소, 제지 펄프액, 섬유고형물 함유 액체 등에도 사용 가능하다.

(6) 기어 펌프

① 기름 반송용 오일 펌프로 많이 사용된다.
② 두 개의 기어 사이에 고인 유체를 기어의 회전에 따라 배출하는 형태이다.
③ 기어의 물림구조에 따라 내측 기어 펌프와 외측 기어 펌프가 있다.

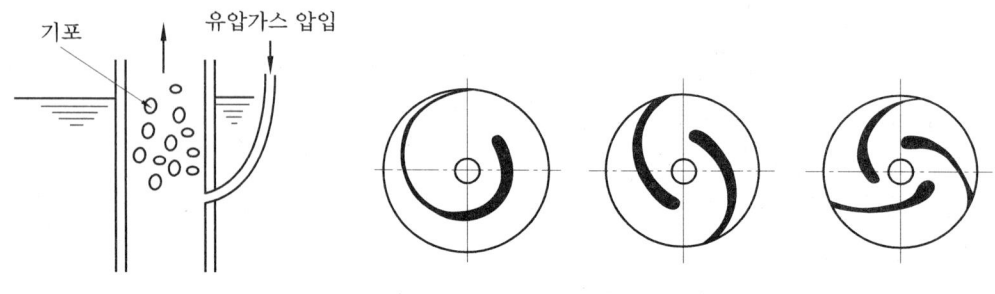

기포 펌프　　　논클로그 펌프(One Vane/Two Vanes/Three Vanes)

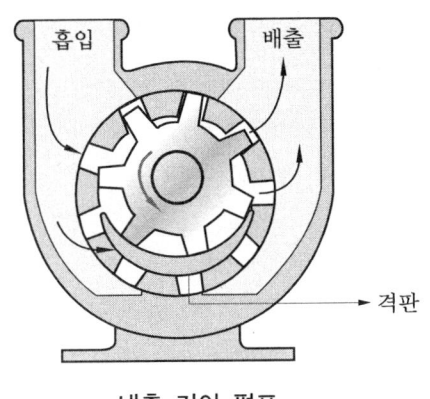
내측 기어 펌프

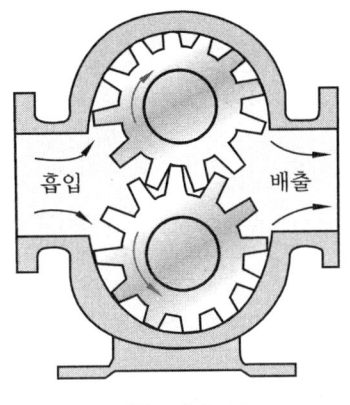
외측 기어 펌프

> **핵심해설**
> ★ 펌프의 분류는?
>   흡입구 형상에 따라 편흡입과 양흡입이 있고, 안내깃 유무에 따라 Volute Pump와 Turbine Pump, 직렬연결 단수에 따라 단단 펌프와 다단 펌프, 유체의 흐름방향에 따라 축류/반경류/사류, 기타 심정/왕복동/특수 펌프 등으로 나눌 수 있다.
> ★ 보일러용 펌프로는 주로 어떤 펌프를 사용하는가?
>   원심 펌프, 워싱톤 펌프, 응축수 펌프, 무동력 펌프(Injector : 정전 대비용) 등을 주로 사용한다.

45. NPSH(Net Positive Suction Head)

45-1 정의

(1) Cavitation이 일어나지 않는 흡입양정을 수주(水柱)로 표시한 것을 말하며, 펌프의 설치 상태 및 유체온도 등에 따라 다르다.
(2) 펌프 설비의 실제 NPSH는 펌프 필요 NPSH보다 커야 Cavitation이 일어나지 않는다.

45-2 이용 가능 유효흡입양정

$$NPSH_{av} \geq 1.3 NPSH_{re}$$

$NPSH_{re}$: 필요(요구) 유효흡입양정(회전차 입구 부근까지 유입되는 액체는 회전차에서 가압되기 전에 일시적으로 급격한 압력강하가 발생하는데, 이러한 압력강하에 해당하는 수두를 $NPSH_{re}$ 라고 한다. → 펌프마다의 고유한 값이며, 보통 펌프회사에서 제공된다.)
$NPSH_{av}$: 이용 가능한 유효흡입양정

45-3 계산식

$$H_{av} = \frac{P_a}{r} - \left(\frac{P_{vp}}{r} \pm H_a + H_{fs}\right)$$

H_{av} : 이용 가능 유효흡입양정(Available NPSH : m)
P_a : 흡수면 절대압력(N/m^2, kgf/m^2)
P_{vp} : 유체온도 상당포화증기 압력(N/m^2, kgf/m^2)
γ : 유체비중량(N/m^3, kgf/m^3)
H_a : 흡입양정[m, 흡상(+), 압입(−)]
H_{fs} : 흡입손실수두(m)

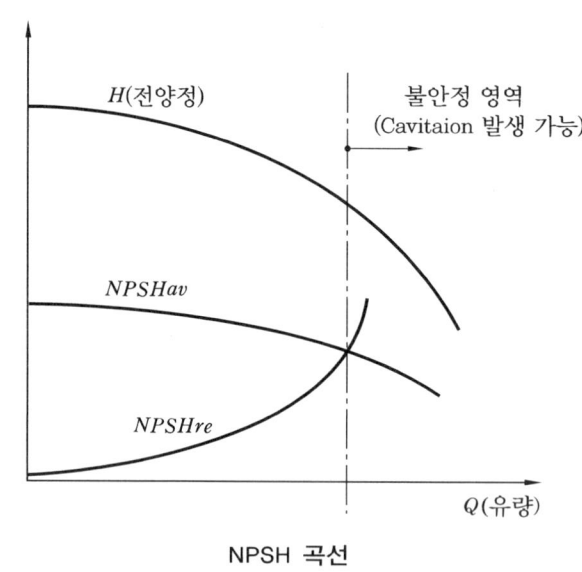

NPSH 곡선

핵심해설

★ NPSH(유효흡입양정)이란?

Cavitation이 일어나지 않는 유효흡입양정을 수주(水柱)로 표시한 것을 말하며, 보통 여유율을 고려하여 요구 흡입양정의 약 1.3배 이상으로 선정된다.

46. 펌프의 공동현상(Cavitation)

46-1 개요

(1) 펌프의 이론적 흡입양정은 10.332 m, 관마찰 등을 고려한 실질적인 양정은 6~7 m 정도이다.

(2) 캐비테이션은 펌프의 흡입양정이 6~7 m 초과할 때, 물이 비교적 고온일 때, 해발고도가 높을 때 잘 발생한다.
(3) 펌프는 액체를 빨아올리는 데 대기의 압력을 이용하여 펌프 내에서 진공을 만들고(저압부를 만듦) 빨아올린 액체를 높은 곳에 밀어 올리는 기계이다.
(4) 만일 펌프 내부 어느 곳에든지 그 액체가 기화되는 압력까지 압력이 저하되는 부분이 발생되면 그 액체는 기화되어 기포를 발생하고 액체 속에 공동(기체의 거품)이 생기게 되는데 이를 '캐비테이션'이라 하며, 임펠러(Impeller) 입구의 가장 가까운 날개표면에서 압력은 크게 떨어진다.
(5) 이 공동현상은 압력의 강하로 물속에 포함된 공기나 다른 기체가 물에서부터 유리되어 생기는 것으로 이것이 소음, 진동, 부식의 원인이 되어 재료에 치명적인 손상을 입힌다.

46-2 발생 메커니즘(Mechanism)

(1) **1단계** : 흡입 측의 양정 과다, 수온 상승 등 여러 요인으로 인하여 압력강하가 심할 경우 증발 및 기포가 발생한다.
(2) **2단계** : 이 기포는 결국 펌프의 출구 쪽으로 넘어간다.
(3) **3단계** : 출구 측에서 압력의 급상승으로 기포가 갑자기 사라진다.
(4) **4단계** : 이 순간 급격한 진동, 소음, 관 부식 등이 발생한다.

46-3 캐비테이션(Cavitation)의 발생조건(원인)

(1) 흡입양정이 클 경우
(2) 액체의 온도가 높을 경우 혹은 포화증기압 이하로 된 경우
(3) 날개차의 원주속도가 빠를 경우(임펠러가 고속)
(4) 날개차의 모양이 적당하지 않을 경우
(5) 휘발성 유체인 경우
(6) 대기압이 낮은 경우(해발이 높은 고지역)
(7) 소용량 흡입펌프 사용 시(양흡입형으로 변경 필요)

46-4 캐비테이션 방지법

(1) 흡수 실양정을 될 수 있는 한 작게 한다.
(2) 흡수관의 손실수두를 작게 한다(즉, 흡수관의 관경을 펌프 구경보다 큰 것을 사용하며, 관내면의 액체에 대한 마찰저항이 보다 작은 파이프를 사용하는 것이 좋다).

(3) 흡수관 배관은 가능한 한 간단히 한다. 휨을 적게 하고 엘보(Elbow) 대신에 벤드(Bend)를 사용하며, 밸브는 슬루스 밸브(Sluice Valve)를 사용한다.
(4) 스트레이너(Strainer)는 통수면적으로 크게 한다.
(5) 계획 이상의 토출량을 내지 않도록 한다. 양수량을 감소하며, 규정 이상으로 회전수를 높이지 않도록 주의하여야 한다.
(6) 양정에 필요 이상의 여유를 계산하지 않는다.
(7) 흡입배관 측 유속은 가능한 한 1 m/s 이하로 하며, 흡입수위를 정(+)압 상태로 하되 불가피한 경우 직선 단독거리를 펌프유효흡입수두보다 1.3배 이상 유지한다(즉, $NPSH_{av} \geq 1.3 \times NPSH_{re}$가 되도록 한다).
(8) 펌프의 설치위치를 가능한 한 낮게 하고, 흡입손실수두를 최소로 하기 위하여 흡입관을 가능한 한 짧게 하며, 관내 유속을 작게 하여 $NPSH_{av}$를 충분히 크게 한다.
(9) 횡축 또는 사축인 펌프에서 회전차입구의 직경이 큰 경우에는 캐비테이션의 발생 위치와 NPSH 계산위치상의 기준면과의 차이를 보정하여야 하므로 $NPSH_{av}$에서 흡입배관직경의 1/2을 공제한 값으로 계산한다.
(10) 흡입수조의 형상과 치수는 흐름에 과도한 편류 또는 와류가 생기지 않도록 계획하여야 한다.
(11) 편흡입 펌프로 $NPSH_{re}$가 만족되지 않는 경우에는 양흡입 펌프로 하는 경우도 있다.
(12) 대용량펌프 또는 흡상이 불가능한 펌프는 흡수면보다 펌프를 낮게 설치하거나 압축펌프로 선택하여 회전차의 위치를 낮게 하고, Booster 펌프를 이용하여 흡입조건을 개선한다.
(13) 펌프의 흡입 측 밸브에서는 절대로 유량조절을 해서는 안 된다.
(14) 펌프의 전양정에 과대한 여유를 주면 사용 상태에서는 시방양정보다 낮은 과대 토출량의 범위에서 운전되게 되어 캐비테이션 성능이 나쁜 점에서 운전되게 되므로, 전양정의 결정은 실제에 적합하도록 계획한다.
(15) 계획토출량보다 현저하게 벗어나는 범위에서의 운전은 피해야 한다. 양정 변화가 큰 경우에는 저양정 영역에서의 $NPSH_{re}$가 크게 되므로 캐비테이션에 주의하여야 한다.
(16) 외적 조건으로 보아 도저히 캐비테이션을 피할 수 없을 때에는 임펠러의 재질을 캐비테이션 괴식에 강한 재질을 택한다.
(17) 이미 캐비테이션이 생긴 펌프에 대해서는 소량의 공기를 흡입 측에 넣어서 소음과 진동을 적게 할 수도 있다.

> **핵심해설**
>
> **공동현상(Cavitation) 발생 메커니즘** : 펌프의 흡입 측에 양정 과다, 수온 상승 등의 요인이 발생하면 압력강하로 인하여 기포가 발생하게 되고, 이 기포는 결국 펌프의 출구 쪽으로 넘어간 후, 출구 측의 압력 급상승으로 인하여 기포가 갑자기 사라지면서 순간 급격한 진동, 소음 등을 발생시키는 현상을 말한다.

47. 수격현상(Water Hammering)

47-1 개요

(1) 관내 유속변화와 압력변화의 급격한 현상을 '수격현상(워터해머)'이라 하고, 밸브 급폐쇄, 펌프 급정지, 체크밸브 급폐 시 유속의 14배 이상의 충격파가 발생되어 관이 파손되거나, 주변에 소음 및 진동을 발생시킬 수 있다.

(2) Flush 밸브나 One Touch 수전류의 경우 기구 주위에 Air Chamber를 설치하여 수격현상을 방지하는 것이 좋고, 펌프의 경우에는 스모렌스키 체크밸브나 수격방지기(벨로즈형, 에어백형 등)를 설치하여 수격현상을 방지해야 한다.

47-2 정의

수관로상 밸브류의 급폐쇄, 급시동, 급정지 등 발생 시 유체의 유속과 압력이 급변하면서 소음/진동 등을 유발하는 현상이다.

47-3 원인

(1) 유속의 급정지 시 충격압에 의해 발생
　① 밸브의 급개폐
　② 펌프의 급정지
　③ 수전의 급개폐
　④ 체크밸브의 급속한 역류 차단
(2) 관경이 적을 때
(3) 수압 과대, 유속이 클 때
(4) 밸브의 급조작 시(급속한 유량제어 시)
(5) 플러시 밸브, 콕 사용 시
(6) 20 m 이상 고양정에서
(7) 감압밸브 미사용 시

47-4 방지책

(1) 밸브류의 급폐쇄, 급시동, 급정지 등을 방지한다.

(2) 관지름을 크게 하여 유속을 저하시킨다.
(3) **플라이 휠(Fly Wheel)을 부착하여 유속의 급변 방지** : 관성(Fly Wheel)을 이용한다.
(4) 펌프 토출구에 바이패스 밸브(도피 밸브 등)를 달아 적절히 조절한다.
(5) 기구류 가까이에 공기실(에어챔버 ; Water Hammer Cushion, Surge Tank)을 설치한다.
(6) **체크밸브 사용하여 역류 방지** : 역류 시 수격작용을 완화하는 스모렌스키 체크밸브를 설치한다.
(7) 급수배관의 횡주관에 굴곡부가 생기지 않도록 직선배관으로 한다.
(8) '수격방지기(벨로즈형, 에어백형 등)'를 설치하여 수격현상을 방지한다.
(9) **수격방지기의 설치위치**
   ① 펌프에 설치 시에는 토출관 상단에 설치한다.
   ② 스프링클러에 설치 시에는 배관 관말부에 설치한다.
   ③ 위생기구에 설치 시에는 말단 기구 앞에 설치한다.
(10) 전자밸브보다는 전동밸브를 설치한다.
(11) 펌프 송출 측을 수평배관을 통해 입상한다(상향공급방식).

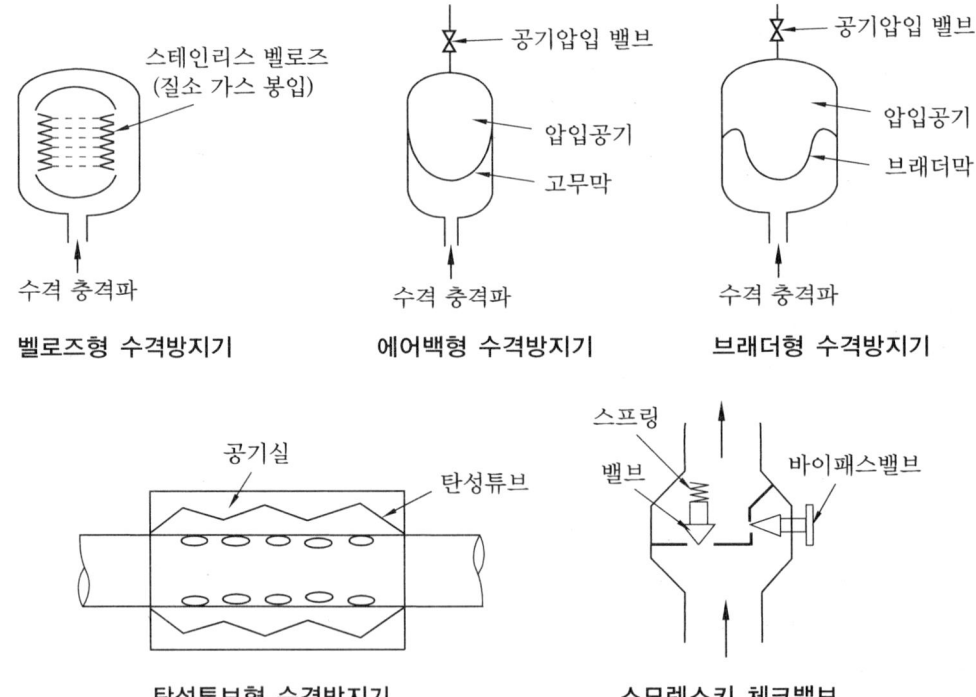

핵심해설
수격방지기는 비압축성인 물의 충격파를 흡수하기 위하여 공기 또는 질소 주머니 등을 내장한 완충기구의 일종이다.

> **Quiz** 수격작용에 의한 충격압력(상승압력) 계산방법은?
>
> $$Pr = \gamma \cdot a \cdot V$$
>
> Pr : 상승압력(Pascal) γ : 유체의 밀도(물 1,000 kg/m³)
> a : 압력파 전파속도(물 1,200~1,500 m/s 평균) V : 유속(m/s) : 관내유속은 1~2 m/s로 제한

48. 펌프의 직렬 및 병렬운전특성

48-1 용도

(1) 실양정 및 관로 저항의 변동이 광범위한 시스템의 경우 2대의 펌프를 조합시켜 병렬, 직렬 변환운전한다.
(2) **펌프의 직렬운전** : 유량보다 펌프양정 늘리고 싶을 때 사용
(3) **펌프의 병렬운전** : 양정보다 펌프유량 늘리고 싶을 때 사용
(4) 동일특성운전과 다른 특성운전 2가지가 있다.
(5) 동일 특성 펌프의 직렬, 병렬운전 시 양정, 유량이 2배가 되지 못하고 적은 것은 배관저항 때문이며, 설계 시 특히 병렬운전의 단독운전 시 과부하가 발생하지 않는 전동기를 사용한다.
(6) **운전특성개요도** : 유량(횡축), 저항(종축), 저항곡선(R선도), 펌프운전곡선

48-2 특성곡선

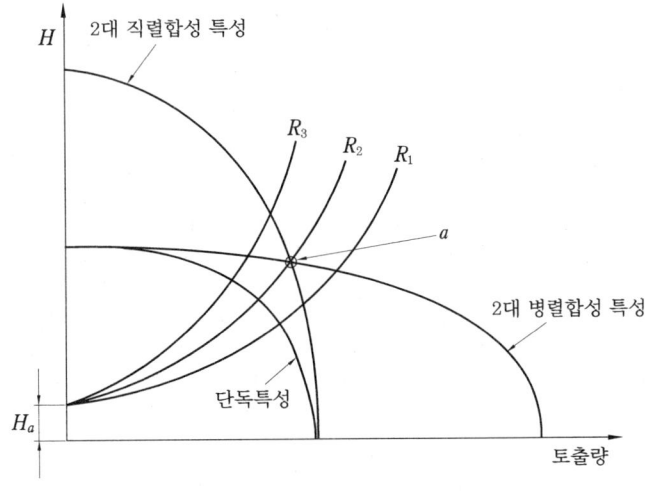

(1) **병렬, 직렬운전의 선정 조건** → 저항곡선의 양상에 따라 결정
(2) **병렬, 직렬운전의 한계점** → 병렬, 직렬 연합특성의 교점 a
(3) **병렬운전이 유리한 경우** → 저항곡선이 R_2보다 낮은 R_1과 같은 경우
(4) **직렬운전이 유리한 경우** → 저항곡선이 R_2보다 높은 R_3와 같은 경우

> **핵심해설**
> ★ 펌프의 연결방법에는 유량보다 펌프양정을 늘리고 싶을 때 사용하는 직렬운전과 양정보다 펌프유량을 늘리고 싶을 때 사용하는 병렬운전이 있다. 단, 동일 종류의 펌프의 직렬 혹은 병렬운전 시 양정이나 유량이 2배가 되지 못하는 것은 배관저항 등 때문이다.
> ★ 송풍기에서의 직·병렬운전과 기술원리는 동일하다.

49. 펌프의 특성곡선과 비속도

49-1 개요

(1) '펌프의 특성곡선'이란 배출량을 가로축으로 하여 양정, 축마력과 효율을 세로축으로 하여 그린 곡선으로서, 펌프의 특성을 한눈에 알아볼 수 있도록 한 것이다.
(2) 펌프는 최고 효율에서 작동할 때 가장 경제적이고, 펌프의 수명을 길게 할 수 있다.

49-2 펌프의 특성곡선

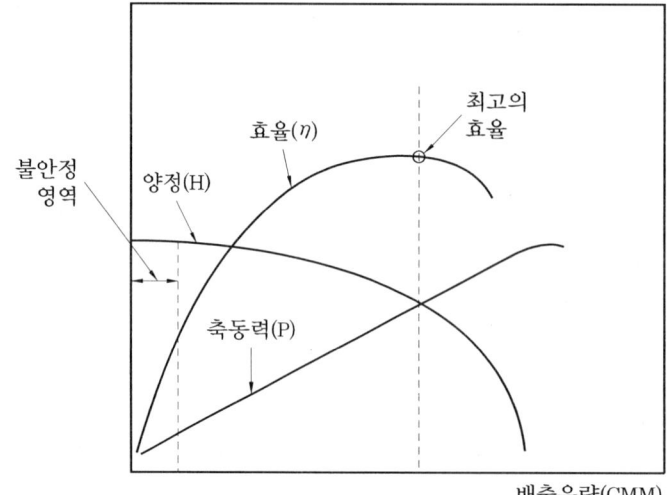

※ 운전범위
1. 토출량 대(大)
   →전양정 감소
2. 토출량 소(小)
   →전양정 증가
3. 토출량 0(Zero)
   →유효일 0
   (열로 낭비, 과열 현상 발생)
4. 최고효율점(설계점)
   운전이 합리적임

49-3 토출량 대(大)와 토출량 소(小)일 경우의 영향과 대책

(1) 토출량 대(大) → 전양정 감소
① 영향 : 배관 내 유량 증가, 과부하 초래, 축동력 증가, 원동기의 과열 초래, 전원 측으로부터 과도한 전류(혹은 전압)가 인입된다.
② 대책 : 유량의 적절한 제어(감소시킴), 배관상 유량제어 밸브를 설치하고 적절히 조절함(유량을 줄임), 인버터의 경우 회전수 제어(회전수 증가), 허용 전압 및 전류에 대한 제어, 펌프의 재선정(비교회전수가 큰 펌프로 선정)

(2) 토출량 소(小) → 전양정 증가
① 영향 : 배관 내 유량 감소, 축동력 감소, 원동기의 과열 초래, 서징 등의 불안정 영역 돌입 가능, 전원 측으로부터 허용치 이하의 전류(혹은 전압)가 인입된다.
② 대책 : 유량의 적절한 제어(증가시킴), 배관상 유량제어 밸브를 설치하고 적절히 조절함(유량을 늘림), 인버터의 경우 회전수 제어(회전수 증가), 허용 전압 및 전류에 대한 제어, 펌프의 재선정(비교회전수가 적은 펌프로 선정)

49-4 펌프의 비속도(Specific Speed) : 송풍기에서도 동일 개념

(1) 펌프의 특성에 대한 연구나 설계를 할 때에는 펌프의 형식, 구조, 성능(전양정, 배출량 및 회전속도)을 일정한 표준으로 고쳐서 비교 검토해야 한다. 보통 그 표준으로는 비속도(비교회전수)가 사용된다.
(2) 회전차의 형태에 따라 펌프의 크기에 무관하게 일정한 특성을 가진다(상사법칙 적용 가능).
(3) '비속도'라 함은 한 펌프와 기하학적으로 상사인 다른 하나의 펌프가 전양정 $H = 1\,\text{m}$, 배출량 $Q = 1\,\text{m}^3/\text{min}$으로 운전될 때의 회전속도 N_s를 말하며 다음 식으로 나타낸다.
(4) 계산식(비교회전수 ; N_s)

$$N_s = N\frac{Q^{1/2}}{H^{3/4}}$$

Q : 수량(CMM ; m^3/min) H : 양정(m)

(5) 상기 식에서 배출량 Q는 양쪽 흡입일 때에는 $Q/2$로 하고, 전양정 H는 다단 펌프일 때에는 1단에 대한 양정을 적용한다. 따라서 비속도 N_s는 펌프의 크기와는 관계가 없으며, 날개차의 모양에 따라 변하는 값이다.
(6) 기타의 특징
① 펌프가 대유량/저양정이면 비속도는 빨라지고 소유량/고양정이면 비속도는 줄어든다.

② 터빈 펌프 < 볼류트 펌프 < 사류 펌프 < 축류 펌프 순으로 비교회전수는 증가하지만 양정은 감소된다.
③ 비교회전도가 작은 펌프(터빈 펌프)는 양수량이 변해도 양정의 변화가 적다.
④ 최고 양정의 증가 비율은 비교회전도가 증가함에 따라 크게 된다.
⑤ 비교회전도가 작은 펌프는 유량변화가 큰 용도에 적합하다.
⑥ 비교회전도가 큰 펌프는 양정변화가 큰 용도에 적합하다.
⑦ 비교회전도가 지나치게 크거나 작게 되면 효율변화의 비율이 높다(효율이 급격하게 나빠진다).

핵심해설

★ 펌프의 특성곡선은 유량(배출량)을 가로축으로 하고, 세로축에 양정, 축마력과 효율 등을 표현한 곡선이다.
★ 펌프의 비속도는 상사법칙을 이용하여 펌프의 성능을 동일한 조건에서 비교하기 위한 기준 회전수이다.

50. 보일러의 종류별 특징

50-1 주철제 보일러(Cast Iron Sectional Boiler ; 조합보일러)

(1) 보통 증기보일러에는 최고 사용압력의 1.5~3배의 눈금을 가진 압력계를, 온수보일러에는 최고 사용압력의 1.5배의 눈금을 가진 압력계를 사용해야 한다.
(2) **사용압력** : 보통 저압증기의 경우 100 kPa 이하, 온수의 경우 300 kPa(수두 30 m) 이하로 한다.

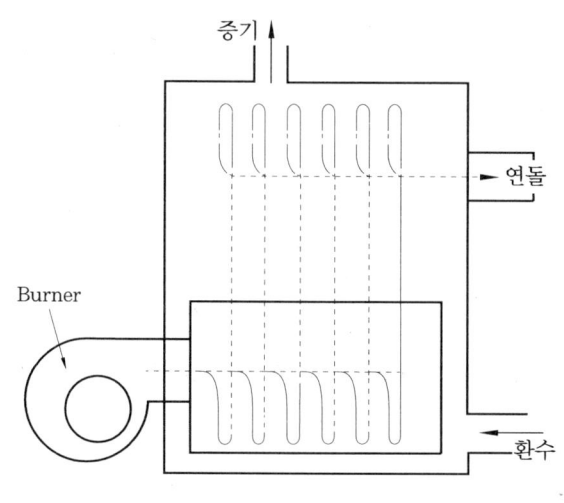

주철제 보일러

(3) 특징

① 내식성이 우수하고 수명이 길며 경제적이다.
② 현장조립이 간단하고 분할반입이 용이하다.
③ 용량의 증감이 용이하고 가격이 싸다.
④ 내압, 충격에 약하고 대용량, 고압에 부적당하다.
⑤ 구조가 복잡하여 청소, 검사, 수리가 어렵다.
⑥ 저압증기용으로 소규모 건축물에 주로 사용된다.
⑦ 열에 의한 부동팽창으로 균열이 발생되기 쉽다.
⑧ 고압에 대한 우려 때문에 주로 저용량으로 사용된다.

50-2 강판제 보일러 (Steel Boiler)

(1) 입형 보일러(Vertical Type Boiler, 수직형 보일러)

① 소규모의 패키지형으로, 일반 가정용 등으로 사용된다(수직으로 세운 드럼 내에 연관 설치).
② 증기의 경우 50 kPa, 온수의 경우 300 kPa 이하에 주로 사용한다.

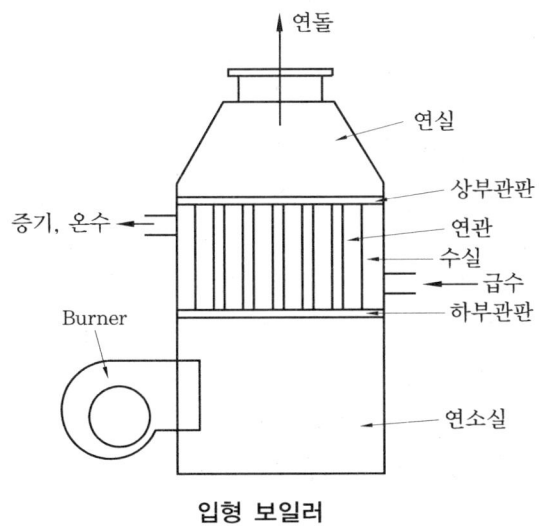

입형 보일러

(2) 노통연관식 보일러(Flue and Smoke Tube Boiler, Fire Tube Boiler, Smoke Tube Packaged Boiler) : 노통보일러(보일러 몸체 내부에 한두 개의 노통을 설치, 내압강도가 약하고 전열면적이 좁음) + 연관보일러(파이프 내로 연소가스를 통과시켜 파이프 밖의 물을 가열하는 방식)

① 보유수량이 많아 부하변동에도 안전하고, 급수조절이 용이하며, 급수처리가 비교적 간단하다.
② 열손실이 적고 설치면적이 좁다.
③ 수관식보다 제작비가 저렴하다.
④ 설치가 간단하고 전열면적이 넓으나, 수명이 짧고 고가이다.
⑤ 대용량에 적합하지 않고(소용량), 스케일 생성이 빠르다.
⑥ 압력은 500~700 kPa로 학교, 사무실, 중대규모 아파트 등에 사용한다.
⑦ 청소가 용이하다.

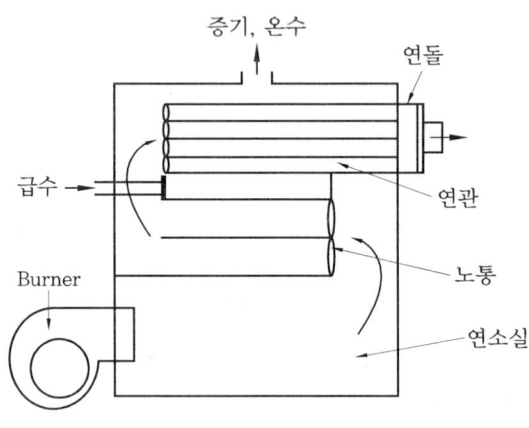

노통연관식 보일러

(3) 수관식 보일러(Water Tube Boiler)
① 드럼 내 수관을 설치하여 복사열을 전달하는 방식으로, 가동시간이 짧고 효율이 좋으나 비싸다.
② 전열면적이 넓고 온수, 증기 발생이 쉽고 빠르다.
③ 고도의 물처리가 필요하다(스케일 방지).
④ 구조가 복잡하여 청소, 검사 등이 어렵다.
⑤ 부하변동에 따라 압력변화가 크다.
⑥ 압력은 1 MPa 이상으로 고압, 대용량에 적합하다.
⑦ 설치면적이 넓고, 가격(초기투자비)이 비싸다.

(4) 관류식 보일러(Through Flow Boiler, 증기 발생기) : 수관식 보일러와 유사하나 드럼실(수실)이 없는 것이 특징이다.
① 관내로 순환하는 물이 예열, 증발, 과열하면서 증기가 발생한다.
② 보유수량이 적어 시동시간이 짧다(증발속도가 빠르다).
③ 급수 수질 처리에 주의해야 한다(수처리가 복잡).

④ 소음이 큰 편이다.
⑤ 고압 중대용량에 적합한 형태이다.
⑥ 설치면적이 좁다.
⑦ 부하변동에 따른 압력 변화가 크므로 자동제어가 필요하다.
⑧ 가격이 고가이다(초기투자비 증가).
⑨ 스케일이 생성되므로 정기적인 Blow Down이 필요하다.

(5) 소형관류 보일러(Small-type Multi Once-through Boiler)
① 관류보일러 중에서 최고사용압력이 1.0 MPa 이하, 전열면적 10 m² 이하의 증기보일러를 말한다.
② 특징
  ㈎ 안전성 : 관헤더 사이가 수관으로 구성되고 전열면적당 보유수량이 적으므로 폭발에 대해 안전하다.
  ㈏ 고효율 : 보통 이코노마이저(급수가열) 채용으로 보일러 효율은 95% 이상이다.
  ㈐ 설치면적 : 고성능에서도 콤팩트하므로 설치면적이 좁다.
  ㈑ 용량제어 : 복수대를 설치하여 부하변동에 따라 대수제어를 하므로 부분부하운전을 고효율로 할 수 있고, 보일러 운전 시 퍼지 손실을 줄일 수 있다.
  ㈒ 경제성 : 공장에서 대량생산으로 가격이 저렴하고 원격제어 등 자동제어의 채택으로 운전관리가 용이하다.

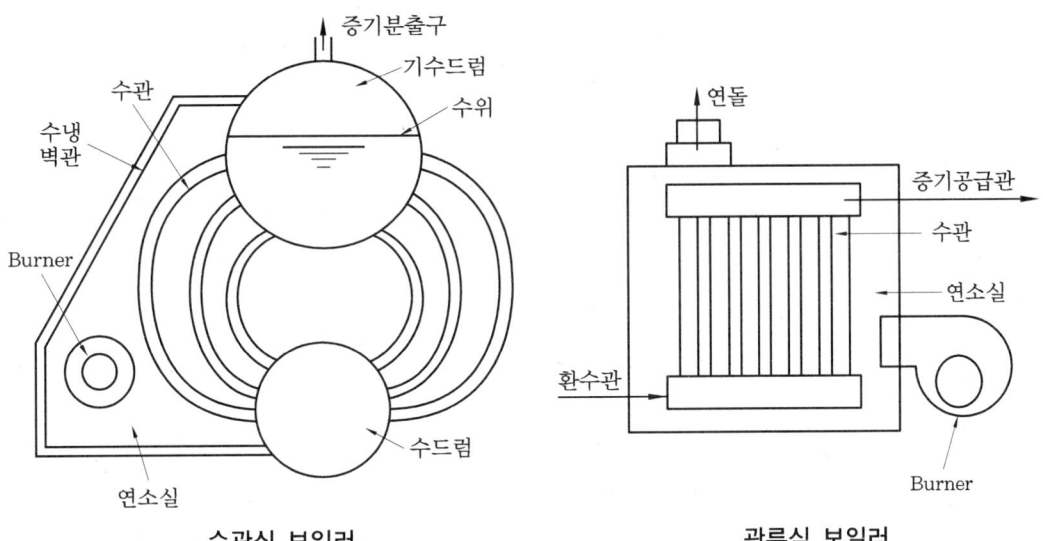

수관식 보일러   관류식 보일러

50-3 진공식 온수보일러(Vacuum Hot Water Boiler)

(1) 원리

① 진공식 온수보일러는 진공상태(150~450 mmHg)의 용기에 충전된 열매수를 가열하여 발생된 증기를 이용하여 열교환기 내에서 온수(100℃ 이하)를 발생시키는 일종의 온수보일러이다.

② 즉 진공식 온수보일러는 100℃ 이하의 감압증기의 응축열을 이용한 것으로 일종의 'Heat Pipe'라고 말할 수 있다.

③ 난방 및 급탕수는 버너에 의해 직접 가열되는 것이 아니라, 진공으로 감압되어있는 보일러 관내에 봉입된 열매수를 버너로 가열하며, 그것에 의해 발생된 감압증기(100℃ 이하의 증기)에 의하여 난방 및 급탕수를 간접 가열하는 구조로 되어있다.

④ 보일러 관내에서 발생된 감압증기는 감압증기실에 설치된 열교환기의 표면에 도달하여, 여기서 응축열전달에 의해 열교환기의 파이프 속을 흐르는 난방용과 급탕용의 온수에 열을 주고, 물방울로 응축되어 중력에 의해 다시 열매수로 되돌아온다.

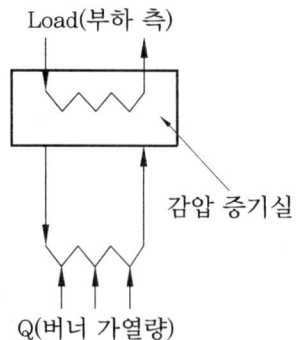

(2) 특징

① 안정성 높음 : 보일러 관내는 항상 대기압보다 낮은 진공을 유지하고 있어 팽창, 파열, 파손의 위험성이 없다.

② 관내 수량 변화 없음 : 감압증기실 내에서 열매수 → 감압증기 → 열교환 → 응축 → 열매수의 사이클을 반복하므로 열매수의 감량이 없으며, 따라서 열매수의 추가량도 필요 없다.

③ 검사가 필요 없고, 간단한 운전 조절 : 법정검사가 없으므로 취급자의 면허가 불필요하고, 관수 관리의 번거로움이 없으며, 첨단제어 장치를 설치하여 조작이 간편하다.

④ 부식이 없고 긴 수명 : 진공식이므로 관수 이동이 없고 용존산소에 의한 부식이나 열응력에 의한 고장이 없으며, 연소실 내에 결로에 의한 부식도 거의 없다.

⑤ 콤팩트(Compact)화 가능 : 증기의 응축열 전달을 이용한 열교환 방식이므로 전열면적

당 열교환량이 크기 때문에 열교환기를 콤팩트하게 할 수 있다.
⑥ 에너지 절약 : 진공 온수보일러 내부에는 스케일 생성이 없고, 장시간 사용에 의한 효율저하가 없어 연료비가 절감된다.

(3) 단점
① 90℃ 이상의 고온수 생산이 불가하다.
② 주로 중소 용량 보일러 전용이다(대용량 설치 필요 시 복수의 보일러 여러 대 구성 필요).
③ 증기를 직접 필요로 하는 부하나 증기 가습에는 대응하기 곤란하다.
④ 서비스 및 수리가 다소 어렵다.

(4) 활용
① 급탕 : 샤워, 세면용 온수
② 난방 : 바닥 난방, 라디에이터, 팬코일 유닛(Fan Coil Unit) 등
③ 수영장 : 수영장 물은 멸균을 목적으로 염소를 투입한다. 따라서 보통의 온수보일러에서는 열교환기를 거쳐서 이를 가열하여야 하지만 진공식을 이용하면 직접 가열할 수 있다.
④ 온천수 가열
　㈎ 저온의 온천수 및 냉천을 가열한다. 국내에는 많은 온천지가 있지만 거의 모두가 추가적인 가열을 필요로 한다.
　㈏ 그러나 이 온천의 수질은 유황과 염소를 비롯한 많은 황 물질이 포함되어있어서, 일반적인 온수보일러로는 직접 가열을 할 수 없고, 반드시 별도의 열교환기를 거쳐야 한다.
　㈐ 그러나 진공식 보일러를 이용하면 직접 가열할 수 있다.

50-4 열매체 보일러 (Thermal Liquid Boiler)

(1) 특징
① 섭씨 200~350도(약 1~3기압) 정도의 액체 열매유 혹은 기체 열매유(온도 분포 균일)를 강제 순환시켜 열교환시킨다.
② 설비 가격(초기투자비)은 고가이나, 유지비가 저렴하다.
③ 낮은 압력으로 고온을 얻을 수 있다(Size Compact화 가능).
④ 동파 우려가 적음(보일러 용수 불요) : 열매체의 빙점이 영하 15℃ 이하라서 동파의 우려가 거의 없다.
⑤ 열매체가 지용성(기름류)이라서 보일러 부식이나 배관에 스케일이 낄 우려가 거의

없다.
⑥ 산업용으로 주로 많이 보급되어있으며, 주택용도 일부 보급되어있다.
⑦ 열매체 보일러의 열매체유는 비열이 0.52 정도로서 물보다 훨씬 작으므로, 에너지 절감 효과가 크다.
⑧ 대개 폐기열 회수장치(연통으로 도망가는 열을 흡수하는 장치)까지 달려있으므로, 물을 많이 쓰는 곳은 최대 50%까지 절약되기도 한다.
⑨ 열매는 액상과 기상을 사용할 수 있다.
  ㈎ 액상 사용은 고온으로 가열시킨 열매유의 현열을 이용하여 가열 또는 냉각하는 방법으로 일정한 온도 분포 미요구 시 적용한다.
  ㈏ 기상 사용은 열매체유로 증기를 발생시켜 증발잠열을 이용하는 방법으로 일정한 온도 분포 요구 시 사용한다.

(2) 단점
① 열전도율(λ)이 낮다.
② 국부적 가열로 열화가 발생되기 쉽다.
③ '고온 산화' 방지가 필요하다.
④ 열매가 대개 인화성 물질이므로 안전에 특히 주의를 요한다.
⑤ 가격이 비싸다.
⑦ 팽창탱크가 필요하다.

> **핵심해설**
>
> ★ **보일러의 종류** : 주철제 보일러(내식성이 뛰어나고, 저압형 소용량에 사용), 입형 보일러(소규모의 패키지형), 노통연관식 보일러(부하변동에 안전하고, 청소 용이), 수관식 보일러(효율이 좋고 대용량에 적합), 관류식 보일러(보유수량이 적어 증발속도 빠름), 소형관류 보일러(관류보일러 중에서 최고 사용압력이 1.0 MPa 이하, 전열면적 10 m² 이하), 진공식 보일러[진공상태(150~450 mmHg)의 용기에 충전된 열매수를 가열 후 응축잠열 이용], 열매체 보일러(낮은 압력으로 고온을 얻을 수 있고, 동파 우려 거의 없음)
> ★ 진공식 온수 보일러는 보일러 관내에 봉입된 열매수를 버너로 가열하여 감압증기(100℃ 이하의 증기)를 만들고, 감압증기실에 설치된 열교환기의 표면에서 응축 열전달시켜 관내를 흐르는 온수에 열을 주고, 물방울로 응축되어 중력에 의해 다시 열매수로 되돌아오는 원리이다.

> **Quiz** | 시속 약 50 km/h 이상으로 달리는 보일러는 무엇인가?
> 증기 기관차용 보일러(진동에 강하게 설계되어있고, 열차에 매달려 같이 달린다고 볼 수 있다.)

51. 보일러 관련 용어

51-1 보일러 마력 및 톤

(1) **보일러 마력** : 1시간에 100℃의 물 15.65 kg을 전부 증기로 발생시키는 증발능력

$$1\text{보일러 마력} = \text{보일러 1마력의 상당증발량} \times \text{증발잠열}$$
$$= 15.65 \text{ kg/h} \times 539 \text{ kcal/kg} ≒ 8,435 \text{ kcal/h} ≒ 9.8 \text{ kW}$$

(2) **보일러 톤** : 1시간에 100℃의 물 1,000 L를 완전히 증발시킬 수 있는 능력

$$1\text{보일러 톤} = 539,000 \text{ kcal/h} ≒ 64 \text{ B.H.P}$$

51-2 기준 증발량

(1) **실제 증발량** : 단위시간에 발생하는 증기량
(2) **상당증발량(환산증발량, 기준증발량 ; Equivalent Evaporator)**
  ① 실제 증발량이 흡수한 전열량을 가지고 100℃의 온수에서 같은 온도의 증기로 할 수 있는 증발량을 말한다.
  ② 증기보일러의 상대적인 용량을 나타내기 위하여 보일러의 출력, 즉 유효가열 능력을 100℃의 물을 100℃ 수증기의 증발량으로 환산한 것을 말한다.
(3) **계산식**

$$\text{기준 증발량 } G_e = \frac{q}{2257} = \frac{G_a(h_2 - h_1)}{2257}$$

G_e : 기준 증발량(kg/s) G_a : 실제의(Actual) 증발량(kg/s)
h_2 : 발생증기 엔탈피(kJ/kg) h_1 : 급수 엔탈피(kJ/kg)
q : 발생열량(kW) 2257 : 100℃에서의 물의 증발잠열(kJ/kg)

51-3 보일러 용량(출력) 산정

(1) **정격출력**

$$Q = \text{난방부하}(q_1) + \text{급탕부하}(q_2) + \text{배관부하}(q_3) + \text{예열부하}(q_4)$$

① 난방부하$(q_1) = \alpha \cdot A$
  α : 면적당 열손실계수(kW/m^2) A : 난방면적(m^2)

② 급탕부하(q_2) = $G \cdot C \cdot \Delta T$

    G : 물의 유량(kg/s) C : 물의 비열(4.1868 kJ/kg·K),

    ΔT : 출구온도 – 입구온도(K, ℃)

③ 배관부하(q_3) = ($q_1 + q_2$) · x

    x : 상수(약 0.15~0.25, 보통 0.2)

④ 예열부하(q_4) = ($q_1 + q_2 + q_3$) · y

    y : 상수(약 0.25)

(2) 상용출력 : 상기 정격출력에서 예열부하(q_4) 제외

> 상용출력 = 난방부하(q_1) + 급탕부하(q_2) + 배관부하(q_3)

(3) 정미출력

    정미출력 = 난방부하(q_1) + 급탕부하(q_2)

(4) 방열기용량 : 난방부하 + 배관부하

51-4 보일러 용량제어 방법

(1) 대수제어(소용량 보일러의 다관설치)

① 부하변동이 심한 사업장일수록 더욱 대수제어가 효과적이라고 할 수 있다.

② 실제 증기사용량이 1.0~4.0 t/h의 범위에서 변하는 공장에서 1.0 t/h의 보일러를 4기 설치하거나, 1.0 t/h 2대와 2.0 t/h 1대의 조합, 아니면 2.0 t/h 2대 등으로 설치하여 대수제어를 실시할 수 있다.

③ 1.0 t/h 보일러 4기 설치 시 다음과 같이 운전된다.

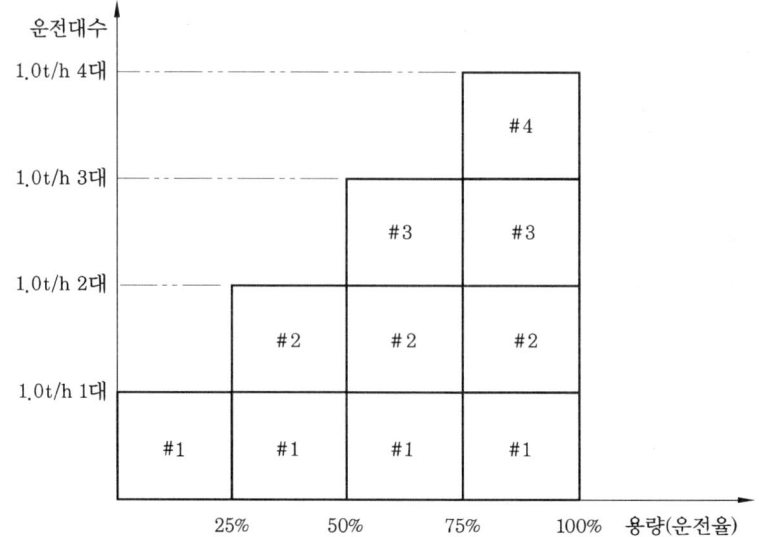

(2) 분산제어

① 여러 대의 보일러를 분산시켜 설치하는 경우에는 중앙제어실에서 멀리 떨어져 설치되어있는 모든 보일러의 기동을 제어하고 부하에 적합한 운전을 실시하며 운전상태를 모니터링하는 원격제어장치 시스템이 도입되는 경우도 있다.

② 이 경우에 모든 보일러는 통신용 케이블로 중앙제어실의 컴퓨터에 연결되고, 원격제어용 프로그램이 설치된 컴퓨터가 모든 운전을 제어하고 모니터링하는 기능을 담당한다.

③ 이렇게 함으로써 보일러를 효율적으로 운전 및 관리할 수 있으며, 무인 자동운전이 가능할 수도 있다.

(3) 기타의 용량제어 : On-off 제어, 연소량 제어, 송풍기의 RPM 제어 등

51-5 보일러용 집진장치 (Dust Collector)

대표적으로 사용할 수 있는 보일러의 집진장치(Dust Collector)로는 다음과 같은 장치들이 있다.

(1) **자석식** : 연소기 투입 전 자장 형성, 자석의 동극반발력 이용 완전연소 유도
(2) **물 주입식** : 연소기 투입 전 물을 소량 주입하여 완전연소 유도
(3) **세정식** : 출구 측 세정으로 집진 후 배출
(4) **사이클론식** : 원심력에 의해 분진을 아래로 가라앉게 하는 방식
(5) **멀티 사이클론식** : '사이클론'을 복수로 여러 대 부착하여 사용
(6) **전기집진식** : 고전압으로 대전시켜 이온화된 분진 포집

51-6 증기보일러의 발생열량 계산법

(1) 발생열량(kW, kcal/h) 계산식

$$q = G_s \cdot h_s - G_w \cdot h_w$$

G_s : 스팀의 유량(kg/s, kg/h)
h_s : 스팀의 엔탈피(kJ/kg, kcal/kg)
G_w : 물의 유량(kg/s, kg/h)
h_w : 물의 엔탈피(kJ/kg, kcal/kg)

51-7 보일러의 효율

$$\eta = \frac{q}{(G_f \cdot h_f)}$$

q : 발생열량($q = G_s \cdot h_s - G_w \cdot h_w$)
G_f : 연료의 유량(kg/s, kg/h)
h_f : 연료의 저위발열량(kJ/kg, kcal/kg)[고위발열량에서 증발열(수분)을 뺀 실제의 발열량을 말함]

> **칼럼**
>
> 고위발열량과 저위발열량의 정의
> 1. 통상 고위발열량은 수증기의 잠열을 포함한 것이고, 저위발열량은 수증기의 잠열을 포함하지 않는 것으로 정의된다.
> 2. 천연가스의 경우 완전연소할 경우 최종반응물은 이산화탄소와 물이 생성되며, 연소 시 발생되는 열량은 모두 실제적인 열량으로 변환되어야 하나 부산물로 발생되는 물까지 증발시켜야 하는데 이때 필요한 것이 증발잠열이다.
> 3. 이때 증발잠열의 포함여부에 따라 고위발열량과 저위발열량으로 구분된다.
> 4. 저위발열량은 실제적인 열량으로서 '진발열량(Net Calorific Value)'이라고도 한다.
> 5. 천연가스의 열량은 통상 고위발열량으로 표시한다.

51-8 보일러용 열교환기

보일러에서 증기-물, 물-물 등의 열교환을 위한 열교환기로는 다음과 같은 형태가 주로 사용된다.

(1) 원통다관형(Shell & Tube형) : 대용량에서 가장 많이 사용
(2) Plate형(판형) : RIB형 골이 파여있는 여러 장의 판을 포개어 용접한 형태
(3) Spiril형 : 화학공업, 고층건물 등

51-9 보급수 캐비테이션 방지대책

(1) 개요 : 보일러 보급수의 온도가 너무 높으면 펌프의 유효흡입양정(NPSH)이 낮아져 캐비테이션(Cavitation) 등의 부작용을 초래할 수 있으므로 주의해야 한다.
(2) 급수조건 : 경도가 낮아야 하며, 경도가 높은 물은 연수화 처리한다.
(3) 급수펌프 : 터빈 펌프, 워싱톤 펌프(증기동력), 인젝터 펌프 등
(4) 보일러의 보급수 펌프의 캐비테이션 방지대책
 ① 보일러의 보급수 온도를 가급적 낮게 관리함
 ② 흡입관 저항을 줄임
 ③ 흡입관 지름을 크게 함
 ④ 단흡입 → 양흡입으로 변경함

⑤ 펌프의 회전수를 낮춤
⑥ 펌프의 설치위치를 낮게 배치함
⑦ 흡입수위를 높게 함
⑧ 지나치게 저유량으로 운전되지 않게 함

51-10 가마울림(공명)

보일러 연소 중 연소실이나 연도 내의 지속적인 울림현상 → 증기 발생 시 압력변동에 의해 발생

51-11 압궤

전열면 과열과 외압에 의해 안쪽으로 오목하게 찌그러지는 현상

51-12 팽출

수관, 횡관, 보일러통이 과열로 인해 밖으로 부풀어 오르는 현상

51-13 균열

(1) 고압부위나 연결부위를 중심으로 균열이 발생하기 쉽다.
(2) **균열 발생 장소** : 용접부위, 절취부위, 노즐부착부, 볼트체결부 등

51-14 파열

(1) 이음부 등에 결함이 있어 증기나 포화액이 대량 누출되면 순간적으로 압력이 급강하한다.
(2) 용적팽창이 급격히 이루어져 파열로 이어질 수 있다.
(3) 뚜껑판이 체결되어있는 경우 특히 주의해야 한다.

51-15 프라이밍 (Priming ; 비수작용)

(1) 보일러가 과부하로 사용될 때, 압력저하 시, 수위가 너무 높을 때, 물에 불순물이 많이 포함되어있거나, 드럼 내부에 설치된 부품에 기계적인 결함이 있으면 보일러수가 매우 심하게 비등하여 수면으로부터 증기가 수분(물방울)을 동반하면서 끊임없이 비산하고 기실에 충만하여 수위가 불안정하게 되는 현상을 말한다.

(2) 수처리제가 관벽에 고형물 형태로 부착되어 스케일을 형성하고 전열불량 등을 초래한다.
(3) 기수분리기(차폐판식, 사이클론식) 등을 설치하여 방지해주는 것이 좋다.

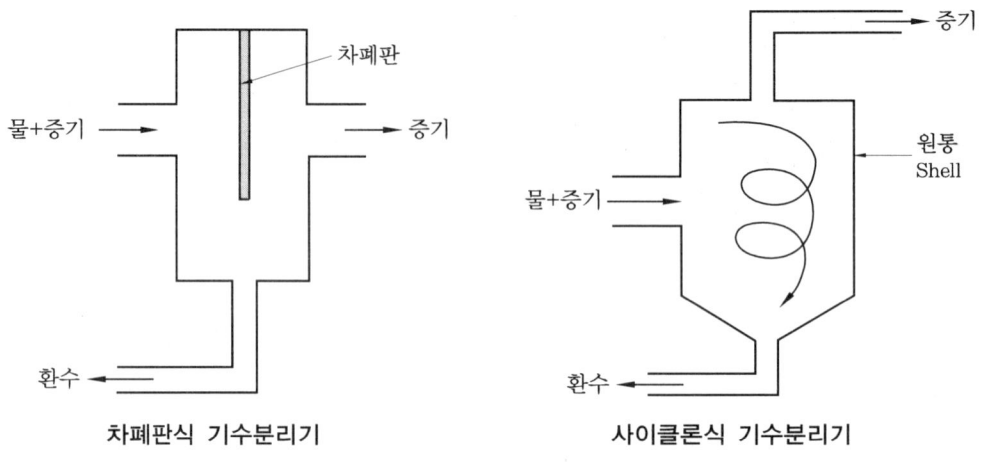

차폐판식 기수분리기 　　　　　사이클론식 기수분리기

51-16 포밍(Foaming ; 거품작용)

(1) 보일러수에 불순물, 유지분 등이 많이 섞인 경우, 또는 알칼리성분이 과한 경우에 비등과 더불어 수면 부근에 거품층이 형성되어 수위가 불안정하게 되는 현상이다.
(2) 포밍의 발생 정도는 보일러 관수의 성질과 상태에 의존하는데, 원인물질은 주로 나트륨(Na), 칼륨(K), 마그네슘(Mg) 등이다.

51-17 캐리오버(Carry Over ; 기수 공발 현상)

(1) 증기가 수분을 동반하면서 증발하는 현상이다. 캐리오버 현상은 프라이밍이나 포밍 발생 시 필연적으로 동반 발생된다.
(2) 이때 증기뿐만 아니라, 보일러의 관수 중에 용해 또는 현탁되어있는 고형물까지 동반하여 같이 증기 사용처로 넘어갈 수 있다.
(3) 이 경우 증기사용 시스템에 고형물이 부착되면 전열효율이 떨어지며, 증기관에 물이 고여 과열기에서 증기과열이 불충분하게 된다.

51-18 보일러의 Cold Start와 Hot Start

(1) Cold Start : 2~3일 이상 정지 후 가동 시에는, 운전 초기 약 1~2시간 동안 저연소 상태로 가열 후 서서히 온도 올림(파괴 방지)
(2) Hot Start : 시동 시부터 정상운전을 바로 시작하는 일반 기동방법

51-19 Feed Water Heater

(1) 보일러의 급수를 가열(예열)하는 보급수 히터를 말한다.
(2) 급수 가열 시 주로 증기 또는 배열을 사용하는데, 배열 사용 시에는 특히 '이코노마이저(절탄기 ; Economizer)'라고도 한다.
(3) Feed Water Heater의 목적
　① 열효율 및 증발능력 향상
　② 열응력 감소
　③ 부분적으로 불순물이 제거됨(Scale 예방)
　④ 효과적인 에너지 절감의 방법

52. 급탕·온수설비 설계

52-1 급탕온도

(1) 일반적으로 60℃ 내외의 온수를 사용한다.
(2) 안전상 필요 시 혹은 에너지 절감을 위하여 45℃ 정도의 온수를 공급하는 경우도 있다.
(3) 중앙식 배관에서는 특히 단열처리를 철저히 한다.

52-2 배관방식

(1) **단관식 급탕** : 보일러에서 탕전까지 15 m 이내, 처음에는 찬물이 나온다(소규모 탕비기로 사용하는 방식).
(2) **복관식 급탕** : 급탕관과 환탕관을 모두 설치하므로 수전을 열면 즉시 온수가 나오지만, 단관식 대비 시설비가 비싸다.

52-3 공급방식

(1) **상향식 급탕**
　① 가장 좋은 방법이다.
　② 급탕 수평주관은 선상향(앞올림)구배로 하고, 복귀관은 선하향(앞내림)구배로 한다(열손실 감소).
(2) **하향식 급탕**
　① 급탕관 및 복귀관 모두 선하향구배로 한다(열손실 증가).

② 용존기체를 쉽게 분리 후 공급한다.
(3) 상하향식 급탕 : 상향식과 하향식이 복합된 형태
(4) 리버스 리턴 방식(역환수 방식)
하향식의 경우 각층의 온도차를 줄이기 위하여 층마다 순환배관 길이의 합이 같도록 환탕관을 역회전시켜 배관한 것이다(즉 유량의 균등분배를 기함).

52-4 순환방식

(1) 중력순환식 급탕 : 온수의 온도차에 의해 밀도차가 발생하고, 이 밀도차에 의해 자연 순환된다. 순환속도가 매우 느리다(소규모).
(2) 강제순환식 급탕 : 펌프를 사용하여 강제적으로 순환하는 방식(중규모 이상)이다.

52-5 배관계통

(1) 순환수량

$$G = \frac{q}{C \cdot \Delta t}$$

G : 순환수량(kg/s)
q : 손실열량(W) = (급탕부하 + 배관부하 + 예열부하)
Δt : 입출구 온도차(K) = 출구온도 − 입구온도(K, ℃)
C : 물의 비열(4186.8 J/kg·K)

(2) 관경

$$관경 = \sqrt{\frac{4Q}{\pi V}}$$

① 최소 20 A 이상
② 급수관보다 한 치수 증가

(3) 펌프동력
① 수동력(kW) : 펌프에 의해 액체에 실제로 공급되는 동력

$$L_w = \gamma \cdot Q \cdot H$$

② 축동력(kW) : 원동기에 의해 펌프를 운전하는 데 필요한 동력

$$L = \gamma \cdot Q \cdot H / \eta_P$$

③ 펌프의 출력(kW)

$$\gamma \cdot Q \cdot H \cdot k / \eta_P$$

γ : 유체의 비중량(물의 경우; 9.8 kN/m³)　　Q : 수량(m³/sec)
H : 양정(m)　　η_P : 펌프의 효율(전효율)
k : 전달계수(약 1.1~1.15)

(4) **펌프의 효율(전효율)** = 수동력/축동력 = 약 60~90%

① 체적효율(Volumetric Efficiency ; η_v)

$$\eta_v = \frac{Q}{Q_r} = \frac{Q}{(Q+Q_l)} ≒ 0.9 \sim 0.95$$

Q : 펌프 송출유량　　Q_r : 회전차속을 지나는 유량　　Q_l : 누설유량

② 기계효율(Mechanical Efficiency ; η_m)

$$\eta_m = \frac{(L - \Delta L)}{L} ≒ 0.9 \sim 0.97$$

L : 축동력　　ΔL : 마찰 손실동력

③ 수력효율(Hydraulic Efficiency ; η_h)

$$\eta_h = \frac{H}{H_{th}} ≒ 0.8 \sim 0.96$$

H : 펌프의 실제양정(펌프의 깃수 유한, 불균일 흐름 등으로 인해 이론양정보다 적음)
H_{th} : 펌프의 이론양정

④ 펌프의 전효율(Total Efficiency ; η_P)

$$\eta_P = \eta_v \times \eta_m \times \eta_h = 체적효율 \times 기계효율 \times 수력효율$$

(5) **펌프의 소비전력**

펌프의 소비전력을 구하기 위해서, (3)번의 '③ 펌프의 출력'식에서, 전동기효율(η_M)을 추가하여 '펌프의 소비전력 = $\gamma \cdot Q \cdot H \cdot k / (\eta_P \cdot \eta_M)$'로 표현할 수 있다.

52-6　1차 열원 선정

(1) **증기 급탕**

① 고층건물이나 순발력(부하에 대한 빠른 응답력)을 이용하는 곳에는 증기를 사용하는 것이 유리하다.

② 증기는 주로 대규모 건물용으로 많이 사용한다.

(2) (고)온수 급탕
① 온수 급탕은 열용량이 크고, 자동제어에 유리하다.
② 초고층 건물의 1차 열원으로는 불리하다.
③ 온수는 1,000 m² 이하의 중소건물, 주택, 아파트의 24시간용 등에 이용한다.

(3) 기타의 열원
① 지역난방으로부터 스팀 또는 온수 공급
② 각종 히트펌프로부터의 온수 공급
③ 지열, 태양열 등의 신재생에너지 활용 등

52-7 팽창관

(1) 온수 순환 배관 도중 이상압력이 생겼을 때 그 압력을 흡수하는 도피구이다.
(2) 안전밸브 역할을 하며, 보일러 내의 증기나 공기를 배출시킨다.
(3) 팽창관의 도중에는 절대로 밸브를 달아서는 안 된다.
(4) 가열기와 고가탱크 사이에 설치하며 급탕 수직주관을 연장하여 팽창탱크에 개방한다.

52-8 팽창탱크 (개방형, 밀폐형 등)

(1) 배관에 이상고압이 발생할 경우 압력을 도피시켜야 할 목적으로 설치한다.
(2) 온수의 비등, 플래시 현상, 이상 소음 등을 방지해준다.
(3) 개방형은 탱크의 저면이 최고층의 급탕전보다 1 m 이상 높은 곳에 설치하며, 탱크급수는 볼탭에 의해 자동으로 조절된다.

52-9 급탕량 계산

(1) 1일 최대 급탕량(Q_d)

$$Q_d = N \cdot q_d$$

N : 인원수 $\qquad q_d$: 1인 1일 급탕량

(2) 1시간당 최대 급탕량(Q_h)
① 인원수에 의한 방법

$$Q_h = Q_d \cdot q_h$$

Q_d : 1일 최대 급탕량
q_h : Q_d에 대한 1시간당 최대치의 비율(사무실 ; 1/5, 주택 및 아파트 ; 1/7)

② 기구수에 의한 방법

$$Q_h = Q_t \cdot \eta$$

Q_t : 시간당 기구 전체의 급탕량 η : 기구 동시 사용률

52-10 저탕용량 계산 (l)

$$V = Q_d \times v$$

Q_d : 1일 최대 급탕량 v : Q_d에 대한 저탕 비율(사무실, 주택 및 아파트 ; 1/5)

52-11 가열기 능력 계산 (kcal/h)

$$H = Q_d \cdot \gamma \cdot (t_h - t_c)$$

Q_d : 1일 최대 급탕량 γ : Q_d 및 수온차에 대한 가열능력 비율(사무실 ; 1/6, 주택 및 아파트 ; 1/7)
t_h : 급탕온도 t_c : 급수온도

52-12 배관시공

(1) 급탕관의 최소관경은 20 A 이상으로 한다.
(2) 급수관경 대비 한 치수 더 큰 것을 쓴다.
(3) 반탕관(최소 20 A 이상)은 급탕관보다 작은 치수의 것을 사용한다.

52-13 공기배기 밸브 (에어벤트 밸브)

(1) 부득이 굴곡배관을 할 경우 그 장소에 고일 공기를 배제하여 온수의 흐름을 원활하게 한다(굴곡 배관이 되어 공기가 모이게 되는 부분에 설치함).
(2) 배관 도중에는 슬루스 밸브를 사용한다.

52-14 배관의 신축이음

(1) 종류
① 스위블 조인트 : 방열기 주변 배관에 2개 이상의 엘보를 사용하여 시공하며, 주로 저

압용으로 사용된다.
② 슬리브형 : 보수가 용이한 곳(벽, 바닥용의 관통배관)에 적합하다.
③ 신축 곡관형(루프형) : 고압에 잘 견디고, 옥외배관에 적합하다.
④ 기타 : 벨로즈형, 볼 조인트[고온 고압용 ; 볼 조인트와 오프셋(Offset) 배관을 이용해서 관의 신축을 흡수하는 방법이며 증기, 물, 기름 등에 압력 약 3 MPa, 온도 약 220℃ 정도까지 사용 가능], 콜드 스프링(배관의 자유팽창량의 1/2의 배관길이를 미리 절단 후 설치하는 방법) 등이 있다.
⑤ 누수 우려 순서 : 스위블 > 슬리브 > 벨로즈 > 루프

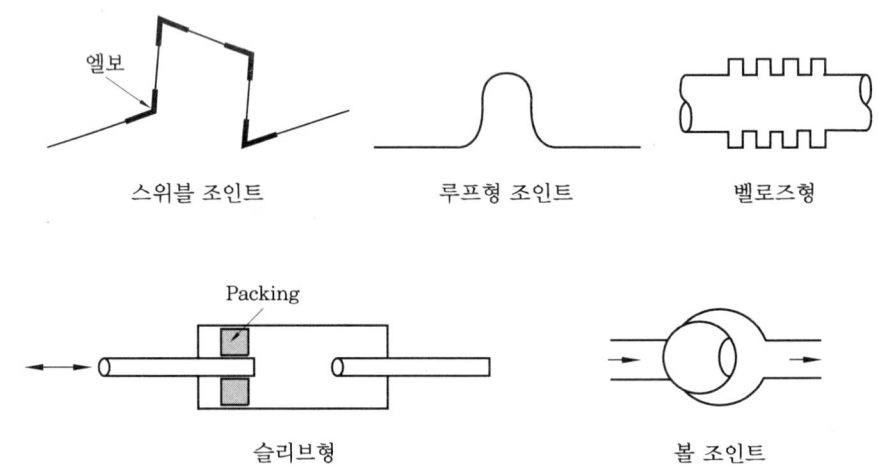

(2) 신축이음 평균 설치간격
① 동관 : 수직 10 m, 수평 20 m
② 강관 : 수직 20 m, 수평 30 m

52-15 보온 피복

(1) 저탕조 및 배관계통은 열전도율이 적고 내열성이 우수한 것으로 보온 피복하여 열손실을 최소로 한다.
(2) 보온재료는 펠트, 규조토, 글라스울, 마그네샤, 아스베스토스 등
(3) **피복두께** : 약 30~50 mm

52-16 수압시험

배관 완성 후 보온하기 전에 상용압력의 2~3배 이상으로 10분간 수압시험을 실시한다.

52-17 배관의 부식

(1) 배관이 물과 접촉하고 있을 때 금속은 양이온화되어 용해하려는 성질이 있다.
(2) 접촉된 다른 두 금속이 이온화 경향의 차이가 크고 관이 접촉할 때, 접촉점 부근에서 부식이 발생한다.
(3) 전식 : 외부로부터 전류가 관으로 유입될 때(특히 전류가 유출되는 부분에 가장 큰 부식이 발생) 발생한다.
(4) 급탕관은 노출배관하는 것이 좋고, 주석도금한 황동관이 유리하다.

52-18 배관의 세정방법

(1) **물리적 방법** : 스크러버법, 오가법(회전기), 초음파법(충격파), 고압수 분사법, 샌드법(모래)
(2) **화학적 방법** : 순환법, 일과법(직접투입법)
(3) **병용 방법** : 초음파법 등과 화학적 방법 병용

> **핵심해설**
> ★ 급탕설비에서는 급탕온도(약 45~60℃로 공급), 팽창관(증기나 공기 도피관), 팽창탱크(고·저압 흡수), 1시간당 최대 급탕량 계산($Q_h = Q_d \cdot q_h$), 순환수량 계산(전체 급탕부하/입출구 온도차) 등이 주요한 설계인자이다.
> ★ 급탕설비는 배관 수량에 따라 단관식/복관식(순환식), 공급방식에 따라 상향식/하향식/상하향식/리버스 리턴 방식(역환수 방식), 순환방식에 따라 중력순환식/강제순환식으로 분류된다(온수난방과 거의 유사).
> ★ '급수배관 세정방법'에는 물리적 방법(스크러버법, 오가법, 초음파법, 샌드법, 고압수 분사법 등), 화학적 방법, 병용 방법(초음파법+화학적 방법) 등이 사용된다.

53. 증기난방의 설계

53-1 증기난방 설계순서

(1) **설계 필요조건 설정 및 부하계산**
  ① 설계 필요조건 : 기후조건, 실내온도, TAC초과 위험률 등 확인
  ② 부하계산 : 정확한 근거 확보를 위하여 수계산보다는 컴퓨터를 이용한 정확한 계산이 바람직함

(2) 방열기의 설치위치 용량
① 각 방열기의 용량 및 대수를 결정한다.
② 각 실 방열기의 설치 레이아웃을 작성한다.

(3) 상당 방열면적(m²) 산출

$$EDR = \frac{전체방열량(난방부하)}{표준방열량}$$

표준방열량 : 증기난방인 경우 $0.7558 \text{ kW/m}^2 (= 650 \text{ kcal/m}^2 \text{h})$

(4) 각 배관 결정 : 배관경, 배관경로, 연결방법 등 결정
(5) 열원기기(보일러) : 용량 산출 및 종류, 설치위치 결정
(6) 부속기기 : 응축수 펌프 등 부속기기의 용량, 종류, 설치위치 결정

53-2 유의사항

(1) 응축수가 고이지 않게 하고 우려가 되는 곳은 '방열기 트랩'을 설치한다.
(2) 신축이음을 실시하여 고온의 증기에 의한 열팽창을 흡수할 수 있게 한다.
(3) 보온을 철저히 실시하여 불필요한 에너지 손실을 최소화한다.
(4) 저압증기의 경우 관경선정에 특히 주의해야 한다(유량 및 성능 감소 방지 차원).
(5) 배관법 측면
　① 냉각레그(Cooling Leg, 냉각테) : 트랩전 1.5 m 이상 비보온화(증기보일러의 말단에 증기 트랩의 동작온도차를 확보하기 위하여 '트랩전'으로부터 약 1.5 m 정도를 보온하지 않음)
　② 하트포드(Hart Ford) 접속법 : 빈불때기 방지법

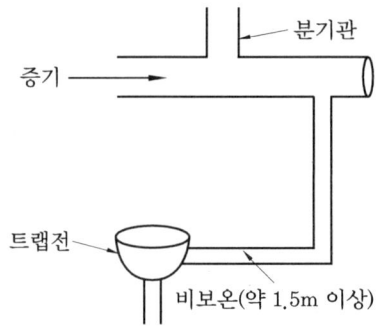

　③ 리프트 피팅 이음(Lift Fitting, Lift Joint)
　　㈎ 진공환수식 증기보일러에서 방열기가 환수주관보다 아래에 있는 경우 응축수를 원활히 회수하기 위해 'Lift Fitting' 설치(다음 그림 참조)

㈏ 저압 흡상 시 1.5 m 이내일 것(1.5 m 이상의 단일 입관은 설치 금지)
㈐ 단, 고압 흡상 시 증기관과 환수관의 압력차 0.1 MPa당 5 m 정도 흡상 가능
㈑ 수직관은 주관보다 한 치수 작은 관을 사용하여 유속 증가시킴

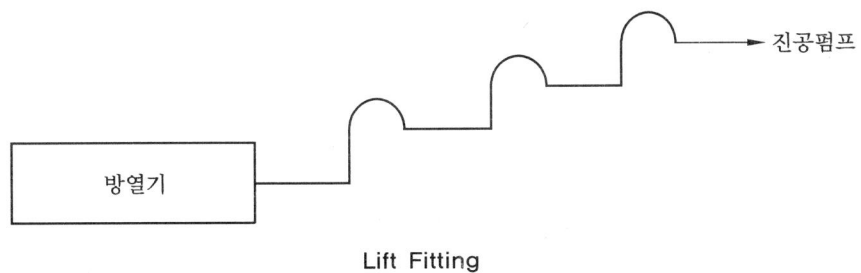

Lift Fitting

④ 증기헤더 : 관경은 그것에 접속하는 관내 단면적 합계의 2배 이상의 단면적으로 한다.
⑤ 급수 펌프 : 응축수 펌프, 원심 펌프 등이 주로 사용된다.
⑥ 기타 : 용도별로 필요 시 편심이경이음, 신축이음 등을 실시해야 한다.

53-3 배관구배

(1) 증기관과 응축수 환수관을 수평으로 설치 시 공기가 잔류되지 않고 증기와 응축수가 원활하게 흐르기 위하여 구배를 둔다.
(2) 역구배의 증기관에서는 응축수가 증기의 흐름에 역으로 흐르기 때문에 응축수를 보다 더 원활하게 배출하기 위해 구배를 크게 하거나, 배관경을 크게 하여 증기의 속도를 줄이도록 한다.
  ① 순구배일 경우 : 1/250 이상
  ② 역구배일 경우 : 1/50~1/100 이상

53-4 방열기 밸브 (Radiator Valve)

(1) 방열기 입구에 설치하여 증기유량을 수동으로 조절하는 밸브이다.
(2) 디스크 밸브를 사용한 스톱 밸브(Stop Valve)형이 주로 쓰인다.
(3) 유체의 흐름 방향에 따라 앵글형, 스트레이트형 등이 있다.
(4) 이중서비스 밸브
  ① 방열기 밸브와 열동트랩(벨로즈트랩)을 조합한 밸브이다.
  ② 하향공급식 배관에서 수직관 내 응축수의 동결을 방지하기 위해서 설치하는 방열기 밸브이다.

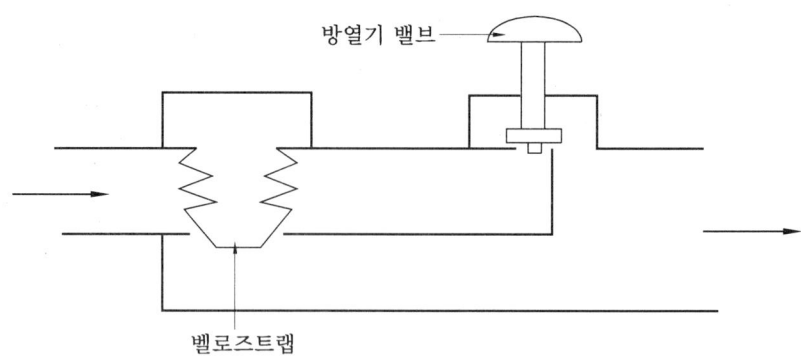

이중서비스 밸브

53-5 방열기의 공기배기 밸브 (Air Vent)

(1) 수동식과 자동식이 있으며, 자동식으로는 열동식과 부자식 외에 병용식이 있다.
(2) 진공역지 밸브가 부착된 것과 벨로즈(Bellows)나 다이어프램 밸브에 의해 밸브 속이 진공상태가 되면 공기의 역류를 방지하는 것도 있다.
(3) 부착위치에 따라서는 방열기용과 배관용이 있으며, 주로 중력환수식 증기난방 배관의 방열기 배관 등에 많이 사용된다.
(4) 방열기에 설치할 경우 공기는 증기보다 무거우므로 증기 유입구의 반대 측 하부에 부착하는 것이 좋다.
(5) 방열기에 부착 시 응축수가 밸브에 유입될 우려가 있기 때문에 방열기 높이의 2/3 정도 위치에 부착하는 것이 좋다.

53-6 증기난방의 장단점

(1) 장점
① 잠열을 이용하므로 열의 운반능력이 크다(온수난방은 현열 이용).
② 예열시간이 온수난방에 비해 짧고 증기 순환이 빠르다(실내온도의 상승이 빠르다).
③ 관경은 가늘어도 되고, 방열면적은 온수난방보다 좁게 할 수 있다(온수 대비 열매온도가 높기 때문임).
④ 설비비와 유지비가 저렴하다.
⑤ 배관 내에 거의 물이 없으므로 한랭지에서도 동파위험이 적다.

(2) 단점

① 화상이 우려되며 먼지 등의 상승으로 불쾌감을 준다.
② 소음이 심하다(스팀해머에 의한 소음 발생 등).
③ 부하변동에 대응이 곤란하다(부하추종성 좋지 못함).
④ 방열기 표면온도가 높아 상하 온도차가 크다.
⑤ 환수관 부식이 심하고, 수명이 짧다.
⑥ 난방의 쾌감도가 낮은 편이다.
⑦ 보일러 취급이 어렵다.

> **핵심해설**
> ★ 냉각레그(트랩전 1.5 m 이상 비보온화), 하트포드 접속법(빈불때기 방지법), 리프트 피팅 이음(진공환수식 증기보일러에서 방열기가 환수주관보다 아래에 있는 경우 단일 입관이 1.5 m 이내일 것) 등이 중요하다.
> ★ 증기난방의 설계는 설계조건 검토 → 부하계산 → 필요방열면적 산출 → 배관경 산출 → 열원기기(보일러 등) 선정 → 부속기기 결정 등의 순으로 실시한다.

예·상·문·제

1. 다음 용어에 대한 설명 중 적절하지 못한 것은?

㉮ 비열이란 어떤 물질 1 kg을 1℃ 높이는 데 필요한 열량을 말한다.
㉯ 물질의 비중량이란 어떤 물질의 질량과 이것과 같은 부피를 가진 표준물질의 질량과의 비를 말한다.
㉰ 물질의 열용량이란 어떤 물질의 온도를 1℃ 올리는 데 필요한 열량을 말한다.
㉱ 물질의 임계온도는 물질에 적용된 압력에 관계없이 물질이 액화되는 최대온도를 말한다.

[해설] '물질의 비중'이란 어떤 물질의 질량과 이것과 같은 부피를 가진 표준물질의 질량과의 비를 말한다.

2. 다음 용어에 대한 설명 중 옳지 못한 것은?

㉮ 밀도는 단위 체적당의 질량을 말한다. 즉, 질량을 체적(부피)으로 나누어 계산한다.
㉯ 부력의 크기는 유체 속에 있는 물체의 무게와 같으며, 아르키메데스의 원리라고도 한다.
㉰ 부력의 작용점(부심)은 물체가 밀어낸 부분에 유체가 있다고 가정했을 때의 무게중심과 일치하며 복원력을 결정하는 중요한 요소이다.
㉱ 열확산계수(Thermal Diffusivity)는 어떤 물질이 가지고 있는 열을 확산시켜 자신의 온도를 얼마나 빨리 변화시킬 수 있는가에 대한 지표이다.

[해설] 부력의 크기는 유체 속에 있는 물체의 부피와 같은 부피를 가진 유체의 무게와 같으며, 아르키메데스의 원리라고도 한다.

3. 열역학 제2법칙에서 '열효율이 100%인 기관을 만들 수 없다'는 이론은?

㉮ Clausius의 표현
㉯ Kirchhoff의 법칙
㉰ Planck의 법칙
㉱ Kelvin-Planck의 표현

[해설] Kelvin-Planck의 표현 : 자연계에 어떠한 변화를 남기지 않고 일정온도의 어느 열원의 열을 계속하여 일로 변환시키는 기계를 만드는 것은 불가능하다. 즉, 열효율 100%인 기관을 만들 수 없다.

4. 온도차가 있는 어떤 2개의 물체를 접촉시켰을 때, 열 q가 고온부에서 저온부로 흐른다는 것을 증명할 수 있는 법칙은?

㉮ 열역학 제0법칙   ㉯ 열역학 제1법칙
㉰ 열역학 제2법칙   ㉱ 열역학 제3법칙

5. 카르노 사이클(Carnot Cycle)에 대해 설명한 것 중 틀린 것은?

㉮ 카르노 사이클은 이상적인 히트펌프의 사이클이다.
㉯ 카르노 사이클은 이론적 최대의 효율을 나타내는 사이클이다.
㉰ 임의의 두 개 온도의 열저장소 사이에서 가역사이클인 카르노 사이클로 작동되는 시스템은 모두 같은 열효율을 갖는다.
㉱ 같은 두 열저장소 사이에서 작동되는 가역 사이클인 카르노 사이클의 열효율은 동작 물질에 관계없으며 두 열저장소의 온도에만 관계된다.

[해설] 카르노 사이클(Carnot Cycle)은 이상적인 열기관의 사이클이다.

정답 1. ㉯ 2. ㉯ 3. ㉱ 4. ㉰ 5. ㉮

6. 보일러에서 공기비가 너무 적을 때의 영향으로 맞는 것은?

㉮ 과잉공기량이 적어지고, 불완전연소가 심해진다.
㉯ 연소가스의 온도가 저하된다.
㉰ 배기가스 중 NO_x, SO_x 함량이 많아져 부식 등이 촉진된다.
㉱ 배기가스량의 증가에 의한 열손실이 커져 열효율이 감소된다.

[해설] ㉯, ㉰, ㉱는 보일러에서 공기비가 너무 클 때의 영향에 해당된다.

7. 베르누이 방정식(Bernoulli's Equation)의 5대 가정에 들어가지 않는 것은?

㉮ 인력 및 반발력이 없다.
㉯ 유선의 방향으로 흐른다.
㉰ 비점성, 비압축성 유동이다.
㉱ 마찰력에 의한 손실은 무시한다.

[해설] Bernoulli's Equation의 5대 가정 (Assumption)
1. 1차원 정상유동이다.
2. 유선의 방향으로 흐른다.
3. 외력은 중력과 압력만이 작용한다.
4. 비점성, 비압축성 유동이다.
5. 마찰력에 의한 손실은 무시한다.
㉮는 '이상기체'의 가정에 들어간다.

8. 열확산계수, 점성계수, 동점성계수의 단위가 순서대로 맞는 것은?

㉮ J/K, m^2/s, m^3/kg
㉯ m^2/s, $Pa \cdot s$, m^2/s
㉰ J/K, m^3/kg, m^2/s
㉱ m^2/s, m^2/s, $Pa \cdot s$

[해설] 열확산계수와 동점성계수는 단위가 같은 차원이다.

9. 다음 그림의 b지점(대기압 상태)에서의 속도를 구하면(단, 마찰손실은 무시한다.)?

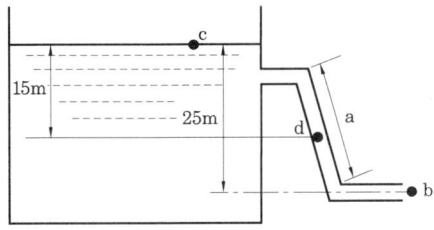

㉮ 약 21 m/s ㉯ 약 22 m/s
㉰ 약 23 m/s ㉱ 약 24 m/s

[해설] 베르누이 정리 혹은 토리첼리의 정리를 이용하여,
$v = \sqrt{2gH} = \sqrt{(2 \times 9.8 \times 25)} = 22.1 \, m/s$

10. 다음과 같은 밀폐순환배관계에서 냉수순환펌프 운전 시의 A점과 B점의 압력(수두)은 각각 얼마인가? (단, 배관 및 배관부속류에서 마찰손실수두는 무시하고 냉동기 및 공조기에서의 마찰손실수두는 각각 10 mAq이다.)

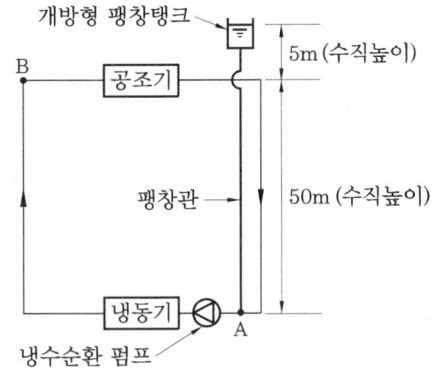

	A점	B점		A점	B점
㉮	45 m	15 m	㉯	45 m	5 m
㉰	55 m	5 m	㉱	55 m	15 m

[해설] 1. A점과 B점에서 정지 시 압력
(1) A점의 수두 = 50 m + 5 m = 55 m
(2) B점의 수두 = 55 m − 50 m = 5 m

정답 6. ㉮ 7. ㉮ 8. ㉯ 9. ㉯ 10. ㉱

2. A점과 B점에서 운전 시 압력
   (1) A점의 수두 = 50 m + 5 m = 55 m
   (2) B점의 수두 = 5 m + 10 m = 15 m

11. 전공기 방식과 거리가 가장 먼 공조 방식은?

㉮ 유인유닛 방식 ㉯ 멀티존유닛 방식
㉰ 이중콘지트 방식 ㉱ 각층유닛 방식

[해설] 유인유닛 방식은 전공기 방식이 아니라 '공기-수 방식'이다.

12. 단일덕트 방식의 특징과 가장 거리가 먼 것은?

㉮ 급기량을 충분히 확보할 수 있다.
㉯ 환기량 확보에 유리한 방식이다.
㉰ 에너지 손실량이 크다.
㉱ 이중덕트 방식보다 시공비가 저렴하다.

13. 복사 냉·난방 방식의 특징과 가장 거리가 먼 것은?

㉮ 방열량 조절이 용이하다.
㉯ 실내의 온도분포가 균등한 편이다.
㉰ 연속 냉·난방에 유리한 방식이다.
㉱ 비교적 쾌감도가 높은 편이다

[해설] 복사 냉·난방 방식은 외기 온도 급변, 단속 난방 등의 경우에 방열량 조절이 다소 어렵다.

14. 공기조화에 관한 설명으로 가장 잘못된 것은?

㉮ 공조의 4요소는 온도, 습도, 기류, 청정도이다.
㉯ 저속치환공조 방식에서 치환구역이 재실자 아래로 형성되게 하는 것이 좋다.
㉰ 바닥취출공조 방식은 Cold Draft에 주의하여 설계해야 한다.
㉱ 형광등기구에 공조기기를 모듈화 형태로 공장에서 조립하여 현장에서 조립식으로 단위시공할 수 있게 제작된 시스템을 '칠드빔'이라고 한다.

[해설] 저속치환공조 방식에서 치환구역(Shift Zone)이 재실자 위로 형성되게 하는 것이 좋다.

15. 공기열원 히트펌프의 일반적인 특징에 속하지 않는 것은?

㉮ 한 대의 기기로 냉·난방을 동시에 할 수 있다.
㉯ 대부분의 사용영역에서 보일러보다 성적계수(COP)가 높다.
㉰ 주변의 기후조건의 영향을 적게 받는다.
㉱ 대기오염이나 오염물질 배출이 거의 없다.

[해설] 주변의 기후조건의 영향을 많이 받는 것이 공기열원 히트펌프의 가장 큰 단점이다.

16. 열병합발전에서 배기가스의 온도가 높은 순서부터 낮은 순서대로 기술된 것은?

㉮ 증기터빈 > 가스터빈 > 가스엔진 > 디젤엔진
㉯ 가스터빈 > 증기터빈 > 디젤엔진 > 가스엔진
㉰ 가스터빈 > 디젤엔진 > 가스엔진 > 증기터빈
㉱ 가스터빈 > 가스엔진 > 디젤엔진 > 증기터빈

17. 각종 냉·난방 시스템에 대한 설명 중 적절하지 못한 것은?

㉮ 외기냉수냉방은 냉동기 정지 중에도 냉각탑을 이용하여 냉방할 수 있는 방식이다.
㉯ 빙축열 시스템은 열원 기기의 운전시간이 연장되므로 기기 용량 및 부속 설비의 대폭

정답 11. ㉮ 12. ㉰ 13. ㉮ 14. ㉯ 15. ㉰ 16. ㉱ 17. ㉯

축소를 가져올 수 있다.
- ㉰ 구조체축열은 빙축열보다 단위체적당 열 저장 능력이 크다.
- ㉱ 축열효율이란 축열된 열량 중에서 얼마나 손실 없이 방열이 이루어질 수 있는가를 판단하는 척도이다.

[해설] 구조체축열은 빙축열보다 단위체적당 열저장 능력이 작다.

18. 저온공조 방식(저온급기 방식)에 대한 설명으로 적절하지 않은 것은?
- ㉮ 초기투자비용 절감에 유리하다.
- ㉯ 실(室)의 습도 제어가 용이하다.
- ㉰ 덕트 및 배관 사이즈가 줄어든다.
- ㉱ 취출구는 유인비를 적게 하는 것이 좋다.

[해설] 취출구는 유인비를 크게 하는 것이 좋다.

19. 덕트의 설계에서 덕트의 단위길이당 마찰저항이 일정한 상태가 되도록 덕트 마찰손실선도에서 직경을 구하는 방법은?
- ㉮ 등속법
- ㉯ 등압법
- ㉰ 정압 재취득법
- ㉱ 전압법

[해설] 덕트설계에서 단위길이당 마찰저항이 일정한 상태가 되도록 직경을 구하는 방법은 '등압법(등마찰 저항법)' 혹은 '등마찰 손실법'이라고 부른다.

20. VAV방식의 종류에 들지 않는 것은?
- ㉮ 교차형
- ㉯ 바이패스형
- ㉰ 교축형
- ㉱ 유인형

[해설] VAV방식에는 교축형, 바이패스형, 유인형, 댐퍼형, 팬부착형 등이 있다.

21. 송풍기의 형식 측면에서 축류형 송풍기에 들지 않는 것은?
- ㉮ 베인형 축류송풍기
- ㉯ 프로펠러 송풍기
- ㉰ 관류형 송풍기
- ㉱ 튜브형 축류송풍기

22. 송풍기의 풍량제어 방식 중 소비전력 절감 효과가 가장 적은 것은?
- ㉮ 회전수제어 방식
- ㉯ 가변피치 방식
- ㉰ 흡입댐퍼 방식
- ㉱ 스크롤댐퍼 방식

[해설] 송풍기의 풍량제어 방식에서 소비전력 절감 효과가 가장 적은 것은 스크롤댐퍼 제어와 토출댐퍼 제어 방식이다.

23. 송풍기의 운전특성에 대한 설명 중 가장 적절하지 못한 것은?
- ㉮ 기계를 저유량영역에서 사용 시 유량과 압력이 주기적으로 변하며 불안정 운전상태로 되는 것을 '서징 현상'이라고 한다.
- ㉯ 압력을 승압할 목적일 경우에는 병렬운전이 유리하며, 풍량을 크게 할 목적일 경우에는 직렬운전이 유리하다.
- ㉰ 특성이 크게 다른 송풍기를 직·병렬로 운전하는 것은 운전이 불가능한 경우도 있으므로 피하는 편이 좋다.
- ㉱ 송풍기의 동력계산은 기본적으로 전압을 기준으로 한다.

[해설] 압력을 승압할 목적일 경우에는 직렬운전이 유리하며, 풍량을 크게 할 목적일 경우에는 병렬운전이 유리하다.

24. 펌프에 대한 설명 중 가장 옳지 못한 것은?
- ㉮ 유효흡입양정이란 Cavitation이 일어나지 않는 흡입양정을 수주(水柱)로 표시한 것을 말한다.

정답 18. ㉱ 19. ㉯ 20. ㉮ 21. ㉰ 22. ㉱ 23. ㉯ 24. ㉱

㉰ 터빈 펌프는 볼류트 펌프에 비하여 고양정이 필요한 곳에 유리하다.
㉱ 펌프 설비의 실제 NPSH는 펌프 필요 NPSH보다 커야 Cavitation이 일어나지 않는다.
㉲ 수격방지기를 펌프 주변 배관에 설치 시에는 흡입관 상단부에 설치한다.
[해설] 수격방지기를 펌프 주변 배관에 설치 시에는 토출관 상단에 설치한다.

25. '비속도'에 대한 설명으로 잘못된 것은?

㉮ 펌프가 대유량 및 저양정이면 비속도는 크고 소유량 및 고양정이면 비속도는 작아진다.
㉯ 비교회전도가 작은 펌프는 양수량이 변해도 양정의 변화가 적다.
㉰ 터빈 펌프 < 볼류트 펌프 < 축류 펌프 < 사류 펌프 순으로 비교회전수는 증가하지만 양정은 감소된다.
㉱ 비교회전도가 작은 펌프는 유량변화가 큰 용도에 적합하다.
[해설] 터빈 펌프 < 볼류트 펌프 < 사류 펌프 < 축류 펌프 순으로 비교회전수는 증가하지만 양정은 감소된다.

26. 냉각탑에 대한 설명 중 옳은 것은?

㉮ 백연현상이란 냉각탑에서 실외온도가 저온다습한 경우 냉각탑 유출공기가 냉각되고 과포화되어 수적이 발생하여 마치 흰 연기처럼 보이는 현상을 말한다.
㉯ 냉각탑의 냉각톤이란 냉각탑의 공칭능력(37℃의 순수한 물 15 LPM을 1시간 동안에 32℃의 물로 만드는 데 필요한 냉각능력)을 말한다.
㉰ 냉각탑 입구공기의 습구온도가 같은 조건일 때 어프로치가 큰 냉각탑이 그만큼 많이 냉각되었다는 것을 뜻하며 냉각탑의 냉각능력이 크다는 뜻이다.
㉱ 냉각탑의 순환펌프 양정은 '낙차 + 마찰손실 + 밸브 등의 손실'의 합이다.
[해설] 다음과 같이 고쳐야 옳다.
㉯ 냉각탑의 냉각톤이란 냉각탑의 공칭능력(37℃의 순수한 물 13 LPM을 1시간 동안에 32℃의 물로 만드는 데 필요한 냉각능력)을 말한다.
㉰ 냉각탑 입구공기의 습구온도가 같은 조건일 때 어프로치가 작은 냉각탑이 그만큼 많이 냉각되었다는 것을 뜻하며 냉각탑의 냉각능력이 크다는 뜻이다.
㉱ 냉각탑의 순환펌프 양정은 '낙차 + 마찰손실 + 노즐 살수압력'의 합이다.

27. 보유수량이 많아 부하변동에도 안전하고, 급수조절 및 급수처리가 비교적 간단하며 압력은 보통 500~700 kPa 이하로 사용하는 보일러는?

㉮ 수관식 보일러 ㉯ 연관식 보일러
㉰ 관류식 보일러 ㉱ 열매체 보일러

28. 보일러에 대한 설명 중 틀린 것은?

㉮ 블로 다운은 보일러의 어느 부위에서 물을 배출하느냐에 따라서 표면 블로 다운과 바닥 블로 다운으로 나눈다.
㉯ 보일러 마력은 1시간에 100℃의 물 1,000리터를 전부 증기로 발생시키는 증발능력이다.
㉰ 상당증발량이란 실제 증발량이 흡수한 전열량을 가지고 100℃의 온수에서 같은 온도의 증기로 할 수 있는 증발량을 말한다.
㉱ 프라이밍은 보일러가 과부하로 사용될 때 보일러수가 매우 심하게 비등하여 수면으로부터 증기가 수분을 동반하면서 끊임없이 비산하고 수면이 불안정해지는 현상이다.
[해설] ㉯는 '보일러 톤'에 대한 설명이다.

정답 25. ㉱ 26. ㉮ 27. ㉯ 28. ㉯

29. 난방용 배관시스템에 관한 설명으로 틀린 것은?

㉮ 리버스 리턴 방식이란 순환배관 길이의 합이 같도록 환수관을 역회전시켜 배관한 것이다.
㉯ '펌프의 효율(전효율) = 축동력 ÷ 출력'으로 표현할 수 있다.
㉰ 배관의 신축이음에서 누수 우려 순서는 '스위블 > 슬리브 > 벨로즈 > 루프' 순이다.
㉱ 스팀 난방에서 응축수가 고이지 않게 하고, 우려되는 곳은 '방열기 트랩'을 설치한다.

[해설] '펌프의 효율(전효율) = 수동력 ÷ 축동력'으로 표현할 수 있다.

30. 증기난방과 관련하여 가장 잘못 설명한 것은?

㉮ 증기 어큐뮬레이터는 증기 보일러에서 남는 스팀을 저장해두었다가, 필요 시 재사용하기 위한 저장탱크를 말한다.
㉯ 증기난방은 예열시간이 온수난방에 비해 짧아서 연속난방에 유리하다.
㉰ 증기 트랩(Steam Trap)은 플래시 탱크(증발 탱크), 방열기출구, 관말 등에서 증기와 응축수를 분리해내는 장치이다.
㉱ 증기난방용 감압밸브에는 파일럿 다이어프램식, 파일럿 피스톤식, 직동식 등이 있다.

[해설] 증기난방은 예열시간이 온수난방에 비해 짧아서 간헐난방에 유리하다.

31. 공조기의 코일에서 바이패스팩터(BF ; Bypass Factor)를 줄이는 방법으로 적당하지 않은 것은?

㉮ 열교환기의 열수, 전열면적, 핀수(FPI) 등을 크게 한다.
㉯ 풍량을 줄여 공기의 열교환기와의 접촉시간을 증대시킨다.
㉰ 열교환기를 세관화하여 효율을 높인다.
㉱ 장치 노점온도(ADP)를 낮춘다.

[해설] 공조기의 코일에서 바이패스팩터(BF ; Bypass Factor)를 줄이려면 장치 노점온도(ADP)를 높여야 한다.

32. 다음 중 층류에서 마찰계수를 구할 수 있는 공식은? (단, Re; 레이놀즈수)

㉮ 마찰계수$(f) = Re/64$
㉯ 마찰계수$(f) = 64/Re$
㉰ 마찰계수$(f) = Re/128$
㉱ 마찰계수$(f) = 128/Re$

[해설] 층류에서 마찰계수(f)는 Re 만의 함수, 즉 $f = 64/Re$로 계산할 수 있다.

33. 대수평균온도차(LMTD)에 대한 설명으로 잘못된 것은?

㉮ $LMTD = \dfrac{\Delta 1 - \Delta 2}{\ln(\Delta 2/\Delta 1)}$ 이라는 공식으로 계산한다.
㉯ 유체의 비열이 온도에 따라 불변한다고 가정한다.
㉰ '열전달계수'가 열교환기 전체적으로 일정하다고 가정한다.
㉱ 열교환기에서의 온도차를 산술평균으로 구하기 어려운 경우 사용하는 방식이다.

[해설] 대수평균온도차(LMTD)를 구하는 공식은 다음과 같다.
$$LMTD = \dfrac{\Delta 1 - \Delta 2}{\ln(\Delta 1/\Delta 2)}$$

34. 이상적인 역카르노 사이클 기준으로 히트펌프의 성적계수(COP)를 가장 올바르게 나타낸 것은? (단, COPh ; 난방 시의 성적계수, COPc ; 냉방 시의 성적계수)

정답 29. ㉯ 30. ㉯ 31. ㉱ 32. ㉯ 33. ㉮ 34. ㉯

㉮ COPc = 1 + COPh
㉯ COPh = 1 + COPc
㉰ COPc = 1 − COPh
㉱ COPh = 1 − COPc

[해설] 히트펌프의 열효율(성적계수)

냉방효율(COPc) $= \dfrac{Q_2}{AW} = \dfrac{Q_2}{Q_1 - Q_2} = \dfrac{T_2}{T_1 - T_2}$

난방효율(COPh)
$= \dfrac{Q_1}{AW} = \dfrac{Q_1}{Q_1 - Q_2} = \dfrac{T_1}{T_1 - T_2} = 1 + COPc$

35. 다음 중 실내에서의 주광조명도와 옥외에서의 전천공광(全天空光) 조명도의 비율은?

㉮ 주광조명률   ㉯ 전천공조도율
㉰ 주광률   ㉱ 조명률

[해설] 주광률$(D) = \dfrac{E}{E_S} \times 100\%$

E : 실내의 한 지점에서의 주광조도
E_S : 전천공조도(실측 시 옥상 등의 건물 외부에서 측정함)

36. 균시차(진태양시와 평균태양시의 차)는 연중 약 얼마의 범위에서 변화하는가?

㉮ 약 ±10분   ㉯ 약 ±16분
㉰ 약 ±20분   ㉱ 약 ±26분

[해설] 균시차 : 진태양시와 평균태양시의 차를 말하는 것이다(연중 약 ±16분 정도의 범위).

37. 열확산계수(Thermal Diffusivity)의 단위로 맞는 것은?

㉮ m^2/s ㉯ m^3/s
㉰ kJ/s ㉱ kW/m^3

[해설] 열확산계수(Thermal Diffusivity)의 관계식
$\alpha = \dfrac{k}{(\rho \times c)}$

α : 열확산계수(혹은 열확산율 ; m^2/s)
k : 물질의 열전도율(kcal/m·s·℃ 혹은 kJ/m·s·K)
ρ : 물질의 밀도(kg/m^3)
c : 물질의 비열(kcal/kg℃ 혹은 kJ/kg·K)

38. Nernst에 의하여 수립되었으며, '어떠한 이상적인 방법으로도 어떤 계를 절대0도에 이르게 할 수는 없다'는 법칙은 무엇인가?

㉮ 열역학 제0법칙   ㉯ 열역학 제1법칙
㉰ 열역학 제2법칙   ㉱ 열역학 제3법칙

39. 다음 물질의 상태량 중 종량성 상태량이 아닌 것은?

㉮ 압력   ㉯ 체적
㉰ 에너지   ㉱ 질량

[해설] 강도성 상태량과 종량성 상태량 : 상태량은 질량과의 관계 측면에서 다음과 같이 강도성 및 종량성 상태량으로 크게 대별해볼 수 있다.
- 강도성 상태량 : 계의 질량에 관계없는 상태량(온도, 압력)
- 종량성 상태량 : 계의 질량에 정비례하는 상태량(체적, 에너지, 질량)

40. 열역학 이론에서 '자연계에 어떠한 변화를 남기지 않고 일정온도의 어느 열원의 열을 계속하여 일로 변환시키는 기계를 만드는 것은 불가능하다'는 표현은 무엇인가?

㉮ Kirchhoff의 표현
㉯ Kelvin-Planck의 표현
㉰ Clausius의 표현
㉱ Nernst의 표현

[해설]
- Kelvin-Planck의 표현 : 자연계에 어떠한 변화를 남기지 않고 일정온도의 어느 열원의 열을 계속하여 일로 변환시키는 기계를 만드는 것은 불가능하다(열효율 100%인 기관을 만들 수 없다).
- Clausius의 표현 : 자연계에 어떠한 변화를 남기지 않고서 열을 저온의 물체로부터 고온의 물체로 이동하는 기계(열펌프)를 만드는 것이 불가능하다.

정답 35. ㉰   36. ㉯   37. ㉮   38. ㉱   39. ㉮   40. ㉯

41. 베르누이 정리의 가정에 속하지 않는 것은?

㉮ 평면상 2차원 정상유동이다.
㉯ 유선의 방향으로 흐른다.
㉰ 비점성, 비압축성 유동이다.
㉱ 외력은 중력과 압력만이 작용한다.

[해설] Bernoulli's Equation의 가정(Assumption)
1. 1차원 정상유동이다.
2. 유선의 방향으로 흐른다.
3. 외력은 중력과 압력만이 작용한다.
4. 비점성, 비압축성 유동이다.
5. 마찰력에 의한 손실은 무시한다.

42. 다음 중 점성계수의 단위로 맞는 것은?

㉮ Pa·s   ㉯ cm^2/s
㉰ stokes   ㉱ m^2/s

43. 기체의 점성계수에 대하여 잘못 설명하고 있는 것은?

㉮ 기체가 흐르고 있을 때 기체에서 움직이는 것을 방해하는 저항요소를 말한다.
㉯ 기체의 점성계수는 기체 분자 간의 운동의 영향을 많이 받는다.
㉰ 기체 분자 간 운동이 커지면 그 기체의 흐름이 지장을 받는다.
㉱ 온도가 올라가면 점성계수가 감소한다.

[해설] 온도가 올라가면 기체 간의 운동이 더욱 증가하게 되고 저항은 더욱 커진다. 따라서 점성계수가 증가한다.

44. 복사난방의 특징에 대해 잘못 설명하고 있는 것은?

㉮ 실내의 쾌감도가 좋다.
㉯ 바닥면적의 이용도가 높아진다.
㉰ 방의 상·하 온도차가 커진다.
㉱ 실온이 낮아도 난방효과가 있다.

[해설] 복사난방에서는 열의 직접 전달로 인하여 대류난방 대비 방의 상·하 온도차가 작아진다.

45. 복사냉방의 단점이 아닌 것은?

㉮ 반응속도가 느리다.
㉯ 별도의 제습장치가 추가되어야 한다.
㉰ 공조를 위한 자동제어가 어렵다.
㉱ 바닥의 유효면적이 적어진다.

[해설] 복사냉방에서는 FCU 등이 없으므로 방의 바닥면적의 이용도가 높아진다.

46. 지역난방의 배관망의 종류가 아닌 것은?

㉮ 격자형   ㉯ 분기형
㉰ 환상형   ㉱ 수평형

[해설] 지역난방의 배관망의 종류
1. 격자형 : 가장 이상적인 구조, 어떤 고장 시에도 공급 가능, 공사비 비쌈
2. 분기형 : 간단하고, 공사비 저렴함
3. 환상형(범용) : 가장 보편적으로 많이 사용, 일부 고장 시에도 공급 가능함
4. 방사형 : 소규모 공사에 많이 사용, 열손실이 적은 편임

47. 소규모(구역형)집단에너지(CES ; Community Energy System)의 특징이 아닌 것은?

㉮ 주로 신도시 택지지구의 대규모 아파트단지 등이 대상이다.
㉯ 보통 냉방, 난방, 전기, 모두 일괄 공급 서비스한다.
㉰ 소형 열병합발전(가스엔진, 가스터빈 등)과 연계된다.
㉱ 투자는 주로 '분산 투자'의 형태로 이루어진다.

[해설] 신도시 택지지구의 대규모 아파트단지 등에 주로 적용하는 것은 CES가 아니라, 지역난방이다.

정답 41. ㉮ 42. ㉮ 43. ㉱ 44. ㉰ 45. ㉱ 46. ㉱ 47. ㉮

48. 열병합발전에서 이용 가능한 배기가스 회수열량이 가장 큰 것은?
- ㉮ 가스터빈
- ㉯ 가스엔진
- ㉰ 디젤엔진
- ㉱ 증기터빈

[해설] 열병합발전에서 이용 가능한 배기가스 회수열량은 '가스터빈 > 가스엔진 > 디젤엔진 > 증기터빈'의 순이다.

49. 열에너지의 축열방식 중 빙축열방식과 비교하여 수축열방식의 특징으로서 틀린 것은?
- ㉮ 단위체적당 열저장 능력이 적다.
- ㉯ 설치공간을 크게 차지한다.
- ㉰ 유지관리가 어렵다.
- ㉱ 열 저장방식이 현열 저장방식이다.

[해설]

No.	비교항목	빙축열	수축열	구조체 축열	비고
1	단위체적당 열저장 능력	많음	적음	적음	'열용량'에 따라
2	설치공간	중간	큼	적음	
3	시스템의 복잡성	복잡	중간	간단	
4	MODE(냉방, 난방)	냉방 전용	모두 가능	모두 가능	
5	초기투자비	큼	중간	적음	
6	유지관리성	어려움	중간	가장 유리	
7	자연에너지(태양열, 지열, 온도차 에너지 등) 이용	어려움	중간	가장 유리	
8	축열 매체	얼음	물	구조체	
9	열저장 방식	잠열	현열	현열	

50. '1일 냉방부하량에 대한 축열조에 축열된 얼음의 냉방부하 담당비율'은?
- ㉮ 축열률
- ㉯ 축열효율
- ㉰ IPF
- ㉱ 제빙효율

51. 빙축열 혹은 수축열방식에서 축열조의 용량은 축열률이 몇 % 이상이 되도록 설치하여야 하는가?
- ㉮ 30%
- ㉯ 40%
- ㉰ 50%
- ㉱ 60%

52. 한국전력공사에서 전기요금을 차등부과하기 위해 정해놓은 심야시간은 몇 시부터 몇 시까지인가?
- ㉮ 22~08시
- ㉯ 23~09시
- ㉰ 24~09시
- ㉱ 01~09시

[해설] 심야시간은 야간 축랭을 진행하는 시간대를 말하는 것으로 현재 23~09시로 적용되고 있다.

53. 빙축열에서 저온공조방식을 적용함으로써 얻을 수 있는 기대효과가 아닌 것은?
- ㉮ 공조시스템의 수명이 길어진다.
- ㉯ 에너지 소비량의 감소한다.
- ㉰ 덕트 및 배관 사이즈가 축소된다.
- ㉱ 초기투자비용이 절감된다.

[해설] 빙축열에서 저온공조방식을 적용함으로써 얻을 수 있는 기대효과
1. 에너지 소비량의 감소
2. 실내공기의 질과 쾌적성의 향상
3. 습도제어가 용이
4. 덕트, 배관 사이즈의 축소
5. 송풍기, 펌프, 공조기 사이즈의 축소
6. 전기 수전설비 용량 축소
7. 초기투자비용 절감에 유리
8. 건물 층고의 감소
9. 쾌적한 근무환경 조성에 의한 생산성 향상
10. 기존 건물의 개보수에 적용하면, 낮은 비용으로 냉방능력의 증감 용이

54. 중·고온수 난방방식에서 2차 측 접속방식에 따른 분류가 아닌 것은?
- ㉮ 직결방식
- ㉯ Bleed-in 방식
- ㉰ 열교환기방식
- ㉱ 수직연결방식

정답 48. ㉮ 49. ㉰ 50. ㉮ 51. ㉯ 52. ㉯ 53. ㉮ 54. ㉱

55. 각종 난방 방식 중 쾌감도가 좋은 순서대로 나열된 것은?

㉮ 복사난방 > 온수난방 > 증기난방
㉯ 온수난방 > 복사난방 > 증기난방
㉰ 증기난방 > 온수난방 > 복사난방
㉱ 온수난방 > 증기난방 > 복사난방

[해설] 난방 방식의 쾌감도 순서 : 복사난방 > 온수난방 > 증기난방(간헐난방 용이)

56. 덕트의 설계순서로 올바른 것은?

㉮ 취출구 및 흡입구 위치 결정 → 송풍량(CMH) 결정 → 덕트의 본관, 지관 경로 결정 → 덕트의 치수 결정 → 송풍기 선정 → 설계 및 시공 사양 결정
㉯ 송풍량(CMH) 결정 → 취출구 및 흡입구 위치 결정 → 덕트의 본관, 지관 경로 결정 → 덕트의 치수 결정 → 송풍기 선정 → 설계 및 시공 사양 결정
㉰ 취출구 및 흡입구 위치 결정 → 송풍량(CMH) 결정 → 덕트의 본관, 지관 경로 결정 → 송풍기 선정 → 덕트의 치수 결정 → 설계 및 시공 사양 결정
㉱ 송풍량(CMH) 결정 → 취출구 및 흡입구 위치 결정 → 덕트의 치수 결정 → 덕트의 본관, 지관 경로 결정 → 송풍기 선정 → 설계 및 시공 사양 결정

57. 덕트의 설계방식 중 정압을 일정하게 해주기 위해 앞 구간의 취출 후에는 풍속을 감소시켜 정압을 올려주는 방식은?

㉮ 등마찰 손실법   ㉯ 정압 증가법
㉰ 정압 재취득방식 ㉱ 전압법

[해설] 정압 재취득법(Static Pressure Regain Method)
• 정압을 일정하게 해주기 위해 앞 구간의 취출 후에는 풍속을 감소시켜 정압을 올려준다.
• 직선덕트 내에서 속도가 감소하면 베르누이의 정리로부터 일부의 속도에너지는 압력에너지로 변환하여 2차 쪽의 정압은 증가한다.

58. 저속덕트와 고속덕트를 구분하는 기준은?

㉮ 정압 80 mmAq   ㉯ 정압 100 mmAq
㉰ 풍속 15 m/s   ㉱ 풍속 20 m/s

[해설] 풍속이 15 m/s 이하이면 저속덕트, 풍속이 15 m/s 이상이면 고속덕트로 분류된다.

59. 풍량을 가변할 수 있는 VAV 혹은 CAV 유닛에서 풍속센서 등을 설치하여 정압의 일정한도 내에서는 풍량을 동일하게 자동으로 조절해주는 덕트의 특성을 무엇이라고 하는가?

㉮ 고정풍량특성   ㉯ 정풍량특성
㉰ 불변풍량특성   ㉱ 기외정압특성

[해설] 정풍량특성에서는 다음 그림과 같이 정압이 일정한도(a~b) 내에서 변할 때 풍량은 같다.

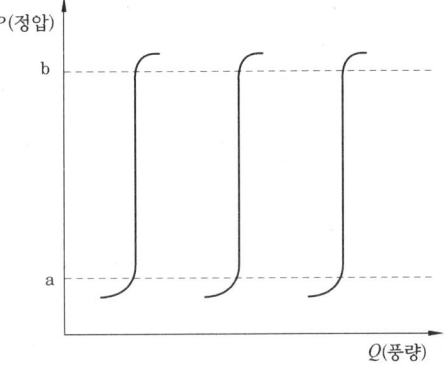

60. 다음 송풍기의 풍량 제어방법 중 에너지 절감 효과를 가장 크게 기대할 수 있는 방식은?

㉮ 토출댐퍼 제어방법

정답 55. ㉮ 56. ㉯ 57. ㉰ 58. ㉰ 59. ㉯ 60. ㉱

㉯ 스크롤댐퍼 제어방법
㉰ 흡입댐퍼 제어방법
㉱ 흡입베인 제어방법

[해설]

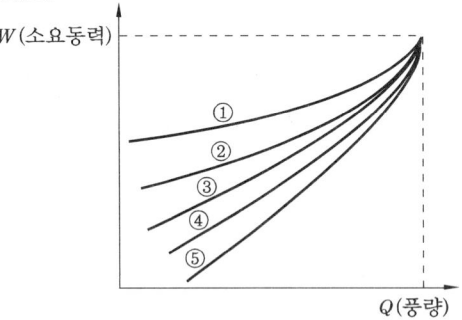

① : 토출댐퍼 제어, 스크롤댐퍼 제어
② : 흡입댐퍼 제어   ③ : 흡입베인 제어
④ : 가변피치 제어   ⑤ : 회전수 제어

61. 송풍기의 서징의 주요 원인이 아닌 것은?

㉮ 산고곡선의 상승부(왼쪽)에서 운전 시
㉯ 한계치 이상의 흡입댐퍼 교축 시
㉰ 한계치 이상의 토출 측 댐퍼 교축 시
㉱ 한계치 이하의 유량으로 운전 시

[해설] 송풍기의 서징의 주요 원인
• 특성이 양정 측 산고곡선의 상승부(왼쪽)에서 운전 시
• 한계치 이하의 유량으로 운전 시
• 한계치 이상의 토출 측 댐퍼 교축 시

62. 송풍기의 압력(전압)을 승압할 목적으로 가장 효과적인 방법은?

㉮ 용량이 동일한 송풍기의 병렬운전
㉯ 용량이 동일한 송풍기의 직렬운전
㉰ 용량이 다른 송풍기끼리의 병렬운전
㉱ 용량이 다른 송풍기끼리의 직렬운전

[해설] 압력을 승압할 목적으로는 동일 용량 및 동일 특성의 송풍기 몇 대 이상을 직렬로 연결하여 사용하는 방법이 가장 유리하다.

63. 다음 그림에서 송풍기의 정압을 잘 나타낸 식은?

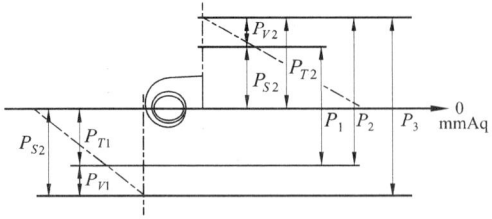

㉮ $P_{S2} - P_{S1} - P_{V1}$
㉯ $P_{S2} - P_{S1} + P_{V1}$
㉰ $(P_{S2} + P_{V2}) - (P_{S1} + P_{V1})$
㉱ $(P_{S2} + P_{V2}) + (P_{S1} + P_{V1})$

[해설] • 송풍기 전압
$= P_2 = P_{T2} - P_{T1} = (P_{S2} + P_{V2}) - (P_{S1} + P_{V1})$
• 송풍기 정압
$= P_1 = P_2 - P_{V2} = P_{S2} - P_{S1} - P_{V1}$

64. 다음 왕복펌프 중 높은 양정에 사용하기에 가장 유리한 방식은?

㉮ 피스톤 펌프
㉯ 버킷 펌프
㉰ 플런저 펌프
㉱ 증기 직동펌프

[해설] 1. 피스톤 펌프(Piston Pump) : 저압 급수용
2. 버킷 펌프(Bucket Pump) : 피스톤에 밸브가 설치된 것을 말한다.
3. 플런저 펌프(Plunger Pump) : 플런저를 왕복동시켜 실린더 내부의 물을 높은 압력으로 송출한다. 고압펌프로 수압이 높고(고압) 유량이 적은 곳에 주로 사용한다. 플런저는 피스톤이 봉 모양으로 된 것이 특징이다.
4. 증기 직동펌프 : 발생 증기의 힘을 구동력(직동식)으로 회수하는 왕복동식 펌프, 증기 측 실린더와 물 측 실린더가 각각 1개씩인 것을 단식 펌프(Simplex Pump, Weir Pump 등)라 하고 증기 측 및 물 측 실린더가 각각 2개씩인 것을 복식 펌프(Duplex Pump, Worthington Pump 등)라 한다. 보일러 내의 급수 등에 활용한다.

[정답] 61. ㉯ 62. ㉯ 63. ㉮ 64. ㉰

65. 배관 내 수격현상(워터햄머 ; Water Hammer)이 잘 일어나게 하는 원인이 아닌 것은?

㉮ 밸브의 급개폐
㉯ 펌프의 급정지
㉰ 관경이 지나치게 클 때
㉱ 체크밸브의 급속한 역류 차단

[해설] 배관 내 수격현상이 일어나는 원인
1. 유속의 급정지 시에 충격압에 의해 발생
   (1) 밸브의 급개폐
   (2) 펌프의 급정지
   (3) 수전의 급개폐
   (4) 체크밸브의 급속한 역류 차단
2. 관경이 작을 때
3. 수압 과대, 유속이 클 때
4. 밸브의 급조작 시(급속한 유량제어 시)
5. 플러시 밸브, 콕 사용 시
6. 20 m 이상 고양정에서
7. 감압밸브 미사용 시

66. 펌프의 비속도에 대한 설명으로 잘못된 것은?

㉮ 펌프가 대유량 및 저양정이면 비속도는 크고 소유량/고양정이면 비속도는 작아진다.
㉯ 터빈 펌프 < 볼류트 펌프 < 사류 펌프 < 축류 펌프 순으로 비교회전수는 증가하지만 양정은 감소된다.
㉰ 비교회전도가 작은 펌프(터빈 펌프)는 양수량이 변해도 양정의 변화가 작다.
㉱ 비교회전도가 큰 펌프는 유량의 변화가 큰 용도에 적합하다.

[해설] 펌프의 비속도의 특징
1. 펌프가 대유량 및 저양정이면 비속도는 크고 소유량/고양정이면 비속도는 작아진다.
2. 터빈 펌프 < 볼류트 펌프 < 사류 펌프 < 축류 펌프 순으로 비교회전수는 증가하지만 양정은 감소된다.
3. 비교회전도가 작은 펌프(터빈 펌프)는 양수량이 변해도 양정의 변화가 작다.
4. 최고 양정의 증가 비율은 비교회전도가 증가함에 따라 크게 된다.
5. 비교회전도가 작은 펌프는 유량변화가 큰 용도에 적합하다.
6. 비교회전도가 큰 펌프는 양정변화가 큰 용도에 적합하다.
7. 비교회전도가 지나치게 크거나 작게 되면 효율변화의 비율이 크다(효율이 급격하게 나빠진다).

67. 냉각탑의 냉각톤에 대한 설명으로 가장 적절한 것은?

㉮ 37℃의 순수한 물 13 LPM을 1시간 동안에 32℃의 물로 만드는 데 필요한 냉각능력
㉯ 37℃의 순수한 물 10 LPM을 1시간 동안에 32℃의 물로 만드는 데 필요한 냉각능력
㉰ 35℃의 순수한 물 10 LPM을 1시간 동안에 30℃의 물로 만드는 데 필요한 냉각능력
㉱ 35℃의 순수한 물 8 LPM을 1시간 동안에 30℃의 물로 만드는 데 필요한 냉각능력

[해설] 냉각톤 : 냉각탑의 공칭능력(37℃의 순수한 물 13 LPM을 1시간 동안에 32℃의 물로 만드는 데 필요한 냉각능력)

68. 냉각탑의 성능을 향상시키는 인자에 대한 설명 중 잘못된 것은?

㉮ 냉각탑의 입출구 온도차를 크게 한다.
㉯ 입구공기의 습구온도가 낮을수록 유리하다.
㉰ 냉각탑의 어프로치를 크게 한다.
㉱ 냉각수량을 증가시킨다.

[해설] 어프로치(Approach)
1. 냉각탑 입구공기의 습구온도가 같은 조건일 때 어프로치가 작은 냉각탑이 그만큼 많이 냉각되었다는 것을 뜻하며 능력이 크다는 것이다.
2. 어프로치를 작게 하기 위해서는 물과 공기의 접촉을 보다 많이 할 수 있게 설계하여야 하며 일반적으로 3~5℃를 기준으로 한다.

정답 65. ㉰ 66. ㉱ 67. ㉮ 68. ㉰

69. 진공식 온수보일러의 특징으로 맞는 것은?

㉮ 법정검사가 없으므로 취급자의 면허가 불필요하다.
㉯ 보통 대용량 설치 전용으로 많이 설치한다.
㉰ 증기를 직접 필요로 하는 부하나 증기 가습에 유리한 방식이다.
㉱ 100℃ 이상의 고온수 생산이 가능하다.

[해설] 진공식 온수보일러의 단점
1. 90℃ 이상의 고온수 생산이 불가하다.
2. 주로 중·소용량 보일러 전용이다(대용량 설치 필요 시 복수의 보일러 여러 대 구성 필요).
3. 증기를 직접 필요로 하는 부하나 증기 가습에는 대응하기 곤란하다.
4. 서비스 및 수리가 다소 어렵다.

70. 펌프의 회전수가 1,250 rpm일 때, 토출량은 0.7 m³/min, 소용동력이 5 kW이다. 회전수를 가변하여 펌프의 토출량을 1.5 m³/min으로 증가시키면 동력은 얼마가 되겠는가?

㉮ 약 45 kW   ㉯ 약 49 kW
㉰ 약 53 kW   ㉱ 약 57 kW

[해설] 동력 = $5 \times (1.5/0.7)^3$ = 49.2 kW

71. 유량 500 CMH, 양정 20 m로 운전되고 있는 펌프의 소비전력이 40 kW(전동기효율은 90%)이라고 한다면 펌프의 효율은 얼마인가?

㉮ 75.6%   ㉯ 77.6%
㉰ 79.6%   ㉱ 81.6%

[해설] 펌프의 소비전력 = $\gamma \cdot Q \cdot H \cdot k/(\eta_P \cdot \eta_M)$에서, 펌프의 효율($\eta_P$) = $9.8 \times 500/3,600 \times 20/(0.9 \times 40)$ = 0.756 (여기서, 9.8 kN/m³ : 물의 비중량)

72. 소비전력 200 kW인 펌프의 효율을 75%에서 85%로 개선한다면 연간 소비전력 절감량은 얼마인가? (단, 연간 운전시간은 5,000시간으로 한다.)

㉮ 105.5 MWh   ㉯ 117.5 MWh
㉰ 127.3 MWh   ㉱ 135.5 MWh

[해설] 펌프의 소비전력 = $\gamma \cdot Q \cdot H \cdot k/(\eta_P \cdot \eta_M)$에서 펌프의 소비전력과 효율($\eta_P$)은 반비례 관계에 있으므로, 개선 후 소비전력 = 200 kW × (75/85) = 176.5 kW
∴ 소비전력 절감량 = (200−176.5)×5,000
= 117,500 kWh
= 117.5 MWh

73. 물이 20℃에서 40℃로 상승 시의 열량과 5℃에서 영하 15℃로 변화 시의 열량의 차이는 얼마인가?

㉮ 약 302 kJ   ㉯ 약 402 kJ
㉰ 약 502 kJ   ㉱ 약 602 kJ

[해설] 1. 물이 20℃에서 40℃로 상승 시 열량
$q = G \times C \times \Delta T$
G : 물의 질량(kg)
C : 물의 비열(= 4.1868 kJ/kg·K)
ΔT : 나중온도 − 처음온도(K)
그러므로 q = 4.1868(40−20) = 83.74 kJ(1 kg 기준)
2. 물이 5℃에서 영하 15℃로 변화 시 열량 상기 식을 참조하여, (얼음의 비열은 2.1 kJ/kg·K, 융해·응고 잠열은 333.6 kJ/kg)
4.1868 × (5−0) + 333.6 + 2.1(0 + 15) = 386.03 kJ(1 kg 기준)
3. 결론
열량의 차이 = 386.03 kJ − 83.74 kJ
= 302.29 kJ

74. 개방형 냉각탑과 냉동기가 수직높이 100 m의 거리를 두고 설치되어있다. 살수압손실 5 m, 수위와 살수관 간의 높이차 7 m, 배관마

정답 69. ㉮ 70. ㉯ 71. ㉮ 72. ㉯ 73. ㉮ 74. ㉱

찰손실 10 mm/m일 때 냉각수 순환펌프 양정을 구하면? (단, 총 배관길이는 220 m로 하며, Fitting 손실, 응축기튜브 마찰손실, 안전율은 무시한다.)

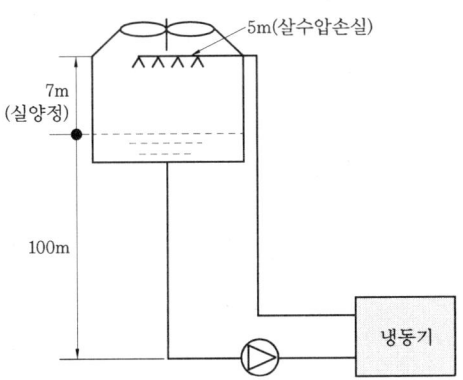

㉮ 11.2 m ㉯ 12.2 m
㉰ 13.2 m ㉱ 14.2 m

[해설] • 실양정(H_1 ; 높이수두, 정수두) = 냉각수 수면과 살수 노즐 간의 높이차 = 7 m
• 배관저항(H_2 ; 배관 마찰손실 수두) = 10 mm/m × 10^{-3} × 220 = 2.2 m
• 기기저항(H_3 ; 냉동기의 응축기 통과 저항 + 살수노즐 저항 등) = 5 m
순환펌프 양정 = 실양정(H_1) + 배관저항(H_2) + 기기저항(H_3) = 7 m + 2.2 m + 5 m = 14.2 m

75. 다음과 같이 냉각식 제습기 내에 있어서 공기상태 변화 측면에서 단위풍량(kg/h)당 ㉠ 제습(감습)량, ㉡ 냉각열량, ㉢ 가열량을 계산하면? (단, 절대습도의 기호는 X, 엔탈피는 h, 온도는 t로 하며, 예를 들어 ⓐ점의 절대습도는 Xⓐ, 엔탈피는 hⓐ, 건구온도는 tⓐ로 가정한다.)

	㉠ 제습량	㉡ 냉각열량	㉢ 가열량
㉮	$X_1 - X_2$	$h_a - h_2$	$h_3 - h_2$
㉯	$X_1 - X_2$	$h_a - h_2$	$h_3 - h_1$
㉰	$X_1 - X_3$	$h_1 - h_2$	$h_3 - h_2$
㉱	$X_1 - X_3$	$h_1 - h_2$	$h_3 - h_1$

[해설]

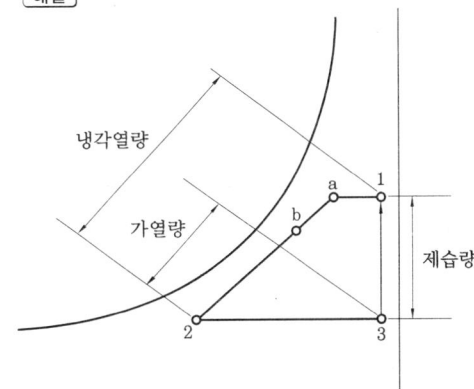

• 제습(감습)량 $X = X_1 - X_3$
• 냉각열량 $q_c = h_1 - h_2$
• 가열량 $q_h = h_3 - h_2$

76. 그림과 같은 개방형 냉각탑과 냉동기가 수직높이 20 m의 거리에 설치되어있다. 살수압손실 3 mAq, 배관마찰손실 20 mmAq/m일 때 냉각수 순환 펌프의 양정을 구하면? [단, 기타 모든 손실은 무시한다(수평배관길이는 총 20 m로 봄).]

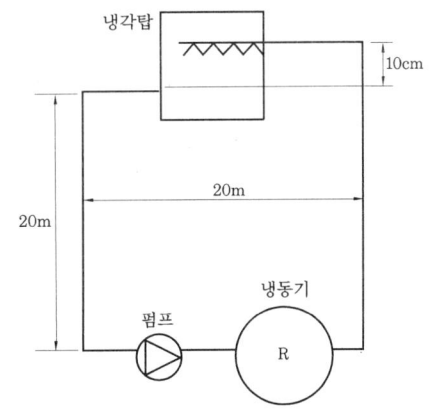

정답 75. ㉰ 76. ㉮

㉮ 14.4 m ㉯ 15.4 m
㉰ 16.7 m ㉱ 17.7 m

[해설] 냉각수 순환펌프 양정 계산
순환펌프 양정 = 살수압 손실 + 실양정 + 마찰손실
살수압 손실 = 3 m
실양정 = 10 m
마찰손실 = 단위길이당의 마찰손실 × (수평길이 + 수직길이) = 0.02 m/m × {20 m + (20 m × 2 + 10 m)}
그러므로 순환펌프 양정 = 3 + 10 + 0.02 × 70
= 14.4 m

77. 다음 증기용 감압밸브 주변배관에서 ⓐ, ⓑ, ⓒ에 들어갈 부품으로 알맞게 짝지어진 것은?

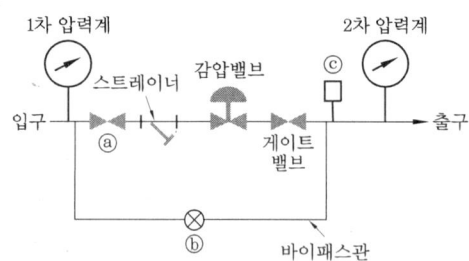

	ⓐ	ⓑ	ⓒ
㉮	게이트밸브	글로브밸브	안전밸브
㉯	안전밸브	글로브밸브	게이트밸브
㉰	글로브밸브	게이트밸브	안전밸브
㉱	안전밸브	게이트밸브	글로브밸브

78. 온도(t_1 = 4℃), 풍량(Q_1 = 10,000 m³/h), 비체적(v_1 = 0.789)와 온도(t_2 = 25℃), 풍량(Q_2 = 20,000 m³/h), 비체적(v_2 = 0.858)의 혼합 시 온도는?

㉮ 15.6℃ ㉯ 16.6℃
㉰ 17.6℃ ㉱ 18.6℃

[해설] 1. 계산방법
(1) 온도(t), 풍량(Q), 비체적(v)이 서로 다른 공기가 혼합 시 '현열교환'에 의해 온도, 비체적 등의 Property가 변화된다.
(2) 이때의 현열교환량 계산량은
$q_s = Q \cdot \gamma \cdot C \cdot \Delta t = Q/v \cdot C \cdot \Delta t$ (C는 비열이므로 일정)
(3) 온도가 낮은 공기의 얻은 열량과 높은 공기의 잃은 열량은 동일하므로, 혼합 시의 온도를 t_3라고 하면, $(t_1 \times Q_1/v_1 + t_2 \times Q_2/v_2)$
$= t_3 \times (Q_1/v_1 + Q_2/v_2)$
따라서, $t_3 = (t_1 \times Q_1/v_1 + t_2 \times Q_2/v_2)$
$/(Q_1/v_1 + Q_2/v_2)$

2. 계산식
혼합 시의 온도
$t_3 = (4 \times 10,000/0.789 + 25 \times 20,000/0.858/(10,000/0.789 + 20,000/0.858)$
= 17.6℃

79. 2℃ 공기 20,000 m³/h의 풍량으로 가열기를 통과하여 22℃로 공급될 때 시간당 필요열량을 계산하면? (다만, 2℃ 공기 비체적은 0.785 m³/kg이다.)

㉮ 252 MJ/h ㉯ 312 MJ/h
㉰ 452 MJ/h ㉱ 512 MJ/h

[해설] 1. $q = Q \cdot \rho \cdot C_p \cdot (t_2 - t_1)$
Q : 풍량(m³/h)
ρ : 공기의 밀도(= 1/비체적 ; kg/m³)
C_p : 공기의 비열(1.005 kJ/kg·K)
$t_2 - t_1$: 온도차(K, ℃)
2. 따라서, 가열량
$q = 20,000/0.785 \times 1.005(22-2) = 512$ MJ/h

80. 가습을 위해 물 분무 시의 열수분비(U)를 올바르게 나타낸 것은? (단, t는 분무되는 물의 온도이다.)

㉮ $U = 4.1868t$ [kJ/kg]
㉯ $U = t$ [kJ/kg]
㉰ $U = 1.85t$ [kJ/kg]

㉣ $U = 2,501.6 + 1.85t$ [kJ/kg]

[해설] 가습을 위해,
1. 물 분무 시의 열수분비
   $U = $ 비열 × 온도 $= 4.1868t$ [kJ/kg]
2. 증기 분무 시의 열수분비
   $U = \Delta h / \Delta x = \Delta x (2,501.6 + 1.85t) / \Delta x$
   $= 2,501.6 + 1.85\ t$ [kJ/kg]

81. 어떤 빌딩의 급탕량이 3,500 kg/h이고, 동관 내경 10 mm인 열교환기의 증기 가열코일에서 열교환기의 대수평균온도차(LMTD) 및 열교환기 내 증기 가열코일의 길이(m)는 각각 얼마인가? [단, 급탕온도 55℃, 급수온도 5℃, 동관의 열관류율(K값) 1200 W/m² · K, 단위 m당 표면적 0.07 m², 증기의 절대압력은 120 kPa, 포화온도 105℃, 증발잠열 2250 kJ/kg, 파울링계수 여유율 25%, 소수 셋째 자리에서 반올림한다.]

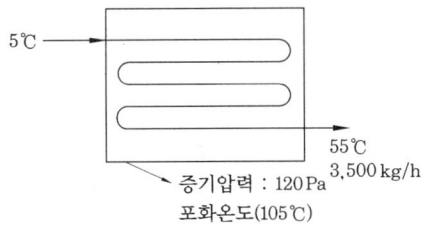

	대수평균온도차	가열코일의 길이
㉮	72.13℃	42m
㉯	72.13℃	46m
㉰	73.23℃	42m
㉱	73.23℃	46m

[해설] 1. 대수평균온도차 계산
$\Delta_1 = 105 - 5 = 100℃$
$\Delta_2 = 105 - 55 = 50℃$
$LMTD = \dfrac{\Delta_1 - \Delta_2}{\ln(\Delta_1/\Delta_2)} = \dfrac{100-50}{\ln(100/50)} = 72.13℃$

2. 열교환기 내 전열 면에서의 전열교환량과 급탕가열량이 같으므로,
$K \cdot L \cdot A \cdot LMTD = G \cdot C \cdot (t_1 - t_2)$에서,

가열코일의 길이 $L = \dfrac{GC(t_1 - t_2)}{K \cdot A \cdot LMTD}$

$= \dfrac{3500 \times 4.19(55-5)}{3600 \times 1200/1000 \times 0.07 \times 72.13}$

$= 33.62\ m$

파울링계수 고려하여 여유율을 25%로 하면
$33.62 \times 1.25 = 42.03\ m$

82. 다음 그림과 같이 급탕설비에서 급탕 공급량 5,000 kg/h, 급탕 공급온도 57℃, 급수온도 7℃, 열교환기 내 증기온도 127℃, 코일의 열관류율 1200 W/m² · K일 때 대수평균온도차 및 열교환기의 전열면적은 각각 얼마인가? (단, 소수 둘째 자리에서 반올림한다.)

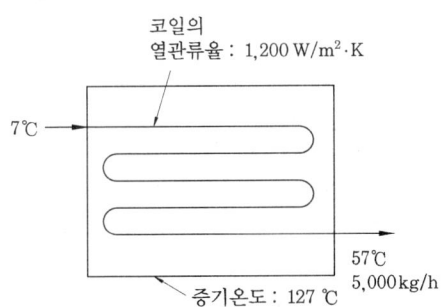

	대수평균온도차	열교환기의 전열면적
㉮	90.56℃	2.1m²
㉯	90.56℃	2.6m²
㉰	92.76℃	2.1m²
㉱	92.76℃	2.6m²

[해설] 1. 대수평균온도차 계산
$\Delta_1 = 127 - 7 = 120℃$
$\Delta_2 = 127 - 57 = 70℃$
$LMTD = \dfrac{\Delta_1 - \Delta_2}{\ln(\Delta_1/\Delta_2)} = \dfrac{120-70}{\ln(120/70)} = 92.76℃$

2. $K \cdot L \cdot A \cdot LMTD = G \cdot C \cdot (t_1 - t_2)$에서,

열교환기 전열면적 $A = \dfrac{GC(t_1 - t_2)}{K \cdot LMTD}$

$= 5000 \times 4.19(57-7)/(3600 \times 1.2 \times 92.76)$

$= 2.6\ m^2$

정답 81. ㉮ 82. ㉱

83. 급탕 공급량 2,000 kg/h, 급탕 공급온도 65℃, 급수온도 5℃, 난방부하 상당 증발량 1,700 kg/h, 보일러 가스 사용량 170 Nm³/h일 때, 보일러의 상용출력(kW) 및 효율은 각각 얼마인가? (단, 물 100℃에서의 증발잠열은 2,257 kJ/kg, 가스의 저위발열량은 40,000 kJ/Nm³, 배관부하율 및 예열부하율은 각 20%로 한다.)

	상용출력	효율
㉮	1246.6kW	88%
㉯	1346.6kW	90%
㉰	1446.6kW	92%
㉱	1546.6kW	94%

[해설] 1. 급탕부하 $q_1 = G \cdot C \cdot \Delta t$ =
  2000×4.19×(65-5) = 502,800kJ/h
2. 난방부하 q_2 = 1700×2257 = 3,836,900kJ/h
3. 정격출력 P_1 = 난방부하(q_2)+급탕부하(q_1)+배관부하(q_3)+예열부하(q_4)
  = (3,836,900kJ/h+502,800kJ/h)×1.2×1.2
  = 6,249,186kJ/h = 1735.88kW
4. 상용출력 P_2 = 난방부하(q_1)+급탕부하(q_2)+배관부하(q_3)
  = (3,836,900kJ/h+502,800kJ/h)×1.2
  = 5,207,640kJ/h = 1446.57kW
5. 보일러의 효율 = $\dfrac{\text{정격출력}}{\text{연료소모량}\times\text{저위발열량}}$
  = $\dfrac{6,249,186}{170\times40,000}$ = 91.90%

84. 증발온도가 5℃, 응축온도가 40℃, 포화액에서 팽창하고 건포화증기에서 압축되며 압축효율이 80%, 비교속도가 35 rpm의 조건으로 500 USRT(미국냉동톤)의 원심식 압축기에서 아래 표의 B냉매로서 압축기에 대한 소형화를 계획할 때, A냉매를 사용하는 경우에 비해 압축기 회전수는 몇 배인가? (단, 체적효율은 93%이고 아래 냉매에 대한 성능치를 참조한다.)

내 용	A냉매	B냉매
① 응축기 엔탈피(kJ/kg)	452.6	457.2
② 압축기 입구 측 엔탈피(kJ/kg)	612.1	574.8
③ 압축기 출구 측 엔탈피(kJ/kg)	633.5	593.3
④ 압축기 입구 측 가스 비체적 (m³/kg)	0.34	0.05

㉮ 1.2배 ㉯ 2.2배
㉰ 3.2배 ㉱ 4.2배

[해설] 1. $p-h$ 선도

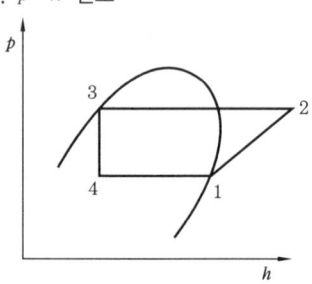

2. A냉매에 대한 계산
  (1) 냉동능력 $q = G(h_1 - h_4)$
    G : 냉매의 질량유량(kg/s)
    따라서 $G = \dfrac{q}{h_1 - h_4}$
    $= \dfrac{500\,\text{USRT}\times 3.516\,\text{kW/USRT}}{612.1 - 452.6}$
    = 11.02 kg/s
  (2) 압축기 입구 측의 비체적 $V = \dfrac{Q}{G}$ 에서, 체적유량
    $Q = V\times G = 0.34\times 11.02 = 3.75\,\text{m}^3/\text{s}$
    여기서 체적효율 93%를 고려하면,
    $Q = \dfrac{3.75}{0.93} = 4.03\,\text{m}^3/\text{h}$
3. B냉매에 대한 계산
  (1) 냉동능력 $q = G(h_1 - h_4)$
    G : 냉매의 질량유량(kg/s)
    따라서 $G = \dfrac{q}{h_1 - h_4}$
    $= \dfrac{500\,\text{USRT}\times 3.516\,\text{kW/USRT}}{574.8 - 457.2}$
    = 14.95 kg/s
  (2) 압축기 입구 측의 비체적 $V = \dfrac{Q}{G}$ 에서, 체적유량
    $Q = V\times G = 0.05\times 14.95 = 0.75\,\text{m}^3/\text{h}$

정답 83. ㉰ 84. ㉯

여기서 체적효율 93%를 고려하면,
$$Q = \frac{0.75}{0.93} = 0.81 \text{ m}^3/\text{s}$$

4. 필요 회전수 계산
비교회전수 $N_s = N \times \sqrt{Q}/H^{3/4}$ 에서,
$$N = N_s \times H^{3/4}/\sqrt{Q}$$

(1) 따라서, A냉매 사용 시의 회전수(N_1)
$$N_1 = N_s \times H^{3/4}/\sqrt{Q_1} \propto 1/\sqrt{4.03} \propto 1/2$$

(2) B냉매 사용 시의 회전수(N_2)
$$N_2 = N_s \times H^{3/4}/\sqrt{Q_2} \propto 1/\sqrt{0.81} \propto 1/0.9$$

(3) 결론
따라서, $N_1 : N_2$ = 1/2 : 1/0.9 = 1 : 2.22
즉, B냉매 적용 시스템의 회전수는 A냉매 적용 시스템의 회전수보다 약 2.22배 크게 설계되어야 한다.

$$P \times d \times L = \sigma_c \times 2t \times L$$
원주방향의 인장응력 $\sigma_c = P \times \dfrac{d}{2t}$

2. 축방향의 인장응력 계산공식 유도
상기 그림에서, 축방향의 인장응력 항등식
즉, $P \times \pi \times \dfrac{d_2}{4} = \sigma_s \times t \times \pi \times d$
축방향의 인장응력 $\sigma_s = P \times \dfrac{d}{4t}$

3. 결론
따라서, 원주방향의 인장응력(σ_c)이 축방향의 인장응력(σ_s)보다 크므로, 원주방향의 인장응력(σ_c)을 기준으로 설계한다. 상기 식에서,
$$\sigma = P \times \frac{d}{2t} = 3 \times \frac{800}{2 \times 16} = 75 \text{ MPa}$$
여기서 용접구조용 탄소강의 최저 인장강도가 410 MPa이므로, 동관의 인장응력은
$$\frac{75}{410} = 0.1829 \quad \therefore \text{ 약 } 18.3\%$$

85. 다음과 같이 내경(d)이 800 mm, 동판두께(t)가 16mm의 용접 구조용 탄소강판(최저 인장강도 410 MPa)의 수액기에서 수압(P)이 3 MPa의 압력을 가할 때 동판에 유기되는 인장응력은 허용인장 응력의 몇 %인가? [단, 원주방향의 인장응력(σ_c)과 축방향의 인장응력(σ_s) 중 큰 값을 기준으로 한다.]

86. 다음 습공기선도와 같이 공조기가 냉방으로 운전될 때 감습량(kg/h)과 감습에 의한 잠열 제거량(kJ/h)은 얼마인가? [단, 외기량(OA)과 순환공기량(RA)의 혼합비율은 1 : 5로 하고, 냉각코일의 풍량은 3,000 m³/h, 증발기에서의 수증기의 증발잠열은 2,502 kJ/kg, 공기의 밀도는 1.2 kg/m³으로 한다.]

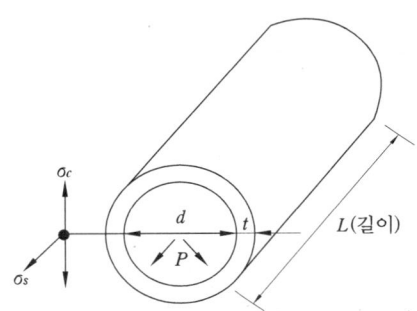

㉮ 18.3% ㉯ 19.3%
㉰ 20.3% ㉱ 21.3%

[해설] 1. 원주방향의 인장응력 계산공식 유도
상기 그림에서 원통의 중심축을 기준으로 힘의 균형의 원리 측면에서 볼 때, 관의 외부로 작용하는 압력에 의한 힘 = 관의 양쪽 두께에 작용하는 응력에 의한 내구력, 즉

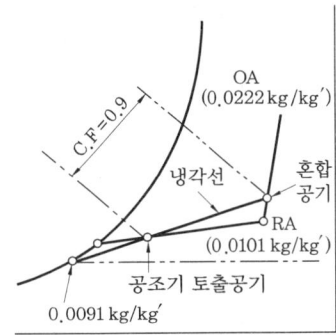

	감습량	잠열제거량
㉮	7.7848kg/h	20,481kJ/h
㉯	8.7848kg/h	22,481kJ/h
㉰	9.7848kg/h	24,481kJ/h
㉱	10.7848kg/h	26,481kJ/h

정답 85. ㉮   86. ㉰

[해설] 1. 감습량
(1) 혼합공기의 절대습도 계산
혼합공기의 절대습도
$= \dfrac{0.0101 \times 5 + 0.0222 \times 1}{5+1} = 0.01212$
(2) 공조기 토출공기의 절대습도 계산
C.F = 0.9 그러므로 B.F = 1-0.9 = 0.1
공조기 토출공기의 절대습도
= 0.0091+0.1×(0.01212-0.0091)
= 0.009402
(3) 감습량 = 3,000 m³/h×1.2 kg/m³
(0.01212-0.009402) = 9.7848 kg/h
2. 감습에 의한 잠열제거량
= 9.7848 kg/h×2,502 kJ/kg = 24,481 kJ/h

87. 다음과 같은 공조기 계통도상의 습공기 상태로 볼 때 냉동기의 성적계수(COP)는 얼마로 추정할 수 있는가? [단, 공조기 토출공기량은 17,500 m³/h, 공기의 밀도는 1.2 kg/m³, 냉동기의 소비전력은 56 kW라고 한다.]

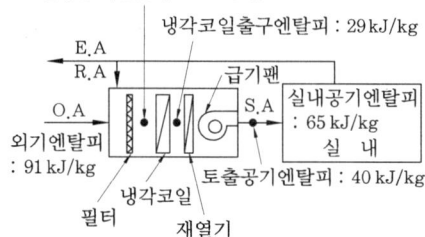

㉮ 3.5   ㉯ 4.5   ㉰ 5.0   ㉱ 5.5

[해설] 1. 습공기선도

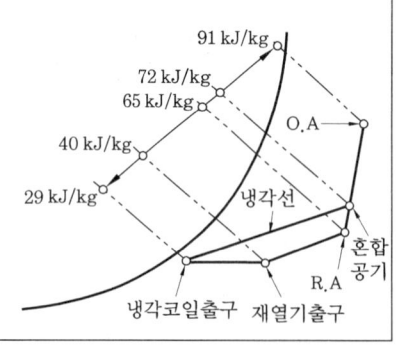

2. 냉각코일부하 = 17,500×1.2×(72-29)
= 903,000 kJ/h
3. 냉동기의 COP = 냉각코일부하/소비전력
= 903,000/(3600×56) = 4.48

88. 어떤 건물의 덕트 시스템에서 아래 주어진 그림과 조건에서 송풍기의 정압(Pa) 및 전동기 출력(kW)은 얼마인가?

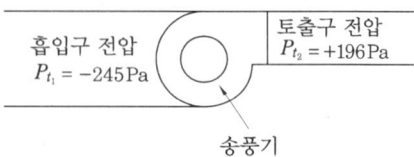

〈조건〉
• 토출 풍속 : 13 m/s
• 공기의 밀도 : 1.2 kg/m³
• 덕트 통과 풍량(Q) : 12,000 m³/h
• 송풍기의 전압효율 : 80%
• 전달계수 : 1.1
• 기타의 손실 : 무시

	송풍기의 정압	전동기 출력
㉮	340 Pa	2.0kW
㉯	370 Pa	3.0kW
㉰	400 Pa	4.0kW
㉱	430 Pa	5.0kW

[해설] 1. 송풍기의 정압(Pa) 계산
송풍기 전압(ΔP_t) = 토출구 전압(P_{t_2}) - 흡입구 전압(P_{t_1}) = 196-(-245) = 441 Pa
송풍기 동압 = $\dfrac{1}{2}\rho v^2 = \dfrac{1}{2} \times 1.2 \times 13^2 = 101.4$ Pa
송풍기 정압 = 송풍기 전압-송풍기 동압
= 441-101.4 = 339.6 Pa
2. 송풍기의 전동기 출력(kW) 계산
송풍기의 공기동력 = $Q \times \Delta P_t = \dfrac{12,000}{3,600} \times 441$
= 1,470W = 1.47kW
∴ 송풍기의 전동기 출력(kW)
= $\dfrac{송풍기의\ 공기동력 \times 전달계수}{전압효율}$
= $\dfrac{1.47\text{kW} \times 1.1}{0.8}$ = 2.0 kW

정답 87. ㉯   88. ㉮

CHAPTER 02 건축 전기설비 이해 및 응용

1. 전력과 역률

1-1 피상전력

교류의 부하 또는 전원의 용량을 표시하는 전력, 전원에서 공급되는 전력
(1) 단위 : [VA]
(2) 피상전력의 표현

$$Pa = VI$$

1-2 유효전력

전원에서 공급되어 부하에서 유효하게 이용되는 전력, 전원에서 부하로 실제 소비되는 전력
(1) 단위 : [W]
(2) 유효전력의 표현

$$P = VI\cos\theta$$

1-3 무효전력

실제로는 아무런 일을 하지 않아 부하에서는 전력으로 이용될 수 없는 전력(실제로 아무런 일도 할 수 없는 전력)
(1) 단위 : [Var]

(2) 무효전력의 표현

$$P_r = VI\sin\theta$$

1-4 유효·무효·피상전력 사이의 관계

$$P_a = \sqrt{P^2 + P_r^2}$$

1-5 역률

피상전력 중에서 유효전력으로 사용되는 비율(R : 저항, X : 리액턴스)

$$\text{유효전력} = P = VI\cos\theta \text{ [W]}$$
$$\text{무효전력} = P_r = VI\sin\theta \text{ [var]}$$
$$\text{피상전력} = P_a = VI \text{ [VA]}$$

$$\text{역률} = \frac{\text{유효전력}}{\text{피상전력}} = \frac{P}{VI} = \cos\theta = \frac{R}{\sqrt{R^2+X^2}}$$

1-6 무효율과 삼상교류전력

(1) 무효율

$$\text{무효율} = \frac{\text{무효전력}}{\text{피상전력}} = \frac{Pr}{VI} = \sin\theta = \frac{X}{\sqrt{R^2+X^2}}$$

(2) 대칭 삼상교류전력 ($V_p I_p$ = 상전압 × 상전류, $V_l I_l$ = 선간전압 × 선전류)

① 유효전력(P)

$$\text{유효전력}(P) = 3V_p I_p \cdot \cos\theta = \sqrt{3}\,V_l I_l \cdot \cos\theta = 3I_p^2 R \text{ [W]}$$

② 무효전력(P_r)

$$\text{무효전력}(P_r) = 3V_p I_p \cdot \sin\theta = \sqrt{3}\,V_l I_l \cdot \sin\theta = 3I_p^2 X \text{ [Var]}$$

③ 피상전력(P_a)

$$\text{피상전력}(P_a) = \sqrt{P^2 + P_r^2} = 3V_p I_p = \sqrt{3}\, V_l I_l = 3I_p^2 Z\,[\text{VA}]$$

1-7 역률의 개선

(1) 역률이 낮으면 부하에 동일한 전력을 전달하기 위해 더 많은 전류를 흘려야 한다.
(2) 이런 문제를 해결하기 위하여 인덕턴스가 주성분인 부하에 커패시터를 병렬연결하여 역률을 개선한다.
(3) 이러한 커패시터를 '역률 개선용 진상 콘덴서'라고 한다.
(4) 역률 개선은 부하 자체의 역률을 개선한다는 의미가 아니고, 전원의 입장에서 전력에 기여하지 못하는 리액턴스의 전류를 상쇄하여 전원 전류의 크기를 줄이는 것이다.
(5) 진상 콘덴서를 설치해서 역률을 $\cos\theta$로부터 $\cos\phi$로 개선하는 데에 요하는 콘덴서 용량 Q[kVA]

$$Q = \text{부하전력}[\text{kW}] \times \left\{ \sqrt{\frac{1}{\cos^2\theta} - 1} - \sqrt{\frac{1}{\cos^2\phi} - 1} \right\}[\text{kVA}]$$

2. 전압강하 계산

옥내배선 등 비교적 전선의 길이가 짧고, 전선이 가는 경우에서 전압강하는 다음과 같이 계산한다.

배전방식	전압강하	대상 전압강하
직류 2선식, 교류 2선식	$e = \dfrac{35.6 \times L \times I}{1000 \times A}$	선간
3상 3선식	$e = \dfrac{30.8 \times L \times I}{1000 \times A}$	선간
단상 3선식	$e = \dfrac{17.8 \times L \times I}{1000 \times A}$	대지간
3상 4선식	$e = \dfrac{17.8 \times L \times I}{1000 \times A}$	대지간

e : 전압강하(V) I : 부하전류(A) L : 전선의 길이(m) A : 사용전선의 단면적(mm^2)

3. 변압기와 중전기기

3-1 변압기의 정의

변압기는 1차 측에서 유입한 교류전력을 받아 전자유도작용에 의해서 전압 및 전류를 변성하여 2차 측에 공급하는 기기이다.

3-2 변압기의 손실

하나의 권선에 정격 주파수의 정격전압을 가하고 다른 권선을 모두 개로했을 때의 손실을 '무부하손'이라고 하며 대부분은 철심 중의 히스테리시스손과 와전류손이다. 또한 변압기에 부하전류를 흐르게 함으로써 발생하는 손실을 '부하손'이라고 하며 권선 중의 저항손 및 와전류손, 구조물/외함 등에 발생하는 표류부하손 등으로 구성된다.

(1) **무부하손(철손 ; p_i)** : 주로 히스테리시스손 + 와전류손에 의함
(2) **부하손(동손 ; p_c)** : 주로 저항손, 와전류손, 표류부하손에 의함
(3) **변압기 손실 계산**

$$변압기\ 손실 = 무부하손(철손) + 부하손(동손)$$

3-3 변압기의 효율 계산

(1) **규약효율** : 직접 측정하기 곤란한 경우 입력을 단순히 출력과 손실의 합으로 나타내는 효율

$$변압기\ 효율 = \frac{출력}{출력 + p_i + p_c} \times 100(\%)$$

(2) **부하율이 m일 경우의 효율** : 부하율(m)과 변압기의 전손실($p_i + m^2 \cdot p_c$)을 고려한 효율(P ; 피상전력, $\cos\theta$; 역률)

$$변압기\ 효율 = \frac{m \cdot P \cdot \cos\theta}{m \cdot P \cdot \cos\theta + p_i + m^2 \cdot p_c} \times 100(\%)$$

(3) **변압기의 최대효율** : '$p_i = p_c$'일 경우의 효율

$$\text{변압기의 최대효율} = \frac{m \cdot P \cdot \cos\theta}{m \cdot P \cdot \cos\theta + 2p_i} \times 100(\%)$$

(4) 변압기 이용률 : 변압기 용량에 대한 평균부하의 비(단, 역률 고려)

$$\text{변압기 이용률} = \frac{\text{평균부하(kW)}}{\text{변압기용량(kVA)} \times \cos\theta} \times 100(\%)$$

> **칼럼**
>
> **철손과 동손**
> 1. 철손[무부하손 ; Iron Loss, Core Loss]
>   (1) 철심을 교번 자계 중에 두면 히스테리시스손(철심 내 교류의 이력 현상 때문에 생기는 에너지 손실)과 와전류손(교류의 맴돌이전류에 의한 줄열 때문에 발생)을 일으킨다.
>   (2) 철손의 크기는 최대 자속 밀도와 주파수 및 철심의 재료에 따라 정해진다. 이 손실은 열(熱)로 되지만 부하의 대소에는 관계없이 생긴다.
> 2. 동손[부하손 ; Load Loss]
>   (1) 부하전류로 인하여 기기 내에 생기는 저항손(저항 내에서 소비되는 손실), 표류부하손(누설자속에 의한 손실), 와전류손 등에 의한 손실의 총칭이다.
>   (2) 표류부하손, 와전류손은 통상 그 값이 매우 적어 저항손에 포함시키는 경우도 많이 있다.

3-4 변압기의 분류

분류의 종류	상세 내용
상수	단상 변압기, 삼상 변압기, 단/삼상 변압기 등
내부 구조	내철형 변압기, 외철형 변압기
권선 수	2권선 변압기, 3권선 변압기, 단권 변압기 등
절연의 종류	A종 절연 변압기, B종 절연 변압기, H종 절연 변압기 등
냉각 매체	유입 변압기, 수랭식 변압기, 가스 절연 변압기 등
냉각 방식	유입 자냉식 변압기, 송유 풍냉식 변압기, 송유 수랭식 변압기 등
탭 절환 방식	부하 시 탭 절환 변압기, 무전압 탭 절환 변압기
절연유 열화 방지 방식	콘서베타 취부 변압기, 질소 봉입 변압기 등

3-5 기타의 중전기기

(1) **전력용 반도체 응용 다기능 변압기(Solid State Universal Transformer)** : 직류/교류/

고주파 출력이 가능하고, 순간 전압 강하가 보상되는 고품질의 전력 공급용 차세대 변압기(친환경적 ; Oil Free)

(2) MOF(Metering Out Fitting ; 계기용 변압 변류기) : 계기용 변류기와 계기용 변압기를 한 상자(철제, 유입)에 넣은 것(▼ 다음 그림)

(3) VCB(Vacuum Circuit Breaker ; 진공차단기) : 진공을 소호(차단 시 아크 제거, 공기의 절연 파괴를 방지하여 전류의 순간적인 계속적 흐름을 완전 차단)매질로 하는 VI(Vacuum Interrupter)를 적용한 차단기(▼ 다음 그림)

(4) ACB(Air Circuit Breaker ; 기중차단기) : 주로 교류 저압용으로서 대기 중에서 개폐동작이 행해지는 차단기(▼ 다음 그림)

(5) ABB(Air Blast circuit Breaker ; 공기차단기) : 고압/특고압용으로서 압축공기로 소호하는 방식의 차단기

(6) LBS(Load Breaker Switch ; 부하개폐기) : 수변전 설비의 인입구 개폐기로 사용되며, 부하전류를 개폐할 수 있으나(정상 상태에서 소정의 전류를 투입, 차단, 통전하고 그 전로의 단락상태에서 이상전류까지 투입 가능), 고장전류를 차단할 수 없으므로 한류퓨즈와 직렬로 사용하는 것이 좋음.

(7) GCB(Gas Circuit Breaker ; 가스차단기) : 주로 소호 및 절연특성이 뛰어난 SF6(육불화황)을 매질로 사용하는 차단기(저소음형으로 154 kV급 이상의 변전소에 많이 사용함)

(8) OCR(Over Current Relay ; 과전류 계전기) : 단락사고 및 지락사고 보호용

(9) OFR(Over Frequency Relay ; 과주파수 계전기) : 과주파수에 대한 감시 및 동작

(10) UFR(Under Frequency Relay ; 부족주파수 계전기) : 저주파수에 대한 감시 및 동작

(11) OVR(Over Voltage Relay ; 과전압 계전기) : 과전압에 대한 감시 및 동작

(12) UVR(Under Voltage Relay ; 부족전압 계전기) : 저전압에 대한 감시 및 동작

(13) DS(단로기) : 무부하 전류 개폐(부하전류에 대한 차단능력은 없음)

(14) GR[지락(과전류)계전기] : 보통 영상변류기(ZCT)와 조합하여 사용

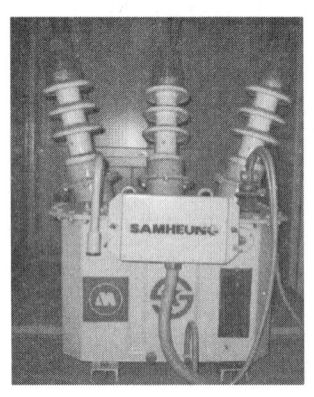  

MOF(계기용 변압 변류기)　　　VCB(진공차단기)　　　ACB(기중차단기)

(15) **재폐로 차단기(Recloser)** : 송전선로의 고장구간을 고속으로 영구분리 또는 재가압하는 기능을 가진 자동 재폐로 차단기이며, 후비보호능력이 있음(재폐로 동작을 최대 4회까지 반복하여 순간고장을 제거하거나, 고장구간을 분리하여 건전구간을 송전)

(16) **자동 선로구분 개폐기(섹셔널라이저 ; Sectionalizer)** : 송배전선로에서 부하분기점에 설치되어 고장 발생 시 선로의 타 보호기기와 협조하여 고장구간을 신속 정확히 개방하는 자동구간 개폐기로서, 후비보호능력은 없음(보통 후비보호장치와 직렬로 연결·설치하여 사용)

> **칼럼**
> 후비보호(Back-Up Protection) : 주보호장치의 실패, 운휴 또는 동작정지에 의해 주보호장치의 역할을 못할 경우를 대비하여 2차적인 보호기능을 수행하는 것

(17) **계기용 변성기** : 고압이나 대전류가 직접 배전반에 있는 각종 계측기나 계전기에 유입되면 위험하므로 이를 저전압이나 소전류로 변성시켜 계측기나 계전기의 입력전원으로 사용하기 위한 장치의 총칭[계기용 변성기에는 계기용 변압기(Potential Transformer), 계기용 변류기(Current Transformer), 계기용 변압 변류기(MOF ; Metering Out Fit), 영상변류기(ZCT) 등이 있음]

(18) **충·방전 컨트롤러** : 야간에는 태양전지 모듈이 부하의 형태로 변하므로 역류방지 다이오드와 함께 축전지가 일정 전압 이하로 떨어질 경우 부하와의 연결을 차단하는 기능, 야간타이머 기능, 온도보정 기능(축전지의 온도를 감지해 충전 정압을 보정) 등을 보유한 제어장치

(19) **한류 리액터(Current Limiting Reactor, 限流-)** : 단락 고장에 대하여 고장 전류를 제한하기 위해서 회로에 직렬로 접속되는 리액터. 단락 전류에 의한 기계의 기계적 및 열적 장해를 방지하고, 차단해야 할 전류를 제한하여 차단기의 소요 차단 용량을 경감하는 용도로 사용되며, 일반적으로 불변 인덕턴스를 갖는 공심형(空心形) 건식(乾式)이나 유입식이 사용됨

> **칼럼**
> - 전력퓨즈(PF) : 사고전류 차단 및 후비보호
> - 몰드변압기 : 권선부분을 에폭시 수지로 절연한 변압기
> - 계기용 변압기(PT) : 계기에서 수용 가능한 전압으로 변압
> - 계기용 변류기(CT) : 계기에서 수용 가능한 전류로 변류
> - 영상변류기(ZCT) : 지락 시 발생하는 영상전류를 검출
> - 배선용 차단기(MCCB, NFB) : 과전류 및 사고전류 차단
> - 역송전용 특수계기 : 계통연계 시 역송전 전력의 계측을 위한 전력량계, 무효전력량계 등

4. 부하관계 용어

- 변압기가 최대효율을 나타내는 부하율 $(m) = \sqrt{\dfrac{p_i}{p_c}} \times 100\%$

    p_i : 철손

    p_c : 동손

- 부하율 $= \dfrac{\text{평균 수용 전력}}{\text{최대 수용 전력}} \times 100[\%]$

- 수용률 $= \dfrac{\text{최대 수용 전력}}{\text{설비 용량}} \times 100[\%]$

- 부등률 $= \dfrac{\text{부하 각각의 최대 수용 전력의 합}}{\text{합성 최대 수용 전력}}$

- 설비 이용률 $= \dfrac{\text{평균 발전 또는 수전 전력}}{\text{발전소 또는 변전소의 설비 용량}} \times 100[\%]$

- 전일 효율 $= \dfrac{\text{1일 중의 공급 전력량}}{\text{1일 중의 공급 전력량} + \text{1일 중의 손실 전력량}} \times 100[\%]$

5. 고효율 변압기

5-1 아몰퍼스 고효율 몰드변압기

(1) 변압기의 기본 구성요소인 철심의 재료로 일반적인 방향성 규소강판 대신 아몰퍼스 메탈(Amourphous Metal)을 사용한다.
(2) 무부하손을 기존 변압기의 75% 이상 절감할 수 있다.
(3) 아몰퍼스 메탈은 철(Fe), 붕소(B), 규소(Si) 등이 혼합된 용융금속을 급속 냉각시켜 제조되는 비정질성 자성재료이다.
(4) 특징 : 아몰퍼스 메탈의 결정 구조의 무결정성(비정질) 및 얇은 두께
(5) 장점
　① 비정질성에 의한 히스테리시스손의 절감
　② 얇은 두께로 와류손 절감

③ 무부하손이 약 75% 절감되어 대기전력 절감 효과 탁월
④ 평균 부하율이 낮고, 낮과 밤의 부하 사용 편차가 큰 경부하 수용가에 유리

(6) 단점
① 가격이 비쌈(특히 전력요금이 싸고 부하율이 높은 일반 산업체에서는 투자비 회수가 어려울 수도 있음).
② 철심 제조 공정상의 어려움으로 소음이 큰 편임.

(7) 주 적용분야 : 학교, 도서관, 관공서 등

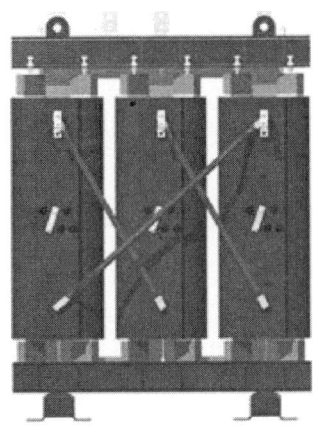 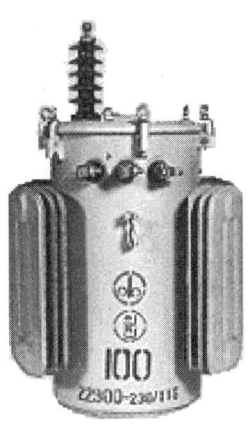

아몰퍼스 고효율 몰드변압기   유입변압기

5-2 레이저 코어 저소음 고효율 몰드변압기 (Laser Core Mold Transformer)

(1) 자구미세화 규소강판(레이저 규소강판) 고효율 변압기라고도 한다.
(2) 방향성 규소강판을 레이저 빔으로 가공, 분자 구조인 자구(Domain)를 미세하게 분할함으로써 손실을 개선한 전기 강판이다.
(3) 소재의 특성상, 제작이 용이하여 모든 용량의 변압기를 제작할 수 있다.
(4) 레이저 코어 저소음 고효율 변압기의 장점과 적용
① 무부하손 60~70%와 부하손 30%를 동시에 절감하여 총손실을 최소화함
② 아몰퍼스 대비 실질 투자회수 기간이 단축됨
③ 자속 밀도와 전류 밀도가 낮게 설계되어있기 때문에 저소음 특성을 가짐(아몰퍼스 및 KS C 규격 일반 변압기 대비 30% 이상 저소음)
④ 대용량 변압기 제작이 가능(최대 20,000 kVA 이상)함
⑤ 평균 부하율이 높고(30% 이상), 낮과 밤, 계절별 부하 사용의 편차가 크지 않은 수용가에 유리함

(5) 단점
  ① 가격은 일반 변압기와 아몰퍼스 변압기의 중간 정도임
  ② 전력 요금이 낮고, 부하율 변화가 심한 장소에 적용 시 경제성 측면에서 정확한 검토가 필요함
(6) **적용분야** : 아파트, 빌딩, 제조공장, 병원, 방송국, 사무용 빌딩 등

5-3 (고온) 초전도 고효율 변압기

(1) 변압기 권선에 구리 대신 초전도선을 사용하여 동손을 낮춘 방식이다.
(2) 아직 완전히 실용화되지 않은 상태이다.
(3) 단순히 크기가 줄어들거나 효율이 증가하는 것이 아니라 일반 변압기가 갖고 있는 용량과 수명의 한계를 극복할 수 있다.
(4) 만일 냉각 기술이 더 발전하여 냉각 손실이 줄어든다면 고온 초전도 변압기의 효율은 더 증가하고 가격은 더 저렴해질 것이다.
(5) 전연유 대신 액체질소 등의 환경친화적 냉매를 사용한다(화재의 위험성도 없다).
(6) 향후 선재의 전류 밀도 향상 등의 기술개발이 필요하다.

6. 플레밍의 법칙(Fleming's Rule)

6-1 개요

(1) 플레밍의 법칙에는 오른손법칙과 왼손법칙이 있다.
(2) 오른손법칙은 전자유도에 의해서 생기는 유도전류(誘導電流)의 방향을 나타내는 법칙이다(발전기의 원리).
(3) 왼손법칙은 전류가 흐르는 도선이 자기장 속을 통과해 힘을 받을 때 힘의 방향에 관한 법칙이다(전동기의 원리).

6-2 플레밍의 왼손법칙

(1) 전류가 흐르고 있는 도선에 대해 자기장이 미치는 힘의 작용방향을 정하는 법칙이다.
(2) 전류가 흐르는 도선 하나하나의 부분이 자기장에 의해서 받는 힘은, 왼손의 중지를 전류가 흐르는 방향으로, 검지를 자기력선의 방향으로 향하게 하여, 이것들에 대해 수직으로 편 엄지가 가리키는 방향으로 작용한다.
(3) 전류와 자기장의 방향이 평행일 때는 이와 같은 힘은 작용하지 않는다.

6-3 플레밍의 오른손법칙

(1) 자기장 속을 움직이는 도체 내에 흐르는 유도전류의 방향과 N극에서 S극으로 향하는 자기장의 방향, 도체의 운동방향과의 관계를 나타내는 법칙이다.
(2) 자기장 속에서 자기력선에 놓은 도선을 자기장에 대해 수직으로 움직일 경우, 오른손의 엄지를 도선이 운동하는 방향으로, 검지를 자기력선의 방향으로 향하게 하면, 도선 속에 발생하는 유도전류는 이것들에 대해 수직으로 구부린 중지 방향으로 흐른다.

> **칼럼1**
>
> **앙페르의 오른나사의 법칙(Ampere's Right-handed Screw Rule)**
>
> 1. 전류에 의해서 생기는 자계의 방향을 찾아내기 위한 법칙이다.
>
>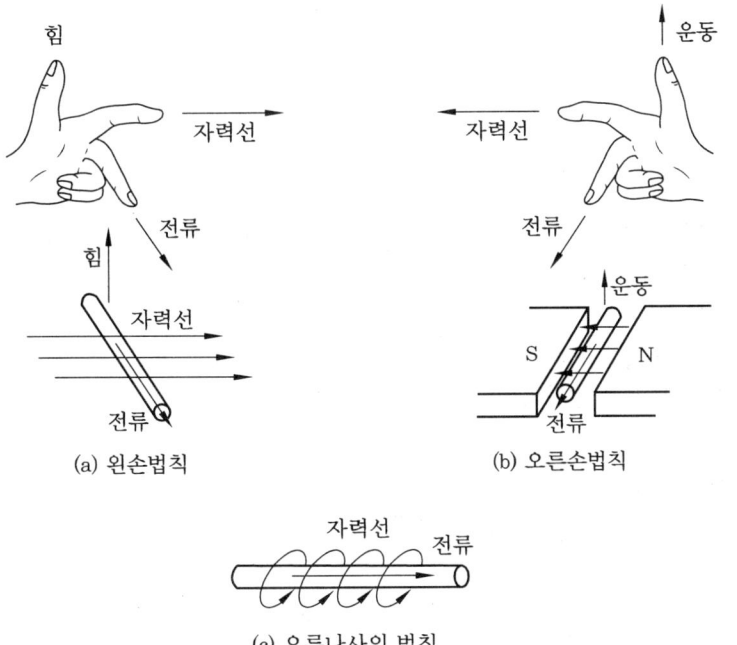
>
> 2. 전선에 흐르는 전류의 주위에는 동심원상(同心圓狀)의 자계가 생기고 전류를 오른나사의 진행방향으로 흘리면 자계는 나사가 도는 방향으로 생기게 되며, 원형코일에서 전류를 오른나사가 도는 방향으로 흘리면 자계는 나사가 진행하는 방향으로 발생한다는 법칙이다.
> 3. 사용분야 : 자분탐상시험(Magnetic Particle Testing), 와류탐상시험(Eddy Current Testing) 등
> 4. 전류의 단위인 암페어(Ampere)는 이 법칙을 발견한 프랑스의 물리학자 앙페르의 이름에서 인용한 것이다.

> **칼럼2**

키르히호프의 전기회로 법칙

1. 키르히호프의 전류 법칙(KCL ; Kirchhoff's Current Law)
   (1) 이 법칙은 키르히호프의 제1법칙(분기점의 법칙)으로서, 전류가 통과하는 분기점(선의 연결지점)에서 전류의 합, 즉 들어온 전류의 양과 나간 전류의 양의 합은 같다는 법칙이다.
   (2) 들어온 전류의 양을 양수로, 나아간 전류의 양을 음수로 가정할 때 회로 안에서 전류의 대수적 합은 0이다(단, 전류의 손실은 없다고 가정한다).

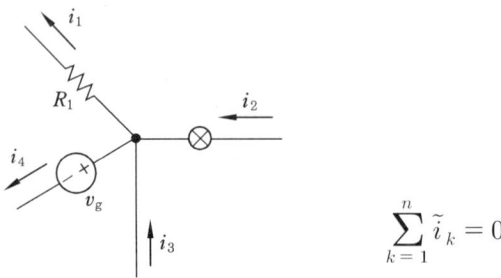

$$\sum_{k=1}^{n} \tilde{i}_k = 0$$

2. 키르히호프의 전압 법칙(KVL ; Kirchhoff's Voltage Law)
   (1) 이 법칙은 키르히호프의 제2법칙(키르히호프의 루프의 법칙)으로서 일종의 '에너지 보전의 원칙'이다.
   (2) 닫혀진 하나의 루프 안의 전압(전위차)의 합은 0이다. 또는, 폐쇄된 회로에 인가된 전원의 합과 분배된 전위의 차의 합은 그 루프 안에서 등가한다. 즉, '기전력의 합 = 전압강하의 합'이다.
   (3) 인가된 전압의 전하량은 증가하거나 감소하지 않으며, 처음 인가된 전하량을 유지한다(단, 루프 안에서의 에너지는 소멸되지 않는다고 가정한다).

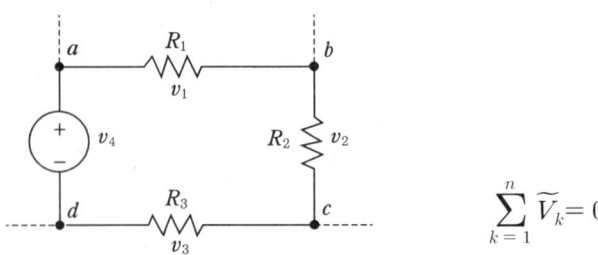

$$\sum_{k=1}^{n} \widetilde{V_k} = 0$$

7. 송풍기, 펌프용 유도전동기의 기동방식

7-1 개요

(1) 전동기란 전기에너지를 기계에너지로 바꾸는 기계이며, '모터(Motor)'라고도 한다.
(2) 대부분이 회전운동의 동력을 만들지만, 직선운동의 형식으로 하는 것도 있다.
(3) 전동기는 전원의 종별에 따라 직류전동기와 교류전동기로 구분된다.
(4) 교류전동기는 다시 3상 교류용과 단상 교류용으로 구분된다. 3상 교류용은 주로 대용량에 사용되며, 단상 교류용은 소형모터에 주로 채용되고 있다.

7-2 유도전동기의 원리

(1) 유도전동기(誘導電動機, Induction Motor)는 고정자(Stator)와 회전자(Rotor)로 구성되어 있으며, 고정자 권선(捲線, Winding)이 삼상인 것과 단상인 것이 있다.
(2) 삼상은 고정자 권선에 교류가 흐를 때 발생하는 회전자기장(Rotating Magnetic Field)에 의해서 회전자에 토크가 발생하여 전동기가 회전하게 된다.
(3) 그러나 단상 고정자 권선에서는 교류가 흐르면 교번자기장(Alternating Magnetic Field)만이 발생되어 회전자에 기동 토크가 발생하지 않아서 별도의 기동장치가 필요하게 된다.
(4) 유도전동기는 일반적으로 가장 많이 사용되는 전동기이며, 구조가 간단하고 튼튼하며 염가이고 취급이 용이하다.
(5) 원래 정속도(Constant Speed) 전동기이지만 가변속으로도 사용되고 있다.

7-3 기동방식 비교

(1) 전전압[(全電壓)(직입)]기동
 ① 전동기에 최초부터 전전압을 인가하여 기동한다.
 ② 전동기 본래의 큰 가속 토크가 얻어져 기동시간이 짧고, 가격이 저렴하다.
 ③ 기동 전류가 크고 이상전압 강하의 원인이 될 수 있다.
 ④ 기동 시 부하에 가해지는 쇼크가 크다.
 ⑤ 전원 용량이 허용되는 범위 내에서는 가장 일반적인 기동 방법으로 가능한 이 방식이 가장 유리하다.

(2) 감압기동

① $Y-\Delta$ 기동

⑺ Δ 결선으로 운전하는 전동기를 기동 시만 Y로 결선하여 기동전류를 직입기동 시의 1/3로 줄인다.

⑷ 최대 기동전류에 의한 전압강하를 경감시킬 수 있다.

⑸ 감압기동 가운데서는 가장 싸고 손쉽게 채용할 수 있다.

⑹ 최소기동 가속 토크가 작으므로 부하를 연결한 채로 기동할 수 없다. 기동한 후 운전으로 전환될 때 전전압이 인가되어 전기적, 기계적 쇼크가 있다.

⑺ 5.5 kW 이상의 전동기로 무부하 또는 경부하로 기동이 가능한 것, 감압 기동에서는 가장 일반적이며, 공작기, 크래셔 등에 사용한다.

② 콘돌파기동

⑺ 단권변압기를 사용해서 전동기에 인가 전압을 낮추어서 기동한다.

⑷ 탭의 선택에 따라 최대 기동전류, 최소 기동토크 조정이 가능하며 전동기의 회전수가 커짐에 따라 가속토크의 증가가 심하다.

⑸ 가격이 가장 비싸고, 가속토크가 $Y-\Delta$ 기동과 같이 작다.

⑹ 최대 기동전류, 최소 기동토크의 조정이 되지 않는다.

⑺ 최대 기동전류를 특별히 억제할 수 있는 것, 대용량 전동기 펌프, 팬, 송풍기, 원심분리기 등에 사용한다.

③ 리액터기동

⑺ 전동기의 1차 측에 리액터를 넣어 기동 시의 전동기의 전압을 리액터의 전압 강하분만큼 낮추어서 기동한다.

⑷ 탭 절환에 따라 최대 기동전류 및 최소 기동토크 조정이 가능하며, 전동기의 회전수가 높아짐에 따라 가속토크의 증가가 심하다.

⑸ 콘돌파기동보다 조금 싸고, 느린 기동이 가능하다.

⑹ 토크의 증가가 매우 커서 원활한 가속이 가능하다.

⑺ 팬, 송풍기, 펌프, 방직관계 등의 부하에 적합하다.

④ 1차 저항기동

⑺ 리액터기동의 리액터 대신 저항기를 넣은 것이다.

⑷ 기동방식의 원리는 리액터기동과 거의 같음, 리액터기동보다 가속토크의 증대가 크다.

⑸ 최소 기동 토크의 감소가 크다(적용 전동기의 용량은 7.5 kW 이하).

⑹ 토크의 증가가 매우 커서 원활한 가속이 가능하다.

⑺ 소용량 전동기(7.5 kW 이하)에 한해서 리액터기동용 부하와 동일 적용한다.

⑤ 인버터기동

⑺ 컨버터에 의하여 상용 교류전원을 직류전원으로 바꾼 후, 인버터부에서 다시 기동

에 적합한 전압과 주파수의 교류로 변환시켜 유도전동기를 기동시킨다.
  (나) 기동전류는 입력전압(V)에 비례하므로 입력전압을 감소시킴으로써 기동전류를 제한할 수 있다.
  (다) 운전 중에도 회전수제어를 지속적으로 행할 수 있는 방식이다.
  (라) 축동력의 비는 회전수 비의 세제곱과 같다.

$$\frac{W_2}{W_1} = \left(\frac{N_2}{N_1}\right)^3$$

  (마) 운전 중에도 회전수제어에 의하여 동력을 현격히 절감할 수 있는 방식이다.

핵심해설
★ 모터는 직류와 교류의 종별이 있다고는 하지만, 원리상으로 보면 동일한 것으로 자기장 속에 도체를 자기장과 직각으로 놓고 여기에 전류를 통하면 자기장에도 직각 방향으로 전자기적인 힘이 발생한다는 전자기유도현상을 응용한 것이다.
★ 유도전동기의 기동방식에는 크게 전전압(직입)기동과 감압기동($Y-\Delta$기동, 콘돌파기동, 리액터기동, 1차 저항기동), 인버터기동 방식 등이 있다.

8. 뇌서지 대책

8-1 뇌서지 대책 수립

(1) 피뢰소자를 어레이 주회로 내부에 분산시켜 설치하고 접속함에도 설치해야 한다.
(2) **피뢰설비 설치기준** : KS C 62305와 건축물의 설비기준 등에 관한 규칙에 의거하여 낙뢰의 우려가 있는 건축물 또는 높이 20 m 이상의 건축물에는 '피뢰설비'를 하여야 한다.
(3) 저압배전선에서 침입하는 뇌서지에 대해서는 분전반에 피뢰소자를 설치해야 한다.
(4) 뇌우 다발지역에서는 교류 전원 측으로 내뢰 트랜스를 설치해야 한다.
(5) 접속함을 실내에 설치하더라도 피뢰소자는 반드시 설치해야 한다.

8-2 피뢰소자 설치

(1) 어레스터
  ① 낙뢰에 의한 충격성 과전압을 전기설비 규정 이내로 감소시켜 정전을 일으키지 않고 원 상태로 회귀시킨다.
  ② 접속함 내와 분전반 내에 설치하는 피뢰소자이다(방전내량이 큰 것으로 선정).

(2) 서지 업서버

① 전선로에 침입한 이상 전압의 높이를 완화시키고 파고치를 저하시키는 피뢰소자이다.
② 최대 허용 DC전압 이상의 것으로 선정한다.
③ 유도 뇌서지 전류로서 1,000 A(8/20 μs)에서 제한전압이 2,000 V 이하로 선정한다.
④ 방전내량이 최저 4 kA 이상이며, 탈착이 용이하고 서비스성이 좋아야 한다.
⑤ 어레이 주회로 내에 설치하는 피뢰소자(주로 방전내량이 작은 것으로 선정)이다.

(3) 내뢰 트랜스

① 교류 전원 측에 설치하여 낙뢰에 의한 충격성 과전압을 전기설비 규정 이내로 감소시킨다.
② 상용계통과 완전 절연 및 뇌서지 완전 차단이 가능하다(설치비용이 고가).
③ 1차 측과 2차 측 간에 실드판이 있고, 이 판수가 많을수록 뇌서지에 대한 억제효과가 크다.

어레스터 　　　　　 서지 업서버 　　　　　 내뢰 트랜스

④ 뇌뢰의 종류
　㈎ 직격뢰 : 태양전지 어레이, 저압배전선, 전기기기 및 배선 등으로의 직접 낙뢰 및 그 근방에 떨어지는 낙뢰
　㈏ 유도뢰 : 케이블에 유도된 플러스 전하가 낙뢰로 인한 지표면 전하의 중화에 의한 뇌서지(정전유도) 혹은 케이블 부근에 낙뢰로 인한 뇌전류에 따라 케이블에 유도되는 뇌서지(전자유도)

⑤ 뇌뢰의 발생시기
　㈎ 여름철 : 온도, 습도가 불연속으로 되기 쉽고, 상승기류가 발생하기 쉬운 곳
　㈏ 겨울철 : 기온이 급변할 때에 발생하기 쉬움

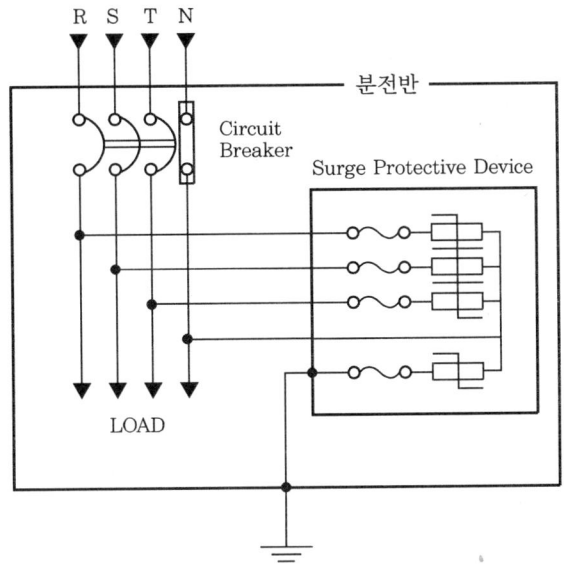

분전반의 서지보호장치(SPD) 설치도

> **시스템 보호대책**
> 1. 어레이 및 내부 시스템 보호방법 : 접지 및 본딩, 자기차폐, 선로의 경로, SPD 등
> 2. 외부 피뢰시스템의 구성 : 수뢰부(돌침/수평도체/메시도체로 구성), 인하도선, 접지 시스템(동결심도인 최소 0.75 m 이상의 깊이)
> 3. 외부 피뢰시스템은 피뢰레벨에 따라 회전구체 반경, 수뢰부 높이, 보호각, 인하도선의 굵기, 메시(평면 보호)의 간격 등을 달리 적용한다.

8-3 피뢰시스템의 레벨등급

피뢰시스템의 레벨	보호법	
	회전구체의 반경(m)	메시치수(m)
레벨 Ⅰ	20	5×5
레벨 Ⅱ	30	10×10
레벨 Ⅲ	45	15×15
레벨 Ⅳ	60	20×20

8-4 발전시스템의 전기적 보호등급

보호등급	등급 기준	기 호
등급 Ⅰ	장치 접지됨	⏚
등급 Ⅱ	보호절연(이중/강화 절연)	▢
등급 Ⅲ	안전 초저전압 • 최대 AC : 50 V • 최대 DC : 120 V	◇Ⅲ

9. 접지공사

9-1 개요

(1) 저압계통의 접지방식은 국제적으로 IEC 분류에 따라 TN계통(Terra Neutral System ; 다중 접지방식), TT계통(Terra Terra System ; 독립 접지방식), IT계통(Insulation Terra System), TN-C, TN-S, TN-C-S 등이 사용되고 있다.
(2) 국내에서는 'KS C 60364'에 의해 구체적인 접지방식이 규정되어있다.

9-2 IEC 분류에서 접지 Code의 정의

(1) 제1문자는 전력계통과 대지와의 관계
  ① T(Terra) : 한 점을 대지에 직접 접속
  ② I(Insert) : 모든 충전부를 대지(접지)로부터 절연시키거나 임피던스를 삽입하여 한 점을 접속
(2) 제2문자는 설비의 노출 도전성 부분과 대지와의 관계
  ① T(Terra) : 전력계통의 접지와는 관계가 없으며 노출 도전성 부분을 대지로 직접 접속
  ② N(Neutral) : 노출 도전성 부분을 전력계통의 접지점(교류계통에서는 통상적으로 중성점 또는 중성점이 없을 경우는 한 상)에 직접 접속
(3) 그다음 문자(문자가 있을 경우)는 중성선 및 보호도체와의 조치
  ① S(Separator) : 보호도체의 기능을 중성선 또는 접지 측 도체와 분리된 도체에서 실시
  ② C(Combine) : 중성선 및 보호도체의 기능을 한 개의 도체로 겸용(PEN도체)

9-3 IEC 분류에 따른 접지계통 분류

접지방식		비 고
TN(Terra-Neutral)		• TN 전력계통은 한 점을 직접 접지하고 설비의 노출 도전성 부분을 보호도체를 이용하여 그 점으로 접속시킨다. • TN 계통은 중성선 및 보호도체의 조치에 따라 분류한다.
	TN - S	• 계통 전체에 대해 보호도체를 분리시킨다.
	TN - C	• 계통 전체에 대해 중성선과 보호도체의 기능을 동일 도체로 겸용한다.
	TN - C- S	• 계통의 일부분에서 중성선과 보호도체의 기능을 동일 도체로 겸용한다.
TT(Terra-Terra)		• TT 전력계통은 한 점을 직접 접지하고 설비의 노출 도전성 부분을 전력계통의 접지극과 전기적으로 독립한 접지극으로 접속시킨다.
IT(Insert-Terra)		• IT 전력계통은 충전부 전체를 대지로부터 절연시키거나 한 점을 임피던스를 삽입하여 대지에 접속시키고 전기설비의 노출 도전성 부분을 단독 혹은 일괄로 접지시키거나 계통의 접지로 접속시킨다.

(1) TN 계통

① TN 전력계통은 한 점을 직접 접지하고 설비의 노출 도전성 부분을 보호도체를 이용하여 그 점으로 접속시킨다.

② TN 계통은 중성선 및 보호도체의 조치에 따라 분류한다.

㉮ TN-S 계통 : 계통 전체에 대해 보호도체를 분리시킨다.

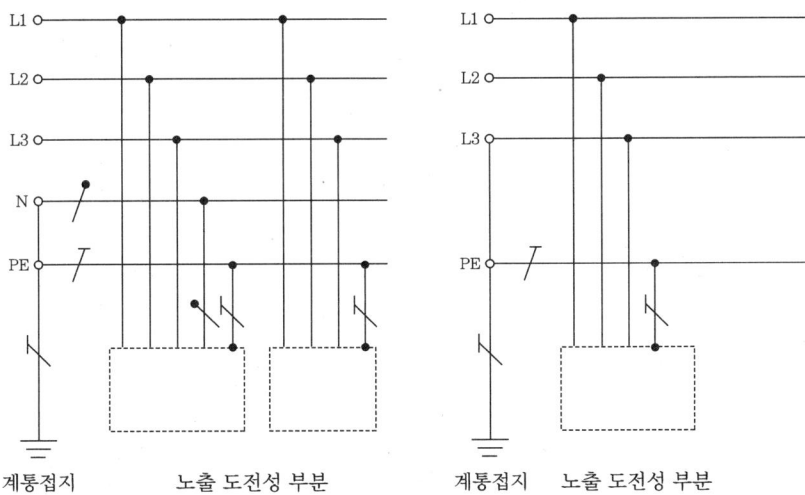

㉯ TN-C 계통 : 계통 전체에 대해 중성선과 보호도체의 기능을 동일 도체로 겸용한다.

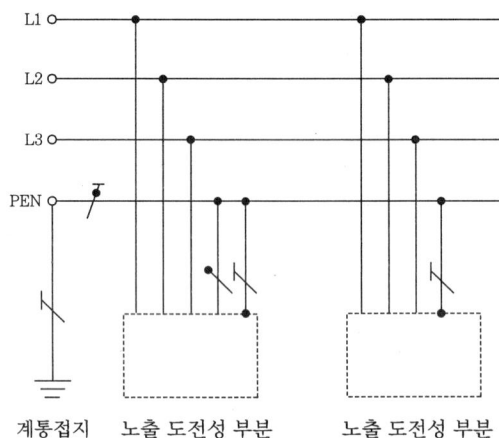

계통접지　노출 도전성 부분　　노출 도전성 부분

㈐ **TN-C-S 계통** : 계통의 일부분에서 중성선과 보호도체의 기능을 동일 도체로 겸용한다.

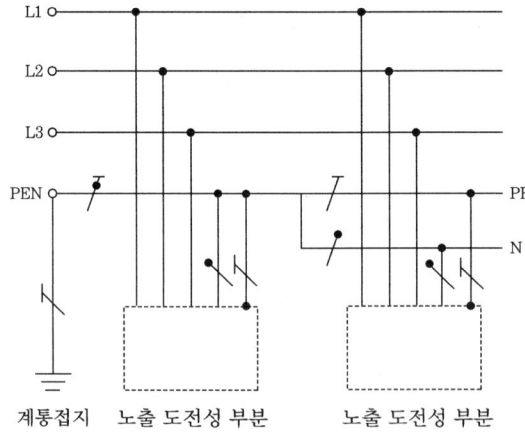

계통접지　노출 도전성 부분　　노출 도전성 부분

(2) **TT 계통** : TT 전력계통은 한 점을 직접 접지하고 설비의 노출 도전성 부분을 전력계통의 접지극과 전기적으로 독립한 접지극으로 접속시킨다.

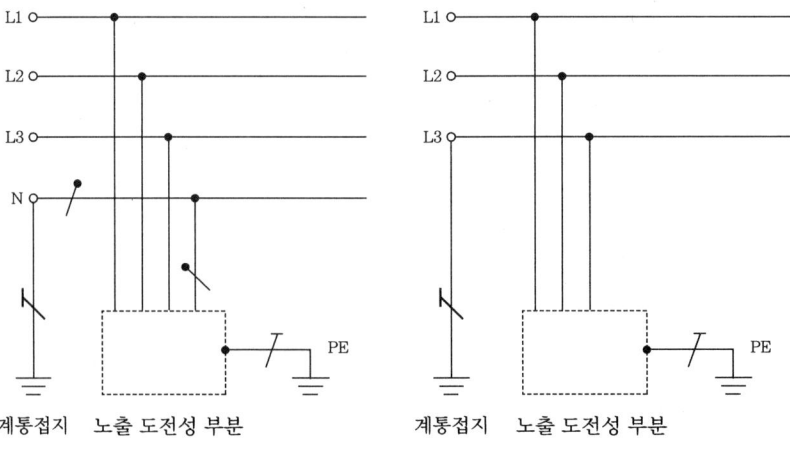

계통접지　노출 도전성 부분　　　　계통접지　노출 도전성 부분

(3) IT 계통 : IT 전력계통은 충전부 전체를 대지로부터 절연시키거나 한 점을 임피던스를 삽입하여 대지에 접속시키고 전기설비의 노출 도전성 부분을 단독 혹은 일괄로 접지시키거나 계통의 접지로 접속시킨다.

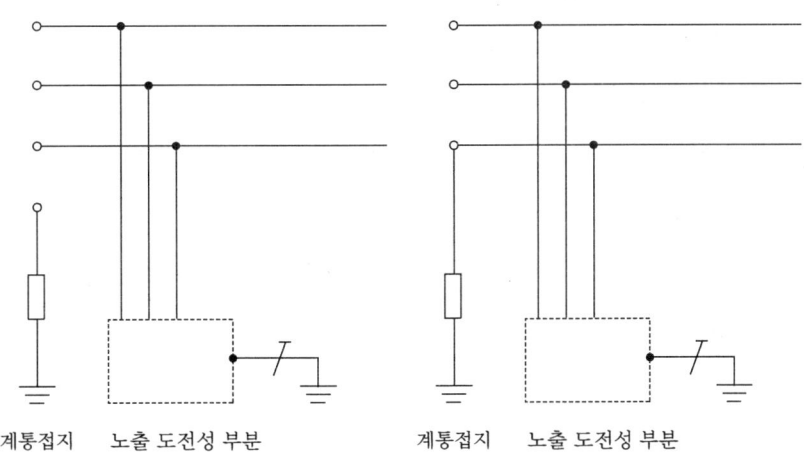

9-4 접지의 종류

접지공사의 종류	접지저항
제1종 접지공사	10 Ω
제2종 접지공사	변압기 고압 측 또는 특별고압 측 전로의 1선 지락전류 암페어 수에서 150을 나눈 값의 옴 수
제3종 접지공사	100 Ω
특별 제3종 접지공사	10 Ω

9-5 기계기구의 구분에 의한 접지공사의 적용

기계기구의 구분	접지공사
400 V 미만의 저압용	제3종 접지공사
400 V 이상의 저압용	특별 제3종 접지공사
고압용 또는 특별고압용	제1종 접지공사

㊟ 고압 또는 특고압과 저압을 결합한 변압기의 저압 측의 중성점에는 고저압의 혼촉에 의한 위험을 예방하기 위하여 제2종 접지공사를 한다. 이때 300 V 이하의 것은 저압 측의 1단자를 접지할 수 있다.

9-6 접지공사의 시설방법

(1) 제3종 및 특별 제3종 접지공사의 접지선의 두께는 판단기준 제20조에서 인장강도 0.39 kN 이상의 금속선 또는 직경 1.6 mm 이상의 연동선으로 규정하고 있지만, 기기의 고장 시에 흐르는 전류에 대한 안전성, 기계적 강도, 내식성을 고려하여 결정한다.

(2) **접지선의 표시** : 접지선의 색은 녹색표시를 하지 않으면 안 되는데, 부득이하게 녹색 또는 황록색 줄무늬가 있는 것 이외의 절연전선을 접지선으로 사용할 경우에는 단말 및 적당한 장소에 녹색의 테이프 등으로 표시할 필요가 있다.

(3) 태양전지 어레이용 전기회로 설계표준에 따른 접지선의 두께

태양전지 어레이 출력	접지선의 굵기
500 W 이하	1.5 mm^2
500 W 초과 ~ 2 kW 이하	2.5 mm^2
2 kW를 초과하는 경우	4.0 mm^2

(4) 제3종 및 특별 제3종 접지공사의 시설방법

① 접지하는 전기기계의 금속성 외함, 배관 등과 접지선의 접속은 전기적, 기계적으로 확실히 한다.

② 접지선이 외상을 입을 염려가 있을 경우에는 접지할 기계기구에서 6 cm 이내의 부분 및 지중부분을 제외하고 합성수지관(두께 2 mm 미만의 합성수지 전선관, CD관은 제외), 금속관 등에 넣어 보호해야 한다.

③ 접지 저항값은 저압전로에 누전차단기 등의 지락차단장치(0.5초 이내에 동작하는 것)를 설치하면 500 Ω까지 완화할 수 있다.

④ 알루미늄과 구리를 접속할 경우 접속부분에 수분 등이 있으면 알루미늄이 부식한다. 이를 방지하기 위해 접속부분에 콤파운드를 도포한다.

⑤ 제3종 또는 특별 제3종 접지공사의 특례 : 3종 및 특별 제3종 실시할 금속체와 대지 간의 전기저항값이 특별 제3종 접지공사인 경우 10 Ω 이하, 제3종 접지공사인 경우 100 Ω 이하이면 각각의 접지공사를 실시한 것으로 간주한다.

(5) '제3종접지' 생략 가능의 경우

① 사용전압이 직류 300 V 또는 교류 대지전압 150 V 이하인 기계기구를 건조한 곳에 설치한 경우

② 저압용 기계기구에 지락이 생겼을 경우 그 전로를 자동 차단하는 장치를 접속하고 건

조한 곳에 시설한 경우
③ 저압용 기계기구를 건조한 목재의 마루, 기타 이와 유사한 절연성 물건 위에서 취급하도록 시설한 경우
④ 저압용이나 고압용의 기계기구, 판단기준 제29조에 규정하는 특고압 전선로에 접속하는 배전용 변압기나 이에 접속하는 전선에 시설하는 기계기구 또는 판단기준 제135조 제1항 및 제4항에 규정하는 특고압 가공전선로(Overhead Line ; 전주, 철탑 등을 지지물로 하여 공중에 가설한 전선로)의 전로에 시설하는 기계기구를 사람이 쉽게 접촉할 우려가 없도록 목주, 기타 이와 유사한 것의 위에 시설하는 경우
⑤ 철대 또는 외함의 주위에 적당한 절연대를 설치한 경우
⑥ 외함이 없는 계기용 변성기가 고무·합성수지, 기타의 절연물로 피복한 것일 경우
⑦ '전기용품안전관리법'의 적용을 받는 이중 절연구조로 되어있는 기계기구를 시설하는 경우
⑧ 저압용 기계기구에 전기를 공급하는 전로의 전원 측에 절연변압기(2차 전압이 300 V 이하이며, 정격용량이 3 kVA 이하)를 시설하고, 또한 그 절연변압기의 부하 측 전로를 접지하지 않은 경우
⑨ 물기가 있는 장소 이외의 장소에 시설하는 저압용의 개별 기계기구에 전기를 공급하는 전로에 '전기용품안전관리법'의 적용을 받는 인체감전보호용 누전차단기(정격감도 30 mA 이하, 동작시간 0.03초 이하)를 시설하는 경우
⑩ 외함을 충전하여 사용하는 기계기구에 사람이 접촉할 우려가 없도록 시설하거나 절연대를 시설하는 경우

(6) 공통접지 등의 시설과 관련된 보호도체의 단면적

S(상도체의 단면적) (mm^2)	대응 보호도체의 최소단면적(mm^2)	
	보호도체의 재질이 상도체와 같은 경우	보호도체의 재질이 상도체와 다른 경우
$S \leq 16$	S	$(k_1/k_2) \times S$
$16 < S \leq 35$	16^a	$(k_1/k_2) \times 16$
$S > 35$	$S^a/2$	$(k_1/k_2) \times (S/2)$

(7) 접지공사에서 매설 또는 타입식 접지극으로 주로 사용하는 동판과 동봉의 규격
① 동판(300 mm × 300 mm) : 두께 0.7 mm 이상
② 동봉 : 지름 8 mm 이상, 길이 0.9 m 이상

> 칼럼
>
> 1. 상도체 : 충전용 도체 혹은 전압이 걸려있는 도체, 즉, L_1, L_2, L_3.
> 2. k_1, k_2 : 도체 및 절연체의 재질에 따라 KS C 60364에서 산정된 상도체에 대한 k값
> 3. a : PEN 도체의 경우 단면적의 축소는 중성선의 크기 결정에 대한 규칙에만 허용된다.
>
>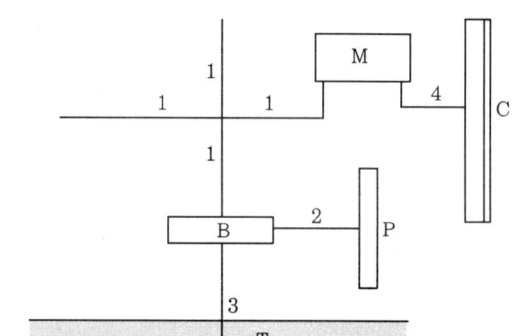
>
> 1 : 보호도체(PE; 보호선)
> 2 : 주요 등전위본딩용 도체
> 3 : 접지선
> 4 : 보조 등전위본딩용 도체
> B : 주접지 단자
> M : 전기기구 등의 노출 도전성 부분
> C : 계통 외 도전성 부분
> P : 주요 금속제 수도관
> T : 접지극

10. 주상변압기 결선방식

(1) 삼상변압기는 1개의 모듈로 되어있는 경우도 있고, 델타 또는 와이로 연결된 세 개의 단상변압기로 구성되기도 한다. 또한 경우에 따라서는 두 개의 변압기가 사용되기도 한다.
(2) 1차와 2차는 각각 여러 가지 결선의 조합이 가능하며 가능한 조합은 다음과 같다.
  ① 1차권선 : 와이 - 2차권선 : 델타($Y-\Delta$)
    ㈎ 특징 : 분산형전원의 연계에 적합
    ㈏ 장점 : 고장 검출 용이, 분산형전원 발생 제3고조파 한전계통 불유출, 단독운전 방지 용이
    ㈐ 단점 : 제3고조파로 인한 변압기 과열, 한전계통 지락 시 고장전류 유입, 통신선 유도장해 및 중성점 전위 변화 예측의 어려움
  ② 1차권선 : 와이 - 2차권선 : 와이($Y-Y$)
    ㈎ 특징 : 3상 부하에 전기를 공급하는 일반적인 방식
    ㈏ 장점 : 철공진(철심이 든 리액터는 전류의 크기에 따라서 인덕턴스가 변화하므로 콘덴서와 직렬 또는 병렬로 접속한 경우에 발생하는 특이한 공진 현상)의 문제가 적음, $\Delta-Y$ 대비 변압기 절연에 유리, 위상 변화가 없음
    ㈐ 단점 : 한전 계통의 불평형이 분산형전원 측에 영향, 제3고조파 등의 직접적 통로 제공, 보호협조 실패 시 고장이 한전계통으로 파급 등

③ 1차권선 : 델타 − 2차권선 : 와이($\Delta - Y$)
  ㈎ 특징 : 3상 부하에 전기를 공급하는 가장 일반적인 방식
  ㈏ 장점 : 분산형전원 발생 제3고조파 한전계통 불유출, 한전계통 1선 지락 시 고장전류 유입 방지, 분산형전원 측 1선 지락 시 한전계통으로 고장전류 유입 방지
  ㈐ 단점 : 한전계통 1선 지락상태에서 단독운전 시 과전압 위험 및 고장 검출의 어려움, 한전계통 고장 시 개방상태에서 철공진 발생, 구내계통의 중성선에 제3고조파에 의한 과전압 발생 가능

④ 1차권선 : 델타 − 2차권선 : 델타($\Delta - \Delta$)
  ㈎ 특징 : 66 kV 이하의 배전용 변압기 등에서 사용하는 방식
  ㈏ 장점 : 1, 2차 간 전압은 동상으로 각변위가 없음, 권선중의 상전류는 선로전류의 $\frac{1}{\sqrt{3}}$ 이 되므로 대전류의 결선에 유리, 1상의 권선이 고장 났어도 고장상을 분리시켜 V결선으로 운전 가능
  ㈐ 단점 : 중성점 접지를 할 수 없기 때문에 지락사고 검출이 곤란하고, 아크 지락 시 이상고전압이 발생하기 쉬움, 중성점 접지 필요 시 별도 접지변압기를 설치해야 함, 상부하 불평형 시 순환전류가 흐름

(3) 결선도

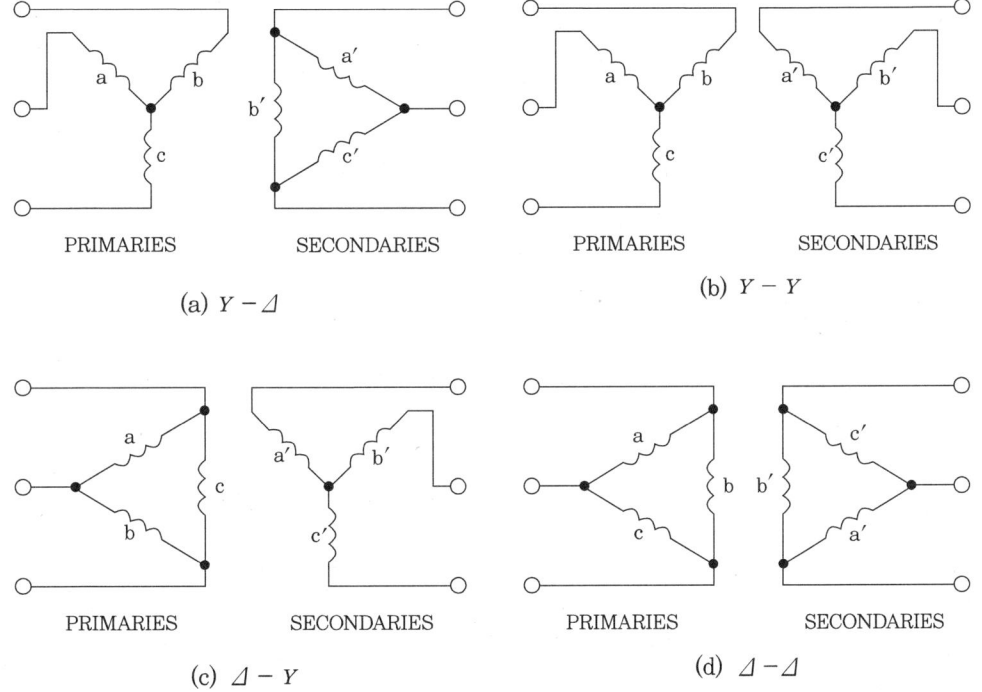

(a) $Y - \Delta$

(b) $Y - Y$

(c) $\Delta - Y$

(d) $\Delta - \Delta$

11. 배전방식

11-1 특고압 배전방식

(1) 우리나라의 배전방식 : Y결선(중성점 다중접지)방식 채용
(2) 단상부하만 있는 경우 '단상 2선식'으로 하는 것이 간편할 수도 있으나, 단상 선로의 구성률이 높아지면 부하 불평형이 발생할 수 있다.
(3) 중성선 접지 : 인가 밀집 지역에는 매 전주마다 접지하고, 인가가 없는 야외지역에는 300 m 이하마다 접지한다.

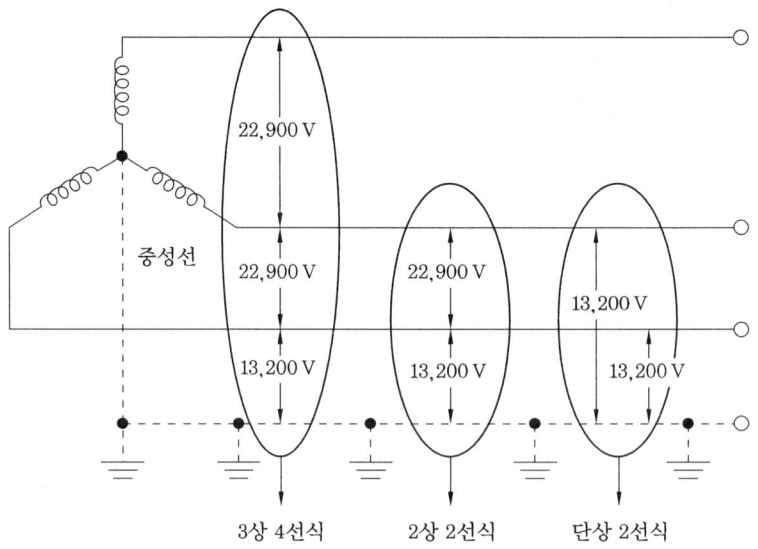

11-2 저압 배전방식

(1) 단상 2선식(110 V, 220 V) : 일반 가정용으로, 2차 결선방식에 따라 110 V, 220 V의 전압이 유도된다.

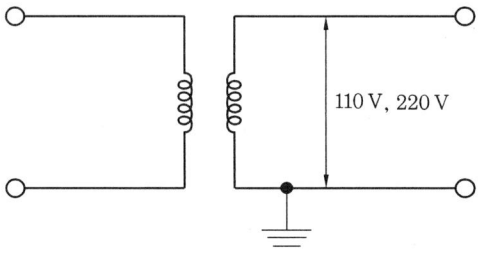

(2) 단상 3선식(110 V, 220 V)

① 일반 가정의 전등부하 또는 소규모 공장에서 사용한다.
② 한 장소에 두 종류의 전압이 필요한 경우에 채택한다.
③ 중성선이 단선되면 부하가 적게 걸린 단자(저항이 큰 쪽 단자)의 전압이 많이 걸리게 되어 과전압에 의한 사고 발생 위험이 있다.

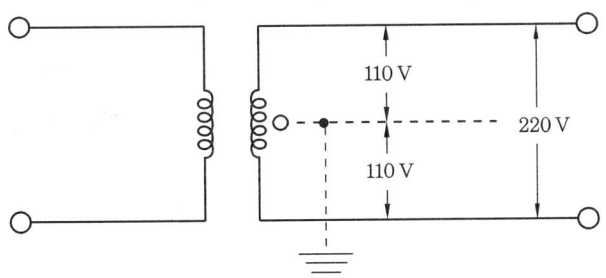

(3) 3상 3선식(220 V)

① 고압 수용가의 구내 배전설비에 많이 사용한다(1대 고장 시 V결선 가능).
② 선전류가 상전류의 배가 되는 결선법으로 전류가 선로에 많이 흐르게 되어 요즘은 거의 사용하지 않는다.

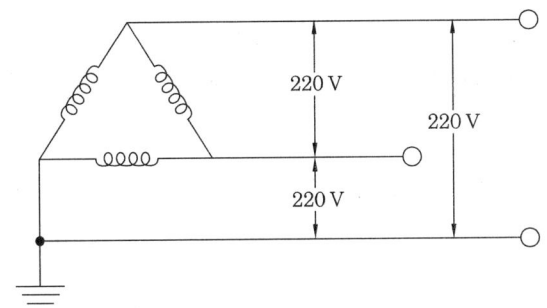

(4) 3상 4선식(220 V, 380V)

① 동력과 전등부하를 동시에 사용하는 수용가에 사용한다.
② 변압기 용량은 3대 모두 동일 용량을 사용하는 방식과 1대의 용량은 크게 하고 나머지 2대의 용량은 작게 구성하는 방식이 있다. 이 경우 1대는 동력 전용으로, 2대는 전등 및 동력 고용으로 주로 나뉜다.
③ 중성선이 단선되면 단상부하에 과전압이 인가될 수 있다.

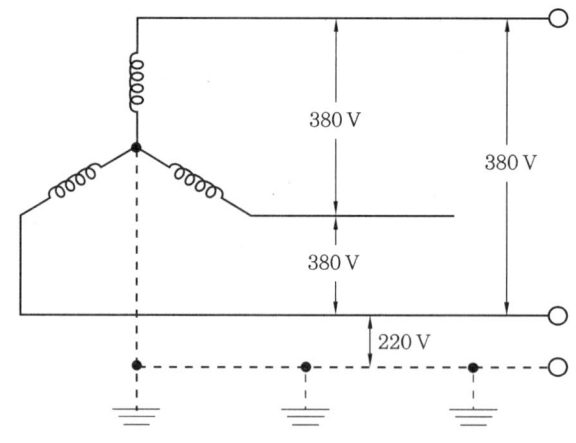

> **전압의 종별**
> 1. 저압 : 직류 750 V 이하, 교류 600 V 이하
> 2. 고압
>   (1) 직류 750 V 초과 ~ 7,000 V 이하
>   (2) 교류 600 V 초과 ~ 7,000 V 이하
> 3. 특고압 : 7,000 V 초과

12. 수변전 설비에 사용하는 기기의 표시

용어(명칭)	약호(문자)	기능(역할)
케이블 헤드	CH	가공전선과 케이블의 단말 접속으로서, 재산분계점과 책임분계점을 이룸
단로기	DS	무부하에서 회로(전로)를 개방, 변경
피뢰기	LA	지락전류를 대지로 방전하고 속류를 차단
전력퓨즈	PF	부하전류는 통전하도록 하고 과전류는 차단하여 전로나 기기를 보호
계기용 변압 변류기	MOF (PCT)	PT와 CT를 한 함에 넣어 고전압과 대전류를 저전압과 소전류로 변성하여 전력량계 등에 공급
영상 변류기	ZCT	지락전류를 검출하여 지락 계전기에 공급
계기용 변압기	PT	고전압을 저전압(110 V)으로 변성(변압)하여 계기나 계전기에 공급
계기용 변류기	CT	대전류를 소전류(5 A)로 변성(변류)하여 계기나 계전기에 공급

교류 차단기	CB	부하전류를 개폐하고 사고(고장, 이상)전류를 차단
유입 차단기	OCB	부하전류를 개폐하고 사고(고장, 이상)전류를 차단
유입 개폐기	OS	부하전류를 개폐
트립 코일	TC	사고 시에 보호계전기에 의해 여자되어 차단기를 동작
지락 계전기	GR	지락사고 시에 지락전류(영상전류)로 동작
과전류 계전기	OCR	과전류에서 동작
전압계용 전환(절환) 개폐기	VS	전압계 1대로 3상의 각 선간 전압을 측정하기 위한 개폐기
전류계용 전환(절환) 개폐기	AS	전류계 1대로 3상의 각 선전류를 측정하기 위한 개폐기
전압계	V	전압을 측정
전류계	A	전류를 측정
전력용 콘덴서	SC	진상 무효전력을 공급하여 역률 개선
방전 코일	DC	콘덴서의 잔류전하를 방전하여 감전사고 방지
직렬 리액터	SR	제5고조파 전류를 없애 전압파형의 찌그러짐을 방지하고 콘덴서 투입 시 돌입전류를 억제
컷아웃 스위치	COS	과전류를 차단하여 기기(변압기)를 보호

13. 자동제어

13-1 개요

(1) 실내온도, 습도, 환기 등을 자동조절하며 검출부, 조절부, 조작부로 구성된다.
(2) ICT기술 및 전자기술의 발달과 소프트웨어의 발달로 자동제어에 컴퓨터와 인터넷이 본격적으로 도입되고 있다.

13-2 제어 방식(조절 방식)

(1) 시퀀스(Sequence) 제어
  ① 미리 정해진 순서에 따라 제어의 각 단계를 차례로 진행해가는 제어이다.
  ② 초기에는 릴레이 등을 사용한 유접점 시퀀스 제어를 주로 사용하였으나, 반도체기술의 발전에 힘입어 논리소자를 사용하는 무접점 시퀀스 제어도 현재 많이 이용되고 있다.
  ③ 사용 예(조작스위치와 접점)
    ㈎ a접점 : ON 조작을 하면 닫히고, OFF 조작을 하면 열리는 접점으로 '메이크(Make)

접점' 또는 'NO(Normal Open) 접점'이라고도 한다.
　㈏ b접점 : ON 조작을 하면 열리고, OFF 조작을 하면 닫히는 접점으로 '브레이크(Break) 접점' 또는 'NC(Normal Close) 접점'이라고도 한다.
　㈐ c접점 : a접점과 b접점을 공유하고 있으며 ON 조작을 하면 a접점이 닫히고(b접점은 열리고) OFF 조작을 하면 a접점이 열리는(b접점은 닫히는) 점점으로 '절환(Change-over) 접점' 또는 '트랜스퍼(Transfer) 접점'이라고도 한다.

(2) 피드백(Feedback) 제어
① 피드백 제어는 어떤 시스템의 출력신호의 일부가 입력으로 다시 들어가서 시스템의 동적인 행동을 변화시키는 과정이다.
② 출력을 증가시키는 양되먹임(Positive Feedback), 감소시키는 음되먹임(Negative Feedback)이 있다.
　㈎ 양되먹임(Positive Feedback)
　　㉮ 입력신호에 출력신호가 첨가될 때 이것을 '양되먹임(Positive Feedback)'이라 하며, 출력신호를 증가시키는 역할을 한다.
　　㉯ 운동장에 설치된 확성기는 마이크에 입력되는 음성 신호를 증폭기에서 크게 증폭하여 스피커로 내보낸다. 가끔 "삐이익-" 하고 듣기 싫은 소리를 내는 경우가 있는데, 이것이 바로 양의 피드백의 예이다. 이것은 스피커에서 나온 소리가 다시 마이크로 들어가서 증폭기를 통해 더욱 크게 증폭되어 스피커로 출력되는 양의 피드백 회로가 형성될 때 생기는 소리이다.
　　㉰ 양의 피드백은 양의 비선형성으로 나타난다. 즉 반응이 급격히 빨라지는 것이다. 생체에는 격한 운동을 하거나 잠을 잘 때 항상성, 즉 Homeostasis를 유지하기 위해 다양한 피드백이 짜여있다. 자율신경계가 그 대표적인 예이다. 그러나 그중에는 쇼크 증상과 같이 좋지 않은 효과를 유발하는 양의 피드백도 존재한다.
　　㉱ 전기회로에 있어서의 발진기도 그 한 예가 된다.
　㈏ 음되먹임(Negative Feedback)
　　㉮ 입력신호를 약화시키는 것을 '음되먹임(Negative Feedback)'이라 하며, 그 양에 따라 안정된 장치를 만들 때 쓰인다.
　　㉯ 음의 피드백(음되먹임 피드백)은 일정 출력을 유지하는 제어장치에 이용된다.
　　㉰ 음의 피드백은 출력이 전체 시스템을 억제하는 방향으로 작용한다.
③ 여기서 중요한 것은 되먹임에 의해서 수정할 수 있는 능력을 계(系) 자체가 가지고 있어야 한다는 것이다. 수정신호가 나와도 수정할 수 있는 능력이 없으면 계는 동작하지 않게 된다.

(3) 피드포워드(Feedforward) 제어

① 피드포워드 제어(Feedforward Control)란 공정(Process)의 외란(Disturbance)을 측정하여 그것이 앞으로의 공정에 어떤 영향을 가져올 것인가의 예측을 통해 제어의 출력을 계산하는 제어기법을 말한다.

② 피드포워드 제어를 통하여 응답성이 향상되어 보다 더 고속의 공정이 가능해진다. 즉, 외란요소를 미리 감안하여 출력을 발하기 때문에 피드백만으로 안정화되는 시간이 길어지는 것을 단축할 수 있다.

③ 반드시 피드포워드 루프와 결합되어있어야 하고, 시스템의 모델을 정확히 계산할 수 있어야 한다.

④ 제어변수와 조작변수 간에 공진현상이 나타나지 않도록 피드포워드가 되어야 하며 피드백이 연결되어있기 때문에 조작기 출력속도보다 교란이 빠르게 변화되면 조작기가 따라갈 수 없기 때문에 시스템이 안정화될 수 없다.

⑤ 피드포워드의 동작속도를 지나치게 빠르게 하면, 출력값이 불안정하거나 시스템에 따라서는 공진현상이 올 수도 있으므로 주의가 필요하다.

⑥ 피드포워드 제어는 제어기 스스로 시스템의 특성을 자동학습하도록 하여 조절하도록 하는 Self-tuned Parameter Adjustment 기능이 없으므로 시스템을 정확히 해석하기가 어려운 경우에는 사용하지 않는 것이 좋다.

⑦ 사례 : 흘러들어 오는 물을 스팀으로 데워서 내보내는 탱크에서 단순히 데워진 물의 온도를 맞추기 위해 스팀밸브를 제어하는 피드백 제어 루프에서 갑자기 유입되는 물의 유량이 늘거나 유입되는 물의 온도가 낮아질 때 설정온도에 도달할 때까지 안정화시간이 늦어지게 되는데 물의 유량이나 물의 온도 혹은 이들의 곱을 또 다른 입력변수로 해서 피드포워드 제어계를 구성하면 제어상태가 좋아지게 된다.

(4) 피드백 피드포워드 제어 : 상기 '피드백 제어 + 피드포워드 제어'를 지칭한다.

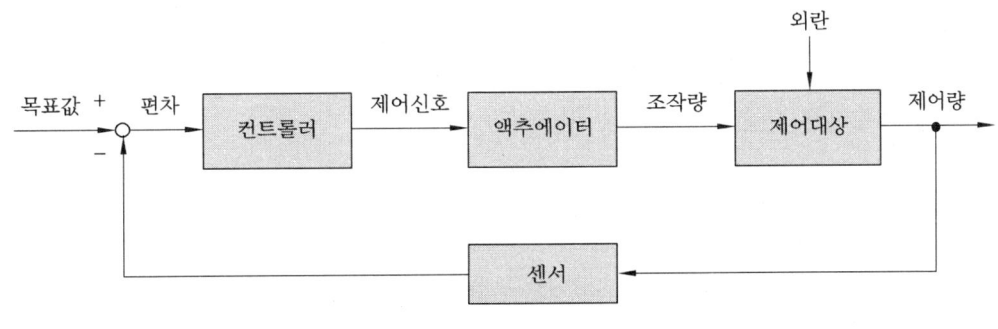

피드백 제어

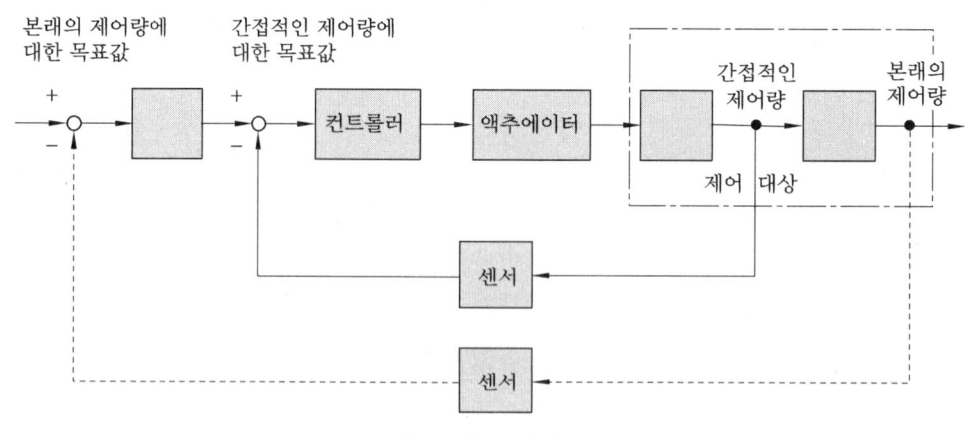

피드포워드 제어

13-3 신호 전달

(1) **자력식** : 검출부에서 얻은 힘을 바로 정정 동작에 사용(TEV 팽창변, 바이메탈식 트랩 등)
(2) **타력식**
  ① 전기식 : 전기 신호 이용(기계식 온도조절기, 기체봉입식 온도조절기 등)
  ② 유압식 : 유압 사용, 오일에 의해 제어부 오염 가능(유압기계류 등)
  ③ 전자식 : 전자 증폭기구 사용(Pulse DDC 제어, 마이컴 제어 등)
  ④ 공기식 : 공기압 사용(공압기계류 등)
  ⑤ 전자 공기식 : 검출부는 전자식, 조절부는 공기식(생산 공정설비 등)

13-4 제어 동작

(1) **불연속동작** : On-Off제어, Solenoid 밸브 방식 등
(2) **연속동작**
  ① PID제어 : 비례제어(Proportional) + 적분제어(Integral) + 미분제어(Differential)
  ② PI제어 : 비례제어(Proportional) + 적분제어(Integral)
  ※ 정밀하게 목표값에 접근(오차값을 모아 미분)함

> **칼럼**
> 1. P제어 : 목표값 근처에서 정지하므로, 미세하게 목표값에 다가갈 수 없다. → Offset(잔류 편차) 발생 가능성이 크다.
> 2. 단순 ON/OFF제어 : 0% 혹은 100%로 작동하므로 목표값에서 Sine커브로 왕래할 수 있다.

③ PD제어 : 비례제어(Proportional) + 미분제어(Differential)
   ※ 응답속도를 빨리('전회 편차-당회 편차'를 관리)함
④ PID제어의 함수식 표시

$$\text{조작량} = \underbrace{K_p \times \text{편차}}_{(\text{비례항})} + \underbrace{K_i \times \text{편차의 누적값}}_{(\text{적분항})} + \underbrace{K_d \times \text{현재 편차와 전회 편차와의 차}}_{(\text{미분항})}$$

편차 : 목표값 - 현재값

13-5 디지털화 구분

(1) 아날로그제어(Analog Control)
  ① 제어기능 : 하드웨어적 제어
  ② 감시 : 상시 감시
  ③ 제어 : 연속적 제어

(2) 디지털 직접제어(DDC ; Digital Direct Control)
  ① 자동제어 방식은 Analog → DDC, DGP(Data Gathering Panel) 등으로 발전되고 있다(고도화, 고기능화).
  ② 제어기능 : 소프트웨어
  ③ 감시 : 선택 감시
  ④ 제어 : 불연속(속도로 불연속성을 극복)
  ⑤ 검출기 : 계측과 제어용 공용
  ⑥ 보수 : 주로 제작사에서 실시
  ⑦ 고장 시 : 동일 조절기 연결 제어로 작동불가

(3) 핵심적 차이점
  Analog 방식은 개별식, DDC 방식은 분산형(Distributed)이다.

13-6 '정치제어'와 '추치제어'

(1) 목표치가 시간에 관계없이 일정한 것을 '정치제어', 시간에 따라 변하는 것을 '추치제어'라고 한다.
(2) 추치제어에서 목표치의 시간변화를 알고 있는 것을 '공정제어(Process Control)', 모르는 것을 '추정제어(Cascade Control)'라 한다.
(3) 공기조화제어는 대부분 공정제어(Process Control)를 많이 활용한다.

13-7 에너지 절약을 위한 자동제어법

(1) **절전 Cycle제어(Duty Cycle Control)** : 자동 On/Off 개념의 제어
(2) **전력 수요제어(Demand Control)** : 현재의 전력량과 장래의 예측 전력량을 비교 후 계약 전력량 초과가 예상될 때, 운전 중인 장비 중 가장 중요성이 적은 장비부터 Off함
(3) **최적 기동/정지제어** : 쾌적범위 대역에 도달 소요시간을 미리 계산하여 계산된 시간에 기동/정지하게 하는 방법
(4) **Time Schedule제어** : 미리 Time Scheduling 하여 제어하는 방식
(5) **분산 전력 수요제어** : DDC 간 자유로운 통신을 통한 전체 시스템 통합제어(상기 4개 항목 등을 연동한 다소 복잡한 제어)
(6) **HR** : 중간기 혹은 연간 폐열회수를 이용하여 에너지를 절약하는 방식
(7) **VAV** : 가변 풍량 방식으로 부하를 조절하는 방식
(8) **대수제어** : 펌프, 송풍기, 냉각탑 등에서 사용대수를 조절하여 부하를 조절하는 방식
(9) **인버터제어** : 전동기 운전방식에 인버터 제어방식을 도입하여 회전수제어를 통한 최대의 소비전력 절감을 추구하는 방식

> **핵심해설**
>
> **에너지 절약을 위한 자동제어법** : Duty Control(자동 On/Off 제어), Demand Control(계약 전력량 초과가 예상될 때 운전 중인 실내기 중 중요성이 적은 실내기 순으로 Off함), 최적 기동/정지제어(정해진 시간에 On/Off 하는 제어), Time Schedule제어, 분산 전력 수요제어(상기 여러 방법을 연동한 제어) 등 다양한 제어기법을 통한 에너지를 절약하는 제 방식을 말한다.

Quiz

BEMS(빌딩 에너지관리시스템)란?

1. 개요
   (1) BEMS는 IB(Intelligent Building)의 4대 요소(OA, TC, BAS, 건축) 중 BAS의 일환으로 일종의 빌딩 에너지 관리 및 운용의 최적화 개념이다.
   (2) 전체 건물의 전기, 에너지, 공조설비 등의 운전상황과 효과를 BEMS(Building Energy Management System)가 감시하고 제어를 최적화하고 피드백한다.

2. 구현방법
   (1) BEMS 시스템은 빌딩자동화 시스템에 축적된 데이터를 활용해 전기, 가스, 수도, 냉방, 난방, 조명, 전열, 동력 등 분야로 나눠 시간대별, 날짜별, 장소별 사용내역을 면밀히 모니터링 및 분석하고 기상청으로부터 약 3시간마다 날씨자료를 실시간으로 제공받아 최적의 냉난방, 조명 여건 등을 예측한다.

(2) 사전 시뮬레이션을 통해 가장 적은 에너지로 최대의 효과를 볼 수 있는 조건을 정하면 관련 데이터가 자동으로 제어시스템에 전달되어 실행됨으로써 에너지 비용을 크게 줄일 수 있는 시스템이다.
(3) 세부제어의 종류로는 열원기기 용량제어, 엔탈피제어, CO_2제어, 조명제어, 부스터펌프 토출압제어, 전동기 인버터제어 등을 들 수 있다.
(4) 제어 프로그램 기법 : 스케줄제어, 목표 설정치제어, 외기온도 보상제어, Duty Control, 최적 기동/정지제어 등
(5) BEMS는 건물 에너지사용현황에 대한 지속적인 관리와 에너지 절감에 대한 과학적 도구로 활용되어야 한다.

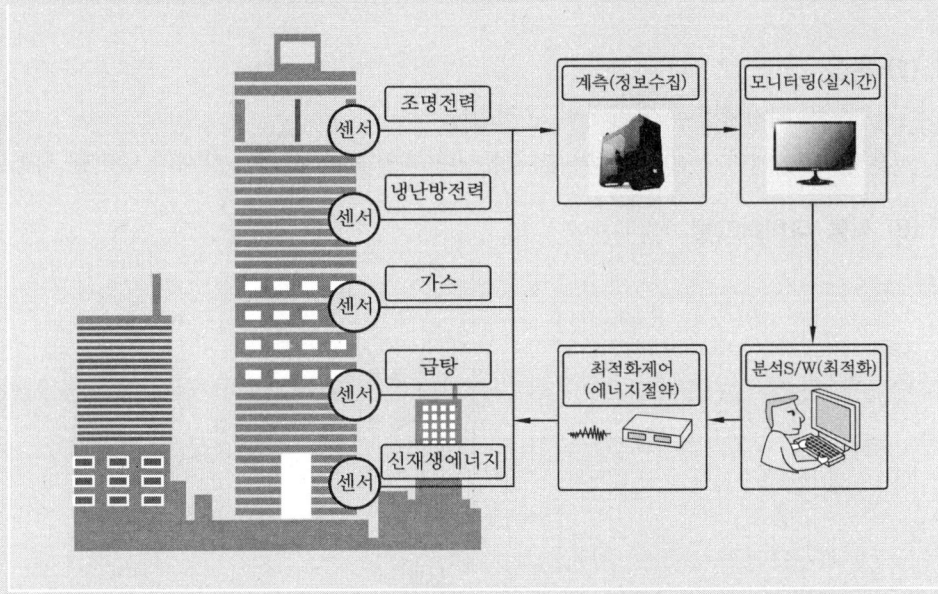

BEMS 개념도

핵심해설

* **정보통신 기술의 공조 분야에의 활용** : 쾌적공조 분야, 자동화 부문, 원격제어, 에너지 절감, BAS 등 공조의 각 분야에 적용되고 있으며, 미래형 공조에서는 IT 및 ICT 기술을 떼어놓고는 공조를 생각조차 할 수 없을 정도로 중요성을 더해가고 있다.
* BEMS는 BMS(Building Management System, 건물관리시스템) 중 에너지관리(전기, 가스, 수도, 공조, 동력 등 전 분야)에 관한 것이다.

14. 제어 관련용어

14-1 Zero Energy Band (with Load Reset)

(1) 정의

건물의 최소 에너지 운전을 위하여 냉방 및 난방을 동시(재열, 이중덕트, 자동운전모드 등)에 행하지 않고, 설정온도에 도달 시 Reset(냉·난방 열원 혹은 말단유닛 정지)하는 시스템이다.

(2) 특징

① 주로 외기냉방과 연계하여 운전한다.
② 건물의 에너지 절약방법의 한 종류이다(재열 등으로 인한 에너지 낭비를 최소로 줄인다).

(3) 작동 다이어그램

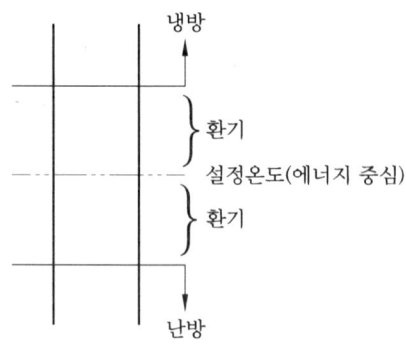

14-2 대수분할 운전

(1) 기기를 여러 대 설치하여 부하상태에 따라 운전대수를 조절하여(부하가 클 경우에는 운전대수를 늘리고, 적을 때는 운전대수를 줄임) 전체시스템의 용량을 조절하는 방법이다.
(2) 보일러, 냉동기, 냉각탑 등의 장비를 현장에 설치 시 큰 장비 한 대를 설치하는 것보다 작은 장비 몇 대를 설치하여, 부하에 따라 운전대수를 증감함으로써 에너지 절약 측면에서 최적운전을 할 수 있는 시스템이다.

14-3 전부하 운전특성과 부분부하 운전특성

(1) 전부하 운전특성

① 전부하는 부분부하의 반대 개념으로, 어떤 시스템이 가지고 있는 최대 운전상태(Full

Loading)로 운전할 때의 특성을 말한다.
② 장비가 Full Loading 시 나타나는 여러 가지 특성(성능, 소비전력, 운전전류 등)을 말한다.

(2) 부분부하 운전특성
① 부분부하는 전부하의 반대 개념으로, 시스템이 발휘할 수 있는 최대의 운전상태에 못 미치는 상태(Partial Loading)로 운전할 때의 특성이다.
② 기기가 최대용량에 미달되는 상태에서 운전을 실시할 때(최소용량 포함) 나타나는 여러 가지 특성(성능, 소비전력, 운전전류 등)을 말한다.

14-4 군집제어

(1) 일정한 Building군을 하나의 집단으로 묶어 BMS시스템으로 통합제어하는 방식이다.
(2) Bacnet, Lonworks 등의 통합제어 프로토콜을 이용하여 건물 내/외 전체 시스템(공조, 방범, 방재, 자동화 설비 등)을 동시에 관리할 수 있는 시스템이다.

14-5 Cross Talking

(1) 공조분야에서의 'Cross Talking'이란 인접 실(室) 간 공조용 덕트를 통해 서로 말소리가 전달되어 프라이버시를 침해당하거나, 시끄러운 소음이 전파되는 현상을 말한다.
(2) 호텔의 객실 등 정숙을 요하는 공간에서는 입상덕트를 설치하거나 덕트 계통분리 등을 통하여 옆방과 덕트가 바로 연결되지 않게 하는 것이 좋다.
(3) 이는 덕트를 통한 객실 간의 소음 전파를 줄이고, 프라이버시를 확보하기 위함이다.

14-6 빌딩병 (SBS ; Sick Building Syndrome)

(1) 낮은 환기량, 높은 오염물질 발생으로 에너지 저소비형 건물 내 거주자들에게 현기증, 구역질, 두통, 평행감각 상실, 통증, 건조, 호흡계통 제 증상 등이 발생하는 것으로 기밀성이 높은 건물, 환기량 부족 건물에서, 통상 거주자의 20~30% 이상 증상 발생 시 빌딩병을 시사한다.
(2) 일본 등에서 빌딩병 발생이 적은 이유는 '빌딩 관리법'에 의해 환기량을 잘 보장하고 있기 때문이다.

14-7 Connection Energy System

(1) 고온 수요처부터 저온 수요처 순으로 차례로 열병합발전에서 생산된 열을 사용하는 시

스템을 말한다(주로 고온의 열은 전기의 생산에 사용하고, 중온의 열은 흡수식 냉동기 등을 운전하며, 저온의 열은 난방 및 급탕 등에 사용한다).
(2) 열을 효율적으로 사용할 수 있어 에너지 절감이 가능한 시스템이다.

14-8 개별 분산 펌프 시스템

(1) 냉온수는 통상 펌프에 의해 유량을 조절하지만, 배관 시스템상의 저항에 의한 반송 에너지의 손실을 삭감하기 위해 분산 배치된 펌프의 출력을 이용한다.
(2) 통상 각 사용처별로 분산하여 배치된 인버터로 펌프의 출력을 제어하여 부하변동에 신속히 대응한다.
(3) 펌프의 운전방식으로는 '펌프의 대수제어 + 인버터의 용량제어'를 많이 사용한다.

14-9 HA(Home Automation) 혹은 HAS(Home Automation System)

(1) 일반기능
  ① 통신기능(Communication) : 자동응답, 단축다이얼 등
  ② 방법방재기능(Security) : 자동 경보, 자동 통보, 원격 감시 등
  ③ 원격제어기능(Telephone-control) : 외부에서 전화, 핸드폰 등으로 가전기기 조정 등
  ④ 방문객 영상확인기능(Video Phone) : 방문객 영상 확인 후 출입문 개방

(2) 첨단기능
  ① 발전적 적용 가능한 Home Automation : Home Networking, Home Entertainment, Home Security 등
  ② 기능 다변화 HBS(Home Bus System) : 가정용 구내 정보 통신망(LAN)의 도입 표준화, 가전제품 HA화 및 공용화
  ③ 유비쿼터스(Ubiquitous) : 시간과 장소에 상관없이 자유롭게 네트워크에 접속할 수 있는 정보통신 환경("Any where Any time")

15. 공실 제어방법

15-1 예열(Warming Up)

(1) 겨울철 업무 개시 전 미리 실내온도를 승온시킨다.
(2) 축열부하를 줄임으로써 열원설비의 용량을 축소시킬 수 있다.

(3) VAV 방식은 수동 조정 후 시행한다.

15-2 예냉 (Cool Down, Pre-cooling)

(1) 여름철 업무 개시 전 미리 냉방을 하여 실내온도를 감온(최대부하를 줄임)시킨다.
(2) 축열부하를 줄임으로써 열원설비의 용량을 축소시킬 수 있다.
(3) VAV 방식은 수동 조정 후 시행한다.
(4) 외기냉방과 야간기동 등의 방법을 병행할 수 있다.

15-3 Night Purge (Night Cooling, Night Ventilation, Nocturnal Convective Cooling)

(1) 여름철 야간에 외기냉방으로 냉방을 실시(축열 제거)한다.
(2) 주로 100% 외기도입 방식이다(리턴에어 불필요).
(3) 이 경우 기계적 냉방장치를 일부 운전하는 경우(→ 특히 'Night Cooling'이라고 부름)도 있지만, 건물의 에너지 절약과 친환경적 공조 측면에서 기계적 냉방장치의 운전은 최소화되거나 생략되는 것이 바람직하다.

15-4 야간기동 (Night Set Back Control)

(1) 난방 시(겨울철) 아침에 축열부하를 줄이기 위해 일정 한계치 온도(경제적 온도설정 = 약 15℃)를 Setting하여 연속운전하여 주간부하를 경감한다.
(2) **외기냉방이 아님(외기도입 불필요)** : 대개 100% 실내공기 순환 방법
(3) 기타의 목적
  ① 결로를 방지하여 콘크리트의 부식 및 변질을 방지한다.
  ② 건축물의 균열 등을 방지하고, 수명을 연장시킨다.
  ③ 설비용량(초기투자비)을 줄일 수 있다.
  ④ 관엽식물을 동사하지 않게 할 수 있다.

15-5 최적 기동제어

불필요한 예열 및 예냉을 줄이기 위해(예열/예냉을 생략하고) 최적 Start를 실시한다.

핵심해설
야간기동이란 100% 실내공기 순환 방법으로, 건물의 결로 및 균열을 방지해주는 효과가 있다.

16. 유비쿼터스(Ubiquitous)

16-1 정의

(1) 사용자가 네트워크나 컴퓨터를 의식하지 않고 장소와 시간에 상관없이 자유롭게 네트워크에 접속할 수 있는 정보통신 환경을 말한다.
(2) 물이나 공기처럼 시공을 초월해 '언제 어디에나 존재한다'는 뜻의 라틴어이다. → "Any where Any time!"
(3) 인간이 원하는 모든 정보인식, 정보처리, 정보전달 등을 간단한 신호음 하나로 자동으로 감지 및 처리하는 첨단 정보통신 분야로 정의할 수 있다.

16-2 유래 및 개념

(1) 사용자가 컴퓨터나 네트워크를 의식하지 않고 장소에 상관없이 자유롭게 네트워크에 접속할 수 있는 환경을 말하며, 1988년 미국의 사무용 복사기 제조회사인 제록스의 와이저(Mark Weiser)가 '유비쿼터스 컴퓨팅'이라는 용어를 사용하면서 처음으로 등장하였다.
(2) 당시 와이저는 유비쿼터스 컴퓨팅이 메인프레임과 퍼스널컴퓨터(PC)에 이어 제3의 정보혁명을 이끌 것이라고 주장하였는데, 단독으로 쓰이지는 않고 유비쿼터스 통신, 유비쿼터스 네트워크 등과 같은 형태로 쓰인다.
(3) 컴퓨터에 어떠한 기능을 추가하는 것이 아니라 자동차, 냉장고, 안경, 시계, 스테레오장비 등과 같이 어떤 기기나 사물에 컴퓨터 칩을 집어넣어 커뮤니케이션이 가능하도록 해주는 정보기술(IT) 환경 또는 정보기술 패러다임을 뜻한다.

16-3 전망

(1) 유비쿼터스화가 이루어지면 가정이나 자동차는 물론, 심지어 산꼭대기에서도 정보기술을 활용할 수 있고, 네트워크에 연결되는 컴퓨터 사용자의 수도 늘어나 정보기술산업의 규모와 범위도 그만큼 커지게 된다.
(2) 유비쿼터스 네트워크가 이루어지기 위해서는 광대역통신과 컨버전스 기술의 일반화, 정보기술 기기의 저가격화 등 정보기술의 고도화와 일반화가 전제되어야 한다.
(3) 유비쿼터스 분야는 RFID 등의 무선 센싱 기술과 무선 인터넷 기술 등을 통하여 시간과 장소에 구애받지 않고 네트워크에 접속할 수 있는 장점들 때문에 세계적인 개발 경쟁이 일고 있다.

> **Quiz**
>
> **RFID칩이란?**
> 1. Radio Frequency Identification의 약자로, IC칩과 무선을 통해 식품, 물체, 동물 등의 정보를 실시간으로 관리할 수 있는 인식기술을 말한다.
> 2. 현대 RFID 기술은 출입통제 시스템, 전자요금지불 시스템, 유비쿼터스 등에 광범위하게 활용되고 있다.

핵심해설
* 유비쿼터스는 한마디로 시공을 초월해 언제, 어디서나 대화 가능한 커뮤니케이션 환경을 말한다.
* RFID칩 : 사물의 인식방법을 칩 속에 코드화하여 커뮤니케이션하게 하는 방식

17. 용량가변(VVVF ; Variable Voltage Variable Frequency) 기술

17-1 개요

(1) 일명 '인버터'라고도 하며 주파수를 조절하여 용량(운전 속도)을 조절한다.
(2) 교류 ↔ 직류로 변환 시 전압과 주파수를 조절하여 전동기의 속도를 조절할 수 있도록 해주는 장치이다(전압을 같이 조절하는 이유는 토크가 떨어지지 않게 하기 위함이다).
(3) 'VVVF(Variable Voltage Variable Frequency)'라고도 부르고 'VSD(Variable Speed Drive)'라고도 한다.

17-2 인버터의 정의

(1) 인버터란 원래 직류전류를 교류로 바꾸어주는 역변환장치를 말하며, 반도체를 이용한 정지형 장치를 말한다.
(2) 관련 용어로 '컨버터'는 정류기를 이용하여 교류를 직류로 바꾸는 장치이다.
(3) 현재 용량가변형 전동기 혹은 압축기 분야에 사용되는 인버터란 용어의 의미는 '교류 → 직류로 변환 → 교류(원래의 교류와 다른 주파수의 교류)로 재변환'하는 장치를 말한다.
(4) 따라서, 전동기(압축기) 용량가변 분야의 인버터의 의미는 '컨버터형 인버터'라고 할 수 있다. 즉, 교류의 주파수를 변환하여 회전수를 가변하는 반도체를 이용한 장치라고 할 수 있다.

17-3 에너지효율 측면

(1) 송풍기, 펌프, 압축기에서 풍량의 비는 회전수의 비와 같다.

$$\frac{V_2}{V_1} = \frac{N_2}{N_1}$$

(2) 축동력의 비는 회전수비의 세제곱과 같다.

$$\frac{W_2}{W_1} = \left(\frac{N_2}{N_1}\right)^3$$

(3) 따라서, 부하가 절반으로 되어 풍량을 1/2로 하면, 동력은 1/8로 절감할 수 있다(단, 축동력의 5~10% 정도의 직·교류 변환 에너지 손실 발생).

17-4 특징

(1) 전동기 운전을 위해 고가의 '인버터 운전 드라이버'가 필요하다.
(2) 초기투자비가 필요하지만 에너지 절약 면에서 강조된다.
(3) 미세한 부하조절이 가능하다.

17-5 기술응용

(1) 태양전지에서 쉽게 얻을 수 있는 직류를 인버터를 이용하여 상용전력과 동등한 주파수의 교류전류로 변환 가능하다.
(2) 건물의 에너지 절약 분야에서는 펌프, 송풍기 등에 인버터(VVVF) 기술을 적용하여 에너지 반송동력을 줄이는 데 크게 기여하고 있다.

DC24V~DC48V : AC220V로 변환 가능한 인버터의 사례

18. 이코노마이저 사이클(제어)

18-1 Air Side Economizer Cycle (Control)

(1) 중간기나 동절기에 냉방이 필요한 경우 차가운 외기(공기)를 직접 도입하여 이용하는 외기냉방 시스템을 뜻한다.
(2) 외기온도와 리턴공기온도를 비교하여 냉방 시 외기온도가 2.8℃(5°F) 이상 차이가 나면 외기댐퍼를 최대로 열어 외기냉방을 하며 외기온이 높아지면 외기댐퍼를 전폐한다.
(3) '외기 엔탈피제어'를 의미하기도 한다.

18-2 Water Side Economizer Cycle (Control)

(1) 외기 냉수냉방을 말한다. 즉, 쿨링타워 등의 냉각수를 펌프로 공조기나 FCU에 순환시켜 냉방하는 방식을 의미한다.
(2) 중간기나 겨울철에 냉방을 위해 냉동기를 가동하지 않으므로 운전비용이 적게 드는 시스템(에너지 절약적 냉방 시스템)이다.

> **핵심해설**
> 이코노마이저 사이클에는 Air Side Economizer Cycle(외기냉방 혹은 외기 엔탈피 제어)과 Water Side Economizer Cycle(외기 냉수냉방)이 있다.

19. IOT(Internet Of Things ; 사물 인터넷)

(1) 기존에 M2M(MachinE to Machine)이 이동통신 장비를 거쳐서 사람과 사람 혹은 사람과 사물 간 커뮤니케이션을 가능케 했다면, IOT는 이를 인터넷의 범위로 확장하여 사람과 사물 간 커뮤니케이션은 물론이거니와 현실과 가상세계에 존재하는 모든 정보와 상호작용 하는 개념이다.
(2) IOT라 함은 인간과 사물, 서비스의 세 가지 환경요소에 대해 인간의 별도 개입 과정이 없이 인터넷망을 통한 상호적인 협력을 통해 센싱, 네트워킹, 정보처리 등 지능적 관계를 형성하는 연결망을 의미하는 것이다.
(3) 인터넷이 사물과 결합하여 때와 장소를 가리지 않는 상호 간 즉각적인 커뮤니케이션을

이루어내는 순간, 우리가 과거에 공상과학 영화 속에서나 상상했을 법한 꿈만 같은 일들이 현실로 구현될 수 있다.

(4) IOT 기술은 갖가지 기술의 총체적 집합으로서, 기존의 이동통신망을 이용한 서비스에서 한 단계 더 진화된 서비스라고 할 수 있다.

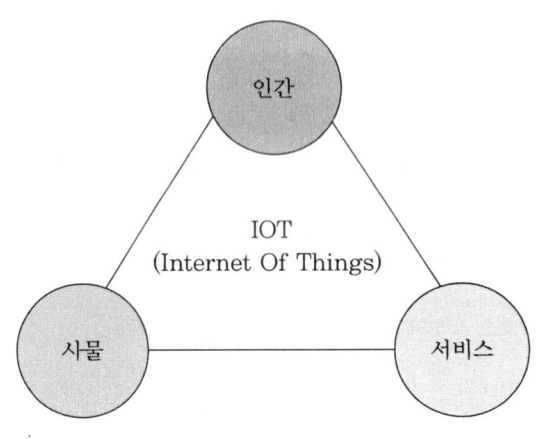

사물 인터넷(IOT) 개념도

예·상·문·제

1. 설비용량 및 수용률이 다음 표와 같은 수용가가 있다. 수용가 상호 간에 부등률을 1.1로 할 때 합성최대전력(kW)은?

수용가	설비용량(kW)	수용률(%)
A	160	50
B	150	60
C	100	50

㉮ 150 kW ㉯ 200 kW
㉰ 220 kW ㉱ 242 kW

[해설] 각 설비의 최대수용전력의 합 = 160×0.5 + 150×0.6 + 100×0.5 = 220 kW
따라서 합성 최대전력 = 220/1.1 = 200 kW

2. 공기차단기에 비해 SF₆ 가스차단기의 특징으로 볼 수 없는 것은?

㉮ 같은 압력에서 공기의 2~3배 정도의 절연내력이 있다.
㉯ 차단 시 폭발음이 없다.
㉰ 소전류 차단기이며 이상전압이 높다.
㉱ 아크에 SF₆ 가스는 분해되지 않고 무독성이다.

[해설] GCB(Gas Circuit Breaker ; 가스차단기)는 주로 소호 및 절연특성이 뛰어난 SF₆(육불화황)을 매질로 사용하는 차단기(저소음형으로 154 kV급 이상의 대용량 변전소에 많이 사용함)이다. 단, SF₆는 지구온난화 물질에 속한다.

3. 한류 리액터의 사용 목적은?

㉮ 충전전류의 제한 ㉯ 단락전류의 제한
㉰ 누설전류의 제한 ㉱ 접지전류의 제한

[해설] 한류 리액터(Current Limiting Reactor, 限流-)는 단락 고장에 대하여 고장전류를 제한하기 위해서 회로에 직렬로 접속되는 리액터이다. 단락전류에 의한 기계적 및 열적 장해를 방지하고, 차단해야 할 전류를 제한하여 차단기의 소요 차단 용량을 경감하는 용도에 사용된다. 일반적으로 불변 인덕턴스를 갖는 공심형(空心形) 건식(乾式)이나 유입식이 사용된다.

4. 설비용량 800 kW, 부등률 1.2, 수용률 60%일 때, 변전시설 용량은 최저 몇 kVA 이상이어야 하는가? (단, 역률은 90% 이상 유지되어야 한다.)

㉮ 450 kVA ㉯ 500 kVA
㉰ 550 kVA ㉱ 600 kVA

[해설] 각 설비의 최대수용전력의 합 = 800×0.6 = 480 kW
합성 최대전력 = 480/1.2 = 400 kW
변전시설 필요 용량 = 400 kW/0.9(역률) = 444.44 = 약 450 kVA

5. 단상유도 전동기와 3상유도 전동기를 비교했을 때, 단상유도 전동기에 해당되는 특징은?

㉮ 역률 및 효율이 좋다.
㉯ 중량이 작아진다.
㉰ 기동장치가 필요하다.
㉱ 대용량이다.

6. Y 결선의 전원에서 각 상전압이 220 V일 때 선간전압은?

㉮ 127 V ㉯ 220 V
㉰ 311 V ㉱ 381 V

[해설] $220\,V \times \sqrt{3} = 381\,V$

7. 전력에 관한 설명으로 잘못된 것은?

㉮ 피상전력은 교류의 부하 또는 전원의 용량

[정답] 1. ㉯ 2. ㉰ 3. ㉯ 4. ㉮ 5. ㉰ 6. ㉱ 7. ㉱

을 표시하는 전력이다.
㉯ 유효전력은 전원에서 부하로 실제 소비되는 전력을 말한다.
㉰ 무효전력은 실제로 아무런 일도 하지 않는 전력을 말한다.
㉱ 역률은 유효전력을 무효전력으로 나누어 계산한다.

[해설] 역률은 유효전력을 피상전력으로 나누어 계산한다.
※ 전력 = 유효전력 + 무효전력
즉, $W = V \cdot I \cdot \cos\theta + j(V \cdot I \cdot \sin\theta)$
$V \cdot I$: 피상전력[VA]
$\cos\theta$: 역률(유효전력/피상전력)

8. 역률에 관한 설명으로 잘못된 것은?

㉮ 역률이 낮으면 부하에 동일한 전력을 전달하기 위해 더 많은 전류를 흘려야 한다.
㉯ 인덕턴스가 주성분인 부하에 커패시터를 직렬 연결하여 역률을 개선한다.
㉰ 역률 개선은 부하 자체의 역률을 개선한다는 의미가 아니고, 전원의 입장에서 전력에 기여하지 못하는 리액턴스의 전류를 상쇄하여 전원 전류의 크기를 줄이는 것이다.
㉱ 역률 개선용 커패시터를 '진상 콘덴서'라고 한다.

[해설] 부하에 커패시터를 병렬 연결하여 역률을 개선한다.

9. 역률을 80%에서 95.5%로 개선하면 18,000 W의 동력부하의 연간 절감액은 얼마인가? (단, kW당 요금은 6,000원이라고 가정한다.)

㉮ 약 20만 원 ㉯ 약 25만 원
㉰ 약 30만 원 ㉱ 약 35만 원

[해설] 18 kW × 6,000원/kW × (0.955−0.8) × 12 개월 = 200,880원/년

10. 변압기에 관한 설명으로 가장 적절하지 못한 것은?

㉮ 하나의 권선에 정격 주파수의 정격전압을 가하고 다른 권선을 모두 개로했을 때의 손실을 '무부하손'이라고 하며, 대부분은 철심 중의 히스테리시스손과 와전류손으로 구성된다.
㉯ 변압기에 부하전류를 흐르게 함으로써 발생하는 손실을 부하손이라고 하며 권선 중의 히스테리시스손, 표류부하손 등으로 구성된다.
㉰ 변압기 손실은 무부하손(철손)과 부하손(동손)의 합이라고 할 수 있다.
㉱ 변압기 효율은 다음과 같이 계산한다.

$$\text{변압기 효율} = \frac{\text{출력}}{\text{출력}+(\text{철손}+\text{동손})} \times 100[\%]$$

[해설] 변압기에 부하전류를 흐르게 함으로써 발생하는 손실을 '부하손'이라고 하며 권선 중의 저항손 및 와전류손, 구조물/외함 등에 발생하는 표류부하손 등으로 구성된다.

11. '부등률'에 대한 설명으로 맞는 것은?

㉮ 평균수용전력을 최대수용전력으로 나눈 것의 100분율 값이다.
㉯ 최대수용전력을 설비용량으로 나눈 것의 100분율 값이다.
㉰ 부하 각각의 최대수용전력의 합을 합성 최대수용전력으로 나눈 것이다.
㉱ 최대수용전력을 변압기용량으로 나눈 것의 100분율 값이다.

[해설] ㉮는 부하율에 대한 설명이고, ㉯는 수용률에 대한 설명이다.

12. 고효율 변압기와 가장 거리가 먼 것은?

㉮ 레이저 코어 변압기
㉯ 아몰퍼스 변압기
㉰ 콘서베이터 취부 변압기

[정답] 8. ㉯ 9. ㉮ 10. ㉯ 11. ㉰ 12. ㉰

㉣ 자구미세화 규소강판 변압기

[해설] 콘서베이터(Conservator) 취부 변압기는 내부에 공기주머니(Air Cell)를 넣어 절연유를 공기로부터 차단해주어 절연유의 열화를 방지해주는 방식의 변압기이다(고효율 변압기와는 무관함).

13. 다음의 전자기법칙에 관한 설명 중 잘못된 것은?

㉮ 플레밍의 오른손법칙은 전자유도에 의해서 생기는 유도전류의 방향을 나타내는 법칙이다.
㉯ 플레밍의 왼손법칙은 전류가 흐르는 도선이 자기장 속을 통과해 힘을 받을 때 힘의 방향에 관한 법칙이다.
㉰ 플레밍의 오른손법칙은 전동기의 원리로 사용될 수 있다.
㉱ 앙페르의 오른나사의 법칙을 이용하여 전류에 의해서 생기는 자계의 방향을 찾아낼 수 있다.

[해설] 플레밍의 오른손법칙은 발전기의 원리이고, 왼손법칙은 전동기(모터)의 원리이다.

14. 유도전동기의 기동방식에 관한 설명으로 적절하지 못한 것은?

㉮ $Y-\Delta$ 기동 방식이란 Δ 결선으로 운전하는 전동기를 기동 시만 Y로 결선하여 기동전류를 직입 기동 시의 $1/\sqrt{3}$ 으로 줄인다.
㉯ 콘돌파기동은 단권변압기를 사용해서 전동기에 인가 전압을 낮추어서 기동하는 방식이다.
㉰ 리액터기동은 전동기의 1차 측에 리액터를 넣어 기동 시의 전동기의 전압을 리액터의 전압 강하분만큼 낮추어서 기동하는 방식이다.
㉱ 인버터기동 방식은 기동 시뿐만 아니라, 운전 중에도 회전수 및 전류제어를 지속적으로 행할 수 있는 방식이다.

[해설] $Y-\Delta$ 기동 방식이란 Δ 결선으로 운전하는 전동기를 기동 시만 Y로 결선하여 기동전류를 직입 기동 시의 1/3로 줄인다.

15. 어떤 전동기가 삼상 380 V로 운전되고 있으며, 선전류 10 A, 무효전력이 4,000 Var이었다면 역률은 얼마인가? (단, 소수점 둘째 자리에서 반올림한다.)

㉮ 75.4% ㉯ 77.4%
㉰ 79.4% ㉱ 81.4%

[해설] 삼상부하에서 피상전력
$= \sqrt{3}\,VI = \sqrt{3} \times 380 \times 10 = 6,581.8\,VA$
유효전력 $= \sqrt{피상전력^2 - 무효전력^2}$
$= \sqrt{(6,581.8^2 - 4,000^2)} = 5,2627\,W$
역률 = 유효전력/피상전력
$= 5,227\,W/6,581.8\,VA = 79.416\%$

16. 어느 변압기의 철손이 700 W, 동손이 2,800 W일 때 이 변압기의 최적 부하율(최고효율로 운전 시의 부하율)을 구하면?

㉮ 50% ㉯ 60%
㉰ 70% ㉱ 80%

[해설] 최적 부하율 $m = \sqrt{(700/2,800)} = 0.5$

17. 삼상 배전선로상에 역률 85%, 소비전력 250 W의 삼상 유도전동기가 운전되고 있다. 여기에 진상콘덴서를 설치하여 선로의 손실을 최소화하려면 어떤 용량의 콘덴서를 설치하여야 하는가?

㉮ 약 105 kVA ㉯ 약 125 kVA
㉰ 약 145 kVA ㉱ 약 155 kVA

[해설] • 유효전력 = 250 W
• 피상전력 = 유효전력/역률 = 250/0.85 = 294 W
• 무효전력 = $\sqrt{(294^2 - 250^2)} = 154.7$

정답 13. ㉰ 14. ㉮ 15. ㉰ 16. ㉮ 17. ㉱

18. 분전반에서 60 m 거리에 단상 220 V(단상 2선식)의 10 kW 전열기가 설치되어있다. 이 회로의 전압강하를 5 V 이하로 하고자 한다면 전선의 공칭 굵기를 얼마로 해야 하는가?

㉮ 6.0 ㉯ 10
㉰ 16 ㉱ 25

[해설] • 전류 = 소비전력/전압
  = 10,000/220 = 45.45
• 단상 220 V(단상 2선식)에서,
  전선 굵기 = 35.6 × 60 × 45.45/(1,000 × 5)
  = 19.42 이상

19. 수용가 인입구의 전압이 22.9 kV, 주차단기의 차단용량이 250 MVA이며, 10 MVA, 22.9 kV/380 V 변압기의 임피던스가 5.5%일 때, 변압기 2차 측에 필요한 차단기 용량으로 가장 적합한 것은?

㉮ 100 MVA ㉯ 150 MVA
㉰ 200 MVA ㉱ 250 MVA

[해설] 1. 기준 Base를 10 MVA로 할 때, 전원 측 임피던스
  $P_s = 100/\%Z_s \times P_n$ 에서,
  $\%Z_s = (P_n \times 100)/P_s = (10 \times 100)/250 = 4\%$
2. 변압기 2차 측까지의 합성 임피던스
  $\%Z = \%Z_s + \%Z_{tr} = 4 + 5.5 = 9.5\%$
3. 단락용량
  $P_s = 100/\%Z \times P_n = 100/9.5 \times 10 = 105.26$ MVA
  ∴ 차단용량은 단락용량보다 커야 하므로 '150 MVA'가 가장 적합하다.

20. 165 W의 태양전지(5 A, 33 V)가 10개 직렬, 30개 병렬로 설치된 PV어레이에서 파워컨디셔너 설치 위치까지의 거리가 50 m, 전선의 단면적이 50 mm²일 때 전압강하율(%)은?

㉮ 1.6% ㉯ 2.6%
㉰ 3.8% ㉱ 4.8%

[해설] 1. 최대 출력 전류 및 전압 계산
  (1) 최대 출력 전류 $I = 5 \times 30 = 150$(A)
  (2) 최대 출력 전압 $E = 33 \times 10 = 330$(V)
2. 전압강하(e) 계산
  $e = \dfrac{35.6 \times L \times I}{1,000 \times A} = \dfrac{35.6 \times 50 \times 150}{1,000 \times 50} = 5.34(V)$
3. 전압강하율 = $5.34/(330-5.34) \times 100$
  = 1.64%

21. 유도전동기의 기동방식 중 단권변압기를 사용해서 전동기에 인가 전압을 낮추어서 기동하는 방식은?

㉮ $Y-\Delta$기동 방식 ㉯ 콘돌파기동 방식
㉰ 리액터기동 방식 ㉱ 직입기동 방식

22. 다음 기동방식 중 유도전동기의 기동방식에 속하지 않는 것은?

㉮ 컨버터기동 방식 ㉯ 1차 저항기동 방식
㉰ 인버터기동 방식 ㉱ 전전압기동 방식

[해설] 유도전동기의 기동방식에는 크게 전전압(직입) 기동과 감압기동($Y-\Delta$기동, 콘돌파기동, 리액터기동, 1차 저항기동), 인버터기동 방식 등이 있다.

23. 다음 중 선로정수에 포함되지 않는 것은?

㉮ 저항 ㉯ 리액턴스
㉰ 정전용량 ㉱ 누설 컨덕턴스

[해설] 선로정수(Line Constant)는 전선(電線)이 내포하고 있는 R(저항), L(인덕턴스), G(누설 컨덕턴스), C(정전용량)의 4가지 특성을 말한다.

24. 냉온수기펌프(냉각수 순환용 ; 20 kW)의 현재 역률을 0.8에서 0.95로 높일 때 설치해야 할 콘덴서 용량(kVA)을 구하면?

㉮ 6.4 ㉯ 7.4

[정답] 18. ㉱ 19. ㉯ 20. ㉮ 21. ㉯ 22. ㉮ 23. ㉯ 24. ㉰

㉰ 8.4　　　　㉱ 9.4

[해설] 진상콘덴서를 설치해서 역률을 $\cos\theta_1$로부터 $\cos\theta_2$로 개선하는 데에 요하는 콘덴서 용량

$$Q = P(\frac{\sqrt{1-\cos^2\theta_1}}{\cos\theta_1} - \frac{\sqrt{1-\cos^2\theta_2}}{\cos\theta_2})$$
$$= 20 \times (\frac{\sqrt{1-0.8^2}}{0.8} - \frac{\sqrt{1-0.95^2}}{0.95})$$
$$= 8.426\,kVA$$

25. 전력계통을 연계시켜서 얻는 이득이 아닌 것은?

㉮ 배후전력이 커져서 단락용량이 작아진다.
㉯ 부하의 부등성에서 오는 종합 첨두부하가 저감된다.
㉰ 공급 예비력이 절감된다.
㉱ 공급 신뢰도가 향상된다.

[해설] 전력계통을 연계시키면 배후전력이 커져서 전력공급의 안정성이 증가하는 장점과 병렬회로 수의 증가로 단락 및 지락전류가 커지는 단점 등이 있다.

26. 전력계통의 절연협조에서 충격절연내력의 크기 순으로 적합한 것은?

㉮ 선로애자 > 차단기 > 변압기 > 피뢰기
㉯ 선로애자 > 변압기 > 차단기 > 피뢰기
㉰ 변압기 > 차단기 > 선로애자 > 피뢰기
㉱ 변압기 > 선로애자 > 차단기 > 피뢰기

27. 피뢰기의 구조는?

㉮ 특성요소와 소호리액터
㉯ 특성요소와 콘덴서
㉰ 소호리액터와 콘덴서
㉱ 특성요소와 직렬 갭

[해설] 피뢰기는 일반적으로 직렬 갭과 특성요소 등으로 구성되며, 계통의 전압별로 특성요소의 수량을 적합한 수량으로 포개어 조정한다.

28. 전력용 퓨즈를 차단기와 비교할 때 옳지 않은 것은?

㉮ 소형, 경량이다.
㉯ 고속도 차단을 할 수 없다.
㉰ 큰 차단 용량을 갖는다.
㉱ 보수가 간단하다.

29. 전선로에서 매설지선의 설치 목적으로 가장 알맞은 것은?

㉮ 코로나 전압의 감소
㉯ 역섬락 방지
㉰ 철탑 기초의 강도 보강
㉱ 절연강도의 증가

[해설]
1. 섬락(閃絡) : 송전선이나 배전선의 애자 표면이나 직류기, 회전 변류기의 정류자에서 절연이 파괴되어 순간적으로 전기 불꽃을 내며 전류가 흐르는 현상
2. 역섬락(逆閃絡) : 낙뢰 전류가 철탑으로 흐를 때 철탑에서부터 전선으로 불꽃이 거꾸로 일어나는 현상. 철탑 전위의 마룻값이 전선을 절연하는 애자들의 절연 파괴 전압보다 높을 때 발생한다.

30. 다음 (　) 안에 들어갈 내용으로 가장 적합한 것은?

> 3상 3선식에서는 회로의 평형, 불평형 또는 부하의 Δ, Y에도 불구하고, 세 선전류의 합은 0이므로 선전류의 (　)은 0이다.

㉮ 정상분　　　　㉯ 역상분
㉰ 영상분　　　　㉱ 평형분

31. 발전소에 시설하는 계측장치 중 주요변압기의 계측 데이터로 알맞은 것은?

㉮ 전압 및 전류 또는 전력

정답 25. ㉮　26. ㉮　27. ㉱　28. ㉯　29. ㉯　30. ㉰　31. ㉮

㉰ 전압 및 유온 또는 주파수
㉯ 전압 및 전류 또는 전력품질
㉰ 전압 및 전류 또는 온도

32. 전선의 공칭단면적의 설명과 관계가 없는 것은?
㉮ 계산상의 단면적은 별도로 한다.
㉯ 단위는 mm² 로 표시한다.
㉰ 전선의 실제 단면적과 같다.
㉱ 전선의 굵기를 나타내는 것이다.

33. 한 가닥의 지름이 2.6 mm인 19가닥의 연선의 공칭단면적은 몇 mm² 인가?
㉮ 132   ㉯ 110.9
㉰ 100   ㉱ 90.2
[해설] $\pi d^2/4 \times$ 가닥 수 = $\pi \times 2.6^2/4 \times 19$ = 약 100

34. 동심 연선에서 심선을 뺀 층수를 n, 소선의 지름을 d, 소선 단면적을 S라 할 때의 소선의 총수 N을 구하는 식은?
㉮ $N = n(n+1)$
㉯ $N = 3n(n+1) + 1$
㉰ $N = (1 + 2n)d + 1$
㉱ $N = (1 + 2n)d$

35. 다음 중 ACSR은 어느 것인가?
㉮ 경동 연선   ㉯ 중공 연선
㉰ 알루미늄선   ㉱ 강심 알루미늄선

36. 전선로에서 전선 굵기를 산정하는 요소가 아닌 것은?
㉮ 경제성   ㉯ 허용 전류
㉰ 전압 강하   ㉱ 절연체의 종류
[해설] 가공 송전 선로에서 전선 굵기를 산정하는 요소 : 경제성, 허용 전류, 전압 강하, 기계적 강도 등

37. 전선을 지지물 사이에 가설하면 자체의 무게 때문에 전선이 곡선 모양으로 처지는데, 가장 밑으로 처진 점의 수직거리를 무엇이라고 하는가?
㉮ 전선의 처짐   ㉯ 수직거리
㉰ 이도   ㉱ 코로나

38. 전력 계통의 전압을 조정하는 가장 주요 수단은?
㉮ 발전기의 유효전력 조정
㉯ 부하의 유효전력 조정
㉰ 계통의 주파수 조정
㉱ 계통의 무효전력 조정

39. 자동 경제 급전(ELD : Economic Load Distribution)의 목적은?
㉮ 계통 주파수를 유지하는 것
㉯ 경제성이 높은 수용가의 자동 선택
㉰ 수용가의 낭비 전력의 자동 선택
㉱ 발전 연료비(Fuel Cost)의 절약
[해설] 자동 경제 급전 시스템은 전력계통 감시, 발전기 출력제어, 실시간 계측 등을 행하여 원자력, 화력, 수력발전소 등에서 생산되는 전기를 경제적으로 공급하는 시스템이다.

40. 각 전력 계통을 연락선으로 상호 연결했을 때의 장점으로 옳지 않은 것은?
㉮ 각 전력 계통의 신뢰도가 증가한다.
㉯ 경제 급전이 용이하다.
㉰ 배후 전력(Back Power)이 크기 때문에 고

정답 32. ㉰ 33. ㉰ 34. ㉯ 35. ㉱ 36. ㉱ 37. ㉰ 38. ㉱ 39. ㉱ 40. ㉰

장이 적으며 그 영향의 범위가 적어진다.
㉣ 주파수의 변화가 적어진다.

41. 계통의 안정도 향상 면에서 좋지 않은 것은?

㉮ 선로 및 기기의 리액턴스를 낮게 한다.
㉯ 고속도 재폐로 차단기를 채용한다.
㉰ 중성점 직접 접지 방식을 채용한다.
㉱ 고속도 AVR을 채용한다.

[해설] 직접 접지 방식 : 지락고장 시 저역률 대전류인 지락전류 발생 → 과도안정도 저해

42. 전력계통의 안정도 향상 대책에 관한 내용으로 옳은 것은?

㉮ 송전계통의 전달 리액턴스를 증가시킨다.
㉯ 재폐로 방식(Reclosing Method)을 채택한다.
㉰ 전원 측 원동기용 조속기의 부동시간을 크게 한다.
㉱ 고장을 줄이기 위하 각 계통을 분리시킨다.

43. 발전소 옥외 변전소의 모선 방식 중 환상 모선 방식은?

㉮ 1 모선 사고 시 타 모선으로 절체할 수 있는 2중 모선 방식이다.
㉯ 1 발전기마다 1 모선으로 구분하여 모선 사고 시 타 발전기의 동시 탈락을 방지한다.
㉰ 다른 방식보다 차단기의 수가 적어도 된다.
㉱ 단모선 방식을 말한다.

44. 최근 전력 계통에 전력 케이블의 사용이 많아지고 있다. 그래서 계통의 전압 조정 및 보호 방식에 대하여 많은 문제점이 발생하고 있는데, 이들에 대하여 기술한 것 중 옳은

것은?

㉮ 적당한 개소에 분로용 콘덴서를 설치하여 무효전력을 흡수토록 하고 전압 변동률을 줄인다.
㉯ 계통의 정전 용량이 커져 경부하에서는 페란티 효과(Ferranti Effect)로 인하여 전압 상승이 발생할 가능성이 많아진다.
㉰ 중성점 접지 방식의 경우 종류에 따라서는 고장 시 반파의 정류 전류가 흐르고 대지 정전 용량이 커져서 영상임피던스도 커진다.
㉱ 접지 사고 시 과도 지락전류가 작아서 지락보호에 대해서는 가공 선로와 같은 무리를 할 필요가 없다.

[해설] 페란티 효과(Ferranti Effect) : 일반적으로 부하의 역률은 지상 역률이기 때문에 비교적 큰 부하가 걸려있을 때는 전류가 전압보다 위상이 뒤져있는 것이 보통이다. 즉, 지상 전류가 송전선이나 변압기를 흐르게 되면 송전단 전압은 수전단 전압보다도 높아진다. 그런데 부하가 아주 작을 경우, 특히 무부하의 경우에는 선로의 정전 용량 때문에 전압보다 위상이 90° 앞선 충전 전류의 영향이 커져서 선로를 흐르는 전류가 진상으로 되는 수가 있다. 이러한 경우에는 이 진상 전류와 선로의 자기 인덕턴스에 의한 기전력 때문에 수전단의 전압은 송전단의 전압보다도 높아진다. 이러한 현상을 '페란티 현상(또는 페란티 효과)'이라고 부른다.

45. 다음 중성점 접지 방식 중에서 단선 고장일 때 선로의 전압 상승이 최대이고, 통신 장해가 최소인 것은?

㉮ 비접지   ㉯ 직접 접지
㉰ 저항 접지   ㉱ 소호리액터 접지

46. 단로기(Disconnecting Switch)의 사용 목적은?

㉮ 과전류의 차단   ㉯ 단락사고의 차단

[정답] 41. ㉰ 42. ㉯ 43. ㉮ 44. ㉯ 45. ㉱ 46. ㉱

㉰ 부하의 차단　　㉱ 회로의 개폐

47. 전력설비 중 거리계전기의 기억작용은?

㉮ 고장 후에도 건전전압을 잠시 유지하는 작용
㉯ 고장위치를 기억하는 작용
㉰ 거리와 시간을 판별하는 작용
㉱ 전압, 전류의 고장선 값을 기억하는 작용

[해설] 1. 거리계전기(距離繼電器, Distance Relay) : 송전선로는 전선의 종류 및 지지물의 구성에 따라 물리적인 거리에 비례하는 전기적인 거리, 즉 임피던스 값이 존재하는데 이 전기적인 거리를 측정하여 고장구간을 판정하는 계전기
2. 거리계전기의 기억작용 : 고장 후에도 고장 전전압을 잠시 유지하는 작용

48. 가스 절연 개폐 장치(GIS)의 특징이 아닌 것은?

㉮ 감전사고 위험 감소
㉯ 밀폐형이므로 배기 및 소음이 없음
㉰ 신뢰도가 높음
㉱ 변성기와 변류기는 따로 설치함

49. 다음 그림에서 반한시 특성 곡선은? (단, t는 동작시간, I는 전기량을 표시한다.)

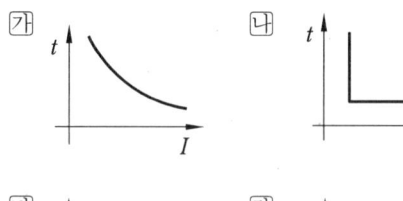
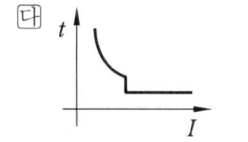
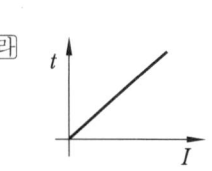

50. 영상전압과 영상전류에 의해서 동작하는 계전기는 어떤 목적으로 사용하는가?

㉮ 선로의 선택차단
㉯ 변압기의 층간단락 차단
㉰ 중성점 소호 리액터 접지계통의 충전전류 차단
㉱ 계통의 과전압 차단

51. 유입 차단기에 대한 설명으로 옳지 않은 것은?

㉮ 기름이 분해하여 발생되는 가스의 주성분은 수소이다.
㉯ 부싱 변류기를 사용할 수 없다.
㉰ 기름이 분해하여 발생된 가스는 냉각작용을 한다.
㉱ 보통 상태의 공기 중에서보다 소호 능력이 크다.

52. 규정된 동작전류 이상의 전류가 흐르면 즉시 동작하는 계전기는?

㉮ 방한시 계전기
㉯ 정한시 계전기
㉰ 순한시 계전기
㉱ Notting 한시 계전기

[해설] 1. 순한시 계전기 : 규정된 전류 이상의 전류가 흐르면 즉시 동작(0.3초 이내)
2. 고속도 계전기 : 규정된 전류 이상의 전류가 흐르면 즉시 동작(0.5~2 Hz 이내에 동작하는 계전기)
3. 반한시 계전기 : 전류가 크면 동작시간은 짧고, 전류가 작으면 동작시간은 길어지는 계전기
4. 정한시 계전기 : 규정된 전류 이상의 전류가 흐를 때 전류의 크기와 관계없이 일정 시간 후 동작
5. 반한시-정한시 계전기 : 전류가 작은 구간은 반한시 특성, 전류가 일정 범위를 넘으면 정한시 특성을 갖는 계전기

정답 47. ㉮　48. ㉱　49. ㉮　50. ㉮　51. ㉯　52. ㉰

53. 배전 전압을 3,000 V에서 6,000 V로 높이는 이점이 아닌 것은?

㉮ 배전손실이 같다고 하면 수송전력을 증가시킬 수 있다.
㉯ 수송전력이 같다면 전력손실을 줄일 수 있다.
㉰ 전압강하를 줄일 수 있다.
㉱ 주파수를 감소시킨다.

54. 22.9 kV로 수전하는 어떤 수용가의 최대 부하가 250 kVA이고, 부하 역률은 80%이며, 부하율은 50%이다. 월간 사용 전력량(MWh)은 약 얼마인가? (단, 1개월은 30일로 계산한다.)

㉮ 62 ㉯ 72
㉰ 82 ㉱ 92

[해설] $W = 250 \times 0.8 \times 0.5 \times 30 \times 24 \times 10^{-3}$
    $= 72 \text{MWh}$

55. 축전지 용량[AH] 계산에 고려되지 않는 사항은?

㉮ 축전율   ㉯ 방전전류
㉰ 보수율   ㉱ 용량환산시간

[해설] $C = \dfrac{1}{L} KI$ 에서
L : 보수율, K : 용량환산시간, I : 방전전류

56. 다음 중 ( )에 알맞은 내용은?

태양전지 모듈에서 인버터 입력단 간 및 인버터 출력단과 계통연계점 간의 전압강하는 각 ( )를 초과하지 말아야 한다.

㉮ 2%   ㉯ 3%
㉰ 4%   ㉱ 5%

57. 태양광발전용 배선에 쓰이는 전선으로 옳은 것은?

㉮ 공칭단면적 1.0 mm² 이상의 연동선 또는 이와 동등 이상의 세기 및 굵기의 것
㉯ 공칭단면적 1.5 mm² 이상의 연동선 또는 이와 동등 이상의 세기 및 굵기의 것
㉰ 공칭단면적 2.0 mm² 이상의 연동선 또는 이와 동등 이상의 세기 및 굵기의 것
㉱ 공칭단면적 2.5 mm² 이상의 연동선 또는 이와 동등 이상의 세기 및 굵기의 것

58. 태양광발전용 옥외배선에 쓰이는 전선은?

㉮ 모듈 전용선   ㉯ XLPE 케이블
㉰ 직류용 전선   ㉱ UV 케이블

59. 인버터의 설치기준에 관한 내용으로 옳지 못한 것은?

㉮ 옥내·외 구분 없이 설치하여야 한다.
㉯ 인버터의 설치용량은 설계용량 이상이어야 한다.
㉰ 인버터에 연결된 모듈의 설치용량은 인버터의 설치용량 105% 이내여야 한다.
㉱ 각 직렬군 태양전지 개방 전압은 인버터 입력전압 범위 안에 있어야 한다.

60. 제1종 접지공사의 접지저항 값은?

㉮ 10Ω   ㉯ 30Ω
㉰ 50Ω   ㉱ 100Ω

61. 태양광발전 설비 관련 기술 중 틀린 설명은?

㉮ 비상발전기는 태양광발전 설비 계통과 연

정답 53. ㉱ 54. ㉯ 55. ㉮ 56. ㉯ 57. ㉱ 58. ㉱ 59. ㉮ 60. ㉮ 61. ㉮

계하여야 한다.
㉯ 계통연계되는 전기실까지 케이블 트레이 평면도를 붙여야 한다.
㉰ 피뢰침 보호각이 표시되어있는 전기 간선 계통도를 붙여야 한다.
㉱ 케이블 트레이 상용케이블과 태양광발전설비 케이블의 사이에는 이격거리를 두고 배선 꼬리표를 달아야 한다.

62. 인버터 구동회로에서 게이트 구동 시 하나의 레그(Leg)에 있는 두 개의 게이트가 실제로 On/Off되는 시간차에 의해서 단락이 발행할 가능성이 있는데, 이때 단락을 방지하는 최소한의 시간을 무엇이라고 부르는가?
㉮ 레그 타임　　㉯ 게이트 타임
㉰ 스위칭 타임　㉱ 데드 타임

63. 역률을 0.8에서 0.95로 개선하면 18,000 W의 동력부하의 연간 절감액은 약 얼마인가? (단, kW당 월간 전기요금은 6,000원이라고 가정한다.)
㉮ 약 194,000원　㉯ 약 199,000원
㉰ 약 204,000원　㉱ 약 219,000원
[해설] 18 kW×6,000원/kW×(0.95−0.8)×12개월 = 194,400원/년

64. 다음 중 멀티미터(테스터)로 측정할 수 있는 것이 아닌 것은?
㉮ 직류전압　㉯ 교류전압
㉰ 직류전류　㉱ 절연저항
[해설] 절연저항은 멀티미터(테스터)로 측정할 수 없고 절연저항계(메거 ; Megger)로 측정이 가능하다.

65. 저항 50 Ω, 인덕턴스 200 mH의 직렬회로에 주파수 50 Hz의 교류를 접속하였다면, 이 회로의 역률(%)은?
㉮ 약 82.3　㉯ 약 72.3
㉰ 약 62.3　㉱ 약 52.3
[해설] 인덕턴스에 의한 리액턴스
$X = 2\pi f L = 2 \times 3.14 \times 50 \times 0.2 = 62.8\,\Omega$
임피던스 회로에서의 역률은
$\cos\theta = \dfrac{R}{\sqrt{(R^2+Z^2)}} = \dfrac{50}{\sqrt{(50^2+62.8^2)}} = 62.29\%$

66. 교류의 파형률이란?
㉮ 실효값 ÷ 평균값　㉯ 평균값 ÷ 실효값
㉰ 실효값 ÷ 최대값　㉱ 최대값 ÷ 실효값
[해설] 1. 파형률 = $\dfrac{\text{실효값}}{\text{평균값}}$

실효값 : 직류와 교류를 같은 저항에 흘려 열에너지를 구할 경우 일정 주기 동안의 에너지가 서로 같아지는 교류값이다.
평균값 : 교류파형의 면적을 주기로 나눈 값으로 정의되며 정현파형은 한 주기 동안의 평균값이 0이 되므로 반주기로 평균값을 산출하게 된다.

2. 파고율 = $\dfrac{\text{최댓값}}{\text{실효값}}$

3. 왜형률 = $\dfrac{\text{고조파의 실효값}}{\text{기본파의 실효값}}$ ⇒ 찌그러짐의 정도를 말한다.

67. 피뢰시스템 중 뇌격전류를 안전하게 대지로 전송하는 시스템은?
㉮ 수뢰 시스템　㉯ 인하도선 시스템
㉰ 접지 시스템　㉱ 감시 시스템

68. 수용설비와 부하와의 관계를 나타내는 수용률, 부등률, 부하율 및 전일효율에 대한 설명이다. 틀린 것은?

정답 62. ㉱ 63. ㉮ 64. ㉱ 65. ㉰ 66. ㉮ 67. ㉯ 68. ㉰

㉮ 수용률은 수용가의 최대 수요전력과 그 수용가가 설치하고 있는 설비 용량의 합계와의 비를 말한다.
㉯ 부등률은 최대 전력의 발생 시각 또는 발생 시기의 분산을 나타내는 지표를 말한다.
㉰ 부하율은 어느 일정 기간 중 평균수요전력과 최대수요전력과의 비를 나타낸 것으로 부하율이 낮을수록 설비가 효율적으로 사용된다고 할 수 있다.
㉱ 전일효율은 하루 동안의 에너지효율로서 24시간 중의 출력에 상당한 전력량을 그 전력량과 그날의 손실 전력량의 합으로 나눈 것을 말한다.

[해설] 1. 부하율이 높을수록 설비가 효율적으로 사용된다고 할 수 있다.
2. 전력사용 지표
(1) 부하율 = $\dfrac{평균\ 수용\ 전력}{최대\ 수용\ 전력} \times 100[\%]$
⇒ 높을수록 효율적임
(2) 수용률 = $\dfrac{최대\ 수용\ 전력}{설비\ 용량} \times 100[\%]$
(3) 부등률 = $\dfrac{부하\ 각각의\ 최대\ 수용\ 전력의\ 합}{합성\ 최대\ 수용\ 전력}$
(4) 설비 이용률 =
$\dfrac{평균\ 발전\ 또는\ 수전\ 전력}{발전소\ 또는\ 변전소의\ 설비\ 용량} \times 100[\%]$
(5) 전일 효율 =
$\dfrac{1일\ 중의\ 공급\ 전력량}{1일\ 중의\ 공급\ 전력량 + 1일\ 중의\ 손실\ 전력량}$
$\times 100[\%]$

69. 접지저항을 감소시키는 접지저항 저감제가 갖추어야 할 조건이 아닌 것은?

㉮ 사람과 가축에 안전할 것
㉯ 전기적으로 양호한 부도체일 것
㉰ 접지전극을 부식시키지 않을 것
㉱ 경제적일 것

[해설] 접지저항 저감제는 전기적으로 양호한 '도체'여야 한다.

70. 어느 단상변압기의 용량이 450 kVA, 역률이 0.9, 철손이 2.7 kW, 전부하동손이 5.8 kW 일 경우 ㉠ 전부하 시 효율, ㉡ 변압기 최고효율 시 부하율, ㉢ 변압기 최고효율이 맞게 짝지어진 것은?

	㉠	㉡	㉢
㉮	96.1%	0.61	98%
㉯	97.9%	0.68	98%
㉰	96.1%	0.68	94%
㉱	97.9%	0.61	94%

[해설] 1. 전부하 시 효율
부하율이 m일 경우의 효율(P ; 피상전력, $\cos\theta$; 역률) = $\dfrac{m \cdot P \cdot \cos\theta}{m \cdot P \cdot \cos\theta + p_i + m^2 \cdot p_c} \times 100(\%)$

공식에서, $m=1$인 경우이므로,
전부하 시 효율 = $450 \times \dfrac{0.9}{450 \times 0.9 + 2.7 + 5.8}$
$= 97.9\%$

2. 변압기 최고효율 시 부하율
$m = \sqrt{\dfrac{p_i}{p_c}} = \sqrt{\dfrac{2.7}{5.8}} = 0.682$

3. 변압기의 최대효율, 즉 '$p_i = p_c$'일 경우의 효율
$= \dfrac{m \cdot P \cdot \cos\theta}{m \cdot P \cdot \cos\theta + 2p_i} \times 100(\%)$
$= \dfrac{0.682 \times 450 \times 0.9}{0.682 \times 450 \times 0.9 + 2 \times 2.7} = 98.1\%$

71. 용량이 15 kW인 냉·난방용 수배관의 펌프의 역률을 측정해보니 0.77로 나왔다. 이 펌프의 역률을 0.9로 높이려면 몇 kVA의 진상콘덴서를 설치해야 하는가?

㉮ 3.16(kVA)   ㉯ 4.16(kVA)
㉰ 5.16(kVA)   ㉱ 6.16(kVA)

[해설] 진상콘덴서를 설치해서 역률을 0.77 → 0.9로 개선하는 데 요하는 콘덴서 용량 Q [kVA] 계산

$Q = $ 부하 전력[kW] $\times$
$\left\{\sqrt{\dfrac{1}{\cos^2\theta} - 1} - \sqrt{\dfrac{1}{\cos^2\phi} - 1}\right\}$ (kVA)

$$= 15 \times \left\{ \sqrt{\frac{1}{0.77^2} - 1} - \sqrt{\frac{1}{0.9^2} - 1} \right\} \text{(kVA)}$$
$$= 5.16 \text{(kVA)}$$

72. 분산형 전원의 연계용 변압기의 용량이 1MVA인 경우, 5%의 임피던스를 가지고 있다면 100MVA를 기준으로 한 % 임피던스는 얼마인가?

㉮ 200% ㉯ 300%
㉰ 400% ㉱ 500%

[해설] 1. %Z(%임피던스)
  (1) 하나의 LOOP를 이루는 전기회로에서 특정 설비가 가지고 있는 부하비율을 백분율로 표시한 값이다.
  (2) 하나의 LOOP 전체의 %임피던스의 총합이 항상 100%가 된다.
  (3) %Z를 산정하는 계통의 폐 LOOP를 어디로 잡는가에 따라서 그 비율이 달라진다.
  2. 계산 : $\%Z = \frac{100 \text{ MVA}}{1 \text{ MVA}} \times 5\% = 500\%$

73. 실효값이 120 V인 교류전압을 1200Ω의 저항에 인가할 경우 소비되는 전력(W)은 얼마인가?

㉮ 12W ㉯ 14W
㉰ 16W ㉱ 18W

[해설] $P = I^2 R = V^2/R = 120^2/1200 = 12W$

74. RL 직렬회로에 $v = 100\sin(120\pi t)$ (V)의 전원을 연결하여 $i = 2\sin(120\pi t - 45°)$ (A)의 전류가 흐르도록 하려면 저항 R(Ω)은?

㉮ 30.4(Ω) ㉯ 32.4(Ω)
㉰ 35.4(Ω) ㉱ 38.4(Ω)

[해설] $i = 2\sin(120\pi t - 45°)$ (A)에서 전류가 전압보다 45° 늦음을 알 수 있으므로(지상),
$$Z = \frac{v}{i} = \frac{100\sin(120\pi t)}{2\sin(120\pi t - 45°)}$$
$$= 50(\cos 45° + j\sin 45°)$$
$$= \frac{50}{\sqrt{2}} + \frac{j50}{\sqrt{2}} \text{ (허수부 ; 리액턴스)}$$
따라서, 저항 R은 $\frac{50}{\sqrt{2}} = 35.36$이다.

75. 출력전압이 400V 미만인 경우 기계기구의 철대 및 금속제 외함에는 몇 종 접지공사를 하여야 하는가?

㉮ 제1종 접지공사
㉯ 제2종 접지공사
㉰ 제3종 접지공사
㉱ 특별 제3종 접지공사

[해설] 전기설비기술기준의 판단기준

기계기구의 구분	접지공사의 종류
400V 미만인 저압용의 것	제3종 접지공사
400V 이상의 저압용의 것	특별 제3종 접지공사
고압용 또는 특고압용의 것	제1종 접지공사

76. 교류파의 찌그러짐의 정도를 나타내며, 고조파의 실효값을 기본파의 실효값으로 나누어 나타내는 값을 무엇이라고 부르는가?

㉮ 파형률 ㉯ 왜형률
㉰ 파고율 ㉱ 실효율

[해설] 1. 파형률 = $\frac{\text{실효값}}{\text{평균값}}$

실효값 : 직류와 교류를 같은 저항에 흘려 열에너지를 구할 경우 일정 주기동안의 에너지가 서로 같아지는 교류값

평균값 : 교류파형의 면적을 주기로 나눈 값으로 정의되며 정현파형은 한주기 동안의 평균값이 0이 되므로 반주기로 평균값을 산출하게 된다.

2. 파고율 = $\frac{\text{최댓값}}{\text{실효값}}$

3. 왜형률 = $\frac{\text{고조파의 실효값}}{\text{기본파의 실효값}}$

정답 72. ㉱ 73. ㉮ 74. ㉰ 75. ㉰ 76. ㉯

77. 2500 W 인버터의 입력전압범위가 22 V~32 V이고, 최대 출력에서 효율은 88%이다. 최대 정격에서 인버터의 최대 입력전류(A)는 얼마인가?

㉮ 109A ㉯ 119A
㉰ 129A ㉱ 139A

[해설] 최대 정격에서 인버터의 최대 입력전류는 전압이 가장 낮은 경우이다. 따라서,
인버터의 최대 입력전류
= 2500W ÷ (22V×0.88) = 129.1A

78. 최대수용전력 1000 kVA이고, 설비용량은 전등부하 500 kW, 동력부하 700 kVA이다. 이때 수용률(%)은 얼마인가?

㉮ 83.3% ㉯ 84.3%
㉰ 85.3% ㉱ 86.3%

[해설] 수용률 = (최대 수용전력 ÷ 설비용량) × 100%
= 1000kVA ÷ (500kW + 700kVA) × 100%
= 83.33 %

79. 접지공사에서 접지선의 굵기가 공칭단면적 16mm² 이상의 연동선(고압전로 또는 특고압 가공전로의 전로와 저압 전로를 변압기에 의하여 결합하는 경우 공칭단면적 6mm² 이상의 연동선)을 사용하여야 하는 접지공사의 종류는?

㉮ 제1종 접지공사
㉯ 제2종 접지공사
㉰ 제3종 접지공사
㉱ 특별 제3종 접지공사

80. 전압의 종별을 구분할 때 직류는 몇 V 이하의 전압을 저압으로 구분하는가?

㉮ 380V ㉯ 600V
㉰ 700V ㉱ 750V

[해설] 전압의 종별
1. 저압 : 직류 750V 이하, 교류 600V 이하
2. 고압
 (1) 직류 750V 초과~7,000V 이하
 (2) 교류 600V 초과~7,000V 이하
3. 특고압 : 7,000V 초과

81. 다음의 ㉠~㉡에 들어갈 말로서 맞게 짝지어진 것은?

> 저압용 기계기구의 철대 및 외함 접지에서 전기를 공급하는 전로에 누전차단기를 시설하면 외함의 접지를 생략할 수 있다. 이 경우의 누전차단기의 정격이 정격 감도 전류 (㉠) 이하, 동작시간 (㉡) 이하의 전류 동작형이어야 한다.

	㉠	㉡		㉠	㉡
㉮	30mA	0.03초	㉯	60mA	0.05초
㉰	30mA	0.3초	㉱	60mA	0.5초

82. 다음의 표준 전압별 허용오차 테이블 중 ㉠~㉡을 맞게 채운 것은?

표준전압	허용오차
110볼트	110볼트의 상하로 6볼트 이내
220볼트	220볼트의 상하로 (㉠)볼트 이내
380볼트	380볼트의 상하로 (㉡)볼트 이내

	㉠	㉡		㉠	㉡
㉮	13	30	㉯	15	38
㉰	13	38	㉱	15	30

83. 다음의 경우 전선의 단면적은 최소 얼마 이상으로 선정되어야 하는가?

- 전압강하율 : 2% • 전선 길이 : 25 m
- 4.4 kW, 교류 220 V • 감소계수 : 0.7

㉮ 5mm² ㉯ 6mm²

정답 77. ㉰ 78. ㉮ 79. ㉯ 80. ㉱ 81. ㉮ 82. ㉰ 83. ㉯

㉰ 8mm² ㉱ 14mm²

[해설]
1. 전류 $I = \dfrac{W}{V} = \dfrac{4,400}{220} = 20A$
2. 전압강하 = $220 \times 0.02 = 4.4V$
3. 전선의 단면적 = $35.6 \times 25 \times \dfrac{20}{1,000 \times 4.4 \times 0.7}$
   = $5.78mm² \rightarrow 6mm²$

84. 다음 배전반 전기부품의 기호 중 피뢰기를 나타내는 것은?

㉮ LBS ㉯ LA
㉰ MOF ㉱ VCB 혹은 ACB

[해설] 1. LBS(Load Breaker Switch) : 부하개폐기
2. LA(Lightening Arrester) : 피뢰기
3. MOF(Metering Out Fitting) : 계기용 변성기
4. VCB(Vacuum Circuit Breaker) : 진공차단기
5. ACB(Air Circuit Breaker) : 기중차단기

85. 다음 변압기의 결선도는 어떤 종류의 결선을 나타내는가?

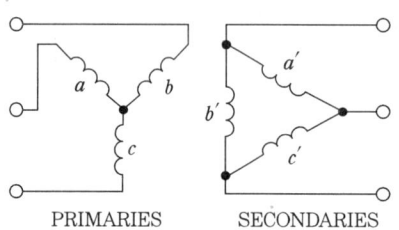
PRIMARIES   SECONDARIES

㉮ 델타 – 델타($\Delta - \Delta$)
㉯ 델타 – 와이($\Delta - Y$)
㉰ 와이 – 델타($Y - \Delta$)
㉱ 와이 – 와이($Y - Y$)

86. 최대 부하전력이 700 kW, 역률이 85%일 경우 적용할 변압기의 용량(kVA)은 최소 얼마 이상으로 선정해야 하는가? (단, 여유율은 20%로 한다.)

㉮ 1,000kVA ㉯ 1,200kVA
㉰ 1,500kVA ㉱ 1,800kVA

[해설] 적용할 변압기 용량 계산

변압기용량 = $\dfrac{\text{최대 부하전력}}{\text{역률}} \times \text{여유율}$

= $\dfrac{700kW}{0.85} \times 1.2 = 988kVA$

87. 다음 전선에서 전압강하율은 얼마인가?

사용한 전선의 길이 100 m, 95SQ, 전선에 흐르는 전류 30 A, 전압 DC 33 V

㉮ 3.23% ㉯ 3.33%
㉰ 3.43% ㉱ 3.53%

[해설] 전압강하(e)를 계산하면,
$e = \dfrac{35.6 \times L \times I}{1000 \times A} = \dfrac{35.6 \times 100 \times 30}{1000 \times 95} = 1.12421V$

전압 강하율 = $\dfrac{1.12421}{33 - 1.12421} \times 100 = 3.527\%$

88. 다음 표를 기준으로 설계해야 하는 1일 소비전력량은 얼마인가? (단, 부등률은 1.2로 한다.)

구 분	소모전력	1일 사용시간	사용개수
전등	30W	5	4
냉장고	700W	24	1
전열기기	600W	1	3

* 냉장고의 경우 운전율을 40%로 한다.

㉮ 6.6kWh ㉯ 7.6kWh
㉰ 8.6kWh ㉱ 9.6kWh

[해설] 1. 냉장고의 1일 소비전력량 = 700W×24시간×1개×0.4(운전율) = 6,720Wh = 6.72kWh
2. 설계해야 하는 1일 소비전력량
= $\dfrac{6,720Wh + 30W \times 5시간 \times 4개 + 600W \times 1시간 \times 3개}{1.2}$
= 7,600Wh = 7.6kWh

89. 'Economizer Cycle'에 대한 설명 중 틀린 것은?

정답 84. ㉯ 85. ㉰ 86. ㉮ 87. ㉱ 88. ㉯ 89. ㉰

㉮ 'Air Side Economizer Cycle'이란 중간기나 동절기에 냉방이 필요한 경우 차가운 외기(공기)를 직접 도입하여 이용하는 외기냉방 시스템을 뜻한다.
㉯ 'Water Side Economizer Cycle'은 '외기 냉수냉방'을 말한다.
㉰ 'Water Side Economizer Cycle'이란 '외기 엔탈피제어'를 의미하기도 한다.
㉱ 'Water Side Economizer Cycle'은 중간기나 겨울철에 냉방을 위해 냉동기를 가동하지 않으므로 운전비용이 적게 드는 시스템이다.

[해설] '외기 엔탈피제어'를 의미할 수 있는 방식은 공기 열교환방식인 'Air Side Economizer Cycle'이다.

90. 현재의 전력량과 장래의 예측 전력량을 비교 후 계약 전력량 초과가 예상될 때, 운전 중인 장비 중 가장 중요성이 적은 장비부터 Off하는 방식의 제어방식은?

㉮ PID 제어
㉯ DUTY 제어
㉰ 피드백 피드포워드 제어
㉱ 전력 수요제어

91. 야간기동(Night Set Back) 제어방식의 목적이 아닌 것은?

㉮ 공조설비의 유지관리비 절감
㉯ 건물 구조체 보호
㉰ 결로의 방지
㉱ 건물 내 관엽식물 등의 보호

[해설] '야간기동(Night Set Back)'은 공조설비의 유지관리비 절감이 목적이 아니라, 겨울철 난방 시 아침에 축열부하를 줄이고 건물구조체의 균열 및 결로 등을 방지하기 위해 야간에도 일정 한계치 온도를 설정하여 연속운전을 행하는 방식이다.

CHAPTER 03 건축 신재생에너지설비 이해 및 응용

1. 재생에너지 개요

1-1 태양의 구성층 (Layers of the Sun)

(1) **핵 혹은 내핵(Inner Core)** : 핵은 수소 핵융합반응이 일어나는 태양의 중심부이다. 수소가 헬륨으로 바뀌는 이 반응에서 많은 에너지가 방출된다.

(2) **복사층(Radiation Zone)** : 태양의 복사층은 핵에서 나온 에너지를 복사의 형태로 대류층까지 전달하는 구간이다.

(3) **대류층(Convection Zone)** : 대류층은 태양 내부에서 가장 외부에 있는 층이다. 대류층은 태양 표면에서 밑쪽으로 약 200,000 km 깊이에서부터 시작되고, 온도는 약 2,000,000K이다. 이 층에서는 복사를 통해 에너지를 전파할 수 있을 만큼 밀도나 온도가 높지 않기 때문에, 복사가 아닌 열대류가 일어난다.

(4) **광구(Photosphere)** : 광구는 태양의 표면으로, 약 100 km 두께의 가스로 이루어진다. 중앙부가 가장 밝고, 가장자리로 갈수록 복사방향에 대한 시선방향의 각이 커지므로 어두워지는데, 이런 현상을 '주연감광(Limb Darkening)'이라고 한다. 흑점, 백반, 쌀알무늬 등을 관측할 수 있다. 태양은 약 27일을 주기로 자전하는데, 태양은 가스로 된 공과 같기 때문에 고체의 행성과 같이 회전하지는 않는다. 태양의 적도지역은 극지방보다 더 빠르게 회전한다. 태양의 반지름은 그 중심에서 광구까지의 길이를 말한다.

(5) **채층(Chromosphere)** : 채층은 광구 위에 약 2,000 km까지 뻗어있다. 온도가 약 6,000K에서 10,000K로 불규칙한 층이다. 이 정도의 높은 온도에서 수소는 불그스레한 색의 빛을 방출하는데, 이것은 개기일식 동안에 태양의 가장자리 위로 올라오는 홍염을 통해 확인할 수 있다.

(6) **코로나(Corona)** : 코로나는 이온화된 기체가 높이, 넓게 퍼져있는 상층 대기권이다. 코로나의 형태와 크기는 일정하지 않지만 일반적으로 흑점과 관계가 깊다. 흑점이 최소일 때

코로나의 크기는 작고, 최대일 때는 크고 밝으며 매우 복잡한 구조를 갖는다.

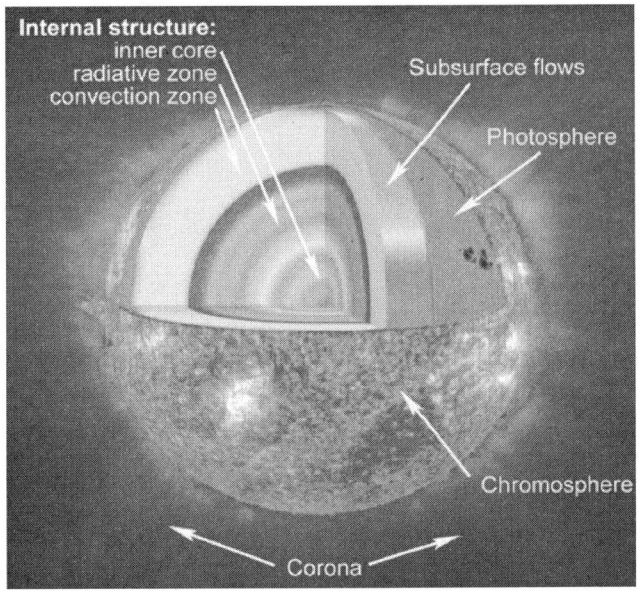

1-2 지구의 구성층 (Layers of the Earth)

(1) 지구 중심 근처의 온도가 4,500 K를 넘는다(태양의 표면 온도는 약 6,000~6,500 K).
(2) 지각은 주로 암석으로 이루어져 있고, 그중 가장 풍부한 원소는 산소와 규소이다. 금속 중 가장 풍부한 것은 알루미늄인데, 원소 전체로 볼 때에는 산소와 규소 다음으로 많다.
(3) 맨틀의 화학 성분도 지각과 비슷한 면이 있지만 마그네슘과 철의 함량이 많이 증가한다.
(4) 외핵에서는 철과 황이 풍부하고, 내핵에서는 철과 니켈이 풍부하다.

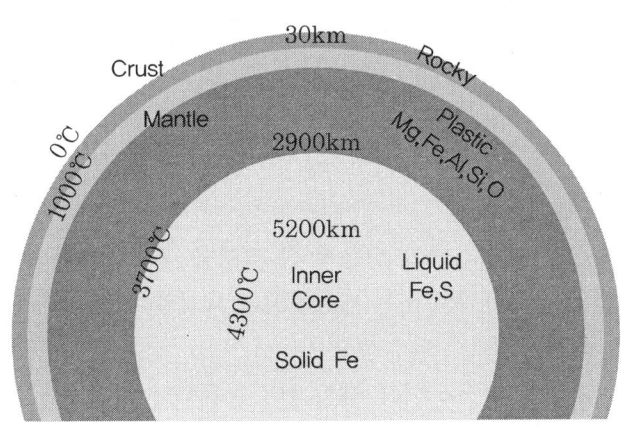

1-3 태양에너지 이용 역사

(1) BC 212년 : 아르키메데스(Archimedes)가 그리스 시라큐스를 공격하는 로마 함선을 광을 낸 동판거울로 태양광선을 모아 격침하였다.
(2) 1891년 : 미국 볼티모어의 발명가 클라렌스 켐프가 특허를 등록하며 첫 번째 태양열 온수기 시스템이 등장하였다.
(3) 1973년 : 그리스 해군이 아르키메데스의 실험을 실제로 재현하였다. 50 m 거리의 목선에 불을 낸 것이다.
(4) 2009년 : 미국 M.I.T.의 데이비드 월리스 교수가 80명의 학생들과 함께 15분 만에 목재에 불이 붙는 것을 재현하였다.

1-4 태양방사선의 특징

(1) '복사열'과 유사한 전자기 방사의 형태(전파, X선, 따뜻한 난로 등)이다.
(2) 태양 복사에너지의 약 절반은 인간의 눈으로 감지할 수 있는 파장 내이다.
(3) 지구 대기권 밖 태양 방사선의 강도는 일반 온돌패널의 약 10배 이상이다.
(4) 오존층에 의해 단파장이 흡수되어 0.2~0.3 nm 영역에서는 대기 외부와 지표 측의 스펙트럼이 차이가 난다.
(5) 스펙트럼 파장대 에너지 밀도는 자외선 영역이 5%, 가시광선 영역이 46%, 근적외선 영역이 49% 수준이다.

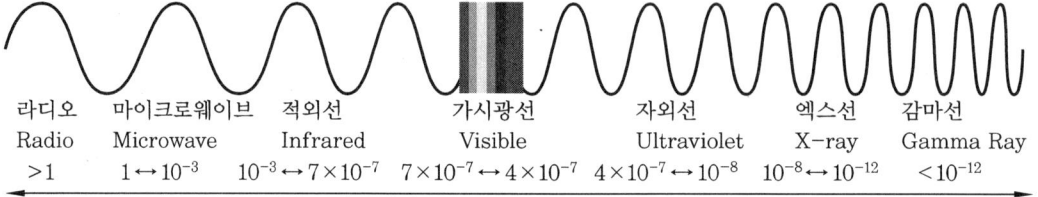

태양광 스펙트럼

1-5 태양각의 중요성

(1) 태양에너지를 이용한 시스템의 성능에 큰 영향을 끼치는 중요한 요소이다.
(2) 많은 에너지를 흡수하기 위해서는 태양전지나 태양열 집열판의 설치 경사각이 태양각과 가급적 수직을 이루게 하는 것이 중요하다.
(3) 연간 태양의 고도가 변함에 따른 태양각이 변동한다.
(4) **혼합식(태양) 추적법** : '감지식 추적법 + 프로그램 추적식'으로 우수함

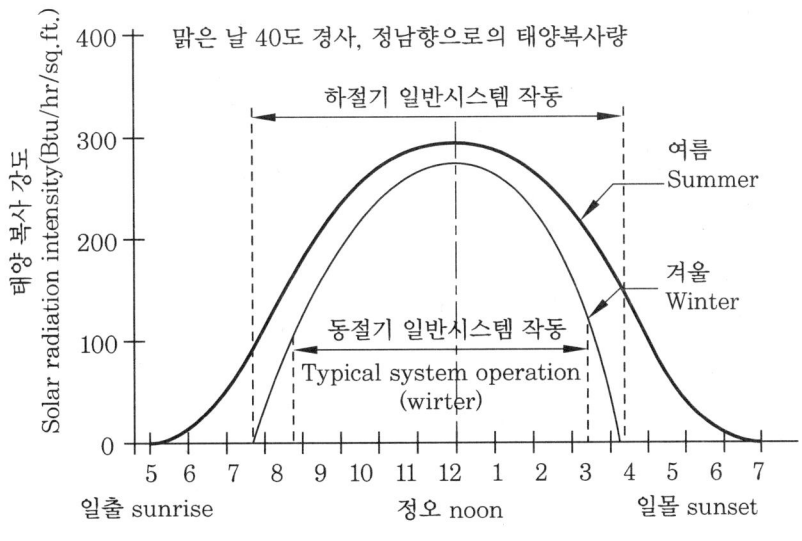

태양복사량(맑은 날, 40도 경사, 정남향)

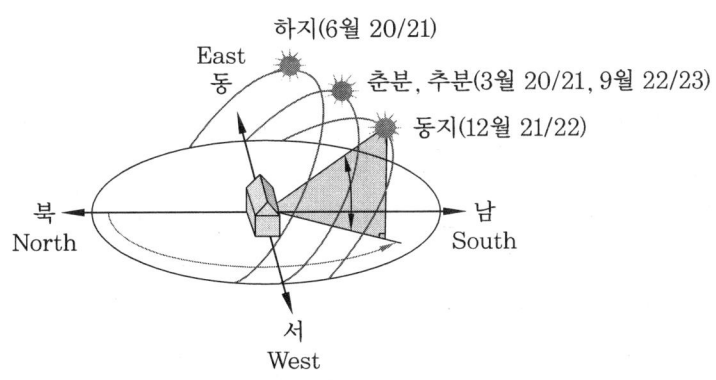

태양고도의 변화 추이

1-6 태양에너지 적용 분야

(1) 발전 분야

① 집광식 태양열발전

㈎ 태양추적장치, 집광렌즈, 반사경 등의 장치가 필요하다.

㈏ 고온의 증기를 만들어 터빈을 운전하여 발전을 행한다.

㈐ 종류

㉮ PTC(Parabolic Trough Collector) : 구유형 집열기

㉯ Dish Type Collector : 접시형 집열기

㉰ CPC(Compound Parabolic Collector) : 복합 구유형 집열기

㉣ SPT(Solar Power Tower) : 타워형 태양열발전소

② 태양광발전

㈎ 소규모의 전자계산기, 손목시계와 같은 일용품에서 인공위성이나 대규모의 발전용까지 널리 사용된다.

㈏ 실리콘 등으로 제작된 태양전지(Solar Cell)를 이용하여 태양광을 직접 전기로 변환한다.

(2) 생활 분야

① 태양열 증류 : 고온의 태양열을 이용하여 탈수 및 건조 가능

② 태양열 조리기기(Cooker 등) : 집광렌즈를 이용하여 조리, 요리 등 가능

(3) 조명 및 공조·급탕 분야

① 주광조명

㈎ 낮에도 어두워지는 지상 및 지하시설 등에 자연광을 도입한다.

㈏ 수직 기둥 속 렌즈를 이용하여 반사원리를 이용하여 태양광을 도입한다.

② 난방 및 급탕

㈎ 축열조를 이용하여 태양열을 저장 후 난방, 급탕 등에 활용한다.

㈏ 태양열원 히트펌프(SSHP)의 열원으로 사용하여 난방 및 급탕이 가능하다.

③ 태양열 냉방시스템

㈎ 증기압축식 냉방 : 태양열을 증기터빈 가동에 사용 → 증기터빈의 구동력을 다시 냉동시스템의 압축기 축동력으로 전달

㈏ 흡수식 냉방 : 태양열을 저온 재생기 가열에 보조적으로 사용하는 시스템

㈐ 흡착식 냉방 : 태양열을 흡착제의 탈착(재생)과정에 사용하는 시스템

㈑ 제습냉방(Desiccant Cooling System) : 제습기 휠의 재생열원 등에 사용하는 시스템

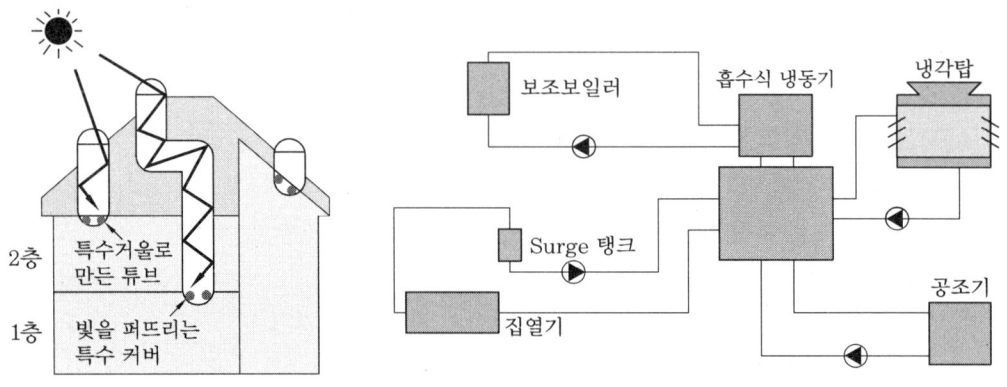

주광조명　　　　　　태양열 흡수식 냉방시스템 계통

(4) 자연형 태양열 주택 : 직접획득형, 간접획득형, 온실 부착형, 분리획득형, 이중외피형 등

> **칼럼**
> 태양열 급탕이 타 태양열 이용 시스템 대비 유리한 점
> 1. 태양열난방, 태양광발전 등처럼 많은 에너지를 필요로 하지 않는다.
> 2. 비교적 저온(약 40~80℃ 정도)이어서 열손실이 적다.
> 3. 연중 계속적인 축열의 활용이 가능하다.
> 4. 소규모 제작이 용이하고, 보조가열원의 용량이 적어도 된다.
> 5. 급탕부하는 부하의 변동폭이 적다.
> 6. 급탕부하는 비교적 열량이 불규칙해도 사용 가능하다.
> 7. 가격이 비교적 저렴한 평판형 집열기로도 사용 가능하다.
> 8. 구름이 많거나 흐린 날에도 사용 가능하다.

> **핵심해설**
> 태양에너지는 크게 태양광에너지와 태양열에너지로 나눌 수 있고, 증류, 조리기구, 조명 및 공조, 급탕 분야, 심지어는 냉방 분야에까지 다양하게 사용될 수 있다.

2. 태양열에너지

태양광선의 열에너지를 모아 이용하는 기술로서 집열부, 축열부, 이용부, 제어부 등으로 구성된다.

2-1 장점

(1) 무공해, 무제한
(2) 청정에너지원
(3) 지역적인 편중이 적음
(4) 다양한 적용 및 이용성
(5) 경제성이 우수함

2-2 단점

(1) 열밀도가 낮고, 이용이 간헐적임
(2) 초기설치비가 비쌈
(3) 일사량 조건이 좋지 않은 겨울에는 불리함

2-3 평판형 집열기와 진공관형 집열기

(1) 평판형 집열기는 집열면이 평면을 이루고, 태양에너지 흡수면적이 태양에너지의 입사면적과 동일한 집열기이며, 태양열난방 및 급탕 시스템 등 저온 이용분야에 사용되는 기본적인 태양열 기기이다.

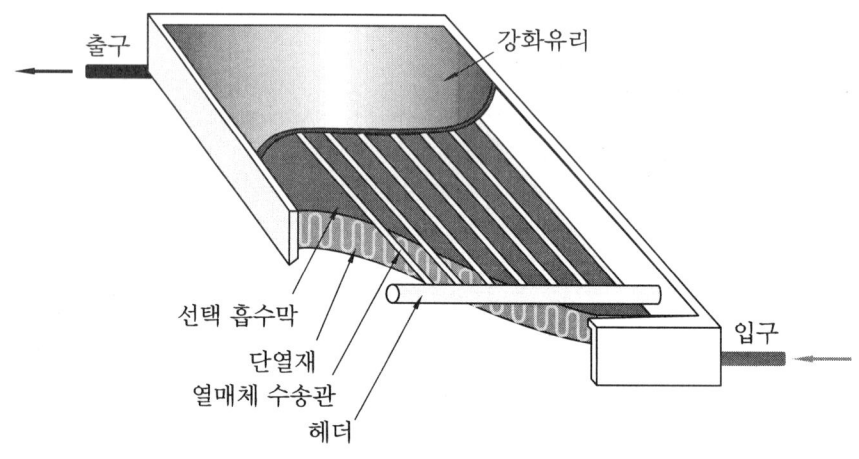

평판형 집열기

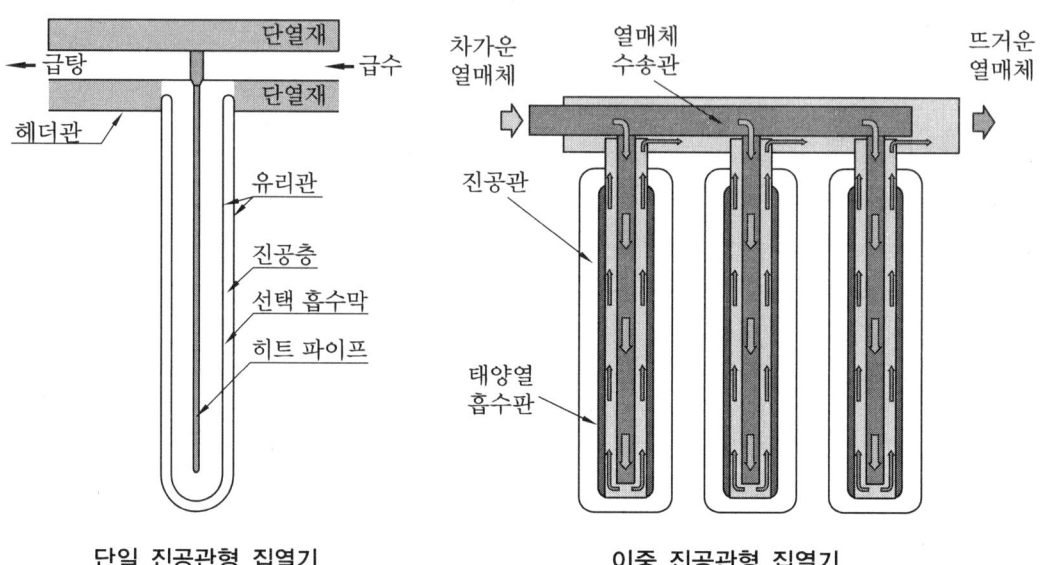

단일 진공관형 집열기　　　　**이중 진공관형 집열기**

(2) 평판형 집열기 vs. 진공관형 집열기

구 분	평판형 집열기	진공관형 집열기
장점	• 실제 설치 후 장기간 사용 결과, 안정적인 집열기로 판명됨 • 구조적으로 단순하여 취급이 간편함 • 단위면적당 가격이 저렴함(동일 획득열량 대비 40% 이상 저렴) • 하자 발생 우려가 적으며 시스템이 안정적임 • 사후관리의 용이성(국내업체 다수)	• 겨울철 열손실이 적어 효율이 높음 • 고온에서 평판형보다 효율이 높으므로 80~100℃ 이상이 필요한 냉·난방 및 산업공정열 등의 적용에 유리함
단점	• 집열효율이 진공관형에 비해 다소 떨어짐 • 겨울철 80℃ 이상의 고온수를 만들어내기 어려움	• 가격이 비싸며, 개별 가구 설치 시 경제성을 신중히 고려해야 함 • 유리관 파손, 진공 파괴에 대한 우려, 보수비 증대 • 하절기 과열에 대한 대책 필요

2-4 집중형 태양열발전 (CSP ; Concentrating Solar Power)

(1) 종류

① 구유형 집광형 집열기(PTC ; Parabolic Trough Collector) : 태양에너지는 포물선형 곡선과 홈통(구유) 형상의 반사판 위에 곡면의 내부를 따라 놓여있는 리시버(Receiver)관에 집중된다.

② 접시형 집광형 집열기(Dish Type Collector) : 태양으로부터 직접 입사되는 태양에너지를 획득하여 작은 면적에 집중, 태양광선을 열 리시버로 반사하기 위하여 태양을 연속적으로 추적, 스털링엔진(햇빛과 같은 외부열원으로부터 제공되는 열로 피스톤을 움직여 자동차의 내연기관과 비슷하게 기계적인 출력을 생산. 엔진 크랭크축의 회전형태인 기계적인 발전기를 구동하고 전기를 생산)에 사용 가능하다.

③ CPC형 집광형 집열기(Compound Parabolic Collector) : 양쪽의 반사판을 이용하여 태양광을 반사하여 가운데의 유리관에 집중시키며, 외부유리관은 없는 타입도 있다.

(2) 특징

① 다양한 거울 형상의 반사원리를 이용하여 태양에너지를 고온의 열로 변환한다.

② 태양에너지를 모아서 열로 변환시키는 부분 + 열에너지를 전기로 재차 변환할 수도 있다.

③ 상대적으로 저비용으로 첨두부하(Peak Demand) 시 전력을 공급할 수 있어 분산에너지원으로 주요한 역할을 할 수 있다.

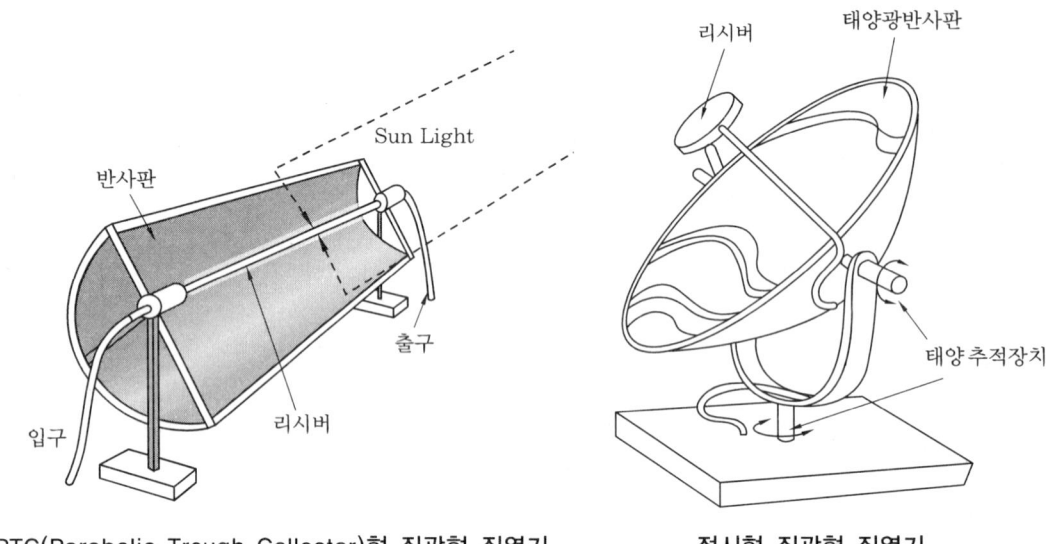

PTC(Parabolic Trough Collector)형 집광형 집열기   접시형 집광형 집열기

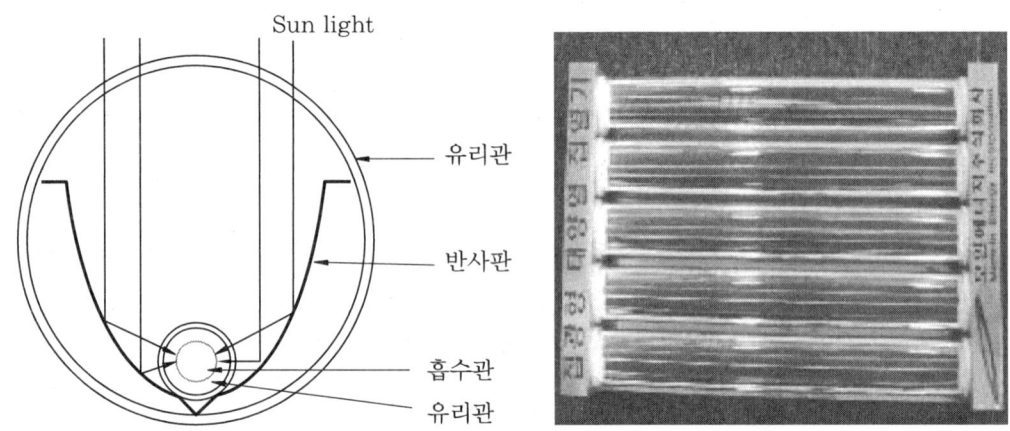

CPC(Compound Parabolic Collector)형 집광형 집열기

2-5 전력타워 혹은 태양열발전탑(Solar Power Tower)

(1) 특징

① 기존 전력망에 전기를 공급하기 위하여 햇빛을 청정전기로 변환, 대형의 헬리오스탯(Heliostat)이라는 태양 추적 거울(Sun-tracking Mirrors)을 대량으로 설치하여 타워 상부에 위치한 리시버에 햇빛을 집중 → 리시버에서 가열된 열전달유체는 열교환기를 이용하여 고온증기를 발생 → 고온증기는 터빈발전기를 구동하여 전기를 생산한다.

② 초기 전력타워에서는 열전달유체로 증기를 사용하였으나, 현재 열전달과 에너지 저장 능력이 좋은 용융 질산염(Molten Nitrate Salt) 등의 물질도 사용한다.

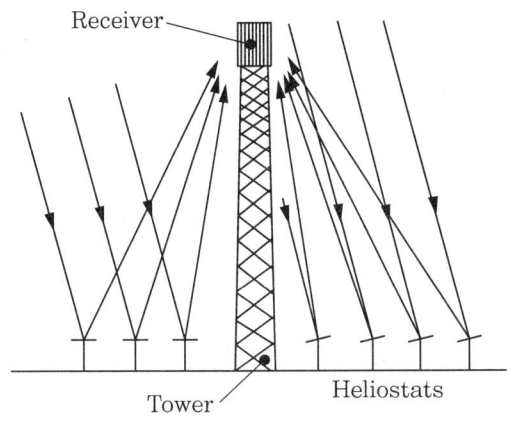

SPT(Solar Power Tower)의 반사원리

2-6 태양열난방 및 급탕시스템

(1) **태양열에너지 적용 분야** : 온수, 급탕, 공간의 냉·난방
(2) **건물은 햇볕의 장점을 최대로 획득할 수 있도록 설계** : 특히 경제성 측면에서 투자비 회수기간이 짧아야 한다.
(3) 태양열시스템은 건물의 신축, 재축, 증축, 리모델링 등 다양한 건축 시에 활용 가능하다.
(4) 건물의 공간난방 등을 위하여 팬코일 유닛이나 공조기 등을 통하여 공기를 직접 가열하거나, 필요처에 온수를 공급할 수 있다.

겨울철 태양으로부터 많은 열을 획득하기 위하여 남측에 대형 판유리를 설치한 콜로라도 골든 시에 위치한 Sponslor-Miller 주택

4개의 태양에너지 시스템을 설치한 가정(1.4 kW×4개 ; 태양전지 시스템, 능동적/수동적 태양열난방, 온수 시스템)

2-7 자연형 및 설비형 태양열시스템 비교

구 분	자연형	설비형		
	저온용	중온용		고온용
활용 온도	60℃ 이하	100℃ 이하	300℃ 이하	300℃ 이상
집열부	자연형 시스템 공기식 집열기	평판형 집열기	• PTC형 집열기 • CPC형 집열기 • 진공관형 집열기	• Dish형 집열기 • Power Tower
축열부	Tromb Wall (자갈, 현열)	저온축열 (현열, 잠열)	중온축열 (잠열, 화학)	고온축열 (화학)
이용 분야	건물공간난방	냉난방·급탕, 농수산 (건조, 난방)	건물 및 농수산 분야 냉난방, 담수화, 산업공정열, 열발전	산업공정열, 열발전, 우주용, 광촉매폐수처리, 광화학, 신물질 제조

2-8 태양열난방 시스템의 구성

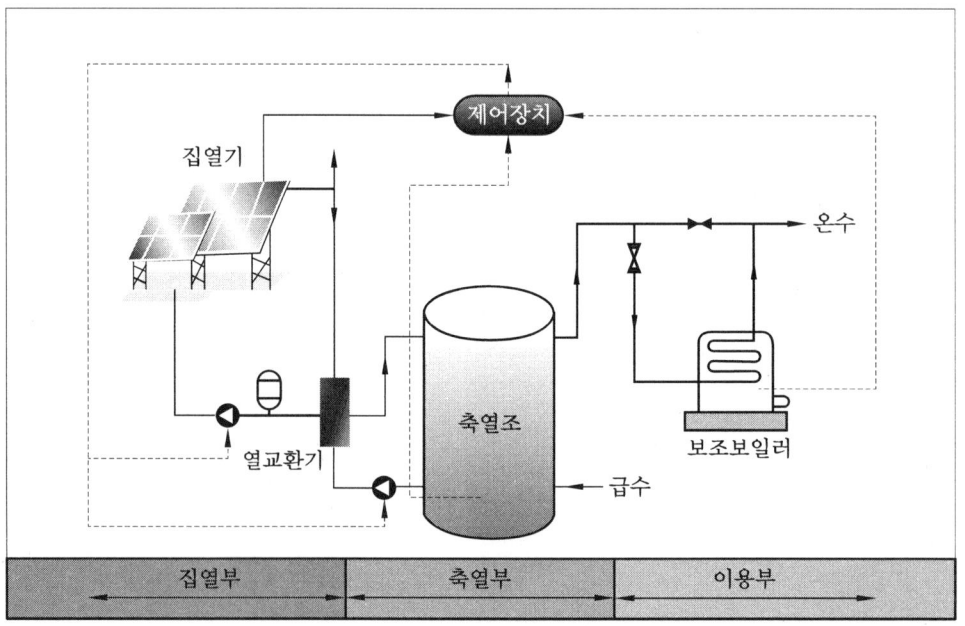

(1) **집열부** : 태양열 집열이 이루어지는 부분으로 집열온도는 집열기의 열손실률과 집광장치의 유무에 따라 결정됨

(2) **축열부** : 열취득시점과 집열량 이용시점이 일치하지 않기 때문에 필요한 일종의 버퍼(Buffer) 역할을 할 수 있는 열저장 탱크
(3) **이용부** : 태양열 축열조에 저장된 태양열을 효과적으로 공급하고 부족할 경우 보조열원에 의해 공급
(4) **제어장치** : 태양열을 효과적으로 집열 및 축열하고 공급, 태양열시스템의 성능 및 신뢰성 등에 중요한 역할을 하는 장치

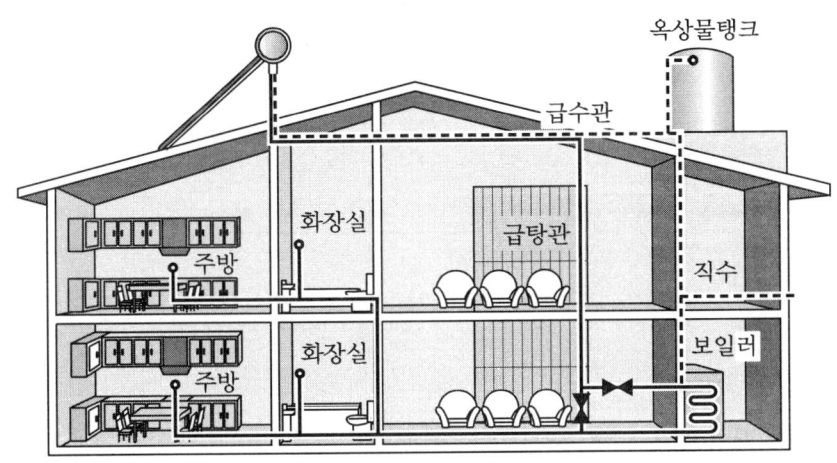

태양열 온수난방 설치사례

> **핵심해설**
> 태양열난방 시스템의 3대 구성요소는 집열부, 축열부, 이용부이다. 여기에 추가적으로 제어장치, 안전장치, 열교환기, 펌프 등이 구성되어 전체 시스템이 완성된다.

2-9 태양굴뚝(Solar Chimney, Solar Tower)

(1) **발전용 태양굴뚝**
  ① 의의 : 태양열의 온실효과로 거대한 인공바람을 만들어 전기를 생산하는 방식이다.
  ② 원리
   ㈎ 마치 가마솥 뚜껑 형태로, 탑의 아래쪽에 초대형 온실을 만들어 공기를 가열시킨다.
   ㈏ 중앙에 500~1천 미터 정도의 탑을 세우고 발전기를 설치한다.
   ㈐ 하부의 온실에서 데워진 공기가 길목(중앙의 탑)을 빠져나가면서 발전용 팬을 회전시켜 발전 가능하다(초속 약 15 m/s 이상의 강풍).

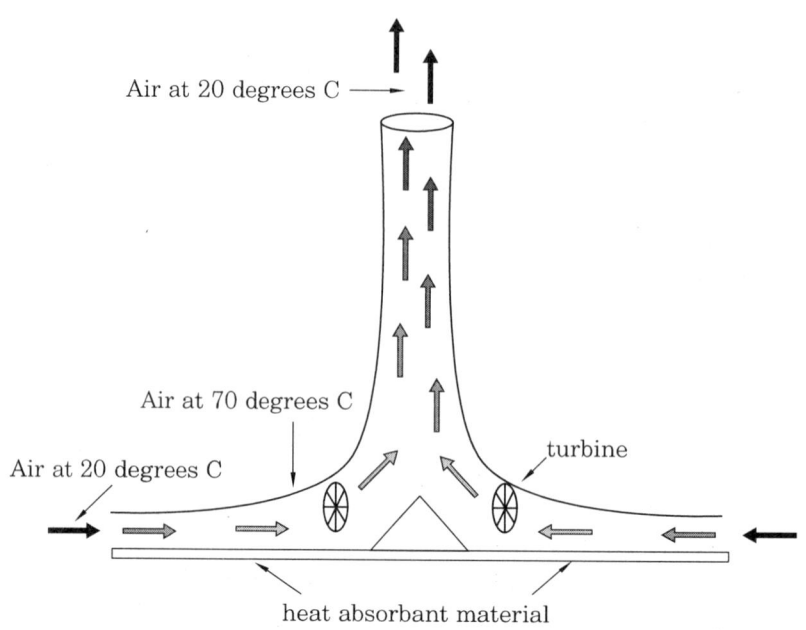

(2) 건물용 태양굴뚝

① 유럽의 패시브하우스에 많이 적용하는 방식이다.
② 태양열에 의해 굴뚝 내부의 공기에 부력이 생겨 상승기류를 발생시킨다.
③ 건물 내부의 자연환기를 촉진하여 냉방부하 및 온실가스 배출을 경감한다.

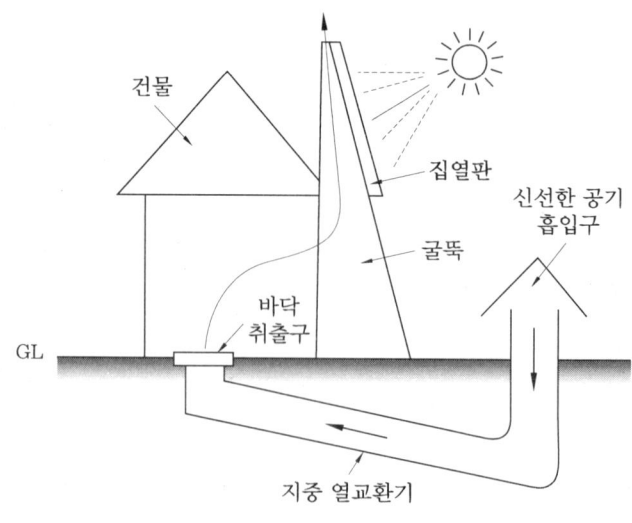

건물의 태양굴뚝(사례)

3. 태양광에너지(Photovoltaics)

태양광발전 시스템은 태양광의 광전효과를 이용하여 태양광을 직접 전기에너지로 변환 및 이용하는 장치로, 태양전지로 구성된 모듈 및 어레이, 축전장치, 제어장치, 전력변환장치(인버터), 계통연계장치, 기타 보호장치 등으로 구성된다.

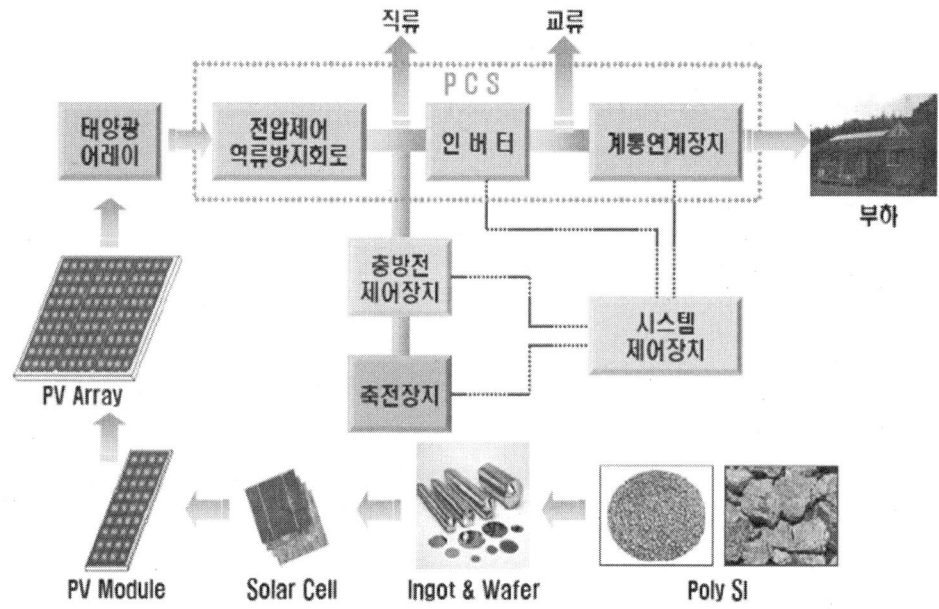

태양광시스템의 시스템 구성

3-1 장점

(1) 무공해, 무제한
(2) 청정에너지원
(3) 부지 부족 시에는 건물일체형으로도 구현 가능
(4) 유지보수 용이
(5) 무인화 가능
(6) 장기수명(약 20년 이상)
(7) 안정적인 계통연계형으로도 구현 가능

3-2 단점

(1) 전력생산량의 지역별·시간별·계절별·기후별 차이가 많이 발생함
(2) 시스템 초기 설치비용이 비싸고, 발전단가도 높음

3-3 태양전지의 역사

(1) 1839년 : 베크렐(E. Becquerel, 프랑스)이 최초로 광전효과(Photovoltaic Effect)를 발견함
(2) 1870년대 : 헤르츠(H. Hertz)의 Se의 광전효과연구 이후 효율 1~2%의 Se Cell이 개발되어 사진기의 노출계에 사용됨
(3) 1940~1950년대 초 : 초고순도 단결정실리콘을 제조할 수 있는 초크랄스키법(Czochralski Process)이 개발됨
(4) 1949년 : 쇼클리(Schockely)가 p-n 접합이론을 발표함
(5) 1954년 : 벨 연구소(Bell Lab.)에서 효율 4%의 실리콘 태양전지를 개발함
(6) 1958년 : 미국의 뱅가드(Vanguard) 위성에 최초로 태양전지를 탑재한 이후 모든 위성에 태양전지를 사용함
(7) 1970년대 : 오일쇼크 이후 태양전지의 연구개발 및 상업화에 수십억 달러가 투자되면서 태양전지의 상업화가 급진전됨
(8) 2000년 이후 : 태양전지 효율 약 7~20%, 수명 약 20년 이상, 기술개발과 대량생산으로 모듈가격 계속 하락 중

3-4 태양광 계통

(1) **독립형** : 계통(한전전력망)과 단절된 상태, 비상전력용으로도 사용 가능한 구조
(2) **계통연계형** : 한전망과 연결된 상태로 작동하며 주택 내 부하 측에 전력을 공급하고 여분의 전기는 계통을 통해 한전으로 역전송하며 역으로 태양광발전기로부터 공급되는 전력의 양이 주택 내 부하가 사용하기에 모자랄 경우 계통으로부터 부족한 양만큼 전력을 공급받는 방식, 계통 측 전기가 단전상태에서는 태양광발전기로부터 발전되는 전력도 자동 차단됨

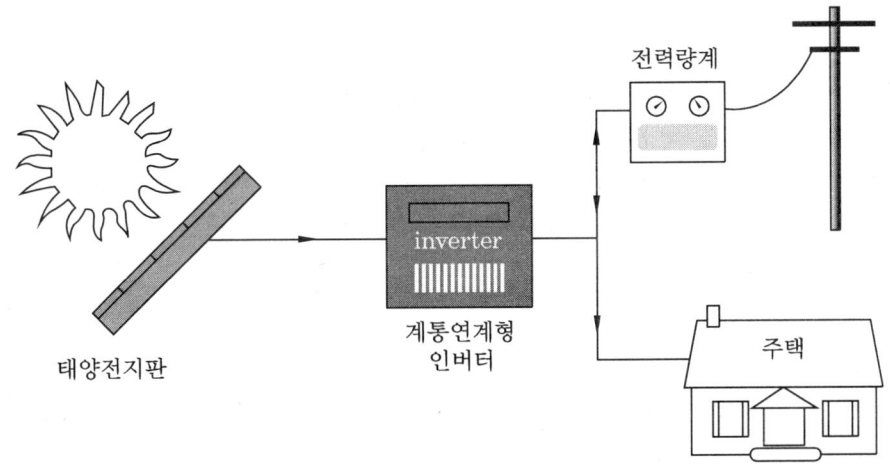

계통연계형 태양광발전 시스템

(3) **방재형 시스템** : 정전 시에 연계를 자립으로 대체하여 특정 부하에 공급하는 축전 지정용 시스템

(4) **하이브리드 시스템** : 독립형 시스템과 다른 발전설비와 연계하여 사용하는 형태

3-5 태양광발전과 태양열발전의 차이

(1) **태양광발전**

태양빛 → 직접 전기 생산

(2) **태양열발전**

태양빛 → 기계적 에너지로 바꾼 후 → 재차 전기를 생산

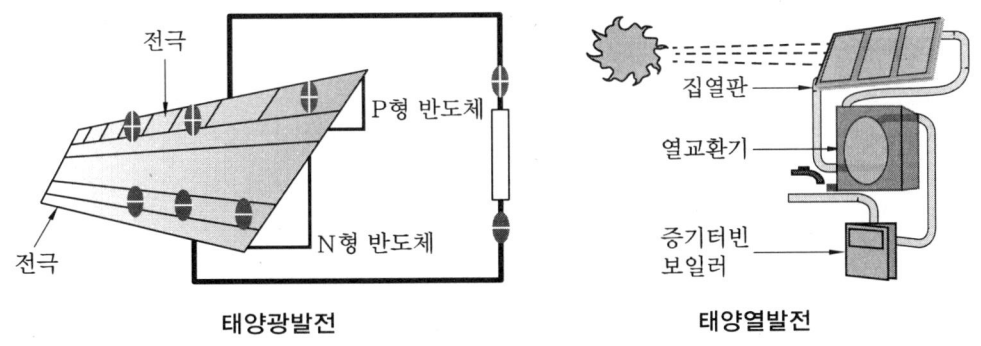

태양광발전　　　　　　　　태양열발전

3-6 광전효과와 광기전력효과

(1) 광전효과 : 아인슈타인이 빛의 입자성을 이용하여 설명한 현상으로 금속 등의 물질에 일정한 진동수 이상의 빛을 비추었을 때, 물질의 표면에서 전자가 튀어나오는 현상을 말한다.

(2) 광전효과는 단파장 조사 시 외부에 자유전자가 방출되는 외부광전효과(광전관, 빛의 검출/측정 등에 사용)와 내부광전효과(전자 및 정공이 발생)로 나누어진다.

(3) 광기전력효과 : 어떤 종류의 반도체에 빛을 조사하면 조사된 부분과 조사되지 않은 부분 사이에 전위차(광기전력)를 발생시킨다.

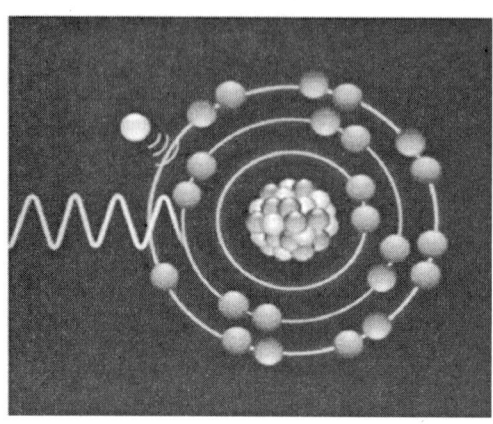
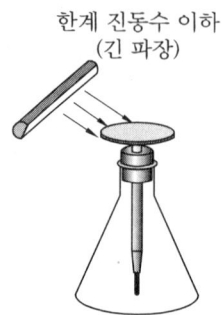
한계 진동수 이하 (긴 파장)
금속박이 벌어지지 않는다(광전자가 튀어나가지 않는다).
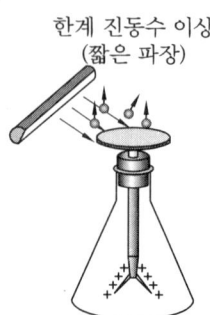
한계 진동수 이상 (짧은 파장)
금속박이 벌어진다 (광전자가 튀어나간다).

3-7 태양전지의 원리

(1) 빛이 부딪치면, 플러스와 마이너스를 갖는 입자(정공과 전자)가 생성
   ① – 전자는 n형 반도체로 모임 : 자유전자 밀도를 높게 하기 위해 불순물(Dopant)로 인, 비소, 안티몬과 같은 5가 원자를 첨가[이렇게 전자를 잃고 이화된 불순물 원자를 '도너(Donor)'라고 한다]
   ② + 정공은 p형 반도체로 모임 : 정공의 수를 증가시키기 위해 불순물(Dopant)로 알루미늄, 붕소, 갈륨 등의 3가 원소를 첨가[이러한 불순물 원자를 '억셉터(Acceptor)'라고 한다]

(2) 전류의 흐름
   ① 태양전자가 빛을 받으면 광기전력효과(반도체에 빛을 조사하면 조사된 부분과 조사되지 않은 부분 사이에 전위차가 발생하는 현상)에 의해 전자는 전면전극으로, 정공은 후면전극으로 형성된다.
   ② 태양전지 외부에 도선 및 부하를 걸면 +극에서 –극으로 전류가 흐르게 된다.

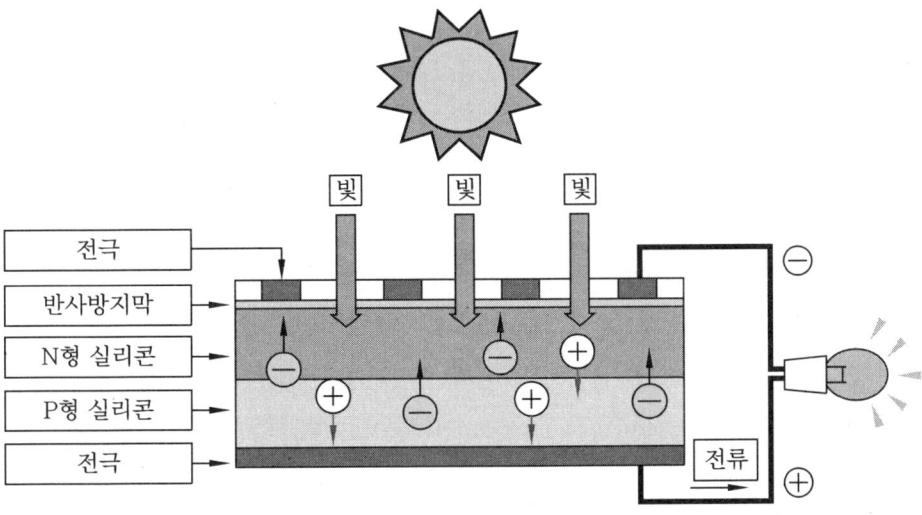

3-8 실리콘계 태양전지

(1) 결정계(단결정, 다결정) 태양전지
① 변환효율이 높다(약 12~20% 정도).
② 실적에 의한 신뢰성이 보장된다.
③ 현재 태양광발전 시스템에 일반적으로 사용되는 방식이다.
④ 변환효율은 단결정이 유리하고, 가격은 다결정이 유리하다.
⑤ 방사조도의 변화에 따라 전류가 매우 급격히 변화하고, 모듈 표면온도 증감에 대해서 전압의 변동이 크다.
⑥ 결정계는 온도가 상승함에 따라 출력이 약 0.45%/℃ 감소한다.
⑦ 실리콘계 태양전지의 발전을 위한 태양광 파장영역은 약 300~1,200 nm이다.

(2) 아모포스계(비결정계 ; Amorphous) 태양전지
① 구부러지는(왜곡되는) 것을 말한다.
② 변환효율은 약 7~10% 정도이다.
③ 생산단가가 가장 낮은 편이며, 소형시계, 계산기 등에도 많이 적용된다.
④ 결정계에 비하여 고전압 및 저전류의 특성을 지니고 있다.
⑤ 온도가 상승함에 따라 출력이 약 0.25%/℃ 감소한다(온도가 높은 지역이나 사막지역 등에 적용하기에는 결정계보다 유리하다).
⑥ 결정계에 비하여 초기 열화에 의한 변환효율 저하가 심한 편이다.

(3) 박막형 태양전지(2세대 태양전지 ; 단가를 낮추는 기술에 초점)
① 실리콘을 얇게 만들어 태양전지 생산단가를 절약할 수 있도록 하는 기술이다.
② 결정계에 비해 효율이 낮은 단점이 있으나, 탠덤 배치구조 등의 극복을 위한 많은 노력이 전개되고 있다.

3-9 화합물 태양전지

(1) II-VI족
① CdTe : 대표적인 박막 화합물 태양전지(두께 약 $2\,\mu m$)로, 광 흡수율이 우수하고(직접 천이형), 밴드갭 에너지는 $1.45\,eV$(전자볼트)이며, 단일 물질로 pn 반도체 동종 성질을 나타낸다. 후면 전극은 금/은/니켈 등을 사용하고, 고온환경의 박막태양전지로 많이 응용된다.

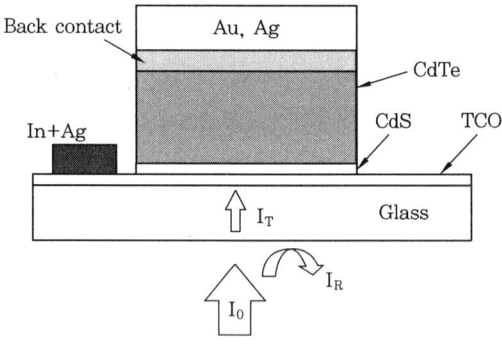

CdTe 박막 태양전지

② CIGS : CuInGaSSe와 같이 In의 일부를 Ga로, Se의 일부를 S로 대체한 오원화합물을 일컫는다(CIS로도 표기). 광 흡수율이 우수하고(직접 천이형), 밴드갭 에너지는 $2.42\,eV$이며, ZnO 위에 Al/Ni 재질의 금속전극을 사용한다. 내방사선 특성이 우수하며(장기간 사용해도 효율의 변화 적음), 변환효율은 약 19% 이상으로 평가되고 있다.

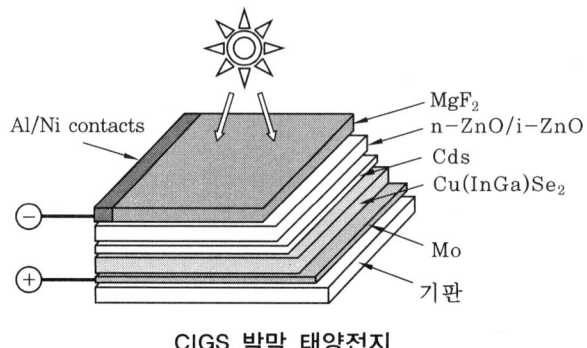

CIGS 박막 태양전지

(2) III-V족

① GaAs(갈륨비소) : 에너지 밴드갭이 1.4 eV로서 단일 전지로는 최대효율이고, 광 흡수율이 우수하며(직접 천이형), 주로 우주용 및 군사용으로 사용된다. 높은 에너지 밴드갭을 가지는 물질부터 낮은 에너지 밴드갭을 가지는 물질까지 차례로 적층하여(Tandem 직렬 적층형) 40% 이상의 효율이 가능하다.

② InP : 밴드갭 에너지는 1.35 eV이며, GaAs(갈륨비소)에 버금가는 특성을 지니고 있다. 단결경 판의 가격이 실리콘에 비해 비싸고 표면 재결합 속도가 빠르기 때문에 아직 고효율 생산에는 어려움이 있다(이론적 효율은 우수).

(3) I-III-VI족

① CuInSe2 : 밴드갭 에너지는 1.04 eV이고, 광 흡수율이 우수하며(직접 천이형), 두께 약 1~2 μm 의 박막으로도 고효율 태양전지 제작이 가능하다.

② Cu(In, Ga)Se2 : 상기 CuInSe2와 특성이 유사하고, 같은 족의 물질 상호 간에 치환이 가능하여 밴드갭 에너지를 증가시켜 광이용 효율의 증가가 가능하다.

(4) 화합물 태양전지의 일반적 특징

① 온도계수(θ)가 작아서 고온에서도 출력감소가 적다.
② 실리콘계 반도체는 간접천이를 하지만 화합물반도체는 직접천이를 하여 광 특성이 우수하다.
③ 화합물 태양전지는 큰 에너지갭으로 인해 보다 긴 파장대역보다는 파장이 짧은 대역의 빛을 흡수하는 데 유리하다.
④ 실리콘 공급문제의 영향은 받지 않으나 희소한 원소인 인듐(In) 등을 사용하고 있기 때문에 생산비가 고가이다.
⑤ 다양한 흡수대역을 가지는 태양전지를 적층하기 용이하여 단일접합(Single Junction) 구조 대신 한 단계 진보된 다중접합(Multi-Junction) 탠덤(Tandem) 구조의 태양전지를 만들 수 있다(서로 다른 밴드갭을 갖는 물질을 적층하여 태양광의 대부분의 스펙트럼을 효율적으로 사용하는 것이 가능하기 때문에 향후 50% 이상의 초고효율 태양전지를 개발할 수 있는 가능성을 가지고 있다).

3-10 차세대 태양전지 (3세대 태양전지 ; 단가를 낮추면서도 효율을 올리는 기술)

(1) 염료감응형 태양전지(Dye Sensitized Solar Cell)

① 산화티타늄(TiO_2) 표면에 특수한 염료(루테늄 염료, 유기염료 등) 흡착 → 광전기화학적 반응 → 전기 생산
② 변환효율은 실리콘계(단결정)와 유사하나, 단가는 상당히 낮은 편이다.

③ 흐려도 발전 가능하고, 빛의 조사각도가 10°만 되어도 발전 가능한 특징이 있다.

(2) 유기물 박막 태양전지(OPV ; Organic Photovoltaics)
① 플라스틱 필름 형태의 얇은 태양전지이다.
② 아직 효율이 낮은 것이 단점이지만, 가볍고 성형성이 좋다.

3-11 태양전지 모듈의 뒷면에 표시해야 할 사항

(1) 제조업자명 또는 그 약호
(2) 제조년월일 및 제조번호
(3) 내풍압성의 등급
(4) 최대 시스템전압
(5) 어레이의 조립형태
(6) 공칭 최대출력
(7) 공칭 개방전압
(8) 공칭 단락전류
(9) 공칭 최대출력 동작전압
(10) 공칭 최대출력 동작전류
(11) **역내전압(V)** : 바이패스 다이오드의 유무(아모포스계만 해당)
(12) 공칭중량(kg) 등

다양한 태양전지

> **태양전지 소자 고효율화 기술**
> 1. **표면의 조직화** : 태양전지의 표면을 피라미드 혹은 요철구조로 만들어 광흡수율을 높여 효율을 개선하는 기술
> 2. **표면 패시베이션(Passivation)** : 광전효과로 생성된 소수 캐리어의 재결합을 줄임으로써 효율을 높이는 방법으로, 단락전류와 개방전압을 동시에 높이는 기술
> 3. **양면 수광형** : 태양전지를 N-type 기반의 양면 수광형으로 만들어 태양전지의 효율을 높이는 방식

3-12 BIPV (Building Integrated Photovoltaics)

(1) 특징
① BIPV는 '건물 일체형 태양광발전 시스템'이라고 하며, PV모듈을 건물 외부 마감재로 대체하여 건축물 외피와 태양열 설비를 통합한 방식이므로, 통합에 따른 설치비가 절감되고 태양열 설비를 위한 별도의 부지 확보가 불필요한 방식이다.
② 커튼월, 지붕, 차양, 타일, 창호, 창유리 등 다양하게 사용 가능하다.

(2) BIPV의 다양한 적용사례

(3) 기타 적용사례
① 복합 신재생에너지 보트 : 풍력 + 태양광 + 바이오 디젤 등을 혼합으로 운행하여 고출력을 낼 수 있음
② 태양광폰(ECO Friendly Phone) : 핸드폰 배터리 커버에 태양전지를 장착 가능한 구조로 약 10분 충전하면 3분 이상 통화 가능

복합 신재생에너지 보트

태양광폰

3-13 그리드 패리티(Grid Parity)

(1) 화석연료 발전단가와 신재생에너지 발전단가가 같아지는 시기를 말한다.
(2) 현재 신재생에너지 발전단가가 대체로 화석연료보다 많이 높지만, 각국 정부의 신재생에너지 육성 정책과 기술 발전에 따라 비용이 낮아지게 되면 언젠가는 등가(Parity) 시점이 올 것이라는 전망이다.
(3) 그리드 패리티는 단순한 신재생에너지원의 생산원가 하락에 그치지 않고 에너지를 중심으로 한 기존 세계 패권 구도와 산업지형의 대변혁을 몰고 올 핵심변수로 받아들여지고 있다.

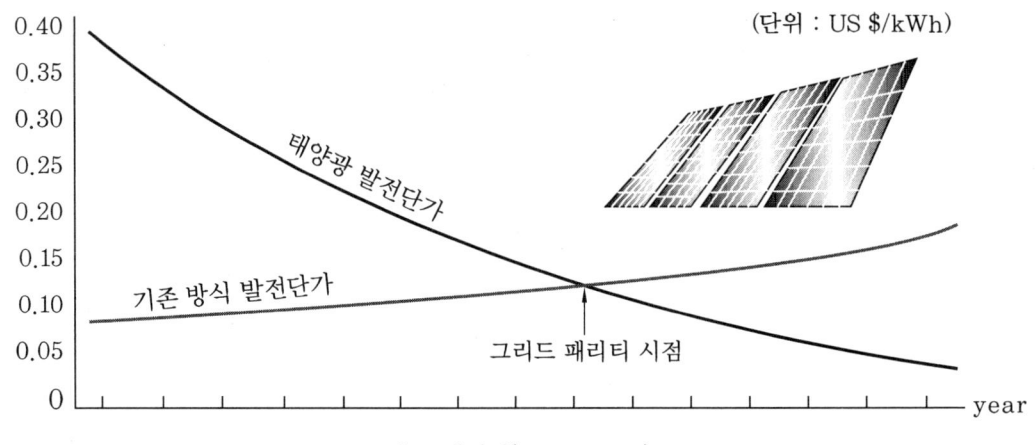
그리드 패리티(Grid Parity)

4. 일조와 음영 분석

4-1 일사량

(1) 일사량은 일정기간의 일조강도(에너지)를 적산한 것을 의미한다($kWh/m^2 \cdot day$, $kWh/m^2 \cdot year$, $MJ/m^2 \cdot year$ 등).
(2) 일사량은 대기가 없다고 가정했을 때의 약 70%에 해당된다.
(3) 일사량은 하루 중 남중시에 최대가 되고, 1년 중에는 하지경이 최대가 된다.
(4) 보통 해안지역이 산악지역보다 일사량이 많다.
(5) 국내에서 일사량을 계측 중인 장소는 22개로서, 기상청이 20년간의 평균치를 보유하고 있다.

4-2 일조량

(1) 일조량도 일사량과 유사한 의미로 사용되고 있다.
(2) 일조강도(일사강도, 복사강도)는 단위 면적당 일률 개념으로 표현하며, W/m^2의 단위를 사용한다.
(3) **태양상수** : 일조강도의 평균값으로서 $1,367 \ W/m^2$이다.
(4) **일조량의 구분**
   ① 직달 일조량 : 지표면에 직접 도달하는 일사강도를 적산한 것
   ② 산란 일조량 : 햇빛이 대기 중을 지날 때 공기분자, 구름, 연무, 안개 등에 의해 산란된 일조 강도량
   ③ 총 일조량(경사면 일조량) : 경사면이 받는 직달 일사량과 산란 일조량의 적산값을 합한 것
   ④ 전일조량(수평면 일조량) : 지표면에 직접 도달한 직달 일조량과 산란 일조량의 적산값을 합한 것

4-3 일조율

$$일조율 = \frac{일조시간}{가조시간} \times 100\%$$

㈜ 일조시간 : 구름, 먼지, 안개 등의 방해 없이 지표면에 태양이 비친 시간
    가조시간(可照時間, Possible Duration of Sunshine) : 태양에서 오는 직사광선, 즉 일조(日照)를 기대할 수 있는 시간 또는 해 뜨는 시각부터 해 지는 시각까지의 시간

4-4 태양복사에너지 결정요소

(1) **천문학적 요소** : 태양과 지구의 거리, 태양의 천장각, 관측지점의 고도, 알베도(일사가 대기나 지표에 반사되는 비율, 약 30%)
(2) **대기 요소** : 구름, 먼지, 안개, 수증기, 에어로졸 등

4-5 태양의 남중 고도각

(1) **하지 시** : $90° - (위도 - 23.5°)$
(2) **동지 시** : $90° - (위도 + 23.5°)$
(3) **춘·추분 시** : $90° - 위도$

> **태양의 적위** : 태양이 지구의 적도면과 이루는 각을 말하며, 춘분과 추분일 때 0°, 하지일 때 +23.5°, 동지일 때 -23.5°이다.

4-6 음영각

(1) **수직음영각** : 태양의 고도각이며, 지면의 그림자 끝 지점과 장애물의 상부를 이은 선이 지면과 이루는 각도
(2) 수평면상 하루 동안(일출~일몰)의 그림자가 이동한 각도이다.
(3) 연중 입사각이 가장 작은 동지의 오전 9시부터 오후 3시까지 태양광 어레이에 그늘이 생기지 않도록 한다.

4-7 대지이용률

(1) 어레이 경사각이 작을수록 대지이용률이 증가한다.
(2) 경사면을 이용할 경우 대지이용률이 증가한다.
(3) 어레이 간 이격거리가 증가할수록 대지이용률이 감소한다.

4-8 신태양궤적도

(1) 종래의 태양궤적도는 균시차를 고려하여 진태양시의 환산작업이 필요하므로 사용상 번거롭고 많은 오차가 있을 수 있었다.
(2) 따라서 균시차를 고려한 신태양궤적도를 사용하는 것이 편리하다.

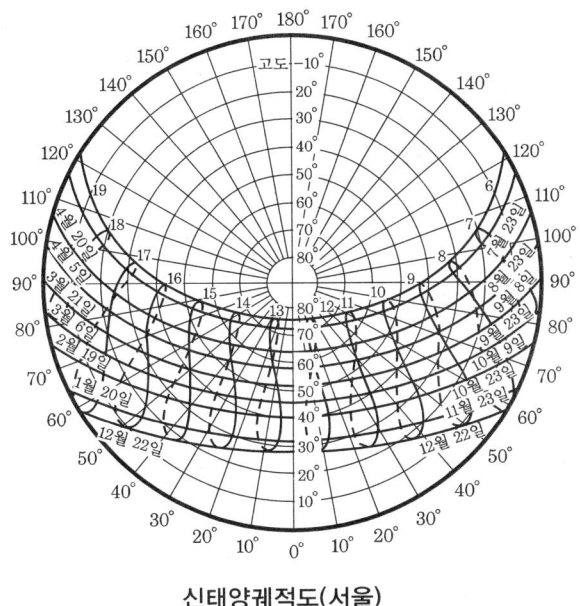

신태양궤적도(서울)

4-9 신월드램 태양궤적도

(1) 신월드램 태양궤적도는 관측자가 천구상의 태양경로를 수직 평면상의 직교좌표로 나타낸 것이다.

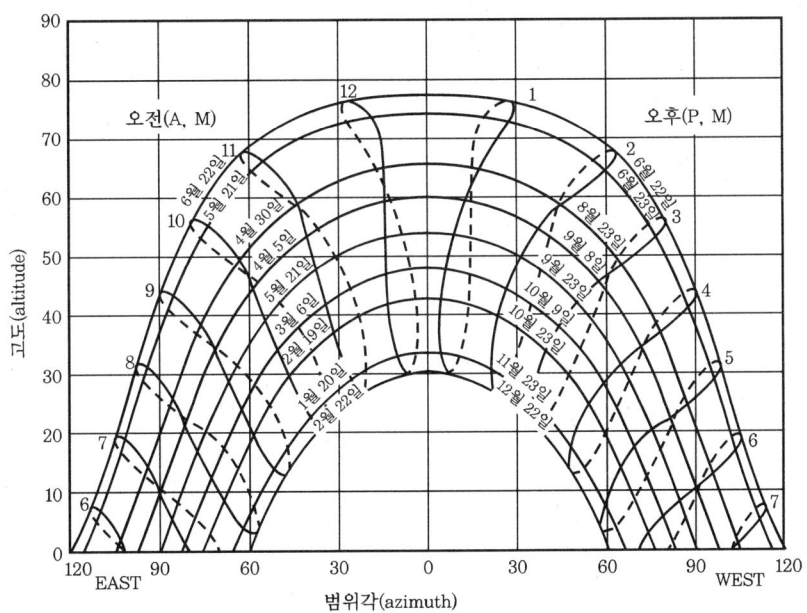

신월드램 태양궤적도(서울)

(2) 태양의 궤적을 입면상에 그릴 수 있기 때문에 매우 이해하기 쉽고 편리하다.
(3) 실용 면에서 태양열 획득을 위한 건물의 향, 외부공간 계획, 내부의 실 배치, 창 및 차양장치, 식생 및 태양열 집열기의 설계 등에 특히 많이 사용된다.

4-10 Hotspot 현상

(1) **병렬 어레이에서의 Hotspot 현상** : 특정 태양전지 전압량이 출력 전압량보다 적은 경우 발생하는 출력 전압량이 적은 셀의 발열 현상
(2) **직렬 어레이에서의 Hotspot 현상** : 특정 태양전지의 전류량이 출력 전류량보다 적은 경우 발생하는 출력 전류량이 적은 셀의 발열 현상
(3) **결정질 태양광모듈의 열화 원인**
  ① 태양광모듈의 출력특성 저하 : 출력 불균일 셀 사용으로 전체 모듈의 출력 저하, 얼룩, 그림자 등의 장시간 노출에 의한 출력 불균일
  ② 제조공정결함이 사용 중에 나타남 : Tabbing 혹은 String 공정 및 Lamination 공정 중의 미세 균열 등
  ③ 사용과정에서의 자연열화 : 설치 후 자연환경에 의한 열화
(4) **결정질 태양광모듈의 열화 형태**
  ① EVA Sheet 변색 = 빛 투과율 저하(자외선)
  ② 태양전지와 EVA Sheet 사이 공기 침투 = 백화현상(박리)
  ③ 물리적인 영향에 의한 습기 침투 = 전극 부식(저항 변화 = 출력 감소)

4-11 I-V 특성곡선

(1) '표준시험조건'에서 시험한 태양전지 모듈의 'I-V 특성곡선'은 다음과 같다.

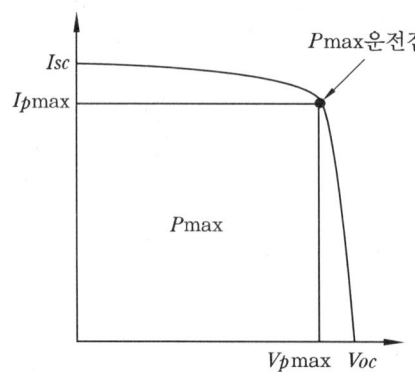

Pmax : 최대출력
$I_p$max : 최대출력 동작전류(=Impp)
$V_p$max : 최대출력 동작전압(=Vmpp)
I_{sc} : 단락전류
V_{oc} : 개방전압

(2) 표준온도(25℃)가 아닌 경우의 최대출력(P'_{max})

$$P'_{max} = P_{max} \times (1 + \gamma \cdot \theta)$$

γ : P_{max} 온도계수
θ : STC 조건 온도편차

> **칼럼**
>
> 1. 표준시험조건(STC ; Standard Test Conditions)
>   (1) 태양광발전소자 접합온도 = 25±2℃
>   (2) AM1.5 : '대기질량'이라고 부르며, 직달 태양광이 지구 대기를 48.2° 경사로 통과할 때의 일사강도를 말한다(일사강도 = 1 kW/m²).
>
>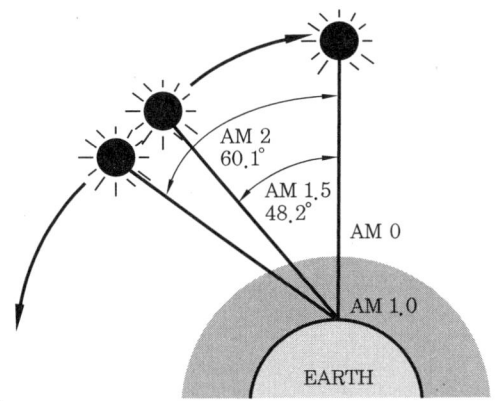
>
>   (3) 광 조사강도 = 1 kW/m²
>   (4) 최대출력 결정 시험에서 시료는 9매를 기준으로 한다.
>   (5) 모듈의 시리즈인증 : 기본모델 정격출력의 10% 이내의 모델에 대해서 적용
>   (6) 충진율(Fill Factor) : 개방전압과 단락전류의 곱에 대한 최대출력의 비율을 말하며 I-V 특성곡선의 질을 나타내는 지표이다(내부의 직·병렬저항과 다이오드 성능지수에 따라 달라진다).
>
> 2. 표준운전조건(SOC ; Standard Operating Conditions) : 일조 강도 1,000 W/m², 대기 질량 1.5, 어레이 대표 온도가 공칭 태양전지 동작온도(NOCT ; Nominal Operating Cell Temperature)인 동작 조건을 말한다.
>
> 3. 공칭 태양광발전전지 동작온도(NOCT ; Nominal Operating Photovoltaic Cell Temperature) : 다음 조건에서의 모듈을 개방회로로 하였을 때 모듈을 이루는 태양전지의 동작 온도, 즉, 모듈이 표준 기준 환경(SRE ; Standard Reference Environment)에 있는 조건에서

전기적으로 회로 개방 상태이고 햇빛이 연직으로 입사되는 개방형 선반식 가대(Open Rack)에 설치되어있는 모듈 내부 태양전지의 평균 평형온도(접합부의 온도)를 말한다(단위 : ℃).
(1) 표면의 일조강도 = 800 W/m²
(2) 공기의 온도(T_{air}) : 20℃
(3) 풍속(V) : 1 m/s
(4) 모듈 지지상태 : 후면 개방(Open Back Side)

4. 셀온도 보정 산식

$$T_{cell} = T_{air} + \frac{NOCT - 20}{800} \times S$$

S : 기준 일사강도 = 1,000 W/m²

5. 모듈의 출력계산
(1) 표준온도(25℃)에서의 최대출력(P_{max})

$$P_{max} = V_{mpp} \times I_{mpp}$$

(2) 표준온도(25℃)가 아닌 경우의 최대출력(P'_{max})

$$P'_{max} = P_{max} \times (1 + \gamma \cdot \theta)$$

γ : 최대출력(P_{max}) 온도계수
θ : STC 조건 온도편차(T_{cell} -25℃)

칼럼

AM(Air Mass)

다음과 같은 태양광 입사각을 참조할 때, AM(= $1/\sin\theta$)으로 표현하여 입사각에 따른 일사에너지의 강도를 표현하는 방법이다(예를 들어, 다음 그림에서 AM = $1/\sin 41.8$ = 1.5가 되는 것이다).

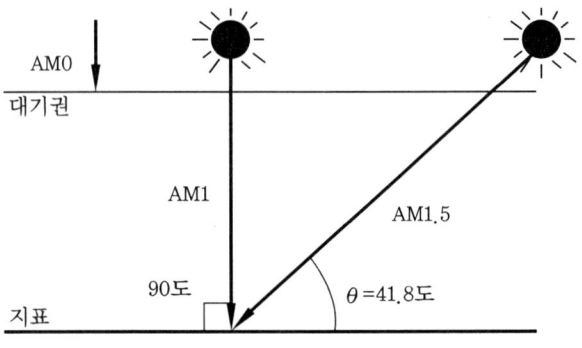

4-12 태양전지의 온도특성

모듈 표면온도 상승 → 전압 급감소(전류는 큰 변화 없음) → 전력 급감소

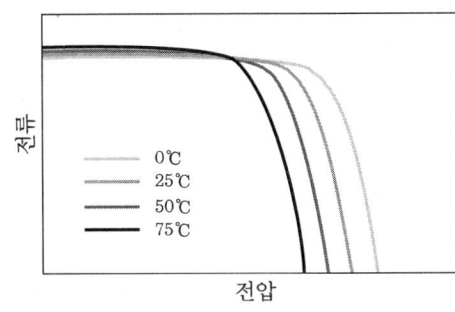
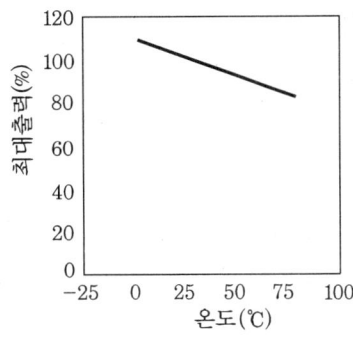

4-13 일조량 특성

일사량 감소 → 전류 급감소(전압은 큰 변화 없음) → 전력 급감소

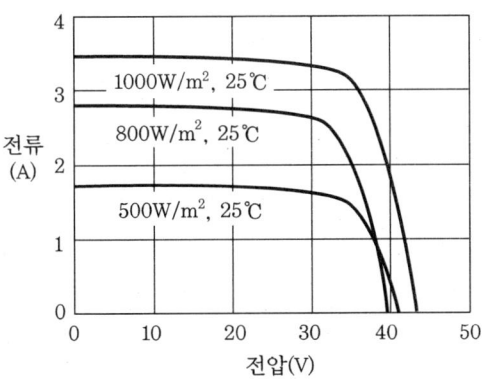

> **칼럼**
>
> 1. 복사(Radiation)와 복사수지(Radiation budget)
>   (1) 복사는 물체로부터 방출되는 전자기파의 총칭으로 적외선, 가시광선, 자외선, X선 등을 말한다.
>   (2) 절대온도가 0이 아닌 모든 물체는 복사에너지를 흡수하고, 그 물체 스스로 복사에너지를 전자기파의 형태로 방출한다.
>   (3) 태양복사(일사, 단파복사 ; Solar radiation)
>   ① 태양으로부터 복사되는 전자파의 총칭(파장범위 : $0.3 \sim 4\mu m$)
>   ② 태양에너지가 지구의 대기권 밖에 도달할 때 가지는 일정한 에너지를 태양상수라고 하며, 태양상수는 약 $1,367 \text{ W/m}^2$ (약 $1.96 \text{ cal/cm}^2 \cdot \text{min}$) 수준이다.

③ 일사수지 (복사수지) : 태양의 복사에너지가 대기권을 통과하면서 약 25~30% 정도는 구름, 대기 중의 입자 등에 의해 손실 및 반사되고, 약 20~25%는 대기로 흡수되며, 약 50%만 지표에 도달·흡수된다 (가시광선 : 45%, 적외선 : 45%, 자외선 : 10%).

④ 이렇게 지표에 도달하는 약 50%의 태양광을 분석해보면 아래와 같은 수준이다.
　(가) 직사광(23%) : 태양으로부터 직접 도달하는 광선
　(나) 운광(16%) : 구름을 통과하거나, 구름에 반사되는 광선 (천공복사)
　(다) 천공(산란)광(11%) : 천공에서 산란되어 도달하는 광선 (천공복사)

(4) 지구복사 (장파복사 ; Earth radiation) : 지구표면 및 대기로부터 복사되는 전체 적외복사 (파장범위 : $4\mu m \sim$), 태양상수의 약 70%에 상당한다.

2. 일사의 분류

(1) 전천일사(global solar radiation) : 수평면에 입사하는 직달일사 및 하늘(산란, 천공) 복사를 말하며, 수평면일사(전일사)라고도 한다. 반면, 경사면이 받는 직달 일사량과 산란 일사량의 적산값을 합한 것을 총일사(경사면 일사)이라고 한다.

(2) 직달일사(direct solar radiation) : 태양면 및 그 주위에 구름이 없고 일사의 대부분이 직사광일 때, 직사광선에 직각인 면에 입사하는 직사광과 산란광을 말한다.

(3) 산란일사 (천공복사 ; scattered radiation) : 천공의 티끌(먼지)이나 오존 등에 부딪친 태양광선이 반사하여 지상에 도달하는 것이나, 태양광선이 지표에 도달하는 도중 대기속에 포함되어 있는 수증기나 연기, 진애 등의 미세 입자에 의해 산란되어 간접적으로 도달하는 일사를 말하며, 전천일사 측정 시 수광부에 쬐이는 직사광선을 차광장치로 가려서 측정한다(구름이 없을 경우 전천일사량의 1/10 이하 수준).

(4) 반사일사 (reflected radiation) : 전천일사계를 지상 1~2m 높이에 태양광에 대해 반대 방향(지면쪽)을 향하도록 설치하여 측정한다.

3. 일사량과 일사계

(1) 일사량(quantity of solar radiation)
① 일사량은 일정기간의 일사강도(에너지)를 적산한 것을 의미한다($kWh/m^2 \cdot d$, $kWh/m^2 \cdot y$, $MJ/m^2 \cdot y$ 등)
② 일사량은 대기가 없다고 가정했을 때의 약 70%에 해당된다.
③ 일사량은 하루 중 남중 시에 최대가 되고, 일년 중에는 하지경이 최대가 된다.
④ 보통 해안지역이 산악지역보다 일사량이 많다.
⑤ 국내에서 일사량을 계측 중인 장소는 22개로서 20년 이상의 평균치로 기상청이 보유·공개하고 있다.
⑥ 일사강도(일조강도, 복사강도)는 단위 면적당 일률 개념으로 표현하며, W/m^2의 단위를 사용한다.

(2) 일사계 (Solarimeter) : 태양으로부터의 일사량을 측정하는 계측기이며 아래와 같은 종류가 주로 사용되어진다.

① 전천일사계 : 가장 널리 사용되는 것은 일사계로서, 보통 1시간이나 1일 동안의 적산값(積算値 ; kWh/m², cal/min·cm²)을 측정하며, 열전쌍(熱電雙)을 이용한 에플리 일사계(Eppley Solarimeter ; 태양고도의 영향이 적고 추종성이 좋음)와 바이메탈을 이용한 로비치 일사계(Robitzsch Solarimeter) 등이 있다.

② 직달일사계 : 직달일사계는 기다란 원통 내부의 한 끝에 붙은 수감부 쪽으로 태양광선이 직접 들어오도록 조절하여 태양복사를 측정하는 방식이며, 측정값은 보통 1분 동안에 단위면적(cm²)에서 받는 cal로 표시하거나 또는 m²당 kWh로 나타내기도 한다 (kWh/m², cal/min·cm²).

③ 산란일사계 : 차폐판에 의하여 태양 직달광을 차단시켜 대기 중의 산란광만 측정하기 위한 장비로써 보통 센서의 구조는 전천일사계와 동일하다.

4. 일조시간과 일조율

(1) 일조시간(Duration of sunshine)

① 태양 광선이 구름이나 안개, 장애물 등에 의해 가려지지 않고 땅 위를 비치는 시간
② 일조시간은 보통 1일이나 한 달 동안에 비친 총시간수로 나타낸다.
③ 만약 지평선까지 장애물이 없는 지방에서 종일 구름이나 안개 등 전혀 장애가 없다면 그 지방의 일조시간, 즉 태양이 동쪽 지평선에서 떠서 서쪽 지평선에 질 때까지의 시간과 가조시간은 일치하게 된다. 그러나 대부분 지형 등의 영향으로 가조시간과 일조시간은 일치하지 않는다.
④ 일조량 : 일조시간 혹은 일사량과 유사한 의미로 사용되어지고 있으나 정확한 의미의 용어는 아니다.

(2) 일조율(Rate of sunshine)

$$일조율 = \frac{일조시간}{가조시간} \times 100\%$$

㈜ 가조시간(Possible duration of sunshine) : 태양에서 오는 직사광선, 즉 일조(日照)를 기대할 수 있는 시간 또는 해뜨는 시각부터 해지는 시각까지의 시간을 말하며, 지형에 관계없이 위도에 따라 지평선을 기선으로 하여 일출로 부터 일몰시각까지의 시간

5. 일조계(sunshine recorder)

(1) 일조시간을 측정하는 계기를 말한다.
(2) 태양으로부터 지표면에 도달하는 열에너지인 일광의 가시부(可視部)나 자외부의 화학작용 등을 이용한 것이다.
(3) 종류

① Cambell-Stokes 일조계 : 태양열을 직접적으로 이용하는 것(자기지 위에 초점을 맞추어 불탄 자국의 길이로 측정)
② Jordan 일조계 : 태양 빛의 청사진용 감광지에 대한 감광작용을 이용한 것(햇빛에 의해 청색으로 감광된 흔적의 길이로부터 일조시간을 구함)
③ 회전식 일사계 : 일사량을 관측하여 일조시간을 환산하는 것으로, 정확도가 가장 높은

편이지만 경제적인 부담으로 널리 보급되어 있지는 않다.

④ 바이메탈 일조계 : 바이메탈 일사계의 원리를 이용한 장비이며, 흰색과 검은색의 바이메탈을 같은 받침대에 고정시키고, 맨 끝에 전기접점을 설치하여 일정량 이상의 일사가 되면 접점이 닫히게 는 원리이다.

5. 태양광발전설비 시스템

5-1 어레이(Array)의 구성

태양전지 모듈의 필요매수를 직렬접속한 것을, 그 위에 병렬접속으로 조합하여 필요한 발전전력을 얻어내도록 하는 것을 '태양전지 어레이'라고 한다.

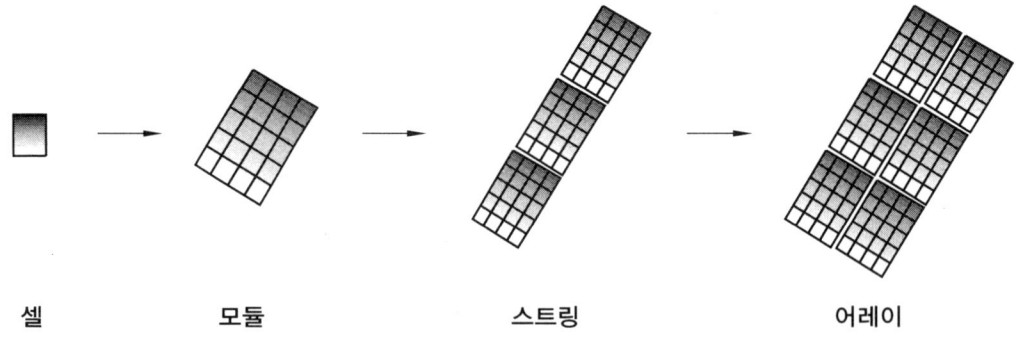

셀   모듈   스트링   어레이

5-2 모듈의 최적 직렬 수 계산

(1) 최대 직렬 수 = $\dfrac{\text{PCS 입력전압 변동범위의 최고값(최고 입력값)}}{\text{모듈 온도가 최저인 상태의 개방전압}(V_{oc}') \times (1-\text{전압강하율})}$

(2) 최저 직렬 수 = $\dfrac{\text{PCS 입력전압 변동범위의 최저값}}{\text{모듈 온도가 최고인 상태의 최대 출력 동작전압}(V_{mpp}') \times (1-\text{전압강하율})}$

＊1. 모듈 온도가 최저인 상태의 개방전압(V_{oc}')

= 표준 상태(25℃)에서의 $V_{oc} \times (1+\text{개방전압 온도계수}\times\text{표면 온도차})$

2. 모듈 온도가 최고인 상태의 최대 출력 동작전압(V_{mpp}')

= 표준 상태(25℃)에서의 $V_{mpp} \times \left(1+\dfrac{V_{mpp}}{V_{oc}}\times\text{개방전압 온도계수}\times\text{표면 온도차}\right)$

(3) '최저 직렬 수 < 최적 직렬 수 < 최대 직렬 수'
  통상 '최대 직렬 수'를 기준으로 직렬 매수를 결정한다.

> **칼럼**
>
> **태양광발전 설계 용어**
> 1. 가조시간 : 해 뜨는 시각부터 해 지는 시각까지의 시간
> 2. 일조시간 : 구름의 방해 없이 지표면에 태양이 비치는 시간
> 3. 일조율 : 가조시간에 대한 일조시간의 비
> 4. 방위각 : 어레이와 정남향과 이루는 각(발전시간 내 음영 발생 없을 것)
> 5. 경사각 : 어레이와 지면이 이루는 각(적설 고려, 경사각 이격거리 확보)
> 6. 남중고도 : 하루 중 태양의 고도가 가장 높을 때의 고도
>   ① 동지 시 태양의 남중고도각 : 90° − Latitude − 23.5°
>   ② 하지 시 태양의 남중고도각 : 90° − Latitude + 23.5°
>   ③ 춘추분 시 태양의 남중고도각 : 90° − Latitude
>
>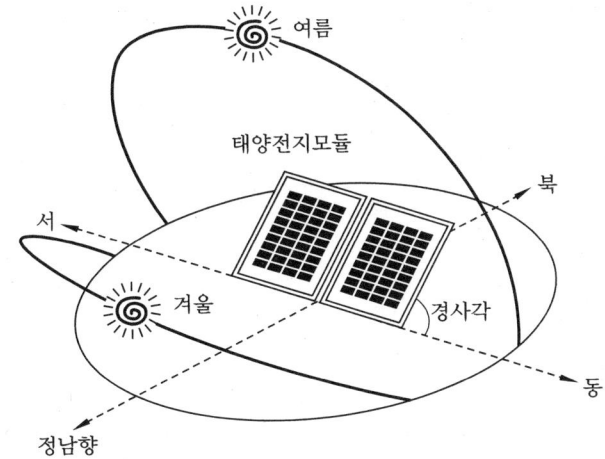
>
> 7. 이격거리
>
>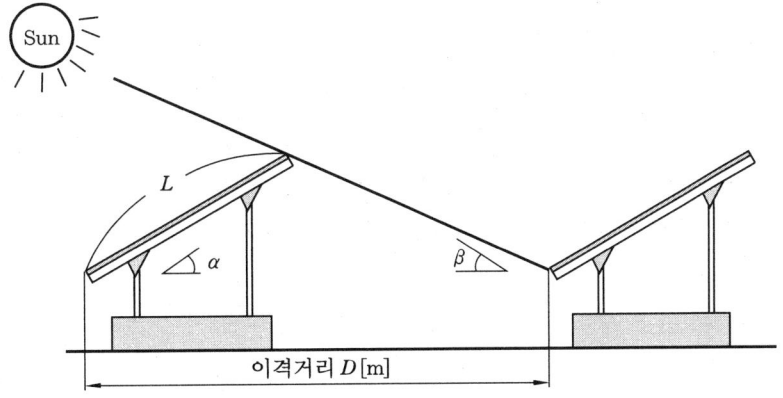

① 이격거리 계산공식

$$이격거리 \ D = \frac{\sin(180° - \alpha - \beta)}{\sin \beta} \times L$$

② 이격거리 계산기준 : 동지 시 발전 가능 시간대에서의 고도를 기준으로 고려한다.

8. 기준 등가 가동시간과 어레이 등가 가동시간
   ① 기준 등가 가동시간 혹은 등가 1일 일조시간(Reference Yield) : 일조강도가 기준 일조강도라고 할 경우, 실제로 태양광발전 어레이가 받는 일조량과 같은 크기의 일조량을 받는 데 필요한 일조시간
   ② 어레이 등가 가동시간(Array Yield) : 태양광발전 어레이가 단위 정격용량당 발전한 출력에너지를 시간으로 나타낸 것

5-3 태양광발전 시스템 효율

(1) 모듈변환효율

$$모듈변환효율 = \frac{모듈출력(W)}{모듈면적(m^2) \times 1,000(W/m^2)} \times 100[\%]$$

＊ 태양광모듈 설치용량은 사업계획서상에 제시된 설계용량 이상이어야 하며, 설계용량의 103%를 초과하지 않아야 한다.

(2) 일평균 발전시간

$$일평균 \ 발전시간 = \frac{1년간 \ 발전전력량(kWh)}{시스템용량(kW) \times 운전일수}$$

(3) 시스템 이용률

$$시스템 \ 이용률 = \frac{일평균 \ 발전시간}{24} \times 100[\%]$$

$$시스템 \ 이용률 = \frac{태양광발전 \ 시스템의 \ 출력(kWh)}{어레이의 \ 정격출력(kW) \times 가동시간(hr)} \times 100[\%]$$

(4) 어레이 기여율(= 태양에너지 의존율) : 종합시스템 입력 전력량에서 태양광발전 어레이 출력이 차지하는 비율

* 태양열에너지 사용측면에서의 태양의존율 또는 태양열 절감률(전체 열부하 중 태양열에 의해서 공급하는 비율)과의 구별에 주의를 요한다.

(5) 태양광 어레이의 필요 출력(P_{AD} ; kW)

$$P_{AD} = \frac{E_L \times D \times R}{(H_A/G_S) \times K}$$

H_A : 태양광 어레이면 일사량(kW/m^2)
G_S : 표준상태에서의 일사강도(kW/m^2)
E_L : 부하소비전력량(kWh/기간)
D : 부하의 태양광발전 시스템에 대한 의존율
R : 설계여유계수(설계치와 실제 값과의 차이의 위험에 대한 보정값 ; > 1.0)
K : 종합설계지수(태양전지 모듈 출력의 불균형 보정, 회로손실, 기기에 의한 손실 등을 포함 ; < 1.0)

(6) 태양광발전소 월 발전량(P_{AM} ; kWh/m^2)

$$P_{AM} = P_{AS} \times \frac{H_A}{G_S} \times K$$

P_{AS} : 표준상태에서의 태양광 어레이의 생산출력(kW/m^2)
H_A : 태양광 어레이면 일사량(kW/m^2)
G_S : 표준상태에서의 일사강도(kW/m^2)
K : 종합설계지수(태양전지 모듈 출력의 불균형 보정, 회로손실, 기기에 의한 손실 등을 포함 ; < 1.0)

5-4 인버터 선정

(1) 인버터 선정
① 종합적 체크사항 : 연계하는 한전 측과 전기방식 일치, 인증여부, 설치의 용이성, 비상시 자립운전 여부, 축전지 운전연계 가능, 수명, 신뢰성, 보호장치 설정/시험 용이, 발전량 확인 용이, 서비스 네트워크 구축 등
② 태양광의 유효 이용 관련 체크사항 : 전력변환효율이 높고, 최대전력 추종제어(MPPT)가 용이할 것, 대기손실 및 저부하 손실이 적을 것
③ 전력의 품질 및 공급의 안정성 측면의 체크사항 : 잡음 및 직류 유출, 고조파 발생이 적을 것, 기동·정지가 안정적일 것
④ 기타 확인사항
 ㈎ 제어방식 : 전압형 전류제어방식
 ㈏ 출력 기본파 역률 : 95% 이상
 ㈐ 전류의 왜형률 : 종합 5% 이하, 각 차수마다 3% 이하

㈐ 최고효율 및 유로피언 효율이 높을 것
- **(2) 인버터 설치상태**: 옥내, 옥외용을 구분하여 설치하여야 한다. 단 옥내용을 설치하는 경우는 5 kW 이상 용량일 경우에만 가능하며 이 경우 빗물 침투를 방지할 수 있도록 옥내에 준하는 수준으로 외함 등을 설치하여야 한다.
- **(3) 인버터 설치용량**: 인버터의 설치용량은 설계용량 이상이어야 하고, 인버터에 연결된 모듈의 설치용량은 인버터의 설치용량의 105% 이내여야 한다.
- **(4) 인버터 표시사항**: 입력단(모듈출력) 전압, 전류, 전력과 출력단(인버터출력)의 전압, 전류, 전력, 역률, 주파수, 누적발전량, 최대출력량(Peak)이 표시되어야 한다.
- **(5) 인버터 효율**
    ① 최대효율
        ㈎ 전부하 영역 중에서 가장 효율이 높은 값(보통 75~80% 부하에서 가장 효율이 높음)
        ㈏ 태양광발전은 일사량, 온도 등의 기상조건이 시시각각으로 변화하기 때문에 일정한 부하에서 최댓값을 나타내는 최대효율은 큰 의미가 없다고도 할 수 있다.
    ② European 효율
        ㈎ 낮은 부분부하 영역에서부터 전부하 영역까지 운전하는 것을 고려하여 산정한다.
        ㈏ 5%, 10%, 20%, 30%, 50%, 100% 부하에서 각각 효율을 측정하고 각각의 효율에 가중치를 부여한 다음 합산하여 산정한다.
        ㈐ European 효율 계산식

$$\text{European 효율}(\eta_{euro}) = 0.03 \times \eta_{5\%} + 0.06 \times \eta_{10\%} + 0.13 \times \eta_{20\%} + 0.1 \times \eta_{30\%} + 0.48 \times \eta_{50\%} + 0.2 \times \eta_{100\%}$$

    ③ CEC(California Energy Commission) 효율
        ㈎ 미주지역에서 주로 사용하며 '캘리포니아 효율'이라고도 한다.
        ㈏ 미국 업체와 상담 시에는 주로 European 효율 대신 CEC 효율값이 요구된다.
        ㈐ CEC 효율 계산식

$$\text{CEC 효율}(\eta_{CEC}) = 0.04 \times \eta_{10\%} + 0.05 \times \eta_{20\%} + 0.12 \times \eta_{30\%} + 0.21 \times \eta_{50\%} + 0.53 \times \eta_{75\%} + 0.05 \times \eta_{100\%}$$

5-5 축전지 설계

- **(1) 축전지 선정 시 고려사항**
    ① 경제성
    ② 자기 방전율이 낮을 것

③ 수명이 길 것
④ 방전 전압 및 전류가 안정적일 것
⑤ 과충전, 과방전에 강할 것
⑥ 중량 대비 효율이 높을 것
⑦ 환경변화에 안정적일 것
⑧ 에너지 저장밀도가 높을 것
⑨ 유지보수가 용이할 것

(2) 축전지 용량 및 직렬연결 개수

① 계통연계시스템용 축전지 용량 산출(방재대응형, 부하 평준화형 포함)

$$축전지\ 용량\ C = \frac{K \cdot I}{L}(Ah)$$

C : 온도 25℃에서 정격 방전율 환산용량(축전지 표시용량)
K : 방전(유지)시간, 축전지(최저동작)온도, 허용 최저전압(방전 종기 전압 ; V/Cell)으로 결정되는 용량 환산시간(알려고 하는 방전시간에 해당하는 K값 = 어떤 방전시간에 해당하는 K값 + 방전시간의 차이)
I : 평균 방전전류(PCS 직류 입력전류) = $\frac{1,000P}{(V_i + V_d) \cdot E_f}$
L : 보수율(수명 말기의 용량 감소율 고려하여 보통 0.8)
P : 평균 부하용량(kW)
V_i : 파워컨디셔너 최저 동작 직류 입력전압(V)
V_d : 축전지-파워컨디셔너 간 전압강하(V)
E_f : 파워컨디셔너의 효율

② 축전지 직렬연결 개수 산출

$$축전지\ 직렬연결\ 개수\ N = \frac{V_i + V_d}{V_c}$$

V_c : 축전지 방전 종지전압(V/Cell)

③ 독립형 전원시스템용 축전지 용량 산출

$$C = \frac{L_d \times D_r \times 1000}{L \times V_b \times N \times DOD}\ (Ah)$$

L_d : 1일 적산 부하전력량(kWh)
D_r : 불일조 일수
L : 보수율
V_b : 공칭 축전지 전압(V)
N : 축전기 개수
DOD : 방전심도(일조가 없는 날의 마지막 날을 기준으로 결정)

(3) MSE형 축전지 용량환산시간(K값)

방전시간	온도(℃)	허용 최저전압(V/Cell)			
		1.9V	1.8V	1.7V	1.6V
1시간	25	2.40	1.90	1.65	1.55
	5	3.10	2.05	1.80	1.70
	-5	3.50	2.26	1.95	1.80
1.5시간 (90분)	25	3.10	2.50	2.21	2.10
	5	3.80	2.70	2.42	2.25
	-5	4.35	3.00	2.57	2.42
2시간	25	3.7	3.05	2.75	2.60
	5	4.50	3.30	3.00	2.80
	-5	5.10	3.70	3.15	3.00
3시간	25	4.80	4.10	3.72	3.50
	5	5.80	4.40	4.05	3.80
	-5	6.50	5.00	4.50	4.10
4시간	25	5.90	5.00	4.60	4.40
	5	7.00	5.40	5.00	4.75
	-5	7.70	6.10	5.40	5.10
5시간	25	7.00	5.95	5.50	5.20
	5	8.00	6.30	6.00	5.60
	-5	9.00	7.20	6.40	6.10
6시간	25	8.00	6.80	6.30	6.00
	5	9.00	7.20	6.80	6.40
	-5	10.00	8.30	7.40	7.00
7시간	25	8.90	7.60	7.10	6.70
	5	10.00	8.00	7.60	7.30
	-5	11.00	9.40	8.40	8.00
8시간	25	9.90	8.40	7.90	7.50
	5	11.00	8.90	8.40	8.10
	-5	12.00	10.30	9.30	9.00
9시간	25	10.80	9.20	8.70	8.20
	5	11.80	9.70	9.20	8.90
	-5	13.00	11.10	10.00	9.80
10시간	25	11.50	10.00	9.40	8.90
	5	12.70	10.50	10.00	9.70
	-5	14.00	12.00	11.00	10.60

(4) 축전지 설비의 이격거리

대 상	이격거리(m)
큐비클 이외의 발전설비와의 사이	1.0
큐비클 이외의 변전설비와의 사이	1.0
옥외에 설치할 경우 건물과의 사이	2.0
전면 또는 조작면	1.0
점검면	0.6
환기면(환기구 설치면)	0.2

5-6 태양광 어레이의 분류

(1) 건물 설치 시 지지대에 따른 분류

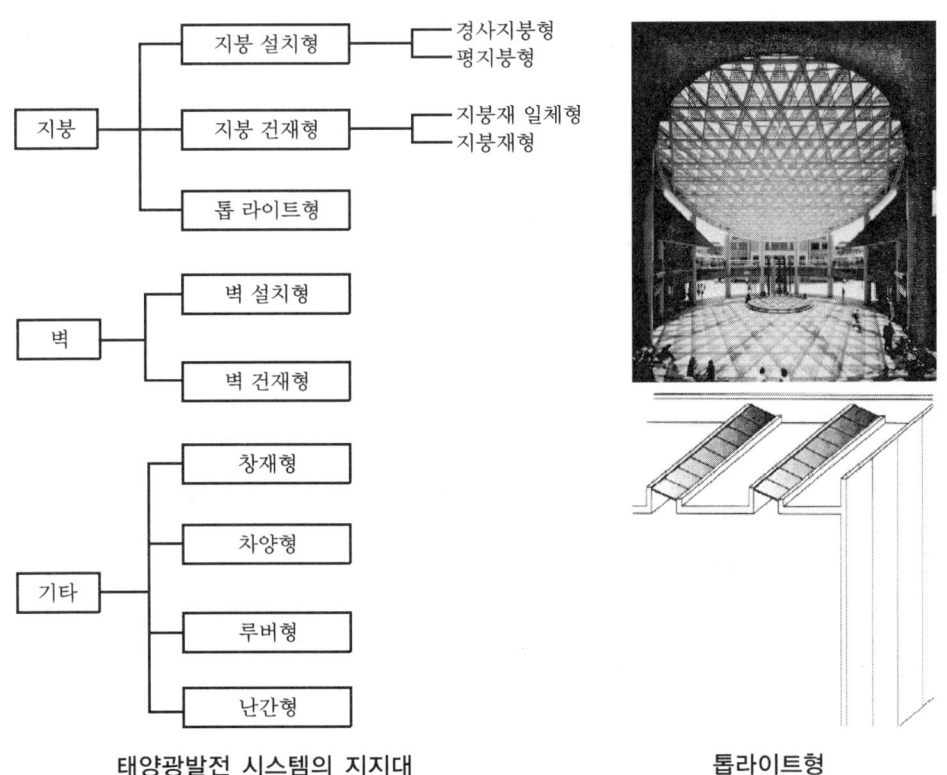

태양광발전 시스템의 지지대 / 톱라이트형

(2) 설치방식에 따른 분류
① 고정형 어레이　　　② 경사가변형 어레이
③ 추적식 어레이　　　④ BIPV(건물통합형)

(3) 추적방식에 따른 분류
① 감지식 추적법
② 프로그램식 추적법
③ 혼합 추적식

(4) 추적방향에 따른 분류
① 단방향 추적식
② 양방향 추적식

> **칼럼**
> 1. 설치장소에 따른 분류로는 평지, 경사지, 건물 설치형 등이 있다.
> 2. 발전효율 : 양방향 추적식 > 단방향 추적식 > 고정식
> 3. 단축식은 태양의 고도에 맞게 동쪽과 서쪽으로 태양을 추적하는 방식으로서, 동서 및 남북으로 태양을 추적하는 양축식에 비해 발전효율이 떨어진다.
> 4. 연중 4~6월은 태양의 고도가 높고 외기의 온도가 비교적 선선하여 출력 또한 가장 높다.
> 5. 연중 7~8월은 일사량이 1년 중 가장 많지만 태양전지의 온도 상승에 의한 손실이 커서 출력감소율도 제일 크다.

5-7 주요 태양광 어레이의 장단점 비교

구 분	고정형 어레이	경사가변형 어레이	추적식 어레이
장점	• 설치비가 제일 낮음 • 간단하고 고장우려가 가장 적음 • 토지이용률이 높음	• 설치비가 추적식에 비해 낮음 • 고장우려가 적음 • 고정형 대비 효율이 높음	• 발전효율이 가장 높은 편임
단점	• 효율이 낮은 편임	• 추적식 대비 효율이 낮음 • 연중 약 2회 경사각 변동 시 인건비가 발생함	• 투자비가 많이 듦 • 구동축 운전으로 인한 동력비가 발생함 • 토지이용률이 낮음 • 유지보수비가 증가함

5-8 태양광발전 시스템 품질

(1) 태양광발전 시스템의 성능평가를 위한 측정 요소
① 구성요소의 성능 및 신뢰성
② 사이트
③ 발전성능
④ 신뢰성
⑤ 설치가격(경제성)

(2) 태양광발전 시스템의 성능분석

① 태양광 어레이 발전효율(PV Array Conversion Efficiency)

$$= \frac{태양광\ 어레이\ 출력(kW)}{경사면일사강도(kW/m^2) \times 태양광\ 어레이\ 면적(m^2)} \times 100[\%]$$

② 태양광 시스템 발전효율(PV System Conversion Efficiency)

$$= \frac{태양광\ 시스템\ 발전전력량(kWh)}{경사면일사량(kWh/m^2) \times 태양광\ 어레이\ 면적(m^2)} \times 100[\%]$$

③ 태양에너지 의존율(Dependency on Solar Energy)

$$= \frac{태양광\ 시스템\ 평균\ 발전전력(kW)}{부하\ 소비전력(kW)} \times 100[\%]$$

$$= \frac{태양광\ 시스템\ 평균\ 발전전력량(kWh)}{부하\ 소비전력량(kWh)} \times 100[\%]$$

④ 태양광 시스템 이용률(PV System Capacity Factor)

$$= \frac{일\ 평균\ 발전시간}{24} \times 100[\%]$$

$$= \frac{태양광\ 시스템\ 발전전력량(kWh)}{24 \times 운전일수 \times PV\ 설계용량(kW)} \times 100[\%]$$

⑤ 태양광 시스템 가동률(PV System Availability)

$$= \frac{시스템\ 동작시간}{24 \times 운전일수} \times 100[\%]$$

⑥ 태양광 시스템 일조가동률(PV System Availability per Sunshine Hour)

$$= \frac{시스템\ 동작시간}{가조시간} \times 100[\%]$$

⑦ 시스템 성능계수(PR ; Performance Ratio, 실제 성능값)
  (가) 시스템 성능계수란, 어레이 출력전력량에 대한 태양광시스템 발전전력량의 비이다.
  (나) 태양광시스템은 전력 발전 중에 발생하는 추가적인 손실이 크므로 모듈 및 어레이의 변환효율만으로는 실제 성능에 대한 평가가 어려워 시스템 성능계수(PR)를 사용

하며, 이를 발전량의 기준으로 삼는다.
(대) 일반적으로 80~90%의 값을 갖는다.

$$PR = \frac{\text{시스템 발전전력량(kWh)}}{\text{어레이 정격용량(kWh)}} \times 100[\%]$$

$$= \frac{\text{시스템 발전전력량(kWh)}}{\text{경사면 일사량(kWh/m}^2) \times \text{어레이 면적(m}^2) \times \text{어레이의 변환효율}} \times 100[\%]$$

$$PR = 100 - (L_C + L_S)$$

L_C : 어레이 손실(Capture Loss) : 어레이에서의 태양광발전 시 손실
L_S : 시스템 손실(System Loss) : 인버터(PCS)·축전기·정류기 등에서의 손실

가조시간(可照時間 ; Possible Duration of Sunshine) : 태양에서 오는 직사광선, 즉 일조(日照)를 기대할 수 있는 시간 또는 해 뜨는 시각부터 해 지는 시각까지의 시간을 말한다.

(3) 신뢰성 평가분석
① 시스템 트러블 : 시스템의 정지, 인버터의 정지, 트립, 지락 등
② 계측 관련 트러블 : 컴퓨터의 OFF 혹은 조작 오류, 기타의 계측 관련 트러블 등
③ 운전데이터의 결측
④ 계획 정지 : 계획 정전, 정기점검, 개수정전, 계통정전 등

5-9 경제성 검토

(1) 공사비 원가 계산서(공사비 내역서의 각 항목을 집계한 '공사비 집계표' 기준)
① 순 공사원가 = 재료비 + 직·간접 노무비 + 직·간접 경비
② 공급가액 = 총 원가(순 공사원가 + 일반관리비 + 이윤) +
   손해보험료(총 원가 × 손해보험요율)
③ 총 공사비 = 총 원가(순 공사원가 + 일반관리비 + 이윤) + 손해보험료 +
   부가가치세(공급가액 × 1.1)

(2) 재료 할증률(표준품셈)

종 류	할증률(%)	철거손실률(%)
옥외전선	5	2.5
옥내전선	10	-
Cable(옥외)	3	1.5
Cable(옥내)	5	-

		전선관배관	10	–
		Trolley선	1	–
		동대, 동봉	3	1.5
애자류		100개 미만	5	2.5
		100개 이상	4	2
		200개 이상	3	1.5
		500개 이상	1.5	0.75
		1,000개 이상	1	0.5
전선로 철물류		100개 미만	3	6
		100개 이상	2.5	5
		200개 이상	2	4
		500개 이상	1.5	3
		1,000개 이상	1	2
		조가선(철·강)	4	4
		합성수지파형전선관(파상형 경질 폴리에틸렌 전선관)	3	–

주 1. 재료 할증률 : 시방 및 도면 등에 의해 산출된 재료의 정미량에 재료의 운반, 절단, 가공 및 시공 중에 발생되는 손실량을 가산해주는 비율(%)
2. 철거손실률 : 전기설비공사에서 철거작업 시 발생하는 폐자재를 환입할 때 재료의 파손, 망실 및 일부 부식 등에 의한 손실률

(3) 발전원가 계산

$$발전원가 = \frac{초기투자비용/설비수명연한 + 연간\ 유지관리비}{연간\ 총\ 발전량(kWh/ann)}$$

6. 지열에너지

6-1 특징

(1) 태양열의 51%를 지표면과 해수면에서 흡수(인류 사용에너지량의 500배)한다.
(2) 지하 20~200 m의 지중온도는 일정한 온도(15℃)를 유지한다.
(3) 지하 200 m 이하로 내려가면 2.5℃/100 m씩 상승한다.
(4) 지열냉난방 시스템은 주로 천부지열온도(15℃)를 이용한다.
(5) 해수, 하천, 지하수, 호수의 에너지도 지열에 포함된다.
(6) 지열은 거의 무한정 사용이 가능한 재생에너지이다.
(7) 피폭에 대해 안전하다.

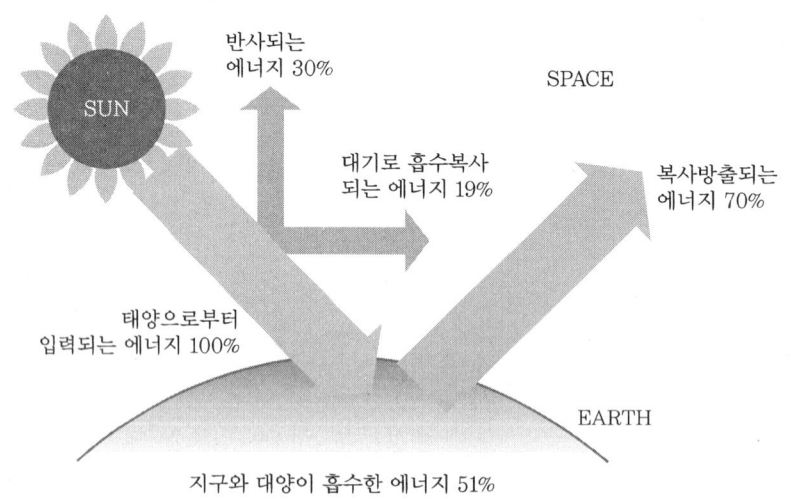

6-2 단점

(1) 초기 시공 및 설치비가 많이 든다.
(2) 설치 전 반드시 해당 지역의 중장기적인 지하이용 계획을 확인해야 한다.
(3) 지중 매설 시 타 전기케이블, 토목구조물 등과의 간섭을 피하여야 한다.
(4) 지하수 오염 우려가 있다.

> **칼럼**
> 1. 천부지열 : 지중의 중저온(10~70℃)을 냉난방에 활용
> 2. 심부지열 : 지중의 80℃ 이상의 고온수나 증기를 활용하여 전기 생산

6-3 천부지열 이용방법 (지열히트펌프 시스템)

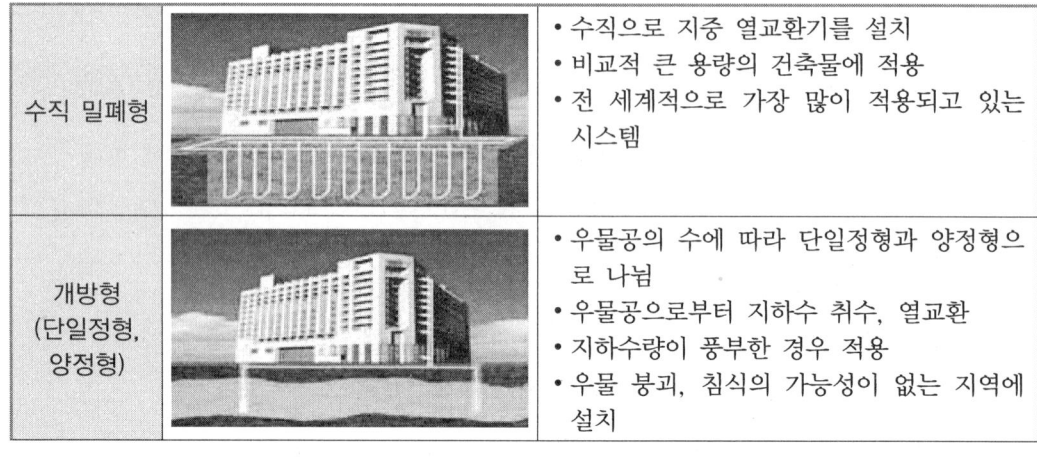

수직 밀폐형		• 수직으로 지중 열교환기를 설치 • 비교적 큰 용량의 건축물에 적용 • 전 세계적으로 가장 많이 적용되고 있는 시스템
개방형 (단일정형, 양정형)		• 우물공의 수에 따라 단일정형과 양정형으로 나뉨 • 우물공으로부터 지하수 취수, 열교환 • 지하수량이 풍부한 경우 적용 • 우물 붕괴, 침식의 가능성이 없는 지역에 설치

연못 폐회로형		• 지중 열교환기를 하천이나 연못에 설치 • 주변에 하천, 호수가 있을 경우 적용
복합형		• 냉난방부하 불균형이 발생할 경우 열원을 지열 외 냉각탑 또는 보조 보일러를 설치하여 얻는 방식 • 주로 대형건물의 냉난방 시스템에 적용

> 칼럼
>
> 1. 상기 테이블의 개방형 중에서 '단일정형(單一井形)'은 보통 'SCW(Standing Column Well)'라고 부른다. 또한 '양정형(兩井形)'은 우물이 두 개인 형태를 말한다.
> 2. 이 분야에는 상기의 공법 외에도 수평 밀폐형, 게오힐 공법(충진식 개방형 공법) 등이 있다.

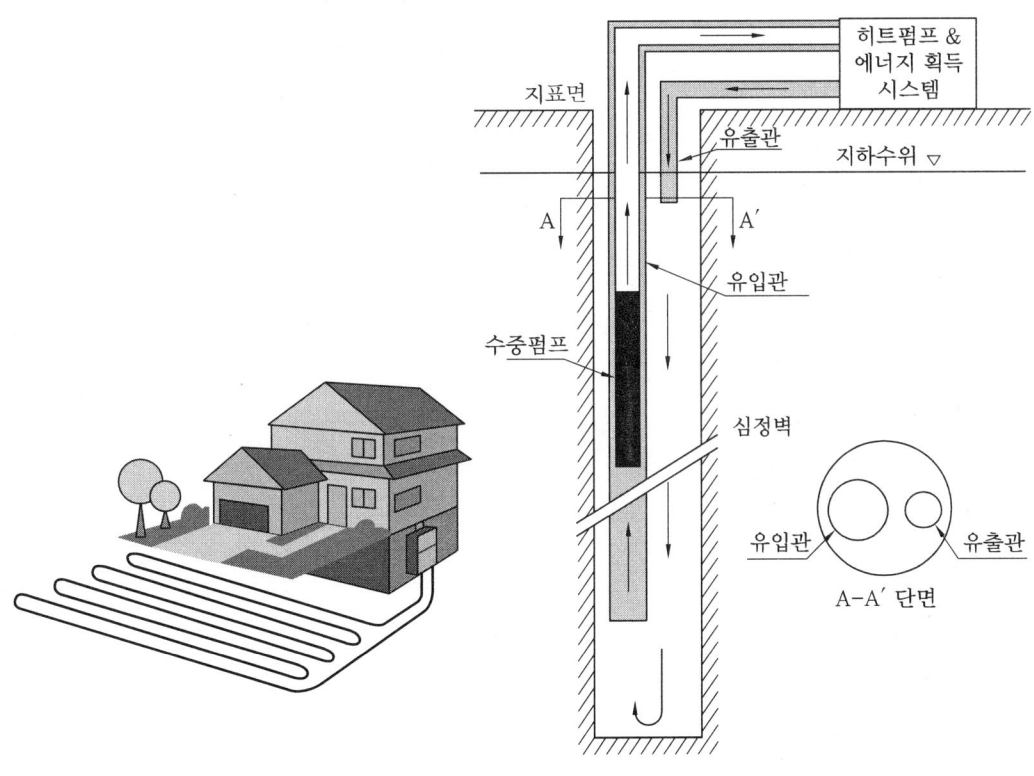

수평 밀폐형 　　　　　　　　　　　SCW(단일정형)

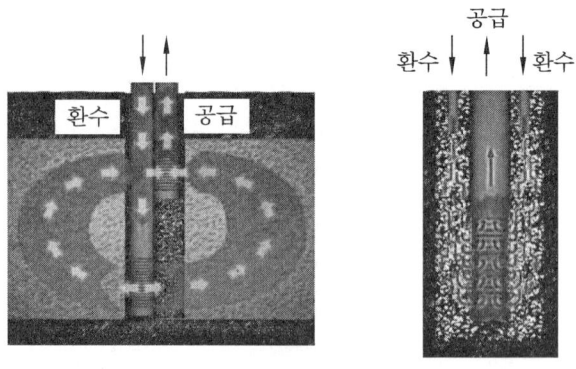

게오힐 공법

6-4 지열원 히트펌프

구 분	냉 방	난 방	연평균 COP(참고치)
에어컨+보일러	SUMMER 35℃		• 에어컨 : 약 2.5 • 보일러 : 약 0.8
공기열원 히트펌프	SUMMER 35℃	Winter -10℃	• 여름 : 약 2.5 • 겨울 : 약 1.5 (장배관, 고낙차 등 설치조건에 따른 영향 큼)
지열원 히트펌프	SUMMER 35℃ / 15℃	Winter -10℃ / 15℃	• 여름 : 약 4.5 • 겨울 : 약 3.5 (연중 안정적인 성능 구현)

6-5 지열발전

(1) 땅속을 수 km 이상 파고 들어가면 지중온도가 100℃를 훨씬 넘을 수 있고, 이를 이용하여 증기를 발생시키고 터빈을 돌려 전기를 생산할 수 있다.
(2) 국내에는 경상북도 포항, 전라남도 광주 등에서 지열발전 관련 시범 사이트를 진행 중에 있다.

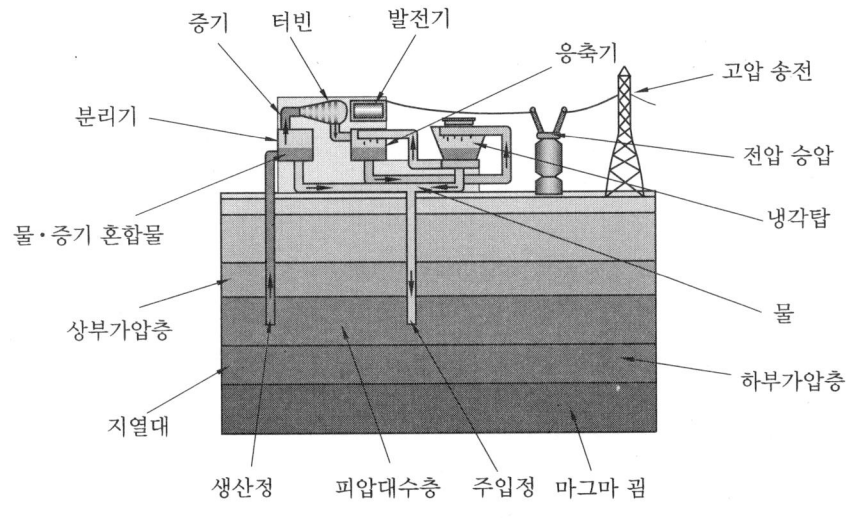

지열발전 설치사례

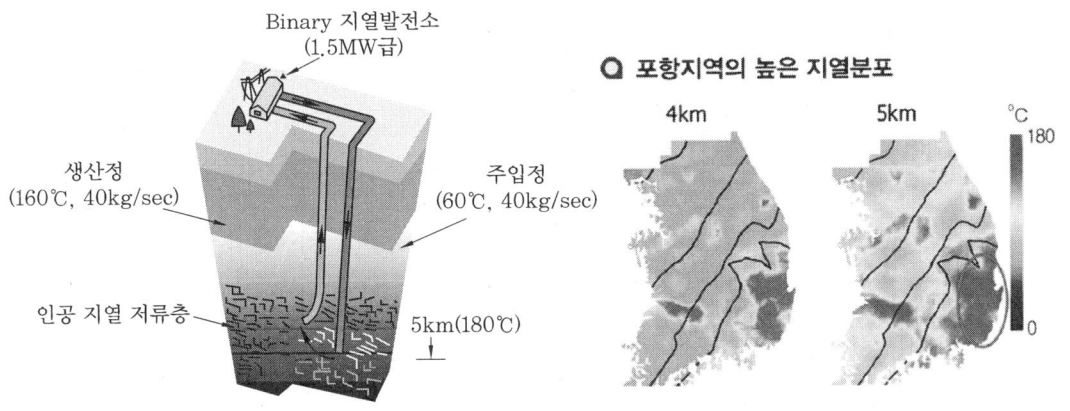

포항지역 지열발전 시스템

바이너리(Binary) 지열발전

1. 일반적으로 바이너리 발전이란 '바이너리 사이클'을 이용한 발전시스템을 일컫는다.
2. 열원이 되는 1차 매체에서 열을 2차 매체로 이동시켜 2차 매체의 사이클을 통해 발전하는 시스템을 통틀어 일컫는 말이다.
3. 바이너리란 '두 개'란 의미로 두 개의 열매체를 사용한 발전 사이클을 뜻하는 발전시스템으로, 지열발전에 국한된 발전시스템은 아니다.

6-6 열응답 테스트 (열전도도 테스트)

(1) **지중 열전도도 시험 수행** : 공인 인증기관에서 진행
(2) 설치용량 175 kW(50 RT) 이상 시스템 설계 시 적용한다.
(3) 그라우팅 완료 후 72시간 이후에 측정한다.
(4) 최소 48시간 이상 열량을 투입하여 지중 온도변화를 관측한다.
(5) **열전도도(k) 측정**

- 열전도도 $k = \dfrac{Q}{4 \times \pi \times L \times a}$ [W/(m·K)]

- 평균온도 $T_{avg} = \dfrac{T_{in} + T_{out}}{2}$ [℃]

- 기울기 $a = \dfrac{T_2 - T_1}{LN(t_2) - LN(t_1)}$

- 열전달률 $Q = \dot{m} \times C_p \times (T_{in} - T_{out})$ [W]

- 시험공 깊이 L [m], 유량 $\dot{m}$ [L/min]

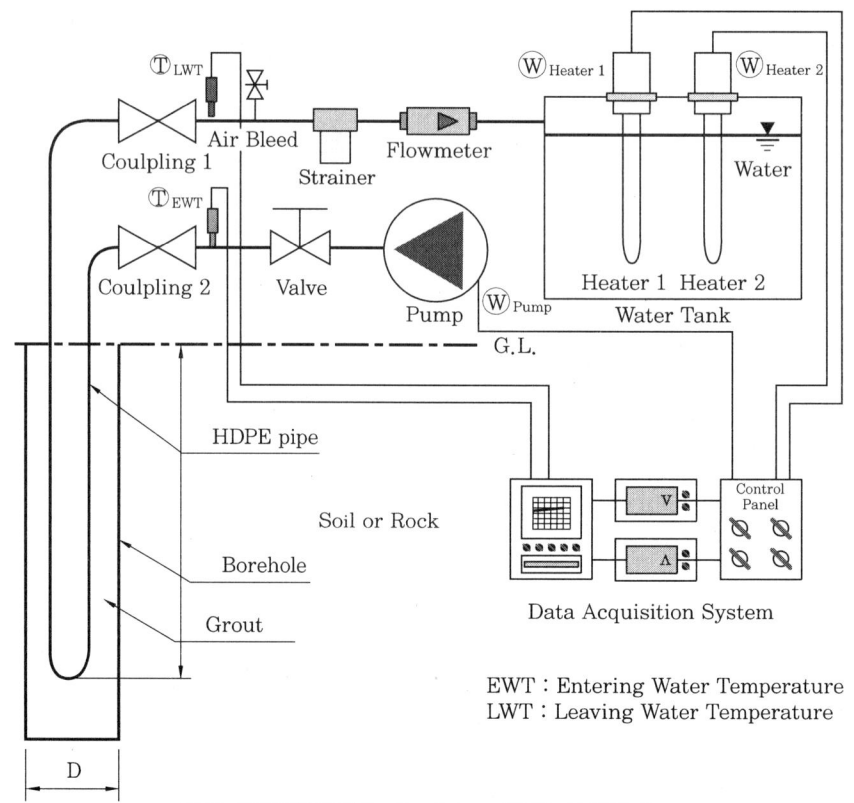

지중 열응답(열전도도) 테스트 장치 설치사례

6-7 시공절차

지중 열교환기(배관) 설치 및 기계실 공사는 다음과 같이 진행된다.

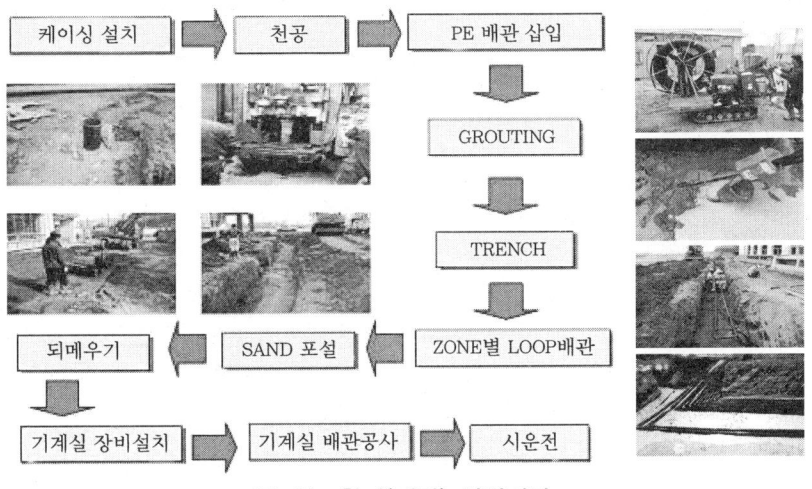

지중 열교환기(배관) 설치절차

6-8 그라우팅의 목적

(1) 오염물질 침투 방지
(2) 지하수 유출 방지
(3) 천공 붕괴 방지
(4) 지중 열교환기 파이프와 지중 암반의 밀착
(5) 열전달 성능 향상
(6) 지열용 벤토나이트 사용

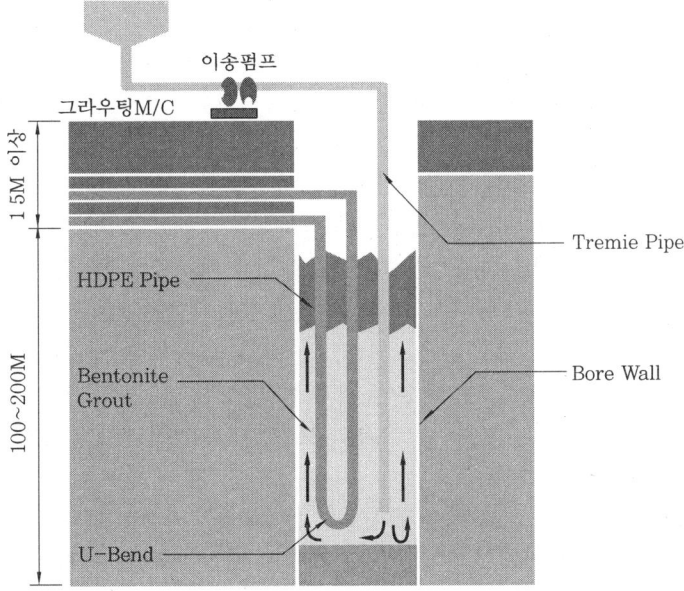

천공 및 그라우팅 단면도

> **칼럼**
>
> **수직 밀폐형 지열히트펌프 시스템에서 지중열교환기의 길이 산정에 영향을 미치는 요소**
>
> (1) 토양의 열전도도(kW/m·K) : 토양의 열전도도가 높으면 지열히트펌프와 토양의 열전달이 원활하여 냉방 시 지열히트펌프의 응축열을 빨리 지중으로 방출하고, 난방 시 지열히트펌프가 필요로 하는 증발열을 빨리 흡수할 수 있게 되어 지중열교환기의 길이를 줄일 수 있다.
> (2) 토양의 열확산계수(m^2/s) : 토양의 열확산계수가 높으면 '토양의 열전도도'와 마찬가지의 원리로 지중열교환기의 길이를 줄일 수 있다.
> (3) 그라우팅재의 열전도도(kW/m·K) : 그라우팅재(Back-fill)의 열확산계수가 높으면 '토양의 열전도도'와 마찬가지의 원리로 지중열교환기의 길이를 줄일 수 있다.
> (4) 건물의 부하량(냉방, 난방) 및 연간 부하 밸런스 : 일반적으로 건물의 냉방 부하량 및 난방 부하량이 클수록 지중열교환기의 필요 길이가 길어지며, 부하 밸런스(냉방부하와 난방부하의 차이)가 심할수록 지중열교환기의 길이가 길어진다.
> (5) 지열히트펌프의 가동시간 : 지열히트펌프의 평균 가동시간이 길어질수록 지중열교환기의 길이가 길어진다.
> (6) 지열히트펌프의 성적계수 : 지열히트펌프의 성적계수(COP)가 커지면 냉방 시에는 동일 냉동능력 기준으로 지열부하가 작아지므로 지중열교환기의 길이가 짧아지고, 난방시에는 동일 난방능력 기준으로 지열부하가 커지므로 지중열교환기의 길이가 길어진다.
> (7) 지중열교환기의 지중 입관/출관의 이격거리 : 지열히트펌프에서 땅속으로 들어가는 지중열교환기측과 땅속에서 지열히트펌프측으로 나오는 지중열교환기측의 파이프 이격거리가 크면(보어 홀의 내측면을 따라 배치되면 가장 유리) 지열히트펌프의 응축열(냉방 기준)을 빨리 지중으로 전달하여 지중열교환기의 길이를 줄일 수 있다.
> (8) 지중열교환기용 보어 홀의 이격거리 : 지중열교환기를 삽입하기 위해 굴착해놓은 보어 홀의 이격거리가 크면 보어 홀 간의 열적 간섭이 적어 지중열교환기의 길이를 줄일 수 있다.
> (9) EWT(열원측 히트펌프 입구의 유체온도) : 시스템에서 요구하는 EWT가 냉방 시에는 높을수록, 난방 시에는 낮을수록 지열부하가 줄어들어 지중열교환기의 길이를 줄일 수 있다.
> (10) 지중열교환기의 관경 : 지중 열교환기의 관경이 커지면 지중 열교환기(파이프) 내부를 흐르는 유체와 토양(그라우팅) 간의 열전달이 좋아져 지중열교환기의 길이를 줄일 수 있다.
> (11) 지중열교환기 내부를 흐르는 유체의 밀도, 비열, 부동액 함량 : 지중 열교환기(파이프) 내부를 흐르는 유체의 밀도, 비열, 부동액 함량에 따라 열전도도가 달리지며, 밀도와 비열은 클수록, 부동액 함량은 적을수록 유체와 토양 간의 열전달이 좋아져 지중열교환기의 길이를 줄일 수 있다.
> (12) 지중열교환기 내부를 흐르는 유체의 유량 : 지열히트펌프의 단위 용량(usRT)당 필요 유량이 작으면 유속을 느리게 할 수 있어서 유체와 토양 간의 열전달이 좋아져 지중열교환기의 길이를 줄일 수 있다.

7. 지열의 응용(이용방법)

7-1 개요

(1) 땅속 깊은 곳에서는 방사성 동위원소들의 붕괴로 끊임없이 열이 생성되고 있고, 땅속 마그마는 종종 지각이 얇은 곳에서 화산이나 뜨거운 노천온천의 형태로 열을 분출한다. 또한 얕은 땅속은 계절에 따른 온도변화가 없이 15~20℃ 내외의 일정한 온도를 유지한다.

(2) 이러한 땅속의 무궁한 에너지는 난방과 냉방, 전기 생산 등 여러 가지 형태로 이용될 수 있다.

7-2 응용사례

(1) 땅속의 뜨거운 물 이용 발전

① 지열을 이용해서 전기를 생산하기에 적합한 곳은 뜨거운 증기나 뜨거운 물이 나오는 곳이다.

② 증기가 솟아 나오는 곳에서는 이 증기로 직접 터빈을 돌려서 발전한다.

③ 뜨거운 물이 나오는 곳은 보조가열기를 사용하여 승온 및 증기를 만들어 터빈을 가동하는 방법 혹은 끓는점이 낮은 액체를 증기로 만들어 터빈을 가동하는 방법 등이 있다.

④ 지질조사 : 지열 징후나 지질구조에서 지열저류층의 면적·두께·온도를 유추하고, 거기에 공극률(空隙率)이나 회수율의 적당한 값을 곱해서 채취가능 자원량을 산출하고 있다. 발전량을 예측하려면 다시 기계효율·발전효율을 곱한다.

⑤ 이와 같은 산출법에 이용되는 각 인자의 값은 어느 것이나 확실한 것은 아니므로 결과는 대략 그런 값을 부여하는 데 불과하며 정확성이 결여될 가능성도 많다.

(2) 땅속의 암반 이용 발전

① 땅속에 뜨거운 물이 없고 뜨거운 암석층만 있어도 발전이 가능하다.

② 암석층에 구멍을 뚫고 물을 흘려보내서 가열시킨 다음 끌어 올려서 그 열로 끓는점이 낮은 액체를 증기로 만들어 발전기를 돌리고, 이때 식혀진 물은 다시 땅속으로 보내 가열시켰다가 끌어 올리기를 반복하면 된다.

③ 뜨거운 암석층은 거의 식지 않는다는 점을 이용하여 연속적인 발전이 가능하다.

④ 이 방법 역시 무엇보다 지질조사(암반층 탐사, 지열탐사 등)가 잘 선행되어야 성공할 수 있다.

(3) 급탕·난방용 열 공급

① 땅속 암석층에 의해서 뜨거워진 물은 전기 생산뿐만 아니라 급탕용 혹은 난방용 열을 공급하는 데 직접 이용될 수도 있다.
② 건물 급탕설비의 급탕탱크용 가열원으로 활용 가능하다.
③ 열교환기를 통하거나(간접방식), 직접적으로 난방용 방열기를 가동할 수 있다.
④ 암반층의 뜨거운 물을 건물의 바닥코일로 돌려 바닥 복사난방에 활용할 수 있다.

(4) 직접 냉·난방

① 다음 그림에서 보듯이, 땅속에 긴 공기 흡입관을 묻고 이 관을 통과한 공기를 건물에 공급해서 난방과 냉방을 하는 지열 이용방식도 가능하다.
② 이 경우 겨울에는 공기가 관을 통과하면서 지열을 받아 데워져서 난방 혹은 난방 예열용으로 활용 가능하다.
③ 여름에는 뜨거운 바깥 공기가 시원한 땅속 관을 통과하면서 식혀진 후 공급됨으로써 냉방 혹은 냉방 예냉용으로 활용 가능하다.
④ 상기와 같이 행함으로써 난방과 냉방을 위한 에너지가 절약되고, 쾌적하고 신선한 외기의 도입도 가능해진다.
⑤ 이러한 시스템을 흔히 'Cool Tube System'이라고 부른다.

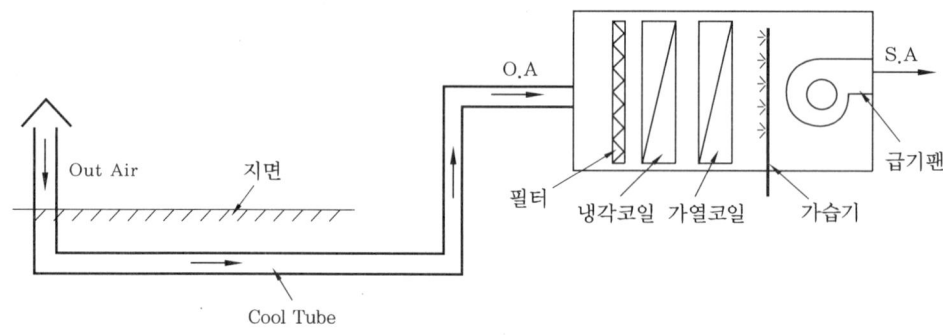

Cool Tube System 적용사례

(5) 지열이용 히트펌프 방식에서 열원으로 활용

① 물/Brine과 대지의 열교환을 통하여 히트펌프를 가동한다.
② 땅속 관내 압력강하량이 증가하여 펌프동력 증가의 가능성이 있다.
③ 지중 매설공사가 어렵다.
④ 가격이 고가이다(초기투자비 측면).
⑤ 배관 등 설비가 부식될 우려가 있다.
⑥ 효율적이면서도 무제상(無除霜)이 가능하여 이상적인 히트펌프 시스템을 구축할 수

있다.
⑦ 흡수식 냉온수기 대비 장점 : 에너지효율이 매우 높고, 운전 유지비가 절감되며, 친환경 무공해 시스템으로, 물-공기시스템 형태로도 설치가 가능하다(개별 제어성 우수). 냉·난방·급탕의 동시운전 구현이 가능하고, 대형 냉각탑이 불필요하며, 연료의 연소과정이 없으므로 수명이 길다.

(6) 기타 지열 이용방법
 ① 도로 융설
  ㈎ 한랭 적설지에서는 지열을 이용한 도로 융설의 용도로 사용할 수 있다.
  ㈏ 지열 이용 도로 융설은 노반에 파이프를 매설하고 도로면과 지하 간에 통수시켜 도로를 가열하여 눈을 녹이는 방식이다.
 ② 농업 분야 : 지열의 농업에의 이용은 세계 각지에서 그 예를 볼 수 있는데, 가장 활발한 곳이 헝가리로서, 거의 전 지역에 산재하고 있는 심층 열수를 최대한 이용하여 대규모의 시설원예를 시행하고 있다.
 ③ 2차산업 분야 : 지열을 농림수산물의 건조가공, 제염, 화학약품의 추출 등에도 이용가능하나 그 규모는 아직 매우 작은 편이다.

7-3 지열이용검토서

(1) 지열이용검토서란 지열이용 시스템의 설치 전 설계 단계에서 사전에 지열 이용의 타당성 및 적합성을 평가하기 위해 한국에너지공단에 제출하여 승인을 받는 보고서이다.
(2) 지열이용검토서의 주요 구성내용
 ① 인증서 : 지열열펌프에 대한 인증서
 ② 시험성적서 : KOLAS인정 시험기관에서 시험·발행한 지열열펌프 성적서
 ③ 성능표 : '시험성적서'를 근거로 열펌프 제조사에서 작성·보증하는 열펌프 성능자료로 내삽법 사용이 가능하며 측정 온도점 간의 온도차는 10℃ 이내로 한다.
 ④ 설계요약서
  ㈎ 지열담당면적 : 건축물 전체 면적 중 지열시스템이 담당하는 면적
  ㈏ 건축물 전체 부하량 : 지열시스템이 설치되는 건축물의 전체 부하량
  ㈐ 지열 담당 부하량 : 지열시스템이 담당하는 부하량
  ㈑ 사업용량 : 지열시스템의 냉·난방 설치용량 중 큰 값 + 급탕용량
  ㈒ 설치용량 : 인증서에 표기된 열펌프의 냉·난방 정미능력
  ㈓ 설계용량 : 시스템 설계를 위해 열원측·부하측에 적용된 EWT 기준으로 시험성적서 또는 성능표에 분석된 열펌프 정미능력

㈏ 지중열전도도 : 센터에서 지정한 열전도도 측정 가능기관에서 지침 [별표3]의 '지중 열전도도 측정기준'에 따라 측정한 열전도도 값
㈀ 스페이서 : 스페이서 또는 간격유지제품 사용 시 표기
㈐ COP : Coefficient of Performance, 성능계수
  ㉮ 하첨자 c : 냉방, h : 난방
  ㉯ 열펌프 COP : 열펌프의 성능계수
  ㉰ 시스템 COP : 지중 순환펌프의 소요동력을 포함한 지열시스템 성능계수
㈑ 순환펌프
  ㉮ 정격용량 : 펌프 모터 동력(kW, W)
  ㉯ 소비전력 : 펌프가 운전될 때 소요되는 동력(kW, W)
  ㉰ 예비 펌프 : 순환펌프 고장 시 사용을 위한 예비용 순환펌프(선택사항)
  ㉱ 순환펌프 설계계산서 : 현장 적용 배관 및 배관 내 부동액 재료의 안정계수를 고려한 손실수두(양정)계산서
㈒ 연간 최대 냉난방 부하계산서(kW) : 최대 냉난방 부하계산서(집계표)로서 장비 용량을 결정하는 항목
㈓ 연간·월간 냉난방 에너지 부하량(kWh) : 설치된 열펌프가 실내로 공급하는 월별·연간 에너지의 양
㈔ 정미능력
  ㉮ 정미 냉방·난방용량(Net Cooling/Heating Capacity) : 인증시 부하측 순환수펌프 소비전력(W)까지 고려한 냉난방 용량
  ㉯ 유효전력(Effective Power) : 주어진 시험시간 동안 열펌프에 공급되는 평균 전력
㈕ 온도
  ㉮ EWT(Entering Water Temperature) : 열펌프로 유입되는 순환수 온도
  ㉯ EST(Entering Source Temperature) : 지중열교환기를 거쳐 열펌프로 유입되는 순환수 온도
  ㉰ ELT(Entering Load Temperature) : 건물 내부(부하)를 거쳐 열펌프로 유입되는 순환수 온도
  ㉱ EAT(Entering Air Temperature) : 건물 내부(부하)를 거쳐 열펌프로 유입되는 공기의 온도
  ㉲ LWT(Leaving Water Temperature) : 열펌프에서 유출되는 순환수 온도
  ㉳ LST(Leaving Source Temperature) : 열펌프에서 지중열교환기로 유출되는 순환수 온도

㊐ LLT(Leaving Load Temperature) : 열펌프에서 건물 내부(부하)로 유출되는 순환수 온도
㊀ LAT(Leaving Air Temperature) : 열펌프에서 건물 내부로 유출되는 공기의 온도

8. 풍력발전

무한한 바람의 힘을 회전력으로 전환시켜 유도전기를 발생시켜 전력계통이나 수요자에게 공급하는 방식이다.

8-1 장점

(1) 무공해의 친환경 에너지이다.
(2) 도로변, 해안, 제방, 해상 등 국토 이용의 높은 효율성이 있다.
(3) 우주항공, 기계, 전기 등의 분야에 높은 기술 파급력을 가진다.

8-2 단점

(1) 제작비용 등 초기투자비용이 높다.
(2) 풍황 등 에너지원의 조건이 중요하다.
(3) 발전량의 지역별, 계절별 차이가 크다.
(4) 풍속특성이 발전단가에 가장 큰 영향을 미친다.
(5) 일반적으로 소형시스템일수록 발전단가에 불리하다.

덴마크 Middelgrunden 해양단지

제주 풍력단지

8-3 원리

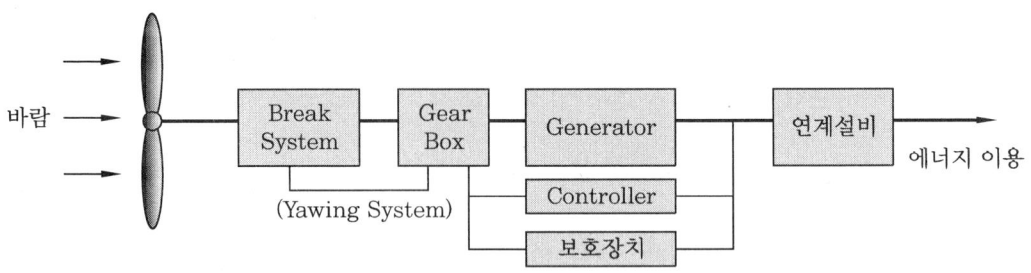

> **칼럼**
> 요잉 시스템(Yawing System) : 로터의 회전면과 풍향이 수직이 되지 않았을 때 에너지활용도가 떨어지는 현상을 'Yaw Error'라 하고, 이에 대응하기 위한 시스템이다.

8-4 풍력발전기 주요 구성품

(1) **기계 장치부** : 날개, 기어박스, 브레이크 등
(2) **전기 장치부** : 발전기, 안전장치 등
(3) **제어 장치부** : 무인 제어기능, 감시 제어기능 등

8-5 베츠의 법칙

(1) '베츠의 한계'라고도 부른다.
(2) 풍력발전의 이론상 최대치는 약 59.3%이다. 그러나 실용상 약 20~40%만 사용 가능하다(날개의 형상, 마찰손실, 발전기효율 등의 문제로 인한 손실 고려).

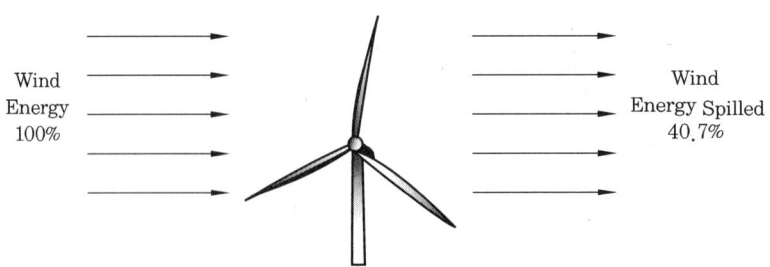

(3) 계산식

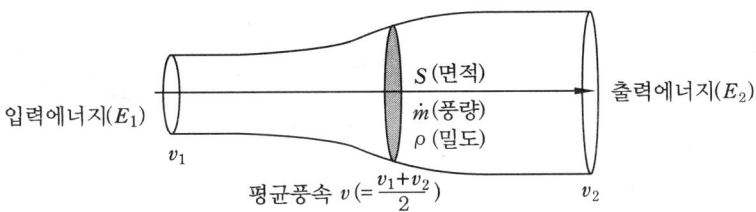

$$E_1 = \frac{1}{2} \cdot \dot{m} \cdot v_1^2 = \frac{1}{2} \cdot \rho \cdot s \cdot v_1^3, \quad E_2 = \frac{1}{2} \cdot \dot{m} \cdot v_2^2$$

$$\dot{E} = E_1 - E_2 = \frac{1}{2} \cdot \dot{m} \cdot (v_1^2 - v_2^2)$$

$$= \frac{1}{2} \cdot \rho \cdot S \cdot v \cdot (v_1^2 - v_2^2)$$

$$= \frac{1}{4} \cdot \rho \cdot S \cdot (v_1 + v_2) \cdot (v_1^2 - v_2^2)$$

$$= \frac{1}{4} \cdot \rho \cdot S \cdot v_1^3 \cdot \left\{ 1 - \left(\frac{v_2}{v_1}\right)^2 + \left(\frac{v_2}{v_1}\right) - \left(\frac{v_2}{v_1}\right)^3 \right\} = \frac{1}{2} \cdot \rho \cdot s \cdot v_1^3 \times 0.593$$

$$\left(\because E \text{가 최대가 되려면 } \frac{v_2}{v_1} \fallingdotseq \frac{1}{3} \right)$$

따라서 $\dot{E} = \frac{1}{2} \cdot \rho \cdot s \cdot v_1^3 \times 0.593 = E_1 \times 0.593 \rightarrow$ 풍력발전의 이론적 최고 효율 = 59.3 %

8-6 회전축 방향에 따른 구분

(1) 수평축 방식
① 구조가 간단하다.
② 바람 방향의 영향을 많이 받는다.
③ 효율이 비교적 높은 편이며, 가장 일반적인 형태이다.
④ 중·대형급으로 적합한 형태이다.

(2) 수직축 방식
① 바람 방향에 구애받지 않는다.
② 사막이나 평원에서 많이 사용된다.
③ 효율이 다소 낮은 편이며, 제작비용이 많이 든다.
④ 보통 100 kW 이하의 소형에 적합한 형태이다.

수평축 발전기

수직축 발전기

8-7 운전 방식에 따른 구분

(1) 기어(Gear)형
① 제작비용이 저렴하다.
② 어느 지역에서도 설계, 제작 가능하다.
③ 유도전동기의 높은 회전수(RPM)를 위해 기어박스로 증속시킨다.
④ 유지 보수가 용이하다.
⑤ 동력 전달 체계 : 회전자 → 증속기 → 유도 발전기 → 한전 계통

(2) 기어리스(Grealess)형
① 회전자와 발전기가 직접 연결된다.
② 발전효율이 높다.
③ 간단한 구조, 저소음이다.
④ 동력 전달 체계 : 회전자(직결) → 다극형 동기 발전기 → 인버터 → 한전 계통

기어형

기어리스형

  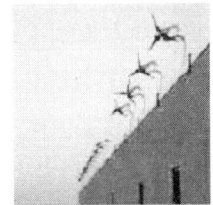

　　　육상풍력　　　　　　　해상풍력　　　　　　소형풍력
　　　On Shore　　　　　　Off Shore　　　　　　(건물일체형)

설치위치에 따른 풍력발전 사례 : 점점 대형화 추세로 날개가 커지고(회전속도가 느려짐), 이에 따라 소음도 크게 줄어들기 때문에, 풍력발전기에 가까이 다가가도 시끄럽게 돌아가는 소리는 거의 들리지 않는다.

핵심해설
* 풍력발전은 발전량 측면에서 풍황, 주변환경, 송전설비 여력 등의 영향을 많이 받으므로 설치 전 입지 선정, 발전 기반시설 등을 면밀하게 고려하여야 한다.
* 프로펠러형 풍력발전에서 날개를 주로 3개로 하는 이유 : 저진동, 경제성, 하중의 균등배분 등

화석연료 - 신재생에너지의 이산화탄소 배출량 비교표(발전원별)

구 분	이산화탄소 배출량(g/kWh)
석탄 화력	975.2
석유 화력	742.1
LNG 화력	607.6
LNG	518.8
원자력	28.4
태양광	53.4
풍력	29.5
지열	15
수력	11.3

9. 연료전지

9-1 개요

(1) 대부분의 화력발전소나 원자력발전소는 규모가 크고, 그곳에서 집까지 전기가 들어오려면 복잡한 과정을 거쳐야 한다.
(2) 일반적으로 이들 발전소에서는 전기가 만들어질 때 나오는 열은 모두 버려진다.
(3) 반면에, 화력발전소나 원자력발전소 대비 작은 규모로 집 안이나 소규모 장소에 설치할 수 있고, 거기에서 나오는 전기는 물론 열까지도 쓸 수 있는 장치가 바로 연료전지와 소형 열병합발전기이다.

9-2 연료전지의 특성

(1) 연료전지는 수소와 산소를 반응하게 해서 전기와 열을 만들어내는 장치로, 재생 가능한 에너지는 아니다.
(2) 현재 사용되는 연료전지용 수소는 거의 대부분 천연가스를 분해해서 생산한다.
(3) 천연가스 분해과정에서 이산화탄소가 배출되기 때문에 연료전지는 현재로서는 지구온난화를 완전히 억제할 수 있는 기술은 아니다(이산화탄소 포집 및 농업·공업 분야에의 활용기술 필요).
(4) 연료전지는 한 번 쓰고 버리는 보통의 전지와 달리 연료(수소)가 공급되면 계속해서 전기와 열이 나오는 반영구적인 장치이다.
(5) 연료전지는 규모를 크게 만들 수도 있고, 가정용의 소형으로 작게 만들 수도 있다(규모의 제약을 별로 받지 않는다).
(6) 연료전지는 거의 모든 곳의 동력원과 열원으로 기능할 수 있다는 이점을 가지고 있지만, 연료전지에 사용되는 수소는 폭발성이 강한 물질이고 섭씨 −253도에서 액체로 변환되기 때문에 다루기에 어려운 점이 있다.

9-3 연료전지의 원리 : 물의 전기분해과정과 반대과정

(1) 연료전지는 다른 전지와 마찬가지로 양극(+)과 음극(−)으로 이루어져 있는데, 음극으로는 수소가 공급되고, 양극으로는 산소가 공급된다.
(2) 음극에서 수소는 전자와 양성자로 분리되는데, 전자는 회로를 흐르면서 전류를 만들어낸다.

(3) 전자들은 양극에서 산소와 만나 물을 생성하기 때문에 연료전지의 부산물은 물이다(즉 연료전지에서는 물이 수소와 산소로 전기분해되는 것과 정반대의 반응이 일어나는 것이다).
(4) 연료전지에서 만들어지는 전기는 자동차의 내연기관을 대신해서 동력을 제공할 수 있고 (자전거에 부착하면 전기 자전거가 됨), 전기가 생길 때 부산물로 발생하는 열은 난방용으로 이용될 수 있다.
(5) 연료전지로 들어가는 수소는 수소 탱크로부터 직접 올 수도 있고, 천연가스 분해장치를 거쳐 올 수도 있다. 수소 탱크의 수소는 석유 분해 과정에서 나온 것일 수도 있다. 그러나 어떤 경우든 배출물질은 물이기 때문에, 수소의 원료가 무엇인지 따지지 않으면 연료전지를 매우 깨끗한 에너지 생산장치로 볼 수 있다.

9-4 연료전지의 종류 (전해질 종류와 동작온도에 의한 분류)

구 분	알칼리형 (AFC)	인산형 (PAFC)	용융탄산염형 (MCFC)	고체산화물형 (SOFC)	고분자전해질형 (PEMFC)	직접메탄올 (DMFC)
전해질	알칼리	인산염	탄산염 ($Li_2CO_3 + K_2CO_3$)	지르코니아 ($ZrO_2 + Y_2O_3$) 등의 고체	이온교환막 (Nafion 등)	이온교환막 (Nafion 등)
연료	H_2	H_2	H_2	H_2	H_2	CH_3OH
동작 온도	약 120℃ 이하	약 250℃ 이하	약 700℃ 이하	약 1200℃ 이하	약 100℃ 이하	약 100℃ 이하
효율	약 85 %	약 70 %	약 80 %	약 85 %	약 75 %	약 40 %
용도	우주 발사체 전원	중형건물 (200 kW)	중·대용량 전력용 (100 kW~MW)	소·중·대용량 발전 (1 kW~MW)	정지용, 이동용, 수송용 (1~10 kW)	소형이동 (1 kW 이하)
특징	순수소 및 순산소 사용	CO내구성 큼, 열병합 대응 가능	발전효율 높음, 내부개질 가능, 열병합 대응 가능	발전효율 높음, 내부개질 가능, 복합발전 가능	저온작동, 고출력밀도	저온작동, 고출력밀도

용어
- AFC : Alkaline Fuel Cell
- PAFC : Phosphoric Acid Fuel Cell
- MCFC : Molten Carbonate Fuel Cell
- SOFC : Solid Oxide Fuel Cell
- PEMFC : Polymer Electrolyte Membrane Cell
- DMFG : Direct Methanol Fuel Cell

• Nafion : DuPont에서 개발한 Perfluorinated Sulfonic Acid 계통의 막이다. 현재 개발되어있는 고분자전해질 Nafion막은 어느 정도 이상 수화되어야 수소이온 전도성을 나타낸다. 고분자막이 수분을 잃고 건조해지면 수소이온전도도가 떨어지게 되고 막의 수축을 유발하여 막과 전극 사이의 접촉저항을 증가시킨다. 반대로 물이 너무 많으면 전극에 Flooding 현상이 일어나 전극 반응속도가 저하된다. 따라서 적절한 양의 수분을 함유하도록 유지하기 위한 물관리가 매우 중요하다.

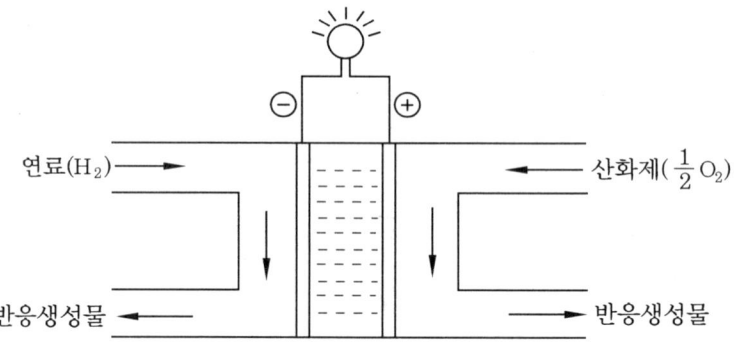

> **칼럼**
>
> 1. 음극측 : $H_2 \rightarrow 2H^+ + 2e^-$
> 2. 양극측 : $\frac{1}{2}O_2 + 2H^+ + 2e^- \rightarrow H_2O$
> 3. 전반응 : $H_2 + \frac{1}{2}O_2 \rightarrow H_2O$

9-5 연료전지의 시스템 구성

(1) 개질기(Reformer)
① 화석연료(천연가스, 메탄올, 석유 등)로부터 수소를 발생시키는 장치이다.
② 시스템에 악영향을 주는 황(10 ppb 이하), 일산화탄소(10 ppm 이하) 제어 및 시스템 효율 향상을 위한 집적화(Compact)가 핵심기술이다.

(2) 스택(Stack)
① 원하는 전기출력을 얻기 위해 단위전지를 수십 장, 수백 장 직렬로 쌓아 올린 본체이다.
② 단위전지 제조, 단위전지 적층 및 밀봉, 수소 공급과 열회수를 위한 분리판 설계·제작 등이 핵심기술이다.

(3) 전력변환기(Inverter) : 연료전지에서 나오는 직류전기(DC)를 우리가 사용하는 교류(AC)로 변환시키는 장치이다.

(4) 주변보조기기(BOP ; Balance of Plant) : 연료, 공기, 열회수 등을 위한 펌프류, Blower, 센서 등을 말하며, 연료전지의 특성에 맞는 기술이 필요하다.

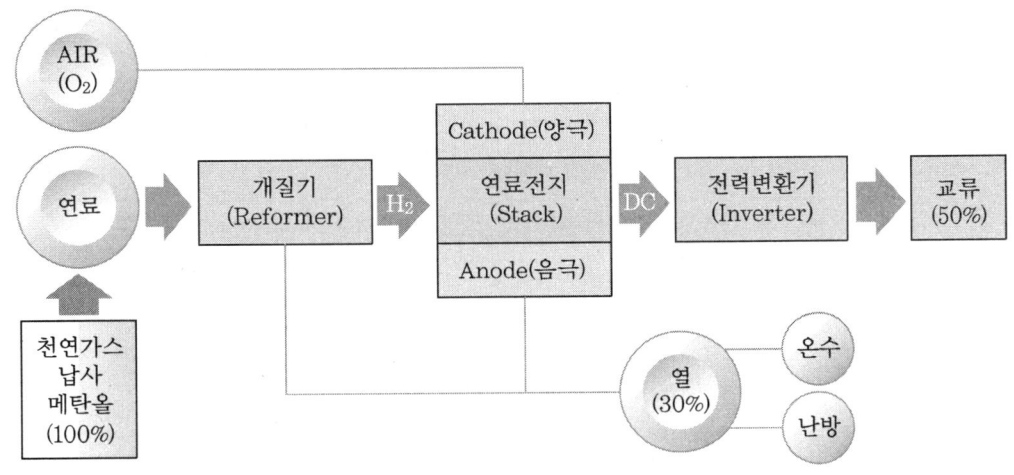

연료전지의 시스템 구성

9-6 연료전지 발전현황

(1) 알칼리형(AFC ; Alkaline Fuel Cell)
① 1960년대 군사용(우주선 아폴로 11호)으로 개발되었다.
② 순 수소 및 순 산소를 사용한다.

(2) 인산형(PAFC ; Phosphoric Acid Fuel Cell)
① 1970년대 민간 차원에서 처음으로 기술개발된 1세대 연료전지로 병원, 호텔, 건물 등 분산형전원으로 이용된다.
② 현재 가장 앞선 기술로는 미국, 일본 등에서 많이 적용 중이다.

(3) 용융탄산염형(MCFC ; Molten Carbonate Fuel Cell)
① 1980년대에 기술개발된 2세대 연료전지로 대형발전소, 아파트단지, 대형건물의 분산형전원으로 이용된다.
② 미국, 일본 등에서 기술개발을 완료하고 상용화시켰다.

(4) 고체산화물형(SOFC ; Solid Oxide Fuel Cell)
① 1980년대에 본격적으로 기술개발된 3세대 연료전지로, MCFC보다 효율이 우수하며, 대형발전소, 아파트단지 및 대형건물의 분산형전원으로 이용된다.
② 최근 선진국에서는 가정용, 자동차용 등으로도 연구를 진행하고 있으나 우리나라는 다른 연료전지에 비해 기술력이 가장 낮다.

(5) 고분자전해질형(PEMFC ; Polymer Electrolyte Membrane Fuel Cell)
① 1990년대에 기술개발된 4세대 연료전지로 가정용, 자동차용, 이동용 전원으로 이용된다.

② 가장 활발하게 연구되는 분야이며, 실용화 및 상용화도 타 연료전지보다 빠르게 진행되고 있다.

(6) 직접메탄올연료전지(DMFC ; Direct Methanol Fuel Cell)
① 1990년대 말부터 기술개발된 연료전지로 이동용(핸드폰, 노트북 등) 전원으로 이용된다.
② 고분자전해질형 연료전지와 함께 가장 활발하게 연구되는 분야이다.

9-7 연료전지의 응용

(1) 전기자동차의 수송용 동력을 제공할 수 있다.
(2) 전기를 생산함과 동시에 열도 생산하기 때문에 소규모의 것은 주택의 지하실에 설치해서 난방과 전기 생산을 동시에 할 수 있다.
(3) 큰 건물(빌딩, 상가건물 등)의 전기와 난방을 담당할 수 있다.
(4) 대규모로 설치하면 도시 공급용 전기와 난방열을 생산할 수 있다.

9-8 연료전지 기술개발 및 시스템 효율

(1) 연료전지는 전기 생산과 난방을 동시에 하는 장치로 쉽게 설치할 수 있고, 무공해 및 친환경 기술이므로 앞으로 급속히 보급될 것으로 전망된다.
(2) 일부 에너지 연구자들은 인류가 앞으로 화석연료를 사용하는 경제 구조로부터 수소를 사용하는 구조로 나아갈 것으로 전망하는데, 이때는 연료전지가 그 핵심역할을 할 것으로 본다.
(3) 수소는 폭발성이 강한 물질이므로, 향후 수소의 유통과정 및 취급 전반에 걸친 안전성을 확보하는 것이 중요하다.
(4) 수소의 제조상의 CO_2 등의 배출문제, 연료전지의 원료가 되는 수소를 생산하기 위한 원료가 되는 석유/천연가스 등의 자원의 유한성 등을 해결해나가야 한다.

> **칼럼**
>
> 천연가스로 수소 제조
> 1. 천연가스를 이용하여 수소를 생산하는 방법으로는 다음 수증기개질법(Steam Reforming)이 가장 일반적으로 사용된다(스팀을 700~1,100℃로 메탄과 혼합하여 니켈 촉매반응기에서 압력 약 3~25 bar로 다음과 같이 반응시킨다).
> 2. 반응식
>   (1) 1차(강한 흡열반응) : $CH_4 + H_2O = CO + 3H_2$, $\Delta H = +49.7$ kcal/mol
>   (2) 2차(온화한 발열반응) : $CO + H_2O = CO_2 + H_2$, $\Delta H = -10$ kcal/mol

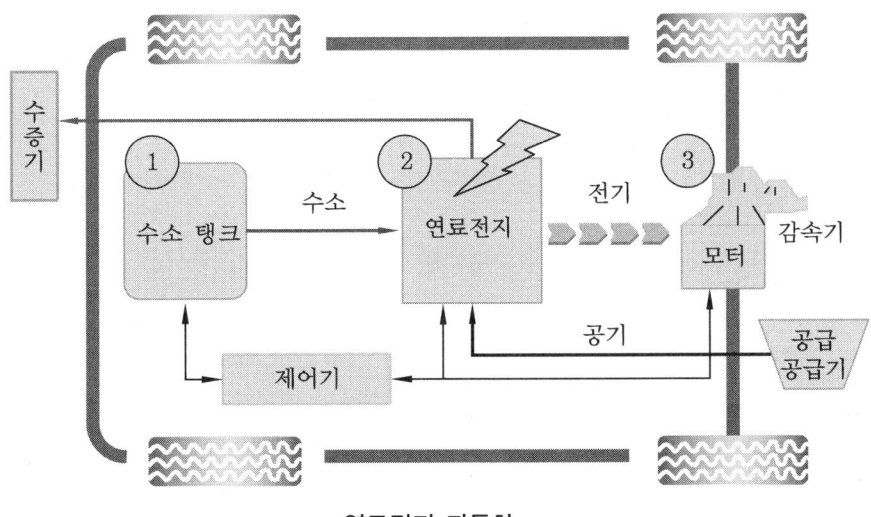

연료전지 자동차

(5) 연료전지 시스템의 효율

① 발전효율(Generation Efficiency) : 연료전지로 공급된 연료의 열량에 대한 순발전량의 비율(%)

$$발전효율 = \frac{연료전지의\ 발전량(kWh) - 연료전지의\ 수전량(kWh)}{연료전지로\ 공급된\ 연료의\ 열량(kWh)} \times 100[\%]$$

② 열효율(Thermal Efficiency) : 연료전지로 공급된 연료의 열량에 대한 회수된 열량의 비율(%)

$$열효율 = \frac{연료전지의\ 열회수량(kWh)}{연료전지로\ 공급된\ 연료의\ 열량(kWh)} \times 100[\%]$$

③ 종합효율(Overall Efficiency)

$$종합효율(\%) = 발전효율(\%) + 열효율(\%)$$

> **핵심해설**
> ★ 연료전지는 물이 수소와 산소로 전기분해되는 전기분해 과정을 정반대로 일으킨다($2H_2 + O_2 \rightarrow 2H_2O$).
> ★ 수소는 폭발성이 강한 물질이므로, 향후 수소의 유통과정 및 취급 전반에 걸친 안전성을 확보하는 것이 중요하며, 수소 자체의 제조상 CO_2 배출로 인한 지구온난화 문제는 여전히 해결해야 할 과제로 남아있다.

10. 신에너지 및 재생에너지 개발·이용·보급 촉진법

10-1 개요

(1) 과거 「대체에너지개발및이용·보급촉진법」을 명칭 변경한 것이다(환경친화적이고 지속 가능한 의미를 내포할 수 있도록 '신·재생에너지'로 용어를 변경함).
(2) 신재생에너지(대체에너지) 설비에 대한 소비자의 신뢰 확보와 보급 확대를 목적으로 국내 생산 또는 수입되는 태양열, 태양광, 소형풍력 등의 분야에 대한 설비 인증을 2003년 10월부터 최초 시행하고, 이를 위해 신재생에너지설비 인증에 관한 규정을 제정하였다.

10-2 신·재생에너지의 정의

신에너지 및 재생에너지(신재생에너지)라 함은 기존의 화석연료를 변환시켜 이용하거나 햇빛·물·지열·강수·생물유기체 등을 포함하는 재생 가능한 에너지를 변환시켜 이용하는 에너지를 말한다.

10-3 신·재생에너지의 종류

(1) 석유, 석탄, 원자력, 천연가스가 아닌 에너지로서 11개 분야를 지정하였다.
(2) **신에너지 3종** : 수소, 연료전지, 석탄액화·가스화 및 중질잔사유(重質殘渣油) 가스화 에너지
(3) **재생에너지 8종** : 태양열, 태양광, 풍력, 수력, 지열, 해양, 바이오에너지, 폐기물

10-4 신·재생에너지 공급의무비율 (공공 및 공공 투자건물)

해당 연도	2011~2012	2013	2014	2015	2016	2017	2018	2019	2020 이후
공급의무 비율(%)	10	11	12	15	18	21	24	27	30

10-5 신·재생에너지 의무공급량 (RPS)

의무공급량의 연도별 합계는 공급의무자의 다음 계산식에 따른 총 전력생산량에 다음 표에 따른 비율을 곱한 발전량 이상으로 한다.

해당 연도	비율(%)
2012년	2.0
2013년	2.5
2014년	3.0
2015년	3.0
2016년	3.5
2017년	4.0
2018년	5.0
2019년	6.0
2020년	7.0
2021년	8.0
2022년	9.0
2023년 이후	10.0

10-6 태양광 별도 의무량

(1) 태양광 산업의 집중육성 측면에서 시행초기 5년간 할당물량을 집중 배분하였다.
(2) 2016년부터는 별도의 신규할당 없이 타 신재생에너지원과 경쟁을 유도한다.

해당 연도	의무공급량(단위 : GWh)
2012	276
2013	723
2014	1,353
2015 이후	1,971

㊀ 개별 공급의무자별 태양광 의무할당량은 고시

> **칼럼**

신재생에너지설비 KS인증 대상 품목

No.	구분	KS인증 대상 품목(KS표준명)	표준번호	비 고
1	태양열	태양열 집열기	KS B 8295	평판형, 진공관형, 고정집광형
2		태양열 온수기	KS B 8296	자연순환식, 강제순환식, 진공관일체형
3	지열	물-물 지열원 열펌프 유닛	KS B 8292	530kW 이하
4		물-공기 지열원 열펌프 유닛	KS B 8293	175kW 이하
5		물-공기 지열원 멀티형 열펌프 유닛	KS B 8294	175kW 이하
6	태양광	결정질 실리콘 태양광발전 모듈(성능)	KS C 8561	-
7		박막 태양광발전 모듈(성능)	KS C 8562	-
8		태양광발전용 마이크로인버터	KS C 8560	계통연계형 및 독립형
9		소형 태양광발전용 인버터	KS C 8564	계통연계형 및 독립형 (정격출력 10kW 이하)
10		중대형 태양광발전용 인버터	KS C 8565	계통연계형 및 독립형 (정격출력 10kW 초과 250kW 이하)
11	풍력	소형 풍력터빈	KS C 8570	회전자 면적 200 m^2 미만
12		소형 풍력터빈용 인버터	KS C 8571	정격출력 10 kW 이하
13		중대형 풍력터빈(육상용, 해상용)	KS C 8571	회전자 면적 200 m^2 이상
14	연료전지	고분자 연료전지 시스템	KS C 8569	10 kW 이하
15	바이오	목재 펠릿 보일러	KS B 8901	가정용 (58.14 kW 이하)
16	기타	축전지	KS C 8575	4,000A 이하

11. 신재생에너지 경제성 분석방법

11-1 순현가 (순현재가치법, NPV ; Net Present Value)

(1) 순현가가 "0"보다 작으면 사업안 기각, "0"보다 크면 타당성 사업으로 판단한다.
(2) 복수 개의 투자안 중 한 개의 안을 선정할 시에는 "0"보다 큰 투자안 중 NPV가 가장 큰 투자안이 채택된다.

$$\text{NPV} = \Sigma \frac{B_i}{(1+r)^i} - \Sigma \frac{C_i}{(1+r)^i}$$

B_i : 연차별 총편익
C_i : 연차별 총비용
r : 할인율(미래의 가치를 현재의 가치와 같게 하는 비율) i : 기간

11-2 비용·편익비 분석 (CBR ; Benefit-Cost Ratio, B/C Ratio)

(1) 비용·편익비는 투자로부터 기대되는 총편익의 현가를 총비용의 현가로 나눈 값을 의미한다.
(2) B/C가 1.0보다 크면 경제성 측면에서 사업성이 높은 것으로 평가할 수 있다.

$$\text{B/C Ratio} = \frac{\Sigma \dfrac{B_i}{(1+r)^i}}{\Sigma \dfrac{C_i}{(1+r)^i}}$$

11-3 내부수익률(IRR)

(1) 투자로부터 기대되는 총편익의 현가와 총비용의 현가를 같게 하는 할인율을 말한다.
(2) 즉, 어떤 사업의 순현재가치(NPV)를 '0'으로 만들어 평가할 때의 '할인율'을 말한다.
(3) IRR이 r보다 크면 사업의 경제성이 있다.

$$\Sigma \frac{B_i}{(1+r)^i} = \Sigma \frac{C_i}{(1+r)^i}$$

예·상·문·제

1. 태양광 스펙트럼의 단파장이 대기 외부와 지표 측에 차이가 나는 이유는 무엇인가?
㉮ 오존층에 의해 단파장의 일부가 흡수되어 나타나는 현상이다.
㉯ 대기권에서 구름, 진애 등에 의해서 일부 태양광의 반사가 이루어지기 때문이다.
㉰ 대기권에서는 태양광이 천공광에 의해 산란되기 때문이다.
㉱ 단파장 영역이 대기권에서 교란되어 나타나는 현상이다.
[해설] 오존층에 의해 단파장이 흡수되어 0.2~0.3 nm 영역에서는 대기 외부와 지표 측의 스펙트럼이 차이가 난다.

2. 태양광발전, 태양열 분야 등에서 태양광 추적법에 들어가지 않는 것은?
㉮ 감지식 추적법 ㉯ 회전식 추적법
㉰ 혼합식 추적법 ㉱ 프로그램 추적법
[해설] 태양광 추적법에는 감지식 추적법, 프로그램 추적법, 혼합식 추적법(감지식 + 프로그램 추적법)의 3가지가 있다.

3. 태양에너지 이론에 관한 설명으로 잘못된 것은?
㉮ 광전효과는 단파장 조사 시 외부에 자유전자가 방출되는 외부광전효과와 표면광전효과(전자 및 정공이 발생)로 나누어진다.
㉯ 광기전력효과란 어떤 종류의 반도체에 빛을 조사하면 조사된 부분과 조사되지 않은 부분 사이에 전위차가 발생하는 현상을 말한다.
㉰ 태양열난방 시스템의 3대 구성요소는 집열부, 축열부, 이용부이다.
㉱ 태양광뿐만 아니라 태양열로도 전력타워를 이용하여 전기를 생산해낼 수 있다.
[해설] 광전효과는 단파장 조사 시 외부에 자유전자가 방출되는 외부광전효과와 내부광전효과(전자 및 정공이 발생)로 나누어진다.

4. 신재생에너지에 관한 설명으로 잘못된 것은?
㉮ 1949년 쇼클리(Schockely)가 p-n 접합이론을 발표하였다.
㉯ BIPV는 '건물 일체형 태양광발전 시스템'이라고 하며, PV모듈을 건물 외부 마감재로 대체하는 방식이다.
㉰ 지중열은 지하 200 m 이하로 내려가면 100 m당 약 0.5℃씩 상승한다.
㉱ 태양굴뚝이란 거대한 온실 내부의 온실효과에 의해 발생한 따스한 기류를 이용해 터빈을 돌려 발전하는 방식이다.
[해설] 지중열은 지하 200 m 이하로 내려가면 100 m당 약 2.5℃씩 상승한다.

5. 우리나라 신재생에너지 정책에 관한 설명으로 잘못된 것은?
㉮ 신에너지 3종은 수소, 연료전지, 석탄액화·가스화 및 중질잔사유 가스화 에너지이다.
㉯ 우리나라 신·재생에너지 공급의무비율(공공 및 공공 투자건물)에 대한 계획은 2016년 15%, 2017년 18%이다.
㉰ 신·재생에너지의 종류는 석유, 석탄, 원자력, 천연가스가 아닌 에너지로서 11개 분야를 지정하였다.
㉱ 에너지 공급자의 신·재생에너지 의무 공급량에 대한 제도를 'RPS제도'라고 한다.
[해설] 우리나라 신·재생에너지 공급의무비율(공공 및 공공 투자건물)에 대한 계획은 2016년 18%, 2017년 21%이다.

정답 1. ㉮ 2. ㉯ 3. ㉮ 4. ㉰ 5. ㉯

해당 연도	2011~2012	2013	2014	2015	2016	2017	2018	2019	2020 이후
공급 의무 비율(%)	10	11	12	15	18	21	24	27	30

6. 태양에너지를 주열원 혹은 보조열원으로 사용한 냉방시스템과 가장 거리가 먼 것은?

㉮ 증기압축식 냉방 ㉯ 흡수식 냉방
㉰ 제습 냉방 ㉱ 진공식 냉방

[해설] 태양열 이용 냉방시스템에는 증기압축식 냉방, 흡수식 냉방, 흡착식 냉방, 제습 냉방 등이 있다.

7. 태양에너지에 관한 설명으로 잘못된 것은?

㉮ '태양의존율'이란 열부하 중 태양열에 의해서 공급하는 비율을 말한다.
㉯ 진공관형 집열기에는 단일 진공관형 집열기와 다중 진공관형 집열기가 있다.
㉰ 태양광 계통에는 독립형, 계통연계형, 방재형, 하이브리드 시스템 등이 있다.
㉱ 태양광 스펙트럼 파장대 에너지 밀도는 자외선 영역이 5%, 가시광선 영역이 46%, 근적외선 영역이 49% 수준이다.

[해설] 진공관형 집열기에는 단일 진공관형 집열기와 이중 진공관형 집열기가 있다.

8. 플라스틱 필름 형태의 태양전지로 아직 효율이 낮지만 가볍고 성형성이 좋은 것은?

㉮ 아모포스 태양전지
㉯ 유기물 박막 태양전지
㉰ 염료감응형 태양전지
㉱ 박막형 태양전지

9. 신재생에너지에 관한 설명으로 잘못된 것은?

㉮ '그리드 패리티(Grid Parity)'란 화석연료 발전단가와 신재생에너지 발전단가가 같아지는 시기를 말한다.
㉯ 지열은 지하 20~200 m의 지중온도가 약 15℃로 일정하게 유지된다.
㉰ 천부지열에너지는 지중의 80℃ 이상의 고온수나 증기를 활용하는 에너지이다.
㉱ '바이너리(Binary) 지열발전'이란 열원이 되는 1차 매체에서 열을 2차 매체로 이동시켜 2차 매체의 사이클을 통해 발전하는 시스템을 통틀어 일컫는 말이다.

[해설] 심부지열에너지는 지중의 80℃ 이상의 고온수나 증기를 활용하는 에너지이다.

10. 풍력 및 지열에너지에 관한 설명으로 잘못된 것은?

㉮ 수직축 방식의 풍력발전은 바람 방향에 영향을 많이 받기 때문에 보통 100 kW 이하의 소형에 적합한 형태이다.
㉯ 풍력발전기 로터의 회전면과 풍향이 수직이 되지 않았을 때 에너지활용도가 떨어지는 현상을 'Yaw Error'라고 한다.
㉰ '베츠의 법칙'이란 풍력발전의 이론상 최대치는 약 59.3%라는 것이다.
㉱ 지열히트펌프 시스템에는 수직 밀폐형, 수평 밀폐형, SCW(단일 관정형), 양정형(복수 관정형), 게오힐 공법 등이 있다.

[해설] 수직축 방식의 풍력발전은 바람 방향에 구애받지 않고, 보통 100 kW 이하의 소형에 적합한 형태이다.

11. 다음 연료전지의 종류 중 효율이 가장 높은 것은?

㉮ 고분자 전해질형 연료전지
㉯ 고체 산화물형 연료전지
㉰ 인산형 연료전지

정답 6. ㉱ 7. ㉯ 8. ㉯ 9. ㉰ 10. ㉮ 11. ㉯

㉣ 직접메탄올 연료전지

12. 연료전지의 시스템 구성을 위한 핵심 구성요소가 아닌 것은?
㉮ 반응기
㉯ 개질기
㉰ 스택(Stack)
㉱ 전력변환기(Inverter)

[해설] 연료전지 시스템의 주요 구성요소는 개질기(Reformer), 스택(Stack), 전력변환기(Inverter), 주변보조기기(BOP ; Balance of Plant) 등이다.

13. 태양전지 시스템에 대해 잘못 설명한 것은?
㉮ 태양전지 모듈을 필요매수만큼 직렬접속한 것을 그 위에 병렬접속으로 조합하여 필요한 발전전력을 얻어내도록 하는 것을 '태양전지 어레이'라고 부른다.
㉯ 태양전지와 앞뒷면의 유리, 테들러는 EVA를 사용하여 접합시키는데 이를 'Lamination 공정'이라 한다.
㉰ 태양전지는 빛에너지의 강도와 모듈의 온도에 의해서 그 효율이 크게 변화된다.
㉱ BIPV는 '건물 일체형 태양광발전 시스템'이라고 하며 커튼월, 지붕, 차양, 타일, 창호, 창유리 등 다양한 건축부재로 사용 가능하다.

[해설] 태양전지의 발전효율은 빛에너지 강도에 의해서는 거의 변화하지 않지만, 보통 온도가 높아지면 효율이 나빠진다.

14. 집광형 집열기에 속하지 않는 것은?
㉮ PTC(Parabolic Trough Collector)형 집열기
㉯ 접시형 집열기
㉰ CPC(Compound Parabolic Collector)형 집열기
㉱ 진공관형 집열기

[해설] 진공관형 집열기는 빛을 모으는 집광형이 아니고, 진공을 형성으로 열손실을 줄이는 방식의 집열기이다.

15. 지열을 이용하여 발전을 하는 방식에 속하지 않는 것은?
㉮ 땅속의 뜨거운 물 이용 발전
㉯ 지열히트펌프를 이용한 발전
㉰ 땅속의 암반 이용 발전
㉱ 바이너리 시스템을 이용한 발전

[해설] 지열히트펌프를 이용하는 방법은 발전 방식이 아니고, 온수나 냉수를 만들어 난방, 급탕, 냉방 등을 행하는 방법이다.

16. 165 W의 태양전지(5 A, 33V)가 10개 직렬, 30개 병렬로 설치된 PV 어레이에서 파워컨디셔너 설치 위치까지의 거리가 50m, 전선의 단면적이 50mm²일 때 전압강하율[%]은?
㉮ 1.6% ㉯ 2.6%
㉰ 3.8% ㉱ 4.8%

[해설] 1. 최대 출력 전류 및 전압 계산
(1) 최대 출력 전류 $I = 5 \times 30 = 150(A)$
(2) 최대 출력 전압 $E = 33 \times 10 = 330(V)$
2. 전압강하(e) 계산
$$e = \frac{35.6 \times L \times I}{1,000 \times A} = \frac{35.6 \times 50 \times 150}{1,000 \times 50} = 5.34(V)$$
3. 전압강하율 = $5.34/(330-5.34) \times 100 = 1.64\%$

17. 다음 중 지열히트펌프 시스템에 적용되는 기기가 아닌 것은?
㉮ 히트펌프 ㉯ 펌프
㉰ 열교환기 ㉱ 터빈

[해설] 터빈은 지열히트펌프 시스템이 아닌 지열발전방식 등에 사용되는 기기이다.

정답 12. ㉮ 13. ㉰ 14. ㉱ 15. ㉯ 16. ㉮ 17. ㉱

18. 다음 중 신에너지로 볼 수 없는 것은?
- ㉮ 연료전지
- ㉯ 석탄액화 에너지
- ㉰ 바이오에너지
- ㉱ 중질잔사유 가스화 에너지

[해설] 신에너지는 수소, 연료전지, 석탄액화·가스화 및 중질잔사유 가스화 에너지의 세 가지이다.

19. 다음 중 재생에너지로 볼 수 없는 것은?
- ㉮ 수소에너지
- ㉯ 폐기물에너지
- ㉰ 바이오에너지
- ㉱ 해양에너지

[해설] 수소에너지는 엄밀히 재생에너지가 아니고 신에너지에 속한다.

20. 태양열발전탑(Solar Power Tower)에 대한 내용 중 ( ) 안에 들어갈 말로 가장 적당한 것은?

> 기존 전력망에 전기를 공급하기 위하여 햇빛을 청정전기로 변환, 대형의 헬리오스탯(Heliostat)이라는 태양 추적 거울(Sun-tracking Mirror)을 대량으로 설치하여 타워 상부에 위치한 리시버에 햇빛을 집중 → 리시버에서 가열된 열전달유체는 열교환기를 이용하여 고온의 ( )을/를 발생 → 터빈발전기를 구동하여 전기를 생산한다.

- ㉮ 온수
- ㉯ 냉매
- ㉰ 증기
- ㉱ 프레온

[해설] 터빈발전기를 구동하려면 증기의 힘이 필요하다.

21. 연료전지 중 용융탄산염형의 특징으로 가장 틀린 것은?
- ㉮ 복합발전 가능
- ㉯ 내부개질 가능
- ㉰ 열병합 대응 가능
- ㉱ 발전효율 높음

[해설] 복합(가스화)발전(IGCC)은 석탄, 중질잔사유 등의 저급원료를 고온·고압의 가스화기에서 수증기와 함께 한정된 산소로 불완전연소 및 가스화시켜 일산화탄소와 수소가 주성분인 합성가스를 만들어 정제공정을 거친 후 가스터빈 및 증기터빈 등을 동시에 구동하여 발전하는 기술이다.

22. 다음 집열기의 종류 중 양쪽의 반사판을 이용하여 태양광을 반사하여 가운데의 유리관에 집중시켜 유체를 가열하는 방식의 집열기는?
- ㉮ CPC형 집열기
- ㉯ 반구형 집열기
- ㉰ 홈통형 집열기
- ㉱ 진공관형 집열기

23. 다음 중 태양열 난방시스템의 3대 구성요소에 속하지 않는 것은?
- ㉮ 집열부
- ㉯ 축열부
- ㉰ 제어부
- ㉱ 이용부

[해설] 태양열 시스템의 3대 구성요소는 집열부, 축열부, 이용부이다.

24. 태양열의 온실효과로 거대한 인공바람을 만들어 전기를 생산하는 방식은?
- ㉮ 전력타워
- ㉯ 솔라침니
- ㉰ 연돌방식
- ㉱ 태양열 집열방식

[해설] 태양열의 온실효과를 이용한 발전은 태양굴뚝, 솔라침니(Solar Chimney), 솔라타워(Solar Tower) 등으로 불린다.

25. 지열에너지 이용에 관한 설명으로 틀린 것은?
- ㉮ 열응답 테스트(열전도도 테스트)는 그라우팅 완료 48시간 이후 측정한다.
- ㉯ 열원이 되는 1차 매체에서 열을 2차 매체

정답 18. ㉰ 19. ㉮ 20. ㉰ 21. ㉮ 22. ㉮ 23. ㉰ 24. ㉯ 25. ㉮

로 이동시켜 2차 매체의 사이클을 통해 발전하는 시스템을 '바이너리 발전'이라고 부른다.
㉰ 그라우팅의 목적은 오염물질 침투 방지, 지하수 유출 방지, 천공 붕괴 방지, 열전달 성능 향상 등이다.
㉱ 지열이용 시스템 중 충진식 개방형 지열공법을 '게오힐 공법'이라고도 부른다.

[해설] 열응답 테스트(열전도도 테스트)는 그라우팅 완료 72시간 이후 측정한다.

26. 풍력발전에 관한 설명 중 틀린 것은?
㉮ 수직축 방식은 보통 100 kW 이하의 소형에 적합한 형태이다.
㉯ 풍력발전의 이론상 최대 효율은 약 59.3%이다.
㉰ 기어리스(Gearless)형은 기어(Gear)형보다 발전효율이 높은 편이다.
㉱ 기어리스형의 동력 전달 순서는 '회전자 → 증속기 → 유도 발전기 → 한전계통' 순이다.

[해설] 기어형의 동력 전달 순서는 '회전자 → 증속기 → 유도 발전기 → 한전계통' 순이고, 기어리스형의 동력 전달 순서는 '회전자(직결) → 다극형 동기 발전기 → 인버터 → 한전계통' 순이다.

27. 풍력발전 방식에서 이론상 최대 효율은 몇 % 정도인가?
㉮ 약 40% ㉯ 약 60%
㉰ 약 70% ㉱ 약 90%

[해설] 베츠의 법칙(베츠의 한계공식)에서 풍력발전의 이론상 최대 효율은 약 59.3%이다.

28. 지열 히트펌프 시스템에서 그라우팅의 목적에 해당하지 않는 것은?
㉮ 오염물질 침투 방지
㉯ 지하수 흐름 개선
㉰ 천공 붕괴 방지
㉱ 열전달 성능 향상

[해설] 지열 그라우팅의 목적
1. 오염물질 침투 방지
2. 지하수 유출 방지
3. 천공 붕괴 방지
4. 지중열교환기 파이프와 지중 암반의 밀착
5. 열전달 성능 향상

29. 신재생에너지의 이산화탄소 배출량이 적은 발전원부터 차례로 나열된 것은?
㉮ 풍력 – 태양광 – 지열 – 수력
㉯ 수력 – 지열 – 풍력 – 태양광
㉰ 태양광 – 풍력 – 수력 – 지열
㉱ 풍력 – 태양광 – 수력 – 지열

[해설] 화석연료-신재생에너지의 이산화탄소 배출량 비교표(발전원별)

구 분	이산화탄소 배출량 (g/kWh)
석탄 화력	975.2
석유 화력	742.1
LNG 화력	607.6
LNG	518.8
원자력	28.4
태양광	53.4
풍력	29.5
지열	15
수력	11.3

30. 태양방사선의 특징을 가장 잘못 기술한 것은?
㉮ '복사열'과 유사한 전자기 방사의 형태이다.
㉯ 지구 대기권 밖 태양 방사선의 강도는 일반 온돌패널의 10배 이상 수준이다.
㉰ 오존층에 의해 단파장이 흡수되어 0.2~0.3 nm 영역에서는 대기 외부와 지표 측의 스펙트럼이 차이가 난다.

[정답] 26. ㉱ 27. ㉯ 28. ㉯ 29. ㉯ 30. ㉱

라 스펙트럼 파장대 에너지 밀도는 자외선 영역이 5%, 가시광선 영역이 49%, 근적외선 영역이 46% 수준이다.

[해설] 태양광 스펙트럼 파장대 에너지 밀도는 자외선 영역이 5%, 가시광선 영역이 46%, 근적외선 영역이 49% 수준이다.

31. 태양광발전설비 시스템의 주요 구성요소와 가장 거리가 먼 것은?

가 모듈
나 축전지
다 인버터
라 송·변전설비

[해설] 송·변전설비는 분전반 이후단의 한전계통과 연계되는 부분으로 계통연계형 등에 제한적으로 고려된다.

32. 태양광발전의 특징과 가장 관계가 먼 것은?

가 무공해
나 유지보수가 용이
다 설치장소 무한
라 초기투자비와 발전단가가 높음

[해설] 도시지역 등은 필요 전력량은 크지만, 태양광 모듈을 설치할만한 장소가 절대적으로 부족하다.

33. 태양전지의 역사에 대해 잘못 설명한 것은?

가 1839년 베크렐(Becquerel, 프랑스)이 최초로 광전효과를 발견하였다.
나 1940~1950년대 초 초고순도 단결정실리콘을 제조할 수 있는 CZ법(초크랄스키법)이 개발되었다.
다 1949년 쇼클리(Schockely)가 광기전력효과를 발표하였다.
라 1954년 벨 연구소(Bell Lab.)에서 효율 4%의 실리콘 태양전지를 개발하였다.

[해설] 1949년 Schockely(쇼클리)가 p-n 접합이론을 발표하였다.

34. 외부광전효과에 관한 설명으로 잘못 표현된 것은?

가 단파장 조사 시 외부에 자유전자가 방출된다.
나 광전관에 사용될 수 있다.
다 빛의 검출 및 측정 등에 유용하게 사용될 수 있다.
라 전자 및 정공이 발생한다.

[해설] 라는 내부광전효과에 관한 설명이다.

35. 태양전지의 원리에 관한 설명으로 잘못된 것은?

가 n형 반도체는 자유전자 밀도를 높게 하기 위해 불순물(Dopant)로 인, 비소, 안티몬과 같은 5가 원자를 첨가한다.
나 p형 반도체는 정공의 수를 증가시키기 위해 불순물(Dopant)로 알루미늄, 붕소, 갈륨 등의 3가 원소를 첨가한다.
다 태양전자가 빛을 받으면 광기전력효과에 의해 전자는 후면전극으로, 정공은 전면전극으로 형성된다.
라 태양전지 외부에 도선 및 부하를 걸면 전류는 +극에서 −극으로 흐르게 된다.

[해설] 태양전자가 빛을 받으면 광기전력효과에 의해 전자는 전면전극으로, 정공은 후면전극으로 형성된다.

36. 실리콘계 태양전지(결정계)에 대해서 잘못 설명하고 있는 것은?

가 방사조도의 변화에 따라 전압이 매우 급격하게 변화한다.
나 변환효율은 단결정이 유리하고, 가격은 다결정이 유리하다.

[정답] 31. 라 32. 다 33. 다 34. 라 35. 다 36. 가

㉰ 평균 변환효율은 약 12~20% 정도이다.
㉱ 결정계는 온도가 상승함에 따라 출력이 약 0.45%/℃ 감소한다.
[해설] 방사조도의 변화에 따라 전류가 매우 급격하게 변화한다.

37. 비결정계 태양전지에 대해서 잘못 설명하고 있는 것은?
㉮ 온도가 상승함에 따라 출력이 약 0.25%/℃ 감소한다.
㉯ 결정계 대비 초기 열화에 의한 변환효율 저하는 적은 편이다.
㉰ 구부러지는(왜곡되는) 것이며, 변환효율은 약 7~10% 정도이다.
㉱ 결정계 대비하여 고전압 및 저전류의 특성을 지니고 있다.
[해설] 결정계 대비 초기 열화에 의한 변환효율 저하가 심한 편이다.

38. 실리콘계 태양전지에 관한 설명 중 잘못된 것은?
㉮ 결정계 태양전지는 모듈 표면온도 증감에 대해서 전류의 변동이 크다.
㉯ 현재 태양광발전 시스템에 가장 일반적으로 사용되는 방식은 결정계 태양전지이다.
㉰ 아모포스계 태양전지는 생산단가가 가장 낮은 편이다.
㉱ 아모포스계 태양전지는 온도가 높은 지역이나 사막지역 등에 적용하기에 결정계보다 유리하다.
[해설] 결정계 태양전지는 모듈 표면온도 증감에 대해서 전압의 변동이 크다.

39. 박막형 실리콘계 태양전지에 관한 설명 중 가장 잘못된 것은?

㉮ '2세대 태양전지'라고도 부르며, 단가를 낮추는 기술에 초점을 맞춘다.
㉯ 현재 결정계 대비 효율이 낮은 단점이 있다.
㉰ 실리콘을 얇게 만들어 태양전지의 생산단가를 절약할 수 있도록 하는 기술이다.
㉱ 현재 효율을 개선할 수 있는 방법이 없어 발전에 한계가 있다.
[해설] 박막형 태양전지도 탠덤 배치구조 등으로 효율을 올릴 수 있다.

40. 다음에서 설명하고 있는 화합물 태양전지의 종류는?

> 대표적 박막 화합물 태양전지(두께 약 $2\mu m$)로서 우수한 광 흡수율(직접 천이형), 밴드갭 에너지는 1.45 eV, 단일 물질로 pn 반도체 동종 성질을 나타내는 등의 특징을 가지고 있고, 후면 전극은 주로 금/은/니켈 등을 사용하며, 고온환경의 박막태양전지로 많이 응용되고 있다.

㉮ CdTe ㉯ CIGS
㉰ GaAs ㉱ CuInSe$_2$

41. III-V족 화합물 태양전지에 속하고, 에너지 밴드갭이 1.4 eV로서 단일 전지로는 최대 효율을 가지며, 광 흡수율(직접 천이형)이 우수해 주로 우주용 및 군사용으로 많이 사용해온 태양전지는?
㉮ Cu(In, Ga)Se$_2$ ㉯ InP
㉰ GaAs ㉱ CdTe

42. II-VI족 화합물 태양전지에 속하고, 우수한 광 흡수율(직접 천이형)을 가지며, 밴드갭 에너지는 2.42 eV이다. ZnO 위에 Al/Ni 재질의 금속전극을 사용하고, 우수한 내방사선 특성이 있어 장기간 사용해도 효율의 변화가 적은 태양전지는?

[정답] 37. ㉯ 38. ㉮ 39. ㉱ 40. ㉮ 41. ㉰ 42. ㉮

㉮ CIGS ㉯ CdTe
㉰ CuInSe₂ ㉱ Cu(In, Ga)Se₂

43. 화합물 태양전지의 일반적 특징을 설명한 것으로 잘못된 것은?

㉮ 온도계수(θ)가 작아서 고온에서도 출력감소가 적다.
㉯ 실리콘계 태양전지와 같이 직접천이를 하여 광 특성이 우수한 편이다.
㉰ 화합물 태양전지는 큰 에너지갭으로 인해 보다 긴 파장대역보다는 파장이 짧은 대역의 빛을 흡수하는 데 유리하다.
㉱ 실리콘 공급문제의 영향은 받지 않으나 희소한 원소인 인듐(In) 등을 사용하고 있기 때문에 생산비가 고가이다.

[해설] 실리콘계 태양전지는 간접천이를 하지만 화합물반도체는 직접천이를 하여 광 특성이 우수하다.

44. 반도체에서 전자가 위치해있는 원자가띠(Valence Band)를 벗어나서 전도띠(Conduction Band)에 도달하기 위한 최소한의 에너지를 무엇이라고 부르는가?

㉮ 간접천이에너지 ㉯ 직접천이에너지
㉰ 밴드갭에너지 ㉱ 전도대에너지

45. 반도체에서 전자가 거의 채워져 있어서 일부 정공을 가질 수 있고, 정공이 자유롭게 이동하며 전자들로 거의 채워지는 밴드들 중 최상위에 속해있는 밴드를 무엇이라고 부르는가?

㉮ 천이대 ㉯ 금지대
㉰ 전도대 ㉱ 가전자대

[해설] 1. 반도체의 전도대(Conduction Band)
  (1) 전자들이 거의 비어있고 일부 전자를 가질 수 있음, 자유전자가 자유롭게 이동
  (2) 전자들이 거의 비어있는 밴드들 중 최하위에 속해있는 밴드
  (3) 반도체의 금지대(Forbidden Band) : 반도체의 경우 0.2~2 eV 정도
2. 반도체의 가전자대(Valence Band)
  (1) 전자가 거의 채워져 있고, 일부 정공을 가질 수 있음, 정공이 자유롭게 이동
  (2) 전자들로 거의 채워지는 밴드들 중 최상위에 속해있는 밴드(자유전자가 아님)

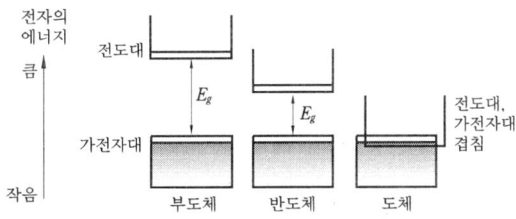

46. 염료감응형 태양전지에 대하여 잘못 설명하고 있는 것은?

㉮ 산화티타늄(TiO₂) 표면에 특수한 염료(루테늄 염료, 유기염료 등)를 흡착한 것이다.
㉯ 변환효율은 실리콘계(단결정)와 유사하다.
㉰ 단가는 아직 상당히 높은 편이다.
㉱ 흐려도 발전 가능하고, 빛의 조사각도가 10°만 되어도 발전 가능한 특징이 있다.

[해설] 염료감응형 태양전지는 변환효율이 실리콘계(단결정)와 유사하나, 단가는 상당히 낮은 편이다.

47. 태양전지 모듈의 뒷면에 표시해야 할 사항이 아닌 것은?

㉮ 내풍압성 등급 ㉯ 방수등급
㉰ 공칭 최대출력 ㉱ 공칭중량(kg)

[해설] 태양전지 모듈의 뒷면에 표시해야 할 사항
1. 제조업자명 또는 그 약호
2. 제조년월일 및 제조번호
3. 내풍압성의 등급
4. 최대 시스템전압

정답 43. ㉯ 44. ㉰ 45. ㉱ 46. ㉰ 47. ㉯

5. 어레이의 조립형태
6. 공칭 최대출력
7. 공칭 개방전압
8. 공칭 단락전류
9. 공칭 최대출력 동작전압
10. 공칭 최대출력 동작전류
11. 역내전압(V)
12. 공칭중량(kg) 등

48. 산화티타늄 표면에 특수한 재료를 흡착하여 광전기화학적 반응을 일으켜 전기를 생산하는 태양전지는?

㉮ 아모포스 태양전지
㉯ 유기물 박막 태양전지
㉰ 염료감응형 태양전지
㉱ 박막형 태양전지

[해설] 염료감응형 태양전지는 산화티타늄(TiO_2) 표면에 특수한 염료(루테늄 염료, 유기염료 등)를 흡착하여 광전기화학적 반응을 일으켜 전기를 생산하는 태양전지이다.

49. 연간 투자비와 유지관리비의 총합을 연간 총 발전량으로 나누어 계산하는 값은?

㉮ 회수연수   ㉯ 투자비 회수율
㉰ 발전단가   ㉱ 발전원가

[해설] 발전원가 =
$$\frac{\text{초기투자비용/설비수명연한} + \text{연간 유지관리비}}{\text{연간 총 발전량(kWh/ann)}}$$

50. 태양전지 모듈의 I-V 특성곡선을 구성하는 5대 요소에 들어가지 않는 것은?

㉮ 최대출력   ㉯ 최대출력 동작전류
㉰ 평균전류   ㉱ 단락전류

[해설] 태양전지 모듈의 I-V 특성곡선을 구성하는 5대 요소
1. Pmax : 최대출력
2. Ipmax : 최대출력 동작전류(= Impp ; Current at Maximum Power Point)
3. Vpmax : 최대출력 동작전압(= Vmpp ; Voltage at Maximum Power Point)
4. Isc : 단락전류
5. Voc : 개방전압

51. 표준시험조건(STC)에 관한 설명으로 잘못된 것은?

㉮ 태양광발전소자 접합온도 = 25±2℃
㉯ 대기질량 = AM1.5
㉰ 일사강도 = 1 kW/m^2
㉱ 풍속(V) = 1 m/s

[해설] 풍속(V)이 1 m/s라는 것은 표준시험조건(STC)이 아니고, 공칭 태양광발전지 동작온도(NOCT)의 조건이다.

52. 일조강도 1,000 W/m^2, 대기질량 1.5, 어레이 대표 온도가 공칭 태양전지 동작온도(NOCT)인 조건을 무엇이라고 부르는가?

㉮ 표준운전조건(SOC)
㉯ 표준시험조건(STC)
㉰ 동작온도조건(NOCT)
㉱ 셀보정조건

[해설] 태양전지 표면온도의 기준
1. 표준시험조건(STC) : 25℃
2. 표준운전조건(SOC) : NOCT

53. 공칭 태양광발전지 동작온도(NOCT)에 대해서 잘못 설명하고 있는 것은?

㉮ 표면의 일조강도 : 800 W/m^2
㉯ 공기의 온도(T_{air}) : 25℃
㉰ 풍속(V) : 1 m/s
㉱ 모듈 지지상태 : 후면 개방

[해설] 공기의 온도(T_{air}) : 20℃

[정답] 48. ㉰ 49. ㉱ 50. ㉰ 51. ㉱ 52. ㉮ 53. ㉯

54. 태양에너지의 강도기준인 'AM(Air Mass) 1.5'에 대해서 올바르게 설명하고 있지 않은 것은?

㉮ AM(Air Mass)은 대기질량이라고 부른다.
㉯ 직달 태양광이 지구 대기를 48.2° 경사로 통과할 때의 일사강도를 말한다.
㉰ 광 조사강도는 800 W/m²이다.
㉱ 태양전지의 시험기준이다.

[해설] AM(Air Mass)1.5에서 광 조사강도는 1,000 W/m²이다.

55. 충진율(Fill Factor)에 대한 설명으로 가장 잘못된 것은?

㉮ 개방전압과 단락전류의 곱에 대한 최대출력의 비율을 말한다.
㉯ 광 조사강도는 800 W/m²가 기준이다.
㉰ I-V 특성곡선의 질을 나타낸다.
㉱ 내부의 직·병렬저항과 다이오드 성능지수에 따라 달라진다.

56. 태양광 경사각이 20°일 때 AM(대기질량)을 계산하면?

㉮ AM2.1   ㉯ AM2.9
㉰ AM1.0   ㉱ AM1.6

[해설] AM(대기질량) = $1/\sin\theta = 1/\sin 20 = 2.9$

57. 태양전지 모듈(Module)에 관한 설명으로 가장 맞지 않는 것은?

㉮ 태양전지의 발전효율은 빛에너지 강도에 의해서 많이 변화한다.
㉯ 태양전지에 대부분 사용되고 있는 반도체는 실리콘반도체이다.
㉰ 태양전지와 앞뒷면의 유리, 테들러는 EVA를 사용하여 접합시키는데, 이를 'Lamination 공정'이라 한다.
㉱ 보통은 10 cm각, 12.5 cm각, 15 cm각형 등으로 제작이 이루어진다.

[해설] 태양전지의 발전효율은 빛에너지 강도에 의해서는 거의 변화하지 않는다.

58. 태양전지의 모듈 및 어레이에 관한 설명으로 잘못된 것은?

㉮ 태양전지의 기초 단위인 셀을 여러 장 붙여서 패키지화하여 모듈을 제작한다.
㉯ 하나의 모듈 내에 복수의 색을 가진 셀을 배치하여 문자의 표시 등이 가능하다.
㉰ 태양전지 모듈의 필요매수를 병렬접속한 것을, 그 위에 직렬접속으로 조합하여 어레이를 만든다.
㉱ 보통 모듈의 직렬연결 수량은 '최저 직렬 수 ≤ 최적 직렬 수 ≤ 최대 직렬 수' 순이다.

[해설] 태양전지 모듈의 필요매수를 직렬접속한 것을, 그 위에 병렬접속으로 조합하여 필요한 발전전력을 얻어내도록 하는 것을 '태양전지 어레이'라고 부른다.

59. 건물 일체형 태양광발전 시스템(BIPV)의 입면 고정방식에 관한 설명 중 잘못된 것은?

㉮ 선형 고정방법은 포인트 고정방법 대비 구조적으로 불안전하여 보다 두꺼운 유리로 모듈을 제작해야 한다.
㉯ 클립 형식의 포인트 고정방법은 클립을 외장재 사이의 열린 틈에 고정시키도록 되어 있다.
㉰ 멀리온-트랜섬(Mullion-Transom) 구조의 방식은 바람과 빗물에 기밀한 성능을 가지는 멀리온을 이용하는 방식으로서 특별한 통풍구를 따로 설치하게 된다.
㉱ G2T(Glass to Tedlar) 모듈은 전면은 유리, 배면은 불투명한 테들러(Tedlar)로 구성된 모듈로, 스팬드럴 부위나 외벽 마감재

정답 54. ㉰ 55. ㉯ 56. ㉯ 57. ㉮ 58. ㉰ 59. ㉮

대신 설치 가능하다.

[해설] 선형 고정방법에서 모듈은 서로 마주 보고 있는 측선에 선형으로 고정되며, 포인트 고정방법 대비 구조적으로 안전하여 보다 얇은 유리로 모듈을 제작할 수 있다.

60. 화석연료 발전단가와 신재생에너지 발전단가가 같아지는 시기를 전문용어로 무엇이라고 부르는가?

㉮ 이븐포인트 ㉯ 그리드 패리티
㉰ 녹색포인트 ㉱ 탄소발자국

61. 독립형 시스템과 다른 발전설비와 연계하여 사용하는 형태의 축전지는?

㉮ 하이브리드형 축전지
㉯ 혼합형 축전지
㉰ 복합형 축전지
㉱ 계통연계형 축전지

62. 다음 그림은 PV(Photovoltaic) 어레이 구성도를 나타내고 있다. 전류 I'(A)와 단자 A, B 사이의 전압(V)은 각각 얼마인가?

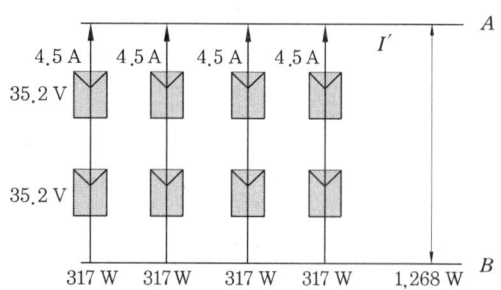

	전류	전압
㉮	4.5A	35.2V
㉯	4.5A	70.4V
㉰	18A	35.2V
㉱	18A	70.4V

[해설] A, B 사이의 출력전류 = 4.5×4 = 18A
A, B 사이의 출력전압 = 35.2×2 = 70.4A

63. 신·재생에너지 설비의 하자보증기간이 다른 한 가지는?

㉮ 태양광발전설비
㉯ 수력발전설비(소수력)
㉰ 풍력발전설비(수평축형)
㉱ 지열이용설비(개방형)

[해설] 하자보증기간은 지열이용설비 중 개방형의 경우 5년이고, 나머지는 모두 3년이다.

64. 전기사용장소의 사용전압이 380 V인 전로의 전선 상호 간 및 전로와 대지 사이의 절연저항은 개폐기 또는 과전류차단기로 구분할 수 있는 전로마다 몇 MΩ 이상이어야 하는가?

㉮ 0.1 MΩ ㉯ 0.2 MΩ
㉰ 0.3 MΩ ㉱ 0.4 MΩ

[해설]

전로의 사용전압 구분		절연저항치 [MΩ]
400V 미만	대지전압(접지식 전로는 전선과 대지 간의 전압, 비접지식 전로는 전선 간의 전압을 말한다. 이하 같다)이 150 V 이하의 경우	0.1 이상
	대지전압 150 V 초과 300 V 이하인 경우(전압 측 전선과 중선선 또는 대지 간의 절연저항)	0.2 이상
	사용전압이 300 V 초과 400 V 미만의 경우	0.3 이상
400V 이상	–	0.4 이상

정답 60. ㉯ 61. ㉮ 62. ㉱ 63. ㉱ 64. ㉰

65. 어떤 태양광 인버터의 효율이 다음 테이블과 같다고 할 때, European 효율은 얼마인가?

운전 용량	효율
5% 운전 시	92.2%
10% 운전 시	95.8%
20% 운전 시	97.6%
30% 운전 시	98.5%
50% 운전 시	99.5%
100% 운전 시	98.2%

㉮ 98.5% ㉯ 96.5%
㉰ 94.5% ㉱ 92.5%

[해설] European 효율 계산
European 효율(η_{euro})=$0.03\times\eta_{5\%}+0.06\times\eta_{10\%}$
$+0.13\times\eta_{20\%}+0.1\times\eta_{30\%}+0.48\times\eta_{50\%}+0.2\times\eta_{100\%}$ =(3%×92.2%)+(6%×95.8%)+(13%×97.6%)+(10%×98.5%)+(48%×99.5%)+(20%×98.2%)=98.46%

66. 다음 표를 참조하여 태양광 전기 공사비 3억, 5개월 미만, 100 kW 미만의 공사일 경우 간접노무비율은 얼마인가?

구 분	공사종류별	간접노무 비율
공사 종류별	건축공사	14.5
	토목공사	15
	특수공사(포장, 준설 등)	15.5
	기타(전문, 전기, 통신 등)	15
공사 규모별	50억 원 미만	14
	50~300억 원 미만	15
	300억 원 이상	16
공사 기간별	6개월 미만	13
	6~12개월 미만	15
	12개월 이상	17

㉮ 11% ㉯ 14%
㉰ 17% ㉱ 20%

[해설] 공사규모가 공사비 3억, 5개월 미만, 100 kW 미만의 전기공사이므로,
간접노무비율 = (14%+13%+15%)/3 = 14%

67. 모듈 1개의 Wp가 150 Wp이고, 모듈수가 110개인 어레이의 발전 가능 용량은 얼마인가? (단, 인버터의 효율은 98%라고 가정한다.)

㉮ 16.2kWp ㉯ 18.2kWp
㉰ 20.2kWp ㉱ 22.2kWp

[해설] 발전 가능 용량
= 모듈수×모듈 1개의 Wp×효율
= 110×150×0.98 = 16.2 kWp

68. 어떤 지역에 경사로 설치된 12 m×12 m 면적의 지붕(=144 m²)에 태양광설비를 구축하려 한다. 200 Wp인 모듈의 가로길이가 1.6 m, 세로길이가 0.85 m, 모듈의 온도에 따른 전압범위가 28~42 V일 때, 모듈의 직렬 연결 가능 개수 및 최대 발전 가능 용량은 얼마인가? (단, 인버터의 동작전압은 200~600 V, 효율이 97%이다.)

	직렬 가능 개수	최대 발전 용량
㉮	12장	17 kWp
㉯	12장	19 kWp
㉰	14장	17 kWp
㉱	14장	19 kWp

[해설]
1. $\frac{12}{1.6}$ = 7.5 → 7장

   $\frac{12}{0.85}$ = 14.1 → 14장

   → 7장×14장 = 총 98장 설치 가능함

2. 직렬 연결수 $\frac{600}{42}$ = 14.3 → 14장까지 연결 가능함. 이때, 전압범위는 28×14~42×14 = 392~588V → 인버터 동작범위(200~600V)

에 문제없음
3. 발전 가능 용량 = 모듈수×모듈 1개의 Wp× 효율 = 98×200×0.97 = 19 kWp

69. 어떤 태양광발전 시스템의 출력이 60 kW 이고, 모듈의 최대출력이 200 W, 직렬 연결이 15장이라고 할 때, 병렬 연결은 몇 장으로 구성되어있는 것인가?

㉮ 10장 ㉯ 15장
㉰ 20장 ㉱ 25장

[해설] '시스템 출력전력 = 모듈 최대 출력×태양전지의 직렬 연결수 ×병렬 연결수'에서,
태양전지의 병렬 연결수
$= \dfrac{\text{시스템 출력전력}}{\text{모듈 최대 출력×태양전지의 직렬 연결수}}$
$= \dfrac{60,000}{200 \times 15} = 20$장

70. 태양광 경사각이 35°일 때 AM(대기질량)을 계산하면 얼마인가?

㉮ AM0.9 ㉯ AM1.7
㉰ AM3.9 ㉱ AM4.9

[해설] AM(대기질량)$= \dfrac{1}{\sin\theta}$
$= \dfrac{1}{\sin 35} = 1.7 \rightarrow$ AM1.7

71. 모듈 한 장이 200 W, 가로길이가 1.6 m, 세로길이가 0.9 m라고 할 때, 모듈의 변환 효율은 얼마인가?

㉮ 13.9% ㉯ 14.9%
㉰ 15.9% ㉱ 16.9%

[해설] 1. 일반적으로 표준상태의 일사강도 (1 kWh/m²)를 적용한다.
2. 모듈변환 효율
$= \dfrac{\text{모듈 출력}}{\text{모듈에 입사한 에너지량}} \times 100\%$
$= \dfrac{200}{1000 \times 1.6 \times 0.9} \times 100\% = 13.9\%$

72. 어떤 지역에 설치된 태양광 어레이 출력이 9.5 kW이고, 9월의 월 적산 경사면 일사량이 104 kWh/m² · 월, 종합설계계수가 0.74로 설계되었다고 한다면, 이 지역의 9월의 전체 발전량은 얼마인가?

㉮ 711 kWh/월 ㉯ 721 kWh/월
㉰ 731 kWh/월 ㉱ 741 kWh/월

[해설] 태양광발전소 월 발전량(P_{AM} ; kWh) 공식에서,

$$P_{AM} = P_{AS} \times \dfrac{H_A}{G_S} \times K$$

P_{AS} : 표준상태에서의 태양광 어레이의 생산 출력(kW)
H_A : 태양광 어레이면 일사량(kW/m²)
G_S : 표준상태에서의 일사강도(kW/m²)
K : 종합설계계수(태양전지 모듈 출력의 불균형 보정, 회로손실, 기기에 의한 손실 등을 포함; < 1.0)(단, 표준상태의 일사강도는 1kW/m²로 적용한다.)

$P_{AM} = 9.5 \times \dfrac{104}{1} \times 0.74 = 731.12$ kWh/월

73. 어떤 지역의 연간 경사면 일사량이 1.2 MWh/m²라고 할 경우 태양광발전소를 아래와 같이 건설할 때 얻을 수 있는 연간 발전량(kWh)은 얼마인가?

〈조건〉
• 모듈 출력 : 180 W
• 모듈 설치수량 : 50장
• 일사강도 : 표준상태(= 1,000 W/m²)
• 종합설계계수 : 0.75

㉮ 8,000 kWh ㉯ 8,100 kWh
㉰ 8,200 kWh ㉱ 8,300 kWh

정답 69. ㉰ 70. ㉯ 71. ㉮ 72. ㉰ 73. ㉯

[해설] 1. 최대 출력 : 180W×50장 = 9,000W = 9kW
2. 연간 발전량 계산
   태양광발전소 연간 발전량(P_{Ay} ; kWh) 공식에서,
   $$P_{Ay} = P_{AS} \times \frac{H_A}{G_S} \times K$$
   P_{AS} : 표준상태에서의 태양광 어레이의 생산 출력(kW)
   H_A : 태양광 어레이면 일사량(kWh/m²)
   G_S : 표준상태에서의 일사강도(kW/m²)
   K : 종합설계계수(태양전지 모듈 출력의 불균형 보정, 회로손실, 기기에 의한 손실 등을 포함 ; < 1.0)
   ∴ 연간 발전량 = 9 kW × 1,200 kWh/m² ÷ 1kW/m² × 0.75 = 8,100 kWh

74. 임야에 태양광발전설비를 다음의 조건으로 설치할 때 회수년수 2년을 기준으로 비용·편익비(CBR)를 구하면 얼마인가?

〈조건〉
- 설비용량 : 500(kWp)
- SMP : 100(원/kWh)
- REC : 100(원/kWh)
- 할인율 : 3.0(%)
- 발전시간(hour) : 2.4
- 모듈발전량 경년 감소율 : 0.5(%)
- 가중치 : 1.0(단, 발전 비용은 0차년도 3억, 1~2차년도 각 3천만 원으로 하며, 매년 및 총 발전용량과 비용 계산 시 소수점 첫째 자리에서 반올림한다.)

㉮ 0.765 ㉯ 0.665
㉰ 0.565 ㉱ 0.465

[해설] 1. 전력 판매단가 계산
   전력 판매가격 = SMP + REC × 가중치
   = 100 + 100 × 1.0 = 200원/kWh
2. 시스템 이용률 계산
   시스템 이용률 = 일평균 발전시간/24
   = 2.4/24 = 0.1
3. 5년간 비용편익비율(CBR) 및 경제성 평가
   • 1차년도 발전용량(kWh/year)
     = 500 × 24 × 365 × 0.1 × 0.995
     = 435,810(kWh/년)
   • 1차년도 발전수익
     = 200원/kWh × 435,810(kWh/년)
     = 87,162,000원
   • 2차년도 발전용량(kWh/year)
     = 435,810(kWh/년) × 0.995
     = 433,631(kWh/년)
   • 2차년도 발전수익
     = 200원/kWh × 433,631(kWh/년)
     = 86,726,200원
   또한,
   $$\Sigma \frac{B_i}{(1+r)^i} = \frac{87,162,000}{(1+0.03)^1} + \frac{86,726,200}{(1+0.03)^2}$$
   = 166,371,062원
   $$\Sigma \frac{C_i}{(1+r)^i} = \frac{300,000,000}{(1+0.03)^0} + \frac{30,000,000}{(1+0.03)^1}$$
   $$+ \frac{30,000,000}{(1+0.03)^2} = 354,404,091원$$
   따라서, 비용·편익비(CBR ; Benefit-Cost Ratio, B/C Ratio)
   = 총편익/총비용 = 166,371,062원/357,404,091원 = 0.465

정답 74. ㉱

75. 다음의 도면 장비일람표에서 지열순환펌프의 역률을 0.75에서 0.9로 올리려고 한다. 역률개선용 콘덴서의 용량은 몇 kVA인가? (단, 지열순환펌프 중 예비펌프는 1대로 한다.)

기호	수량	명칭	형식	토출관경 (mm)	유량 (LPM)	양정(M)	동력 kW	ø/V/Hz
P/35	4	지열순환 펌프	수중형	100	400	15	3.7	3/380/60
P/36	38	주차장 배수 펌프	수중형	80	200	15	2.2	3/380/60
P/37	52	동PIT 배수 펌프	수중형	50	50	15	0.75	3/380/60
P/38	37	ELEV. PIT 배수펌프	자흡 자동식	50	50	5	0.4	1/220/60

㉮ 4.4 kVA ㉯ 5.4 kVA ㉰ 6.2 kVA ㉱ 7.2 kVA

[해설] 1. 상기 도면 장비일람표에서 지열순환펌프의 총 동력은 3.7 kW×4대이다. 그러나 예비펌프가 1대라고 했으므로, 실제로 평시 운전되는 펌프의 대수는 3대이다.
따라서, 지열순환펌프의 동력 = 3.7kW×3 = 11.1

2. 역률 개선용 콘덴서를 설치해서 역률을 $\cos\theta$로부터 $\cos\Phi$로 개선하는 데에 요하는 콘덴서 용량 Q [kVA]은?

$$Q = 부하전력[kW] \times \left\{ \sqrt{\frac{1}{\cos^2\theta} - 1} - \sqrt{\frac{1}{\cos^2\phi} - 1} \right\} [kVA] 이므로,$$

$$= 11.1[kW] \times \left\{ \sqrt{\frac{1}{0.75^2} - 1} - \sqrt{\frac{1}{0.9^2} - 1} \right\}$$

$$= 4.4 \text{ kVA}$$

정답 75. ㉮

제4과목

건축물 에너지효율 설계·평가

CHAPTER 01 건축물 에너지 효율등급 평가

1. 에너지 절약계획서

1-1 개요

(1) 건축물을 건축하고자 하는 건축주는 「건축법」에 따라 건축허가를 신청하거나, 용도변경의 허가신청 또는 신고를 하거나, 건축물대장 기재내용의 변경을 신청하는 경우에는 대통령령으로 정하는 바에 따라 에너지 절약계획서를 제출하여야 한다.

(2) 허가신청 등을 받은 행정기관의 장은 에너지 절약계획서의 적절성 등을 검토하기 위하여 필요한 경우에는 국토교통부령으로 정하는 에너지 관련 전문기관에 자문할 수 있으며, 그 자문 결과에 따라 건축주에게 에너지 절약계획서를 보완하도록 요구할 수 있다.

1-2 에너지 절약계획서 제출대상

(1) 연면적의 합계가 500제곱미터 이상인 건축물은 에너지 절약계획서를 제출하여야 한다. 다만, 다음 각 호의 어느 하나에 해당하는 건축물을 건축하려는 건축주는 에너지 절약계획서를 제출하지 아니한다.

① 「건축법 시행령」 별표1 제1호에 따른 단독주택
② 「건축법 시행령」 별표1 제5호에 따른 문화 및 집회시설 중 동·식물원
③ 「건축법 시행령」 별표1 제17호부터 제26호까지의 건축물 중 냉방 또는 난방설비를 설치하지 아니하는 건축물
④ 그밖에 국토교통부장관이 에너지 절약계획서를 첨부할 필요가 없다고 정하여 고시하는 건축물

1-3 에너지 절약계획서 내용

다음 각 호의 서류를 첨부한 별지 제1호서식의 에너지 절약계획서
① 국토교통부장관이 고시하는 건축물의 에너지 절약설계기준에 따른 에너지 절약설계 검토서
② 설계도면, 설계설명서 및 계산서 등 건축물의 에너지 절약계획서의 내용을 증명할 수 있는 서류(건축, 기계설비, 전기설비 및 신·재생에너지 설비 부문과 관련된 것으로 한정한다)

1-4 에너지 관련 전문기관

① 녹색건축 인증 운영기관 및 인증기관
② 건축물 에너지효율등급 인증 운영기관 및 인증기관
③ 그밖에 국토교통부장관이 녹색 건축물 기본계획 수립을 위한 기초자료 수집에 필요하다고 인정하는 기관 또는 단체

1-5 절약계획서 의무사항 작성

(1) 건축 부문

① 해당 단열조치(단열조치의 일반사항 준수 여부)를 준수하였다.
② 에너지성능지표 건축 부문 ①번 항목을 0.6 이상 획득하였다(외벽의 평균 열관류율이 $0.6\ W/m^2 \cdot K$ 이하)
③ 바닥난방에서 단열재의 설치방법을 준수하였다.
④ 해당 방습층을 설치하였다.
⑤ 외기에 직접 면하고 1층 또는 지상으로 연결된 출입문을 방풍구조(이중문 또는 회전문)로 설계하였다.
⑥ 거실의 외기에 직접 면하는 창호는 기밀성능 5등급(통기량 $5\ m^3/h \cdot m^2$ 미만) 이하의 창호를 적용하였다.
⑦ 법(녹색건축물 조성 지원법, 이하 동일) 제14조의2의 용도에 해당하는 공공건축물로서 에너지성능지표의 건축 부문 ⑧번 항목을 0.6점 이상 획득하였다. 다만, 건축물 에너지효율 1+등급 이상을 취득한 경우에는 예외로 한다.

(2) 기계설비 부문

① 냉난방설비의 용량계산을 위한 설계용 외기온도 조건을 본 설계기준에서 정하는 바에 따랐다(냉난방설비가 없는 경우 제외).

② 펌프는 KS인증제품 또는 KS규격에서 정해진 효율 이상의 제품을 채택하였다(신설 또는 교체 펌프만 해당).

③ 기기배관 및 덕트는 건축 기계설비 표준시방서에서 정하는 기준 이상 또는 그 이상의 열저항을 갖는 단열재로 단열하였다(신설 또는 교체의 경우만 해당).

④ 공공기관의 에너지성능지표의 기계부문 ⑪번 항목(축랭식 전기냉방, 가스 및 유류이용 냉방, 지역냉방, 소형열병합 냉방 적용, 신재생에너지 이용 냉방 적용)을 0.6점 이상 획득하였다.

⑤ 법 제14조의2의 용도에 해당하는 공공건축물로서 에너지성능지표의 기계 부문 ①번 및 ②번 항목을 0.9점 이상 획득하였다. (냉난방설비가 없는 경우 제외, 에너지성능지표의 기계 부문 ⑯번 항목 점수를 획득한 경우 ①번 항목 제외, 냉방설비용량의 60% 이상을 지역냉방으로 공급하는 경우 ②번 항목 제외)ˣ

(3) 전기설비 부문

① 고효율 변압기를 설치하였다(신설 또는 교체의 경우만 해당).

② 전동기에는 대한전기협회가 정한 내선규정의 콘덴서 부설 용량기준표에 의한 역률개선용 콘덴서를 전동기별로 설치하였다(소방설비용 전동기 및 인버터 설치 전동기는 제외하며, 신설 또는 교체 전동기만 해당).

③ 간선의 전압강하는 대한 전기협회가 정한 내선규정에 따라 설계하였다.

④ 조명기기 중 안정기 내장형 램프, 형광램프, 형광램프용 안정기를 채택할 때에는 고효율조명기기를 사용하고 안정기는 해당 형광램프 전용 안정기를 선택하였다.

⑤ 공동주택의 각 세대 내의 현관 및 숙박시설의 객실 내부입구 조명기구는 일정시간 후 자동 소등되는 조도자동조절 조명기구를 채택하였다.

⑥ 거실의 조명기구는 부분 조명이 가능하도록 점멸 회로를 구성하였다(공동주택 제외).

⑦ 층별, 구역별 또는 세대별로 일괄소등스위치를 설치하였다(실내조명 자동제어설비를 설치하는 경우, 전용 60 m² 이하 주택, 카드키 시스템으로 일괄소등은 제외).

⑧ 공동주택의 거실, 침실, 주방에는 대기전력 자동차단 콘센트 또는 대기전력 차단스위치를 1개 이상 설치하였으며, 대기전력 자동차단 콘센트 또는 대기전력 차단스위치를 통해 차단되는 콘센트 개수가 전체 콘센트 개수의 30% 이상이 되도록 하였다(공동주택 외의 건축물은 대기전력 자동차단 장치를 통해 차단되는 콘센트 수가 30% 이상일 것).

⑨ 법 제14조의2의 용도에 해당하는 공공건축물로서 전력, 가스, 지역난방 등 건축물에 상시 공급되는 에너지원 중 하나 이상의 에너지원에 대하여 원격검침전자식계량기를 설치하였다. 다만 BEMS 또는 에너지용도별 미터링 시스템을 설치하여 에너지성능지표 전기설비 부문 ⑧번 항목의 점수를 획득한 경우는 설치한 것으로 본다.

1-6 에너지성능지표 작성

(1) 건축 부문
① 외벽의 평균 열관류율(W/m²·K) (창 및 문을 포함)
② 지붕의 평균 열관류율(W/m²·K) (천창 등 투명 외피부분을 제외한 부위의 평균 열관류율)
③ 최하층 거실바닥의 평균 열관류율(W/m²·K)
④ 외단열 공법의 채택[전체 외벽면적에 대한 시공 비율(%) 기준 배점 부여, 전체 외벽면적에 대한 창 면적비가 50% 미만일 경우에 한함]
⑤ 기밀성 창호 및 문의 설치[KS F2292에 의한 기밀성 등급 및 통기량(m³/hm²)]
⑥ 자연 채광용 개구부(수영장), 주된 거실에 개폐 가능한 외기에 면한 창의 설치(기타 건축물)
⑦ 유리창에 야간단열장치를 설치
⑧ 냉방부하 저감을 위한 제5조 제9호 거목(건축물의 에너지절약설계기준, 이하 동일)에 따른 차양장치 설치(남향 및 서향 투광부 면적에 대한 차양장치 설치 비율)
⑨ 냉방부하 저감을 위한 제5조 제9호 나목에 따른 거실 외피면적당 평균 태양열취득
⑩ 외기에 면한 주동 출입구에 방풍실 또는 회전문을 설치
⑪ 공동주택 각 세대 현관에 방풍실을 설치
⑫ 대향동의 높이에 대한 인동간격비
⑬ 공동주택의 지하주차장에 300 m² 이내마다 2 m² 이상의 채광용 개구부를 설치하며(지하 2층 이하 제외), 조명설비는 주위 밝기에 따라 전등군별로 자동점멸 또는 스케줄 제어가 가능하도록 하여 조명전력을 감소
⑭ 지하주차장이 설치되지 않는 경우의 보상점수(기계 부문 ⑮번 및 건축 부문 ⑫번에 대한 보상)

(2) 기계설비 부문
① 난방설비의 효율(%)
② 냉방설비의 COP
③ 열원설비 및 공조용 송풍기의 효율
④ 냉온수 순환, 급수 및 급탕 펌프의 평균효율
⑤ 이코노마이저시스템 등 외기냉방시스템의 도입
⑥ 폐열회수형 환기장치 또는 바닥열을 이용한 환기장치, 보일러 또는 공조기의 폐열회수설비
⑦ 기기, 배관 및 덕트 단열

⑧ 열원설비의 대수분할, 비례제어 또는 다단제어 운전
⑨ 공기조화기 팬에 가변속제어 등 에너지 절약 제어방식 채택
⑩ 생활배수의 폐열회수설비
⑪ 축랭식 전기냉방, 가스 및 유류이용 냉방, 지역냉방, 소형열병합 냉방, 신재생에너지 이용 냉방 적용
⑫ 급탕용 보일러(고효율에너지기자재 또는 에너지소비효율1등급 설비 적용 여부)
⑬ 난방 또는 냉난방 순환수 펌프의 대수제어 또는 가변속제어 등 에너지 절약제어 방식 채택
⑭ 급수용 펌프 또는 가압 급수펌프 전동기에 가변속제어 등 에너지 절약적 제어방식 채택
⑮ 기계환기시설의 지하주차장 환기용 팬에 에너지 절약적 제어방식 설비 채택
⑯ 보상점수
  ㈎ 지역난방 또는 소형 가스열병합발전시스템, 소각로활용 폐열시스템을 채택(①번 및 ⑧번 적용 불가)
  ㈏ 개별난방 또는 개별 냉난방 방식을 채택(⑧번 및 ⑬번 적용 불가)

(3) 전기설비 부문
① 거실의 조명밀도(W/m^2)
② 간선의 전압강하(%)
③ 변압기를 대수제어가 가능하도록 뱅크 구성
④ 최대수요전력 관리를 위한 최대수요전력 제어설비
⑤ 실내 조명설비에 대해 군별 또는 회로별 자동제어설비를 채택(전체 조명전력의 40% 이상 적용 여부)
⑥ 옥외등은 고휘도방전램프(HID 램프) 또는 LED 램프를 사용하고 격등 조명과 자동 점멸기에 의한 점소등이 가능하도록 구성
⑦ 층별 또는 임대 구획별로 전력량계를 설치
⑧ BEMS 또는 에너지 용도별 미터링 시스템 설치
⑨ 역률자동 콘덴서를 집합 설치할 경우 역률자동조절장치를 채택
⑩ 분산제어 시스템으로서 각 설비별 에너지제어 시스템에 개방형 통신기술을 채택하여 설비별 제어시스템 간 에너지관리 데이터의 호환과 집중제어가 가능한 시스템
⑪ 전체 조명설비 전력에 대한 LED 조명기기 전력 비율(%) (단, LED 제품은 고효율에너지기자재인증제품인 경우에만 배점)
⑫ 대기전력자동차단장치를 통해 차단되는 콘센트의 거실에 설치되는 전체 콘센트 개수에 대한 비율
⑬ 창문 연계 냉난방설비 자동 제어시스템을 채택

⑭ 전력기술관리법에 따라 전력신기술로 지정받은 후 최근 5년 내 최종 에너지사용계획서에 반영된 제품
⑮ 무정전전원장치 또는 난방용 자동 온도조절기 설치(단, 모든 제품은 고효율에너지기자재인증제품인 경우에만 배점)
⑯ (공동주택) 도어폰을 대기전력저감우수제품으로 채택
⑰ (공동주택) 홈게이트웨이를 대기전력저감우수제품으로 채택

(4) 신재생설비 부문
① 전체 난방설비용량에 대한 신·재생에너지 용량 비율 2% 이상 적용 여부(단, 의무화 대상 건축물은 4% 이상)
② 전체 냉방설비용량에 대한 신·재생에너지 용량 비율 2% 이상 적용 여부(단, 의무화 대상 건축물은 4% 이상)
③ 전체 급탕설비용량에 대한 신·재생에너지 용량 비율 10% 이상 적용 여부(단, 의무화 대상 건축물은 15% 이상)
④ 전체 전기용량에 대한 신·재생에너지 용량 비율 2% 이상 적용 여부(단, 의무화 대상 건축물은 4% 이상)

1-7 검토방법

(1) **적합조건** : 첨부서류 및 도면 제출, 의무사항 만족, 성능지표(EPI) 평점합계 65점 이상이면 적합 통보[다만, 공공기관이 신축하는 건축물(별동으로 증축하는 건축물을 포함)은 74점 이상일 경우 적합]

(2) **상기 내용 중**
① 첨부서류가 없을 경우 보완 통보
② 의무사항 불이행, 에너지성능지표(EPI)가 기준점수 미달 시 부적합 통보

2. 건축물의 에너지 절약설계기준(원문 전체)

"이 분야는 '에너지 절약계획서'의 의무사항이나 에너지성능지표(EPI) 작성 관련 문제 출제 시 그대로 인용되는 경우가 많으므로 법규정을 원문 그대로 학습하는 것이 유리하다."

제1장 총칙

■ **목적(제1조)**

이 기준은 「녹색건축물 조성 지원법」(이하 "법"이라 한다) 제14조, 제15조, 같은 법 시행령(이하 "영"이라 한다) 제10조, 제10조의2, 제11조 및 같은 법 시행규칙(이하 "규칙"이라 한다) 제7조, 제7조의2의 규정에 의한 건축물의 효율적인 에너지 관리를 위하여 열손실 방지 등 에너지 절약 설계에 관한 기준, 에너지 절약계획서 및 설계 검토서 작성기준, 녹색건축물의 건축을 활성화하기 위한 건축기준 완화에 관한 사항 등을 정함을 목적으로 한다.

■ **건축물의 열손실 방지 등(제2조)**

① 건축물을 건축하거나 대수선, 용도변경 및 건축물대장의 기재내용을 변경하는 경우에는 다음 각 호의 기준에 의한 열손실 방지 등의 에너지이용합리화를 위한 조치를 하여야 한다.

1. 거실의 외벽, 최상층에 있는 거실의 반자 또는 지붕, 최하층에 있는 거실의 바닥, 바닥 난방을 하는 층간 바닥, 거실의 창 및 문 등은 별표1의 열관류율 기준 또는 별표3의 단열재 두께 기준을 준수하여야 하고, 단열조치 일반사항 등은 제6조의 건축 부문 의무사항을 따른다.

2. 건축물의 배치·구조 및 설비 등의 설계를 하는 경우에는 에너지가 합리적으로 이용될 수 있도록 한다.

② 제1항에도 불구하고 열손실의 변동이 없는 증축, 대수선, 용도변경, 건축물대장의 기재내용 변경의 경우에는 관련 조치를 하지 아니할 수 있다. 다만 종전에 제3항에 따른 열손실 방지 등의 조치 예외대상이었으나 조치대상으로 용도변경 또는 건축물대장 기재내용의 변경의 경우에는 관련 조치를 하여야 한다.

③ 다음 각 호의 어느 하나에 해당하는 건축물 또는 공간에 대해서는 제1항 제1호를 적용하지 아니할 수 있다. 다만, 냉·난방 설비를 설치할 계획이 있는 건축물 또는 공간은 제1항 제1호를 적용하여야 한다.

1. 창고·차고·기계실 등으로서 거실의 용도로 사용하지 아니하고, 냉·난방 설비를 설치하지 아니하는 건축물 또는 공간

2. 냉·난방 설비를 설치하지 아니하고 용도 특성상 건축물 내부를 외기에 개방시켜 사용하는 등 열손실 방지조치를 하여도 에너지 절약의 효과가 없는 건축물 또는 공간

■ 에너지 절약계획서 제출 예외대상 등(제3조)

① 영 제10조 제1항에 따라 에너지 절약계획서를 첨부할 필요가 없는 건축물은 다음 각 호와 같다.
1. 「건축법 시행령」 별표1 제3호 아목에 따른 변전소, 도시가스배관시설, 정수장, 양수장 중 냉·난방 설비를 설치하지 아니하는 건축물
2. 「건축법 시행령」 별표1 제13호에 따른 운동시설 중 냉·난방 설비를 설치하지 아니하는 건축물
3. 「건축법 시행령」 별표1 제16호에 따른 위락시설 중 냉·난방 설비를 설치하지 아니하는 건축물
4. 「건축법 시행령」 별표1 제27호에 따른 관광 휴게시설 중 냉·난방 설비를 설치하지 아니하는 건축물
5. 「주택법」 제16조 제1항에 따라 사업계획 승인을 받아 건설하는 주택으로서 주택건설기준 등에 관한 규정」 제64조 제3항에 따라 「에너지절약형 친환경주택의 건설기준」에 적합한 건축물

② 영 제10조 제1항에서 "연면적의 합계"는 다음 각 호에 따라 계산한다.
1. 같은 대지에 모든 바닥면적을 합하여 계산한다.
2. 주거와 비주거는 구분하여 계산한다.
3. 증축이나 용도변경, 건축물대장의 기재내용을 변경하는 경우 이 기준을 해당 부분에만 적용할 수 있다.
4. 연면적의 합계 500제곱미터 미만으로 허가를 받거나 신고한 후 「건축법」 제16조에 따라 허가와 신고사항을 변경하는 경우에는 당초 허가 또는 신고 면적에 변경되는 면적을 합하여 계산한다.
5. 제2조 제3항에 따라 열손실 방지 등의 에너지이용합리화를 위한 조치를 하지 않아도 되는 건축물 또는 공간, 주차장, 기계실 면적은 제외한다.

③ 제1항 및 영 제10조 제1항 제3호의 건축물 중 냉난방 설비를 설치하고 냉난방 열원을 공급하는 대상의 연면적의 합계가 500제곱미터 미만인 경우에는 에너지 절약계획서를 제출하지 아니한다.

■ 에너지절약계획서 사전확인 등(제3조의2)

① 법 제14조 제1항에 따라 에너지절약계획서를 제출하여야 하는 자는 그 신청을 하기 전에 영 제10조 제2항의 허가권자(이하 "허가권자"라 한다)에게 에너지절약계획서 사전확인을 신청할 수 있다.

② 제1항에 따른 사전확인을 신청하는 자(이하 "사전확인신청자"라 한다)는 규칙 별지 제1호 서식에 따른 에너지절약계획서를 신청구분 사전확인란에 표시하여 제출하여야 한다.

③ 허가권자는 제1항과 제2항에 따른 사전확인 신청을 받으면 에너지 절약계획서 관련 도서 등을 검토한 후 사전확인 결과를 사전확인신청자에게 알려야 한다.

④ 허가권자는 제3항에 따라 사전확인신청자로부터 제출된 에너지 절약계획서를 검토하는 경우 규칙 제7조 제2항에 따른 에너지 관련 전문기관에 에너지절약계획서의 검토 및 보완을 거치도록 할 수 있으며, 이 경우 에너지 절약계획서 검토 수수료는 규칙 별표1과 같다.

⑤ 제1항부터 제4항에 따른 처리절차는 규칙 별지 제1호 서식의 처리절차와 같으며, 효율적인 업무 처리를 위하여 건축법 제32조 제1항에 따른 전자정보처리 시스템을 이용할 수 있다.

⑥ 제3항에 따른 사전확인 결과가 제14조 및 제15조 또는 제14조 및 제21조에 따른 판정기준에 적합한 경우 사전확인이 이루어진 것으로 보며, 법 제14조 제3항에 따라 에너지 절약계획서의 적절성 등을 검토하지 아니할 수 있다. 다만, 사전확인 결과 중 별지 제1호 서식 에너지 절약계획 설계 검토서의 항목별 평가결과에 변동이 있을 경우에는 그러하지 아니하다.

⑦ 사전확인의 유효기간은 제3항에 따른 사전확인 결과를 통지받은 날로부터 1개월이며, 이 유효기간이 경과된 경우 법 제14조 제3항의 적용을 받지 아니한다.

■ **적용예외(제4조)**

다음 각 호에 해당하는 경우 이 기준의 전체 또는 일부를 적용하지 않을 수 있다.

1. 지방건축위원회 또는 관련 전문 연구기관 등에서 심의를 거친 결과, 새로운 기술이 적용되거나 연간 단위면적당 에너지 소비 총량에 근거하여 설계됨으로써 이 기준에서 정하는 수준 이상으로 에너지 절약 성능이 있는 것으로 인정되는 건축물의 경우에는 제15조를 적용하지 아니할 수 있다.

2. 건축물 에너지 효율등급 1등급 이상 또는 제로에너지건축물 인증을 취득한 경우에는 제15조 및 제21조를 적용하지 아니할 수 있다. 다만, 공공기관이 신축하는 건축물(별동으로 증축하는 건축물을 포함한다)은 그러하지 아니한다.

3. 건축물의 기능·설계조건 또는 시공 여건상의 특수성 등으로 인하여 이 기준의 적용이 불합리한 것으로 지방건축위원회가 심의를 거쳐 인정하는 경우에는 이 기준의 해당 규정을 적용하지 아니할 수 있다. 다만, 지방건축위원회 심의 시에는 「건축물 에너지효율등급 및 제로에너지건축물 인증에 관한 규칙」 제4조 제4항 각 호의 어느 하나에 해당하는 건축물 에너지 관련 전문인력 1인 이상을 참여시켜 의견을 들어야 한다.

4. 건축물을 증축하거나 용도변경, 건축물대장의 기재내용을 변경하는 경우에는 제15조를 적용하지 아니할 수 있다. 다만, 별동으로 건축물을 증축하는 경우와 기존 건축물 연면적의 100분의 50 이상을 증축하면서 해당 증축 연면적이 2,000제곱미터 이상인 경우에는 그러하지 아니한다.

5. 허가 또는 신고대상의 같은 대지 내 주거 또는 비주거를 구분한 제3조제2항 및 3항에 따른 연면적의 합계가 500제곱미터 이상이고 2천 제곱미터 미만인 건축물 중 개별 동의 연면적이 500제곱미터 미만인 경우에는 제15조를 적용하지 아니할 수 있다.
6. 열손실의 변동이 없는 증축, 용도변경 및 건축물대장의 기재내용을 변경하는 경우에는 별지 제1호 서식 에너지 절약설계 검토서를 제출하지 아니할 수 있다. 다만, 종전에 제2조 제3항에 따른 열손실 방지 등의 조치 예외대상이었으나 조치대상으로 용도변경 또는 건축물대장 기재내용의 변경의 경우에는 그러하지 아니한다.
7. 「건축법」 제16조에 따라 허가와 신고사항을 변경하는 경우에는 변경하는 부분에 대해서만 규칙 제7조에 따른 에너지 절약계획서 및 별지 제1호 서식에 따른 에너지 절약 설계 검토서(이하 "에너지 절약계획서 및 설계 검토서"라 한다)를 제출할 수 있다.
8. 제21조 제1항 제1호에 따라 에너지소요량 평가서를 제출해야 하는 대상 건축물이 제21조 제2항의 판정기준을 만족하는 경우에는 제15조를 적용하지 아니할 수 있다.

■ **용어의 정의(제5조)**
이 기준에서 사용하는 용어의 뜻은 다음 각 호와 같다.
1. "의무사항"이라 함은 건축물을 건축하는 건축주와 설계자 등이 건축물의 설계 시 필수적으로 적용해야 하는 사항을 말한다.
2. "권장사항"이라 함은 건축물을 건축하는 건축주와 설계자 등이 건축물의 설계 시 선택적으로 적용이 가능한 사항을 말한다.
3. "건축물에너지 효율등급 인증"이라 함은 국토교통부와 산업통상자원부의 공동부령인 「건축물 에너지효율등급 및 제로에너지건축물 인증에 관한 규칙」에 따라 인증을 받는 것을 말한다.
4. "제로에너지건축물 인증"이라 함은 국토교통부와 산업통상자원부의 공동부령인 「건축물 에너지효율등급 및 제로에너지건축물 인증에 관한 규칙」에 따라 제로에너지건축물 인증을 받는 것을 말한다.
5. "녹색건축인증"이라 함은 국토교통부와 환경부의 공동부령인 「녹색건축의 인증에 관한 규칙」에 따라 인증을 받는 것을 말한다.
6. "고효율에너지기자재인증제품"(이하 "고효율인증제품"이라 한다)이라 함은 산업통상자원부 고시 「고효율에너지기자재 보급촉진에 관한규정」(이하 "고효율인증규정"이라 한다)에서 정한 기준을 만족하여 한국에너지공단에서 인증서를 교부받은 제품을 말한다.
7. "완화기준"이라 함은 「건축법」, 「국토의 계획 및 이용에 관한 법률」 및 「지방자치단체 조례」 등에서 정하는 건축물의 용적률 및 높이제한 기준을 적용함에 있어 완화 적용할 수 있는 비율을 정한 기준을 말한다.
8. "예비인증"이라 함은 건축물의 완공 전에 설계도서 등으로 인증기관에서 건축물 에너

지효율등급 인증, 제로에너지건축물 인증, 녹색건축인증을 받는 것을 말한다.
9. "본인증"이라 함은 신청건물의 완공 후에 최종설계도서 및 현장 확인을 거쳐 최종적으로 인증기관에서 건축물 에너지효율등급 인증, 제로에너지건축물 인증, 녹색건축인증을 받는 것을 말한다.
10. 건축 부문
   (가) "거실"이라 함은 건축물 안에서 거주(단위 세대 내 욕실·화장실·현관을 포함한다)·집무·작업·집회·오락 기타 이와 유사한 목적을 위하여 사용되는 방을 말하나, 특별히 이 기준에서는 거실이 아닌 냉·난방 공간 또한 거실에 포함한다.
   (나) "외피"라 함은 거실 또는 거실 외 공간을 둘러싸고 있는 벽·지붕·바닥·창 및 문 등으로서 외기에 직접 면하는 부위를 말한다.
   (다) "거실의 외벽"이라 함은 거실의 벽 중 외기에 직접 또는 간접 면하는 부위를 말한다. 다만, 복합용도의 건축물인 경우에는 해당 용도로 사용하는 공간이 다른 용도로 사용하는 공간과 접하는 부위를 외벽으로 볼 수 있다.
   (라) "최하층에 있는 거실의 바닥"이라 함은 최하층(지하층을 포함한다)으로서 거실인 경우의 바닥과 기타 층으로서 거실의 바닥 부위가 외기에 직접 또는 간접적으로 면한 부위를 말한다. 다만, 복합용도의 건축물인 경우에는 다른 용도로 사용하는 공간과 접하는 부위를 최하층에 있는 거실의 바닥으로 볼 수 있다.
   (마) "최상층에 있는 거실의 반자 또는 지붕"이라 함은 최상층으로서 거실인 경우의 반자 또는 지붕을 말하며, 기타 층으로서 거실의 반자 또는 지붕 부위가 외기에 직접 또는 간접적으로 면한 부위를 포함한다. 다만, 복합용도의 건축물인 경우에는 다른 용도로 사용하는 공간과 접하는 부위를 최상층에 있는 거실의 반자 또는 지붕으로 볼 수 있다.
   (바) "외기에 직접 면하는 부위"라 함은 바깥쪽이 외기이거나 외기가 직접 통하는 공간에 면한 부위를 말한다.
   (사) "외기에 간접 면하는 부위"라 함은 외기가 직접 통하지 아니하는 비난방 공간(지붕 또는 반자, 벽체, 바닥 구조의 일부로 구성되는 내부 공기층은 제외한다)에 접한 부위, 외기가 직접 통하는 구조나 실내공기의 배기를 목적으로 설치하는 샤프트 등에 면한 부위, 지면 또는 토양에 면한 부위를 말한다.
   (아) "방풍구조"라 함은 출입구에서 실내외 공기 교환에 의한 열출입을 방지할 목적으로 설치하는 방풍실 또는 회전문 등을 설치한 방식을 말한다.
   (자) "기밀성 창", "기밀성 문"이라 함은 창 및 문으로서 한국산업규격(KS) F 2292 규정에 의하여 기밀성 등급에 따른 기밀성이 1~5등급(통기량 $5m^3/h \cdot m^2$ 미만)인 것을 말한다.
   (차) "외단열"이라 함은 건축물 각 부위의 단열에서 단열재를 구조체의 외기측에 설치하는

단열방법으로서 모서리 부위를 포함하여 시공하는 등 열교를 차단한 경우를 말한다.

(카) "방습층"이라 함은 습한 공기가 구조체에 침투하여 결로발생의 위험이 높아지는 것을 방지하기 위해 설치하는 투습도가 24시간당 30g/m² 이하 또는 투습계수 0.28g/m²·h·mmHg 이하의 투습저항을 가진 층을 말한다(시험방법은 한국산업규격 KS T 1305 방습포장재료의 투습도 시험방법 또는 KS F 2607 건축 재료의 투습성 측정 방법에서 정하는 바에 따른다). 다만, 단열재 또는 단열재의 내측에 사용되는 마감재가 방습층으로서 요구되는 성능을 가지는 경우에는 그 재료를 방습층으로 볼 수 있다.

(타) "야간단열장치"라 함은 창의 야간 열손실을 방지할 목적으로 설치하는 단열셔터, 단열덧문으로서 총열관류저항(열관류율의 역수)이 0.4m²·K/W 이상인 것을 말한다.

(파) "평균 열관류율"이라 함은 지붕(천창 등 투명 외피부위를 포함하지 않는다), 바닥, 외벽(창 및 문을 포함한다) 등의 열관류율 계산에 있어 세부 부위별로 열관류율값이 다를 경우 이를 면적으로 가중평균하여 나타낸 것을 말한다. 단, 평균열관류율은 중심선 치수를 기준으로 계산한다.

(하) 별표1의 창 및 문의 열관류율 값은 유리와 창틀(또는 문틀)을 포함한 평균 열관류율을 말한다.

(거) "투광부"라 함은 창, 문면적의 50% 이상이 투과체로 구성된 문, 유리블록, 플라스틱 패널 등과 같이 투과재료로 구성되며, 외기에 접하여 채광이 가능한 부위를 말한다.

(너) "태양열취득률(SHGC)"이라 함은 입사된 태양열에 대하여 실내로 유입된 태양열취득의 비율을 말한다.

(더) "차양장치"라 함은 태양열의 실내 유입을 저감하기 위한 목적의 장치 또는 구조체로서 설치위치에 따라 외부 차양과 내부 차양 그리고 유리간 사이 차양으로 구분하며, 가동 유무에 따라 고정식과 가변식으로 나눌 수 있다.

(러) "일사조절장치"라 함은 태양열의 실내 유입을 조절하기 위한 목적으로 설치하는 장치를 말한다.

11. 기계 설비 부문

(가) "위험률"이라 함은 냉(난)방기간 동안 또는 연간 총시간에 대한 온도출현분포 중에서 가장 높은(낮은) 온도쪽으로부터 총시간의 일정 비율에 해당하는 온도를 제외시키는 비율을 말한다.

(나) "효율"이라 함은 설비기기에 공급된 에너지에 대하여 출력된 유효에너지의 비를 말한다.

(다) "열원설비"라 함은 에너지를 이용하여 열을 발생시키는 설비를 말한다.

(라) "대수분할운전"이라 함은 기기를 여러 대 설치하여 부하상태에 따라 최적 운전상태를 유지할 수 있도록 기기를 조합하여 운전하는 방식을 말한다.

(마) "비례제어운전"이라 함은 기기의 출력값과 목표값의 편차에 비례하여 입력량을 조절하여 최적운전상태를 유지할 수 있도록 운전하는 방식을 말한다.

(바) "고효율가스보일러"라 함은 가스를 열원으로 이용하는 보일러로서 고효율인증제품과 산업통상자원부 고시 「효율관리기자재 운용규정」에 따른 에너지소비효율 1등급 제품 또는 동등 이상의 성능을 가진 것을 말한다.

(사) "고효율원심식냉동기"라 함은 원심식냉동기 중 고효율인증제품 또는 동등 이상의 성능을 가진 것을 말한다.

(아) "심야전기를 이용한 축열·축랭시스템"이라 함은 심야시간에 전기를 이용하여 열을 저장하였다가 이를 난방, 온수, 냉방 등의 용도로 이용하는 설비로서 한국전력공사에서 심야전력기기로 인정한 것을 말한다.

(자) "폐열회수형 환기장치"라 함은 난방 또는 냉방을 하는 장소의 환기장치로 실내의 공기를 배출할 때 급기되는 공기와 열교환하는 구조를 가진 것으로서 고효율인증제품 또는 동등 이상의 성능을 가진 것을 말한다.

(차) "이코노마이저시스템"이라 함은 중간기 또는 동계에 발생하는 냉방부하를 실내 엔탈피 보다 낮은 도입 외기에 의하여 제거 또는 감소시키는 시스템을 말한다.

(카) "중앙집중식 냉·난방설비"라 함은 건축물의 전부 또는 냉난방 면적의 60% 이상을 냉방 또는 난방함에 있어 해당 공간에 순환펌프, 증기난방설비 등을 이용하여 열원 등을 공급하는 설비를 말한다. 단, 산업통상자원부 고시 「효율관리기자재 운용규정」에서 정한 가정용 가스보일러는 개별 난방설비로 간주한다.

12. 전기 설비 부문

(가) "고효율변압기"라 함은 산업통상자원부 고시 「효율관리기자재 운용규정」에서 고효율 변압기로 정한 제품을 말한다.

(나) "역률개선용 콘덴서"라 함은 역률을 개선하기 위하여 변압기 또는 전동기 등에 병렬로 설치하는 콘덴서를 말한다.

(다) "전압강하"라 함은 인입전압(또는 변압기 2차전압)과 부하측전압과의 차를 말하며 저항이나 인덕턴스에 흐르는 전류에 의하여 강하하는 전압을 말한다.

(라) "고효율조명기기"라 함은 광원, 안정기, 기타 조명기기로서 고효율인증제품을 말한다.

(마) "조도자동조절조명기구"라 함은 인체 또는 주위 밝기를 감지하여 자동으로 조명등을 점멸하거나 조도를 자동 조절할 수 있는 센서장치 또는 그 센서를 부착한 등기구로서 고효율인증제품(LED 센서 등기구 포함) 또는 동등 이상의 성능을 가진 것을 말한다. 단, 백열전구를 사용하는 조도자동조절조명기구는 제외한다.

(바) "수용률"이라 함은 부하설비 용량 합계에 대한 최대 수용전력의 백분율을 말한다.

(사) "최대수요전력"이라 함은 수용가에서 일정 기간 중 사용한 전력의 최대치를 말하며,

"최대수요전력제어설비"라 함은 수용가에서 피크전력의 억제, 전력 부하의 평준화 등을 위하여 최대수요전력을 자동제어할 수 있는 설비를 말한다.

(아) "가변속제어기(인버터)"라 함은 정지형 전력변환기로서 전동기의 가변속운전을 위하여 설치하는 설비로서 고효율인증제품 또는 동등 이상의 성능을 가진 것을 말한다.

(자) "변압기 대수제어"라 함은 변압기를 여러 대 설치하여 부하상태에 따라 필요한 운전대수를 자동 또는 수동으로 제어하는 방식을 말한다.

(차) "대기전력 저감형 도어폰"이라 함은 세대 내의 실내기기와 실외기기간의 호출 및 통화를 하는 기기로서 산업통상자원부 고시 「대기전력저감프로그램운용규정」에 의하여 대기전력저감우수제품으로 등록된 제품을 말한다.

(카) "대기전력자동차단장치"라 함은 산업통상자원부고시 「대기전력저감프로그램운용규정」에 의하여 대기전력저감우수제품으로 등록된 대기전력자동차단콘센트, 대기전력자동차단스위치를 말한다.

(타) "자동절전멀티탭"이라 함은 산업통상자원부고시 「대기전력저감프로그램운용규정」에 의하여 대기전력저감우수제품으로 등록된 자동절전멀티탭을 말한다.

(파) "홈게이트웨이"라 함은 홈네트워크 서비스를 제공하는 기기로서 산업통상자원부 고시 「대기전력저감프로그램운용규정」에 의하여 대기전력저감우수제품으로 등록된 제품을 말한다.

(하) "일괄소등스위치"라 함은 층 및 구역 단위 또는 세대 단위로 설치되어 층별 또는 세대 내의 조명등(센서등 및 비상등 제외 가능)을 일괄적으로 켜고 끌 수 있는 스위치를 말한다.

(거) "창문 연계 냉난방설비 자동 제어시스템"이라 함은 창문 개방 시 센서가 이를 감지해 자동으로 해당 실의 냉난방 공급을 차단하는 시스템을 말한다.

13. 신·재생에너지설비 부문

(가) "신·재생에너지"라 함은 「신에너지 및 재생에너지 개발·이용·보급촉진법」에서 규정하는 것을 말한다.

14. "공공기관"이라 함은 산업통상자원부고시 「공공기관 에너지이용합리화 추진에 관한 규정」에서 정한 기관을 말한다.

15. "원격검침전자식계량기"란 에너지사용량을 전자식으로 계측하여 에너지 관리자가 실시간으로 모니터링하고 기록할 수 있도록 하는 장치이다.

제2장 에너지 절약설계에 관한 기준

제1절 건축 부문 설계기준

■ **건축 부문의 의무사항(제6조)**

제2조에 따른 열손실 방지 조치 대상 건축물의 건축주와 설계자 등은 다음 각 호에서 정하는 건축 부문의 설계기준을 따라야 한다.

1. 단열조치 일반사항

    ㈎ 외기에 직접 또는 간접 면하는 거실의 각 부위에는 제2조에 따라 건축물의 열손실 방지 조치를 하여야 한다. 다만, 다음 부위에 대해서는 그러하지 아니할 수 있다.

    1) 지표면 아래 2미터를 초과하여 위치한 지하 부위(공동주택의 거실 부위는 제외)로서 이중벽의 설치 등 하계 표면결로 방지 조치를 한 경우
    2) 지면 및 토양에 접한 바닥 부위로서 난방공간의 외벽 내표면까지의 모든 수평거리가 10미터를 초과하는 바닥부위
    3) 외기에 간접 면하는 부위로서 당해 부위가 면한 비난방공간의 외피를 별표1에 준하여 단열조치하는 경우
    4) 공동주택의 층간바닥(최하층 제외) 중 바닥난방을 하지 않는 현관 및 욕실의 바닥부위
    5) 제5조 제9호 아목에 따른 방풍구조(외벽 제외) 또는 바닥면적 150제곱미터 이하의 개별 점포의 출입문

    ㈏ 단열조치를 하여야 하는 부위의 열관류율이 위치 또는 구조상의 특성에 의하여 일정하지 않는 경우에는 해당 부위의 평균 열관류율값을 면적가중 계산에 의하여 구한다.

    ㈐ 단열조치를 하여야 하는 부위에 대하여는 다음 각 호에서 정하는 방법에 따라 단열기준에 적합한지를 판단할 수 있다.

    1) 이 기준 별표3의 지역별·부위별·단열재 등급별 허용 두께 이상으로 설치하는 경우(단열재의 등급 분류는 별표2에 따름) 적합한 것으로 본다.
    2) 해당 벽·바닥·지붕 등의 부위별 전체 구성재료와 동일한 시료에 대하여 KS F2277(건축용 구성재의 단열성 측정방법)에 의한 열저항 또는 열관류율 측정값(국가공인시험기관의 KOLAS 인정마크가 표시된 시험성적서의 값)이 별표1의 부위별 열관류율에 만족하는 경우에는 적합한 것으로 보며, 시료의 공기층(단열재 내부의 공기층 포함) 두께와 동일하면서 기타 구성재료의 두께가 시료보다 증가한 경우와 공기층을 제외한 시료에 대한 측정값이 기준에 만족하고 시료 내부에 공기층을 추가하는 경우에도 적합한 것으로 본다. 단, 공기층이 포함된 경우에는 시공 시에 공기층 두께를 동일하게 유지하여야 한다.
    3) 구성재료의 열전도율값으로 열관류율을 계산한 결과가 별표1의 부위별 열관류율

기준을 만족하는 경우 적합한 것으로 본다. (단, 각 재료의 열전도율값은 한국산업규격 또는 국가공인시험기관의 KOLAS 인정마크가 표시된 시험성적서의 값을 사용하고, 표면열전달저항 및 중공층의 열저항은 이 기준 별표5 및 별표6에서 제시하는 값을 사용)

    4) 창 및 문의 경우 KS F 2278(창호의 단열성 시험 방법)에 의한 국가공인시험기관의 KOLAS 인정마크가 표시된 시험성적서 또는 별표4에 의한 열관류율값 또는 산업통상자원부 고시「효율관리기자재 운용규정」에 따른 창 세트의 열관류율 표시값이 별표1의 열관류율 기준을 만족하는 경우 적합한 것으로 본다.

    5) 열관류율 또는 열관류저항의 계산결과는 소수점 3자리로 맺음을 하여 적합 여부를 판정한다. (소수점 4째 자리에서 반올림)

(라) 별표1 건축물 부위의 열관류율 산정을 위한 단열재의 열전도율값은 한국산업규격 KS L 9016 보온재의 열전도율 측정방법에 따른 국가공인시험기관의 KOLAS 인정마크가 표시된 시험성적서에 의한 값을 사용하되 열전도율 시험을 위한 시료의 평균온도는 20±5°C로 한다.

(마) 수평면과 이루는 각이 70도를 초과하는 경사지붕은 별표1에 따른 외벽의 열관류율을 적용할 수 있다.

(바) 바닥난방을 하는 공간의 하부가 바닥난방을 하지 않는 공간일 경우에는 당해 바닥난방을 하는 바닥부위는 별표1의 최하층에 있는 거실의 바닥으로 보며 외기에 간접 면하는 경우의 열관류율 기준을 만족하여야 한다.

2. 에너지 절약계획서 및 설계 검토서 제출대상 건축물은 별지 제1호 서식 에너지 절약계획 설계 검토서 중 에너지성능지표(이하 "에너지성능지표"라 한다) 건축 부문 1번 항목 배점을 0.6점 이상 획득하여야 한다.

3. 바닥난방에서 단열재의 설치

  (가) 바닥난방 부위에 설치되는 단열재는 바닥난방의 열이 슬래브 하부 및 측벽으로 손실되는 것을 막을 수 있도록 온수배관(전기난방인 경우는 발열선) 하부와 슬래브 사이에 설치하고, 온수배관(전기난방인 경우는 발열선) 하부와 슬래브 사이에 설치되는 구성 재료의 열저항의 합계는 층간 바닥인 경우에는 해당 바닥에 요구되는 총 열관류저항(별표1에서 제시되는 열관류율의 역수)의 60% 이상, 최하층 바닥인 경우에는 70% 이상이 되어야 한다. 다만, 바닥난방을 하는 욕실 및 현관 부위와 슬래브의 축열을 직접 이용하는 심야전기이용 온돌 등(한국전력의 심야전력이용기기 승인을 받은 것에 한한다)의 경우에는 단열재의 위치가 그러하지 않을 수 있다.

4. 기밀 및 결로 방지 등을 위한 조치

  (가) 벽체 내표면 및 내부에서의 결로를 방지하고 단열재의 성능 저하를 방지하기 위하여 제2조에 의하여 단열조치를 하여야 하는 부위(창 및 문과 난방공간 사이의 층간 바닥

제외)에는 제5조 제9호 ㉮목에 따른 방습층을 단열재의 실내 측에 설치하여야 한다.
㈏ 방습층 및 단열재가 이어지는 부위 및 단부는 이음 및 단부를 통한 투습을 방지할 수 있도록 다음과 같이 조치하여야 한다.
  1) 단열재의 이음부는 최대한 밀착하여 시공하거나, 2장을 엇갈리게 시공하여 이음부를 통한 단열성능 저하가 최소화될 수 있도록 조치할 것
  2) 방습층으로 알루미늄박 또는 플라스틱계 필름 등을 사용할 경우의 이음부는 100 mm 이상 중첩하고 내습성 테이프, 접착제 등으로 기밀하게 마감할 것
  3) 단열부위가 만나는 모서리 부위는 방습층 및 단열재가 이어짐이 없이 시공하거나 이어질 경우 이음부를 통한 단열성능 저하가 최소화되도록 하며, 알루미늄박 또는 플라스틱계 필름 등을 사용할 경우의 모서리 이음부는 150 mm 이상 중첩되게 시공하고 내습성 테이프, 접착제 등으로 기밀하게 마감할 것
  4) 방습층의 단부는 단부를 통한 투습이 발생하지 않도록 내습성 테이프, 접착제 등으로 기밀하게 마감할 것
㈐ 건축물 외피 단열부위의 접합부, 틈 등은 밀폐될 수 있도록 코킹과 개스킷 등을 사용하여 기밀하게 처리하여야 한다.
㈑ 외기에 직접 면하고 1층 또는 지상으로 연결된 출입문은 제5조 제9호 ㉮목에 따른 방풍구조로 하여야 한다. 다만, 다음 각 호에 해당하는 경우에는 그러하지 않을 수 있다.
  1) 바닥면적 3백 제곱미터 이하의 개별 점포의 출입문
  2) 주택의 출입문(단, 기숙사는 제외)
  3) 사람의 통행을 주목적으로 하지 않는 출입문
  4) 너비 1.2미터 이하의 출입문
㈒ 방풍구조를 설치하여야 하는 출입문에서 회전문과 일반문이 같이 설치된 경우, 일반문 부위는 방풍실 구조의 이중문을 설치하여야 한다.
㈓ 건축물의 거실의 창이 외기에 직접 면하는 부위인 경우에는 제5조 제9호 ㉯목에 따른 기밀성 창을 설치하여야 한다.
5. 영 제10조의2에 해당하는 공공건축물을 건축 또는 리모델링하는 경우 법 제14조의2 제1항에 따라 에너지성능지표 건축 부문 8번 항목 배점을 0.6점 이상 획득하여야 한다.

■ 건축 부문의 권장사항(제7조)
에너지 절약계획서 제출대상 건축물의 건축주와 설계자 등은 다음 각 호에서 정하는 사항을 제13조의 규정에 적합하도록 선택적으로 채택할 수 있다.
1. 배치계획
  ㈎ 건축물은 대지의 향, 일조 및 주풍향 등을 고려하여 배치하며, 남향 또는 남동향 배치를 한다.

㈏ 공동주택은 인동간격을 넓게 하여 저층부의 일사 수열량을 증대시킨다.
2. 평면계획
　㈎ 거실의 층고 및 반자 높이는 실의 용도와 기능에 지장을 주지 않는 범위 내에서 가능한 낮게 한다.
　㈏ 건축물의 체적에 대한 외피면적의 비 또는 연면적에 대한 외피면적의 비는 가능한 작게 한다.
　㈐ 실의 용도 및 기능에 따라 수평, 수직으로 조닝계획을 한다.
3. 단열계획
　㈎ 건축물 외벽, 천장 및 바닥으로의 열손실을 방지하기 위하여 기준에서 정하는 단열두께보다 두껍게 설치하여 단열부위의 열저항을 높이도록 한다.
　㈏ 외벽 부위는 제5조 제9호 ㈱목에 따른 외단열로 시공한다.
　㈐ 외피의 모서리 부분은 열교가 발생하지 않도록 단열재를 연속적으로 설치하고 충분히 단열되도록 한다.
　㈑ 건물의 창 및 문은 가능한 작게 설계하고, 특히 열손실이 많은 북측 거실의 창 및 문의 면적은 최소화한다.
　㈒ 발코니 확장을 하는 공동주택이나 창 및 문의 면적이 큰 건물에는 단열성이 우수한 로이(Low-E) 복층창이나 삼중창 이상의 단열성능을 갖는 창을 설치한다.
　㈓ 야간 시간에도 난방을 해야 하는 숙박시설 및 공동주택에는 창으로의 열손실을 줄이기 위하여 단열셔터 등 제5조 제9호 ㈱목에 따른 야간단열장치를 설치한다.
　㈔ 태양열 유입에 의한 냉방부하 저감을 위하여 태양열 차폐장치를 설치한다.
　㈕ 건물 옥상에는 조경을 하여 최상층 지붕의 열저항을 높이고, 옥상면에 직접 도달하는 일사를 차단하여 냉방부하를 감소시킨다.
4. 기밀계획
　㈎ 틈새바람에 의한 열손실을 방지하기 위하여 외기에 직접 또는 간접으로 면하는 거실 부위에는 기밀성 창 및 문을 사용한다.
　㈏ 공동주택의 외기에 접하는 주동의 출입구와 각 세대의 현관은 방풍구조로 한다.
5. 자연채광계획
　㈎ 자연채광을 적극적으로 이용할 수 있도록 계획한다. 특히 학교의 교실, 문화 및 집회시설의 공용부분(복도, 화장실, 휴게실, 로비 등)은 1면 이상 자연채광이 가능하도록 한다.
　㈏ 공동주택의 지하주차장은 300 m^2 이내마다 1개소 이상의 외기와 직접 면하는 2 m^2 이상의 개폐가 가능한 천창 또는 측창을 설치하여 자연환기 및 자연채광을 유도한다. 다만, 지하 2층 이하는 그러하지 아니한다.
　㈐ 수영장에는 자연채광을 위한 개구부를 설치하되, 그 면적의 합계는 수영장 바닥면적의 5분의 1 이상으로 한다.

㈑ 창에 직접 도달하는 일사를 조절할 수 있도록 제5조 제9호 (거)목에 따른 차양장치를 설치한다.
6. 환기계획
㈎ 외기에 접하는 거실의 창문은 동력설비에 의하지 않고도 충분한 환기 및 통풍이 가능하도록 일부분은 수동으로 여닫을 수 있는 개폐창을 설치하되, 환기를 위해 개폐 가능한 창부위 면적의 합계는 거실 외주부 바닥면적의 10분의 1 이상으로 한다.
㈏ 문화 및 집회시설 등의 대공간 또는 아트리움의 최상부에는 자연배기 또는 강제배기가 가능한 구조 또는 장치를 채택한다.

제2절 기계설비 부문 설계기준

■ **기계 부문의 의무사항(제8조)**
에너지 절약계획서 제출대상 건축물의 건축주와 설계자 등은 다음 각 호에서 정하는 기계 부문의 설계기준을 따라야 한다.
1. 설계용 외기조건
 난방 및 냉방설비의 용량계산을 위한 외기조건은 각 지역별로 위험률 2.5%(냉방기 및 난방기를 분리한 온도출현분포를 사용할 경우) 또는 1%(연간 총 시간에 대한 온도출현분포를 사용할 경우)로 하거나 별표7에서 정한 외기온·습도를 사용한다. 별표7 이외의 지역인 경우에는 상기 위험률을 기준으로 하여 가장 유사한 기후조건을 갖는 지역의 값을 사용한다. 다만, 지역난방공급방식을 채택할 경우에는 산업통상자원부 고시 「집단에너지시설의 기술기준」에 의하여 용량계산을 할 수 있다.
2. 열원 및 반송설비
 ㈎ 공동주택에 중앙집중식 난방설비(집단에너지사업법에 의한 지역난방공급방식을 포함한다)를 설치하는 경우에는 「주택건설기준 등에 관한 규정」 제37조의 규정에 적합한 조치를 하여야 한다.
 ㈏ 펌프는 한국산업규격(KS B 6318, 7501, 7505등) 표시인증제품 또는 KS규격에서 정해진 효율 이상의 제품을 설치하여야 한다.
 ㈐ 기기배관 및 덕트는 국토교통부에서 정하는 「건축기계설비공사표준시방서」의 보온두께 이상 또는 그 이상의 열저항을 갖도록 단열조치를 하여야 한다. 다만, 건축물 내의 벽체 또는 바닥에 매립되는 배관 등은 그러하지 아니할 수 있다.
3. 「공공기관 에너지이용합리화 추진에 관한 규정」 제10조의 규정을 적용받는 건축물의 경우에는 에너지성능지표 기계 부문 11번 항목 배점을 0.6점 이상 획득하여야 한다.
4. 영 제10조의2에 해당하는 공공건축물을 건축 또는 리모델링하는 경우 법 제14조의2 제2항에 따라 에너지성능지표 기계 부문 1번 및 2번 항목 배점을 0.9점 이상 획득하여야 한다.

■ 기계 부문의 권장사항(제9조)
에너지 절약계획서 제출대상 건축물의 건축주와 설계자 등은 다음 각 호에서 정하는 사항을 제13조의 규정에 적합하도록 선택적으로 채택할 수 있다.
1. 설계용 실내온도 조건
   난방 및 냉방설비의 용량계산을 위한 설계기준 실내온도는 난방의 경우 20℃, 냉방의 경우 28℃를 기준으로 하되(목욕장 및 수영장은 제외) 각 건축물 용도 및 개별 실의 특성에 따라 별표8에서 제시된 범위를 참고하여 설비의 용량이 과다해지지 않도록 한다.
2. 열원설비
   ㈎ 열원설비는 부분부하 및 전부하 운전효율이 좋은 것을 선정한다.
   ㈏ 난방기기, 냉방기기, 냉동기, 송풍기, 펌프 등은 부하조건에 따라 최고의 성능을 유지할 수 있도록 대수분할 또는 비례제어운전이 되도록 한다.
   ㈐ 난방기기는 고효율인증제품 또는 이와 동등 이상의 것 또는 에너지소비효율 등급이 높은 제품을 설치한다.
   ㈑ 냉방기기는 고효율인증제품 또는 이와 동등 이상의 것 또는 에너지소비효율 등급이 높은 제품을 설치한다.
   ㈒ 보일러의 배출수·폐열·응축수 및 공조기의 폐열, 생활배수 등의 폐열을 회수하기 위한 열회수설비를 설치한다. 폐열회수를 위한 열회수설비를 설치할 때에는 중간기에 대비한 바이패스(By-pass)설비를 설치한다.
   ㈓ 냉방기기는 전력피크 부하를 줄일 수 있도록 하여야 하며, 상황에 따라 심야전기를 이용한 축열·축랭시스템, 가스 및 유류를 이용한 냉방설비, 집단에너지를 이용한 지역냉방방식, 소형열병합발전을 이용한 냉방방식, 신·재생에너지를 이용한 냉방방식을 채택한다.
3. 공조설비
   ㈎ 중간기 등에 외기도입에 의하여 냉방부하를 감소시키는 경우에는 실내공기질을 저하시키지 않는 범위 내에서 이코노마이저시스템 등 외기냉방시스템을 적용한다. 다만, 외기냉방시스템의 적용이 건축물의 총 에너지비용을 감소시킬 수 없는 경우에는 그러하지 아니한다.
   ㈏ 공기조화기 팬은 부하변동에 따른 풍량제어가 가능하도록 가변익축류방식, 흡입베인제어방식, 가변속제어방식 등 에너지 절약적 제어방식을 채택한다.
4. 반송설비
   ㈎ 난방 순환수 펌프는 운전효율을 증대시키기 위해 가능한 한 대수제어 또는 가변속제어방식을 채택하여 부하상태에 따라 최적 운전상태가 유지될 수 있도록 한다.
   ㈏ 급수용 펌프 또는 급수가압펌프의 전동기에는 가변속제어방식 등 에너지 절약적 제어방식을 채택한다.

(다) 열원설비 및 공조용의 송풍기, 펌프는 효율이 높은 것을 채택한다.
5. 환기 및 제어설비
   (가) 청정실 등 특수 용도의 공간 외에는 실내공기의 오염도가 허용치를 초과하지 않는 범위 내에서 최소한의 외기도입이 가능하도록 계획한다.
   (나) 환기 시 열회수가 가능한 제5조 제10호 (자)목에 따른 폐열회수형 환기장치 등을 설치한다.
   (다) 기계환기설비를 사용하여야 하는 지하주차장의 환기용 팬은 대수제어 또는 풍량조절(가변익, 가변속도), 일산화탄소(CO)의 농도에 의한 자동(On-Off)제어 등의 에너지 절약적 제어방식을 도입한다.
6. 위생설비 등
   (가) 위생설비 급탕용 저탕조의 설계온도는 55℃ 이하로 하고 필요한 경우에는 부스터히터 등으로 승온하여 사용한다.
   (나) 에너지 사용설비는 에너지 절약 및 에너지 이용 효율의 향상을 위하여 컴퓨터에 의한 자동제어시스템 또는 네트워킹이 가능한 현장제어장치 등을 사용한 에너지제어 시스템을 채택하거나, 분산제어 시스템으로서 각 설비별 에너지제어 시스템에 개방형 통신기술을 채택하여 설비별 제어 시스템 간 에너지관리 데이터의 호환과 집중제어가 가능하도록 한다.

제3절 전기설비 부문 설계기준

■ 전기 부문의 의무사항(제10조)

에너지 절약계획서 제출대상 건축물의 건축주와 설계자 등은 다음 각 호에서 정하는 전기 부문의 설계기준을 따라야 한다.
1. 수변전설비
   (가) 변압기를 신설 또는 교체하는 경우에는 제5조 제11호 (가)목에 따른 고효율변압기를 설치하여야 한다.
2. 간선 및 동력설비
   (가) 전동기에는 대한전기협회가 정한 내선규정의 콘덴서부설용량기준표에 의한 제5조 제11호 (나)목에 따른 역률개선용콘덴서를 전동기별로 설치하여야 한다. 다만, 소방설비용 전동기 및 인버터 설치 전동기에는 그러하지 아니할 수 있다.
   (나) 간선의 전압강하는 대한전기협회가 정한 내선규정을 따라야 한다.
3. 조명설비
   (가) 조명기기 중 안정기 내장형 램프, 형광램프를 채택할 때에는 산업통상자원부 고시「효율관리 기자재 운용규칙」에 따른 최저 에너지 소비효율 기준을 만족하는 제품을 사용하고 유도등 및 주차장 조명기기는 고효율에너지기자재 인증제품에 해당하는 LED 조명을 설치하여야 한다.

㈏ 공동주택 각 세대 내의 현관 및 숙박시설의 객실 내부입구, 계단실의 조명기구는 인체감지점멸형 또는 일정시간 후에 자동 소등되는 제5조 제11호 ㈃목에 따른 조도자동조절조명기구를 채택하여야 한다.

㈐ 조명기구는 필요에 따라 부분조명이 가능하도록 점멸회로를 구분하여 설치하여야 하며, 일사광이 들어오는 창측의 전등군은 부분점멸이 가능하도록 설치한다. 다만, 공동주택은 그러하지 않을 수 있다.

㈑ 효율적인 조명에너지 관리를 위하여 층별, 구역별 또는 세대별로 일괄적 소등이 가능한 제5조 제11호 ㈎목에 따른 일괄소등스위치를 설치하여야 한다. 다만, 실내 조명설비에 자동제어설비를 설치한 경우와 전용면적 60제곱미터 이하인 주택의 경우, 숙박시설의 각 실에 카드키시스템으로 일괄소등이 가능한 경우에는 그러하지 않을 수 있다.

4. 대기전력자동차단장치

㈎ 공동주택은 거실, 침실, 주방에는 제5조 제11호 ㈎목에 따른 대기전력자동차단장치를 1개 이상 설치하여야 하며, 대기전력자동차단장치를 통해 차단되는 콘센트 개수가 제5조 제9호 ㈎목에 따른 거실에 설치되는 전체 콘센트 개수의 30% 이상이 되어야 한다.

㈏ 공동주택 외의 건축물은 제5조 제11호 ㈎목에 따른 대기전력자동차단장치를 설치하여야 하며, 대기전력자동차단장치를 통해 차단되는 콘센트 개수가 제5조 제9호 ㈎목에 따른 거실에 설치되는 전체 콘센트 개수의 30% 이상이 되어야 한다. 다만, 업무시설 등에서 OA Floor를 통해서만 콘센트 배선이 가능한 경우에 한해 제5조 제11호 ㈏목에 따른 자동절전멀티탭을 통해 차단되는 콘센트 개수를 산입할 수 있다.

5. 영 제10조의2에 해당하는 공공건축물을 건축 또는 리모델링하는 경우 법 제14조의2 제2항에 따라 에너지성능지표 전기설비부문 8번 항목 배점을 0.6점 이상 획득하여야 한다.

6. 「공공기관 에너지이용합리화 추진에 관한 규정」 제6조 제4항의 규정을 적용받는 건축물의 경우에는 에너지성능지표 전기설비부문 8번 항목 배점을 1점 획득하여야 한다.

■ 전기 부문의 권장사항(제11조)

에너지 절약계획서 제출대상 건축물의 건축주와 설계자 등은 다음 각 호에서 정하는 사항을 제13조의 규정에 적합하도록 선택적으로 채택할 수 있다.

1. 수변전설비

㈎ 변전설비는 부하의 특성, 수용률, 장래의 부하증가에 따른 여유율, 운전조건, 배전방식을 고려하여 용량을 산정한다.

㈏ 부하특성, 부하종류, 계절부하 등을 고려하여 변압기의 운전대수제어가 가능하도록 뱅크를 구성한다.

㈐ 수전전압 25 kV 이하의 수전설비에서는 변압기의 무부하손실을 줄이기 위하여 충

분한 안전성이 확보된다면 직접강압방식을 채택하며 건축물의 규모, 부하특성, 부하용량, 간선손실, 전압강하 등을 고려하여 손실을 최소화할 수 있는 변압방식을 채택한다.

㈑ 전력을 효율적으로 이용하고 최대수용전력을 합리적으로 관리하기 위하여 제5조 제11호 ㈏목에 따른 최대수요전력 제어설비를 채택한다.

㈒ 역률 개선용 콘덴서를 집합 설치하는 경우에는 역률자동조절장치를 설치한다.

㈓ 건축물의 사용자가 합리적으로 전력을 절감할 수 있도록 층별 및 임대 구획별로 전력량계를 설치한다.

2. 동력설비
   ㈎ 승강기 구동용전동기의 제어방식은 에너지 절약적 제어방식으로 한다.
   ㈏ 전동기는 고효율 유도전동기를 채택한다. 다만, 간헐적으로 사용하는 소방설비용 전동기는 그러하지 않을 수 있다.

3. 조명설비
   ㈎ 옥외등은 고효율 에너지 기자재 인증제품으로 등록된 고휘도방전램프(HID Lamp : High Intensity Discharge Lamp) 또는 LED 램프를 사용하고, 옥외등의 조명회로는 격등 점등과 자동점멸기에 의한 점멸이 가능하도록 한다.
   ㈏ 공동주택의 지하주차장에 자연채광용 개구부가 설치되는 경우에는 주위 밝기를 감지하여 전등군별로 자동 점멸되거나 스케줄제어가 가능하도록 하여 조명전력이 효과적으로 절감될 수 있도록 한다.
   ㈐ LED 조명기구는 고효율인증제품을 설치한다.
   ㈑ 조명기기 중 백열전구는 사용하지 아니한다.
   ㈒ KS A 3011에 의한 작업면 표준조도를 확보하고 효율적인 조명설계에 의한 전력에너지를 절약한다.

4. 제어설비
   ㈎ 여러 대의 승강기가 설치되는 경우에는 군관리 운행방식을 채택한다.
   ㈏ 팬코일 유닛이 설치되는 경우에는 전원의 방위별, 실의 용도별 통합제어가 가능하도록 한다.
   ㈐ 수변전설비는 종합감시제어 및 기록이 가능한 자동제어설비를 채택한다.
   ㈑ 실내 조명설비는 군별 또는 회로별로 자동제어가 가능하도록 한다.
   ㈒ 숙박시설, 기숙사, 학교, 병원 등에는 제5조 제11호 ㈓목에 따른 창문 연계 냉난방설비 자동 제어시스템을 채택하도록 한다.

5. 사용하지 않는 기기에서 소비하는 대기전력을 저감하기 위해 도어폰, 홈게이트웨이 등은 대기전력저감 우수제품으로 등록된 제품을 사용한다.

6. 건물에너지관리시스템(BEMS)이 설치되는 경우에는 별표12의 설치기준에 따라 센서 ·

계측장비, 분석 소프트웨어 등이 포함되도록 한다.

제4절 신·재생에너지설비 부문 설계기준

■ 신·재생에너지설비 부문의 의무사항(제12조)

에너지 절약계획서 제출대상 건축물에 신·재생에너지설비를 설치하는 경우 「신에너지 및 재생에너지 개발·이용·보급 촉진법」에 따른 산업통상자원부 고시 「신·재생에너지 설비의 지원 등에 관한 규정」을 따라야 한다.

제3장 에너지 절약계획서 및 설계 검토서 작성기준

■ 에너지 절약계획서 및 설계 검토서 작성(제13조)

에너지 절약설계 검토서는 별지 제1호 서식에 따라 에너지 절약설계기준 의무사항 및 에너지성능지표, 에너지소요량 평가서로 구분된다. 에너지 절약계획서를 제출하는 자는 에너지 절약계획서 및 설계 검토서(에너지 절약설계기준 의무사항 및 에너지성능지표, 에너지소요량 평가서)의 판정자료를 제시(전자문서로 제출하는 경우를 포함한다)하여야 한다. 다만, 자료를 제시할 수 없는 경우에는 부득이 당해 건축사 및 설계에 협력하는 해당분야 기술사(기계 및 전기)가 서명·날인한 설치예정확인서로 대체할 수 있다.

■ 에너지 절약설계기준 의무사항의 판정(제14조)

에너지 절약설계기준 의무사항은 전 항목 채택 시 적합한 것으로 본다.

■ 에너지성능지표의 판정(제15조)

① 에너지성능지표는 평점합계가 65점 이상일 경우 적합한 것으로 본다. 다만, 공공기관이 신축하는 건축물(별동으로 증축하는 건축물을 포함한다)은 74점 이상일 경우 적합한 것으로 본다.

② 에너지성능지표의 각 항목에 대한 배점의 판단은 에너지 절약계획서 제출자가 제시한 설계도면 및 자료에 의하여 판정하며, 판정 자료가 제시되지 않을 경우에는 적용되지 않은 것으로 간주한다.

제4장 건축기준의 완화 적용

■ 완화기준(제16조)

영 제11조에 따라 건축물에 적용할 수 있는 완화기준은 별표9에 따르며, 건축주가 건축기준의 완화적용을 신청하는 경우에 한해서 적용한다.

■ 완화기준의 적용방법(제17조)

① 완화기준의 적용은 당해 용도구역 및 용도지역에 지방자치단체 조례에서 정한 최대 용적

률의 제한기준, 건축물 최대높이의 제한 기준에 대하여 다음 각 호의 방법에 따라 적용한다.
1. 용적률 적용방법
「법 및 조례에서 정하는 기준 용적률」 × [1 + 완화기준]
2. 건축물 높이제한 적용방법
「법 및 조례에서 정하는 건축물의 최고높이」 × [1 + 완화기준]
② 완화기준은 제16조에서 정하는 범위 내에서 제1항 제1호 내지 제2호에 나누어 적용할 수 있다.

■ 완화기준의 신청 등(제18조)
① 완화기준을 적용받고자 하는 자(이하 "신청인"이라 한다)는 건축허가 또는 사업계획승인 신청 시 허가권자에게 별지 제2호 서식의 완화기준 적용 신청서 및 관계 서류를 첨부하여 제출하여야 한다.
② 이미 건축허가를 받은 건축물의 건축주 또는 사업주체도 허가변경을 통하여 완화기준 적용 신청을 할 수 있다.
③ 신청인의 자격은 건축주 또는 사업주체로 한다.
④ 완화기준의 신청을 받은 허가권자는 신청내용의 적합성을 검토하고, 신청자가 신청내용을 이행하도록 허가조건에 명시하여 허가하여야 한다.

■ 인증의 취득(제19조)
① 신청인이 인증에 의해 완화기준을 적용받고자 하는 경우에는 인증기관으로부터 예비인증을 받아야 한다.
② 완화기준을 적용받은 건축주 또는 사업주체는 건축물의 사용승인 신청 이전에 본인증을 취득하여 사용승인 신청 시 허가권자에게 인증서 사본을 제출하여야 한다. 단, 본인증의 등급은 예비인증 등급 이상으로 취득하여야 한다.

■ 이행여부 확인(제20조)
① 인증취득을 통해 완화기준을 적용받은 경우에는 본인증서를 제출하는 것으로 이행한 것으로 본다.
② 이행여부 확인 결과 건축주가 본인증서를 제출하지 않은 경우 허가권자는 사용승인을 거부할 수 있으며, 완화적용을 받기 이전의 해당 기준에 맞게 건축하도록 명할 수 있다.

제5장 건축물 에너지 소비 총량제

■ 건축물의 에너지소요량의 평가대상 및 에너지소요량 평가서의 판정(제21조)
① 신축 또는 별동으로 증축하는 경우로서 다음 각 호의 어느 하나에 해당하는 건축물은 1차에너지소요량 등을 평가하여 별지 제1호 서식에 따른 건축물 에너지소요량 평가서를 제

출하여야 한다.
1. 「건축법 시행령」 별표1에 따른 업무시설 중 연면적의 합계가 3천 제곱미터 이상인 건축물
2. 연면적의 합계가 500제곱미터 이상인 모든 용도의 공공기관 건축물

② 제1항 제1호에 해당하는 건축물의 에너지소요량 평가서는 단위면적당 1차에너지소요량의 합계가 320 kWh/m²년 미만일 경우 적합한 것으로 본다. 다만, 공공기관 건축물은 260 kWh/m²년 미만일 경우 적합한 것으로 본다.

■ 건축물의 에너지소요량의 평가방법(제22조)
건축물 에너지소요량은 ISO 13790 등 국제규격에 따라 난방, 냉방, 급탕, 조명, 환기 등에 대해 종합적으로 평가하도록 제작된 프로그램에 따라 산출된 연간 단위면적당 1차에너지소요량 등으로 평가하며, 별표10의 평가기준과 같이 한다.

제6장 보칙

■ 복합용도 건축물의 에너지 절약계획서 및 설계 검토서 작성방법 등(제23조)
① 에너지 절약계획서 및 설계 검토서를 제출하여야 하는 건축물 중 비주거와 주거용도가 복합되는 건축물의 경우에는 해당 용도별로 에너지 절약계획서 및 설계 검토서를 제출하여야 한다.
② 다수의 동이 있는 경우에는 동별로 에너지 절약계획서 및 설계 검토서를 제출하는 것을 원칙으로 한다. (다만, 공동주택의 주거용도는 하나의 단지로 작성)
③ 설비 및 기기, 장치, 제품 등의 효율·성능 등의 판정 방법에 있어 본 기준에서 별도로 제시되지 않는 것은 해당 항목에 대한 한국산업규격(KS)을 따르도록 한다.
④ 기숙사, 오피스텔은 별표1 및 별표3의 공동주택 외의 단열기준을 준수할 수 있으며, 별지 제1호 서식의 에너지성능지표 작성 시, 기본배점에서 비주거를 적용한다.

■ 에너지 절약계획서 및 설계 검토서의 이행(제24조)
① 허가권자는 건축주가 에너지 절약계획서 및 설계 검토서의 작성내용을 이행하도록 허가조건에 포함하여 허가할 수 있다.
② 작성책임자(건축주 또는 감리자)는 건축물의 사용승인을 신청하는 경우 별지 제3호 서식 에너지 절약계획 이행 검토서를 첨부하여 신청하여야 한다.

■ 에너지절약계획 설계 검토서 항목 추가(제25조)
국토교통부장관은 에너지절약계획 설계 검토서의 건축, 기계, 전기, 신재생부분의 항목 추가를 위하여 수요조사를 실시하고, 자문위원회의 심의를 거쳐 반영 여부를 결정할 수 있다.

■ **운영규정(제26조)**

규칙 제7조 제8항에 따른 운영기관의 장은 에너지절약계획서 및 에너지절약계획 설계 검토서의 작성·검토 업무의 효율화를 위하여 필요한 때에는 이 기준에 저촉되지 않는 범위 안에서 운영규정을 제정하여 운영할 수 있다.

■ **재검토 기한(제27조)**

국토교통부장관은 「훈령·예규 등의 발령 및 관리에 관한 규정」에 따라 이 고시에 대하여 2017년 1월 1일 기준으로 매3년이 되는 시점(매 3년째의 12월 31일까지를 말한다)마다 그 타당성을 검토하여 개선 등의 조치를 하여야 한다.

■ **부칙**

제1조(시행일) 이 기준은 2017년 6월 20일부터 시행한다. 다만, 제3조의2 개정규정은 2017년 1월 20일부터 시행한다.

제2조(일반적 경과조치) 이 기준 시행 당시 다음 각 호의 어느 하나에 해당하는 경우에는 종전의 규정에 따를 수 있다.

1. 건축허가를 받은 경우
2. 건축허가를 신청한 경우나 건축허가를 신청하기 위하여 건축법 제4조에 따른 건축위원회의 심의를 신청한 경우(다만, 제3조의2에 따른 사전확인이 적용된 경우에는 사전확인을 신청한 시점의 규정 적용)
3. 제3조의2 제7항에 따른 사전확인의 유효기간 이내인 경우

효율관리 기자재 운용규정 용어

1. '표시온수열효율'이란 가스온수기의 라벨에 표시되는 열효율로 제조업자 또는 수입업자가 설계단계검사 또는 KS표준의 형식승인검사에서 측정된 온수열효율 또는 효율관리시험기관·자체측정승인업자가 측정한 온수열효율(측정 온수열효율)보다 같거나 낮게 선택하여 표시한 것을 말한다.
2. '대기전력'이란 기기가 외부의 전원과 연결된 상태에서 해당기기의 주기능을 수행하지 않거나 외부로부터 켜짐 신호를 기다리는 상태에서 소비하고 있는 전력이다.
3. '프리미엄급(IE3) 삼상유도전동기'란 KS C IEC 60034-2-1(KS C IEC 61972 포함) 측정방법을 통해 측정된 전부하효율이 '프리미엄 효율기준표'를 만족하는 삼상유도전동기를 말한다.
4. 에너지 프론티어 기준 : 에너지소비효율 1등급 기준보다도 에너지효율이 30% 이상 더 높은 초고효율제품 기준으로 목표소비효율 또는 목표사용량의 기준을 말한다(단, 3년 주기로 에너지 프론티어 기준을 상향 조정한다).

3. 효율등급 평가 자료

[별표1] 지역별 건축물 부위의 열관류율표 (2016. 7. 1부터 시행)

(단위 : $W/m^2 \cdot K$)

건축물의 부위			지역	중부지역[1]	남부지역[2]	제주도
거실의 외벽	외기에 직접 면하는 경우		공동주택	0.210 이하	0.260 이하	0.360 이하
			공동주택 외	0.260 이하	0.320 이하	0.430 이하
	외기에 간접 면하는 경우		공동주택	0.300 이하	0.370 이하	0.520 이하
			공동주택 외	0.360 이하	0.450 이하	0.620 이하
최상층에 있는 거실의 반자 또는 지붕	외기에 직접 면하는 경우			0.150 이하	0.180 이하	0.250 이하
	외기에 간접 면하는 경우			0.220 이하	0.260 이하	0.350 이하
최하층에 있는 거실의 바닥	외기에 직접 면하는 경우	바닥난방인 경우		0.180 이하	0.220 이하	0.290 이하
		바닥난방이 아닌 경우		0.220 이하	0.250 이하	0.330 이하
	외기에 간접 면하는 경우	바닥난방인 경우		0.260 이하	0.310 이하	0.410 이하
		바닥난방이 아닌 경우		0.300 이하	0.350 이하	0.470 이하
바닥난방인 층간바닥				0.810 이하	0.810 이하	0.810 이하
창 및 문	외기에 직접 면하는 경우		공동주택	1.200 이하	1.400 이하	2.000 이하
			공동주택 외	1.500 이하	1.800 이하	2.400 이하
	외기에 간접 면하는 경우		공동주택	1.600 이하	1.800 이하	2.500 이하
			공동주택 외	1.900 이하	2.200 이하	3.000 이하
공동주택 세대현관문	외기에 직접 면하는 경우			1.400 이하	1.600 이하	2.200 이하
	외기에 간접 면하는 경우			1.800 이하	2.000 이하	2.800 이하

주) 1) 중부지역 : 서울특별시, 인천광역시, 경기도, 강원도(강릉시, 동해시, 속초시, 삼척시, 고성군, 양양군 제외), 충청북도(영동군 제외), 충청남도(천안시), 경상북도(청송군)
   2) 남부지역 : 부산광역시, 대구광역시, 광주광역시, 대전광역시, 울산광역시, 강원도(강릉시, 동해시, 속초시, 삼척시, 고성군, 양양군), 충청북도(영동군), 충청남도(천안시 제외), 전라북도, 전라남도, 경상북도(청송군 제외), 경상남도, 세종특별자치시

[별표2] 단열재의 등급 분류

등급 분류	열전도율의 범위 (KS L 9016에 의한 20±5℃ 시험조건에서 열전도율)		KS M 3808, 3809 및 KS L 9102에 의한 해당 단열재 및 기타 단열재
	W/mK	kcal/mh℃	참고사항
가	0.034 이하	0.029 이하	• 압출법보온판 특호, 1호, 2호, 3호 • 비드법보온판 2종 1호, 2호, 3호, 4호 • 경질우레탄폼보온판 1종 1호, 2호, 3호 및 2종 1호, 2호, 3호 • 글라스울 보온판 48 K, 64 K, 80 K, 96 K, 120 K • 기타 단열재로서 열전도율이 0.034 W/mK (0.029 kcal/mh℃) 이하인 경우
나	0.035~0.040	0.030~0.034	• 비드법보온판 1종 1호, 2호, 3호 • 미네랄울 보온판 1호, 2호, 3호 • 글라스울 보온판 24K, 32K, 40K • 기타 단열재로서 열전도율이 0.035~0.040 W/mK(0.030~0.034 kcal/mh℃) 이하인 경우
다	0.041~0.046	0.035~0.039	• 비드법보온판 1종 4호 • 기타 단열재로서 열전도율이 0.041~0.046 W/mK(0.035~0.039 kcal/mh℃) 이하인 경우
라	0.047~0.051	0.040~0.044	기타 단열재로서 열전도율이 0.047~0.051 W/mK(0.040~0.044 kcal/mh℃) 이하인 경우

㊟ 단열재는 열전도율의 범위에 따라 등급을 분류한다.

[별표3] 단열재의 두께(2016. 7. 1부터 시행)

[중부지역][1]

(단위 : mm)

건축물의 부위			단열재의 등급	단열재 등급별 허용 두께			
				가	나	다	라
거실의 외벽	외기에 직접 면하는 경우	공동주택		155	180	210	230
		공동주택 외		125	145	165	185
	외기에 간접 면하는 경우	공동주택		105	120	140	155
		공동주택 외		85	100	115	125
최상층에 있는 거실의 반자 또는 지붕	외기에 직접 면하는 경우			220	260	295	330
	외기에 간접 면하는 경우			145	170	195	220
최하층에 있는 거실의 바닥	외기에 직접 면하는 경우	바닥난방인 경우		175	205	235	260
		바닥난방이 아닌 경우		150	175	200	220
	외기에 간접 면하는 경우	바닥난방인 경우		115	135	155	170
		바닥난방이 아닌 경우		105	125	140	155
바닥난방인 층간바닥				30	35	45	50

[남부지역][2)]   (단위 : mm)

건축물의 부위		단열재의 등급	단열재 등급별 허용 두께			
			가	나	다	라
거실의 외벽	외기에 직접 면하는 경우	공동주택	125	145	165	185
		공동주택 외	100	115	130	145
	외기에 간접 면하는 경우	공동주택	80	95	110	120
		공동주택 외	65	75	90	95
최상층에 있는 거실의 반자 또는 지붕	외기에 직접 면하는 경우		180	215	245	270
	외기에 간접 면하는 경우		120	145	165	180
최하층에 있는 거실의 바닥	외기에 직접 면하는 경우	바닥난방인 경우	140	165	190	210
		바닥난방이 아닌 경우	130	150	175	195
	외기에 간접 면하는 경우	바닥난방인 경우	95	110	125	140
		바닥난방이 아닌 경우	90	105	120	130
바닥난방인 층간바닥			30	35	45	50

[제주도]   (단위 : mm)

건축물의 부위		단열재의 등급	단열재 등급별 허용 두께			
			가	나	다	라
거실의 외벽	외기에 직접 면하는 경우	공동주택	85	100	115	130
		공동주택 외	70	85	95	105
	외기에 간접 면하는 경우	공동주택	55	65	75	80
		공동주택 외	45	50	60	65
최상층에 있는 거실의 반자 또는 지붕	외기에 직접 면하는 경우		130	150	175	190
	외기에 간접 면하는 경우		90	105	120	130
최하층에 있는 거실의 바닥	외기에 직접 면하는 경우	바닥난방인 경우	105	120	140	155
		바닥난방이 아닌 경우	95	115	130	145
	외기에 간접 면하는 경우	바닥난방인 경우	65	75	90	100
		바닥난방이 아닌 경우	60	70	85	95
바닥난방인 층간바닥			30	35	45	50

㈜ 1) 중부지역 : 서울특별시, 인천광역시, 경기도, 강원도(강릉시, 동해시, 속초시, 삼척시, 고성군, 양양군 제외), 충청북도(영동군 제외), 충청남도(천안시), 경상북도(청송군)
  2) 남부지역 : 부산광역시, 대구광역시, 광주광역시, 대전광역시, 울산광역시, 강원도(강릉시, 동해시, 속초시, 삼척시, 고성군, 양양군), 충청북도(영동군), 충청남도(천안시 제외), 전라북도, 전라남도, 경상북도(청송군 제외), 경상남도, 세종특별자치시

[별표4] 창 및 문의 단열성능

[단위 : W/m²·K]

창 및 문의 종류			창틀 및 문틀의 종류별 열관류율								
			금속재						플라스틱 또는 목재		
			열교차단재[1] 미적용			열교차단재 적용					
		유리의 공기층 두께[mm]	6	12	16 이상	6	12	16 이상	6	12	16 이상
창	복층창	일반복층창[2]	4.0	3.7	3.6	3.7	3.4	3.3	3.1	2.8	2.7
		로이유리(하드코팅)	3.6	3.1	2.9	3.3	2.8	2.6	2.7	2.3	2.1
		로이유리(소프트코팅)	3.5	2.9	2.7	3.2	2.6	2.4	2.6	2.1	1.9
		아르곤 주입	3.8	3.6	3.5	3.5	3.3	3.2	2.9	2.7	2.6
		아르곤 주입 + 로이유리(하드코팅)	3.3	2.9	2.8	3.0	2.6	2.5	2.5	2.1	2.0
		아르곤 주입 + 로이유리(소프트코팅)	3.2	2.7	2.6	2.9	2.4	2.3	2.3	1.9	1.8
	삼중창	일반삼중창[2]	3.2	2.9	2.8	2.9	2.6	2.5	2.4	2.1	2.0
		로이유리(하드코팅)	2.9	2.4	2.3	2.6	2.1	2.0	2.1	1.7	1.6
		로이유리(소프트코팅)	2.8	2.3	2.2	2.5	2.0	1.9	2.0	1.6	1.5
		아르곤 주입	3.1	2.8	2.7	2.8	2.5	2.4	2.2	2.0	1.9
		아르곤 주입+로이유리(하드코팅)	2.6	2.3	2.2	2.3	2.0	1.9	1.9	1.6	1.5
		아르곤 주입+로이유리(소프트코팅)	2.5	2.2	2.1	2.2	1.9	1.8	1.8	1.5	1.4
	사중창	일반사중창[2]	2.8	2.5	2.4	2.5	2.2	2.1	2.1	1.8	1.7
		로이유리(하드코팅)	2.5	2.1	2.0	2.2	1.8	1.7	1.8	1.5	1.4
		로이유리(소프트코팅)	2.4	2.0	1.9	2.1	1.7	1.6	1.7	1.4	1.3
		아르곤 주입	2.7	2.5	2.4	2.4	2.2	2.1	1.9	1.7	1.6
		아르곤 주입+로이유리(하드코팅)	2.3	2.0	1.9	2.0	1.7	1.6	1.6	1.4	1.3
		아르곤 주입+로이유리(소프트코팅)	2.2	1.9	1.8	1.9	1.6	1.5	1.5	1.3	1.2
		단창	6.6			6.10			5.30		
문	일반문	단열 두께 20 mm 미만	2.70			2.60			2.40		
		단열 두께 20 mm 이상	1.80			1.70			1.60		
	유리문	단창문 유리비율[3] 50% 미만	4.20			4.00			3.70		
		단창문 유리비율 50% 이상	5.50			5.20			4.70		
		복층창문 유리비율 50% 미만	3.20	3.10	3.00	3.00	2.90	2.80	2.70	2.60	2.50
		복층창문 유리비율 50% 이상	3.80	3.50	3.40	3.30	3.10	3.00	3.00	2.80	2.70
		방풍구조문	2.1								

주 1. 열교차단재 : 열교차단재라 함은 창 및 문의 금속프레임 외부 및 내부 사이에 설치되는 폴리염화비닐 등 단열성을 가진 재료로서 외부로의 열흐름을 차단할 수 있는 재료를 말한다.
2. 복층창은 단창 + 단창, 삼중창은 단창 + 복층창, 사중창은 복층창 + 복층창을 포함한다.
3. 문의 유리비율은 문 및 문틀을 포함한 면적에 대한 유리면적의 비율을 말한다.
4. 창 및 문을 구성하는 각 유리의 공기층 두께가 서로 다를 경우 그중 최소 공기층 두께를 해당 창 및 문의 공기층 두께로 인정하며, 단창 + 단창, 단창 + 복층창의 공기층 두께는 6 mm로 인정한다.
5. 창 및 문을 구성하는 각 유리의 창틀 및 문틀이 서로 다를 경우에는 열관류율이 높은 값을 인정한다.
6. 복층창, 삼중창, 사중창의 경우 한 면만 로이유리를 사용한 경우, 로이유리를 적용한 것으로 인정한다.
7. 삼중창, 사중창의 경우 하나의 창 및 문에 아르곤을 주입한 경우, 아르곤을 적용한 것으로 인정한다.

[별표5] 열관류율 계산 시 적용되는 실내 및 실외측 표면 열전달저항

열전달저항 건물 부위	실내표면열전달저항 R_i [단위 : $m^2 \cdot K/W$] (괄호 안은 $m^2 \cdot h \cdot ℃/kcal$)	실외표면열전달저항 R_o [단위 : $m^2 \cdot K/W$] (괄호 안은 $m^2 \cdot h \cdot ℃/kcal$)	
		외기에 간접 면하는 경우	외기에 직접 면하는 경우
거실의 외벽 (측벽 및 창, 문 포함)	0.11(0.13)	0.11 (0.13)	0.043 (0.050)
최하층에 있는 거실 바닥	0.086(0.10)	0.15 (0.17)	0.043 (0.050)
최상층에 있는 거실의 반자 또는 지붕	0.086(0.10)	0.086 (0.10)	0.043 (0.050)
공동주택의 층간 바닥	0.086(0.10)	-	-

[별표6] 열관류율 계산 시 적용되는 중공층의 열저항

공기층의 종류	공기층의 두께 d_a (cm)	공기층의 열저항 R_a [단위 : $m^2 \cdot K/W$] (괄호 안은 $m^2 \cdot h \cdot ℃/kcal$)
(1) 공장생산된 기밀제품	2 cm 이하	$0.086 \times d_a$(cm) ($0.10 \times d_a$(cm))
	2 cm 초과	0.17 (0.20)
(2) 현장시공 등	1 cm 이하	$0.086 \times d_a$(cm) ($0.10 \times d_a$(cm))
	1 cm 초과	0.086 (0.10)
(3) 중공층 내부에 반사형 단열재가 설치된 경우	방사율 0.5 이하 : (1) 또는 (2)에서 계산된 열저항의 1.5배 방사율 0.1 이하 : (1) 또는 (2)에서 계산된 열저항의 2.0배	

[별표7] 냉·난방설비의 용량계산을 위한 설계 외기온·습도 기준

구분 도시명	냉 방		난 방	
	건구온도(℃)	습구온도(℃)	건구온도(℃)	상대습도(%)
서 울	31.2	25.5	-11.3	63
인 천	30.1	25.0	-10.4	58
수 원	31.2	25.5	-12.4	70
춘 천	31.6	25.2	-14.7	77
강 릉	31.6	25.1	-7.9	42
대 전	32.3	25.5	-10.3	71

청 주	32.5	25.8	-12.1	76
전 주	32.4	25.8	- 8.7	72
서 산	31.1	25.8	- 9.6	78
광 주	31.8	26.0	- 6.6	70
대 구	33.3	25.8	- 7.6	61
부 산	30.7	26.2	- 5.3	46
진 주	31.6	26.3	- 8.4	76
울 산	32.2	26.8	- 7.0	70
포 항	32.5	26.0	- 6.4	41
목 포	31.1	26.3	- 4.7	75
제 주	30.9	26.3	0.1	70

[별표8] 냉·난방설비의 용량계산을 위한 실내 온·습도 기준

구분 용도	난 방	냉 방	
	건구온도(℃)	건구온도(℃)	상대습도(%)
공동주택	20~22	26~28	50~60
학교(교실)	20~22	26~28	50~60
병원(병실)	21~23	26~28	50~60
관람집회시설(객석)	20~22	26~28	50~60
숙박시설(객실)	20~24	26~28	50~60
판매시설	18~21	26~28	50~60
사무소	20~23	26~28	50~60
목욕장	26~29	26~29	50~75
수영장	27~30	27~30	50~70

[별표9] 완화기준

1. 건축물 에너지효율등급 및 녹색건축 인증에 따른 건축기준 완화비율
- 건축주 또는 사업주체가 「녹색건축 인증에 관한 규칙」에 따른 녹색건축 인증과 「건축물 에너지효율등급 및 제로에너지건축물 인증에 관한 규칙」에 따른 건축물 에너지효율등급 인증을 별도로 획득한 경우 다음의 기준에 따라 건축기준 완화를 신청할 수 있다.

건축물 에너지효율 인증 등급	녹색건축 인증 등급	최대완화비율
1+	최우수	9%
1+	우수	6%
1	최우수	6%
1	우수	3%

2. 건축물 에너지효율등급 및 제로에너지건축물 인증에 따른 건축기준 완화비율
- 건축주 또는 사업주체가 「건축물 에너지효율등급 및 제로에너지건축물 인증에 관한 규칙」에 따른 제로에너지건축물 인증을 취득하는 경우 다음의 기준에 따라 건축기준 완화를 신청할 수 있다.

제로에너지건축물 인증 등급	최대완화비율	비 고
ZEB 1	15%	에너지 자립률이 100% 이상인 건축물
ZEB 2	14%	에너지 자립률이 80% 이상 ~ 100% 미만인 건축물
ZEB 3	13%	에너지 자립률이 60% 이상 ~ 80% 미만인 건축물
ZEB 4	12%	에너지 자립률이 40% 이상 ~ 60% 미만인 건축물
ZEB 5	11%	에너지 자립률이 20% 이상 ~ 40% 미만인 건축물

㈜ 건축물 에너지효율등급 인증 1++등급을 획득하고, 에너지 자립률이 20% 미만인 경우 최대완화비율은 10%

[별표10] 연간 1차에너지소요량 평가기준

단위면적당 에너지요구량	$= \dfrac{\text{난방에너지요구량}}{\text{난방에너지가 요구되는 공간의 바닥면적}}$ $+ \dfrac{\text{냉방에너지요구량}}{\text{냉방에너지가 요구되는 공간의 바닥면적}}$ $+ \dfrac{\text{급탕에너지요구량}}{\text{급탕에너지가 요구되는 공간의 바닥면적}}$ $+ \dfrac{\text{조명에너지요구량}}{\text{조명에너지가 요구되는 공간의 바닥면적}}$
단위면적당 에너지소요량	$= \dfrac{\text{난방에너지소요량}}{\text{난방에너지가 요구되는 공간의 바닥면적}}$ $+ \dfrac{\text{냉방에너지소요량}}{\text{냉방에너지가 요구되는 공간의 바닥면적}}$ $+ \dfrac{\text{급탕에너지소요량}}{\text{급탕에너지가 요구되는 공간의 바닥면적}}$ $+ \dfrac{\text{조명에너지소요량}}{\text{조명에너지가 요구되는 공간의 바닥면적}}$ $+ \dfrac{\text{환기에너지소요량}}{\text{환기에너지가 요구되는 공간의 바닥면적}}$
단위면적당 1차에너지소요량	= 단위면적당 에너지소요량 × 1차에너지 환산계수
※ 에너지소요량	= 해당 건축물에 설치된 난방, 냉방, 급탕, 조명, 환기 시스템에서 소요되는 에너지량

[별표11] 외피 열교부위별 선형 열관류율 기준
(※ 구성 재료 : ☐ 콘크리트, ▨ 단열재, ▦ 단열보강)

구 분	구조체 열교부위 형상	단열 보강 유무	선형 열관류율 (W/mK)
T-1		없음	0.520(0.800)
		①	0.485(0.760)
		①+②	0.430(0.695)
		③	0.440(0.730)
		①+③	0.415(0.695)
		①+②+③	0.370(0.640)
T-2		없음	0.465(0.600)
		①	0.390(0.520)
		②	0.445(0.585)
		①+②	0.375(0.510)
T-3		없음	0.545(0.705)
		①	0.450(0.605)
		②	0.540(0.700)
		①+②	0.450(0.605)
T-4		없음	0.520(0.605)
		①	0.410(0.520)
		①+②	0.365(0.465)
T-5		없음	0.720(0.960)
		①	0.535(0.780)
		②	0.665(0.895)
		①+②	0.500(0.740)
T-6		없음	0.000(0.300)
		① 또는 ②	0.000(0.300)
		①+②	0.000(0.300)

제1장 건축물 에너지 효율등급 평가 721

구 분	구조체 열교부위 형상	단열 보강 유무	선형 열관류율 (W/mK)
T-7		없음	0.700
		① 또는 ②	0.650
		①+②	0.600
T-8		없음	0.605(0.740)
		①	0.605(0.740)
		②	0.570(0.705)
		①+②	0.565(0.700)
T-9		없음	0.580
		①	0.555
		②	0.550
		①+②	0.515
L-1		없음	0.530(0.820)
		①	0.485(0.765)
		①+②	0.435(0.710)
		③	0.375(0.675)
		①+③	0.345(0.640)
		①+②+③	0.315(0.600)
L-2		없음	0.545(0.665)
		①	0.450(0.565)
L-3		없음	0.520(0.605)
		①	0.410(0.520)
L-4		없음	0.580

구 분	구조체 열교부위 형상	단열 보강 유무	선형 열관류율 (W/mK)
X-1		없음	1.040(1.295)
		① 또는 ②	0.950(1.180)
		①+②	0.800(1.040)
X-2		없음	0.505(0.630)
		①	0.415(0.535)
X-3		없음	0.730(1.000)
		① 또는 ②	0.720(1.000)
		①+②	0.710(0.975)
		①+②+③+④	0.645(0.895)
		①+②+⑤+⑥	0.580(0.850)
		①+②+③+④+⑤+⑥	0.530(0.790)
		①+②+⑦	0.530(0.800)
		①+②+③+④+⑦	0.485(0.695)
X-4		없음	0.700
		① 또는 ②	0.650
		①+②	0.600
X-5		없음	0.465(0.885)
		①	0.455(0.870)
		②	0.435(0.850)
		①+②	0.425(0.835)
		①+②+③	0.395(0.800)
X-6		없음	0.820(1.085)
		① 또는 ②	0.600(0.850)
		①+②	0.550(0.800)
X-7		없음	0.960(1.220)
		① 또는 ②	0.860(1.115)
		①+②	0.730(0.970)

구 분	구조체 열교부위 형상	단열 보강 유무	선형 열관류율 (W/mK)
X-8	외측/내측	없음	0.760(0.885)
		①	0.330(0.445)
X-9	외측/내측	없음	0.610(0.750)
		①+③	0.580(0.720)
		①+②+③	0.555(0.690)
X-10	외측/내측	없음	1.090
		①+③	1.065
		①+②+③	0.915
I-1	외측/내측	없음	0.780(1.045)
		①	0.445(0.715)
I-2	외측/내측	없음	0.655
		①	0.390
I-3	외측/내측	없음	0.810(0.930)
		①	0.595(0.710)
평가 대상 예외[주1]	(커튼월 부위 또는 샌드위치 패널 부위)		

주 1. 외측은 단열시공이 되는 부위의 구조체를 기준으로 건축물의 바깥쪽을 말하며, 내측은 단열시공이 되는 부위의 구조체를 기준으로 건축물의 안쪽을 말한다.
2. 외피 열교부위란 외기에 직접 면하는 부위로서 단열시공이 되는 외피의 열교발생 가능부위(외기에 직접 면하는 부위로서 단열시공이 되는 부위와 외기에 간접 면하는 부위로서 단열시공이 되는 부위가 접하는 부위는 평가대상에 포함)를 말한다.
   주 1) 'I'형 및 'L'형에서 단열시공이 연속적으로 된 부위, 커튼월 부위, 샌드위치 패널 부위는 평가대상에서 예외(커튼월 부위 또는 샌드위치 패널 부위가 벽식 구조체 부위와 복합적으로 적용된 건축물의 경우는 벽식 구조체 부위만 평가)
3. 외피 열교부위의 단열 성능은 외피의 열교발생 가능 부위들의 선형 열관류율을 길이가중 평균하여 산출한 값을 말한다. (단, 외기에 직접 면하는 부위로서 단열시공이 되는 외벽면적(창 및 문 포함)에 대한 창 및 문의 면적비가 50% 미만일 경우에 한하여 외피 열교부위의 단열 성능점수 부여)
   - 외피 열교부위의 단열 성능 계산식

$$= \frac{\Sigma(\text{외피의 열교발생 가능부위별 선형 열관류율} \times \text{외피의 열교발생 가능부위별 길이})}{\Sigma \text{외피의 열교발생 가능부위별 길이}}$$

4. 외단열 적용 시 건식 마감재 부착을 위해 단열재를 관통하는 철물을 삽입하는 경우에는 괄호 안의 값을 적용한다.
5. 별표 11의 구조체 열교부위 형상 이외의 경우에는 제시된 형상의 회전 또는 변형('T'형 → 'Y'형, 'L'형 → 'I'형 등)을 통하여 가장 유사한 형상 적용을 원칙으로 한다. (단, 별표 11의 구조체 열교부위 형상의 회전 또는 변형에도 불구하고 적용이 어려운 경우에는 ISO 10211에 따른 평가결과 인정 가능)
6. 외단열과 내단열이 복합적으로 적용된 건축물의 경우는 전체 단열두께의 50%를 초과한 부위의 선형열관류율을 적용하며, 외단열 두께와 내단열 두께가 동일한 경우에는 내단열 부위의 선형열관류율을 적용한다.
7. 단열보강은 열저항 0.27m²K/W, 길이 300mm 이상 적용
   - 단열보강 부위가 2면 이상일 경우에는 각각의 면이 열저항 기준 및 길이 기준을 모두 충족하여야함.
   - 단열보강을 하고자 하는 면의 단열보강 가능 길이가 300mm 미만일 경우는 해당 면 전체를 보강하는 경우에 한하여 인정

[별표12] 건물에너지관리시스템(BEMS) 설치 기준

	항목	설치 기준
1	데이터 수집 및 표시	대상건물에서 생산·저장·사용하는 에너지를 에너지원별(전기/연료/열 등)로 데이터 수집 및 표시
2	정보감시	에너지 손실, 비용 상승, 쾌적성 저하, 설비 고장 등 에너지 관리에 영향을 미치는 관련 관제값 중 5종 이상에 대한 기준값 입력 및 가시화
3	데이터 조회	일간, 주간, 월간, 연간 등 정기 및 특정 기간을 설정하여 데이터를 조회
4	에너지소비 현황 분석	2종 이상의 에너지원단위와 3종 이상의 에너지용도에 대한 에너지소비 현황 및 증감 분석
5	설비의 성능 및 효율 분석	에너지사용량이 전체의 5% 이상인 모든 열원설비 기기별 성능 및 효율 분석
6	실내외 환경 정보 제공	온도, 습도 등 실내외 환경정보 제공 및 활용
7	에너지 소비 예측	에너지사용량 목표치 설정 및 관리
8	에너지 비용 조회 및 분석	에너지원별 사용량에 따른 에너지비용 조회
9	제어시스템 연동	1종 이상의 에너지 용도에 사용되는 설비의 자동제어 연동

[별지 제1호 서식] (제1면)

에너지 절약계획 설계 검토서					
1. 에너지절약설계기준 의무 사항					
항 목	채택여부 (제출자 기재)		근거	확 인 (허가권자 기재)	
	채택	미채택		확인	보류
가. 건축 부문					
① 이 기준 제6조 제1호에 의한 단열조치를 준수하였다.					
② 이 기준 제6조 제2호에 의한 에너지성능지표의 건축 부문 1번 항목 배점을 0.6점 이상 획득하였다.					
③ 이 기준 제6조 제3호에 의한 바닥난방에서 단열재의 설치 방법을 준수하였다.					
④ 이 기준 제6조 제4호에 의한 방습층을 설치하였다.					
⑤ 외기에 직접 면하고 1층 또는 지상으로 연결된 출입문을 제5조 제9호 아목에 따른 방풍구조로 하였다.(제6조 제4호 라목 각 호에 해당하는 시설의 출입문은 제외)					
⑥ 거실의 외기에 직접 면하는 창은 기밀성능 1~5등급(통기량 $5m^3/h \cdot m^2$ 미만)의 창을 적용하였다.					
⑦ 법 제14조의2의 용도에 해당하는 공공건축물로서 에너지성능지표의 건축 부문 8번 항목 배점을 0.6점 이상 획득하였다. 다만, 건축물 에너지효율 1+등급 이상을 취득한 경우또는 제21조에 따른 에너지소요량평가서의 단위면적당 1차 에너지소요량의 합계가 260 kWh/m^2년 미만인 경우에는 예외로 한다.					
나. 기계설비 부문					
① 냉난방설비의 용량계산을 위한 설계용 외기조건을 제8조 제1호에서 정하는 바에 따랐다.(냉난방설비가 없는 경우 제외)					
② 펌프는 KS인증제품 또는 KS규격에서 정해진 효율 이상의 제품을 채택하였다.(신설 또는 교체 펌프만 해당)					
③ 기기배관 및 덕트는 건축기계설비 표준시방서에서 정하는 기준 이상 또는 그 이상의 열저항을 갖는 단열재로 단열하였다.(신설 또는 교체 기기배관 및 덕트만 해당)					
④ 공공기관은 에너지성능지표의 기계 부문 10번 항목 배점을 0.6점 이상 획득하였다.(「공공기관 에너지이용합리화 추진에 관한 규정」 제10조의 규정을 적용받는 건축물의 경우만 해당)					
⑤ 법 제14조의2의 용도에 해당하는 공공건축물로서 에너지성능지표의 기계 부문 1번 및 2번 항목 배점을 0.9점 이상 획득하였다.(냉난방설비가 없는 경우 제외, 에너지성능지표의 기계 부문 15번 항목 점수를 획득한 경우 1번 항목 제외, 냉방설비용량의 60% 이상을 지역냉방으로 공급하는 경우 2번 항목 제외)					

다. 전기설비 부문					
① 변압기는 제5조 제12호 가목에 따른 고효율변압기를 설치하였다.(신설 또는 교체 변압기만 해당)					
② 전동기에는 대한전기협회가 정한 내선규정의 콘덴서 부설용량기준표에 의한 역률개선용 콘덴서를 전동기별로 설치하였다.(소방설비용 전동기 및 인버터 설치 전동기는 제외하며, 신설 또는 교체 전동기만 해당)					
③ 간선의 전압강하는 대한전기협회가 정한 내선규정에 따라 설계하였다.					
④ 조명기기 중 안정기내장형램프, 형광램프를 채택할 때에는 산업통상자원부 고시 「효율관리기자재 운용규정」에 따른 최저소비효율기준을 만족하는 제품을 사용하고, 주차장 조명기기 및 유도등은 고효율에너지기자재 인증제품에 해당하는 LED 조명을 설치하였다.					
⑤ 공동주택의 각 세대 내 현관, 숙박시설의 객실 내부입구 및 계단실을 건축 또는 변경하는 경우 조명기구는 일정시간 후 자동 소등되는 제5조 제12호 마목에 따른 조도자동조절 조명기구를 채택하였다.					
⑥ 거실의 조명기구는 부분조명이 가능하도록 점멸회로를 구성하였다.(공동주택 제외)					
⑦ 층별, 구역별 또는 세대별로 제5조 제12호 하목에 따른 일괄소등스위치를 설치하였다.(실내조명 자동제어설비를 설치하는 경우와 전용면적 60제곱미터 이하의 주택, 카드키시스템으로 일괄소등이 가능한 경우는 제외)					
⑧ 공동주택의 거실, 침실, 주방에는 제5조 제12호 카목에 따른 대기전력자동차단장치를 1개 이상 설치하였으며, 대기전력자동차단장치를 통해 차단되는 콘센트 개수가 제5조 제10호 가목에 따른 거실에 설치되는 전체 콘센트 개수의 30% 이상이 되도록 하였다. 공동주택 외의 건축물은 제5조 제12호 카목에 따른 대기전력자동차단장치를 통해 차단되는 콘센트 개수가 제5조 제10호 가목에 따른 거실에 설치되는 전체 콘센트 개수의 30% 이상이 되도록 하였다.					
⑨ 법 제14조의2의 용도에 해당하는 공공건축물로서 에너지성능지표 전기설비부문 8번 항목 배점을 0.6점 이상 획득하였다. 다만, 「공공기관 에너지이용합리화 추진에 관한 규정」 제6조 제4항의 규정을 적용받는 건축물의 경우에는 해당 항목 배점을 1점 획득하여야 한다.					

주 1. 근거서류 중 도면에 의하여 확인하여야 하는 경우는 도면의 일련번호를 기재하여야 한다.
   2. 만약, 미채택이거나 확인되지 않은 경우에는 더 이상의 검토 없이 부적합으로 판정한다. 확인란의 보류는 확인되지 않은 경우이다. 다만, 자료 제시가 부득이한 경우에는 당해 건축사 및 설계에 협력하는 해당 분야 (기계 및 전기) 기술사가 서명·날인한 설치예정확인서로 대체할 수 있다.

(제2면)

2. 에너지성능지표[1]

항목	기본배점(a) 비주거 대형(3,000 m² 이상)	기본배점(a) 비주거 소형(500~3,000 m² 미만)	기본배점(a) 주거 주택1	기본배점(a) 주거 주택2	배점(b)	1점	0.9점	0.8점	0.7점	0.6점	평점(a*b)	근거
1. 외벽의 평균 열관류율 U_e(W/m²·K)[2][3] (창 및 문을 포함)	21	34	31	28	중부	0.470 미만	0.470~0.640 미만	0.640~0.820 미만	0.820~1.000 미만	1.000~1.180 미만		
					남부	0.580 미만	0.580~0.770 미만	0.770~0.970 미만	0.970~1.170 미만	1.170~1.370 미만		
					제주	0.700 미만	0.700~0.940 미만	0.940~1.200 미만	1.200~1.460 미만	1.460~1.720 미만		
					중부	0.350 미만	0.350~0.420 미만	0.420~0.500 미만	0.500~0.580 미만	0.580~0.660 미만		
					남부	0.440 미만	0.440~0.520 미만	0.520~0.600 미만	0.600~0.680 미만	0.680~0.770 미만		
					제주	0.550 미만	0.550~0.680 미만	0.680~0.810 미만	0.810~0.940 미만	0.940~1.070 미만		
2. 지붕의 평균 열관류율 U_r(W/m²·K)[2][3] (천창 등 투명 외피부분을 제외한 부위의 평균 열관류율)	7	8	8	8	중부	0.110 미만	0.110~0.120 미만	0.120~0.140 미만	0.140~0.160 미만	0.160~0.180 미만		
					남부	0.140 미만	0.140~0.160 미만	0.160~0.180 미만	0.180~0.200 미만	0.200~0.220 미만		
					제주	0.170 미만	0.170~0.190 미만	0.190~0.220 미만	0.220~0.250 미만	0.250~0.280 미만		
3. 최하층 거실 바닥의 평균 열관류율 U_f(W/m²·K)[2][3]	5	6	6	6	중부	0.120 미만	0.120~0.160 미만	0.160~0.200 미만	0.200~0.240 미만	0.240~0.290 미만		
					남부	0.140 미만	0.140~0.180 미만	0.180~0.230 미만	0.230~0.280 미만	0.280~0.340 미만		
					제주	0.160 미만	0.160~0.210 미만	0.210~0.260 미만	0.260~0.310 미만	0.310~0.380 미만		
4. 외피 열교 부위의 단열 성능 (W/m·K) (단, 창 및 문 면적비가 50% 미만일 경우에 한함)	4	6	6	6		0.400 미만	0.400~0.440 미만	0.440~0.475 미만	0.475~0.515 미만	0.515~0.550 미만		
5. 기밀성 창 및 문의 설치(KS F2292에 의한 기밀성 등급 및 통기량(m³/hm²))[4]	5	6	6	6		1등급 (1m³/hm² 미만)	2등급 (1~2 m³/hm² 미만)	3등급 (2~3 m³/hm² 미만)	4등급 (3~4 m³/hm² 미만)	5등급 (4~5 m³/hm² 미만)		
6. 자연채광용 개구부(수영장), 주된 거실에 개폐 가능한 외기에 면한 창 및 문의 설치(기타 건축물)	1	1	1	1		수영장 : 수영장 바닥면적의 1/5 이상 자연채광용 개구부 설치 기타 건축물 : 개폐되는 창 및 문 부위의 면적이 외주부[5] 바닥면적의 1/10 이상 적용 여부						
7. 유리창에 제5조 제10호 타목에 따른 야간 단열장치를 설치	–	–	1	1		전체 창 면적의 20% 이상 적용 여부						

건축부문		8. 냉방부하 저감을 위한 제5조 제10호 더목에 따른 차양장치 설치(남향 및 서향 거실의 투광부 면적에 대한 차양장치 설치 비율)	5	3	3	3	80% 이상	60~80% 미만	40~60% 미만	20~40% 미만	10~20% 미만	
							〈표2〉〈표3〉〈표4〉에 따라 태양열취득률이 0.6 이하의 차양장치 설치비율					
		9. 냉방부하 저감을 위한 제5조 제10호 러목에 따른 거실 외피면적당 평균 태양열취득[6]	2	2			14W/m² 미만	14~19 W/m² 미만	19~24 W/m² 미만	24~29 W/m² 미만	29~34 W/m² 미만	
	공동주택	10. 외기에 면한 주동 출입구 또는 공동주택 각 세대의 현관에 방풍구조를 설치	-	-	1	1	적용 여부					
		11. 대향동의 높이에 대한 인동간격비[7]	-	-	1	1	1.20 이상	1.15 이상 ~ 1.20 미만	1.10 이상 ~ 1.15 미만	1.05 이상 ~ 1.10 미만	1.00 이상 ~ 1.05 미만	
		12. 공동주택의 지하주차장에 300 m² 이내마다 2 m² 이상의 채광용 개구부를 설치하며(지하 2층 이하 제외), 조명설비는 주위 밝기에 따라 전등군별로 자동점멸 또는 스케줄 제어가 가능하도록 하여 조명전력을 감소	-	-	1	1	적용 여부					
		13. 지하주차장 설치되지 않는 경우의 기계 부문 14번 및 건축 부문 12번에 대한 보상점수	-	-	2	2	-					
		건축 부문 소계										

(제3면)

항목			기본배점 (a)				배점 (b)					평점 (a*b)	근거
			비주거		주거		1점	0.9점	0.8점	0.7점	0.6점		
			대형 (3,000m² 이상)	소형 (500~ 3,000m²미만)	주택 1	주택 2							
기계설비부문	1.난방설비[8] (효율 %)	기름 보일러	7	6	9	6	93 이상	90~93 미만	87~90 미만	84~87 미만	84 미만		
		가스 보일러 중앙난방 방식					90 이상	86~90 미만	84~86 미만	82~84 미만	82 미만		
		가스 보일러 개별난방 방식					1등급 제품	-	-	-	그 외 또는 미설치		
		기타 난방설비					고효율 인증 제품(신 재생인 증제품)	에너지 소비 효율 1등급 제품	-	-	그 외 또는 미설치		
	2.냉방설비	원심식 (성적계수, COP)	6	2	-	2	5.18 이상	4.51~ 5.18 미만	3.96~ 4.51 미만	3.52~ 3.96 미만	3.52 미만		
		흡수식 (성적계수, COP) ① 1중효용					0.75 이상	0.73~ 0.75 미만	0.7~ 0.73 미만	0.65~ 0.7 미만	0.65 미만		
		② 2중효용 ③ 3중효용 ④ 냉온수기					1.2 이상	1.1~ 1.2 미만	1.0~ 1.1 미만	0.9~ 1.0 미만	0.9 미만		
		기타 냉방설비					고효율 인증제품(신재생 인증 제품)	에너지 소비 효율 1등급 제품	-	-	그 외 또는 미설치		
	3.열원설비 및 공조용 송풍기의 우수한 효율설비 채택(설비별 배점 후 용량가중평균)		3	1	-	1	60% 이상	57.5~ 60% 미만	55~ 57.5% 미만	50~ 55% 미만	50% 미만		
	4.냉온수 순환, 급수 및 급탕 펌프의 우수한 효율설비 채택[9]		2	2	3	3	1.16E 이상	1.12E~ 1.16E 미만	1.08E~ 1.12E 미만	1.04E~ 1.08E 미만	1.04E 미만		
	5.이코노마이저시스템 등 외기냉방시스템의 도입		3	1	-	1	전체 외기도입 풍량합의 60% 이상 적용 여부						
	6.폐열회수형 환기장치 또는 바닥열을 이용한 환기장치, 보일러 또는 공조기의 폐열회수설비[10]		2	2	2	2	전체 외기도입 풍량합의 60% 이상 적용 여부(폐열회수형 환기장치는 고효율 에너지기자재 인증제품인 경우 배점)						

	항목					기준				
	7. 기기, 배관 및 덕트 단열	2	1	2	2	건축기계설비 표준시방서에서 정하는 기준의 20% 이상 단열재 적용 여부(급수, 배수, 소화배관, 배연덕트 제외)				
	8. 열원설비의 대수분할, 비례제어 또는 다단제어 운전	2	1	2	2	전체 열원설비의 60% 이상 적용 여부				
	9. 공기조화기 팬에 가변속제어 등 에너지절약적 제어방식 채택	2	1	–	1	공기조화기용 전체 팬 동력의 60% 이상 적용 여부				
	10. 축랭식 전기냉방, 가스 및 유류이용 냉방, 지역냉방, 소형열병합 냉방 적용, 신재생에너지 이용 냉방 적용(냉방용량 담당 비율, %)	2	1	–	1	100	90~100 미만	80~90 미만	70~80 미만	60~70 미만
기계설비부문	11. 전체 급탕용 보일러 용량에 대한 우수한 효율설비 용량 비율 (단, 우수한 효율설비의 급탕용 보일러는 고효율에너지기자재 또는 에너지소비효율1등급 설비인 경우에만 배점)	2	2	2	2	80 이상	70~80 미만	60~70 미만	50~60 미만	50 미만
	12. 난방 또는 냉난방순환수 펌프의 대수제어 또는 가변속제어 등 에너지절약적 제어방식 채택	2	1	2	2	냉난방 순환수 펌프 전체동력의 60% 이상 적용 여부				
	13. 급수용 펌프 또는 가압급수펌프 전동기에 가변속 제어 등 에너지절약적 제어방식 채택	1	1	1	1	급수용 펌프 전체 동력의 60% 이상 적용 여부				
	14. 기계환기설비의 지하주차장 환기용 팬에 에너지절약적 제어방식 설비 채택	1	1	1	1	지하주차장 환기용 팬 전체 동력의 60% 이상 적용 여부				
	15. 지역난방방식 또는 소형가스열병합발전 시스템, 소각로 활용 폐열시스템을 채택하여 1번, 8번 항목의 적용이 불가한 경우의 보상점수	10	8	12	9	지역난방, 소형가스열병합발전, 소각로 활용 폐열시스템은 전체 난방설비용량 (신재생에너지난방설비용량 제외)의 60% 이상 적용 여부(단, 부열원은 기계 부문 1번 항목의 배점(b) 0.9점 이상 또는 에너지소비효율 1등급 수준 설치에 한함)				
	개별난방 또는 개별냉난방방식[11]을 채택하여 8번, 12번 항목의 적용이 불가한 경우의 보상점수	4	2	4	4	개별난방 또는 개별냉난방방식은 전체 난방설비 용량의 60% 이상 적용 여부				
	기계설비 부문 소계									

(제4면)

항 목	기본배점(a)				배점(b)					평점(a*b)	근거
	비주거		주거		1점	0.9점	0.8점	0.7점	0.6점		
	대형(3,000m² 이상)	소형(500~3,000m² 미만)	주택1	주택2							
전기설비부문 1. 제5조 제10호 가목에 따른 거실의 조명밀도(W/m²)	3	2	2	2	8 미만	8~11 미만	11~14 미만	14~17 미만	17~20 미만		
2. 간선의 전압강하(%)	1	1	1	1	3.5 미만	3.5~4.0 미만	4.0~5.0 미만	5.0~6.0 미만	6.0~7.0 미만		
3. 변압기를 대수제어가 가능하도록 뱅크 구성	1	-	-	-	전등/전열, 동력, 냉방용 등으로 구분하고 같은 용도 2대 이상 설치된 변압기간 연계제어 적용 여부						
4. 최대수요전력 관리를 위한 제5조 제12호 사목에 따른 최대수요전력 제어 설비	2	1	1	1	적용 여부						
5. 실내 조명설비에 대해 군별 또는 회로별 자동 제어설비를 채택	1	1	-	-	전체 조명전력의 40% 이상 적용 여부						
6. 옥외등은 고휘도방전램프(HID 램프) 또는 LED 램프를 사용하고 격등조명과 자동 점멸기에 의한 점소등이 가능하도록 구성	1	1	1	1	적용 여부 (제5조 제12호 라목에 따른 고효율조명기기인 경우 배점)						
7. 층별 및 임대 구획별로 전력량계를 설치	1	2	-	-	층별 1대 이상 및 임대구획별 전력량계 설치 여부						
8. 건물에너지관리시스템(BEMS) 또는 건축물에 상시 공급되는 에너지원(전력, 가스, 지역난방 등)별로 제5조 제15호에 따른 원격검침전자식 계량기 설치	3	3	2	2	별표 12에 따른 BEMS 설치	-	3개 이상 에너지원별 원격검침전자식 계량기 설치	2개 에너지원별 원격검침전자식 계량기 설치	1개 에너지원 원격검침전자식 계량기 설치		
9. 역률자동 콘덴서를 집합 설치할 경우 역률자동조절장치를 채택	1	1	1	1	적용 여부						

	항목										
전기설비부문	10. 분산제어 시스템으로서 각 설비별 에너지제어 시스템에 개방형 통신기술을 채택하여 설비별 제어시스템 간 에너지관리 데이터의 호환과 집중제어가 가능한 시스템	1	1	1	1	적용 여부					
	11. 전체 조명설비 전력에 대한 LED 조명기기전력 비율(%)(단, LED 제품은 고효율에너지기자재인증제품인 경우에만 배점)	4	4	4	4	30% 이상	24% 이상 ~ 30%	17% 이상 ~ 24%	10% 이상 ~ 17%	5% 이상 ~ 10%	
	12. 제5조 제12호 카목에 따른 대기전력자동차단장치를 통해 차단되는 콘센트의 거실에 설치되는 전체 콘센트 개수에 대한 비율	2	2	2	2	80% 이상	70% 이상 ~ 80%	60% 이상 ~ 70%	50% 이상 ~ 60%	40% 이상 ~ 50%	
	13. 제5조 제12호 거목에 따른 창문 연계 냉난방 설비 자동 제어시스템을 채택	1	1	-	-	적용 여부					
	14. 전력기술관리법에 따라 전력신기술로 지정받은 후 최근 5년 내 최종 에너지사용계획서에 반영된 제품	2	2	2	2	적용 여부					
	15. 무정전전원장치 또는 난방용 자동 온도조절기 설치(단, 모든 제품은 고효율에너지기자재인증제품인 경우에만 배점)	1	1	1	1	적용 여부					
공동주택	16. 도어폰을 대기전력 저감 우수제품으로 채택	-	-	1	1	적용 여부					
	17. 홈게이트웨이를 대기전력 저감우수제품으로 채택	-	-	1	1	적용 여부					
전기설비 부문 소계											

항목	기본배점(a)				배점(b)					평점(a*b)	근거
	비주거		주거		1점	0.9점	0.8점	0.7점	0.6점		
	대형 (3,000 m² 이상)	소형 (500~ 3,000 m² 미만)	주택 1	주택 2							
신재생부문 1.전체 난방설비 용량에 대한 신·재생에너지 용량 비율	4	4	5	4	2% 이상	1.75% 이상	1.5% 이상	1.25% 이상	1% 이상		
					단, 의무화 대상 건축물은 2배 이상 적용 필요						
2.전체 냉방설비 용량에 대한 신·재생에너지 용량 비율	4	4	-	3	2% 이상	1.75% 이상	1.5% 이상	1.25% 이상	1% 이상		
					단, 의무화 대상 건축물은 2배 이상 적용 필요						
3.전체 급탕설비 용량에 대한 신·재생에너지 용량 비율	1	1	4	3	10% 이상	8.75% 이상	7.5% 이상	6.25% 이상	5% 이상		
					단, 의무화 대상 건축물은 2배 이상 적용 필요						
4.전체 조명설비전력에 대한 신·재생에너지 용량 비율	4	4	4	3	60% 이상	50% 이상	40% 이상	30% 이상	20% 이상		
					단, 의무화 대상 건축물은 2배 이상 적용 필요(잉여 전력은 계통 연계를 통해 활용)						
신재생설비 부문 소계											
평점 합계(건축+기계+전기+신재생)											

(제5면)

3. 건축물 에너지소요량 평가서(신축 또는 별동 증축으로서 연면적의 합계가 3천 제곱미터 이상인 업무시설 및 연면적의 합계가 500제곱미터 이상인 공공기관 건축물에 한하여 작성)

- 건축물 에너지소요량 평가 분야별 정보

구 분		평가 분야별 정보						
건축	일반 개요	냉·난방면적 (m²)	지상층연면적 (m²)	지하층연면적 (m²)	층고 (m)	천장고 (m)	지상층수 (층)	지하층수 (층)
	외벽	면적의 합 : (m²)			평균 열관류율 : (W/m²·K)			
	창 및 문	면적의 합 : (m²)			평균 열관류율 : (W/m²·K)			
	최상층지붕	면적의 합 : (m²)			평균 열관류율 : (W/m²·K)			
	최하층바닥	면적의 합 : (m²)			평균 열관류율 : (W/m²·K)			

구 분		평가 분야별 정보				
기계	난방	난방설비방식	전체설비용량	용량가중효율	순환펌프동력	전력난방설비 용량비율
			(kW)	(%) (COP)	(kW)	(%)
	급탕	급탕설비방식	전체설비용량	용량가중효율	순환펌프동력	전력급탕설비 용량비율
			(kW)	(%) (COP)	(kW)	(%)
	냉방	냉방설비방식	전체설비용량	용량가중효율	냉수순환 펌프동력	냉각수순환 펌프동력	전력냉방설비 용량비율
			(kW)	(COP)	(kW)	(kW)	(%)
	공조	공조설비방식	급·배기풍량	용량가중효율	급·배기팬동력	열회수율
			급기: (CMH) 배기: (CMH)	급기: (%) 배기: (%)	급기: (kW) 배기: (kW)	난방: (%) 냉방: (%)
전기	조명설비	조명기기종류	LED 조명전력	거실 조명전력	거실 면적	거실 조명밀도
			(kW)	(kW)	(m^2)	(W/m^2)
신재생	태양열	종류	집열판면적	집열판기울기	집열판방위	집열효율
			(m^2)	(°)		(%)
	태양광	종류	모듈면적	모듈기울기	모듈방위	모듈효율
			(m^2)	(°)		(%)
	지열	종류	난방용량·효율	냉방용량·효율	급탕용량·효율	순환펌프동력
			용량: (kW) 효율: (COP)	용량: (kW) 효율: (COP)	용량: (kW) 효율: (COP)	(kW)

- 건축물 에너지소요량 평가 최종 결과

구 분	단위면적당 에너지요구량 (kWh/m^{2}년)	단위면적당 에너지소요량 (kWh/m^{2}년)	단위면적당 1차 에너지소요량 (kWh/m^{2}년)
난 방			
급 탕			
냉 방			
조 명			
환 기			
합 계			

※ 단위면적당 에너지요구량 : 해당 건축물의 난방, 냉방, 급탕, 조명 부문에서 요구되는 단위면적당 에너지양

※ 단위면적당 에너지소요량 : 해당 건축물에 설치된 난방, 냉방, 급탕, 조명, 환기시스템에서 소요되는 단위면적당 에너지양

※ 단위면적당 1차에너지소요량 : 에너지소요량에 연료의 채취, 가공, 운송, 변환, 공급 과정 등의 손실을 포함한 단위면적당 에너지양

주택 1 : 난방(개별난방, 중앙집중식 난방, 지역난방) 적용 공동주택
주택 2 : 주택 1 + 중앙집중식 냉방적용 공동주택

㈜ 1) 에너지성능지표에서 각 항목에 적용되는 설비 또는 제품의 성능이 일정하지 않을 경우에는 각 성능을 용량 또는 설치 면적에 대하여 가중평균한 값을 적용한다. 또한 각 항목에 대상 설비 또는 제품이 "또는"으로 연결되어 2개 이상 해당될 경우에는 그중 하나만 해당되어도 배점은 인정된다.

2) 평균열관류율의 단위는 $W/m^2 \cdot K$를 사용하며, 이를 $kcal/m^2 \cdot h \cdot ℃$로 환산할 경우에는 다음의 환산 기준을 적용한다.

$$1\,[W/m^2 \cdot K] = 0.86\,[kcal/m^2 \cdot h \cdot ℃]$$

3) "평균열관류율"이라 함은 거실 부위의 지붕(천창 등 투명 외피 부위를 포함하지 않는다.), 바닥, 외벽(창을 포함한다) 등의 열관류율 계산에 있어 세부 부위별로 열관류율값이 다를 경우 이를 평균하여 나타낸 것을 말하며, 계산방법은 다음과 같다.

[에너지성능지표에서의 평균 열관류율의 계산법]

건축물의 구분	계 산 법
거실의 외벽 (창 포함)(U_e)	$U_e = [\Sigma(방위별\ 외벽의\ 열관류율 \times 방위별\ 외벽\ 면적) + \Sigma(방위별\ 창\ 및\ 문의\ 열관류율 \times 방위별\ 창\ 및\ 문의\ 면적)]/(\Sigma방위별\ 외벽\ 면적 + \Sigma방위별\ 창\ 및\ 문의\ 면적)$
최상층에 있는 거실의 반자 또는 지붕(U_r)	$U_r = \Sigma(지붕\ 부위별\ 열관류율 \times 부위별\ 면적)/(\Sigma지붕\ 부위별\ 면적)$ ← 천창 등 투명 외피부위는 포함하지 않음
최하층에 있는 거실의 바닥(U_f)	$U_f = \Sigma(최하층\ 거실의\ 바닥\ 부위별\ 열관류율 \times 부위별\ 면적)/(\Sigma최하층\ 거실의\ 바닥\ 부위별\ 면적)$

※ 외벽, 지붕 및 최하층 거실 바닥의 평균열관류율이란 거실 또는 난방 공간의 외기에 직접 또는 간접으로 면하는 각 부위들의 열관류율을 면적가중 평균하여 산출한 값을 말한다.

※ 평균 열관류율 계산은 제2조 제1항 제1호에 따른 부위를 기준으로 산정하며, 외기에 간접적으로 면한 부위에 대해서는 적용된 열관류율값에 외벽, 지붕, 바닥 부위는 0.7을 곱하고, 창 및 문 부위는 0.8을 곱하여 평균 열관류율의 계산에 사용한다. 또한 이 기준 제6조 제1호에 의하여 단열조치를 아니하여도 되는 부위와 공동주택의 이웃세대와 면하는 세대간벽(거실의 외벽으로 계산 가능)의 열관류율은 별표1의 해당 부위의 외기에 직접 면하는 경우의 열관류율 기준값을 적용한다.

※ 평균 열관류율 계산에 있어서 복합용도의 건축물 등이 수직 또는 수평적으로 용도가 분리되어 당해 용도 건축물의 최상층 거실 상부 또는 최하층 거실 바닥 부위 및 다른 용도의 공간과 면한 벽체 부위가 외기에 직접 또는 간접으로 면하지 않는 부위일 경우의 열관류율은 0으로 적용한다.

4) 기밀성 등급 및 통기량 배점 산정 시, 1~5등급 이외의 경우는 0점으로 적용하고 가중평균값을 적용한다. 다만 제6조 제1호 가목에 해당하는 창 및 문의 경우는 평가 대상에서 제외한다.

5) "외주부"라 함은 거실공간으로서 외기에 직접 면한 벽체의 실내측 표면 하단으로부터 5미터 이내의 실내측 바닥 부위를 말하며, 개폐 가능한 창면적은 창이 개폐되는 실유효면적을 말한다.

6) "거실 외피면적당 평균 태양열취득"이라 함은 채광창을 통하여 거실로 들어오는 태양열취득의 합을 거실 외피면적의 합으로 나눈 비율을 나타낸 것을 말하며, 계산방법은 다음과 같다. 단, 외피면적 계산 시 지붕과 바닥은 제외한다.

에너지성능지표에서의 거실 외피면적당 평균 태양열취득의 계산법

건축물의 구분	계 산 법
거실 외피면적당 평균 태양열취득	Σ(해당방위의 수직면 일사량 × 해당방위의 일사조절장치의 태양열취득률 × 해당방위의 거실 투광부 면적) / 거실 외피면적의 합

※ 일사조절장치의 태양열취득률 = 수평 고정형 외부차양의 태양열취득률 × 수직 고정형 외부차양의 태양열취득률 × 가동형 차양의 설치위치에 따른 태양열취득률 × 투광부의 태양열취득률

※ 투광부의 태양열취득률(SHGC) = 유리의 태양열취득률(SHGC) × 창틀계수

여기서, 창틀계수 = $\dfrac{\text{유리의 투광면적}(m^2)}{\text{창틀을 포함한 창면적}(m^2)}$

창틀의 종류 및 면적이 정해지지 않은 경우에는 창틀계수를 0.90으로 가정한다.

※ 가동형 차양의 설치위치에 따른 태양열취득률은 KS L 9107 규정에 따른 시험성적서에 제시된 값을 사용하고 유리의 종류에 따른 태양열취득률 및 가시광선투과율은 KS L 2514 규정에 따른 공인시험성적서에 제시된 물성자료를 사용하며, 자료가 없는 경우 〈표4〉 또는 〈표5〉를 사용할 수 있다.

※ 투광부의 가시광선투과율은 복층유리의 경우 40% 이상, 3중유리의 경우 30% 이상, 4중유리 이상의 경우 20% 이상이 되도록 설계하거나 유리의 태양열취득률의 1.2배 이상이어야 한다.

※ 지하층 및 벽이나 문 등으로 거실과 구획되어 있는 비냉난방공간(예 : 계단실, 복도, 아트리움)에 면한 외피는 태양열취득 계산에 포함하지 않는다.

〈표1〉 방위별 수직면 일사량(W/m^2)

방 위	남	남서	서	서북	북	북동	동	동남
평균 수직면 일사량	256	329	340	211	138	243	336	325

〈표2〉 수평 고정형 외부차양의 태양열취득률

수평차양의 돌출길이(P) / 수평차양에서 투광부 하단까지의 길이(H)	남	남서	서	북서	북	북동	동	동남
0.0	1.00	1.00	1.00	1.00	1.00	1.00	1.00	1.00
0.2	0.57	0.74	0.79	0.79	0.89	0.78	0.79	0.73
0.4	0.48	0.55	0.63	0.64	0.83	0.64	0.63	0.54
0.6	0.45	0.42	0.51	0.54	0.79	0.54	0.50	0.42
0.8	0.43	0.35	0.42	0.48	0.76	0.48	0.42	0.36
1.0	0.41	0.33	0.36	0.43	0.73	0.43	0.37	0.33

〈표3〉 수직 고정형 외부차양의 태양열취득률

수직차양의 돌출길이(P) / 수직차양에서 투광부폭까지의 길이(W)	남	남서	서	북서	북	북동	동	동남
0.0	1.00	1.00	1.00	1.00	1.00	1.00	1.00	1.00
0.2	0.73	0.84	0.88	0.76	0.68	0.79	0.89	0.82
0.4	0.61	0.72	0.79	0.61	0.56	0.64	0.80	0.67
0.6	0.54	0.60	0.74	0.46	0.47	0.50	0.75	0.54
0.8	0.50	0.51	0.70	0.38	0.42	0.42	0.71	0.46
1.0	0.45	0.43	0.65	0.28	0.34	0.31	0.66	0.39

〈표4〉 가동형 차양의 설치위치에 따른 태양열취득률

유리의 외측에 설치	유리와 유리 사이에 설치	유리 내측에 설치
0.34	0.5	0.88

〈표5〉 유리의 종류별 태양열취득률 및 가시광선투과율

유리 종류		유리의 태양열취득률 및 가시광선투과율					
		6 mm		12 mm		16 mm	
공기층		태양열취득률	가시광선투과율	태양열취득률	가시광선투과율	태양열취득률	가시광선투과율
복층	일반유리	0.717	0.789	0.719	0.789	0.719	0.789
	일반유리+아르곤	0.718	0.789	0.720	0.789	0.720	0.789
	로이유리	0.577	0.783	0.581	0.783	0.583	0.783
	로이유리+아르곤	0.579	0.783	0.583	0.783	0.584	0.783
삼중	일반유리	0.631	0.707	0.633	0.707	0.634	0.707
	일반유리+아르곤	0.633	0.707	0.634	0.707	0.635	0.707
	로이유리	0.526	0.700	0.520	0.700	0.518	0.700
	로이유리+아르곤	0.523	0.700	0.517	0.700	0.515	0.700
사중	일반유리	0.563	0.637	0.565	0.637	0.565	0.637
	일반유리+아르곤	0.564	0.637	0.565	0.637	0.566	0.637
	로이유리	0.484	0.629	0.474	0.629	0.471	0.629
	로이유리+아르곤	0.479	0.629	0.468	0.629	0.466	0.629

7) 인동간격비는 다음과 같이 계산한다.

   인동간격비 = (전면부에 위치한 대향동과의 이격거리)/(대향동의 높이)

   ※ 대향동의 높이는 옥상 난간(경사지붕인 경우에는 경사지붕의 최고 높이)을 기준으로 높이를 산정하며, 난간 또는 지붕의 높이가 다를 경우에는 평균값을 적용한다.
   ※ 대지 내에 전면부에 위치한 대향동이 없는 경우의 인동간격비는 (인접대지경계선과의 이격거리×2) / (해당동의 높이)로 산출한다.

8) 보일러의 효율은 해당 보일러에 대한 한국산업규격에서 정하는 계산 방법에 따른다. 단, 배점 판정을 위한 효율은 기름을 연료로 사용하는 보일러의 경우는 진발열량(저위발열량)에 의한 효율을, 가

스를 연료로 사용하는 보일러의 경우는 총 발열량(고위발열량)에 의한 효율에 의해 판정한다.
9) 펌프 효율 E는 다음과 같이 계산한다.
   ① E는 다음 표의 A 및 B효율을 의미하며 A 및 B효율이 모두 만족될 때 해당배점을 받을 수 있다.
   ② 펌프가 여러 대일 경우에는 개별 펌프에 대해 배점을 구하고 배점에 대한 가중평균값을 적용한다.
   펌프의 가중평균 배점 = Σ{토출량(m^3/분) × 대수(대) × 각 펌프의 배점}/Σ{토출량(m^3/분) × 대수(대)}
   ※ 단, 토출량 0.2 m^3/분 이하의 펌프는 효율 계산에서 제외할 수 있다.

■ 소형 펌프(소형 벌루트 펌프, 소형 다단원심 펌프 등)

토출량 (m^3/분)		0.08	0.1	0.15	0.2	0.3	0.4	0.5	0.6	0.8	1.0	1.5	2	3	4	5	6	8	10	15
효율 E	A효율(%)	32	37	44	48	53.5	57	59	60.5	63.5	65.5	68.5	70.5	73	74	74.5	75	75.5	76	76.5
	B효율(%)	26	30.5	36	39.5	44	46.5	48.5	49.5	52	53.5	56	58	60	60.5	61	61.5	62	62.5	63

■ 대형 펌프(양쪽 흡입 벌루트 펌프 등)

토출량 (m^3/분)		2	3	4	5	6	8	10	15	20	30	40	50
효율 E	A효율(%)	67	70	71	72	73	74	75	76	77	78	78.5	79
	B효율(%)	57	59	60	61	61.5	62.5	63	64	65	66	66.5	67

※ 사용하는 펌프의 토출량이 표에서 제시된 값과 값 사이에 존재할 때는 해당 효율을 아래의 식을 이용하여 산출한다.

$$효율(\%) = a \times [\ln X]^2 + b \times [\ln X] + c$$

여기서, X = 토출량[lpm 또는 (m^3/(분×1000))], a, b, c = 계수로서 다음 해당 펌프의 값을 적용하며, 식에서 ln은 로그를 의미한다.

펌프 종류	계수	a	b	c	해당 펌프 종류
소형 펌프	A특성	−1.738	32.48	−75.8	소형 벌루트 펌프 소형 다단원심 펌프 등
	B특성	−1.403	26.35	−61.3	
대형 펌프	A특성	−0.697	16.43	−17.3	양쪽 흡입 벌루트 펌프 등
	B특성	−0.407	10.52	0.71	

※ A특성 : 펌프효율의 최대치, B특성 : 규정토출량에서의 펌프효율

10) 콘덴싱 보일러는 보일러 효율에서 가산점을 받으므로 폐열회수설비에서 별도의 가산점을 받지 못한다.

11) 개별냉난방방식은 실내기가 집합 또는 중앙식으로 제어되는 시스템을 포함한 경우로 중앙에서 모니터링 기능, 스케줄 제어, 피크전력 제어(전기구동방식일 경우에 한함)가 가능하고 또한 인버터 방식 또는 능력가변 방식 등을 이용한 가변속제어 또는 용량제어가 가능할 경우에 한한다. 단, 공동주택은 그러하지 아니하다.

[별지 제2호 서식]

완화기준 적용 신청서			허가번호(연도-기관코드-업무구분-허가일련번호) ☐☐☐☐ - ☐☐☐☐☐☐☐ - ☐☐☐☐ - ☐☐☐☐☐			
건 축 주	성 명			생년월일 (법인등록번호)		
	주 소				(전화번호 :)	
설 계 자	성 명			면허번호		
	사무소명			등록번호		
	사무소 주소				(전화번호 :)	
대지조건	대지위치					
	지 번			관련지번		
	지 목			용도지역	/	
	용도지구		/	용도구역	/	
대지면적(m²)				건축면적(m²)		
건폐율(%)				연면적(m²)		
용적률산정용 연면적(m²)				용적률(%)		
완화신청의 근거	해당 항목에 √ 하시기 바랍니다.					
	☐ 건축물 에너지 효율 등급 인증 ( )등급		☐ 녹색건축 인증 ( )등급	☐ 제로에너지 건축물 인증 ( )등급		최대 완화 비율 합계 %
완화받고자 하는 제한기준	완화기준의 완화비율 범위 내에서 나눠서 적용할 수 있습니다.					
	☐ 건축물 용적률 ( )%			☐ 건축물 높이 ( )%		신청 완화 비율 합계
완화 적용 후 변경기준	적용 전 : %			적용 전 : m		%
	적용 후 : %			적용 후 : m		

「녹색건축물 조성 지원법」 제15조, 동법 시행령 제11조 및 건축물의 에너지절약 설계기준 제18조 제1항에 따라 위와 같이 완화기준 적용을 신청합니다.

년   월   일

건축주   (서명 또는 인)

특별자치도지사 또는 시장·군수·구청장 귀하

구비서류 : 해당 예비인증서 사본 1부.

[별지 제3호 서식]

에너지절약계획 이행 검토서

사전확인번호(연도-기관코드-업무구분-사전확인일련번호)
허가번호(연도-기관코드-업무구분-허가일련번호)

1. 일반사항

건축주	성명(법인명)				전화번호			
건축물 개요	건축물명							
	주 소				지역구분	중부	남부	제주
	주 용 도		제출대상 연면적	m^2	외벽면적			m^2
	층수(층고)	층(m)	냉난방면적	m^2	창면적			m^2
시공자	회 사 명		착공일		공사완료일			
작성책임자 (건축주 또는 감리자)	소 속		직위		성명			㊞
건축허가일			건축허가 시 적용 설계기준		국토교통부 고시			호

2. 확인사항

구 분		시공 및 설치 현황			검토 결과
건축부문 의무사항	① 단열조치 (해당 부위 열관류율)	외 벽	최대 : 최소 :	W/m^2K	☐적합 ☐부적합
		최상층지붕	최대 : 최소 :	W/m^2K	
		최하층바닥	최대 : 최소 :	W/m^2K	
		바닥난방 부위	최대 : 최소 :	W/m^2K	
		창	최대 : 최소 :	W/m^2K	
		문	최대 : 최소 :	W/m^2K	
	② 외벽의 평균 열관류율(창 및 문 포함)	외벽 (창 및 문 포함)		W/m^2K	☐적합 ☐부적합
		점수		점	
	③ 바닥난방 (슬래브 상부 열저항)	최하층바닥		m^2K/W	☐적합 ☐부적합 ☐해당 없음
		층간바닥		m^2K/W	
	④ 방습층	☐ 단열재 자체성능 : 보온판 ☐ PE필름 적용 : mm × 장 = mm ☐ 기타 방습재료 :			☐적합 ☐부적합

	⑤ 방풍 구조	☐ 회전문 ☐ 방풍실		☐적합 ☐부적합 ☐해당 없음
	⑥ 창의 기밀 성능	☐ 기밀성 : 등급 이상		☐적합 ☐부적합
	⑦공공기관 차양장치 (법 제14조의2의 용도에 한함)	☐ 설치비율 : % ☐ 건축부문 8번 항목 점수 : 점 ☐ 건축물 에너지효율 1+등급 이상 취득 ( ) ☐ 에너지소요량 평가서의 단위면적당 1차에너지소요량의 합계가 260 kWh/m² 년 미만 ( )		☐적합 ☐부적합 ☐해당없음
건축부문 성능지표	① 평균열관류율	외벽	W/m²K	☐적합 ☐부적합 ☐해당 없음
		최상층지붕	W/m²K	
		최하층바닥	W/m²K	
	② 외피 열교부위의 단열 성능값	전체 선형 열교 길이의 합	m	☐적합 ☐부적합 ☐해당 없음
		외피 열교부위의 단열 성능값	W/mK	
	③ 기밀성 창 및 문	등급	이상	☐적합 ☐부적합 ☐해당 없음
		통기량	m³/hm²	
		적용비율	%	
	④ 자연채광·환기	채광 개구부 면적	m²	☐적합 ☐부적합 ☐해당 없음
		외주부 바닥면적	m²	
		창 개폐부위 면적	m²	☐적합 ☐부적합 ☐해당 없음
	⑤ 야간단열장치	창에 적용한 면적비	%	☐적합 ☐부적합 ☐해당 없음
	⑥ 차양장치	적용비율	%	☐적합 ☐부적합 ☐해당 없음
	⑦ 평균태양열취득	거실 외피면적당 평균 태양열 취득	W/m²	☐적합 ☐부적합 ☐해당 없음
	⑧ 공동주택 선택부문	방풍실 등	주동출입구 또는 세대 현관	☐적합 ☐부적합 ☐해당 없음
		인동간격비 (거리/높이)		☐적합 ☐부적합 ☐해당 없음
		채광용 개구부 설치 및 조명설비 자동제어		☐적합 ☐부적합 ☐해당 없음
		보상점수	지하주차장 미설치 여부	☐적합 ☐부적합 ☐해당 없음

구 분		시공 및 설치 현황			검토 결과			
건축부문 소요량 평가	① 일반 개요	냉·난방면적	지상층연면적	지하층연면적	층고	천장고	지상층수	지하층수
		(m²)	(m²)	(m²)	(m)	(m)	(층)	(층)
	② 외벽	면적의 합 :		(m²)	평균 열관류율 :			(W/m²·K)
	③ 창 및 문	면적의 합 :		(m²)	평균 열관류율 :			(W/m²·K)
	④ 최상층지붕	면적의 합 :		(m²)	평균 열관류율 :			(W/m²·K)
	⑤ 최하층바닥	면적의 합 :		(m²)	평균 열관류율 :			(W/m²·K)
건축 확인자	소 속			직위		성명		㊞

구 분		시공 및 설치 현황			검토 결과
기계설비부문 의무사항	① 설계용 외기조건	난방용 온·습도	℃	%	☐적합 ☐부적합
		냉방용 온·습도	℃	%	
	② 펌프	구 분	효율비	설치용량	☐적합 ☐부적합
		급수용	A :	kW	
			B :		
		급탕용	A :	kW	
			B :		
		순환수용	A :	kW	
			B :		
		기 타	A :	kW	
			B :		
	③ 보온재	기기 / 보일러	보온재 :		☐적합 ☐부적합
			두께 :		
		기기 / 냉동기	보온재 :		
			두께 :		
		배관 / 급탕 온수	보온재 :		
			두께 : (관경50)		
		덕트	보온재 :		
			두께 :		
	④ 공공기관 전기대체 냉방설비 (「공공기관 에너지이용합리화 추진에 관한 규정」 제10조의 규정을 적용받는 건축물에 한함)	종류(형식)			☐적합 ☐부적합 ☐해당 없음
		주간최대 냉방설비용량			
		대체설비 설치용량			
	⑤ 공공기관 고효율 냉난방설비 채택(법 제14조의2의 용도에 한함)	☐ 기계부문 1번 항목 점수 : 점 ☐ 기계부문 2번 항목 점수 : 점			☐적합 ☐부적합 ☐해당 없음

제1장 건축물 에너지 효율등급 평가

구 분		시공 및 설치 현황			검토 결과
기계설비부문성능지표	① 난방기기	종류(형식)			☐적합 ☐부적합 ☐해당 없음 (☐ 고효율인증제품 사용) (☐ 신재생인증제품 사용)
		용 량			
		효 율			
	② 냉방기기	종류(형식)			☐적합 ☐부적합 ☐해당 없음 (☐ 고효율인증제품 사용) (☐ 신재생인증제품 사용)
		용 량			
		효 율			
	③ 열원 설비 및 공조용 송풍기	평균효율 :			☐적합 ☐부적합 ☐해당 없음 (☐ 고효율인증제품 사용)
	④ 펌프(급수, 급탕, 냉·난방 순환용)	평균효율 :			☐적합 ☐부적합 ☐해당 없음 (☐ 고효율인증제품 사용)
	⑤ 외기냉방	☐ 적용			☐적합 ☐부적합 ☐해당 없음
	⑥ 폐열회수형 환기장치 또는 바닥열을 이용한 환기장치, 보일러 또는 공조기의 폐열회수설비	설치용량		Nm³/h	☐적합 ☐부적합 ☐해당 없음 (☐ 고효율인증제품 사용)
		유효전열교환효율 (폐열회수형)	냉방 시	%	
			난방 시	%	
		공기예열기, 급수가열기 적용 여부			☐적합 ☐부적합 ☐해당 없음
	⑦ 보온재	표준시방 대비 20% 이상 여부			☐적합 ☐부적합 ☐해당 없음
	⑧ 열원설비 제어	대상기기			☐적합 ☐부적합 ☐해당 없음
		제어방식			
	⑨ 공조용 송풍기 제어	제어방식			☐적합 ☐부적합 ☐해당 없음
		전체 동력량		kW	
		제어 동력량		kW	
	⑩ 대체냉방 설비	종류(형식)			☐적합 ☐부적합 ☐해당 없음
		주간최대 냉방설비용량			
		대체설비 설치용량			
	⑪ 급탕용 보일러	전체급탕설비용량		kcal/h	☐적합 ☐부적합 ☐해당 없음
		인증기기 용량		kcal/h	
	⑫ 순환수 펌프제어	제어방식			☐적합 ☐부적합 ☐해당 없음
		전체 동력량		kW	
		제어 동력량		kW	
	⑬ 급수펌프 전동기 제어	제어방식			☐적합 ☐부적합 ☐해당 없음
		전체 동력량		kW	
		제어 동력량		kW	
	⑭ 지하주차장 환기용 팬 제어	제어방식			☐적합 ☐부적합 ☐해당 없음
		전체 동력량		kW	
		제어 동력량		kW	

			난방방식			
⑮ 보상점수			개별난방 또는 개별냉난방		☐적합 ☐부적합 ☐해당 없음	

구 분		시공 및 설치 현황			검토 결과	
기계부문 소요량평가	① 난방	난방설비 방식	전체설비용량	용량가중 효율	순환펌프동력	전력난방 설비용량비율
			(kW)	(%) (COP)	(kW)	(%)
	② 급탕	급탕설비 방식	전체설비용량	용량가중 효율	순환펌프동력	전력급탕 설비용량비율
			(kW)	(%) (COP)	(kW)	(%)
	③ 냉방	냉방설비 방식	전체설비용량	용량가중 효율	냉수순환 펌프동력 / 냉각수 순환 펌프동력	전력냉방 설비용량 비율
			(kW)	(COP)	(kW) / (kW)	(%)
	④ 공조	공조설비방식	급·배기풍량	용량가중 효율	급·배기팬동력	열회수율
			급기: (CMH) 배기: (CMH)	급기: (%) 배기: (%)	급기: (kW) 배기: (kW)	난방: (%) 냉방: (%)

기계 확인자	소 속		직위		성명	인

구 분		시공 및 설치 현황		검토 결과
전기설비부문 의무사항	① 변압기	총 설치용량	kVA	☐적합 ☐부적합 ☐해당 없음 (☐ 고효율 변압기 사용)
		설치대수	대	
		☐ 고효율 변압기 사용		
	② 역률개선콘덴서	콘덴서 부설용량기준표 만족 여부		☐적합 ☐부적합
	③ 전압강하	전선긍장	전압강하율	☐적합 ☐부적합
		60 m 이내	%	
		120 m 이내	%	
		200 m 이내	%	
		200 m 초과		

구 분		시공 및 설치 현황			검토 결과
전기설비부문 의무사항	④ 조명기기	구분	설치용량	최저소비효율 기준 만족 여부	☐적합 ☐부적합
		직관형 26 mm	28 W	kW	
			32 W	kW	
		16 mm	W	kW	
		둥근형	W	kW	
		콤팩트형 (FPX FDX FPL)	32 W	kW	
			36 W	kW	
			W	kW	
		안정기 내장형	W	kW	
			W	kW	
		조도자 동조절 기구	☐ 고효율인증제품 사용		
		주차장 및 유도 등	☐ 고효율인증제품 사용 (LED사용)		
		기 타	W	kW	
	⑤ 조도자동조절조명 기구(공동주택, 숙박)	조도자동조절조명기구 적용 여부			☐적합 ☐부적합 ☐해당 없음
	⑥ 부분조명	부분조명이 가능한 점멸회로 구성 (창가 측 회로분리 여부)			☐적합 ☐부적합 ☐해당 없음
	⑦ 일괄소등스위치	설치대수			☐적합 ☐부적합
	⑧ 대기전력자동차단 장치	전체 콘센트 수량		개	☐적합 ☐부적합
		적용 대기전력 차단장치	대기전력자동차 단콘센트 개수	개	
			대기전력자동차 단스위치를 통한 차단 콘센트 개수	개	
			비중	%	
		거실, 침실, 주방 에 각 1개 이상 설치(공동주택)		–	☐적합 ☐부적합 ☐해당 없음
	⑨-1 공공기관 원격검 침전자식계량기 (법 제 14조의2의 용도에 한함)	☐ 전기부문 8번 항목 점수 : 점			☐적합 ☐부적합 ☐해당 없음
	⑨-2 공공기관 BEMS (「공공기관 에너지이용 합리화추진에 관한 규정」 제6조 제4항의 규정을 적 용받는 건축물에 한함)	☐ 전기부문 8번 항목 점수 : 점			☐적합 ☐부적합 ☐해당 없음

구 분		시공 및 설치 현황			검토 결과
전기설비부문 성능지표	① 거실의 조명밀도	조명밀도		W/m²	□적합 □부적합 □해당 없음
	② 전압강하	평균전압강하율		%	□적합 □부적합 □해당 없음
	③ 변압기 대수제어	뱅크구성, 용도별 대수분할 여부			□적합 □부적합 □해당 없음
	④ 최대수요전력제어	제어설비명			□적합 □부적합 □해당 없음
		피크컷 가능 여부			
	⑤ 조명설비자동제어	제어설비명			□적합 □부적합 □해당 없음
		전체 조명용량의 40% 이상 제어 여부			
	⑥ 옥외등	램프형식 (정격전력)	(	W)	□적합 □부적합 □해당 없음 (□ 고효율인증제품 사용)
		자동점멸방식			
		격등회로 구성 여부			
	⑦ 층별 전력량계	층별 1대 이상 설치 여부			□적합 □부적합 □해당 없음
	⑧ 건물에너지관리	BEMS 적용 여부	( )		□적합 □부적합 □해당 없음
		에너지원별 원격 검침전자식계량기	1개 에너지원 설치 ( )		
			2개 에너지원별 설치 ( )		
			3개 이상 에너지원별 설치 ( )		
	⑨ 역률자동조절장치	역률자동조절장치 적용 여부			□적합 □부적합 □해당 없음
	⑩ 분산제어	설비별 제어시스템 사이에 데이터의 호환 및 집중제어 가능 여부			□적합 □부적합 □해당 없음
	⑪ LED 조명기기	전체 조명 전력		kW	□적합 □부적합 □해당 없음
		LED 조명 전력		kW	
	⑫ 대기전력자동차단 장치 적용	적용비율		%	□적합 □부적합 □해당 없음
	⑬ 창문 연계 냉난방 설비 자동제어 시스템	창문 개방 시 센서가 이를 감지해 자동으로 해당 실의 냉난방 공급을 차단하는 시스템 적용 여부			□적합 □부적합 □해당 없음
	⑭ 전력신기술	최근 5년 내 최종 에너지사용계획서 반영 여부			□적합 □부적합 □해당 없음
	⑮ 무정전전원장치 또는 난방용 자동온도조절기	고효율에너지기자재인증제품 여부			□적합 □부적합 □해당 없음
	⑯ 도어폰 (공동주택)	대기전력저감우수제품 적용 여부			□적합 □부적합 □해당 없음
	⑰ 홈게이트웨이 (공동주택)	대기전력저감우수제품 적용 여부			□적합 □부적합 □해당 없음

구 분		시공 및 설치 현황				검토 결과	
전기 부문 소요량 평가	① 조명설비	조명기기종류	LED 조명전력		거실 조명전력	거실 면적	거실 조명밀도
			(kW)		(kW)	(m²)	(W/m²)
전기 확인자	소 속		직위		성명		인

구 분		시공 및 설치 현황			검토 결과	
신재생설비부문	① 신재생 난방	적용설비			□적합 □부적합 □해당 없음 (□ 신재생인증제품 사용)	
		설치용량		kW		
	② 신재생 냉방	적용설비			□적합 □부적합 □해당 없음 (□ 신재생인증제품 사용)	
		설치용량		kW		
	③ 신재생 급탕	적용설비			□적합 □부적합 □해당 없음 (□ 신재생인증제품 사용)	
		설치용량		kW		
	④ 신재생 발전	적용설비			□적합 □부적합 □해당 없음 (□ 신재생인증제품 사용)	
		설치용량		kW		

구분			시공 및 설치 현황			
신재생부문 생산량 평가	① 태양열	종류	집열판면적	집열판기울기	집열판방위	집열효율
			(m²)	(°)		(%)
	② 태양광	종류	모듈면적	모듈기울기	모듈방위	모듈효율
						(%)
	③ 지열	종류	난방용량·효율	난방용량·효율	급탕용량·효율	순환펌프 동력
			용량 : (kW) 효율 : (COP)	용량 : (kW) 효율 : (COP)	용량 : (kW) 효율 : (COP)	(kW)
신재생 확인자	소 속		직위		성명	인

에너지소요량평가최종결과값	구분	단위면적당 에너지요구량	단위면적당 에너지소요량	단위면적당 1차에너지소요량
		(kWh/m²년)	(kWh/m²년)	(kWh/m²년)
	① 난방			
	② 급탕			
	③ 냉방			
	④ 조명			
	⑤ 환기			
	합 계			
	□적합 □부적합 (제4조 제8호에 따른 건축물)			

※ 제15조에 따라 판정을 받은 건축물의 경우는 건축, 기계, 전기 부문별 성능지표란 및 신재생설비부문란을 기재하여야 하며 건축, 기계, 전기 부문별 소요량 평가란 및 신재생부문 생산량 평가란은 기재하지 않을 수 있음

※ 제21조 제2항에 따라 에너지소요량 평가서의 판정을 받는 건축물의 경우는 건축, 기계, 전기 부문별 소요량 평가란 및 신재생부문 생산량 평가란을 기재하여야 하며 건축, 기계, 전기 부문별 성능지표란 및 신재생설비부문란은 기재하지 않을 수 있음

[공동주택 결로 방지를 위한 설계기준 별표1] 주요 부위별 결로 방지 성능기준

1. 지역을 고려한 주요 부위별 결로 방지 성능기준은 다음 표와 같다.

대상 부위			TDR값 [1), 2)]		
			지역 I	지역 II	지역 III
출입문	현관문 대피 공간 방화문	문짝	0.30	0.33	0.38
		문틀	0.22	0.24	0.27
벽체 접합부			0.25	0.26	0.28
외기에 직접 접하는 창		유리 중앙 부위	0.16 (0.16)	0.18 (0.18)	0.20 (0.24)
		유리 모서리 부위	0.22 (0.26)	0.24 (0.29)	0.27 (0.32)
		창틀 및 창짝	0.25 (0.30)	0.28 (0.33)	0.32 (0.38)

주) 1) 각 대상부위 모두 만족하여야 함
   2) 괄호 안은 알루미늄(Al)창의 적용기준임

2. 제1호의 지역 I, 지역 II, 지역 III은 다음 표와 같이 구분한다.

지역	지역 구분 [1)]
지역 I	강화, 동두천, 이천, 양평, 춘천, 홍천, 원주, 영월, 인제, 평창, 철원, 태백
지역 II	서울특별시, 인천광역시(강화 제외), 대전광역시, 세종특별자치시, 경기도(동두천, 이천, 양평 제외), 강원도(춘천, 홍천, 원주, 영월, 인제, 평창, 철원, 태백, 속초, 강릉 제외), 충청북도(영동 제외), 충청남도(서산, 보령 제외), 전라북도(임실, 장수), 경상북도(문경, 안동, 의성, 영주), 경상남도(거창)
지역 III	부산광역시, 대구광역시, 광주광역시, 울산광역시, 강원도(속초, 강릉), 충청북도(영동), 충청남도(서산, 보령), 전라북도(임실, 장수 제외), 전라남도, 경상북도(문경, 안동, 의성, 영주 제외), 경상남도(거창 제외), 제주특별자치도

주) 1) 지역 I, 지역 II, 지역 III은 최한월인 1월의 월평균 일 최저외기온도를 기준으로 하여, 전국을 -20℃, -15℃, -10℃로 구분함

[공동주택 결로 방지를 위한 설계기준 별표2] 주요 부위별 결로 방지 성능평가 방법

1. 출입문

가. 상대적으로 단열성능의 차이가 발생하는 문틀과 문짝은 각각 구분하여 적용한다.
나. 문짝은 개폐를 위해 문틀에 다는 방식에 따라 다음 부위 중 가장 낮은 온도를 최종 온도차이비율 값으로 적용한다.(환기구 등이 문짝에 설치되어 있는 경우 해당부위를 추가한다)
  • 힌지 방식 : 각 모서리 4부위, 문짝 중앙부위
  • 경첩 방식 : 각 모서리 4부위, 경첩이 설치되는 부위(경첩이 2개 이상일 경우 상단과 하단에 설치된 경첩에서 측정), 문짝 중앙부위
다. 문틀은 4개 모서리 부위 중 가장 낮은 온도를 최종 온도차이비율 값으로 적용한다.
라. KS F 2292에 따른 기밀성능 2등급 이상을 확보하여야 한다.
마. 출입문의 온도차이비율 값 산정위치는 다음과 같다.

온도차이비율 값 산정위치

대상 부위			산정위치
출입문	문틀	문틀 모서리	상부 좌우, 하부 좌우 4개 모서리의 대각선 중앙점
	문짝	문짝 중앙점	마주보는 문짝 모서리간 연결선의 교차점
		문짝 모서리	• 힌지방식 : 문짝 모서리로부터 수직 및 수평으로 각각 3cm 이격된 지점 (상부 좌우 및 하부 좌우의 4개 모서리 각각 산정) • 경첩방식 : 힌지방식 위치 + 경첩 크기의 중앙에서 경첩 위치로부터 수평으로 3cm 이격된 지점(경첩이 2개 이상일 경우, 상단과 하단에 설치된 경첩에서 측정)

온도차이비율 값 산정위치 예시

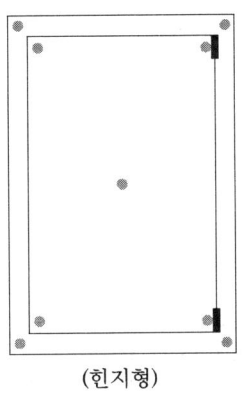
(힌지형)

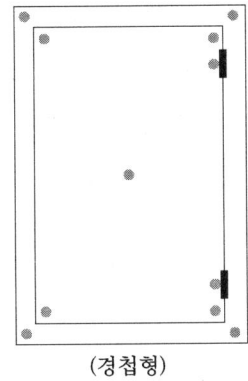
(경첩형)

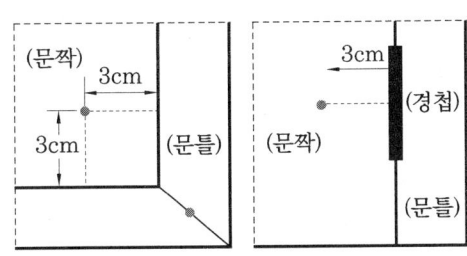

● : 산정위치의 예

2. 벽체접합부

가. 세대 내 불투명 구조체 중에서 최저 표면온도를 나타낼 가능성이 가장 높은 부위인 외기에 직접 접하는 벽체와 세대 내 천장 슬래브 및 바닥이 동시에 만나는 벽체접합부(우각부)의 상하부를 대상으로 온도차이비율 값(상하접합부 중 최댓값)을 적용한다.

나. 바닥접합부는 현장여건을 감안하여 바닥마감재 표면을 대상으로 산정할 수 있다.

다. 난방 공간 내에 설치되는 벽체, 천장, 바닥 및 접합부의 성능은 제시된 온도차이비율 값보다 낮게 설계하여야 한다.

라. 벽체접합부(우각부)의 온도차이비율 값 산정위치는 다음과 같다.

온도차이비율 값 산정위치

대상 부위		산정위치
벽체	접합부 모서리 (우각부)	접합부 모서리(우각부)의 상부 및 하부

[온도차이비율 값 산정위치 예시]

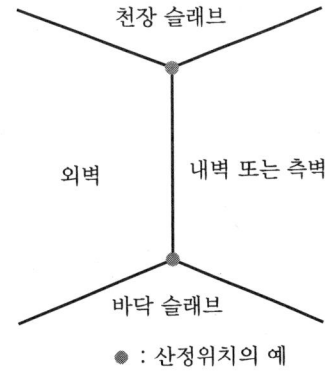

● : 산정위치의 예

3. 창

가. 유리(중앙부 및 모서리 4개소 중 가장 낮은 온도), 창짝(상하 프레임의 중앙부 4개소 및 프레임의 모서리 4개소 중 가장 낮은 온도), 창틀(상하 프레임의 중앙부 4개소 및 모서리 4개소 중 가장 낮은 온도)에 대한 온도차이비율 값을 제시하고 이를 모두 만족하여야 한다. 2개 이상의 창짝을 갖는 경우, 각 창짝에서 산정한 온도차이비율 값을 비교하여 최댓값을 적용하는 것을 원칙으로 한다.

나. 창의 온도차이비율 값 산정위치는 'KS F 2295 창호의 결로 방지성능 시험방법'을 준용하여 다음 표와 같이 정한다. 단, 표면온도가 상대적으로 낮은 부위가 있을 경우에는 이를 추가하여 산정하는 것을 원칙으로 한다.

다. 온도차이비율 값의 산정위치는 PVC창과 알루미늄(Al)창 등 창의 소재와 상관없이 동일하게 적용한다.

라. 이중 또는 그 이상으로 되어 있는 창은 실내측 창으로 산정한다.

온도차이비율 값 산정위치

대상 부위			산정위치
창	유리	유리 중앙부	마주보는 창유리 모서리간 연결선의 교차점
		유리 모서리	문짝 모서리로부터 수직 및 수평으로 각각 2cm 이격된 지점(상부 좌우 및 하부 좌우의 4개 모서리 각각 산정)
	창틀	창틀 프레임	상부, 하부 및 좌우부 4개 창짝 프레임의 중앙점
		창틀 프레임 모서리	상부 좌우, 하부 좌우 4개 모서리의 대각선 중앙점
	창짝	창짝 프레임	상부, 하부 및 좌우부 4개 창짝 프레임의 중앙점
		창짝 프레임 모서리	상부 좌우, 하부 좌우 4개 모서리의 대각선 중앙점

온도차이비율 값 산정위치 예시

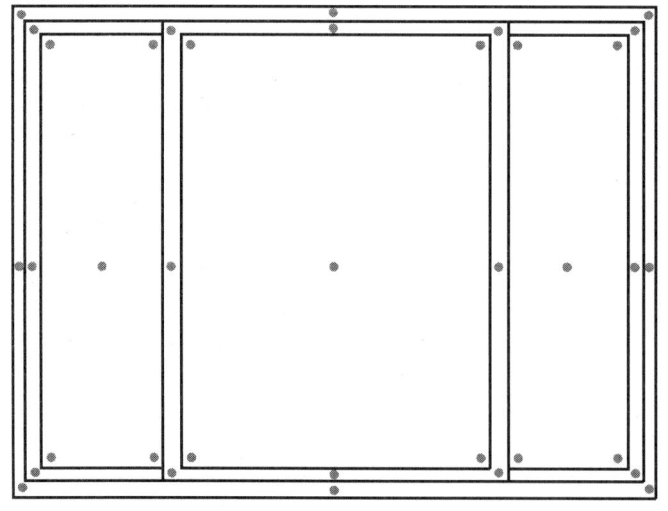
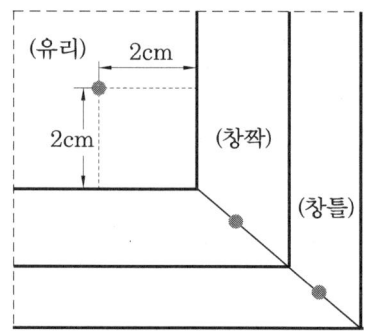

● : 산정위치의 예

녹색건축물 조성 지원법 시행규칙[별지 제1호 서식] 〈개정 2017. 1. 20.〉

에너지 절약계획서

※ 어두운 난(▓▓)은 신청인이 작성하지 않으며, [ ]에는 해당하는 곳에 √ 표시를 합니다. (4쪽 중 제1쪽)

신청 구분	[ ] 법 제14조 3항에 따른 사전확인	
사전확인번호(연도-기관코드-업무구분-사전확인일련번호)		
허가번호(연도-기관코드-업무구분-허가일련번호)		

Ⅰ. 건축주 및 설계자			
건축주	성명(법인명)		전화번호
	구분^{주1)}	[ ] 민간 [ ] 공공기관	
건축물	건축물명	건축물 주소	
건축 구분	[ ] 신축 [ ] 증축 [ ] 개축 [ ] 재축 [ ] 이전 [ ] 용도변경 [ ] 건축물대장 기재내용 변경		
건축사	성명	(서명 또는 인)	자격번호
	사무소명		전화번호
	사무소 주소		
	전자우편		휴대전화 번호
기계설비 설계사	성명	(서명 또는 인)	자격번호
	사무소명		전화번호
	사무소 주소		
	전자우편		휴대전화 번호
전기설비 설계사	성명	(서명 또는 인)	자격번호
	사무소명		전화번호
	사무소 주소		
	전자우편		휴대전화 번호

Ⅱ. 건축 부문							
건축 면적	m^2	제출대상 연면적	지상층 :	m^2	냉난방 면 적	지상층 :	m^2
			지하층 :	m^2		지하층 :	m^2
			합 계 :	m^2		합 계 :	m^2
층수	지상 :		층(층고 :	m)	지하 :	층(층고 :	m)

210mm×297mm [백상지 80g/m² (재활용품)]

(4쪽 중 제2쪽)

	부위별		열관류율	단열재		
				종류	열전도율	두께
단열구조	외 벽		W/m²·K		W/m·K	mm
	지 붕		W/m²·K		W/m·K	mm
	바닥	최하층	W/m²·K		W/m·K	mm
		바닥 난방 층간 바닥	W/m²·K		W/m·K	mm
	창문	종류	열관류율	일사투과율 (차폐계수* 0.86)	창의 구성	창틀 종류	기밀 성능
		Ⅰ	W/m²·K				( )등급 이상
		Ⅱ	W/m²·K				( )등급 이상
		Ⅲ	W/m²·K				( )등급 이상
		Ⅳ	W/m²·K				( )등급 이상
	외벽 평균 열관류율 (창 및 문을 포함합니다)		W/m²·K	창 면적비 주2)		%
차양 장치	차양장치 설치비율 (남향 및 서향)		%	외피면적당 평균 태양열취득		W/m²

Ⅲ. 기계설비 부문

난방 기기	난방용				급탕용		
	종류	용량	효율	성적계수	종류	용량	효율
		kW kcal/h	%			kW kcal/h	%

냉방 기기	종류	용량	성적계수[COP]
		kW usRT	

펌프	급수용			급탕용			순환수용		
	용량 합계	용량가중 평균배점	제어 방식	용량 합계	용량가중 평균배점	제어 방식	용량 합계	용량가중 평균배점	제어 방식
	m³/분			m³/분			m³/분		

송풍 기	종류	용량 합계	용량가중 평균효율
		kW	%

난방 방식	지역난방방식 또는 소형가스열병합발전 시스템, 소각로활용 폐열시스템 채택 [ ]	개별난방 [ ]	개별냉난방 [ ]

(4쪽 중 제3쪽)

Ⅳ. 전기설비부문							
변전설비	수전 방식	수전 전압		수전 방식		위치	
		kV		회선		층	
	고효율 변압기	[ ]있음 [ ]없음		2차측전력량계 시설		[ ]있음 [ ]없음	
동력설비	콘덴서	전동기별 시설		집합시설		자동역률조정장치 [집합 시설인 경우]	
		[ ]		[ ]		[ ]있음 [ ]없음	
	제어 방식	인버터 제어		채택		전동기부하명	
				[ ]있음 [ ]없음			
		그 밖의 제어 방식					
BEMS 또는 에너지 미터링 시스템		[ ]있음 [ ]없음					
조명설비	주 거실 설계조도		lx	거실 조명밀도			W/m²
	주조명광원	옥내	W	옥외			W
	조명기기	안정기		고조도 반사갓		조도자동조절 조명기구 설치장소	
		형식	등급				
				[ ]있음 [ ]없음			
	조명 자동제어 시스템	[ ]있음 [ ]없음		옥외등 격등조명 및 자동 점멸		[ ]있음 [ ]없음	
최대수요전력 제어설비	최대수요전력 관리	[ ]있음				[ ]없음	
대기전력저감 우수제품	전체 콘센트 개수		대기전력 자동 차단장치 개수		설치비율		%
	공동 주택	도어폰	[ ]있음			[ ]없음	
		홈게이트 웨이	[ ]있음			[ ]없음	

Ⅴ. 신·재생에너지 설비 부문						
태양열 급탕/ 냉난방설비	냉·난방용			급탕용		
	종류	용량	집열효율	종류	용량	집열효율
		kW kcal/h	%		kW kcal/h	%
태양광 발전 설비	종류	설치면적	발전용량		발전효율	
		m²	kW		%	

(4쪽 중 제4쪽)

풍력발전 설비	종류	설계최대풍속	발전용량	날개 지름	지상고
		m/s	kW	m	m
지열이용 열펌프설비	종류 (형태)	냉난방 성능 [COP]	순환펌프 동력 합계	천공수/ 깊이	열교환기 파이프 지름	설계 유량(용량)
		난방[ ] 냉방[ ]	kW	( )공/ ( )m	mm	lpm/RT

작성방법

주1) 「사회기반시설에 대한 민간투자법」 제2조 7호에 따른 사업시행자 또는 「공공주택 특별법」 제4조 제1항에 따른 공공주택사업자는 공공기관으로 구분합니다.

주2) 창 면적비 계산식 = 창 및 문 면적 / 외기에 직접 또는 간접으로 면하는 부위로서 단열시공이 되는 외벽면적(창 및 문 포함)

※ 설비장비가 다수인 경우에는 용량이 가장 크거나 설치 대수가 가장 많은 주요 장비에 대하여 기재합니다. 다만, 설비장비에 대한 용량가중 평균 효율을 제시하는 경우에는 평균 효율값을 기재합니다.

「녹색건축물 조성 지원법」 제14조 제1항부터 제3항, 같은 법 시행령 제10조 제2항 및 같은 법 시행규칙 제7조 제1항에 따라 위와 같이 에너지 절약계획서를 제출합니다.

년   월   일

신 청 인   (서명 또는 인)

(휴대전화번호:)

특 별 시 장 · 광 역 시 장
특별자치시장 · 특별자치도지사   귀하
시 장 · 군 수 · 구 청 장

첨부서류	1. 국토교통부장관이 고시하는 「건축물의 에너지 절약 설계기준」에 따른 에너지 절약 설계 검토서 1부 2. 설계도면, 설계설명서 및 계산서 등 건축물의 에너지 절약계획서의 내용을 증명할 수 있는 서류(건축, 기계설비, 전기설비 및 신·재생에너지 설비 부문과 관련한 것으로 한정합니다) 1부	수수료 [별표1]에 따름

처 리 절 차

1. 에너지 절약계획서 작성	→	2. 허가신청 등 접수	→	3. 에너지 절약계획서 검토	→	4. 확인	→	5. 허가 등
신청인		건축 허가부서		건축 허가부서 또는 검토기관		건축 허가부서		

※ 건축주가 법 제14조 제3항에 따른 사전 확인을 신청한 경우에는 2. 허가신청 등 접수 전에 3. 에너지 절약계획서 검토를 진행할 수 있습니다.

녹색건축물 조성 지원법 시행규칙[별지 제3호 서식] 〈개정 2017. 1. 20.〉

건축물 에너지 평가서
[ ] 공동주택 [ ] 업무시설

건축물 현황	건축물명		준공연도	
	주 소			
	연면적/전용면적	m^2/ m^2	주용도	

건축물 에너지효율등급 인증내역	인증등급		인증번호	
	인증일		인증기관	

* 「녹색건축물 조성 지원법」 제17조 제4항에 따른 건축물 에너지효율등급 인증 취득 정보

건축물 에너지효율등급	에너지사용량등급

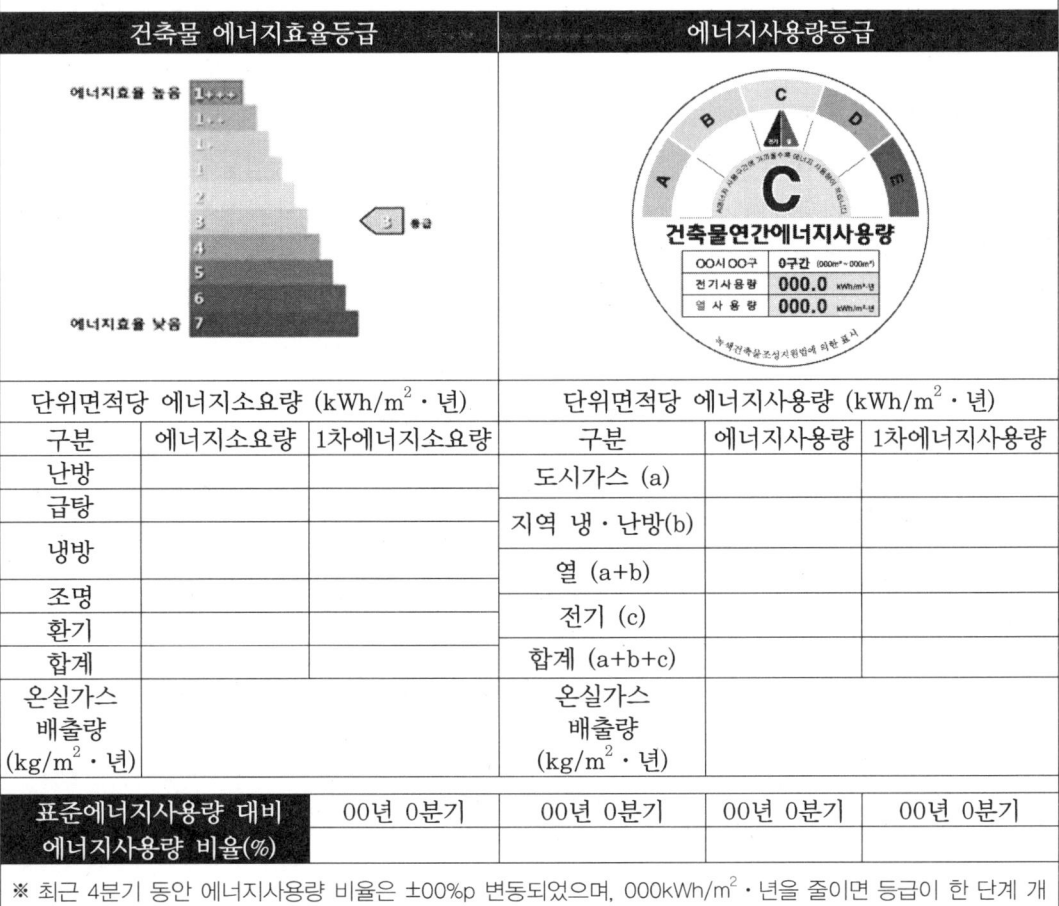

단위면적당 에너지소요량 (kWh/m^2·년)			단위면적당 에너지사용량 (kWh/m^2·년)		
구분	에너지소요량	1차에너지소요량	구분	에너지사용량	1차에너지사용량
난방			도시가스 (a)		
급탕			지역 냉·난방(b)		
냉방			열 (a+b)		
조명			전기 (c)		
환기					
합계			합계 (a+b+c)		
온실가스 배출량 (kg/m^2·년)			온실가스 배출량 (kg/m^2·년)		

표준에너지사용량 대비 에너지사용량 비율(%)	00년 0분기	00년 0분기	00년 0분기	00년 0분기

※ 최근 4분기 동안 에너지사용량 비율은 ±00%p 변동되었으며, 000kWh/m^2·년을 줄이면 등급이 한 단계 개선됩니다.

년 월 일

국토교통부 CI   에너지성능정보 공개·활용 운영관 CI

210mm×297mm [보존용지 1종 120g/m^2]

제로에너지건축물 인증 기준

1. 건축물 에너지효율등급 : 인증등급 1++ 이상

2. 에너지자립률(%) = $\dfrac{\text{단위면적당 1차에너지생산량}}{\text{단위면적당 1차에너지소비량}} \times 100$

   주 1. 단위면적당 1차에너지생산량(kWh/m²·년) =
   $\dfrac{\Sigma[(\text{신·재생에너지생산량} - \text{신·재생에너지생산에 필요한에너지량}) \times \text{해당 1차에너지환산계수}]}{\text{평가면적}}$

   2. 단위면적당 1차에너지소비량(kWh/m²·년) =
      단위면적당 1차에너지소요량 + 단위면적당 1차에너지생산량

   ※ 냉방설비가 없는 주거용 건축물(단독주택 및 기숙사를 제외한 공동주택)의 경우 냉방평가 항목을 제외

3. 건축물에너지관리시스템 또는 원격검침전자식 계량기 설치 확인
   「건축물의 에너지절약 설계기준」의 [별지 제1호 서식] 2.에너지성능지표 중 전기설비부문 8. 건축물에너지관리 시스템(BEMS) 또는 건축물에 상시 공급되는 모든 에너지원별 원격검침전자식 계량기 설치 여부

제로에너지건축물 인증 등급

ZEB 등급	에너지 자립률
1 등급	에너지자립률 100% 이상
2 등급	에너지자립률 80 이상 ~ 100% 미만
3 등급	에너지자립률 60 이상 ~ 80% 미만
4 등급	에너지자립률 40 이상 ~ 60% 미만
5 등급	에너지자립률 20 이상 ~ 40% 미만

예 · 상 · 문 · 제

1. 건축물의 열손실 방지 조치를 하지 않아도 되는 경우는?
㉮ 건축물을 신축 혹은 리모델링할 경우
㉯ 소규모의 냉난방설비를 설치하는 차고
㉰ 건축물대장의 기재내용을 변경하는 경우
㉱ 열손실의 변동이 없는 대수선공사일 경우

[해설] 열손실의 변동이 없는 증축, 대수선, 용도변경 및 건축물대장의 기재내용을 변경하는 경우에는 관련 조치를 하지 아니할 수 있다.

2. 에너지 절약계획서를 제출할 필요가 없는 건축물은?
㉮ 냉방 또는 난방설비를 설치하는 운동시설
㉯ 문화집회시설 중 동·식물원
㉰ 연면적의 합계가 1,000 m² 미만인 건축물
㉱ 냉방 또는 난방설비를 설치하는 위락시설 및 관광 휴게시설

[해설] 에너지 절약계획서 제출 예외 대상 건축법상 단독주택, 문화집회시설 중 동·식물원, 건축법 시행령 별표1의 제17호부터 제26호까지의 건축물 중 냉방 또는 난방설비를 설치하지 아니하는 건축물, 그밖에 국토교통부장관이 에너지 절약계획서를 첨부할 필요가 없다고 정하여 고시하는 건축물(냉난방설비를 설치하지 않는 운동, 위락시설 및 관광 휴게시설 등)

3. 에너지 절약계획서 제출대상 판단 시의 연면적과 관련하여 틀린 설명은?
㉮ 주거와 비주거는 구분하여 계산한다.
㉯ 증축이나 용도변경의 경우에 이 기준을 해당 부분에만 적용할 수 있다.
㉰ 주차장, 기계실 면적은 제외한다.
㉱ 허가와 신고사항을 변경하는 경우에는 당초 허가 또는 신고 면적에 변경되는 면적을 가산하지는 않는다.

[해설] 허가와 신고사항을 변경하는 경우에는 당초 허가 또는 신고 면적에 변경되는 면적을 합하여 계산하여야 한다.

4. 에너지 절약 설계기준에 관한 설명으로 틀린 것은?
㉮ '예비인증'이라 함은 건축물의 완공 전에 설계도서 등으로 인증기관에서 건축물 에너지효율등급 인증, 녹색건축인증을 받는 것을 말한다.
㉯ '본인증'이라 함은 신청건물의 완공 후에 최종설계도서 및 현장 확인을 거쳐 최종적으로 인증기관에서 건축물 에너지효율등급 인증, 녹색건축인증을 받는 것을 말한다.
㉰ 특별히 이 기준에서는 거실이 아닌 냉방 또는 난방공간 또한 거실에 포함시킨다.
㉱ '외피'라 함은 거실 또는 거실 외 공간을 둘러싸고 있는 벽·지붕·바닥·창 및 문 등으로서 외기에 직접 혹은 간접적으로 면하는 부위를 말한다.

[해설] '외피'라 함은 거실 또는 거실 외 공간을 둘러싸고 있는 벽·지붕·바닥·창 및 문 등으로서 외기에 직접적으로 면하는 부위를 말한다.

5. 다음 용어에 대한 설명 중 맞는 것은?
㉮ '거실의 외벽'이라 함은 거실의 벽 중 외기에 직접 또는 간접 면하는 부위를 말한다. 다만, 복합용도의 건축물인 경우에는 해당

[정답] 1. ㉱ 2. ㉯ 3. ㉱ 4. ㉱ 5. ㉯

용도로 사용하는 공간이 동일 용도로 사용하는 공간과 접하는 부위를 외벽으로 볼 수 있다.
- ㉯ '최하층에 있는 거실의 바닥'이라 함은 최하층(지하층을 포함)으로서 거실인 경우의 바닥과 기타 층으로서 거실의 바닥 부위가 외기에 직접 또는 간접적으로 면한 부위를 말한다.
- ㉰ '최상층에 있는 거실의 반자 또는 지붕'이라 함은 최상층으로서 거실인 경우의 반자 또는 지붕을 말하며, 기타 층으로서 거실의 반자 또는 지붕 부위가 외기에 직접 또는 간접적으로 면한 부위를 포함한다. 다만, 복합용도의 건축물인 경우에는 동일 용도로 사용하는 공간과 접하는 부위를 '최상층에 있는 거실의 반자 또는 지붕'으로 볼 수 있다.
- ㉱ 지면 또는 지하공간에 면한 부위는 외기에 간접 면하는 부위라고 할 수 있다.

[해설] 다음과 같이 고쳐야 옳다.
- ㉮ 복합용도의 건축물인 경우에는 해당 용도로 사용하는 공간이 다른 용도로 사용하는 공간과 접하는 부위를 '외벽'으로 볼 수 있다.
- ㉰ 복합용도의 건축물인 경우에는 다른 용도로 사용하는 공간과 접하는 부위를 '최상층에 있는 거실의 반자 또는 지붕'으로 볼 수 있다.
- ㉱ 지면 또는 토양에 면한 부위는 외기에 간접 면하는 부위라고 할 수 있다.

6. 다음 설명 중 맞는 것은?

- ㉮ 전체 외벽 면적에 대한 창면적비가 50% 이상일 경우에 한하여 외단열 점수를 부여한다.
- ㉯ 평균 열관류율은 면적 가중 평균 방법으로 계산하며, 중심선 치수를 기준으로 계산한다.
- ㉰ 방습층은 투습도가 24시간당 30 g/m² 이하 또는 투습계수 0.28 g/m²·h·mmHg 이하의 투습저항을 가진 층을 말한다. 단, 단열재 또는 단열재의 내측에 사용되는 마감재가 방습층으로서 요구되는 성능을 가지는 경우에도 그 재료를 방습층으로 볼 수는 없다.
- ㉱ 야간단열장치는 총 열관류저항(열관류율의 역수)이 1.4 m²·K/W 이상인 것을 말한다.

[해설] 다음과 같이 고쳐야 옳다.
- ㉮ 전체 외벽 면적에 대한 창면적비가 50% 미만일 경우에 한하여 외단열 점수를 부여한다.
- ㉰ 단열재 또는 단열재의 내측에 사용되는 마감재가 방습층으로서 요구되는 성능을 가지는 경우에는 그 재료를 방습층으로 볼 수는 있다.
- ㉱ 야간단열장치는 총 열관류저항(열관류율의 역수)이 0.4 m²·K/W 이상인 것을 말한다.

7. 에너지 절약 설계기준의 기계설비 부문 관련 용어에 대한 설명 중 틀린 것은?

- ㉮ '효율'이라 함은 설비기기에 공급된 에너지에 대하여 출력된 유효에너지의 비를 말한다.
- ㉯ '창문 연계 냉난방설비 자동 제어시스템'이라 함은 창문 개방 시 센서가 이를 감지해 자동으로 해당 실의 냉난방 공급을 차단하는 시스템을 말한다.
- ㉰ '이코노마이저시스템'이라 함은 중간기 또는 동계에 발생하는 냉방부하를 실내 엔탈피보다 낮은 도입 외기에 의하여 제거 또는 감소시키는 시스템을 말한다.
- ㉱ '중앙집중식 냉방 또는 난방설비'라 함은 건축물의 전부 또는 냉난방 면적의 50% 이상을 냉방 또는 난방함에 있어 해당 공간에 순환펌프, 증기난방설비 등을 이용하여 열원 등을 공급하는 설비를 말한다.

정답 6. ㉯ 7. ㉱

[해설] '중앙집중식 냉방 또는 난방설비'는 건축물의 전부 또는 냉난방 면적의 60% 이상을 냉방 또는 난방함에 있어 해당 공간에 순환펌프, 증기난방설비 등을 이용하여 열원 등을 공급하는 설비를 말한다.

8. 건축물의 열손실 방지 조치를 하지 않아도 되는 부위가 아닌 것은?

㉮ 지표면 아래 2미터를 초과하여 위치한 지하 부위로서 이중벽의 설치 등 하계 표면결로 방지 조치를 한 경우
㉯ 지면 및 토양에 접한 바닥 부위로서 주변 외벽 내표면까지의 모든 수평거리가 10미터를 초과하는 부위
㉰ 외기에 간접 면하는 부위로서 당해 부위가 면한 비난방공간의 외피를 별표1에 준하여 단열조치하는 경우
㉱ 공동주택의 층간바닥(최하층 제외) 중 바닥난방을 하지 않는 현관 및 욕실의 바닥부위 및 방풍구조 또는 바닥면적 300제곱미터 이하의 개별 점포의 출입문

[해설] 공동주택의 층간바닥(최하층 제외) 중 바닥난방을 하지 않는 현관 및 욕실의 바닥부위 및 방풍구조 또는 바닥면적 150제곱미터 이하의 개별 점포의 출입문

9. 단열조치를 하여야 하는 적용 기준 관련하여 적합한 판단이 아닌 것은?

㉮ 수평면과 이루는 각이 60°를 초과하는 경사지붕은 별표1에 따른 외벽의 열관류율을 적용할 수 있다.
㉯ 열관류율 또는 열관류저항의 계산결과는 소수점 3자리로 맺음하여 적합 여부를 판정한다(소수점 넷째 자리에서 반올림).
㉰ 열전도율 시험을 위한 시료의 평균온도는 20±5℃로 한다.
㉱ 바닥난방을 하는 공간의 하부가 바닥난방을 하지 않는 난방공간일 경우에는 당해 바닥난방을 하는 바닥부위는 별표1의 최하층에 있는 거실의 바닥으로 보며 외기에 간접 면하는 경우의 열관류율을 적용한다.

[해설] 수평면과 이루는 각이 70°를 초과하는 경사지붕은 별표 1에 따른 외벽의 열관류율을 적용할 수 있다.

10. 에너지 절약계획서에서 건축 부문의 의무사항이 아닌 것은?

㉮ 에너지성능지표의 건축 부문 1번 항목 배점을 0.6점 이상 획득하여야 한다.
㉯ 기밀 및 결로 방지 등을 위한 조치
㉰ 주택의 출입문에 대한 방풍구조
㉱ 바닥난방에서 단열재의 설치

[해설] 주택의 출입문에 대한 방풍구조는 에너지 절약계획서상 의무사항의 예외이다.

11. 에너지 절약계획서에서 건축 부문의 의무사항 적용방법 중 맞는 것은?

㉮ 바닥난방 부위의 열저항의 합계는 층간 바닥인 경우에는 해당 바닥에 요구되는 총 열관류저항의 50% 이상, 최하층 바닥인 경우에는 60% 이상이 되어야 한다.
㉯ 방습층을 단열재의 저온 측 부위에 설치하여야 한다.
㉰ 방습층으로 알루미늄박 또는 플라스틱계 필름 등을 사용할 경우의 이음부는 100 mm 이상 중첩하고 내습성 테이프, 접착제 등으로 기밀하게 마감한다(단, 모서리 이음부는 200 mm 이상 중첩).
㉱ 방풍구조를 설치하여야 하는 출입문에서 회전문과 일반문이 같이 설치된 경우, 일반

정답 8. ㉱ 9. ㉮ 10. ㉰ 11. ㉱

문 부위는 방풍실 구조의 이중문을 설치하여야 한다.

[해설] 다음과 같이 고쳐야 옳다.
㉮ 바닥난방 부위의 열저항의 합계는 층간 바닥인 경우에는 해당 바닥에 요구되는 총 열관류저항(별표1에서 제시되는 열관류율의 역수)의 60% 이상, 최하층 바닥인 경우에는 70% 이상이 되어야 한다.
㉯ 방습층을 단열재의 실내 고온 측에 설치하여야 한다.
㉰ 방습층으로 알루미늄박 또는 플라스틱계 필름 등을 사용할 경우의 이음부는 100 mm 이상 중첩하고 내습성 테이프, 접착제 등으로 기밀하게 마감한다(단, 모서리 이음부는 150 mm 이상 중첩).

12. 건축물의 에너지 절약 측면에서 적절하지 못한 것은?

㉮ 건축물의 체적에 대한 외피면적의 비 또는 연면적에 대한 외피면적의 비는 가능한 한 크게 한다.
㉯ 인동간격을 넓게 하여 저층부의 일사 수열량을 증대시킨다.
㉰ 건물의 남향 또는 남동향 배치를 한다.
㉱ 학교의 교실, 문화 및 집회시설의 공용부분(복도, 화장실, 휴게실, 로비 등)은 1면 이상 자연채광이 가능하도록 한다.

[해설] 건축물의 체적에 대한 외피면적의 비 또는 연면적에 대한 외피면적의 비는 가능한 한 작게 해야 부하량을 줄일 수 있다.

13. 건축물의 에너지 절약 측면에서의 권장 조치사항과 다른 것은?

㉮ 공동주택의 지하 1층 지하주차장은 300 m² 이내마다 1개 이상의 외기와 직접 면하는 2 m² 이상의 개폐가 가능한 천창 또는 측창을 설치하여 자연환기 및 자연채광을 유도한다.
㉯ 환기를 위해 개폐 가능한 창부위 면적의 합계는 거실 외주부 바닥면적의 5분의 1 이상으로 한다.
㉰ 문화 및 집회시설 등의 대공간 또는 아트리움의 최상부에는 자연배기 또는 강제배기가 가능한 구조 또는 장치를 채택한다.
㉱ 거실의 층고 및 반자 높이는 실의 용도와 기능에 지장을 주지 않는 범위 내에서 가능한 한 낮게 한다.

[해설] 환기를 위해 개폐 가능한 창부위 면적의 합계는 거실 외주부 바닥면적의 10분의 1 이상으로 한다.

14. 건축물의 에너지 절약 설계기준의 기계부분 의무사항 중 틀린 것은?

㉮ 난방 및 냉방설비의 용량계산을 위한 외기조건은 각 지역별로 위험률 2.5% 또는 1%(연간 총 시간에 대한 온도출현 분포를 사용할 경우)로 하거나 별표7에서 정한 외기온·습도를 사용한다.
㉯ 펌프는 한국산업규격(KS B 6318, 7501, 7505 등) 표시인증제품 또는 KS규격에서 정해진 효율 이상의 제품을 설치하여야 한다.
㉰ 기기배관 및 덕트는 국토교통부에서 정하는 「건축기계설비공사표준시방서」의 보온두께 이상 또는 그 이상의 열저항을 갖도록 단열조치를 하여야 한다. 다만, 건축물 내의 벽체 또는 바닥에 매립되는 배관 등은 그러하지 아니할 수 있다.
㉱ 공공기관에서 연면적 3,000 m² 이상의 건물을 신축 또는 증축하는 경우에는 별지 제1호 서식 에너지성능지표의 기계 부문 11번 항목 배점을 1점 이상 획득하여야 한다.

[해설] 공공기관에서 연면적 3,000 m² 이상의 건물을 신축 또는 증축하는 경우에는 별지 제1호 서식 에너지성능지표의 기계 부문 11번 항목 배점을 0.6점 이상 획득하여야 한다.

15. 건축물의 에너지 절약 기준에서 기계 부문의 권장 조치사항과 다른 것은?

㉮ 난방 및 냉방설비의 용량계산을 위한 설계기준 실내온도는 난방의 경우 20℃, 냉방의 경우 26℃를 기준으로 한다(목욕장 및 수영장은 포함).

㉯ 위생설비 급탕용 저탕조의 설계온도는 55℃ 이하로 하고, 필요한 경우에는 부스터 히터 등으로 승온하여 사용한다.

㉰ 냉방기기는 전력피크 부하를 줄일 수 있도록 하여야 하며, 상황에 따라 심야전기, 가스 및 유류 이용, 집단에너지, 소형열병합발전, 신·재생에너지 등을 채택한다.

㉱ 에너지 사용설비는 에너지 절약 및 에너지 이용 효율의 향상을 위하여 컴퓨터에 의한 자동제어시스템, 네트워킹이 가능한 현장제어장치, 분산제어시스템 등을 채택한다.

[해설] 난방 및 냉방설비의 용량계산을 위한 설계기준 실내온도는 난방의 경우 20℃, 냉방의 경우 28℃를 기준으로 한다(목욕장 및 수영장은 제외).

16. 건축물의 에너지 절약 기준에서 전기 부문의 의무사항과 다른 것은?

㉮ 변압기를 신설 또는 교체하는 경우에는 고효율변압기를 설치하여야 한다.

㉯ 역률개선용콘덴서를 전동기별로 설치하여야 한다. 다만, 소방설비용 전동기 및 인버터 설치 전동기에는 그러하지 아니할 수 있다.

㉰ 조명기기 중 안정기 내장형 램프, 형광램프, 형광램프용 안정기를 채택할 때에는 고효율 조명기기를 사용하여야 한다.

㉱ 공동주택은 거실, 침실, 주방에는 대기전력자동차단장치를 1개 이상 설치하여야 하며, 대기전력자동차단장치를 통해 차단되는 콘센트 개수가 거실에 설치되는 전체 콘센트 개수의 50% 이상이 되어야 한다.

[해설] 공동주택은 거실, 침실, 주방에는 대기전력자동차단장치를 1개 이상 설치하여야 하며, 대기전력자동차단장치를 통해 차단되는 콘센트 개수가 거실에 설치되는 전체 콘센트 개수의 30% 이상이 되어야 한다.

17. 에너지 절약계획서 및 설계검토서 작성기준 중에서 맞는 것은?

㉮ 에너지 절약 설계검토서는 에너지 절약설계기준 의무사항 및 에너지성능지표, 에너지요구량 평가서로 구분된다.

㉯ 에너지 절약계획서를 제출하는 자는 에너지 절약계획서 및 설계검토서의 판정자료를 제시(전자문서로 제출하는 경우를 포함)하여야 한다.

㉰ 자료를 제시할 수 없는 경우에는 부득이 당해 건축사 및 설계에 협력하는 해당분야 기술사(기계 및 전기)가 서명·날인한 설치완료확인서로 대체할 수 있다.

㉱ 에너지성능지표는 평점합계가 65점 이상일 경우 적합한 것으로 본다. 다만, 공공기관이 신축하는 건축물(별동으로 증축하는 건축물은 제외)은 74점 이상일 경우 적합한 것으로 본다.

[해설] 다음과 같이 고쳐야 옳다.
㉮ 에너지 절약 설계검토서는 에너지 절약설계기준 의무사항 및 에너지성능지표, 에너지소요량 평가서로 구분된다.
㉰ 자료를 제시할 수 없는 경우에는 부득이 당해 건축사 및 설계에 협력하는 해당분야

정답 15. ㉮ 16. ㉱ 17. ㉯

기술사(기계 및 전기)가 서명·날인한 설치예정확인서로 대체할 수 있다.
㉣ 에너지성능지표는 평점합계가 65점 이상일 경우 적합한 것으로 본다. 다만, 공공기관이 신축하는 건축물(별동으로 증축하는 건축물을 포함한다)은 74점 이상일 경우 적합한 것으로 본다.

18. 건축기준의 완화 적용 신청에 관한 내용으로 틀린 것은?

㉠ 신청인의 자격은 건축주 또는 사업주체 등으로 한다.
㉡ 최대 용적률의 제한기준, 건축물 최대높이의 제한에 대해 완화를 신청할 수 있다.
㉢ 이미 건축허가를 받은 건축물의 건축주 또는 사업주체도 허가변경을 통하여 완화기준 적용 신청을 할 수 있다.
㉣ 완화기준을 적용받은 경우 건축물의 사용승인 신청 이전에 본인증을 취득하여 사용승인 신청 시 허가권자에게 인증서 사본을 제출하여야 한다. 단, 본인증에서의 취득등급은 예비인증 등급과는 무관하다.

[해설] 본인증의 등급은 예비인증 등급 이상으로 취득하여야 한다.

19. 에너지성능지표에서 기본배점을 구분하는 주택 1과 주택 2의 구분을 맞게 짝지은 것은?

㉠ 주택 1 = 개별난방, 중앙집중식 난방, 지역난방 적용 공동주택
  주택 2 = 주택 1 + 중앙집중식 냉방 적용 공동주택
㉡ 주택 1 = 개별난방, 중앙집중식 난방 적용 공동주택
  주택 2 = 주택 1 + 중앙집중식 냉방 적용 공동주택
㉢ 주택 1 = 개별난방, 지역난방 적용 공동주택
  주택 2 = 주택 1 + 중앙집중식 냉방 적용 공동주택
㉣ 주택 1 = 개별난방, 중앙집중식 난방, 지역난방 적용 공동주택
  주택 2 = 주택 1 + 지역냉방 적용 공동주택

20. 에너지성능지표 작성 시 맞지 않는 것은?

㉠ 자연채광용 개구부의 경우 일반 건축물은 개폐되는 창 부위의 면적이 외주부 바닥면적의 1/10 이상 적용되면 배점(b) 1점을 받는다.
㉡ 자연채광용 개구부의 경우 수영장은 바닥면적의 1/5 이상을 자연채광용 개구부로 설치하여야 배점(b) 1점을 받는다.
㉢ 유리창에 야간 단열장치를 설치할 경우 전체 창 면적의 30% 이상의 적용 여부에 따라 점수 부여 여부를 판단한다.
㉣ 태양열 취득률이 0.6 이하의 차양장치를 일정 비율 이상 설치하면 에너지성능지표상 배점을 받을 수 있다.

[해설] 유리창에 야간 단열장치를 설치할 경우 전체 창 면적의 20% 이상의 적용 여부에 따라 점수 부여 여부를 판단한다.

21. 에너지성능지표 작성 시 맞지 않는 것은?

㉠ 공기조화기 팬에 가변속제어 등 에너지 절약적 제어방식 채택 : 공기조화기용 전체 팬 동력의 60% 이상 적용해야 인정된다.
㉡ 기기, 배관 및 덕트 단열 : 건축기계설비 표준시방서에서 정하는 기준의 20% 이상의 단열재를 적용해야 인정된다(급수, 배수, 소화배관, 배연덕트 제외).
㉢ 급수용 펌프 또는 가압급수펌프 전동기에 가변속제어 등 에너지 절약적 제어방식 채택 : 급수용 펌프 전체 동력의 60% 이상을

정답 18. ㉣ 19. ㉠ 20. ㉢ 21. ㉣

적용해야 인정된다.
㉣ 지역난방, 소형가스열병합발전, 소각로 활용 폐열시스템은 전체 난방설비용량(신재생에너지난방설비용량 포함)의 60% 이상을 적용해야 인정된다.

[해설] 지역난방, 소형가스열병합발전, 소각로 활용 폐열시스템은 전체 난방설비용량(신재생에너지난방설비용량 제외)의 60% 이상 적용해야 인정된다.

22. 아래 ( ) 안에 들어갈 수치를 순서대로 맞게 나열한 것은?

> 건축물 에너지 효율등급 (㉠)등급 이상 또는 제로에너지건축물 인증을 취득한 경우에는 건축물 에너지효율등급 및 제로에너지건축물 인증에 관한 규칙의 제(㉡)조 및 제(㉢)조를 적용하지 아니할 수 있다. 다만, 공공기관이 신축하는 건축물(별동으로 증축하는 건축물을 포함한다)은 그러하지 아니한다.

	㉠	㉡	㉢		㉠	㉡	㉢
㉮	1,	15,	20	㉯	1,	15,	21
㉰	3,	15,	20	㉱	3,	15,	21

23. 에너지절약계획서 사전확인 관련하여 틀린 것은?

㉮ 허가권자는 에너지 관련 전문기관에 에너지절약계획서의 검토 및 보완을 거치도록 할 수 있으며, 이 경우 에너지절약계획서 검토 수수료를 부과할 수 있다.
㉯ 사전확인신청자는 에너지 절약계획서를 신청구분 사전확인란에 표시하여 제출하여야 한다.
㉰ 사전확인 결과가 판정기준에 적합하면 사전확인이 이루어진 것으로 보며, 에너지 절약계획서의 적절성 등을 검토하지 아니할 수 있다. 사전확인 결과 중 에너지 절약계획 설계 검토서의 항목별 평가결과에 변동이 있을 경우에도 그러하다.
㉱ 사전확인의 유효기간은 사전확인 결과를 통지받은 날로부터 1개월이다.

[해설] ㉰는 "~ 사전확인 결과 중 에너지절약계획 설계 검토서의 항목별 평가결과에 변동이 있을 경우에는 그러하지 아니하다."로 고쳐져야 옳다.

24. 다음 표에서 1차에너지 환산계수를 맞게 짝지은 것은?

구 분	1차에너지 환산계수
연료	㉠
전력	㉡
지역난방	㉢
지역냉방	㉣

	㉠	㉡	㉢	㉣
㉮	1.1	2.75	0.728	0.937
㉯	1.1	2.75	0.738	0.937
㉰	1.1	2.75	0.728	0.927
㉱	1.1	2.75	0.738	0.947

25. ㉠ ~ ㉡ 안에 들어갈 적당한 말을 순서대로 맞게 나열한 것은?

> '차양장치'라 함은 태양 일사의 실내 유입을 차단하기 위한 장치로서 외부 차양과 내부 차양 그리고 유리 간 사이 차양으로 구분된다. 가동 유무에 따라 (㉠)과 가변식으로 나눌 수 있으며, 가변식은 수동식과 전동식, 센서 또는 프로그램에 의하여 가변 작동될 수 있는 것을 말한다. 단, 외부 차양장치는 하절기 방위별 실내 유입 일사량이 최대로 되는 시각에 외부 직달 일사량의 (㉡)% 이상을 차단할 수 있는 것에 한한다.

[정답] 22. ㉯ 23. ㉰ 24. ㉮ 25. ㉰

	㉠	㉡
㉮	회전식	50
㉯	회전식	60
㉰	고정식	70
㉱	고정식	80

26. 에너지 절약계획 설계 검토 시 인동간격비의 계산과 관련하여 ㉠~㉡ 안에 들어갈 적당한 말은?

> - 대향동의 높이는 옥상 난간을 기준으로 높이를 산정하며, 난간 또는 지붕의 높이가 다를 경우에는 (㉠)를 적용한다.
> - 대지 내에 전면부에 위치한 대향동이 없는 경우의 인동간격비는 "인접대지경계선과의 이격거리×(㉡)/해당동의 높이"로 산출한다.

	㉠	㉡
㉮	최고높이	1.5
㉯	최고높이	2
㉰	평균높이	1.5
㉱	평균높이	2

27. 법적 열관류율 지역구분 측면에서 다른 것과 다른 지역에 속하는 것은?

㉮ 청송군　　㉯ 경기도
㉰ 양양군　　㉱ 천안시

[해설] 1. 중부지역 : 서울특별시, 인천광역시, 경기도, 강원도(강릉시, 동해시, 속초시, 삼척시, 고성군, 양양군 제외), 충청북도(영동군 제외), 충청남도(천안시), 경상북도(청송군)

2. 남부지역 : 부산광역시, 대구광역시, 광주광역시, 대전광역시, 울산광역시, 강원도(강릉시, 동해시, 속초시, 삼척시, 고성군, 양양군), 충청북도(영동군), 충청남도(천안시 제외), 전라북도, 전라남도, 경상북도(청송군 제외), 경상남도, 세종특별자치시

28. 에너지 절약계획 설계 검토 시 보일러의 효율 계산과 관련하여 ㉠~㉡ 안에 들어갈 적당한 말은?

> 보일러의 효율은 해당 보일러에 대한 한국산업규격에서 정하는 계산 방법에 따른다. 단, 배점 판정을 위한 효율은 기름을 연료로 사용하는 보일러의 경우는 (㉠)에 의한 효율을, 가스를 연료로 사용하는 보일러의 경우는 (㉡)에 의한 효율에 의해 판정한다.

	㉠	㉡
㉮	저위발열량	고위발열량
㉯	저위발열량	진발열량
㉰	총 발열량	고위발열량
㉱	고위발열량	총 발열량

29. 에너지 절약계획 설계 검토 시 ㉠~㉡ 안에 들어갈 적당한 수치는?

> 평균 열관류율 계산은 외기에 간접적으로 면한 부위에 대해서는 적용된 열관류율값에 외벽, 지붕, 바닥부위는 (㉠)을 곱하고, 창 및 문 부위는 (㉡)을 곱하여 평균 열관류율의 계산에 사용한다.

	㉠	㉡
㉮	0.5	0.6
㉯	0.6	0.7
㉰	0.7	0.8
㉱	0.8	0.9

30. 에너지절약계획서를 제출하지 않아도 되는 건축물로서 가장 거리가 먼 것은?

㉮ 단독주택

정답 26. ㉱　27. ㉰　28. ㉮　29. ㉰　30. ㉯

㉯ 공동주택
㉰ 문화 및 집회시설 중 동·식물원
㉱ 냉방 또는 난방 설비를 설치하지 아니하는 건축물

[해설] 에너지절약계획서 제출 예외 대상
1. 단독주택
2. 문화 및 집회시설 중 동·식물원
3. 「건축법 시행령」 별표1 제17호부터 제26호까지의 건축물 중 냉방 또는 난방 설비를 설치하지 아니하는 건축물
4. 그밖에 국토교통부장관이 에너지 절약계획서를 첨부할 필요가 없다고 정하여 고시하는 건축물

31. 어떤 건물의 난방과 급탕의 에너지소요량의 비는 68:20이나, 1차에너지소요량의 비는 49.5:55이다. 이를 참조하여 난방과 급탕의 에너지의 종류는 각각 고르면?

	난방에너지	급탕에너지
㉮	지역난방	전기에너지
㉯	전기에너지	전기에너지
㉰	전기에너지	연료
㉱	연료	전기에너지

[해설] 1. '1차에너지소요량 = 에너지소요량 × 1차에너지 환산계수'이므로,

(1) 난방 에너지 : $\frac{49.5}{68}=0.728 \rightarrow$ '지역난방'

(2) 급탕 에너지 : $\frac{55}{20}=2.75 \rightarrow$ '전기'

2. 에너지별 1차에너지 환산계수

구 분	1차에너지 환산계수
연료(가스, 유류, 석탄 등)	1.1
전력	2.75
지역난방	0.728
지역냉방	0.937

32. 다음 표의 ㉠ ~ ㉢ 안에 들어가야 할 수치 중 ㉠의 값에 해당하는 것은?

벽체 상세도(W1)	종 류	두께(m)	열전도율 (W/m·K)	열관류저항 (m²·K/W)
	실외표면			0.03
	콘크리트	0.15	1.7	0.088
	보온판	(㉠)	0.08	(㉡)
	석고보드	0.01	0.18	0.056
	벽지	0.002	0.12	0.017
	실내표면			0.1
	합 계			(㉢)
	적용 열관류율			0.340
	기준 열관류율			0.340

㉮ 0.203   ㉯ 0.212   ㉰ 0.303   ㉱ 0.301

[정답] 31. ㉮   32. ㉯

[해설] 1. 열관류저항$(R) = \dfrac{1}{\text{적용열관류율}}$ 이므로,

(1) ⓒ $= \dfrac{1}{0.34} = 2.941$

(2) ⓛ $= 2.941 - (0.03 + 0.088 + 0.056 + 0.017 + 0.1) = 2.65$

2. 열관류저항$(R_1) = \dfrac{\text{벽체두께}(d_1)}{\text{열전도율}(\lambda)}$ 이므로

㉠ $=$ 열관류저항$(R_1) \times$ 열전도율$(\lambda) = 2.65 \times 0.08 = 0.212$

33. 연면적 5000 m²인 남부지역 비주거 건물의 벽체조건이 다음과 같을 때, 개폐 가능한 외기에 면한 창의 설치에 대한 평점은 얼마인가?

층수 구분	외주부 바닥면적 (m²)	개폐 가능한 창면적 (m²)
1층	1000	600
2층	700	400
3층	700	400
합 계	2400	1400

㉮ 1점 ㉯ 0.9점 ㉰ 0.8점 ㉱ 0.6점

[해설] 1. 외주부 바닥면적 $= 2400 \text{m}^2$
2. 개폐 가능한 창면적 $= 1400 \text{m}^2$
3. 평점계산(아래 '에너지성능지표' 참조)

(1) 개폐 가능한 창면적/외주부 바닥면적 $= \dfrac{1400}{2400} = 58.33\% > 10\% \rightarrow$ 배점(b)$=1$

(2) 평점 $=$ 기본배점(a)$\times$해당배점(b)$= 1 \times 1 = 1$점

〈에너지성능지표〉

항 목	기본배점 (a)				배점 (b)					평점 (a*b)	근거
	비주거		주거								
	대형 (3,000m² 이상)	소형 (500~ 3,000 m² 미만)	주택 1	주택 2	1점	0.9점	0.8점	0.7점	0.6점		
6. 자연채광용 개구부 (수영장), 주된 거실에 개폐 가능한 외기에 면한 창의 설치 (기타 건축물)	1	1	1	1	수영장 : 수영장 바닥면적의 1/5 이상 자연채광용 개구부 설치 기타 건축물 : 개폐되는 창부위의 면적이 외주부 바닥면적의 1/10 이상 적용 여부						

34. 연면적 3700 m²인 남부지역 비주거용 건물에 설치된 다음과 같은 공조용 송풍기의 에너지성능지표상의 평점은 얼마인가?

[정답] 33. ㉮ 34. ㉱

송풍기 구분	송풍기A	송풍기B	송풍기C
송풍기의 토출량(m³/h)	40000	50000	60000
송풍기의 용량(Pa)	2000	3000	4000
송풍기 동력(kW)	20	25	30
송풍기의 대수	2	2	2
효율	70	67	75

〈에너지성능지표〉 (제3면)

항목	기본배점 (a)				배점 (b)					평점 (a*b)	근거
	비주거		주거								
	대형 (3,000m² 이상)	소형 (500~ 3,000m² 미만)	주택 1	주택 2	1점	0.9점	0.8점	0.7점	0.6점		
3. 열원설비 및 공조용 송풍기의 효율 (%)	3	1	—	1	60 이상	57.5~ 60 미만	55~ 57.5 미만	50~55 미만	50 미만		
4. 냉온수 순환, 급수 및 급탕 펌프의 평균 효율	2	2	3	3	1.16E 이상	1.12E~ 1.16E 미만	1.08E~ 1.12E 미만	1.04E~ 1.08E 미만	1.04E 미만		

㉮ 0.6점　　㉯ 1점　　㉰ 2점　　㉱ 3점

[해설] 1. 용량가중 평균점수 계산 : 각 송풍기 모두 배점(b)는 1점이다.

$$평균점수 = \frac{20 \times 2 \times 1 + 25 \times 2 \times 1 + 30 \times 2 \times 1}{20 \times 2 + 25 \times 2 + 30 \times 2} = 1$$

2. 배점(b) : 1점
3. 평점 : 기본배점(a)×해당배점(b) = 3×1 = 3점

35. 연면적 1000 m²인 남부지방의 어느 비주거형 건물에서 다음과 같은 조명밀도를 가지고 있을 때 평점은 얼마인가?

실 구분	바닥면적(m²)	조명전력(W)
회의실	600	7000
사무실	1000	12000
접대실	80	900
휴게실	100	1000
전시실	200	2500

정답 35. ㉰

〈에너지성능지표〉

항 목	기본배점(a)				배점(b)					평점(a*b)	근거
	비주거		주거		1점	0.9점	0.8점	0.7점	0.6점		
	대형 (3,000m² 이상)	소형 (500~ 3,000m² 미만)	주택 1	주택 2							
1. 제5조 제9호 가목에 따른 거실의 조명밀도(W/m²)	3	2	2	2	8 미만	8~11 미만	11~14 미만	14~17 미만	17~20 미만		
2. 간선의 전압강하 (%)	1	1	1	1	3.5 미만	3.5~4.0 미만	4.0~5.0 미만	5.0~6.0 미만	60~70 미만		

㉮ 0.8점　　㉯ 0.7점　　㉰ 1.6점　　㉱ 1.4점

[해설] 1. 전체 바닥면적 합계 및 조명전력 합계 계산

실 구분	바닥면적(m²)	조명전력(W)
회의실	600	7000
사무실	1000	12000
접대실	80	900
휴게실	100	1000
전시실	200	2500
합 계	1980	23400

2. 조명밀도 계산 : 조명밀도 = $\frac{23400}{1980}$ = 11.82 → 배점(b) = 0.8점

3. 평점 계산 : 비주거 소형건물에 속하므로 기본배점(a) = 2점
　　평점 = 2×0.8 = 1.6점

36. 남부지역 비주거인 어느 건축물이 연면적 2,500 m²일 경우, 다음 〈창의 조건〉과 표1~표4를 보고, 건축 부문 9번 항목의 EPI 평점을 계산하면 얼마인가?

〈창의 조건〉
- 유리의 종류 : 복층유리(로이유리+공기층 6 mm)
- 방위 : 동남향(수직면 일사량 = 325 W/m²)
- 유리의 투광면적 : 10 m²(단, 창틀을 포함한 면적은 13 m²)
- 수평차양 돌출길이 : 0.6 m(단, 수평차양에서 투광부 하단까지의 길이 3 m)
- 수직차양 돌출길이 : 0.6 m(단, 수직차양에서 투광부 폭까지의 길이 3 m)
- 기타 : 유리 외측에 가동형 차양 설치, 외피면적 : 40 m²

정답 36. ㉱

〈표1〉 수평 고정형 외부차양의 태양열취득률

돌출길이/투광부하단까지의 길이	남	남서	서	북서	북	북동	동	동남
0.0	1.00	1.00	1.00	1.00	1.00	1.00	1.00	1.00
0.2	0.57	0.74	0.79	0.79	0.89	0.78	0.79	0.73
0.4	0.48	0.55	0.63	0.64	0.83	0.64	0.63	0.54
0.6	0.45	0.42	0.51	0.54	0.79	0.54	0.50	0.42
0.8	0.43	0.35	0.42	0.48	0.76	0.48	0.42	0.36
1.0	0.41	0.33	0.36	0.43	0.73	0.43	0.37	0.33

〈표2〉 수직 고정형 외부차양의 태양열취득률

돌출길이/투광부폭까지의 길이	남	남서	서	북서	북	북동	동	동남
0.0	1.00	1.00	1.00	1.00	1.00	1.00	1.00	1.00
0.2	0.73	0.84	0.88	0.76	0.68	0.79	0.89	0.82
0.4	0.61	0.72	0.79	0.61	0.56	0.64	0.80	0.67
0.6	0.54	0.60	0.74	0.46	0.47	0.50	0.75	0.54
0.8	0.50	0.51	0.70	0.38	0.42	0.42	0.71	0.46
1.0	0.45	0.43	0.65	0.28	0.34	0.31	0.66	0.39

〈표3〉 가동형 차양의 설치위치에 따른 태양열취득률

유리의 외측에 설치	유리와 유리 사이에 설치	유리 내측에 설치
0.34	0.5	0.88

〈표4〉 유리의 종류별 태양열취득률 및 가시광선투과율

유리종류		유리성능(태양열취득률/가시광선투과율)					
		6mm		12mm		16mm	
	공기층	태양열취득률	가시광선투과율	태양열취득률	가시광선투과율	태양열취득률	가시광선투과율
복층	일반유리	0.717	0.789	0.719	0.789	0.719	0.789
	일반유리+아르곤	0.718	0.789	0.720	0.789	0.720	0.789
	로이유리	0.577	0.783	0.581	0.783	0.583	0.783
	로이유리+아르곤	0.579	0.783	0.583	0.783	0.584	0.783
삼중	일반유리	0.631	0.707	0.633	0.707	0.634	0.707
	일반유리+아르곤	0.633	0.707	0.634	0.707	0.635	0.707
	로이유리	0.526	0.700	0.520	0.700	0.518	0.700
	로이유리+아르곤	0.523	0.700	0.517	0.700	0.515	0.700
사중	일반유리	0.563	0.637	0.565	0.637	0.565	0.637
	일반유리+아르곤	0.564	0.637	0.565	0.637	0.566	0.637
	로이유리	0.484	0.629	0.474	0.629	0.471	0.629
	로이유리+아르곤	0.479	0.629	0.468	0.629	0.466	0.629

㉮ 1.8점   ㉯ 2.1점

㉰ 2.4점   ㉱ 3.0점

[해설]
1. 수평 고정형 외부차양의 태양열취득률 : 창이 동남향이며, $\dfrac{\text{수평차양의 돌출길이}(P)}{\text{수평차양에서 투광부하단까지의 길이}(H)} = \dfrac{0.6}{3} = 0.2$이므로, 〈표1〉에서, 수평 고정형 외부차양의 태양열취득률=0.73

2. 수직 고정형 외부차양의 태양열취득률 : 창이 동남향이며, $\dfrac{\text{수직차양의 돌출길이}(P)}{\text{수직차양에서 투광부폭까지의 길이}(W)} = \dfrac{0.6}{3} = 0.2$이므로, 〈표2〉에서, 수직 고정형 외부차양의 태양열취득률=0.82

3. 가동형 차양의 설치위치에 따른 태양열취득률 : 주어진 조건에서 가동형 차양이 유리의 외측에 설치되어있다고 하였으므로 〈표3〉에서, 가동형 차양의 설치위치에 따른 태양열취득률=0.34

4. 투광부(유리)의 종류별 태양열취득률 : 창의 조건에서 복층유리(로이유리+공기층 6mm)라고 하였으므로 〈표4〉에서, 투광부의 태양열취득률=0.577×창틀계수=0.577×$\dfrac{\text{유리의 투광면적}}{\text{창틀을 포함한 창면적}}$=0.577×$\dfrac{10}{13}$=0.444

5. 따라서, 일사조절장치의 태양열취득률=수평 고정형 외부차양의 태양열취득률×수직 고정형 외부차양의 태양열취득률×가동형 차양의 설치위치에 따른 태양열취득률×투광부의 태양열취득률=0.73×0.82×0.34×0.444=0.09

6. 해당방위의 수직면 일사량 : 동남향 건물로 수직면 일사량이 325 W/m²로 주어졌다.

7. 거실 외피면적당 평균 태양열취득=Σ(해당방위의 수직면 일사량×해당방위의 일사조절장치의 태양열취득률×해당방위의 거실 투광부 면적)/거실 외피면적의 합=325×0.09×10/40=7.31 W/m²

∴ 거실 외피면적당 평균 태양열취득이 14 W/m² 미만이므로, 아래 〈에너지성능지표〉에서, EPI 배점(b)=1점이며, 평점=1점×3=3점

〈에너지성능지표〉

항 목	기본배점 (a)				배점 (b)					평점 (a*b)	근거
	비주거		주거								
	대형 (3,000m² 이상)	소형 (500~ 3,000 m² 미만)	주택 1	주택 2	1점	0.9점	0.8점	0.7점	0.6점		
9. 냉방부하 저감을 위한 제5조 제9호 러목에 따른 거실 외피면적당 평균 태양열취득	3	3	1	1	14 W/m² 미만	14~19 W/m² 미만	19~24 W/m² 미만	24~29 W/m² 미만	29~34 W/m² 미만		

37. 다음의 장비일람표에서 에너지 절약설계기준 기계설비 부문 의무사항 ②번의 준수 여부 및 EPI의 평가에 반영되는 냉온수순환펌프의 대수는 몇 대인가?

[정답] 37. ㉮

〈장비일람표〉

펌프류

장비번호	수량	명칭	용도	설치위치	형식	유량(LPM)	양정(M)	전동기(kW)	구경(mm) 흡입	구경(mm) 토출	단수(S)	전원	비고
P-2	3	지열순환펌프	지열수순환용	지하층기계실	IN-LINE	42	22	0.4	-	-	-	220V×1φ×60Hz	표준 부속품 일체구비, 1대 예비, KS인증
P-4	2	냉온수순환펌프	냉온수순환용	지하층기계실	IN-LINE	36	17	0.2	-	-	-	220V×1φ×60Hz	표준 부속품 일체구비, 1대 예비, KS인증

탱크류

장비번호	수량	명칭	형식	용도	설치위치	용량(LIT)	규격	재질	철판두께(mm) 동판	철판두께(mm) 경판	철판두께(mm) 상판	철판두께(mm) 측하판	보온	마감	사용압력
T-5	1	Storage Tank	원통형	냉온수축열용	지하층기계실	1,000		SUS 304							6kg/cm^2
T-6	2	팽창탱크	밀폐형	지열수순환용	지하층기계실	100		SS41							6kg/cm^2

의무사항 ②번	EPI 반영 펌프의 대수
㉮ 준수	1대
㉯ 준수	2대
㉰ 미준수	1대
㉱ 미준수	2대

[해설] 1. 에너지 절약설계기준 기계설비 부문 의무사항 ②번의 준수 여부
   (1) 에너지 절약설계기준 기계설비 부문(의무사항) ②번 : "② 펌프는 KS인증제품 또는 KS 규격에서 정해진 효율이상의 제품을 채택하였다.(신설 또는 교체 펌프만 해당)"
   (2) 주어진 장비일람표의 '비고'란에 'KS인증'이라고 표기되어있으므로, 에너지 절약설계기준 기계설비 부문(의무사항) ②번 항목은 준수되었다고 볼 수 있다.
  2. EPI의 평가에 반영되는 펌프의 대수 : 주어진 장비일람표의 '수량'란에 냉온수순환펌프가 2대라고 표기되어있고, '비고'란에는 예비펌프가 1대라고 표현되어있으므로,
    EPI의 평가에 반영되는 펌프의 대수 = 2대 - 1대 = 1대

CHAPTER 02 건축물 에너지효율설계 이해 및 응용

1. 건축물 에너지효율등급 인증 및 제로에너지건축물 인증에 관한 규칙

1-1 개요

(1) 목적 : 이 규칙은 「녹색건축물 조성 지원법」에서 위임된 건축물 에너지효율등급 인증 및 제로에너지건축물 인증 대상 건축물의 종류 및 인증기준, 인증기관 및 운영기관의 지정, 인증받은 건축물에 대한 점검 및 건축물에너지평가사의 업무범위 등에 관한 사항과 그 시행에 필요한 사항을 규정함을 목적으로 한다.

(2) 적용대상 : 인증은 다음 각 호의 건축물을 대상으로 한다. 다만, 아래 제3호 및 제5호에 따른 건축물 중 국토교통부장관과 산업통상자원부장관이 공동으로 고시하는 실내 냉방·난방 온도 설정조건으로 인증 평가가 불가능한 건축물 또는 이에 해당하는 공간이 전체 연면적의 100분의 50 이상을 차지하는 건축물은 제외한다.

1. 「건축법 시행령」 별표1 제1호에 따른 단독주택(이하 "단독주택"이라 한다)
2. 「건축법 시행령」 별표1 제2호 가목부터 다목까지의 공동주택(이하 "공동주택"이라 한다) 및 같은 호 라목에 따른 기숙사
3. 「건축법 시행령」 별표1 제3호부터 제13호까지의 건축물로 냉방 또는 난방 면적이 500제곱미터 이상인 건축물
4. 「건축법 시행령」 별표1 제14호에 따른 업무시설(이하 "업무시설"이라 한다)
5. 「건축법 시행령」 별표1 제15호부터 제28호까지의 건축물로 냉방 또는 난방 면적이 500제곱미터 이상인 건축물

1-2 운영기관의 지정

① 국토교통부장관은 녹색건축센터로 지정된 기관 중에서 각 운영기관을 지정하여 관보에 고시하여야 한다.

② 국토교통부장관은 운영기관을 지정하려는 경우 산업통상자원부장관과 협의하여야 한다.
③ 운영기관은 다음 각 호의 업무를 수행한다.
  1. 인증업무를 수행하는 인력(인증업무인력)의 교육, 관리 및 감독에 관한 업무
  2. 인증관리시스템의 운영에 관한 업무
  3. 인증기관의 평가·사후관리 및 감독에 관한 업무
  4. 인증제도의 홍보, 교육, 컨설팅, 조사·연구 및 개발 등에 관한 업무
  5. 인증제도의 개선 및 활성화를 위한 업무
  6. 인증절차 및 기준 관리 등 제도 운영에 관한 업무
  7. 인증 관련 통계 분석 및 활용에 관한 업무
  8. 인증제도의 운영과 관련하여 국토교통부장관 또는 산업통상자원부장관이 요청하는 업무
④ 운영기관의 장은 다음 각 호의 구분에 따른 시기까지 운영기관의 사업내용을 국토교통부장관과 산업통상자원부장관에게 각각 보고하여야 한다.
  1. 전년도 사업추진 실적과 그 해의 사업계획 : 매년 1월 31일까지
  2. 분기별 인증 현황 : 매 분기 말일을 기준으로 다음 달 15일까지
⑤ 운영기관의 장은 인증기관에 법 제19조 각 호의 처분사유가 있다고 인정하면 국토교통부장관에게 알려야 한다.

1-3 인증기관의 지정

① 국토교통부장관은 인증기관을 지정하려는 경우에는 산업통상자원부장관과 협의하여 지정 신청 기간을 정하고, 그 기간이 시작되는 날의 3개월 전까지 신청 기간 등 인증기관 지정에 관한 사항을 공고하여야 한다.
② 인증기관으로 지정을 받으려는 자는 제1항에 따른 신청 기간 내에 별지 제1호 서식의 건축물 에너지효율등급 인증기관 지정 신청서(전자문서로 된 신청서를 포함한다)에 다음 각 호의 서류(전자문서를 포함한다)를 첨부하여 국토교통부장관에게 제출하여야 한다.
  1. 인증업무를 수행할 전담조직 및 업무수행체계에 관한 설명서
  2. 제4항에 따른 인증업무인력을 보유하고 있음을 증명하는 서류
  3. 인증기관의 인증업무 처리규정
  4. 건축물의 에너지효율등급 인증과 관련한 연구 실적 등 인증업무를 수행할 능력을 갖추고 있음을 증명하는 서류
③ 제2항에 따른 신청을 받은 국토교통부장관은 「전자정부법」에 따른 행정정보의 공동이용을 통하여 신청인의 법인 등기사항증명서(법인인 경우만 해당한다) 또는 사업자등록증(개인인 경우만 해당한다)을 확인하여야 한다. 다만, 신청인이 사업등록증을 확인하는 데 동의하지 아니하는 경우에는 해당 서류의 사본을 제출하도록 하여야 한다.

④ 인증기관은 다음 각 호의 어느 하나에 해당하는 건축물의 에너지효율등급 인증에 관한 상근(常勤) 인증업무인력을 5명 이상 보유하여야 한다.
   1. 「녹색건축물 조성 지원법 시행규칙」 제16조 제5항에 따라 실무교육을 받은 건축물에너지평가사
   2. 건축사 자격을 취득한 후 3년 이상 해당 업무를 수행한 사람
   3. 건축, 설비, 에너지 분야(해당 전문분야)의 기술사 자격을 취득한 후 3년 이상 해당 업무를 수행한 사람
   4. 해당 전문 분야의 기사 자격을 취득한 후 10년 이상 해당 업무를 수행한 사람
   5. 해당 전문 분야의 박사학위를 취득한 후 3년 이상 해당 업무를 수행한 사람
   6. 해당 전문 분야의 석사학위를 취득한 후 9년 이상 해당 업무를 수행한 사람
   7. 해당 전문 분야의 학사학위를 취득한 후 12년 이상 해당 업무를 수행한 사람
⑤ 인증업무 처리규정에는 다음 각 호의 사항이 포함되어야 한다.
   1. 건축물 에너지효율등급 인증 평가의 절차 및 방법에 관한 사항
   2. 건축물 에너지효율등급 인증 결과의 통보 및 재평가에 관한 사항
   3. 건축물 에너지효율등급 인증을 받은 건축물의 인증 취소에 관한 사항
   4. 건축물 에너지효율등급 인증 결과 등의 보고에 관한 사항
   5. 건축물 에너지효율등급 인증 수수료 납부방법 및 납부기간에 관한 사항
   6. 건축물 에너지효율등급 인증 결과의 검증방법에 관한 사항
   7. 그밖에 건축물 에너지효율등급 인증업무 수행에 필요한 사항
⑥ 국토교통부장관은 제2항에 따라 건축물 에너지효율등급 인증기관 지정 신청서가 제출되면 해당 신청인이 인증기관으로 적합한지를 산업통상자원부장관과 협의하여 검토한 후 제14조에 따른 건축물 에너지효율등급 인증운영위원회의 심의를 거쳐 지정·고시한다.
⑦ 법 제17조 제2항에 따른 제로에너지건축물 인증기관은 법 제23조에 따라 녹색건축센터로 지정된 기관 중에서 국토교통부장관이 산업통상자원부장관과 협의하여 지정·고시한다.
⑧ 제로에너지건축물 인증기관은 다음 각 호의 사항을 갖추어야 한다.
   1. 인증업무를 수행할 전담조직 및 업무수행체계
   2. 3명 이상의 상근 인증업무인력(인증업무인력의 자격에 관하여는 제4항을 준용한다. 이 경우 "건축물의 에너지효율등급 인증"은 "제로에너지건축물 인증"으로 본다.)
   3. 인증업무 처리규정(인증업무 처리규정에 포함되어야 하는 사항에 관하여는 제5항을 준용한다. 이 경우 "건축물 에너지효율등급 인증"은 "제로에너지건축물 인증"으로 본다.)

1-4 인증기관 지정서의 발급 및 인증기관 지정의 갱신 등

① 국토교통부장관은 인증기관으로 지정받은 자에게 별지 제2호 서식의 건축물 에너지효율

등급 인증기관 지정서를 발급하여야 한다.
② 인증기관 지정의 유효기간은 건축물 에너지효율등급 인증기관 지정서를 발급한 날부터 5년으로 한다.
③ 국토교통부장관은 산업통상자원부장관과 협의한 후 인증운영위원회의 심의를 거쳐 제2항에 따른 지정의 유효기간을 5년마다 갱신할 수 있다. 이 경우 갱신기간은 갱신할 때마다 5년을 초과할 수 없다.
④ 건축물 에너지효율등급 인증기관 지정서를 발급받은 인증기관의 장은 다음 각 호의 어느 하나에 해당하는 사항이 변경되었을 때에는 그 변경된 날부터 30일 이내에 변경된 내용을 증명하는 서류를 운영기관의 장에게 제출하여야 한다.
  1. 기관명 및 기관의 대표자
  2. 건축물의 소재지
  3. 제4조 제4항에 따른 상근 인증업무인력
⑤ 운영기관의 장은 제4항에 따라 제출받은 서류가 사실과 부합하는지를 확인하여 이상이 있을 경우 그 내용을 국토교통부장관과 산업통상자원부장관에게 각각 보고하여야 한다.
⑥ 국토교통부장관은 산업통상자원부장관과 협의하여 법 제19조 각 호의 사항을 점검할 수 있으며, 이를 위하여 인증기관의 장에게 관련 자료의 제출을 요구할 수 있다. 이 경우 자료 제출을 요구받은 인증기관의 장은 특별한 사유가 없으면 이에 따라야 한다.

1-5 인증 신청 등

① 법 제17조 제4항에서 "국토교통부와 산업통상자원부의 공동부령으로 정하는 기준 이상인 건축물"이란 제8조 제2항 제1호에 따른 건축물 에너지효율등급(이하 "건축물 에너지효율등급"이라 한다)이 1++ 등급 이상인 건축물을 말한다.
② 다음 각 호의 어느 하나에 해당하는 자(건축주 등)는 건축물 에너지효율등급 인증 및 제로에너지건축물 인증을 신청할 수 있다.
  1. 건축주
  2. 건축물 소유자
  3. 사업주체 또는 시공자(건축주나 건축물 소유자가 인증 신청에 동의하는 경우에만 해당한다)
③ 각 인증을 신청하려는 건축주 등은 인증관리시스템을 통하여 별지 인증 신청서에 다음 각 호의 서류를 첨부하여 인증기관의 장에게 제출하여야 한다.
  1. 에너지효율등급 인증을 신청하는 경우
    ㈎ 공사가 완료되어 이를 반영한 건축·기계·전기·신재생에너지 관련 최종 설계도면
    ㈏ 건축물 부위별 성능내역서

㈐ 건물 전개도

㈑ 장비용량 계산서

㈒ 조명밀도 계산서

㈓ 관련 자재·기기·설비 등의 성능을 증명할 수 있는 서류

㈔ 설계변경 확인서 및 설명서

㈕ 예비인증서 사본(해당 인증기관 및 다른 인증기관에서 예비인증을 받은 경우만 해당한다)

㈖ ㈎목부터 ㈕목까지에서 규정한 서류 외에 건축물 에너지효율등급 평가를 위하여 운영기관의 장이 필요하다고 정하여 공고하는 서류

2. 제로에너지건축물 인증을 신청하는 경우

㈎ 1++등급 이상의 건축물 에너지효율등급 인증서 사본

㈏ 건축물에너지관리시스템(법 제6조의2 제2항에 따른 건축물에너지관리시스템을 말한다. 이하 같다) 또는 전자식 원격검침계량기 설치 도서

㈐ 제로에너지건축물 예비인증서 사본(예비인증을 받은 경우만 해당한다)

㈑ ㈎목부터 ㈐목까지의 서류 외에 제로에너지건축물 인증 평가를 위하여 제로에너지건축물 인증제 운영기관의 장이 필요하다고 정하여 공고하는 서류

3. 건축물 에너지효율등급 인증 및 제로에너지건축물 인증을 동시에 신청하는 경우

㈎ 제1호 각 목의 서류

㈏ 제2호 ㈏목부터 ㈑목까지의 서류

④ 위의 제③항에 따라 신청서에 첨부하여 제출하는 서류(인증서 사본 및 예비인증서 사본은 제외한다)에는 설계자 및 「건축물의 설비기준 등에 관한 규칙」 제3조에 따른 관계전문기술자가 날인을 하여야 한다. 다만, 다음 각 호의 어느 하나에 해당하는 경우에는 그 사유서를 첨부하여 「건축법」 제25조에 따른 감리자 또는 건축주의 날인으로 설계자 또는 관계전문기술자의 날인을 대체할 수 있으며, 제2호의 경우 인증기관의 장은 변경내용을 영 제10조 제2항에 따른 허가권자에게 통보하여야 한다.

1. 「건축물의 설비기준 등에 관한 규칙」 제2조에 따라 관계전문기술자의 협력을 받아야 하는 건축물에 해당하지 아니하는 경우

2. 첨부서류의 내용이 「건축법」 제22조 제1항에 따른 사용 승인 후 변경된 경우

3. 제1호 및 제2호 외에 설계자 또는 관계전문기술자의 날인이 불가능한 사유가 있는 경우

⑤ 인증기관의 장은 제③항에 따른 신청을 받은 날부터 다음 각 호의 구분에 따른 기간 내에 인증을 처리하여야 한다.

1. 건축물 에너지효율등급 인증의 경우 : 50일(단독주택 및 공동주택의 경우에는 40일)

2. 제로에너지건축물 인증의 경우 : 30일(단, 제③항 제3호에 따라 신청한 경우에는 1++

등급 이상의 건축물 에너지효율등급 인증서가 발급된 날부터 기산한다)
⑥ 인증기관의 장은 제⑤항에 따른 기간 내에 부득이한 사유로 인증을 처리할 수 없는 경우에는 건축주 등에게 그 사유를 통보하고 20일의 범위에서 인증 평가 기간을 한 차례만 연장할 수 있다.
⑦ 인증기관의 장은 제③항에 따라 건축주 등이 제출한 서류의 내용이 미흡하거나 사실과 다른 경우에는 건축주 등에게 보완을 요청할 수 있다. 이 경우 건축주 등이 제출서류를 보완하는 기간은 제⑤항의 기간에 산입하지 아니한다.
⑧ 인증기관의 장은 건축주 등이 보완 요청 기간 안에 보완을 하지 아니한 경우 등에는 신청을 반려할 수 있다. 이 경우 반려 기준 및 절차 등 필요한 사항은 국토교통부장관과 산업통상자원부장관이 정하여 공동으로 고시한다.
⑨ 인증을 받은 건축물의 소유자는 필요한 경우 유효기간이 만료되기 90일 전까지 같은 건축물에 대하여 재인증을 신청할 수 있다. 이 경우 평가 절차 등 필요한 사항은 국토교통부장관과 산업통상자원부장관이 정하여 공동으로 고시한다.

1-6 인증 평가 등

① 인증기관의 장은 인증 신청을 받으면 인증 기준에 따라 도서평가와 현장실사(現場實査)를 하고, 인증 신청 건축물에 대한 인증 평가서를 작성하여야 한다.
② 인증기관의 장은 제1항에 따른 인증 평가서 결과에 따라 인증 여부 및 인증 등급을 결정한다.
③ 인증기관의 장은 사용승인 또는 사용검사를 받은 날부터 3년이 지난 건축물에 대해서 건축물 에너지효율등급 인증을 하려는 경우에는 건축주 등에게 건축물 에너지효율 개선방안을 제공하여야 한다.

1-7 인증 기준 등

① 건축물 에너지효율등급 인증 및 제로에너지건축물 인증은 다음 각 호의 구분에 따른 사항을 기준으로 평가하여야 한다.
1. 건축물 에너지효율등급 인증 : 난방, 냉방, 급탕(給湯), 조명 및 환기 등에 대한 1차에너지소요량
2. 제로에너지건축물 인증 : 다음 각 목의 사항
   ㈎ 건축물 에너지효율등급 성능수준
   ㈏ 신에너지 및 재생에너지를 활용한 에너지자립도
   ㈐ 건축물에너지관리시스템 또는 전자식 원격검침계량기 설치 여부

② 건축물 에너지효율등급 인증 및 제로에너지건축물 인증의 등급은 다음 각 호의 구분에 따른다.
  1. 건축물 에너지효율등급 인증 : 1+++등급부터 7등급까지의 10개 등급
  2. 제로에너지건축물 인증 : 1등급부터 5등급까지의 5개 등급
③ 제①항과 제②항에 따른 인증 기준 및 인증 등급의 세부 기준은 국토교통부장관과 산업통상자원부장관이 정하여 공동으로 고시한다.

1-8 인증서 발급 및 인증의 유효기간 등

① 인증기관의 장은 평가가 완료되어 인증을 할 때에는 별지 제4호 서식의 인증서를 건축주 등에게 발급하고, 인증 평가서 등 평가 관련 서류와 함께 인증관리시스템에 인증 사실을 등록하여야 한다.
② 건축주 등은 인증명판이 필요하면 별표1에 따라 제작하여 활용할 수 있으며, 건축물의 건축주 등은 인증명판을 건축물 현관 또는 로비 등 공공이 볼 수 있는 장소에 게시하여야 한다.
③ 각 인증(건축물 에너지효율등급 인증 및 제로에너지건축물 인증)의 유효기간은 다음 각 호의 구분에 따른 기간으로 한다.
  1. 건축물 에너지효율등급 인증 : 10년
  2. 제로에너지건축물 인증 : 인증받은 날부터 해당 건축물에 대한 1++등급 이상의 건축물 에너지효율등급 인증 유효기간 만료일까지의 기간
④ 인증기관의 장은 인증서를 발급하였을 때에는 인증 대상, 인증 날짜, 인증 등급을 포함한 인증 결과를 운영기관의 장에게 제출하여야 한다.
⑤ 운영기관의 장은 에너지 성능이 높은 건축물의 보급을 확대하기 위하여 제1항에 따른 인증평가 관련 정보를 분석하여 통계적으로 활용할 수 있으며, 법 제10조 제5항에 따른 방법으로 인증 관련 정보를 공개할 수 있다.

1-9 재평가 요청 등

① 인증 평가 결과나 인증 취소 결정에 이의가 있는 건축주 등은 인증서 발급일 또는 인증 취소일부터 90일 이내에 인증기관의 장에게 재평가를 요청할 수 있다.
② 재평가 결과 통보, 인증서 재발급 등 재평가에 따른 세부 절차에 관한 사항은 국토교통부장관과 산업통상자원부장관이 정하여 공동으로 고시한다.

1-10 예비인증의 신청 등

① 건축주 등은 인증(본인증)에 앞서 설계도서에 반영된 내용만을 대상으로 예비인증을 신청할 수 있다.

② 예비인증을 신청하려는 건축주 등은 인증관리시스템을 통하여 별지 제5호 서식의 예비인증 신청서에 다음 각 호의 서류를 첨부하여 인증기관의 장에게 제출하여야 한다.

1. 건축물 에너지효율등급 예비인증을 신청하는 경우 : 별지 제5호 서식에 따른 신청서 및 다음 각 목의 서류
   (가) 건축·기계·전기·신에너지 및 재생에너지 관련 설계도면
   (나) 위의 [1-5 인증 신청 등] 제1호 (나)목 ~ (바)목 및 (자)목의 서류

2. 제로에너지건축물 예비인증을 신청하는 경우 : 별지 제5호의2 서식에 따른 신청서 및 다음 각 목의 서류
   (가) 1++등급 이상의 건축물 에너지효율등급 인증서 또는 예비인증서 사본
   (나) 위의 [1-5 인증 신청 등] 제2호 (나)목 ~ (라)목의 서류

3. 건축물 에너지효율등급 예비인증 및 제로에너지건축물 예비인증을 동시에 신청하는 경우 : 별지 제5호 서식의 신청서 및 다음 각 목의 서류
   (가) 제1호 각 목의 서류
   (나) 제2호 (나)목의 서류

③ 인증기관의 장은 평가 결과 예비인증을 하는 경우 별지 제6호 서식의 예비인증서를 건축주 등에게 발급하여야 한다. 이 경우 건축주 등이 예비인증을 받은 사실을 광고 등의 목적으로 사용하려면 본인증을 받을 경우 그 내용이 달라질 수 있음을 알려야 한다.

④ 예비인증을 받은 건축주 등은 본인증을 받아야 한다. 이 경우 예비인증을 받아 제도적·재정적 지원을 받은 건축주 등은 예비인증 등급 이상의 본인증을 받아야 한다.

⑤ 예비인증의 유효기간은 제3항에 따라 예비인증서를 발급한 날부터 사용승인일 또는 사용검사일까지로 한다.

⑥ 위에서 규정한 사항 외에 예비인증의 신청 및 평가 등에 관하여는 본인증 내용을 준용한다. 다만, '현장실사'는 실시하지 아니한다.

1-11 건축물에너지평가사의 업무범위

「녹색건축물 조성 지원법 시행규칙」에 따라 실무교육을 받은 건축물에너지평가사는 다음 각 호의 업무를 수행한다.

1. 제7조에 따른 도서평가, 현장실사, 인증 평가서 작성 및 건축물 에너지효율 개선방안 작성
2. 제11조 제6항에 따른 예비인증 평가

1-12 인증을 받은 건축물에 대한 점검 및 실태조사

(1) 각 인증을 받은 건축물의 소유자 또는 관리자는 그 건축물을 인증받은 기준에 맞도록 유지·관리하여야 한다.
(2) 운영기관의 장은 인증을 받은 건축물의 성능 유지·관리 실태 파악을 위하여 에너지사용량 등 필요한 자료를 건축물 소유자 또는 관리자에게 요청할 수 있다. 이 경우 건축물의 소유자 혹은 관리자는 특별한 사유가 없으면 그 요청에 따라야 한다.

1-13 인증 수수료

① 건축주 등은 본인증, 예비인증 또는 재인증을 신청하려는 경우에는 해당 인증기관의 장에게 별표2의 범위에서 인증 대상 건축물의 면적을 고려하여 국토교통부장관과 산업통상자원부장관이 정하여 공동으로 고시하는 인증 수수료를 내야 한다.
② 재평가를 신청하는 건축주 등은 국토교통부장관과 산업통상자원부장관이 정하여 공동으로 고시하는 인증 수수료를 내야 한다.
③ 인증 수수료는 현금이나 정보통신망을 이용한 전자화폐·전자결제 등의 방법으로 납부하여야 한다.
④ 인증기관의 장은 인증 수수료의 일부를 운영기관이 인증 관련 업무를 수행하는 데 드는 비용(운용비용)에 지원할 수 있다.
⑤ 인증 수수료의 환불 사유, 반환 범위, 납부 기간 및 그밖에 인증 수수료의 납부와 운영비용 집행 등에 필요한 사항은 국토교통부장관과 산업통상자원부장관이 정하여 공동으로 고시한다.

1-14 인증운영위원회의 구성·운영 등

① 국토교통부장관과 산업통상자원부장관은 인증제도를 효율적으로 운영하기 위하여 국토교통부장관이 산업통상자원부장관과 협의하여 정하는 기준에 따라 인증운영위원회를 구성하여 운영할 수 있다.
② 인증운영위원회는 다음 각 호의 사항을 심의한다.
  1. 건축물 에너지효율등급 인증운영위원회 : 다음 각 목의 사항
    (가) 건축물 에너지효율등급 인증기관의 지정 및 지정의 유효기간 연장에 관한 사항
    (나) 건축물 에너지효율등급 인증기관 지정의 취소 및 업무정지에 관한 사항
    (다) 건축물 에너지효율등급 인증 평가기준의 제정·개정에 관한 사항

(라) (가)목부터 (다)목까지의 사항 외에 건축물 에너지효율등급 인증제의 운영과 관련된 중요사항
2. 제로에너지건축물 인증운영위원회 : 다음 각 목의 사항
(가) 제로에너지건축물 인증 평가기준의 제정·개정에 관한 사항
(나) (가)목의 사항 외에 제로에너지건축물 인증제의 운영과 관련된 중요사항
③ 국토교통부장관과 산업통상자원부장관은 인증운영위원회의 운영을 운영기관에 위탁할 수 있다.
④ 인증운영위원회의 세부 구성 및 운영 등에 관한 사항은 국토교통부장관과 산업통상자원부장관이 정하여 공동으로 고시한다.

2. 건축물 에너지효율등급 인증 및 제로에너지건축물 인증기준

2-1 개요

(1) 목적 : 이 규정은 「건축물 에너지효율등급 인증 및 제로에너지건축물 인증에 관한 규칙」에서 위임한 사항 등을 규정함을 목적으로 한다.

(2) 인증 신청 보완 등
① 「건축물 에너지효율등급 인증에 관한 규칙」에 따라 제출되는 서류에는 설계자 및 관계전문기술자의 날인(건축, 기계, 전기)이 포함되어야 한다. 다만, 부득이한 경우 「건축법」 제25조에 따른 감리자 및 건축주의 날인으로 대체할 수 있다.
② 보완을 요청받은 건축주 등은 보완 요청일로부터 30일 이내에 보완을 완료하여야 한다. 건축주 등이 부득이한 사유로 기간 내 보완이 어려운 경우에는 10일의 범위에서 보완기간을 한 차례 연장할 수 있다.
③ 인증 처리 기간 등에는 「관공서의 공휴일에 관한 규정」 제2조에 따른 공휴일은 제외한다.

2-2 인증 신청의 반려

인증기관의 장은 다음 각 호의 어느 하나에 해당하는 경우 그 사유를 명시하여 인증을 신청한 건축주 등에게 인증 신청을 반려하여야 한다.
1. 규칙 제2조에 따른 적용대상이 아닌 경우
2. 규칙 제6조 제2항 및 제11조 제2항에 따른 서류를 제출하지 아니한 경우
3. 제2조 제2항에 따른 보완기간 내에 보완을 완료하지 아니한 경우
4. 제6조 제5항에 따라 인증 수수료를 신청일로부터 20일 이내에 납부하지 아니한 경우

2-3 인증기준 및 등급

① 규칙 제8조 제3항에 따른 인증기준은 다음 각 호의 구분에 따른다.
  1. 건축물 에너지효율등급 인증 : 별표1, ISO 13790 등 국제규격에 따라 난방, 냉방(냉방설비가 설치되지 않은 주거용 건물은 제외), 급탕, 조명, 환기 등에 대해 종합적으로 평가하도록 제작된 프로그램으로 산출된 연간 단위면적당 1차에너지소요량
  2. 제로에너지건축물 인증 : 별표1의2
② 제①항에 따른 인증기준은 규칙 제6조 제3항 및 제11조 제2항에 따른 인증 신청 당시의 기준을 적용한다.
③ 규칙 제8조 제3항에 따른 인증등급의 세부기준은 해당 인증의 종류에 따라 별표2, 별표2의2와 같다.
④ 하나의 대지에 둘 이상의 건축물이 있는 경우에 각각의 건축물에 대하여 별도로 인증을 받을 수 있다.
⑤ 규칙 제2조에 따른 건축물 에너지효율등급 인증 평가에 적용되는 실내 냉방·난방 온도 설정조건은 별표3과 같다.

2-4 재인증 및 재평가

① 재평가를 요청하는 건축주 등은 재평가 요청 사유서를 인증기관의 장에게 제출하여야 한다.
② 인증기관의 장은 건축주 등이 기존에 발급된 인증서를 반납하였는지 확인한 후 재인증 또는 재평가에 따른 인증서를 발급하여야 한다.
③ 재평가를 수행한 인증기관의 장은 재평가에 대한 전반적인 사항을 운영기관의 장에게 보고하여야 한다.

2-5 인증 수수료

① 인증 수수료는 별표4와 같다.
② 재평가를 신청하는 건축주 등은 제1항에 따른 인증 수수료의 100분의 50을 인증기관의 장에게 내야 한다. 단, 재평가 결과 당초 평가결과의 오류가 확인되어 인증 등급이 달라지거나 인증 취소 결정이 번복되는 경우에는 재평가에 소요된 인증 수수료를 환불받을 수 있다.
③ 인증 수수료의 환불 사유 및 반환 범위는 다음 각 호와 같다.
  1. 수수료를 과오납(過誤納)한 경우 : 과오납한 금액의 전부

2. 인증대상이 아닌 경우 : 납입한 수수료의 전부
3. 인증기관의 장이 인증 신청을 접수하기 전에 인증 신청을 반려하거나 건축주 등이 인증 신청을 취소하는 경우 : 납입한 수수료의 전부
4. 인증기관의 장이 인증 신청을 접수한 후 평가를 완료하기 전에 인증 신청을 반려하거나 건축주 등이 인증 신청을 취소하는 경우 : 납입한 수수료의 100분의 50

④ 인증 수수료의 반환절차 및 반환방법 등은 인증기관의 장이 별도로 정하는 바에 따른다.
⑤ 건축물 에너지효율등급을 인증을 신청한 건축주 등은 신청서를 제출한 날로부터 20일 이내에 인증기관의 장에게 수수료를 납부하여야 한다.

2-6 운영비용 활용

① 운영기관은 인증수수료의 100분의 8을 초과하지 않는 범위에서 인증 관련 업무 수행을 위하여 운영비용을 활용할 수 있다.
② 운영기관은 운영비용의 운용·관리를 위한 별도 회계 및 계좌를 설치하여야 하며, 사업운용기간에 따라 산정된 운영비용의 총액으로 예산을 편성하여야 한다.
③ 운영기관은 회계가 종료된 경우 전문정산기관의 정산결과보고서와 차기 운영비용 운용 계획안 등을 인증기관의 장에게 통보하고 인증운영위원회의 심의를 거쳐 국토교통부장관과 산업통상자원부장관에게 각각 보고하여야 하며, 사업운용기간 내 운영비용에 잔액이 발생한 경우 이월하여 차기 운영비용으로 활용하여야 한다.
④ 그 외이 운영비용 산정기준, 수입 및 지출 절차 등 운영비용과 관련한 세부적인 사항은 운영세칙에서 정한다.

2-7 인증운영위원회의 구성

① 위원회는 위원장 1명을 포함한 20명 이내의 위원으로 구성한다.
② 위원장과 위원의 임기는 2년으로 한다. 다만, 공무원인 위원은 보직의 재임기간으로 한다.
③ 위원장은 2년마다 교대로 국토교통부장관과 산업통상자원부장관이 소속 고위공무원 중 지명한 사람으로 한다. 다만, 운영기관에 운영을 위탁한 경우에는 운영기관의 임원으로 할 수 있다.
④ 위원은 다음 각 호의 어느 하나에 해당하는 사람으로서, 국토교통부장관과 산업통상자원부장관이 추천한 전문가가 동수가 되도록 구성한다.
1. 관련 분야의 직무를 담당하는 중앙행정기관의 소속 공무원
2. 7년 이상 건축물 에너지 관련 연구경력이 있는 대학부교수 이상인 사람

3. 7년 이상 건축물 에너지 관련 연구경력이 있는 책임연구원 이상인 사람
4. 기업에서 10년 이상 건축물 에너지 관련 분야에 근무한 부서장 이상인 사람
5. 그밖에 제1호부터 제4호까지와 동등 이상의 자격이 있다고 국토교통부장관 또는 산업통상자원부장관이 인정하는 사람

2-8 인증운영위원회의 운영 및 운영세칙

(1) 인증운영위원회의 운영
 ① 위원회의 회의는 재적위원 과반수의 출석으로 개최하고 출석위원 과반수의 찬성으로 의결하되, 가부 동수인 경우에는 부결된 것으로 본다.
 ② 심의안건과 이해관계가 있는 위원은 해당 위원회 참석대상에서 제외하며, 위원회에 참석한 위원에 대하여는 수당 및 여비를 지급할 수 있다.
 ③ 국토교통부장관과 산업통상자원부장관은 법 및 이 규정에서 정한 사항 외에 인증제도의 시행과 관련된 사항은 협의하여 수행한다.
(2) **운영세칙** : 운영기관의 장은 인증제도 활성화를 위한 사업의 효율적 수행을 위하여 필요한 때에는 이 규정에 저촉되지 않는 범위 안에서 시행세칙을 제정하여 운영할 수 있다.

[별표1] 건축물 에너지효율등급 인증 기준

$$\text{단위면적당 에너지소요량} = \frac{\text{난방에너지소요량}}{\text{난방에너지가 요구되는 공간의 바닥면적}} + \frac{\text{냉방에너지소요량}}{\text{냉방에너지가 요구되는 공간의 바닥면적}} + \frac{\text{급탕에너지소요량}}{\text{급탕에너지가 요구되는 공간의 바닥면적}} + \frac{\text{조명에너지소요량}}{\text{조명에너지가 요구되는 공간의 바닥면적}} + \frac{\text{환기에너지소요량}}{\text{환기에너지가 요구되는 공간의 바닥면적}}$$

주 1. 냉방설비가 없는 주거용 건축물(단독주택 및 기숙사를 제외한 공동주택)의 경우 냉방 평가 항목을 제외함
 2. 단위면적당 1차에너지소요량 = 단위면적당 에너지소요량 × 1차에너지환산계수
 3. 신재생에너지생산량은 에너지소요량에 반영되어 효율등급 평가에 포함함

[별표2] 건축물 에너지효율등급 인증등급

등급	주거용 건축물 연간 단위면적당 1차에너지소요량 (kWh/m²·년)	주거용 이외의 건축물 연간 단위면적당 1차에너지소요량 (kWh/m²·년)
1+++	60 미만	80 미만
1++	60 이상 90 미만	80 이상 140 미만
1+	90 이상 120 미만	140 이상 200 미만
1	120 이상 150 미만	200 이상 260 미만
2	150 이상 190 미만	260 이상 320 미만
3	190 이상 230 미만	320 이상 380 미만
4	230 이상 270 미만	380 이상 450 미만
5	270 이상 320 미만	450 이상 520 미만
6	320 이상 370 미만	520 이상 610 미만
7	370 이상 420 미만	610 이상 700 미만

주 1. 주거용 건축물 : 단독주택 및 공동주택(기숙사 제외)
  2. 비주거용 건축물 : 주거용 건축물을 제외한 건축물
  3. 등외 등급을 받은 건축물의 인증은 등외로 표기함
  4. 등급산정의 기준이 되는 1차에너지소요량은 용도 등에 따른 보정계수를 반영한 결과임

[별표2의2] 제로에너지건축물 인증등급

ZEB 등급	에너지 자립률
1 등급	에너지자립률 100% 이상
2 등급	에너지자립률 80 이상 ~ 100% 미만
3 등급	에너지자립률 60 이상 ~ 80% 미만
4 등급	에너지자립률 40 이상 ~ 60% 미만
5 등급	에너지자립률 20 이상 ~ 40% 미만

[별표3] 건축물 에너지효율등급 평가 적용 실내 냉방·난방 온도 설정조건

구 분	실내온도
냉방	26℃
난방	20℃

[별표4] 건축물 에너지효율등급 인증 수수료

1. 단독주택 및 공동주택(기숙사 제외)

전용면적의 합계	인증 수수료 금액
85제곱미터 미만	50만원
85제곱미터 이상 135제곱미터 미만	70만원
135제곱미터 이상 330제곱미터 미만	80만원
330제곱미터 이상 660제곱미터 미만	90만원
660제곱미터 이상 1천제곱미터 미만	1백10만원
1천제곱미터 이상 1만제곱미터 미만	3백90만원
1만제곱미터 이상 2만제곱미터 미만	5백30만원
2만제곱미터 이상 3만제곱미터 미만	6백60만원
3만제곱미터 이상 4만제곱미터 미만	7백90만원
4만제곱미터 이상 6만제곱미터 미만	9백20만원
6만제곱미터 이상 8만제곱미터 미만	1천60만원
8만제곱미터 이상 12만제곱미터 미만	1천1백90만원
12만제곱미터 이상	1천3백20만원

2. 단독주택 및 공동주택을 제외한 건축물(기숙사 포함)

전용면적[주1]의 합계	인증 수수료 금액
1천제곱미터 미만	1백90만원
1천제곱미터 이상 3천제곱미터 미만	3백90만원
3천제곱미터 이상 5천제곱미터 미만	5백90만원
5천제곱미터 이상 1만제곱미터 미만	7백90만원
1만제곱미터 이상 1만5천제곱미터 미만	9백90만원
1만5천제곱미터 이상 2만제곱미터 미만	1천1백90만원
2만제곱미터 이상 3만제곱미터 미만	1천3백90만원
3만제곱미터 이상 4만제곱미터 미만	1천5백90만원
4만제곱미터 미만 6만제곱미터 미만	1천7백80만원
6만제곱미터 이상	1천9백80만원

※ 비고 : 인증 수수료 금액은 부가가치세 별도

※ 공공기관에서 추진하는 저소득층을 위한 임대아파트(영구, 국민, 공공)의 경우 해당 전용면적에 대한 인증수수료의 50%를 감액할 수 있다.

주1) 규칙 및 고시의 전용면적 중 단독주택 및 공동주택을 제외한 건축물(기숙사 포함)의 전용면적이란 인증 신청 건축물의 용적률 산정용 연면적을 의미한다. 다만 지하층 바닥면적 합계(지하주차장 제외)가 전체 연면적의 50% 이상을 차지하는 경우 연면적(지하주차장 제외)을 기준으로 인증수수료를 산정할 수 있다.

> **칼럼**
>
> 건축물 에너지효율등급 인증제도 운영규정 별표1(기상데이터)
> 1. 전국 13개 지역의 기상정보(월별 수평면 일사량, 8개 방위의 수직면 일사량, 평균외기온도) 제공
> 2. 참조로 서울의 기상데이터의 경우에는 아래와 같다.
>
> | 월 | 월별평균 외기온도 (℃) | 수평면/수직면 월평균 전일사량 [W/m²] | | | | | | | | |
> |---|---|---|---|---|---|---|---|---|---|---|
> | | | 수평면 | 남 | 남동 | 남서 | 동 | 서 | 북동 | 북서 | 북 |
> | 1월 | -2.1 | 83.0 | 116.0 | 87.5 | 94.6 | 46.6 | 52.0 | 28.7 | 28.7 | 28.3 |
> | 2월 | 0.2 | 117.4 | 134.4 | 98.9 | 127.3 | 66.7 | 90.8 | 44.2 | 44.2 | 41.0 |
> | 3월 | 6.3 | 141.2 | 118.5 | 142.0 | 82.3 | 122.1 | 62.4 | 75.0 | 75.0 | 48.4 |
> | 4월 | 13.0 | 180.3 | 110.6 | 105.7 | 120.2 | 95.5 | 112.5 | 77.1 | 77.1 | 66.5 |
> | 5월 | 17.6 | 189.3 | 85.6 | 97.5 | 96.9 | 97.0 | 95.9 | 76.9 | 76.9 | 56.3 |
> | 6월 | 21.8 | 183.1 | 86.0 | 104.6 | 94.5 | 113.0 | 97.4 | 99.3 | 99.3 | 77.3 |
> | 7월 | 25.2 | 145.9 | 75.1 | 94.2 | 73.2 | 102.0 | 72.0 | 88.7 | 88.7 | 67.0 |
> | 8월 | 26.4 | 147.4 | 86.7 | 99.6 | 84.3 | 100.4 | 80.9 | 85.0 | 85.0 | 68.1 |
> | 9월 | 21.2 | 157.7 | 117.7 | 115.7 | 112.2 | 99.6 | 97.8 | 72.9 | 72.9 | 60.2 |
> | 10월 | 14.7 | 129.1 | 138.7 | 128.9 | 106.8 | 92.1 | 72.7 | 49.5 | 49.5 | 38.3 |
> | 11월 | 6.9 | 82.4 | 103.9 | 83.5 | 84.4 | 51.8 | 52.6 | 32.5 | 32.5 | 31.3 |
> | 12월 | 0.9 | 72.1 | 105.8 | 87.8 | 79.6 | 50.2 | 43.5 | 28.5 | 28.5 | 26.9 |

[별표] 주거 및 주거용 이외 '건축물 용도프로필'

- Uhr : 사용시간
- m³/(h·m²) : 단위시간(h)당, 단위면적(m²)당 외기도입풍량(m³)
- Wh/(m²d) : 일일(d) 단위면적(m²)당 발생열량(Wh)
- d/mth : 월간(mth) 일수(d)

① 주거공간

구 분	단 위	값
사용시간과 운전시간		
사용시작시간	[Uhr]	0:00
사용종료시간	[Uhr]	24:00
운전시작시간	[Uhr]	0:00
운전종료시간	[Uhr]	24:00
설정 요구량		
최소도입외기량	[$m^3/(h \cdot m^2)$]	1.6
급탕요구량	[$Wh/(m^2d)$]	84
조명시간	[h]	5
열발열원		
사람	[$Wh/(m^2d)$]	53
작업보조기기	[$Wh/(m^2d)$]	52
실내공기온도		
난방설정온도	[°C]	20
냉방설정온도	[°C]	26
월간 사용일수		
1월 사용일수	[d/mth]	31
2월 사용일수	[d/mth]	28
3월 사용일수	[d/mth]	31
4월 사용일수	[d/mth]	30
5월 사용일수	[d/mth]	31
6월 사용일수	[d/mth]	30
7월 사용일수	[d/mth]	31
8월 사용일수	[d/mth]	31
9월 사용일수	[d/mth]	30
10월 사용일수	[d/mth]	31
11월 사용일수	[d/mth]	30
12월 사용일수	[d/mth]	31
용도별 보정계수		
난방	-	1
냉방	-	1
급탕	-	1
조명	-	1
환기	-	1

② 소규모사무실(30m² 이하)

구 분	단 위	값
사용시간과 운전시간		
사용시작시간	[Uhr]	09:00
사용종료시간	[Uhr]	18:00
운전시작시간	[Uhr]	07:00
운전종료시간	[Uhr]	18:00
설정 요구량		
최소도입외기량	$[m^3/(h \cdot m^2)]$	4
급탕요구량	$[Wh/(m^2 d)]$	30
조명시간	[h]	6
열발열원		
사람	$[Wh/(m^2 d)]$	30
작업보조기기	$[Wh/(m^2 d)]$	42
실내공기온도		
난방설정온도	[°C]	20
냉방설정온도	[°C]	26
월간 사용일수		
1월 사용일수	[d/mth]	22
2월 사용일수	[d/mth]	19
3월 사용일수	[d/mth]	21
4월 사용일수	[d/mth]	22
5월 사용일수	[d/mth]	22
6월 사용일수	[d/mth]	20
7월 사용일수	[d/mth]	22
8월 사용일수	[d/mth]	21
9월 사용일수	[d/mth]	18
10월 사용일수	[d/mth]	21
11월 사용일수	[d/mth]	21
12월 사용일수	[d/mth]	21
용도별 보정계수		
난방	-	1
냉방	-	1
급탕	-	1
조명	-	1.500
환기	-	1

③ 대규모사무실(30m² 초과)

구 분	단 위	값
사용시간과 운전시간		
사용시작시간	[Uhr]	09:00
사용종료시간	[Uhr]	18:00
운전시작시간	[Uhr]	07:00
운전종료시간	[Uhr]	18:00
설정 요구량		
최소도입외기량	$[m^3/(h \cdot m^2)]$	6
급탕요구량	$[Wh/(m^2d)]$	30
조명시간	[h]	9
열발열원		
사람	$[Wh/(m^2d)]$	55.8
작업보조기기	$[Wh/(m^2d)]$	126
실내공기온도		
난방설정온도	[°C]	20
냉방설정온도	[°C]	26
월간 사용일수		
1월 사용일수	[d/mth]	22
2월 사용일수	[d/mth]	19
3월 사용일수	[d/mth]	21
4월 사용일수	[d/mth]	22
5월 사용일수	[d/mth]	22
6월 사용일수	[d/mth]	20
7월 사용일수	[d/mth]	22
8월 사용일수	[d/mth]	21
9월 사용일수	[d/mth]	18
10월 사용일수	[d/mth]	21
11월 사용일수	[d/mth]	21
12월 사용일수	[d/mth]	21
용도별 보정계수		
난방	-	1
냉방	-	1
급탕	-	1
조명	-	1
환기	-	1

④ 회의실 및 세미나실

구 분	단 위	값
사용시간과 운전시간		
사용시작시간	[Uhr]	07:00
사용종료시간	[Uhr]	18:00
운전시작시간	[Uhr]	07:00
운전종료시간	[Uhr]	18:00
설정 요구량		
최소도입외기량	$[m^3/(h \cdot m^2)]$	15
급탕요구량	$[Wh/(m^2 d)]$	30
조명시간	[h]	11
열발열원		
사람	$[Wh/(m^2 d)]$	96
작업보조기기	$[Wh/(m^2 d)]$	8
실내공기온도		
난방설정온도	[°C]	20
냉방설정온도	[°C]	26
월간 사용일수		
1월 사용일수	[d/mth]	22
2월 사용일수	[d/mth]	19
3월 사용일수	[d/mth]	21
4월 사용일수	[d/mth]	22
5월 사용일수	[d/mth]	22
6월 사용일수	[d/mth]	20
7월 사용일수	[d/mth]	22
8월 사용일수	[d/mth]	21
9월 사용일수	[d/mth]	18
10월 사용일수	[d/mth]	21
11월 사용일수	[d/mth]	21
12월 사용일수	[d/mth]	21
용도별 보정계수		
난방	-	1
냉방	-	1
급탕	-	1
조명	-	0.818
환기	-	1

⑤ 강당

구 분	단 위	값
사용시간과 운전시간		
사용시작시간	[Uhr]	07:00
사용종료시간	[Uhr]	18:00
운전시작시간	[Uhr]	07:00
운전종료시간	[Uhr]	18:00
설정 요구량		
최소도입외기량	[$m^3/(h \cdot m^2)$]	2
급탕요구량	[$Wh/(m^2 d)$]	30
조명시간	[h]	11
열발열원		
사람	[$Wh/(m^2 d)$]	36
작업보조기기	[$Wh/(m^2 d)$]	24
실내공기온도		
난방설정온도	[°C]	20
냉방설정온도	[°C]	26
월간 사용일수		
1월 사용일수	[d/mth]	22
2월 사용일수	[d/mth]	19
3월 사용일수	[d/mth]	21
4월 사용일수	[d/mth]	22
5월 사용일수	[d/mth]	22
6월 사용일수	[d/mth]	20
7월 사용일수	[d/mth]	22
8월 사용일수	[d/mth]	21
9월 사용일수	[d/mth]	18
10월 사용일수	[d/mth]	21
11월 사용일수	[d/mth]	21
12월 사용일수	[d/mth]	21
용도별 보정계수		
난방	-	1
냉방	-	1
급탕	-	1
조명	-	0.818
환기	-	1

⑥ 구내식당

구 분	단 위	값
사용시간과 운전시간		
사용시작시간	[Uhr]	08:00
사용종료시간	[Uhr]	15:00
운전시작시간	[Uhr]	08:00
운전종료시간	[Uhr]	15:00
설정 요구량		
최소도입외기량	$[m^3/(h \cdot m^2)]$	18
급탕요구량	$[Wh/(m^2 d)]$	1250
조명시간	[h]	7
열발열원		
사람	$[Wh/(m^2 d)]$	177
작업보조기기	$[Wh/(m^2 d)]$	10
실내공기온도		
난방설정온도	[°C]	20
냉방설정온도	[°C]	26
월간 사용일수		
1월 사용일수	[d/mth]	22
2월 사용일수	[d/mth]	19
3월 사용일수	[d/mth]	21
4월 사용일수	[d/mth]	22
5월 사용일수	[d/mth]	22
6월 사용일수	[d/mth]	20
7월 사용일수	[d/mth]	22
8월 사용일수	[d/mth]	21
9월 사용일수	[d/mth]	18
10월 사용일수	[d/mth]	21
11월 사용일수	[d/mth]	21
12월 사용일수	[d/mth]	21
용도별 보정계수		
난방	-	1.571
냉방	-	1.571
급탕	-	0.024
조명	-	1.286
환기	-	1.571

⑦ 화장실

구 분	단 위	값
사용시간과 운전시간		
사용시작시간	[Uhr]	07:00
사용종료시간	[Uhr]	18:00
운전시작시간	[Uhr]	07:00
운전종료시간	[Uhr]	18:00
설정 요구량		
최소도입외기량	$[m^3/(h \cdot m^2)]$	15
급탕요구량	$[Wh/(m^2d)]$	0
조명시간	[h]	11
열발열원		
사람	$[Wh/(m^2d)]$	0
작업보조기기	$[Wh/(m^2d)]$	0
실내공기온도		
난방설정온도	[°C]	20
냉방설정온도	[°C]	26
월간 사용일수		
1월 사용일수	[d/mth]	22
2월 사용일수	[d/mth]	19
3월 사용일수	[d/mth]	21
4월 사용일수	[d/mth]	22
5월 사용일수	[d/mth]	22
6월 사용일수	[d/mth]	20
7월 사용일수	[d/mth]	22
8월 사용일수	[d/mth]	21
9월 사용일수	[d/mth]	18
10월 사용일수	[d/mth]	21
11월 사용일수	[d/mth]	21
12월 사용일수	[d/mth]	21
용도별 보정계수		
난방	-	1
냉방	-	1
급탕	-	0
조명	-	0.818
환기	-	1

⑧ 그 외 체류공간(휴게실, 탈의실, 헬스장, 열람실, 매점 등)

구 분	단 위	값
사용시간과 운전시간		
사용시작시간	[Uhr]	07:00
사용종료시간	[Uhr]	18:00
운전시작시간	[Uhr]	07:00
운전종료시간	[Uhr]	18:00
설정 요구량		
최소도입외기량	$[m^3/(h \cdot m^2)]$	7
급탕요구량	$[Wh/(m^2 d)]$	30
조명시간	[h]	11
열발열원		
사람	$[Wh/(m^2 d)]$	96
작업보조기기	$[Wh/(m^2 d)]$	8
실내공기온도		
난방설정온도	[°C]	20
냉방설정온도	[°C]	26
월간 사용일수		
1월 사용일수	[d/mth]	22
2월 사용일수	[d/mth]	19
3월 사용일수	[d/mth]	21
4월 사용일수	[d/mth]	22
5월 사용일수	[d/mth]	22
6월 사용일수	[d/mth]	20
7월 사용일수	[d/mth]	22
8월 사용일수	[d/mth]	21
9월 사용일수	[d/mth]	18
10월 사용일수	[d/mth]	21
11월 사용일수	[d/mth]	21
12월 사용일수	[d/mth]	21
용도별 보정계수		
난방	-	1
냉방	-	1
급탕	-	1
조명	-	0.818
환기	-	1

⑨ 부속공간(로비, 복도, 계단실 등)

구 분	단 위	값
사용시간과 운전시간		
사용시작시간	[Uhr]	07:00
사용종료시간	[Uhr]	18:00
운전시작시간	[Uhr]	07:00
운전종료시간	[Uhr]	18:00
설정 요구량		
최소도입외기량	$[m^3/(h \cdot m^2)]$	0.15
급탕요구량	$[Wh/(m^2 d)]$	0
조명시간	[h]	11
열발열원		
사람	$[Wh/(m^2 d)]$	0
작업보조기기	$[Wh/(m^2 d)]$	0
실내공기온도		
난방설정온도	[°C]	20
냉방설정온도	[°C]	26
월간 사용일수		
1월 사용일수	[d/mth]	22
2월 사용일수	[d/mth]	19
3월 사용일수	[d/mth]	21
4월 사용일수	[d/mth]	22
5월 사용일수	[d/mth]	22
6월 사용일수	[d/mth]	20
7월 사용일수	[d/mth]	22
8월 사용일수	[d/mth]	21
9월 사용일수	[d/mth]	18
10월 사용일수	[d/mth]	21
11월 사용일수	[d/mth]	21
12월 사용일수	[d/mth]	21
용도별 보정계수		
난방	-	1
냉방	-	1
급탕	-	0
조명	-	0.818
환기	-	1

⑩ 창고/설비/문서실

구 분	단 위	값
사용시간과 운전시간		
사용시작시간	[Uhr]	07:00
사용종료시간	[Uhr]	18:00
운전시작시간	[Uhr]	07:00
운전종료시간	[Uhr]	18:00
설정 요구량		
최소도입외기량	[m³/(h·m²)]	0.15
급탕요구량	[Wh/(m²d)]	0
조명시간	[h]	11
열발열원		
사람	[Wh/(m²d)]	0
작업보조기기	[Wh/(m²d)]	0
실내공기온도		
난방설정온도	[°C]	20
냉방설정온도	[°C]	26
월간 사용일수		
1월 사용일수	[d/mth]	22
2월 사용일수	[d/mth]	19
3월 사용일수	[d/mth]	21
4월 사용일수	[d/mth]	22
5월 사용일수	[d/mth]	22
6월 사용일수	[d/mth]	20
7월 사용일수	[d/mth]	22
8월 사용일수	[d/mth]	21
9월 사용일수	[d/mth]	18
10월 사용일수	[d/mth]	21
11월 사용일수	[d/mth]	21
12월 사용일수	[d/mth]	21
용도별 보정계수		
난방	-	1
냉방	-	1
급탕	-	0
조명	-	0.818
환기	-	1

⑪ 전산실

구 분	단 위	값
사용시간과 운전시간		
사용시작시간	[Uhr]	00:00
사용종료시간	[Uhr]	24:00
운전시작시간	[Uhr]	00:00
운전종료시간	[Uhr]	24:00
설정 요구량		
최소도입외기량	[$m^3/(h \cdot m^2)$]	1.3
급탕요구량	[$Wh/(m^2 d)$]	30
조명시간	[h]	12
열발열원		
사람	[$Wh/(m^2 d)$]	15
작업보조기기	[$Wh/(m^2 d)$]	1800
실내공기온도		
난방설정온도	[°C]	20
냉방설정온도	[°C]	26
월간 사용일수		
1월 사용일수	[d/mth]	31
2월 사용일수	[d/mth]	28
3월 사용일수	[d/mth]	31
4월 사용일수	[d/mth]	30
5월 사용일수	[d/mth]	31
6월 사용일수	[d/mth]	30
7월 사용일수	[d/mth]	31
8월 사용일수	[d/mth]	31
9월 사용일수	[d/mth]	30
10월 사용일수	[d/mth]	31
11월 사용일수	[d/mth]	30
12월 사용일수	[d/mth]	31
용도별 보정계수		
난방	-	0.314
냉방	-	0.314
급탕	-	0.685
조명	-	0.514
환기	-	0.314

⑫ 주방 및 조리실

구 분	단 위	값
사용시간과 운전시간		
사용시작시간	[Uhr]	08:00
사용종료시간	[Uhr]	15:00
운전시작시간	[Uhr]	08:00
운전종료시간	[Uhr]	15:00
설정 요구량		
최소도입외기량	$[m^3/(h \cdot m^2)]$	90
급탕요구량	$[Wh/(m^2 d)]$	0
조명시간	[h]	7
열발열원		
사람	$[Wh/(m^2 d)]$	56
작업보조기기	$[Wh/(m^2 d)]$	1800
실내공기온도		
난방설정온도	[°C]	20
냉방설정온도	[°C]	26
월간 사용일수		
1월 사용일수	[d/mth]	22
2월 사용일수	[d/mth]	19
3월 사용일수	[d/mth]	21
4월 사용일수	[d/mth]	22
5월 사용일수	[d/mth]	22
6월 사용일수	[d/mth]	20
7월 사용일수	[d/mth]	22
8월 사용일수	[d/mth]	21
9월 사용일수	[d/mth]	18
10월 사용일수	[d/mth]	21
11월 사용일수	[d/mth]	21
12월 사용일수	[d/mth]	21
용도별 보정계수		
난방	-	1.571
냉방	-	1.571
급탕	-	0
조명	-	1.286
환기	-	1.571

⑬ 병실

구 분	단 위	값
사용시간과 운전시간		
사용시작시간	[Uhr]	00:00
사용종료시간	[Uhr]	24:00
운전시작시간	[Uhr]	00:00
운전종료시간	[Uhr]	24:00
설정 요구량		
최소도입외기량	$[m^3/(h \cdot m^2)]$	4
급탕요구량	$[Wh/(m^2 d)]$	82
조명시간	[h]	12
열발열원		
사람	$[Wh/(m^2 d)]$	108
작업보조기기	$[Wh/(m^2 d)]$	24
실내공기온도		
난방설정온도	[°C]	20
냉방설정온도	[°C]	26
월간 사용일수		
1월 사용일수	[d/mth]	31
2월 사용일수	[d/mth]	28
3월 사용일수	[d/mth]	31
4월 사용일수	[d/mth]	30
5월 사용일수	[d/mth]	31
6월 사용일수	[d/mth]	30
7월 사용일수	[d/mth]	31
8월 사용일수	[d/mth]	31
9월 사용일수	[d/mth]	30
10월 사용일수	[d/mth]	31
11월 사용일수	[d/mth]	30
12월 사용일수	[d/mth]	31
용도별 보정계수		
난방	-	0.314
냉방	-	0.314
급탕	-	0.251
조명	-	0.514
환기	-	0.314

⑭ 객실

구 분	단 위	값
사용시간과 운전시간		
사용시작시간	[Uhr]	21:00
사용종료시간	[Uhr]	08:00
운전시작시간	[Uhr]	21:00
운전종료시간	[Uhr]	08:00
설정 요구량		
최소도입외기량	[$m^3/(h \cdot m^2)$]	3
급탕요구량	[$Wh/(m^2 d)$]	82
조명시간	[h]	4
열발열원		
사람	[$Wh/(m^2 d)$]	70
작업보조기기	[$Wh/(m^2 d)$]	44
실내공기온도		
난방설정온도	[°C]	20
냉방설정온도	[°C]	26
월간 사용일수		
1월 사용일수	[d/mth]	31
2월 사용일수	[d/mth]	28
3월 사용일수	[d/mth]	31
4월 사용일수	[d/mth]	30
5월 사용일수	[d/mth]	31
6월 사용일수	[d/mth]	30
7월 사용일수	[d/mth]	31
8월 사용일수	[d/mth]	31
9월 사용일수	[d/mth]	30
10월 사용일수	[d/mth]	31
11월 사용일수	[d/mth]	30
12월 사용일수	[d/mth]	31
용도별 보정계수		
난방	-	0.685
냉방	-	0.685
급탕	-	0.251
조명	-	1.541
환기	-	0.685

⑮ 교실(초·중·고)

구 분	단 위	값
사용시간과 운전시간		
사용시작시간	[Uhr]	08:00
사용종료시간	[Uhr]	15:00
운전시작시간	[Uhr]	08:00
운전종료시간	[Uhr]	15:00
설정 요구량		
최소도입외기량	[m³/(h·m²)]	10
급탕요구량	[Wh/(m²d)]	30
조명시간	[h]	6
열발열원		
사람	[Wh/(m²d)]	100
작업보조기기	[Wh/(m²d)]	20
실내공기온도		
난방설정온도	[°C]	20
냉방설정온도	[°C]	26
월간 사용일수		
1월 사용일수	[d/mth]	0
2월 사용일수	[d/mth]	14
3월 사용일수	[d/mth]	23
4월 사용일수	[d/mth]	22
5월 사용일수	[d/mth]	21
6월 사용일수	[d/mth]	22
7월 사용일수	[d/mth]	15
8월 사용일수	[d/mth]	3
9월 사용일수	[d/mth]	22
10월 사용일수	[d/mth]	21
11월 사용일수	[d/mth]	22
12월 사용일수	[d/mth]	15
용도별 보정계수		
난방	-	1.964
냉방	-	1.964
급탕	-	1.250
조명	-	1.875
환기	-	1.964

⑯ 강의실(대학)

구 분	단 위	값
사용시간과 운전시간		
사용시작시간	[Uhr]	09:00
사용종료시간	[Uhr]	18:00
운전시작시간	[Uhr]	09:00
운전종료시간	[Uhr]	18:00
설정 요구량		
최소도입외기량	$[m^3/(h \cdot m^2)]$	30
급탕요구량	$[Wh/(m^2d)]$	30
조명시간	[h]	6
열발열원		
사람	$[Wh/(m^2d)]$	420
작업보조기기	$[Wh/(m^2d)]$	24
실내공기온도		
난방설정온도	[°C]	20
냉방설정온도	[°C]	26
월간 사용일수		
1월 사용일수	[d/mth]	0
2월 사용일수	[d/mth]	0
3월 사용일수	[d/mth]	20
4월 사용일수	[d/mth]	20
5월 사용일수	[d/mth]	15
6월 사용일수	[d/mth]	20
7월 사용일수	[d/mth]	5
8월 사용일수	[d/mth]	0
9월 사용일수	[d/mth]	20
10월 사용일수	[d/mth]	20
11월 사용일수	[d/mth]	21
12월 사용일수	[d/mth]	9
용도별 보정계수		
난방	-	2.037
냉방	-	2.037
급탕	-	1.667
조명	-	2.500
환기	-	2.037

⑰ 매장(상점/백화점)

구 분	단 위	값
사용시간과 운전시간		
사용시작시간	[Uhr]	08:00
사용종료시간	[Uhr]	20:00
운전시작시간	[Uhr]	08:00
운전종료시간	[Uhr]	20:00
설정 요구량		
최소도입외기량	$[m^3/(h \cdot m^2)]$	4
급탕요구량	$[Wh/(m^2 d)]$	30
조명시간	[h]	12
열발열원		
사람	$[Wh/(m^2 d)]$	84
작업보조기기	$[Wh/(m^2 d)]$	24
실내공기온도		
난방설정온도	[°C]	20
냉방설정온도	[°C]	26
월간 사용일수		
1월 사용일수	[d/mth]	26
2월 사용일수	[d/mth]	23
3월 사용일수	[d/mth]	25
4월 사용일수	[d/mth]	26
5월 사용일수	[d/mth]	26
6월 사용일수	[d/mth]	24
7월 사용일수	[d/mth]	26
8월 사용일수	[d/mth]	26
9월 사용일수	[d/mth]	22
10월 사용일수	[d/mth]	25
11월 사용일수	[d/mth]	26
12월 사용일수	[d/mth]	25
용도별 보정계수		
난방	–	0.764
냉방	–	0.764
급탕	–	0.833
조명	–	수식 참조*
환기	–	0.764

㈜ 매장의 경우 조명밀도에 따른 보정치
　조명 보정계수 = 0.625 × 보정치
　$10W/m^2$ 이하일 경우 : 보정치 = 1
　$10W/m^2$ 초과일 경우 : 보정치 = [(해당실 조명밀도 – 10) × 0.4 + 10] / (해당실 조명밀도)

⑱ 전시실(전시관/박물관)

구 분	단 위	값
사용시간과 운전시간		
사용시작시간	[Uhr]	10:00
사용종료시간	[Uhr]	18:00
운전시작시간	[Uhr]	10:00
운전종료시간	[Uhr]	18:00
설정 요구량		
최소도입외기량	[m³/(h·m²)]	2
급탕요구량	[Wh/(m²d)]	30
조명시간	[h]	8
열발열원		
사람	[Wh/(m²d)]	28
작업보조기기	[Wh/(m²d)]	0
실내공기온도		
난방설정온도	[°C]	20
냉방설정온도	[°C]	26
월간 사용일수		
1월 사용일수	[d/mth]	22
2월 사용일수	[d/mth]	19
3월 사용일수	[d/mth]	21
4월 사용일수	[d/mth]	22
5월 사용일수	[d/mth]	22
6월 사용일수	[d/mth]	20
7월 사용일수	[d/mth]	22
8월 사용일수	[d/mth]	21
9월 사용일수	[d/mth]	18
10월 사용일수	[d/mth]	21
11월 사용일수	[d/mth]	21
12월 사용일수	[d/mth]	21
용도별 보정계수		
난방	-	1.375
냉방	-	1.375
급탕	-	1
조명	-	1.125
환기	-	1.375

⑲ 열람실(도서관)

구 분	단 위	값
사용시간과 운전시간		
사용시작시간	[Uhr]	08:00
사용종료시간	[Uhr]	20:00
운전시작시간	[Uhr]	08:00
운전종료시간	[Uhr]	20:00
설정 요구량		
최소도입외기량	$[m^3/(h \cdot m^2)]$	8
급탕요구량	$[Wh/(m^2 d)]$	30
조명시간	[h]	12
열발열원		
사람	$[Wh/(m^2 d)]$	168
작업보조기기	$[Wh/(m^2 d)]$	0
실내공기온도		
난방설정온도	[°C]	20
냉방설정온도	[°C]	26
월간 사용일수		
1월 사용일수	[d/mth]	26
2월 사용일수	[d/mth]	23
3월 사용일수	[d/mth]	25
4월 사용일수	[d/mth]	26
5월 사용일수	[d/mth]	26
6월 사용일수	[d/mth]	24
7월 사용일수	[d/mth]	26
8월 사용일수	[d/mth]	26
9월 사용일수	[d/mth]	22
10월 사용일수	[d/mth]	25
11월 사용일수	[d/mth]	26
12월 사용일수	[d/mth]	25
용도별 보정계수		
난방	-	0.764
냉방	-	0.764
급탕	-	0.833
조명	-	0.625
환기	-	0.764

⑳ 체육시설

구 분	단 위	값
사용시간과 운전시간		
사용시작시간	[Uhr]	08:00
사용종료시간	[Uhr]	23:00
운전시작시간	[Uhr]	08:00
운전종료시간	[Uhr]	23:00
설정 요구량		
최소도입외기량	$[m^3/(h \cdot m^2)]$	3
급탕요구량	$[Wh/(m^2 d)]$	220
조명시간	[h]	15
열발열원		
사람	$[Wh/(m^2 d)]$	60
작업보조기기	$[Wh/(m^2 d)]$	0
실내공기온도		
난방설정온도	[°C]	20
냉방설정온도	[°C]	26
월간 사용일수		
1월 사용일수	[d/mth]	26
2월 사용일수	[d/mth]	23
3월 사용일수	[d/mth]	25
4월 사용일수	[d/mth]	26
5월 사용일수	[d/mth]	26
6월 사용일수	[d/mth]	24
7월 사용일수	[d/mth]	26
8월 사용일수	[d/mth]	26
9월 사용일수	[d/mth]	22
10월 사용일수	[d/mth]	25
11월 사용일수	[d/mth]	26
12월 사용일수	[d/mth]	25
용도별 보정계수		
난방	-	0.611
냉방	-	0.611
급탕	-	0.114
조명	-	0.500
환기	-	0.611

※ **1차에너지 환산계수**

구 분	1차에너지 환산계수
연료	1.1
전력	2.75
지역난방	0.728
지역냉방	0.937

건축물 에너지효율등급 인증명판(제9조 제2항 관련)

1. 인증명판 표준 규격

　　가. 인증명판 표시사항 : 인증명, 인증마크(등급표시), 대상건축물의 명칭, 인증번호, 유효기간
　　나. 명판 비율 : 3 : 4(가로 : 세로)
　　다. 재질 : 동판
　　라. 글씨체 : Asian Expo L, 나눔바른고딕

2. 비고
　　가. 인증명판의 크기, 재질, 글씨체 및 표시사항의 배치 등은 명판이 부착되는 건물의 외관, 마감재 등의 특성에 따라 변경할 수 있다. 다만, 제1호 가목에 따른 인증명판 표시사항은 준수하여야 하며, 인증마크는 임의로 변경할 수 없다.
　　나. 등급별 인증마크의 규격(비율, 색상 등)은 운영기관의 장이 정하는 바에 따른다.

■ 건축물 에너지효율등급 인증에 관한 규칙[별지 제4호 서식]

건축물 에너지효율등급 인증서

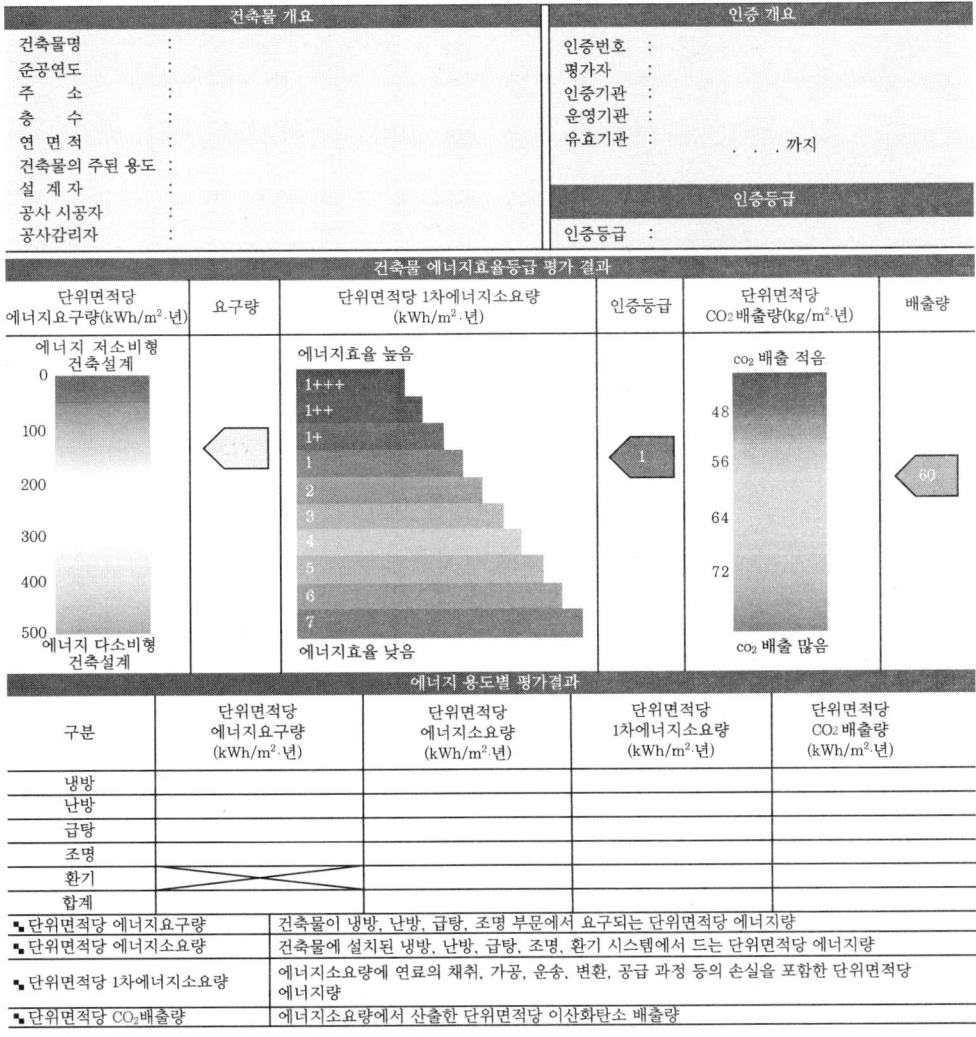

※ 이 건물은 냉방설비가 ([ ]설치된[ ]설치되지 않은) 건축물입니다.
※ 단위면적당 1차에너지소요량은 용도 등에 따른 보정계수를 반영한 결과입니다.

위 건축물은 「녹색건축물 조성 지원법」 제17조 및 「건축물 에너지효율등급 인증에 관한 규칙」 제 9조제1항에 따라 에너지효율등급 ( )등급 건축물로 인증되었기에 인증서를 발급합니다.

년   월   일

인증기관의 장   직인

3. 도서분석 능력 및 설계·평가

1. 단열성능 기준표

부위			부위별 마감상세	재료	두께(m)	열전도율 (W/m·K)	열전도저항 (m²·K/W)	비고
거실 외벽	간면	W8	계단실-주방	실내표면열전달저항	–	–	0.1100	
				콘크리트	0.2000	1.6000	0.1250	
				비드법 보온판 2종 1호	0.0650	0.0310	2.0968	
				방습층	–	–	–	
				석고보드	0.0095	0.1800	0.0528	
				타일	0.0100	1.1180	0.0089	
				실내표면열전달저항	–	–	0.1100	
				계	–	–	2.5035	
				적용열관류율(W/m²·K)	0.399			
				기준열관류율(W/m²·K)	0.40 이하			
		W9	계단실-욕실	실내표면열전달저항	–	–	0.1400	
				콘크리트	0.2000	1.6000	0.1250	
				비드법 보온판 2종 1호	0.0550	0.0310	1.7742	
				시멘트벽돌	0.0900	0.6000	0.3167	
				시멘트몰탈	0.0240	1.4000	0.0336	
				타일	0.0060	1.3000	0.0046	
				실내표면열전달저항	–	–	0.1100	
				계	–	–	2.5040	
				적용열관류율(W/m²·K)	0.399			
				기준열관류율(W/m²·K)	0.40 이하			
		W10	PD-거실/침실/주방	실내표면열전달저항	–	–	0.1100	
				시멘트벽돌	0.1900	0.6000	0.3167	
				비드법 보온판 2종 1호	0.0600	0.0310	1.9355	
				방습층	–	–	–	
				석고보드	0.0095	0.1800	0.0528	
				벽지	0.0005	0.2700	0.0019	
				실내표면열전달저항	–	–	0.1100	
				계	–	–	2.5268	
				적용열관류율(W/m²·K)	0.396			
				기준열관류율(W/m²·K)	0.40 이하			

☞ **에너지절약설계검토서 건축 부문 의무사항** : ①~③번 및 EPI 1~3번의 각 건축 해당 부위에 적용된 열관류율값 및 기준열관류율값을 확인할 수 있다.

2. 단위세대 평면도

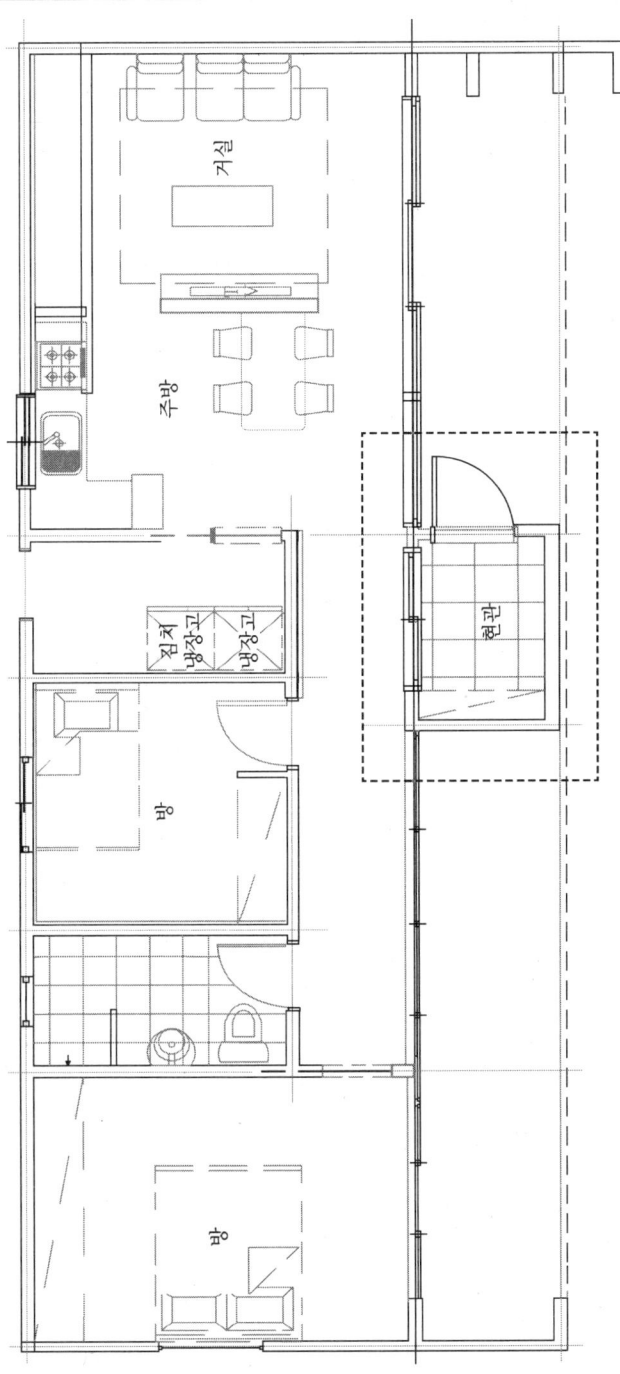

☞ **에너지절약설계검토서 의무사항 건축 부문 :** ⑤ 외기에 직접 면하고 1층 또는 지상으로 연결된 출입문을 제5조 제9호 아목에 따른 방풍구조(방풍실 또는 회전문)로 적용 여부 확인 가능.

3. 단위세대 창호도

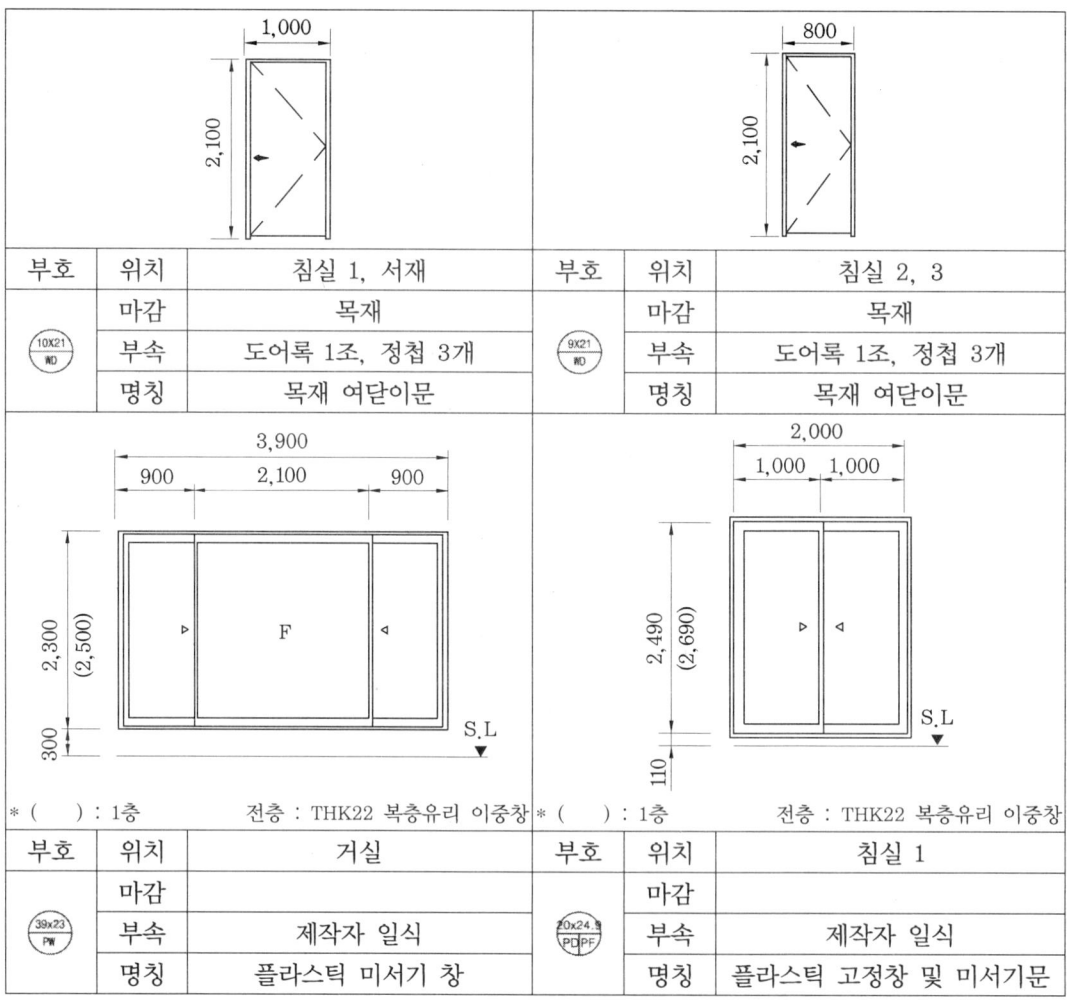

NOTE
1. 외기에 직접 면한 거실부위 창호의 기밀성능은 'KS F 2292 창호의 기밀성능 시험방법'에 의해 시험한다.
2. 시험결과 성능은 2등급 이상을 만족하는 제품을 적용한다.
3. 열관류율
   ① 외기에 직접 면한 창호 : 1.8W/m² · K 이하 적용
   ② 외기에 간접 면한 창호 : 2.8W/m² · K 이하 적용

☞ **에너지절약설계검토서**
(1) 의무사항 건축 부문 : 상기 'NOTE' 항목에서 ⑥번 거실의 외기에 직접 면하는 창은 기밀성능 1~5등급(통기량 5m³/h · m² 미만)의 창의 적용 여부 확인 가능
(2) EPI 건축 부문 : 상기 'NOTE' 항목에서 1번 외벽의 평균 열관류율 U_e(W/m² · K) 및 EPI 5번 기밀성 창 및 문의 설치(KS F 2292에 의한 기밀성 등급 및 통기량)의 배점 계산 및 확인 가능

4. 장비일람표

펌프류

장비번호	수량	명칭	용도	설치위치	형식	유량(LPM)	양정(M)	전동기(kW)	구경(mm) 흡입	구경(mm) 토출	단수(S)	전원	비고
P-2	3	지열순환펌프	지열수 순환용	지하층 기계실	IN-LINE	42	22	0.4	-	-	-	$220^V \times 1^\phi \times 60Hz$	표준 부속품 일체구비, 1대 예비, KS인증
P-4	2	냉온수 순환펌프	냉온수 순환용	지하층 기계실	IN-LINE	36	17	0.2	-	-	-	$220^V \times 1^\phi \times 60Hz$	표준 부속품 일체구비, 1대 예비, KS인증

탱크류

장비번호	수량	명칭	형식	용도	설치위치	용량(LIT)	규격	재질	철판두께(mm) 동판	철판두께(mm) 경판	철판두께(mm) 상판	철판두께(mm) 측하판	보온	마감	사용압력
T-5	1	Storage Tank	원통형	냉온수 축열용	지하층 기계실	1,000		SUS 304							6 kg/cm^2
T-6	2	팽창탱크	밀폐형	지열수 순환용	지하층 기계실	100		SS41							6 kg/cm^2

☞ **에너지절약설계검토서 의무사항 기계설비 부문** : 상기 펌프류의 '비고'에서 "② 펌프는 KS인증제품 또는 KS규격에서 정해진 효율이상의 제품을 채택하였다." 확인 가능, 기타 펌프의 수량/용도/유량/양정/동력/예비펌프 유무 등 확인 가능

5. 지역난방계통도

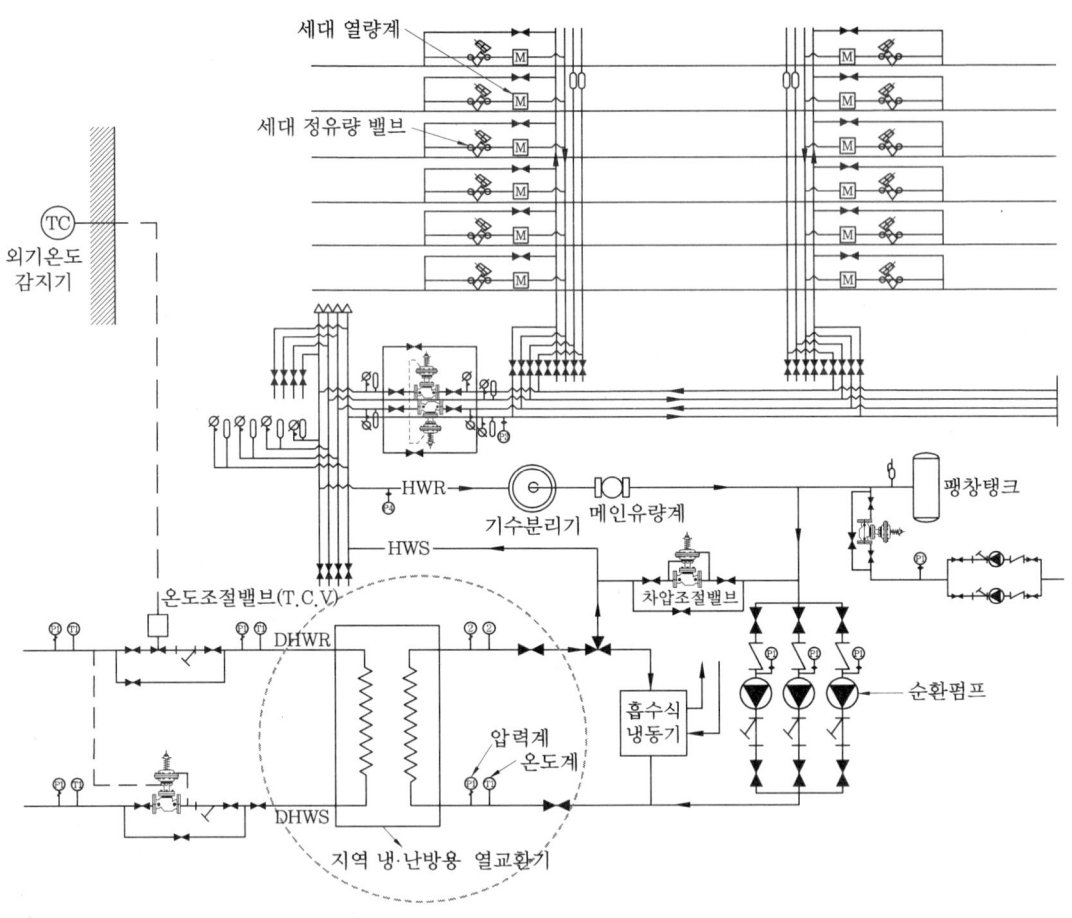

> ☞ **에너지절약설계검토서** : 아래를 각각 확인 필요함
> (1) 의무사항 기계설비 부문 ④번 : 공공기관은 에너지성능지표의 기계부문 11번 항목을 0.6점 이상 (60% 이상) 획득하였다 (「공공기관 에너지이용합리화 추진에 관한 규정」 제10조의 규정을 적용받는 건축물의 경우만 해당). 냉방용량 담당 비율은 별도 확인 필요
> (2) EPI 기계설비 부문 11번 : 축랭식 전기냉방, 가스 및 유류이용 냉방, 지역냉방, 소형 열병합 냉방 적용, 신재생에너지 이용 냉방 적용(냉방용량 담당 비율은 별도 확인 필요)
> (3) EPI 기계설비 부문 16번 : 지역난방방식 또는 소형가스열병합발전 시스템, 소각로 활용 폐열시스템을 채택하여 1번, 8번 항목의 적용이 불가한 경우의 보상점수 여부

6. 조명기구상세도

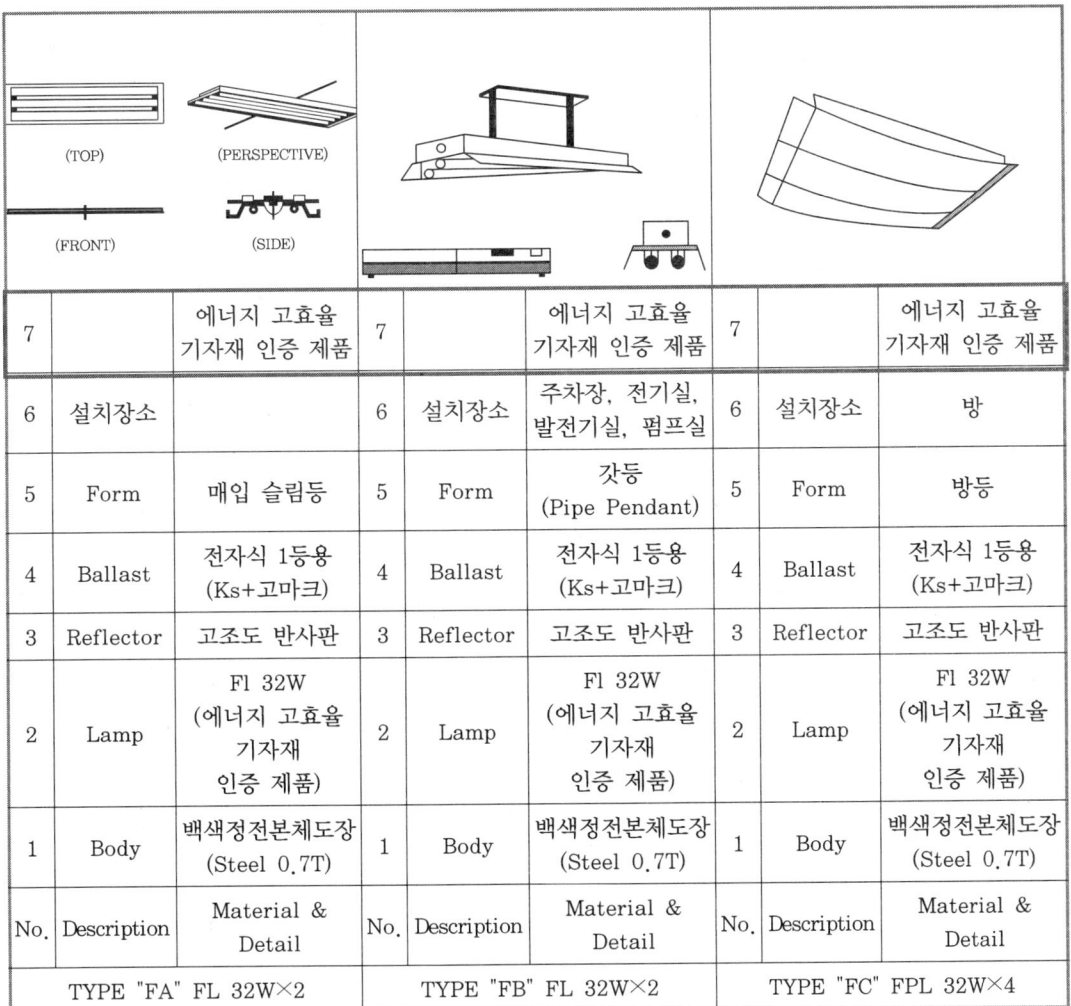

7		에너지 고효율 기자재 인증 제품	7		에너지 고효율 기자재 인증 제품	7		에너지 고효율 기자재 인증 제품
6	설치장소		6	설치장소	주차장, 전기실, 발전기실, 펌프실	6	설치장소	방
5	Form	매입 슬림등	5	Form	갓등 (Pipe Pendant)	5	Form	방등
4	Ballast	전자식 1등용 (Ks+고마크)	4	Ballast	전자식 1등용 (Ks+고마크)	4	Ballast	전자식 1등용 (Ks+고마크)
3	Reflector	고조도 반사판	3	Reflector	고조도 반사판	3	Reflector	고조도 반사판
2	Lamp	Fl 32W (에너지 고효율 기자재 인증 제품)	2	Lamp	Fl 32W (에너지 고효율 기자재 인증 제품)	2	Lamp	Fl 32W (에너지 고효율 기자재 인증 제품)
1	Body	백색정전본체도장 (Steel 0.7T)	1	Body	백색정전본체도장 (Steel 0.7T)	1	Body	백색정전본체도장 (Steel 0.7T)
No.	Description	Material & Detail	No.	Description	Material & Detail	No.	Description	Material & Detail
TYPE "FA" FL 32W×2			TYPE "FB" FL 32W×2			TYPE "FC" FPL 32W×4		

☞ **에너지절약설계검토서 전기부문 의무사항** : "④ 조명기기를 채택할 때에는 제5조 제11호 라목에 따른 고효율 조명기기를 사용" 여부 확인 가능

7. 단위세대 전등설비 평면도

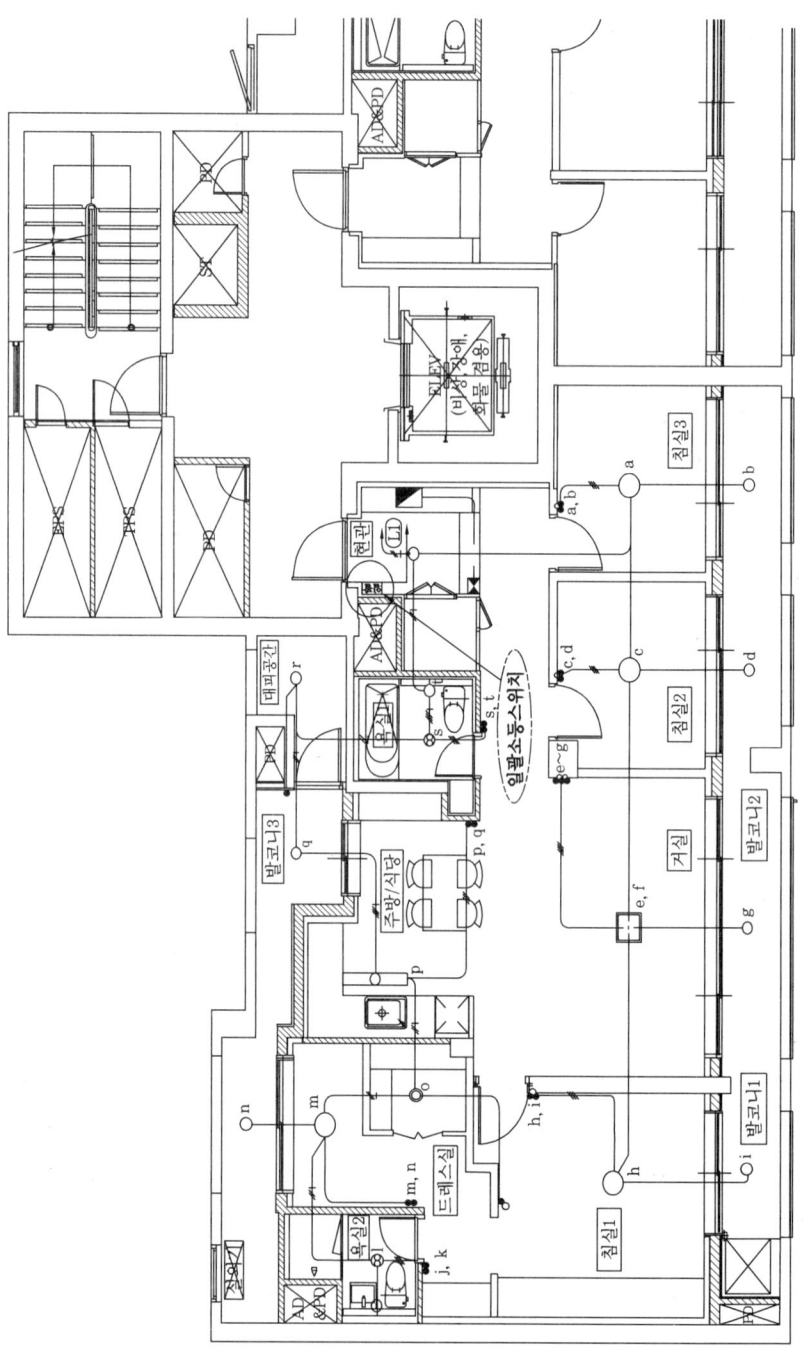

☞ **에너지절약설계검토서 의무사항 전기설비 부문** : 상기 도면의 중앙부 지시선으로부터 "⑦ 층별, 구역별 또는 세대별로 제5조 제11호 하목에 따른 일괄소등스위치를 설치하였다." 등 확인 가능

8. 단위세대 전열설비 평면도

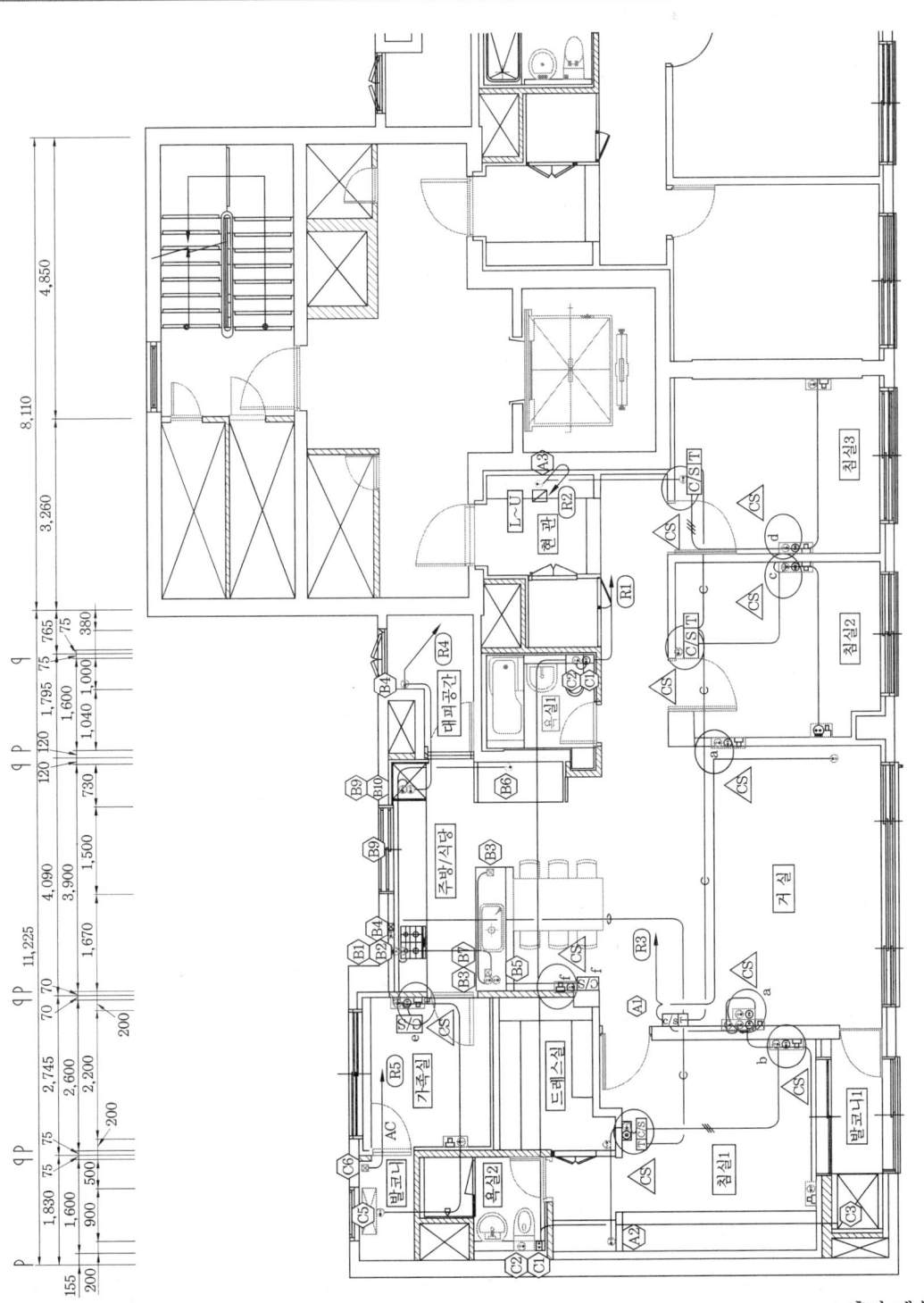

→ 후면 계속

NOTE
1. 모든 배선은 CD(난연성)관이며, 전선은 600V 전선을 사용한다.
2. 별도 표기 없는 범례는 아래와 같다.

기 호	용 도	설치높이(mm)	비 고
▱	세대 분전반	FL+1800	
C/S	대기전력차단 Switch	FL+1200	
T	온도조절기	FL+1200	기계설비분
⊠	온수분배기용 Box	FL+300	
(그림)	통합형 배선기구 (전열 : 4, Voice : 1, Data : 1, TV : 1)	FL+300	
(그림)	통합형 배선기구 (전열 : 2, Voice : 1, Data : 1, TV : 1)	FL+300	
(그림)	통합형 배선기구 (전열 : 2, Voice : 1, Data : 1)	FL+300	
(그림)	통합형 배선기구 (전열 : 2, TV Unit : 1)	FL+300	거실 FL+1000

3. 별도 표기 없는 배관 배선은 아래와 같다.

───	HIV 2.5ø×2, E-2.5ø	(16)
─//─	HIV 2.5ø×3, E-2.5ø	(16)
─///─	HIV 2.5ø×4, E-2.5ø	(22)
──AC──	HFIX 4ø×4, E-4ø	(28)
──C──	EMPTY PIPE	(22)

배선기구 및 기자재 일람표

구 분	No.	용도별 명칭	설치높이(mm)	비 고
세대 공용	A1	Wall Pad 전원용	FL+1,450	J.B
	A2	화장대 전원용	FL+850	
	A3	통합단자함 전원용	FL+450	
주방 기구	B1	가스쿡탑 전원용	FL+500	
	B2	레인지후드&자동확산 소화기 전원용	FL+2,100	후드장내 매입
	B3	조리대 전원용(가로형 2구)	FL+1,200	
	B4	온수 분배기용(4구)	FL+300	
	B5	음식물탈수기 전원용	FL+500	
	B6	냉장고 전원용	FL+300	
	B7	주방TV 전원용	FL+1,500	J.B
	B8	주방가구 전원용	FL+1,700	J.B

☞ **에너지절약설계검토서 의무사항 전기설비 부문** : 상기 'NOTE' 부분에서 "⑧ 공동주택의 거실, 침실, 주방에는 제5조 제11호 카목에 따른 대기전력자동차단장치" 등 확인 가능

제2장 건축물 에너지효율설계 이해 및 응용

9. 단위세대 평면도

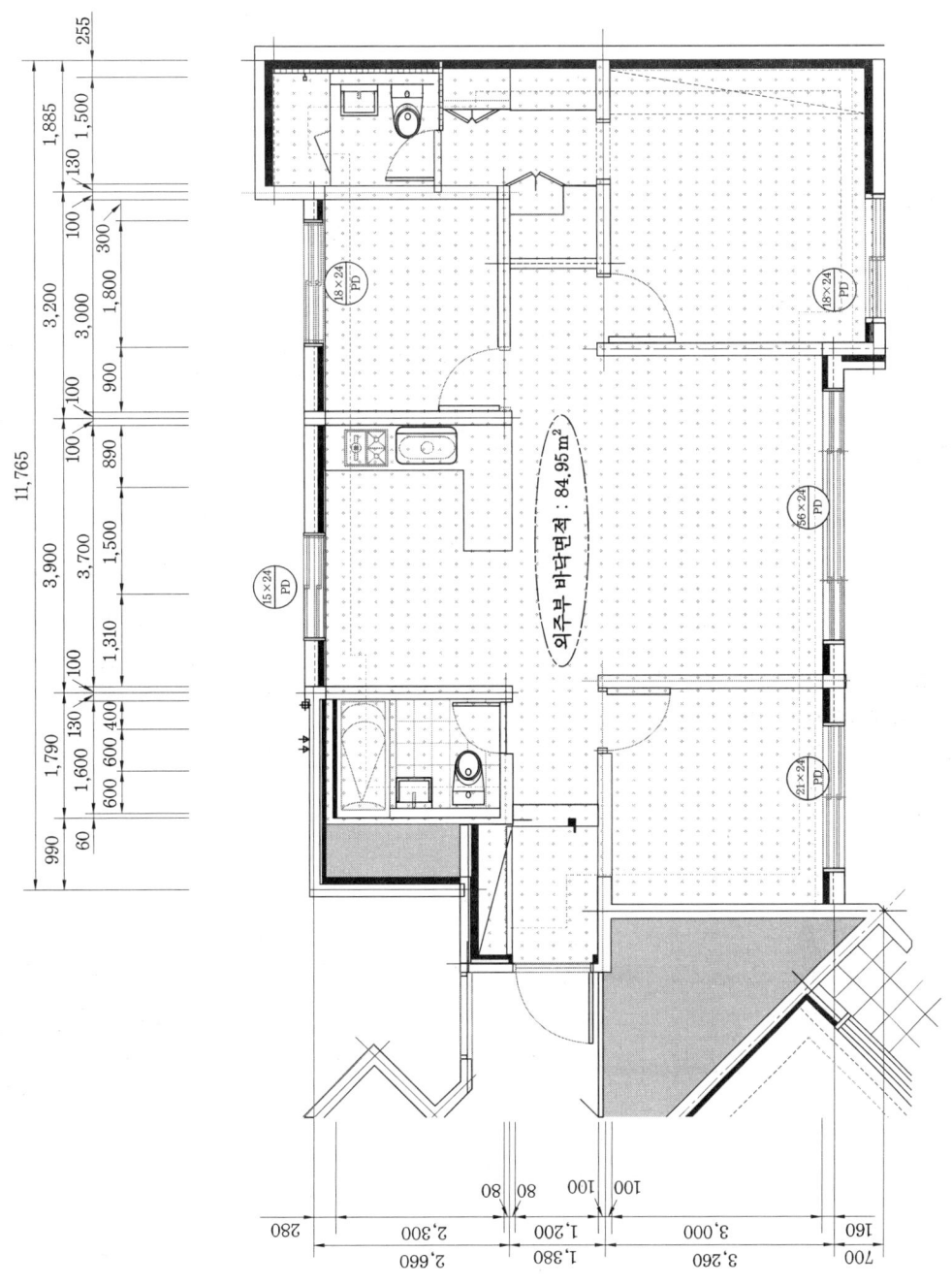

☞ **에너지절약설계검토서 EPI 건축 부문 :** 6번 자연채광용 개구부 혹은 창의 설치(기타 건축물 ; 개폐되는 창 부위의 면적이 외주부 바닥면적의 1/10 이상 적용 여부) 등에서 '외주부 면적' 확인 가능

10. 공동주택 단위세대 평면도

☞ **에너지절약설계검토서 EPI 건축 부문 11번** : 공동주택의 각 세대의 현관에 방풍실 설치 여부 확인 가능(전실 → 방풍실)

11. 장비일람표(온열원설비)

가스보일러

기호	형식	설치위치	용량 (kcal/h)	수량 (대)	전원 (φ/V/Hz)	규격(W/D/H)	연도 (mm)	접속구경(mm) 급수	난방	급탕	가스	효율 (%)	비고
B1	강제 급·배기형	APT 보일러실(88, 113, 129형)	20,000	816	1/220/60	430×210×730	75×100	15	20	15	15	87	FF식, 기타 표준부속물 일체 구비, 에너지소비효율 1등급 제품
B2	강제 급·배기형	APT 보일러실(160형)	25,000	245	1/220/60	486×210×730	75×100	15	20	15	20	87	
B3	강제 급·배기형	APT 보일러실(183형)	30,000	157	1/220/60	486×210×730	75×100	15	20	15	20	87	
B4	강제 급·배기형	APT 보일러실(200형), 경로당, 보육시설	35,000	92	1/220/60	486×210×730	75×100	15	20	15	20	87	

온수 보일러

기호	형식	설치위치	수량(대)	용량	전력(kW)	전원(φ/V/Hz)	가스사용량(Nm/h)	연도(mm)	규격(D/H)	효율(%)	비고
B5	입형 온수 보일러	203동 주민공동시설 보일러실	1	50,000kcal/hr	0.1	1/220/60	5.5	220	620×1,350	92	기타 표준부속물 일체 구비, 고효율에너지기자재 인증제품
B6	축열식 전기 온수기	205동 주민공동시설 보일러실	1	500LIT	5	1/220/60	–	–	730×1,850	–	기타 표준부속품 일체 구비

탱크(Tank)

기호	형식(재질)	용도	설치위치	수량(대)	용량(Ton)	크기(mm)	비고
T1	S.T.S 304	생활용수 및 소화용수(APT)	지하 물탱크실	1	2.376	48,000×11,000×4,500	기타 표준부속품 일체 구비
T2	S.T.S 304	소화용수(APT)	115동 옥상수조실	1	13.5	3,000×3,000×1,500	기타 표준부속품 일체 구비

☞ **에너지절약설계검토서 EPI 기계설비 부문 1번** : '난방설비(효율%)' 및 12번 '급탕용 보일러의 고효율에너지기자재, 또는 에너지소비효율1등급설비 적용 여부' 등을 확인 가능

12. 공조기 설치도면

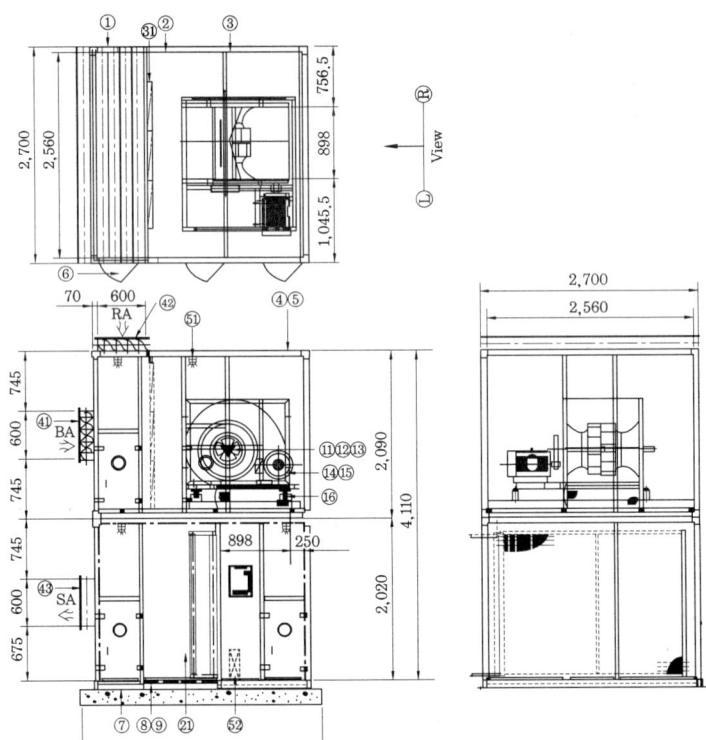

ITEM	NO.	DESCRIPTION	METERIAL	Q'TY
CASING	1	MIXING&FILTER PART	COLOR/SGCC	1SET
	2	COIL PART	COLOR/SGCC	1SET
	3	FAN PART	COLOR/SGCC	1SET
	4	FRAME	A6063T5	1SET
	5	ILSULATION	URETHANE	1SET
	6	ACCESS DOOR	COLOR/SGCC	1SET
BASE	7	BASE CHANNEL	SS400	1SET
	8	DRAIN SOCKET	SPP	1SET
	9	DRAIN PAN	STS	1SET
FAN, MOTOR & ISOLATOR	11	FAN	ASS'Y	1SET
	12	FAN PULLEY	GC 200	1SET
	13	V-BELT	RUBBER	1SET
	14	MOTOR(고효율)	ASS'Y	1SET
	15	MOTOR PULLEY	GC 200	1SET
	16	ISOLATOR	SPRING	1SET
COIL & HUMIDIFIER	21	COMMON COIL(HEADER : CU)	AL+CU	1SET
FILTER	31	PRE FILTER	AFI 80%	1SET
DAMPER	41	OUT AIR DAMPER	AL/SGCC	1SET
	42	RETURN AIR DAMPER	AL/SGCC	1SET
FLANGE	43	SUPPLY AIR FLANGE	SGCC	1SET
ETC	51	LAMP	ASS'Y	4SET
	52	ELECTRIC HEATER	-	4SET

☞ **에너지절약설계검토서 EPI 기계설비 부문** : 3번 열원설비 및 공조용 송풍기의 우수한 효율설비 채택(설비별 배점 후 용량가중평균) 확인 가능(단, 별도로 장비일람표 등을 이용하여 구체적인 효율 확인 후 배점 계산 가능)

13. 외기냉방

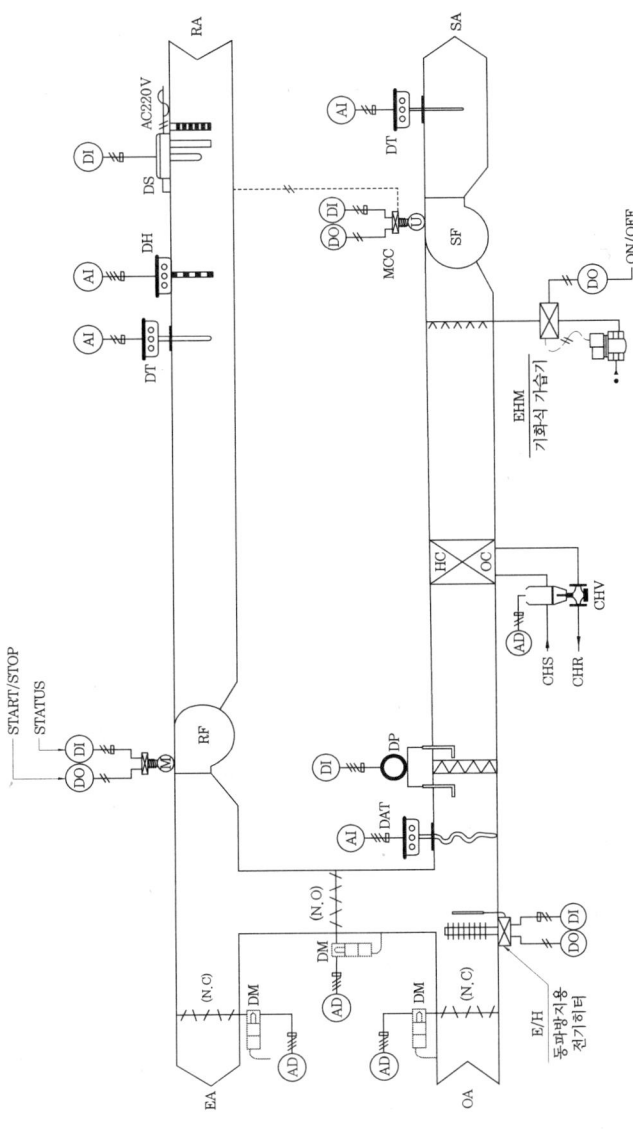

NOTE
1. 하절기 및 동절기 동작 : 외기댐퍼 배기댐퍼는 최소 개도로 작동하고, 환기댐퍼는 역동작한다.
2. 환절기 동작 : 외기, 배기 및 환기 댐퍼는 엔탈피제어에 의해 상호 연동하여 비례제어한다.
3. 예열 및 예냉 시 동작 : 외기댐퍼 및 배기댐퍼는 완전히 닫히고, 환기댐퍼는 완전히 열리게 되어 실내온도가 설정온도에 도달할 때까지 유지 후 하절기 및 동절기 동작을 한다.

☞ **에너지절약설계검토서 EPI 기계설비 부문** : 상기 'NOTE'의 정보로부터 5번 이코노마이저시스템 등 외기냉방시스템의 도입 여부 확인 가능

14. 덕트 설치도

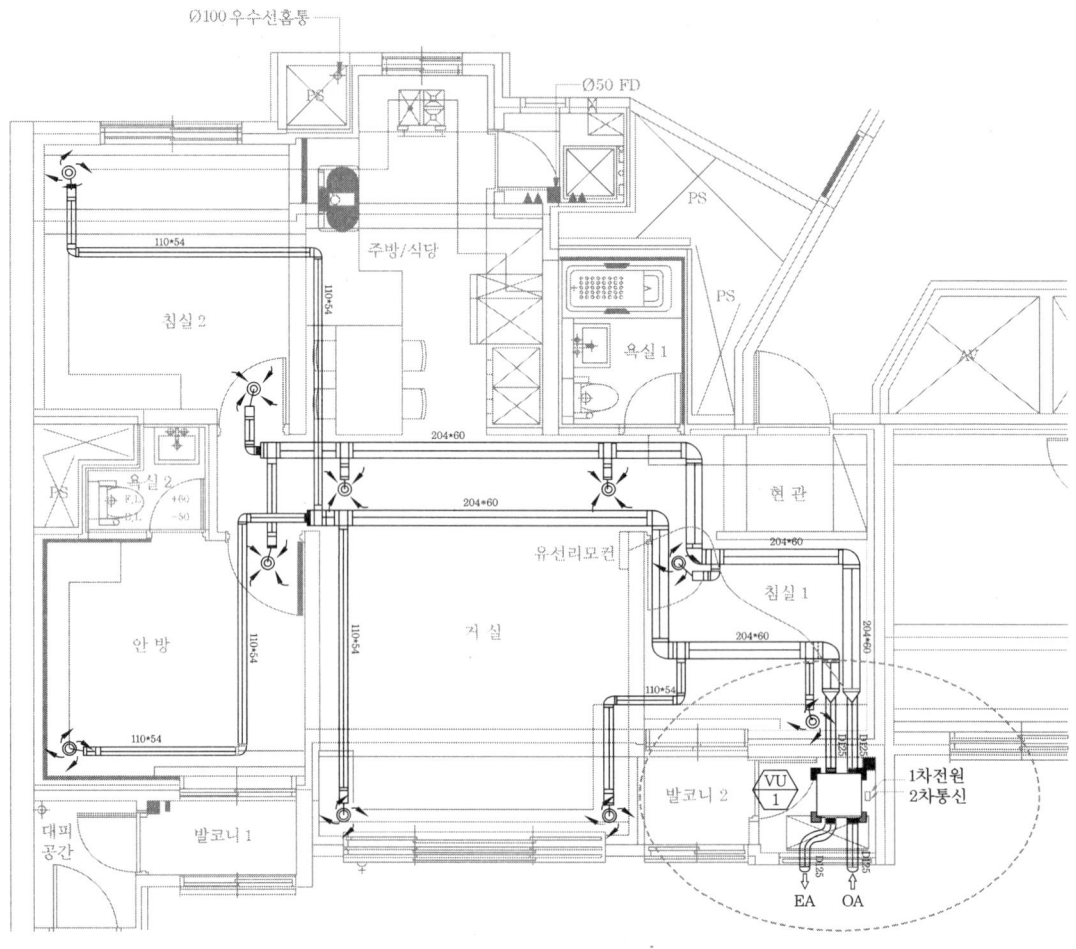

> **에너지절약설계검토서 EPI 기계설비 부문 :** 6번 '폐열회수형 환기장치' 등 설치 여부 확인 가능(표시부 가운데의 4각 박스가 '폐열회수형 환기장치'임)

15. 보일러 설치도

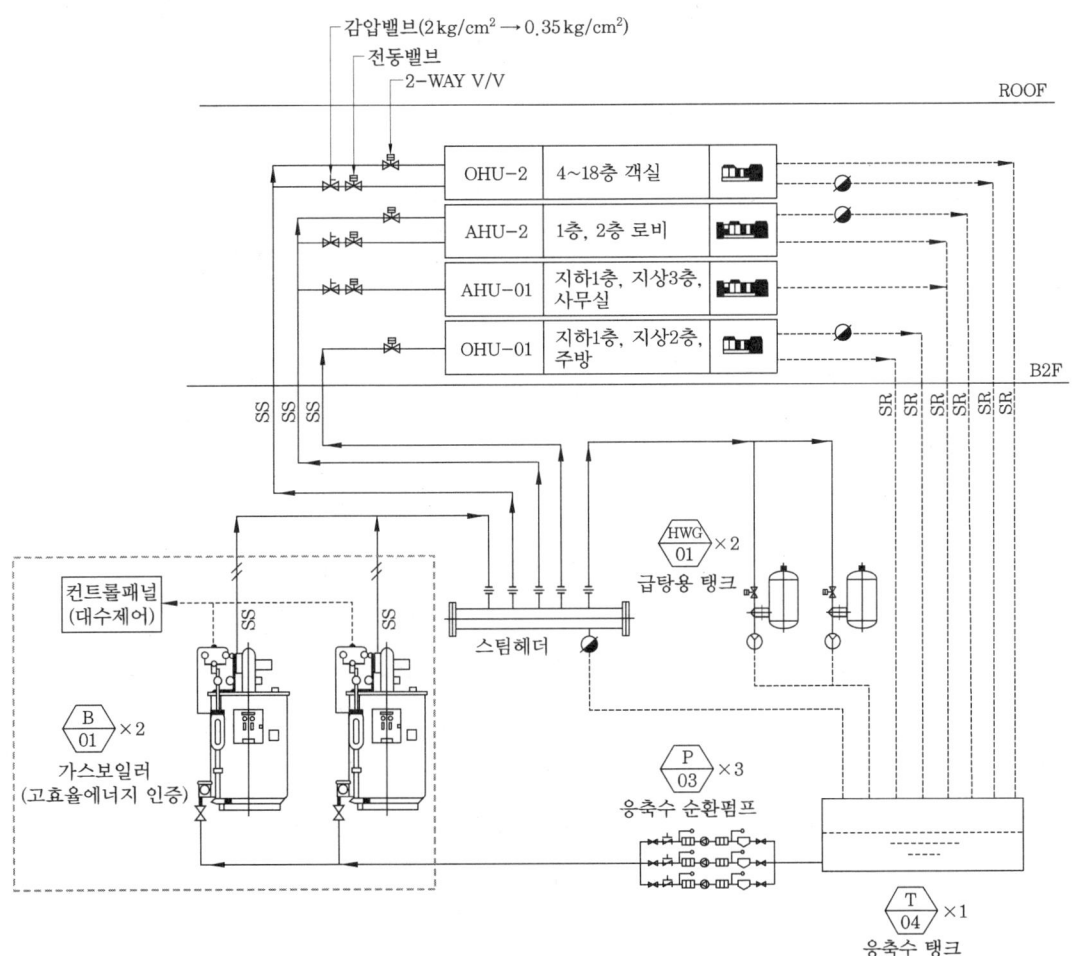

온열원 흐름도

> ☞ **에너지절약설계검토서 EPI 기계설비 부문**
> (1) 8번 열원설비의 대수분할, 비례제어 또는 다단제어 운전 확인 가능
> (2) 12번 급탕용 보일러(고효율에너지기자재, 또는 에너지소비효율1등급 설비 적용여부) 확인 가능
> (3) 구체적인 보일러의 용량, 효율 등은 별도의 '장비일람표'를 참조하여야 한다.

16. 전등설비 평면도

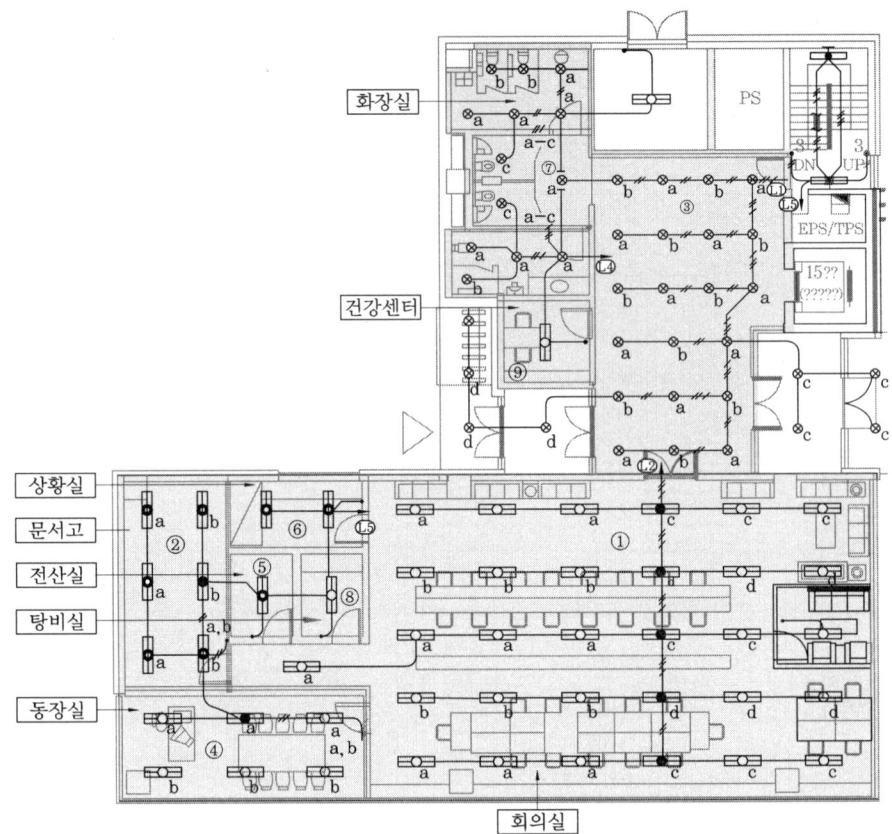

범례

═══	FL 32 W/2 Race Way 형광등기구(배터리내장형)
▭●▭	FL 32 W/2 형광등기구 천정형(일반)
▭●▭	FL 32 W/2 형광등기구 천정형(배터리내장형)
⌐●¬	FL 32 W/1 형광등기구 벽부형(배터리내장형)
▭●▭	LED 50 W/1 형광등기구 천정형(일반)
⊙	FPL 18 W/1 다운라이트 천정형(배터리내장형)
◎	FPL 18 W/2 다운라이트 천정형(일반)
○	EL 13 W/1 전구식 형광등기구 천정형(일반)
○┤	EL 20 W/2 전구식 형광등기구 벽부형(일반)
⊗	LED 30 W/1 다운라이트 천정형(일반)
●● ●●●	벽매입 연용 S/W 1P 250 V 15 A(1구, 2구, 3구)

☞ **에너지절약설계검토서 EPI 전기설비 부문 1번** : 상기 '범례'와 도면을 통하여 제5조 제9호 가목에 따른 조명밀도(= 조명전력/면적) 등을 파악 및 계산할 수 있다. 각 실(室)의 면적은 별도로 확인 필요하다.

17. BEMS설치도

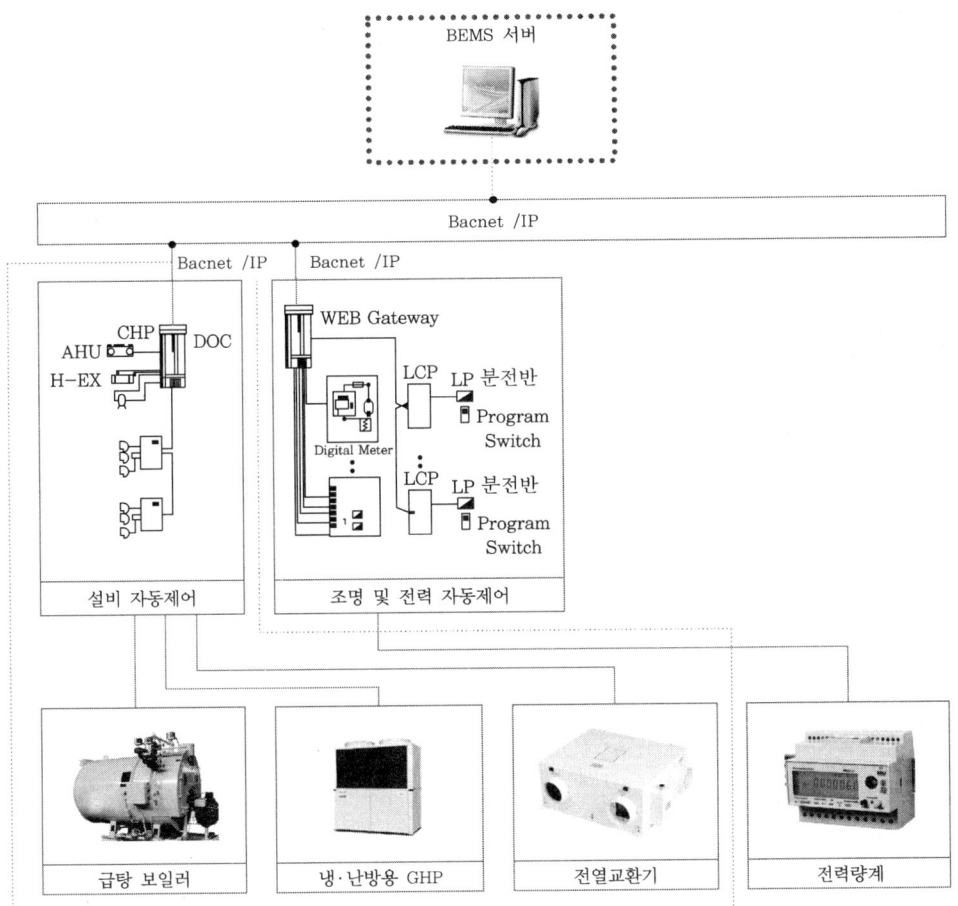

☞ **에너지절약설계검토서 EPI 전기설비 부문 8번** : 도면의 상부에서 'BEMS 또는 에너지 용도별 미터링 시스템 설치' 확인 가능

18. 단위세대 난방배관 평면도

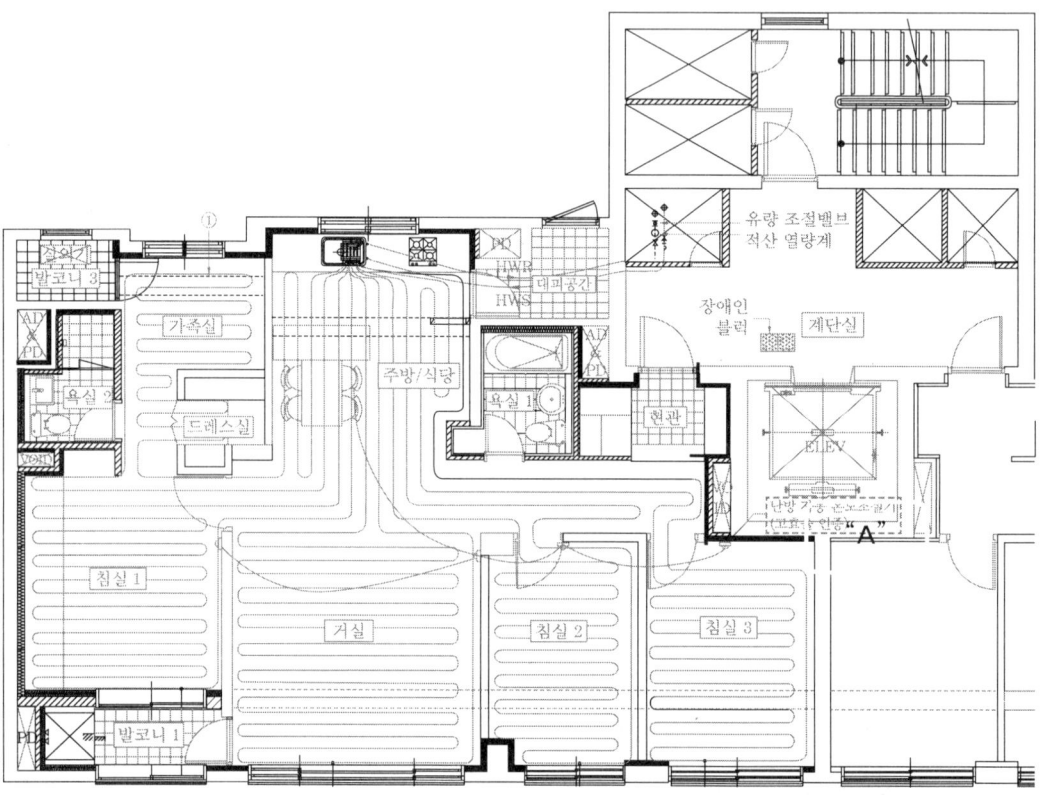

> ☞ **에너지절약설계검토서 EPI 전기설비 부문 15번** : 상기 "A" 표기부로부터 '무정전전원장치 또는 난방용 자동 온도조절기 설치(단, 모든 제품은 고효율에너지기자재인증제품인 경우에만 배점)' 등 확인 가능

19. 지열히트펌프 설치도

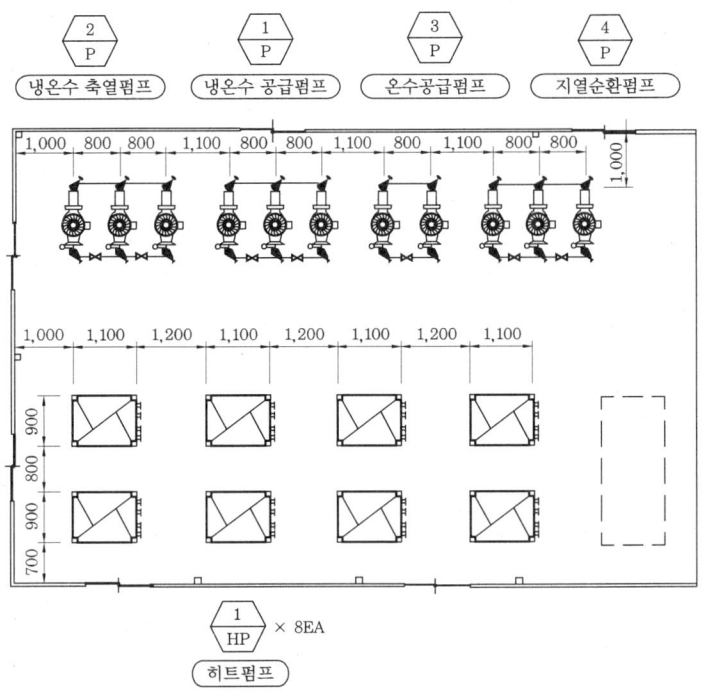

지열원 히트펌프

장비번호	용도	설치위치	수량	용량(kcal/h)		전압	연결방식	비고
				냉수 생산량	온수 생산량			
HP-1	냉난방용	기계실	8	135,173	129,427	3상-380V-60Hz	직입	

펌프류

기호	장비명	수량	형식	용도	설치장소	단수(S)	유량(LPM)
P-1	냉온수공급펌프	3	내압인라인	공조기 냉온수공급용	기계실	-	1,620
P-2	냉온수축열펌프	3	내압인라인	냉온수 축열순환용	기계실	-	2,428
P-3	온수공급펌프	2	내압인라인	온수공급용	기계실	-	901
P-4	지열순환펌프	3	내압인라인	지열순환용	기계실	-	3,166

☞ **에너지절약설계검토서 EPI 신재생 부문**
(1) 신재생 부문 1번 : 전체 난방설비용량에 대한 신·재생에너지 용량 비율 확인
(2) 신재생 부문 2번 : 전체 냉방설비용량에 대한 신·재생에너지 용량 비율 확인
* 장비일람표와 설치도에서 동일용량의 히트펌프가 8대임을 알 수 있다(추가로 다른 냉난방 설비와 비교하여 전체 용량 대비 신재생에너지 용량 비율을 계산할 수 있다).

20. 태양광Array 설치도1

모듈사양	
용량	250W
Voc	39.8
Vmpp	30.5
Isc	8.92A
Impp	8.02A
전압의 온도계수	0.29%
모듈 최저 동작온도	-15℃
NOCT	47℃

103동 발전
총 매수 : 132 EA
총 발전 : 33 KW
총 면적 : 198 m^2

104동 발전
총 매수 : 60 EA
총 발전 : 15 KW
총 면적 : 80 m^2

☞ **에너지절약설계검토서 EPI 신재생 부문 4번** : 전체 전기용량에 대한 신·재생에너지 용량 비율 확인
* 도면을 보면 신재생에너지(태양광)로 전기를 103동 104동과 합쳐서 48 kW(33 kW + 15 kW)를 생산할 수 있음을 확인 가능하다(참조 : 모듈 1개당 용량은 250 W), 해당 전체 전기용량은 별도로 확인해야 한다.

21. 태양광Array 설치도2

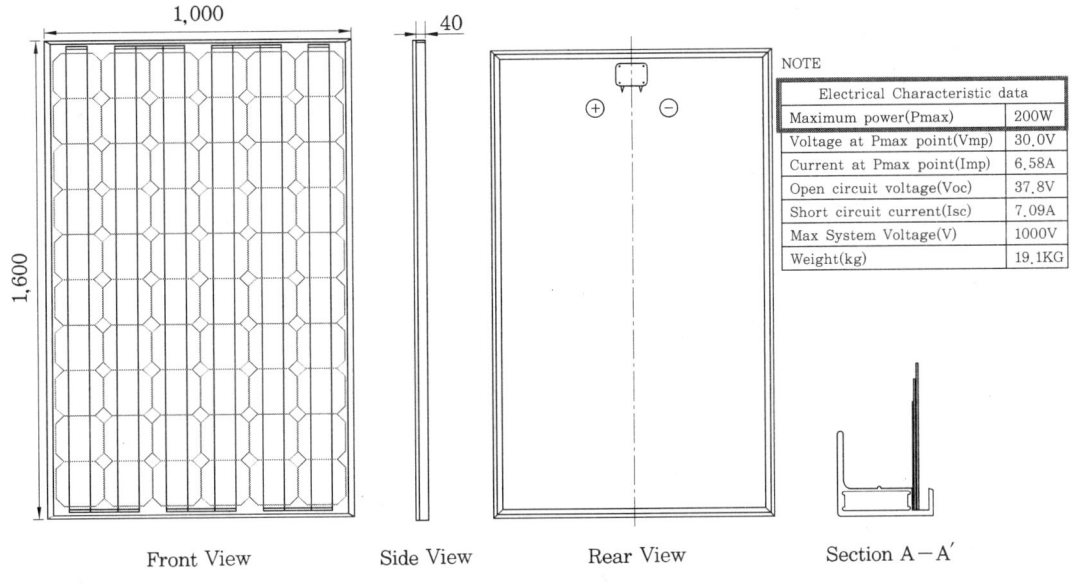

모듈상세도

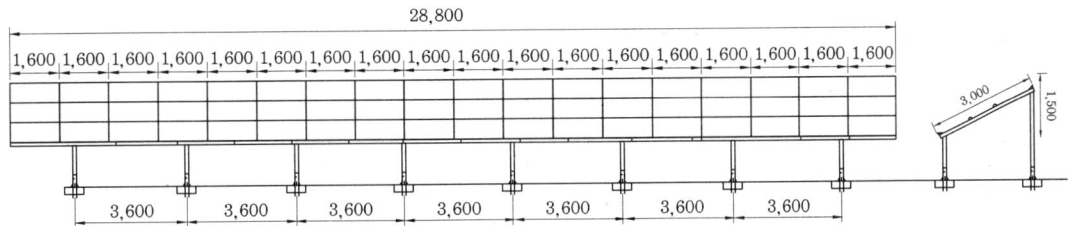

Array 설치도

☞ **에너지절약설계검토서 EPI 신재생 부문 4번** : 전체 전기용량에 대한 신·재생에너지 용량 비율 확인
* 상부의 '모듈상세도'에서 모듈 1개당 최대출력은 200 W임을 알 수 있고, 'Array 설치도'에서 모듈(W1600×H1000)이 가로 18장, 세로 3장이 설치되어 총 54장 설치되어있음을 알 수 있다. 따라서 이 태양광발전소의 총 발전량은 200W×54장 = 10.8 kW임을 알 수 있다.

예·상·문·제

1. 건축물 에너지효율등급 예비인증과 본인증에 관한 내용으로 맞지 않는 것은?

㉮ 건축주, 건축물 소유자, 사업주체, 설계자 또는 시공자는 예비인증을 신청할 수 있다.
㉯ 신청자가 「건축법」에 따른 사용승인 또는 「주택법」에 따른 사용검사를 받은 후에 본인증을 신청할 수 있다.
㉰ 인증등급 결과에 따라 개별 법령으로 정하는 제도적·재정적 지원을 받고자 하는 경우에는 사용승인 또는 사용검사를 받기 전에 본인증을 신청할 수 있다.
㉱ 예비인증을 받아 제도적·재정적 지원을 받은 건축주 등은 예비인증 등급 이상의 본인증을 받아야 한다.

[해설] 예비인증을 신청할 수 있는 사람
1. 건축주
2. 건축물 소유자
3. 사업주체 또는 시공자(건축주나 건축물 소유자가 인증 신청을 동의하는 경우로 한정)

2. 에너지효율등급 인증 대상건물은?

㉮ 냉방 또는 난방 면적이 500제곱미터 이상인 전체 건축물
㉯ 단독주택, 공동주택, 기숙사, 업무시설, 기타 냉방 또는 난방 면적이 500제곱미터 이상인 건축물
㉰ 단독주택, 공동주택, 기숙사, 업무시설 등
㉱ 단독주택, 공동주택, 업무시설, 기타 냉방 또는 난방 면적이 500제곱미터 이상인 건축물

3. 에너지효율등급 인증을 신청할 수 없는 사람은?

㉮ 건축주
㉯ 건축물 소유자
㉰ 시공자
㉱ 감리자

[해설] 에너지효율등급 인증 혹은 예비인증을 신청할 수 있는 사람
1. 건축주
2. 건축물 소유자
3. 사업주체 또는 시공자(건축주나 건축물 소유자가 동의하는 경우)

4. 에너지효율등급 인증에 관한 내용으로 틀린 것은?

㉮ 인증기관의 장은 신청서류가 접수된 날부터 50일 이내에 인증을 처리하여야 한다.
㉯ 인증기관의 장은 부득이한 사유로 인증을 처리할 수 없는 경우에는 건축주 등에게 그 사유를 통보하고 20일의 범위에서 인증 평가 기간을 한 차례만 연장할 수 있다.
㉰ 인증기관의 장은 건축주 등이 제출한 서류의 내용이 미흡하거나 사실과 다른 경우에는 서류가 접수된 날부터 20일 이내에 건축주 등에게 보완을 요청할 수 있다.
㉱ 인증기관의 장은 사용승인 또는 사용검사를 받은 날부터 2년이 지난 건축물에 대해서 건축물 에너지효율등급 인증을 하려는 경우에는 건축주 등에게 건축물 에너지효율 개선방안을 제공하여야 한다.

[해설] 인증기관의 장은 사용승인 또는 사용검사를 받은 날부터 3년이 지난 건축물에 대해서 건축물 에너지효율등급 인증을 하려는 경우에는 건축주 등에게 건축물 에너지효율 개선방안을 제공하여야 한다.

5. 건축물 에너지효율 '1등급'의 연간 단위면적당 1차에너지소요량(kWh/m^2·년)은?

	주거용 건축물	주거용 이외의 건축물
㉮	90~120	140~200

[정답] 1. ㉮ 2. ㉯ 3. ㉱ 4. ㉱ 5. ㉯

나 120~150　　200~260
  다 150~190　　260~320
  라 60 미만　　 80 미만

[해설] 건축물 에너지효율 인증등급

등급	주거용 건축물 연간 단위면적당 1차에너지소요량 (kWh/m²·년)	주거용 이외의 건축물 연간 단위면적당 1차에너지소요량 (kWh/m²·년)
1+++	60 미만	80 미만
1++	60 이상 90 미만	80 이상 140 미만
1+	90 이상 120 미만	140 이상 200 미만
1	120 이상 150 미만	200 이상 260 미만
2	150 이상 190 미만	260 이상 320 미만
3	190 이상 230 미만	320 이상 380 미만
4	230 이상 270 미만	380 이상 450 미만
5	270 이상 320 미만	450 이상 520 미만
6	320 이상 370 미만	520 이상 610 미만
7	370 이상 420 미만	610 이상 700 미만

6. 건축물 에너지효율 인증과 관련하여 맞는 내용은?

　㉮ 건축물 에너지효율등급 인증의 유효기간은 건축물 에너지효율등급 인증서를 발급한 날부터 10년으로 한다.
　㉯ 건축물 설계자 등은 건축물 설계에 반영된 내용을 대상으로 예비인증을 신청할 수 있다.
　㉰ 건축물 에너지효율등급 예비인증의 유효기간은 건축물 에너지효율등급 예비인증서를 발급한 날부터 본인증 취득 시까지로 한다.
　㉱ 에너지효율등급 예비인증 평가는 서류심사 및 현장실사를 모두 실시해야 한다.

[해설] 다음과 같이 고쳐야 옳다.
　㉯ 건축주 등은 건축물 설계에 반영된 내용을 대상으로 예비인증을 신청할 수 있다.
　㉰ 건축물 에너지효율등급 예비인증의 유효기간은 건축물 에너지효율등급 예비인증서를 발급한 날부터 사용승인일 또는 사용검사일까지로 한다.
　㉱ 에너지효율등급 예비인증 평가 중 현장실사는 필요한 경우에만 할 수 있다.

7. 에너지효율등급 인증기관으로 지정을 받으려는 자가 인증기관 지정 신청서에 같이 첨부해야 하는 서류는?

> ㉠ 인증업무를 수행할 전담조직 및 업무수행체계에 관한 설명서
> ㉡ 전문인력을 보유하고 있음을 증명하는 서류
> ㉢ 인증기관의 인증업무 처리규정
> ㉣ 건축물의 에너지효율등급 인증과 관련한 연구 실적 등 인증업무를 수행할 능력을 갖추고 있음을 증명하는 서류

　㉮ ㉠, ㉡, ㉢, ㉣　　㉯ ㉠, ㉡, ㉢
　㉰ ㉠, ㉢, ㉣　　　　㉱ ㉠, ㉡, ㉣

8. 에너지효율등급 인증기관이 보유하여야 할 상근 전문인력으로 맞는 것은?

　㉮ 건축물 에너지 평가 관련 전문가로 인정받은 후 3년 이상 해당 업무를 수행한 사람
　㉯ 해당 전문 분야의 석사학위를 취득한 후 10년 이상 해당 업무를 수행한 사람
　㉰ 해당 전문 분야의 학사학위를 취득한 후 13년 이상 해당 업무를 수행한 사람
　㉱ 해당 전문 분야의 기사 자격을 취득한 후 11년 이상 해당 업무를 수행한 사람

[해설] 인증기관이 보유하여야 할 상근 전문인력(5명 이상)
1. 건축물 에너지 평가 관련 전문가로 인정받은 후 3년 이상 해당 업무를 수행한 사람
2. 건축사 자격을 취득한 후 3년 이상 해당 업무를 수행한 사람
3. 건축, 설비, 에너지 분야(해당 전문 분야)의 기술사 자격을 취득한 후 3년 이상 해당 업무를 수행한 사람

정답　6. ㉮　7. ㉮　8. ㉮

4. 해당 전문 분야의 기사 자격을 취득한 후 10년 이상 해당 업무를 수행한 사람
5. 해당 전문 분야의 박사학위를 취득한 후 3년 이상 해당 업무를 수행한 사람
6. 해당 전문 분야의 석사학위를 취득한 후 9년 이상 해당 업무를 수행한 사람
7. 해당 전문 분야의 학사학위를 취득한 후 12년 이상 해당 업무를 수행한 사람

9. 각 연료별 1차에너지 환산계수와 관련하여 ㉠~㉡안에 들어갈 적당한 수치를 고르면?

구 분	1차에너지 환산계수
연료(가스, 유류, 석탄 등)	1.1
전력	(㉠)
지역난방	0.728
지역냉방	(㉡)

	㉠	㉡		㉠	㉡
㉮	1.75	0.739	㉯	1.75	0.937
㉰	2.75	0.739	㉱	2.75	0.937

10. 건축물 에너지효율등급 인증 신청 시 인증기관의 장에게 제출해야 할 서류가 아닌 것은?

㉮ 공사시방서
㉯ 장비용량 계산서
㉰ 조명밀도 계산서
㉱ 건축물 부위별 성능내역서

[해설] 인증기관의 장에게 제출 서류
1. 최종 설계도면
2. 건축물 부위별 성능내역서
3. 건물 전개도
4. 장비용량 계산서
5. 조명밀도 계산서
6. 관련 자재·기기 설비 등의 성능을 증명할 수 있는 서류
7. 설계변경 확인서 및 설명서
8. 예비인증서 사본(해당 인증기관 및 다른 인증기관에서 예비인증을 받은 경우만 해당한다)
9. 제1호부터 제8호까지에서 규정한 서류 외에 건축물 에너지효율등급 평가를 위하여 운영기관의 장이 필요하다고 정하여 공고하는 서류

11. 건축물의 '에너지요구량'에 들어가지 않는 항목은?

㉮ 급탕 ㉯ 환기
㉰ 조명 ㉱ 냉방

[해설] 에너지요구량 : 건축물의 냉방, 난방, 급탕, 조명 부문에서 표준 설정 조건을 유지시키기 위하여 해당 공간에서 필요로 하는 에너지양을 말한다. 단, 환기는 제외된다.

12. 건축물의 에너지요구량을 줄일 수 있는 방안에 가장 직접적으로 해당하는 것은?

㉮ 신재생에너지 적용
㉯ 폐열회수 장치 적용
㉰ 건물의 단열 강화
㉱ 고효율 기기 적용

[해설] 건축물의 에너지요구량을 줄일 수 있는 방안 : 주로 Passive적인 방법을 적용하면 된다.

13. ㉠~㉡ 안에 들어갈 적당한 말을 순서대로 맞게 나열한 것은?

건축물 에너지효율등급 신청 시 인증기관의 장은 신청서와 신청서류가 접수된 날부터 (㉠) 이내에 인증을 처리하여야 한다. 단, 단독주택 및 공동주택에 대해서는 (㉡) 이내에 인증을 처리하여야 한다.

	㉠	㉡		㉠	㉡
㉮	50일	40일	㉯	50일	30일
㉰	45일	30일	㉱	45일	15일

[해설] 인증기관의 장은 신청서와 신청서류가 접수된 날부터 50일(단독주택 및 공동주택에 대해서는 40일) 이내에 인증을 처리하여야 한다.

정답 9. ㉱ 10. ㉮ 11. ㉯ 12. ㉰ 13. ㉮

14. 건축물 에너지효율 '1+++ 등급'의 연간 단위면적당 1차에너지소요량(kWh/m²·년)은?

	주거용 건축물	주거용 이외의 건축물
㉮	50 미만	100 미만
㉯	60 미만	80 미만
㉰	90~120	140~200
㉱	120~150	200~260

[해설] '건축물 에너지효율 인증등급' 표 참조

15. ㉠~㉡ 안에 들어갈 적당한 말을 순서대로 맞게 나열한 것은?

- 건축물 에너지효율등급에 대한 (㉠)를 신청하는 건축주 등은 국토교통부장관과 산업통상자원부장관이 정하여 공동으로 고시하는 인증 수수료를 추가로 내야 한다.
- 건축물 에너지효율등급을 인증을 신청한 건축주는 신청서를 제출한 날로부터 (㉡) 이내에 인증기관의 장에게 수수료를 납부하여야 한다.

	㉠	㉡		㉠	㉡
㉮	추가평가	40일	㉯	추가평가	30일
㉰	재평가	20일	㉱	재평가	15일

16. ㉠~㉡ 안에 들어갈 적당한 말을 순서대로 맞게 나열한 것은?

- 건축물 에너지효율등급 인증은 (㉠)을 기준으로 평가하여야 한다.
- 에너지소요량 = 해당 건축물에 설치된 난방, 냉방, 급탕, 조명, (㉡)에 소요되는 에너지양을 말한다.

	㉠	㉡
㉮	1차에너지소요량	환기
㉯	1차에너지소요량	설비기기
㉰	2차에너지소요량	환기
㉱	2차에너지소요량	설비기기

17. ㉠~㉡ 안에 들어갈 적당한 말을 순서대로 맞게 나열한 것은?

- 건축물 에너지효율등급 인증의 유효기간은 건축물 에너지효율등급 인증서를 발급한 날부터 (㉠)으로 한다.
- 건축물 에너지효율등급 인증기관의 장은 인증서를 발급하였을 때에는 인증 대상, 인증 날짜, 인증 등급을 포함한 인증 결과를 (㉡)에게 제출하여야 한다.

	㉠	㉡
㉮	3년	산업통상자원부장관
㉯	5년	국토교통부장관
㉰	5년	국토교통부장관
㉱	10년	운영기관의 장

18. ㉠~㉡ 안에 들어갈 적당한 말을 순서대로 맞게 나열한 것은?

- 국토교통부장관은 건축물 에너지효율등급 인증기관을 지정하려는 경우에는 산업통상자원부장관과 협의하여 지정 신청 기간을 정하고, 그 기간이 시작되는 날의 (㉠) 전까지 신청 기간 등 인증기관 지정에 관한 사항을 공고하여야 한다.
- 인증기관은 건축물의 에너지효율등급 평가 및 에너지 관리에 관한 상근 전문인력을 (㉡) 이상 보유하여야 한다.

	㉠	㉡
㉮	3개월	3명
㉯	3개월	5명
㉰	5개월	3명
㉱	5개월	10명

정답 14. ㉯ 15. ㉰ 16. ㉮ 17. ㉱ 18. ㉯

19. ㉠~㉢ 안에 들어갈 적당한 말을 순서대로 맞게 나열한 것은?

> 한국에너지공단은 건축물 에너지효율등급에 대한 사후관리를 매년 (㉠) 이상 실시하며, 매회 사후관리는 (㉡)와 (㉢)의 2단계로 실시한다.

	㉠	㉡	㉢
㉮	2회	표본검사	정밀검사
㉯	2회	표준검사	정밀검사
㉰	1회	표준검사	상관성검사
㉱	1회	표본검사	상관성검사

[해설] 공단은 사후관리를 매년 1회 이상 실시하며, 매회 사후관리는 다음 각 호의 2단계로 실시한다.
1. 표본검사
2. 상관성검사

20. ㉠~㉡ 안에 들어갈 적당한 말을 순서대로 맞게 나열한 것은?

> 표본검사는 인증기관별로 각 인증물량의 (㉠)% 내외의 범위에서 표본을 정하여 인증결과를 검사한다. 공단은 표본검사 결과 인증평가 결과에 영향을 미치는 오류 또는 인증서 표기 오류 등이 있는 경우 해당 인증기관에 경고장을 발부한다. 경고를 받은 인증기관은 다음 차수의 사후관리에서 (㉡)%가 할증된 표본을 검사받는다.

	㉠	㉡		㉠	㉡
㉮	5	10	㉯	10	5
㉰	2	5	㉱	5	5

21. 에너지를 절약하기 위해서 주로 Passive적인 방법이 적용되어야 하는 것은?

㉮ 에너지소요량 ㉯ 에너지요구량
㉰ 에너지사용량 ㉱ 에너지소모량

[해설] 1. 에너지요구량을 줄일 수 있는 방안 : 고단열, 고기밀, 축열, 자연채광, 고성능창호, 차양장치, 이중외피 등 주로 Passive적인 방법을 적용하면 된다.
2. 에너지소요량을 줄일 수 있는 방안 : 고효율 기기 적용, 반송동력 절감, 고효율 신재생에너지 적용, 폐열회수 장치 적용, 인버터 적용, 대수제어, 혹은 비례제어 등 주로 Active적인 방법을 적용하면 된다.

22. ( ) 안에 들어갈 적당한 수치는?

> 상관성검사는 표본 중 인증기관별 대표 표본을 한국에너지공단이 1개 이상 선정하여 해당 인증기관을 제외한 기관에서 이를 다시 평가하도록 하여, 허용오차 범위 ( )% 내외에서 인증결과의 상관성을 검사한다. 공단은 상관성검사 결과 허용오차를 벗어난 기관에게 경고장을 발부한다.

㉮ 2 ㉯ 3
㉰ 5 ㉱ 10

23. 건축물 에너지효율등급의 상관성검사 등과 관련하여 ㉠~㉡ 안에 들어갈 적당한 말을 순서대로 맞게 나열한 것은?

- 한국에너지공단은 경고가 (㉠)회 이상 누적된 기관에 대하여 산업통상자원부장관을 거쳐 국토교통부장관에게 보고하여 인증기관 지정취소 또는 업무정지 등을 건의할 수 있다.
- 한국에너지공단은 인증평가의 품질 제고와 인증평가 능력 향상을 위하여 인증평가 인력을 대상으로 연 (㉡)회 이상 인증평가 직무교육을 실시한다.

	㉠	㉡		㉠	㉡
㉮	2	1	㉯	3	1
㉰	5	2	㉱	10	2

정답 19. ㉱ 20. ㉱ 21. ㉯ 22. ㉱ 23. ㉯

24. ㉠~㉡ 안에 들어갈 적당한 말을 순서대로 맞게 나열한 것은?

- 건축물 에너지효율등급 인증운영위원회(이하 위원회)는 위원장 1명을 포함한 (㉠)명 이내의 위원으로 구성한다.
- 위원장과 위원의 임기는 (㉡)년으로 한다. 다만, 공무원인 위원은 보직의 재임기간으로 한다.

	㉠	㉡		㉠	㉡
㉮	15	2	㉯	20	2
㉰	15	3	㉱	20	3

25. 건축물 에너지효율등급 인증의 대상으로 가장 거리가 먼 것은?

㉮ 단독주택
㉯ 공동주택
㉰ 기숙사 및 업무시설
㉱ 인증 평가가 불가능한 공간이 전체 연면적의 30% 이상인 건물

[해설] 건축물 에너지효율등급 인증 대상
1. 「건축법 시행령」 별표1 제1호에 따른 단독주택
2. 「건축법 시행령」 별표1 제2호 가목부터 다목까지의 공동주택 및 같은 호 라목에 따른 기숙사
3. 「건축법 시행령」 별표1 제3호부터 제13호까지의 건축물로 냉방 또는 난방 면적이 500제곱미터 이상인 건축물
4. 「건축법 시행령」 별표1 제14호에 따른 업무시설
5. 「건축법 시행령」 별표1 제15호부터 제28호까지의 건축물로 냉방 또는 난방 면적이 500제곱미터 이상인 건축물
* 위의 제3호 및 제5호에 따른 건축물 중 국토교통부장관과 산업통상자원부장관이 공동으로 고시하는 실내 냉방·난방 온도 설정조건으로 인증 평가가 불가능한 건축물 또는 이에 해당하는 공간이 전체 연면적의 100분의 50 이상을 차지하는 건축물은 제외한다.

26. 건축물 에너지효율등급 운영기관이 수행하는 업무가 아닌 것은?

㉮ 인증제도의 홍보
㉯ 인증제도의 컨설팅
㉰ 인증기관의 자금 조달 및 활성화에 관한 업무
㉱ 인증 관련 통계 분석 및 활용에 관한 업무

[해설] 건축물 에너지효율등급 운영기관의 수행 업무
1. 인증업무를 수행하는 인력(인증업무인력)의 교육, 관리 및 감독에 관한 업무
2. 인증관리시스템의 운영에 관한 업무
3. 인증기관의 평가·사후관리 및 감독에 관한 업무
4. 인증제도의 홍보, 교육, 컨설팅, 조사·연구 및 개발 등에 관한 업무
5. 인증제도의 개선 및 활성화를 위한 업무
6. 인증절차 및 기준 관리 등 제도 운영에 관한 업무
7. 인증 관련 통계 분석 및 활용에 관한 업무
8. 인증제도의 운영과 관련하여 국토교통부장관 또는 산업통상자원부장관이 요청하는 업무

27. 건축물 에너지효율등급 예비인증에 관한 설명으로 틀린 것은?

㉮ 예비인증을 신청하려는 자는 건축·기계·전기·신재생에너지 관련 설계도면 등을 제출하여야 한다.
㉯ 예비인증을 받은 건축주 등은 본인증을 받아야 한다.
㉰ 예비인증을 신청한 건축주 등은 현장실사를 받아야 한다.
㉱ 예비인증의 유효기간은 예비인증서를 발급받은 날부터 사용승인일 또는 사용검사일까지이다.

[해설] 건축물 에너지효율등급 예비인증은 본인증과 달리 '현장실사'를 실시하지 아니한다.

28. 건축물 에너지효율등급 인증 관련하여 틀린 설명은?

㉮ 건축주 등은 본인증에 앞서 설계도서에 반

정답 24. ㉯ 25. ㉱ 26. ㉰ 27. ㉰ 28. ㉯

영된 내용만을 대상으로 건축물 에너지효율등급 예비인증을 신청할 수 있다.
㉯ 건축물 에너지효율등급 인증기준은 인증 취득 당시의 기준을 적용한다.
㉰ 인증 평가 시 ISO 13790 등 국제규격에 따른 프로그램으로 산출된 연간 단위면적당 1차 에너지소요량을 기준으로 한다.
㉱ 하나의 대지에 둘 이상의 건축물이 있는 경우에 각각의 건축물에 대하여 별도로 인증을 받을 수 있다.

[해설] 건축물 에너지효율등급 인증기준은 인증 신청 당시의 기준을 적용한다.

29. 건축물 에너지효율등급의 사후관리 방법에 대한 설명으로 올바르지 못한 것은?
㉮ 매회 사후관리는 표본검사 및 상관성검사의 2단계로 실시한다.
㉯ 경고를 받은 인증기관은 다음 차수의 사후관리에서 10%가 할증된 표본을 검사받는다.
㉰ 표본검사는 인증기관별로 각 인증물량의 5% 내외의 범위에서 표본을 정하여 인증결과를 검사한다.
㉱ 상관성검사는 표본 중 인증기관별 대표 표본을 공단이 1개 이상 선정하여 해당 인증기관을 제외한 기관에서 이를 다시 평가하도록 하는 방법이다.

[해설] 경고를 받은 인증기관은 다음 차수의 사후관리에서 5%가 할증된 표본을 검사받는다.

30. 고효율에너지인증대상기자재에 포함되지 않는 것은?
㉮ 환풍기
㉯ 초정압 방전램프용 등기구
㉰ 고온수 흡수식 냉동기
㉱ 무전극 형광램프용 등기구

[해설] ㉰는 '고온수 흡수식 냉동기 → 중온수 흡수식 냉동기'로 고쳐야 한다.

31. 고효율에너지인증대상기자재의 제조공장에 대한 공장심사기준 중 '품질유지능력의 적정성'에 대한 내용으로 틀린 것은?
㉮ 품질관리의 문서화 및 조직 구성 여부
㉯ 고효율에너지인증대상기자재 제조검사 기록 유지 여부
㉰ 품질관리 담당자 및 종업원에 대한 교육 실시 여부
㉱ 고효율에너지인증대상기자재의 연구개발 실적

[해설] 고효율에너지인증대상기자재 품질유지능력의 적정성
1. 품질관리의 문서화 및 조직 구성 여부
2. 고효율에너지인증대상기자재 제조검사 기록 유지 여부
3. 고효율에너지인증대상기자재 불량품 처리
4. 품질관리 담당자 및 종업원에 대한 교육 실시 여부

32. 건축물 에너지효율 인증등급 부여 관련하여 맞게 설명한 것은?
㉮ 단위면적당 1차에너지소요량은 단위면적당 에너지요구량에 1차에너지환산계수를 곱하여 계산한다.
㉯ 주거용 건축물은 단독주택 및 공동주택(기숙사 포함)을 말한다.
㉰ 등외 등급을 받은 건축물의 인증은 등외로 표기한다.
㉱ 건축물 에너지효율 인증 등급은 1등급부터 10등급까지의 10개 등급으로 한다.

[해설] 다음과 같이 고쳐야 옳다.
㉮ 단위면적당 1차에너지소요량은 단위면적당 에너지소요량에 1차에너지환산계수를 곱하여 계산한다.
㉯ 주거용 건축물은 단독주택 및 공동주택(기숙사 제외)을 말한다.
㉱ 건축물 에너지효율 인증등급은 1+++등급부터 7등급까지의 10개 등급으로 한다.

[정답] 29. ㉯ 30. ㉰ 31. ㉱ 32. ㉰

33. 제로에너지건축물 인증기관이 갖추어야 할 사항 3가지는?

㉮ 전담조직 및 업무수행체계, 2명 이상의 상근 인증업무인력, 인증업무 처리약관
㉯ 전담조직 및 재정지원체계, 2명 이상의 상근 인증업무인력, 인증업무 처리약관
㉰ 전담조직 및 업무수행체계, 3명 이상의 상근 인증업무인력, 인증업무 처리규정
㉱ 전담조직 및 재정지원체계, 3명 이상의 상근 인증업무인력, 인증업무 처리규정

34. 건축물 에너지효율등급 인증 및 제로에너지건축물 인증을 동시에 신청하는 경우 제출하는 서류가 아닌 것은?

㉮ 1++등급 이상의 건축물 에너지효율등급 인증서 사본
㉯ 건축물에너지관리시스템 또는 전자식 원격검침계량기 설치도서
㉰ 제로에너지건축물 예비인증서 사본
㉱ 운영기관의 장이 필요하다고 정하여 공고하는 서류

[해설] '1++등급 이상의 건축물 에너지효율등급 인증서 사본'은 제로에너지건축물 인증시에 제출하는 서류이다.

35. 건축물 에너지효율등급 인증운영위원회에서 심의하는 내용이 아닌 것은?

㉮ 건축물 에너지효율등급 인증기관의 지정 및 지정의 유효기간 연장에 관한 사항
㉯ 건축물 에너지효율등급 인증기관 지정의 취소 및 업무정지에 관한 사항
㉰ 건축물 에너지효율등급 인증 평가기준의 제정·개정에 관한 사항
㉱ 제로에너지건축물 인증 평가기준의 제정·개정에 관한 사항

[해설] '제로에너지건축물 인증 평가기준의 제정·개정에 관한 사항'은 제로에너지건축물 인증운영위원회에서 심의한다.

정답 33. ㉰ 34. ㉮ 35. ㉱

부록

과년도 출제문제

- 제1회 건축물에너지평가사
- 제2회 건축물에너지평가사
- 제3회 건축물에너지평가사

제1회 건축물에너지평가사 1차 시험

▶ 2015년 8월 13일 시행

※ 다음 문제를 읽고 알맞은 것을 골라 답안카드의 답란(①, ②, ③, ④)에 표기하시오.

제1과목 : 건물에너지 관계 법규

01 「녹색건축물 조성 지원법」에서 녹색건축물 기본계획과 지역녹색건축물 조성계획의 수립에 관련된 규정으로 가장 부적합한 것은?

① 국토교통부장관은 5년마다 녹색건축물 기본계획을 수립하여야 한다.
② 시·도지사는 조성계획 시행에 필요한 사업비를 5년마다 세출 예산에 계상하여야 한다.
③ 시·도지사는 조성계획을 수립할 때에 그 내용을 국토교통부장관에게 보고하고, 관할 지역의 일반인이 열람할 수 있게 하여야 한다.
④ 시·도지사는 조성계획에 대하여 지방녹색성장위원회 또는 지방건축위원회의 심의를 거쳐야 한다.

[해설] ② 시·도지사는 조성계획 시행에 필요한 사업비를 회계연도마다 세출 예산에 계상하기 위하여 노력하여야 한다.

02 「녹색건축물 조성 지원법」에서 사용승인을 받은 후 10년이 지난 연면적 3천 제곱미터 이상의 공공건축물 중 에너지소비량 공개 대상으로 가장 부적합한 것은?

① 문화 및 집회시설   ② 노유자시설
③ 운수시설   ④ 대학교 도서관

[해설] 「녹색건축물 조성 지원법」 제13조의2(공공건축물의 에너지소비량 공개 등)
1. 공공부문의 건축물 에너지 절약 및 온실가스 감축을 위하여 대통령령으로 정하는 건축물(이하 "공공건축물"이라 한다)의 사용자 또는 관리자는 국토교통부장관에게 해당 건축물의 에너지소비량을 매 분기마다 보고하여야 한다.
 ☞ 해당 시행령 : 법 제13조의2 제1항에서 "대통령령으로 정하는 건축물"이란 다음 각 호의 기준에 모두 해당하는 건축물을 말한다.

 1. ② 2. ②

(1) 시행령 제9조 제2항 각 호의 기관(중앙행정기관의 장, 지방자치단체의 장, 공공기관 및 교육기관의 장)이 소유 또는 관리하는 건축물일 것
(2) 다음 각 목의 어느 하나에 해당하는 용도일 것
  ① 「건축법 시행령」 별표1 제5호에 따른 문화 및 집회시설(이하 "문화 및 집회시설"이라 한다)
  ② 「건축법 시행령」 별표1 제8호에 따른 운수시설
  ③ 「건축법 시행령」 별표1 제9호 가목에 따른 병원
  ④ 「건축법 시행령」 별표1 제10호 가목에 따른 학교 중·고등학교, 전문대학, 대학, 대학교 및 같은 호 바목에 따른 도서관
  ⑤ 「건축법 시행령」 별표1 제12호에 따른 수련시설
  ⑥ 「건축법 시행령」 별표1 제14호에 따른 업무시설(이하 "업무시설"이라 한다)
(3) 「건축법」 제22조에 따른 사용승인을 받은 후 10년이 지났을 것
(4) 연면적이 3천 제곱미터 이상일 것

03

「녹색건축물 조성 지원법」에서 규정하고 있는 녹색건축물 조성의 활성화를 위한 건축기준 완화대상 건축물이 아닌 것은?

① 녹색건축물 조성 시범사업 대상으로 지정된 건축물
② 건축물의 신축공사를 위한 골조공사에 국토교통부장관이 고시하는 재활용 건축자재를 100분의 15 이상 사용한 건축물
③ 친환경주택의 건설기준 및 성능에 적합한 공동주택
④ 건축물의 에너지효율등급 인증을 받은 건축물

[해설] 「녹색건축물 조성 지원법」 시행령(건축기준 완화대상 건축물)
1. 법 제15조 제1항에 따라 국토교통부장관이 정하여 고시하는 설계·시공·감리 및 유지·관리에 관한 기준에 맞게 설계된 건축물
2. 법 제16조에 따라 녹색건축의 인증을 받은 건축물
3. 법 제17조에 따라 건축물의 에너지효율등급 인증을 받은 건축물
4. 법 제24조 제1항에 따른 녹색건축물 조성 시범사업 대상으로 지정된 건축물
5. 건축물의 신축공사를 위한 골조공사에 국토교통부장관이 고시하는 재활용 건축자재를 100분의 15 이상 사용한 건축물

04

「녹색건축물 조성 지원법」에 따른 그린리모델링 사업자의 등록기준이 아닌 것은?
① 인력기준 ② 실적기준 ③ 장비기준 ④ 시설기준

[해설] 「녹색건축물 조성 지원법」 시행령(그린리모델링 사업자의 등록기준)
1. 인력기준 : 다음 각 목의 어느 하나에 해당하는 자로서 상시 근무하는 자 1명(「국가기술자격법」, 「건설기술 진흥법」 또는 이 법에 따라 그 자격이 정지되거나 업무정지처분을 받고 그 기간 중에 있는 자는 제외한다) 이상
  (1) 「건설기술 진흥법 시행령」 별표1에 따른 건축분야 중급기술자

정답 3. ③ 4. ②

        (2) 건축물에너지평가사
    2. 장비기준
        (1) 컴퓨터   (2) 건물에너지 시뮬레이션 프로그램
        (3) 온도·습도계   (4) 표면온도계
    3. 시설기준 : 그린리모델링 사업에 전용되는 사무실 등 사무공간

05

「녹색건축물 조성 지원법」에서 건축물에너지평가사의 자격취소에 해당하는 경우가 아닌 것은?

① 최근 1년 이내에 두 번의 자격정지처분을 받고 다시 자격정지처분에 해당하는 행위를 한 경우
② 거짓이나 그 밖의 부정한 방법으로 건축물에너지평가사 자격을 취득한 경우
③ 자격정지 처분 기간 중에 건축물에너지평가 업무를 한 경우
④ 고의로 건축물에너지평가 업무를 부실하게 수행하여 벌금 이하의 형을 선고받고, 그 형이 확정된 경우

[해설] 「녹색건축물 조성 지원법」 제33조(건축물에너지평가사의 자격취소 등)
1. 국토교통부장관은 건축물에너지평가사가 다음 각 호의 어느 하나에 해당하면 그 자격을 취소하거나 3년의 범위에서 자격을 정지시킬 수 있다. 다만, 제1호·제2호 및 제4호에 해당하는 경우에는 그 자격을 취소하여야 한다.
    (1) 거짓이나 그 밖의 부정한 방법으로 건축물에너지평가사 자격을 취득한 경우
    (2) 최근 1년 이내에 두 번의 자격정지처분을 받고 다시 자격정지처분에 해당하는 행위를 한 경우
    (3) 고의 또는 중대한 과실로 건축물에너지평가 업무를 거짓 또는 부실하게 수행한 경우
    (4) 제31조 제2항 각 호(아래 참조)의 어느 하나에 해당하는 경우
        ① 피성년후견인 또는 미성년자
        ② 파산선고를 받고 복권되지 아니한 사람
        ③ 징역 이상의 실형을 선고받고 그 형의 집행이 끝나거나(집행이 끝난 것으로 보는 경우를 포함한다) 집행을 받지 아니하기로 확정된 날부터 2년이 지나지 아니한 사람
        ④ 징역 이상의 형의 집행유예를 선고받고 그 유예기간 중에 있는 사람
        ⑤ 건축물에너지평가사의 자격이 취소된 후 3년이 지나지 아니한 사람
    (5) 제32조 제2항을 위반하여 자격증을 다른 사람에게 빌려주거나, 다른 사람에게 자기의 이름으로 건축물에너지평가사의 업무를 하게 한 경우
    (6) 자격정지처분 기간 중에 건축물에너지평가 업무를 한 경우

06

「녹색건축물 조성 지원법」에 따른 에너지절약계획서 검토 및 수수료에 대한 사항 중 가장 부적합한 것은?

① 3등급 이상의 건축물 에너지효율등급을 인증받은 경우 검토수수료를 감면받을 수 있다.

정답 5. ④   6. ③

② 에너지 관련 전문기관이 에너지절약계획서를 검토하는 경우 접수일로부터 10일 이내 검토 및 보완을 완료하여야 하며, 건축주가 보완하는 기간은 검토 및 보완기간에서 제외된다.
③ 에너지 관련 전문기관은 에너지절약계획서 검토 및 보완을 하는 경우 건축주로부터 수수료를 받을 수 있으며, 주거부분 최대 검토 수수료를 받는 기준면적은 6만 제곱미터 이상이다.
④ 열손실 방지 등의 조치 예외대상이었으나, 건축물대장 기재내용의 변경으로 조치대상이 되는 경우 검토 수수료를 감면받을 수 있다.

[해설] 에너지 관련 전문기관은 에너지절약계획서 검토 및 보완을 하는 경우 건축주로부터 수수료를 받을 수 있으며, 주거부분 최대 검토 수수료를 받는 기준면적은 12만 제곱미터 이상이다.

07

「녹색건축물 인증에 관한 규칙」 및 「녹색건축 인증기준」에 관한 사항으로 가장 부적합한 것은?

① 녹색건축 인증 신청은 건축주, 건축물 소유자, 사업주체 또는 설계자(건축주나 건축물 소유자가 인증 신청에 동의하는 경우) 중 어느 하나가 할 수 있다.
② 녹색건축 인증은 7개의 전문 분야에 대하여 평가하며, 공동주택에 대한 평가결과가 74점 이상인 경우 최우수 등급에 해당한다.
③ 녹색건축 인증기관 지정의 유효기간은 지정서 발급일로부터 5년이며, 녹색건축 인증의 유효기간은 인증서 발급일로부터 5년으로 한다.
④ 인증처리 기간 산정 시에 토요일, 공휴일, 「관공서의 공휴일에 관한 규정」 제2조에 따른 공휴일 또는 「근로자의 날 제정에 관한 법률」에 따른 근로자의 날은 제외한다.

[해설] 녹색건축 인증 신청자
1. 건축주
2. 건축물 소유자
3. 사업주체 또는 시공자(건축주나 건축물 소유자가 인증 신청에 동의하는 경우에만 해당한다)

08

「녹색건축물 조성 지원법」에서 공공기관이 신축하는 건축물 중 에너지 소비 절감을 위한 차양설치 의무대상으로 가장 적합한 것은?

① 연면적 1천 제곱미터 이상의 업무시설
② 연면적 3천 제곱미터 이상의 교육연구시설
③ 연면적 1천 제곱미터 이상의 문화 및 집회시설
④ 연면적 3천 제곱미터 이상의 판매시설

[해설] 「녹색건축물 조성 지원법」 제14조의2(건축물의 에너지 소비 절감을 위한 차양 등의 설치) : 에너지 소비 절감을 위한 차양설치 의무대상은 다음 각 호의 기준에 모두 해당하는 건축물을 말한다.

정답 7. ① 8. ②

1. 제9조 제2항 각 호의 기관(중앙행정기관의 장, 지방자치단체의 장, 공공기관 및 교육기관의 장)이 소유 또는 관리하는 건축물일 것
2. 연면적이 3천 제곱미터 이상일 것
3. 용도가 업무시설 또는 「건축법 시행령」 별표1 제10호에 따른 교육연구시설일 것

「에너지이용 합리화법」에 따른 에너지사용계획 협의에 대한 내용으로 적합하지 않은 것은?

① 에너지사용계획의 수립을 대행할 수 있는 기관에는 「에너지이용 합리화법」에 따라 등록된 에너지절약 전문기업이 포함된다.
② 에너지사용계획의 에너지사용량이 100분의 10 이상 감소된 경우, 변경 협의를 요청하여야 한다.
③ 공공사업 주관자의 경우 협의 대상은 연간 2천5백 티오이 이상의 연료 및 열을 사용하는 시설 또는 연간 1천만 킬로와트시 이상의 전력을 사용하는 시설이다.
④ 에너지사용계획 내용에는 에너지 수급에 미치게 될 영향 분석 및 사후관리 계획이 포함된다.

[해설] 「에너지이용 합리화법」 시행령(에너지사용계획의 협의)
1. 토지나 건축물의 면적 또는 시설의 변경으로 인하여 법 제10조 제1항에 따라 제출한 에너지사용계획의 에너지사용량이 100분의 10 이상 증가되는 경우
2. 집단에너지 공급계획의 변경, 냉난방 방식의 변경, 그밖에 에너지사용계획에 큰 변동을 가져오는 사항으로서 산업통상자원부장관이 정하여 고시하는 사항이 변경되는 경우

「에너지이용 합리화법」에 따른 고효율에너지인증 대상 기자재에 해당되지 않는 것은?

① 삼상유도전동기　　　　② 무정전전원장치
③ (폐)열회수형 환기장치　　④ 펌프

[해설] 고효율에너지인증 대상 기자재 리스트
1. 조도자동조절 조명기구　　　2. 열회수형 환기장치
3. 산업·건물용 가스보일러　　4. 펌프
5. 원심식·스크류 냉동기　　　6. 무정전전원장치
7. 메탈할라이드 램프용 안정기　8. 나트륨 램프용 안정기
9. 인버터　　　　　　　　　　10. 난방용 자동 온도조절기
11. LED 교통신호등　　　　　12. 복합기능형 수배전시스템
13. 직화흡수식 냉온수기　　　14. 단상 유도전동기
15. 환풍기　　　　　　　　　　16. 원심식 송풍기
17. 수중폭기기　　　　　　　　18. 메탈할라이드 램프
19. 고휘도 방전(HID) 램프용 고조도 반사갓　20. 기름연소 온수보일러

정답 9. ② 10. ①

21. 산업·건물용 기름보일러
22. 축열식버너
23. 터보블로어
24. LED 유도등
25. 항온항습기
26. 컨버터 외장형 LED램프
27. 컨버터 내장형 LED램프
28. 매입형 및 고정형 LED 등기구
29. LED 보안등기구
30. LED 센서 등기구
31. LED 모듈 전원 공급용 컨버터
32. PLS 등기구
33. 고기밀성단열문
34. 초정압 방전램프용 등기구
35. LED 가로등기구
36. LED 투광등기구
37. LED 터널등기구
38. 직관형 LED램프(컨버터외장형)
39. 가스히트펌프
40. 전력저장장치(ESS)
41. 최대수요전력 제어장치
42. 문자간판용 LED모듈
43. 냉방용 창유리필름
44. 가스진공 온수보일러
45. 형광램프 대체형 LED램프(컨버터내장형)
46. 중온수 흡수식 냉동기
47. 무전극 형광램프용 등기구

11

「에너지이용 합리화법」에 따른 냉난방온도 제한에 대한 내용으로 적합한 것은?

① 냉난방온도 제한 대상 건물은 연간 에너지 사용량 2천5백 티오이 이상인 건물을 말한다.
② 판매시설 및 공항의 냉방온도 제한 기준은 26℃ 이상이다.
③ 「의료법」 제3조에 따른 의료기관의 실내구역, 숙박시설의 객실 내부구역은 냉난방온도의 제한온도를 적용하지 않을 수 있다.
④ 냉난방온도의 적합한 유지·관리에 필요한 시정조치 명령을 정당한 사유 없이 이행하지 아니한 자에 대하여 500만 원 이하의 과태료를 부과한다.

[해설] 1. 연간 에너지 사용량이 2천티오이 이상인 건축물 : 냉난방온도 제한 대상임
2. 판매시설 및 공항의 냉방온도 제한 기준 : 25℃ 이하
3. 냉난방온도의 적합한 유지·관리에 필요한 시정조치 명령을 정당한 사유 없이 이행하지 아니하는 자에 대한 과태료 : 300만 원 이하

12

「에너지이용 합리화법」에 따라 등록된 에너지절약 전문기업에 대하여 정부에서 지원할 수 있는 사업으로 가장 적합하지 않은 것은?

① 에너지 사용시설의 에너지절약을 위한 관리·용역 사업
② 신에너지 및 재생에너지원의 개발 및 보급사업
③ 에너지절약형 시설 및 기자재의 연구개발사업
④ 에너지 기술분야의 국제협력 및 국제 공동연구사업

[해설] 정부는 제3자로부터 위탁을 받아 다음 각 호의 어느 하나에 해당하는 사업을 하는 자로서 산업통상자원부장관에게 등록을 한 자(에너지절약 전문기업)가 에너지절약사업과 이를 통한 온실가스

정답 11. ③ 12. ④

의 배출을 줄이는 사업을 하는 데에 필요한 지원을 할 수 있다.
1. 에너지사용시설의 에너지절약을 위한 관리·용역사업
2. 에너지절약형 시설투자에 관한 사업
3. 신에너지 및 재생에너지원의 개발 및 보급사업
4. 에너지절약형 시설 및 기자재의 연구개발사업

13

다음은 「에너지이용 합리화법」에 따른 에너지사용량 및 에너지사용시설 기준이다. ㉠~㉢ 안에 가장 알맞은 것은?

- 에너지저장의무 부과 대상자 : 연간 (㉠) 티오이 이상의 에너지를 사용하는 자
- 에너지진단비용 지원 대상자 : 「중소기업기본법」 제2조에 따른 중소기업으로 연간 (㉡) 티오이 미만의 에너지를 사용하는 에너지다소비 사업자
- 에너지사용계획 제출 대상 민간사업 주관자 : 연간 (㉢) 티오이 이상의 연료 및 열을 사용하는 시설을 설치하려는 자

	㉠	㉡	㉢		㉠	㉡	㉢
①	2만	1천	5천	②	2만	1만	5천
③	5만	1만	3만	④	5만	2만	3만

14

「에너지법」에 따른 에너지열량 환산기준에 대한 설명으로 적합하지 <u>않은</u> 것은?

① 총 발열량이란 연료의 연소과정에서 발생하는 수증기의 잠열을 포함한 발열량을 말한다.
② 석유환산톤은 원유 1톤이 갖는 열량으로 10^7 kcal를 말한다.
③ 순 발열량이란 연료의 연소과정에서 발생하는 수증기의 잠열을 제외한 발열량을 말한다.
④ Nm^3은 15℃, 1기압 상태의 단위체적(세제곱미터)을 말한다.

[해설] Nm^3은 0℃, 1기압 상태의 단위체적(세제곱미터)을 말한다.

15

다음은 「건축법」 제1조 목적에 대한 설명이다. ( ) 안에 알맞은 것은?

- 이 법은 건축물의 대지·구조·( ) 및 용도 등을 정하여 건축물의 안전·기능·환경 및 미관을 향상시킴으로써 공공복리의 증진에 이바지하는 것을 목적으로 한다.

① 설계 기준
② 마감재료
③ 허가 기준
④ 설비 기준

[해설] 「건축법」의 '제1조' 참조

정답 13. ② 14. ④ 15. ④

16
「건축법」에서 규정하고 있지 <u>않은</u> 내용은?
① 건축물의 범죄 예방
② 건축 행정 전산화
③ 건축물 부설주차장의 설치
④ 건축종합민원실의 설치

[해설] 건축물 부설주차장의 설치 : 「주차장법」 제19조에 해당함

17
「건축법」에서 건축물의 유지관리를 위한 정기점검의 대상 항목이 <u>아닌</u> 것은?
① 높이 및 형태
② 색채
③ 에너지 및 친환경 관리
④ 건축설비

[해설] 정기점검 및 수시점검 사항 : 대지, 높이 및 형태, 구조안전, 화재안전, 건축설비, 에너지 및 친환경 관리 등

18
「건축법」에서 국토교통부령으로 정하는 기준에 따라 방습을 위한 조치를 하여야 하는 대상이 <u>아닌</u> 것은?
① 건축물의 최하층 바닥이 목조인 경우의 거실
② 제1종 근린생활시설 중 목욕장의 욕실과 휴게음식점 및 제과점의 조리장
③ 숙박시설의 욕실
④ 공동주택의 주방과 욕실

[해설] 건축법 시행령 제52조(거실 등의 방습)
1. 법 제49조 제2항에 따라 다음 각 호의 어느 하나에 해당하는 거실·욕실 또는 조리장의 바닥 부분에는 국토교통부령으로 정하는 기준에 따라 방습을 위한 조치를 하여야 한다.
   (1) 건축물의 최하층에 있는 거실(바닥이 목조인 경우만 해당한다)
   (2) 제1종 근린생활시설 중 목욕장의 욕실과 휴게음식점 및 제과점의 조리장
   (3) 제2종 근린생활시설 중 일반음식점, 휴게음식점 및 제과점의 조리장과 숙박시설의 욕실

19
「건축법」에서 배연설비 설치대상이 <u>아닌</u> 건축물은?
① 5층 규모 건축물의 1층에 위치한 문화 및 집회시설로서 해당면적이 3,000제곱미터인 건축물
② 6층 규모 건축물의 6층에 위치한 업무시설로서 해당면적이 1,200제곱미터인 건축물
③ 10층 규모 건축물의 8층에 위치한 운동시설로서 해당면적이 500제곱미터인 건축물
④ 6층 규모 건축물의 6층에 위치한 관광휴게시설로서 해당면적이 2,500제곱미터인 건축물

정답 16. ③ 17. ② 18. ④ 19. ①

[해설] 건축법 시행령(제51조)
1. 법 제49조 제2항에 따라 단독주택 및 공동주택의 거실, 교육연구시설 중 학교의 교실, 의료시설의 병실 및 숙박시설의 객실에는 국토교통부령으로 정하는 기준에 따라 채광 및 환기를 위한 창문등이나 설비를 설치하여야 한다.
2. 법 제49조 제2항에 따라 6층 이상인 건축물로서 다음 각 호의 어느 하나에 해당하는 건축물의 거실에는 국토교통부령으로 정하는 기준에 따라 배연설비(排煙設備)를 하여야 한다. 다만, 피난층인 경우에는 그러하지 아니하다.
   (1) 제2종 근린생활시설 중 공연장, 종교집회장, 인터넷컴퓨터게임시설제공업소 및 다중생활시설(공연장, 종교집회장 및 인터넷컴퓨터게임시설제공업소는 해당 용도로 쓰는 바닥면적의 합계가 각각 300제곱미터 이상인 경우만 해당한다)
   (2) 문화 및 집회시설
   (3) 종교시설
   (4) 판매시설
   (5) 운수시설
   (6) 의료시설
   (7) 교육연구시설 중 연구소
   (8) 노유자시설 중 아동 관련 시설, 노인복지시설
   (9) 수련시설 중 유스호스텔
   (10) 운동시설
   (11) 업무시설
   (12) 숙박시설
   (13) 위락시설
   (14) 관광휴게시설
   (15) 장례식장

20

「건축물의 설비기준 등의 규칙」에서 온수온돌 설비 설치의 구성순서로 적합한 것은?
① 마감층 → 배관층 → 채움층 → 단열층 → 바탕층
② 마감층 → 배관층 → 단열층 → 채움층 → 바탕층
③ 마감층 → 채움층 → 배관층 → 단열층 → 바탕층
④ 마감층 → 채움층 → 단열층 → 배관층 → 바탕층

[해설] 온수온돌 설비 설치의 구성순서

| 상부 마감층 |
| 배관층 (방열관) |
| 채움층 |
| 단열층 |
| 바탕층 |

[정답] 20. ①

제2과목 : 건축환경계획

21 건물 에너지효율화를 위한 열적조닝(Thermal Zoning) 계획으로 가장 **부적합한** 것은?

① 열적조닝의 기준이 되는 것은 실 설정온도, 실 사용시간, 실 용도 등이다.
② 상하층으로 분리된 실이라도 열적 특성이 동일한 경우 하나의 존으로 설정할 수 있다.
③ 대규모 급식시설의 조리실과 식사공간은 별도의 열적조닝이 필요하다.
④ 대규모 개방형 사무공간(Open Office)에서는 칸막이 벽에 의한 공간 구획이 없으므로 열적조닝이 불필요하다.

[해설] 대규모 개방형 사무공간(Open Office)에서도 방위별 혹은 내·외부존 등의 적절한 조닝이 필요하다.

22 A사무소 건물의 2014년 에너지진단 결과 건물 외피의 열손실계수가 1,200W/℃이고, 보일러의 효율이 70%였다. 아래와 같이 리모델링을 수행할 경우 예상되는 2015년 난방에너지 사용량으로 가장 적합한 것은? (단, 2015년 예상 난방도일은 3,700℃ · day이다.)

- Case-1 : 건물외피 단열성능 20% 강화
- Case-2 : 효율 90% 보일러로 교체

	Case-1	Case-2		Case-1	Case-2
①	7.6MWh	4.9MWh	②	121.8MWh	118.4MWh
③	182.7MWh	118.4MWh	④	9.1MWh	4.9MWh

[해설] 손실열량 = 난방도일 3,700℃ · day×열손실계수 1,200W/℃×24 = 106.56MWh
Case-1 : 2015년 난방에너지 사용량 = 106.56MWh × (100%−20%) ÷ 70% = 121.78MWh
Case-2 : 2015년 난방에너지 사용량 = 106.56MWh ÷ 90% = 118.4MWh

23 건물에너지 해석방법에 대한 설명으로 가장 **부적합한** 것은?

① 최대 냉난방 부하는 위험률을 고려한 설계외기온도로 산정하며, 장치용량 산정에 활용된다.
② 구조체의 축열효과를 고려한 에너지요구량 계산에는 수정 빈(Modified BIN)법을 활용할 수 있다.
③ 회귀분석과 신경망기법은 과거 데이터를 활용하여 에너지사용량을 예측하는 기법이다.
④ 동적해석에 활용되는 표준 기상데이터는 TRY, TMY, WYEC 방식 등으로 작성된다.

정답 21. ④　22. ②　23. ②

[해설] 수정 BIN법(Modified BIN Method)
1. '수정 BIN법'은 외기온도에 따라 효율이 많이 변화하는 히트펌프 등의 해석에서 BIN이라고 불리는 일정한 시간간격의 빈도수에 따라 열부하를 가중 계산하는 종래의 BIN법에 추가로 평균부하 및 다변부하의 개념을 도입한 방식이다.
2. 표준 BIN법에 기상조건과 발생정도에 알맞게 가중 계산한다.
3. CLF 등을 이용하여 구조체의 축열성능도 동시 고려한다.
4. 대개 각 BIN을 월별로 분리 산정하여 연간 에너지소비량을 계산한다.

24 방습층에 대한 설명으로 가장 부적합한 것은?
① 결로 방지를 위하여 지붕, 벽체, 최하층 바닥 등 외피 구조체에 설치하는 것이다.
② 방습층은 단열재의 고온 측에 설치하여야 한다.
③ 내수 합판 등 투습처리가 된 합판으로서 이음새가 투습방지가 될 수 있도록 시공된 경우도 방습층으로 인정될 수 있다.
④ 모르타르 마감이 된 조적벽, 콘크리트벽, 타공 알루미늄판 등은 방습층으로 인정될 수 있다.

[해설] 모르타르 마감이 된 조적벽, 콘크리트벽, 타공 알루미늄판 등 물이나 습기가 쉽게 통과할 수 있는 것은 방습층으로 인정될 수 없다.

25 창호에서 에너지절약을 위한 유리의 성능 검토 시 고려항목으로 가장 부적절한 것은?
① 태양열취득률   ② 차폐계수   ③ 열관류율   ④ 통기량

[해설] 통기량은 유리 자체의 성능 검토 사항과는 무관하다.

26 금속재 커튼월에 대한 설명으로 가장 부적합한 것은?
① 외벽에 금속부재와 고정용 철물이 다수 설치되어 열교 방지에 취약하다.
② 멀리온, 트랜섬 등에는 폴리우레탄이나 폴리아미드 등의 열교 차단재를 삽입하여 단열성능을 향상시킬 수 있다.
③ 창 면적비가 클수록 하계에는 일사열획득이 증가하여 냉방에너지 절약에 불리하고, 동계에는 전열손실이 증가하여 난방에너지 절약에 불리하다.
④ 콘크리트 외벽에 비해 타임랙(Time-lag)이 길어진다.

[해설] Time Lag
1. 구조체 열용량에 따른 열전달의 지연효과(최대부하 발생 시간차)
2. 벽체 등 구조체의 축열로 인한 최대부하가 실제보다 시간이 지연되어 나타나는 현상
   → 따라서, ④는 '콘크리트 외벽에 비해 타임랙(Time-lag)이 짧아진다.'로 고쳐야 한다.

[정답] 24. ④   25. ④   26. ④

27
단열재에 대한 설명으로 가장 적합한 것은?
① 압출법보온판은 그라스울보온판에 비해 투습저항이 크고 화재 시 유독가스 발생 위험이 적다.
② 비드법보온판 2종은 그라파이트를 첨가하여 기존 비드법보온판 1종보다 열전도율은 높아졌으나 재료의 열화를 늦춰 장기 단열성능이 개선되었다.
③ 투과형 단열재(Transparent Insulation Material)에는 모세관형, 허니콤형 등이 있으며, 일사열 획득이 가능하다.
④ 진공단열재는 단열두께를 크게 줄일 수 있으며, 보통 심재와 방사율이 높은 외부피복재로 구성된다.

[해설] 다음과 같이 고쳐야 옳다.
① 압출법보온판은 그라스울보온판에 비해 화재 시 유독가스 발생량이 많다.
② 비드법보온판 2종은 그라파이트를 첨가하여 기존 비드법보온판 1종보다 열전도율이 낮다.
④ 진공단열재는 보통 방사율이 낮은 외부피복재를 사용한다.

28
실외온도가 -10℃이고, 실내온도가 20℃일 때 벽체의 실내표면온도는? (단, 벽체 열관류율은 0.250 W/m²·K이고, 실내표면 열전달저항은 0.1 m²·K/W이다.)

① 18.50℃ ② 18.75℃ ③ 19.25℃ ④ 19.50℃

[해설] 벽전체의 열통과저항 $\Delta R = \dfrac{1}{K} = \dfrac{1}{0.250} = 4\,\text{m}^2 \cdot \text{K/W}$

$\dfrac{\Delta r}{\Delta R} = \dfrac{\Delta t}{\Delta T}$에서, $\Delta t = \Delta T \times \dfrac{\Delta r}{\Delta R} = \{20 - (-10)\} \times \dfrac{0.1}{4} = 0.75℃$

→ 따라서, 벽체의 실내표면온도 = 실내온도(20℃) − 0.75℃ = 19.25℃

29
외벽 열관류율값이 0.350 W/m²·K인 경우, 열관류율을 0.250 W/m²·K 이하로 낮추기 위해 추가로 설치해야 하는 단열재의 최소 두께는? (단, 단열재의 열전도율은 0.035 W/m·K이다.)

① 20 mm ② 30 mm ③ 40 mm ④ 50 mm

[해설] $\Delta R = \dfrac{1}{0.25} - \dfrac{1}{0.35} = 1.143$

여기서, $\Delta R = \dfrac{\Delta d}{\lambda}$에서, $\Delta d = \Delta R \cdot \lambda = 1.143 \times 0.035 = 0.04\,\text{m} = 40\,\text{mm}$

그러므로 40 mm 이상의 단열재가 추가적으로 필요하다.

정답 27. ③ 28. ③ 29. ③

30 창호에 대한 설명으로 가장 부적합한 것은?

① 로이코팅은 저방사 코팅으로 유리를 통한 복사열전달을 줄여준다.
② 비활성 기체 충진 시 크립톤보다 아르곤의 단열성능이 우수하다.
③ 로이코팅 방법 중 소프트코팅은 일반적으로 하드코팅보다 방사율이 낮아 단열성능이 더 우수하다.
④ 복층유리에서 알루미늄 스페이서는 주요 열전달 경로가 되어 유리 엣지(Edge) 부위 실내 표면결로의 원인이 된다.

[해설] 기체의 열전도도는 공기(Air), 아르곤(Ar), 크립톤(Kr)의 순서로 낮아진다.

31 건물 외피의 열교에 대한 설명으로 가장 적합한 것은?

① 선형 열교에서는 3차원 열전달이, 점형 열교에서는 2차원 열전달이 발생한다.
② 선형 열관류율, 선형 열교가 연속되는 길이, 실내외 온도차를 곱하면 선형 열교 부위를 통한 전열량을 구할 수 있다.
③ 선형 열관류율의 단위는 $W/m^2 \cdot K$이다.
④ 동계 난방 시 야간에 열교부위에서는 열손실이 증가하여 실외 표면온도는 낮아지고 실내 표면온도는 높아진다.

[해설] 다음과 같이 고쳐야 옳다.
① 선형 열교에서는 2차원 열전달이, 점형 열교에서는 1차원 열전달이 발생한다.
③ 선형 열관류율의 단위는 $W/m \cdot K$이다.
④ 동계 난방 시 야간에 열교부위에서는 열손실이 증가하여 실외 표면온도는 높아지고 실내 표면온도는 낮아진다.

32 다음 도시의 동지날 외기온도가 아래 표와 같을 경우, 하루의 난방도일값으로 가장 적합한 것은? (단, 균형점 온도는 15℃로 한다.)

구 분	최고 외기온도(℃)	최저 외기온도(℃)
서울	0	−14
홍콩	20	6

① 서울 18℃ · day, 홍콩 0℃ · day
② 서울 20℃ · day, 홍콩 1℃ · day
③ 서울 22℃ · day, 홍콩 2℃ · day
④ 서울 24℃ · day, 홍콩 3℃ · day

[정답] 30. ② 31. ② 32. ③

[해설] 균형점온도를 이용한 난방도일법(HD)

1. 서울 : $HD = 1일 \times \left\{15 - \dfrac{0+(-14)}{2}\right\} = 22℃ \cdot day$

2. 홍콩 : $HD = 1일 \times \left\{15 - \dfrac{20+6}{2}\right\} = 2℃ \cdot day$

33. 습공기에 대한 설명으로 가장 부적합한 것은?

① 상대습도 100%에서는 건구온도, 습구온도, 노점온도가 동일하다.
② 가열하면 건구온도는 높아지고, 상대습도는 낮아진다.
③ 가습하면 수증기분압이 높아진다.
④ 가열하면 노점온도가 높아진다.

[해설] ④ 가열하여도 노점온도는 변화가 없다.

34. 구조체의 실내 표면결로 평가지표인 온도차이비율(TDR)에 대한 설명으로 가장 부적합한 것은?

① 특정 실내외 온도로 구한 TDR은 정상상태 조건에서 구조체의 열저항에 변화가 없다면 실내외 온도가 달라져도 변화가 없다.
② 실내외 온도차에 대한 구조체 실내 표면온도와 실외온도차의 비율로 정의된다.
③ 실내외 온도와 실내 노점온도를 알면 구조체에서 실내 표면결로가 발생하기 시작하는 TDR을 알 수 있다.
④ 유사 지표로서 ISO 10211 : 2007에서는 Temperature Factor를 제시하고 있으며, 1에서 TDR을 뺀 값이다.

[해설] 온도차이비율(TDR ; Temperature Difference Ratio)

1. '공동주택 결로 방지를 위한 설계기준'에서 건축물의 결로 방지를 위해 500세대 이상의 공동주택에 적용한다.
2. '실내와 외기의 온도차이에 대한 실내와 적용 대상부위의 실내표면의 온도차이'를 표현하는 상대적인 비율을 말하는 것이다.
3. 단위가 없는 지표로서 아래의 계산식에 따라 그 범위는 0에서 1 사이의 값으로 산정된다.

$$온도차이비율(TDR) = \dfrac{실내온도 - 적용\ 대상부위의\ 실내표면온도}{실내온도 - 외기온도}$$

[정답] 33. ④ 34. ②

35
0℃의 얼음 2 kg을 20℃의 물로 변화시킬 때 필요한 열량은? (단, 얼음의 융해열은 334 kJ/kg이다.)

① 668 kJ　　② 688 kJ　　③ 836 kJ　　④ 13,360 kJ

[해설] $2 \times (334+(20-0) \times 4.1868) = 835.5 ≒ 836$ kJ

36
건물 내 기류를 제어하기 위한 설계 전략으로 가장 부적합한 것은?

① 고층건물에서 연돌효과를 방지하기 위해 수직통로를 여러 존으로 구분한다.
② 대공간 및 아트리움에서 연돌효과 또는 베르누이효과로 환기성능을 향상시킨다.
③ 오염공기의 전파를 방지하기 위해 화장실은 가압환기 방식을 주로 사용한다.
④ 환기에 따른 열손실을 줄이기 위해 전열교환기, DCV(Demand Controlled Ventilation) 등을 적용한다.

[해설] 제3종 환기
1. 자연급기 + 강제배기
2. 통상 부압(음의 압력)을 유지함
3. 화장실, 주방, 기타 오염물 배출 장소 등에 많이 적용됨

37
체적이 300 m³인 실을 5명이 사용한다. 1인당 필요 환기량이 30 m³/h일 경우 창일체 선형 자연환기구의 최소 소요길이는 얼마인가? (단, 자연환기구의 통풍성능은 50 m³/h·m이며, 실특성 가중치는 1로 가정한다.)

① 3 m　　② 4 m　　③ 5 m　　④ 6 m

[해설] $30\,m^3/h \times 5인 \times 가중치(1) \div 50\,m^3/h \cdot m = 3m$

38
측광량의 용어와 단위를 알맞게 짝지은 것은?

용어	단위
㉠ 광속	ⓐ lm/sr
㉡ 광도	ⓑ lm/m²
㉢ 조도	ⓒ lm
㉣ 휘도	ⓓ cd/m²

① ㉠-ⓑ, ㉡-ⓐ, ㉢-ⓒ, ㉣-ⓓ　　② ㉠-ⓒ, ㉡-ⓑ, ㉢-ⓐ, ㉣-ⓓ
③ ㉠-ⓑ, ㉡-ⓒ, ㉢-ⓓ, ㉣-ⓐ　　④ ㉠-ⓒ, ㉡-ⓐ, ㉢-ⓑ, ㉣-ⓓ

정답　35. ③　36. ③　37. ①　38. ④

[해설]

용어	단위	정의	비고
광도(Intensity)	Candle(Cd)	광원의 세기	lm/sr
광속(Flux)	Lumen(lm)	빛의 양	lm
조도(Illumination)	Lux(lx) 1 lx = 1/10.76 ft.Cd	단위면적당 광속	lm/m²
휘도(Luminance)	foot-lambert(ft) (1fL = 3.426Cd/m²)	1/π Candle/ft2 = Cd/m²	Cd/m²

39. 자연채광 관련 설명으로 가장 부적합한 것은?

① 주광률은 실외의 청천공 조도에 대한 실내 작업면 조도의 백분율로 정의된다.
② 주광률 계산에 사용되는 작업면 조도의 영향 인자로는 천공성분, 실외 반사성분, 실내 반사성분이 있다.
③ 천창채광방식은 채광량 확보에 유리하나 누수문제가 발생할 수 있다.
④ 균제도는 조도 또는 주광률 분포의 균일 정도를 나타내며, 1에 가까울수록 균일함을 의미한다.

[해설] 주광률
1. 실내 작업면에서의 주광조명도와 옥외에서의 전천공광(全天空光) 조명도의 비율을 말한다.
2. 실내의 조도가 옥외 조도의 몇 퍼센트에 해당하는가를 나타내는 값으로, 이에 의해서 옥외의 실제 조도와는 관계없이 실내의 밝기 정도가 표시된다.
3. 주광률 계산

$$주광률(D) = \frac{E}{E_S} \times 100\%$$

E : 실내의 한 지점에서의 주광조도
E_S : 전천공조도(실측 시 옥상 등의 건물 외부에서 측정함)

40. 다음 표는 램프의 성능을 정리한 것이다. 램프의 발광효율이 높은 순서대로 나열된 항목은?

구 분	용량(W)	광속	연색지수	색온도(K)
㉠ 고압나트륨등	400	50,000	29	2,100
㉡ 형광등	40	3,100	63	4,200
㉢ 메탈할라이드등	400	36,000	70	4,000
㉣ LED등	9	747	70	5,700

① ㉠-㉢-㉣-㉡ ② ㉡-㉢-㉣-㉠ ③ ㉢-㉣-㉡-㉠ ④ ㉣-㉢-㉡-㉠

[정답] 39. ① 40. ①

[해설] 발광효율(lm/W) = 광속(lm)/용량(W)

1. 고압나트륨등 = $\frac{50,000}{400}$ = 125
2. 형광등 = $\frac{3,100}{40}$ = 77.5
3. 메탈할라이드등 = $\frac{36,000}{400}$ = 90
4. LED등 = $\frac{747}{9}$ = 83

제3과목 : 건축설비시스템

41 원심송풍기의 운전점이 그림과 같이 ⓐ지점에서 작동하고 있다. 회전속도가 ⓐ점 600 rpm에서 ⓑ점 1,200 rpm으로 증가했을 때 전압력은 약 몇 Pa로 되는가?

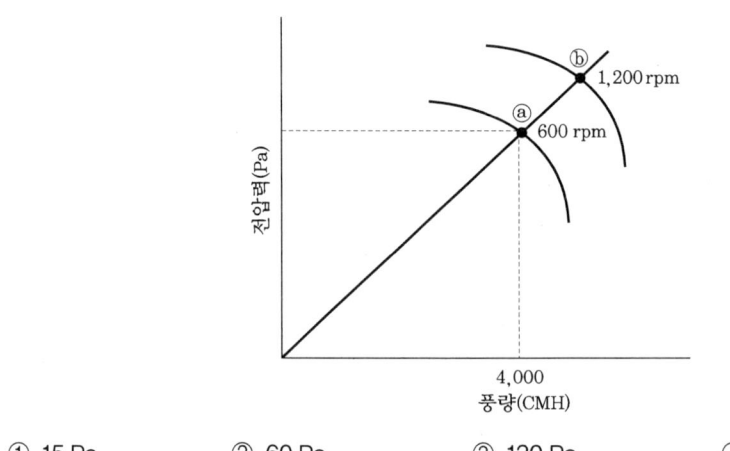

① 15 Pa　　② 60 Pa　　③ 120 Pa　　④ 240 Pa

[해설] 전압력 $H_2 = \left(\frac{N_2}{N_1}\right)^2 \times H_1 = \left(\frac{1,200}{600}\right)^2 \times 30 \text{ Pa} = 120 \text{Pa}$

42 공기조화 방식에서 전공기 방식이 아닌 것은?
① 단일덕트 방식　　② 유인유닛 방식
③ 멀티존유닛 방식　　④ 이중덕트 방식

[해설] ②의 유인유닛 방식은 '공기-물 방식'의 대표적 방식 중 하나이다.

43

다음 용어에 대한 설명 중 틀린 것은?

① 밀도는 어떤 물질의 단위체적당 질량으로 정의하며 단위는 kg/m³이다.
② 비중은 어떤 물질의 질량과 이것과 같은 부피를 가진 표준물질의 질량과의 비이다.
③ 비중량은 어떤 물질의 단위중량당 체적으로 정의되며 단위는 m³/N이다.
④ 중력가속도는 중력에 의해 물체에 가해지는 가속도이며 단위는 m/s²이다.

[해설] ③ 비중량은 어떤 물질의 단위체적당 중량이다. 그 단위는 N/m³이다.

44

소형 열병합발전시스템에 대한 설명으로 틀린 것은?

① 소형 열병합발전시스템은 열을 생산한 후의 에너지를 이용하여 전력을 생산하는 시스템이므로 고효율이다.
② 소형 열병합발전시스템은 전기요금 누진제가 적용되는 아파트단지에서 전력 첨두부하 삭감(Peak-Cut)의 역할을 함으로써 전기요금을 절감시킬 수 있다.
③ 소형 열병합발전시스템을 설치하게 되면 송전망의 건설을 줄일 수 있다.
④ 소형 열병합발전시스템은 수용가 근방에 위치하여 전력계통의 전력손실을 감소시키는 데 기여한다.

[해설] ① 소형 열병합발전시스템은 전기를 생산한 후의 남는 에너지를 이용하여 열을 생산하는 시스템이므로 고효율이다.

45

내경이 20 mm인 원형관에 10℃의 물 2.0 L/min이 흐르고 있다. 관 길이 1 m당 마찰손실 수두는 약 얼마인가? (단, 10℃ 물의 동점성계수는 1.308×10^{-6} m²/s, 임계레이놀즈수는 2,320이다.)

① 1.13×10^{-4} mAq
② 1.13×10^{-3} mAq
③ 1.13×10^{-2} mAq
④ 1.13×10^{-1} mAq

[해설] 1. 연속방정식 Q(유량)$=A$(면적)$\times V$(속도)에서,

$$A(\text{면적}) = \frac{\pi d^2}{4} = \frac{\pi \times 0.02^2}{4} = 0.000314$$

$$Q(\text{유량}) = 2.0 \text{ L/min} = \frac{2}{1,000 \times 60\text{초}} = 0.0000333 \text{ m}^3/\text{s}$$

$$V(\text{속도}) = \frac{Q}{A} = \frac{0.0000333}{0.000314} = 0.106 \text{ m/s}$$

[정답] 43. ③ 44. ① 45. ②

2. R_e(레이놀즈수) $= \dfrac{V(\text{속도}) \times d(\text{관의 내경})}{v(\text{동점성계수})}$

$= \dfrac{0.106 \times 0.02}{1.308 \times 10^{-6}} = 1,623.2 \leq 2,320$(임계레이놀즈수)

∴ 층류로 판정함, $f(\text{마찰계수}) = \dfrac{64}{R_e} = \dfrac{64}{1,623.2} = 0.0394$

3. Darcy-Weisbach의 마찰손실공식

$\Delta P = \dfrac{f}{2} \times \rho V^2 \times \dfrac{L}{d}$ 에서,

$\dfrac{H}{L}$(단위길이당 마찰손실수두) $= \dfrac{\Delta P}{\rho \times g \times L} = \dfrac{f}{2g} \times \dfrac{V^2}{d} = \dfrac{0.0394}{2 \times 9.81} \times \dfrac{0.106^2}{0.02} = 1.13 \times 10^{-3}$ m

46

송풍기가 체절상태(풍량=0)에서 운전되고 있을 때 전동기의 운전전류가 최고점에 있고, 풍량이 증가함에 따라 운전전류가 감소하는 송풍기는?

① 에어포일형 송풍기 ② 프로펠러형 송풍기
③ 후곡형 송풍기 ④ 다익형 송풍기

[해설] 축류형(프로펠러형) 송풍기의 운전특성 : 아래 그림과 같이 체절상태(풍량=0)에서 운전되고 있을 때 전동기의 운전전류(축동력)가 최고점에 있고, 풍량이 증가함에 따라 감소한다.

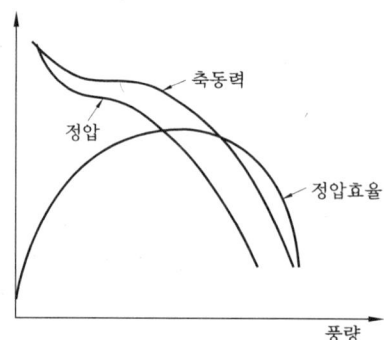

47

증기압축 냉동사이클에 대한 설명으로 틀린 것은?

① 증발압력이 상승하면 COP가 증가한다.
② 응축압력이 상승하면 COP가 감소한다.
③ 응축기의 과냉도가 증가하면 COP가 증가한다.
④ 압축기의 압축비를 높이면 COP가 증가한다.

[해설] 증기압축 냉동사이클에서 압축기의 압축비를 높이면 COP가 감소하게 된다.

정답 46. ② 47. ④

48

송풍량이 8,000 kg/h인 여름철 실내의 현열부하가 24 kW, 잠열부하가 6 kW이고, 실온을 26℃, 상대습도를 50%로 할 때, 취출온도는 약 몇 ℃인가? (단, 공기의 정압비열은 1.01 kJ/kg·K이다.)

① 9.3℃
② 14.1℃
③ 15.3℃
④ 17.6℃

[해설] 현열부하 기준으로 풍량을 계산하면,

현열 $q = C_p \cdot Q \cdot (t_o - t_r)$ 공식을 이용하여,

q : 열량(kW, kJ/s)

Q : 풍량(kg/s = $\frac{1}{3,600}$ m³/h)

C_p : 건공기의 정압비열(1.01 kJ/kg·K)

$t_0 - t_r$: 실내온도 – 취출온도(K)

현열 $q = 24\text{kW} = 1.01 \times \frac{8,000}{3,600} \times (26 - 취출온도)$에서,

취출온도 = 26 – 24/(1.01×8,000/3,600) = 15.3℃

49

다음 그림은 공기조화기의 냉각코일을 나타낸 것이다. 코일의 열통과율이 0.9 kW/m²·K, 전열면적이 5m²인 경우, 냉각열량은 몇 kW인가?

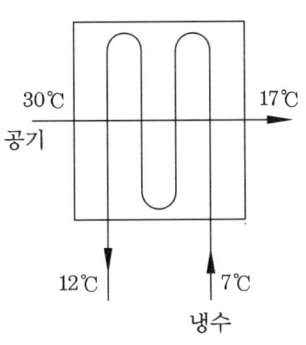
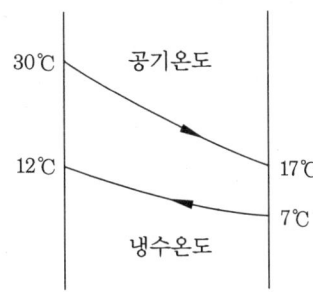

① 53 kW
② 58 kW
③ 61 kW
④ 66 kW

[해설] 상기 그림에서 $\Delta 1 = 30-12 = 18℃$, $\Delta 2 = 17-7 = 10℃$라고 하면,

대수평균 온도차 $\text{LMTD} = \frac{\Delta 1 - \Delta 2}{\ln(\Delta 1/\Delta 2)} = \frac{18℃ - 10℃}{\ln(18/10)} = 13.61$

따라서, 냉각열량 $q = K \cdot A \cdot \Delta t = 0.9 \times 5 \times 13.61 = 61.3 \text{ kW}$

정답 48. ③ 49. ③

50

건구온도가 30℃인 건공기 1 kg에 수증기 0.01 kg이 포함된 습공기의 엔탈피는 약 몇 kJ/kg인가? (단, 건공기의 정압비열은 1.01 kJ/kg · K, 수증기의 정압비열은 1.85 kJ/kg · K, 0℃ 포화수의 증발잠열은 2,501 kJ/kg이다.)

① 45.87 kJ/kg
② 50.87 kJ/kg
③ 55.87 kJ/kg
④ 60.87 kJ/kg

[해설] 절대습도 X[kg/kg']인 습공기의 엔탈피 h_w[kJ/kg]는
$$h_w = h_a + X \times h_v = C_p \times t + X(r + C_{vp} \times t)$$
  C_p : 건공기의 정압비열(=1.01 kJ/kg·K)
  X : 절대습도(주어진 조건에서 X=0.01 kg/kg')
  r : 0℃에서의 물의 증발잠열(=2,501 kJ/kg)
  C_{vp} : 수증기의 정압비열(=1.85 kJ/kg·K)
  t : 습공기의 온도(℃)
따라서, $h_w = C_p \times t + X(r + C_{vp} \times t)$
   $= 1.01 \times 30 + 0.01 \times (2501 + 1.85 \times 30) = 55.865$ kJ/kg

51

베르누이 방정식을 설명한 것 중 틀린 것은?

① 비압축성 유체의 흐름에 적용되는 식이다.
② 점성유체의 흐름에 적용되는 식이다.
③ 정상상태의 흐름에 적용되는 식이다.
④ 압력수두, 위치수두, 속도수두의 합은 일정하다.

[해설] Bernoulli's Equation의 가정(Assumption)
 1. 1차원 정상유동이다.
 2. 유선의 방향으로 흐른다.
 3. 외력은 중력과 압력만이 작용한다.
 4. 비점성, 비압축성 유동이다.
 5. 마찰력에 의한 손실은 무시한다.

52

변풍량(VAV) 공조방식의 특징이 아닌 것은?

① 토출공기 온도 제어가 용이
② 부분부하 시 송풍기 동력절감 가능
③ 실별 온도제어가 용이
④ 실별 토출공기의 풍량조절이 용이

[해설] 토출공기 온도 제어가 용이한 방식은 변풍량(VAV)이 아니라, 정풍량(CAV) 방식이다.

정답 50. ③   51. ②   52. ①

53

변압기의 전압변동률에 대한 설명 중 틀린 것은?

① 일반적으로 부하변동에 대하여 2차단자전압의 변동이 작을수록 좋다.
② 정격부하시와 무부하시의 2차단자전압이 서로 다른 정도를 표시한 것이다.
③ 전압변동률은 전등의 광도, 수명, 전동기의 출력 등에 영향을 미친다.
④ 전압변동률은 인가전압이 일정한 상태에서 무부하 2차단자전압에 반비례한다.

[해설] 전압변동률은 인가전압이 일정한 상태에서 무부하 2차단자전압이 올라가면 증가한다.

54

건물의 실내조명설비에 적용되는 효율적인 에너지 관리방안과 가장 관련이 적은 것은?

① 층별 일괄소등스위치의 설치
② 자연광이 들어오는 창측 조명제어의 채택
③ 조도 자동조절 조명기구의 설치
④ 대기전력차단장치의 설치

[해설] 대기전력차단장치는 조명과 무관하며, 주로 일반 전기기구에 관련된 것이다.

55

역률 0.8(지상)의 3,000 kW 부하에 전력용콘덴서를 병렬로 접속하여 합성역률을 0.9로 개선하고자 한다. 이때 필요한 전력용콘덴서의 용량은 약 몇 kVA인가?

① 425 kVA
② 797 kVA
③ 1,169 kVA
④ 1,541 kVA

[해설] 진상콘덴서를 설치해서 역률을 $\cos\theta$로부터 $\cos\Phi$로 개선하는 데 요하는 콘덴서 용량 Q[kVA]는

Q = 부하전력(kW) × $(\tan\theta - \tan\Phi)$

$= 부하\ 전력[\text{kW}] \times \left\{\sqrt{\frac{1}{\cos^2\theta}-1} - \sqrt{\frac{1}{\cos^2\phi}-1}\right\}[\text{kVA}]$

$= 3,000[\text{kW}] \times \left\{\sqrt{\frac{1}{0.8^2}-1} - \sqrt{\frac{1}{0.9^2}-1}\right\}[\text{kVA}]$

$= 3,000\ \text{kW} \times 0.2657 = 797.03\ \text{kVA}$

56

옥내배선의 전기방식 중 380V와 220V의 전압을 함께 사용할 수 있는 방식은?

① 단상 2선식
② 단상 3선식
③ 3상 3선식
④ 3상 4선식

정답 53. ④ 54. ④ 55. ② 56. ④

[해설] 3상 4선식 방식은 아래 그림과 같이 380V와 220V의 전압을 동시에 사용할 수 있다.

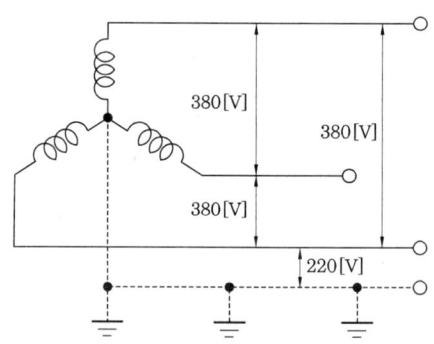

57

유도전동기의 속도제어 방식 중 VVVF(가변전압 가변주파수) 제어방식을 적용할 때 전동기의 축동력은 회전수의 몇 제곱에 비례하는가?

① 1　　② 2　　③ 3　　④ 4

[해설] 전동기의 VVVF(가변전압 가변주파수) 제어방식에서, 축동력의 비는 아래와 같이 회전수비의 세제곱과 같다.

$$\frac{W_2}{W_1} = \left(\frac{N_2}{N_1}\right)^3$$

58

전기설비용량 200 kW, 수용률 60%, 부하율 45%인 건축물에서 1개월간 사용하는 전력량은? (단, 1개월은 30일로 계산한다.)

① 38,880 kWh　② 52,300 kWh　③ 64,800 kWh　④ 86,400 kWh

[해설] 부하율과 수용률은 아래와 같은 관계가 있다.

$$부하율 = \frac{평균\ 수용\ 전력}{최대\ 수용\ 전력} \times 100[\%] \qquad 수용률 = \frac{최대\ 수용\ 전력}{설비\ 용량} \times 100[\%]$$

따라서, 해당 건축물에서 1개월간 사용하는 전력량 = 200kW×60%×45%×30일×24시간=38,880kWh

59

건물일체형 태양광발전(BIPV) 시스템의 설명으로 틀린 것은?

① 태양광발전 모듈을 건축자재화하여 적용 가능하다.
② 건물일체화 적용에 따른 태양광발전 모듈의 온도상승으로 발전효율이 향상된다.
③ 생산된 잉여전력은 전력계통으로 역송이 가능하다.
④ 태양광발전 어레이를 설치할 별도의 부지가 필요 없다.

[해설] ② 건물일체화 적용에 따른 태양광발전 모듈의 온도상승으로 발전효율이 저하된다.

정답　57. ③　58. ①　59. ②

60 액체식 태양열시스템에 대한 설명으로 가장 적합하지 <u>않은</u> 것은?

① 집열된 열은 건물의 급탕, 난방, 냉방 등에 사용할 수 있다.
② 연간 태양열시스템 효율은 적용대상 건물의 부하패턴에 따라 달라진다.
③ 동파 방지를 위해 열매체에 부동액을 혼합한다.
④ 평판형집열기는 고온영역에서 진공관형집열기보다 집열효율이 높다.

[해설] 평판형집열기는 고온영역에서 진공관형집열기보다 외부로의 열손실양이 커서 집열효율이 낮다.

제4과목 : 건물 에너지효율설계·평가

61 건축물의 에너지효율등급 인증대상 건축물에 대한 설명 중 가장 적절한 것은?

① 여러 동의 건축물을 인증 신청하는 경우, 전체 건물 면적의 과반 비율(50%) 이상인 용도 시설로 인증을 신청한다.
② 한 대지 안의 기존 건축물에 별동으로 증축하는 경우 인증대상이 될 수 있다.
③ 인증 신청 시 허가용도와 사용용도가 다를 경우 실제 평가는 허용용도로 한다.
④ 냉방 또는 난방 면적이 1,000제곱미터 이하인 업무시설은 인증대상에서 제외된다.

[해설] ① 여러 동의 건축물을 인증 신청하는 경우 건축허가를 받은 단위로 건축물의 인증을 신청함을 원칙으로 한다.
③ 인증 신청 시 허가용도와 사용용도가 다른 경우 실제 평가는 사용용도로 평가를 하며, 건축물명에 건축허가 용도를 표시하고 괄호로 사용용도를 표시하는 것을 원칙으로 한다.
④ 건축물의 에너지효율등급 인증대상 건축물 : 단독주택, 공동주택, 기숙사, 업무시설, 기타 냉방 또는 난방 면적이 500제곱미터 이상인 건축물

62 건축물 에너지효율등급 인증서(「건축물 에너지효율등급 인증에 관한 규칙」 별지 제4호)에 표기되는 내용으로 가장 적절하지 <u>않은</u> 것은?

① 건축물의 설계자, 공사시공자, 공사감리자
② 인증기관, 운영기관, 유효기간
③ 냉방, 난방, 급탕, 조명, 환기 부문에 대한 단위면적당 에너지요구량
④ 대상건축물의 냉방설비 설치 여부

[해설] ③ 냉방, 난방, 급탕, 조명, 환기 부문에 대한 단위면적당 에너지소요량

[정답] 60. ④ 61. ② 62. ③

63
「건축물 에너지효율등급 인증제도 운영규정」 별표2의 건축물 용도프로필(20개 용도)과 관련된 다음 설명 중 가장 적절한 것은?
① 열발열원과 관련하여 인체 및 작업 보조기기, 조명기기에 의한 발열량이 제시되어있다.
② 월간 사용일수는 용도에 관계없이 모두 동일하다.
③ 실내공기 설정온도는 용도에 관계없이 냉방 시 26℃, 난방 시 20℃로 모두 동일하다.
④ 사용시간 및 운전시간은 용도에 관계없이 모두 동일하다.

[해설] 다음과 같이 고쳐야 옳다.
① 열발열원과 관련하여 인체 및 작업 보조기기에 의한 발열량이 제시되어있다.
② 월간 사용일수는 용도에 따라 구별하여 규정되어있다.
④ 사용시간 및 운전시간은 용도에 따라 다르게 규정되어있다.

64
건축물 에너지효율등급 인증기준 및 등급에 관한 설명으로 적절한 것은?
① 단위면적당 1차에너지소요량은 냉방, 난방, 급탕, 조명, 환기 부분별 에너지소요량을 건물의 연면적으로 나누어 산출한다.
② 최하위 등급 기준에 미달되는 건축물의 인증등급은 최하위 등급으로 표기한다.
③ 1차에너지소요량이 140 kWh·년인 업무시설과 기숙사의 인증등급은 서로 다르다.
④ 등급 산정의 기준이 되는 1차에너지소요량은 건축물 용도별 보정계수 및 1차에너지 환산계수를 반영한 결과이다.

[해설] ① 단위면적당 1차에너지소요량 = 단위면적당 에너지소요량×1차에너지환산계수
② 최하위 등급 기준에 미달되는 건축물의 인증등급은 '등외'로 표기한다.
③ 업무시설과 기숙사는 모두 '주거용 이외의 건축물'로 보므로 1차에너지소요량이 140kWh·년이면 '1+'등급으로서 서로 동일하다.

65
「건축물의 에너지절약 설계기준」 중 전기설비 부문의 용어에 대한 설명으로 옳지 않은 것은?
① "대기전력 저감형 도어폰"이라 함은 세대 내의 실내기들 간에 호출 및 통화를 하는 기기를 말한다.
② "전압강하"라 함은 인입전압(또는 변압기 2차전압)과 부하 측 전압과의 차이를 말하며 저항이나 인덕턴스에 흐르는 전류에 의하여 강하하는 전압을 말한다.
③ "수용률"이라 함은 부하설비 용량 합계에 대한 최대 수용전력의 백분율을 말한다.
④ "최대수요전력"이라 함은 수용가에서 일정 기간 중 사용한 전력의 최대치를 말한다.

[해설] ① "대기전력 저감형 도어폰"이라 함은 세대 내의 실내기기와 실외기기 간의 호출 및 통화를 하는 기기로서 산업통상자원부 고시 「대기전력저감프로그램운용규정」에 의하여 대기전력저감우수제품으로 등록된 제품을 말한다.

정답 63. ③   64. ④   65. ④

66. 「건축물의 에너지절약 설계기준」에서 제시하는 용어의 설명으로 옳지 않은 것은?

① "외피"라 함은 거실 또는 거실 외 공간을 둘러싸고 있는 벽·지붕·바닥·창 및 문 등으로서 외기에 직접 또는 간접 면하는 부위를 말한다.
② "방풍구조"라 함은 출입구에서 실내외 공기 교환에 의한 열출입을 방지할 목적으로 설치하는 방풍실 또는 회전문 등을 설치한 방식을 말한다.
③ "건축물 에너지효율등급 인증"이라 함은 국토교통부와 산업통상자원부 공동부령인 「건축물 에너지효율등급 인증에 관한 규칙」에 따라 인증을 받는 것을 말한다.
④ "완화기준"이라 함은 「건축법」, 「국토의 계획 및 이용에 관한 법률」 및 「지방자치단체 조례」 등에서 정하는 조경설치면적, 건축물의 용적률 및 높이제한 기준을 적용함에 있어 완화 적용할 수 있는 비율을 정한 기준을 말한다.

[해설] ① "외피"라 함은 거실 또는 거실 외 공간을 둘러싸고 있는 벽·지붕·바닥·창 및 문 등으로서 외기에 직접 면하는 부위를 말한다.

67. 「건축물의 에너지절약 설계기준」의 권장사항에 규정된 내용으로 알맞은 것은?

① 수평면과 이루는 각이 70도를 초과하는 경사지붕은 별표1에 따른 외벽의 열관류율을 적용한다.
② 열관류율 또는 열관류저항의 계산결과는 소수점 3자리로 맺음을 하여 적합여부를 판정한다.
③ 외피의 모서리 부분은 열교가 발생하지 않도록 단열재를 연속적으로 설치한다.
④ 방습층의 단부는 단부를 통한 투습이 발생하지 않도록 내습성 테이프, 접착제 등으로 기밀하게 마감한다.

[해설] ①, ②, ④는 건축 부문의 의무사항이며, ③은 건축 부문의 권장사항이다.

68. 건축물 에너지 소비총량제에 대한 설명 중 가장 적절하지 않은 것은?

① 연면적 3천 제곱미터 이상인 교육연구시설은 건축물 에너지소요량 평가서를 제출하여야 한다.
② 건축물 에너지효율등급 예비인증서로 건축물 에너지소요량 평가서를 대체할 수 있다.
③ 건축물의 에너지소요량은 ISO 13790 등 국제규격에 따라 난방, 냉방, 급탕, 조명, 환기 부문에 대해 종합적으로 평가한다.
④ 건축물 에너지소요량 평가서에는 단위면적당 에너지요구량, 단위면적당 에너지소요량, 단위면적당 1차 에너지소요량이 표기된다.

[해설] 건축물의 에너지절약 설계기준 21조 : 「건축법 시행령」 제3조의4에 따른 업무시설 기타 에너지소비특

정답 66. ① 67. ③ 68. ①

성 및 이용 상황 등이 이와 유사한 건축물로서 연면적의 합계가 3천 제곱미터 이상인 건축물은 1차에너지소요량 등을 평가하여 별지 제1호 서식에 따른 건축물 에너지소요량 평가서를 제출하여야 한다. 다만, 「건축물 에너지효율등급 인증에 관한 규칙」 제11조에 따라 건축물 에너지효율등급 예비인증을 취득한 경우에는 동 규칙 별지 제6호 서식의 건축물 에너지효율등급 예비인증서로 대체할 수 있다.

69 다음 그림은 경기도에 신축 중인 공동주택의 단면도를 나타낸다. 바닥난방을 실시하는 ㉠ 또는 ㉡ 부문에 적용할 단열재의 종류 및 두께로 적절하지 <u>않은</u> 것은? (단, 단열기준 적합여부는 건축물의 에너지절약 설계기준 별표3의 지역별·부위별·단열재 등급별 허용 두께 적합여부로 판단한다.)

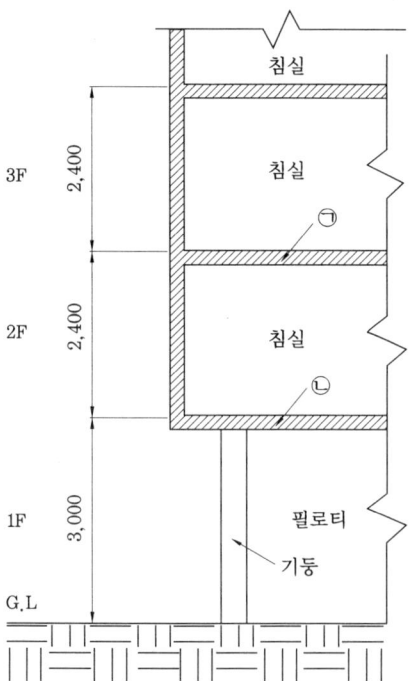

① ㉠ : 비드법보온판 2종 1호, 두께 35 mm
② ㉠ : 비드법보온판 1종 2호, 두께 35 mm
③ ㉡ : 비드법보온판 2종 1호, 두께 140 mm
④ ㉡ : 비드법보온판 1종 2호, 두께 140 mm

[해설] ① 가등급 단열재이고, '바닥난방인 층간바닥'인 경우 두께 30 mm 이상이므로 적절함
② 나등급 단열재이고, '바닥난방인 층간바닥'인 경우 두께 35 mm 이상이므로 적절함
③ 가등급 단열재이고, '바닥난방인 외기에 직접 면하는 경우'이고, 두께 140 mm 이상이므로 적절함
④ 나등급 단열재이고, '바닥난방인 외기에 직접 면하는 경우'에는 두께 165 mm 이상이라야 하므로 적절하지 못함

정답 69. ④

70

제로에너지빌딩 시범사업으로 지정을 받고 건축물 에너지효율등급인증 1++ 등급을 취득하였을 경우, 「건축물 에너지절약 설계기준」에 따라 최대로 받을 수 있는 건축기준 완화 비율은?

① 8% ② 9% ③ 12% ④ 15%

[해설] 「건축물 에너지절약 설계기준」 "[별표9] 완화기준"에서,
"건축주 또는 사업주체가 제로에너지빌딩 시범사업으로 지정받고 「건축물에너지효율등급 인증에 관한 규칙」에 따른 에너지효율인증 1++등급 이상을 취득하는 경우 건축기준 완화비율 15% 이하를 적용하여 신청할 수 있다."

71

다음은 장비일람표의 일부이다. 이 중온수 흡수식 냉동기의 COP는 약 얼마인가?

장비번호	용도	형식	용량 냉방 kW	냉수 온도(℃) 입구	냉수 온도(℃) 출구	냉수 유량 lpm	온수 온도(℃) 입구	온수 온도(℃) 출구	온수 유량 lpm
CH1	냉방용	흡수식	527	14	7	1,080	95	55	314

*lpm : L/min

① 0.52 ② 0.57 ③ 0.60 ④ 0.73

[해설] 중온수 가열량 = G(유량 ; kg/s) × C(비열 ; kJ/kg·K)) × $(t_2 - t_1)$
$$= \frac{314}{60} \times 4.1868 \times (95-55) = 876.44 \text{ kW}$$

$$\text{COP} = \frac{\text{냉방 용량}}{\text{중온수 가열량}} = \frac{527}{876.44} = 0.601$$

72

충청북도 보은군에 위치한 바닥난방을 실시하는 공동주택에 대하여, 다음의 건축 부위에 대한 법적 열관류율 허용치가 큰 것부터 순서대로 나열한 것은?

㉠ 외기에 직접 면하는 최하층 거실의 바닥 ㉡ 외기에 간접 면하는 최하층 거실의 바닥
㉢ 외기에 직접 면하는 거실의 외벽 ㉣ 외기에 간접 면하는 최상층 거실의 지붕

① ㉠ > ㉡ > ㉢ > ㉣
② ㉡ > ㉢ > ㉣ > ㉠
③ ㉢ > ㉠ > ㉣ > ㉡
④ ㉣ > ㉢ > ㉠ > ㉡

[해설] 중부지역의 법적 열관류율을 기준하여,
㉠ : 0.23, ㉡ : 0.35, ㉢ : 0.27, ㉣ : 0.26

정답 70. ④ 71. ③ 72. ②

73

「건축물의 에너지절약 설계기준」에서 보일러의 효율의 기준이 되는 발열량을 맞게 나타낸 것은?

	유류보일러	가스보일러		유류보일러	가스보일러
①	고위발열량	저위발열량	②	고위발열량	고위발열량
③	저위발열량	고위발열량	④	저위발열량	저위발열량

[해설] 보일러의 효율의 기준은 유류보일러(저위발열량)와 가스보일러(고위발열량)가 서로 상이하므로 주의를 요한다.

74

건축물의 지붕, 외벽, 바닥의 재료구성 및 두께가 동일하다고 가정할 경우, 건축물의 에너지절약 설계기준에 따른 열관류율 산출 결과가 가장 큰 것(A)과 가장 작은 것(B)은?

- ㉠ : 외기에 직접 면하는 거실의 외벽
- ㉡ : 외기에 간접 면하는 거실의 외벽
- ㉢ : 외기에 직접 면하는 최하층 거실의 바닥
- ㉣ : 외기에 간접 면하는 최상층 거실의 지붕

	(A)	(B)		(A)	(B)
①	㉠	㉢	②	㉡	㉣
③	㉢	㉡	④	㉣	㉠

[해설] 「건축물의 에너지절약 설계기준」 별표5를 참조하면 각 열전달저항의 합은,
㉠ : 0.11 + 0.043 = 0.153
㉡ : 0.11 + 0.11 = 0.22
㉢ : 0.086 + 0.043 = 0.129
㉣ : 0.086 + 0.086 = 0.172
→ 열관류율은 열전달저항에 반비례하는 관계이다.

75

용량 3 kW, 효율 58%의 급기송풍기 2대와 용량 1 kW, 효율 56%의 환기송풍기 4대를 사용하는 경우 아래의 에너지성능지표 기계설비 부문 항목에서 획득할 수 있는 배점(b)은?

열원설비 및 공조용 송풍기의 우수한 효율설비 채택

배점(b)				
1점	0.9점	0.8점	0.7점	0.6점
60% 이상	57.5~60% 미만	55~57.5% 미만	50~55% 미만	50% 미만

① 0.9점　② 0.86점　③ 0.85점　④ 0.8점

[해설] 급기송풍기 : (3×2)kW, 58% → 0.9점
환기송풍기 : (1×4)kW, 56% → 0.8점
용량 가중평균 배점(6×0.9 + 4×0.8)/(6 + 4) = 0.86점

[정답] 73. ③　74. ③　75. ②

76

「건축물의 에너지절약 설계기준」에 에너지성능지표 전기설비 부문 항목 중 기본배점이 가장 큰 항목은?

① 간선의 전압강하율
② 역률자동조절장치 채택
③ 대기전력자동차단콘센트 설치비율
④ 고효율에너지기자재인증 LED 조명기기의 전력비율

[해설] ① 간선의 전압강하율 : 1점
② 역률자동조절장치 채택 : 1점
③ 대기전력자동차단콘센트 설치비율 : 2점
④ 고효율에너지기자재인증 LED 조명기기의 전력비율 : 4점

77

다음과 같이 차양장치가 적용된 건축물에 대하여 에너지성능지표를 검토할 경우, 배점산정을 위한 차양장치 설치비율로 적절한 것은? (단, 각각의 창 및 가동형 차양 면적은 모두 동일하다.)

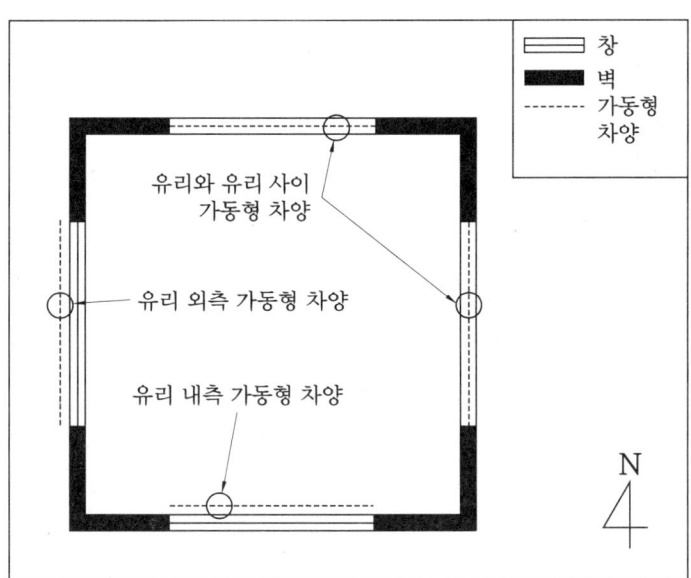

가동형 차양의 설치위치에 따른 태양열취득률

유리의 외측 설치	유리와 유리 사이 설치	유리 내측에 설치
0.34	0.50	0.88

① 25%   ② 50%   ③ 75%   ④ 100%

정답 76. ④ 77. ②

[해설] 1. 태양열취득률 0.6 이하만 인정되고,
2. 차양장치 설치비율은 남향 및 서향 투광부 면적에 대한 비율이므로,
→ 남향 및 서향 중, 서향면(유리의 외측 가동형 차양)만 인정, 즉 50%에 해당한다.

78

전력피크 부하를 줄이기 위한 에너지성능지표 기계설비 부문 11번 항목에 해당하는 냉방방식을 모두 나타낸 것은?

㉠ 지역냉방　　　　　　　㉡ 가스이용 냉방
㉢ 유류이용 냉방　　　　　㉣ 소형열병합 냉방
㉤ 축랭식 전기냉방　　　　㉥ 신재생에너지이용 냉방

① ㉠, ㉡, ㉢, ㉥
② ㉠, ㉡, ㉢, ㉣, ㉤
③ ㉠, ㉡, ㉢, ㉣, ㉥
④ ㉠, ㉡, ㉢, ㉣, ㉤, ㉥

[해설] 11번 항목 : 축랭식 전기냉방, 가스 및 유류이용 냉방, 지역냉방, 소형열병합 냉방, 신재생에너지 이용 냉방 적용

79

에너지성능지표 중 신재생에너지설비 부문의 설명으로 가장 적절하지 <u>않은</u> 것은?

① 전체 난방설비용량에 대한 신재생에너지 용량비율 2% 이상 적용(단, 의무화대상 건축물은 4% 이상)
② 전체 냉방설비용량에 대한 신재생에너지 용량비율 2% 이상 적용(단, 의무화대상 건축물은 4% 이상)
③ 전체 급탕설비용량에 대한 신재생에너지 용량비율 10% 이상 적용(단, 의무화대상 건축물은 15% 이상)
④ 전체 조명설비용량에 대한 신재생에너지 용량비율 2% 이상 적용(단, 의무화대상 건축물은 4% 이상)

[해설] ④는 '전체 전기용량에 대한 신재생에너지 용량비율 2% 이상 적용(단, 의무화 대상 건축물은 4% 이상)'으로 고쳐야 옳다.

[정답] 78. ④　79. ④

80

건축물의 거실에 설치되는 콘센트 현황이 다음 표와 같을 때, 에너지성능지표의 대기전력자동차단콘센트 적용 배점(b)은?

단위 : 개(EA)

구 분	대기전력자동차단콘센트		일반형 콘센트
	대기전력저감 우수제품 미적용	대기전력저감 우수제품 적용	
회의실	0	20	20
휴게실	10	0	10
업무공간	0	30	30

① 0.6점　　② 0.7점　　③ 0.8점　　④ 0.9점

[해설] 대기전력자동차단콘센트 적용 비율 = $\dfrac{20+30}{20+20+10+10+30+30} = \dfrac{50}{120} = 41.67\%$

→ 아래 표에서 0.6점

항 목	기본배점(a)				배점(b)					평점(a*b)	근거
	비주거		주거		1점	0.9점	0.8점	0.7점	0.6점		
	대형 (3,000 m²이상)	소형 (500~ 3,000 m²미만)	주택1	주택2							
12. 제5조 제11호 카목에 따른 대기전력자동차단장치를 통해 차단되는 콘센트의 거실에 설치되는 전체 콘센트 개수에 대한 비율	2	2	2	2	80% 이상	70% 이상 ~ 80%	60% 이상 ~ 70%	50% 이상 ~ 60%	40% 이상 ~ 50%		

정답 80. ①

제2회 건축물에너지평가사 1차 시험

▶ 2016년 7월 3일 시행

※ 다음 문제를 읽고 알맞은 것을 골라 답안카드의 답란(①, ②, ③, ④)에 표기하시오.

제1과목 : 건물에너지 관계 법규

01 「녹색건축물 조성 지원법」에 따른 녹색건축물 조성의 기본원칙에 해당하지 <u>않는</u> 것은?
① 기존 건축물에 대한 에너지효율화 추진
② 환경 친화적이고 지속 가능한 녹색건축물 조성
③ 신·재생에너지 활용 및 자원 절약적인 녹색 건축물조성
④ 녹색건축물의 조성에 대한 건축물 용도 간, 규모 간 균형성 확보

[해설] ④는 '녹색건축물의 조성에 대한 계층 간, 지역 간 균형성 확보'로 고쳐야 옳다.

02 「녹색건축물 조성 지원법」에 따른 지역별 건축물의 에너지 총량 관리에 있어서 시·도지사가 시·도의 조례로 정할 수 있는 사항이 <u>아닌</u> 것은?
① 에너지 소비 총량 설정 방법 등에 관하여 필요한 사항
② 에너지 소비 총량 관리 대상 등에 관하여 필요한 사항
③ 에너지 소비 총량 관리 절차 및 의견조회 방법 등에 관하여 필요한 사항
④ 에너지 소비 총량 협약 체결 및 이행 방법 등에 관하여 필요한 사항

[해설] 「녹색건축물 조성 지원법」 11조에 따른 시행령(8조 ④항) : 그 외에 지역별 건축물의 에너지 소비 총량 설정 방법, 대상, 절차 및 의견조회 방법 등에 관하여 필요한 사항은 시·도의 조례로 정한다.

03 「녹색건축물 조성 지원법」에 따른 개별 건축물의 에너지 소비 총량 제한에 대한 설명으로 적절하지 <u>않은</u> 것은?
① 국토교통부장관은 연차별로 건축물 규모에 따른 에너지 소비량 허용기준을 제시하여야 한다.

정답 1. ④ 2. ④ 3. ①

② 국토교통부장관은 신축 건축물뿐만 아니라 기존 건축물의 에너지 소비 총량을 제한할 수 있다.
③ 개별 건축물의 에너지 소비 총량을 제한하려면 그 적용대상과 허용기준 등을 중앙건축위원회의 심의를 거쳐 고시하여야 한다.
④ 국토교통부장관은 정부출연 연구기관 또는 국립대학의 장이 관리하고 있는 건축물에 대하여 에너지 소비 총량 제한 기준을 따로 정하여 고시할 수 있다.

[해설] 「녹색건축물 조성 지원법」 11조 ②항 : 국토교통부장관은 연차별로 건축물 용도에 따른 에너지 소비량 허용기준을 제시하여야 한다.

04

「녹색건축물 조성 지원법」에 따라 녹색건축물 조성 활성화를 위해 완화할 수 있는 건축법 조항에 해당하는 것은?

㉠ 제42조(대지의 조경)
㉡ 제55조(건폐율)
㉢ 제56조(용적률)
㉣ 제60조(건축물의 높이 제한)
㉤ 제61조(일조 등의 확보를 위한 건축물의 높이 제한)

① ㉠, ㉡, ㉢   ② ㉠, ㉢, ㉣   ③ ㉡, ㉣, ㉤   ④ ㉢, ㉣, ㉤

[해설] 「녹색건축물 조성 지원법」에 따른 '완화 규정'은 건축법상 용적률과 높이의 제한과 관련된 사항이다.

05

「녹색건축물 조성 지원법」에 따른 그린리모델링 사업에 대한 설명으로 적절하지 <u>않은</u> 것은?

① 국토교통부장관은 그린리모델링 창조센터를 설립하고자 하는 경우 산업통상자원부장관과 사전에 협의를 하여야 한다.
② 그린리모델링 창조센터에 의해 지원을 받을 수 있는 그린리모델링 사업의 범위에는 에너지절감 예상액의 배분을 기초로 재원을 조달하는 사업이 포함된다.
③ 그린리모델링 창조센터는 건축물의 에너지 성능 향상 및 효율 개선에 관한 조사·연구·교육 및 홍보사업을 수행할 수 있다.
④ 시·도지사는 정부 외의 자로부터의 출연금 및 기부금, 일반회계 또는 다른 기금으로부터의 전입금을 재원으로 하여 그린리모델링 기금을 설치할 수 있다.

[해설] 「녹색건축물 조성 지원법」 제29조 ①항 : 국토교통부장관은 그린리모델링 대상 건축물의 지원 및 관리를 위하여 그린리모델링 창조센터를 설립하거나 그린리모델링 업무를 전문으로 하는 공공기관을 그린리모델링 창조센터로 지정할 수 있다. 다만, 그린리모델링 창조센터를 설립하고자 하는 경우에는 기획재정부장관과 사전에 협의를 하여야 한다.

[정답] 4. ④ 5. ①

06

「녹색건축물 조성 지원법」에 따른 건축물에너지성능 정보의 공개 및 활용에 대한 설명으로 적절하지 <u>않은</u> 것은?

① 전체 세대수가 500세대인 주택단지 내의 공동주택은 정보공개 대상에서 제외된다.
② 연면적 5천 제곱미터의 오피스텔은 정보공개 대상에서 제외된다.
③ 대통령령으로 정하는 정보공개 대상 건축물이란 건축물에너지·온실가스 정보체계가 구축된 지역에 있는 건축물을 말한다.
④ 국토교통부장관이 지정한 단체의 인터넷 홈페이지를 통해 정보공개 대상 건축물의 에너지평가서를 공개할 수 있다.

[해설] 「녹색건축물 조성 지원법」 제18조 제1항에 따라 정보가 공개되는 건축물 : 법 제10조 제1항에 따른 건축물에너지·온실가스 정보체계가 구축된 지역에 있는 다음 각 호의 어느 하나에 해당하는 건축물을 말한다.
1. 전체 세대수가 500세대 이상인 주택단지 내의 공동주택
2. 연면적 3천 제곱미터 이상의 업무시설(「건축법 시행령」 별표1 제14호 나목2)에 따른 오피스텔은 제외한다)

07

「녹색건축물 조성 지원법」에 따른 건축물에너지평가사의 자격·경력관리 및 교육훈련에 대한 설명으로 적절하지 <u>않은</u> 것은?

① 건축물에너지평가사는 전문기관의 장이 실시하는 교육훈련을 1년마다 20시간 이상 받아야 한다.
② 건축물에너지효율등급 인증평가업무를 하려면 자격시험에 합격하고 3개월 이상의 실무교육을 받아야 한다.
③ 건축물에너지평가사 자격증을 다른 사람에게 2회 이상 빌려주어 업무를 하게 할 경우 자격이 취소된다.
④ 전문기관의 장은 자격·경력관리, 교육훈련 등 필요한 사항에 대하여 신청인으로부터 일정한 수수료를 받을 수 있다.

[해설] 「녹색건축물 조성 지원법」 제31조 ③항과 관련된 시행규칙(제16조)
1. 법 제31조제3항에 따라 건축물에너지평가사 자격시험에 합격한 사람이 건축물 에너지효율등급 인증 평가 업무를 하려면 전문기관의 장이 실시하는 실무교육을 3개월 이상 받아야 한다.
2. 건축물에너지평가사는 법 제31조 제3항에 따라 전문기관의 장이 실시하는 교육훈련을 3년마다 20시간 이상 받아야 한다.
3. 전문기관의 장은 자격·경력관리, 교육훈련 등 필요한 사항에 대하여 신청인으로부터 일정한 수수료를 받을 수 있다.

정답 6. ① 7. ①

08

다음 중 「에너지이용 합리화법」에 따른 기준으로 적절한 것은?
① 연간 1만 티오이의 에너지를 사용하는 자는 에너지 저장 의무 부과대상이다.
② 연간 에너지사용량이 1천7백 티오이인 자는 에너지다소비사업자에 해당된다.
③ 연간 에너지사용량이 18만 티오이인 에너지다소비사업자는 5년마다 에너지 진단을 받아야 한다.
④ 연간 3천 티오이의 연료 및 열을 사용하는 시설을 설치하려는 민간사업주관자는 에너지 사용계획을 제출하여야 한다.

[해설] ① 에너지 저장 의무 : 전기사업자, 도시가스사업자, 석탄가공업자, 집단에너지사업자, 연간 2만 티오이 이상의 에너지 사용자
② 에너지다소비사업자 : 연간 에너지사용량이 2천 티오이 이상인 자
③ 에너지 진단 의무 : 에너지다소비사업자
④ 에너지 사용계획 제출하여야 하는 민간사업주관자 : 연간 5천 티오이 이상의 연료 및 열을 사용하는 시설 혹은 연간 2천만 킬로와트시 이상의 전력을 사용하는 시설을 설치하려는 자

09

「에너지이용 합리화법」에 따른 에너지공급자의 수요관리투자계획에 대한 설명으로 적절하지 않은 것은?
① 에너지공급자는 수요관리투자계획을 변경하는 경우, 변경한 날부터 30일 이내에 산업통상자원부장관에게 그 변경된 사항을 제출하여야 한다.
② 에너지공급자는 연차별 수요관리투자계획 시행 결과를 다음 연도 2월 말일까지 산업통상자원부장관에게 제출하여야 한다.
③ 에너지공급자는 투자계획의 수정을 요구받은 경우, 요구를 받은 날부터 30일 이내에 산업통상자원부장관에게 투자계획의 수정 결과를 제출하여야 한다.
④ 에너지공급자는 연차별 수요관리투자사업비 중 일부를 한국에너지공단에 출연할 수 있다.

[해설] 에너지공급자는 법 제9조 제1항에 따른 연차별 수요관리투자계획을 해당 연도 개시 2개월 전까지, 그 시행 결과를 다음 연도 2월 말일까지 산업통상자원부장관에게 제출하여야 하며, 제출된 투자계획을 변경하는 경우에는 그 변경한 날부터 15일 이내에 산업통상자원부장관에게 그 변경된 사항을 제출하여야 한다.

10

「에너지이용 합리화법」에 따라 에너지관리시스템을 구축하여 에너지를 효율적으로 이용하는 자에게 주어질 수 있는 에너지 진단 관련 혜택은?
① 에너지 진단주기 1년 연장
② 에너지 진단주기 2년 연장
③ 에너지 진단주기 2회마다 에너지 진단 1회 면제
④ 에너지 진단주기 3회마다 에너지 진단 1회 면제

정답 8. ③ 9. ① 10. ③

[해설] 에너지이용 합리화법 시행규칙 [별표3]

〈에너지 진단의 면제 또는 에너지 진단주기의 연장 범위〉

대상사업자	면제 또는 연장 범위
1. 에너지절약 이행실적 우수사업자	
가. 자발적 협약 우수사업장으로 선정된 자(중소기업인 경우)	에너지 진단 1회 면제
나. 자발적 협약 우수사업장으로 선정된 자(중소기업이 아닌 경우)	1회 선정에 에너지 진단주기 1년 연장
2. 에너지절약 유공자	에너지 진단 1회 면제
3. 에너지 진단 결과를 반영하여 에너지를 효율적으로 이용하고 있는 자	1회 선정에 에너지 진단주기 3년 연장
4. 지난 연도 에너지사용량의 100분의 30 이상을 친에너지형 설비를 이용하여 공급하는 자	에너지 진단 1회 면제
5. 에너지관리시스템을 구축하여 에너지를 효율적으로 이용하고 있다고 산업통상자원부장관이 고시하는 자	에너지 진단주기 2회마다 에너지 진단 1회 면제

11

「에너지이용 합리화법」에 따른 붙박이에너지사용기자재의 효율관리에 대한 설명으로 적절하지 <u>않는</u> 것은?

① 산업통상자원부장관은 건설업자가 설치·공급하는 난방, 냉방 제품을 포함한 붙박이 가전제품에 관한 기준을 고시해야 한다.
② 산업통상자원부장관은 붙박이에너지사용기자재의 에너지 최저소비효율 또는 최대사용량의 기준을 고시해야 한다.
③ 산업통상자원부장관은 붙박이에너지사용기자재의 에너지 소비효율등급 또는 대기전력 기준을 고시해야 한다.
④ 산업통상자원부장관은 붙박이에너지사용기자재를 설치한 건설업자의 효율관리기준 준수이행여부를 조사할 수 있다.

[해설] 산업통상자원부장관은 건설업자가 설치하여 입주자에게 공급하는 붙박이 가전제품(건축물의 난방, 냉방, 급탕, 조명, 환기를 위한 제품은 제외한다)으로서 국토교통부장관과 협의하여 산업통상자원부령으로 정하는 에너지사용기자재의 에너지이용 효율을 높이기 위하여 다음 각 호의 사항을 정하여 고시하여야 한다.
1. 에너지의 최저소비효율 또는 최대사용량의 기준
2. 에너지의 소비효율등급 또는 대기전력 기준
3. 그밖에 붙박이에너지사용기자재의 관리에 필요한 사항으로서 산업통상자원부령으로 정하는 사항

12

산업통상자원부장관은 고효율에너지인증대상기자재로 유지할 필요성이 없다고 인정하는 기자재를 기준과 절차에 따라 인증대상기자재에서 제외할 수 있다. 다음 중 인증대상기자재 제외기준에 해당하지 <u>않는</u> 것은?

정답 11. ① 12. ④

① 해당 기자재를 고효율에너지인증대상기자재로 정한 지 10년이 지난 경우
② 해당 기자재의 연간 판매대수가 해당 연도의 고효율에너지인증대상 기자재 전체 판매대수의 100분의 10을 넘는 경우
③ 해당 기자재를 고효율에너지인증대상기자재로 인증한 건수가 최근 3년간 연간 10건 이하인 경우
④ 해당 기자재의 최근 2년간 생산·판매 실적이 현저히 저조한 경우

[해설] 고효율에너지인증대상기자재 제외 기준
1. 해당 기자재의 기술 수준
   가. 해당 기자재를 고효율에너지인증대상기자재로 정한 지 10년이 지난 경우일 것
   나. 해당 기자재의 에너지이용효율에 대한 기술 수준이 해당 기자재를 더 이상 고효율에너지인증대상기자재로 인정할 필요성이 없을 만큼 이미 보편화되었을 것
2. 해당 기자재의 보급 정도
   가. 해당 기자재의 연간 판매대수가 해당 연도의 고효율에너지인증대상기자재 전체 판대대수의 100분의 10을 넘는 경우일 것
   나. 해당 기자재에 대한 이용 및 보급이 해당 기자재를 더 이상 고효율에너지인증대상기자재로 인정할 필요성이 없을 만큼 이미 보편화되었을 것
3. 해당 기자재의 인증 등 실적
   가. 해당 기자재를 고효율에너지인증대상기자재로 인증한 건수가 최근 3년간 연간 10건 이하인 경우일 것
   나. 해당 기자재의 최근 3년간 생산·판매한 실적이 해당 기자재를 더 이상 고효율에너지인증대상기자재로 인정할 필요성이 없을 만큼 현저히 저조할 것
4. 제1호부터 제3호까지 규정한 경우 외에 해당 기자재의 기술 수준 및 보급 정도 등을 고려할 때, 계속하여 고효율에너지인증대상기자재로 정할 만한 필요성이 낮다고 산업통상자원부장관이 인정하는 경우일 것

13 「에너지법」에 따른 에너지복지사업의 일환인 에너지이용권의 발급 및 사용에 관한 설명으로 적절하지 않은 것은?
① 「국민기초생활 보장법」에 따른 생계급여 수급자로서 65세 이상인 사람은 에너지이용권의 수급대상자이다.
② 산업통상자원부장관은 에너지이용권 발급신청을 받은 경우 발급할 것인지 여부를 결정하여 신청일 부터 30일 이내에 서면 또는 전자문서로 신청인에게 알려야 한다.
③ 산업통상자원부장관은 에너지이용권 발급결정 통보를 한 경우 개별 가구 단위로 에너지이용권을 발급하여야 한다.
④ 에너지이용권을 제시받은 에너지공급자는 정당한 사유 없이 에너지공급을 거부할 수 없다.

[해설] 산업통상자원부장관은 발급 신청을 받은 경우 에너지이용권을 발급할 것인지 여부를 결정하여 신청일부터 14일 이내에 서면 또는 전자문서로 신청인에게 알려야 한다.

[정답] 13. ②

14
「건축법」에 따른 거실의 채광 및 환기에 대한 기술 중 가장 적절하지 <u>않은</u> 것은?
① 다세대 주택의 거실은 거실 바닥면적의 1/10 이상의 채광을 위한 창문 등이나 설비를 설치해야 한다.
② 학원의 교실은 환기를 위해 각층 바닥면적의 1/20 이상의 개폐창을 설치해야 한다.
③ 의료시설의 병실은 기계환기장치가 있는 경우 환기창을 설치하지 않아도 된다.
④ 수시로 개방할 수 있는 미닫이로 구획된 2개의 거실은 이를 1개의 거실로 본다.

[해설] 환기를 위해 개폐 가능한 창부위 면적의 합계는 거실 외주부 바닥면적의 10분의 1 이상으로 한다.

15
「건축법」에 따른 설명 중 적절하지 <u>않은</u> 것은?
① "건축물"이란 토지에 정착(定着)하는 공작물 중 지붕과 기둥 또는 벽이 있는 것과 이에 딸린 시설물, 지하나 고가(高架)의 공작물에 설치하는 공연장·차고·창고, 그밖에 대통령령으로 정하는 것을 말한다.
② "건축설비"란 건축물에 설치하는 전기·전화 설비, 초고속 정보통신 설비, 지능형 홈 네트워크 설비, 가스·급수·배수(配水)·배수(排水)·환기·난방·소화(消火)·배연(排煙) 및 오물처리의 설비, 굴뚝, 승강기, 피뢰침, 국기 게양대, 공동시청 안테나, 유선방송 수신시설, 우편함, 저수조(貯水槽), 방범시설, 그밖에 국토교통부령으로 정하는 설비를 말한다.
③ "공사시공자"란 건축물의 건축·대수선·용도변경, 건축설비의 설치 또는 공작물의 축조에 관한 공사를 발주하거나 현장 관리인을 두어 스스로 그 공사를 하는 자를 말한다.
④ "리모델링"이란 건축물의 노후화를 억제하거나 기능 향상 등을 위하여 대수선하거나 일부 증축하는 행위를 말한다.

[해설]
- "건축주"란 건축물의 건축·대수선·용도변경, 건축설비의 설치 또는 공작물의 축조(이하 "건축물의 건축 등"이라 한다)에 관한 공사를 발주하거나 현장 관리인을 두어 스스로 그 공사를 하는 자를 말한다.
- "공사시공자"란 「건설산업기본법」 제2조 제4호에 따른 건설공사를 하는 자를 말한다.

16
「건축법」에 따른 건축설비 설치의 원칙에 대한 설명 중 적절하지 <u>않은</u> 것은?
① 건축설비는 건축물의 안전·방화, 위생, 에너지 및 정보통신의 합리적 이용에 지장이 없도록 설치하여야 하고, 배관피트 및 닥트의 단면적과 수수구의 크기를 해당 설비의 수선에 지장이 없도록 하는 등 설비의 유지·관리가 쉽게 설치하여야 한다.
② 국토교통부장관은 건축물에 설치하는 냉방·난방·환기 등 건축설비의 설치 및 에너지 이용 합리화와 관련한 기술적 기준에 관하여 산업통상자원부장관과 협의하여 정한다.

[정답] 14. ② 15. ③ 16. ②

③ 연면적이 500제곱미터 이상인 건축물의 대지에는 국토교통부령으로 정하는 바에 따라 「전기사업법」 제2조 제2호에 따른 전기사업자가 전기를 배전(配電)하는 데 필요한 전기설비를 설치할 수 있는 공간을 확보하여야 한다.
④ 해풍이나 염분 등으로 인하여 건축물의 재료 및 기계설비 등에 조기 부식과 같은 피해 발생이 우려되는 지역에서는 해당 지방자치단체는 이를 방지하기 위하여 해풍이나 염분 등에 대한 내구성 설계기준 및 허용기준을 조례로 정할 수 있다.

[해설] 건축물에 설치하는 급수·배수·냉방·난방·환기·피뢰 등 건축설비의 설치에 관한 기술적 기준은 국토교통부령으로 정하되, 에너지 이용 합리화와 관련한 건축설비의 기술적 기준에 관하여는 산업통상자원부장관과 협의하여 정한다(건축법 시행령 87조).

17

「건축법」에 따른 건축물의 마감재료 중 복합자재의 품질관리서에 기재할 내용으로 가장 적절한 것은?

① 난연 성능
② 단열 성능
③ 방수 성능
④ 방음 성능

[해설] 건축물의 마감재료 중 복합자재[불연성 재료인 양면 철판 또는 이와 유사한 재료와 불연성이 아닌 재료인 심재(心材)로 구성된 것을 말한다]를 공급하는 자, 공사시공자 및 공사감리자는 국토교통부령으로 정하는 사항을 기재한 복합자재품질관리서를 대통령령으로 정하는 바에 따라 허가권자에게 제출하여야 하며, 허가권자는 한국건설기술연구원에 난연(難燃)성분 분석시험을 의뢰하여 난연 성능을 확인하도록 할 수 있다(「건축법」 제52조의3).

18

「건축법」에 따라 건축물의 난방 및 환기 설비를 설치할 때 건축기계설비기술사의 협력을 받아야 하는 경우로 적절하지 <u>않은</u> 것은?

① 총 30세대인 아파트
② 바닥면적의 합계가 1만 제곱미터인 물놀이형 시설
③ 바닥면적의 합계가 3천 제곱미터인 의료시설
④ 바닥면적의 합계가 2천 제곱미터인 연구소

[해설] 건축법 시행령 91조의3 제②항 : 연면적 1만 제곱미터 이상인 건축물(창고시설은 제외한다) 또는 에너지를 대량으로 소비하는 건축물로서 '국토교통부령으로 정하는 건축물'에 건축설비를 설치하는 경우에는 국토교통부령으로 정하는 바에 따라 다음 각 호의 구분에 따른 관계전문기술자의 협력을 받아야 한다.
1. 전기, 승강기(전기 분야만 해당한다) 및 피뢰침 : 「기술사법」에 따라 등록한 건축전기설비기술사 또는 발송배전기술사

정답 17. ① 18. ④

2. 가스・급수・배수(配水)・배수(排水)・환기・난방・소화・배연・오물처리 설비 및 승강기(기계 분야만 해당한다) : 「국가기술자격법」에 따른 건축기계설비기술사 또는 공조냉동기계기술사
단, 위에서 '국토교통부령으로 정하는 건축물'이란 아래와 같다(건축물의 설비기준 등에 관한 규칙 제2조).
(1) 냉동냉장시설・항온항습시설 또는 특수청정시설로서 당해 용도에 사용되는 바닥면적의 합계가 5백 제곱미터 이상인 건축물
(2) 영 별표1 제2호 가목 및 나목에 따른 아파트 및 연립주택
(3) 다음 각 목의 어느 하나에 해당하는 건축물로서 해당 용도에 사용되는 바닥면적의 합계가 5백 제곱미터 이상인 건축물
   가. 영 별표1 제3호 다목에 따른 목욕장
   나. 영 별표1 제13호 가목에 따른 물놀이형 시설(실내에 설치된 경우로 한정한다) 및 같은 호 다목에 따른 수영장(실내에 설치된 경우로 한정한다)
(4) 다음 각 목의 어느 하나에 해당하는 건축물로서 해당 용도에 사용되는 바닥면적의 합계가 2천 제곱미터 이상인 건축물
   가. 영 별표1 제2호 라목에 따른 기숙사
   나. 영 별표1 제9호에 따른 의료시설
   다. 영 별표1 제12호 다목에 따른 유스호스텔
   라. 영 별표1 제15호에 따른 숙박시설
(5) 다음 각 목의 어느 하나에 해당하는 건축물로서 해당 용도에 사용되는 바닥면적의 합계가 3천 제곱미터 이상인 건축물
   가. 영 별표1 제7호에 따른 판매시설
   나. 영 별표1 제10호 마목에 따른 연구소
   다. 영 별표1 제14호에 따른 업무시설

19

「건축물의 설비기준 등에 관한 규칙」에 따른 공동주택 및 다중이용시설의 환기설비기준에 대한 설명으로 적절하지 않은 것은?

① 신축 또는 리모델링하는 100세대 이상의 공동 주택은 시간당 0.5회 이상의 환기가 이루어질 수 있도록 자연환기설비 또는 기계환기설비를 설치할 것
② 다중이용시설의 기계환기설비 용량기준은 시설이용 시간당 환기량을 원칙으로 산정할 것
③ 기계환기설비는 다중이용시설로 공급되는 공기의 분포를 최대한 균등하게 하여 실내 기류의 편차가 최소화될 수 있도록 할 것
④ 공기공급체계・공기배출체계 또는 공기흡입구・배기구 등에 설치되는 송풍기는 외부의 기류로 인하여 송풍능력이 떨어지는 구조가 아닐 것

[해설] 다중이용시설의 기계환기설비 용량기준은 1인당 환기량을 원칙으로 산정한다.

정답 19. ②

20 「기존 건축물의 에너지성능 개선기준」에 따른 설명으로 적절하지 않은 것은?

① "에너지성능 및 효율개선"이란 건축물의 냉난방 부하량과 에너지 소요량 저감을 통해 에너지 소비량을 절감하는 것을 말한다.
② 건축물의 사용자 또는 관리자는 성능개선 사업계획서에 대한 보완 요청을 받은 경우 30일 이내에 녹색건축센터의 장에게 사업계획서를 보완하여 제출하여야 한다.
③ 성능개선 이후에도 에너지효율등급 3등급 이상을 충족시키기 어려운 공공건축물은 연간 단위면적당 1차 에너지소요량을 20% 이상 개선하여야 한다.
④ 녹색건축센터의 장은 지역·용도·규모별 에너지 소비량 상위 50% 이내의 공공건축물에 대하여 성능개선을 요구할 수 있다.

[해설] 기존 건축물의 에너지성능 개선기준 제7조(녹색건축물 전환기준)
① 녹색건축물 조성 지원법 제13조 제1항에 따른 녹색건축물전환기준은 다음 각 호와 같다.
 1. 「건축물 에너지효율등급 인증기준」에 따라 에너지효율등급 3등급 이상의 등급을 인증받아야 한다.
 2. 다만 성능개선 이전에 이미 에너지효율등급 3등급 이상을 인증받았거나, 성능개선 이후에도 에너지효율등급 3등급 이상을 충족시키기 어려운 공공건축물은 다음 각 목을 모두 충족시켜야 한다.
  가. 에너지성능개선 전후 대비 연간 단위면적당 냉난방 부하량 20% 이상 개선
  나. 연간 단위면적당 1차 에너지소요량 30% 이상 개선
② 사용자 등은 녹색건축물로 전환 시 제1항에 각 호에 따른 성능을 만족시켜야 한다.
③ 제1항 제2호의 평가는 ISO 13790 등 국제규격에 따라 제작된 프로그램으로 평가하며, 세부기준은 「건축물 에너지효율등급 인증기준」을 따른다.

제2과목 : 건축환경계획

21 건물의 냉방에너지사용량을 줄이기 위한 방법 중 가장 적절한 것은?

① 서울 소재 건물의 일사 유입을 방지하기 위해 남향은 수직차양, 서향은 수평차양을 사용하는 것이 효과적이다.
② 옥상 쿨루프(Cool Roof)의 경우 낮은 일사 반사율의 재료를 선택하는 것이 좋다.
③ 우리나라와 같은 기후에서는 증발냉각을 활용하는 것이 매우 효과적이다.
④ 연중 내부발열이 매우 많은 건물의 경우 관류율이 매우 낮은 창을 선택하는 것은 불리할 수 있다.

정답 20. ③ 21. ④

[해설] ① 일사 유입을 방지하기 위해 남향은 수평차양, 서향은 수직차양을 사용하는 것이 더 효과적이다.
② 옥상 쿨루프의 경우 높은 일사 반사율의 재료를 선택하는 것이 좋다.
③ 증발냉각은 실내의 습도를 높일 수 있으므로, 우리나라와 같이 여름철 습도가 높은 지역에서는 주의를 요한다.
④ 연중 내부발열이 매우 많은 건물의 경우 열관류율이 높은 창을 선택하는 것이 유리하다.

22 자연형 태양열 시스템(Passive Solar System)의 설명으로 적절하지 않은 것은?

① 자연형 태양열 시스템은 전도, 대류, 복사 등 자연에너지의 흐름을 이용한다.
② 자연형 태양열 시스템은 태양, 야간천공과 같은 자연에너지원을 활용한다.
③ 자연형 태양열 시스템은 직접획득방식, 축열벽방식, 온실방식, 이중외피방식, 쿨튜브방식 등이 있다.
④ 태양열 시스템은 설비형 태양열 시스템에 비해 경제적인 반면 성능 면에서 불리하다.

[해설] '쿨튜브방식'은 자연형 태양열 시스템이 아니라, 지열에너지를 이용한 환기(Out Air)의 냉각 혹은 예열방식이다.

23 1시간 이하 시간간격의 동적건물에너지해석을 통한 에너지요구량 계산 시 고려하지 않는 것은?

① 창호를 통한 일사열
② 공조기(AHU)의 팬효율
③ 시간에 따른 재실자, 조명, 기기 등에 의한 현열 및 잠열
④ 자연환기 또는 침기에 의한 열손실 및 열획득

[해설] 공조기 팬효율과 같은 장비 혹은 기계 관련 에너지는 에너지요구량이 아니라, 에너지소요량에 속한다.

24 난방도일에 대한 설명 중 가장 적절하지 않은 것은?

① 난방도일이 크다는 것은 기후가 춥다는 것과 난방을 위해 연료비가 많이 드는 것을 의미한다.
② 난방도일은 잠열을 고려하지 않기 때문에 외기의 습도와는 관계가 없다.
③ 난방도일은 지역 간의 난방투입열량을 비교하기 위한 목적으로 사용된다.
④ 난방도일은 외기온이 기준 실온보다 높아지는 기간 중의 온도차 합으로 나타낸다.

[해설] 난방도일은 외기온이 기준 실온보다 낮아지는 기간 중의 온도차의 합으로 나타낸다.

정답 22. ③ 23. ② 24. ④

25

외기에 직접 면한 면적 10m²의 벽체와 면적 5m²의 창호로 구성된 외벽이 있다. 벽체와 창호의 열 관류율이 각각 0.270W/m²·K, 1.500W/m²·K라고 할 때, 외벽의 평균열관류율(W/m²·K)은 얼마인가?

① 0.059 ② 0.680 ③ 0.885 ④ 1.770

[해설] 1. 평균열관류율 계산 시 보정계수는 아래와 같다.
 (1) 외기 직접 면함 : 1.0
 (2) 외기 간접 면함 : 벽체는 0.7, 창이나 문은 0.8
2. 면적 가중평균(단, 보정계수 고려)

$$평균열관류율 = \frac{0.27 \times 10 \times 1.0 + 1.5 \times 5 \times 1.0}{10+5} = 0.68$$

26

건물외피계획에 관한 설명으로 가장 적절하지 <u>않은</u> 것은?

① 구조체의 열용량은 냉난방부하와 실내온도 변화에 영향을 크게 미친다.
② 로이유리는 유리에 투명금속피막 코팅으로 복사열을 반사하여 실내 측의 열을 보존한다.
③ 태양열취득률(SHGC)은 3mm 투명유리 대비 태양에너지 취득량의 비율로 구한다.
④ 이중외피 시스템은 외피 사이의 중공층을 이용하여 외부의 자연환경을 적극적으로 활용한다.

[해설] 1. 차폐계수(SC ; Shading Coefficient) : 유리에 직접 투과된 태양열과 유리 내부로 흡수된 태양열이 실내로 방사열이 전달되는 정도를 나타내며, 차폐계수가 1.0인 3mm 두께의 맑은 유리에 대하여 특정 유리가 어느 정도 태양열을 취득했는지를 나타내는 수치로 표현한다.
2. 열사열획득계수(SHGC ; Solar Heat Gain Coefficient)
 (1) 열사열획득계수는 창호를 통한 일사 취득의 정도를 나타내는 지표이다.
 (2) 열사열획득계수 = 직접 투과된 일사량 계수 + 유리에 흡수된 후 실내로 유입되는 일사량 계수(단위는 무차원이다)
 (3) 열사열획득계수(SHGC)가 크면 창호를 통한 일사 취득량 증가로 냉방부하는 증가되고, 난방부하는 저감된다.
 (4) 그 개략치는 SC(Shading Coefficient ; 차폐계수)를 이용하여 아래과 같은 계산식으로 구할 수 있다.

$$SHGC = SC \times 0.87$$

27

열관류율 0.260W/m²·K, 외표면 열전달률 20W/m²·K, 일사흡수율 0.6인 면적 2m²의 외벽에서 외기온도 30℃, 실내온도 26℃, 외벽면 전일사량 300W/m²인 경우 상당외기온도차에 의한 총관류 열량(W)은 얼마인가?

① 2.08 ② 3.38 ③ 6.76 ④ 20.28

정답 25. ② 26. ③ 27. ③

[해설]   1. SAT(상당외기온도) $= t_o + a \times \dfrac{I}{\alpha_o} = 30 + 0.6 \times \dfrac{300}{20} = 39\,℃$

2. ETD(상당외기온도차) $= \text{SAT} - t_i = 39 - 26 = 13\,℃$

3. 상당외기온도차에 의한 총관류열량 $= K \times A \times \text{ETD} = 0.26 \times 2 \times 13 = 6.76$

28

저항형 단열재를 사용한 외단열과 내단열 방식의 특징 중 가장 적절하지 <u>않은</u> 것은?

① 열교현상과 결로현상 방지에는 외단열이 더 적합하다.
② 구조체의 축열성능 활용에는 외단열이 더 적합하다.
③ 초기 난방 시(Warm-up) 실내 설정온도에 신속하게 도달하는 데는 외단열이 더 적합하다.
④ 모든 벽체 구성요소의 열전도율과 두께가 동일한 경우 단열재의 위치와 관계없이 열관류율 계산 값은 동일하다.

[해설] 초기 난방 시 실내 설정온도에 신속하게 도달하는 데는 내단열이 더 적합하다. 이는 내단열의 경우 구조체 축열이 거의 없어 실내온도가 빠르게 설정온도에 도달할 수 있기 때문이다.

29

다음 그림은 겨울철 외벽 내부의 정상상태 온도 분포를 나타낸 것이다. 이에 대한 설명으로 맞는 내용을 모두 나타낸 것은? (단, 복사의 영향은 고려하지 않는다.)

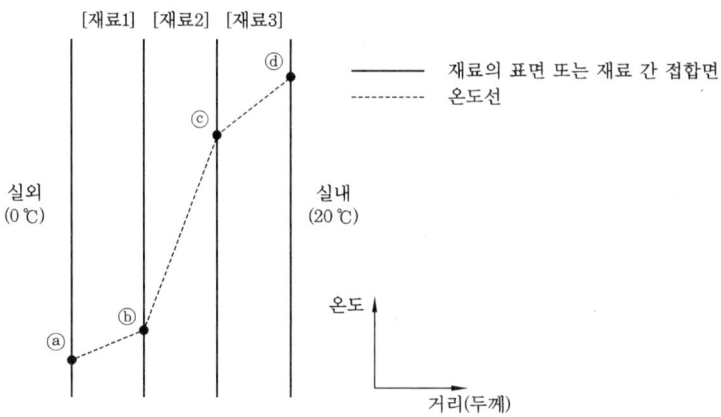

㉠ ⓐ지점의 표면온도는 0℃이다.
㉡ ⓓ지점의 표면온도는 20℃보다 낮다.
㉢ 벽체의 단열 성능 향상을 위해서는 [재료1]의 두께를 증가시키는 것이 가장 효과적이다.
㉣ [재료1]의 열전도율이 [재료2]의 열전도율보다 높다.
㉤ ⓐ~ⓑ 구간의 열저항값이 ⓒ~ⓓ 구간의 열저항값보다 크다.

① ㉠, ㉣   ② ㉠, ㉤   ③ ㉡, ㉣   ④ ㉡, ㉢, ㉤

[정답] 28. ③ 29. ③

[해설] ㉠ : ⓐ지점의 표면온도는 실내로부터 전열되어오는 전열량 때문에 외기온도인 0℃보다 높다.
㉢ : 벽체의 단열 성능 향상을 위해서는 단열 성능이 높은 [재료2]의 두께를 증가시키는 것이 가장 효과적이다.
㉤ : ⓐ~ⓑ 구간의 열저항값이 ⓒ~ⓓ 구간의 열저항값보다 작다.

30

구조체 내부 중공층의 단열효과에 관한 설명 중 가장 적절하지 않은 것은?
① 중공층의 기밀성능이 떨어지면 단열효과가 저하된다.
② 중공층 내부에서는 대류와 복사에 의하여 열전달이 이루어진다.
③ 중공층의 두께가 두꺼울수록 단열성능이 향상된다.
④ "건축물의 에너지절약설계기준"에서 두께 1cm 초과 현장시공 공기층의 열 저항은 0.086 $m^2 \cdot K/W$ 로 규정된다.

[해설] 중공층의 두께가 일정치 이상 두꺼워지는 경우에는 대류작용이 발생하여 단열성능이 더 이상 증가하지 않는다.

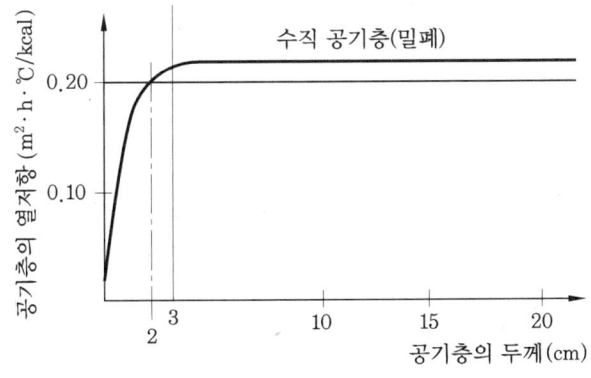

중공층(공기층)의 두께와 열저항(실측 사례)

31

창면적비 40%, 창호(창세트)의 열관류율 1.800 W/$m^2 \cdot$K, 벽체의 열관류율 0.300 W/$m^2 \cdot$K인 외기에 직접 면하는 외벽 구성체에서 단열성능 향상을 위한 대안으로 가장 우수한 것은? (단, 일사의 영향은 고려하지 않는다.)
① 열관류율 1.500 W/$m^2 \cdot$K의 창호로 교체한다.
② 창면적비를 30%로 변경한다.
③ 열전도율 0.020 W/m·K인 단열재 100 mm를 벽체에 추가한다.
④ 창면적비를 35%로 변경하고 열전도율 0.020 W/m·K인 단열재 30 mm를 벽체에 추가한다.

[정답] 30. ③ 31. ②

[해설] 문제에서 외기에 직접 면한 경우이므로, 구조체의 보정계수는 무시하고 아래와 같이 구한다.
① 외기에 직접 면한 외벽의 평균열관류율(K) = 벽체의 열관류율 × 벽체비율 + 창호의 열관류율 × 창호비율 = $0.3 \times 0.6 + 1.5 \times 0.4 = 0.78$
② $K = 0.3 \times 0.7 + 1.8 \times 0.3 = 0.75$
③ 초기 열관류저항 $R = 1/K = 1/0.3 = 3.333$
단열재 추가 시 열관류저항(R') = $R + \Delta d/\lambda = 3.333 + 0.1/0.02 = 8.333$
단열재 추가 시 벽체의 열관류율 = $1/R' = 1/8.333 = 0.12$
따라서, $K = 0.12 \times 0.6 + 1.8 \times 0.4 = 0.792$
④ 단열재 추가 시 열관류저항(R') = $R + \Delta d/\lambda = 3.333 + 0.03/0.02 = 4.833$
단열재 추가 시 벽체의 열관류율 = $1/R' = 1/4.833 = 0.2069$
따라서, $K = 0.2069 \times 0.65 + 1.8 \times 0.35 = 0.764$
→ 따라서, 평균열관류율(K)가 가장 작은 ②가 단열성능이 가장 우수하다.

32

건물의 최대 난방부하 계산과 가장 거리가 먼 요소는?
① 유리의 태양열취득률(SHGC) ② 단열재의 종류와 두께
③ 건물의 기밀도 ④ 환기량

[해설] 보통 건물의 난방부하 계산 시 일사부하를 고려하지 않으므로, 유리의 태양열취득률(SHGC)도 고려하지 않아도 된다.

33

건물에서 연중 열획득에만 관계되는 요소로 가장 적절하지 않은 것은?
① 복사기 ② 고휘도방전램프(HID)
③ 그라스울 보온판 ④ 재실자

[해설] 복사기, 램프, 재실자 등은 건물의 내부 발열원(열획득)에 해당하므로 냉방부하계산 시 고려(추가)해야 한다.

34

결로 방지대책에 관한 설명으로 가장 적절하지 않은 것은?
① 실내의 수증기 발생을 억제한다.
② 외부 공기 습도가 낮은 경우 환기를 통하여 실내 습한 공기를 제거한다.
③ 방습층을 단열층의 온도가 높은 곳에 설치한다.
④ 표면결로 방지를 위해 온도차이비율(TDR)값을 높게 한다.

[해설] 표면결로 방지를 위해서 온도차이비율(TDR)값을 낮게 해야 한다.

정답 32. ① 33. ③ 34. ④

35. 주거용 건물의 결로에 관한 설명으로 가장 적절하지 <u>않은</u> 것은?

① 외벽의 접합부나 모서리 부위는 열교면적이 상대적으로 커서 결로 발생 우려가 높다.
② 습도가 높은 장마철에 지하 주차장의 결로 문제를 해결하기 위해 충분한 외기를 도입하여 환기한다.
③ 내표면 결로는 난방이 제공되는 실보다 비난방실이나 창고 등에서 발생 우려가 높다.
④ 가구 후면 결로 방지를 위해 외벽에서 일정 거리를 두어 통기가 이루어지도록 한다.

[해설] 습도가 높은 장마철에는 지하 주차장 등의 장소에 외기를 많이 도입하면 오히려 결로가 발생할 수 있다.

36. 일사에 대한 설명으로 가장 적절하지 <u>않은</u> 것은?

① 직달일사는 태양의 복사선이 대기를 투과하여 지상에 도달한 것이다.
② 대기투과율은 대기의 투명도를 표시한 값이다.
③ 태양상수는 지상에 도달하는 평균 일사량이다.
④ 천공일사는 태양의 복사선이 대기 중에 산란되어 지상에 도달한 것이다.

[해설] 태양상수
1. 대기층 밖에서 받는 태양의 복사 플럭스(복사밀도)를 말한다.
2. 태양과 지구의 거리가 평균거리이고, 태양광도가 3.86×10^{26} W일 때 태양상수는 $1,367$ W/m^2(1.946 cal/cm$^2 \cdot$ min)이다.

37. 실내공기를 오염시키는 오염물질에 대한 설명 중 가장 적절하지 <u>않은</u> 것은?

① 실내공기오염의 대표적인 척도는 인간의 호흡활동에 의해 발생하는 이산화탄소(CO_2)이다.
② 폼알데히드(HCHO)는 건축 마감재, 접착제 등에서 발생하는데 무색의 물질로 자극성 있는 냄새가 난다.
③ 라돈은 토양, 암반, 지하수, 콘크리트 등에 존재하는 무색의 방사성 물질로 암을 유발시키며 자극성 있는 냄새가 난다.
④ 미세먼지는 호흡기에 영향을 주며 입자 크기가 직경 10μm 이하인 미세먼지를 'PM10'이라고 한다.

[해설] 라돈(Rn)은 폐암의 원인으로 알려져 있으나 색, 냄새, 맛 등이 없는 물질이다.

38. 창의 면적이 2m^2, 유량계수가 0.5, 바람이 유입되고 유출되는 창 양쪽의 풍압계수가 각각 +2, -2, 풍속이 1m/s인 조건에서의 풍량(m^3/s)은 얼마인가?

① 1.0 ② 2.0 ③ 3.0 ④ 4.0

[정답] 35. ②　36. ③　37. ③　38. ②

[해설] 자연 풍력환기에 의한 풍량(Q) 계산공식
$$Q = \alpha A \sqrt{(C_1 - C_2)}\, V$$
　　α : 유량계수
　　A : 개구부의 환기면적(m²)
　　V : 풍속(m/s)
　　C_1 : 개구부 하층의 풍압계수
　　C_2 : 개구부 상층의 풍압계수
　　따라서, 풍량(Q) $= 0.5 \times 2 \times \sqrt{2-(-2)} \times 1 = 2\,\text{m}^3/\text{s}$

39

15 m×12 m 크기의 사무실에서 광속 3,000 lm인 조명기구를 이용하여 작업면 평균조도를 500 lux로 하고자 하는 경우, 필요한 최소 조명기구의 수는 몇 개인가? (단, 조명률은 71%, 보수율은 85%로 한다.)

① 19　　② 26　　③ 36　　④ 50

[해설] 최소 조명기구의 수 $N = E \times A / FUM = 500 \times (15 \times 12)/(3000 \times 0.71 \times 0.85) = 49.7$
따라서, 50개로 결정

40

습공기선도상에 온도와 상대습도에 따른 인체의 쾌적 범위를 표시할 수 있다. 겨울철 평균복사온도가 상승하는 경우 표시된 쾌적 범위는 습공기선도상에서 어떻게 이동하는가?

① 오른쪽으로 이동　　② 왼쪽으로 이동
③ 위로 이동　　④ 아래로 이동

[해설] 아래 습공기선도상 온도(t) 축은 아래의 수평축에 해당하므로, 평균복사온도가 상승하는 경우에 쾌적범위는 왼쪽으로 이동한다.

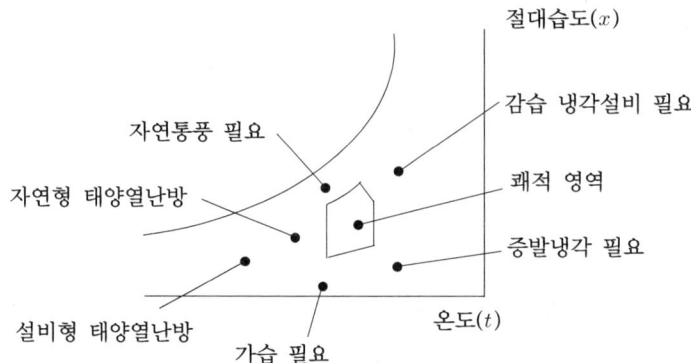

[정답] 39. ④　40. ②

제3과목 : 건물설비시스템

41 다음 중 열역학 제1법칙에 대한 설명으로 가장 적절한 것은?
① 에너지 보존의 원리를 나타낸다.
② 열적 평형관계를 나타낸다.
③ 에너지의 이동의 방향성을 나타낸다.
④ 제2종 영구기관의 성립을 나타낸다.

[해설] ② 열적 평형관계 → 열역학 제0법칙
③ 에너지 이동의 방향성 → 열역학 제2법칙
④ 제2종 영구기관 → 열역학 제2법칙

42 소비전력 3 kW의 전기온수기로 온도 20℃의 물 20 L를 60℃로 가열하는 데 필요한 시간(분)은? (단, 전기온수기의 효율은 95%이며, 물의 비열은 4.19 kJ/kg·℃이다.)
① 약 10 ② 약 20 ③ 약 37 ④ 약 74

[해설] 1. 필요 가열량 = 20×4.19×(60-20)/0.95 = 3528.421 kJ
2. 3 kW = 3 kJ/s
따라서, 3528.421/3 = 1176.14 s(초) = 19.6(분) → 약 20(분) 필요하다.

43 증기압축 냉동사이클이 그림과 같을 때, 압축일(kJ/kg)은 얼마인가?
① 3.21
② 32.22
③ 103.63
④ 135.85

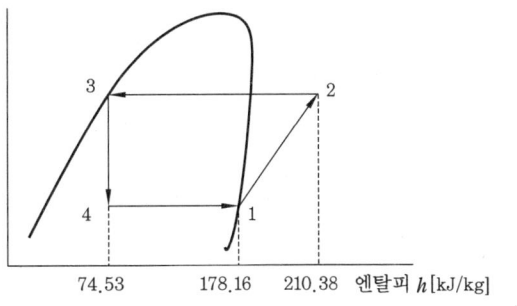

[해설] 압축일은 그림상 1 → 2구간이므로, 압축일 = 210.38-178.16 = 32.22

44 보일러에서 발생되는 증기압력은 980 kPa이며 이때의 증기건도는 98%였다. 이 증기의 비엔탈피(kJ/kg)는 약 얼마인가? (단, 980 kPa의 포화수엔탈피는 777.4 kJ/kg, 잠열은 2001.7 kJ/kg이다.)
① 2,618 ② 2,739 ③ 2,853 ④ 2,924

[해설] 증기의 엔탈피 = 777.4 + (2001.7×0.98) = 2739 kJ/kg

[정답] 41. ① 42. ② 43. ② 44. ②

45
공기조화방식을 열전달 매체에 의해 분류한 것이다. 공기-수 방식이 아닌 것은?
① 패키지형방식　　　　　　　　　② 유인유닛방식
③ 덕트병용 팬코일유닛방식　　　　④ 덕트병용 복사냉난방방식

[해설] 공조방식 중 패키지형방식은 전공기방식 혹은 개별공조방식에 적용하는 방식이다.

46
31.5℃의 외기와 26℃의 환기를 1 : 2의 비율로 혼합하고 냉각 감습할 때, 냉각코일 출구 온도는 약 몇 ℃인가? (단, 바이패스 팩터(By-pass Factor)는 0.2, 코일의 표면 온도는 12℃이다.)
① 8.8　　　② 15.1　　　③ 16.2　　　④ 17.3

[해설] 1. 혼합온도 = 26+(31.5−26)/3 = 27.83
2. 냉각코일 출구온도 = 12+(27.83−12)×0.2 = 15.166

47
덕트 사이즈 250 mm×250 mm, 덕트 길이 25 m, 엘보 2개, 레듀서 1개로 구성되어있는 공조 덕트에서 풍량이 2,350 m³/h일 때, 부속류에 해당되는 정압손실(Pa)은 약 얼마인가? (단, 엘보의 국부손실계수는 0.12, 레듀서의 국부손실계수는 0.5, 중력 가속도는 9.8 m/s², 공기 밀도는 1.2 kg/m³이다.)
① 15.7　　　② 17.0　　　③ 37.7　　　④ 48.4

[해설] 1. 풍속 = 풍량/통과면적 = 2350/(3600×0.25×0.25) = 10.444
　　국부 정압손실 $= \xi \times \dfrac{pv^2}{2}$ 공식에서,
2. 엘보의 정압손실 = 0.12×1.2×10.4442/2×2개 = 15.71
3. 레듀서의 정압손실 = 0.5×1.2×10.4442/2 = 32.72
　　따라서, 부속류 전체의 정압손실 = 15.71 + 32.72 = 48.43

48
현열부하를 제거하기 위하여 15℃, 3,000 m³/h 공기가 75 kW 동력의 팬으로 공급되고 있다. 공급온도를 12℃로 낮추었을 때, 팬 구동을 위한 동력(kW)은 약 얼마인가? (단, 실내조건은 건구온도 25℃, 상대습도 50%이다.)
① 75　　　② 57　　　③ 44　　　④ 34

[해설] '현열부하 = 풍량×공기의 밀도×공기의 정압비열×취출온도차'라는 공식에서, 취출온도차가 (25−15) → (25−12)로 늘어났다. 즉, 13/10 = 1.3배 늘어난 것이다. 따라서, 풍량은 1.3배 줄일 수 있다. 이때 팬의 전압력 또한 풍량의 제곱에 비례하므로 결국 팬동력(=풍량×전압력/효율)은 $1/1.3^3$만큼 줄어들게 된다.　　∴ $75/1.3^3 = 34.14$ kW

[정답] 45. ①　46. ②　47. ④　48. ④

49

외기와 실내공기를 단순 혼합하여 냉각한 후 취출하는 공조 시스템이 있다. 실내의 전열부하 20,000 W, 현열비 0.75, 도입외기량이 송풍량의 30%일 때 냉각코일의 냉각열량(W)은 약 얼마인가?

[조건]

구 분	외기	실내공기	취출공기
건구온도(℃)	32	26	15
상대습도(%)	70	50	85
엔탈피(kJ/kg)	83.7	52.8	37.7

- 공기의 정압비열 : 1.01 kJ/kg·℃
- 공기의 밀도 : 1.2 kg/m³

① 3,650 ② 5,130 ③ 32,940 ④ 75,820

[해설]
1. 현열부하 = 전열부하 × 현열비 = 20000 × 0.75 = 15000
2. 현열부하를 이용하여 풍량을 구하면,
 '현열부하 = 풍량 × 공기의 밀도 × 공기의 정압비열 × 취출온도차'라는 공식에서,
 풍량 = 현열부하/(공기의 밀도 × 공기의 정압비열 × 취출온도차)
 = 15000/{1.2 × 1.01 × 1000 × (26−15)} = 1.125 m³/s
3. 혼합공기의 엔탈피 = 52.8 + (83.7−52.8) × 0.3 = 62.07
4. 냉각코일의 냉각열량 = 풍량 × 공기의 밀도 × (혼합공기의 엔탈피 − 취출공기의 엔탈피)
 = 1.125 × 1.2 × (62.07−37.7) = 32.9 kW = 32,900 W

50

전력과 관련된 정의에 대한 설명 중 적절하지 <u>않은</u> 것은? [단, *는 공액, 아래첨자 p는 상(Phase), 아래첨자 L은 선간(Line to Line)을 의미한다.]

① 모든 평형 3상회로는 3개의 단상회로로 대표할 수 있으므로 3상 유효전력은 단상 유효전력의 3배이다.
② 평형 Y부하에 대해 상전압 V_p와 선간전압 V_L의 관계는 $V_L = \sqrt{3} V_p$이다.
③ 복소전력(P : 유효전력, Q : 무효전력, W : 복소전력) $W = P - jQ = \dot{V} * \dot{I}$ ($\dot{V}$: 전압, $\dot{I}$: 전류)로 계산된다.
④ 3상의 유효전력의 계산식 $P = \sqrt{3} VI\cos\theta$에서 전압 V와 전류 I는 상전압 및 상전류, $\cos\theta$는 역률을 의미한다.

[해설] 3상의 유효전력의 계산식 $P = \sqrt{3} VI\cos\theta$에서 전압 V와 전류 I는 선전압과 선전류, $\cos\theta$는 역률을 의미한다.

[정답] 49. ③ 50. ④

51

정풍량 방식의 덕트시스템에서 덕트계통의 풍량조절댐퍼가 닫히는 경우 송풍기 성능곡선과 덕트시스템 저항곡선상의 시스템 운전점은 어떻게 변화하는가?

① 풍량이 증가하고 정압은 낮아지는 쪽으로 이동한다.
② 풍량이 감소하고 정압은 낮아지는 쪽으로 이동한다.
③ 풍량이 증가하고 정압은 높아지는 쪽으로 이동한다.
④ 풍량이 감소하고 정압은 높아지는 쪽으로 이동한다.

[해설] 아래 그림과 같은 정풍량 방식의 덕트시스템에서 덕트계통의 풍량조절댐퍼가 닫히는(a → b) 경우에 풍량은 'A'만큼 감소하고, 전압력은 'B'만큼 높아지는 쪽으로 이동한다.

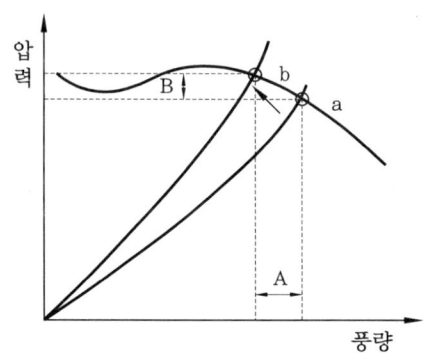

52

전력품질(Power Quality)을 나타내는 용어가 아닌 것은?
① 서지   ② 순간전압변동   ③ 플리커   ④ 안정도

[해설] 1. '안정도'는 전력계통이 정상상태에서뿐만 아니라 운전 중 시시각각으로 변화하는 부하에 적응하고 일부구간에 사고가 발생하여 부하나 전원이 탈락하는 경우에도 사고구간을 제외한 전체계통이 안정을 유지할 수 있는 정도를 말하며, 전력품질을 직접적으로 나타내는 용어는 아니다.
2. 전력품질 : 과도현상(서지, 낙뢰, 스위칭 등), 고조파, 단시간 변동, 장시간 변동, 주파수 변동, 전압 불평형, 전압 동요, 플리커 등을 말한다.

53

어떤 고층 건물에서 고압으로 전력을 수전해서 저압으로 옥내 배전하고자 한다. 이 건물 내에 설치된 총 설비 부하 용량은 800 kW이고 수용률은 50%라고 한다면, 이 건물에 전력을 공급하기 위한 변압기의 용량(kVA)으로 가장 적절한 것은? [단, 이 건물 내 설비 부하의 종합 역률은 0.75 (지상)이다.]
① 350   ② 400   ③ 450   ④ 550

정답 51. ④ 52. ④ 53. ④

[해설] 변압기 용량 = 총부하설비 용량 × 수용률/(부등률 × 역률)
= 800 × 0.5/(1 × 0.75) = 533.3 (이상)

54

발전기에 무정전 전원장치(UPS : Uninterruptible Power Supply)가 연결되어있다. 발전기의 운전상태가 정상일 때, 전원공급 순서로 알맞은 것은?

```
A : 전원입력
B : 컨버터(정류기)동작
C : 인버터 동작
D : 배터리 충전과 동시에 인버터에 DC 공급
E : 출력 공급
```

① A → B → D → C → E   ② A → C → D → B → E
③ A → D → C → B → E   ④ A → D → B → C → E

[해설] UPS 전원공급 순서 : 발전기 → 전원입력 → 컨버터(정류기) → 배터리 충전 및 인버터에 DC 공급 → 인버터 동작 → 출력

55

전동기의 효율 93%, 소비전력 180 kW인 펌프가 양정 50 m, 유량 700 m³/h로 연간 6,500시간 운전하여 양수하고 있다. 이를 동일 전동기, 양정, 유량의 펌프효율 78%인 고효율 펌프로 교체하여 동일한 시간 운전한다면 연간 전력절감량(kWh/년)은 얼마인가?

① 195,600   ② 246,870   ③ 251,650   ④ 253,430

[해설] 1. 펌프의 소비전력 $= \gamma \cdot Q \cdot H \cdot k/(\eta_P \cdot \eta_M)$
   γ : 유체의 비중량(물의 경우 ; 9.8 kN/m³)
   Q : 수량(m³/s)
   H : 양정(m)
   η_P : 펌프효율
   η_M : 전동기효율
   k : 전달계수(문제에서 주어지지 않았으므로 무시)
2. 상기 식에서, 펌프의 소비전력 180 kW = 9.8 × 700 × 50/(3600 × η_P × 0.93)
   따라서, η_P = 0.5692 → 56.92%
3. 펌프효율을 78%로 변경할 경우
   펌프의 소비전력 = 9.8 × 700 × 50/(3600 × 0.78 × 0.93) = 131.345 kW
4. 소비전력의 차이 = 180 - 131.345 = 48.65 kW
5. 연간 절감되는 소비전력량 = 48.65 kW × 6500시간 = 316,256 kWh

[정답] 54. ①   55. 없음

56

어느 사무실에 연간 4,500시간을 사용하는 40 W 2등용 형광램프 150세트가 설치되어있는데, 이를 18 W 2등용 LED 직관형램프 150세트로 교체한 경우 투자비 회수기간은 몇 년인가? (단, 계산 시 적용 전기요금은 112원/kWh, LED 직관형램프의 교체 설치비용은 102,000원/세트이며, 소수점 둘째 자리에서 반올림한다.)

① 4.8　　② 4.6　　③ 4.2　　④ 4.0

[해설]
1. 변경 전 전기요금 = 40 × 2 × 150 × 4500 × 112/1000 = 6,048,000
2. 변경 후 전기요금 = 18 × 2 × 150 × 4500 × 112/1000 = 2,721,600
3. 연간 절감금액 = 6,048,000 − 2,721,600 = 3,326,400
4. 초기투자비 = 102,000 × 150세트 = 15,300,000
5. 회수년수 = 초기투자비/연간 절감금액 = 15,300,000/3,326,400 = 4.6년

57

신·재생에너지 설비 KS인증을 위한 태양열설비에 속하지 않는 것은?

① 진공관 일체형 자연순환식 온수기(저탕용량 600L 이하)
② 평판형 강제순환식 온수기(저탕용량 600L 이하)
③ 추적 집광형 액체식 태양열집열기
④ 평판형 액체식 태양열집열기

[해설] KS인증 신재생에너지설비
1. 태양열 분야 : 평판형 태양열집열기, 진공관형 태양열집열기, 자연순환식 태양열온수기, 강제순환식 온수기
2. 태양광 분야 : 태양광발전용 계통 연계형 인버터, 결정질태양 전지모듈, 박막태양 전지모듈, 태양광전용 계통 연계형 중대형 인버터
3. 풍력 분야 : 소형 풍력 발전시스템
4. 지열 분야 : 물-물 지열열펌프 유닛, 물-공기 지열열펌프 유닛, 물-공기 멀티형 지열열펌프 유닛
5. 연료전지 분야 : 고분자 연료전지 시스템
6. 기타 : 축전지, 목재 펠릿 온수보일러

58

가변풍량(VAV) 터미널 유닛 방식에 따른 특징으로 적절하지 않은 것은?

① 유닛 입구의 압력 변동에 비례하여 온도 조절기 신호에 따라 풍량을 조절하는 유닛방식은 압력독립형이다.
② 부하가 변하여도 덕트 내 정압의 변동이 없고 발생소음이 적은 유닛방식은 바이패스형이다.
③ 덕트 내 정압변동이 크고 정압제어가 필요한 유닛방식은 교축형이다.
④ 1차공기를 고속으로 취출하기 위한 고압의 송풍기를 필요로 하는 유닛방식은 유인형이다.

[정답] 56. ②　57. ③　58. ①

[해설] 가변풍량 터미널 유닛 방식에서 유닛 입구의 압력 변동과 무관하게(압력 변동을 흡수하여) 온도조절기 신호에 따라 풍량을 일정하게 조절하는 방식을 '압력독립형'이라고 부른다.

59

「신·재생에너지 설비의 지원 등에 관한 규정」에 따른 태양광설비 시공기준의 내용으로 적절하지 <u>않은</u> 것은?

① 장애물로 인한 음영에도 불구하고 태양광모듈에 확보되는 일조시간은 춘·추계 기준으로 1일 4시간 이상이어야 한다.
② 태양광설비를 건물 상부에 설치할 경우 태양광설비의 수평투영면적 전체가 건물의 외벽 마감선을 벗어나지 않도록 한다.
③ 모듈을 지붕에 직접 설치하는 경우 모듈과 지붕면 간 간격은 10 cm 이상이어야 한다.
④ BIPV는 창호, 스팬드럴, 커튼월, 이중파사드, 외벽, 지붕재 등 건축물을 완전히 둘러싸는 벽·창·지붕 형태로 한정한다.

[해설] 1. 태양광설비 시공기준에서 일조시간 관련 규정
　(1) 장애물로 인한 음영에도 불구하고 일조시간은 1일 5시간[춘계(3~5월)·추계(9~11월)기준] 이상이어야 한다. 다만, 전기줄, 피뢰침, 안테나 등 경미한 음영은 장애물로 보지 아니한다.
　(2) 태양광모듈 설치열이 2열 이상일 경우 앞열은 뒷열에 음영이 지지 않도록 설치하여야 한다.
2. 태양열설비 시공기준에서 일조시간 관련 규정
　(1) 음영이 전혀 없는 일조시간이 1일 4시간[동계(12~2월) 기준] 이상이어야 한다. 다만, 전기줄, 피뢰침, 안테나 등 경미한 음영은 장애물로 보지 아니한다.
　(2) 집열기 설치열이 2열 이상일 경우 앞열은 뒷열에 음영이 지지 않도록 설치하여야 한다.

60

「신·재생에너지 설비의 지원 등에 관한 규정」에 따른 지열에너지 설비 시공기준에서 지열열펌프 유닛에 대한 설명 중 적절하지 <u>않은</u> 것은?

① 지열열펌프 유닛의 냉매 배관 길이는 신재생에너지 설비 인증서에 기재된 냉매배관길이 이상으로 설치하여야 한다.
② 압축기에는 오일히터나 오일포밍 방지장치를 장착하여야 한다.
③ 열교환기 및 외부 노출 배관은 반드시 단열하여야 한다.
④ 지열열펌프는 압축기의 진동을 감쇄시키기 위해 콘크리트 기초 위에 앵커볼트 고정 및 방진설비를 설치하여야 한다.

[해설] 지열설비 시공기준 중 지열열펌프 유닛의 냉매 배관 길이는 신재생에너지 설비 인증서(인증을 위한 시험성적서)에 기재된 냉매배관 길이 이하로 설치하여야 한다.

정답 59. ①　60. ①

제4과목 : 건물 에너지효율설계·평가

61 「건축물 에너지효율등급 인증에 관한 규칙」에 따른 운영기관 및 인증기관에 대한 내용으로 적절하지 <u>않은</u> 것은?

① 운영기관은 인증관리시스템의 운영에 관한 업무를 수행한다.
② 인증기관은 기관명 및 기관의 대표자가 변경되었을 때 국토교통부장관에게 관련 증명 서류와 함께 30일 이내에 보고하여야 한다.
③ 인증기관은 인증 평가서 결과에 따라 인증 여부 및 등급을 결정한다.
④ 운영기관은 전년도 사업추진 실적과 그해의 사업계획을 매년 1월 말일까지 국토교통부장관과 산업통상자원부장관에게 보고하여야 한다.

[해설] 인증기관 지정서의 발급 및 인증기관 지정의 갱신(건축물 에너지효율등급 인증에 관한 규칙 제5조)
① 국토교통부장관은 제4조 제6항에 따라 인증기관으로 지정받은 자에게 별지 제2호 서식의 건축물 에너지효율등급 인증기관 지정서를 발급하여야 한다.
② 제4조 제6항에 따른 인증기관 지정의 유효기간은 건축물 에너지효율등급 인증기관 지정서를 발급한 날부터 5년으로 한다.
③ 국토교통부장관은 산업통상자원부장관과 협의한 후 인증운영위원회의 심의를 거쳐 제2항에 따른 지정의 유효기간을 5년마다 갱신할 수 있다. 이 경우 갱신기간은 갱신할 때마다 5년을 초과할 수 없다.
④ 제1항에 따라 건축물 에너지효율등급 인증기관 지정서를 발급받은 인증기관의 장은 다음 각 호의 어느 하나에 해당하는 사항이 변경되었을 때에는 그 변경된 날부터 30일 이내에 변경된 내용을 증명하는 서류를 운영기관의 장에게 제출하여야 한다.
1. 기관명 및 기관의 대표자
2. 건축물의 소재지
3. 제4조 제4항에 따른 상근 인증업무인력

62 다음은 업무시설에 대한 건축물 에너지효율등급 인증 평가결과(에너지소요량)이다. 난방 열원의 60%는 전력, 40%는 지역난방이며, 냉방 열원의 40%는 전력, 60%는 지역냉방이다. 급탕 열원설비로 전기순간온수기를 채택할 경우, 해당 건축물의 등급으로 가장 적절한 것은? (단, 1차에너지소요량과 등급용 1차에너지소요량은 동일하다.)

단위 : $kWh/m^2 \cdot$ 년

구 분	난방	냉방	급탕	조명	환기	합계
에너지소요량	65	71	13	20	15	184

① 1등급 ② 2등급 ③ 3등급 ④ 4등급

정답 61. ② 62. ③

[해설] 1. 난방 : $(65 \times 0.6 \times 2.75) + (65 \times 0.4 \times 0.728) = 126.178$
2. 냉방 : $(71 \times 0.4 \times 2.75) + (71 \times 0.6 \times 0.937) = 118.016$
3. 급탕 : $13 \times 2.75 = 35.75$
4. 조명 : $20 \times 2.75 = 55$
5. 환기 : $15 \times 2.75 = 41.25$
∴ 합계 : $364.9 \text{ kWh/m}^2 \cdot$년 → 3등급에 해당

63

「건축물 에너지효율등급인증제도 운영규정」[별표2] 건축물 용도프로필에서 사용시간 및 운전시간이 24시간으로 설정된 것은?

㉠ 대규모 사무실 ㉡ 주거공간
㉢ 회의실 및 세미나실 ㉣ 화장실
㉤ 전산실 ㉥ 병실
㉦ 객실

① ㉠, ㉢, ㉣   ② ㉡, ㉤, ㉥   ③ ㉡, ㉤, ㉦   ④ ㉤, ㉥, ㉦

[해설] '건축물 용도프로필'에서 사용시간 및 운전시간이 24시간으로 설정된 것은 주거공간, 전산실, 병실이다.

64

「건축물 에너지효율등급인증제도 운영규정」[별표2] 건축물 용도프로필에서 대규모사무실과 소규모사무실을 구분 짓는 특징으로 적절하지 <u>않은</u> 것은?

① 소규모사무실은 대규모사무실에 비해 조명 시간이 짧다.
② 소규모사무실은 대규모사무실에 비해 단위 면적당 급탕요구량이 적다.
③ 소규모사무실과 대규모사무실의 운전시간은 동일하다.
④ 소규모사무실은 대규모사무실에 비해 단위 면적당 작업보조기기 발열량이 적다.

[해설] 1. 소규모사무실(30 m² 이하)의 급탕요구량 : $30[\text{Wh}/(\text{m}^2\text{d})]$
2. 대규모사무실(30 m² 초과)의 급탕요구량 : $30[\text{Wh}/(\text{m}^2\text{d})]$

65

「건축물 에너지효율등급인증제도 운영규정」[별표1] 기상데이터에 대한 설명으로 적절하지 <u>않은</u> 것은?

① 국내 13개 지역에 대한 기상데이터 정보를 제공한다.
② 8개 방위에 대한 수직면 월평균 전일사량(W/m²) 정보를 제공한다.
③ 월별 평균 외기온도(℃) 정보를 제공한다.
④ 월별 평균 외기상대습도(%) 정보를 제공한다.

[정답] 63. ②   64. ②   65. ④

[해설] 「건축물 에너지효율등급 인증제도 운영규정」[별표1] 기상데이터
1. 전국 13개 지역의 기상정보(월별 수평면 일사량, 8개 방위의 수직면 일사량, 평균 외기온도) 제공
2. 참조로 서울의 기상데이터의 경우에는 아래와 같다.

월	월별평균 외기온도(℃)	수평면/수직면 월평균 전일사량 (W/m²)							
		수평면	남	남동	남서	동	서	북동	북서	북
1월	-2.1	83.0	116.0	87.5	94.6	46.6	52.0	28.7	28.7	28.3
2월	0.2	117.4	134.4	98.9	127.3	66.7	90.8	44.2	44.2	41.0
3월	6.3	141.2	118.5	142.0	82.3	122.1	62.4	75.0	75.0	48.4
4월	13.0	180.3	110.6	105.7	120.2	95.5	112.5	77.1	77.1	66.5
5월	17.6	189.3	85.6	97.5	96.9	97.0	95.9	76.9	76.9	56.3
6월	21.8	183.1	86.0	104.6	94.5	113.0	97.4	99.3	99.3	77.3
7월	25.2	145.9	75.1	94.2	73.2	102.0	72.0	88.7	88.7	67.0
8월	26.4	147.4	86.7	99.6	84.3	100.4	80.9	85.0	85.0	68.1
9월	21.2	157.7	117.7	115.7	112.2	99.6	97.8	72.9	72.9	60.2
10월	14.7	129.1	138.7	128.9	106.8	92.1	72.7	49.5	49.5	38.3
11월	6.9	82.4	103.9	83.5	84.4	51.8	52.6	32.5	32.5	31.3
12월	0.9	72.1	105.8	87.8	79.6	50.2	43.5	28.5	28.5	26.9

66 「건축물의 에너지절약설계기준」에 따라 건축물 에너지소요량 평가서를 제출해야 하는 건축물을 모두 고른 것은?

> ㉠ 연면적의 합계가 3,000 m²인 신축 업무시설(민간건축물)
> ㉡ 연면적의 합계가 3,000 m²인 신축 교육연구시설(민간건축물)
> ㉢ 연면적의 합계가 2,500 m²인 별동 증축 업무시설(공공건축물)
> ㉣ 연면적의 합계가 1,000 m²인 신축 교육연구시설(공공건축물)

① ㉠, ㉢ ② ㉡, ㉣ ③ ㉠, ㉡, ㉣ ④ ㉠, ㉡, ㉢, ㉣

[해설] 「건축법 시행령」 별표1에 따른 업무시설 중 연면적의 합계가 3천 제곱미터 이상인 건축물과 공공기관이 신축하는 연면적의 합계가 500제곱미터 이상의 업무시설(별동으로 증축하는 건축물을 포함한다)은 1차에너지소요량 등을 평가하여 별지 제1호 서식에 따른 건축물 에너지소요량 평가서를 제출하여야 한다. 다만, 「건축물 에너지효율등급 인증에 관한 규칙」 제11조에 따라 건축물 에너지효율등급 예비인증을 취득한 경우에는 동 규칙 별지 제6호 서식의 건축물 에너지효율등급 예비인증서로 대체할 수 있다(건축물의 에너지절약설계기준 제21조).

* 이 규정(21조)은 2016년 7월 1일부터 시행된 조문으로서, 시험시행 공고일(2016년 3월 2일)보다 나중에 적용된 조문이다. 따라서 본 시험의 채점 당시에는 '정답 없음'으로 인정하여 전원 정답으로 처리하였다.

[정답] 66. ①

67

「건축물의 에너지절약설계기준」에 따라 외벽 평균열관류율을 계산할 때 기준이 되는 치수로 적절한 것은?

① 비주거 건축물 – 중심선치수
   주거용 건축물 – 안목치수
② 비주거 건축물 – 중심선치수
   주거용 건축물 – 중심선치수
③ 비주거 건축물 – 안목치수
   주거용 건축물 – 중심선치수
④ 비주거 건축물 – 안목치수
   주거용 건축물 – 안목치수

[해설] 외벽의 평균열관류율 계산 시 건물의 용도에 관계없이 외벽의 중심선을 기준으로 한다.

68

「건축물의 에너지절약설계기준」 기계설비 부문의 의무사항이 아닌 것은?

① 급수용 펌프의 전동기에 에너지절약적 제어 방식 적용
② 냉난방설비의 용량계산을 위하여 지역별 설계용 외기조건 준수
③ 펌프는 KS인증제품 또는 KS규격에서 정해진 효율 이상의 제품 채택
④ 공동주택에 중앙집중식 난방설비 설치 시「주택건설기준 등에 관한 규정」에 적합한 조치

[해설] 기계설비 부문의 의무사항 중 펌프와 관련된 항목은 아래와 같다.
"② 펌프는 KS인증제품 또는 KS규격에서 정해진 효율 이상의 제품을 채택하였다.(신설 또는 교체 펌프만 해당)"

69

다음 ㉠~㉣ 중 에너지성능지표 기계설비 부문 항목에서 미설치한 경우에도 최하 배점(0.6점)을 받을 수 있는 항목을 모두 고른 것은?

| ㉠ 1번 난방설비 | ㉡ 2번 냉방설비 |
| ㉢ 7번 기기, 배관 및 덕트 단열 | ㉣ 12번 급탕용 보일러 |

① ㉠, ㉡
② ㉠, ㉢
③ ㉠, ㉡, ㉢
④ ㉡, ㉢, ㉣

[해설] 1. 기계설비 부문 항목 중 미설치한 경우에도 최하 배점(0.6점)을 받을 수 있는 항목 : 1번 난방설비, 2번 냉방설비
2. 7번 기기, 배관 및 덕트 단열 : 건축기계설비 표준시방서에서 정하는 기준의 20% 이상 단열재 적용 여부(급수, 배수, 소화배관, 배연덕트 제외)로 판정
3. 12번 급탕용 보일러 : 고효율에너지기자재, 또는 에너지소비효율1등급 설비 적용여부로 판정

정답 67. ② 68. ① 69. ①

70

「건축물의 에너지절약설계기준」 전기설비 부문의 의무사항 중 배전방식별 간선의 전하강하 계산식으로 적절하지 않은 것은? [단, A : 전선의 단면적(mm²), L : 전선 1본의 길이(m), I : 부하기기의 정격전류(A)]

① 단상 2선식 : 전압강하(V) = $(35.6 \cdot L \cdot I) / (1000 \cdot A)$
② 단상 3선식 : 전압강하(V) = $(35.6 \cdot L \cdot I) / (1000 \cdot A)$
③ 3상 3선식 : 전압강하(V) = $(30.8 \cdot L \cdot I) / (1000 \cdot A)$
④ 3상 4선식 : 전압강하(V) = $(17.8 \cdot L \cdot I) / (1000 \cdot A)$

[해설] 전압강하 계산식

배전방식	전압강하	대상 전압강하
직류 2선식 교류 2선식	$e = \dfrac{35.6 \times L \times I}{1000 \times A}$	선간
3상 3선식	$e = \dfrac{30.8 \times L \times I}{1000 \times A}$	선간
단상 3선식	$e = \dfrac{17.8 \times L \times I}{1000 \times A}$	대지간
3상 4선식	$e = \dfrac{17.8 \times L \times I}{1000 \times A}$	대지간

71

「건축물의 에너지절약설계기준」 전기설비 부문의 권장사항(수변전설비)으로 적절하지 않은 것은?

① 변전설비는 부하의 특성, 수용률, 장래의 부하증가에 따른 여유율, 운전조건, 배전방식을 고려하여 용량을 선정한다.
② 부하특성, 부하종류, 계절부하 등을 고려하여 변압기의 운전대수제어가 가능하도록 뱅크를 구성한다.
③ 역률개선용 콘덴서를 집합 설치하는 경우에는 역률자동조절장치를 설치한다.
④ 건축물의 사용자가 합리적으로 전력을 절감할 수 있도록 2개 층 및 임대 구획별로 분전반을 설치한다.

[해설] 건축물의 사용자가 합리적으로 전력을 절감할 수 있도록 층별 및 임대 구획별로 전력량계를 설치한다(건축물의 에너지절약 설계기준 제11조).

72

다음은 연면적의 합계가 4,000 m²인 업무시설의 난방설비 설치현황이다. 해당 건축물의 에너지성능지표 기계설비 부문 1번 항목(난방설비)의 평점(기본배점×배점)은? (단, 평점은 소수점 넷째 자리에서 반올림한다.)

정답 70. ② 71. ④ 72. ③

종 류	정격용량	정격효율	기 타
가스보일러 (중앙난방방식)	100 kW	82%	
전기구동형 히트펌프(EHP)	20 kW	성적계수(COP) 3.8	에너지 소비효율 1등급 제품
지열히트펌프	60 kW	성적계수(COP) 4.0	신재생에너지 인증 제품

① 6.144   ② 6.578   ③ 7.022   ④ 7.467

[해설] 아래 EPI를 참조하여,
기본배점(a) = 8점
배점(b) = (0.8×100+0.9×20+1×60)/(100+20+60) = 0.877778점
평점 = 기본배점(a) × 배점(b) = 8×0.877778 = 7.022점

항 목			기본배점(a)				배점(b)				
			비주거		주거						
			대형 (3,000 m²이상)	소형 (500~ 3,000 m²미만)	주택 1	주택 2	1점	0.9점	0.8점	0.7점	0.6점
기계설비부문	1. 난방 설비 주7) (효율%)	기름 보일러	8	7	10	7	92 이상	89~ 92 미만	86~ 89 미만	83~ 86 미만	83 미만
		가스 보일러 중앙 난방방식					87 이상	83~ 87 미만	81~ 83 미만	79~ 81 미만	79 미만
		가스 보일러 개별 난방방식					1등급 제품	–	–	–	그 외 또는 미설치
		기타 난방설비					고효율 인증제품, (신재생 인증제품)	에너지 소비효율 1등급 제품	–	–	그 외 또는 미설치

73

대형 비주거 건물에서 전체 냉방설비가 다음과 같을 때, 에너지성능지표 기계설비 부문 11번 항목(전기대체냉방 적용비율)에서 획득할 수 있는 평점(기본배점×배점)은?

명 칭	용량(USRT)	성적계수(COP)	대수
터보 냉동기	300	4.7	1
이중효용 가스흡수식냉동기	250	1.3	2

① 0.8   ② 1.0   ③ 1.2   ④ 1.4

정답 73. ③

[해설] 아래 EPI를 참조하여,
기본배점(a) = 2점
배점(b) = 250/(300 + 250) × 100 = 45% → 0.6점
평점 = 기본배점(a) × 배점(b) = 2 × 0.6 = 1.2점

항 목	기본배점(a)				배점(b)				
	비주거		주거		1점	0.9점	0.8점	0.7점	0.6점
	대형 (3,000 m²이상)	소형 (500~3,000 m²미만)	주택 1	주택 2					
11. 축랭식 전기냉방, 가스 및 유류이용 냉방, 지역냉방, 소형열병합 냉방 적용, 신재생에너지 이용 냉방 적용(냉방용량 담당 비율, %)	2	1	–	1	100	90~100 미만	80~90 미만	70~80 미만	60~70 미만

74

「건축물의 에너지절약설계기준」[별표1] 지역별 건축물 부위의 열관류율표에 따른 기준값을 비교한 것으로 적절하지 않은 것은?

① 중부지역 : 외기에 간접 면한 최상층 지붕 < 외기에 직접 면한 최하층 바닥(바닥난방 아닌 경우)
② 남부지역 : 외기에 직접 면한 외벽 > 외기에 직접 면한 최하층 바닥(바닥난방 아닌 경우)
③ 남부지역 : 외기에 간접 면한 외벽 > 외기에 간접 면한 최하층 바닥(바닥난방 아닌 경우)
④ 제주지역 : 외기에 간접 면한 최상층 지붕 < 외기에 직접 면한 최하층 바닥(바닥난방 아닌 경우)

[해설] 1. 외기에 간접 면한 최상층 지붕 : 0.35 W/m²·K
2. 외기에 직접 면한 최하층 바닥(바닥난방 아닌 경우) : 0.330 W/m²·K

75

다음은 비주거 건축물의 외벽(외기에 직접 면한 벽체)의 구성이다. 해당 외벽을 적용하였을 때, 단열기준을 만족하는 경우는? [단, 실외표면열전달 저항(외기에 직접 면하는 경우) : 0.043 m²·K/W, 실내표면열전달저항 : 0.110 m²·K/W]

부위별 구성	열전도율 (W/m·K)	두께 (mm)
콘크리트	1.6	200
압출법보온판 특호	0.027	80
석고보드	0.18	5

① 인천시에 신축하는 숙박시설
② 천안시에 신축하는 교육연구시설
③ 진주시에 신축하는 업무시설
④ 청송군에 신축하는 공동주택

정답 74. ④ 75. ③

[해설] 1. 외벽의 총열관류저항 $R = 0.043 + 0.2/1.6 + 0.08/0.027 + 0.005/0.18 + 0.110$
  $= 3.269 \, m^2 \cdot K/W$
2. 외벽의 총열관류율 $K = 1/R = 1/3.269 = 0.306 \, W/m^2 \cdot K$ 이하 → 아래 별표를 참조하여 남부지역에 속하는 도시(진주시) 혹은 제주도를 선정해야 한다.

[별표1] 지역별 건축물 부위의 열관류율표(단위 : $W/m^2 \cdot K$)

건축물의 부위		지역	중부지역	남부지역	제주도
거실의 외벽	외기에 직접 면하는 경우	공동주택	0.210 이하	0.260 이하	0.360 이하
		공동주택 외	0.260 이하	0.320 이하	0.430 이하
	외기에 간접 면하는 경우	공동주택	0.300 이하	0.370 이하	0.520 이하
		공동주택 외	0.360 이하	0.450 이하	0.620 이하

76

다음은 1가지 요소의 설계항목을 변경하였을 경우, 건축물 에너지효율등급 인증 평가 결과이다. 변경된 설계항목으로 가장 적절한 것은?

〈변경 전〉
단위 : $kWh/m^2 \cdot 년$

구 분	신재생	난방	냉방	급탕	조명	환기	합 계
에너지요구량	0.0	25.1	10.6	18.9	18.2	0.0	72.8
에너지소요량	0.0	32.5	9.8	18.3	14.2	6.9	81.7
1차에너지소요량	0.0	51.2	12.0	50.2	39.2	19.0	171.6

〈변경 후〉
단위 : $kWh/m^2 \cdot 년$

구 분	신재생	난방	냉방	급탕	조명	환기	합 계
에너지요구량	0.0	20.9	16.1	18.9	18.2	0.0	74.1
에너지소요량	0.0	27.8	13.6	18.3	14.2	6.9	80.8
1차에너지소요량	0.0	45.1	16.6	50.2	39.2	19.0	1701

① 난방기기 효율
② 태양열취득률(SHGC)
③ 공조기기 효율
④ 조명밀도

[해설] 1. 주어진 표에서 신재생, 급탕, 조명, 환기 부문은 변화가 없으므로 난방과 냉방 부문을 주목하여 볼 필요가 있다.
2. 설계요소 중 태양열취득률(SHGC)이 커질 경우 난방에너지요구량은 감소하고, 냉방에너지요구량은 증가할 수 있다.

[정답] 76. ②

77

도면의 건축물이 에너지성능지표 건축 부문 5번 항목(기밀성 창 및 문의 설치)에서 획득할 수 있는 배점은? (단, 배점은 소수점 넷째 자리에서 반올림한다.)

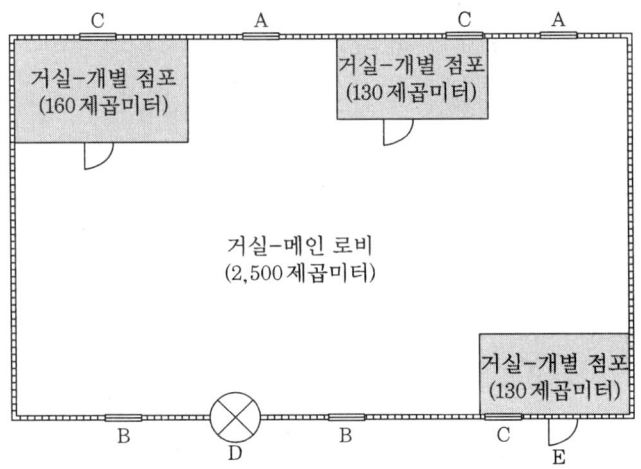

창 및 문 기호	종 류	기밀성능 등급	면적(m²)
A	창	1등급	10
B	창	2등급	10
C	창	3등급	10
D	회전문	–	10
E	출입문	4등급	10

① 0.844　　② 0.863　　③ 0.883　　④ 0.886

[해설] 아래 EPI를 참조하여 면적가중평균으로 계산하면,
배점 = (1×10×2+0.9×10×2+0.8×10×3)/(10×2+10×2+10×3) = 0.886

항목	기본배점 (a)				배점 (b)				
	비주거		주거						
	대형 (3,000 m² 이상)	소형 (500~3,000 m² 미만)	주택 1	주택 2	1점	0.9점	0.8점	0.7점	0.6점
5. 기밀성 창 및 문의 설치(KS F 2292에 의한 기밀성 등급 및 통기량 (m³/h m²))주4)	5	6	6	6	1등급 (1 m³/hm² 미만)	2등급 (1~2 m³/hm² 미만)	3등급 (2~3 m³/hm² 미만)	4등급 (3~4 m³/hm² 미만)	5등급 (4~5 m³/hm² 미만)

단, 방풍구조 또는 바닥면적 150제곱미터 이하의 개별 점포의 출입문은 평가대상에서 제외된다.

정답 77. ④

78

「건축물의 에너지절약설계기준」 전기설비 부문의 근거서류 중 MCC 결선도를 통해 확인할 수 있는 항목은?

① 변압기 대수제어 가능 뱅크 구성 ② 대기전력자동차단콘센트 설치
③ 전동기별 역률개선용 콘덴서 설치 ④ 일괄소등스위치 설치

[해설] 각각 아래 도면에서 확인 가능하다.
① 수변전설비 단선결선도
② 전열설비 평면도
③ MCC 결선도
④ 자동제어시스템 구성도

79

도면에서 에너지성능지표 건축 부문 8번 항목(냉방부하 저감을 위한 차양장치 설치)과 9번 항목(냉방부하 저감을 위한 거실 외피면적당 평균 태양열 취득)에서 적용되는 투광부로 적절한 것은? (단, A~H는 투과재료 80%로 구성된 창으로 가정한다.)

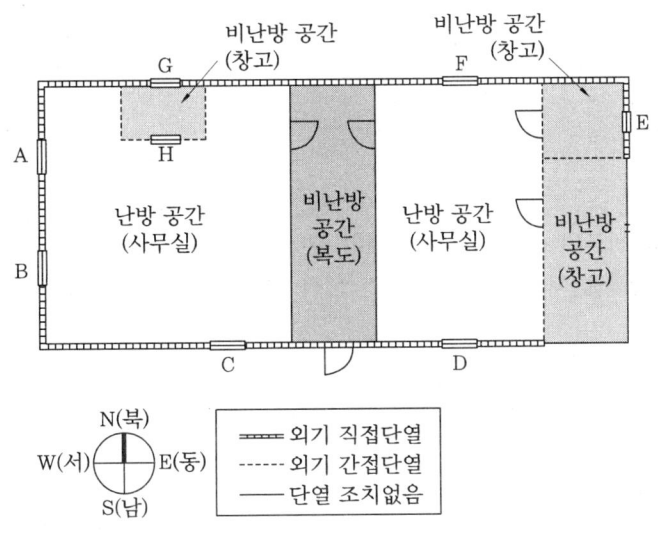

① 8번 항목 (A, B, C, D, E)
   9번 항목 (A, B, C, D, E, F, G, H)
② 8번 항목 (A, B, C, D, E)
   9번 항목 (A, B, C, D, E, F, G)
③ 8번 항목 (A, B, C, E)
   9번 항목 (A, B, C, D, E, F, G, H)
④ 8번 항목 (A, B, C, D)
   9번 항목 (A, B, C, D, F)

[해설] 아래 EPI를 참조하여
1. 8번 항목에 적용되는 투광부 : 남향 및 서향 투광부 면적이 고려대상이다(A, B, C, D)

정답 78. ③ 79. ④

2. 9번 항목에 적용되는 투광부 : 외피면적 기준이므로 외기에 직접 면해야 한다(A, B, C, D, F).

항목	기본배점 (a)				배점 (b)				
	비주거		주거		1점	0.9점	0.8점	0.7점	0.6점
	대형 (3,000 m²이상)	소형 (500~ 3,000 m²미만)	주택 1	주택 2					
8. 냉방부하 저감을 위한 제5조 제9호 러목에 따른 차양장치 설치(남향 및 서향 투광부 면적에 대한 차양장치 설치 비율)	4	2	2	2	80% 이상	60%~ 80% 미만	40%~ 60% 미만	20%~ 40% 미만	10%~ 20% 미만
					〈표2〉〈표3〉〈표4〉에 따라 태양열취득률이 0.6 이하의 차양장치 설치비율				
9. 냉방부하 저감을 위한 제5조 제9호 러목에 따른 거실 외피면적당 평균 태양열취득[주6]	3	3			14 W/m² 미만	14~19 W/m² 미만	19~24 W/m² 미만	24~29 W/m² 미만	29~34 W/m² 미만

주 1. 제5조 제9호 러목 : "일사조절장치"라 함은 태양열의 실내 유입을 조절하기 위한 목적으로 설치하는 장치를 말한다.
   2. "외피"라 함은 거실 또는 거실 외 공간을 둘러싸고 있는 벽·지붕·바닥·창 및 문 등으로서 외기에 직접 면하는 부위를 말한다.

80 도면의 비주거 소형 건축물에 대한 에너지성능지표 전기설비 부문 11번 항목[전체 조명 설비 전력에 대한 LED 조명기기 전력 비율(%)]의 획득 평점(기본배점× 배점)은?

〈전등설비 평면도〉

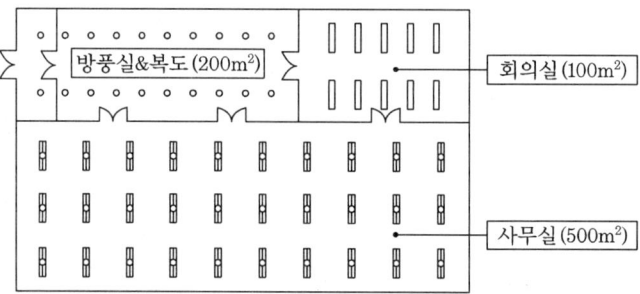

▼조명기구 사양은 아래와 같다.
   ▭ : LED1 – 33W (LED 고효율에너지기자재 인증제품)
   ▬ : FL-2 / 28W (최저소비효율기준을 만족하는 제품)
   ○ : LED2 – 13W (LED 고효율에너지기자재 미적용 제품)

정답 80. ③

〈전체 조명설비 전력에 대한 LED 조명기기 전력비율(%)〉

배점				
1점	0.9점	0.8점	0.7점	0.6점
30% 이상	24% 이상 ~ 30%	17% 이상 ~ 24%	10% 이상 ~ 17%	5% 이상 ~ 10%

① 2.1　　　② 2.7　　　③ 2.8　　　④ 3.6

[해설] 1. 전체 조명설비 전력 계산
　　　　LED1 : 33W×10개 = 330W
　　　　FL　 : 2×28W×30개 = 1680W
　　　　LED2 : 13W×20개 = 260W
　　　　합계 : 2270W
2. 전체 조명설비 전력에 대한 LED 조명기기 전력비율 = 330/2270 = 14.5%
3. 배점 : 0.7점(주어진 테이블 참조)
4. EPI 11번항목(LED 조명기기 전력비율)의 기본배점은 건물의 용도나 형태에 관계없이 '4점'이다.
　∴ 평점 = 기본배점×배점 = 4 × 0.7 = 2.8점

제3회 건축물에너지평가사 1차 시험

▶ 2017년 6월 24일 시행

※ 다음 문제를 읽고 알맞은 것을 골라 답안카드의 답란(①, ②, ③, ④)에 표기하시오.

제1과목 : 건물에너지 관계 법규

01 다음은 「녹색건축물 조성 지원법」 제3조의 녹색건축물 조성의 기본원칙을 나타낸 것이다. 적합한 것을 모두 고른 것은?

> ㉠ 기존건축물에 대한 에너지효율화 추진
> ㉡ 신·재생에너지 활용 및 자원절약적인 녹색건축물 조성
> ㉢ 환경친화적이고 지속가능한 녹색건축물 조성
> ㉣ 온실가스 배출량 감축을 통한 녹색건축물 조성
> ㉤ 녹색건축물 조성에 대한 계층간, 지역간 균형성 확보

① ㉠, ㉡, ㉢, ㉣, ㉤
② ㉠, ㉡, ㉢, ㉣
③ ㉠, ㉡, ㉢, ㉤
④ ㉠, ㉢, ㉣, ㉤

[해설] 녹색건축물의 조성은 위의 보기 ㉠~㉤의 '5가지 기본원칙'에 따라 추진되어져야 한다.

02 「녹색건축물 조성 지원법」에서 건축물 에너지·온실가스 정보를 국토교통부장관에게 제출하도록 명시되어 있지 않은 기관은?

① 「한국가스공사법」에 따른 한국가스공사
② 「대한석탄공사법」에 따른 대한석탄공사
③ 「도시가스사업법」 제2조 제2호에 따른 도시가스사업자
④ 「정부출연연구기관 등의 설립·운영 및 육성에 관한 법률」 제8조에 따른 에너지경제연구원

[해설] 건축물 에너지·온실가스 정보를 국토교통부장관에게 제출해야 하는 기관은 각 법에 따른 한국전력공사, 한국가스공사, 도시가스사업자, 한국지역난방공사, 수도사업자, 액화석유가스 판매사업자, 주택관리주체, 집합건물의 관리단 또는 관리단으로 부터 건물의 관리에 대하여 위임을 받은 단체, 그 밖에 대통령령으로 정하는 에너지 기관(한국에너지공단, 에너지경제연구원)이다.

[정답] 1. ① 2. ②

03
「녹색건축물 조성 지원법」에서 녹색건축물 조성의 활성화를 위한 건축기준 완화 내용으로 가장 적합한 것은?

① 건축물의 높이는 100분의 120 이하의 완화기준이 적용된다.
② 조경설치면적은 기준의 100분 85 이내의 완화기준이 적용된다.
③ 용적률은 기준의 100분의 120 이하의 완화기준이 적용된다.
④ 건축물의 신축공사를 위한 골조공사에 국토교통부장관이 고시하는 재활용 건축자재를 100분의 20 이상 사용한 건축물은 완화 대상이다.

[해설] ① 건축물의 높이 : 100분의 115 이하
② 조경설치면적 : 해당사항 없음
③ 건축물의 용적률 : 100분의 115 이하

04
다음은「녹색건축물 조성 지원법」에서 정하는 녹색건축물 기본계획수립 관련 사항을 나타낸 것이다. 적합한 것을 모두 고른 것은?

㉠ 녹색건축물 연구·개발에 관한 사항
㉡ 에너지 이용효율이 높고 온실가스 배출을 최소화할 수 있는 건축설비 효율화 계획
㉢ 녹색건축물 설계·시공·유지·관리·해체 등의 단계별 에너지절감 및 비용절감 대책
㉣ 녹색건축물 설계·시공·감리·유지·관리업체 육성 정책

① ㉠, ㉡
② ㉠, ㉡, ㉢
③ ㉡, ㉢, ㉣
④ ㉠, ㉡, ㉢, ㉣

[해설] ㉠은 녹색건축물 조성 지원법 제6조(녹색건축물 기본계획의 수립)에 나오는 내용이고, ㉡, ㉢, ㉣은 해당 시행령에 나오는 내용이다.

05
「녹색건축물 조성 지원법」에서 정하는 건축물에너지평가사에 대한 다음 설명 중 틀린 것은?

① 건축물에너지평가사 자격이 취소된 후 3년이 지나지 아니한 사람은 건축물에너지평가사가 될 수 없다.
② 건축물에너지평가사 자격시험에 합격한 사람이 건축물에너지효율등급 인증평가 업무를 하려면 국토교통부장관이 실시하는 교육훈련을 이수하여야 한다.
③ 파산 선고를 받고 복권되지 아니한 사람은 건축물에너지평가사가 될 수 없다.
④ 최근 1년 이내에 한 번의 자격정지처분을 받고 다시 자격정지처분에 해당하는 행위를 한 경우에는 그 자격을 취소한다.

[정답] 3. ④ 4. ④ 5. ④

[해설] ④번은 "최근 1년 이내에 두 번의 자격정지처분을 받고 다시 자격정지처분에 해당하는 행위를 한 경우에는 그 자격을 취소한다."로 고쳐져야 옳다.

06
다음 중 「녹색건축물 조성 지원법」 제41조에 따른 2천만원 이하의 과태료 부과대상에 해당되지 않는 것은?
① 건축물에너지평가사 자격증을 다른 사람에게 빌려 준 경우
② 일사의 차단을 위한 차양 등 일사조절장치 설치 대상인 건축물이 이를 설치하지 않은 경우
③ 에너지 관련 전문기관이 에너지절약계획서 검토업무 및 사전확인을 거짓으로 수행한 경우
④ 에너지 절약계획서 제출 대상인 건축주가 정당한 사유 없이 허가권자에게 에너지 절약계획서를 제출하지 않은 경우

[해설] 녹색건축물 조성 지원법 제40조(벌칙) : 제32조 제2항을 위반하여 자격증을 다른 사람에게 빌려 주거나 다른 사람에게 자신의 이름으로 건축물에너지평가사의 업무를 하게 한 사람은 1년 이하의 징역 또는 1천만원 이하의 벌금에 처한다.

07
「녹색건축물 조성 지원법」에서 정하는 에너지소비량 또는 정보 공개와 관련된 내용으로 가장 적합하지 않은 것은?
① '건축물의 에너지·온실가스 정보체계 구축 등' 조항에 의한 건축물 에너지·온실가스 정보
② '공공건축물의 에너지소비량 공개 등' 조항에 의한 공공건축물의 온실가스 배출량
③ '건축물 에너지성능정보의 공개 및 활용 등' 조항에 의한 전체 세대수 300세대 이상 주택단지 내 공동주택의 건축물 에너지 평가서
④ '건축물 에너지성능정보의 공개 및 활용 등' 조항에 의한 연면적 3천 제곱미터 이상 업무시설의 연간 에너지 사용량

[해설] 녹색건축물 조성 지원법 제13조의2(공공건축물의 에너지 소비량 공개 등)에서,
① 공공부문의 건축물 에너지절약 및 온실가스 감축을 위하여 대통령령으로 정하는 건축물의 사용자 또는 관리자는 국토교통부장관에게 해당 건축물의 에너지 소비량을 매 분기마다 보고하여야 한다.

08
「에너지법」에서 정하는 사항에 대한 다음 설명 중 틀린 것은?
① 시·도지사는 5년마다 5년 이상을 계획기간으로 하는 지역에너지계획을 수립·시행하여야 한다.
② 정부는 10년 이상을 계획기간으로 하는 에너지 기술개발계획을 5년마다 수립·시행하여야 한다.
③ 산업통상자원부장관은 에너지 총 조사를 5년마다 실시하되, 필요할 경우 간이조사를 실시할 수 있다.
④ 에너지열량 환산기준은 5년마다 작성하되, 산업통상지원부장관이 필요하다고 인정할 경우 수시로 작성할 수 있다.

[정답] 6. ① 7. ② 8. ③

[해설] 산업통상자원부장관은 에너지 총조사는 3년마다 실시하되, 산업통상자원부장관이 필요하다고 인정할 때에는 간이조사를 실시할 수 있다.(에너지법 시행령 제15조)

09 「에너지이용합리화법」에 의한 국가에너지절약추진위원회와 관련된 다음 설명 중 틀린 것은?

① 에너지절약 정책의 수립 및 추진에 관한 사항을 심의한다.
② 위원장은 산업통상자원부장관이 된다.
③ 위원회의 회의는 재적위원 2/3 이상 출석으로 개의하고, 출석위원 과반수의 찬성으로 의결한다.
④ 위촉위원의 임기는 3년이다.

[해설] 국가에너지절약추진위원회의 회의는 재적위원 과반수의 출석으로 개의하고, 출석위원 과반수의 찬성으로 의결한다. (에너지이용합리화법 시행령 제4조)

10 다음 중 「에너지이용합리화법」에 의한 에너지사용계획 협의대상이 아닌 것은?

① 공공사업주관자가 연간 3천 티오이 이상의 연료 및 열을 사용하는 시설을 설치하고자 할 때
② 공공사업주관자가 연간 2천만 킬로와트시 이상의 전력을 사용하는 시설을 설치하고자 할 때
③ 민간사업주관자가 연간 3천 티오이 이상의 연료 및 열을 사용하는 시설을 설치하고자 할 때
④ 민간사업주관자가 연간 2천만 킬로와트시 이상의 전력을 사용하는 시설을 설치하고자 할 때

[해설] 에너지이용합리화법 시행령(제20조) : 에너지사용계획을 수립하여 산업통상자원부장관에게 제출하여야 하는 민간사업주관자는 다음 각 호의 어느 하나에 해당하는 시설을 설치하려는 자로 한다.
1. 연간 5천 티오이 이상의 연료 및 열을 사용하는 시설
2. 연간 2천만 킬로와트시 이상의 전력을 사용하는 시설

11 「에너지이용합리화법」에 따른 에너지진단제도와 관련된 다음 설명 중 가장 적합하지 않은 것은?

① 에너지다소비사업자는 에너지진단전문기관으로부터 3년 이상의 범위에서 대통령령으로 정하는 기간마다 에너지진단을 받는 것이 원칙이다.
② 「군사기지 및 군사시설보호법」에서 정의하는 군사시설은 에너지진단 제외 대상이다.
③ 산업통상자원부장관은 진단기관의 지정을 받은 자가 지정취소 요건에 해당하는 경우에는 그 지정을 취소하거나 2년 이내의 기간을 정하여 업무정지를 명할 수 있다.
④ 산업통상자원부장관은 중소기업기본법에 따른 중소기업으로서 연간 에너지사용량이 2만 티오이 미만인 에너지다소비사업자에게 에너지 진단비용의 일부 또는 전부를 지원할 수 있다.

[해설] ④번 지문과 관련하여,
• 에너지저장의무 부과 대상자 : 연간 2만 티오이 이상의 에너지를 사용하는 자

정답 9. ③　10. ③　11. ④

- 에너지진단비용 지원 대상자 : 「중소기업기본법」 제2조에 따른 중소기업으로 연간 1만 티오이 미만의 에너지를 사용하는 에너지다소비사업자
- 에너지사용계획 제출 대상 민간사업 주관자 : 연간 5천 티오이 이상의 연료 및 열을 사용하는 시설을 설치하려는 자

12

「공공기관 에너지이용합리화 추진에 관한 규정」의 다음 설명 중 가장 적합하지 않은 것은?

① 공공기관이 증축·개축 시 신규 설치하는 지하주차장의 조명기기는 모두 LED제품으로 설치하여야 한다.
② 준시장형 공기업이 연면적 3,000 m^2 이상의 공공업무시설을 신축할 경우 건축물 에너지효율 1+ 등급을 취득하여야 한다.
③ 공공기관에서 에너지절약계획서 제출 대상인 연면적 10,000 m^2 이상의 공공업무시설을 신축하는 경우 건물에너지관리시스템(BEMS)을 구축·운영하여야 한다.
④ 건축 연면적이 3,000 m^2 이상인 건축물을 소유한 공공기관은 5년마다 에너지진단 전문기관으로부터 에너지진단을 받아야 한다.

[해설] 시장형·준시장형 공기업이 신축 또는 별동으로 증축하는 건축물은 2017년부터 건축물에너지효율 1++ 등급 이상을 취득하여야 한다. (공공기관 에너지이용합리화 추진에 관한 규정 제6조)

13

「고효율에너지기자재 보급촉진에 관한 규정」에 따른 설명 중 적합하지 않은 것은?

① 고효율에너지기자재로서의 인증효력은 인증서를 교부받은 날로부터 생산된 제품에 정해진 기준에 따라 적합하게 인증표시를 함으로써 발생한다.
② 고효율에너지기자재의 인증유효기간은 인증서 발급일로부터 5년을 원칙으로 한다.
③ 한국에너지공단 이사장은 인증유효기간이 만료되는 경우에는 고효율인증업자의 신청에 따라 유효기간을 3년 단위로 연장할 수 있다.
④ 고효율인증업자는 매년 3월 31일까지 전년도 생산, 수입 또는 판매실적을 한국에너지공단이사장에게 제출하여야 한다.

[해설] 고효율에너지기자재의 인증유효기간은 인증서 발급일부터 3년을 원칙으로 한다. 다만, 공단이사장은 인증기술기준 및 측정방법이 시기별로 다르게 적용하도록 규정되어 있는 경우에는 인증유효기간을 3년 이내에서 조정할 수 있다.

14

「건축법」에 따른 정의로 가장 적합한 것은?

① '거실'이란 건축물 안에서 거주, 집무, 작업, 집회, 오락, 그 밖에 이와 유사한 목적을 위해 사용되는 방을 말하나, 특별히 거실이 아닌 냉·난방 공간 또한 거실에 포함된다.
② '고층건축물'이란 층수가 50층 이상이거나 높이가 200미터 이상인 건축물을 말한다.

정답 12. ② 13. ② 14. ③

③ '증축'이란 기존 건축물이 있는 대지에서 건축물의 건축면적, 연면적, 층수 또는 높이를 늘리는 것을 말한다.
④ '이전'이란 건축물의 주요 구조부를 해체하지 않고 인접 대지로 옮기는 것을 말한다.

[해설] 아래와 같이 고쳐져야 옳다.(「건축법」기준의 정의)
① : 건축물 안에서 거주, 집무, 작업, 집회, 오락, 그 밖에 이와 유사한 목적을 위하여 사용되는 방을 말한다.
② : 고층건축물 - 층수가 30층 이상이거나 높이가 120미터 이상인 건축물을 말한다.
④ : 이전 - 건축물의 주요 구조부를 해체하지 아니하고 같은 대지의 다른 위치로 옮기는 것을 말한다.

15
다음 중 「건축법」을 적용해야 하는 건축물로 가장 적합한 것은?
① 「문화재보호법」에 따른 지정문화재
② 철도나 궤도의 선로 부지(敷地)에 있는 운전보안시설
③ 「한옥 등 건축자산의 진흥에 관한 법률」에 따른 한옥
④ 「하천법」에 따른 하천구역 내의 수문조작실

[해설] 다음 각 호의 어느 하나에 해당하는 건축물에는 건축법을 적용하지 아니한다.
1. 「문화재보호법」에 따른 지정문화재나 가지정(假指定)문화재
2. 철도나 궤도의 선로 부지(敷地)에 있는 다음 각 목의 시설
 가. 운전보안시설
 나. 철도 선로의 위나 아래를 가로지르는 보행시설
 다. 플랫폼
 라. 해당 철도 또는 궤도사업용 급수(給水)·급탄(給炭) 및 급유(給油) 시설
3. 고속도로 통행료 징수시설
4. 컨테이너를 이용한 간이창고(「산업집적활성화 및 공장설립에 관한 법률」 제2조 제1호에 따른 공장의 용도로만 사용되는 건축물의 대지에 설치하는 것으로서 이동이 쉬운 것만 해당된다)
5. 「하천법」에 따른 하천구역 내의 수문조작실

16
「건축법」에 따라 외벽에 사용하는 마감 재료를 방화에 지장이 없는 재료로 하여야 하는 건축물로 가장 적합하지 <u>않은</u> 것은? (단, 보기는 지역 / 용도 / 해당 용도로 쓰는 바닥면적의 합계 / 층수 / 높이를 의미한다.)
① 일반상업지역 / 판매시설 / 2,000 m^2 / 4층 / 18 m
② 일반상업지역 / 종교시설 / 1,500 m^2 / 5층 / 22 m
③ 근린상업지역 / 숙박시설 / 2,500 m^2 / 4층 / 16 m
④ 근린상업지역 / 업무시설 / 3,500 m^2 / 5층 / 24 m

정답 15. ③ 16. ③

[해설] 건축법 제52조 제2항에 따라 대통령령으로 정하는 아래 건축물의 외벽에 사용하는 마감재료는 방화에 지장이 없는 마감재료로 하여야 한다.(건축법 시행령 제61조)
1. 상업지역(근린상업지역은 제외)의 건축물로서 다음 각 목의 어느 하나에 해당하는 것
   가. 제1종 근린생활시설, 제2종 근린생활시설, 문화 및 집회시설, 종교시설, 판매시설, 의료시설, 교육연구시설, 노유자시설, 운동시설 및 위락시설의 용도로 쓰는 건축물로서 그 용도로 쓰는 바닥면적의 합계가 2천제곱미터 이상인 건축물
   나. 공장(국토교통부령으로 정하는 화재 위험이 적은 공장은 제외한다)의 용도로 쓰는 건축물로부터 6미터 이내에 위치한 건축물
2. 6층 이상 또는 높이 22미터 이상인 건축물

17

「건축법」에서 기후 변화나 건축기술의 변화 등에 따라 국토교통부장관이 실시하여야 하는 건축모니터링의 대상과 관련되지 않는 조항을 모두 고른 것은?

> ㉠ 제48조의3(건축물의 내진능력 공개)
> ㉡ 제49조(건축물의 피난시설 및 용도제한 등)
> ㉢ 제52조의2(실내건축)
> ㉣ 제53조(지하층)
> ㉤ 제53조의2(건축물의 범죄예방)

① ㉠, ㉡, ㉣   ② ㉠, ㉤   ③ ㉡, ㉢, ㉣   ④ ㉢, ㉤

[해설] 건축법 제68조의3 : ① 국토교통부장관은 기후 변화나 건축기술의 변화 등에 따라 아래 괄호의 건축물의 구조 및 재료 등에 관한 기준이 적정한지를 검토하는 건축모니터링을 대통령령으로 정하는 기간(3년)마다 실시하여야 한다.(구조내력, 건축물 내진등급의 설정, 건축물의 피난시설 및 용도제한, 건축물의 내화구조와 방화벽, 고층건축물의 피난 및 안전관리, 방화지구 안의 건축물, 건축물의 마감재료, 실내건축, 복합자재의 품질관리, 지하층 등)

18

「건축법」에서 태양열을 주된 에너지원으로 이용하는 주택의 건축면적 산정을 위한 기준으로 적합한 것은?

① 건축물의 내부 마감선
② 건축물의 외벽의 중심선
③ 건축물의 외벽중 단열재의 중심선
④ 건축물의 외벽중 내측 내력벽의 중심선

[해설] 다음의 건축물의 건축면적 산정법에 주의한다.
(1) 태양열을 주된 에너지원으로 이용하는 주택 ⇨ 건축물의 외벽중 내측 내력벽의 중심선을 기준으로 한다.
(2) 창고 중 물품을 입출고하는 부위의 상부에 한쪽 끝은 고정되고 다른 쪽 끝은 지지되지 아니한 구조로 설치된 돌출차양 ⇨ 아래 중 작은 값으로 산입한다.
   1. 해당 돌출차양을 제외한 창고의 건축면적의 10퍼센트를 초과하는 면적

정답 17. ②   18. ④

2. 해당 돌출차양의 끝부분으로부터 수평거리 3미터를 후퇴한 선으로 둘러싸인 부분의 수평투영면적
(3) 단열재를 구조체의 외기측에 설치하는 단열공법으로 건축된 건축물 ⇨ 상기 (1)번과 동일

19

「건축물의 설비기준 등에 관한 규칙」에서 중앙집중 냉방설비를 설치하는 경우, 축랭식 또는 가스를 이용한 중앙집중냉방방식으로 하여야 하는 건축물의 면적 기준이 큰 용도 순으로 적합하게 나열한 것은? (단, 면적이란 해당 용도에 사용되는 바닥면적의 합계를 말한다.)

㉠ 제1종 근린생활시설 중 목욕장
㉡ 문화 및 집회시설(동·식물원은 제외)
㉢ 판매시설
㉣ 의료시설

① ㉡-㉢-㉣-㉠
② ㉡-㉣-㉠-㉢
③ ㉢-㉡-㉠-㉣
④ ㉢-㉣-㉡-㉠

[해설] 건축물의 냉방설비에 대한 설치 및 설계기준 제4조
다음 각 호에 해당하는 건축물에 중앙집중 냉방설비를 설치할 때에는 해당 건축물에 소요되는 주간 최대 냉방부하의 60% 이상을 심야전기를 이용한 축랭식, 가스를 이용한 냉방방식, 집단에너지사업허가를 받은 자로부터 공급되는 집단에너지를 이용한 지역냉방방식, 소형 열병합발전을 이용한 냉방방식, 신재생에너지를 이용한 냉방방식, 그 밖에 전기를 사용하지 아니한 냉방방식의 냉방설비로 수용하여야 한다. 다만, 도시철도법에 의해 설치하는 지하철역사 등 산업통상자원부장관이 필요하다고 인정하는 건축물은 그러하지 아니한다.
1. 건축법 시행령 별표1 제7호의 판매시설, 제10호의 교육연구시설 중 연구소, 제14호의 업무시설로서 해당 용도에 사용되는 바닥면적의 합계가 3천제곱미터 이상인 건축물
2. 건축법 시행령 별표1 제2호의 공동주택 중 기숙사, 제9호의 의료시설, 제12호의 수련시설 중 유스호스텔, 제15호의 숙박시설로서 해당 용도에 사용되는 바닥면적의 합계가 2천제곱미터 이상인 건축물
3. 건축법 시행령 별표1 제3호의 제1종 근린생활시설 중 목욕장, 제13호의 운동시설 중 수영장(실내에 설치되는 것에 한정한다)으로서 해당 용도에 사용되는 바닥면적의 합계가 1천제곱미터 이상인 건축물
4. 건축법 시행령 별표1 제5호의 문화 및 집회시설(동·식물원은 제외한다), 제6호의 종교시설, 제10호의 교육연구시설(연구소는 제외한다), 제28호의 장례식장으로서 해당 용도에 사용되는 바닥면적의 합계가 1만제곱미터 이상인 건축물

20

「건축전기설비설계기준」에 따른 에너지절약 방안의 적용기준으로 가장 적합하지 않은 것은?
① 이단강압방식 변전시스템
② 전력량계 설치
③ 개별스위치 설치 또는 속음제어
④ 팬 코일유닛(FCU) 제어회로 구성

정답 19. ① 20. ①

[해설]

항목	직접 강압방식	2단 강압방식
시설비	유리	불리
면적	적다 (1.0)	크다 (1.3)
절감효과	변압기 손실이 적다.	손실면에서 불리하다.
유지관리	유리	불리
안전성	차단용량 증대로 불리	차단용량 감소로 안전성, 경제성 면에서 유리
신뢰도	계통사고 시 불리	주변압기 고장 시 사고 파급
증설시	MOF 교체, 고객 부담, 공사비 추가	유리

제2과목 : 건축환경계획

21 건축물의 에너지절약 관련 다음 설명 중 가장 적합하지 않은 것은?
① 공동주택은 인동간격을 넓게 하여 저층부의 일사 수열량을 증대시킨다.
② 야간난방이 필요한 숙박시설 및 공동주택에는 창의 열손실을 줄이기 위해 단열셔터 등 야간 단열장치를 설치한다.
③ 학교의 교실, 문화 및 집회시설의 공용부분은 1면 이상 자연채광이 가능하도록 한다.
④ 「건축물의 에너지절약설계기준」에서 단열재의 등급분류는 단열재의 열전도율 및 밀도의 범위에 따라 등급을 분류한다.

[해설] 단열재의 등급분류는 단열재의 열전도율의 범위에 따라 등급을 분류하며, 밀도와는 무관하다.

22 다음 그림은 기후특성이 반영된 패시브 건축계획수립을 위한 건물생체기후도(Building bioclimatic chart)를 나타낸 것이다. 굵은 선으로 둘러싸인 부분이 열쾌적 영역일 경우 ㉠~㉣ 지점에 대한 패시브 건축계획으로 가장 적합하지 않은 것은?

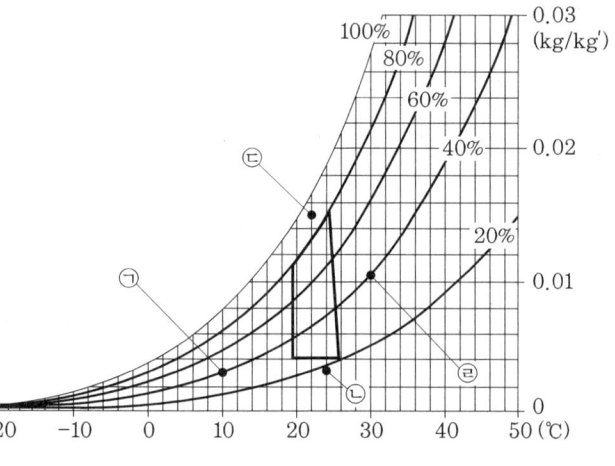

정답 21. ④ 22. ③

① ㉠지점 : 단열, 침기차단, 태양열획득 ② ㉡지점 : 차양, 증발냉각
③ ㉢지점 : 차양, 통풍냉각 ④ ㉣지점 : 차양, 축열냉각

[해설] ㉢지점은 건구온도 약 22℃, 상대습도 약 90% 이며, 습도만 낮추면 쾌적범위에 들어갈 수 있으므로 주로 감습이나 자연통풍이 필요한 곳이다. 차양이나 냉각은 필요하지 않다.

23

난방 및 냉방 에너지소요량의 동적 계산(Dynamic simulation)과 가장 관련이 적은 것은?
① 보일러, 냉동기 및 냉·온수 순환펌프의 부분 부하 효율, 제어방식
② 외벽 재료의 비열 및 밀도, 창의 열관류율 및 면적
③ 인체, 조명, 기기 등의 실내 발열밀도 및 발열 스케줄
④ 난방 및 냉방 디그리데이(Degree day)

[해설] 난방 및 냉방 디그리데이(DD법)는 동적 계산보다 수계산으로 가능한 정적 열부하 계산 방식이다.

24

일반적인 복층 유리창(창세트)의 에너지 성능 관련 설명으로 가장 적합하지 않은 것은?
① SHGC가 클수록 패시브 난방에 효과적이다.
② 창틀 단면에서의 중공(Cavity)은 대류열전달을 줄이기 위해 작은 크기로 구획한다.
③ 아르곤 주입은 로이코팅보다 일반적으로 열관류율 감소 효과가 크다.
④ 금속재 창틀에는 폴리우레탄이나 폴리아미드 재질의 열교 차단재를 설치하여 열손실을 줄인다.

[해설] 일반적으로 아르곤 주입 유리는 로이코팅 유리보다 열관류율 감소 효과가 적다.

25

다음은 유리창의 단면을 나타낸 그림이다. 에너지절약 측면에서 국내 건물의 정북향면에 가장 적합한 창호 구성은?

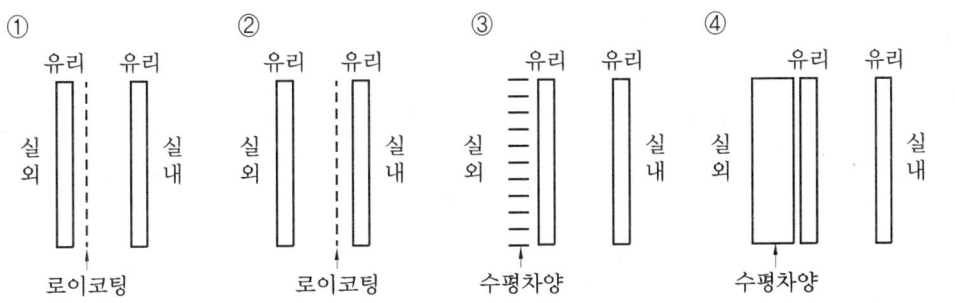

[정답] 23. ④ 24. ③ 25. ②

[해설] 건축물의 에너지 절약을 위해서 정북향 건물, 겨울철 난방 위주의 건물, 주거용 건물, 공동주택 등 난방부하가 큰 건물, 패시브하우스 등은 창문을 통한 외부로의 난방열의 전도 손실이 가장 큰 문제가 되기 때문에 로이코팅 면이 실내측에 위치하게 하여 실내의 열을 외부로 빠져나가지 못하게 하고 내부로 다시 반사시켜 주게 하여야 하며, 차양은 크게 필요하지 않다.

26

난방에너지 절약을 위한 공동주택의 일반적인 계획기법으로 가장 적합하지 않은 것은?
① 외피의 열관류율을 작게 한다.
② 실내외 온도차를 줄이기 위한 열적완충공간을 둔다.
③ 주동 출입구는 방풍실을 두거나 회전문으로 한다.
④ 평면상에서 외벽은 일자형보다는 요철형으로 한다.

[해설] 공동주택의 난방에너지 절약을 위해서, 외벽은 요철형보다 일자형이 찬 외부 공기와의 접촉면적을 줄여주므로 유리하다.

27

겨울철 외벽 내부의 1차원 정상상태 온도분포가 다음 그림과 같은 경우 이에 대한 설명으로 가장 적합하지 않은 것은? (단, ㉠, ㉡, ㉢ 재료는 고체이며 두께가 같다. A-B, C-D의 온도 기울기는 같으며, 복사의 영향은 고려하지 않는다.)
① 실내 상대습도가 100%인 경우 A점에서는 결로가 발생한다.
② ㉠재료의 열저항은 ㉢재료보다 크다.
③ 방습층은 B점이 위치한 면에 설치한다.
④ ㉡재료의 열전도율은 ㉢재료보다 작다.

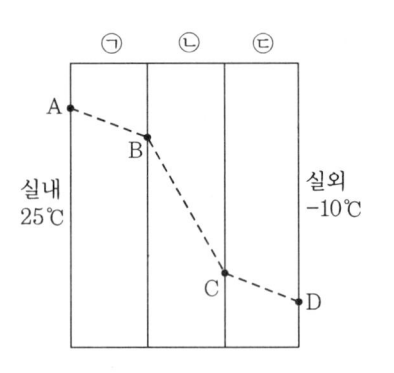

[해설] A-B와 C-D의 온도 기울기가 같고 복사의 영향은 고려하지 않는다고 하였으므로 ㉠재료와 ㉢재료의 열저항 혹은 열전도율은 같다고 할 수 있다.

28

건물 외피의 열교 관련 설명으로 가장 적합하지 않은 것은?
① 단열층을 관통하는 자재 고정용 철물 등은 점형 열교가 되므로 가급적 설치를 최소화 한다.
② 구조체 집합부에서의 열교 방지를 위해서는 내단열보다 외단열이 효과적이다.
③ 열교 부위는 인접한 비열교 부위보다 동계 야간 난방 시 실외 표면온도가 높게 된다.
④ 선행 열교를 통한 실내외 단위 온도차당 전열량은 보통 선형 열관류율과 선형 열교면적의 곱으로 구한다.

정답 26. ④ 27. ② 28. ④

[해설] 선형 열교를 통한 실내외 단위 온도차당 전열량은 보통 선형 열관류율과 선형 열교의 길이의 곱으로 구한다.

29

아래 벽체에서 실내표면 온도(℃)를 구하시오. (단 실내표면 열전달저항은 0.11, 실외표면 열전달저항은 0.043, 공기층의 열저항은 0.086m² · K/W로 한다.)

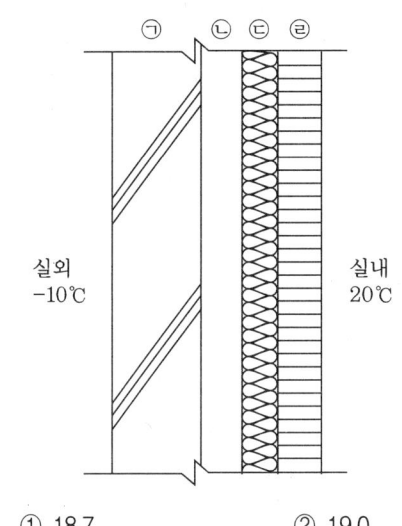

재료	두께(mm)	열전도율(W/m·K)
㉠ 콘크리트	200	1.6
㉡ 공기층	20	-
㉢ 그라스울	140	0.035
㉣ 석고보드	18	0.18

① 18.7   ② 19.0   ③ 19.3   ④ 19.6

[해설] 외벽의 열저항 = $0.043 + \frac{0.2}{1.6} + 0.086 + \frac{0.14}{0.035} + \frac{0.018}{0.18} + 0.11 = 4.464\,\text{m}^2 \cdot \text{K/W}$

실내공기와 실내표면 사이의 온도차 = $(20-(-10)) \times \frac{0.11}{4.464} = 0.739℃$

따라서, 실내표면의 온도 = $20 - 0.739 = 19.261℃$

30

냉방부하 계산 시, 일사유입에 의한 획득열량 산출에 필요 없는 것은?
① 유리의 차폐계수 ② 유리창 면적
③ 실내외 온도차 ④ 일사량

[해설] 일사유입에 의한 획득열량 ∝ 유리의 차폐계수(혹은 SHGC)×유리창의 면적×일사량

31

다음 중 최대 냉·난방부하 계산 시 부하요인 - 부하종류 - 부하구분 연결이 틀린 것은?
① 침기 - 현열, 잠열 - 냉방, 난방
② 조명 - 현열 - 냉방
③ 인체 - 현열, 잠열 - 냉방, 난방
④ 환기 - 현열, 잠열 - 냉방, 난방

[정답] 29. ③　30. ③　31. ③

[해설] ③번은 '인체-현열, 잠열-냉방'으로 고쳐져야 옳다.

32

다음 조건에서 온도차이비율(TDR)을 산출하고, 「공동주택 결로 방지를 위한 설계기준」의 만족 여부로 가장 적합한 것은?

- 위치 : 속초
- 검토 부위 : 벽체접합부
- 실내표면온도 : 15℃
- 결로방지 성능기준

대상 부위	TDR값		
	지역 I	지역 II	지역 III
벽체 집합부	0.25	0.26	0.28

- 소수 셋째자리에서 반올림

① TDR : 0.25, 기준 만족
② TDR : 0.25, 기준 미달
③ TDR : 0.29, 기준 만족
④ TDR : 0.29, 기준 미달

[해설] 속초는 지역 III에 해당하므로
벽체접합부의 기준 TDR = 0.28, 기준 외기온도 = -10℃

따라서 $TDR = \dfrac{\text{실내기준온도} - \text{적용 대상부위의 실내표면온도}}{\text{실내기준온도} - \text{기준외기온도}}$

$= \dfrac{25-15}{25-(-10)} = 0.286$

TDR = 약 0.29 > 속초의 결로방지 성능기준 TDR (= 0.28)이므로, 기준 미달이다.

33

공동주택에서의 결로 방지에 관한 설명으로 가장 적합하지 <u>않은</u> 것은?
① 표면 결로를 방지하기 위해 온도차이비율(TDR)을 작게 한다.
② 창에서 유리 중앙보다는 유리 모서리가 특히 결로에 취약하므로 주의가 필요하다.
③ 복층유리의 간봉(Spacer) 내부 공간에는 흡습재를 두어 중공층 내부결로를 방지한다.
④ 출입문, 벽체접합부, 외기에 직접·간접 접하는 창은 「공동주택 결로 방지를 위한 설계기준」에 따라 결로방지성능을 만족해야 한다.

[해설] '공동주택 결로방지를 위한 설계 기준'의 대상부위는 출입문, 벽체접합부, 외기에 직접 접하는 창이다.

정답 32. ④ 33. ④

34

아래 그림은 우리나라 건물부위별 일사량을 나타낸다. 그림에 대한 설명이 옳은 것은?

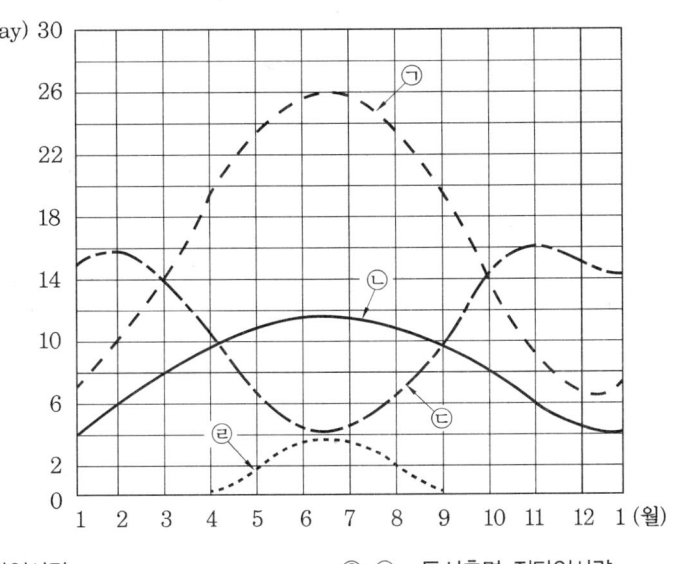

① ㉠ – 남측면 직달일사량
② ㉡ – 동서측면 직달일사량
③ ㉢ – 북측면 직달일사량
④ ㉣ – 수평면 직달일사량

[해설] 그림에서
  ㉠ : 수평면 직달일사량
  ㉡ : 동서측면 직달일사량
  ㉢ : 남측면 직달일사량
  ㉣ : 북측면 직달일사량

35

태양위치 및 일사에 대한 설명으로 가장 적합하지 않은 것은?
① 진태양시와 평균태양시의 차이를 균시차라 하며, 지구 공전속도가 일정하지 않기 때문에 발생한다.
② 태양이 남중할 때 태양방위각을 0이라고 하면, 정남에서 동(오전)은 +, 서(오후)는 − 값을 갖는다.
③ 지구 대기권 표면에 도달하는 연평균 법선면 일사량을 태양정수라 하며, 통상 1,353 W/m² 값을 갖는다.
④ 지표면에 도달하는 법선면 직달일사량을 태양정수로 나눈 값을 대기투과율이라 하며, 대기 중 수증기량과 오염도에 따라 값이 변화한다.

[해설] 방위각의 기준은 진북으로 0°로 나타내며, 360°원에서 시계방향으로 움직일 때, 동쪽을 향하면 90°, 남쪽 180°, 서쪽 270°의 방위각을 가지게 된다.

정답 34. ② 35. ②

36

아래 그림과 같은 건물에서 풍상측과 풍하측간에 발생하는 압력차(ΔP)를 구하시오. (단, 풍압계수는 풍상측 0.8, 풍하측 -0.4로 한다.)

① 2.88 pa
② 5.76 pa
③ 11.52 pa
④ 23.04 pa

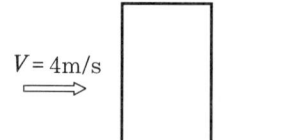

[해설] 풍상측과 풍하측의 압력차 = $\dfrac{\text{풍압계수차} \times \text{공기의 밀도} \times \text{속도의 제곱}}{2}$

$= \dfrac{(0.8-(-0.4)) \times 1.2 \times 4^2}{2} = 11.52 \text{Pa}$

37

공기령(Age of air)에 의한 환기성능 평가에 대한 설명으로 가장 적합하지 <u>않은</u> 것은?

① 어떤 지점의 공기령이 클수록 신선한 공기가 잘 도달된다.
② 환기횟수가 커지면 급기구로부터 유입된 공기가 배기구까지 흘러가는데 걸리는 시간이 짧아진다.
③ 천장부근 벽체에서 급기하여 반대쪽 벽체천장부근으로 배기하는 경우, 공기령 편차가 커질 위험성이 있다.
④ 대공간의 거주역만을 대상으로 하는 치환환기의 경우, 대상 공간의 공기령을 균일하게 설계해야 한다.

[해설] 환기효율은 '실의 체적/(풍량×공기연령)'의 계산식이 성립되므로, 공기연령이 커지면 환기효율이 감소하여 신선한 공기가 잘 도달되지 못한다.

38

수증기 발생량이 1.2 kg/h인 경우 실내절대습도를 0.010 kg/kg'로 유지하기 위한 필요 환기량 Q [m³/h]을 구하시오. (단, 공기밀도는 1.2 kg/m³, 외기의 절대습도는 0.005 kg/kg'로 한다.)

① 100   ② 120   ③ 200   ④ 240

[해설] W [kg/h]인 수증기 발생이 있는 경우

잠열 : $q = q_L \cdot Q \cdot \rho \cdot (\chi_r - \chi_o)$ 에서,

$W = Q \cdot \rho \cdot (\chi_r - \chi_o)$

환기량 $Q = \dfrac{W}{\rho \cdot (\chi_r - \chi_o)}$

여기서, q : 열량(kW, kcal/h)
Q : 환기량(m³/s, m³/h)

정답 36. ③ 37. ① 38. ③

ρ : 공기의 밀도(=1.2kg/m³)
q_L : 0℃에서의 물의 증발잠열(2501.6 kJ/kg ≒ 597.5 kcal/kg)
$\chi_r - \chi_o$: 실내공기의 절대습도 − 실외공기의 절대습도(kg/kg')

따라서, 필요환기량 $= \dfrac{1.2}{1.2 \times (0.01 - 0.005)} = 200 \text{m}^3/\text{h}$

39

「건축전기설비기준」에 따른 실내 조명설계 순서로 가장 적합한 것은?

㉠ 조명방식 및 광원 선정   ㉡ 조명기구 배치
㉢ 조도기준 파악   ㉣ 조명기구 수량 계산

① ㉢-㉠-㉡-㉣
② ㉠-㉢-㉣-㉡
③ ㉢-㉠-㉣-㉡
④ ㉠-㉢-㉡-㉣

[해설] 조명설계에서 가장 먼저 해야 할 일은 조도기준에 대한 파악이며, 그 다음 조명방식 및 광원이 선정되면 조명기구의 수량 계산이 가능해진다. 그리고 마지막으로 해야 할 일은 조도기준에 맞게 실내에 조명기구를 배치하는 것이다.

40

측창에 비하여 수평형 천창의 채광 특성을 설명한 것으로 가장 적합하지 <u>않은</u> 것은? (단, 창 위치 이외의 창면적과 주변환경은 동일한 것으로 가정한다.)

① 주변건물의 영향을 덜 받는다.
② 더 많은 양의 주광을 받을 수 있다.
③ 직사광에 의한 글레어 발생에 주의가 필요하다.
④ 실내위치에 따른 주광분포 불균일 위험성이 크다.

[해설] 천창의 형태는 넓은 천장을 통하여 실내 골고루 주광조명을 도입할 수 있어서 자연채광을 극대화할 수 있는 방식이다. 따라서 측창에 비하여 실내의 위치에 따른 주광분포 불균일 위험성이 적다.

제3과목 : 건축설비시스템

41

레이놀즈 수(Reynold's number, Re수)에 대한 설명으로 적합하지 <u>않은</u> 것은?

① Re수는 관성력과 점성력의 비를 나타낸다.
② Re수가 작을 때는 난류이고, 클 때에는 층류이다.
③ 배관 내 유체의 Re수는 유속, 관경, 점도와 관계가 있다.
④ Re수는 대류열전달계수 및 마찰계수와 관계가 있다.

정답 39. ③ 40. ④ 41. ②

[해설] Re(Reynold's Number) = $\dfrac{관성력}{점성력}$

즉, $Re = \dfrac{VL}{\nu}$ 여기서, V : 속도(m/s), L : 길이(m), ν : 동점성계수(m³/s)

Re수가 작을 때는 층류이고 클 때에는 난류이다.

42
공조용 송풍기의 국소 대기압이 500mmHg이고 계기압력이 0.5kgf/cm²일 때, 절대압력(kgf/cm²)은 얼마인가?

① 1.08   ② 1.18   ③ 2.08   ④ 2.18

[해설] 대기압 = 1.0332 kgf/cm² = 760 mmHg

그러므로 국소 대기압 500 mmHg = $\dfrac{1.0332 \times 500}{760}$ = 0.6797 kgf/cm²

절대압력 = 국소 대기압 + 계기압력 = 0.6797 + 0.5 = 1.18 kgf/cm²

43
어느 냉동공장에서 50RT의 냉동부하에 대한 냉동기를 설계하려고 한다. 냉매는 등엔트로피 압축을 한다고 가정할 때, 다음 그림에서 냉매의 순환량(kgf·h)은 얼마인가? (단, 1RT[냉동톤] = 3,320kcal/h)

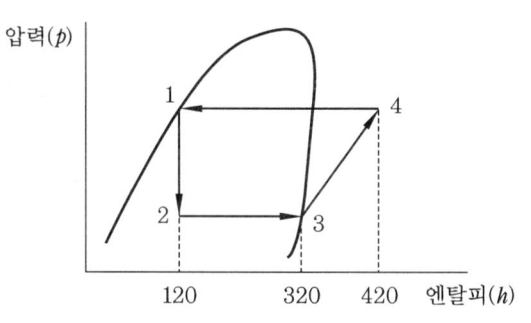

① 800   ② 810   ③ 830   ④ 840

[해설] 냉동능력 = 증발능력 50RT = 50 × 3,320 = 166,000 kcal/h

'냉동능력 = 순환량 × 엔탈피차' 공식에서

순환량 = $\dfrac{냉동능력}{엔탈피차}$ = $\dfrac{166,000}{320 - 120}$ = 830 kgf/h

44
공조바닥면적이 5,000m²인 사무소 건물의 난방을 위한 보일러의 정미출력(Net Capacity, kW)으로 적합한 것은? (단, 면적당 난방부하는 0.2 kW/m²이며, 급탕부하 100kW, 배관부하 20kW, 예열부하는 난방부하의 70%이다.)

① 1,020   ② 1,100   ③ 1,120   ④ 1,820

정답 42. ② 43. ③ 44. ②

[해설] 난방부하 = 0.2 kW/m² × 5,000 m² = 1,000 kW
보일러의 정미출력 = 난방부하 + 급탕부하 = 1,000 + 100 = 1,100 kW

45. 공기조화설비용 덕트 내로 공기가 흐를 때 발생하는 마찰손실수두와 반비례하는 것은?
① 덕트의 직경   ② 덕트의 길이   ③ 공기의 풍량   ④ 마찰계수

[해설] 마찰손실에 의한 압력손실값 계산(Darcy-Weisbach의 마찰손실공식)

$$\Delta P = \frac{f}{2}\rho v^2 \frac{L}{D} \qquad \Delta P = \frac{8f}{\rho \pi^2} \cdot \frac{L}{D^5} m^2$$

여기서, ΔP : 압력손실, f : 마찰계수, ρ : 유체의 밀도, v : 유체의 속도, D : 덕트의 직경(내경), L : 덕트의 길이, m : 공기의 풍량, A : 덕트 내부 단면적

상기 식에서 볼 때 마찰손실값은 덕트의 길이, 공기의 풍량, 마찰계수 등에 비례하고, 덕트의 직경에는 5제곱으로 반비례한다.

46. 어느 공조공간에서 열손실이 현열 20kW와 잠열 5kW일 때 현열비(Sensible Heat Factor : SHF)는 얼마인가?
① 0.80   ② 0.40   ③ 0.45   ④ 0.25

[해설] 현열비 = $\dfrac{\text{현열}}{\text{현열}+\text{잠열}} = \dfrac{20}{20+5} = 0.8$

47. 다음 중 개별공조방식으로 가장 적합한 것은?
① 정풍량 단일덕트방식   ② 이중덕트방식
③ 팬코일유닛방식   ④ 룸 에어컨방식

[해설] 정풍량 단일덕트방식, 이중덕트방식, 팬코일유닛방식 등은 중앙공조방식에 해당되고, 룸 에어컨방식은 개별공조방식에 해당된다.

48. 수축열방식은 15℃의 물을 5℃의 물로 냉각하여 저장한다. 빙축열방식은 같은 온도(15℃)의 물을 0℃의 얼음으로 만들어 저장하며 IRF(빙충전율)는 25%로 한다. 각 방식에 대하여 1,000 MJ의 축열을 위해서 필요한 축열조의 부피(m³)는 약 얼마인가? (단, 축열조의 온도는 균일하고, 물의 비열은 4.2 kJ/kg·K, 얼음의 잠열은 340 kJ/kg, 물과 얼음의 밀도는 1,000 kg/m³으로 동일한 것으로 가정한다.)
① 수축열 : 24   ② 수축열 : 24   ③ 수축열 : 48   ④ 수축열 : 48
   빙축열 : 7   빙축열 : 14   빙축열 : 7   빙축열 : 14

[정답] 45. ①   46. ①   47. ④   48. ①

[해설] 수축열조의 부피 = $\dfrac{\text{저장에너지}}{\text{저장유체의 밀도} \times \text{비열} \times \text{저장온도차}}$

$= \dfrac{1{,}000{,}000}{1{,}000 \times 4.2 \times (15-5)} = 23.8\,\text{m}^3$ 이상

빙축열조의 부피 = $\dfrac{\text{저장에너지}}{\text{저장유체의 밀도} \times \text{비열} \times \text{저장온도차} + \text{얼음의 밀도} \times \text{얼음의 잠열} \times IPF}$

$= \dfrac{1{,}000{,}000}{1{,}000 \times 4.2 \times (15-0) + 1000 \times 340 \times 0.25} = 6.76\,\text{m}^3$ 이상

49

엔탈피가 낮은 외기를 도입하여 냉방에너지를 절약할 수 있다. 다음 중 엔탈피가 가장 낮은 습공기의 상태는?

① 건구온도 20℃, 노점온도 10℃
② 건구온도 20℃, 노점온도 15℃
③ 건구온도 25℃, 노점온도 10℃
④ 건구온도 25℃, 노점온도 15℃

[해설] 엔탈피(h)는 건구온도와 노점온도 혹은 습도가 각각 낮을수록 낮아진다.

50

수격현상 방지책에 대한 설명 중 틀린 것은?

① 관성력을 크게 하기 위하여 관내 유속을 높게 한다.
② 펌프에 플라이휠을 설치하여 펌프가 정지되어도 급격히 중지되지 않도록 한다.
③ 서징탱크 또는 공기실을 설치하여 압력의 완충작용을 할 수 있도록 한다.
④ 자동 수압조절밸브를 설치하여 압력을 조절한다.

[해설] 수격현상을 방지하기 위한 방법 중 하나로 관성력을 작게 하여 관내 유속을 낮게 유지해야 한다.

51

수변전설비에서 에너지절약을 도모할 수 있는 방법이 아닌 것은?

① 고효율 변압기 채택
② 서지흡수기 설치
③ 역률자동조절장치 설치
④ 변압기 대수 제어

[해설] 서지흡수기는 전기에너지의 절약을 위한 것이 아니고 전기적 안전을 도모하기 위해 설치하는 것이다.

52

어느 건축물의 전기설비용량이 1,000kW, 수용률 72%, 부등률 1.2일 때, 수전시설 용량(kVA)은 얼마인가? (단, 부하 역률은 0.8으로 계산한다.)

① 600 ② 650 ③ 700 ④ 750

[해설] 수용률과 부등률은 건축물의 전기설비 용량 대비 동시이용률을 고려하여 수전설비 용량을 낮출 수 있는 비율을 표시하는 인자이고, 부하의 역률은 무효전력에 의한 수전설비 용량의 손실에 대한

여유율을 말하는 것이므로,

수전설비 용량 $= \dfrac{1000 \times 0.72}{1.2 \times 0.8} = 750\,\text{kVA}$

53

고효율 전동기를 만들기 위해 고려해야 하는 전동기의 손실 감소 및 효율증대 방법과 관련된 설명이 맞지 <u>않는</u> 것은?
① 철심 길이를 증대시킴으로써 철손과 동손을 감소시킬 수 있다.
② 고정자 결선부의 길이를 감소시킴으로써 동손을 감소시킬 수 있다.
③ 회전자 도체 크기를 증가시킴으로써 동손을 감소시킬 수 있다.
④ 소용량 전동기보다 중용량 전동기의 철손비율이 더 크다.

[해설] 보통 전동기의 용량이 커지면 철손이 커지지만, 철손의 비율과는 직접적 관련성이 없다.

54

용량 30kVA의 단상 주상변압기가 있다. 어느 날 이 변압기의 부하가 30kW로 2시간, 24kW로 8시간, 6kW로 14시간이었을 경우, 이 변압기의 전일효율(%)은 얼마인가? (단, 부하의 역률은 1.0, 변압기의 전부하동손은 500W, 철손은 200W라고 한다.)
① 79.55   ② 89.29   ③ 95.29   ④ 97.49

[해설] 1일 중의 공급 전력량 $= 30\,\text{kW} \times 2\text{시간} + 24\,\text{kW} \times 8\text{시간} + 6\,\text{kW} \times 14\text{시간} = 336\,\text{kWh}$

동손 손실량 = 전부하동손 × 부하율의 제곱의 시간적산

$= 0.5 \times \left(\left(\dfrac{30}{30}\right)^2 \times 2 + \left(\dfrac{24}{30}\right)^2 \times 8 + \left(\dfrac{6}{30}\right)^2 \times 14\right) = 3.84\,\text{kWh}$

철손 손실량 $= 0.2 \times 24 = 4.8\,\text{kWh}$

총 전력 손실량 = 동손 손실량 + 철손 손실량 $= 3.84 + 4.8 = 8.64\,\text{kWh}$

따라서, 전일효율은 아래와 같이 계산된다.

전일효율 $= \dfrac{1\text{일 중의 공급전력량}}{1\text{일 중의 공급전력량} + 1\text{일 중의 손실전력량}} \times 100\%$

$= \dfrac{336}{336 + 8.64} \times 100\% = 97.49\%$

55

다음 에너지절감을 위한 고효율 LED조명설비의 교체 계획 중 연간 에너지절감량이 가장 큰 것은? (단, [ ] 안은 연평균 일일 조명사용기간)
① 화장실[1시간] : (기존) 200W 백열전구 → (교체) 10W LED램프
② 복도[2시간] : (기존) 20W 형광램프 → (교체) 7W LED램프
③ 로비[10시간] : (기존) 250W 나트륨램프 → (교체) 100W LED다운라이트
④ 사무실[8시간] : (기존) 4×32W 형광램프 → (교체) 50W LED평판등

정답 53. ④ 54. ④ 55. ③

[해설] 일일 조명에너지 절감량은 아래와 같다.
① : (200W-10W)×1시간=190Wh
② : (20W-7W)×2시간=26Wh
③ : (250W-100W)×10시간=1,500Wh
④ : (4×32W-50W)×8시간=624Wh
따라서 ③번의 연간 조명에너지 절감량이 가장 크다.

56 면적이 200 m²인 사무실에 소비전력 40 W, 전광속 2,500 lm의 형광램프를 설치하여 평균 조도 500 lx를 만족하고 있다. 이 사무실을 동일한 조도로 유지하면서 소비전력 20W, 발광효율 150 lm/W LED램프로 교체할 경우, 절감되는 총 소비전력(W)은? (단, 형광램프와 LED램프의 조명률 = 0.5, 감광보상률 = 1.2로 동일하게 가정한다.)

① 1,120   ② 1,600   ③ 2,240   ④ 3,200

[해설] 조명수량(N) 계산공식 : $N = \dfrac{E \cdot S \cdot D}{F \cdot U}$

여기서, E : 평균조도(lx)
F : 램프 1개당 광속(lm)
U : 조명률
D : 감광보상률
S : 방의 면적(m²) (방의 폭×길이)

상기 식에서,

변경 전 형광등의 수량 = $\dfrac{500 \times 200 \times 1.2}{2500 \times 0.5}$ = 96개

변경 전 조명 소비전력 = 96개×40W = 3,840W

변경 후 LED 수량 = $\dfrac{500 \times 200 \times 1.2}{150 \times 20 \times 0.5}$ = 80개

변경 후 조명 소비전력 = 80개×20W = 1,600W
절감되는 총 소비전력 = 3,840W - 1,600W = 2,240W

57 「건축전기설비설계기준」에 의한 태양광 발전 설비 중 태양전지 모듈 선정 시 변환효율(%)에 대한 식으로 맞는 것은? (단, $P_{\max}$: 최대출력(W), G : 방사속도(W/m²), A_t : 모듈전면적(m²))

① $\dfrac{P_{\max} \times G}{A_t} \times 100$

② $\dfrac{A_t \times G}{P_{\max}} \times 100$

③ $\dfrac{A_t}{P_{\max} \times G} \times 100$

④ $\dfrac{P_{\max}}{A_t \times G} \times 100$

정답 56. ③   57. ④

해설   모듈변환효율 = $\dfrac{\text{모듈최대출력(W)}}{\text{모듈전면적(m}^2\text{)} \times \text{방사속도(W/m}^2\text{)}} \times 100\%$

㈜ 상기 식에서 방사속도는 보통 표준 방사속도(1,000 W/m²)를 적용하여 계산한다.

58
「신·재생에너지 설비의 지원 등에 관한 규정」에 따른 설비원별 시공기준에서 일조시간 기준이 맞게 연결된 것은? (단, 춘계는 3월~5월, 추계는 9월~11월 기준으로 한다.)
① 태양광설비, 집광·채광설비 – 춘·추계 기준 4시간 이상
② 태양광설비, 집광·채광설비 – 춘·추계 기준 5시간 이상
③ 태양열설비, 태양광설비 – 춘·추계 기준 4시간 이상
④ 태양열설비, 태양광설비 – 춘·추계 기준 5시간 이상

해설   신·재생에너지 설비의 지원 등에 관한 지침
(1) 태양광설비, 집광·채광설비 : 장애물로 인한 음영에도 불구하고 일조시간은 1일 5시간(춘계 (3~5월)·추계(9~11월) 기준) 이상이어야 한다. 다만, 전기줄, 피뢰침, 안테나 등 경미한 음영 은 장애물로 보지 아니한다.
(2) 태양열 설비 : 음영이 전혀 없는 일조시간이 1일 4시간(동계(12~2월) 기준) 이상이어야 한다. 다만, 전기줄, 피뢰침, 안테나 등 경미한 음영은 장애물로 보지 아니하며, 집열기 설치열이 2열 이상일 경우 앞 열은 뒷열에 음영이 지지 않도록 설치하여야 한다.

59
다음 중 신·재생에너지 설비 KS 인증을 위한 지열설비에 해당되지 <u>않는</u> 것은?
① 정격용량 530 kW 이하 물-물 지열원 열펌프 유닛
② 정격용량 175 kW 이하 물-공기 지열원 열펌프 유닛
③ 정격용량 530 kW 이하 공기-물 지열원 열펌프 유닛
④ 정격용량 175 kW 이하 물-공기 지열원 멀티형 열펌프 유닛

해설   지열에너지 관련 KS인증 대상 품목

지열 열펌프 유닛	물-물 지열원 열펌프 유닛	KS B 8292	530kW 이하
	물-공기 지열원 열펌프 유닛	KS B 8293	175kW 이하
	물-공기 지열원 멀티형 열펌프 유닛	KS B 8294	175kW 이하

60
다음은 「신·재생에너지 설비의 지원 등에 관한 지침」에 따른 지열이용검토서 작성 기준의 용어정의에 해당하는 항목들이다. 다음 중 용어정의가 틀린 것은?

정답   58. ②   59. ③   60. ③

㉮ 지열담당면적 : 건축물 전체 면적 중 지열 시스템이 담당하는 면적
㉯ 건축물 전체 부하량 : 지열시스템이 설치되는 건축물의 전체 부하량
㉰ 지열담당부하량 : 지열시스템이 담당하는 부하량
㉱ 사업용량 : 지열시스템의 냉·난방 설치용량 중 큰 값
㉲ 설치용량 : 인증서에 표기된 열펌프의 냉·난방 정미능력
㉳ 설계용량 : 지열열펌프 성적서에 표기된 정격냉방용량 및 정격난방용량

① ㉮, ㉯ ② ㉲, ㉳ ③ ㉱, ㉳ ④ ㉯, ㉱

[해설]
- 사업용량 : 지열시스템의 냉·난방 설치용량 중 큰 값+급탕용량
- 설계용량 : 시스템 설계를 위해 열원측·부하측에 적용된 EWT 기준으로 시험성적서 또는 성능표에 분석된 열펌프 정미능력

제4과목 : 건물 에너지효율설계·평가

61 「건축물 에너지효율등급 인증 및 제로에너지건축물 인증에 관한 규칙」[별지 제4호의 2 서식] 제로에너지건축물 인증서의 표시사항이 아닌 것은?

① 단위면적당 1차에너지소비량
② 단위면적당 1차에너지생산량
③ 단위면적당 CO_2배출량
④ 에너지자립률

[해설] 제로에너지건축물 인증서 표기 내용 : 건축물 개요, 제로에너지건축물 인증등급, 단위면적당 1차에너지소비량, 단위면적당 1차에너지생산량, 에너지자립률, 건축물 에너지효율등급 등

62 다음은 설계항목을 변경하였을 경우, 건축물 에너지 효율등급 인증 평가 결과이다. 변경된 설계항목으로 가장 적합한 것은?

(단위 : kWh/m²년)

구 분	변경 전 / 변경 후	난방	냉방	급탕	조명	환기	합계
에너지요구량	변경 전	25.1	10.6	18.9	18.2	0.0	72.8
	변경 후	25.1	10.6	18.9	18.2	0.0	72.8
에너지소요량	변경 전	32.5	9.8	18.3	14.2	6.9	81.7
	변경 후	29.2	9.8	17.5	14.2	6.9	77.6
1차에너지소요량	변경 전	51.2	12.0	50.2	39.2	19.0	171.6
	변경 후	23.4	12.0	13.4	39.2	19.0	107.0

정답 61. ③ 62. ①

① 지역난방 방식으로 변경   ② 외피의 단열성능 강화
③ 변풍량 방식으로 변경   ④ 고효율 가스보일러로 변경

[해설] 에너지소요량 대비 1차에너지소요량이 냉방은 그대로이고, 난방과 급탕 항목에서 대폭 줄일 수 있는 경우는 '지역난방'을 적용한 경우이다.

63

「건축물 에너지효율등급 인증 및 제로에너지건축물 인증 기준」에 따른 인증수수료 설명 중 옳지 않은 것은?

① 인증기관의 장이 인증신청을 접수한 후 평가를 완료하기 전에 인증신청을 반려한 경우 : 납입한 수수료의 100분의 50을 반환한다.
② 인증기관의 장이 인증신청을 접수하기 전에 인증신청을 반려한 경우 : 납입한 수수료의 전부를 반환한다.
③ 수수료를 과오납한 경우 : 과오납한 금액의 전부를 반환한다.
④ 인증서 발급일부터 90일 초과하여 재평가를 신청한 경우 : 인증수수료의 100분의 50을 인증기관의 장에게 내야 한다.

[해설] 건축물 에너지효율등급 인증 및 제로에너지건축물 인증 기준(제6조)
① 규칙 제13조 제1항에 따른 인증 수수료는 별표 4와 같다.
② 규칙 제13조 제2항에 따라 재평가를 신청하는 건축주 등은 제1항에 따른 인증 수수료의 100분의 50을 인증기관의 장에게 내야 한다. 단, 재평가 결과 당초 평가결과의 오류가 확인되어 인증등급이 달라지거나 인증 취소 결정이 번복되는 경우에는 재평가에 소요된 인증 수수료를 환불받을 수 있다.
③ 규칙 제13조 제5항에 따른 인증 수수료의 환불 사유 및 반환 범위는 다음 각 호와 같다.
 1. 수수료를 과오납(過誤納)한 경우 : 과오납한 금액의 전부
 2. 인증대상이 아닌 경우 : 납입한 수수료의 전부
 3. 인증기관의 장이 인증신청을 접수하기 전에 인증신청을 반려하거나 건축주 등이 인증신청을 취소하는 경우 : 납입한 수수료의 전부
 4. 인증기관의 장이 인증신청을 접수한 후 평가를 완료하기 전에 인증신청을 반려하거나 건축주 등이 인증신청을 취소하는 경우 : 납입한 수수료의 100분의 50
④ 인증 수수료의 반환절차 및 반환방법 등은 인증기관의 장이 별도로 정하는 바에 따른다.
⑤ 규칙 제13조 제1항에 따라 건축물 에너지효율등급 인증을 신청한 건축주 등은 신청서를 제출한 날로부터 20일 이내에 인증기관의 장에게 수수료를 납부하여야 한다.

64

다음 표는 건축물 에너지효율등급 평가 결과이다. 「건축물 에너지효율등급 인증 및 제로에너지건축물 인증 기준」[별표1의2] 제로에너지건축물 인증기준에 따른 제로에너지건축물 인증등급(㉠) 및 건축물 에너지효율등급(㉡)을 설명한 것으로 옳은 것은? (단, 해당 건물은 업무시설로서 건축물에너지관리시스템이 설치된 경우이다.)

정답 63. ④ 64. ①

	(단위 : kWh/m²년)
단위면적당 에너지요구량	72.8
단위면적당 에너지소요량	83.5
단위면적당 1차에너지소요량	109.7
단위면적당 1차에너지생산량	45.0

① ㉠ ZEB 5등급, ㉡ 1++ 등급   ② ㉠ ZEB 4등급, ㉡ 1++ 등급
③ ㉠ ZEB 5등급, ㉡ 1+++ 등급   ④ ㉠ ZEB 4등급, ㉡ 1+++ 등급

[해설] 제로에너지건축물 인증등급

ZEB 등급	에너지 자립률
1등급	에너지자립률 100% 이상
2등급	에너지자립률 80 이상 ~ 100% 미만
3등급	에너지자립률 60 이상 ~ 80% 미만
4등급	에너지자립률 40 이상 ~ 60% 미만
5등급	에너지자립률 20 이상 ~ 40% 미만

$$에너지자립률(\%) = \frac{단위면적당\ 1차에너지생산량}{단위면적당\ 1차에너지소비량} \times 100$$

여기서, 단위면적당 1차에너지소비량(kWh/m²·년)=단위면적당 1차에너지소요량+단위면적당 1차에너지생산량

따라서, $에너지자립률(\%) = \frac{45}{109.7+45} = 29\%$ ⇨ 위의 표에서 5등급에 해당함.

건축물 에너지효율등급 인증등급

등급	주거용 건축물 연간 단위면적당 1차에너지소요량 (kWh/m²·년)	주거용 이외의 건축물 연간 단위면적당 1차에너지소요량 (kWh/m²·년)
1+++	60 미만	80 미만
1++	60 이상 90 미만	80 이상 140 미만
1+	90 이상 120 미만	140 이상 200 미만
1	120 이상 150 미만	200 이상 260 미만
2	150 이상 190 미만	260 이상 320 미만
3	190 이상 230 미만	320 이상 380 미만
4	230 이상 270 미만	380 이상 450 미만
5	270 이상 320 미만	450 이상 520 미만
6	320 이상 370 미만	520 이상 610 미만
7	370 이상 420 미만	610 이상 700 미만

65

「건축물의 에너지절약설계기준」 중 「대기전력저감 프로그램운용규정」에 의한 대기전력 저감우수 등록 제품으로 적합하지 <u>않은</u> 것은?

① 홈게이트웨이
② 자동절전 멀티탭
③ 대기전력 저감형 도어폰
④ 일괄소등스위치

[해설] "일괄소등스위치"라 함은 층 및 구역 단위 또는 세대 단위로 설치되어 층별 또는 세대 내의 조명등(센서등 및 비상등 제외 가능)을 일괄적으로 켜고 끌 수 있는 스위치를 말하며, 대기전력저감우수 등록 제품과는 무관하다.

66

「건축물의 에너지절약설계기준」에 따른 중앙집중식 난방방식을 모두 고른 것은?

㉠ 난방면적의 60%에 EHP설비(공기 대 공기) 방식으로 설치
㉡ 난방면적의 100%에 증기보일러를 이용한 방열기 설치
㉢ 난방면적의 60%에 지역난방을 이용한 열교환기 및 온수순환펌프 설치
㉣ 난방면적의 50%에 지열히트펌프(물 대 물) 방식으로 설치 + 난방면적의 50%에 가스히트펌프(공기 대 공기) 설치

① ㉠, ㉢　　② ㉡, ㉢　　③ ㉢　　④ ㉢, ㉣

[해설] "중앙집중식 냉·난방설비"라 함은 건축물의 전부 또는 냉난방 면적의 60% 이상을 냉방 또는 난방함에 있어 해당 공간에 순환펌프, 증기난방설비 등을 이용하여 열원 등을 공급하는 설비를 말한다. 단, 산업통상자원부 고시 「효율관리기자재 운용규정」에서 정한 가정용 가스보일러는 개별 난방설비로 간주한다.(건축물의 에너지절약 설계기준 제5조)

67

「건축물의 에너지절약설계기준」에 따른 열손실방지조치를 하지 <u>않아도</u> 괜찮은 부위는?

① 바닥면적 160제곱미터의 개별 점포의 출입문
② 지표면 아래 2미터를 초과하여 위치한 공동주택의 거실 부위로서 이중벽의 설치 등 하계 표면결로 방지 조치를 한 경우
③ 공동주택의 층간바닥 중 바닥난방을 하는 현관 및 욕실의 바닥 부위
④ 바닥면적 250제곱미터 이하의 방풍구조 출입문

[해설] 단열조치 예외사항
(1) 지표면 아래 2미터를 초과하여 위치한 지하 부위(공동주택의 거실 부위는 제외)로서 이중벽의 설치 등 하계 표면결로 방지 조치를 한 경우
(2) 지면 및 토양에 접한 바닥 부위로서 난방공간의 외벽 내표면까지의 모든 수평거리가 10미터를 초과하는 바닥 부위
(3) 외기에 간접 면하는 부위로서 당해 부위가 면한 비난방 공간의 외피를 별표1에 준하여 단열조

정답 65. ④　66. ②　67. ④

치하는 경우
(4) 공동주택의 층간바닥(최하층 제외) 중 바닥난방을 하지 않는 현관 및 욕실의 바닥 부위
(5) 제5조 제9호 아목에 따른 방풍구조(외벽 제외) 또는 바닥면적 150제곱미터 이하의 개별 점포의 출입문

68 「건축물의 에너지절약설계기준」에 따라 보기 ㉠~㉣ 중 에너지성능지표를 제출해야 할 대상을 모두 고른 것은?

㉠ 같은 대지에 A동(비주거) 연면적의 합계 400제곱미터와 B동(비주거) 연면적의 합계 200제곱미터를 신축할 경우
㉡ 업무시설을 별동으로 연면적의 합계 500제곱미터 이상 증축한 경우
㉢ 신축 공공업무시설이 건축물에너지효율등급 1등급을 취득한 경우
㉣ 에너지절약형 친환경주택의 건설기준에 적합한 건축물

① ㉠, ㉡   ② ㉡, ㉣   ③ ㉡, ㉢   ④ ㉠, ㉡, ㉢, ㉣

[해설] ㉠ : 허가 또는 신고대상의 같은 대지 내 주거 또는 비주거를 구분한 제3조 제2항 및 제3항에 따른 연면적의 합계가 500제곱미터 이상이고 2천제곱미터 미만인 건축물 중 개별 동의 연면적이 500제곱미터 미만인 경우에는 제15조(에너지성능지표)를 적용하지 아니할 수 있다.
㉣ : 에너지절약형 친환경주택의 건설기준에 적합한 건축물은 에너지절약계획서(에너지성능지표 포함)를 제출할 필요가 없다.

69 「건축물의 에너지절약설계기준」의 동력설비 및 제어설비와 관련된 내용으로 가장 적합하지 않은 것은?
① 승강기 구동용전동기의 제어방식은 에너지 절약적 제어방식 채택
② 전동기로는 고효율 유도전동기 채택
③ 여러 대의 승강기가 설치되는 경우에는 개별관리 운행방식 채택
④ 팬코일유닛이 설치되는 경우에는 전원의 방위별, 실의 용도별 통합제어 채택

[해설] 여러 대의 승강기가 설치되는 경우에는 군관리 운행방식을 채택한다. (권장사항)

70 「건축물의 에너지절약설계기준」 전기설비부문의 의무사항 중 공동주택에 해당되는 내용으로 가장 적합하지 않은 것은?
① 각 세대 내 현관에 조도자동조절 조명기구 채택
② 거실의 조명기구는 부분조명이 가능하도록 점멸회로 구성
③ 거실, 침실, 주방에는 대기전력자동차단장치를 1개 이상 설치
④ 세대별로 일괄소등스위치 설치(전용면적 60제곱미터 이하인 경우 제외)

[정답] 68. ③ 69. ③ 70. ②

[해설] 전기부문 의무사항 ⑥번 : 거실의 조명기구는 부분조명이 가능하도록 점멸회로를 구성하였다.(공동주택 제외)

71

「건축물의 에너지절약설계기준」에서 위생설비 급탕에 관한 내용으로 (   )에 적합한 온도는?

> 위생설비 급탕용 저탕조의 설계온도는 (℃) 이하로 하고, 필요한 경우에는 부스터히터 등으로 승온하여 사용한다.

① 60 ② 55 ③ 50 ④ 42

[해설] 건축물의 에너지절약설계기준 제9조(기계부문의 권장사항)에 따르면, 위생설비 급탕용 저탕조의 설계온도는 55℃ 이하로 하고 필요한 경우에는 부스터히터 등으로 승온하여 사용한다.

72

「건축물의 에너지절약설계기준」에 따라 다음의 조건 〈표1〉일 때 〈표2〉를 이용해서 일사조절장치의 태양열취득률을 구하시오. (단, P/H값이 〈표2〉에 따른 구간의 사이에 위치할 경우 보간법을 사용하여 태양열취득률을 계산한다.)

〈표1〉 차양조건

방위	남
수평차양의 돌출길이(P)	0.3(m)
수평창양에서 투광부 하단까지의 길이(H)	1.0(m)
가동형 차양의 설치 위치에 따른 태양열 취득률(유리 내측에 설치)	0.88

〈표2〉 수평 고정형 외부차양의 태양열취득률

P/H	남향
0.0	1.00
0.2	0.73
0.4	0.61
0.6	0.54
0.8	0.50
1.0	0.45

① 0.369 ② 0.537 ③ 0.590 ④ 0.642

[해설] 수평차양의 $P/H = \dfrac{0.3}{1.0} = 0.3$ ⇨ 〈표2〉에서 수평차양의 태양열취득률 $= \dfrac{0.73 + 0.61}{2} = 0.67$

일사조절장치의 태양열취득률=수평 고정형 외부차양의 태양열취득률×수직 고정형 외부차양의 태양열취득률(언급이 없으므로 생략)×가동형 차양의 설치위치에 따른 태양열취득률×투광부의 태양열취득률(언급이 없으므로 생략)

$= 0.67 \times 0.88 = 0.59$

73

「녹색건축물 조성 지원법」 제14조의2에 해당하는 건축물이 「건축물의 에너지절약설계기준」에서 채택해야 할 의무사항을 보기 ㉠~㉣ 중에서 모두 고른 것은?

[정답] 71. ② 72. ③ 73. ③

> ㉠ 에너지성능지표의 기계부문 1번(난방설비효율) 항목을 0.9점 이상 획득
> ㉡ 에너지성능지표의 기계부문 2번(냉방설비효율) 항목을 0.9점 이상 획득
> ㉢ 에너지성능지표의 건축부문 9번(외피면적당 평균 태양열취득) 항목을 0.6점 이상 획득
> ㉣ 전력, 가스, 지역난방 등 건축물에 상시 공급되는 에너지원 중 하나 이상의 에너지원에 대하여 원격검침전자식계량기를 설치

① ㉠, ㉡   ② ㉢, ㉣   ③ ㉠, ㉡, ㉣   ④ ㉠, ㉡, ㉢, ㉣

[해설] ㉢ 관련하여 에너지절약계획 설계 검토서 건축 의무부문 ⑦번 항목 : 법 제14조의2의 용도에 해당하는 공공건축물로서 에너지성능지표의 건축부문 8번 항목을 0.6점 이상 획득하였다. 다만, 건축물 에너지효율 1+등급 이상을 취득한 경우에는 예외로 한다.

74

「건축물의 에너지절약설계기준」에 따라 다음의 형별성능관계내역이 의무사항 건축부문 3번을 만족하기 위한 단열재의 최소 두께(㉠)로 가장 적합한 것은?

형별성능관계내역			
최하층 (바닥난방)		외기직접	
재료명	두께 (mm)	열전도율 (W/mK)	열관류저항 (m^2K/W)
실내표면열전달저항			0.086
시멘트모르타르	40	1.4	0.029
온수파이프			
기포콘크리트 0.4품	30	0.13	0.231
압출법보온판 1호	㉠	0.028	
철근콘크리트	150	1.6	0.094
합판	12	0.15	0.080
실외표면열전달저항			0.043
기준열관류율 (중부지역)			0.180

① 90 mm   ② 100 mm   ③ 110 mm   ④ 120 mm

[해설] 의무사항 건축부문 3번 : 바닥난방 부위에 설치되는 단열재는 바닥난방의 열이 슬래브 하부 및 측벽으로 손실되는 것을 막을 수 있도록 온수배관(전기난방인 경우는 발열선) 하부와 슬래브 사이에 설치하고, 온수배관(전기난방인 경우는 발열선) 하부와 슬래브 사이에 설치되는 구성 재료의 열저항의 합계는 층간 바닥인 경우에는 해당 바닥에 요구되는 총열관류저항(별표1에서 제시되는 열관류율의 역수)의 60% 이상, 최하층 바닥인 경우에는 70% 이상이 되어야 한다. 다만, 바닥난방을 하는 욕실 및 현관부위와 슬래브의 축열을 직접 이용하는 심야전기이용 온돌 등(한국전력의 심야전력이용기기 승인을 받은 것에 한한다)의 경우에는 단열재의 위치가 그러하지 않을 수 있다.
따라서, $0.231 + \chi/0.028 \geq 1/0.18 \times 0.7$
$\chi \geq 0.1024$ m $= 102.4$ mm

74. ③

75

「건축물의 에너지절약설계기준」에 따라 다음 건축물 지붕의 평균열관류율값을 계산하시오.

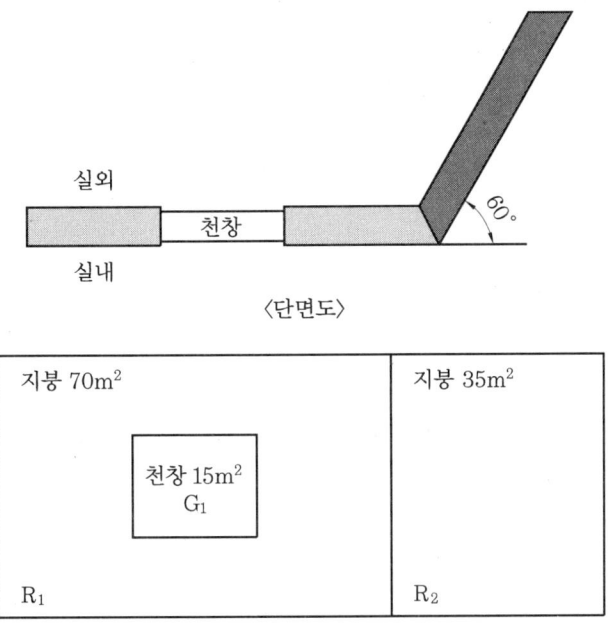

〈단면도〉

〈평면도〉

〈면적집계표〉

부호	면적 (m²)	열관류율 (W/m²K)
R1	70	0.14
R2	35	0.13
G1	15	1.4

① 0.137 W/m²K   ② 0.140 W/m²K   ③ 0.294 W/m²K   ④ 0.560 W/m²K

[해설] 평균열관류율 계산 시 천창 등 지붕의 투명 부위는 제외하고 면적가중평균으로 계산하므로,

평균열관류율 $= \dfrac{0.14 \times 70 + 0.13 \times 35}{70 + 35} = 0.37 \, W/m^2 \cdot K$

76

냉방부하 계산법(CLTD, CLF, SCL)에 대한 설명이 옳지 않은 것은?

① CLTD(Cooling Load Temperature Differential)는 냉방부하 온도차라 하며, 벽체나 지붕 및 유리의 관류부하를 계산하지만 실·내외 온도차에 의한 구조체의 시간지연 효과는 고려되지 않는다.

정답 75. ①   76. ①

② CLF(Cooling Load Factor)는 냉방부하계수라 하며, 인체, 조명기구, 실내의 각종 발열기구의 열량이 건물구조체, 내장재 등에 축열된 후 서서히 냉방부하로 나타나는 비율을 말한다.
③ SCL(Solar Cooling Load)은 일사냉방부하라 하며, 유리를 통해 들어오는 일사량이 시각, 방위별 건물구조체의 종류, 내부차폐 등의 영향을 감안하여 냉방부하로 나타나는 양을 뜻한다.
④ CLTD/CLF/SCL법 3가지 요소들을 종합적으로 이용하여 냉방부하를 계산할 수 있으며, 수 계산으로도 가능하다.

[해설] CLTD 방식의 부하계산법에서 가장 큰 장점은 건축물 구조체의 열용량에 의해 시간지연 효과와 부하의 감쇄를 고려할 수 있다는 점이다.

77

다음 계통도에서 설명 중 가장 적합하지 <u>않은</u> 것은?
① 공조기별 유량분배와 비례제어 계획이 되어 있다.
② 팽창탱크 위치상 계통 내 압력이 대기압 이상을 유지한다.
③ 공조기별 부하율 변화 및 공조기 ON/OFF상태 변동 등에 대하여 계통 내 압력변화가 안정적인 방식이다.
④ 순환펌프가 냉동기 전단에 설치되는 경우 냉동기(증발기) 내압은 감소한다.

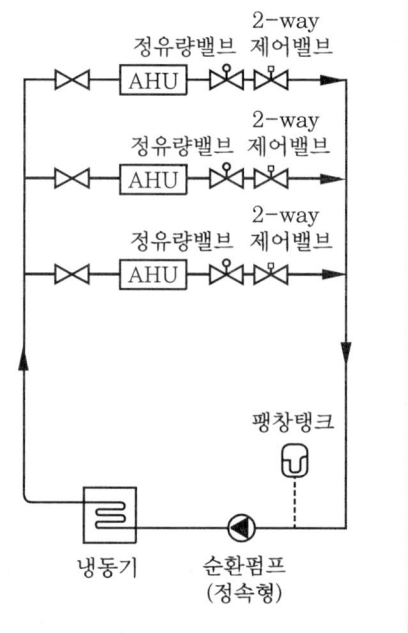

[해설] ③ : 공조기 계통 내 압력 변화의 안정화는 주로 덕트 내 정풍량 장치(풍속센서, 스프링 장치, 벨로우즈 등을 이용하여 풍량을 안정시키는 장치)를 이용하여 덕트 내 정압변동을 흡수하여 정풍량을 유지시키는 방법을 적용하여야 한다.
④ : 순환펌프가 냉동기 전단에 설치되면 냉동기 내부 열교환기에는 고압이 걸린다.(내압 증가)

정답 77. ③, ④

※ 비주거 소형 건축물의 1층 평면도를 참조하여 78~80번 문항에 답하시오.

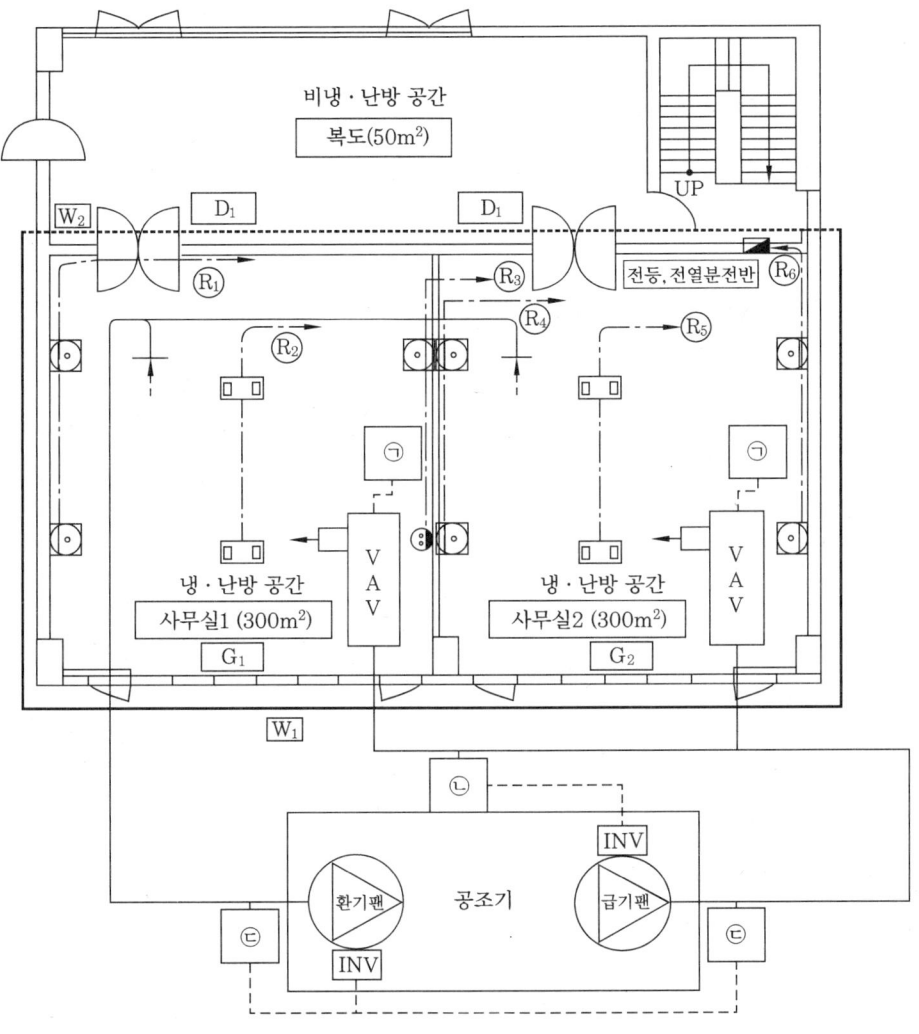

1층 (건축, 기계, 전기) 설비 평면도

심벌	명 칭
⏼	접지형 콘센트 2P 250V 15A-2구
▯	대기전력자동차단콘센트-1구(대기전력저감우수제품)
▯▯	시스템 박스 : 접지형 콘센트 2P 250V 15A-2구
---	바닥매입 전열설비 배관 배선
───	외기 직접 면하는 부위 W1
------	외기 간접 면하는 부위 W2

78

「건축물의 에너지절약설계기준」에 따른 에너지성능지표의 대기전력자동차단 콘센트 적용비율(%) 항목의 획득 평점(기본배점×배점)은?

〈에너지성능지표〉

기본배점 (a)	배점 (b)				
비주거 소형	1점	0.9점	0.8점	0.7점	0.6점
2	80% 이상	70% 이상 ~ 80% 미만	60% 이상 ~ 70% 미만	50% 이상 ~ 60% 미만	40% 이상 ~ 50% 미만

① 1.2 ② 1.4 ③ 1.6 ④ 1.8

[해설]
- 접지형 콘센트 : 1개
- 대기전력 자동차단 콘센트 : 7개
- 시스템 박스 콘센트 : 4개
- 거실의 총 콘센트 개수 : 12개
- 따라서, 대기전력 자동차단 콘센트 비율=7개/12개=0.58 ⇨ 배점 (b)=0.7점
- 평점=기본배점 × 배점 (b)=2 × 0.7=1.4점

79

공조방식이 변풍량 방식일 때 ㉠~㉢에 알맞은 측정기 명칭으로 가장 적합한 것은?
① ㉠ - 온도센서, ㉡ - 정압센서, ㉢ - 풍량센서
② ㉠ - 정압센서, ㉡ - 온도센서, ㉢ - 풍량센서
③ ㉠ - 온도센서, ㉡ - 정압센서, ㉢ - 온습도센서
④ ㉠ - 정압센서, ㉡ - 온도센서, ㉢ - 온습도센서

[해설] ㉠ : VAV 장치의 열림 개도를 조절할 수 있는 온도센서
㉡ : 공조기에서 공급되는 바람의 풍압의 안정화를 제어할 수 있는 정압센서
㉢ : 공조기 입출구의 풍량을 측정하여 실내압을 제어할 수 있는 풍량센서

80

면적집계표가 아래와 같을 경우 「건축물의 에너지절약설계기준」에 따른 외벽의 평균 열관류율 값은?

〈면적 집계표〉

부호	구분	열관류율 (W/m²·K)	면적 (m²)
W1	벽체	0.21	220.0
W2	벽체	0.35	111.6
D1	문	1.49	8.4
G1	창	1.30	60.0

정답 78. ② 79. ① 80. ②

① 0.375　　　② 0.404　　　③ 0.414　　　④ 0.439

[해설] W1 : 외기 직접
W2 : 외기 간접(평균 열관류율 계수 : 0.7)
D1 : 외기 간접(평균 열관류율 계수 : 0.8)
G1 : 외기 직접

∴ 외벽의 평균 열관류율 $= \dfrac{0.21 \times 220 + 0.35 \times 111.6 \times 0.7 + 1.49 \times 8.4 \times 0.8 + 1.3 \times 60}{220 + 111.6 + 8.4 + 60} = 0.404$

■ 참고문헌

강성화 외, 『알기 쉬운 전기공학개론』, 동화기술교역
김교두, 『공기조화(표준)』, 금탑
김동진 외, 『공업열역학』, 문운당
김동춘, 『공기조화설비』, 명원
김두현 외, 『전기안전공학』, 동화기술
대한건축학회, 『건축환경계획』, 기문당
박병우, 『배관설비공학』, 일진사
박한영 외, 『펌프핸드북』, 동명사
설비저널 2004~2008년
신정수, 『공조냉동기계기술사·건축기계설비기술사 용어해설』, 일진사
신정수, 『공조냉동기계기술사·건축기계설비기술사 핵심 600제』, 일진사
신정수, 『신재생에너지 시스템 공학』, 일진사
신정수, 『신재생에너지 발전설비기사·산업기사』, 일진사
심본홍 저, 이흥규 역, 『덕트의 설계』, 한미
위용호 역, 『공기조화 핸드북』, 세진사
이용화 외, 『급배수·위생설비』, 세진사
이재근 외, 『신재생에너지 시스템설계』, 홍릉과학출판사
이종수 외, 『실무중심의 냉동공학』, 포인트
이한백, 『열역학』, 형설출판사
일본화학공학회 저, 김봉석 외 역, 『신재생에너지공학』, 북스힐
정광섭 외, 『건축공기조화설비』, 성안당
정창원 외, 『건축환경계획』, 서우
문진영 외, 『마라케쉬 당사국총회(COP22)의 기후재원 논의와 시사점』, ISSN 1976-0515
A. D. Althouse 외, 『냉동공학』, 원화
Aldo V. da Rosa, 『Fundamentals of Renewable Energy Processes』, Elsevier
Ali Sayigh, 『Comprehensive Renewable Energy』, Elsevier
Ashley H. Carter, 『Classical and Statistical Thermodynamics』, Addison-Wesley Professional
Colin D. Simpson, 『Principles of DC/AC Circuits』, Pearson
Cooling Tower Fundamentals, Marley
Cooling Tower Practice, British
CTI Bulletin RFM-116 Recirculation
CTI Technical Paper TP 85-18
Robert Ehrlich, 『Renewable Energy』, Taylor & Francis
Gary Goodstal, 『Electrical Theory for Renewable Energy』, Cengage Learning
Gordon J. Van Wylen, 『Fundamentals of Classical Thermodynamics』
John Haberman, 『Fluid Thermodynamics』

신정수
- (주) 제이앤지 건축물에너지연구소장
- 전주 비전대학교 신재생에너지과 겸임교수
- 건축기계설비기술사
- 공조냉동기계기술사
- 건축물에너지평가사
- 신재생에너지발전설비기사
- 한국에너지기술평가원 평가위원
- 한국산업기술평가관리원 평가위원
- 한국기술사회 정회원
- 용인시 품질검수 자문위원
- 저서: 『공조냉동기계/건축기계설비기술사 핵심 700제』
  『공조냉동기계/건축기계설비기술사 용어해설』
  『친환경 저탄소 에너지 시스템』
  『신재생에너지 시스템공학』
  『신재생에너지 발전설비 기사·산업기사』 외

건축물에너지평가사 필기 총정리

2017년 1월 10일 1판1쇄
2018년 4월 10일 1판2쇄 (개정판)

저　자 : 신정수
펴낸이 : 이정일

펴낸곳 : 도서출판 일진사
www.iljinsa.com
(우) 04317 서울시 용산구 효창원로 64길 6
전화 : 704-1616 / 팩스 : 715-3536
등록 : 제1979-000009호 (1979.4.2)

값 38,000원

ISBN : 978-89-429-1498-2